简明机械手册

[德]罗兰·葛麦陵等 ——— 著

杨祖群 ——— 译

[中文版第三版]

· 第47版 ·

cns 湖南科学技术出版社

图书在版编目（CIP）数据

简明机械手册[中文版第三版]/［德]罗兰·葛麦陵等著；杨祖群译.—长沙：湖南科学技术出版社，2019.3（2024.8 重印）

ISBN 978-7-5710-0027-1

Ⅰ. ①简… Ⅱ. ①罗… ②杨… Ⅲ. ①机械学—手册 Ⅳ. ①TH11-62

中国版本图书馆 CIP 数据核字(2018)第 272634 号

Original Title: Tabellenbuch Metall
Copyright 2017 (47th edition):
Verlag Europa-Lehrmittel, Nourney, Vollmer GmbH & Co. KG,
42781 Haan-Gruiten (Germany)

著作权合同登记号：18 — 2018 — 395

JIANMING JIXIE SHOUCE [ZHONGWENBAN DISANBAN]

简明机械手册 [中文版第三版]

著　　者：［德]罗兰·葛麦陵等
译　　者：杨祖群
出 版 人：潘晓山
责任编辑：杨　林
出版发行：湖南科学技术出版社
社　　址：湖南省长沙市开福区芙蓉中路一段 416 号泊富国际金融中心 40 楼
　　　　　http://www.hnstp.com
邮购联系：本社直销科 0731-84375808
印　　刷：长沙艺铖印刷包装有限公司
　　　　　（印装质量问题请直接与本厂联系）
厂　　址：湖南省长沙市宁乡高新区金洲南路 350 号亮之星工业园
邮　　编：410604
版　　次：2019 年 3 月第 1 版
印　　次：2024 年 8 月第 5 次印刷
开　　本：710mm×970mm　1/16
印　　张：31
字　　数：794 千字
书　　号：ISBN 978-7-5710-0027-1
定　　价：138.00 元
　　　　　（版权所有·翻印必究）

欧罗巴教材出版社　　机械制造工程专业教材

简明机械手册

［中文版第三版］

第 47 版，完整改编和扩编版

翻译：杨祖群

欧洲书号：10609，带公式汇编

欧洲书号：1060X，无公式汇编

欧洲书号：10706 XXL，带公式汇编和光盘

欧罗巴教材出版社 · 诺尔尼，富尔玛股份有限公司及合资公司

杜塞尔博格大街 23 号，42781 哈恩 – 格鲁腾市

作者：　　　　　　　　　　　　　地区：

罗兰·葛麦陵（Roland Gomeringer）　　　Meßstetten

马克思·海因茨勒（Max Heinzler）　　　Wangen im Allgäu

罗兰·基尔古斯（Roland Kilgus）　　　Neckartenzlingen

沃尔克·门格斯（Volker Menges）　　　Lichtenstein

斯特凡·厄斯特勒（Stefan Oesterle）　　　Amtzell

托马斯·拉普（Thomas Rapp）　　　Albstadt

克劳迪乌斯·绍勒（Claudius Scholer）　　　Pliezhausen

安德烈斯·斯特凡（Andreas Stephan）　　　Marktoberdorf

安德烈斯·施坦茨（Andreas Stenzel）　　　Balingen

法尔考·威内科（Falko Wieneke）　　　Essen

出版编辑：罗兰·葛麦陵（Roland Gomeringer），Meßstetten（地名）

图片处理：欧罗巴教材出版社图像办公室，Ostfildern（地名）

本手册所采用的标准和规则手册均系最新版本，可参见博伊特出版社股份有限公司（Beuth Verlag GmbH，Burggrafenstr.6,10787 Berlin）的相关出版物

"PAL 制计算机数控机床程序结构"一章（第 349 页至 368 页）按照德国工商会（IHK）斯图加特分会：数控编程教学及考核的公开出版物的内容编撰

第 47 版，2017 年出版

第 6 次印刷

本版次的各次印刷均可在课堂教学中互换使用，因为无论已纠正的印刷错误还是因使用新标准而做出的相应更动都是相同的

ISBN 978-3-8085-1727-7 带公式汇编

ISBN 978-3-8085-1676-2 无公式汇编

ISBN 978-3-8085-1684-3 XXL， 带公式汇编和光盘

(C)2017 年欧罗巴教材出版社·诺尔尼，富尔玛股份有限公司及合资公司出版，42781 哈恩 – 格鲁腾市

http//www.europa-lehrmittel.de

文本：Kluth 文本＋版面制作股份有限公司，50374 Erftstadt（埃尔富特城）

封面：图像制作 Jürgen Neumann（尤尔根·诺依曼），97222 Rimpar（利穆帕市）

封面照片：Sauter 精密机械股份有限公司，72555 麦岑根市，和 TESA/Brown & Sharpe, CH–Renens 公司和 Seco Tools 股份有限公司，Erkrath（埃尔克拉特）

印刷：MP 媒体印刷信息技术股份有限公司，33100 Paderborn（帕德伯恩）

前　言

图表手册使用目标群
· 金属加工工业和手工业
· 工业产品设计师
· 工长和技术员培训
· 机械加工工业和手工业实习人员
· 机械制造专业大学生

内容

　　本图表手册的内容共分为 7 个章节，具体见本页右边的章节目录，这些内容依据本书目标群体的培训计划而定，并与现代技术的发展和联邦德国文化部长会议制订的教学计划相吻合。

　　本图表手册包含各相关领域内最重要的规则、制造类型、种类、规格和标准数值。

　　在公式一栏中，如果存在使用多个单位的可能性，则取消图片说明的单位标注。与本书同时使用的"机械加工专业公式"中标注了单位，主要为新入行初学者的计算提供帮助。

　　本书开头的内容目录索引内补充了各主要章节之前的部分内容索引。

　　本书结尾的词汇索引内除德语词汇外，还有英语词汇。

　　本书"标准索引"中列举了本书引用的所有最新标准和规则。

第 47 版的更动之处

　　现在版本所采用的标准均是截止 2017 年元月的最新版本。由于新标准的出版和技术的发展，特别对下述内容进行了更新、扩编或内容补充：

　　· 质量管理和环境管理及其各自最新版的标准。但不包括质量管理的一般性概念。

　　· 引入用于技术通讯的"产品几何规格（GPS）"。

　　· 在切削加工一节中补充刀具和部分更新的标准值。

　　· 补充了成本核算的内容。

　　· 根据 ISO 1219 和 DIN EN 81346 阐述结构化原则和线路图的参考标记。

　　本书作者和出版社谨在此对本书所有使用者致函 lektorat@europa-lehrmittel.de 的批评意见和改进建议表示诚挚谢意。

致谢

　　乌尔里希·费舍尔先生作为作者和编辑数年来以其高精的专业能力为本书做出了杰出的工作，出版社及其所有同仁衷心感谢他的良好合作，并预祝他最美好的前程。

2017 年春　作者和出版社

内容目录索引

4 材料科学(W) 119

标准及其他规则

标准化和标准的概念

标准化是对材料和非材料物品，例如结构件，计算方法，过程流程以及服务等，按计划实施并用于一般性应用的标准化行为。

标准概念	举例	解释
标准	DIN509	标准是已公开发行的标准化的结果。举例:DIN509 指车削件和孔的退刀槽形状与尺寸。
部分	DIN30910-2	标准可由若干内容相关的部分组成。部分号用连接号挂在标准号后面。例如，DIN30910-2 描述用于过滤器的烧结材料，而部分 3 和部分 4 描述用于轴承和成型件的烧结材料。
附页	DIN743 附页 1	附页内容是某标准的相关信息，但不是补充内容。例如 DIN743 附页 1 所含内容是 DIN743 标准所涉动轴与静轴载荷能力计算的应用举例。
草案	E DIN EN 10027-2（2013-09）	发表标准草案的目的用于对标准内容进行审阅并提出看法。例如，计划出版包含钢材料代码的 DIN EN10027-2 新版本于 2013 年 9 月至 2014 年 2 月针对草案内容的异议公开发行。
试行标准	DIN V 45696-1（2006-02）	试行标准是某标准的工作结果，但由于保留意见而暂未出版。例如 DIN V 66304 所涉内容是计算机辅助设计中标准件文件交换的格式。
发行日期	DIN 76-1（2004-06）	出版日期在 DIN 出版指南上公布，它指该标准的生效日期。例如，DIN76-1 规定了 ISO 米制标准螺纹退刀槽，自 2004 年 6 月开始生效。

标准和规则的类型（摘选）

种类	缩写符号	解释	目的和内容
国际标准（ISO- 标准）	ISO	位于日内瓦国际标准组织的英语缩写：International Organisation for Standardization（但变换了 O 和 S 的顺序）	简化货物和服务的国际交换以及在科学、技术和经济领域的国际合作
欧洲标准（EN标准）	EN	位于布鲁塞尔的欧洲标准化委员会的德语缩写（Europäische Normungsorganisation），其法语名称为 CEN（Comunité Européen de Normalisation）	为促进欧洲统一市场的发展进行技术协调、消除贸易壁垒
德国标准（DIN标准）	DIN	位于柏林的德国标准协会的德语缩写（Deutsche Institut für Normung）	国家级标准化工作，制定并发布德国标准，旨在促进经济、技术、科学、管理和公共服务等领域的合理化发展、质量保证，公共安全以及环境保护，并达成共识
	DIN EN	已转化为德国标准的欧洲标准	
	DIN ISO	德国标准，其内容已做修改并吸纳进入某国际标准	
	DIN EN ISO	由欧洲标准化委员会和国际标准组织出版的标准，其德语版本已作为德国标准生效	
	DIN VDE	已达到德国标准的 VDE 出版物	
VDI 准则	VDI	位于杜塞尔多夫的德国工程师协会的德语缩写（Verein Deutscher Ingenieure）	对专题范围的技术现状提供指导准则，例如机械制造或电气工程领域中的计算或设计过程提出具体的实施准则
VDE 出版物	VDE	位于法兰克福的德国电工学会及电子信息技术的德语缩写（Verband der Elektrontechnik）	
DGQ 出版物	DGQ	位于法兰克福的德国质量协会的德语缩写（Deutsche Gesellschaft für Qualität）	提供质量技术领域的建议
REFA 出版物	REFA	位于达姆施塔特的德国企业管理协会，又称：劳动研究及企业组织协会	提供加工技术和生产计划领域的建议

1 工程数学（M）

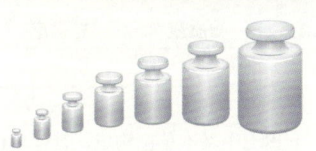

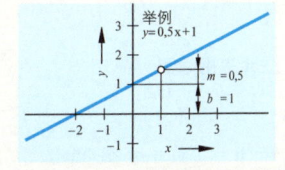

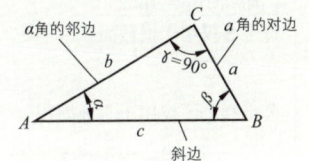

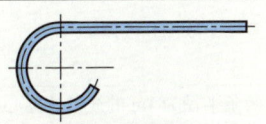

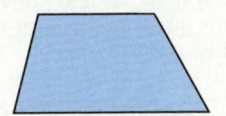

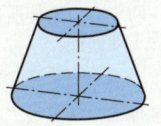

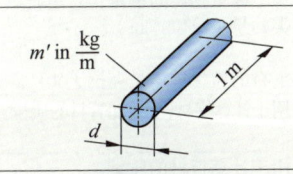

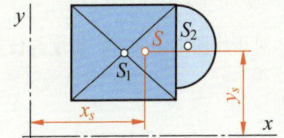

测量单位

SI[1] 基本量和基本单位   参照 DIN1301-1（2010–10），-2（1978–02），-3（1979–10）

基本量	长度	质量	时间	电流强度	热力学温度	物质量	光强度
基本单位	米	千克	秒	安培	开尔文	摩尔	坎德拉
单位符号	m	kg	s	A	K	mol	cd

[1] 国际测量系统（SI = Système Internationald′ Unités）规定的测量单位。它由七个基本单位构成，其他单位均由此推导。

基本量，推导量及其单位

量	公式符号	单位名称	符号	关系	注释应用举例

长度，面积，体积，角度

量	公式符号	名称	符号	关系	注释应用举例
长度	l	米	m	$1m = 10dm = 100cm$ $= 1000mm$ $1mm = 1000\mu m$ $1km = 1000m$	$1 inch = 1$ 英寸 $= 25.4mm$ 用于航空和航海： 1 国际海里 $= 1852m$
面积	A, S	平方米 公亩 公顷	m^2 a ha	$1m^2 = 10\,000cm^2$ $= 1\,000\,000mm^2$ $1a = 100m^2$ $1ha = 100a = 10\,000m^2$ $100ha = 1km^2$	符号 S 仅用于横截面积 公亩和公顷仅用于土地面积
体积	V	立方米 升	m^3 l, L	$1m^3 = 1000dm^3$ $= 1\,000\,000cm^3$ $1L = 1dm^3 = 10dL = 0.001m^3$ $1ml = 1cm^3$	多用于液体和气体
平面角（角度）	$\alpha, \beta, \gamma ...$	弧度 度 分 秒	rad ° ′，″	$1rad = 1m/m = 57.2957...°$ $= 180°/\pi$ $1° = \dfrac{\pi}{180} rad = 60'$ $1' = 1°/60 = 60'$ $1'' = 1'/60' = 1°/3600$	两条半径为1m的线条从圆心出发画出一个夹角，该夹角对应弧长为1m时，该角为1弧度。工程计算时采用 $\alpha = 33.291°$ 代替 $\alpha = 33°17'27.6''$
立体角	Ω	球面度	sr	$1sr = 1m^2/m^2$	一个物体向一个方向延伸1弧度，并在其垂直方向同样延伸1弧度，两个方向延伸所覆盖的立体角为1球面度。

力学

量	公式符号	名称	符号	关系	注释应用举例
质量	m	千克 克 兆克 吨 克拉	kg g Mg t ct	$1kg = 1000g$ $1g = 1000mg$ $1t = 1000kg = 1Mg$ $1ct = 0.2g$	质量是称重结果意义上的重量或一个称重物体的重量，它是质量类的量（单位：kg）。 宝石的质量单位是克拉（ct）。
质量线密度	m'	千克每米	kg/m	$1kg/m = 1g/mm$	用于计算棒材，型材和管材的质量。
质量面密度	m''	千克每平方米	kg/m^2	$1kg/m^2 = 0.1g/cm^2$	用于计算板材的质量。
密度	ρ	千克每立方米	kg/m^3	$1000kg/m^3 = 1t/m^3$ $= 1kg/dm^3$ $= 1g/cm^3$ $= 1g/ml$ $= 1mg/mm^3$	对于均质物体而言，密度与位置无关。

测量单位

基本量，推导量及其单位（续）

量	公式符号	单位 名称	单位 符号	关系	注释 应用举例
力学					
转动惯量，质量的二次矩	J	千克·平方米	$kg \cdot m^2$	对于均质物体适用下式：$J = \frac{1}{2} \cdot m \cdot r^2$	（质量）转动惯量与物体总质量、物体形状以及旋转轴位置相关
力 重力	F F_G, G	牛顿	N	$1N = 1\frac{kg \cdot m}{S^2} = 1\frac{J}{m}$ $1MN = 10^3 kN = 1000\,000N$	1kg 质量以 1m/s 速率运行 1s 所作用的力是 1N
转矩 弯矩 扭矩	M M_b M_T, T	牛顿·米	$N \cdot m$	$1N \cdot m = 1 = \frac{kg \cdot m^2}{S^2}$	$1N \cdot m$ 是力矩，它是 1N 力作用于 1m 杠杆时产生的力矩
动量	P	千克·米每秒	$kg \cdot m/s$	$1kg \cdot m/s = 1N \cdot s$	动量是质量乘以速度的积。它是有方向的速度
压力 机械应力	P σ,	帕斯卡 牛顿每平方毫米	Pa N/mm^2	$1Pa = 1N/m^2 = 0.01mbar$ $1bar = 100\,000N/m^2$ $\quad = 10N/cm^2 10^5 Pa$ $1mbar = 1hPa$ $1N/mm^2 = 10bar = 1MN/m^2$ $\quad = 1MPa$ $= 1daN/cm^2 = 0.1N/mm^2$	压力是单位面积所受的力。正压采用公式符号 p_e（DIN 1314）$1bar = 14.5psi$（pounds per inch = 每平方英寸 1 磅）
面积矩的二次矩	I	4 次方米 4 次方厘米	m^4 cm^4	$1m^4 = 100\,000\,000cm^4$	以前称：平面惯性矩
能 功 热量	E, W	焦耳	J	$1J = 1N.m = 1W \cdot s$ $\quad = 1kg \cdot m^2/s^2$	焦耳用于每种能量类型，$kW \cdot h$ 优先用于电能
功率 热通量	P ϕ	瓦特	W	$1W = 1J/s = 1N \cdot m/s$ $\quad = 1V \cdot A = 1m^2 \cdot kg/s^3$	功率指单位时间内所作的功
时间					
时间 时间间隔 持续时间	t	秒 分 小时 天 年	s min h d a	$1min = 60s$ $1h\ =60min = 3600s$ $1d\ =24h = 86400s$	3 小时意为一个时间间隔（3 小时），3^h 意为一个时间点（3 点钟）。若使用混合式时间点，例如 $3^h24^m10^s$，这里可把 min 缩写为 m
频率	f, v	赫兹	Hz	$1Hz = 1/s$	$1Hz$ = 1 秒钟振动 1 次
转速 转动频率	n	1 每秒 1 每分	$1/s$ $1/min$	$1/s\ =60/min = 60min^{-1}$ $1min = 1min^{-1} = \frac{1}{60s}$	单位时间内转动的圈数产生转速，也称转动频率
速度	v	米每秒 米每分 千米每小时	m/s m/min km/h	$1m/s\ =60m/min$ $\quad =3.6km/h$ $1m/min = \frac{1m}{60s}$ $1m/min = \frac{1m}{3.6s}$	航海业速度用节（kn）：$1kn \approx 1.853\ km/h$ mile per hour = 1 mile/h $= 1mph$ $1mph \approx 1.60934\ km/h$
角速度	ω	1 每秒 1 弧度每秒	$1/s$ rad/s	$\omega = 2\pi \cdot n$	转速 $n = 2/s$ 时角速度为 $\omega = 4\pi/s$
加速度	a, g	米每平方秒	m/s^2	$1m/s^2 = \frac{1m/s}{1s}$	公式符号 g 仅用于重力加速度 $g = 9.81\ m/s^2 \approx 10m/s^2$

测量单位

基本量，推导量及其单位（续）

量	公式符号	单位 名称	符号	关系	注释 应用举例
电学和磁学					
电流 电压 电阻 电导	I U,R R G	安培 伏特 欧姆 西门子	A V Ω S	 1 V=1 W/1 A=1 J/C 1 Ω=1 V/1A 1 S=1 A/1 V=1/Ω	电荷运动称为电流。电压等于电场中两点之间的电动势差。电阻的倒数称为电导
电阻率 电导率	ρ r, x	欧姆·米 西门子每米	Ω·m S/m	10^{-6} Ω·m=1 Ω·mm²/m	$\varrho\dfrac{1}{x}$ 单位：$\dfrac{\Omega\cdot mm^2}{m}$ $x\dfrac{1}{\varrho}$ 单位：$\dfrac{m}{\Omega\cdot mm^2}$
频率	f	赫兹	Hz	1 Hz=1/s 1000 Hz=1 kHz	公用电网频率： 欧盟 50 Hz，美国 60 Hz
电功	W	焦耳	J	1 J=1 W·s=1 N·m 1 kW·h=3.6 MJ 1 W·h=3.6 kJ	原子核子物理中使用 eV（电子伏特）。
相位差	φ	–	–	交流电适用于： $cos\varphi=\dfrac{p}{u\cdot i}$	感应或电阻载荷时电流与电压之间的夹角
电场强度 电荷 电容 电感	E Q C L	伏特每米 库仑 法拉 亨利	V/m C F H	 1 C=1 A·1 s；1 A·h=3.6 kC 1 F=1 C/V 1 H=1 V·s/A	$E\dfrac{F}{Q}，C=\dfrac{Q}{U}，Q=I\cdot t$
功率 有效功率	P	瓦特	W	1 W=1 J/s=1 N·m/s =1 V·A	电力工程：视在功率S，单位：V·A
热力学和热传导					
量	公式符号	单位 名称	符号	关系	注释 应用举例
热力学温度 摄氏温度	$T, θ$ t, v	开氏温标 摄氏度	K ℃	0 K=−273.15℃ 0℃=273.15 K 0℃=32° F 0° F=−17.77℃	开氏温标（K）和摄氏度（℃）均用于温度和温差 $t=T$ T_0；$T_0=273.15$ K 华氏温度的换算参见 51 页
热量	Q	焦耳	J	1 J=1 W·s=1 N·m 1 kW·h=3 600 000 J=3.6 MJ	1 kcal ≤ 4.1868 kJ
净发热值	H_u	焦耳每千克 焦耳每立方米	J/kg J/m³	1 MJ/kg=1 000 000 J/kg 1 MJ/m³=1 000 000 J/m³	每千克（或每立方米）燃料释放的热能减去废气中所含水蒸气蒸发的热能

国际单位系统 SI 之外的单位

长度	面积	体积	质量	能，功率
1 inch（in）=25.4 mm	1 sq·in=6.452 cm²	1 cu·in=16.39 cm³	1 oz=28.35 g	1 PSh=0.735 kWh
1 foot（ft）=0.3048 m	1 sq·ft=9.29 dm²	1 cu·ft=28.32 dm³	1 lb=453.6 g	1 PS=0.7355 kW
1 yard（yd）=0.9144 m	1 sq·yd=0.8361 m²	1 cu·yd=764.6 dm³	1 t=1000 kg	1 kcal=4186.8 Ws
	1 acre=4046.856 m²	1 gallon	1 shortton=907.2 kg	1 kcal=1.166 Wh
1 海里=1.852km	**压力，应力**	（US）=3.785 *l*	1 Karat=0.2 g	1 kpm/s=9.807 W
1 美制陆地英里 =1.6093km	1 bar=14.5 pound/in²	1 gallon	1 pound/in³=27.68 g/cm³	1 Btu=1055 Ws
	1 N/mm²=145.038 pound/in²	（UK）=4.546 *l* 1 barrel=158.8 *l*		1 hp=745.7 W

公式符号，数学符号

公式符号

参照 DIN 1304-1（1994-03）

公式符号	意义	公式符号	意义	公式符号	意义
长度，面积，体积，角度					
l	长度	r, R	半径	α, β, γ	平面角度
b	宽度	d, D	直径	Ω	立体角度
h	高度	A, S	面积，横截面积	λ	波长
s	路径长度	V	体积		
力学					
m	质量	F	力	G	剪切模量
m'	质量线密度	F_G, G	重力	u, f	摩擦系数
m''	质量面密度	M	转矩	W	抗扭截面模量
ρ	密度	M_T, T	扭矩	I	面积矩的二次矩
J	转动惯量	M_b	弯矩	W, E	功，能
p	压力	σ	法向应力	E_p, E_p	势能
p_{abs}	绝对压力	τ	剪切应力	W_K, E_K	动能
p_{amb}	大气压力	ε	延伸率	P	功率
p_e	正压	E	弹性模量	η	效率
时间					
t	时间，时长	f, v	频率	a	加速度
T	周期	v, u	速度	g	当地重力加速度
n	转动频率，转速	w	角速度	α	角加速度
				Q, V, q_v	体积流量
电学					
Q	电荷，电量	L	电感	X	电抗
U	电压	R	电阻	Z	阻抗
C	电容	ρ	电阻率	ϕ	相位差
I	电流	r, x	电导率	N	绕组圈数
热					
T, θ	热力学温度	Q	热，热量	ϕ, Q	热流
$\Delta T, \Delta t, \Delta v$	温差	λ	热导率	a	导热性
t, v	摄氏温度	α	热传导系数	c	比热容
$\alpha_{1,}$	线膨胀系数	k	导热系数	H_u	净发热值
光，电磁辐射					
Ev	照度	f	焦距	I_e	射线强度
		n	折射率	Q_e, W	辐射能
声学					
p	声压	L_p	声压级	N	响度
c	声速	I	声强	L_N	响度级

数学符号	读法	数学符号	读法	数学符号	读法
$\approx$	约等于，大约，约相当于	$\sim$	成比例	log	对数（普通）
$\dots$	等等	a^x	a 的 x 次方，a 的 x 次幂	lg	常用对数
∞	无穷大	$\sqrt{}$	平方根	ln	自然对数
		$\sqrt[n]{}$	n 次方根	e	欧拉常数（$e=2.718281\dots$）
$=$	等于	$\lvert x \rvert$	x 的绝对值	sin	正弦
$\neq$	不等于	$\perp$	垂直于	cos	余弦
$\overset{def}{=}$	定义等于	$\parallel$	平行于	tan	正切
$<$	小于	$\uparrow\uparrow$	同向平行	cot	余切
$\leqslant$	小于或等于	$\uparrow\downarrow$	逆向平行	( )，[]，{}	圆括号，方括号，弧形括号
$>$	大于	$\sphericalangle$	角度		
$\geqslant$	大于或等于	$\triangle$	三角	π	排（圆周率 $=3.14159\dots$）
$+$	加	$\cong$	全等于		
$-$	减	Δx	Delta x（差值）	$\overline{AB}$	线段 AB
$\cdot$，$\times$	乘，乘以	%	百分数，百分比	$\overset{\frown}{AB}$	弧线 AB
$\div$，/，:	除，除以，比，每	‰	千分数，千分比	a'，a''	a 一撇，a 两撇
$\sum$	总和			a_1，a_2	a 一，a 二

公式，方程式，图表

公式

物理量的计算一般通过公式进行，公式的组成成分如下：
· 公式符号，例如 v_c 表示切削速度，d 表示直径，n 表示转速
· 运算符（计算的前置符号），例如 · 表示乘法，+ 表示加法，– 表示减法，—（分式线）表示除法
· 常数，例如 $\pi = 3.14159$
· 数字，例如 10，15
公式符号（见第 13 页）是量的占位符。解题时，将带单位的已知量代入公式，计算前或计算中需换算单位，以便使
· 计算顺利进行，或
· 计算结果带所需的单位。
大部分的量及其单位均已标准化（见第 10 页）。
计算结果是带**单位**的**数值**，例如 4.5 m，15 s。
举例：

切削速度计算公式：

$$v_c = \pi \cdot d \cdot n$$

$d = 200$ mm，$n = 630$/min 时，单位为 m/min 的切削速度是多少？

$$V_c = \pi \cdot d \cdot n = \pi \cdot 200\text{mm} \cdot 630\,\frac{1}{\text{min}} = \pi \cdot 200\text{mm} \cdot \frac{1\text{m}}{1000\text{mm}} \cdot 630\,\frac{1}{\text{min}} = \mathbf{395.84}\,\frac{\mathbf{m}}{\mathbf{min}}$$

数值方程式

数值方程式是单位换算已完成的公式。应用时请注意：
各个量的数值只允许使用规定的单位。
· 计算时不代入单位
· 已规定了求算的量的单位
举例：

转矩的数值方程式

$$M = \frac{9550 \cdot P}{n}$$

规定的单位	
名称	单位
M 转矩	N · m
P 功率	kW
n 转速	1/min

驱动功率 $P = 15$ kW，转速 $n = 750$/min 时，某电动机的转矩 M 是多少？

$$M = \frac{9550 \cdot P}{n} = \frac{9550 \cdot 15}{750}\,\text{N} \cdot \text{m} = \mathbf{191 N \cdot m}$$

方程式和图表

函数方程式中 y 是 x 的函数，x 表示自变量，y 表示因变量。数值表中的实数对（x，y）构成 x–y 坐标系的函数图表。

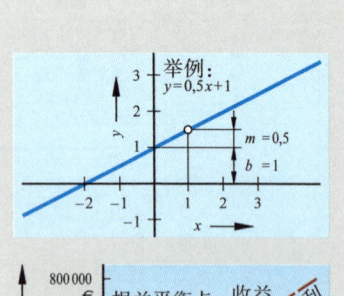

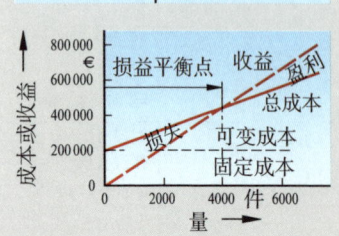

连带函数

$$y = f(x)$$

线性函数

$$y = m \cdot x + b$$

举例 1：

x	–2	0	2	3
y	0	1	2	2.5

举例 2：
成本函数和收益函数
$K_G = 60$ € / 件数 · M + 200 000 €

M	0	4 000	6 000
K_G	200 000	440 000	560 000
E	0	440 000	660 000

K_G 总成本 → 自变量
M 量 → 因变量
K_f 固定成本 → y 坐标段
K_V 可变成本 → 函数斜率
E 收益 → 自变量

举例：
成本函数

$$K_G = K_v \cdot M + K_f$$

收益函数

$$E = E / \text{件数} \cdot M$$

公式移项

移项法则

公式和数值方程式移项的目的是使需求算的量单独位于方程式左边。移项时，方程式左右两边的数值均不能改变。公式移项的所有步骤均遵守下列法则：

公式左边的变动	=	公式右边的变动

为追述移项的各个步骤，将每一移项步骤标注在公式右侧：
| · t = 公式两边均乘以 t
|: F = 公式两边均除以 F

公式

$$P = \frac{F \cdot s}{t}$$

公式左边 = 公式右边

加减

举例： 公式 $L = l_1 + l_2$，移项 l_2

1) $L = l_1 + l_2$		$\mid -l_1$ 减 l_1	3) $L - l_1 = l_2$		换边
2) $L - l_1 = l_1 + l_2 - l_1$		作减法	4) $l_2 = L - l_1$		移项后的公式

乘除

举例： 公式 $A = l \cdot b$，移项 l

1) $A = l \cdot b$ $\mid : b$ 除以 b	3) $\frac{A}{b} = l$		换边
2) $\frac{A}{b} = \frac{l \cdot b}{b}$ 用 b 约分	4) $l = \frac{A}{b}$		移项后的公式

分数

举例： 公式 $n = \dfrac{l}{l_1 + s}$，移项 s

1) $n = \frac{l}{l_1 + s}$ $\mid \cdot (l_1 + s)$ 乘 $(l_1 + s)$	4) $n \cdot l_1 - n \cdot l_1 + n \cdot s = l - n \cdot l_1$ $\mid : n$ 减法 除以 n 移项后的公式
2) $n \cdot (l_1 + s) = \frac{l \cdot (l_1 + s)}{(l_1 + s)}$ 公式约分，消除括号	5) $\frac{s \cdot n}{n} = \frac{l - n \cdot l_1}{n}$ 用 n 约分
3) $n \cdot l_1 + n \cdot s = l$ $\mid -n \cdot l_1$ $-n \cdot l_1$ 减去 $n \cdot l_1$	6) $s = \frac{l - n \cdot l_1}{n}$ 移项后的公式

开方

举例： 公式 $c = \sqrt{a^2 + b^2}$，移项 a

1) $c = \sqrt{a^2 + b^2}$ $\mid (\ )^2$ 公式乘方	4) $a^2 = c^2 - b^2$ $\mid \sqrt{\ }$ 开方
2) $c^2 = a^2 + b^2$ 减去 b^2	5) $\sqrt{a^2} = \sqrt{c^2 - b^2}$ 简化表达式
3) $c^2 - b^2 = a^2 + b^2 - b^2$ 减法，换边	6) $a = \sqrt{c^2 - b^2}$ 移项后的公式

物理量和单位

数值和单位

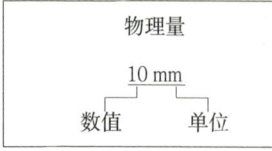

物理量，例如 125mm，由下列部分组成：
· 数值，通过测量或计算获取
· 单位，例如 m、kg
单位已按 DIN 1301-1 标准化（见第 10 页）。
极大或极小的数值可通过前置符号按十进倍数或分数方式简化
表达，例如 0.004 mm = 4 μm。

单位的十进倍数或分数   参照 DIN1301-2（1978-02）

符号	前置 名称	乘数	数学名称	举例
T	Tera 太（拉）	10^{12}	万亿	12 000 000 000 000 N=12·10^{12}N=12 TN（Tera-Newton 太牛顿）
G	Giga 吉（咖）	10^{9}	十亿	45 000 000 000 W=45·10^{9}W=45 GW（吉瓦）
M	Mega 兆	10^{6}	百万	8 500 000 V=8.5·10^{6}V=8.5 MV（兆伏）
k	Kilo 千	10^{3}	千	12 600 W=12.6·10^{3}W=12.6 kW（千瓦）
h	Hekto 百	10^{2}	百	500 l=5·10^{2}l=5 hl（百升）
da	Deka 十	10^{1}	十	32m=3.2·10^{1}m=3.2dam（十米）
–		10^{0}	一	1.5m=1.5·10^{0}m
d	Dezi 分	10^{-1}	十分之一	0.5l = 5·10^{-1}l = 5dl（分升）
c	Zenti 厘	10^{-2}	百分之一	0.25m = 25·10^{-2}m = 25 cm（厘米）
m	Milli 毫	10^{-3}	千分之一	0.375A = 375·10^{-3}A = 375mA（毫安）
μ	Mikro 微	10^{-6}	百万分之一	0.000 052m = 52·10^{-6}m = 52μm（微米）
n	Nano 纳	10^{-9}	十亿分之一	0.000 000 075m=75·10^{-9}m=75nm（纳米）
p	Piko 皮（可）	10^{-12}	万亿分之一	0.000 000 000 006F=6·10^{-12}F=6pF（皮法拉）

单位的换算

　　只有当各物理量的单位统一后方能进行计算。解题时常将各种单位换算成基本单位，例如 mm
换成 m，h 换成 s，mm^2 换成 m^2，并用数值为 1（相关单位）的单位换算系数表达。

单位换算系数（摘选）

量	换算系数，例如				量	换算系数，例如			
长度	$1=\dfrac{10mm}{1cm}$	$=\dfrac{1000mm}{1m}$	$=\dfrac{1m}{1000mm}$	$=\dfrac{1km}{1000m}$	时间	$1=\dfrac{60min}{1h}$	$=\dfrac{3600s}{1h}$	$=\dfrac{60s}{1min}$	$=\dfrac{1min}{60s}$
面积	$1=\dfrac{10mm^2}{1cm^2}$	$=\dfrac{100cm^2}{1dm^2}$	$=\dfrac{1cm^2}{100mm^2}$	$=\dfrac{1dm^2}{100cm^2}$	角度	$1=\dfrac{60'}{1°}$	$=\dfrac{60''}{1'}$	$=\dfrac{3600''}{1°}$	$=\dfrac{1°}{60s}$
体积	$1=\dfrac{1000mm^3}{1cm^3}$	$=\dfrac{1000cm^3}{1dm^3}$	$=\dfrac{1cm^3}{1000mm^3}$	$=\dfrac{1dm^3}{1000mm^3}$	英寸	1 inch=25.4mm;1mm=$\dfrac{1}{25.4}$ inch			

举例 1：

将体积 V=3416mm^3 换算成 cm^3。
体积 V 乘以换算系数，分子的单位是 cm^3，分母的单位是 mm^3。

$$V=3416mm^3 = \frac{1cm^3 \cdot 3416mm^3}{1000mm^3} = \frac{3416cm^3}{1000} = \textbf{3.416 cm}^3$$

举例 2：

将角度值 α = 42° 16′ 换算成度（°）。
角度值 16 需转换成度（°），将它乘以换算系数，分子的单位是度（°），分母的单位是分（′）。

$$a=42°+16'\cdot\frac{1°}{60'}=42°+\frac{16\cdot1°}{60}=42°+0.267°=\textbf{42.267°}$$

代入物理量的计算，百分比计算，利息计算

代入物理量的计算

与乘积一样对物理量作数学处理。

·加法和减法

单位相同时作数值加法，并在答案中代入单位。

举例：

$L=l_1+l_2-l_3$ 代入 $l_1=124\,mm$, $l_2=18\,mm$, $l_3=44\,mm$；$L= ?$

$L=124\,mm+18\,mm-44\,mm=(124+18-44)=98\,mm$

·乘法和除法

数值与单位与乘积系数相同。

举例：

$F_1 . l_1=F_2 . l_2$ 代入 $F_1=180N$, $l_1=75\,mm$, $l_2=105\,mm$；$F_2= ?$

$$F_2=\frac{F \cdot l_1}{l_1+s}=\frac{180N \cdot 75mm}{105mm}=128.57\frac{N \cdot mm}{mm}=\textbf{128.57 N}$$

·幂的乘法与除法

相同底数的幂可通过指数的加减作乘法或除法。

举例：

$W=\frac{A \cdot a^2}{e}$ 代入 $A=15cm^2$, $a=7.5cm$, $e=2.4cm$；$W= ?$

$$W=\frac{15cm^2 \cdot (7.5cm)^2}{2.4cm}=\frac{15 \cdot 56.25cm^{2+2}}{2.4cm^1}=\textbf{351.56 cm}^3$$

百分比计算

百分比是基值按一百等分后的百分数。

基值是用来计算百分比的值。

百分值是表示所占基值百分比的数量。

P_s 百分比　　P_w 百分值　　G_w 基值

举例：

工件毛坯重量 250 kg（基值），材料损失 2%（百分比），材料损失 = ? 单位：kg（百分值）

$$P_w=\frac{G_w \cdot P_s}{100\%}=\frac{250kg \cdot 2\%}{100\%}=\textbf{5 kg}$$

利息计算

K_0 本金　　Z 利息　　t 计息周期内的天数

K_t 累积金额　　p 年利率

举例 1：

$K_0=2800.00€$;$P=6\frac{\%}{a}$; $t=½\,a$; $Z=?$

$$Z=\frac{2800.00€ \cdot 6\frac{\%}{a} \cdot 0.5a}{100\%}=\textbf{84.00 €}$$

举例 2：

$K_0=4800.00€$; $P=5.1\frac{\%}{a}$; $t=50d$; $Z=?$

$$Z=\frac{4800.00€ \cdot 5.1\frac{\%}{a} \cdot 50d}{100\% \cdot 360\frac{d}{a}}=\textbf{34.00 €}$$

乘方规则

a　底数

m，n... 指数

幂的乘法

$a^2 \cdot a^3=a^{2+3}$

$a^m \cdot a^n=a^{m+n}$

幂的除法

$\frac{a^2}{a^3}=a^{2-3}$

$\frac{a^m}{a^n}=a^{m+n}$

特种形式

$a^{-2}=\frac{1}{a^2}$

$a^{-m}=\frac{1}{a^m}$

$a^1=a$　　$a^0=1$

百分值

$P_w=\frac{G_w \cdot P_s}{100\%}$

利息

$Z=\frac{K_0 \cdot P \cdot t}{100\% \cdot 360}$

1 计息年（1 a）= 360 天（360 d）

360 d = 12 月

1 计息月 = 30 天

角的类型，泰勒斯定理，三角形各内角，勾股定理

角的类型

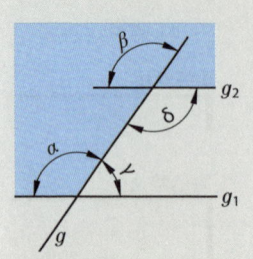

g 直线
g_1，g_2 平行线
α，β 同位角
β，δ 对角
α，δ 错角
α，γ 邻角

两条平行线与一条直线相交时所形成的各角存在着几何学相关关系。

同位角

$$\alpha = \beta$$

对角

$$\beta = \delta$$

错角

$$\alpha = \delta$$

邻角

$$\alpha + \gamma = 180°$$

泰勒斯定理

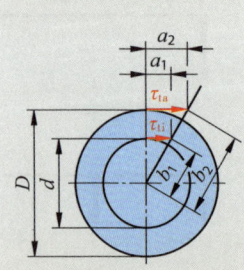

两条直线与两条平行线相交时构成的各所属线段具有相等的比例关系。

举例：

$D=40$ mm，$d=30$ mm，
$T_{ta}=135$ N/mm^2；$T_{ti}=$?

$\dfrac{\tau_{ti}}{\tau_{ta}} = \dfrac{d}{D} \Rightarrow \tau_{ti} \dfrac{\tau_{ta} \cdot d}{D}$

$= \dfrac{135\text{N/ mm}^2 \cdot 30\text{mm}}{40\text{mm}} =$ **101.25N/ mm²**

泰勒斯定理

$$\frac{a_1}{a_2} = \frac{b_1}{b_2} = \frac{\dfrac{d}{2}}{\dfrac{D}{2}}$$

$$\frac{a_1}{b_1} = \frac{a_2}{b_2}$$

$$\frac{b_1}{d} = \frac{b_2}{D}$$

三角形各内角之和

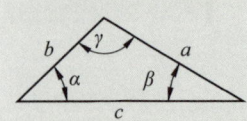

a，b，c 三角形各边
α，β，γ 三角形各角

举例：

$\alpha=21°$，$\beta=95°$，$\gamma=$?
$\gamma=180°- \alpha- \beta=180°- 21°- 95°=$ **64°**

三角形的内角和

$$\alpha + \beta + \gamma = 180°$$

任何三角形的内角和均等于 $180°$

勾股定理

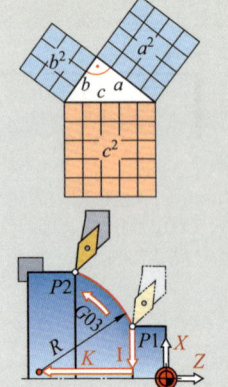

直角三角形中，斜边的平方等于两直角边的平方和
a 直角边
b 直角边
c 斜边

举例 1：

$c =35$mm；$a =21$mm；$b=$?
$\boldsymbol{b}=\sqrt{c^2-a^2} = \sqrt{(35\text{mm})^2 - (21\text{mm})^2} =$ **28mm**

计算机数控程序中 $R =50$mm；$I =25$mm；
问：$K=$?
$c^2 = a^2 + b^2$
$R^2 = I^2 + K^2$
$K = \sqrt{R^2 - I^2} = \sqrt{50^2\text{mm}^2 - 25^2\text{mm}^2}$
$\boldsymbol{K} =$ **43.3mm**

斜边的平方

$$c^2 = a^2 + b^2$$

斜边的长度

$$c = \sqrt{a^2 + b^2}$$

直角边的长度

$$a = \sqrt{c^2 - b^2}$$

$$b = \sqrt{c^2 - a^2}$$

三角函数

直角三角形的函数（三角函数）

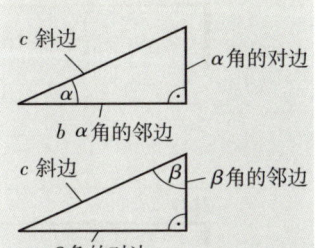

c　　斜边（最长边）
a，b　直角边
　　　　与 α 角相关的是
　　　　$-b$ 邻边和
　　　　$-a$ 对边
α，β，γ 三角形的三个角，其中 $\gamma = 90°$
sin　　正弦的写法
cos　　余弦的写法
tan　　正切的写法
$\sin \alpha$　α 角的正弦

三角函数	
正弦 =	$\dfrac{对边}{斜边}$
余弦 =	$\dfrac{邻边}{斜边}$
正切 =	$\dfrac{对边}{邻边}$
余切 =	$\dfrac{邻边}{对边}$

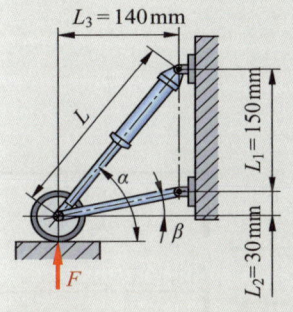

举例 1：

$L_1 = 150$ mm，$L_2 = 30$ mm，$L_3 = 140$ mm，
角 $\alpha = ?$
$$\tan \alpha = \frac{L_1 + L_2}{L_3} = \frac{180\,mm}{140\,mm} = 1.286$$
角　$\alpha = \mathbf{52°}$

举例 2：

$L_1 = 150$ mm，$L_2 = 30$ mm，$a = 52°$；
缓冲器长度 $L = ?$

$$L = \frac{L_1 + L_2}{\sin \alpha} = \frac{180\,mm}{\sin 52°} = \mathbf{228.42\,mm}$$

与 α 角的关系：

$\sin \alpha = \dfrac{a}{c}$	$\cos \alpha = \dfrac{b}{c}$	$\tan \alpha = \dfrac{a}{b}$

与 β 角的关系：

$\sin \beta = \dfrac{b}{c}$	$\cos \beta = \dfrac{a}{c}$	$\tan \beta = \dfrac{b}{a}$

计算角度度数（°）或弧度（rad）时采用反三角函数，例如 arc sin。

斜三角形的三角函数（正弦定理，余弦定理）

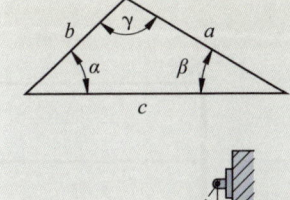

正弦定理中，各边的比例关系与三角形内相应对角的正弦相等。用一个边和两个角可计算出其他数值。
边 a → 对角 α
边 b → 对角 β
边 c → 对角 γ

正弦定理
$a : b : c = \sin \alpha : \sin \beta : \sin \gamma$
$\dfrac{a}{\sin \alpha} = \dfrac{b}{\sin \beta} = \dfrac{c}{\sin \gamma}$

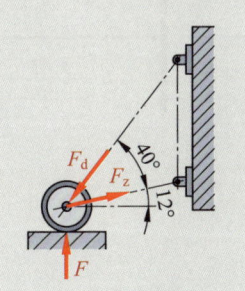

举例：

$F = 80$ N，$\alpha = 40°$，$\beta = 38°$；
$F_z = ?$，$F_d = ?$
从力的分析图中分别进行计算：
$$\frac{F}{\sin \alpha} = \frac{F_z}{\sin \beta} \Rightarrow F_z = \frac{F \cdot \sin \beta}{\sin \alpha}$$

$$F_z = \frac{800\,N \cdot \sin 38°}{\sin 40°} = \mathbf{766.24\,N}$$

$$\frac{F}{\sin \alpha} = \frac{F_d}{\sin \phi} \Rightarrow F_d = \frac{F \cdot \sin \phi}{\sin \alpha}$$

$$F_d = \frac{800\,N \cdot \sin 102°}{\sin 40°} = \mathbf{1217.38\,N}$$

计算角度度数（°）或弧度（rad）时采用反三角函数，例如 arc cos。

多种换算的可能性：

$a = \dfrac{b \cdot \sin \alpha}{\sin \beta} = \dfrac{c \cdot \sin \alpha}{\sin \gamma}$
$b = \dfrac{a \cdot \sin \beta}{\sin \alpha} = \dfrac{c \cdot \sin \beta}{\sin \gamma}$
$c = \dfrac{a \cdot \sin \gamma}{\sin \alpha} = \dfrac{b \cdot \sin \gamma}{\sin \beta}$

余弦定理
$a^2 = b^2 + c^2 - 2 \cdot b \cdot c \cdot \cos \alpha$
$b^2 = a^2 + c^2 - 2 \cdot a \cdot c \cdot \cos \beta$
$c^2 = a^2 + b^2 - 2 \cdot a \cdot b \cdot \cos \gamma$

换算，例如：
$$\cos \alpha = \frac{b^2 + c^2 - a^2}{2 \cdot b \cdot c}$$

力的分析图

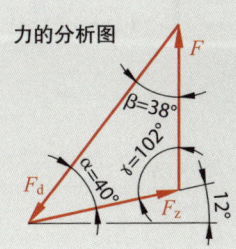

等分长度，弧长，组合长度

等分长度

边距 = 等分

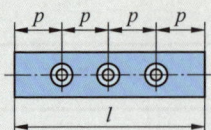

l 总长度 n 孔数 p 等分

举例：

$l=2$ m；$n=24$ 个孔；$p=?$

$$P = \frac{l}{n+1} = \frac{2000mm}{24+1} = \textbf{80mm}$$

等分

$$P = \frac{l}{n+1}$$

边距 ≠ 等分

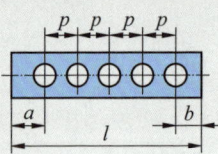

l 总长度 n 孔数 p 等分 a，b 边距

举例：

$l=1950$mm；$a=100$mm；$b=50$mm；
$n=25$ 个孔；$p=?$

$$P = \frac{l-(a+b)}{n-1} = \frac{1950mm-150mm}{25-1} = \textbf{75mm}$$

等分

$$P = \frac{l-(a+b)}{n-1}$$

细分成件

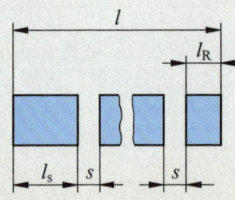

l 棒料长度 s 锯切宽度 z 件数
l_R 剩余长度 l_s 单件长度

举例：

$l=6$ m；$l_s=230$ mm；$s=1.2$ mm；$z=?$ ；$l_R=?$

$$z = \frac{l}{l_s+s} = \frac{6000mm}{230mm+1.2mm} = \textbf{25.95mm} = \textbf{25 件}$$

$l_R = l - z \cdot (l_s+s) = 6000mm - 25 \cdot (230mm+1.2mm)$
$= \textbf{220mm}$

件数

$$Z = \frac{l}{l_s+S}$$

剩余长度

$$l_R = l - Z \cdot (l_s+S)$$

弧长

举例：螺旋扭力弹簧

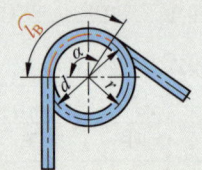

l_B 弧长 α 中心角
Γ 半径 d 直径

举例：

$r=36$ mm；$\alpha=120°$ ；$l_B=?$

$$l_B = \frac{\pi \cdot r \cdot \alpha}{180°} = \frac{\pi \cdot 36mm \cdot 120°}{180°} = \textbf{75.36mm}$$

弧长

$$l_B = \frac{\pi \cdot r \cdot \alpha}{180°}$$

$$l_B = \frac{\pi \cdot d \cdot \alpha}{360°}$$

组合长度

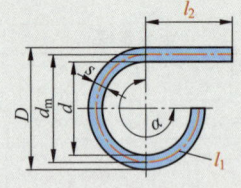

D 外径 d 内径 d_m 平均直径
s 厚度 l_1，l_2 部分长度
L 组合长度 α 中心角

举例：

$D=360$ mm；$s=5$ mm；$\alpha=270°$ ；$l_2=70$ mm；
$d_m=?$ ；$L=?$
$d_m = D - s = 360$ mm $- 5$ mm $= \textbf{355mm}$

$$L = l_1 + l_2 = \frac{\pi \cdot d_m \cdot a}{360°} + l_2$$

$$= \frac{\pi \cdot 355 \cdot 270°}{360°} + 70mm = \textbf{906.45mm}$$

组合长度

$$L = l_1 + l_2 + \cdots$$

有效长度，弹簧钢丝长度，毛坯长度

展开长度

带半径尺寸的部分圆环

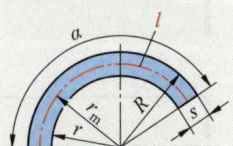

R 外半径
r 内半径
r_m 平均半径
l 展开长度
s 厚度
D 外直径
d 内直径
d_m 平均直径
α 中心角

带直径尺寸的部分圆环

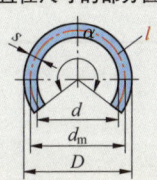

举例（部分圆环）：

$D = 36mm$；$s = 4mm$；$\alpha = 240°$；$d_m = ?$；$l = ?$

$d_m = D - s = 36mm - 4mm = 32mm$

$$l = \frac{\pi \cdot d_m \cdot \alpha}{360°} = \frac{\pi \cdot 32mm \cdot 240°}{360°} = \mathbf{67.02mm}$$

$\alpha < 180°$ 的展开长度

$$l_1 = \frac{\pi \cdot r_m \cdot \alpha}{180°}$$

$\alpha > 180°$ 的展开长度

$$l = \frac{\pi \cdot d_m \cdot \alpha}{360°}$$

平均半径

$$r_m = R - \frac{s}{2}$$

$$r_m = r + \frac{s}{2}$$

平均直径

$$d_m = D - s$$

$$d_m = d + s$$

弹簧钢丝长度

举例：压簧

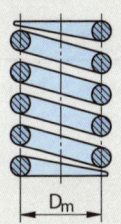

l 螺旋线的展开长度
D_m 平均钢丝圈直径
i 弹簧有效圈数

举例：

$D_m = 16mm$；$i = 8.5$；$l = ?$

$l = \pi \cdot D_m \cdot i + 2 \cdot \pi \cdot D_m$
$= \pi \cdot 16mm \cdot 8.5 + 2 \cdot \pi \cdot 16mm = \mathbf{528mm}$

螺旋线的展开长度

$$l = \pi \cdot D_m \cdot i + 2 \cdot \pi \cdot D_m$$

$$l = \pi \cdot D_m \cdot (i+2)$$

锻件和冲压件的毛坯长度

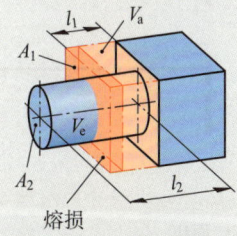

熔损

无熔损部分的成形加工时，毛坯件铸件熔损部分的体积等于制成工件体积。但如果出现铸件熔损或形成毛刺，则必须考虑对制成工件体积的补偿。

V_a 毛坯件体积
V_e 制成工件体积
q 熔损或毛刺损失的补偿因数
A_1 毛坯件横截面积
A_2 制成工件横截面积
l_1 加工余量的初始长度
l_2 实体锻件长度

举例：

用 50mm × 30 mm 扁钢加工一个圆柱形轴颈 $d = 24mm$，$l_2 = 60mm$。熔损部分达 10%。问：锻件加工余量的初始长度 l_1 = ？

$$V_a = V_e \cdot (1+q)$$

$$A_1 \cdot l_1 = A_2 \cdot l_2 \cdot (1+q)$$

$$l_1 = \frac{A_2 \cdot l_2 \cdot (1+q)}{A_1}$$

$$= \frac{\pi \cdot (24mm)^2 \cdot 60mm\,(1+0.1)}{4 \cdot 50mm \cdot 30mm} = \mathbf{20mm}$$

无熔损体积

$$V_a = V_e$$

有熔损体积

$$V_a = V_e + q \cdot V_e$$

$$V_a = V_e \cdot (1+q)$$

$$A_1 \cdot l_1 = A_2 \cdot l_2 \cdot (1+q)$$

四边形，三角形

正方形

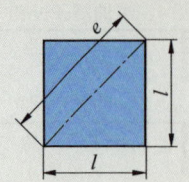

A 面积　e 对角线长度　l 边长

举例：

$l_1 = 14\text{mm}$；$A = ?$；$e = ?$

$\boldsymbol{A} = l^2 = (14\text{mm})^2 = \mathbf{196\text{mm}^2}$

$\boldsymbol{e} = \sqrt{2} \cdot l = \sqrt{2} \cdot 14\text{mm} = \mathbf{19.8\text{mm}}$

面积
$$A = l^2$$

对角线长度
$$e = \sqrt{2} \cdot l$$

菱形

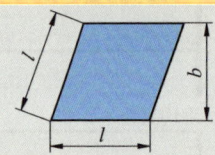

A 面积　b 宽度　l 边长

举例：

$l_1 = 9\text{mm}$；$b = 8.5\text{mm}$；$A = ?$

$\boldsymbol{A} = l \cdot b = 9\text{mm} \cdot 8.5\text{mm} = \mathbf{76.5\text{mm}^2}$

面积
$$A = l \cdot b$$

矩形

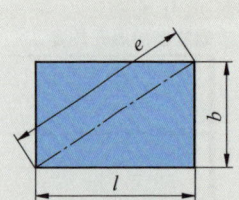

A 面积　　　b 宽度
l 长度　　　e 对角线长度

举例：

$l_1 = 12\text{mm}$；$b = 11\text{mm}$；$A = ?$；$e = ?$

$\boldsymbol{A} = l \cdot b = 12\text{mm} \cdot 11\text{mm} = \mathbf{132\text{mm}^2}$

$\boldsymbol{e} = \sqrt{l^2 + b^2} = \sqrt{(12\text{mm})^2 + (11\text{mm})^2} = \sqrt{265\text{mm}^2}$
$= \mathbf{16.28\text{mm}}$

面积
$$A = l \cdot b$$

对角线长度
$$e = \sqrt{l^2 + b^2}$$

长菱形（平行四边形）

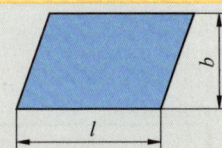

A 面积　b 宽度　l 边长

举例：

$l = 36\text{mm}$；$b = 15\text{mm}$；$A = ?$

$\boldsymbol{A} = l \cdot b = 36\text{mm} \cdot 15\text{mm} = \mathbf{540\text{mm}^2}$

面积
$$A = l \cdot b$$

梯形

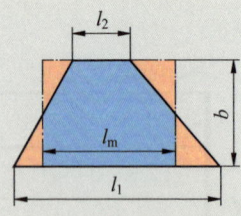

A 面积　l_m 平均长度　l_1 长边长度
b 宽度　l_2 短边长度

举例：

$l_1 = 23\text{mm}$；$l_2 = 20\text{mm}$；$b = 17\text{mm}$；$A = ?$

$\boldsymbol{A} = \dfrac{l_1 + l_2}{2} \cdot b = \dfrac{23\text{mm} + 20\text{mm}}{2} \cdot 17\text{mm}$
$= \mathbf{365.5\text{mm}^2}$

面积
$$A = l_\text{m} \cdot b$$

平均长度
$$l_\text{m} = \frac{l_1 + l_2}{2}$$

三角形

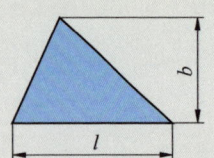

A 面积　b 宽度　l 边长

举例：

$l_1 = 62\text{mm}$；$b = 29\text{mm}$；$A = ?$

$\boldsymbol{A} = \dfrac{l \cdot b}{2} = \dfrac{62\text{mm} \cdot 29\text{mm}}{2} = \mathbf{899\text{mm}^2}$

面积
$$A = \frac{l \cdot b}{2}$$

三角形，多边形，圆

等边三角形

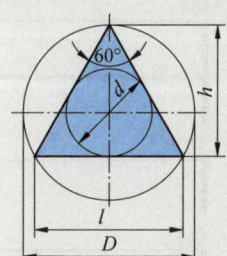

A　面积
d　内切圆直径
l　边长
h　高
D　外接圆直径

外接圆直径

$$D = \frac{2}{3} \cdot \sqrt{3} \cdot l = 2 \cdot d$$

面积

$$A = \frac{1}{4} \cdot \sqrt{3} \cdot l^2$$

举例：

$l = 42\text{mm}; A = ?$

$$A = \frac{1}{4} \cdot \sqrt{3} \cdot l^2 = \frac{1}{4} \cdot \sqrt{3} \cdot (42\text{mm})^2 = \mathbf{763.8\text{mm}^2}$$

内切圆直径

$$d = \frac{1}{3} \cdot \sqrt{3} \cdot l = \frac{D}{2}$$

三角形高度

$$h = \frac{1}{2} \cdot \sqrt{3} \cdot l$$

正多边形

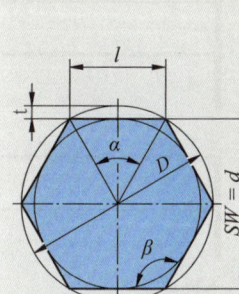

A　面积
l　边长
D　外接圆直径
d　内切圆直径
n　顶点个数
α　中心角
β　顶角
SW　板拧宽度
t　铣削深度

外接圆直径

$$d = \sqrt{D^2 - l^2}$$

内切圆直径

$$D = \sqrt{d^2 - l^2}$$

面积

$$A = \frac{n \cdot l \cdot d}{4}$$

边长

$$l = D \cdot \sin\left(\frac{180°}{n}\right)$$

中心角

$$\alpha = \frac{360°}{n}$$

顶角

$$\beta = 180° - \alpha$$

举例：

六边形，$D=80\text{mm}$；$l = ?$ ；$d= ?$ ；$A = ?$

$$l = D \cdot \sin\left(\frac{180°}{n}\right) = 80\text{mm} \cdot \sin\left(\frac{180°}{6}\right) = \mathbf{40\text{mm}}$$

$$d = \sqrt{D^2 - l^2} = \sqrt{6400\text{mm}^2 - 1600\text{mm}^2} = \mathbf{69.282\text{mm}}$$

$$A = \frac{n \cdot l \cdot d}{4} = \frac{6 \cdot 40\text{mm} \cdot 69.282\text{mm}}{4} = \mathbf{4156.92\text{mm}^2}$$

板拧宽度 SW，轴径 D，面积 A 和铣削深度 t

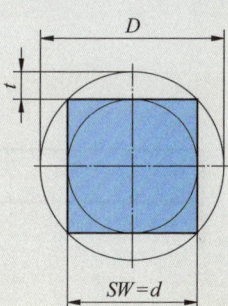

四角	六角	八角	十二角
$D = \dfrac{SW}{\cos 45°}$	$D = \dfrac{SW}{\cos 30°}$	$D = \dfrac{SW}{\cos 22.5°}$	$D = \dfrac{SW}{\cos 15°}$
$A = SW^2$	$A \approx 0.867 \cdot SW^2$	$A \approx 0.828 \cdot SW^2$	$A \approx 0.804 \cdot SW^2$

举例：

六角形，板拧宽度 $SW=24$ mm；$D= ?$ ；$t= ?$

$$D = \frac{SW}{\cos 30°} = \frac{24\text{mm}}{0.866} = \mathbf{27.71\text{mm}}$$

$$t = \frac{D - SW}{2} = \frac{27.71\text{mm} - 24\text{mm}}{2} = \frac{3.71\text{mm}}{2} = \mathbf{1.855\text{mm}}$$

铣削深度

$$t = \frac{D - SW}{2}$$

圆

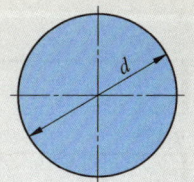

A 面积　　U 圆长　　d 直径

举例：

$d = 60\text{mm}; A = ?; U = ?$

$$A = \frac{\pi \cdot d^2}{4} = \frac{\pi \cdot (60\text{mm})^2}{4} = \mathbf{2827\text{mm}^2}$$

$$U = \pi \cdot d = \pi \cdot 60\text{mm} = \mathbf{188.5\text{mm}}$$

面积

$$A = \frac{\pi \cdot d^2}{4}$$

周长

$$U = \pi \cdot d$$

扇形，弓形，圆环，椭圆

扇形

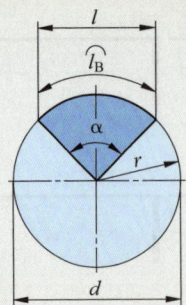

A 面积　　l 弦长
d 直径　　r 半径
l_a 弧长　　α 中心角

举例：

$d = 48\text{mm};\ \alpha = 110°;\ l_B = ?;\ A = ?$

$l_B = \dfrac{\pi \cdot r \cdot a}{180°} = \dfrac{\pi \cdot 24\text{mm} \cdot 110°}{180°} = \mathbf{46.1mm}$

$\mathbf{A} = \dfrac{l_B \cdot r}{2} = \dfrac{46.1\text{mm} \cdot 24\text{mm}}{2} = \mathbf{553mm^2}$

面积

$$A = \frac{\pi \cdot d^2}{4} \cdot \frac{a}{360°}$$

$$A = \frac{l_B \cdot r}{2}$$

弦长

$$l = 2 \cdot r \cdot \sin\frac{a}{2}$$

弧长

$$l_B = \frac{\pi \cdot r \cdot a}{180°}$$

弓形

$\alpha \leq 180°$ 的弓形

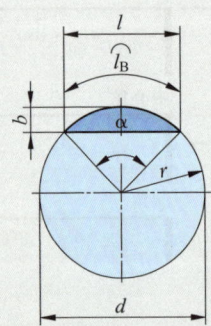

A 面积　　b 弓形高度
d 直径　　r 半径
l_B 弧长　　α 中心角
l 弦长

举例：

$r = 30\text{mm};\ a = 120°;\ l = ?;\ b = ?;\ A = ?$

$l = 2 \cdot r \sin\dfrac{a}{2} = 2.30\text{mm} \cdot \sin\dfrac{120°}{2} = \mathbf{51.96mm}$

$b = \dfrac{1}{2} \cdot \tan\dfrac{a}{4} = \dfrac{51.96\text{mm}}{2} \cdot \tan\dfrac{120°}{4} = 14.999\text{mm} = \mathbf{15mm}$

$\mathbf{A} = \dfrac{\pi \cdot d^2}{4} \cdot \dfrac{a}{360°} - \dfrac{l \cdot (r - b)}{2}$

$= \dfrac{\pi \cdot (60\text{mm})^2}{4} \cdot \dfrac{120°}{360°} - \dfrac{51.96\text{mm} \cdot (30\text{mm} - 15\text{mm})}{2}$

$= \mathbf{552.8mm^2}$

半径

$$r = \frac{b}{2} + \frac{l^2}{8 \cdot b}$$

弧长

$$l_B = \frac{\pi \cdot r \cdot a}{180°}$$

面积

$$A = \frac{\pi \cdot d^2}{4} \cdot \frac{a}{360°} - \frac{l \cdot (r - b)}{2}$$

$$A = \frac{l_B \cdot r - l \cdot (r - b)}{2}$$

弦长

$$l = 2 \cdot r \cdot \sin\frac{a}{2}$$

$$l = 2 \cdot \sqrt{b \cdot (2 \cdot r - b)}$$

弓形高度

$$b = \frac{1}{2} \cdot \tan\frac{a}{4}$$

$$b = r - \sqrt{r^2 - \frac{l^2}{4}}$$

圆环

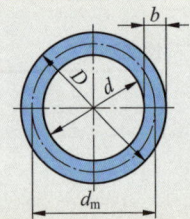

A 面积　　d_m 平均直径　　D 外径
d 内径　　b 宽度

举例：

$D = 160\text{mm};\ d = 125\text{mm};\ A = ?$

$A = \dfrac{\pi}{4} \cdot (D^2 - d^2) = \dfrac{\pi}{4} \cdot (160^2\text{mm}^2 - 125^2\text{mm}^2)$

$= \mathbf{7834mm^2}$

面积

$$A = \pi \cdot d_m \cdot b$$

$$A = \frac{\pi}{4} \cdot (D^2 - d^2)$$

椭圆

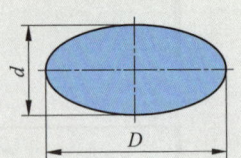

A 面积　　d 宽度　　D 长度　　U 周长

举例：

$D = 65\text{mm};\ d = 20\text{mm};\ A = ?$

$\mathbf{A} = \dfrac{\pi \cdot D \cdot d}{4} = \dfrac{\pi \cdot 65\text{mm} \cdot 20\text{mm}}{4}$

$= \mathbf{1021mm^2}$

面积

$$A = \frac{\pi \cdot D \cdot d}{4}$$

周长

$$U \approx \pi \frac{D + d}{2}$$

正方体，长方体，圆柱体，空心圆柱体，棱锥体

正方体

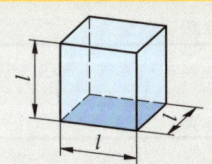

V 体积　l 边长　A_o 表面积

举例：

$l = 20\text{mm}; V = ? ; A_0 = ?$
$\boldsymbol{V} = l^3 = (20\text{mm})^3 = \textbf{8000mm}^3$
$\boldsymbol{A_0} = 6 \cdot l^2 = 6 \cdot (20\text{mm})^2 = \textbf{2400mm}^2$

体积
$$V = l^3$$

表面积
$$A_0 = 6 \cdot l^2$$

长方体

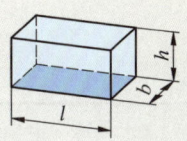

V 体积　h 高度　A_o 表面积
b 宽度　l 边长

举例：

$l = 6\text{cm}; b = 3\text{cm}; h = 2\text{cm}; V = ?$
$\boldsymbol{V} = l \cdot b \cdot h = 6\text{cm} \cdot 3\text{cm} \cdot 2\text{cm} = \textbf{36mm}^3$

体积
$$V = l \cdot b \cdot h$$

表面积
$$A_0 = 2 \cdot (l \cdot b + l \cdot h + b \cdot h)$$

圆柱体

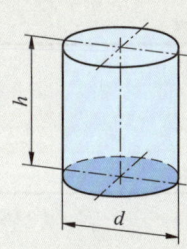

V 体积　d 直径　A_o 表面积
h 高度　A_M 外形轮廓面积

举例：

$d = 14\text{mm}; h = 25\text{mm}; V = ?$
$\boldsymbol{V} = \dfrac{\pi \cdot d^2}{4} \cdot h$
$= \dfrac{\pi \cdot (14\text{mm})^2}{4} \cdot 25\text{mm}$
$= \textbf{3848mm}^3$

体积
$$V = \frac{\pi \cdot d^2}{4} \cdot h$$

表面积
$$A_0 = \pi \cdot d \cdot h + 2 \cdot \frac{\pi \cdot d^2}{4}$$

外形轮廓面积
$$A_M = \pi \cdot d \cdot h$$

空心圆柱体

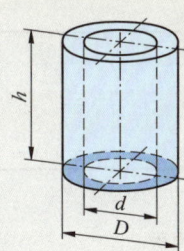

V 体积　　D, d 直径
A_o 表面积　h 高度

举例：

$D = 42\text{mm}; d = 20\text{mm}; h = 80\text{mm};$
$V = ?$
$\boldsymbol{V} = \dfrac{\pi \cdot h}{4} \cdot (D^2 - d^2)$
$= \dfrac{\pi \cdot 80\text{mm}}{4} \cdot (42^2\,\text{mm}^2 - 20^2\,\text{mm}^2)$
$= \textbf{85703mm}^3$

体积
$$V = \frac{\pi \cdot h}{4} \cdot (D^2 - d^2)$$

表面积
$$A_0 = \pi \cdot (D+d) \cdot \left[\frac{1}{2} \cdot (D-d) + h\right]$$

棱锥体

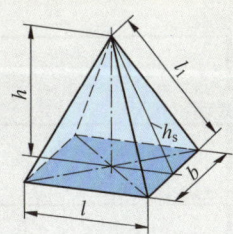

V 体积　　l 边长　　h 高度
l_1 棱长　h_s 斜高　b 宽度

举例：

$l = 16\text{cm}; b = 21\text{cm}; h = 2\text{cm}; V = ?$
$\boldsymbol{V} = \dfrac{l \cdot b \cdot h}{3} = \dfrac{16\text{mm} \cdot 21\,\text{mm} \cdot 45\text{mm}}{3}$
$= \textbf{5040mm}^3$

体积
$$V = \frac{l \cdot b \cdot h}{3}$$

棱长
$$l_1 = \sqrt{h_s^2 + \frac{b^2}{4}}$$

斜高
$$h_s = \sqrt{h^2 + \frac{l^2}{4}}$$

锥台，圆锥，圆台，球体，球冠

锥台

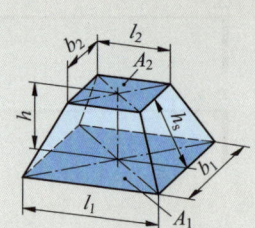

V 体积　　　l_1, l_2 边长　　b_1, b_2 宽度
A_1 底面面积　A_2 顶面面积　h 高度
　　　　　　　h_s 斜高

举例：

$l_1 = 40\text{mm}$; $l_2 = 22\text{mm}$; $b_1 = 28\text{mm}$;
$b_2 = 15\text{mm}$; $h = 50\text{mm}$; $V = ?$

$$V = \frac{h}{3} \cdot (A_1 + A_2 + \sqrt{A_1 + A_2})$$

$$= \frac{50\text{mm}}{3} \cdot (1120 + 330\sqrt{1120 \cdot 330}) \, \text{mm}^2$$

$$= \mathbf{34299\text{mm}^3}$$

体积

$$V = \frac{h}{3} \cdot (A_1 + A_2 + \sqrt{A_1 + A_2})$$

斜高

$$h_s = \sqrt{h^2 + \left(\frac{l_1 - l_2}{2}\right)^2}$$

圆锥

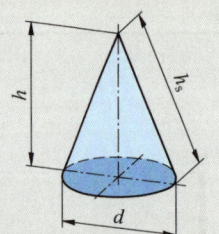

V 体积　h 高度　A_m 外形轮廓面积
h_s 斜高　d 直径

举例：

$d = 52\text{mm}$; $h = 110\text{mm}$; $V = ?$

$$V = \frac{\pi \cdot d^2}{4} \cdot \frac{h}{3}$$

$$= \frac{\pi \cdot (52\text{mm})^2}{4} \cdot \frac{110\text{mm}}{3}$$

$$= \mathbf{77870\text{mm}^3}$$

体积

$$V = \frac{\pi \cdot d^2}{4} \cdot \frac{h}{3}$$

外形轮廓面积

$$A_M = \frac{\pi \cdot d \cdot h_s}{2}$$

斜高

$$h_s = \sqrt{\frac{d^2}{4} + h^2}$$

圆台

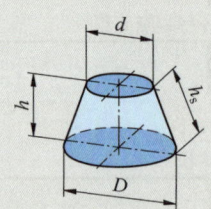

V 体积　d 上底圆直径　A_m 外形轮廓面积
h 高度　D 下底圆直径　h_s 斜高

举例：

$D = 100\text{mm}$; $d = 62\text{mm}$; $h = 80\text{mm}$; $V = ?$

$$V = \frac{\pi \cdot h}{12} \cdot (D^2 + d^2 + D \cdot d)$$

$$= \frac{\pi \cdot 80\text{mm}}{12} \cdot (100^2 + 62^2 + 100 \cdot 62) \, \text{mm}^2$$

$$= \mathbf{419800\text{mm}^3}$$

体积

$$V = \frac{\pi \cdot h}{12} \cdot (D^2 + d^2 + D \cdot d)$$

外形轮廓面积

$$A_M = \frac{\pi \cdot h_s}{2} (D + d)$$

斜高

$$h_s = \sqrt{h^2 + \left(\frac{D - d}{2}\right)^2}$$

球体

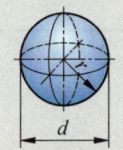

V 体积　　d 球体直径
A_o 表面积

举例：

$d = 9\text{mm}$; $V = ?$

$$V = \frac{\pi \cdot d^3}{6} = \frac{\pi \cdot (9\text{mm})^3}{6} = \mathbf{382\text{mm}^3}$$

体积

$$V = \frac{\pi \cdot d^3}{6}$$

表面积

$$A_o = \pi \cdot d^2$$

球冠

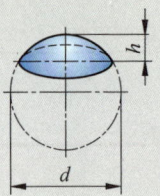

V 体积　d 球体直径　A_M 外形轮廓面积
h 拱高　A_o 表面积

举例：

$d = 8\text{mm}$; $h = 6\text{mm}$; $V = ?$

$$V = \pi \cdot h^2 \cdot \left(\frac{d}{2} - \frac{h}{3}\right)$$

$$= \pi \cdot 6^2 \text{mm}^2 \cdot \left(\frac{8\text{mm}}{2} - \frac{6\text{mm}}{3}\right)$$

$$= \mathbf{226\text{mm}^3}$$

体积

$$V = \pi \cdot h^2 \cdot \left(\frac{d}{2} - \frac{h}{3}\right)$$

表面积

$$A_o = \pi \cdot h \cdot (2 \cdot d - h)$$

外形轮廓面积

$$A_M = \pi \cdot d \cdot h$$

组合体体积，质量计算

组合体体积

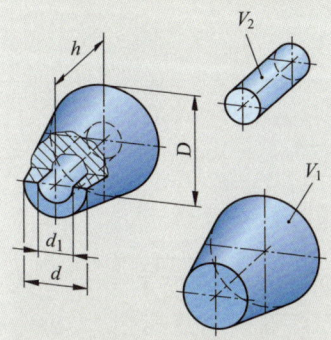

V 总体积
V_1, V_2 部分体积

总体积
$$V = V_1 + V_2 + \ldots - V_5 - V_6$$

举例：

锥形轴套：$D=42$ mm；$d=26$ mm；
$d_1=16$ mm；$h=45$ mm；$V=$?

$$V_1 = \frac{\pi \cdot h}{12} \cdot (D^2 + d^2 + D \cdot d)$$

$$= \frac{\pi \cdot 45\text{mm}}{12} \cdot (42^2 + 26^2 + 42 \cdot 26)\text{mm}^2$$

$$= 41610\text{mm}^3$$

$$V_2 = \frac{\pi \cdot d_1^2}{4} \cdot h = \frac{\pi \cdot 16^2\text{mm}^2}{4} \cdot 45\text{mm} = 9048\text{mm}^3$$

$$V = V_1 - V_2 = 41610\,\text{mm}^3 - 9048\,\text{mm}^3 = \mathbf{32562\,mm^3}$$

质量计算

总质量

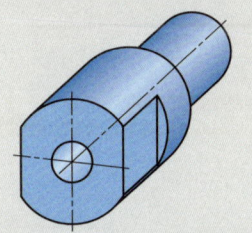

m 质量 ϱ 密度 V 体积

质量
$$m = V \cdot \varrho$$

固体、液体和气体的
密度值：参见 120 页
和 121 页。

举例：

铝工件：
$V = 6.4$ dm³；$\varrho = 2.7$ kg/dm³；$m=$?
$$m = V \cdot \varrho = 6.4\,\text{dm}^3 \cdot 2.7\,\frac{\text{kg}}{\text{dm}^3}$$
$$= \mathbf{17.28kg}$$

质量线密度

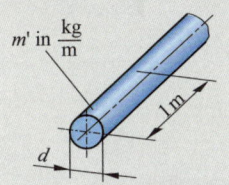

m' in $\frac{\text{kg}}{\text{m}}$

m 质量 l 长度 m' 质量线密度

质量线密度
$$m = m' \cdot l$$

应用：借助 m' 的表
值计算型材、管材、
线材等的质量（表见
159 页）

举例：

圆钢 $d=15$ mm；
$m' = 1.39$ kg/m；$l=3.86$ mm；$m=$?
$$m = m' \cdot l = 1.39\,\frac{\text{kg}}{\text{m}} \cdot 3.86\text{m}$$
$$= \mathbf{5.37kg}$$

质量面密度

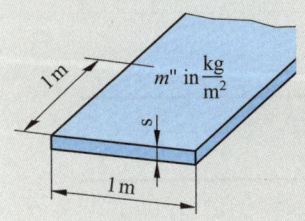

m'' in $\frac{\text{kg}}{\text{m}^2}$

m 质量 A 面积 m'' 质量面密度

质量面密度
$$m = m'' \cdot A$$

应用：借助 m'' 的表
值计算板材、薄膜、
涂层等的质量（表见
159 页）

举例：

钢板：
$s = 1.5$ mm；$m'' = 11.8$ kg/m²
$A = 7.5$ m²；$m=$?
$$m = m'' \cdot A = 11.8\,\frac{\text{kg}}{\text{m}^2} \cdot 7.5\text{m}^2$$
$$= \mathbf{88.5kg}$$

线形心，面形心

线形心

l_1，l_2，l_3 线长度　　　　S，S_1，S_2 线的形心
x_s，x_1，x_2 线形心离 y 轴的水平距离
y_s，y_1，y_2 线形心离 x 轴的垂直距离

距离	
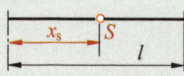	$$X_s = \frac{l}{2}$$

组合连接线

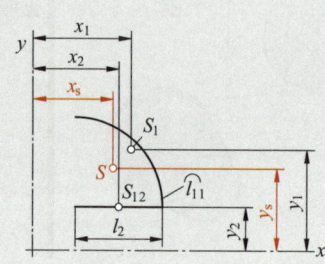

圆弧	普通
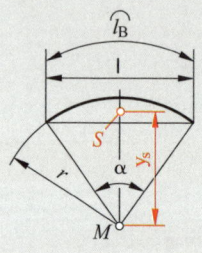	$$y_s = \frac{r \cdot l}{l_B}$$ $$y_s = \frac{l \cdot 180°}{\pi \cdot \alpha}$$
	半圆弧
	$$y_s \approx 0.6366 \cdot r$$
l 和 l_B 的计算参见：第 24 页	**四分之一圆弧**
	$$y_s \approx 0.9003 \cdot r$$

$$X_s = \frac{l_1 \cdot X_1 + l_2 \cdot X_2 + \cdots}{l_1 + l_2 + \cdots}$$

$$y_s = \frac{l_1 \cdot y_1 + l_2 \cdot y_2 + \cdots}{l_1 + l_2 + \cdots}$$

面形心

A，A_1，A_2 面积　　　　S，S_1，S_2 面积的形心
x_s，x_1，x_2 面积形心离 y 轴的水平距离
y_s，y_1，y_2 面积形心离 x 轴的垂直距离

矩形		三角形	
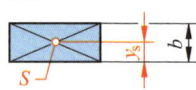	$$y_s = \frac{b}{2}$$	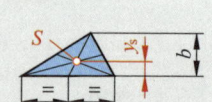	$$y_s = \frac{b}{3}$$

圆弧	普通
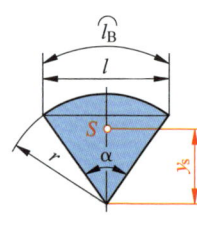	$$y_s = \frac{2 \cdot r \cdot l}{3 \cdot l_B}$$
	半圆弧
	$$y_s \approx 0.4244 \cdot r$$
	四分之一圆弧
	$$y_s \approx 0.6002 \cdot r$$

组合面积

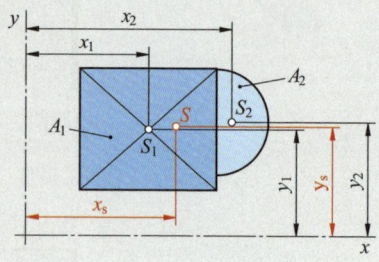

弓形	
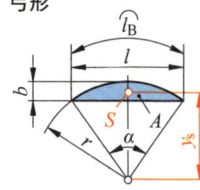	$$y_s = \frac{l^3}{12 \cdot A}$$
	面积 A 的计算参见第 24 页

$$X_s = \frac{A_1 \cdot X_1 + A_2 \cdot X_2 + \cdots}{A_1 + A_2 + \cdots}$$

$$y_s = \frac{A_1 \cdot y_1 + A_2 \cdot y_2 + \cdots}{A_1 + A_2 + \cdots}$$

2 工程物理（P）

匀速运动，加速运动和减速运动

匀速运动

直线运动

位移距离 – 时间曲线图表

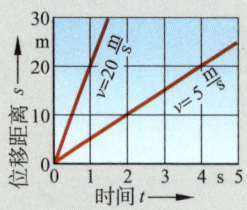

v 速度
t 时间
s 位移距离

举例：

$$V = 48 \text{km/h}; s = 12\text{m}; t = ?$$

$$48 = \frac{\text{km}}{\text{h}} = \frac{48\,000\text{m}}{3600\text{s}} = 13.33\,\frac{\text{m}}{\text{s}}$$

$$t = \frac{s}{v} = \frac{12\text{m}}{13.33\text{m/s}} = \textbf{0.9s}$$

速度

$$V = \frac{s}{t}$$

$$1 = \frac{\text{m}}{\text{s}} = 60\,\frac{\text{m}}{\text{min}} = 3.6\,\frac{\text{km}}{\text{h}}$$

$$1 = \frac{\text{km}}{\text{h}} = 16.667\,\frac{\text{m}}{\text{min}}$$

$$= 0.2778\,\frac{\text{m}}{\text{s}}$$

圆周运动

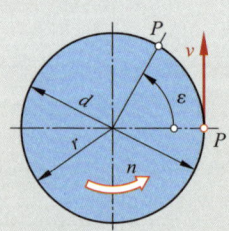

v 圆周速度，切削速度 n 转速
r 半径 ω 角速度 D 直径

举例：

皮带轮，$d = 250$ mm；$n = 1400$ min^{-1}；
$v = ?$ ；$\omega = ?$
换算：$n = 1400\text{min}^{-1} = \frac{1400}{60\text{s}} = 23.33\text{s}^{-1}$

$$V = \pi \cdot d \cdot n = \pi \cdot 0.25\text{m} \cdot 23.33\text{s}^{-1} = \textbf{18.3}\,\frac{\textbf{m}}{\textbf{s}}$$

$$\omega = 2 \cdot \pi \cdot n = 2 \cdot \pi \cdot 23.33\text{s}^{-1} = \textbf{146.6s}^{-1}$$

回转体切削运动的切削速度参见 31 页。

圆周速度

$$V = \pi \cdot d \cdot n$$

$$V = \omega \cdot r$$

角速度

$$\omega = 2 \cdot \pi \cdot n$$

$$\frac{1}{\text{min}} = \text{min}^{-1} = \frac{1}{60\text{s}}$$

加速运动和减速运动

直线加速运动

速度 – 时间曲线图表

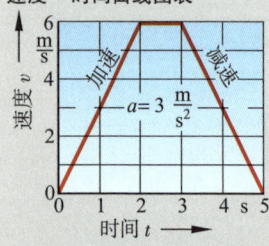

位移距离 – 时间曲线图表

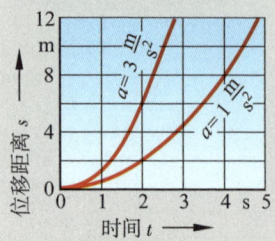

速度在 1 秒时间内的增加称为**加速**，而减少则称为**减速**。自由落体是匀加速运动，这里是重力加速度 g 的作用。
v 加速度的终极速度，减速度的初始速度
s 位移距离 t 时间
a 加速度 g 重力加速度

举例 1：

某物体从 $s = 3$ m 处自由落下；$v = ?$

$$a = g = 9.81\,\frac{\text{m}}{\text{s}^2}$$

$$V = \sqrt{2 \cdot a \cdot s} = \sqrt{2 \cdot 9.81\text{m/s}^2 \cdot 3\text{m}} = \textbf{7.7}\,\frac{\textbf{m}}{\textbf{s}}$$

举例 2：

汽车行驶，$v = 80$ km/h；$a = 7$ m/s^2；
刹车距离 $s = ?$
换算：$V = 80\,\frac{\text{km}}{\text{h}} = \frac{80\,000\text{m}}{3600\text{s}} = 22.22\,\frac{\text{m}}{\text{s}}$

$$v = \sqrt{2 \cdot a \cdot s}$$

$$s = \frac{v^2}{2 \cdot a} = \frac{(22.22\text{m/s})^2}{2 \cdot 7\text{m/s}^2} = \textbf{35.3m}$$

下列公式适用于
从静止至加速或
从减速至静止：

终极速度或初始速度

$$V = a \cdot t$$

$$V = \sqrt{2 \cdot a \cdot s}$$

**加速位移距离 /
减速位移距离**

$$s = \frac{1}{2} \cdot v \cdot t$$

$$s = \frac{1}{2} \cdot a \cdot t^2$$

$$s = \frac{v^2}{2 \cdot a}$$

机床速度

进给速度

车削

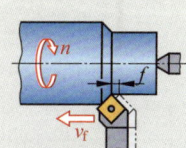

铣削

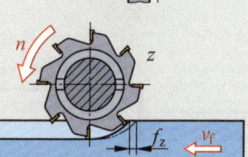

丝杠
传动

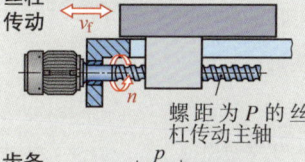

齿条
传动

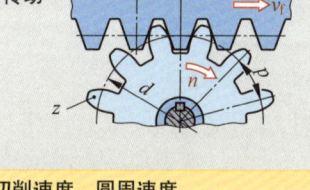

螺距为 P 的丝杠传动主轴

v_f 进给速度
n 转速
f 进给量
f_z 每刃进给量
z 切削刃数量，小齿轮齿数
P 螺距
p 齿条齿距
d 小齿轮节圆直径

举例 1：

圆柱平面铣刀，$z=8$；$f_z=0.2$mm；$n=45$/min；
$V_f=?$
$$V_f = n \cdot f_z \cdot z = 45\frac{1}{\text{min}} \cdot 0.2\text{mm} \cdot 8 = \mathbf{72\frac{mm}{min}}$$

举例 2：

丝杠主轴进给传动，
$P=5$mm；$n=112$/min；$V_f=?$
$$V_f = n \cdot P = 112\frac{1}{\text{min}} \cdot 5\text{mm} = \mathbf{560\frac{mm}{min}}$$

举例 3：

齿条进给传动，
$n=80$/min；$d=75$mm；$V_f=?$
$$V_f = \pi \cdot d \cdot n = \pi \cdot 75\text{mm} \cdot 80\frac{1}{\text{min}}$$
$$= 18\,850\frac{mm}{min} = \mathbf{18.85\frac{m}{min}}$$

钻孔和车削 进给速度
$$V_f = n \cdot f$$

铣削 进给速度
$$V_f = n \cdot f_z \cdot z$$

丝杠传动 进给速度
$$V_f = n \cdot P$$

齿条传动 进给速度
$$V_f = n \cdot z \cdot P$$
$$V_f = \pi \cdot d \cdot n$$

切削速度，圆周速度

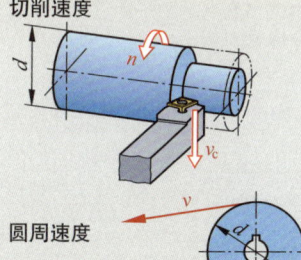

切削速度

圆周速度

v_f 进给速度
v 圆周速度
d 直径
n 转速

举例：

$n=1200$/min；$d=35$mm；$V_c=?$
$$V_c = \pi \cdot d \cdot n = \pi \cdot 0.035\text{mm} \cdot 1200\frac{1}{\text{min}}$$
$$= \mathbf{132\frac{m}{min}}$$

切削速度
$$V_c = \pi \cdot d \cdot n$$

圆周速度
$$V = \pi \cdot d \cdot n$$

曲轴传动机构的平均速度

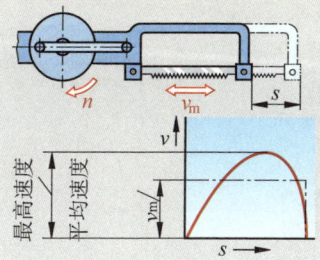

v_m 平均速度
n 往复行程次数
s 行程长度

举例：

机用弓锯，
$s=280$mm；$n=45$/min；$V_m=?$
$$V_m = 2 \cdot s \cdot n = 2 \cdot 0.28\text{m} \cdot 45\frac{1}{\text{min}}$$
$$= \mathbf{25.2\frac{m}{min}}$$

平均速度
$$V_m = 2 \cdot s \cdot n$$

表达法，力的合成与分解

下例选用 M_k=10N/mm

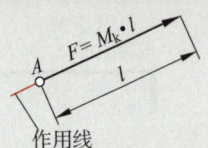

作用线

力是一个物体运动变化或形状变化的原因。
F_1，F_2，F_i 分力 l 矢量大小（长度）
F_r 合力 M_K 力的标度
用矢量表示力（矢量）
力 F 的量对应矢量 l 的大小（长度）。
初始点和作用线表示力的位置。
矢量箭头所指是力的**方向**。

矢量大小

$$l = \frac{F}{M_k}$$

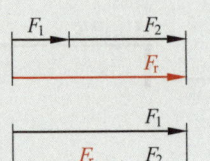

同方向作用的共线力的加减。
同方向作用的共线力可以进行算术加减。

举例：

> $F_1 = 80\text{N}$, $F_2 = 160\text{N}$, 同向，F_r=?
> $\boldsymbol{F_1} = F_1 + F_2 = 80\text{N} + 160\text{N} =$ **240N**

合力
（与分力一样相同作用的备用力的合成）

$$F_r = \sum F_i$$

举例：拉绳位置图

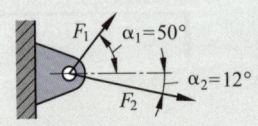

力的分析图

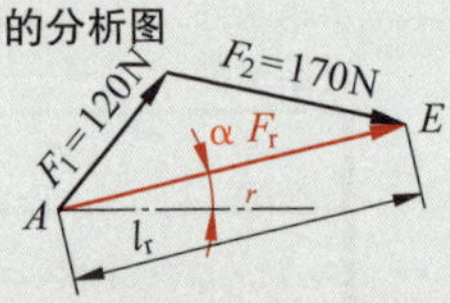

作用线相交的力的合成图示
1. 从初始点 A 至终极点 E 的力的箭头可按任意顺序进行角度和比例的组合。
2. 合力 F_r 位于力分析图中 A 与 E 之间。
3. 合力 F_r 的量由 l_r 和 M_K 计算求出，并可测出 F_r 的角度位置。

举例：

> 拉绳，F_1=120N, F_2=170N; F_r=?, α_r=?
> 现测得：l_r = 25mm, α_r = **13°**
> $\boldsymbol{F_r} = l_r \cdot M_k = 25\text{mm} \cdot 10\text{N/mm} =$ **250N**

举例：斜面位置图

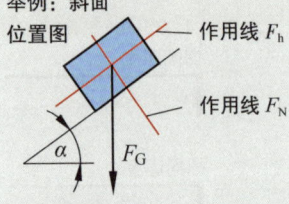

力的分析图

一个力分解成两个力的分解图示
1. 按角度和比例表示一个已知的力 F（$=F_G$）并用 A 和 E 表示所求分力的作用线。由此得交点 S_1 和 S_2。线条 AS_1E 以及 AS_2E 的组合构成力的分析图。
2. 分力位于 AS_1 与 SE_2 之间。
3. 分力的量由 l_1, l_2 和 M_K 计算求出。

举例：

> 斜面，$\boldsymbol{F_G}$ =200N, α =35°; F_N=? F_H=?
> 已测得：l_1 = 16 mm, l_2 = 11 mm
> $\boldsymbol{F_N} = l_1 \cdot M_k = 16\text{mm} \cdot 10\text{N/mm} =$ **160N**
> $\boldsymbol{F_H} = l_2 \cdot M_k = 11\text{mm} \cdot 10\text{N/mm} =$ **110N**

采用力的分析图进行计算
未按比例画出的力分析图作为力多边形草图是计算的基础。用于计算的力多边形。

用于计算的力多边形草图（未按比例）

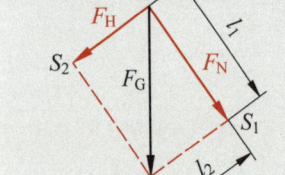

举例：

> 斜面，$\boldsymbol{F_G}$ =200N, α =35°; F_N=? F_H=?
> 根据力多边形草图，重力 F_G 可分解成为 F_N 和 F_H。草图画出的力多边形是直角。用三角函数正弦和余弦进行计算。
> $\boldsymbol{F_N} = F_G \cdot \cos\alpha = 200\text{N} \cdot \cos 35° =$ **163.8N**
> $\boldsymbol{F_H} = F_G \cdot \sin\alpha = 200\text{N} \cdot \sin 35° =$ **114.7N**

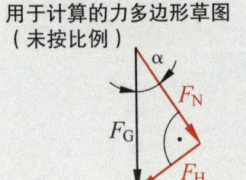

用力的分析图（力多边形）进行计算	
力分析图的形状	所需的三角函数
直角的力多边形	正弦，余弦，正切
斜角的力多边形	正弦定理，余弦定理

力和分力，平衡，力的求取

在 X–Y 坐标系内的力和分力

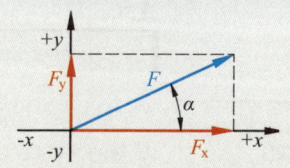

F	力	N
F_x	力的 X– 分力	N
F_y	力的 Y– 分力	N
α	与 x 轴的锐角	°

X–，Y– 分力

$$F_x = F \cdot \cos\alpha$$

$$F_y = F \cdot \sin\alpha$$

力的量

$$F = \sqrt{F_x^2 + F_y^2}$$

在一个面上力的平衡，前置符号规则，求取未知的力

在一个面上力的平衡，前置符号规则

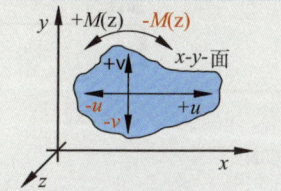

任意一个静态平面均有三种运动的可能性：
$U \rightarrow$ 在 X 方向的移动
$V \rightarrow$ 在 Y 方向的移动
$M_{(z)} \rightarrow$ 绕 Z 轴的旋转
力矩的前置符号：
$M_{(z)}$ 向左旋 =+
$M_{(z)}$ 向右旋 =−

平衡条件

$$\sum F_x = 0$$

$$\sum F_y = 0$$

$$\sum M_{(z)} = 0$$

中央力系（所有的力均有一人共同的交点）

**举例：支架
位置示意图**

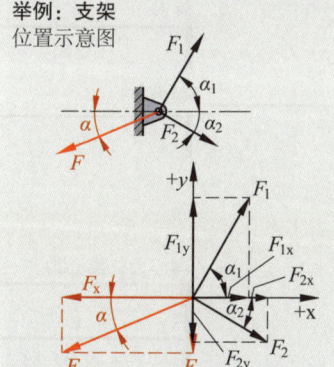

F_1, F_2	已知的力	N
F	未知的力（未知其量和作用方向）	N
α, $\alpha_1 \dots \alpha_B$	与 X 轴的锐角	°
F_x, F_{1x}, F_{2x}	X– 分力	N
F_y, F_{1y}, F_{2y}	Y– 分力	N

求取步骤：
1. 将力分解为分力 F_x 和 F_y。
（设未知力的方向）
2. 列出平衡条件[1]。
3. 计算未知力（F）以及分力
（$F_x F_y$）的量和方向

力的分析图：

当各力的旋转方向及所构成的角度相同时，各力处于平衡状态。

X– 分力（举例）
$\sum F_x = 0$: $F_{1x} + F_{2x} - F_x = 0$

$$F_x = F_{1x} + F_{2x}$$

Y– 分力（举例）
$\sum F_y = 0$: $F_{1y} + F_{2y} - F_y = 0$

$$F_y = F_{1y} - F_{2y}$$

力的量

$$F = \sqrt{F_x^2 + F_y^2}$$

力的角度

$$\alpha = \arctan\left|\frac{F_y}{F_x}\right|$$

普通力系（各力没有一个共同交点）

**举例：轴
位置示意图**

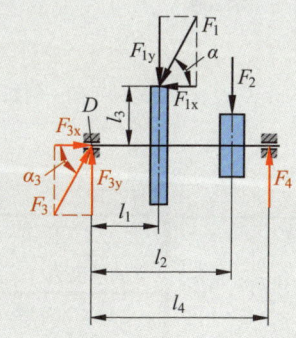

F_1, F_2	已知的力	N
F_3, F_4	未知的力	N
M	力矩	N.m
$L_1 \dots l_4$	旋转点 D 的作用状态	m
α_1, α_3	与 x 轴的锐角	°
F_{1x}, F_{1y}, F_{3x}, F_{3y}	X–,Y– 分力	N

求取步骤：
1. 将力分解为分力 F_x 和 F_y。
（设未知力的方向）
2. 选取有效旋转点（例如在某个未知力的作用线上）
3. 列出平衡条件[1]。
4. 计算未知力（F_3, F_4）以及分力
（F_{3x}, F_{3y}）的量和方向。

[1] 注意前置符号。
[2] 参照 35 页。

力矩[2]（举例）
$\sum M_{(D)x} = 0$: $F_4 \cdot l_4 + F_{1x} \cdot l_3 -$
$F_{1y} \cdot l_1 - F_2 \cdot l_2 = 0$

$$F_4 = \frac{F_{1y} \cdot l_1 + F_2 \cdot l_2 - F_{1x} \cdot l_3}{l_4}$$

X– 分力（举例）
$\sum F_x = 0$: $F_{3x} - F_{1x} = 0$

$$F_{3x} = F_{1x}$$

Y– 分力（举例）
$\sum F_y = 0$:
$F_{3y} + F_4 - F_{1y} - F_2 = 0$

$$F_{3y} = F_{1y} + F_2 - F_4$$

力的量和角度
与中央力系相同
（见前文）

力的种类

重力

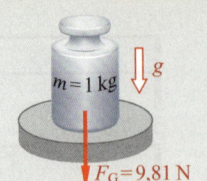

作用在质块上的地球引力构成重力。
F_G 重力　g 重力加速度　m 质量

举例：

> 钢梁，$m=1200kg$; $F_G=?$
> $\boldsymbol{F_G}=m \cdot g=1200kg; \cdot 9.81\frac{m}{s^2}=\textbf{11772N}$

重力

$$F_G = m \cdot g$$

$g = 9.81\frac{m}{s^2} \approx 10\frac{m}{s^2}$

质量的计算参
加第 27 页

加速力和减速力

使一个质块加速和减速，必须有一个力。
F 加速力　a 加速度　m 质量

举例：

> $m=50kg$; $a=3\frac{m}{s^2}$; $F=?$
> $\boldsymbol{F}=m \cdot a=50kg \cdot 3\frac{m}{s^2}=150kg \cdot \frac{m}{s^2}=\textbf{150N}$

加速力

$$F = m \cdot a$$

$1N = 1kg \cdot \frac{m}{s^2}$

弹力（胡克定律）

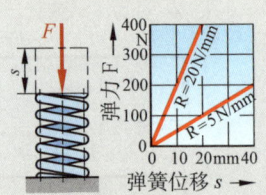

在弹性范围内，力与对应的弹簧线性变形成比例。
F 弹力　s 弹簧位移　R 弹力常数

举例：

> 压簧，$R=8N/mm$; $s=12mm$; $F=?$
> $F=R \cdot s=8\frac{N}{mm} \cdot 12mm=\textbf{96N}$

弹力

$$F = R \cdot s$$

弹力变化

$$\Delta F = R \cdot \Delta s$$

向心力，离心力

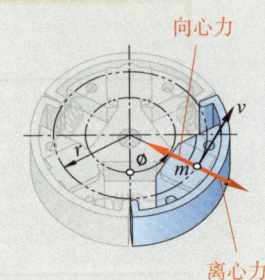

向心力

离心力

当质块沿曲线轨迹，例如一个圆运动时，要求对应离心力产生向心力。
F_z 向心力，离心力
ω 角速度　m 质量
v 圆周速度　r 半径

举例：

> 离心式制动器，$m=160g$; $v=80m/s$;
> $d=400mm$; $F_z=?$
> $\boldsymbol{F_z}=\frac{m \cdot v^2}{r}=\frac{0.16kg \cdot (80m/s)^2}{0.2m}=5120\frac{kg \cdot m}{s^2}=\textbf{5120N}$

向心力，离心力

$$F_z = m \cdot r \cdot \omega^2$$

$$F_z = \frac{m \cdot v^2}{r}$$

承受力

承受力举例

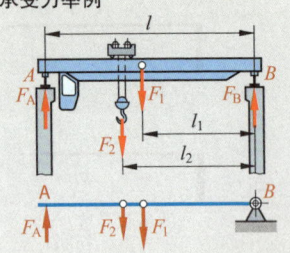

支撑点作为计算承受力的支点。
F_A, F_B 承受力　l, l_1, l_2 有效杠杆臂
F_1, F_2 力

举例：

> 行车，$F_1=40kN$; $F_2=15\,kN$; $l_1=6m$;
> $l_2=8m$; $l=12m$; $F_A=?$
> **解：** 将 B 点选作支点；假设承受力 F_A 作用
> 在单端杠杆上。
> $\boldsymbol{F_A}=\frac{F_1 \cdot l_1 + F_2 \cdot l_2}{l}=\frac{40kN \cdot 6m+15kN \cdot 8m}{12m}=\textbf{30kN}$

力矩的平衡（例如
围绕 B 点）
$\sum M_{(B)}=0$

杠杆原理

$$\sum M_l = \sum M_r$$

A 点的承受力

$$F_A = \frac{F_1 \cdot l_1 + F_2 \cdot l_2 \cdots}{l}$$

$$F_A + F_B = F_1 + F_2 \cdots$$

转矩，机械功

转矩和杠杆

单端杠杆

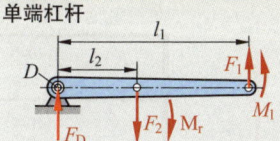

双端杠杆

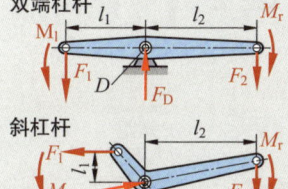

斜杠杆

有效杠杆臂是支点到力的作用线的垂直距离。盘盖类回旋体零件的杠杆臂等于其半径 r。

M 力矩　　F 力　　l 有效杠杆臂
$\sum M_l$ 所有逆时针方向力矩之和
$\sum M_r$ 所有顺时针方向力矩之和

举例：

斜杠杆，
$F_1 = 30\text{N}; l_1 = 0.15\text{m}; l_2 = 0.15\text{m}; l_2 = 0.45\text{m};$
$F_2 = ?$

$$F_2 = \frac{F_1 \cdot l_1}{l_2} = \frac{30\text{N} \cdot 0.15\text{m}}{0.45\text{m}} = \textbf{10N}$$

力矩

$$M = F \cdot l$$

转距的平衡

$$\sum M_{(D)} = 0$$

$$M_l - M_r = 0$$

杠杆原理

$$\sum M_l = \sum M_r$$

仅施加两个力的杠杆原理

$$F_1 \cdot l_1 = F_2 \cdot l_2$$

齿轮传动转矩

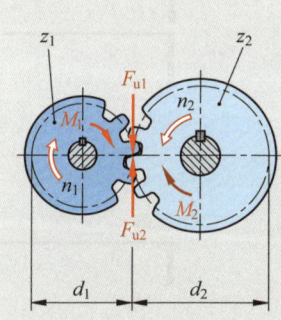

齿轮的杠杆臂是其节圆直径 d 的一半。如果两个相互啮合齿轮的齿数不相同，则产生的转矩不同。

主动轮	从动轮
F_{u1} 切向力	F_{u2} 切向力
M_1 转矩	M_2 转矩
d_1 节圆直径	d_2 节圆直径
z_1 齿数	z_2 齿数
n_1 转速	n_2 转速
i 传动比	

举例：

齿轮传动，$i = 12$; $M_1 = 60\text{N}\cdot\text{m}$; $M_2 = ?$
$$M_2 = i \cdot M_1 = 12 \cdot 60\text{N}\cdot\text{m} = \textbf{720N}\cdot\textbf{m}$$

齿轮传动的传动比参见 263 页。

转矩

$$M_1 = \frac{F_{u1} \cdot d_1}{2}$$

$$M_2 = \frac{F_{u2} \cdot d_2}{2}$$

$$M_2 = i \cdot M_1$$

$$\frac{M_2}{M_1} = \frac{z_2}{z_1}$$

$$\frac{M_2}{M_1} = \frac{n_1}{n_2}$$

$$\frac{M_2}{M_1} = \frac{d_2}{d_1}$$

机械功，提升功和摩擦功

提升功

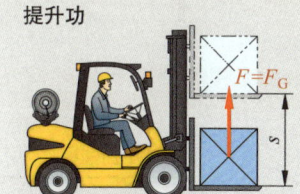

摩擦功

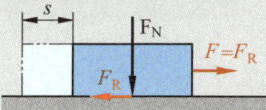

一个力沿一个方向作用时产生功。
F 沿移动方向作用的力
F_G 重力　　F_R 摩擦力
F_N 法向力　　W 功
s 力作用点的位移
s，h 提升高度
μ 摩擦系数

举例 1：

提升功，$F = 300\text{N}$; $s = 4\text{m}$; $W = ?$
$$W = F \cdot s = 300\text{N} \cdot 4\text{m} = 1200\text{N}\cdot\text{m} = \textbf{1200J}$$

举例 2：

摩擦功，$F_N = 0.8\text{kN}$; $s = 1.2\text{m}$; $\mu = 0.4$;
$W = ?$
$$W = \mu \cdot F_N \cdot s = 0.4 \cdot 800\text{N} \cdot 1.2\text{m} = 384\text{N}\cdot\text{m}$$
$$= \textbf{384J}$$

功

$$W = F \cdot s$$

提升功

$$W = F_G \cdot h$$

摩擦功

$$W = \mu \cdot F_N \cdot s$$

$$1\text{J} = 1\text{N} \cdot 1\text{m}$$
$$= 1\text{W} \cdot \text{s} = 1\frac{\text{kg} \cdot \text{m}^2}{\text{s}^2}$$
$$1\text{kW} \cdot \text{h} = 3.6\text{MJ}$$

简单机械和能

滑轮组[1]

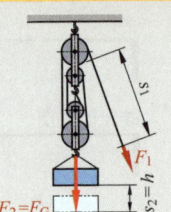

n 承载绳和滑轮的数量

$$F_1 = \frac{F_G}{n}$$

$$s_1 = n \cdot h$$

$$W_2 = F_G \cdot h$$

斜面[1]

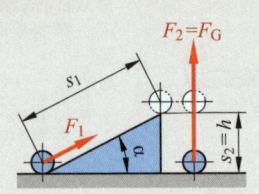

倾斜角度

$$F_1 \cdot s_1 = F_G \cdot h$$

$$F_1 = F_G \cdot \sin\alpha$$

$$W_2 = F_G \cdot h$$

楔[1]

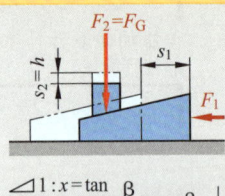

$\triangleleft 1 : x = \tan\beta$

倾斜角度
$\tan$ 斜率

$$F_1 \cdot s_1 = F_2 \cdot h$$

$$F_2 = \frac{F_1}{\tan\beta}$$

$$s_2 = s_1 \cdot \tan\beta$$

$$W_2 = F_G \cdot h$$

螺栓（传动螺纹）[1]

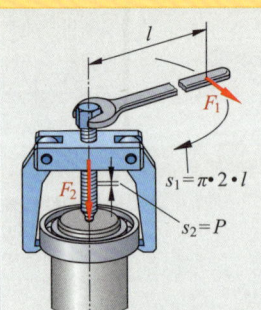

P 螺距
l 杠杆臂长
扳手拧动一整圈时：

$$F_1 \cdot 2 \cdot \pi \cdot l = F_2 \cdot P$$

$$s_1 = \pi \cdot 2 \cdot l$$

$$s_2 = P$$

$$W_1 = F_1 \cdot 2 \cdot \pi \cdot l$$

$$W_2 = F_2 \cdot P$$

[1] 上述公式适用于设定的无摩擦状态。这种状态下，输出功 W_2 等于输入功 W_1，即获取力的同时却丧失了位移。

势能

位能

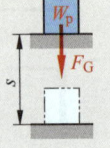

弹性势能

$R = \frac{F}{s}$

势能是储存的功（提升功＝位能；变形功＝弹簧功＝弹性势能）。
W_p 势能　　F_G 重力
s, h 位移，升降高度
F 弹簧力　　s 弹性位移
R 弹力常数

举例：

落锤，$m = 30\text{kg}; s = 2.6\text{m}; W_p = ?$

$W_p = F_G \cdot s = 30\text{kg} \cdot 9.81\frac{\text{m}}{\text{s}^2} \cdot 2.6\text{m} = \mathbf{765J}$

位能

$$W_p = F_G \cdot s$$

弹性势能

$$W_p = \frac{R \cdot s^2}{2}$$

动能

直线运动

动能是运动产生的能（加速功＝动能）。
W_k 动能　　v 速度　　m 质量

举例：

小汽车，$m = 1400\text{kg}, v_1 = 50\text{km}/\text{h}\ (13.88\text{m/s})$,

$V_2 = 100\text{km}/\ (27.77\text{m/s}); W_{k1} = ?, W_{k2} = ?$

$\mathbf{W_{k1}} = \dfrac{m \cdot v_1^2}{2} = \dfrac{1400\text{kg} \cdot (13.88\text{m/s})^2}{2} = \mathbf{135kJ}$

$\mathbf{W_{k2}} = \dfrac{m \cdot v_2^2}{2} = \dfrac{1400\text{kg} \cdot (27.77\text{m/s})^2}{2} = \mathbf{540kJ}$

直线运动动能

$$W_k = \frac{m \cdot v^2}{2}$$

功率和效率

直线运动的功率

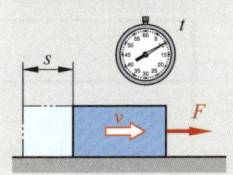

功率是单位时间内作的功。

P 功率　　s 力作用方向上的位移
W 功　　　t 时间
v 速度

举例 1：

铲车，$F=15\text{kN}$；$v=25\text{m/min}$；$P=?$

$$P=F\cdot v=15000\text{N}\cdot\frac{25\text{m}}{60\text{s}}=6250\frac{\text{N}\cdot\text{m}}{\text{s}}=6250\text{W}=\textbf{6.25kW}$$

举例 2：

吊车吊起加工机床，$m=1.2\text{t}$；$s=2.5\text{m}$；
$t=4.5\text{s}$；$P=?$
$F_G=m\cdot g=1200\text{kg}\cdot9.81\text{m/s}^2=11772\text{N}$

$$P=\frac{F_G\cdot s}{t}=\frac{11772\text{N}\cdot2.5\text{m}}{4.5\text{s}}=6540\text{W}=\textbf{6.5kW}$$

泵和缸的功率参见，429 页。

功率

$$P=\frac{W}{t}$$

$$P=\frac{F\cdot s}{t}$$

$$P=F\cdot v$$

$1\text{W}=1\dfrac{\text{J}}{\text{s}}$

$\quad\;=1\dfrac{\text{N}\cdot\text{m}}{\text{s}}$

$1\text{kW}=1.36\text{PS}$

圆周运动的功率

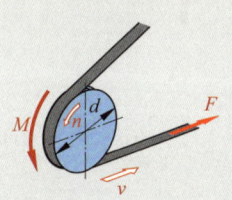

P 功率　　s 力作用方向上的位移　　M 转矩
t 时间　　F 切向力　　n 转速　　v 速度　　ω 角速度

举例：

皮带传动，$F=1.2\text{kN}$；$d=200\text{mm}$；$n=2800\text{/min}$；$P=?$

$$P=F\cdot\pi\cdot d\cdot n$$
$$=1.2\text{kN}\cdot\pi\cdot0.2\text{m}\frac{2800}{60\text{s}}=35.2\frac{\text{kN}\cdot\text{m}}{\text{s}}=\textbf{35.2kW}$$

数值方程式：
代入单位 → M（N・m）和 n（1/min）
结果的单位 → P（kW）

加工机床的切削功率参见 323、335、341 页。

功率

$$P=F\cdot v$$

$$P=F\cdot\pi\cdot d\cdot n$$

$$P=M\cdot2\cdot\pi\cdot n$$

$$P=M\cdot\omega$$

$$P=\frac{M\cdot n}{9550}$$

效率

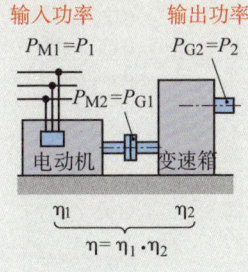

输入功率　　输出功率
$P_{M1}=P_1$　　$P_{G2}=P_2$

$P_{M2}=P_{G1}$

电动机　　变速箱

η_1　　η_2

$\eta=\eta_1\cdot\eta_2$

效率应理解为输出功率或功
与输入功率或功的比例。

P_1 输入功率　　P_2 输出功率　　W_1 输入功
W_2 输出功　　　η 总效率　　　η_1，η_2 部分效率

举例：

传动机构，$P_1=4\text{kW}$；$P_2=3\text{kW}$；$\eta_1=85\%$；$\eta=?$；$\eta_2=?$

$$\eta=\frac{P_2}{P_1}=\frac{3\text{kW}}{4\text{kW}}=\textbf{0.75};\qquad\eta_2=\frac{\eta}{\eta_1}=\frac{0.75}{0.85}=\textbf{0.88}$$

效率

$$\eta=\frac{P_2}{P_1}$$

$$\eta=\frac{W_2}{W_1}$$

总效率

$$\eta=\eta_1\cdot\eta_2\cdot\eta_3\ldots$$

效率（标准值）

褐煤发电站	0.41	汽车柴油发动机（部分负荷）	0.24	传动螺纹	0.30
天然气发电站	0.50	汽车柴油发动机（满负荷）	0.40	齿轮传动	0.97
燃气涡轮机	0.38	大型柴油发动机（部分负荷）	0.33	蜗轮蜗杆传动 $i=40$	0.65
水力涡轮机	0.85	三相电动机	0.85	摩擦轮传动	0.80
供热汽轮机	0.75	常规加工机床	0.75	链条传动	0.90
汽油发动机	0.27	计算机数控机床	0.80	宽三角皮带传动	0.85
				液压传动	0.75

摩擦的种类，摩擦系数

摩擦力，摩擦力矩

静摩擦，滑动摩擦

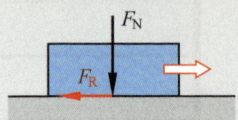

摩擦力的出现取决于法向力 F_N 和下列因素：
· 摩擦的种类：静摩擦、滑动摩擦和滚动摩擦
· 润滑状态
· 材料配对（材料组合）
· 表面粗糙度
通过试验求取的摩擦系数 μ 中已参照上述所有因素。
F_N 法向力 M_R 摩擦力矩
F_R 摩擦力 d 直径
μ 摩擦系数 r 半径
f 滚动摩擦系数

静摩擦和滑动摩擦的摩擦力

$$F_R = \mu \cdot F_N$$

摩擦力矩

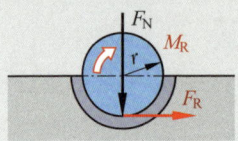

举例 1：

滑动轴承，$F_N = 100N$; $\mu = 0.03$; $F_R = ?$
$\boldsymbol{F_R} = \mu \cdot F_N = 0.03 \cdot 100N = \textbf{3N}$

摩擦力矩

$$M_R = \frac{\mu \cdot F_N \cdot d}{2}$$

$$M_R = F_R \cdot r$$

举例 2：

装入铜–锌滑动轴承内的钢轴，$\mu = 0.05$; $F_N = 6kN$;
$d = 160mm$; $M_R = ?$
$\boldsymbol{M_R} = \dfrac{\mu \cdot F_N \cdot d}{2} = \dfrac{0.05 \cdot 6000N \cdot 0.16m}{2} = \textbf{24N·m}$

滚动摩擦

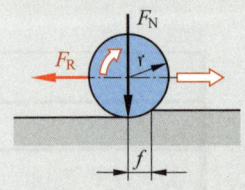

滚动摩擦的摩擦力[1]

$$F_R = \frac{f \cdot F_N}{r}$$

举例 3：

钢轨上的吊车车轮，$F_N = 45kN$; $d = 320mm$;
$f = 0.5mm$; $F_R = ?$
$\boldsymbol{F_R} = \dfrac{f \cdot F_N \cdot d}{r} = \dfrac{0.05mm \cdot 45000N}{160mm} = \textbf{140.6N}$

[1] 由滚柱与滚道间的弹性变形产生

摩擦系数（标准值）[2]

材料配对	应用举例	静摩擦系数 μ		滑动摩擦系数 μ	
		无润滑	有润滑	无润滑	有润滑
钢 / 钢	台钳导轨	0.25	0.10	0.15	0.10...0.05
钢 / 铸铁	机床导轨	0.20	0.10	0.18	0.10...0.05
钢 / 铜锌合金	整体式滑动轴承中的轴	0.20	0.10	0.10	0.06...0.03[3]
钢 / 铅锌合金	复合式滑动轴承中的轴	0.16	0.10	0.10	0.05...0.03[3]
钢 / 聚酰胺	聚酰胺滑动轴承中的轴	0.30	0.15	0.30	0.12...0.03[3]
钢 / 聚四氯乙烯	低温轴承	0.04	0.04	0.04	0.04[3]
钢 / 摩擦衬套	刹车瓦	0.60	0.30	0.55	0.3...0.2
钢 / 木材	装配台上的零件	0.55	0.10	0.35	0.05
木材 / 木材	垫块	0.50	0.20	0.30	0.10
铸铁 / 铜锌合金	导轨调节块	0.25	0.16	0.20	0.10
橡胶 / 铸铁	皮带轮上的皮带	0.50	—	0.45	—
滚动体 / 钢	滚动轴承[4]，滚动导轨[4]	—	—	—	0.003...0.001

[2] 摩擦系数仅表示趋势，尤其在静态摩擦时其波动很大。可信的摩擦系数只能通过针对具体用途的试验提供。
[3] 随着滑动速度的增加和混合摩擦以及黏性摩擦的出现，材料配对的重要性也随之降低。
[4] 虽然是滚动运动产生的摩擦，但其计算方法仍与静摩擦和滑动摩擦的相同。

滚动摩擦系数（标准值）[5]

材料配对	应用举例	滚动摩擦系数 f（mm）	
钢 / 钢	导轨面上的钢轮	0.5	[5] 目前，专业文献中的滚动摩擦系数数值波动很大。
塑料 / 混凝土	车间地板上的轮	5	
橡胶 / 沥青	街面上的车轮	8	

压力的类型，液压力传动

压力

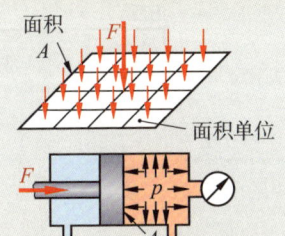

面积 A
面积单位

F

p 压力　A 面积　F 力

举例：

$F = 2MN$; 活塞直径 $d = 400mm$; $P = ?$

$$P = \frac{F}{A} = \frac{2000000N}{\frac{\pi \cdot (40cm)^2}{4}} = 1592 \frac{N}{cm^2} = \textbf{159.2bar}$$

气压和液压的计算参见 429 页

压力

$$P = \frac{F}{A}$$

压力单位

$1Pa = 1\frac{N}{m^2} = 0.00001bar$

$1bar = 10\frac{N}{cm^2} = 0.1\frac{N}{mm^2}$

$1mbar = 100Pa = 1hPa$

正压力，大气压力，绝对压力

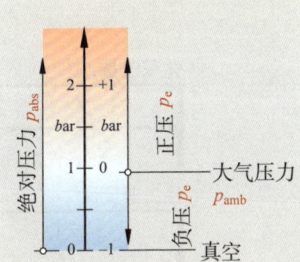

绝对压力 P_{abs}

$2 - +1$

bar — bar

$1 - 0$

$0 - -1$

正压 p_e
负压 p_e
大气压力 P_{amb}
真空

P_e 正压力（超过）
P_{amb} 大气压力（环境）
P_{abs} 绝对压力
压力在 $P_{abs} > P_{amb}$ 时是正，
而 $P_{abs} < P_{amb}$ 时是负（负压）

举例：

汽车轮胎，$P_e = 2.2bar$; $P_{amb} = 1bar$; $P_{abs} = ?$

$P_{abs} = P_e + P_{amb} = 2.2bar + 1bar = \textbf{3.2bar}$

正压力

$$P_e = P_{abs} - P_{amb}$$

$P_{amb} = 1.013bar \approx 1bar$
（正常大气压力）

液体静压力，浮力

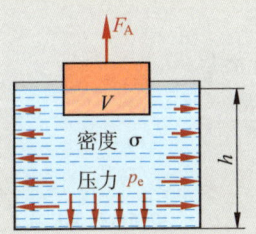

F_A

V

密度 σ

压力 p_e

h

P_e 液体静压力　F_A 浮力　　V 排水体积
ϱ 液体密度　　h 液体深度　g 重力加速度

举例：

10 米水深时的液体静压力是多少？

$$P_e = g \cdot \varrho \cdot h = 9.81\frac{m}{s^2} \cdot 1000\frac{kg}{m^3} \cdot 10m$$

$$= 98100\frac{kg}{m \cdot s^2} = 98100Pa \approx \textbf{1bar}$$

液体静压力

$$P_e = g \cdot \rho \cdot h$$

浮力

$$F_A = g \cdot \rho \cdot V$$

$g = 9.81\frac{m}{s^2} \approx 10\frac{m}{s^2}$

密度值参见 121 页

液压力传输

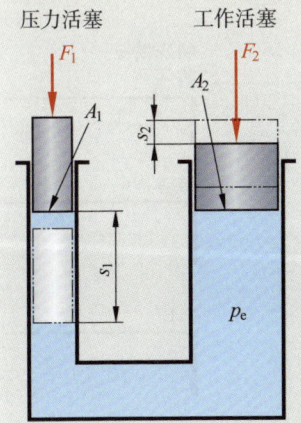

压力活塞　　　工作活塞

F_1　　　　　　F_2

A_1　　　A_2

s_2

s_1

p_e

在封闭容器中的气体或液体压力向所有方
向扩散。
F_1, F_2　活塞力
A_1, A_2　活塞面积
s_1, s_2　活塞移动距离
i　　　液压力传输比
P_e　　正压力

举例：

$F_1 = 200N$; $A_1 = 5cm^2$; $A_2 = 500cm^2$;
$s_2 = 30mm$; $F_2 = ?$; $s_1 = ?$; $i = ?$

$$F_2 = \frac{F_1 \cdot A_2}{A_1} = \frac{200N \cdot 500cm^2}{5cm^2} = 20000N = \textbf{20kN}$$

$$s_1 = \frac{s_1 \cdot A_2}{A_1} = \frac{30mm \cdot 500cm^2}{5cm^2} = \textbf{3000mm}$$

$$i = \frac{F_1}{F_2} = \frac{200N}{20000N} = \frac{1}{\textbf{100}}$$

被排挤的体积

$$A_1 \cdot s_1 = A_2 \cdot s_2$$

作用于两个活塞的功

$$F_1 \cdot s_1 = F_2 \cdot s_2$$

**比例：
力，面积，距离**

$$\frac{F_1}{F_2} = \frac{A_2}{A_1} = \frac{s_1}{s_2}$$

传输比

$$i = \frac{F_1}{F_2} = \frac{s_2}{s_1}$$

$$i = \frac{A_1}{A_2}$$

压力传输，径流速度，气体的状态变化

压力传输

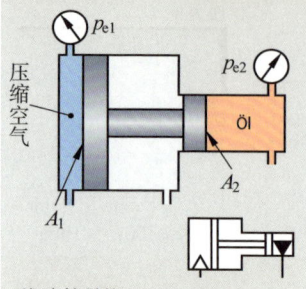

压缩空气

Öl

A_1

A_2

p_{e1}　p_{e2}

线路符号按 DIN ISO 1219-1

A_1, A_2　活塞面积
P_{e1}　　施于活塞面 A_1 的正压
P_{e2}　　施于活塞面 A_2 的正压
η　　压力传输效率

举例：

$A_1 = 200\,cm^2$; $A_2 = 5\,cm^2$; $\eta = 0.88$;
$P_{e1} = 7\,bar = 70\,N/cm^2$; $P_{e2} = ?$

$$P_{e2} = P_{e1} \cdot \frac{A_2}{A_1} \cdot \eta = 70\,\frac{N}{cm^2} \cdot \frac{200\,cm^2}{5\,cm^2} \cdot 0.88$$
$$= 2464\,N/cm^2 = \mathbf{246.4\,bar}$$

正压

$$P_{e2} = P_{e1} \cdot \frac{A_2}{A_1} \cdot \eta$$

径流速度

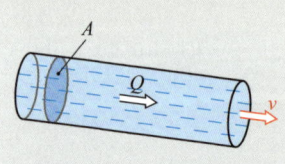

A

Q

v

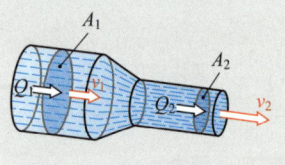

A_1

A_2

Q_1　v_1　Q_2　v_2

Q, Q_1, Q_2　体积流量
A, A_1, A_2　横截面积
v, v_1, v_2　径流速度

连续方程
在横截面积变化的管道中，单位时间 t 内流经各横截面的体积流量 Q 相同。

举例：

$A_1 = 19.6\,cm^2$; $A_2 = 8.04\,cm^2$ 和
$Q = 120\,l/min$; 的管道内，$V_1 = ?$; $V_2 = ?$

$$V_1 = \frac{Q}{A_1} = \frac{120000\,cm^3/min}{19.6\,cm^2} = 6122\,\frac{cm}{min} = \mathbf{1.02\,\frac{m}{s}}$$

$$V_2 = \frac{v_1 \cdot A_1}{A_2} = \frac{1.02\,m/s \cdot 19.6\,cm^2}{8.04\,cm^2} = \mathbf{2.49\,\frac{m}{s}}$$

体积流量

$$Q = A \cdot V$$

$$Q_1 = Q_2$$

径流速度比

$$\frac{V_1}{V_2} = \frac{A_2}{A_1}$$

气体的状态变化

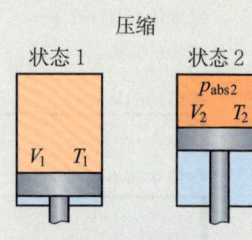

压缩

状态 1　　状态 2

V_1　T_1

P_{abs2}
V_2　T_2

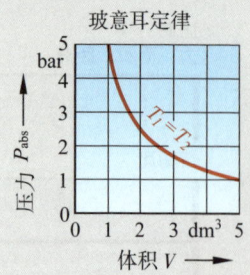

玻意耳定律

$T_1 = T_2$

压力 P_{abs}

体积 V

状态 1		状态 2	
P_{abs1}	绝对压力	P_{abs2}	绝对压力
V_1	体积	V_2	体积
T_1	绝对温度	T_2	绝对温度

举例：

一个氧气瓶的 $V = 20\,dm^3$，灌装压力 250 bar（$P_{abs1} = 251\,bar$），现在阳光下加热，温度 $t_1 = 15\,℃$ 升至 $t_2 = 45\,℃$。气瓶内压力上升率 Δp 是多少？
绝对温度的计算参见 51 页：

$T_1 = t_1 + 273 = (15+273)\,k = 288\,k$
$T_2 = t_2 + 273 = (45+273)\,k = 318\,k$

$$P_{abs2} = \frac{P_{abs1} \cdot T_2}{T_1} = \frac{251\,bar \cdot 318\,K}{288\,K}$$
$$= 277\,bar$$
$\Delta P = P_{abs2} - P_{abs1} = 277\,bar - 251\,bar$
$= \mathbf{26\,bar}$

普通气体方程式

$$\frac{P_{abs1} \cdot V_1}{T_1} = \frac{P_{abs2} \cdot V_2}{T_2}$$

特殊情况：
等温

$$P_{abs1} \cdot V_1 = P_{abs2} \cdot V_2$$

等容

$$\frac{P_{abs1}}{T_1} = \frac{P_{abs2}}{T_2}$$

等压

$$\frac{V_1}{T_1} = \frac{V_2}{T_2}$$

载荷状态，载荷类型，极限应力

载荷状态

σ_u 最小应力　　　σ_m 平均应力　　　S 最小应力与最大应力之比

σ_o 最大应力　　　σ_a 应力变化幅度（应力幅值）

最小应力与最大应力之比

$$S = \frac{\sigma_u}{\sigma_o}$$

静态载荷 稳态 $S=1$	动态载荷	
	极限 $S=0$	交变 $S=-1$
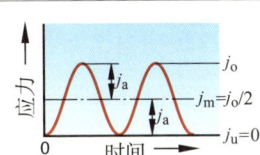	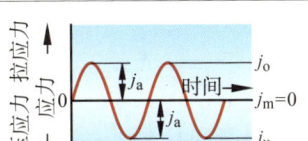	
载荷状态 I 载荷的大小和方向保持不变，例如吊架的重力载荷。	**载荷状态 II** 载荷升至最大值，然后降至零，例如吊车的起重钢缆和弹簧。	**载荷状态 III** 载荷在相等的最大正负幅值之间交替变化，例如旋转轴。

载荷类型，极限应力

载荷类型	应力	弹性形变	下列状态的材料特性值 / 极限应力（σ_{grenz}）			
			载荷状态 I，材料		载荷状态 II[3]	载荷状态 III[3]
			脆性材料[1]（例如铸铁）	韧性材料[2]（例如钢）		
拉力	拉应力 σ_z	延伸率 ε 断裂延伸率 A	抗拉强度 Rm	屈服强度 R_e 0.2% 屈服强度 $R_{p0.2}$	抗拉疲劳强度 σ_{zSch}	拉压交变应力疲劳强度 σ_{zdW}
压力	压应力 σ_d	压缩比 ε_d	抗压强度 σ_{dB}	抗压屈服极限 σ_{dF} 0.2% 抗压屈服极限 $\sigma_{d0.2}$	抗压疲劳强度 σ_{dSch}	
弯曲力	弯曲应力 σ_b	弯曲 f	抗弯强度 σ_{bB}	弯曲屈服极限 σ_{bF}	抗弯疲劳强度 σ_{bSch}	弯曲应力交变疲劳强度 σ_{bW}
剪切力	剪切应力 τ_a	—	抗剪强度 τ_{aB}	剪切屈服极限 τ_{aF}	—	—
扭力（旋转）	扭转应力 τ_t	扭转角度 ϕ	抗扭强度 τ_{tB}	扭转屈服极限 τ_{tF}	抗扭疲劳强度 τ_{tSch}	扭转应力交变疲劳强度 τ_{tW}
翘曲力	翘曲应力 σ_k	—	抗翘曲强度 σ_{kB}	抗翘曲强度 σ_{kB}		

[1] 材料特性值，断裂极限应力。

[2] 材料特性值，弹性屈服极限应力。

[3] 材料特性值，疲劳断裂极限应力（材料疲劳强度）。

静态强度，强度数值，安全系数，弹性模量

静态强度计算，许用应力，预选参数，应力提示

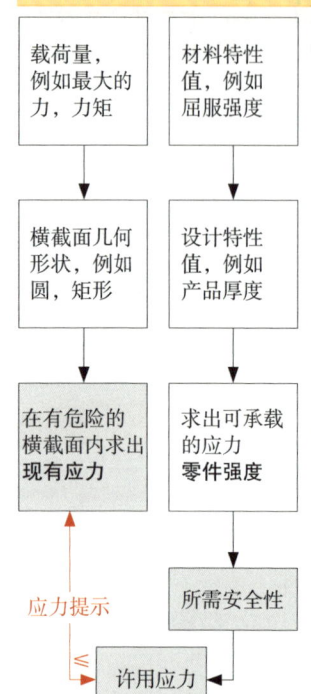

- 载荷量，例如最大的力，力矩
- 材料特性值，例如屈服强度
- 横截面几何形状，例如圆，矩形
- 设计特性值，例如产品厚度
- 在有危险的横截面内求出**现有应力**
- 求出可承载的应力**零件强度**
- 应力提示
- 所需安全性
- 许用应力

出于安全原因，零件在最大应力时也只允许其载荷达到零件强度的部分（安全系数），而不是全部，超过该极限将导致零件永久变形或断裂。

$\sigma(\tau)_{grenz}$ 各不同载荷类型的极限应力（参见 41 页和本页下表）

$\sigma(\tau)_{zul}$ 许用应力

$\sigma(\tau)_{vorh}$ 现有应力

v 安全系数（见下表）

许用应力
（预选参数）

$$\sigma_{zul} = \frac{\sigma_{grenz}}{v} \ ; \ \tau_{zul} = \frac{\tau_{grenz}}{v}$$

应力提示
（普通）

$$\sigma_{vorh} \leq \sigma_{zul}$$
$$\tau_{vorh} \leq \tau_{zul}$$

· **预选参数**（所需零件横截面的近似求算）
未知零件厚度便无法准确计算零件强度。因此，应根据下表所列标称屈服强度（最小零件厚度的最低屈服强度）按更高安全系数和标准值来近似确定零件所需的横截面积。

· **应力提示**（提示现有的零件横截面积）
提示时，应将现有应力与参照零件强度和所需安全（安全系数）的条件下计算得出的许用应力进行对比。

举例：

静态载荷的钢棒，材料：S275JR；
σ_{zul} 的预选参数 =？；$d = 25mm$ 时 σ_{zul} 的提示值 =？
预选参数：$\sigma_{grenz} = R_e$（下表值）= 275N/ mm² （参见 135 页）
v = 1.7（下表值）
$\sigma_{zul} = \dfrac{\sigma_{grenz}}{v} = \dfrac{275N/\ mm^2}{1.7} =$ **161N/ mm²**

检查：$\sigma_{grenz} = R_e$（下表值）= 265N/ mm² （参见 135 页）
v = 1.5（下表值）
$\sigma_{zul} = \dfrac{\sigma_{grenz}}{v} = \dfrac{265N/\ mm^2}{1.5} =$ **176N/ mm²**

静态强度值（极限应力）和安全系数（标准值）[1]

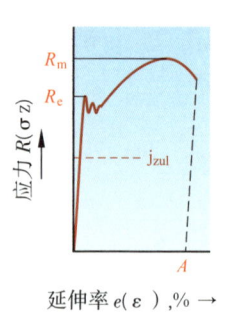

纵轴：应力 $R(\sigma z)$ ，标注 R_m、R_e、j_{zul}
横轴：延伸率 $e(\varepsilon)$ ，% → ，标注 A

载荷类型	韧性（易延展）材料				脆性材料			
	特性值	钢、铸铁、铜合金	AW 合金	AC 合金	特性值	GJL	GJM	GJS
拉力	屈服强度		$R_e (R_{p0.2})$		抗拉强度 R_m			
压力	σ_{dF}	R_e	$R_{p0.2}$	$1.5 \cdot R_{p0.2}$	σ_{dB}	$2.5 \cdot R_m$	$1.5 \cdot R_m$	$1.3 \cdot R_m$
弯曲	σ_{bF}	$1.2 \cdot R_e$	$R_{p0.2}$	$R_{p0.2}$	σ_{bB}	R_m	R_m	R_m
扭转	τ_{tF}	$0.7 \cdot R_e$	$0.6 \cdot R_{p0.2}$	$0.65 \cdot R_{p0.2}$	τ_{tB}	$0.8 \cdot R_m$	$0.7 \cdot R_m$	$0.65 \cdot R_m$
剪切	τ_{aF}	$0.6 \cdot R_e$	$0.6 \cdot R_{p0.2}$	$0.75 \cdot R_{p0.2}$	τ_{aB}	$0.8 \cdot R_m$	$0.7 \cdot R_m$	$0.65 \cdot R_m$
安全系数	抗屈服				抗断裂			
	应力提示 $v \approx 1.5$				应力提示 $v \approx 2.0$			
	预选参数 $v \approx 1.7$				预选参数 $v \approx 2.1$			

[1] 预选参数：R_e = 标称屈服强度（最小零件厚度的最低屈服强度）。
应力提示：R_e = 零件相应厚度的屈服强度。

弹性模量 E，单位：kN/mm² （中间值）

材料	钢，铸钢	EN-GJL-150	EN-GJL-300	EN-GJL-400	GE200	EN-GJMW-350-4	CuZn40	铝合金	钛合金
弹性模量	210	85	125	175	210	170	90	70	120

拉力，压力，表面压力

拉力载荷

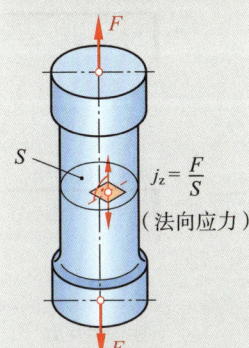

$j_z = \dfrac{F}{S}$

（法向应力）

σ_z 拉应力 S_{erf} 所需横截面积
F 拉力
S 横截面积 R_e 屈服强度
σ_{zzul} 许用拉应力
v 安全系数（参见 42 页）

举例 1：

钢丝，$d = 3\text{mm}\,(s = 7.07\text{mm}^2)$ $F = 900\text{N}$
$\sigma_z = ?$

$\sigma_z = \dfrac{F}{s} = \dfrac{900\text{N}}{7.07\text{mm}^2} = \mathbf{127\ \dfrac{N}{mm^2}}$

举例 2：

预选参数，圆钢 S235JR，$F = 15\text{kN}$；
$s_{erf} = ?$; $d = ?$

$\sigma_{zzul} = \dfrac{R_e}{v} = \dfrac{235\text{N}/\text{mm}^2}{1.7} = 138\text{N}/\text{mm}^2$

$s_{erf} = \dfrac{F}{\sigma_{zzul}} = \dfrac{15000\text{N}}{138\text{N}/\text{mm}^2} = 108.7\text{mm}^2 \rightarrow \mathbf{d = 12mm}$

弹性延伸率的计算参见：201 页

拉应力

$$\sigma_z = \frac{F}{s}$$

所需横截面积

$$s_{erf} = \frac{F}{\sigma_{zzul}}$$

许用拉应力

$$\sigma_{zzul} = \frac{R_e}{v}$$

强度数值 R_e 参见 135 页至 139 页

压力载荷

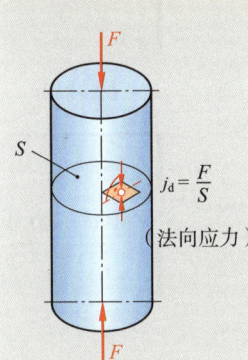

$j_d = \dfrac{F}{S}$

（法向应力）

σ_d 压应力 S_{erf} 所需横截面积
F 压力
S 横截面积 R_e 屈服强度
σ_{dzul} 许用拉应力
σ_{dF} 抗压屈服极限（参见 41 页，钢的 $\sigma_{dF} \approx R_e$）
v 安全系数（参见 42 页）

举例：

预选参数，钢架，材料 EN-GJS-400；
$F = 1200\text{kN}$；$S_{erf} = ?$

$\sigma_{dzul} = \dfrac{\sigma_{dB}}{v} = \dfrac{1.3 \cdot R_m}{2.1} = \dfrac{1.3 \cdot 400\text{N}/\text{mm}^2}{2.1} = 248\text{N}/\text{mm}^2$

$\mathbf{s_{erf}} = \dfrac{F}{\sigma_{dzul}} = \dfrac{1200000\text{N}}{248\ \text{N}/\text{mm}^2} = \mathbf{4838.7mm^2}$

R_e 的强度数值参见 135 页至 139 页

压应力

$$\sigma_d = \frac{F}{s}$$

所需横截面积

$$s_{erf} = \frac{F}{\sigma_{zzul}}$$

许用压应力

$$\sigma_{zzul} = \frac{\sigma_{dF}}{v}$$

表面压力载荷

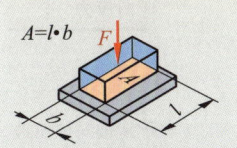

$A = l \cdot b$

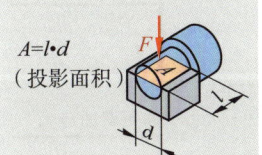

$A = l \cdot d$

（投影面积）

两工件接触面之间的压应力称为表面压力。
F 压力 p_{zul} 许用表面压力
p 表面压力
A 接触面积 R_e 屈服强度
     投影面积
A_{zul} 所需接触面积

举例：

两块压板，各厚 8mm，用 DIN1145-10h 11x16x30
的螺栓连接，现载荷 $F = 2000\text{N}$，$P = ?$

$P = \dfrac{F}{A} = \dfrac{2000\text{N}}{8\text{mm} \cdot 10\text{mm}} = \mathbf{25\ \dfrac{N}{mm^2}}$

R_e 的强度数值参见 135 页至 139 页

表面压力

$$P = \frac{F}{A}$$

所需接触面积

$$A_{erf} = \frac{F}{P_{zul}}$$

许用表面压力[1][2]

$$P_{zul} = \frac{R_e}{1.2}$$

[1] 许用应力计算公式仅适用于韧性材料的静态载荷（例如钢）。脆性材料的许用应力则需酌情求取。
[2] 根据具体用途已定的许用应力数值适用于机床要素的计算（例如螺钉）。

剪切，扭转，弯曲

剪切载荷

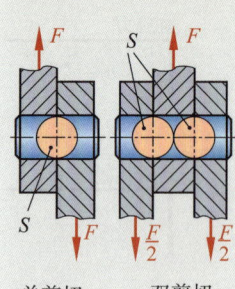

单剪切　　双剪切

R_e 的强度数值参见
135 页至 139 页。

不允许剪切承载断面。
τ　剪切应力　S_{erf} 所需横截面积
F　剪切力
S　横截面积　R_e 屈服强度
τ_{azu} 许用剪切应力
τ_{aF} 剪切屈服极限（参见 42 页，钢的 $\tau_{aF} \approx 0.6 \cdot R_e$）
v　安全系数（参见 42 页）

举例：

圆柱销直径 6mm(S=28.3mm²)，用 F=2000N
单剪切；τ_a =？
F=2200N

$$\tau_a = \frac{F}{S} = \frac{2200N}{28.3mm^2} = \textbf{77.7} \frac{\textbf{N}}{\textbf{mm}^2}$$

[1] 剪切分离参见 371 页。
[2] 根据具体用途已定的许用应力数值适用于机床要素的计算。

剪切应力
$$\tau_a = \frac{F}{S}$$

所需横截面积
$$S_{erf} = \frac{F}{\tau_{azul}}$$

许用剪切应力 [1][2]
$$\tau_{azul} = \frac{\tau_{aF}}{v}$$

扭转载荷（扭转）

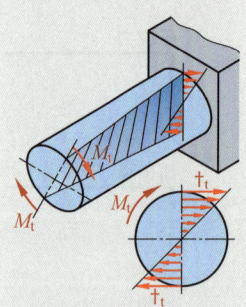

R_e 的强度数值参见
135 页至 139 页。

将工件表面区域的最大应力视为扭转应力
进行计算。
τ_t　扭转应力　R_e 屈服强度
M_t　扭矩
W_p　抗扭截面模量（参见 46 页）
W_{perf} 所需抗扭截面模量
τ_{tzul} 许用扭转应力
τ_{tF}　扭转屈服极限（参见 41 页，钢的 $\tau_{tF} \approx 0.7 \cdot R_e$）
v　安全系数（参见 42 页）

举例：

轴，d=32mm，M_t=420Nm；W_p=？τ_t=？

$$W_p = \frac{\pi \cdot d^3}{16} = \frac{\pi \cdot (32mm)^3}{16} = \textbf{6434mm}^3$$

$$\tau_t = \frac{M_t}{W_p} = \frac{420000N \cdot mm}{6434mm^3} = \textbf{65.3} \frac{\textbf{N}}{\textbf{mm}^2}$$

扭转应力
$$\tau_t = \frac{M_t}{W_p}$$

所需抗扭截面模量
$$W_{perf} = \frac{M_t}{\tau_{tzul}}$$

许用扭转应力 [1]
$$\tau_{tzul} = \frac{\tau_{tF}}{v}$$

弯曲载荷

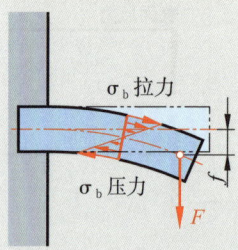

σ_b 拉力

σ_b 压力

R_e 的强度数值参见
135 页至 139 页。

将工件表面区域的最大拉应力和压应力视为弯曲应力进行
计算。
σ_b　弯曲应力 R_e 屈服强度
M_b　弯曲力矩（参见 45 页）　F 弯曲力
W　轴向抗扭截面模量（参见 46 页）
W_{erf}　所需轴向抗扭截面模量
σ_{bzul} 许用弯曲应力
σ_{bF}　弯曲屈服极限（参见 42 页，钢的 $\sigma_{bF} \approx 1.2 \cdot R_e$）
v　安全系数（参见 42 页）
f　弯曲（参见 45 页）

举例：

轴，S275J0，d=70mm，静态载荷；σ_{bzul}=？
R_e = 245 N/mm²（131 页）

$$\sigma_{bzul} = \frac{\sigma_{bF}}{v} = \frac{1.2 \cdot 245 N/mm^2}{1.5} = \textbf{196} \frac{\textbf{N}}{\textbf{mm}^2}$$

弯曲应力
$$\sigma_b = \frac{M_b}{W}$$

所需轴向抗扭截面模量
$$W_{erf} = \frac{M_b}{\sigma_{bzul}}$$

许用弯曲应力 [1]
$$\sigma_{bzul} = \frac{\sigma_{bF}}{v}$$

[1] 许用应力计算公式仅适用于韧性材料的静态载荷（例如钢）。脆性材料的许用应力则需酌情求取。

弯曲载荷

以点载荷横向力施加于工件的弯曲载荷

举例：

$F_1 = 1,6 \text{ kN}; l_1 = 180 \text{ mm};$
$l_2 = 300 \text{ mm}; l_3 = 240 \text{ mm}$

对于相同截面承受弯曲载荷的工件的参数设置而言，最大弯曲力矩 M_b 具有决定性意义。不同截面则要求确定工件不同点(x)的弯曲力矩，例如（1），（2），（3），...。对此，可假设剖开工件各点并确定其内部基本尺寸（M_b 和 F_q）。通过横向力面 A_q 可图示，通过等重条件可计算工件各点的内部尺寸。

等重条件
（在平面上）

$$\sum F = 0$$

$$\sum M_{(x)} = 0$$

工作步骤	举例（图示见左图）
剖开整个工件，即求取所有作用力 F_1, F_2, F_3... 以及 F_A, F_B	a)F_1=16kN；计算支承力（参见 34 页）后得出结果：F_A=1kN；F_B=0.6kN。
横向力 Fq 的作用路径产生横向力面 $A_q = F_q \cdot l \ (\triangleq M_b)$。横向力线过零点处达到弯曲力矩的峰值。	b) 从左边画出穿过工件长度l的力作用线。前置符号规则参见本页脚注[1]。
求取弯曲力矩峰值或应力提示所需的中间点。 **切点的左右两边在此提供相同的结果。**（作用于剪切1）的横向力 F_q） **根据 A_q 图示点（1）：** 左边：$M_{b(1)}=A_{q1}=F_A \cdot l_1$ 右边：$M_{b(1)}=A_{q2}=F_B \cdot l_2$ **用 $\sum M_{(1)}=0$ 计算点（1）：** 左边：$\sum M_{(1)}0= M_{b(1)} - F_A \cdot l_1$ 右边：$\sum M_{(1)}0= -M_{b(1)} + F_B \cdot l_2$ **根据 A_q 图示点（2）：** 左边：$M_{b(2)} = A_{q1} + A_{q2/l}$ $\quad = F_A \cdot l_1 + (F_A - F_1) \cdot l_3$ 右边：$M_{b(2)} = A_{q2r} = F_B \cdot (l_1 - l_2)$ **用 $\sum M_{(2)}=0$ 计算点（2）：** 左边：$\sum M_{(2)}0= M_{b(2)} - F_A \cdot (l_1+l_3)+$ $\quad\quad F_1 \cdot l_3$ 右边：$\sum M_{(2)}0= -M_{b(2)} + F_B \cdot (l_2 - l_3)$	可选择图示或计算方式从切点左边或右边求取点（1）或某中间点（2）的弯曲力矩峰值。 **例如计算求出点（1）左边的力矩峰值：** $M_{b(1)} = F_A \cdot l_1$=1kN · 0.18m $M_{b(1)}$=180 Nm **例如图示法求出点（1）右边的力矩峰值：** $M_{b(1)}=A_{q2}=F_B \cdot l_2$=0.6kN · 0.3m $M_{b(1)}$=180 Nm 例如图示法求出点（2）左边的力矩峰值： $M_{b(2)} = A_{q1} + A_{q2/l}$ $\quad = F_A \cdot l_1 + (F_A - F_1) \cdot l_3$ =1kN · 0.18m+(−0.6kN)· 0.24m $M_{b(2)}$=36Nm 例如计算求出点（2）右边的力矩峰值： $M_{b(2)} = F_B \cdot (l_2 - l_3)$ =0.6kN·（0.3m− 0.24m） $M_{b(2)}$=36Nm

[1] 力矩左旋为正（＋），力矩右旋为负（－）。强度计算时只采用弯曲力矩的数值（不用前置符号）。
[2] 在承受弯曲载荷工件上计算强度时一般不考虑剪切应力。

工件的弯曲载荷情况（选自特殊情况）

一端固定（单力）

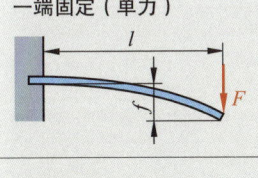

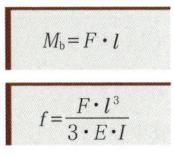

$$M_b = F \cdot l$$

$$f = \frac{F \cdot l^3}{3 \cdot E \cdot I}$$

一端固定（均布载荷）

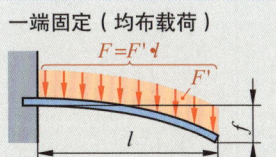

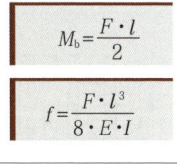

$F = F' \cdot l$

$$M_b = \frac{F \cdot l}{2}$$

$$f = \frac{F \cdot l^3}{8 \cdot E \cdot I}$$

两端固定，（单力）

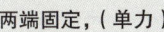

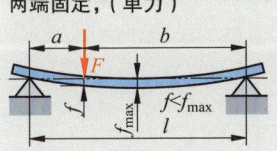

$$M_b = F\frac{a \cdot b}{l}$$

$$f = \frac{F \cdot a^2 \cdot b^2}{3 \cdot E \cdot I \cdot l}$$

两端支撑（均布载荷）

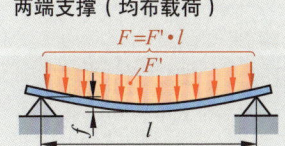

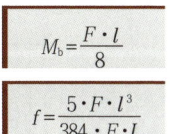

$F = F' \cdot l$

$$M_b = \frac{F \cdot l}{8}$$

$$f = \frac{5 \cdot F \cdot l^3}{384 \cdot E \cdot I}$$

E 弹性模量，数值参见 42 页。 I 圆截面极惯性矩的二次矩，公式参见 46 页，数值参见 150 页至 155 页。
F' 均布载荷（每个长度单位上的载荷相同，例如 N/cm）。

圆截面极惯性矩，抗扭截面模量

圆截面极惯性矩和抗扭截面模量[1]

截面形状	弯曲和翘曲		扭转 极抗扭截面模量 W_p
	圆截面极惯性矩 I 的二次矩	轴向抗扭截面模量 W	
	$I = \dfrac{\pi \cdot d^4}{64}$	$W = \dfrac{\pi \cdot d^3}{32}$	$W_p = \dfrac{\pi \cdot d^3}{16}$
	$I = \dfrac{\pi \cdot (D^4 - d^4)}{64}$	$W = \dfrac{\pi \cdot (D^4 - d^4)}{32 \cdot D}$	$W_p = \dfrac{\pi \cdot (D^4 - d^4)}{16 \cdot D}$
	$I = 0.05 \cdot D^4 - 0.083 d \cdot D^3$	$W = 0.1 \cdot D^3 - 0.17 d \cdot D^2$	$W_p = 0.2 \cdot D^3 - 0.34 d \cdot D^2$
	$I = 0.003 \cdot (D + d)^4$	$W = 0.012 \cdot (D + d)^3$	$W_p = 0.2 \cdot d^3$
	$I_x = I_z = \dfrac{h^4}{12}$	$W_x = \dfrac{h^3}{6}$ $W_z = \dfrac{\sqrt{2} \cdot h^3}{12}$	$W_p = 0.208 \cdot h^3$
	$I_x = I_y = \dfrac{5 \cdot \sqrt{3} \cdot s^4}{144}$ $I_x = I_y = \dfrac{5 \cdot \sqrt{3} \cdot d^4}{256}$	$W_x = \dfrac{5 \cdot s^3}{48} = \dfrac{5 \cdot \sqrt{3} \cdot d^3}{128}$ $W_y = \dfrac{5 \cdot s^3}{24 \cdot \sqrt{3}} = \dfrac{5 \cdot d^3}{64}$	$W_p = 0.188 \cdot s^3$ $W_p = 0.123 \cdot d^3$
	$I_x = \dfrac{b \cdot h^3}{12}$ $I_y = \dfrac{h \cdot b^3}{12}$	$W_x = \dfrac{b \cdot h^2}{6}$ $W_y = \dfrac{h \cdot b^2}{6}$	—
	$I_x = \dfrac{b \cdot (H^3 - h^3)}{12}$ $I_y = \dfrac{b^3 \cdot (H - h)}{12}$	$W_x = \dfrac{b \cdot (H^3 - h^3)}{6 \cdot h}$ $W_y = \dfrac{b^2 \cdot (H - h)}{6}$	—
	$I_x = \dfrac{B \cdot H^3 - b \cdot h^3}{12}$ 其中 $b = b_1 + b_2$	$W_x = \dfrac{B \cdot H^3 - b \cdot h^3}{6 \cdot h}$ 其中 $b = b_1 + b_2$	—
	$I_x = \dfrac{B \cdot H^3 + b \cdot h^3}{12}$ 其中 $B = B_1 + B_2$ $b = b_1 + b_2$	$W_x = \dfrac{B \cdot H^3 + b \cdot h^3}{6 \cdot h}$ 其中 $B = B_1 + B_2$ $b = b_1 + b_2$	—

[1] 型材圆截面极惯性矩的二次矩和抗扭截面模量参见 153 页至 158 页以及 178 页至 180 页。

纵向弯曲，复合载荷

纵向弯曲

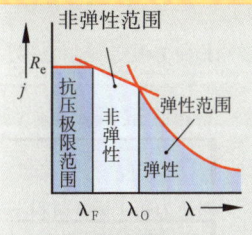

非弹性范围

R_e, j

抗压极限范围 / 非弹性 / 弹性范围 / 弹性

λ_F λ_O λ

载荷性质和纵向弯曲长度

载荷性质

I   II   III   IV

F F F F

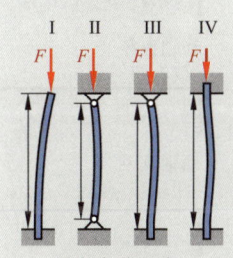

纵向弯曲长度

$l_k = 2 \cdot l$ $l_k = l$ $l_k = 0.7 \cdot l$ $l_k = 0.5 \cdot l$

[1] $\lambda < \lambda_F$：不计算纵向弯曲

$\lambda_F < \lambda < \lambda_O$：按非弹性计算纵向弯曲应力

$\lambda > \lambda_O$：按弹性计算纵向弯曲应力

承受压力载荷 的长条棒料（$\lambda > \lambda_F$）存在着纵向弯曲的危险

λ　细长比

λ_o　细长比极限

λ_F　折弯的最小细长比（软钢的 $\lambda_F = 60$）

l　长度

l_k　纵向弯曲长度

i　基准半径

I　圆截面惯性矩的二次矩（见 46 页）

S　横截面积

σ_k　纵向弯曲应力

E　弹性模量（见 42 页）

F_k　纵向弯曲力（纵向弯曲时出现）

I_{erf}　所需的轴向圆截面极惯性矩的二次矩（见 46 页）

σ_{dzul}　许用压应力

F_{dzul}　许用压力

v　安全系数（机械制造中的纵向弯曲 3...10）

[2] **草案计算**必须按弹性公式进行计算或设定。如果得出结果是 $\lambda < \lambda_o$，则应按非弹性计算 σ_k。如果达不到 v，须重新设定各尺寸。

细长比 [1]

$$\lambda = \frac{l_K}{i}$$

基准半径

$$i = \sqrt{\frac{I}{S}}$$

许用压应力

$$\sigma_{dzul} = \frac{\sigma_k}{v}$$

许用压力

$$F_{dzul} = \frac{F_k}{v}$$

纵向弯曲应力和纵向弯曲力

$$\sigma_K = \frac{E \cdot \pi^2}{\lambda^2} ; F_k = \frac{E \cdot I_{erf} \cdot \pi^2}{l_k^2}$$

所需的轴向圆截面极惯性矩的二次矩

$$I_{min} = \frac{v \cdot F_k \cdot l_k^2}{E \cdot \pi^2}$$

材料	极限细长比 λ_o	纵向弯曲应力（按非弹性）
S235JR	104	$\sigma_k = 310 - 1.14 \cdot \lambda$
E295,335	89	$\sigma_k = 335 - 0.62 \cdot \lambda$
EN-GJL-200	80	$\sigma_k = 776 - 12 \cdot \lambda + 0.053 \cdot \lambda^2$
5%Ni- 钢	86	$\sigma_k = 470 - 2.30 \cdot \lambda$

复合载荷（多种载荷类型同时出现）

合成应力

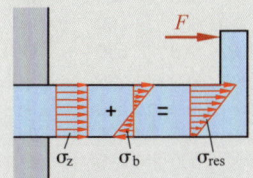

F

$+$ $=$

σ_z σ_b σ_{res}

只有同时出现法向应力 σ（例如拉应力 / 压应力和弯曲应力）或剪扭应力 τ（例如扭转应力和剪切应力）时才会汇总各种合成应力。

σ_{res}, τ_{res} 合成法向应力，合成剪扭应力

σ_b, $\sigma_{z,d}$ 弯曲应力，拉应力，压应力

τ_t, τ_a 扭转应力，剪切应力

极限应力：各个较低的极限应力

合成法向应力

$$\sigma_{res} = \sigma_b \pm \sigma_{z,d}$$

合成剪扭应力

$$\tau_{res} = \tau_t \pm \tau_a$$

对比应力

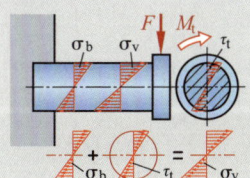

F M_t τ_t

σ_b σ_v

$+$ $=$

τ_t σ_b σ_v

法向应力 σ，（例如弯曲）并同时出现剪扭应力 τ（例如扭转）时，构成一个可与法向应力和剪扭应力共同相同作用的对比的法向应力（对比应力）。

σ_v　对比应力

σ, τ　法向应力，剪扭应力

对比应力（韧性材料的形变能假设）[1]

$$\sigma_v = \sqrt{\sigma^2 + 3 \cdot (a_0 \cdot \tau)^2}$$

[1] 应力比例 α_o（剪扭应力载荷状态换算成普通应力载荷状态），弯曲应力交变和扭转应力静态或极限条件下，钢的应力比例近似值 $\alpha_o \approx 0.7$，如果同时出现弯曲和扭转载荷，钢的 $\alpha_o \approx 1.0$，但弯曲应力静态或极限时以及扭转应力交变时，钢的 $\alpha_o \approx 1.5$。

动态强度，强度数值，安全系数

动态强度计算，预选参数

普通计算：

```
┌─────────────┐   ┌─────────────┐
│动态载荷量，  │   │材料特性值，  │
│例如动态      │   │例如交变弯    │
│$M_b$, $M_t$ │   │曲疲劳强度    │
└──────┬──────┘   └──────┬──────┘
       │                 │
┌──────▼──────┐   ┌──────▼──────┐
│采用例如应力  │   │结构要素，例  │
│假设的载荷和  │   │如应力集中效  │
│应力情况      │   │应，数值系数  │
└──────┬──────┘   └──────┬──────┘
       │                 │
┌──────▼──────┐   ┌──────▼──────┐
│横截面几何形  │   │交变结构疲劳  │
│状，例如圆，  │   │强度          │
│矩形          │   │超载荷情况    │
└──────┬──────┘   └──────┬──────┘
       │                 │
┌──────▼──────┐   ┌──────▼──────┐
│在有危险的横  │   │求出持续承受  │
│截面内求出现  │   │的应力：      │
│有应力幅度    │   │结构疲劳强度³)│
└──────┬──────┘   └──────┬──────┘
       │                 │
 应力提示       ┌─────────▼──────┐
       │        │   所需安全性    │
       ≤        └─────────┬──────┘
       └───►┌─────────────▼──────┐
            │    许用应力         │
            └────────────────────┘
```

3) 由于存在疲劳断裂的危险，必须通过材料时效处理使工件应力处于结构疲劳强度范围之内。

预选参数：（所需零件横截面的近似求算）

未知零件的几何形状便 无法准确计算零件的交变结构疲劳强度和结构疲劳强度。因此，应根据各极限应力（材料特性值）和大幅度提高的更高安全系数近似确定零件所需的横截面积。

$\sigma(\tau)_{grenz}$　极限应力（参见 41 页和本页下表）
v_D　　　　　安全系数（见下表）

由弯曲和扭转载荷构成的合成载荷可根据其对比应力视为对比力矩。

M_b, M_t, M_v　弯曲力矩，扭转力矩和对比力矩（参见 47 页）
α_0　　　　　应力比例（参见 47 页）
$\sigma(\tau)_{grenz}$　极限应力（参见 41 页和本页下表）
v_D　　　　　安全系数（见下表）

d　　　实心静轴和实心动轴的设计草案直径

1) 参数 公式汇集了安全系数、载荷、载荷的组合以及迄今为止的设计经验。
2) 未知长度时，下列数值可以作为经验值：
$M_v \approx 1.17 \cdot M_t$（普通轴承间距），
$M_v \approx 2.1 \cdot M_t$（大轴承间距）。

许用应力（预选参数）

$$\sigma_{zul} = \frac{\sigma_{grenz}}{v_D}；\tau_{zul} = \frac{\tau_{grenz}}{v_D}$$

对比力矩（韧性材料）

$$M_v = \sqrt{M_b^2 + b.75 \cdot (\alpha_0 \cdot M_t)^2}$$

静轴直径 [1]

$$d \approx 3.4 \cdot \sqrt[3]{M_v / \sigma_{grenz}}$$

动轴直径 [1]
（仅有扭转载荷）

$$d \approx 2.7 \cdot \sqrt[3]{M_t / \tau_{grenz}}$$

动轴直径 [1][2]
（扭转和弯曲）

$$d \approx 3.4 \cdot \sqrt[3]{M_v / \sigma_{grenz}}$$

计算举例参见第 50 页。

动态强度值（极限应力）和安全系数（标准值） [1]

史密斯疲劳强度曲线图表：

将属于指定平均应力 σ_m 并分别代表各个强度变化幅值 σ_A 的数值 σ_O 和 σ_U 代入比例相同的静轴。

举例：41Cr4, 弯曲

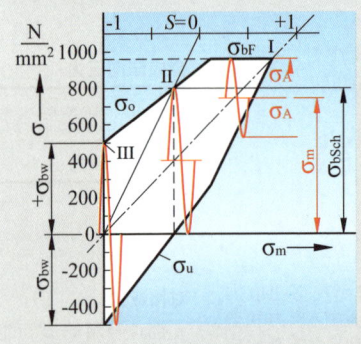

解读：
· $\sigma_m = 0$（$S=-1$）时的交变强度
· $\sigma_U = 0$（$S=0$）时的疲劳强度
· 屈服极限时的上限

材料	σ_{zSch} σ_{dSch}	σ_{zdw}	σ_{bSch}	σ_{bw}	τ_{tSch}	τ_{tW}
S235	235	145	280	180	160	110
S275	275	165	330	205	190	125
E295	295	190	355	235	205	140
E360	360	270	430	335	250	200
C10E	310	200	370	250	215	150
17Cr3	540	320	655	400	380	240
16MnCr5	640	400	800	500	480	300
20MnCr5	725	480	910	600	590	360
18CrNiMo7-6	725	480	910	600	590	360
C22E	340	200	405	250	235	150
C45E	490	280	590	350	340	210
C60E	580	340	690	425	400	250
41Cr4	650	400	800	500	525	300
30CrNiMo8	750	500	930	625	625	375
GE200	200	150	240	190	140	110
GE300	300	240	360	260	210	155
EN-GJS-400	240	140	345	220	195	115
EN-GJS-500	270	155	380	240	225	130
EN-GJS-600	330	190	470	270	275	160
EN-GJS-700	355	205	520	300	305	175

安全系数	韧性（延展性）材料		脆性材料	
	应力提示 $v_D \approx 1.5$		应力提示 $v_D \approx 1.7$	
	参数预选 $v_D \approx 3...4$		参数预选 $v_D \approx 3...6$	

1) 由于应力提示和交变强度提示的原因，疲劳强度数值仅用于参数预选。
2) 材料状态：正火处理的结构钢；调质处理的调质钢；非渗碳淬火的渗碳钢。

结构强度

结构强度，简化的动态应力提示

在允许考虑强度降低的影响条件下，交变结构疲劳强度是动态载荷工件横截面的交变强度。实际影响如下：
- 工件的形状（出现应力集中效应）
- 加工质量（表面粗糙度）
- 毛坯尺寸（工件厚度）

结构疲劳强度还附加考虑现有平均应力（史密斯疲劳强度曲线图表，参见 48 页）和运行过载载荷的类型。

法向应力提示：现有最大应力变化幅度只允许达到工件结构疲劳强度的部分（安全系数），而不是全部，超过该极限将导致工件该截面的材料疲劳或断裂。

简化的应力提示：对于韧性材料而言，将结构疲劳强度设置等于交变结构疲劳强度（$\sigma_{GA} = \sigma_{GW}$，$\tau_{GA} = \tau_{GW}$），因为此类材料直至疲劳极限也仅有微小差别。应力比例 $S > 0$ 时需对疲劳极限的安全系数加以特别关注（参见 42 页至 44 页）。计算举例参见 50 页。

符号	说明
$\sigma_{(\tau)GW}$	交变结构疲劳强度
$\sigma_{(\tau)W}$	交变强度（参见 41 页至 48 页）
b_1	面条件系数（见本页图表）
b_2	尺寸因数（见本页图表）
β_k	应力集中系数（见下表）
$\sigma_{(\tau)avorh}$	现有应力变化幅度
$\sigma_{(\tau)zul}$	许用应力
$\sigma_{(\tau)GA}$	结构疲劳强度
v_D	疲劳断裂安全系数（参见 48 页）

交变结构疲劳强度（动态载荷）

$$\sigma_{GW} = \frac{\sigma_W \cdot b_1 \cdot b_2}{\beta_k}$$

$$\tau_{GW} = \frac{\tau_W \cdot b_1 \cdot b_2}{\beta_k}$$

应力提示（普通）

$$\sigma_{avorh} \leqslant \sigma_{zul}$$
$$\tau_{avorh} \leqslant \tau_{zul}$$

许用应力简化指示（动态载荷）

$$\sigma_{zul} = \frac{\sigma_{GW}}{v_D} = \frac{\sigma_{GA}}{v_D}$$

$$\tau_{zul} = \frac{\tau_{GW}}{v_D} = \frac{\tau_{GA}}{v_D}$$

应力集中效应和钢的应力集中系数 β_k 标准值

拉伸载荷的应力分布

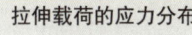

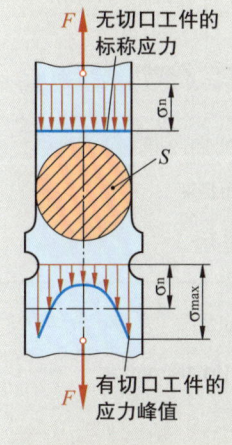

F 无切口工件的标称应力

σ_n

S

σ_n

σ_{max}

F 有切口工件的应力峰值

无切口的横截面提示力作用线无中断，因此，应力分布均匀。截面变化导致力作用线压缩并因此达到应力峰值。由此产生的材料强度降低首先受到切口形状的影响，但也受材料切口灵敏度的影响。

切口形状	R_m N/mm^2	弯曲	扭转
带圆切口的轴	300...800	1.2...2.0	1.1...1.9
带护环退刀槽的轴	300...800	2.2...3.5	2.2...3.4
带轴肩的轴	300...1200	1.1...3.0	1.1...2.0
轴内平键键槽（立铣刀）	400...1200	1.8...2.6	1.3...2.4
轴内平键键槽（圆盘铣刀）	400...1200	1.5...1.9	1.3...2.4
轴内半圆键键槽	400...1200	1.9...3.2	1.8...3.0
花键轴	400...1200	1.4...2.3	1.8...3.0
外花键轴	400...1200	1.6...2.6	1.8...3.0
压合键的过渡界面	400...1200	1.8...2.9	1.2...1.8
带横向孔的动轴，静轴	400...1200	1.7...2.0	1.7...2.0
带孔扁钢	400...1200	1.3...1.6	拉伸载荷 1.5...1.9

钢的表面条件系数 b_1 和尺寸因数 b_2

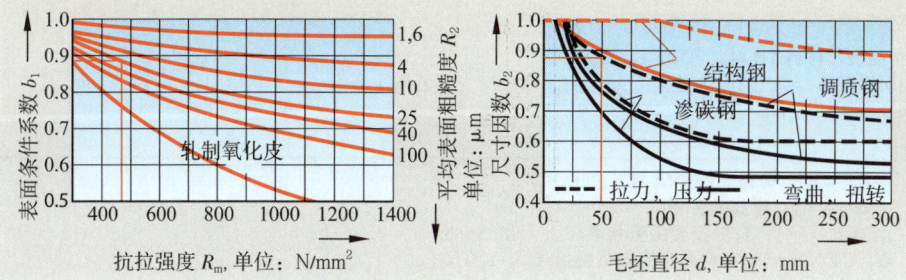

动态强度计算

第 48 至 49 页举例

预选参数举例

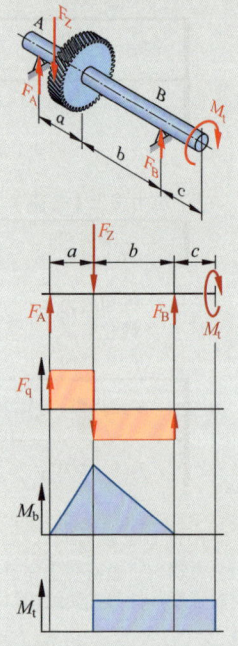

输送装置前置轴，材料 16MnCr5，转速 n=900 1/min 时传输标称功率 P=5.5kW。一个无弯曲的联轴器传入力矩。由于输送装置工作运行时的载荷波动，齿轮力 F_2=2kN 和转转载荷达到极限。

a) 未知间距 a,b,c 的条件下预选参数：载荷 M_t=？；设计草案直径 d=?

b) 已知 a=50mm，b=80mm，c=50mm 条件下预选参数：
弯曲力矩 M_b=？；轴的设计草案直径 d=?

解题 a)：

$$P = \frac{M \cdot n}{9550} \text{ (37页)}: \boldsymbol{M_t} = M = 9550 \cdot \frac{5.5}{900} = \textbf{58.4Nm}$$

预选参数（参见 48 页）

$$\boldsymbol{M_v} \approx 1.17 \cdot M_t = 1.17 \cdot 58.4\text{Nm} = \textbf{68.3Nm}; \quad \sigma_{grenz} = \sigma_{bw} = \textbf{500N/mm}^2$$

$$d \approx 3.4 \cdot \sqrt[3]{\frac{M_v}{\sigma_{grenz}}} = 3.4 \cdot \sqrt[3]{\frac{68300\text{Nmm}}{500\text{N/mm}^2}} = 17.5\text{mm} \rightarrow d = \textbf{20mm}$$

解题 b)：

弯曲载荷（参见 45 页：）

$$\boldsymbol{M_b} = F \cdot \frac{a \cdot b}{I} = F_z \cdot \frac{a \cdot b}{I} = 2000\text{N} \cdot \frac{50\text{mm} \cdot 80\text{mm}}{130\text{mm}} = 61533\text{Nmm} = \textbf{61.5Nm}$$

弯曲和扭转的合成载荷（参见 47 页）加交变弯曲载荷（回转动轴），扭转载荷达到极限，α_0=0.7。
预选参数，对比力矩（参见 48 页）：

$$\boldsymbol{M_v} = \sqrt{M_b{}^2 + 0.75 \cdot (\alpha_o \cdot M_t)^2} = \sqrt{(61.5\text{Nm})^2 + 0.75(0.7 \cdot 58.4\text{Nm})^2} = \textbf{71Nm}$$

$$\sigma_{grenz} = \sigma_{bw} = 500\text{N/mm}^2$$

$$d = 3.4 \cdot \sqrt[3]{\frac{M_v}{\sigma_{grenz}}} = 3.4 \cdot \sqrt[3]{\frac{71000\text{Nmm}}{500\text{N/mm}^2}} = 17.7\text{mm} \rightarrow d = \textbf{20mm}$$

简化的应力指示

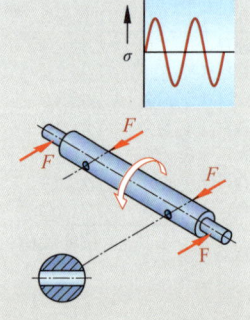

输送装置的回转静轴，材料 E295。
毛坯直径 d=50mm，危险横截面上有横孔，表面粗糙度 R_z=25μm，已求出现有弯曲应力变化幅度 σ_{avorh}=55N/mm²。
结构疲劳强度 σ_{GA}=？ 许用应力 σ_{zul}=? 现有许用应力？

解题：

σ_{bw} = 235N/mm²(48页)；R_m = 470N/mm²(135页)；
b_1 = 0.88，b_2 = 0.88；$\beta_k \approx$ 1.8(图，表49页)；ν_D =1.5(48页)

$$\boldsymbol{\sigma_{GA}} = \sigma_{Gw} = \frac{\sigma_W \cdot b_1 \cdot b_2}{\beta_k} = \frac{235\text{N/mm}^2 \cdot 0.88 \cdot 0.88}{\beta_k} = \textbf{101.1N/mm}^2$$

$$\boldsymbol{\sigma_{zul}} = \frac{\sigma_{GA}}{\nu_D} = \frac{\sigma_{GA}}{\nu_D} = \frac{101.1\text{N/mm}^2}{1.5} = \textbf{67.4N/mm}^2$$

由于 $\leq \sigma_{zul}$，允许现有弯曲应力变化幅度 σ_{avorh}=55N/MM²。

疲劳强度图表（48 页）的举例解读

第 46 页图表，材料 41Cr4，弯曲：
弯曲屈服极限 σ_{bF}=？；弯曲疲劳强度 σ_{bSch}=？；弯曲交变疲劳强度 σ_{bW}=？；平均应力 σ_m=740N/mm² 时，弯曲强度变化幅值 σ_{bA}=？

解题：

解读，I 或 S=1 时：弯曲屈服极限 σ_{bF}= 960 N/mm²
解读，II 或 S=0 时：弯曲疲劳强度 σ_{bSch}= 800 N/mm²
解读，III 或 S=−1 时：弯曲交变疲劳强度 σ_{bW}= 500 N/mm²
解读，σ_m=740N/mm² 时：弯曲强度变化幅值 σ_{bA}=220 N/mm²

温度变化的影响

温度

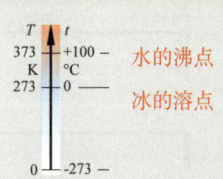

水的沸点
冰的溶点

绝对零度

温度测量采用开氏温标（K），摄氏温标（℃）和华氏温标（℉）。开氏温标原点为最低可能温度，即绝对零度。摄氏温标原点为冰的溶点。

举例：

$t = 20℃; T = ?$

$\boldsymbol{T} = t + 273 = (20 + 273)\text{K} = \textbf{293K}$

开氏温标温度

$$T = t + 273$$

华氏温标温度

$$t_F = 1.8 \cdot t + 32$$

长度变化，直径变化

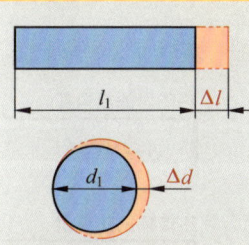

α_1 线性膨胀系数 Δl 长度变化
$\Delta t, \Delta v, \Delta T$ 温度变化 Δd 直径变化
l_1 初始长度 d_1 初始直径

举例：

非合金钢板，$l_1 = 120\text{mm}; a_1 = 0.0000119 \frac{1}{℃}$

$\Delta t = 550℃; \Delta l = ?$

$\Delta l = a_1 \cdot l_1 \cdot \Delta t$

$= 0.0000119 \frac{1}{℃} \cdot 120\text{mm} \cdot 550℃ = \textbf{0.785mm}$

长度变化

$$\Delta l = a_1 \cdot l_1 \cdot \Delta t$$

直径变化

$$\Delta d = a_1 \cdot d_1 \cdot \Delta t$$

长度膨胀系数参见，120 页至 121 页。

体积变化

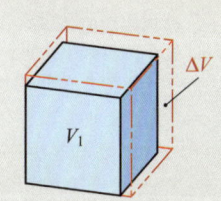

α_v 体积膨胀系数 ΔV 体积变化
$\Delta t, \Delta v, \Delta T$ 温度变化 V_1 初始体积

举例：

汽油，$V_1 = 60l; a_v = 0.001 \frac{1}{℃}; \Delta t = 32℃; \Delta v = ?$

$\Delta \boldsymbol{v} = a_v \cdot v_1 \cdot \Delta t = 0.001 \frac{1}{℃} \cdot 60l \cdot 32℃ = \textbf{1.9}\boldsymbol{l}$

体积变化

$$\Delta V = a_r \cdot V_1 \cdot \Delta t$$

对于固体材料
$\alpha_v = 3 \cdot \alpha_1$
体积膨胀系数参见121 页。
体积膨胀（气体的状态变化）参见 40 页。

收缩

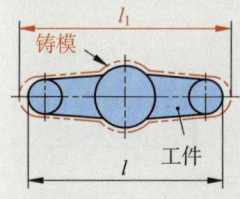

铸模

工件

S 收缩尺寸（%） l_1 铸模长度
l 工件长度

举例：

铸铝件，$l_1 = 680\text{mm}; s = 1.2\%; l_1 = ?$

$l_1 = \frac{l \cdot 100\%}{100\% - S} = \frac{680\text{mm} \cdot 100\%}{100\% - 1.2\%}$

$= \textbf{688.2mm}$

铸模长度

$$l_1 = \frac{l \cdot 100\%}{100\% - S}$$

收缩尺寸参见 172 页。

温度变化产生的热能

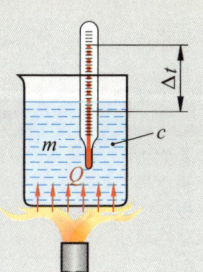

比热容 c 指将 1kg 物质加热 1℃所需热量。冷却时则释放相同的热量。
c 比热容 Q 热量
$\Delta t, \Delta v, \Delta T$ 温度变化 m 质量

举例：

钢轴，$m = 2\text{kg}; c = 0.48 \frac{\text{kJ}}{\text{kg} \cdot ℃};$

$\Delta t = 800℃; Q = ?$

$Q = c \cdot m \cdot \Delta t = 0.48 \frac{\text{kJ}}{\text{kg} \cdot ℃} \cdot 2\text{kg} \cdot 800℃ = \textbf{768kJ}$

热量

$$Q = c \cdot m \cdot \Delta t$$

$1\text{kJ} = \frac{1\text{kW} \cdot \text{h}}{3600}$

$1\text{kW} \cdot \text{h} = 3.6\text{MJ}$

比热容参见120 和 121 页。

熔化，气化和燃烧的热量

熔化热，气化热

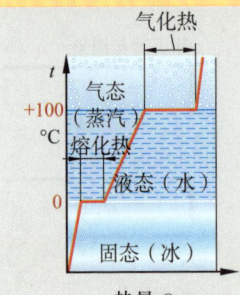

物质从固态变液态或从液态变气态，均需吸收热能（称为熔化热或气化热）。

Q 熔化热 r 气化潜热
　　气化热
q 熔化潜热 m 质量

举例：

> 铜，$m = 6.5\text{kg}; q = 213\frac{kJ}{kg}; Q = ?$
>
> $Q = q \cdot m = 213\frac{kJ}{kg} \cdot 6.5\text{kg} = 1384.5\text{kJ} \approx \mathbf{1.4MJ}$

熔化热

$$Q = q \cdot m$$

气化热

$$Q = r \cdot m$$

熔化潜热和气化潜热参见 120 页和 121 页

热通量

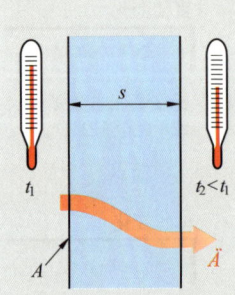

一个物质内从高温变为低温的过程中持续产生热通量 ϕ。
导热系数 k 兼顾工件的导热性能和工件边界层的热传导阻力。

ϕ 热通量 $\Delta t \Delta v \Delta T$ 温度差
λ 导热率 s 工件厚度
k 导热系数 A 工件面积

举例：

> 电控柜；油漆钢薄板； $A = 5.8 m^2$；
> $\Delta t = 15℃; \phi = ?$
>
> $\phi = k \cdot A \cdot \Delta t = 5.5\frac{W}{m^2 \cdot ℃} \cdot 5.8 m^2 \cdot 15℃ = \mathbf{478.5W}$

热传导的热通量

$$\phi = \frac{\lambda \cdot A \cdot \Delta t}{s}$$

热传输的热通量

$$\phi = k \cdot A \cdot \Delta t$$

导热率数值 λ 参见 120 页和 121 页。导热系数 k 见本页下表。

燃烧热

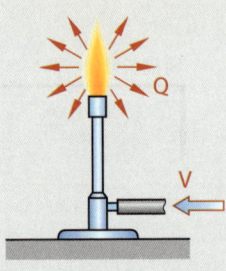

物质的净发热值 $H_i(H)$ 指 1kg 或 $1m^3$ 物质完全燃烧过程中释放的热能减去含水蒸气的废气的气化热。

Q 燃烧热
H_i, H 净发热值
m 固体和液体燃料的质量
V 燃气的体积

举例：

> 天然气， $V = 3.8 m^3; H_i = 35\frac{MJ}{m^3}; Q = ?$
>
> $Q = H_i \cdot V = 35\frac{MJ}{m^3} \cdot 3.8 m^3 = \mathbf{133MJ}$

固体或液体物质的燃烧热

$$Q = H_i \cdot m$$

气体的燃烧热

$$Q = H_i \cdot V$$

燃料的净发热值 $H_u(H)$　　　　　　　　　　　　　　　　　　　　导热系数 k

固体燃料	H_i MJ/kg	液体燃料	H_i MJ/kg	气体燃料	H_i MJ/kg	材料（举例）	$k = \frac{W}{m^2 \cdot ℃}$
木材	15…17	酒精	27	氢	10	油漆钢板	≈ 5.5
生物燃料（干）	14…18	苯	40	天然气	34…36	不锈钢板	≈ 4.5
褐煤	16…20	汽油	43	乙炔	57	铝板	≈ 12
焦炭	30	柴油	41…43	丙烷	93	双层铝墙板	≈ 4.5
石煤	30…34	重油	40…43	丁烷	123	聚酯	≈ 3.5

量和单位，欧姆定律，电阻

电学的量和单位

量		单位	
名称	符号	名称	符号
电压	U	伏特	V
电流	I	安培	A
电阻	R	欧姆	Ω
电导	G	西门子	S
电功率	P	瓦特	W

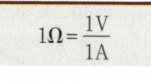

$$1\Omega = \frac{1V}{1A}$$

$$1W = 1V \cdot 1A$$

欧姆定律

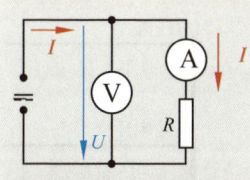

U 电压（V）
I 电流（A）
R 电阻（Ω）

举例：

$R = 88\Omega; U = 230V; I = ?$

$I = \dfrac{U}{R} = \dfrac{230V}{88\Omega} = \mathbf{2.6A}$

电流

$$I = \frac{U}{R}$$

电路符号参见 438 页

电阻和电导

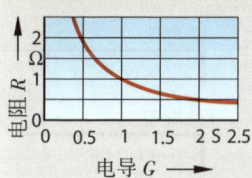

R 电阻（Ω）
G 电导（S）

举例：

$R = 20\Omega; G = ?$

$G = \dfrac{1}{R} = \dfrac{1}{20\Omega} = \mathbf{0.05S}$

电阻

$$R = \frac{1}{G}$$

电导

$$G = \frac{1}{R}$$

电阻率，电导率，导线电阻

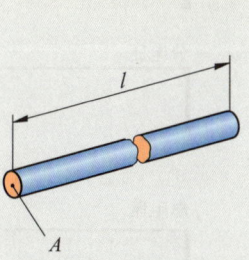

ϱ 电阻率（Ω·mm²/m）
γ 电导率（m/(Ω·mm²)）
R 电阻（Ω）
A 导线横截面（mm²）
l 导线长度（m）

举例：

铜线，$l = 100m$;
$A = 1.5mm^2; \varrho = 0.0179\dfrac{\Omega \cdot mm^2}{m}; R = ?$

$R = \dfrac{\varrho \cdot l}{A} = \dfrac{0.0179\frac{\Omega \cdot mm^2}{m} \cdot 100m}{1.5mm^2} = \mathbf{1.19\Omega}$

电阻率参见 120 和 121 页。

电阻率

$$\varrho = \frac{1}{\gamma}$$

电导率

$$R = \frac{\varrho \cdot l}{A}$$

电阻和温度

材料	T_K 值 α，单位：1/K
铝	0.0040
铅	0.0039
金	0.0037
铜	0.0039
银	0.0038
钨	0.0044
锡	0.0045
锌	0.0042
石墨	−0.0013
康铜	± 0.00001

ΔR 电阻变化（Ω）
R_{20} 20℃时的电阻（Ω）
R_t 温度 t 时的电阻（Ω）
α 温度系数（T_K 值）（1/K）
Δt 温度差（K）

举例：

铜电阻：$R_{20} = 150\Omega; t = 75℃; R_t = ?$
$\alpha = \mathbf{0.00391/K}; \Delta t = 75℃ - 20℃ = 55℃ \cong \mathbf{55K}$
$R_t = R_{20} \cdot (1 + \alpha \cdot \Delta t)$
$\quad = 150\Omega \cdot (1 + 0.00391/K \cdot 55K) = \mathbf{182.2\Omega}$

电阻变化

$$\Delta R = a \cdot R_{20} \cdot \Delta t$$

温度 t 时的电阻

$$R_t = R_{20} \cdot \Delta R$$

$$R_t = R_{20} \cdot (1 + \alpha \cdot \Delta t)$$

电流密度，电阻电路

导线的电流密度

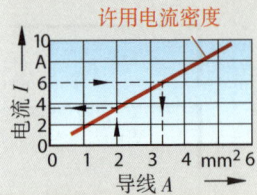

J 电流密度（A/mm²）
I 电流（A）
A 导线横截面（mm²）

举例：

$A = 2.5\text{mm}^2; I = 4\text{A}; J = ?$

$J = \dfrac{I}{A} = \dfrac{4\text{A}}{2.5\text{mm}^2} = \mathbf{1.6\ \dfrac{A}{mm^2}}$

电流密度

$$J = \dfrac{I}{A}$$

导线的电压降

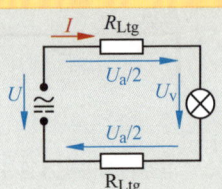

U_a　导线的电压降（V）
U　　终端电压（V）
U_v　负载电压（V）
I　　　电流（A）
R_{Ltg}　进线和回路的导线电阻（Ω）

电压降

$$U_a = 2 \cdot I \cdot R_{Ltg}$$

负载电压

$$U_V = U - U_a$$

电阻的串联电路

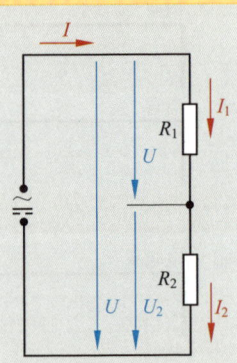

R　　总电阻，等效电阻（Ω）
I　　总电流（A）
U　　总电压（V）
$R_1 R_2$　分电阻（Ω）
$l_1 l_2$　分电流（A）
$U_1 U_2$　分电流（V）

$R_1 = 10\,\Omega; R_2 = 20\,\Omega; U = 12\text{V}; R = ?; I = ?;$
$U_1 = ?; U_2 = ?$
$\mathbf{R} = R_1 + R_2 = 10\,\Omega + 20\,\Omega = \mathbf{30\Omega}$

$\mathbf{I} = \dfrac{U}{R} = \dfrac{12\text{V}}{30\,\Omega} = \mathbf{0.4A}$

$\mathbf{U_1} = R_1 \cdot I = 10\,\Omega \cdot 0.4\text{A} = \mathbf{4V}$

$\mathbf{U_2} = R_2 \cdot I = 20\,\Omega \cdot 0.4\text{A} = \mathbf{8V}$

总电阻

$$R = R_1 + R_2 + \cdots$$

总电压

$$U = U_1 + U_2 + \cdots$$

总电流

$$I = I_1 = I_2 = \cdots$$

分电压

$$\dfrac{U_1}{U_2} = \dfrac{R_1}{R_2}$$

电阻的并联电路

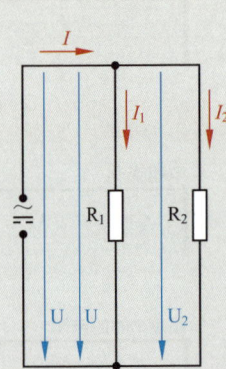

R　　总电阻，等效电阻（Ω）
I　　总电流（A）
U　　总电压（V）
$R_1 R_2$　分电阻（Ω）
$I_1 I_2$　分电流（A）
$U_1 U_2$　分电流（V）

举例：

$R_1 = 15\,\Omega; R_2 = 30\,\Omega; U = 12\text{V}; R = ?; I = ?;$
$I_1 = ?; I_2 = ?;$

$\mathbf{R} = \dfrac{R_1 \cdot R_2}{R_1 + R_2} = \dfrac{15\,\Omega \cdot 30\,\Omega}{15\,\Omega + 30\,\Omega} = 10\,\Omega$

$\mathbf{I} = \dfrac{U}{R} + \dfrac{12\text{V}}{10\,\Omega} = \mathbf{1.2A}$

$\mathbf{I_1} = \dfrac{U_1}{R_1} + \dfrac{12\text{V}}{15\,\Omega} = \mathbf{0.8A};$　　$\mathbf{I_2} = \dfrac{U_2}{R_2} + \dfrac{12\text{V}}{30\,\Omega} = \mathbf{0.4A}$

总电阻

$$\dfrac{1}{R} = \dfrac{1}{R_1} + \dfrac{1}{R_2} + \cdots$$

$$R^{1)} = \dfrac{R_1 \cdot R_2}{R_1 + R_2}$$

总电压

$$U = U_1 = U_2 = \cdots$$

总电流

$$I = I_1 + I_2 + \cdots$$

分电流

$$\dfrac{I_1}{I_2} = \dfrac{R_2}{R_1}$$

[1)]该公式只能计算两个并联电阻。

电流的类型

直流电流（DC[1]；符号 −），直流电压

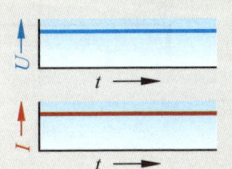

直流电流只向一个方向流动且保持电流强度不变。
直流电压也是常量。
I　电流（A）
U　电压（V）
t　时间（s）
[1] 英语 Direct Current 的缩写 = 直流电。

电流

$$I = 常量$$

电压

$$V = 常量$$

交流电流（AC[2]；符号 ~），交流电压

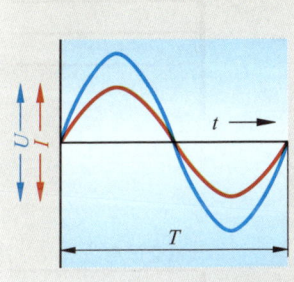

电压按正弦曲线持续变化时，自由电子也交替改变其流动方向。
f　频率（1/s，Hz）
T　周期（s）
ω　角频率（1/s）
I　电流（A）
U　电压（V）
t　时间（s）

举例：

频率 50Hz；T= ？

$$T = \frac{1}{50\frac{1}{s}} = 0.02s$$

[2] 英语 Alternating Current 的缩写 = 交流电。

周期

$$T = \frac{1}{f}$$

频率

$$f = \frac{1}{T}$$

角频率

$$\omega = 2 \cdot \pi \cdot f$$

$$\omega = \frac{2 \cdot \pi}{T}$$

1 赫兹 =1Hz=1/s
= 每秒一个周期

电流和电压的最大值和有效值

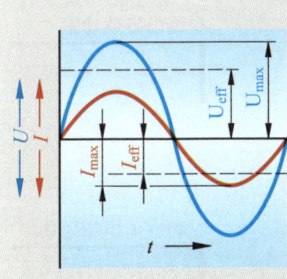

I_{max}　电流最大值(A)
I_{eff}　电流有效值(A)
U_{ma}　电压最大值(V)
U_{eff}　电流有效值(V)（1 欧姆电阻时交流电产生的功率与同等大小的直流电压相同）
I　电流(A)
U　电压（V）
t　时间（s）

举例：

U_{eff} =230V；U_{max} =？
$$U_{max} = \sqrt{2} \cdot 230V = 325V$$

电流最大值

$$I_{max} = \sqrt{2} \cdot I_{eff}$$

电压最大值

$$U_{max} = \sqrt{2} \cdot U_{eff}$$

交流电（三相交流电）

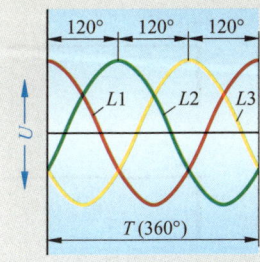

三相交流电由三个各差 120° 相位的交流电压构成。
U　电压（V）
T　周期（s）
L1　相位 1
L2　相位 2
L3　相位 3

U_{eff}　相位与零线之间的有效电压 =230V
U_{eff}　两个相位导线之间的有效电压 =400V

电压最大值

$$U_{max} = \sqrt{2} \cdot U_{eff}$$

电功和电功率，变压器

电功

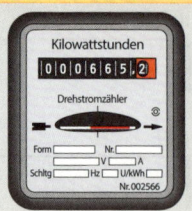

W　电功（kW·h）
P　电功率（W）
t　时间（接通时长）（h）

举例：

轻便电炉，　$P=1.8$kW; $t=3$h;
$W=?$ 单位：kW·h 和 MJ
$W=P \cdot t=1.8$kW$\cdot 3$h$=$**5.4kW·h**$=$**19.44MJ**

电功

$$W = P \cdot t$$

1 kW·h$=3.6$MJ
$=3\,600\,000$W·s

电阻负载[1]的电功率

直流电或交流电

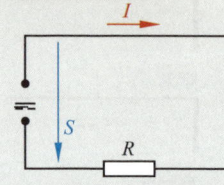

P　电功率（W）
U　电压（导线电压）（V）
I　电流（A）
R　电阻（Ω）

举例1：

白炽灯，$U=6$V; $I=5$A; $P=?$; $R=?$
$P=U \cdot I=6$V$\cdot 5$A$=$**30W**
$R=\dfrac{U}{I}=\dfrac{6V}{5A}=$**1.2Ω**

直流或交流电功率

$$P = U \cdot I$$
$$P = I^2 \cdot R$$
$$P = \frac{U^2}{R}$$

三相交流电

举例2：

退火炉，三相交流电，$U=400$V; $P=12$kW; $I=?$
$I=\dfrac{P}{\sqrt{3} \cdot U}=\dfrac{12000W}{\sqrt{3} \cdot 400V}=$**17.3A**

三相交流电功率

$$P = \sqrt{3} \cdot U \cdot I$$

[1] 即只用于加热装置（欧姆电阻）。

带电抗性或电容性负载[2]的交流电或三相交流电的有效功率

交流电

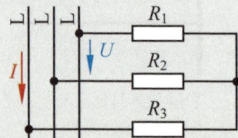

P　有效功率（W）
U　电压（导线电压）（V）
I　电流（A）
$\cos\phi$　功率因数

举例：

三相交流电机，$U=400$V; $I=2$A;
$\cos\psi=0.85; P=?$
$P=\sqrt{3} \cdot U \cdot I \cdot \cos\psi=\sqrt{3} \cdot 400V\cdot 2A\cdot 0.85$
　　$=1178$W$\approx$**1.2kW**

交流电有效功率

$$P = U \cdot I \cdot \cos\psi$$

三相交流电

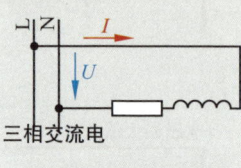

三相交流电有效功率

$$P = \sqrt{3} \cdot U \cdot I \cdot \cos\psi$$

[2] 例如电动机和发电机。

变压器

输入端　　**输出端**
（初级线圈）（次级线圈）

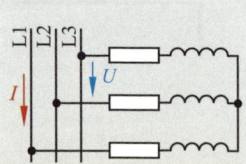

N_1, N_2 线圈匝数　　I_1, I_2 电流（A）
U_1, U_2 电压（V）

举例：

$N_1=2875; N_2=100; U_1=230$V; $I_1=0.25$A; $U_2=?$; $I_2=?$
$U_2=\dfrac{U_1 + N_2}{N_1}=\dfrac{230V \cdot 100}{2875}=$**8V**
$I_2=\dfrac{I_1 \cdot N_1}{N_2}=\dfrac{0.25A \cdot 2875}{100}=$**7.2A**

电压

$$\frac{U_1}{U_2} = \frac{N_1}{N_2}$$

电流

$$\frac{I_1}{I_2} = \frac{N_2}{N_1}$$

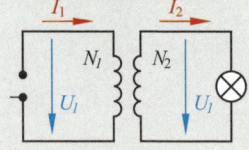

3 技术制图

直角坐标系

参照 DIN461（1973–03）

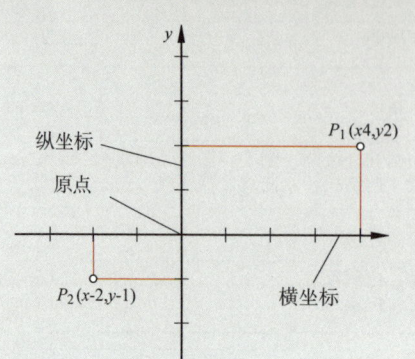

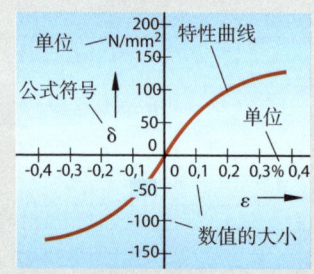

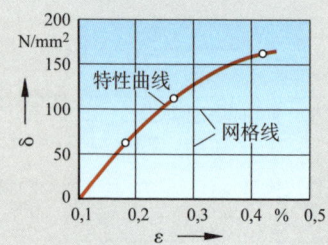

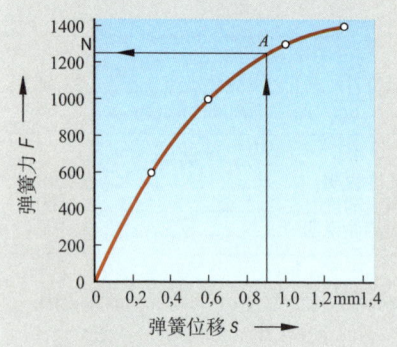

坐标轴
· 横坐标（水平轴；x 轴）
· 纵坐标（垂直轴：y 轴）

数值标注
· 正值：从原点向右或向上
· 负值：从原点向左或向下

标记坐标轴的正方向用
· 坐标轴上的箭头或
· 与坐标轴平行的箭头

公式符号用斜体字标注在
· 横坐标箭头下方区域
· 纵坐标箭头左侧区域
或与坐标轴平行的箭头前方区域

刻度一般是线性的，但有时也用对数划分。

数值位于刻度线边。所有的负值前需前置一个负号。

数值单位位于横坐标与纵坐标最后两位正数值之间或公式符号后面。

网格线简化数值的标注。

特性曲线（曲线）连接图表中标注的数值。
线宽。线条按下述比例绘制：网格线：坐标轴：特性曲线
＝ 1：2：4

图表截图，如果从原点出发的任何方向上未标注数值，可绘出图表截图。这里可以隐去不标原点。

举例（弹簧特性曲线）：

举例（弹簧特性曲线）： 已知某碟簧数值如下：					
弹簧位置 s （mm）	0	0.3	0.6	1.0	1.3
弹 簧 力 F （N）	0	600	1000	1300	1400

弹簧位移 s = 0.9 mm 时的弹簧力 F =？

解题：
将特性数值标入一个图表并用特性曲线连接。一条垂直线在 s = 0.9 mm 处与特性曲线相交于点 A。
借助一条穿过 A 点的水平线，可在纵坐标处读出弹簧力 F = 1250N。

[1)] 本节所述图表用于表述变量之间的数值关系。

极坐标系，区域图

直角坐标系（续）

参照 DIN461（1973–03）

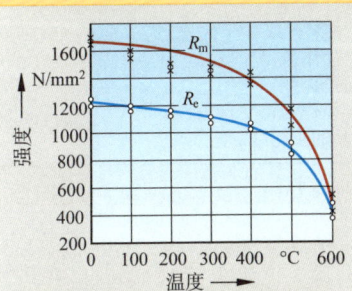

多曲线图
检测数值高度分散时，宜对每条特性曲线使用一个特殊符号，例如：○，×，□。

特性曲线的标记
·线型相同时，宜使用不同名称或公式符号或不同颜色予以区分。
·使用不同的线型。

极坐标系

参照 DIN461（1973–03）

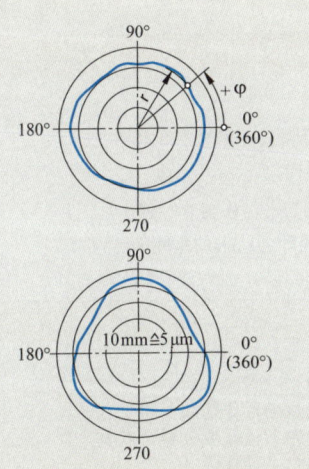

极坐标系划分为 360°。

原点（极点）。水平轴与垂直轴的交点。

角度顺序。原点向右的水平轴定为角度 0°。

角度值的标注。正角度值按逆时针方向标注。

半径。半径等于待标注数值的大小。为简化标注，可围绕原点作一个同心圆。

举例：

> 用测量仪检查车削衬套的圆度是否符合公差要求。
> 现查出圆度不符合要求，可能因车床卡盘夹得过紧所致。

区域图

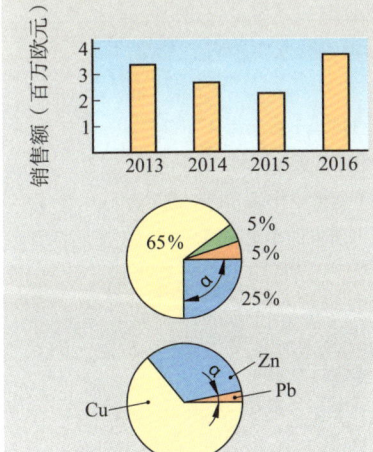

直方图
直方图将待表述的量绘成等宽的垂直或水平立柱。

饼图
饼图一般表述百分比数值。圆的面积对应 100%（≙360°）。

圆心角
待标注的比例数值乘以所属的圆心角：

$$\alpha = \frac{360° \cdot x\%}{100\%}$$

举例：

> 合金 CuPb15Sn8 中的铅占比多少？
>
> 解题：　　$\alpha = \dfrac{360° \cdot 3\%}{100\%} = 10.8°$

线段，垂线，角度

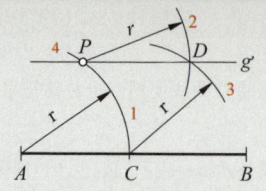

平行于一条线

已知：线段 $\overline{AB}$ 和所求平行线 g' 上的 P 点
1. 以 A 为圆心 r 为半径作弧得交点 C。
2. 以 P 为圆心 r 为半径作弧。
3. 以 C 为圆心 r 为半径作弧得交点 D。
4. 连接线段 $\overline{PD}$ 得 $\overline{AB}$ 的平行线 g'。

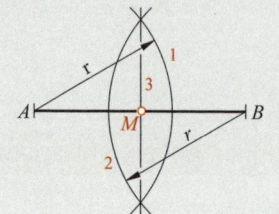

平分一条线

已知：线段 $\overline{AB}$
1. 以 A 为圆心 r 为半径作弧A；$r > \frac{1}{2}\,\overline{AB}$。
2. 以 B 为圆心 r 为半径作弧 2。
3. 圆交点的连线是线段 $\overline{AB}$ 的中垂线或平分线。

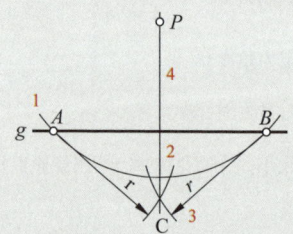

作一条垂线

已知：直线 g 和点 P
1. 以 P 为圆心作任意弧线 1 得交点 A 和 B。
2. 以 A 为圆心 r 半径作弧A；$r > \frac{1}{2}\,\overline{AB}$。
3. 以 B 为圆心相同 r 为半径作弧 3（交点 C）。
4. 交点 C 与 P 的连线即为所求的垂线。

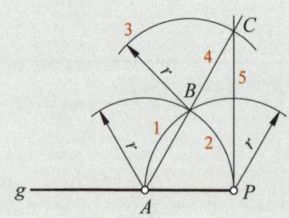

过 P 点作一条垂直线

已知：直线 g 和点 P
1. 以 P 为圆心 r 为任意半径作弧线 1 得交点 A。
2. 以 A 为圆心相同 r 为半径作弧 2 得交点 B。
3. 以 B 为圆心相同 r 为半径作弧 3。
4. 连接 A 和 B 并延长该直线（交点 C）。
5. 连接点 C 和 P。

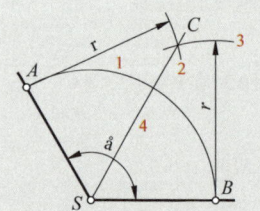

平分一个角

已知：角 α
1. 以 S 为圆心作任意弧线 1 得交点 A 和 B。
2. 以 A 为圆心 r 为半径作弧 A；$r > \frac{1}{2}\,\overline{AB}$。
3. 以 B 为圆心相同 r 为半径作弧 3 得交点 C。
4. 连接交点 S 与 C 得所求的角平分线。

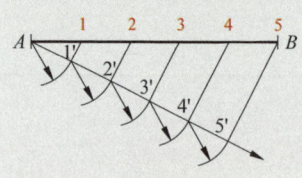

划分线段

已知：将线段 $\overline{AB}$ 划分为 5 等分。
1. 过 A 点以任意角度画一条射线。
2. 用圆规从 A 点起画出 5 个相等长度。
3. 将终点 $5'$ 与 B 连接。
4. 过其他等分点作 $5'B$ 的平行线。

切线，圆弧，多边形

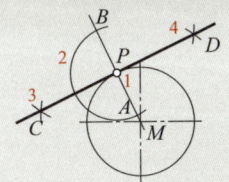

过圆上 P 点的切线

已知：圆和 P 点
1. 作线段 $\overline{MP}$ 并延长。
2. 以 P 为圆心作圆得交点 A 和 B。
3. 以 A 和 B 为圆心和任意半径作弧线得交点 C 和 D。
4. CD 连线即为 $\overline{PM}$ 的垂线。

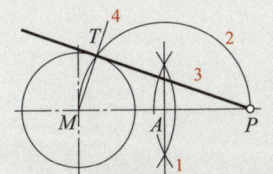

过 P 点至圆的切线

已知：圆和 P 点
1. 平分 $\overline{MP}$，A 为中点。
2. 以 A 为圆心，$r = \overline{AM}$ 为半径作圆。T 为切点。
3. 连接 T 与 P。
4. $\overline{MT}$ 垂直于 $\overline{TP}$。

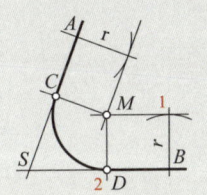

倒圆角

已知：角 ASB 和半径 r
1. 作间距为 r 的 $\overline{AS}$ 和 $\overline{BS}$ 的平行线。其交点 M 是所求半径为 r 的圆弧的中心点。
2. 从 M 点作线段 $\overline{AS}$ 和 $\overline{BS}$ 的垂线，所得交点是过渡点 C 和 D。

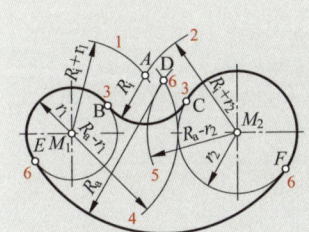

用弧线连接两圆

已知：圆 1 和圆 2；半径 R_i 和 R_a
1. 以 M_1 为圆心，$R_i + r_1$ 为半径作圆。
2. 以 M_2 为圆心，$R_i + r_2$ 为半径作圆与圆 1 得交点 A。
3. 用 A 连接 M_1 和 M_2 得内圆 R_i 的接触点 B 和 C。
4. 以 M_1 为圆心，$R_a - r_1$ 为半径作圆。
5. 以 M_2 为圆心，$R_a - r_1$ 为半径作圆与圆 4 得交点 D。
6. 用 D 连接 M_1 和 M_2 并延长外圆 R_a 的接触点 E 和 F。

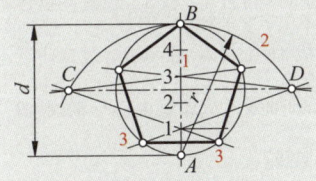

外接于圆的多边形 （例如五边形）

已知：直径为 d 的圆
1. 将线段 $\overline{AB}$ 作 5 等分（见 60 页）。
2. 以 A 为圆心，$r = \overline{AB}$ 为半径作圆弧得 C 点和 D 点。
3. 用 1,3…（所有奇数点）连接 C 和 D。其与圆的交点即构成所求的五边形。
若所求多边形的角数是偶数，需用 2,4,6 等（所有偶数点）连接 C 和 D。

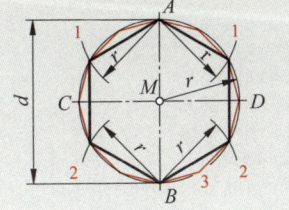

六边形，十二边形的外接圆

已知：直径为 d 的圆
1. 以 A 为圆心，$r = d/2$ 为半径作圆弧。
2. 以 B 为圆心，r 为半径作圆弧。
3. 连接各点即得六边形。
　作十二边形需确定十二个点。找中点，包括 C 点和 D 点。

三角形的内切圆和外接圆，圆心，椭圆，螺线

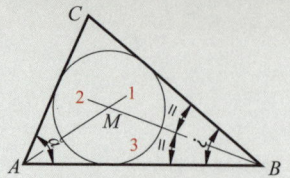

三三角形内切圆

已知：三角形
1. 平分角 α。
2. 平分角 β（得交点 M）。
3. 以 M 为圆心作内切圆。

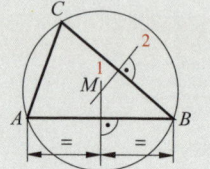

三角形外接圆

已知：三角形
1. 作线段 $\overline{AB}$ 的中垂线。
2. 作线段 $\overline{BC}$ 的中垂线（得交点 M）。
3. 以 M 为圆心作外接圆。

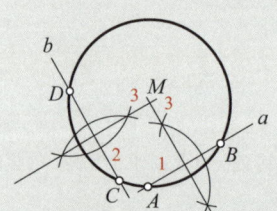

确定圆心

已知：圆
1. 作任意直线 a 与圆相切于 A 点和 B 点。
2. 直线 b（尽可能垂直于直线 a）与圆相切于 C 点和 D 点。
3. 作弦 $\overline{AB}$ 和 $\overline{CD}$ 的中垂线。
4. 中垂线的交点是圆心 M。

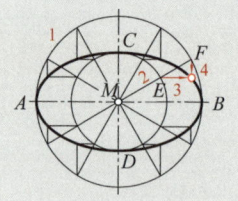

通过两个圆画椭圆

已知：轴线 $\overline{AB}$ 和 $\overline{CD}$
1. 以 M 为圆心，$\overline{AB}$ 和 $\overline{CD}$ 为直径作两个圆。
2. 过 M 点作多条射线，与两圆相交（得 E,F）。
3. 作多条平行于轴线 $\overline{AB}$ 和 $\overline{CD}$ 并过 E 和 F 的平行线。所得各交点即为椭圆点。

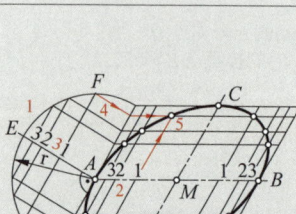

平行四边形内画椭圆

已知：平行四边形及轴线 $\overline{AB}$ 和 $\overline{CD}$。
1. 以 A 为圆心，$r = \overline{MC}$ 为半径作半圆，得点 E。
2. 平分、四等分、八等分 $\overline{AM}$（或 $\overline{BM}$）得点 1,2 和 3。过这些点作轴线 $\overline{CD}$ 的平行线。
3. 平分、四等分、八等分 $\overline{EA}$ 在轴线 $\overline{AE}$ 上得点 1,2 和 3。过这些点作轴线 $\overline{CD}$ 的平行线，在圆弧上得交点 F。
4. 过交点 F 作与 $\overline{AE}$ 的平行线至半圆轴线，从那里再作与轴线 $\overline{AB}$ 的平行线。
5. 两组平行线上相应数量的交点是椭圆点。

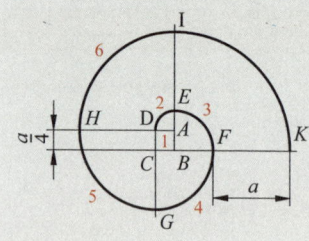

螺线（用圆规近似作图）

已知：升程 a
1. 以 $a/4$ 为边长作正方形 $ABCD$。
2. 以 A 为圆心，$\overline{AD}$ 为半径作四分之一圆得点 E。
3. 以 B 为圆心，$\overline{BE}$ 为半径作四分之一圆得点 F。
4. 以 C 为圆心，$\overline{CF}$ 为半径作四分之一圆得点 G。
5. 以 D 为圆心，$\overline{DG}$ 为半径作四分之一圆得点 H。
6. 以 A 为圆心，$\overline{AH}$ 为半径作四分之一圆得点 I（以此类推）。

摆线，渐开线，抛物线，双曲线，螺旋线

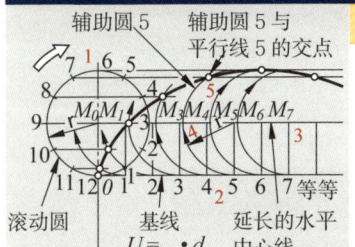

摆线

已知：半径为 r 的滚动圆
1. 等分滚动圆为任意数量，但必须相等的多个部分，例如 12 个。
2. 等分基线（ = 滚动圆周长 = $\pi \cdot d$），同样划分为 12 个相等部分。
3. 过等分点 1...12 作垂直线至基线得与滚动圆水平延长中心线的中心交点 $M_1...M_{12}$。
4. 以中心点 $M_1...M_{12}$ 为圆心，以 r 为半径作辅助圆。
5. 辅助圆穿过滚动圆与相同编号的平行线相交得摆线各点。

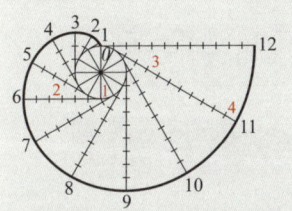

渐开线

已知：圆
1. 等分圆为任意数量，但必须相等的多个部分，例如 12 个。
2. 过圆的各等分点作切线。
3. 从各切线的接触点开始作圆周周长展开线。
4. 作过各终点的曲线即得渐开线。

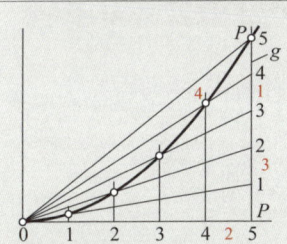

抛物线

已知：抛物线对称轴和抛物线点 P
1. 过 P 点作垂直于轴的平行线 g 得点 P'。
2. 以 $\overline{OP'}$ 为间距任意划分水平轴线（例如 5 次）并做平行于垂直轴线的平行线。
3. 以 $\overline{PP'}$ 为间距作等分并与 0 点连接。
4. 相同数量的线段交点是抛物线的各点。

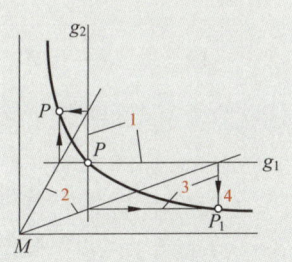

双曲线

已知：过 M 点的垂直渐近线和双曲线点 P
1. 过双曲线点 P 作渐近线的平行线 g_1 和 g_2。
2. 从 M 点作任意射线。
3. 过射线与平行线 g_1 和 g_2 的交点作渐近线的平行线。
4. 平行线的交点（P_1, P_2...）是双曲线各点。

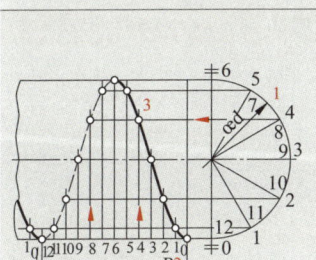

螺旋线（螺旋）

已知：直径为 d 的圆和螺距 P
1. 等分半圆，例如六等分。
2. 将螺距 P 划分为双倍数量的线段，例如 12。
3. 过以上等分点作水平线和垂直线，使之相交。其交点便是螺旋线各点。

字体

字体，字体符号	参照 DIN EN ISO 3098-1（2015-06）和 DIN EN ISO 3098-2（2000-11）

技术图纸中的字体可采用 A 型（窄体字）和 B 型。两种字型均可写成直体（V = 垂直）和向右倾斜15° 的斜体（S = 倾斜）。为确保字体良好的易读性，字符间距应达 2 倍线宽。如果某些字体写在一起，间距可缩小为一倍线宽，例如 LA，TV，Tr。

B 型字体 ,V（直体）

ABCDEFGHIJKLMNOPQRSTUVWXYZ

abcdefghijklmnopqrstuvwxyz

1234567890 IVX[(!?.;"-=+±×·：√ %&)] ∅

B 型字体 ,S（斜体）

ABCDEFGHIJ abcdefghij 1234567890 ∅□

A 型字体 ,V（直体）

ABCD efghijk 123456 ∅□ ABCD efghijk 123456 ∅□

尺寸 　参照 DIN EN ISO 3098-1（2015-06）

b_1 带可区分[1] 的字符
b_2 不带可区分的字符
b_3 带大写字母和数字

[1] 可区分的 = 可进一步区分的，尤其用于字母。

字体高度 h 或大写字母的高度（标称尺寸），单位：mm	1.8	2.5	3.5	5	7	10	14	20

尺寸与字体高度 h 的比例 　参照 DIN EN ISO 3098-1（2015-06）

字型	a	b_1	b_2	b_3	C_1	C_2	C_3	d	e	f
A	$\frac{2}{14}\cdot h$	$\frac{25}{14}\cdot h$	$\frac{21}{14}\cdot h$	$\frac{17}{14}\cdot h$	$\frac{10}{14}\cdot h$	$\frac{4}{14}\cdot h$	$\frac{4}{14}\cdot h$	$\frac{1}{14}\cdot h$	$\frac{6}{14}\cdot h$	$\frac{5}{14}\cdot h$
B	$\frac{2}{10}\cdot h$	$\frac{19}{10}\cdot h$	$\frac{15}{10}\cdot h$	$\frac{13}{10}\cdot h$	$\frac{7}{10}\cdot h$	$\frac{3}{10}\cdot h$	$\frac{3}{10}\cdot h$	$\frac{1}{10}\cdot h$	$\frac{6}{10}\cdot h$	$\frac{4}{10}\cdot h$

希腊字母 　参照 DIN EN ISO 3098-3（2000-11）

A α	Alpha	Z ζ	Zeta	Λ λ	Lambda	Π π	Pi	Φ φ	(ph)Phi
B β	Beta	H η	Eta	M μ	Mü	P ϱ	Rho	X χ	Chi
Γ γ	Gamma	Θ θ	Theta	N ν	Nü	Σ σ	Sigma	Ψ ψ	Psi
Δ δ	Delta	I ι	Jota	Ξ ξ	Ksi	T τ	Tau	Ω ω	Omega
E ε	Epsilon	K κ	Kappa	O o	Omikron	Y υ	Ypsilon		

罗马数字

I = 1	II = 2	III = 3	IV = 4	V = 5	VI = 6	VII = 7	VIII = 8	IX = 9
X = 10	XX = 20	XXX = 30	XL = 40	L = 50	LX = 60	LXX = 70	LXXX = 80	XC = 90
C = 100	CC = 200	CCC = 300	CD = 400	D = 500	DC = 600	DCC = 700	DCCC = 800	CM = 900
M = 1000	MM = 2000	举例：MDCLXXXVII = 1687			MCMXCIX = 1999		MMXVII = 2017	

优先数，半径，比例尺

R5	R10	R20	R40	R5	R10	R20	R40
1.00	1.00	1.00	1.00	4.00	4.00	4.00	4.00
			1.06				4.25
		1.12	1.12			4.50	4.50
			1.18				4.75
	1.25	1.25	1.25		5.00	5.00	5.00
			1.32				5.30
		1.40	1.40			5.60	5.60
			1.50				6.00
1.60	1.60	1.60	1.60	6.30	6.30	6.30	6.30
			1.70				6.70
		1.80	1.80			7.10	7.10
			1.90				7.50
	2.00	2.00	2.00		8.00	8.00	8.00
			2.12				8.50
		2.24	2.24			9.00	9.00
			2.36				9.50
2.50	2.50	2.50	2.50	10.00	10.00	10.00	10.00
			2.65				
		2.80	2.80				
			3.00				
	3.15	3.15	3.15				
			3.35				
		3.55	3.55				
			3.75				

系列	乘数
R5	$q_5=\sqrt[5]{10}\approx 1.6$
R10	$q_{10}=\sqrt[10]{10}\approx 1.25$
R20	$q_{20}=\sqrt[20]{10}\approx 1.12$
R40	$q_{40}=\sqrt[40]{10}\approx 1.06$

			0.2		0.3	0.4	0.5	0.6	0.8
1	1.2	1.6	2	2.5	3	4	5	6	8

10	12	16	18	20	22	25	28	32	36	40	45	50	56	63	70	80	90

100	110	125	140	160	180	200	优先采用黑体字型的表值。

自然比例尺	缩小比例尺				放大比例尺		
1：1	1：2	1：20	1：200	1：2000	2：1	5：1	10：1
	1：5	1：50	1：500	1：5000	20：1	50：1	
	1：10	1：100	1：1000	1：10000			

[1] 优先数是优先采用的数字，例如长度尺寸和半径。通过采用优先数可避免分级的任意性。优先数系列中（基本系列 R5...R40），系列的每个数值是通过起始项值乘以该系列的公比而得到的。系列5（R5）优先于R10，R10 优先于 R20，R20 优先于 R40。每个系列的数值均可乘以或除以 10,100,1000 等。

[2] 特殊用途时，已给定的缩小和放大比例尺可乘以 10 的整数倍数。

图纸

图纸初稿	参照 DIN EN ISO 5457（2010–11）和 DIN EN ISO 216（2007–12）						
规格	A0	A1	A2	A3	A4	A5	A6
规格[1] 尺寸 (mm)	841×1189	594×841	420×594	297×420	210×297	148×210	105×148
绘图区 尺寸（mm）	821×1159	574×811	400×564	277×390	180×277	—	—

[1]尺寸高度：图纸规格的宽度比是 $1 : \sqrt{2}$（= 1 : 1.414）。

DIN A4 规格图纸的折叠	参照 DIN 824（1981–03）

第一折： 右侧向后折叠（宽190mm）。

第二折： 折叠图纸剩余部分，使第一折的边距离图纸左边 20mm。

第一折： 左侧向后折叠（宽 210mm）。

第二折： 向左折成高297mm，宽105mm的三角形。

第三折： 右侧向后折叠（宽192mm）。

第四折： 向后折成高 297mm 的折叠包。

标题栏	参照 DIN EN ISO 7200（2004–05）

标题栏宽度为180mm。与现有标准相比，没有规定各数据区的尺寸（数据区的宽和高）。本页下部的表格列出若干标题栏尺寸举例。

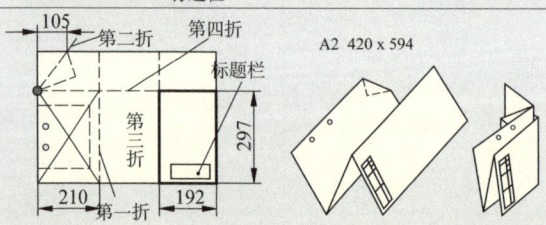

图纸专用数据，如比例尺、投影符号、公差和表面质量数据等，均应标注在图纸标题栏范围之外。

标题栏的数据区						
区域编号	区域名称	最大号字符	区域名称		区域尺寸（mm）	
			必需	可选	宽	高
1	制图负责单位	未指定	是	—	69	27
2	标题（图纸名称）	25	是	—	60	18
3	副标题	25	—	是	60	
4	图纸代号	16	是	—	51	
5	更动索引（图纸版本）	2	—	是	7	
6	图纸发布日期	10	是	—	25	
7	语言标识符(de = 德语)	4	—	是	10	
8	页数和总页数	4	—	是	9	
9	文档类型	30	是	—	60	9
10	文档状态	20	—	是	51	
11	负责部门	10	—	是	26	
12	技术参考	20	—	是	43	
13	图纸编制人	20	是	—	44	
14	审核人	20	是	—	43	
15	分类 / 关键词	未指定	—	是	24	

零部件明细表，位置号

零部件明细表

零部件明细表对于企业内部和外部进行技术信息交换是不可或缺的，例如用于计算零件和原材料的需求量。根据用途的不同，可将零部件明细表划分为若干不同类型，例如设计、加工、数量总览等多种明细表（参见 292 页）。

在部件或总装（设计零部件明细表）中列出一个部件或一个完整机器全部自加工零件（工件）和全部其余零件（例如标准件，外购件）。每一个零件均必须详尽描述，例如通过下述说明：

· 位置号　　· 单位　　　· 物品代码或图纸代号　　· 重量
· 数量　　　· 零件名称　· 标准缩写符号　　　　　· 备注

零部件明细表的结构（表内各列的数量）根据企业具体用途而定。

初拟的设计零部件明细表

该草案应列入图纸初稿的标题栏（DIN 6771-2，已撤销）。零件应按其位置号从下向上依序标入：

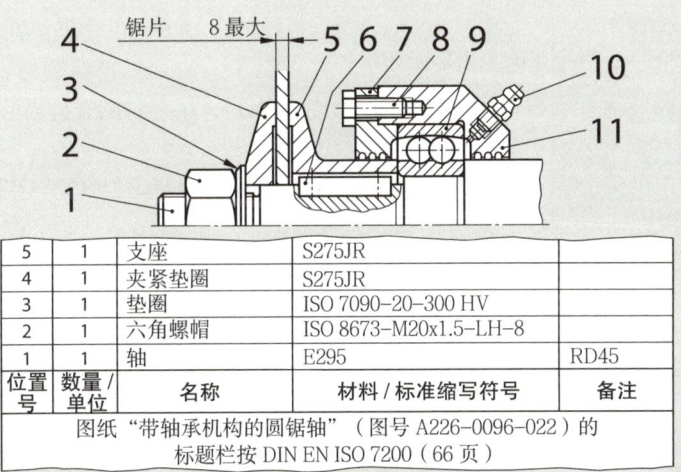

5	1	支座	S275JR	
4	1	夹紧垫圈	S275JR	
3	1	垫圈	ISO 7090−20−300 HV	
2	1	六角螺帽	ISO 8673-M20x1.5−LH−8	
1	1	轴	E295	RD45
位置号	数量 / 单位	名称	材料 / 标准缩写符号	备注

图纸"带轴承机构的圆锯轴"（图号 A226−0096−022）的
标题栏按 DIN EN ISO 7200（66 页）

分开编制的设计零部件明细表

零部件明细表一般都与图纸分开编制。由于排序问题，零部件明细表上必须标明部件图号或总装图号。

零部件明细表 图纸号 A226-0096-022		名称 **带轴承机构的圆锯轴**		页数 1/1 日期 2016.05.25		
位置号	物品代码 / 图纸号	名称	材料	数量	单位	
01	A226-00972-027	轴	E295	1	件	
02	N701-02064-264	六角螺帽 ISO 8673-M20x1.5−LH−8		1	件	
03	N601-16012-320	垫圈 ISO 7090−20−300 HV		1	件	
04	A426-00966-008	夹紧垫圈	S275JR	1	件	
05	A526-009761-007	支座	S275JR	1	件	

位置号

参照 DIN EN ISO 6433（2012−12）

部件图或总装图上的每个零件均有一个位置号，该位置号必须与零部件明细表和零件图上的位置号完全一致。
标注位置号时需注意（见上图）：
· 一致性　　· 字体约大于尺寸数字两倍　　· 标在零件轮廓线外
· 必要时用圆圈　· 用指示线指向该零件（见 78 页）
· 优先采用水平写法和 / 或垂直写法

线型

机械工程图纸的线型

参照 DIN ISO 128-24（1999-12）

编号	名称，表达法	实际应用举例
01.1	细实线	·尺寸线和尺寸辅助线 ·指示线和基准线 ·螺纹牙底 ·剖面线 ·层定位方向（如变压器铁芯） ·重叠剖面轮廓 ·短中心线 ·相贯时的净边棱 ·初始圆和尺寸终端 ·标记一个平面的对角交叉 ·详图框 ·投影线和栅格线 ·毛坯件和加工件的弯曲线 ·详图重复标记（例如齿轮的底圆直径）
	细手绘线[1]	·受限无法画出对称线或中心线时，优先采用手绘细线表示零件视图或中断的视图和剖面图。
	细锯齿线[1]	·受限无法画出对称线或中心线时，自动绘图仪优先采用细锯齿形表示零件视图或中断的视图和剖面图。
01.2	粗实线	·可视边棱和轮廓 ·螺纹牙顶 ·有效螺纹长度界线 ·剖面箭头线 ·表面结构（如滚花） ·曲线图，边棱和流程图的主要表达法 ·系统线（钢结构） ·视图中的铸件分型线
02.1	细虚线	·被遮挡的边棱　·被遮挡的轮廓
02.2	粗虚线	·允许做表面处理的范围标记（例如热处理）
04.1	细点划线（长划）	·中心线 ·对称线 ·齿轮节圆 ·圆孔
04.2	粗点划线（长划）	·（有限）要求做表面处理的范围标记（例如热处理） ·剖面平面的标记
05.1	细双点划线（长划）	·相邻零件的轮廓 ·运动件终端位置 ·重心线 ·造型之前的轮廓 ·剖切前的零件 ·指定细节的轮廓 ·毛坯件上需加工零件的轮廓 ·特殊范围或区域的框 ·投影公差区

[1] 一份图纸中应只使用一种手绘线型和锯齿线型。

线型元素的长度

参照 DIN EN ISO 128-20（2002-12）

线型元素	线型编号	长度	线型元素	线型编号	长度
长划线	04.1 和 05.1	$24 \cdot d$	间隔	02.1,02.2,04.1, 04.2 和 05.1	$3 \cdot d$
短划线	02.1 和 02.2	$12 \cdot d$	举例：线型 04.2		
点	04.1,04.2 和 05.1	$< 0.5 \cdot d$			

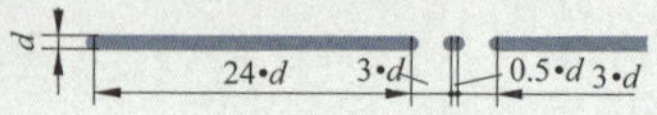

线型

线宽和线组

参照 DIN EN ISO 128-24（1999-12）

线宽： 图纸中大部分采用两种线型。它们相互的比例为 1：2。
线组： 线组按 $1:\sqrt{2}$（$\approx 1:1.4$）的比例分级。
选择： 线宽和线组选择的依据应是图纸类型和规格，图纸比例尺和对微缩胶片的要求和／或再制作的方法等。

线组	下列线型所属的线宽（尺寸单位：mm）		
	粗线	细线	尺寸和公差数据线，图形符号
0.25	0.25	0.13	0.18
0.35	0.35	0.18	0.25
0.5	0.5	0.25	0.35
0.7	0.7	0.35	0.5
1	1	0.5	0.7
1.4	1.4	0.7	1
2	2	1	1.4

工程制图应用线型[1] 举例

参照 DIN ISO 128-24（1999-12）

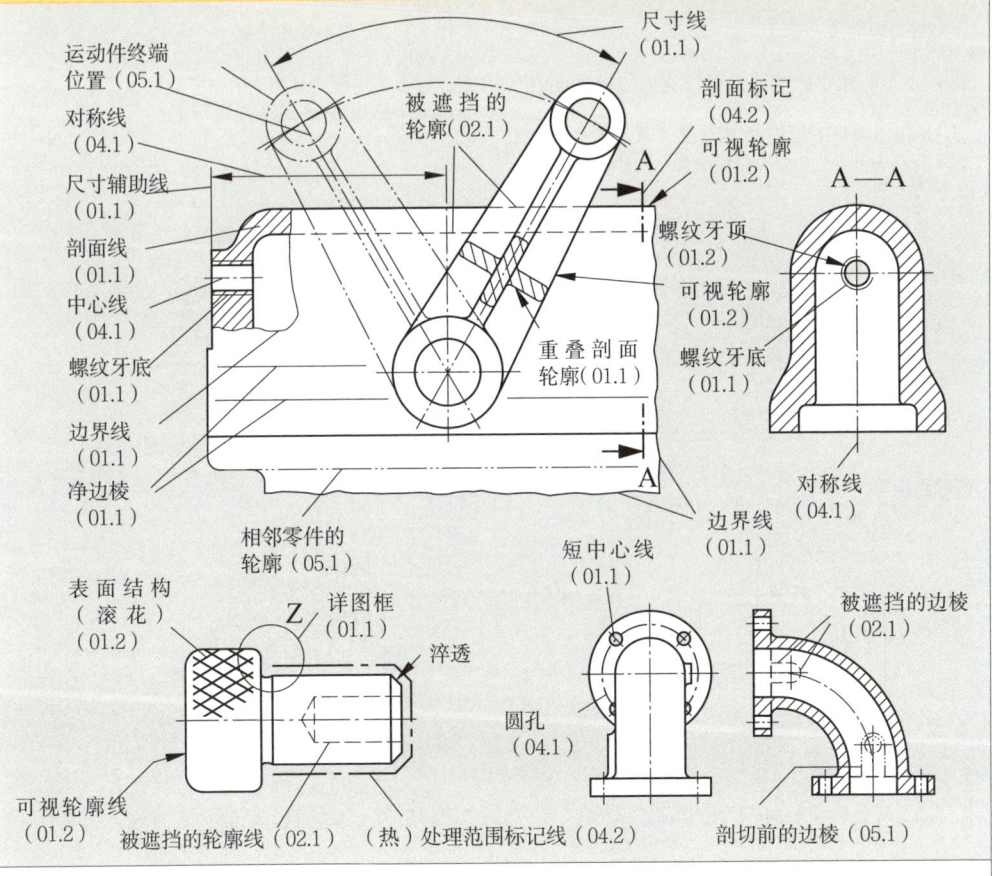

运动件终端位置（05.1）
对称线（04.1）
尺寸辅助线（01.1）
剖面线（01.1）
中心线（04.1）
螺纹牙底（01.1）
边界线（01.1）
净边棱（01.1）
尺寸线（01.1）
被遮挡的轮廓（02.1）
重叠剖面轮廓（01.1）
剖面标记（04.2）
可视轮廓（01.2）
螺纹牙顶（01.2）
可视轮廓（01.2）
螺纹牙底（01.1）
边界线（01.1）
A—A
对称线（04.1）
相邻零件的轮廓（05.1）
表面结构（滚花）（01.2）
Z
详图框（01.1）
淬透
可视轮廓线（01.2）
被遮挡的轮廓线（02.1）
（热）处理范围标记线（04.2）
短中心线（01.1）
圆孔（04.1）
被遮挡的边棱（02.1）
剖切前的边棱（05.1）

[1] 线型编号参见 68 页。

投影法

表达法基本原则   参照 DIN ISO 128-30（2002-05）和 DIN ISO 5456-2（1998-04）

主视图的选择：前视图选作主视图，其相关形式和尺寸可提供大部分所需信息。

其他视图：如果要求显示一个工件清晰无误的表达和完整的尺寸标注需考虑其他视图时，应考虑如下各点：

·视图的选用应受必要性的限制。

·附加视图中应尽可能避免被遮挡的边棱和轮廓。

视图的位置：其他视图的位置与投影法相关。按投影法绘制的图纸 1 和 3（见 71 页）中，投影法符号必须标注在标题栏内。

正等测投影表达法[1]   参照 DIN ISO 5456-2（1998-04）

正等测投影	正二测投影

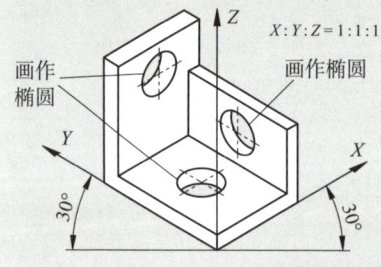
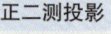
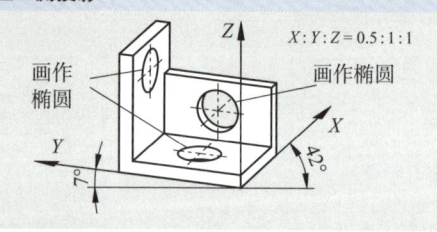

椭圆的近似画法：

1.画一个与孔相切的菱形，平分菱形边得交点 M_1，M_2 和 N。

2.从 M_1 作连线至 1 和从 M_2 作连线至 2 得交点 3 和 4。

3.以 1 和 2 为圆心，R 为半径作圆弧，以 3 和 4 为圆心，r 为半径作圆弧。

椭圆画法：

1.以 $r = d/2$ 为半径作半圆。

2.在高度 d 上等分任意数量的线段并画格子(1至3)。

3.以与上述线段数量相同的格子数量等分半圆直径。

4.截取半圆线段 a,b 等移至菱形上。

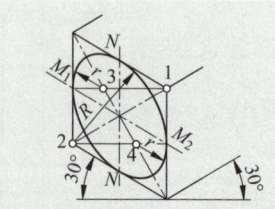

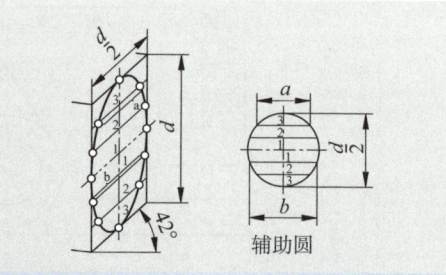

辅助圆

斜等测投影	斜二测投影

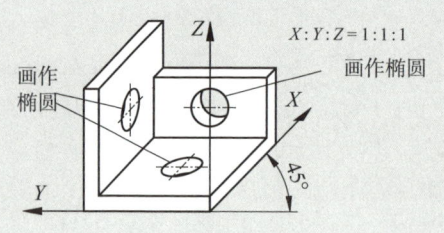
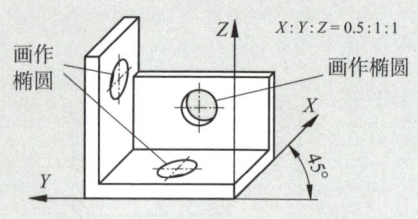

椭圆画法与第62页相同（平行四边形内画椭圆）。

椭圆画法与正二测投影法相同（见前文）。

[1] 正等测投影表达法：简单形象的表达法。

投影法	参照 DIN ISO 128-30（2002-05）和 DIN ISO 5456-2（1998-04）

箭头投影法

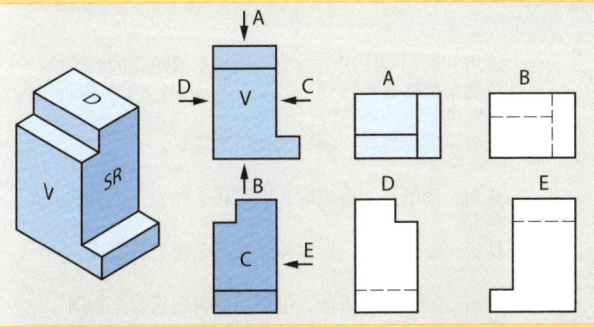

标记观测方向：
· 用箭头线（箭头边角度：30°）和大写字母
标记视图：
· 用大写字母
视图位置：
· 相对于主视图的任意位置
大写字母的位置：
· 视图上方
· 垂直于阅读方向
· 箭头线上方或右侧

第一分角投影法

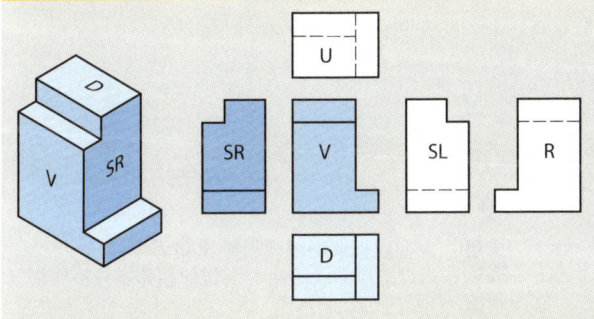

相对于主视图 V 的位置：

D	俯视图	V 的下方
SL	左视图	V 的右边
SR	右视图	V 的左边
U	仰视图	V 的上方
R	后视图	V 的左或右边

图形符号：

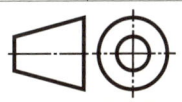

第三分角投影法 [1)]

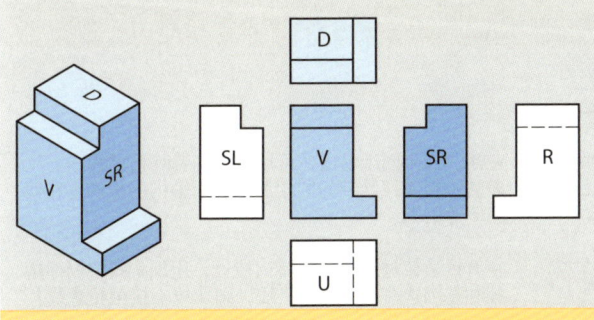

相对于主视图 V 的位置：

D	俯视图	V 的上方
SL	左视图	V 的左边
SR	右视图	V 的右边
U	仰视图	V 的下方
R	后视图	V 的左或右边

图形符号：

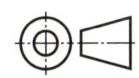

投影法图形符号

图形符号 [2)] 用于

第一分角投影法	第三分角投影法
	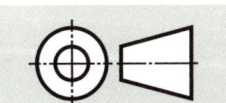
应用于	
德国和大部分欧洲国家	英语国家，如美国

用于第一分角投影法的图形符号

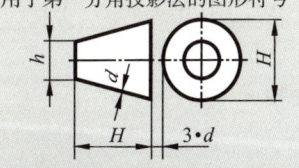

h 字体高度（mm）
$H = 2 \cdot h$
$d = 0.1 \cdot h$

[1)] 未规定使用第二分角投影法。
[2)] 图形符号标注在图纸初稿上。

视图
参照 DIN ISO 128-30 和 -34（2002-05）

局部视图

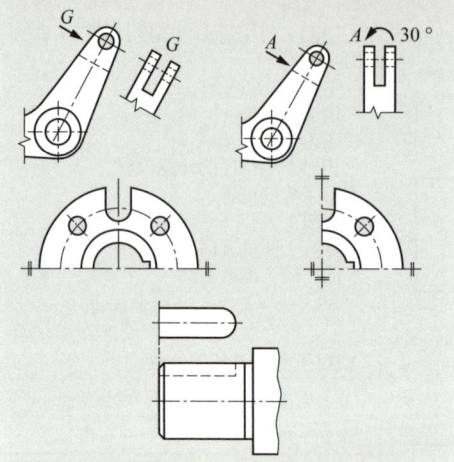

应用：局部视图用于避免不当投影或简化的表达法。
位置：局部视图按箭头或旋转方向显示。必须标注旋转角度。
边界：用锯齿线表示局部视图的边界。

应用：图纸空间有限时，它足以表达整个工件的一个局部。
标记：在视图外，过对称线作两条短平行实线。

应用：如果表达清楚，可用局部视图代替全视图。
表达：局部视图（第三分角投影法）用细点划线与主视图相连。

相邻零件

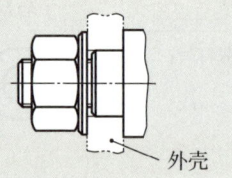

外壳

应用：为帮助理解图纸，可绘出相邻零件。
表达：用细双点划线绘出。剖切的相邻零件不作剖视图。

简化相贯线

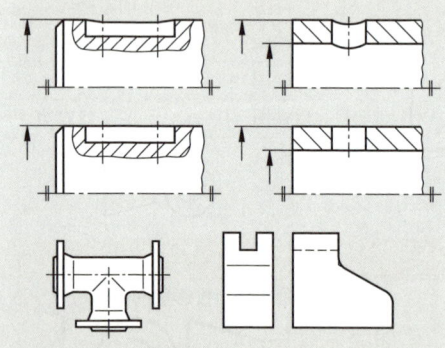

应用：如果图纸易懂，可用直线代替圆相贯线。
表达：粗实线绘制的圆相贯线表示轴内的槽和直径明显不等的孔。

在有锐边棱过渡段的回转边棱处，用细实线绘制净边棱和整圆边棱的假想相贯线。细实线不接触轮廓线。

截断图

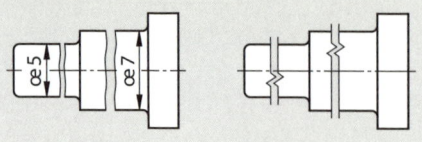

应用：为节省图纸空间，长工件时仅绘制其重要部分。
表达：工件剩余部分的边界用手绘线或锯齿线表示。绘制两个部分时必须彼此靠近。

视图	参照 DIN ISO 128-30 和 -34（2002-05）

重复出现的几何元素

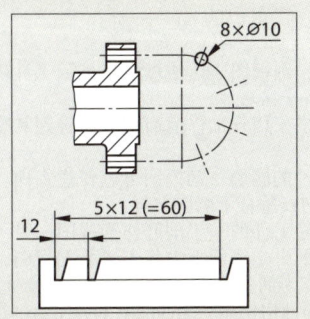

应用： 对于规律性重复出现的多个几何元素，仅需绘制其中一个元素一次即可。
表达： 未绘出的几何元素，应在下述情况时
· 用细点划线绘出对称几何元素的位置；
· 用细实线绘出非对称几何元素所处区域。
标注尺寸时必须标出该几何元素重复的次数。

较大比例的零件（局部详图）

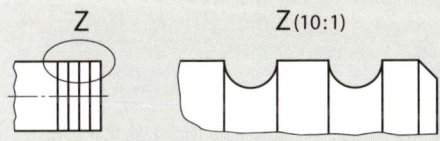

应用： 若工件某局部不能清楚表达时，允许采用较大比例绘制。
表达： 用细实线框出或圈出该局部范围并用大写字母予以标记。用较大比例绘制该局部后，需用同一个大写字母标记。同时还需标出放大的比例尺。

小斜度

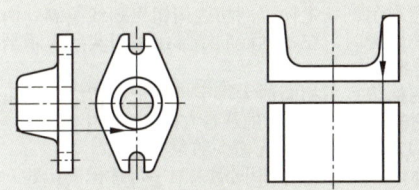

应用： 斜面、圆锥或棱锥上无法清晰表达的小斜度不必在相应的投影中绘出。
表达： 用粗实线绘出较小尺寸投影的边棱。

运动零件

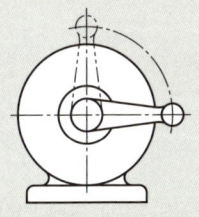

应用： 在总装图中清晰表达运动零件可选择的位置和终端位置。
表达： 用双点划线绘制位于可选择位置和终端位置的零件。

表面结构

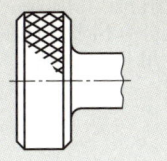

表达： 用粗实线表达滚花和压纹之类的零件表面结构。优先采用仅绘制其局部的表达法。

剖视图表达法   参照 DIN ISO 128-40, -44 和 -50（2002-05）

剖切类型

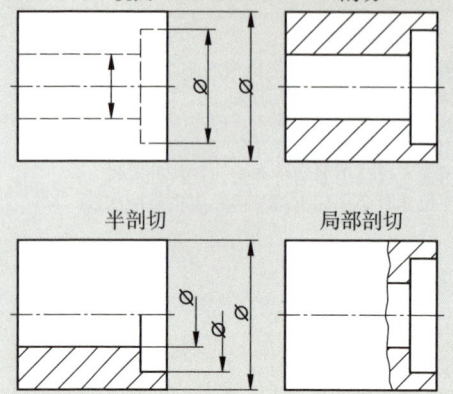

剖视图表达法：剖视图表达法可清晰显示工件内部结构及其内部的各个区域。

剖切：剖切即想象切开工件前面部分而看到其隐藏的内部。

剖面也显示工件的轮廓。剖视图可以任意走向。但一般位于纵轴方向或垂直于剖切方向。

半剖切：将对称工件的一半剖开作为视图，另一半作为剖视图。水平中心线的下方优先作为剖视图，垂直中心线的右侧作为剖视图。

局部剖切：局部剖切仅显示工件的某部分作为剖视图。

概念

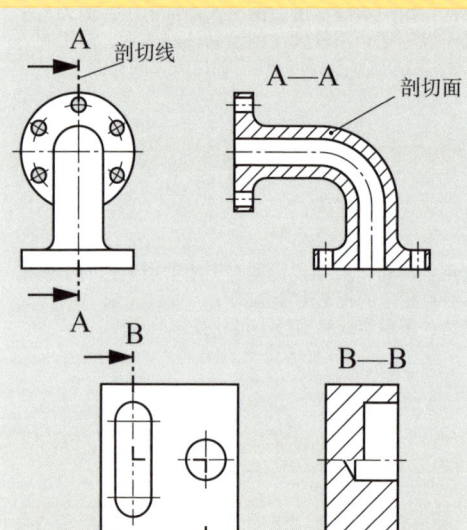

剖切面：剖切面是一个想象的平面，工件在此处剖开。复杂工件可用两个或多个剖切面表达。

想象的工件剖切面用剖面线表达（参见本页下方和 76 页）。

剖切线：剖切线标记着剖切面的位置，两个或多个剖面时它还表示剖切走向。剖切线用粗点划线绘制。两个或多个剖面时，在各剖面的端部用短粗实线表示剖切线的走向。

剖切线的标记：用相同的大写字母标记剖切线。用粗实线绘制的箭头指出剖面的观看方向。与尺寸箭头（参见 77 页）相反，剖面标记箭头的角度为 30°。

剖切处标记：用与剖切线相同的大写字母标记剖切处。

剖切面

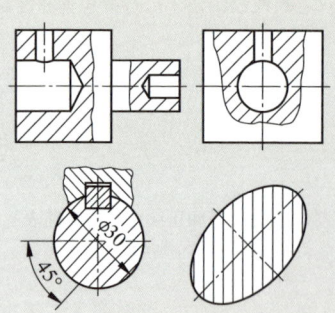

剖面线：剖面线优先采用与中心线或主轮廓线呈 45° 夹角的平行细实线绘制。书写字体可切断剖面线。

剖面线用于：

· 单个零件：所有的剖切面均指向同一方向，间距相同；
· 相邻零件：剖切面分为不同方向和间距；
· 大型剖切面：优先用于表层区域。

剖视图表达法	参照 DIN ISO 128-40，-44 和 -50（2002-05）

特殊剖切

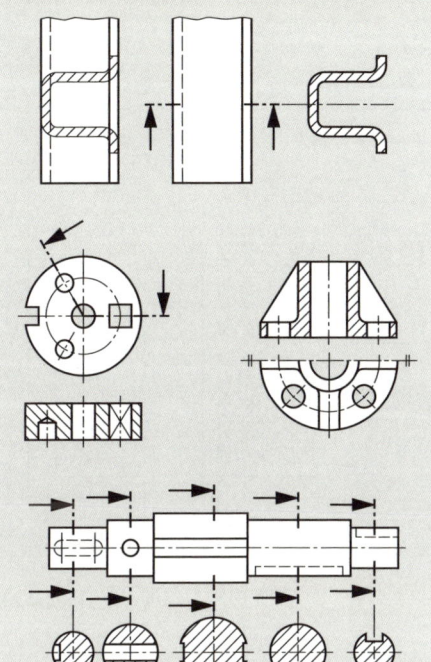

成型剖切：它可以
· 旋转绘入一个视图。剖切面轮廓线用细实线绘制；
· 从一个视图中引出。该剖视图必须用细点划线与该视图连接。

相交面的剖切：两个面相交时，允许剖切面旋转进入投影面。

回转件的细节详图：在剖切面外均匀排列各详图，例如孔，并允许旋转进入剖切面。

轮廓和边棱：仅在需清楚表达图纸的要求下才在剖切面后面绘制轮廓和边棱。

不剖切的零件

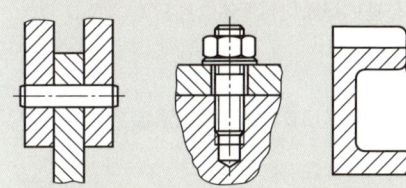

纵轴方向不剖切：
· 无空腔的零件，例如螺钉、销钉、实心轴；
· 高出零件基体的区域，例如肋板。

制图提示

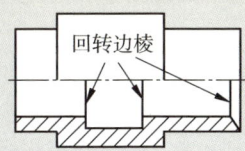

剖切边棱
· **回转边棱**：剖切后清晰可辨的边棱必须绘出。
· **隐藏边棱**：剖视图中不绘出隐藏边棱。
· **位于中心线的边棱**：应绘出剖切时恰好落在中心线上的边棱。

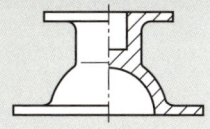

对称工件的半剖切
对称工件的半剖切面优先绘制于
· 水平中心线下方；
· 垂直中心线右侧。

剖面线，尺寸标注系统　　　　　　　　　　参照 DIN ISO 128-50（2002-05）

剖面线

绘制剖面时一般不考虑工件材料，直接采用基本剖面线。需强调材料的工件可用特殊剖面线绘制其剖面。

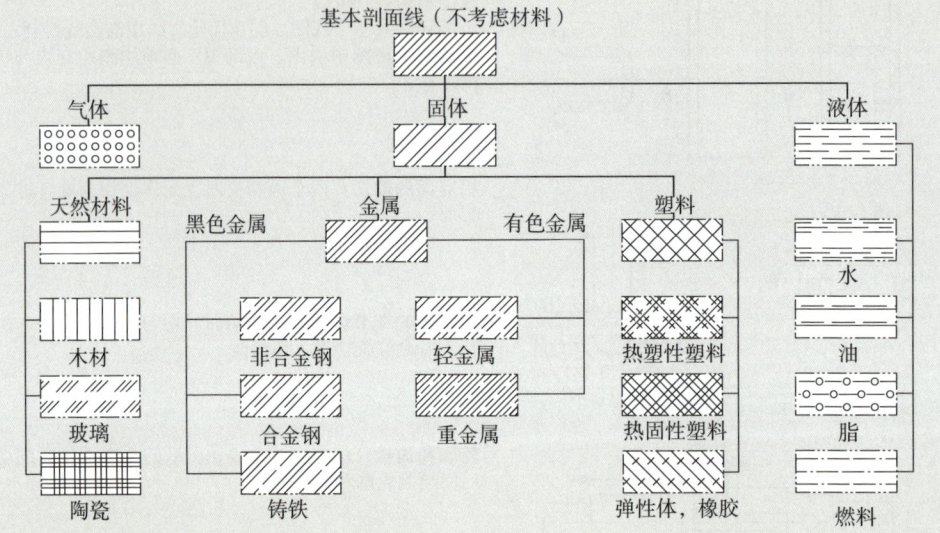

尺寸标注系统　　　　　　　　　　　　参照 DIN ISO 406-10（1992-12）

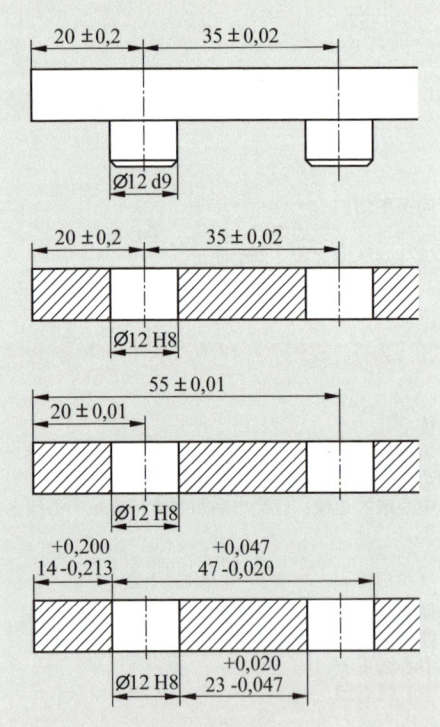

工件尺寸和公差的标注均与下述内容相关
- 功能；
- 加工；
- 检验。

在一张图纸上允许采用多种尺寸标注系统。

与功能相关的尺寸标注
特点：这里均按设计要求对尺寸进行选择，标注和注明公差。
因此，这里对各种加工和检验方法不予考虑。

与加工相关的尺寸标注
特点：从基于功能标注的尺寸中计算得出加工所需尺寸。这类尺寸标注取决于各种加工方法。

与检验相关的尺寸标注
特点：一般从基于功能标注的尺寸中计算得出检验所需尺寸。这类尺寸标注取决于各种检验方法。

图纸的尺寸标注

尺寸线

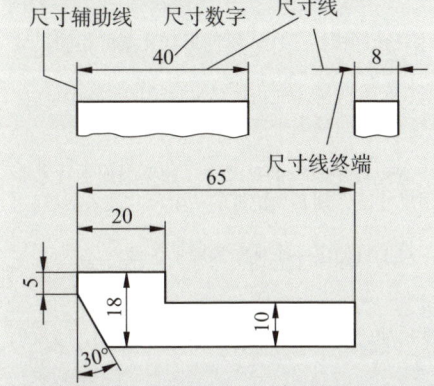

结构：尺寸线采用细实线绘制。
标注：在下述情况时标入尺寸线
· 与待标注长度平行的长度尺寸；
· 作为圆弧围绕角弧和圆弧圆点的圆弧尺寸和角度尺寸。
空间有限：标注空间有限时，允许尺寸线
· 向外延伸至尺寸辅助线；
· 标注在工件内部；
· 绘制在实体边棱处。
间距：尺寸线的最小间距应
· 距实体边棱 10mm；
· 上下相互间距 7mm。

尺寸线终端

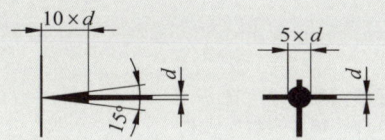

尺寸箭头：箭头一般表示尺寸线结束的终端。
· 箭头长度：10× 尺寸线宽度
· 箭头边角度：15°
点：空间有限时用点。
· 点的直径：5 × 尺寸线宽度

尺寸辅助线

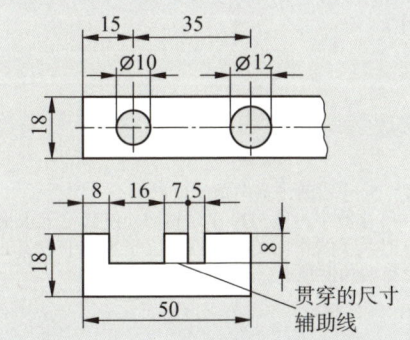

结构：尺寸辅助线采用细实线绘制，并垂直于待标长度。
特点：
· **对称元素**。对称元素内允许将中心线用作尺寸辅助线。
· **中断**。标注尺寸处可中断尺寸辅助线。
· **视图内**允许尺寸辅助线贯穿彼此分开的相同或类似的形状元素并标注尺寸。
· **两视图之间**不允许尺寸辅助线贯穿。

尺寸数字

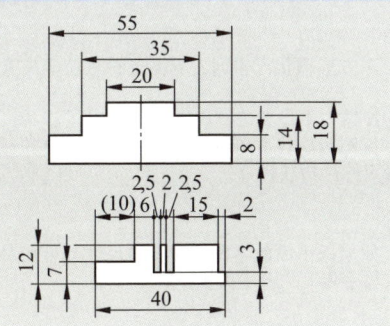

标注：尺寸标注遵循下列规则：
· **DIN EN ISO 2098**（参见 64 页）规定的标准字体
· 字体最小尺寸为 3.5mm；
· 标注在尺寸线上方；
· 可从下方和右侧识读；
· 多条平行尺寸线时：相互错开。
空间有限：空间有限时，允许尺寸标注在
· 指示线旁；
· 尺寸线的延长线上方。

图纸的尺寸标注

尺寸标注规则，指示线和参考线，角度尺寸，正方形和扳手开口度　　参照 DIN 406-11（1992-12）和 DIN ISO 128-22（1999-11）

尺寸标注规则

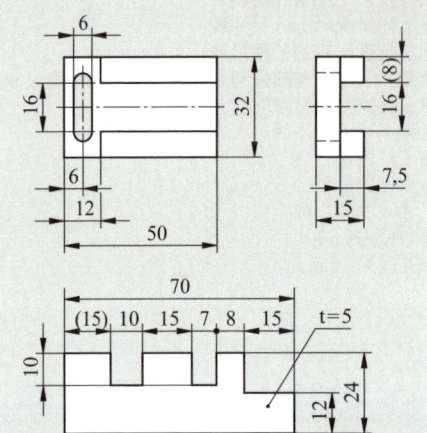

尺寸标注
- 一个尺寸只允许标注一次。不同形状元素的相同尺寸应分开标注。
- 多视图时，尺寸应标注在工件最易识读的形状旁。
- 对称工件。其中心线上不允许标注尺寸。

尺寸链：应避免使用闭合的尺寸链。如果因加工技术原因要求使用尺寸链，则必须把链的一个尺寸放入括号。

扁平工件：对于只给出一个视图的扁平工件，可在
- 视图内；
- 视图附近。
标注其厚度尺寸，并在尺寸前加注标注 t。

指示线和参考线

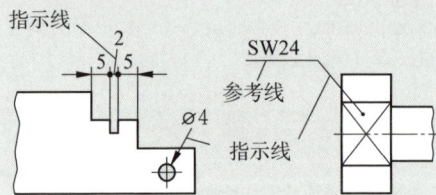

指示线：指示线用细实线绘制。
- 如果绘至实体边棱，用箭头结束。
- 如果绘至某个面，用点结束。
- 如果绘至其他线条，不用标记。

参考线：在图纸识读方向用细实线绘制参考线。它允许与指示线相连。

角度尺寸

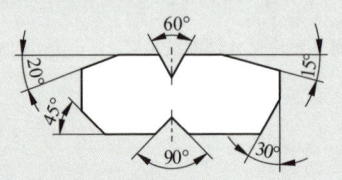

尺寸辅助线：尺寸辅助线指向角度顶点。
尺寸数字：尺寸数字一般与尺寸线相切，使其位于水平中心线上方时其下缘指向角度顶点，位于水平中心线下方时其上缘指向角度顶点。

正方形，扳手开口度

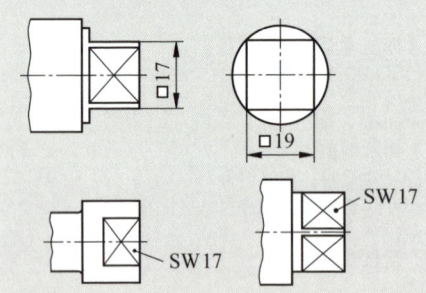

正方形
图形符号：正方形形状元素时，其图形符号位于尺寸数字前方。
图形符号的规格与小写字母的规格相同。
尺寸标注：视图内应优先标注正方形的尺寸，使其形状易于辨识且只标注边长尺寸。

扳手开口度
图形符号：如果扳手面的空间无法标注尺寸，可在尺寸数字前用大写字母 SW 表示扳手开口度。

图纸的尺寸标注

直径，半径，球体（球形）

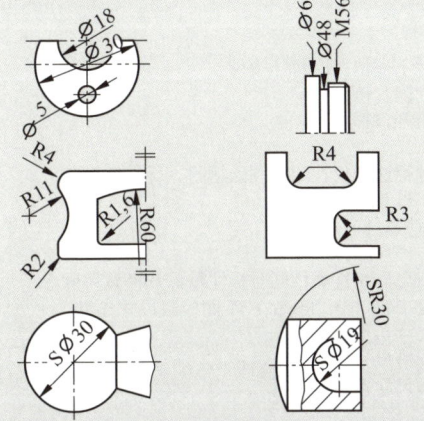

直径
图形符号：所有的直径尺寸数字前均设置图形符号 Φ，该符号的全高等于尺寸数字的高度。
空间有限：空间有限时将尺寸数字标注在形状元素外面。

半径
图形符号：半径尺寸数字前设置大写字母 R。
尺寸线：
· 从半径的圆点；
· 从圆点方向。
绘制尺寸线。

球体（球形）
图形符号：表示球形形状元素的大写字母 S 应设置在直径或半径图形符号和尺寸数字之前。

倒角，沉孔

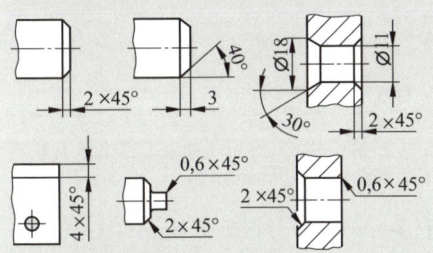

45° 倒角和 90° 沉孔可在角度数值和倒角宽度下简化标注尺寸。在绘出或未绘出倒角时，均允许加辅助线标注尺寸。
其他的倒角角度：对于不同于 45° 倒角角度的其他倒角可标注
· 其角度和倒角宽度；
· 其角度和倒角直径。

斜度，锥度

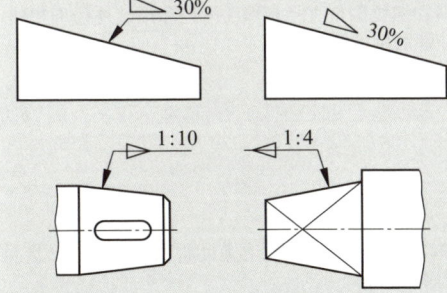

斜度
图形符号：在尺寸数字前标出其图形符号 ▷。
图形符号的位置：放置图形符号时，应使其倾斜方向与工件的倾斜方向一致。优先考虑带有参考线和指示线的图形符号与倾斜面连接。

锥度
图形符号：在尺寸数字前将锥度图形符号 ▷ 放在参考线上。
图形符号的位置：图形符号的位置必须与工件锥度方向一致。用指示线连接带有锥度轮廓的图形符号参考线。

圆弧尺寸

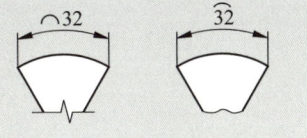

图形符号：在尺寸数字前标上图形符号 ⌒。手工绘图时允许将类似的圆弧图形符号标在尺寸数字上方。

图纸的尺寸标注

槽，螺纹，等分　　　　　　　参照 DIN 406–11（1992–12）和 DIN ISO 6410–1（1993–12）

槽

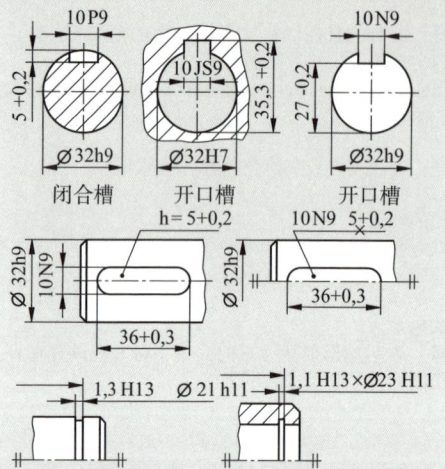

槽深：在下述情况时标注槽深：
· 槽边的闭合槽
· 对边的开口槽。

简化尺寸标注：仅在俯视图绘槽时，标注槽深的
· 前置字母 h；
· 与槽宽同时标注。

护环槽；允许对这类槽同时标注槽深和槽宽尺寸。
公差等级 JS9，N9，P9 和 H11 的极限尺寸参见 111 页。
· 楔槽尺寸参见 246 页；
· 平键键槽尺寸参见 247 页；
· 护环槽尺寸参见 273 页。

螺纹

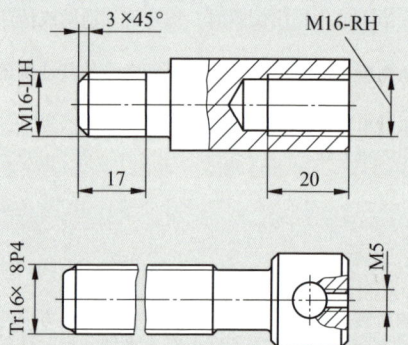

简写标记：标准螺纹用简写标记。

左旋螺纹：左旋螺纹用 LH 标记。如果工件上既有左旋螺纹又有右旋螺纹，可补充标记 RH。

多线螺纹：多线螺纹时在标称直径后标出螺纹螺距和节距。

长度数据：该数据标明的是螺纹有效长度。一般不标出底孔深度（参见 216 页）尺寸。

倒角：只在螺纹倒角直径与螺纹内径和螺纹外径不相同时才标注螺纹倒角尺寸。

等分

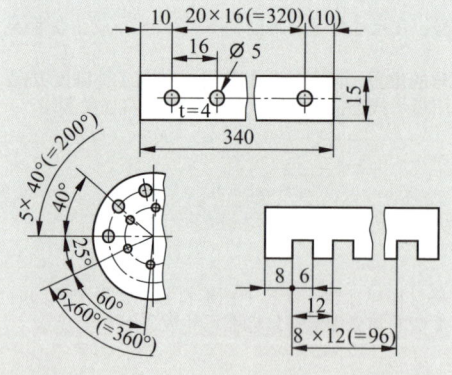

相同的形状元素：等分间距和角度均相同的相同形状元素时，应标出
· 该形状元素的数量；
· 该形状元素的间距；
· 该形状元素的总长度或总角度（标在括号内）。

图纸的尺寸标注

用偏差尺寸表示公差数据

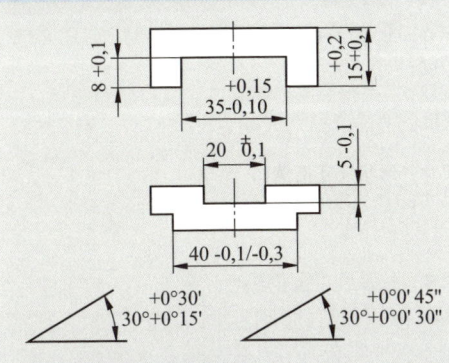

标注：尺寸偏差标注在
・标称尺寸后面；
・两个尺寸偏差时，偏差上限位于偏差下限上方；
・偏差上下限相同时在数值前加 ± 符号，但数值只标一次；
・角度尺寸需加单位。

用公差等级表示公差数据

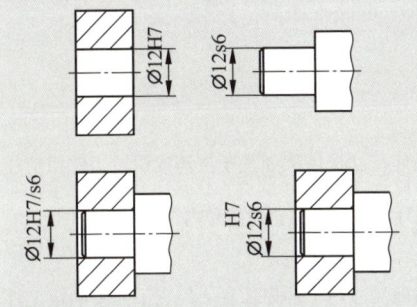

标注：公差等级标注在
・标称尺寸后面（单个标称尺寸时）；
・内尺寸（孔）的公差等级位于外尺寸（轴）公差等级的前面或上面（零件接合时）。

指定范围的公差数据

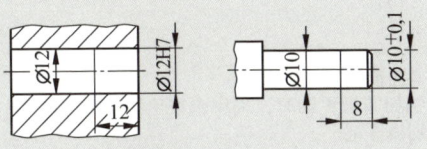

有效范围：标注公差适用的有效范围用细实线绘出界线。

未注公差的公差数据

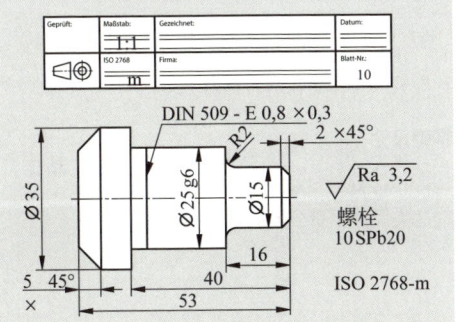

应用范围：　未注公差一般用于
・长度和角度尺寸；
・形状和位置；
它适用于未标注具体公差数据的尺寸。

图纸标注：未注公差的提示（参见 112 页）可
・标在零件图纸的附近；
・标在按 DIN 6771（已撤消）设置的图纸标题栏内。

标出：标出内容：
・标准页编号；
・长度和角度尺寸的公差等级；
・必要时，形状和位置公差的公差等级。

图纸的尺寸标注

尺寸类型

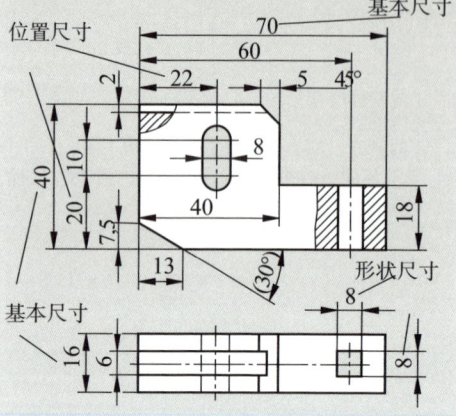

基本尺寸：基本尺寸指一个工件的
- 总长度；
- 总宽度；
- 总高度。

形状尺寸：形状尺寸指例如
- 槽尺寸；
- 台阶尺寸。

位置尺寸：位置尺寸规定例如
- 孔；
- 槽；
- 长孔；

等的位置。

特殊尺寸

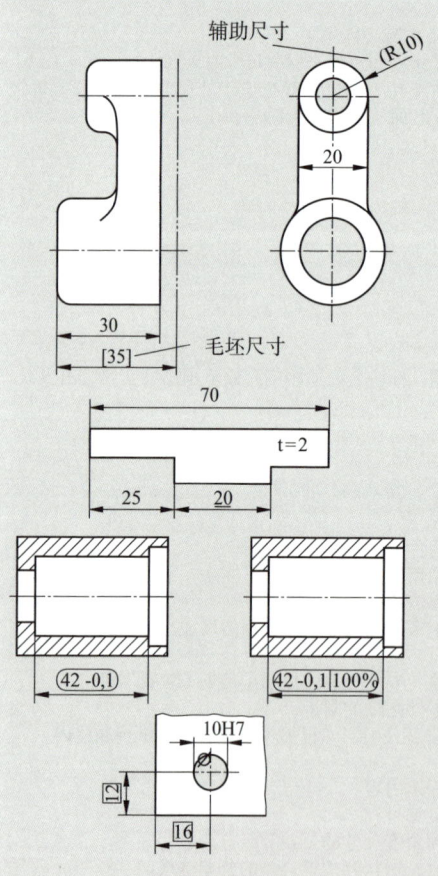

毛坯尺寸
功能：毛坯尺寸提供例如关于浇铸或锻造工件切削加工之前的尺寸。
标注。毛坯尺寸标注在直角括号内。

辅助尺寸
功能：辅助尺寸用于补充信息。但它不需要确定工件的几何形状。
标注：辅助尺寸标注在
- 圆括号内；
- 不带公差。

未按比例绘制的尺寸
标记。例如图纸更动时，采用未按比例绘制的尺寸，并用下划线标记。
计算机辅助制作（CAD）的图纸不允许使用带有下划线的尺寸。

检验尺寸
功能：检验尺寸提示，该尺寸需由加工者特别加以检验。必要时，这类尺寸应 100% 地检验。
标注：检验尺寸标注在圆角框内。

理论精确尺寸
功能：这类尺寸标出一个形状元素理想（理论精确）的几何形状位置。
标注：这类尺寸不带公差，标注在方框内。

尺寸标注类型

平行型尺寸标注，连续型尺寸标注，坐标型尺寸标注[1]　　　参照 DIN 406-11（1992-12）

平行型尺寸标注

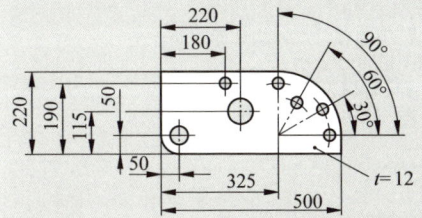

尺寸线：
・长度尺寸平行时；
・角度尺寸同心时；
可将多条尺寸线同时标注。

连续型尺寸标注

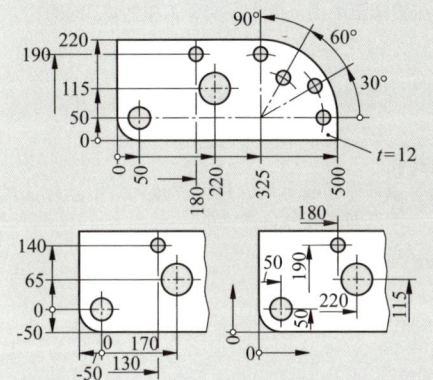

起点：从起点开始，在三个可能方向的每一个均标注尺寸。并用小圆圈标记起点。

尺寸线：尺寸标注适用于：
・一般每个方向仅用一个尺寸线；
・空间有限时，允许使用两条或多条尺寸线。也允许中断尺寸线。

尺寸：
・如果从起点开始向反方向标注尺寸，则尺寸前必须加负号"−"；
・也允许从识读方向标注尺寸。

坐标型尺寸标注

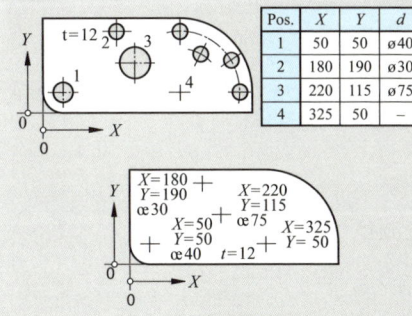

Pos.	X	Y	d
1	50	50	ø40
2	180	190	ø30
3	220	115	ø75
4	325	50	–

直角坐标系（参见 58 页）
坐标值：坐标值标注在
・表格内；
・坐标点附近。

坐标原点：坐标原点
・用小圆圈标注；
・可在任意位置标注。
尺寸：如果从原点开始向反方向标注尺寸，则尺寸前必须加负号"−"。

极坐标（参见 59 页）
坐标值：坐标值标在表格内。

Pos.	r	f	d
1	140	0°	ø30
2	140	30°	ø30
3	100	60°	ø30
4	140	90°	ø30

[1] 允许混合使用平行型尺寸标注，连续型尺寸标注和坐标型尺寸标注。

图纸简化

孔的简化表达法　　　　　　　　　　　　　参照 DIN ISO15786（2014−12）

简化绘制孔底，线宽

完整绘制，全尺寸标注	完整绘制，简化尺寸标注	简化绘制，简化尺寸标注

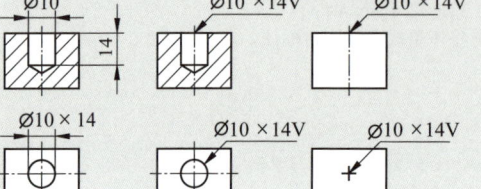

孔底
必要时用图形符号标出孔底形状。
例如图形符号表示：
V：与材料相关的钻头刃。
U：平孔底（圆柱形沉孔）。

线型
简化绘制的孔
· 用细点划线（中心线）表示其在轴线平行的公位置；
· 在俯视图中用一个十字交叉（粗实线）表示。

阶梯孔，沉孔和倒角，内螺纹

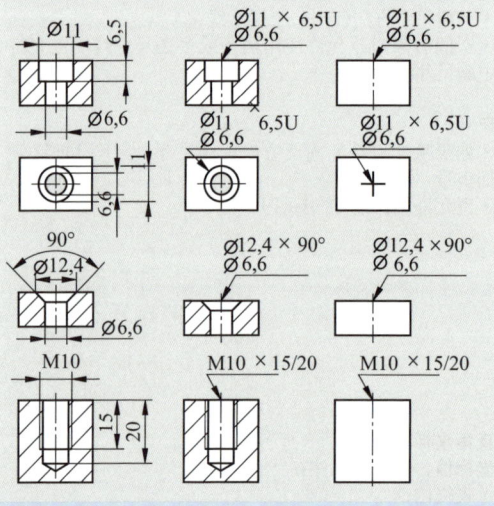

阶梯孔
两个或多个阶梯孔时，用上下排列的形式标注尺寸。最大的尺寸写在第一排。

沉孔和倒角
对沉孔和孔倒角需标出其最大沉孔直径和沉孔角度。

内螺纹
用一条斜杠分开螺纹长度和孔深。无孔深数据的孔应钻通。

举例

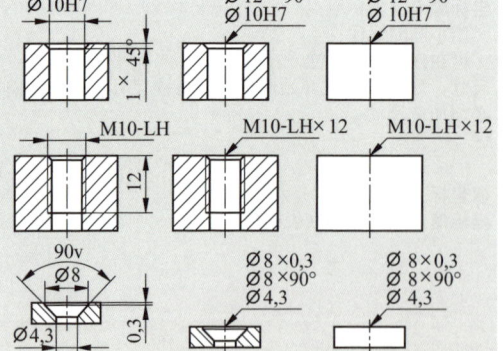

孔 Φ10H7
通孔
倒角 1×45°

左旋螺纹 M10
螺纹长度 12mm
底孔为通孔

圆柱形沉孔 Φ8
沉孔深度 0.3mm
通孔 Φ4.3mm 并带有
锥形锪孔 90°
沉孔直径 Φ8

齿轮

参照 DIN ISO 2203（1976–06）

齿轮表达法[1]

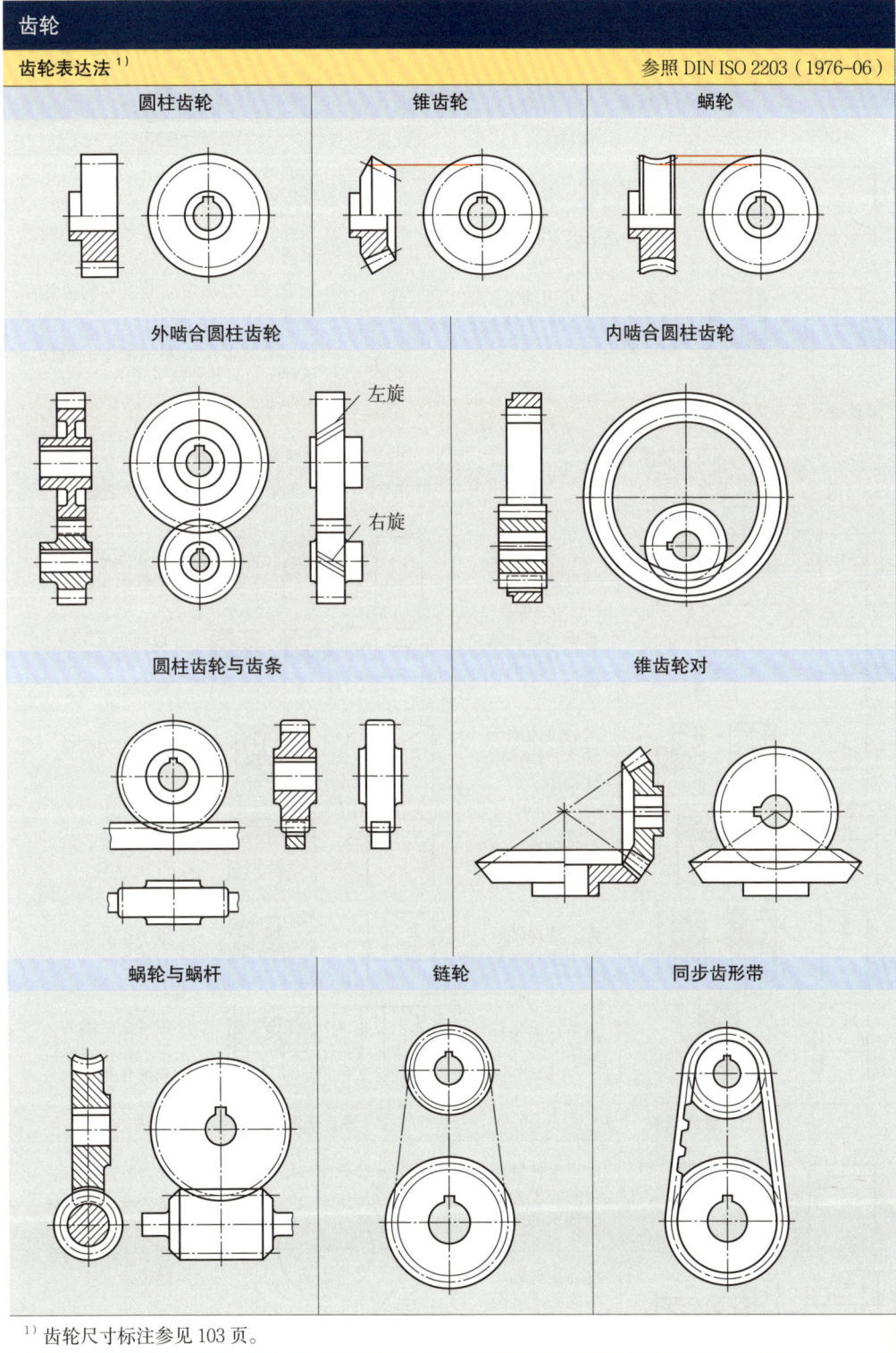

圆柱齿轮　锥齿轮　蜗轮

外啮合圆柱齿轮　内啮合圆柱齿轮

左旋　右旋

圆柱齿轮与齿条　锥齿轮对

蜗轮与蜗杆　链轮　同步齿形带

[1] 齿轮尺寸标注参见 103 页。

滚动轴承

滚动轴承表达法 参照 DIN ISO 8826–1（1990–12）和 DIN ISO 8826–2（1995–10）

滚动轴承表达法			元素	解释，应用
简化	图形	解释		
		普通用途时，用带有任意位置十字符号的方形或矩形线框表示滚动轴承。	——	长直线：表示轴承滚动元素的轴线不可调节。
			⌣	长弧线：表示轴承滚动元素的轴线可调节（自调心轴承）。
		必要时，也可用轴承轮廓和任意位置的十字符号表示滚动轴承。	│	短直线：表示滚动元素列的位置和数量。
			○	圆：表示滚动元素（滚子，滚柱，滚针），与其轴线呈直角。

滚动轴承细节简化表达法举例

单列滚动轴承表达法			双列滚动轴承表达法		
细节简化	图形	名称	细节简化	图形	名称
		向心滚珠轴承，滚柱滚子轴承			向心滚珠轴承，滚柱滚子轴承
		自调心滚柱轴承（鼓形滚子轴承）			自调心滚珠轴承，自调心滚柱轴承
		向心推力滚珠轴承，圆锥滚柱轴承			向心推力滚珠轴承
		滚针轴承，滚针保持架			滚针轴承，滚针保持架
		推力滚珠轴承，推力滚柱轴承			推力滚珠轴承，双面作用
		推力球面滚柱轴承			带球面活圈的推力滚珠轴承，双面作用
组合轴承			垂直于滚动体轴线的表达法		
		向心滚针轴承与向心推力滚珠轴承的组合			带有任意滚动体形状（滚珠、滚柱、滚针）的滚动轴承
		推力滚珠轴承与向心滚针轴承的组合			

密封

密封的简化表达法
参照 DIN ISO 9222-1（1990–12）和 DIN ISO 9222-2（1991–03）

密封表达法			元素的细节简化表达法	
细节简化表达法	图形表达法	解释	图形表达法	解释，应用
		普通用途时，用带有任意位置对角交叉符号的方形或矩形线框表示滚动轴承的密封。密封方向可用箭头表示。		平行于密封面的长线：表示固定的（静态的）密封件。
				长对角线：表示动态密封件；例如密封唇口。密封方向可用箭头表示。
				短对角线：表示防尘密封唇口，防尘圈
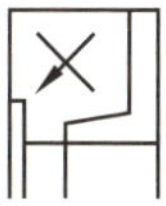		必要时，可用密封轮廓和任意位置对角交叉符号表示轴承密封。	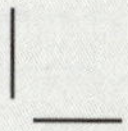	指向图形符号中间的短线：表示 U 形环和 V 形环以及密封填料的静态部分。
			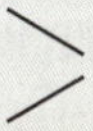	指向图形符号中间的短线：表示 U 形环和 V 形环以及密封填料的密封唇口。
			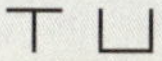	T 和 U：表示无接触式密封。

滚动轴承密封的细节简化表达法举例

轴密封环和活塞杆密封环				成型密封件，密封填料，迷宫式密封件			
细节简化表达法	图形表达法	名称		细节简化表达法	图形表达法	细节简化表达法	图形表达法
		旋转运动时的名称	直线运动时的名称				
		无防尘唇口的轴密封环	无防尘圈的杆密封	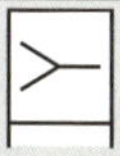			
	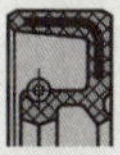	带防尘唇口的轴密封环	带防尘圈的杆密封				
		双向轴密封环	双向杆密封				

滚动轴承和密封的简化表达法举例

向心滚珠轴承和带有防尘唇口[1]的径向轴密封环

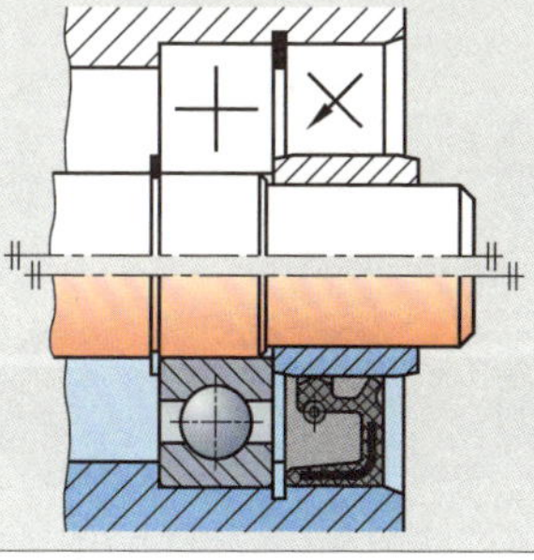

双列向心滚珠轴承和径向轴密封环

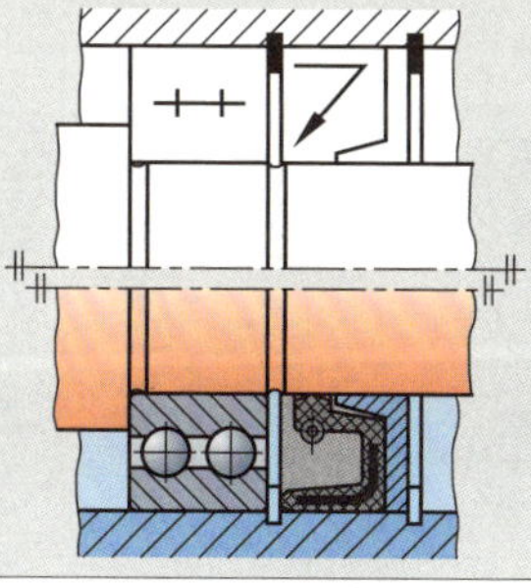

密封填料[2]

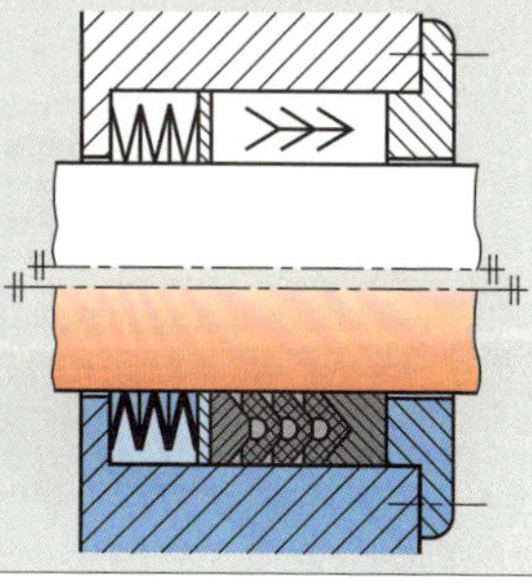

[1] 上半部：简化表达法；下半部：图形表达法。
[2] 上半部：细节简化表达法；下半部：图形表达法。

护环，护环槽，弹簧，花键轴和细牙花键

护环和护环槽表达法

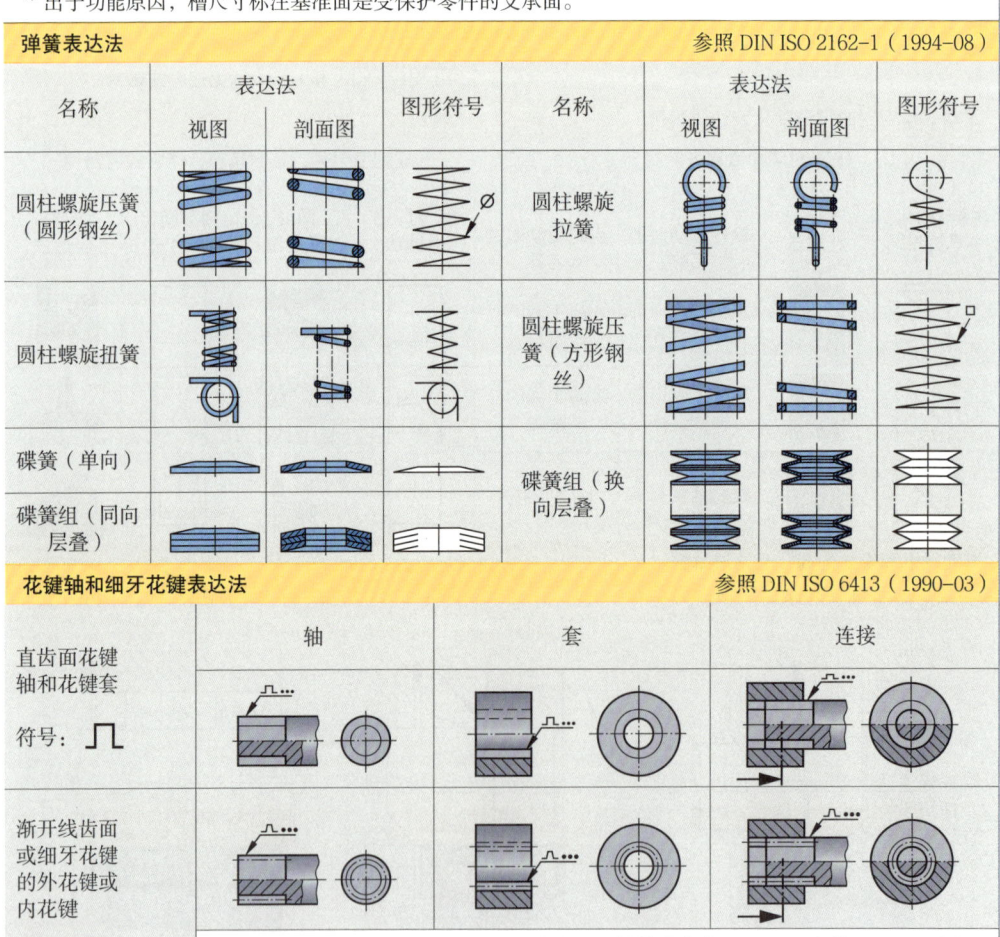

	表达法	安装尺寸	偏差尺寸
轴护环（参见 273 页）		尺寸标注参考面[1] a = 滚动轴承宽度 + 护环宽度	d_2 的偏差尺寸: 偏差上限: 0（零） 偏差下限: 负 a 的偏差尺寸: 偏差上限: 正 偏差下限: 0（零）
孔护环（参见 273 页）		尺寸标注参考面[1]	d_2 的偏差尺寸: 偏差上限: 正 偏差下限: 0（零） a 的偏差尺寸: 偏差上限: 正 偏差下限: 0（零）

[1] 出于功能原因，槽尺寸标注基准面是受保护零件的支承面。

弹簧表达法　　　　　　　　　　　　　　　　　参照 DIN ISO 2162-1（1994-08）

名称	表达法		图形符号	名称	表达法		图形符号
	视图	剖面图			视图	剖面图	
圆柱螺旋压簧（圆形钢丝）				圆柱螺旋拉簧			
圆柱螺旋扭簧				圆柱螺旋压簧（方形钢丝）			
碟簧（单向）				碟簧组（换向层叠）			
碟簧组（同向层叠）							

花键轴和细牙花键表达法　　　　　　　　　　参照 DIN ISO 6413（1990-03）

	轴	套	连接
直齿面花键轴和花键套 符号:			
渐开线齿面或细牙花键的外花键或内花键 符号:			

花键轴 ISO 14-6 x 26f7 x 30: 直齿面花键轴轮廓按 ISO 14，齿数 $N = 6$，内径 $d = 26f7$，外径 $D = 30$

回转件车削余料，工件边棱

回转件车削余料

参照 DIN 6785（2014–06）

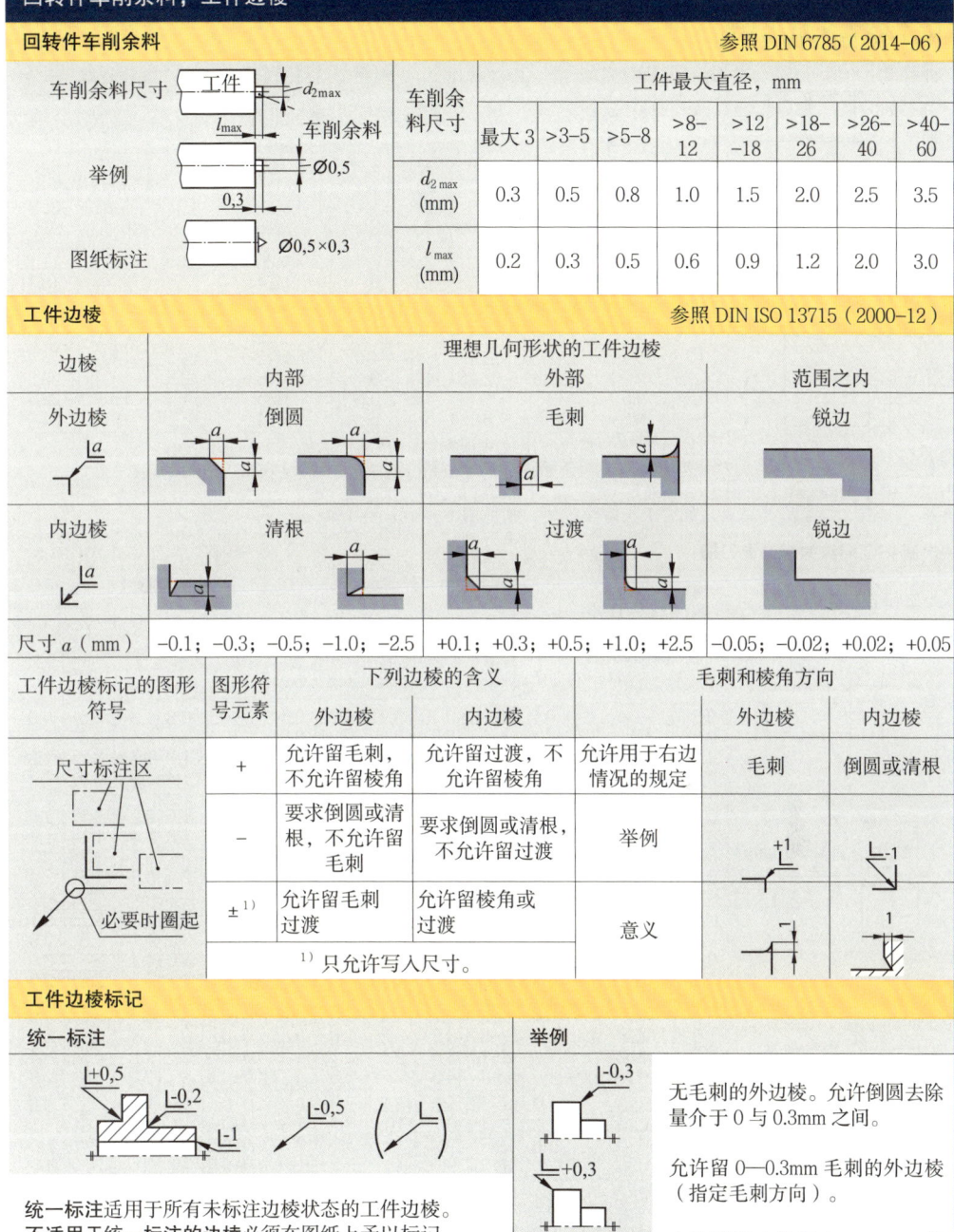

车削余料尺寸

举例

图纸标注 ∅0,5×0,3

车削余料尺寸	工件最大直径，mm							
	最大 3	>3–5	>5–8	>8–12	>12–18	>18–26	>26–40	>40–60
$d_{2\,max}$ (mm)	0.3	0.5	0.8	1.0	1.5	2.0	2.5	3.5
l_{max} (mm)	0.2	0.3	0.5	0.6	0.9	1.2	2.0	3.0

工件边棱

参照 DIN ISO 13715（2000–12）

边棱	理想几何形状的工件边棱		
	内部	外部	范围之内
外边棱	倒圆	毛刺	锐边
内边棱	清根	过渡	锐边

尺寸 a（mm）　–0.1；–0.3；–0.5；–1.0；–2.5　　+0.1；+0.3；+0.5；+1.0；+2.5　　–0.05；–0.02；+0.02；+0.05

工件边棱标记的图形符号	图形符号元素	下列边棱的含义			毛刺和棱角方向	
		外边棱	内边棱		外边棱	内边棱
尺寸标注区　必要时圈起	+	允许留毛刺，不允许留棱角	允许留过渡，不允许留棱角	允许用于右边情况的规定	毛刺	倒圆或清根
	–	要求倒圆或清根，不允许留毛刺	要求倒圆或清根，不允许留过渡	举例		
	±[1]	允许留毛刺或过渡	允许留棱角或过渡	意义		

[1] 只允许写入尺寸。

工件边棱标记

统一标注

统一标注适用于所有未标注边棱状态的工件边棱。
不适用于统一标注的边棱必须在图纸上予以标记。
在统一标注后面将例外写入括号或用基本图形符号予以标记。

仅适用于外边棱以及内边棱的统一标注需采用相应的图形符号予以标注。

举例

无毛刺的外边棱。允许倒圆去除量介于 0 与 0.3mm 之间。

允许留 0—0.3mm 毛刺的外边棱（指定毛刺方向）。

允许清根去除量 0.1—0.5mm 的内边棱（未指定清根方向）。

允许清根去除量 0—0.02mm 或允许留最大至 0.02mm 过渡的内边棱（锐边）。

螺纹收尾，螺纹退刀槽

米制 ISO 螺纹的螺纹收尾 参照 DIN 76-1（2016-08）

外螺纹

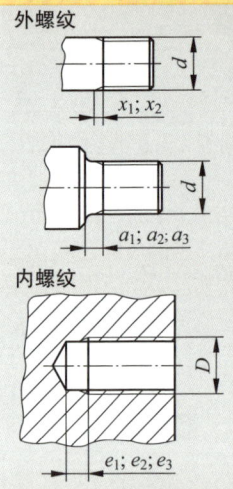

内螺纹

螺距[1] P	标称直径（ISO 标准螺纹收尾） d;D	螺纹收尾[2] x_1 max	a_1 max	e_1	螺距[1] P	标称直径（ISO 标准螺纹收尾） d;D	螺纹收尾[2] x_1 max	a_1 max	e_1
0.2	–	0.5	0.6	1.3	1.25	M8	3.2	3.75	6.2
0.25	M1	0.6	0.75	1.5	1.5	M10	3.8	4.5	7.3
0.3	–	0.75	0.9	1.8	1.75	M12	4.3	5.25	8.3
0.35	M1.6	0.9	1.05	2.1	2	M16	5	6	9.3
0.4	M2	1	1.2	2.3	2.5	M20	6.3	7.5	11.2
0.45	M2.5	1.1	1.35	2.6	3	M24	7.5	9	13.1
0.5	M3	1.25	1.5	2.8	3.5	M30	9	10.5	15.2
0.6	–	1.5	1.8	3.4	4	M36	10	12	16.8
0.7	M4	1.75	2.1	3.8	4.5	M42	11	13.5	18.4
0.75	–	1.9	2.25	4	5	M48	12.5	15	20.8
0.8	M5	2	2.4	4.2	5.5	M56	14	16.5	22.4
1	M6	2.5	3	5.1	6	M64	15	18	24

[1] 细牙螺纹的螺纹收尾尺寸根据螺距 P 进行选择。
[2] 若无其他说明，始终适用本规则。如要求短螺纹收尾，适用下式：
$x_2 \approx 0.5 \cdot x_1$; $a_2 \approx 0.67 \cdot a_1$; $e_2 \approx 0.625 \cdot e_1$
如要求长螺纹收尾，则适用下式：$a_3 \approx 1.3 \cdot a_1$; $e_3 \approx 1.6 \cdot e_1$

米制 ISO 螺纹的螺纹退刀槽 参照 DIN 76-1（2016-08）

A 型和 B 型外螺纹

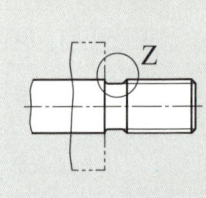

C 型和 D 型内螺纹

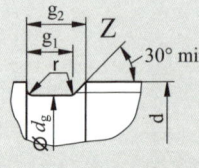

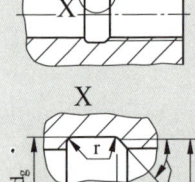

螺距[1] P	标称直径（ISO 标准螺纹收尾） d;D		外螺纹					内螺纹				
		r	d_g h13[4]	A 型[2] g_1 min.	g_2 max.	B 型[3] g_1 min.	g_2 max.	d_g h13	C 型[2] g_1 min.	g_2 max.	D 型[4] g_1 min.	g_2 max.
0.2	–	0.1	$d-0.3$	0.45	0.7	0.25	0.5	$D+0.1$	0.8	1.2	0.5	0.9
0.25	M1	0.12	$d-0.4$	0.55	0.9	0.25	0.6	$D+0.1$	1	1.4	0.6	1
0.3	M1.4	0.16	$d-0.5$	0.6	1.05	0.3	0.75	$D+0.1$	1.2	1.6	0.75	1.25
0.35	M1.6	0.16	$d-0.6$	0.7	1.2	0.4	0.9	$D+0.2$	1.4	1.9	0.9	1.4
0.4	M2	0.2	$d-0.7$	0.8	1.4	0.5	1	$D+0.2$	1.6	2.2	1	1.6
0.45	M2.5	0.2	$d-0.7$	1	1.6	0.5	1.1	$D+0.2$	1.8	2.4	1.1	1.7
0.5	M3	0.2	$d-0.8$	1.1	1.75	0.5	1.25	$D+0.3$	2	2.7	1.25	2
0.6	M3.5	0.4	$d-1$	1.2	2.1	0.6	1.5	$D+0.3$	2.4	3.3	1.5	2.4
0.7	M4	0.4	$d-1.1$	1.5	2.45	0.8	1.75	$D+0.3$	2.8	3.8	1.75	2.75
0.75	M4.5	0.4	$d-1.2$	1.6	2.6	0.9	1.9	$D+0.3$	3	4	1.9	2.9
0.8	M5	0.4	$d-1.3$	1.7	2.8	0.9	2	$D+0.3$	3.2	4.2	2	3
1	M6	0.6	$d-1.6$	2.1	3.5	1.1	2.5	$D+0.5$	4	5.2	2.5	3.7
1.25	M8	0.6	$d-2$	2.7	4.4	1.5	3.2	$D+0.5$	5	6.7	3.2	4.9
1.5	M10	0.8	$d-2.3$	3.2	5.2	1.8	3.8	$D+0.5$	6	7.8	3.8	5.6
1.75	M12	1	$d-2.6$	3.9	6.1	2.1	4.3	$D+0.5$	7	9.1	4.3	6.4
2	M16	1	$d-3$	4.5	7	2.5	5	$D+0.5$	8	10.3	5	7.3
2.5	M20	1.2	$d-3.6$	5.6	8.7	3.2	6.3	$D+0.5$	10	13	6.3	9.3
3	M24	1.6	$d-4.4$	6.7	10.5	3.7	7.5	$D+0.5$	12	15.2	7.5	10.7
3.5	M30	1.6	$d-5$	7.7	12	4.7	9	$D+0.5$	14	17.7	9	12.7
4	M36	2	$d-5.7$	9	14	5	10	$D+0.5$	16	20	10	14
4.5	M42	2	$d-6.4$	10.5	16	5.5	11	$D+0.5$	18	23	11	16
5	M48	2.5	$d-7$	11.5	17.5	6.5	12.5	$D+0.5$	20	26	12.5	18.5
5.5	M56	2.5	$d-7.7$	12.5	19	7.5	14	$D+0.5$	22	28	14	20
6	M64	3.2	$d-8.3$	14	21	8	15	$D+0.5$	24	30	15	21

➡ **DIN 76–C：C 型螺纹退刀槽**

[1] 细牙螺纹的螺纹退刀槽尺寸根据螺距 P 进行选择。
[2] 若无其他说明，始终适用本规则。
[3] 仅适用于要求短螺纹退刀槽的情况。
[4] 用于标称直径最大至 3mm 的螺纹：h12。

螺纹，螺钉连接

内螺纹

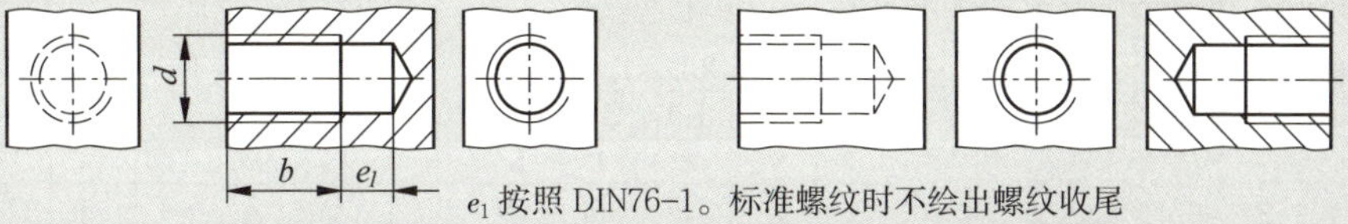

e_1 按照 DIN76-1。标准螺纹时不绘出螺纹收尾

螺栓螺纹

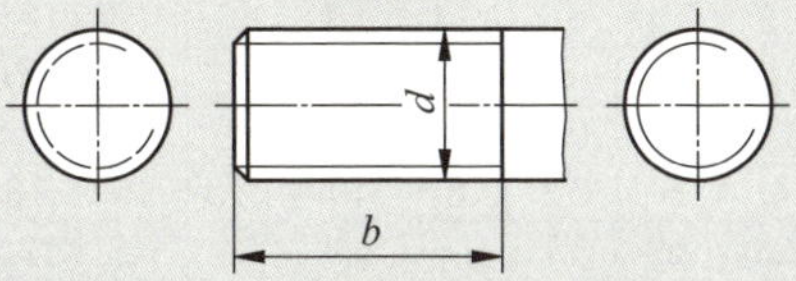

内螺纹中的螺栓

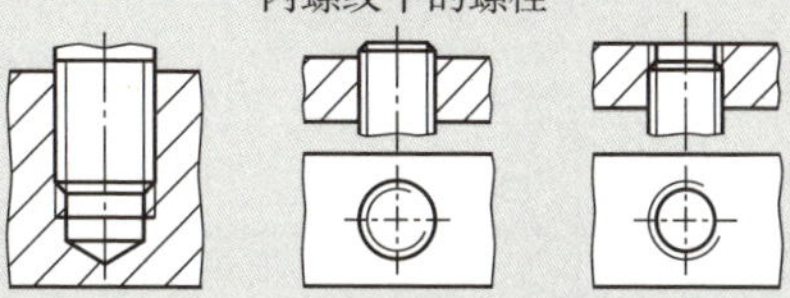

螺纹退刀槽

图形表达法   图形符号表达法

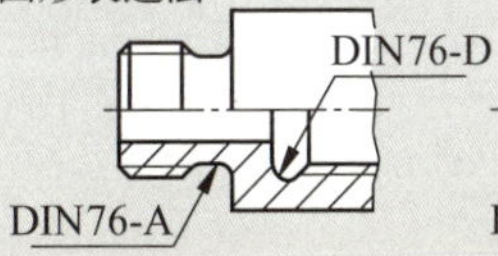

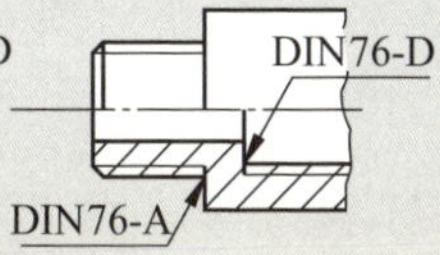

DIN76-D

DIN76-A

管螺纹和管螺纹连接

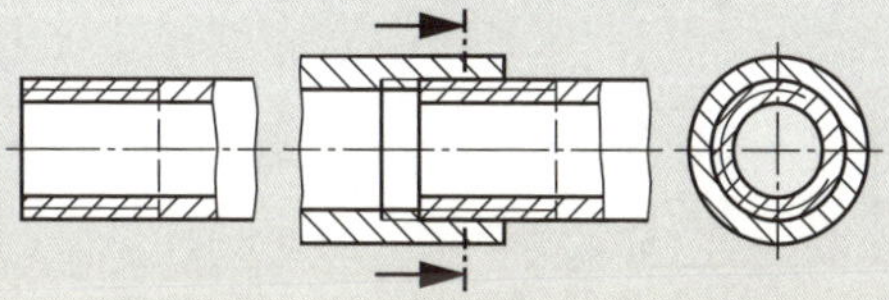

螺钉连接表达法

六角螺钉和螺帽

详图   简图

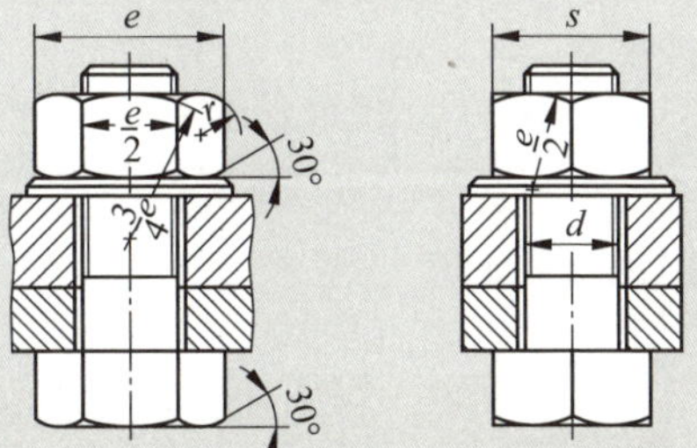

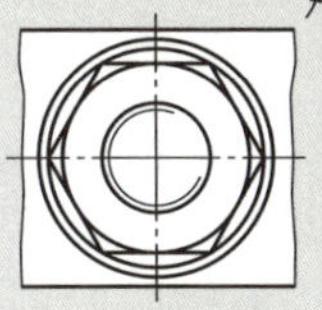

h_1 螺钉头高度
h_2 螺帽高度
h_3 垫圈高度
e 对顶距
s 扳手开度宽度
d 螺纹标称直径

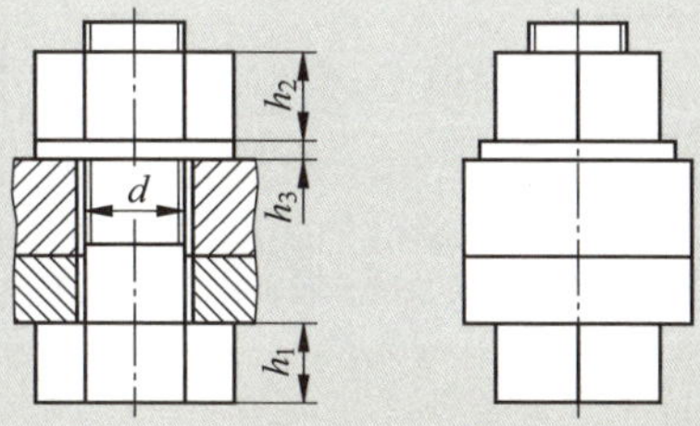

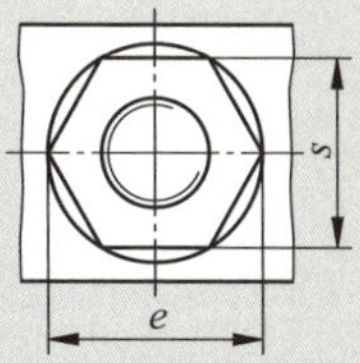

$h_1 \approx 0.7 \cdot d$
$h_2 \approx 0.8 \cdot d$
$h_3 \approx 0.2 \cdot d$
$e \approx 2 \cdot d$
$s \approx 2.87 \cdot e$

圆柱螺钉连接   六角螺钉连接 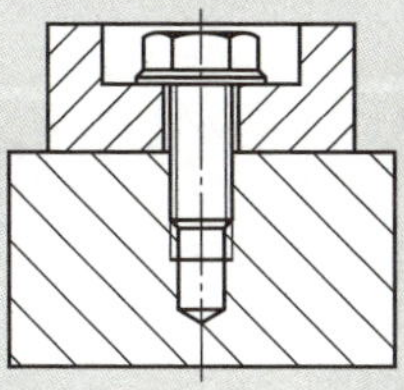   沉头螺钉连接 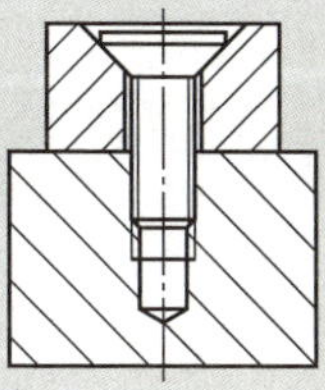   螺柱连接

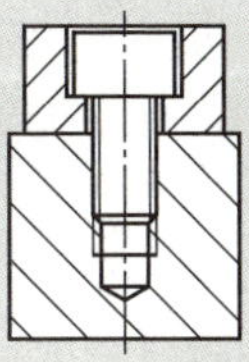

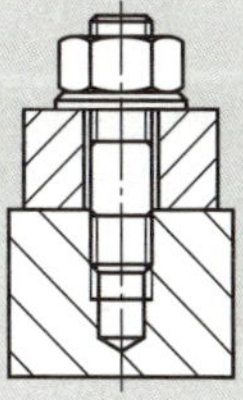

中心孔，滚花

中心孔　　　　　　　　　　　　　　　　　　　　　参照 DIN 332-1（1986-04）

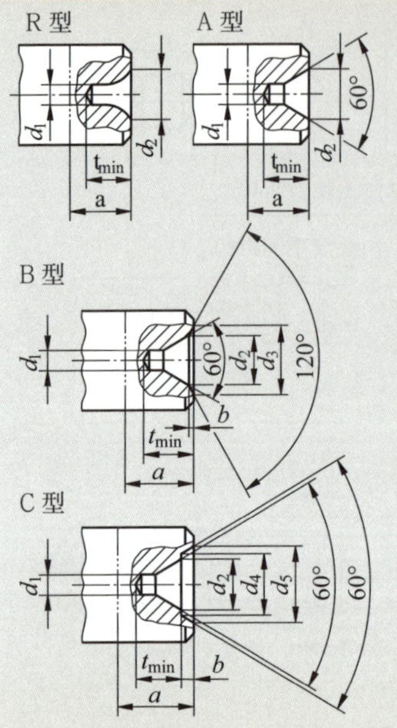

形状		标称尺寸									
	d_1	1	1.25	1.6	2	2.5	3.15	4	5	6.3	8
	d_2	2.12	2.65	3.35	4.25	5.3	6.7	8.5	10.6	13.2	17
R	t_{min}	1.9	2.3	2.9	3.7	4.6	5.8	7.4	9.2	11.4	14.7
	a	3	4	5	6	7	9	11	14	18	22
A	t_{min}	1.9	2.3	2.9	3.7	4.6	5.8	7.4	9.2	11.4	14.7
	a	3	4	5	6	7	9	11	14	18	22
B	t_{min}	2.2	2.7	3.4	4.3	5.4	6.8	8.6	10.8	12.9	16.4
	a	3.5	4.5	5.5	6.6	8.3	10	12.7	15.6	20	25
	b	0.3	0.4	0.5	0.6	0.8	0.9	1.2	1.6	1.4	1.6
	d_3	3.15	4	5	6.3	8	10	12.5	16	18	22.4
C	t_{min}	1.9	2.3	2.9	3.7	4.6	5.9	7.4	9.2	11.5	14.8
	a	3.5	4.5	5.5	6.6	8.3	10	12.7	15.6	20	25
	b	0.4	0.6	0.7	0.9	0.9	1.1	1.7	1.7	2.3	3
	d_4	4.5	5.3	6.3	7.5	9	11.2	14	18	22.4	28
	d_5	5	6	7.1	8.5	10	12.5	16	20	25	31.5

R 型　A 型

B 型

C 型

形状	R：R 型：弧形工作面，无保护沉孔；
	A：A 型：直线工作面，无保护沉孔；
	B：B 型：直线工作面，锥形保护沉孔；
	C：C 型：直线工作面，截锥形保护沉孔。

中心孔的图纸说明　　　　　　　　　　　　　　　参照 DIN ISO 6411（1997-11）

中心孔是已加工零件所要求	允许已加工零件保留现有中心孔	不允许已加工零件保留现有中心孔
 ISO 6411—A4/8,5	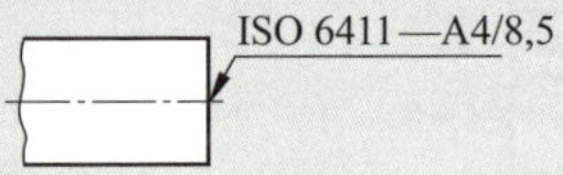 ISO 6411—A4/8,5	 ISO 6411—A4/8,5

< ISO 6411 –A4/8.5：ISO 6411 中心孔：中心孔是已加工零件所要求。
中心孔形状和尺寸按 DIN 332：A 型；$d_1 = 4$mm；$d_2 = 8.5$mm。

滚花　　　　　　　　　　　　　　　　　　　　　参照 DIN 82（1973-01）

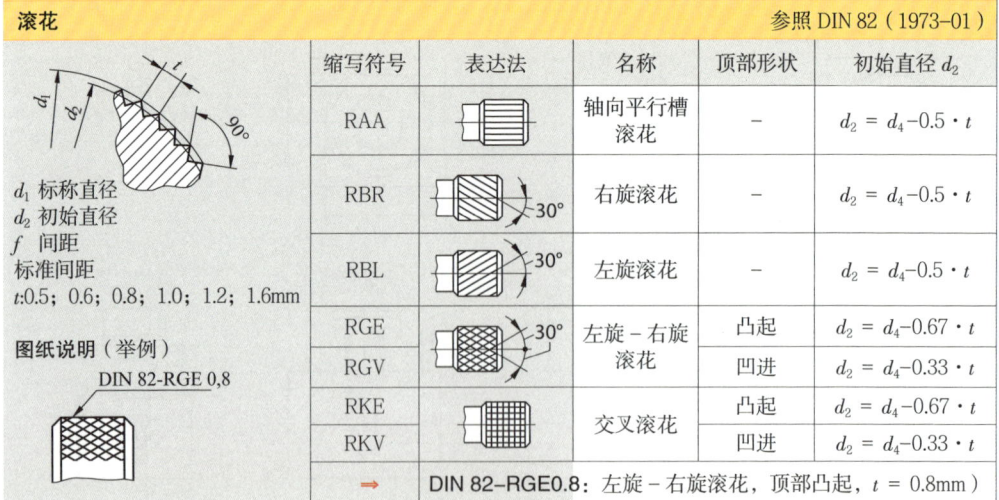

d_1 标称直径
d_2 初始直径
f 间距
标准间距
t:0.5；0.6；0.8；1.0；1.2；1.6mm

图纸说明（举例）
DIN 82-RGE 0.8

缩写符号	表达法	名称	顶部形状	初始直径 d_2
RAA		轴向平行槽滚花	–	$d_2 = d_4 - 0.5 \cdot t$
RBR	30°	右旋滚花	–	$d_2 = d_4 - 0.5 \cdot t$
RBL	30°	左旋滚花	–	$d_2 = d_4 - 0.5 \cdot t$
RGE	30°	左旋－右旋滚花	凸起	$d_2 = d_4 - 0.67 \cdot t$
RGV			凹进	$d_2 = d_4 - 0.33 \cdot t$
RKE		交叉滚花	凸起	$d_2 = d_4 - 0.67 \cdot t$
RKV			凹进	$d_2 = d_4 - 0.33 \cdot t$
→	DIN 82–RGE0.8：左旋－右旋滚花，顶部凸起，$t = 0.8$mm）			

退刀槽

| 退刀槽[1] | | | 参照 DIN 509（2006−12） |

E 型	F 型	G 型	H 型
用于继续加工的圆柱形面	用于继续加工的端面和圆柱形面	用于小型过渡段	用于继续加工的端面和圆柱形面

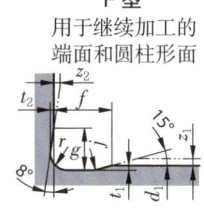
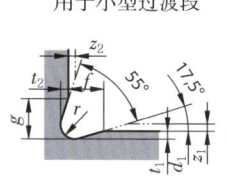
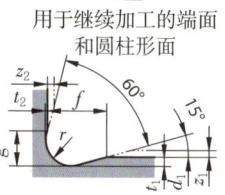

z_1, z_2 = 加工余量

→ 退刀槽 DIN 509   E0.8 x 0.3: E 型，半径 $r = 0.8$mm，切槽深度 $t_1 = 0.3$mm

退刀槽尺寸和沉孔尺寸

形状	$r^{2)} \pm 0.1$ 系列1	系列2	t_1 +0.10	t_2 +0.05 0	f +0.20	g	工件直径 $d_1^{3)}$ 的归类 普通负载	提高疲劳强度	对应工件[4]沉孔的最小尺寸 a 退刀槽 $r \times t_1$	形状 E	F	G	H
E 型和 F 型	–	0.2	0.1	0.1	1	(0.9)	>∅1.6... ∅3	–	0.2×0.1	0.2	0	–	–
	0.4	–	0.2	0.1	2	(1.1)	>∅3... ∅18	–	0.4×0.2	0.3	0	–	–
	–	0.6	0.2	0.1	2	(1.4)	>∅10... ∅18	–	0.6×0.2	0.4	0.15	–	–
	–	0.6	0.3	0.2	2.5	(2.1)	>∅18... ∅80	–	0.6×0.3	0.4	0	–	–
	0.8	–	0.3	0.2	2.5	(2.3)	>∅18... ∅80	–	0.8×0.3	0.6	0.05	–	–
	–	1	0.2	0.1	2.5	(1.8)	–	>∅18... ∅50	1.0×0.2	0.9	0.45	–	–
	–	1	0.4	0.3	4	(3.2)	–	>∅80	1.0×0.4	0.9	0.1	–	–
	1.2	–	0.2	0.1	2.5	(2)	–	>∅18... ∅50	1.2×0.2	1.1	0.6	–	–
	1.2	–	0.4	0.3	4	(3.4)	–	>∅80	1.2×0.4	0.9	0.1	–	–
	1.6	–	0.4	0.3	4	(3.1)	–	>∅18... ∅80	1.6×0.4	1.4	0.6	–	–
	2.5	–	0.4	0.3	5	(4.8)	–	>∅18... ∅125	2.5×0.4	2.2	1.0	–	–
	4	–	0.5	0.3	7	(6.4)	–	>∅125	4.0×0.5	3.6	2.1	–	–
G 型	0.4	–	0.2	0.2	(0.9)	(1.1)	>∅3... ∅18	–	0.4×0.2	–	–	0	–
H 型	0.8	–	0.3	0.05	(2.0)	(1.1)	>∅18... ∅80	–	0.8×0.3	–	–	–	0.35
	1.2	–	0.3	0.05	(2.4)	(1.5)	–	>∅18... ∅50	1.2×0.3	–	–	–	0.65

[1] 所有退刀槽形状均同时适用于轴和孔。
[2] 优先选用系列 1 半径的退刀槽。
[3] 直径范围的归类不适用于短轴肩和薄壁工件。针对不同直径的工件，可根据其用途，选用相同形状和规格内所有直径的退刀槽。

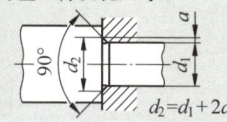

[4] 对应工件沉孔尺寸 a

$d_2 = d_1 + 2a$

退刀槽的图纸说明

图纸中一般用简化标记绘制退刀槽。但也可以完整绘出并标注尺寸。

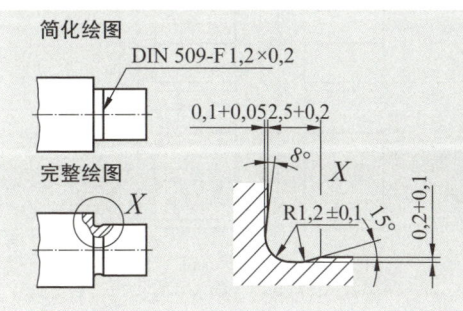

简化绘图   DIN 509-F 1,2 ×0,2

0,1+0,05 2,5+0,2

完整绘图   X

8°

R1,2 ±0,1   15°   0,2+0,1

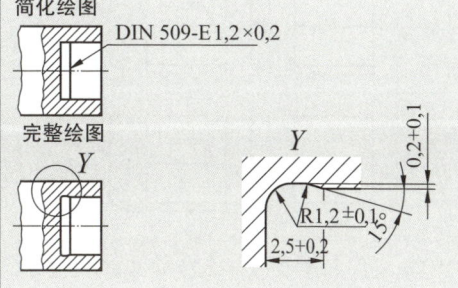

简化绘图   DIN 509-E 1,2 ×0,2

完整绘图   Y

R1,2 ±0,1   15°   0,2+0,1

2,5+0,2

电焊和钎焊图形符号

图纸上电焊和钎焊图形符号的标注位置　　　　　　　参照 DIN EN ISO 2553（2014-04）

基本概念

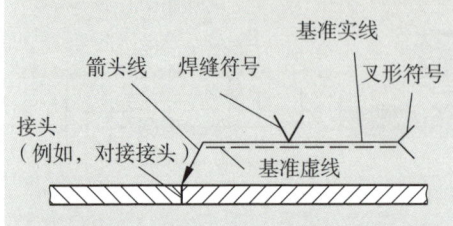

基准线： 基准线由基准实线和基准虚线组成。基准虚线的走向在基准实线上方或下方平行于基准实线。对称焊缝时，取消基准虚线。

箭头线： 箭头线连接基准实线与接头。非对称焊缝（例如 HV 焊缝）时，箭头指出需做焊接前期处理的部分。

叉形符号： 必要时可在叉形符号内写入有关如下内容的补充说明：
- ·方法，过程　　　·工作位置
- ·评价组　　　　　·附加材料

接头： 待焊接零件相互对接的位置。

焊缝标记

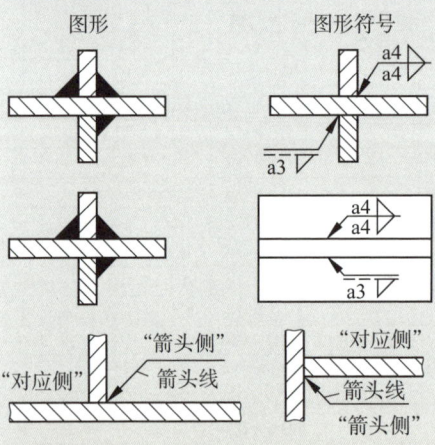

图形符号： 图形符号标记焊缝形状。优先采用垂直于基准实线的标注方式，必要时垂直于基准虚线。

焊缝图形符号的排序	
焊缝图形符号的位置	焊缝的位置（焊缝表面）
基准实线	"箭头侧"
基准虚线	"对应侧"

剖面图或视图中绘制的焊缝，其图形符号的位置必须与焊缝横截面相一致。

箭头侧 [1]：箭头一侧指箭头线所指的焊接接头这一侧。

对应侧 [1]：对应侧指焊接接头箭头侧的对应一侧。

焊接的图纸表达法（基本图形符号）　　　　　　　参照 DIN EN ISO 2553（2014-04）

焊缝类型 / 图形符号	表达法		焊缝类型 / 图形符号	表达法	
	图形	图形符号		图形	图形符号
I 型焊缝 ‖			V 型焊缝 ∨		
Y 型焊缝 ⋎			HY 型焊缝 ⋏		

[1] 太平洋地区采用的箭头侧和对应侧的标记方法在 DIN EN ISO 2553 中已做规定，本文此处不再解释。

电焊和钎焊图形符号

焊接的图纸表达法（基本图形符号）   参照 DIN EN ISO 2553（2014-04）

焊缝类型 / 图形符号	表达法		焊缝类型 / 图形符号	表达法	
	图形	图形符号		图形	图形符号
卷边焊缝			HV 型焊缝		
孔状焊缝					
U 型焊缝			顶焊缝		
HU 型焊缝			陡侧面焊缝		
电阻压焊 点状焊缝			电阻滚焊焊 缝		
熔焊点状 焊缝			熔焊线状焊 缝		
围焊焊缝			半陡侧面焊 缝		
角焊缝			堆焊		
3mm 焊缝 厚度的现 场焊缝			螺栓连接 焊接		

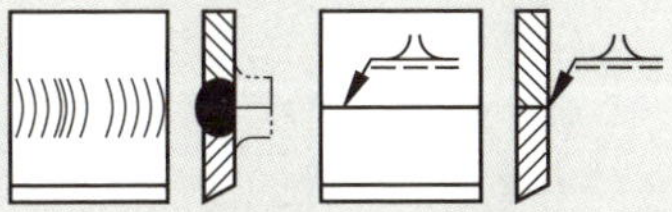

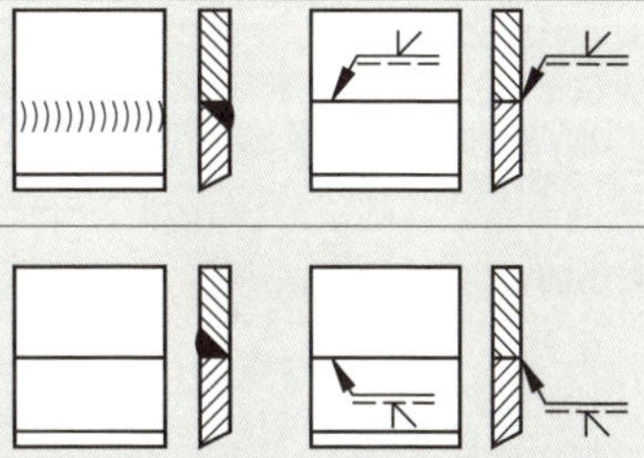

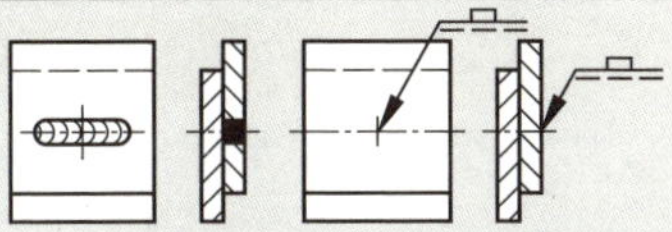

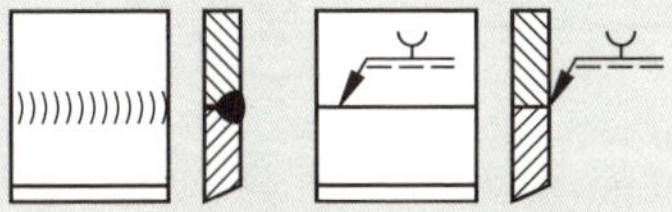

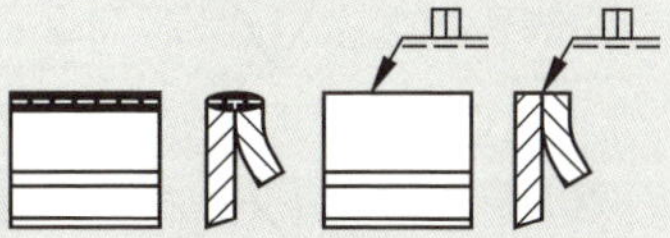

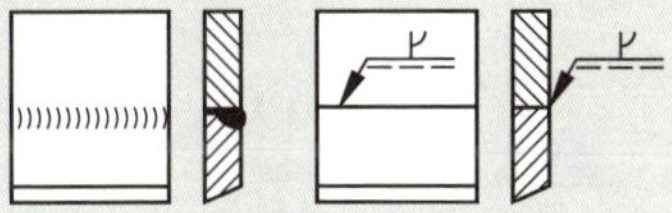

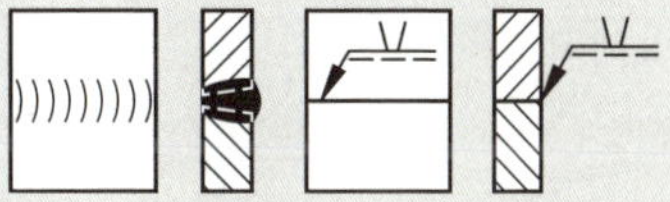

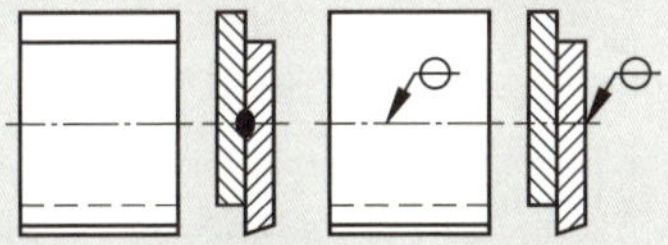

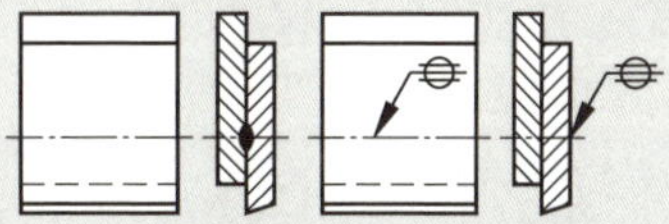

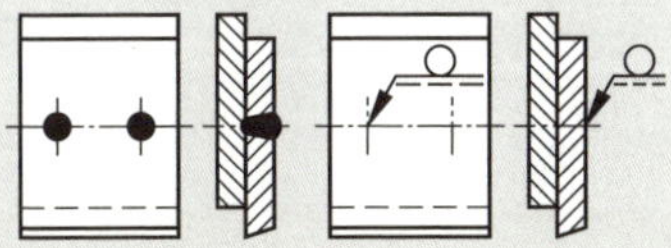

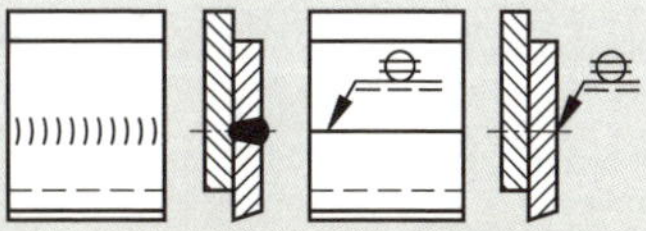

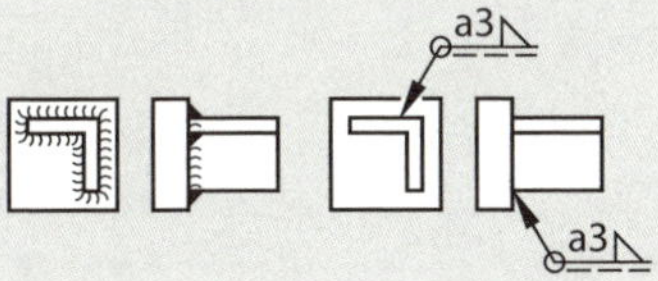

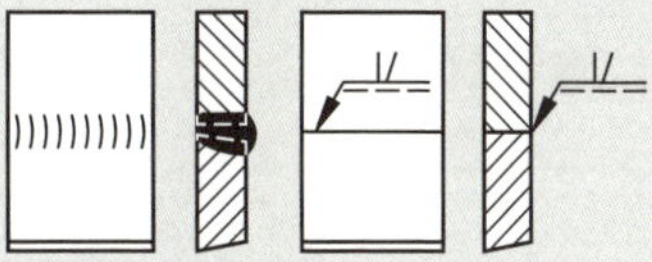

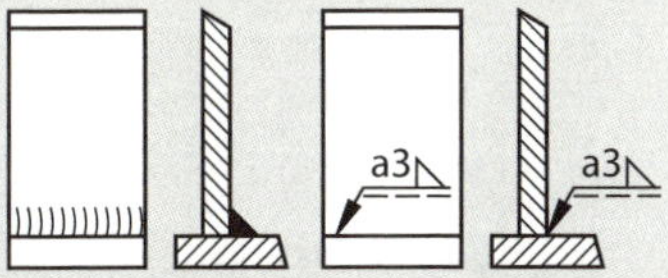

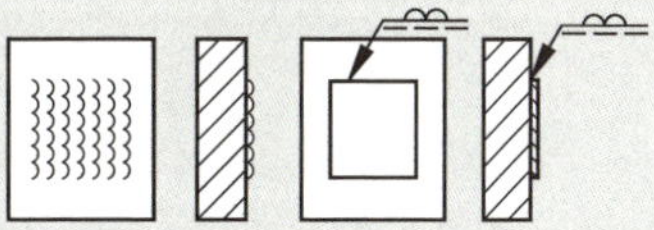

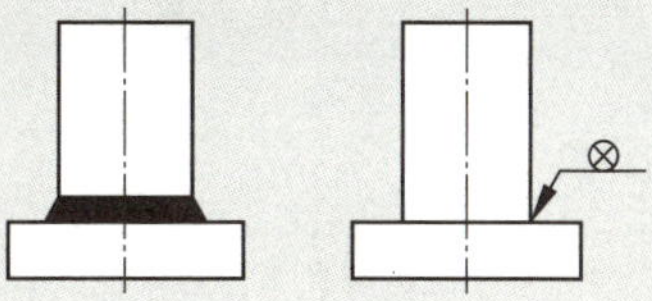

电焊和钎焊图形符号

对称焊缝[1]的组合型图形符号表达法 参照 DIN EN ISO 2553（2014-04）

焊缝类型	图形符号	表达法	焊缝类型	图形符号	表达法
双 V 型焊缝（DV 型焊缝）			双 U 型焊缝（DU 型焊缝）		
双 HV 型焊缝（DHV 型焊缝）			双 HY 型焊缝（DHY 型焊缝）		

附加图形符号的应用举例 参照 DIN EN ISO 2553（2014-04）

名称 / 图形符号	举例	表达法	名称 / 图形符号	举例	表达法
处理后表面平整			对面位置		
凸面的（拱形）			环状焊缝；围焊（角）焊缝		
凹面的（空心）			焊缝底部加强		
焊缝过渡段无缺口			现场焊缝		
两点之间的焊缝	A → B		交错的、中断的焊缝	a ▷ n × l (e) / a ▷ n × l (e)	l (e) l

尺寸标注举例

焊缝类型	表达法和尺寸标注		图形符号尺寸标注的含义
	图形	图形符号	
I 型焊缝（焊透）	4	s4 ‖	I 型焊缝，焊透，焊缝厚度 s = 4mm
带对面位置的 V 型焊缝（焊透）		111/ISO 5817-C/ ISO 6947-PA/ ISO 2560-A-E42 0 RR	带对面位置的 V 型焊缝，焊透，采用电弧手工焊（标识数字 111 见 DIN EN ISO 4063），所需评价组 C 见 ISO 5817；焊点位置见 ISO 6947；电焊条 E42 0 RR 见 ISO 2560-A

[1] 可在基准线尾部叉形符号处注明补充要求。

电焊和钎焊图形符号，粘接、卷边连接和压接连接表达法

尺寸标注举例（前页表续）

焊缝类型	表达法和尺寸标注		图形符号尺寸标注的含义
	图形	图形符号	
角焊缝（焊透）			角焊缝，焊缝厚度 $a = 3$mm（等腰三角形高度） 角焊缝，焊缝厚度 $z = 4$mm（等腰三角形边长）
角焊缝（中断）			角焊缝（中断），焊缝厚度 $a = 5$mm；两条焊缝各长 $l = 20$mm；焊缝间距 $e = 10$mm；预留尺寸 $v = 30$mm
双角焊缝（中断）			双角焊缝（中断，对称），焊缝厚度 $a = 4$mm；各条焊缝长度 $l = 30$mm，焊缝间距 $e = 10$mm，无预留尺寸
双角焊缝（中断，交错）			双角焊缝（中断，交错），焊缝厚度 $z = 5$mm；各条焊缝长度 $l = 20$mm，焊缝间距 $e = 30$mm，预留尺寸 $v = 25$mm

粘接、卷边连接和压接连接图形符号表达法　　　　　　　　参照 DIN EN ISO 15785（2002-12）

连接类型	接缝类型/图形符号	含义/图纸说明	连接类型	接缝类型/图形符号	含义/图纸说明
粘接	面接缝 ═		卷边连接	卷边接缝	
	斜面接缝 ∥		压接连接	压接连接	

1）不标明粘接连接的粘接剂。

热处理工件的硬度说明

图纸上热处理工件的硬度说明　　　　　　　　　　参照 DIN ISO 15787（2010–01）

热处理说明的结构

材料状态的文字说明	材料状态的可检测数据			可能的补充说明
举例： 调质 淬火 淬火和回火 退火	硬度值	HRC	洛氏硬度	**检测点**：在图纸上用图形符号标出并标注尺寸。 **热处理图**：在标题栏附近简化并缩小的工件图。 **最低抗拉强度或组织状态**：如有可能，可检测一个正在热处理的工件。
		HV	维氏硬度	
		HB	布氏硬度	
	淬硬深度	CHD	渗碳淬火 – 淬硬深度	
		NHD	渗氮淬火 – 淬硬深度	
		SHD	表面淬火 – 淬硬深度	
	CD		渗碳深度	
	CLT		连接层深度	
	所有数据均为正公差			

局部热处理时该表面区域的标记

必须热处理的区域　　 允许热处理的区域　　 不允许热处理的中间区域

图纸上的热处理说明（举例）

热处理方法	全工件热处理		局部热处理
	相同要求	不同要求	
调质 淬火 淬火和回火	 调质 350+50 HBW 2.5 / 187.5	75+10 ① 淬火和回火 58+4 HRC ① 40+5 HRC	110+5 淬火和全件回火 60+3 HRC
渗氮 渗碳	 渗氮 ≥ 900 HV 10 NHD = 0.3+0.1	 渗碳淬火和回火 ① 60+4 HRC CHD = 0.8+0.4 ② ≤ 52 HRC	 渗碳淬火和回火 700+100 HV 10 CHD = 1.2+0.5
表层淬火	 表层淬火 620+120 HV 50 SHD 500 = 0.8+0.8	 表层淬火和全件回火 ① 54+6 HRC ② ≤ 35 HRC ③ ≤ 30 HRC	 表层淬火和回火 61+4 HRC SHD 600 = 0.8+0.8

淬硬深度和公差（mm）

渗碳淬火 – 淬硬深度 CHD	0.05+0.03	0.1+0.1	0.3+0.2	0.5+0.3	0.8+0.4	1.2+0.5	1.6+0.6
渗氮淬火 – 淬硬深度 NHD	0.05+0.02	0.1+0.05	0.15+0.05	0.2+0.1	0.25+0.1	0.3+0.1	0.35+0.15
感应淬火 – 淬硬深度 SHD	0.2+0.2	0.4+0.4	0.6+0.6	0.8+0.8	1.0+1.0	1.3+1.1	1.6+1.3
激光 – 电子射线 – 淬硬深度 SHD	0.2+0.1	0.4+0.2	0.6+0.3	0.8+0.4	1.0+0.5	1.3+0.6	1.6+0.8

给定淬硬深度的标准极限硬度

渗碳淬火 – 淬硬深度 CHD	550 HV1
渗氮淬火 – 淬硬深度 NHD	工件内层硬度 + 50HV0.5
表面淬火 – 淬硬深度 SHD	0.8× 表面最低硬度，计算单位：HV

形状偏差，表面粗糙度

形状偏差 参照 DIN 4760（1982-06）

形状偏差是图纸定义的理想几何表面与工件（现在检测技术可测定的）实际表面之间的偏差。

等级：表面偏差 （放大表面轮廓剖面的表达法）	举例	可能产生偏差的原因
第 1 级：形状偏差	直线度偏差和圆度偏差	工件的折弯或机床加工零件时的折弯，加工机床导轨的误差或磨损
第 2 级：波纹度	波纹	机床的振动，加工零件时铣刀的运行偏差或形状偏差
第 3 级：粗糙度	表面沟纹	刀具切削刃的形状，加工零件时刀具进刀量或横向进给量
第 4 级：粗糙度	浅槽，薄片，凸起	切屑形成过程（例如碎裂切屑），加工零件时射流产生的表面变形
第 5 和第 6 级：粗糙度 已无法再现为一个简单的表面轮廓剖面	组织结构，网格结构	结晶过程，焊接或热变形导致的组织变化，化学作用导致的变化，例如腐蚀、酸蚀

表面轮廓和特性值 参照 DIN EN ISO 4287（2010-07）和 DIN EN ISO 4288（1998-04）

表面轮廓	特性值	解释
初级表面轮廓（实际轮廓，P- 轮廓）	表面轮廓总高度 Pt	初级表面轮廓是波纹状表面轮廓和表面粗糙度轮廓的初始基础。 表面轮廓总高度 Pt 是检测段 l_n 内最大表面轮廓峰值 Zp 和最大表面轮廓谷值 Zv 的总和。
波纹状表面轮廓（W- 轮廓）	表面轮廓总高度 Wt	通过谷值滤除法产生波纹状表面轮廓，即去除粗糙度（表面轮廓短波纹部分）。 表面轮廓总高度 Wt 是检测段 l_n 内最大表面轮廓峰值 Zp 和最大表面轮廓谷值 Zv 的总和。
表面粗糙度轮廓（R- 轮廓） $l_n = 5 \cdot l_r$	表面轮廓总高度 Rt	通过峰值滤除法产生表面粗糙度轮廓，即去除波纹性（表面轮廓长波纹部分）。 表面轮廓总高度 Rt 是检测段 l_n 内最大表面轮廓峰值 Zp 和最大表面轮廓谷值 Zv 的总和。
	Rp, Rv	单个检测段 l_r 内最大表面轮廓峰值 Zp 的高度，最大表面轮廓谷值 Zv 的深度。
	表面轮廓最大高度 Rz	Rz 是单个检测段 l_r 内表面轮廓最大高度。为求取 Rz，一般计算 5 个检测段的算术平均值（例如 Rz 16）。此外，加入标记符号的数量（例如 $Rz3$ 16）。
	表面轮廓坐标值的算术平均值 Ra	表面轮廓坐标值的算术平均值 Ra 是单个检测段 l_r 内所有坐标值 $Z(x)$[1] 总和的算术平均值。为求取 Ra，一般计算 5 个检测段的算术平均值。此外，加入标记符号的数量（例如 $Ra7$ 0.8）。
Rmr 单位：%	表面轮廓的材料比 Rmr	表面轮廓的材料比 Rmr 是指定检测段 l_n 的表面轮廓剖面高度内材料支承面长度总和的商。
l_n 检测段 l_r 单个检测段	中心线（x 轴）x	中心线（x 轴）x 是去除表面轮廓后表面轮廓长波纹部分（波纹性）对应的线段。

[1] $Z(x)$ 任意位置 x 的表面轮廓高度；坐标值

表面检测，表面特性说明

表面粗糙度的检测段　　　　　　　参照 DIN EN ISO 4288（1998-04）

规律性表面轮廓（例如车削产生的表面轮廓）	非规律性表面轮廓（例如磨削和研磨产生的表面轮廓）		波纹极限长度	单个 / 总检测段	规律性表面轮廓（例如车削产生的表面轮廓）	非规律性表面轮廓（例如磨削和研磨产生的表面轮廓）		波纹极限长度	单个 / 总检测段
表面沟纹宽度 RSm mm	Rz μm	Ra μm	mm	$l_r . l_n$ mm	表面沟纹宽度 RSm mm	Rz μm	Ra μm	mm	$l_r . l_n$ mm
>0.01...0.04	bis 0.1	bis 0.02	0.08	0.08/0.4	>0.13...0.4	>0.5...10	>0.1...2	0.8	0.8/4
>0.04...0.13	>0.1...0.5	>0.02...0.1	0.25	0.25/1.25	>0.4...1.3	>10...50	>2...10	2.5	2.5/12.5

表面特性说明　　　　　　　参照 DIN EN ISO 1302（2002-06）

图形符号	含义	附加说明
	允许所有的加工方法。 指定材料切削去除方法，例如，车削、铣削。 不允许进行材料的切削去除或材料表面特性仍保持供货初始状态。 所有围绕轮廓的平面均保持相同的材料表面特性。	a 表面特性数值[1]采用数字值，单位：μm。过渡段特性[2]/ 每检测段的单位：mm。 b 对材料表面特性的第二个要求（与a相同）。 c 加工方法。 d 要求波纹方向的图形符号（参见 101 页表格）。 e 切削加工余量，单位：mm

举例：

图形符号	含义		附加说明
$Rz\ 10$	· 不允许材料切削去除性加工 · $Rz = 10\,μm$（上限） · 标准的过渡段特性[3] · 标准的检测段[4] · "16% – 规则"[5]		· 材料切削去除加工 · $Ra = 8\,μm$（上限） · 标准的过渡段特性[3] · 标准的检测段[4] · "16%– 规则"[5] · 适用于轮廓
$Ra\ 3,5$	· 可进行任何一种加工方法 · 标准的过渡段特性[3] · $Ra = 3.5\,μm$（上限） · 标准的检测段[4] · "16% – 规则"[5]	磨削 $0,008\text{-}4/Ra\ 1,6$ $0,5\,⊥0,008\text{-}4/Ra\ 0,8$	· 材料切削去除加工 加工方法：磨削 · $Ra = 1.6\,μm$（上限） · $Ra = 0.8\,μm$（下限） 两个数值均适用于： "16%– 规则"[5] 过渡段特性，各为 0.008 至 4mm · 标准的检测段[4] · 切削加工余量 0.5mm · 垂直方向的表面沟纹
$Rzmax\ 0,5$	· 材料切削去除加工 · $Rz = 0.5\,μm$（上限） · 标准的过渡段特性[3] · 标准的检测段[4] · "最大值规则"[6]		

[1] 表面特性数值，例如 Rz，它由表面轮廓（这里：粗糙度表面轮廓 R）和特性数值（这里：z）组成。

[2] 过渡段表面特性：短波纹滤除 $λ_s$ 与长波纹滤除 $λ_c$ 之间的波纹长度范围相当于单个检测段 l_r。如果未标注过渡段特性，则采用标准的过渡段特性[3]。

[3] 标准的过渡段特性：为检测粗糙度特性数值的极限波纹长度取决于粗糙度表面轮廓，请取用表内数值。

[4] 标准的检测段 $l_n = 5 ×$ 单个检测段 l_r。

[5] "16%– 规则"：全部检测数值中只有 16% 允许超过指定的特性数值。

[6] "最大值规则"：不允许任何检测值超过规定的最大值。

表面特性说明

表面特性说明	参照 DIN EN ISO 1302（2002-06）

表面沟纹方向的图形符号

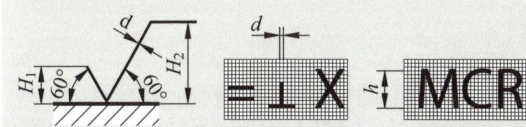

表面沟纹表达法						
图形符号	=	⊥	X	M	C	R	P
表面沟纹方向	平行于投影面	垂直于投影面	两个方向斜向交叉	许多方向	近似同心圆	近似径向放射状	非沟纹形表面，无方向或凹槽状

数值的图形符号

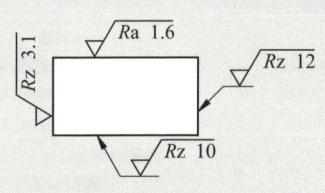

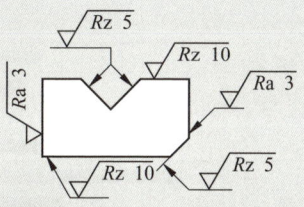

	字体高度 h，单位：mm						
	2.5	3.5	5	7	10	14	20
d	0.25	0.35	0.5	0.7	1.0	1.4	2.0
H_1	3.5	5	7	10	14	20	28
H_2	8	11	15	21	30	42	60

图纸上图形符号的位置

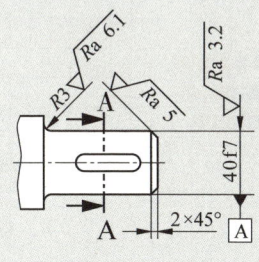

可识读性
从下向上或从右向左

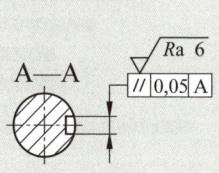

位置
直接标在材料表面位置或使用基准线和指示线

图纸标注举例

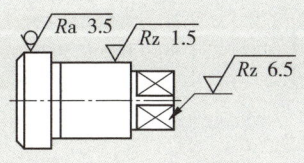

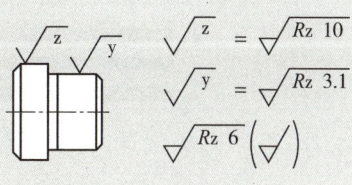

表面粗糙度

表面粗糙度数值对应 ISO 公差等级[1] 的推荐对应表

标称尺寸范围 mm	公差等级内 Rz 和 Ra 的推荐值，单位：μm													
	5		*6*		*7*		*8*		*9*		*10*		*11*	
	Rz	*Ra*	*Rz*	*Ra*	*Rz*	*Ra*	*Rz*	*Ra*	*Rz*	*Ra*	*Rz*	*Ra*	*Rz*	*Ra*
1...6	2.5	0.4	4	0.8	6.3	0.8	6.3	1.6	10	1.6	16	3.2	25	6.3
6...10							10				25	6.3	40	12.5
10...18	4	0.8			10				16	3.2				
18...80			6.3			1.6	16	3.2			40			
80...250	6.3		10	1.6	16		25		25				63	
250...500									40	6.3	63	12.5	100	25

可达到的表面粗糙度[1]

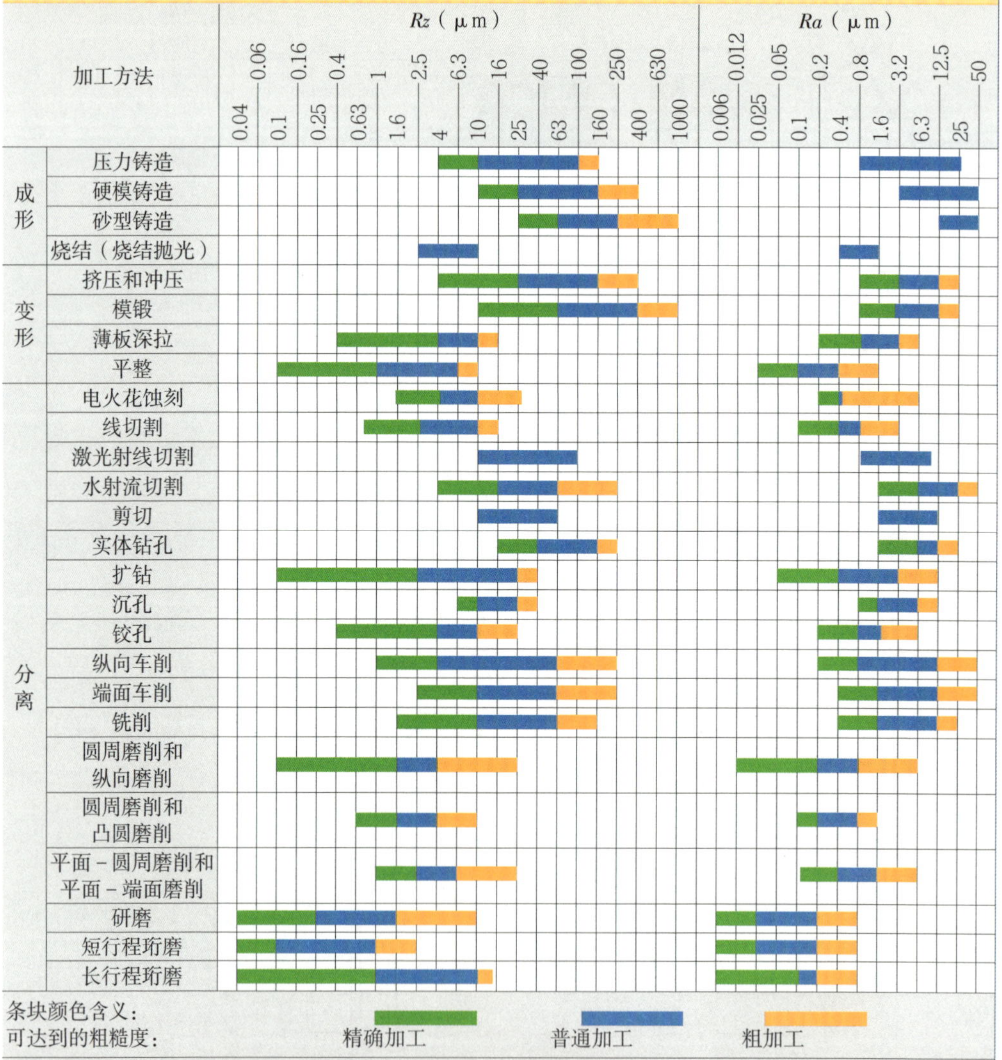

Rz（μm）刻度（上行）：0.06　0.16　0.4　1　2.5　6.3　16　40　100　250　630
Rz（μm）刻度（下行）：0.04　0.1　0.25　0.63　1.6　4　10　25　63　160　400　1000

Ra（μm）刻度（上行）：0.012　0.05　0.2　0.8　3.2　12.5　50
Ra（μm）刻度（下行）：0.006　0.025　0.1　0.4　1.6　6.3　25

加工方法：

成形
- 压力铸造
- 硬模铸造
- 砂型铸造
- 烧结（烧结抛光）

变形
- 挤压和冲压
- 模锻
- 薄板深拉
- 平整

分离
- 电火花蚀刻
- 线切割
- 激光射线切割
- 水射流切割
- 剪切
- 实体钻孔
- 扩钻
- 沉孔
- 铰孔
- 纵向车削
- 端面车削
- 铣削
- 圆周磨削和纵向磨削
- 圆周磨削和凸圆磨削
- 平面–圆周磨削和平面–端面磨削
- 研磨
- 短行程珩磨
- 长行程珩磨

条块颜色含义：
可达到的粗糙度：　精确加工　　普通加工　　粗加工

[1] 未列入 DIN 4766-1（已撤销）的粗糙度数值可按企业规定数值执行。

齿轮啮合质量和齿轮尺寸标注

圆柱齿轮 – 渐开线齿形 　　　　　　　　　　　参照 DIN 3966-1（1978-08）

圆柱齿轮要求下列几何形状说明[1]：

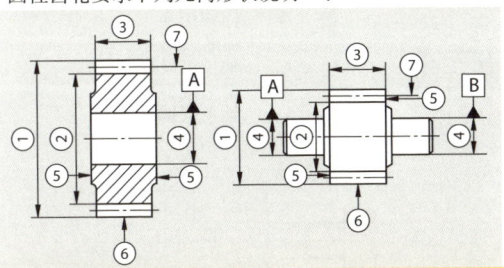

（1）齿顶圆直径 d_a 及偏差尺寸
（2）若缺失齿高尺寸，可用齿根圆直径 d_f
（3）齿宽 b
（4）基本要素
（5）端面跳动公差以及端面平行度
（6）径跳公差
（7）齿面的表面特性标记按 DIN EN ISO 1302

直齿 – 锥齿齿形 　　　　　　　　　　　　　　参照 DIN 3966-2（1978-08）

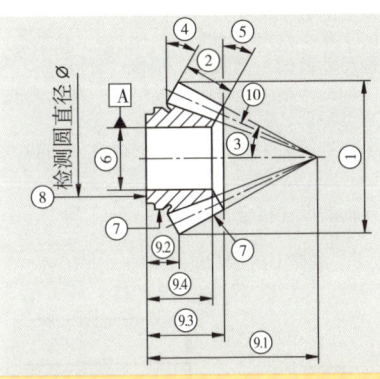

检测圆直径 Ø

（1）齿顶圆直径 d_a 及偏差尺寸
（2）齿宽 b
（3）顶锥角
（4）后锥角的余角
（5）内前锥角的余角（需要时）
（6）基本要素的标记
（7）齿轮体径跳公差
（8）齿轮体端跳公差
（9.1）装配尺寸
（9.2）齿顶圆外间距
（9.3）齿顶圆内间距
（9.4）辅助面间距
（10）齿面的表面特性标记按 DIN EN ISO 1302

制齿说明 　　　　　　　参照 DIN 3966-1（1978-08），DIN 3966-2（1978-08）

此外，针对（图纸或附页）表格内所有齿轮切削刀具的数据，齿轮加工机床的设置和齿轮啮合检验等均要求进行补充说明。

圆柱齿轮的直齿齿形（外）		举例
模数	m_n	3
齿数	z	22
基本齿廓		DIN 867
啮合质量，公差范围，检验组等按 DIN 3961		8 d 25 DIN 3967
机座内轴间距	a	99 ± 0.05
配对齿轮	产品代码	25564
	齿数 z	44

左表解释：
8：啮合质量（啮合质量 1...12）
d：齿厚尺寸偏差系列（尺寸偏差系列 a...h）
25：齿厚公差（公差系列 21.....30）

啮合质量
啮合质量取决于用途（见下表），加工方法（见下表）和齿轮圆周速度。

用途											
啮合质量											
1	2	3	4	5	6	7	8	9	10	11	12

量规
检测仪
机动车
加工机床
农业机械
起重和运输机械

加工方法											
啮合质量											
1	2	3	4	5	6	7	8	9	10	11	12

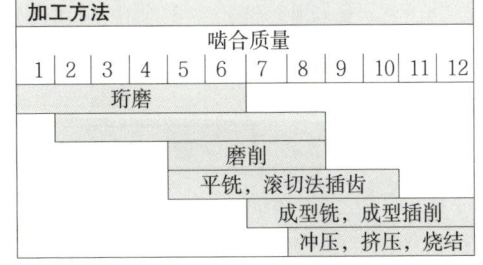

珩磨
磨削
平铣，滚切法插齿
成型铣，成型插削
冲压，挤压，烧结

[1] 加工齿轮尚需进一步的尺寸，例如孔直径和槽尺寸。

ISO 标准体系的极限尺寸和配合

概念 参照 DIN EN ISO 286-1（2010-11）

孔
- N 标称尺寸
- G_{oB} 孔最大尺寸
- G_{uB} 孔最小尺寸
- ES 孔上限偏差
- EI 孔下限偏差
- T_B 孔公差

轴
- N 标称尺寸
- G_{oW} 轴最大尺寸
- G_{uW} 轴最小尺寸
- es 轴上限偏差
- ei 轴下限偏差
- T_W 轴公差

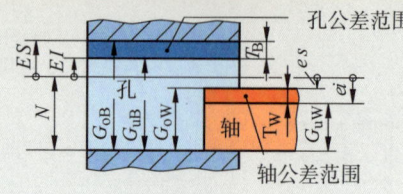

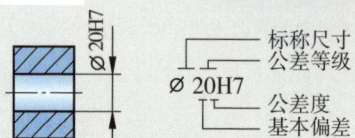

Ø 20H7
- 标称尺寸
- 公差等级
- 公差度
- 基本偏差

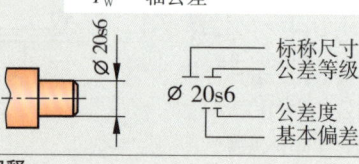

Ø 20s6
- 标称尺寸
- 公差等级
- 公差度
- 基本偏差

名称	解释	名称	解释
标称尺寸	一个几何元素的理论精确尺寸	公差度	公差度的数字，例如 IT7 中的 7
极限偏差尺寸	相对于标称尺寸的上限或下限偏差尺寸	基本公差	配属于某个基本公差度，例如 IT7，和某个标称尺寸范围，例如 30...50mm，的公差
公差范围	最大尺寸与最小尺寸之间的尺寸范围	基本偏差尺寸	距标称尺寸最近的极限偏差尺寸。基本偏差用字母标识，例如 H,h
公差	最大尺寸与最小尺寸之间的差值，或上限偏差与下限偏差之间的差值	公差等级	一个基本偏差与一个公差度的组合，例如 H7
基本公差度	配属于相同精确等级的一组公差，例如 IT7。	配合	孔与轴的设计接合状态

极限尺寸，极限偏差尺寸和公差 参照 DIN EN ISO 286-1（2010-11）

孔

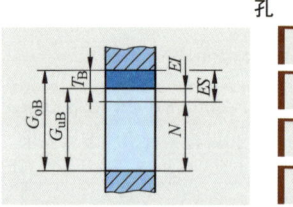

$$G_{oB}=N+ES$$
$$G_{uB}=N+EI$$
$$T_B=G_{oB}-G_{uB}$$
$$T_B=G_{oB}-G_{uB}$$

举例： 孔径 $\Phi50+0.3/=0.1$; $G_{oB}=?$; $T_B=?$
$G_{oB}=N+ES=50mm+0.3mm=50.30mm$
$T_B=ES-El=0.3mm-0.1mm=0.2mm$

轴

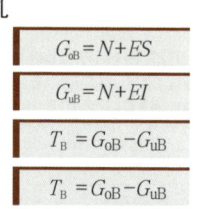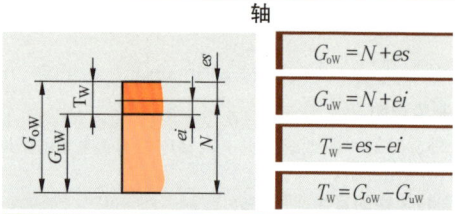

$$G_{oW}=N+es$$
$$G_{uW}=N+ei$$
$$T_W=es-ei$$
$$T_W=G_{oW}-G_{uW}$$

举例： 轴径 $\Phi20e8$; $G_{uW}=?$; $T_W=?$
求 ei 和 es 值：参见第 109 页
$ei=-73\mu m=-0.073mm$; $es=-40\mu m=-0.040mm$
$G_{uw}=N+ei=20mm+(-0.073mm)=19.927mm$
$T_w=es-ei=-40\mu m-(-73\mu m)=33\mu m$

配合 参照 DIN EN ISO 286-1（2010-11）

间隙配合
- P_{SH} 最大间隙
- P_{SM} 最小间隙

过渡配合
- P_{SH} 最大间隙
- P_{0H} 最大过盈尺寸

过盈配合
- P_{0H} 最大过盈尺寸
- P_{0M} 最小过盈尺寸

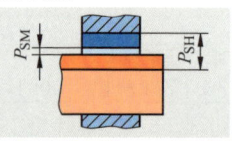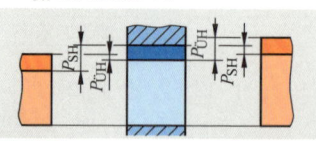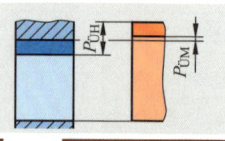

$$P_{SM}=G_{uB}-G_{oW}$$
$$P_{SH}=G_{oB}-G_{uw}$$
$$P_{UH}=G_{uB}-G_{oW}$$
$$P_{UM}=G_{oB}-G_{uW}$$

举例： 配合直径 $\Phi30\ H8/f7$; $P_{SH}=?$; $P_{SM}=?$
求 ES,EI,ei 和 es 值：参见第 109 页
$G_{oB}=N+ES=30mm+0.033mm=30.033mm$
$G_{oB}=N+El=30mm+0mm=30.000mm$

$G_{oW}=N+es=30mm+(-0.020)=29.980mm$
$G_{oB}=N+ei=30mm+(-0.041mm)=29.959mm$
$P_{SH}=G_{oB}-G_{uW}=30.033mm-29.959mm=0.074mm$
$P_{SM}=G_{uB}-G_{oW}=30.000mm-29.980mm=0.02mm$

ISO 标准体系的极限尺寸和配合

| 配合制 | 参照 DIN EN ISO 286–1（2010–11） |

配合制标准孔（孔的所有尺寸均达到基本偏差尺寸 H）

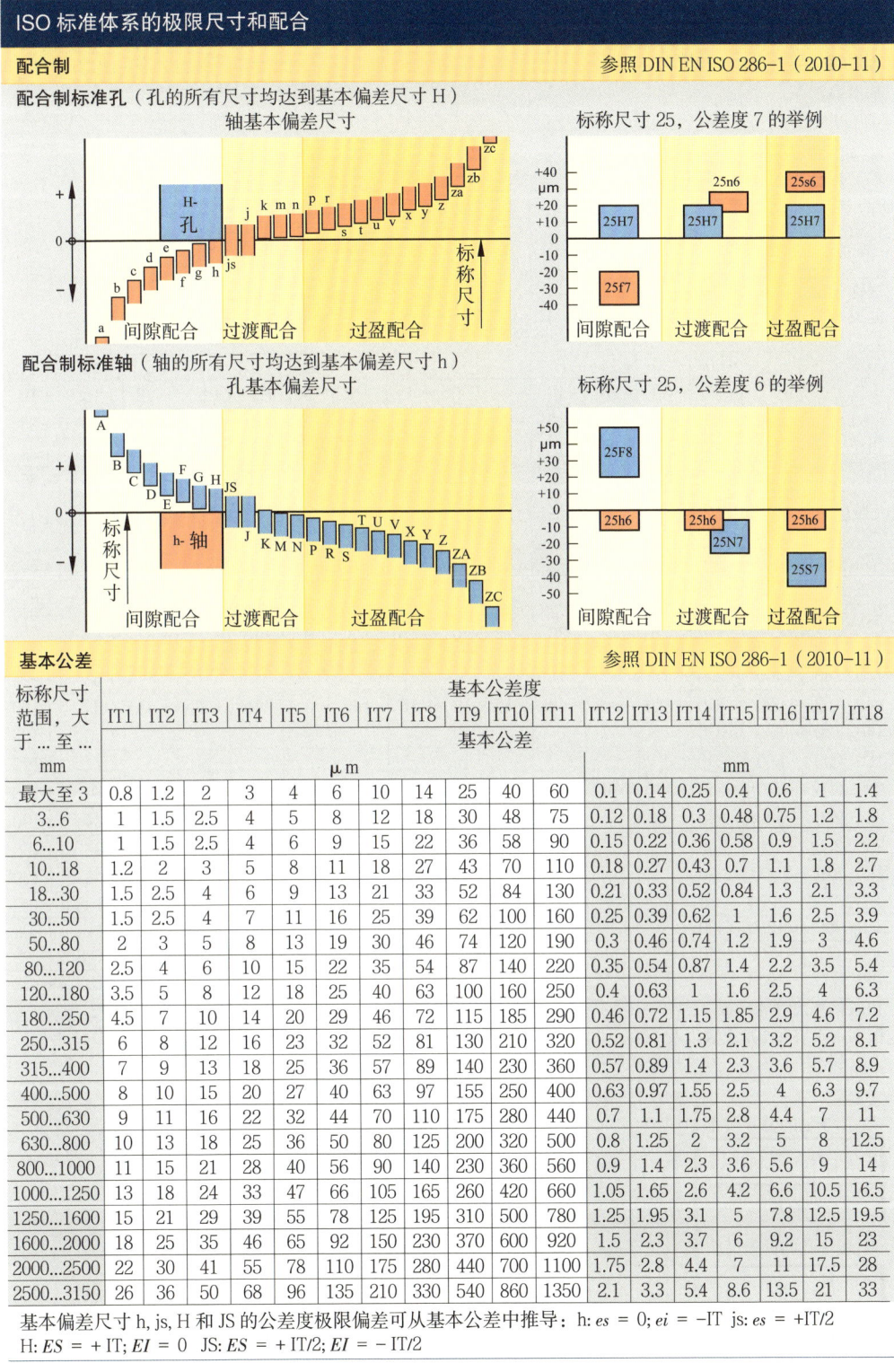

轴基本偏差尺寸

标称尺寸 25，公差度 7 的举例

配合制标准轴（轴的所有尺寸均达到基本偏差尺寸 h）

孔基本偏差尺寸

标称尺寸 25，公差度 6 的举例

| 基本公差 | 参照 DIN EN ISO 286–1（2010–11） |

标称尺寸范围，大于 … 至 … mm	基本公差度																	
	IT1	IT2	IT3	IT4	IT5	IT6	IT7	IT8	IT9	IT10	IT11	IT12	IT13	IT14	IT15	IT16	IT17	IT18
	基本公差																	
	μm											mm						
最大至 3	0.8	1.2	2	3	4	6	10	14	25	40	60	0.1	0.14	0.25	0.4	0.6	1	1.4
3...6	1	1.5	2.5	4	5	8	12	18	30	48	75	0.12	0.18	0.3	0.48	0.75	1.2	1.8
6...10	1	1.5	2.5	4	6	9	15	22	36	58	90	0.15	0.22	0.36	0.58	0.9	1.5	2.2
10...18	1.2	2	3	5	8	11	18	27	43	70	110	0.18	0.27	0.43	0.7	1.1	1.8	2.7
18...30	1.5	2.5	4	6	9	13	21	33	52	84	130	0.21	0.33	0.52	0.84	1.3	2.1	3.3
30...50	1.5	2.5	4	7	11	16	25	39	62	100	160	0.25	0.39	0.62	1	1.6	2.5	3.9
50...80	2	3	5	8	13	19	30	46	74	120	190	0.3	0.46	0.74	1.2	1.9	3	4.6
80...120	2.5	4	6	10	15	22	35	54	87	140	220	0.35	0.54	0.87	1.4	2.2	3.5	5.4
120...180	3.5	5	8	12	18	25	40	63	100	160	250	0.4	0.63	1	1.6	2.5	4	6.3
180...250	4.5	7	10	14	20	29	46	72	115	185	290	0.46	0.72	1.15	1.85	2.9	4.6	7.2
250...315	6	8	12	16	23	32	52	81	130	210	320	0.52	0.81	1.3	2.1	3.2	5.2	8.1
315...400	7	9	13	18	25	36	57	89	140	230	360	0.57	0.89	1.4	2.3	3.6	5.7	8.9
400...500	8	10	15	20	27	40	63	97	155	250	400	0.63	0.97	1.55	2.5	4	6.3	9.7
500...630	9	11	16	22	32	44	70	110	175	280	440	0.7	1.1	1.75	2.8	4.4	7	11
630...800	10	13	18	25	36	50	80	125	200	320	500	0.8	1.25	2	3.2	5	8	12.5
800...1000	11	15	21	28	40	56	90	140	230	360	560	0.9	1.4	2.3	3.6	5.6	9	14
1000...1250	13	18	24	33	47	66	105	165	260	420	660	1.05	1.65	2.6	4.2	6.6	10.5	16.5
1250...1600	15	21	29	39	55	78	125	195	310	500	780	1.25	1.95	3.1	5	7.8	12.5	19.5
1600...2000	18	25	35	46	65	92	150	230	370	600	920	1.5	2.3	3.7	6	9.2	15	23
2000...2500	22	30	41	55	78	110	175	280	440	700	1100	1.75	2.8	4.4	7	11	17.5	28
2500...3150	26	36	50	68	96	135	210	330	540	860	1350	2.1	3.3	5.4	8.6	13.5	21	33

基本偏差尺寸 h, js, H 和 JS 的公差度极限偏差可从基本公差中推导：h: $es = 0$; $ei = -$IT js: $es = +$IT/2

H: $ES = +$ IT; $EI = 0$ JS: $ES = +$ IT/2; $EI = -$ IT/2

ISO 配合制

轴的基本偏差尺寸（摘选）　　　　　　　　　　参照 DIN EN ISO 286-1（2010-11）

基本偏差尺寸	a	c	d	e	f	g	h	j	k	k	m	n	p	r	s
标准化基本公差度	IT9 至 IT13	IT8 至 IT12	IT5 至 IT13	IT5 至 IT10	IT3 至 IT10		IT1 至 IT18	IT5 至 IT8	IT3 至 IT13		IT3 至 IT9		IT3 至 IT10		
适用范围表	所有标准化基本公差度				IT4 至 IT9	IT4 至 IT8	IT1 至 IT18	IT7	IT4 至 IT7	IT8 至 IT13	IT4 至 IT7		IT4 至 IT8		IT4 至 IT9
标称尺寸范围，大于…至…	上限偏差 es，单位：μm								下限偏差 ei，单位：μm						
最大至3	− 270	− 60	− 20	− 14	− 6	− 2	0	− 4	0	0	+ 2	+ 4	+ 6	+ 10	+ 14
3…6	− 270	− 70	− 30	− 20	− 10	− 4	0	− 4	+ 1	0	+ 4	+ 8	+ 12	+ 15	+ 19
6…10	− 280	− 80	− 40	− 25	− 13	− 5	0	− 5	+ 1	0	+ 6	+ 10	+ 15	+ 19	+ 23
10…18	− 290	− 95	− 50	− 32	− 16	− 6	0	− 6	+ 1	0	+ 7	+ 12	+ 18	+ 23	+ 28
18…30	− 300	− 110	− 65	− 40	− 20	− 7	0	− 8	+ 2	0	+ 8	+ 15	+ 22	+ 28	+ 35
30…40	− 310	− 120	− 80	− 50	− 25	− 9	0	− 10	+ 2	0	+ 9	+ 17	+ 26	+ 34	+ 43
40…50	− 320	− 130	− 80	− 50	− 25	− 9	0	− 10	+ 2	0	+ 9	+ 17	+ 26	+ 34	+ 43
50…65	− 340	− 140	− 100	− 60	− 30	− 10	0	− 12	+ 2	0	+ 11	+ 20	+ 32	+ 41	+ 53
65…80	− 360	− 150	− 100	− 60	− 30	− 10	0	− 12	+ 2	0	+ 11	+ 20	+ 32	+ 43	+ 59
80…100	− 380	− 170	− 120	− 72	− 36	− 12	0	− 15	+ 3	0	+ 13	+ 23	+ 37	+ 51	+ 71
100…120	− 410	− 180	− 120	− 72	− 36	− 12	0	− 15	+ 3	0	+ 13	+ 23	+ 37	+ 54	+ 79
120…140	− 460	− 200	− 145	− 85	− 43	− 14	0	− 18	+ 3	0	+ 15	+ 27	+ 43	+ 63	+ 92
140…160	− 520	− 210	− 145	− 85	− 43	− 14	0	− 18	+ 3	0	+ 15	+ 27	+ 43	+ 65	+ 100
160…180	− 580	− 230	− 145	− 85	− 43	− 14	0	− 18	+ 3	0	+ 15	+ 27	+ 43	+ 68	+ 108
180…200	− 660	− 240	− 170	− 100	− 50	− 15	0	− 21	+ 4	0	+ 17	+ 31	+ 50	+ 77	+ 122
200…225	− 740	− 260	− 170	− 100	− 50	− 15	0	− 21	+ 4	0	+ 17	+ 31	+ 50	+ 80	+ 130
225…250	− 820	− 280	− 170	− 100	− 50	− 15	0	− 21	+ 4	0	+ 17	+ 31	+ 50	+ 84	+ 140
250…280	− 920	− 300	− 190	− 110	− 56	− 17	0	− 26	+ 4	0	+ 20	+ 34	+ 56	+ 94	+ 158
280…315	− 1050	− 330	− 190	− 110	− 56	− 17	0	− 26	+ 4	0	+ 20	+ 34	+ 56	+ 98	+ 170
315…355	− 1200	− 360	− 210	− 125	− 62	− 18	0	− 28	+ 4	0	+ 21	+ 37	+ 62	+ 108	+ 190
355…400	− 1350	− 400	− 210	− 125	− 62	− 18	0	− 28	+ 4	0	+ 21	+ 37	+ 62	+ 114	+ 208
400…450	− 1500	− 440	− 230	− 135	− 68	− 20	0	− 32	+ 5	0	+ 23	+ 40	+ 68	+ 126	+ 232
450…500	− 1650	− 480	− 230	− 135	− 68	− 20	0	− 32	+ 5	0	+ 23	+ 40	+ 68	+ 132	+ 252

极限偏差尺寸的计算

根据本页表和107页表以及下述公式可计算表内"适用范围表"一行列出的基本公差度的极限偏差尺寸（见上表和107页表）。对此所要求的极限公差值 IT 摘自105页表。

公式

·适用于轴的偏差尺寸

$$ei = es - IT$$

$$es = ei + IT$$

·适用于孔的偏差尺寸

$$EI = ES - IT$$

$$ES = EI + IT$$

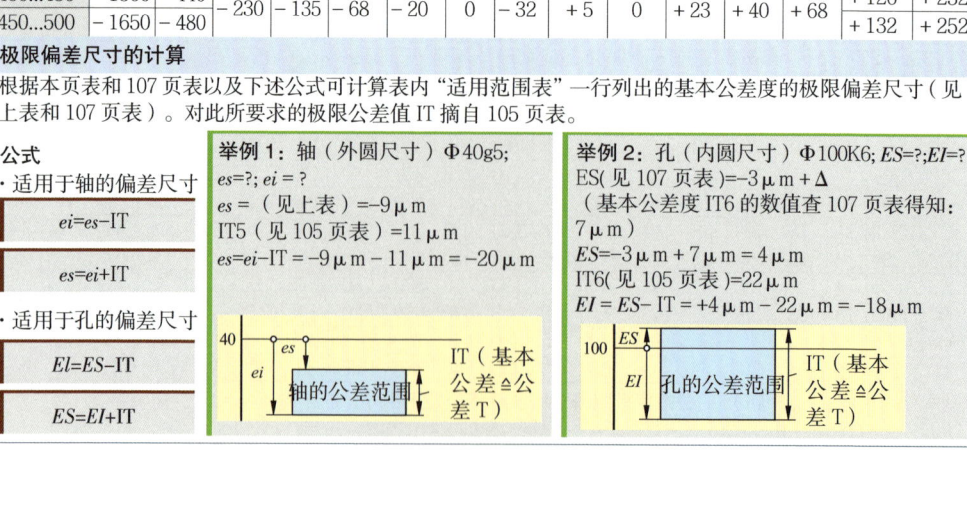

举例1：轴（外圆尺寸）$\Phi 40g5$；$es=?$；$ei=?$
$es =$（见上表）$= -9\ \mu m$
IT5（见105页表）$= 11\ \mu m$
$ei = es - IT = -9\ \mu m - 11\ \mu m = -20\ \mu m$

（轴的公差范围；IT（基本公差 ≙ 公差 T））

举例2：孔（内圆尺寸）$\Phi 100K6$；$ES=?$；$EI=?$
ES（见107页表）$= -3\ \mu m + \Delta$
（基本公差度 IT6 的数值查107页表得知：$7\ \mu m$）
$ES = -3\ \mu m + 7\ \mu m = 4\ \mu m$
IT6（见105页表）$= 22\ \mu m$
$EI = ES - IT = +4\ \mu m - 22\ \mu m = -18\ \mu m$

（孔的公差范围；IT（基本公差 ≙ 公差 T））

ISO 配合制

孔的基本偏差尺寸（摘选）[1]　　　　　　　　参照 DIN EN ISO 286-1（2010-11）

基本偏差尺寸	A	C	D	E	F	G	H	J	K	M[1]	N	P,R,S	P	R	S
标准化基本公差度	IT9至IT13	IT8至IT13	IT6至IT13	IT5至IT10	IT3至IT10		IT1至IT18	IT6至IT8	IT3至IT10		IT3至IT11	IT3至IT10			
适用范围表	所有标准化基本公差度			IT5至IT9	IT5至IT8	IT1至IT18		IT8	IT5至IT8			IT3至IT7	IT8至IT9	IT8	IT8至IT9
标称尺寸范围，大于...至...	下限偏差 *EI*，单位：μm							上限偏差 *ES*，单位：μm（Δ- 数值：见下表）							
最大到3	+270	+60	+20	+14	+6	+2	0	+6	0	−2	−4		−6	−10	−14
3...6	+270	+70	+30	+20	+10	+4	0	+10	−1+Δ	−4+Δ	−8+Δ		−12	−15	−19
6...10	+280	+80	+40	+25	+13	+5	0	+12	−1+Δ	−6+Δ	−10+Δ		−15	−19	−23
10...18	+290	+95	+50	+32	+16	+6	0	+15	−1+Δ	−7+Δ	−12+Δ		−18	−23	−28
18...30	+300	+110	+65	+40	+20	+7	0	+20	−2+Δ	−8+Δ	−15+Δ		−22	−28	−35
30...40	+310	+120	+80	+50	+25	+9	0	+24	−2+Δ	−9+Δ	−17+Δ		−26	−34	−43
40...50	+320	+130	+80	+50	+25	+9	0	+24	−2+Δ	−9+Δ	−17+Δ		−26	−34	−43
50...65	+340	+140	+100	+60	+30	+10	0	+28	−2+Δ	−11+Δ	−20+Δ		−32	−41	−53
65...80	+360	+150	+100	+60	+30	+10	0	+28	−2+Δ	−11+Δ	−20+Δ		−32	−43	−59
80...100	+380	+170	+120	+72	+36	+12	0	+34	−3+Δ	−13+Δ	−23+Δ		−37	−51	−71
100...120	+410	+180	+120	+72	+36	+12	0	+34	−3+Δ	−13+Δ	−23+Δ		−37	−54	−79
120...140	+460	+200	+145	+85	+43	+14	0	+41	−3+Δ	−15+Δ	−27+Δ		−43	−63	−92
140...160	+520	+210	+145	+85	+43	+14	0	+41	−3+Δ	−15+Δ	−27+Δ		−43	−65	−100
160...180	+580	+230	+145	+85	+43	+14	0	+41	−3+Δ	−15+Δ	−27+Δ		−43	−68	−108
180...200	+660	+240	+170	+100	+50	+15	0	+47	−4+Δ	−17+Δ	−31+Δ		−50	−77	−122
200...225	+740	+260	+170	+100	+50	+15	0	+47	−4+Δ	−17+Δ	−31+Δ		−50	−80	−130
225...250	+820	+280	+170	+100	+50	+15	0	+47	−4+Δ	−17+Δ	−31+Δ		−50	−84	−140
250...280	+920	+300	+190	+110	+56	+17	0	+55	−4+Δ	−20+Δ	−34+Δ		−56	−94	−158
280...315	+1050	+330	+190	+110	+56	+17	0	+55	−4+Δ	−20+Δ	−34+Δ		−56	−98	−170
315...355	+1200	+360	+210	+125	+62	+18	0	+60	−4+Δ	−21+Δ	−37+Δ		−62	−108	−190
355...400	+1350	+400	+210	+125	+62	+18	0	+60	−4+Δ	−21+Δ	−37+Δ		−62	−114	−208
400...450	+1500	+440	+230	+135	+68	+20	0	+66	−5+Δ	−23+Δ	−40+Δ		−68	−126	−232
450...500	+1650	+480	+230	+135	+68	+20	0	+66	−5+Δ	−23+Δ	−40+Δ		−68	−132	−252

P,R,S 列（竖排文字）：上限偏差尺寸数值 ES：与超过 IT7 的基本公差度相同，加上 Δ

Δ 数值[2]，单位：μm

基本公差度	标称尺寸范围，过...至...，单位：mm												
	至3	3至6	6至10	10至18	18至30	30至50	50至80	80至120	120至180	180至250	250至315	315至400	400至500
IT3	0	1	1	1	1.5	1.5	2	2	3	3	4	4	5
IT4	0	1.5	1.5	2	2	3	3	4	4	4	4	5	5
IT5	0	1	2	3	3	4	5	5	6	6	7	7	7
IT6	0	3	3	3	4	5	6	7	7	9	9	11	13
IT7	0	4	6	7	8	9	11	13	15	17	20	21	23
IT8	0	6	7	9	12	14	16	19	23	26	29	32	34

[1] 特例：公差度 M6，标称尺寸范围 250...315mm，是 *ES*=−9μm（代替计算得出的 −11μm）。[2] 计算举例：见 106 页表。

ISO 配合制

配合制标准孔　　　　　　　　　　　　　　　参照 DIN EN ISO 286-2（2010-11）

公差等级[1] 的极限偏差尺寸，单位：μm

标称尺寸范围, 大于...至... mm	孔	轴（与H6孔配合产生）					孔	轴（与H7孔配合产生）								
		间隙配合	过渡配合			过盈配合		间隙配合			过渡配合				过盈配合	
	H6	h5	j5	k6	n5	r5	**H7**	f7	g6	**h6**	j6	k6	m6	**n6**	**r6**	s6
至3	+6/0	0/−4	+2/−2	+6/0	+8/+4	+14/+10	+10/0	−6/−16	−2/−8	0/−6	+4/−2	+6/0	+8/+2	+10/+4	+16/+10	+20/+14
3...6	+8/0	0/−5	+3/−2	+9/+1	+13/+8	+20/+15	+12/0	−10/−22	−4/−12	0/−8	+6/−2	+9/+1	+12/+4	+16/+8	+23/+15	+27/+19
6...10	+9/0	0/−6	+4/−2	+10/+1	+16/+10	+25/+19	+15/0	−13/−28	−5/−14	0/−9	+7/−2	+10/+1	+15/+6	+19/+10	+28/+19	+32/+23
10...14	+11/0	0/−8	+5/−3	+12/+1	+20/+12	+31/+23	+18/0	−16/−34	−6/−17	0/−11	+8/−3	+12/+1	+18/+7	+23/+12	+34/+23	+39/+28
14...18	+11/0	0/−8	+5/−3	+12/+1	+20/+12	+31/+23	+18/0	−16/−34	−6/−17	0/−11	+8/−3	+12/+1	+18/+7	+23/+12	+34/+23	+39/+28
18...24	+13/0	0/−9	+5/−4	+15/+2	+24/+15	+37/+28	+21/0	−20/−41	−7/−20	0/−13	+9/−4	+15/+2	+21/+8	+28/+15	+41/+28	+48/+35
24...30	+13/0	0/−9	+5/−4	+15/+2	+24/+15	+37/+28	+21/0	−20/−41	−7/−20	0/−13	+9/−4	+15/+2	+21/+8	+28/+15	+41/+28	+48/+35
30...40	+16/0	0/−11	+6/−5	+18/+2	+28/+17	+45/+34	+25/0	−25/−50	−9/−25	0/−16	+11/−5	+18/+2	+25/+9	+33/+17	+50/+34	+59/+43
40...50	+16/0	0/−11	+6/−5	+18/+2	+28/+17	+45/+34	+25/0	−25/−50	−9/−25	0/−16	+11/−5	+18/+2	+25/+9	+33/+17	+50/+34	+59/+43
50...65	+19/0	0/−13	+6/−7	+21/+2	+33/+20	+54/+41	+30/0	−30/−60	−10/−29	0/−19	+12/−7	+21/+2	+30/+11	+39/+20	+60/+41	+72/+53
65...80	+19/0	0/−13	+6/−7	+21/+2	+33/+20	+56/+43	+30/0	−30/−60	−10/−29	0/−19	+12/−7	+21/+2	+30/+11	+39/+20	+62/+43	+78/+59
80...100	+22/0	0/−15	+6/−9	+25/+3	+38/+23	+66/+51	+35/0	−36/−71	−12/−34	0/−22	+13/−9	+25/+3	+35/+13	+45/+23	+73/+51	+93/+71
100...120	+22/0	0/−15	+6/−9	+25/+3	+38/+23	+69/+54	+35/0	−36/−71	−12/−34	0/−22	+13/−9	+25/+3	+35/+13	+45/+23	+76/+54	+101/+79
120...140	+25/0	0/−18	+7/−11	+28/+3	+45/+27	+81/+63	+40/0	−43/−83	−14/−39	0/−25	+14/−11	+28/+3	+40/+15	+52/+27	+88/+63	+117/+92
140...160	+25/0	0/−18	+7/−11	+28/+3	+45/+27	+83/+65	+40/0	−43/−83	−14/−39	0/−25	+14/−11	+28/+3	+40/+15	+52/+27	+90/+65	+125/+100
160...180	+25/0	0/−18	+7/−11	+28/+3	+45/+27	+86/+68	+40/0	−43/−83	−14/−39	0/−25	+14/−11	+28/+3	+40/+15	+52/+27	+93/+68	+133/+108
180...200	+29/0	0/−20	+7/−13	+33/+4	+51/+31	+97/+77	+46/0	−50/−96	−15/−44	0/−29	+16/−13	+33/+4	+46/+17	+60/+31	+106/+77	+151/+122
200...225	+29/0	0/−20	+7/−13	+33/+4	+51/+31	+100/+80	+46/0	−50/−96	−15/−44	0/−29	+16/−13	+33/+4	+46/+17	+60/+31	+109/+80	+159/+130
225...250	+29/0	0/−20	+7/−13	+33/+4	+51/+31	+104/+84	+46/0	−50/−96	−15/−44	0/−29	+16/−13	+33/+4	+46/+17	+60/+31	+113/+84	+169/+140
250...280	+32/0	0/−23	+7/−16	+36/+4	+57/+34	+117/+94	+52/0	−56/−108	−17/−49	0/−32	+16/−16	+36/+4	+52/+20	+66/+34	+126/+94	+190/+158
280...315	+32/0	0/−23	+7/−16	+36/+4	+57/+34	+121/+98	+52/0	−56/−108	−17/−49	0/−32	+16/−16	+36/+4	+52/+20	+66/+34	+130/+98	+202/+170
315...355	+32/0	0/−23	+7/−16	+36/+4	+57/+34	+117/+94	+52/0	−56/−108	−17/−49	0/−32	+16/−16	+36/+4	+52/+20	+66/+34	+126/+94	+190/+158
355...400	+32/0	0/−23	+7/−16	+36/+4	+57/+34	+121/+98	+52/0	−56/−108	−17/−49	0/−32	+16/−16	+36/+4	+52/+20	+66/+34	+130/+98	+202/+170
400...450	+40/0	0/−27	+7/−20	+45/+5	+67/+40	+153/+126	+63/0	−68/−131	−20/−60	0/−40	+20/−20	+45/+5	+63/+23	+80/+40	+166/+126	+272/+232
450...500	+40/0	0/−27	+7/−20	+45/+5	+67/+40	+159/+132	+63/0	−68/−131	−20/−60	0/−40	+20/−20	+45/+5	+63/+23	+80/+40	+172/+132	+292/+252

[1] 粗体公差等级相当于 DIN 7157 第一系列（参见113页）；应优先采用。

ISO 配合制

配合制标准孔   参照 DIN EN ISO 286-2（2010-11）

公差等级[1]的极限偏差尺寸，单位：μm

表头说明：
- 孔 **H8** — 轴与 H8 孔配合产生：间隙配合（d9）；过渡配合（e8、f7、h9）；过盈配合（u8[2]、X8[2]）
- 孔 **H11** — 轴与 H11 孔配合产生：过渡配合（a11、c11、d9、d11、h9、h11）

标称尺寸范围 大于…至… mm	孔 H8	d9	e8	f7	h9	u8[2]	X8[2]	孔 H11	a11	c11	d9	d11	h9	h11
至 3	+14/0	−20/−45	−14/−28	−6/−16	0/−25	+32/+18	+34/+20	+60/0	−270/−330	−60/−120	−20/−45	−20/−80	0/−25	0/−60
3…6	+18/0	−30/−60	−20/−38	−10/−22	0/−30	+41/+23	+46/+28	+75/0	−270/−345	−70/−145	−30/−60	−30/−105	0/−30	0/−75
6…10	+22/0	−40/−76	−25/−47	−13/−28	0/−36	+50/+28	+56/+34	+90/0	−280/−370	−80/−170	−40/−76	−40/−130	0/−36	0/−90
10…14	+27/0	−50/−93	−32/−59	−16/−34	0/−43	+60/+33	+67	+110/0	−290/−400	−95/−205	−50/−93	−50/−160	0/−43	0/−110
14…18							+72							
18…24	+33/0	−65/−117	−40/−73	−20/−41	0/−52	+74	+87	+130/0	−300/−430	−110/−240	−65/−117	−65/−195	0/−52	0/−130
24…30						+81	+97							
30…40	+39/0	−80/−142	−50/−89	−25/−50	0/−62	+99/+60	+119/+80	+160/0	−310/−470	−120/−280	−80/−142	−80/−240	0/−62	0/−160
40…50						+109/+70	+136/+97		−320/−480	−130/−290				
50…65	+46/0	−100/−174	−60/−106	−30/−60	0/−74	+133/+87	+168/+122	+190/0	−340/−530	−140/−330	−100/−174	−100/−290	0/−74	0/−190
65…80						+148/+102	+192/+146		−360/−550	−150/−340				
80…100	+54/0	−120/−207	−72/−126	−36/−71	0/−87	+178/+124	+232/+178	+220/0	−380/−600	−170/−390	−120/−207	−120/−340	0/−87	0/−220
100…120						+198/+144	+246/+210		−410/−630	−180/−400				
120…140	+63/0	−145/−245	−85/−148	−43/−83	0/−100	+233/+170	+311/+248	+250/0	−460/−710	−200/−450	−145/−245	−145/−395	0/−100	0/−250
140…160						+253/+190	+343/+280		−520/−770	−210/−460				
160…180						+273/+210	+373/+310		−580/−830	−230/−480				
180…200	+72/0	−170/−285	−100/−172	−50/−96	0/−115	+308/+236	+422/+350	+290/0	−660/−950	−240/−530	−170/−285	−170/−460	0/−115	0/−290
200…225						+330/+258	+457/+385		−740/−1030	−260/−550				
225…250						+356/+284	+497/+425		−820/−1110	−280/−570				
250…280	+81/0	−190/−320	−110/−191	−56/−108	0/−130	+396/+315	+556/+475	+320/0	−920/−1240	−300/−620	−190/−320	−190/−510	0/−130	0/−320
280…315						+431/+350	+606/+525		−1050/−1370	−330/−650				
315…355	+89/0	−210/−350	−125/−214	−62/−119	0/−140	+479/+390	+629/+590	+360/0	−1200/−1560	−360/−720	−210/−350	−210/−570	0/−140	0/−360
355…400						+524/+435	+749/+660		−1350/−1710	−400/−760				
400…450	+97/0	−230/−385	−135/−232	−68/−131	0/−155	+587/+490	+837/+740	+400/0	−1500/−1900	−440/−840	−230/−385	−230/−630	0/−155	0/−400
450…500						+637/+540	+917/+820		−1650/−2050	−480/−880				

[1] 粗体公差等级相当于 DIN 7157 第一系列（参见 113 页）；应优先采用。

[2] DIN 7157 推荐：标称尺寸最大至 24mm：H8/×8；标称尺寸超过 24mm：H8/u8。

ISO 配合制

配合制标准轴　　　　　　　　　　　　　　　　参照 DIN EN ISO 286-2（2010-11）

公差等级[1]的极限偏差尺寸，单位：μm

标称尺寸范围，大于…至… mm	轴 h5	孔（与 h5 轴配合产生）					轴 h6	孔（与 h6 轴配合产生）								
		间隙配合	过渡配合		过盈配合			间隙配合			过渡配合				过盈配合	
	h5	H6	J6	M6	N6	P6	**h6**	**F8**	G7	**H7**	J7	K7	M7	**N7**	R7	S7
至 3	0 / −4	+6 / 0	+2 / −4	−2 / −8	−4 / −10	−6 / −12	0 / −6	+20 / +6	+12 / +2	+10 / 0	+4 / −6	0 / −10	−2 / −12	−4 / −14	−10 / −20	−14 / −24
3…6	0 / −5	+8 / 0	+5 / −3	−1 / −9	−5 / −13	−9 / −17	0 / −8	+28 / +10	+16 / +4	+12 / 0	+6 / −6	+3 / −9	0 / −12	−4 / −16	−11 / −23	−15 / −27
6…10	0 / −6	+9 / 0	+5 / −4	−3 / −12	−7 / −16	−12 / −21	0 / −9	+35 / +13	+20 / +5	+15 / 0	+8 / −7	+5 / −10	0 / −15	−4 / −19	−13 / −28	−17 / −32
10…18	0 / −8	+11 / 0	+6 / −5	−4 / −15	−9 / −20	−15 / −26	0 / −11	+43 / +16	+24 / +6	+18 / 0	+10 / −8	+6 / −12	0 / −18	−5 / −23	−16 / −34	−21 / −39
18…30	0 / −9	+13 / 0	+8 / −5	−4 / −17	−11 / −24	−18 / −31	0 / −13	+53 / +20	+28 / +7	+21 / 0	+12 / −9	+6 / −15	0 / −21	−7 / −28	−20 / −41	−27 / −48
30…40	0 / −11	+16 / 0	+10 / −6	−4 / −20	−12 / −28	−21 / −37	0 / −16	+64 / +25	+34 / +9	+25 / 0	+14 / −11	+7 / −18	0 / −21	−8 / −33	−25 / −50	−34 / −59
40…50																
50…65	0 / −13	+19 / 0	+13 / −6	−5 / −24	−14 / −33	−26 / −45	0 / −19	+76 / +30	+40 / +10	+30 / 0	+18 / −12	+9 / −21	0 / −25	−9 / −39	−30 / −60	−42 / −72
65…80															−32 / −62	−48 / −78
80…100	0 / −15	+22 / 0	+16 / −6	−6 / −28	−16 / −38	−30 / −52	0 / −22	+90 / +36	+47 / +12	+35 / 0	+22 / −13	+10 / −25	0 / −30	−10 / −45	−38 / −73	−58 / −93
100…120															−41 / −76	−66 / −101
120…140	0 / −18	+25 / 0	+18 / −7	−8 / −33	−20 / −45	−36 / −61	0 / −25	+106 / +43	+54 / +14	+40 / 0	+26 / −14	+12 / −28	0 / −40	−12 / −52	−48 / −88	−77 / −117
140…160															−50 / −90	−85 / −125
160…180															−53 / −93	−93 / −133
180…200	0 / −20	+29 / 0	+22 / −7	−8 / −37	−22 / −51	−41 / −70	0 / −29	+122 / +50	+61 / +15	+46 / 0	+30 / −16	+13 / −33	0 / −46	−14 / −60	−60 / −106	−105 / −151
200…225															−63 / −109	−113 / −159
225…250															−67 / −113	−123 / −169
250…280	0 / −23	+32 / 0	+25 / −7	−9 / −41	−25 / −57	−47 / −79	0 / −32	+137 / +56	+69 / +17	+52 / 0	+36 / −16	+16 / −36	0 / −52	−14 / −66	−74 / −126	−138 / −190
280…315															−78 / −130	−150 / −202
315…355	0 / −25	+36 / 0	+29 / −7	−10 / −46	−26 / −62	−51 / −87	0 / −36	+151 / +62	+75 / +18	+57 / 0	+39 / −18	+17 / −40	0 / −57	−16 / −73	−87 / −144	−169 / −226
355…400															−93 / −150	−187 / −244
400…450	0 / −27	+40 / 0	+33 / −7	−10 / −50	−27 / −67	−55 / −95	0 / −40	+165 / +68	+83 / +20	+63 / 0	+43 / −20	+18 / −45	0 / −63	−17 / −80	−103 / −166	−209 / −272
450…500															−109 / −172	−229 / −292

[1] 粗体公差等级相当于 DIN 7157 第一系列（参见 113 页）；应优先采用。

ISO 配合制

配合制标准轴   参照 DIN EN ISO 286-2（2010-11）

公差等级[1] 的极限偏差尺寸，单位：μm

标称尺寸范围，大于…至… mm	轴 h9	孔 与h9轴配合产生 间隙配合 C11	D10	E9	F8	H8	过渡配合 J9/JS[2]	N9[3]	P9	轴 h11	孔 与h11轴配合产生 间隙配合 A11	C11	D10	H11
至 3	0 / −25	+120 / +60	+60 / +20	+39 / +14	+20 / +6	+14 / 0	+12.5 / −12.5	−4 / −29	−6 / −31	0 / −60	+330 / +270	+120 / +60	+60 / +20	+60 / 0
3…6	0 / −30	+145 / +70	+78 / +30	+50 / +20	+28 / +10	+18 / 0	+15 / −15	0 / −30	−12 / −42	0 / −75	+345 / +270	+145 / +70	+78 / +30	+75 / 0
6…10	0 / −36	+170 / +80	+98 / +40	+61 / +25	+35 / +13	+22 / 0	+18 / −18	0 / −36	−15 / −51	0 / −90	+370 / +280	+170 / +80	+98 / +40	+90 / 0
10…18	0 / −43	+205 / +95	+120 / +50	+75 / +32	+43 / +16	+27 / 0	+21.5 / −21.5	0 / −43	−18 / −61	0 / −110	+400 / +290	+205 / +95	+120 / +50	+110 / 0
18…30	0 / −52	+240 / +110	+149 / +65	+92 / +40	+53 / +20	+33 / 0	+26 / −26	0 / −52	−22 / −74	0 / −130	+430 / +300	+240 / +110	+149 / +65	+130 / 0
30…40	0 / −62	+280 / +120	+180 / +80	+112 / +50	+64 / +25	+39 / 0	+31 / −31	0 / −62	−26 / −88	0 / −160	+470 / +310	+280 / +120	+180 / +80	+160 / 0
40…50		+290 / +130									+480 / +320	+290 / +130		
50…65	0 / −74	+330 / +140	+220 / +100	+134 / +60	+76 / +30	+46 / 0	+37 / −37	0 / −74	−32 / −106	0 / −190	+530 / +340	+330 / +140	+220 / +100	+190 / 0
65…80		+340 / +150									+550 / +360	+340 / +150		
80…100	0 / −87	+390 / +170	+260 / +120	+159 / +72	+90 / +36	+54 / 0	+43.5 / −43.5	0 / −87	−37 / −124	0 / −220	+600 / +380	+390 / +170	+260 / +120	+220 / 0
100…120		+400 / +180									+630 / +410	+400 / +180		
120…140	0 / −100	+450 / +200	+305 / +145	+185 / +85	+106 / +43	+63 / 0	+50 / −50	0 / −100	−43 / −143	0 / −250	+710 / +460	+450 / +200	+305 / +145	+250 / 0
140…160		+460 / +210									+770 / +520	+460 / +210		
160…180		+480 / +230									+820 / +580	+480 / +230		
180…200	0 / −115	+530 / +240	+355 / +170	+215 / +100	+122 / +50	+72 / 0	+57.5 / −57.5	0 / −115	−50 / −165	0 / −290	+950 / +660	+530 / +240	+355 / +170	+290 / 0
200…225		+550 / +260									+1030 / +740	+550 / +260		
225…250		+570 / +280									+1110 / +820	+570 / +280		
250…280	0 / −130	+620 / +300	+400 / +190	+240 / +110	+137 / +56	+81 / 0	+65 / −65	0 / −130	−56 / −186	0 / −320	+1240 / +920	+620 / +300	+400 / +190	+320 / 0
280…315		+650 / +330									+1370 / +1050	+650 / +330		
315…355	0 / −140	+720 / +360	+440 / +210	+265 / +125	+151 / +62	+89 / 0	+70 / −70	0 / −140	−62 / −202	0 / −360	+1560 / +1200	+720 / +360	+440 / +210	+360 / 0
355…400		+760 / +400									+1710 / +1350	+760 / +400		
400…450	0 / −155	+840 / +440	+480 / +230	+290 / +135	+165 / +68	+97 / 0	+77.5 / −77.5	0 / −155	−68 / −223	0 / −400	+1900 / +1500	+840 / +440	+480 / +230	+400 / 0
450…500		+880 / +480									+2050 / +1650	+880 / +480		

[1] 粗体公差等级相当于 DIN 7157 第一系列（参见 113 页）；应优先采用。

[2] 公差范围 J9/JS9, J10/JS10 以此类推均各组相同，并对称于零线。

[3] 公差等级 N9 不能用于 ≤ 1mm 的标称尺寸。

未注公差，滚动轴承配合

长度和角度尺寸的未注公差[1]

参照 DIN ISO 2768-1（1991–08）

公差等级	长度尺寸 标称尺寸范围的极限偏差尺寸							
	0.5 至 3	大于 3 至 6	大于 6 至 30	大于 30 至 120	大于 120 至 400	大于 400 至 1000	大于 1000 至 2000	大于 2000 至 4000
f(精细)	± 0.05	± 0.05	± 0.1	± 0.15	± 0.2	± 0.3	± 0.5	–
m(中等)	± 0.1	± 0.1	± 0.2	± 0.3	± 0.5	± 0.8	± 1.2	± 2
c(粗糙)	± 0.2	± 0.3	± 0.5	± 0.8	± 1.2	± 2	± 3	± 4
v(很粗糙)	–	± 0.5	± 1	± 1.5	± 2.5	± 4	± 6	± 8

公差等级	棱边倒钝（倒圆，倒角） 标称尺寸范围的极限偏差尺寸，单位：mm			角度尺寸 标称尺寸范围（短角边）的极限偏差尺寸，单位：度和秒				
	0.5 至 3	大于 3 至 6	大于 6	至 10	大于 10 至 50	大于 50 至 120	大于 120 至 400	大于 400
f(精细)	± 0.2	± 0.5	± 1	± 1°	± 0° 30′	± 0° 20′	± 0° 10′	± 0° 5′
m(中等)	± 0.2	± 0.5	± 1	± 1°	± 0° 30′	± 0° 20′	± 0° 10′	± 0° 5′
c(粗糙)	± 0.4	± 1	± 2	± 1° 30′	± 1°	± 0° 30′	± 0° 15′	± 0° 10′
v(很粗糙)	± 0.4	± 1	± 2	± 3°	± 2°	± 1°	± 0° 30′	± 0° 20′

形状和位置的未注公差[1]

参照 DIN ISO 2768-2（1991–04）

公差等级	下列各范围的公差，单位：mm																
	直线度和平面度 标称尺寸范围，单位：mm						垂直度 标称尺寸范围（短角边），单位：mm				对称度 标称尺寸范围（形状元素的短边），单位：mm				跳动
	至 10	大于 10 至 30	大于 30 至 100	大于 100 至 300	大于 300 至 1000	大于 1000 至 3000	至 100	大于 100 至 300	大于 300 至 1000	大于 1000 至 3000	至 100	大于 100 至 300	大于 300 至 1000	大于 1000 至 3000	
H	0.02	0.05	0.1	0.2	0.3	0.4	0.2	0.3	0.4	0.5	0.5				0.1
K	0.05	0.1	0.2	0.4	0.6	0.8	0.4	0.6	0.8	1	0.6	0.8	1		0.2
L	0.1	0.2	0.4	0.8	1.2	1.6	0.6	1	1.5	2	0.6	1	1.5	2	0.5

[1] 未注公差适用于未标注公差的尺寸。参见第 81 页：图纸的尺寸标注。

滚动轴承装配公差

参照 DIN 5425-1（1984–11）（该标准已撤销）

向心轴承								
内环（轴）					外环（基座）			
载荷类型	配合	载荷	轴[1]基本偏差尺寸		载荷类型	配合	载荷	基座[1]基本偏差尺寸
			滚珠轴承	滚柱轴承				滚珠轴承 / 滚柱轴承
圆周载荷	要求过渡配合或过盈配合	低	h,k	k,m	点载荷	允许间隙配合	任意	J, H, G, F
		中	j,k,m	k,m,n,p				
		高	m,n	n,p,r				
点载荷	允许间隙配合	任意	j,h,g,f		圆周载荷	要求过渡配合或过盈配合	低	J / K
							中	K, M / M,N
							高	– / N,P

推力轴承

载荷类型	轴承装配形式	推力轴承紧圈（轴）		推力轴承活圈（基座）	
		载荷类型	轴基本偏差尺寸[1]	载荷类型	基座基本偏差尺寸[1]
轴向 – 径向载荷组合	向心推力滚珠轴承 自调心滚柱轴承 圆锥滚柱轴承	圆周载荷	j,k,m	点载荷	H, J
		点载荷	j	圆周载荷	K, M
纯轴向载荷	滚珠轴承 滚柱轴承	–	h,j,k	–	H, G, E

[1] 基本公差度：IT6 一般用于轴，IT7 一般用于孔。若提高对运行稳定性和跳动精度的要求，也可以选用更小的公差度。

配合的推荐和选择

推荐的配合[1] 参照 DIN 7157（1966-01，已撤销）

选自第 1 系列	C11/h9，D10/h9，E9/h9，F8/h9，H8/f7，F8/h6，H7/f7，H8/h9，H7/n6，H7/r6，H8/x8 或 u8
选自第 2 系列	C11/h11，D10/h11，H8/d9，H8/e8，H7g6，G7/h6，H11/h9，H7/j6，H7/K6，H7/s6

配合的选择（举例） 参照 DIN 7157（1966-01，已撤销）

标准孔[2]		特征 / 应用举例	标准轴[2]	
		间隙配合		
	H8/d9	大配合间隙 轴的间隔套	D10/h9	
	H8/e8	清晰可见的配合间隙：可用手非常轻松推动彼此相对的零件。 杠杆轴承机构，轴上的调节环	E9/h9	
	H8/f7	较大配合间隙：可用手轻松推动彼此相对的零件。 轴 – 滑动轴承机构	F8/h9	
	H7/f7	小配合间隙：用手尚能轻松推动彼此相对的零件。 普通滑动轴承，滑动齿轮，气缸控制活塞	F8/h6	
	H7/g6	精细配合间隙：用手尚能推动彼此相对的零件。 孔的紧固螺栓，滑动轴承内的轴	G7/h6	
	H8/h9	几乎不可见的间隙配合：用手用力可以推动彼此相对的零件。 间隔衬套，轴上的调节环	H8/h9	
	H7/h6	极精细的配合间隙：偶尔用手用力可以推动彼此相对的零件。 轴承盖定心孔，冲切模具的凸模	H7/h6	
		过渡配合		
	H7/j6	配合间隙大于过盈配合尺寸：有时还能用手推动彼此相对的零件。 轴上的齿轮		
	H7/n6	过盈配合尺寸大于配合间隙：要求用较小的力以推动零件。 钻套，工装的支承螺栓	未做规定	
		过盈配合		
	H7/r6	较小过盈配合：要求用较大力推动零件。 机座衬套		
	H7/s6	充分的过盈配合：要求用大力才能推动零件。 滑动轴承衬套，蜗轮齿圈	未做规定	
	H8/u8	大过盈配合：只能通过热涨或冷缩才能装配零件。 收缩环，静轴上的齿轮，动轴联轴器		
	H8/x8	极大的过盈配合：只能通过热涨或冷缩才能装配零件。 收缩环，静轴上的齿轮，动轴联轴器		

[1] 本推荐的配合不适用于例外情况，例如装配滚动轴承。
[2] 粗体字的配合是第 1 系列的公差组合。优先采用。

产品的几何规格（GPS）

ISO–GPS– 系统　　　　　　　　　　　　　　　　　　　参照 DIN EN ISO 14638（2015–12）

ISO–GPS 是一种世界范围（全球）的标准系统，用于描述受加工条件限制的公差，公差数据的采集（检测），以及所用检测仪器的校准等多方面的产品特征。其目的是平衡所有产品的重要标准并提升其单一性，以简化全球化生产。

ISO–GPS 标准的结构和等级

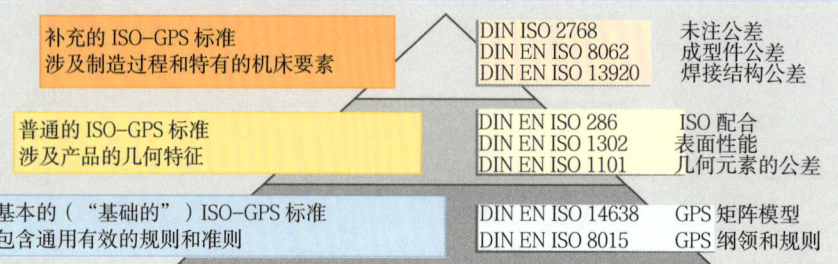

补充的 ISO-GPS 标准 涉及制造过程和特有的机床要素	DIN ISO 2768　　未注公差 DIN EN ISO 8062　成型件公差 DIN EN ISO 13920　焊接结构公差
普通的 ISO-GPS 标准 涉及产品的几何特征	DIN EN ISO 286　　ISO 配合 DIN EN ISO 1302　表面性能 DIN EN ISO 1101　几何元素的公差
基本的（"基础的"）ISO-GPS 标准 包含通用有效的规则和准则	DIN EN ISO 14638　GPS 矩阵模型 DIN EN ISO 8015　GPS 纲领和规则

产品的几何规格　　　　　　　　　　　　　　　　　　　参照 DIN EN ISO 8015（2011–09）

独立原则

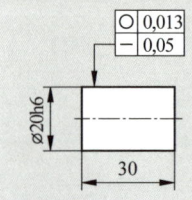

每一个图纸数据（规格）的有效性均独立与其他的数据。未使用的公差不允许转用于其他的产品特征。

所有的尺寸均是标准的两点尺寸，为使其定义具有单一性，一般均需进一步的规格。

标注的尺寸与形状公差共同产生一个几何元素的单一的规格，例如"圆柱体"（参见举例）。

在公差准则方面，独立原则是一个国际性标准。

包络原则

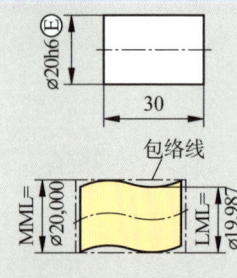

如果零件相互结合（配合），需使用包络条件。尺寸公差包含形状偏差。在尺寸公差范围内必须列出实际的工件几何元素。并使用量规或坐标检测仪和计算程序对其进行检测。包络原则只允许用于端面平行或圆柱体的配合面。

零件的任何地方均不允许超过材料的最大极限尺寸（MML），亦不允许低于材料的最小极限尺寸（LML）。

MML（材料最大极限尺寸）：轴的最大尺寸 / 孔的最小尺寸。

LML（材料最小极限尺寸）：轴的最小尺寸 / 孔的最大尺寸。

图纸说明：

用尺寸后的符号 Ⓔ[1] 表示局部有效：

　　　→ Φ206 Ⓔ

在标题栏内的标注表示对该图纸的所有尺寸全部有效：

　　　→ 尺寸按照 ISO 14405 Ⓔ

包络条件检测：ø20H6
孔的量规

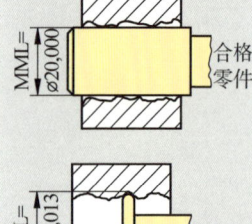

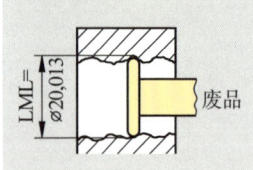

对量规的要求：

·合格端包含所有的几何要素

·报废端检查两点尺寸（LML）

设计部门负责用修改符号（要求的说明）对规格执行（图纸说明）进行补充（参见 115 页）。

并规定其与检测方法（验证）无关。

在考虑检测安全性的条件下规定质量检验适用的检测操作（检测量）。

所有的检测操作者必须共同绘制几何规格。

[1] E 是 Envelope 的缩写，意为：包络。

产品的几何规格

纲领和规则
参照 DIN EN ISO 8015（2011-09）

图纸解释和确定规格：
1. 获取（试验样机）各部件理论 / 实际的全部功能极限。
2. 根据功能极限同时设定公差极限，无附加安全性。
3. 只有部件的全部尺寸均在公差范围（规格极限）之 内时，才能制定一个部件的功能（功能程度）。

尺寸
参照 DIN EN ISO 14405-1 和 -2（2011-04）

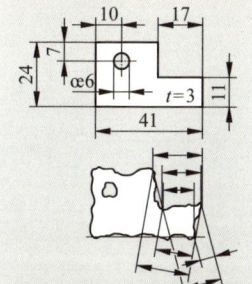

线性尺寸
圆柱体、球体和两个相对平行面等尺寸元素的长度尺寸。
标准规格是多重意义的"两点尺寸"。因此，应在图纸标题栏用"尺寸 ISO 14405 GG"的标注说明确定平均尺寸（参见下文）。

其他非线性尺寸
台阶尺寸、角度、半径、边棱和间距均是线性尺寸，无法规定其单一性的尺寸（参照举例中的尺寸 7,10 和 17）。
通过几何公差（参见 116...118 页）、规格执行和修改符号达到上述要求的单一性。

线性尺寸的规格和修改（节选）
参照 DIN EN ISO 14405-1（2011-04）

概念	图纸标注	解释 – 应用	表达法
LP（局部点）– 两点尺寸	$\varnothing 25$ LP	采用多重意义的两点检测得出检测结果（也可视为 LP 的无标记标准）用于下属尺寸和手工检测	
GG（全局高斯法）– 中间尺寸	$\varnothing 25$ GG	依据高斯法（最小正方形方法）用软件支持的平衡计算得出检测结果。这种具有单一性的检测结果具有最小的检测不准确性	
GX（全局最大）– 包络元素	$\varnothing 20$ GX	检测结果是插入的最大几何元素。内部几何元素的配合尺寸，例如孔内的螺栓或螺钉。	
GN（全局最小）– 包络元素	$\varnothing 20$ GN	检测结果是环绕的最小几何元素。外部几何元素的配合尺寸，例如用于定位的支承螺栓。	
Ⓔ 包络条件	$\varnothing 35H7$ Ⓔ / $\varnothing 35\ 7$ Ⓔ	零件相互结合时采用包络条件，例如轴承机构的导轨和间隙配合（见前页）。尺寸公差限制着形状偏差。包络条件的检测是范围广泛的。	
Ⓜ 最大材料条件，参照 DIN EN ISO 2692（2015-12）	$-\ 0{,}1$ Ⓜ / $\varnothing 20{+}0{,}2$	围绕着圆柱体未使用的直径公差扩大形状公差，由此可达成更为经济的加工制造（参见举例）。这也适用于位置公差，例如轮辋孔和车轮螺钉。其检测采用功能量规。	

几何公差的标注

形状，定向，位置和跳动公差的标注   参照 DIN EN ISO 1101（2014–04）

公差标注的结构

基准	公差元素
· 标记 基准几何元素 　基准框 　基准字母 　连接线 　基准三角形	**· 标记** 公差特征的图形符号 有公差的几何元素 　基准框 　基准字母 　公差区宽度 　带箭头的指引线
· 基准是 轴线　中心面 面　　面	**· 公差适用于** 中间轴线　中心面 表面　　中心面

基准和公差元素的图纸标注法

	基准	基准简化	共用基准	多重基准 （两个或三个几何元素）
举例		// 0,1 A	/ 0,02 A-B	// 0,1 A B
	基准位于公差框内	单个基准字母	用连线分开基准字母	按其重要性排序基准字母

举例

Ø10H7 ⊥ Ø0,04 A	16+0,3/+0,1 ⇥ 0,1 A 45f7	/ 0,05 B Ø24g6 Ø20k6	8P9 ⇥ 0,06 C // 0,02 C 4+0,2 Ø25h6
孔轴线必须垂直于支承面（公差值0.04mm）	槽中心面必须对称于外表面的中心面（公差值0.01mm）	圆柱面 Ø24g6 必须绕轴线 Ø20k6 运行且必须在轴线 Ø20k6 的端面运行（公差值0.05mm）	槽必须对称于（公差值 0.06mm）并平行于轴线 Ø25h6（公差值0.02mm）

图纸标注   参照 DIN EN ISO 1101（2014–04）

公差特征及其图形符号	图纸标注	解释	公差区
形状公差			
直线度 ———	− 0,1 ⟍ b	两直线之间的间距 b 在任何一点均必须是 t=0.1mm	
	− Ø0,04 Ø	圆柱体轴线必须位于圆柱体直径 t=0.04mm 范围之内	
平面度 ▱	▱ 0,03	两平行面之间的面间距必须是 t=0.03mm	

几何公差的标注

公差特征及其图形符号	图纸标注	解释	公差区
形状公差（续）			
圆度 ○	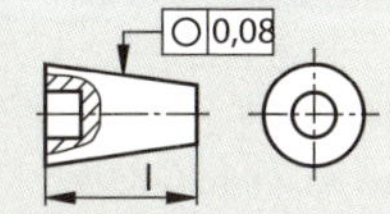	锥截面的圆周线必须在锥长 *l* 之内的任意一点与两个同心圆保持径向间距 *t*=0.08mm。	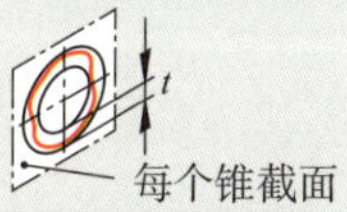 每个锥截面
圆柱形	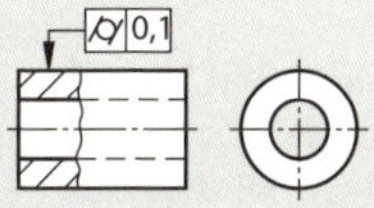	圆柱体轮廓线必须位于两个径向间距 *t*=0.1mm 的同轴圆柱体之间。	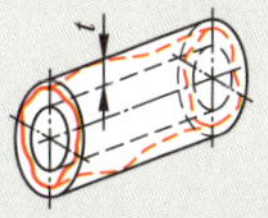
轮廓度（线轮廓）	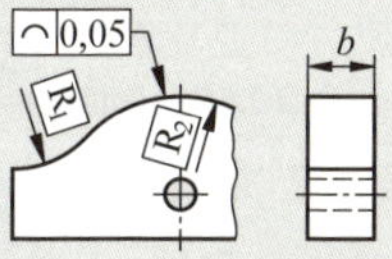	轮廓线必须位于两条包络线之间工件厚度 *b* 的任意一点，两条包络线的间距限制为直径 *t*=0.05mm 的圆。圆中心点位于理想几何形状的某条线上。	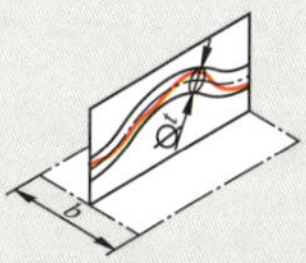
轮廓度（面轮廓）	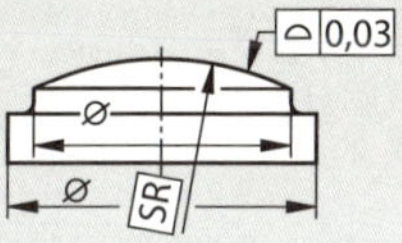	球面必须位于两条包络线之间，包络线之间的间距由 *t*=0.03mm 的球构成。球中心点位于理想几何面上。	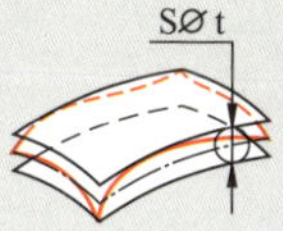 S∅ *t*
定向公差			
平行度 ∥	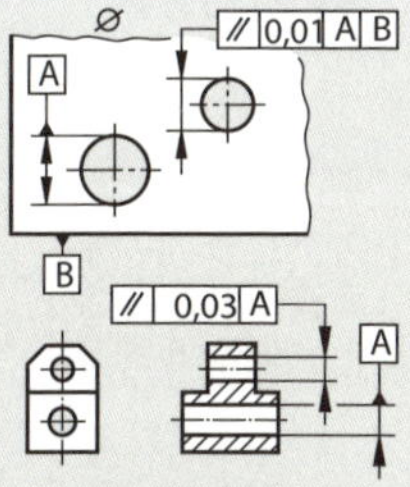	孔轴线必须位于两个间距 *t*=0.01mm 的平行面之间。面平行于基准线 *A* 和基准面 B 并指向指定方向。 孔轴线必须位于直径 *t*=0.03mm 的圆柱体内，圆柱体的轴线平行于基准线（轴线）*A*。	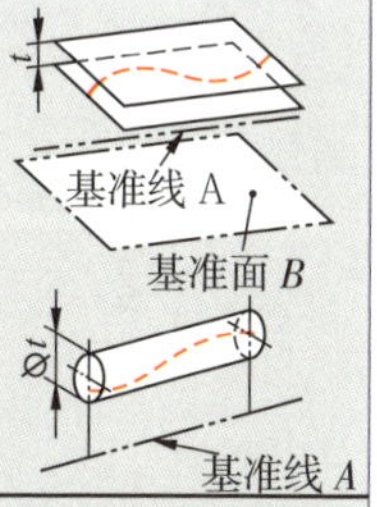 基准线 A 基准面 B 基准线 A
垂直度 ⊥	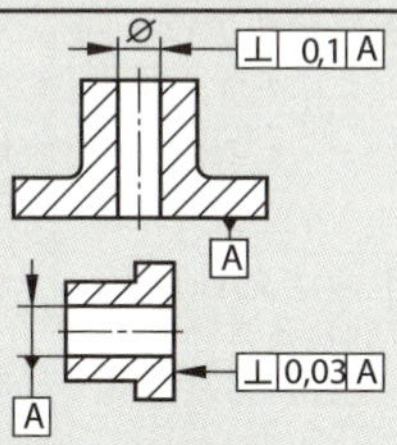	孔轴线必须位于一个垂直于基准面 *A* 且直径 *t*=0.1mm 的圆柱体内。 端面必须位于两个垂直于基准线 *A* 且间距 *t*=0.03mm 的垂直面之间。	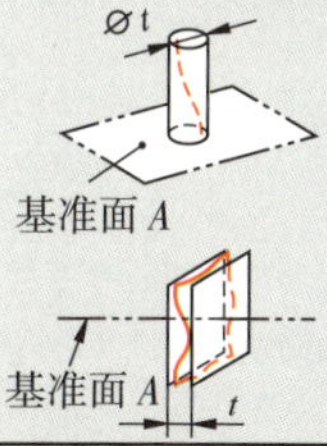 基准面 A 基准面 A
倾斜度 ∠	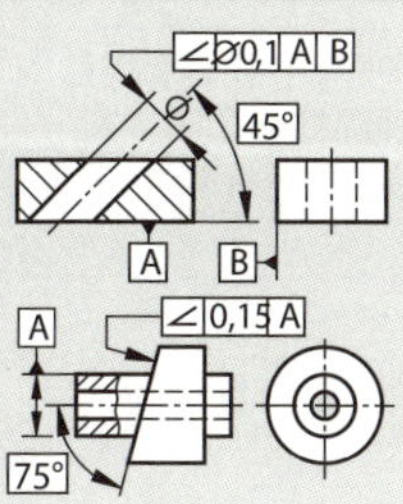	孔轴线必须位于一个直径 *t*=0.1mm 的圆柱体内。圆柱体轴线平行于基准面 B，其与基准面 A 的倾角精确理论值 α=45°。 倾斜面必须位于两个间距 *t*=0.15mm 的平行面之间，两平行面与基准线 *A* 的倾角精确理论值 α=75°。	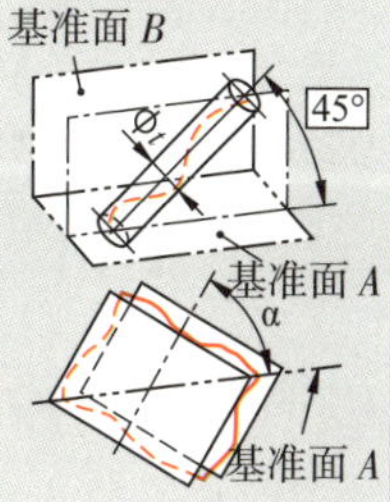 基准面 B 基准面 A 基准面 A

几何公差的标注

公差特征及其图形符号	图纸标注	解释	公差区
位置公差			
位置度 ⊕		孔轴线必须位于一个直径 t=0.05mm 的圆柱体内。圆柱体轴线必须与孔轴线相对于基准面 A，B 和 C 的理论精确位置相互一致。 面必须位于两个间距 t=0.1mm 的平行面之内，且对称于公差面相对于基准面 A 和基准线 B 的理论精确位置。	
同心度 ◎		孔圆心必须位于一个直径 t=0.1mm 的圆内，并在横截面上与基准点 A 同心。	
同轴度 ◎		直径轴线必须位于一个直径 t=0.05mm 的圆柱体内，该圆柱体轴线位于共用的基准轴线 A-B 上。	
对称度 ≡		槽中心面必须位于两个间距 t=0.05mm 的平行面之间，两平行面对称于基准面 A。	
跳动公差			
径向跳动 ↗		圆周线必须位于两个位于同一平面同心圆内每个垂直于共用基准线 A-B 的横截面上，同心圆的径向间距 t=0.1mm。 120° 圆周线必须位于两个位于同一平面同心圆内每个垂直于基准线 A 的横截面上，同心圆的径向间距 t=0.1mm。	
轴向跳动 ↗		圆周线必须位于两个轴向间距 t=0.04mm 的圆之间每条直径的端面上。各直径轴线必须与基准线 A 相互一致。	
总径向跳动 ↗↗		轮廓面必须位于两个径向间距 t=0.03mm 的同轴圆柱体之间。圆柱体轴线必须与共用基准线 A-B 相互一致。	
总轴向跳动 ↗↗		端面必须位于两个间距 t=0.1mm 且垂直于基准线 A 的平行面之间。	

4 材料科学（W）

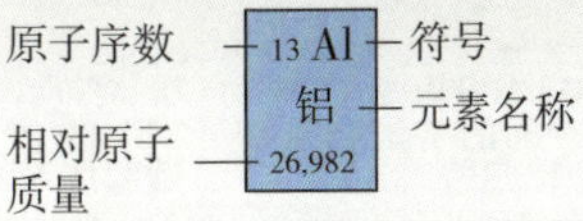

原子序数 ── 13 Al ── 符号
铝 ── 元素名称
相对原子 ── 26.982
质量

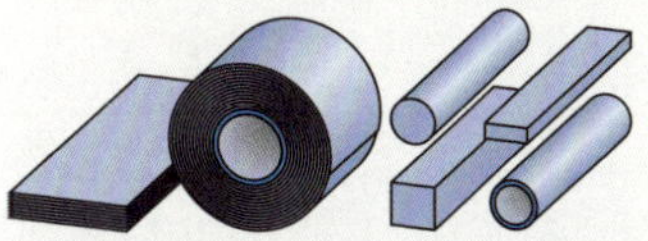

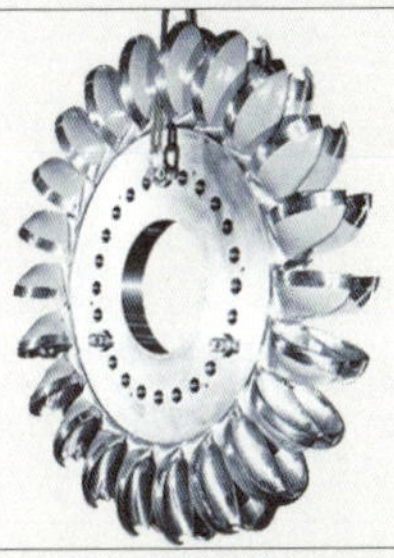

缩写名称　42CrMo4+N

材料代码　1.7225+N

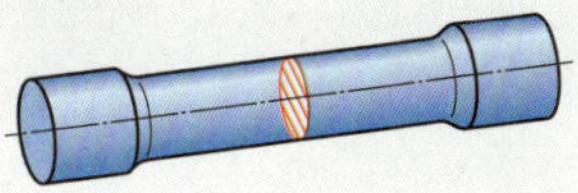

材料数值

固体材料

材料	密度 ϱ kg/dm³	1个标准大气压下的熔点温度 ϑ ℃	1个标准大气压下的沸点温度 ϑ ℃	1个标准大气压下的熔化潜热 q kj/kg	20℃时的导热率 λ W/(m·k)	0...100℃时的比热容 c kj/(kg·k)	20℃时的电阻率 ϱ_{20} Ω·mm²/m	0...100℃时的线膨胀系数 α_1 1℃ od.1/k
铝（Al）	2.7	659	2467	356	204	0.94	0.028	0.000 0238
锑（Sb）	6.69	630.5	1637	163	22	0.21	0.39	0.000 0108
石棉	2.1…2.8	≈ 1300	–	–	–	0.81	–	–
铍（Be）	1.85	1280	≈ 3000	–	165	1.825	0.04	0.000 0123
混凝土	1.8…2.2	–	–	–	≈ 1	0.88	–	0.000 01
铋（Bi）	9.8	271	1560	59	8.1	0.12	1.25	0.000 0125
铅（Pb）	11.3	327.4	1751	24.3	34.7	0.13	0.208	0.000 029
镉（Cd）	8.64	321	765	54	91	0.23	0.077	0.000 03
铬（Cr）	7.2	1903	2642	134	69	0.16	0.13	0.000 0084
钴（Co）	8.9	1493	2880	268	69.1	0.43	0.062	0.000 0127
铜铝合金	7.4…7.7	1040	2300	–	61	0.44	–	0.000 0195
铜锡合金	7.4…8.9	900	2300	–	46	0.38	0.02…0.03	0.000 0175
铜锌合金	8.4…8.7	900…1000	2300	167	105	0.39	0.05…0.07	0.000 0185
冰	0.92	0	100	332	2.3	2.09	–	0.000 051
纯铁（Fe）	7.87	1536	3070	276	81	0.47	0.13	0.000 012
铁氧化物（铁锈）	5.1	1570	–	–	0.58(pulv.)	0.67	–	–
油脂	0.92…0.94	30…175	≈ 300	–	0.21	–	–	–
石膏	2.3	1200	–	–	0.45	1.09	–	–
玻璃（石英玻璃）	2.4…2.7	520…550 1)	–	–	0.8…1.0	0.73	1018	0.000 0005
金（Au）	19.3	1064	2707	67	310	0.13	0.022	0.000 0142
石墨（C）	2.26	≈ 3550	≈ 4800	–	168	0.71	–	0.000 0078
铸铁	7.25	1150…1200	2500	125	58	0.50	0.6…1.6	0.000 0105
硬质合金（K20）	14.8	> 2000	≈ 4000	–	81.4	0.80	–	0.000 005
木（风干）	0.2…0.72	–	–	–	0.06…0.17	2.1…2.9	–	≈ 0.000 042)
铱（Ir）	22.4	2443	> 4350	135	59	0.13	0.053	0.000 0065
碘（I）	5.0	113.6	183	62	0.44	0.23	–	–
碳素钢（金刚石）	3.51	≈ 3550	–	–	–	0.52	–	0.000 001 18
焦炭	1.6…1.9	–	–	–	0.18	0.83	–	–
康铜	8.89	1260	≈ 2400	–	23	0.41	0.49	0.000 0152
软木	0.1…0.3	–	–	–	0.04…0.06	1.7…2.1	–	–
刚玉（Al₂O₃）	3.9…4.0	2050	2700	–	12…23	0.96	0.0179	0.000 0065
铜（Cu）	8.96	1083	≈ 2595	213	384	0.39	0.044	0.000 0168
镁（Mg）	1.74	650	1120	195	172	1.04		0.000 026
镁合金	≈ 1.8	≈ 630	1500	–	46…139	–	–	0.000 0245
锰（Mn）	7.43	1244	2095	251	21	0.48	0.39	0.000 023
钼（Mo）	10.22	2620	4800	287	145	0.26	0.054	0.000 0052
钠（Na）	0.97	97.8	890	113	126	1.3	0.04	0.000 071
镍（Ni）	8.91	1455	2730	306	59	0.45	0.095	0.000 013
铌（Nb）	8.55	2468	≈ 4800	287	53	0.273	0.217	0.000 0071
黄磷（P）	1.82	44	280	21	–	0.80	–	–
铂（Pt）	21.5	1769	4300	113	70	0.13	0.098	0.000 009
聚苯乙烯	1.05				0.17	1.3	1010	0.000 07
瓷	2.3…2.5	≈ 1600	–	–	1…4	0.75…0.9	1012	0.000 004
石英，打火石（SiO₂）	2.1…2.5	1480	2230	–	9.9	0.8	–	0.000 008
泡沫橡胶	0.06…0.25	–	–	–	0.04…0.06	–	–	–
硫（S）	2.07	113	344.6	49	0.2	0.70	–	–
红硒（Se）	4.4	220	688	83	0.2	0.33	–	–
银（Ag）	10.5	961.5	2180	105	407	0.23	0.015	0.000 0193

1) 转化温度（由凝固、固态转化为塑性、粘稠液态。）　　2) 垂直于纤维走向。

固体 . 液体和气体材料的材料数值

固体材料（续前表）

材料	密度 ϱ kg/dm³	1个标准大气压下的熔点温度 ϑ ℃	1个标准大气压下的沸点温度 ϑ ℃	1个标准大气压下的熔化潜热 q kJ/kg	20℃时的导热率 λ W/(m·K)	0...100℃时的比热容 c kJ/(kg·K)	20℃时的电阻率 θ_{20} Ω·mm²/m	0...100℃时的线膨胀系数 α_1 1/℃或1/K
硅（Si）	2.33	1423 2355	1658		83	0.75	$2.3 \cdot 10^9$	0.000 004 2
碳化硅（SiC）	3.2	超过3000℃分解为碳和硅			110[1]	0.7[1]	–	0.000 004 7
非合金钢	7.85	≈ 1500 2500		205	48…58	0.49	0.14…0.18	0.000 011 9
合金钢	7.9	≈ 1500	–	–	14	0.51	0.7	0.000 016 1
石煤	1.35	–	–	–	0.24	1.02	–	–
钽（Ta）	16.6	2996	5400	172	54	0.14	0.124	0.000 016 5
钛（Ti）	4.5	1670	3280	88	15.5	0.52	0.42	0.000 019
铀（U）	19.1	1133	≈ 3800	356	28	0.12	–	–
钒（V）	6.12	1890	≈ 3380	343	31.4	0.50	0.2	–
钨（W）	19.27	3390	5500	54	130	0.13	0.055	0.000 004 5
锌（Zn）	7.13	419.5	907	101	113	0.4	0.06	0.000 029
锡（Sn）	7.29	231.9	2687	59	65.7	0.24	0.114	0.000 023

液体材料

材料	20℃时的密度 ϱ kg/dm³	燃点温度 ϑ ℃	1个标准大气压下的冰点和溶点温度 ϑ ℃	1个标准大气压下的沸点温度 ϑ ℃	气化潜热[2] r kJ/kg	20℃时的热导率 λ W/(m·K)	20℃时的比热容 c kJ/(kg·K)	体积膨胀系数 α_v 1/℃或1/K
乙基醚（C₂H₅）₂O	0.71	170	–116	35	377	0.13	2.28	0.001 6
汽油	0.72…0.75	220	–30…–50	25…210	419	0.13	2.02	0.001 1
柴油燃料	0.81…0.85	220	–30	150…360	628	0.15	2.05	0.000 96
燃料油 EL	≈ 0.83	220	–10	>175	628	0.14	2.07	0.000 96
机油	0.91	400	–20	>300	–	0.13	2.09	0.000 93
煤油	0.76…0.86	500	–70	>150	314	0.13	2.16	0.001
汞（Hg）	13.5	–	–39	357	285	10	0.14	0.000 18
酒精95%	0.81	520	–114	78	854	0.17	2.43	0.001 1
蒸馏水	1.00[3]	–	0	100	2256	0.60	4.18	0.000 18

[1] 不同制造条件的波动极大。 [2] 沸点温度和1个标准大气压时。 [3] 4℃时。

气体材料

材料	0℃和1个标准大气压时的密度 ϱ kg/dm³	比重[1] $\varrho/_L$	1个标准大气压下的溶点温度 ϑ ℃	1个标准大气压下的沸点温度 ϑ ℃	20℃时的热导率 λ W/(m·K)	导热系数[2] λ/λ_L	20℃和1个标准大气压时的比热容 c_P[3] | c_v[4] kJ（kg·K）	
乙炔（C₂H₂）	1.17	0.905	–84	–82	0.021	0.81	1.64	1.33
氨气（NH₃）	0.77	0.596	–78	–33	0.024	0.92	2.06	1.56
丁烷（C₄H₁₀）	2.70	2.088	–134	–0.5	0.016	0.62	–	–
氟利昂（CF₂Cl₂）	5.51	4.261	–140	–30	0.010	0.39	–	–
一氧化碳（CO）	1.25	0.967	–205	–190	0.025	0.96	1.05	0.75
二氧化碳（CO₂）	1.98	1.531	–57[5]	–78	0.016	0.62	0.82	0.63
空气	1.293	1.0	–220	–191	0.026	1.00	1.005	0.716
甲烷（CH₄）	0.72	0.557	–183	–162	0.033	1.27	2.19	1.68
丙烷（C₃H₈）	2.00	1.547	–190	–43	0.018	0.69	–	–
氧（O₂）	1.43	1.106	–219	–183	0.026	1.00	0.91	0.65
氮（N₂）	1.25	0.967	–210	–196	0.026	1.00	1.04	0.74
氢（H₂）	0.09	0.07	–259	–253	0.180	6.92	14.24	10.10

[1] 比重 = 某气体密度ϱ除以空气密度ϱ_L。
[2] 导热系数 = 某气体热导率 λ 除以空气的热导率 λ_L。
[3] 压力恒定时。 [4] 体积恒定时。 [5] 5.3bar时。

元素周期表

说明（图例）：

- 11 Na — 字母符号
- 钠 — 元素名称：温度273K（0℃）和1个标准大气压时的状态
- 22.989 — 相对原子质量
- 原子序数（=质子数）
- 红色指放射性元素，如 222
- 圆括号指人造元素，如（261）
- 固体：黑色字体
- 液体：棕色字体
- 气体：蓝色字体
- 1) 轻金属 $\rho \le 5\,kg/dm^3$；重金属 $\rho > 5\,kg/dm^3$。

颜色图例：非金属　类金属[1]　轻金属　重金属　贵金属　卤素　惰性气体

周期	1 (ⅠA)	2 (ⅡA)	3 (ⅢB)	4 (ⅣB)	5 (ⅤB)	6 (ⅥB)	7 (ⅦB)	8 (ⅧB)	9 (ⅧB)	10 (ⅧB)	11 (ⅠB)	12 (ⅡB)	13 (ⅢA)	14 (ⅣA)	15 (ⅤA)	16 (ⅥA)	17 (ⅦA)	18 (ⅧA)
1	1 H 氢 1.008																	2 He 氦 4.003
2	3 Li 锂 6.941	4 Be 铍 9.012											5 B 硼 10.811	6 C 碳 12.01	7 N 氮 14.01	8 O 氧 16.00	9 F 氟 19.00	10 Ne 氖 20.18
3	11 Na 钠 22.99	12 Mg 镁 24.31											13 Al 铝 26.98	14 Si 硅 28.09	15 P 磷 30.97	16 S 硫 32.06	17 Cl 氯 35.45	18 Ar 氩 39.95
4	19 K 钾 39.10	20 Ca 钙 40.08	21 Sc 钪 44.96	22 Ti 钛 47.87	23 V 钒 50.94	24 Cr 铬 52.00	25 Mn 锰 54.94	26 Fe 铁 55.85	27 Co 钴 58.93	28 Ni 镍 58.69	29 Cu 铜 63.55	30 Zn 锌 65.58	31 Ga 镓 69.72	32 Ge 锗 72.63	33 As 砷 74.92	34 Se 硒 78.96	35 Br 溴 79.90	36 Kr 氪 83.80
5	37 Rb 铷 85.47	38 Sr 锶 87.62	39 Y 钇 88.91	40 Zr 锆 91.22	41 Nb 铌 92.91	42 Mo 钼 95.96	43 Tc 锝 (98)	44 Ru 钌 101.1	45 Rh 铑 102.9	46 Pd 钯 106.4	47 Ag 银 107.9	48 Cd 镉 112.4	49 In 铟 114.8	50 Sn 锡 118.7	51 Sb 锑 121.8	52 Te 碲 127.6	53 I 碘 126.9	54 Xe 氙 131.3
6	55 Cs 铯 133	56 Ba 钡 137.3	镧系 57–71	72 Hf 铪 178.5	73 Ta 钽 181	74 W 钨 184	75 Re 铼 186	76 Os 锇 190	77 Ir 铱 192	78 Pt 铂 195	79 Au 金 197	80 Hg 汞 200.6	81 Tl 铊 204.5	82 Pb 铅 207	83 Bi 铋 209	84 Po 钋 209	85 At 砹 210	86 Rn 氡 222
7	87 Fr 钫 223	88 Ra 镭 226	锕系 89–103	104* Rf 鑪 (261)	105*Ha 𨧀 (262)	106*Sg 𬭳 (263)	107*Ns 𨨏 (264)	108*Hs 𬭶 (265)	109*Mt 鿏 (266)	110 Ds 𫟼 (269)	111 Rg 𬬭 (272)	112 Cn 鿔 (277)	113 Nh 鉨 (286)	114 Fl 𫓧 (289)	115 Mc 镆 (289)	116 Lv 𫟷 (293)	117 Ts 鿬 (294)	118 Og 鿫 (294)

镧系（57–71）：

57 La 镧 139	58 Ce 铈 140	59 Pr 镨 141	60 Nd 钕 144	61 Pm 钷 145	62 Sm 钐 150.5	63 Eu 铕 152	64 Gd 钆 157	65 Tb 铽 159	66 Dy 镝 162.5	67 Ho 钬 165	68 Er 铒 167	69 Tm 铥 169	70 Yb 镱 173	71 Lu 镥 175

锕系（89–103）：

89 Ac 锕 227	90 Th 钍 232	91 Pa 镤 231	92 U 铀 238	93 Np 镎 237	94 Pu 钚 244	95 Am 镅 (243)	96 Cm 锔 (247)	97 Bk 锫 (247)	98 Cf 锎 (251)	99 Es 锿 (252)	100 Fm 镄 (257)	101 Md 钔 (258)	102 No 锘 (259)	103 Lr 铹 (260)

主族　副族

机械制造领域的化学物质，分子组，pH- 值

机械制造领域重要的化学物质

技术名称	化学名称	分子式	特性	应用
丙酮	丙酮	$(CH_3)_2CO$	无色、可燃、易挥发液体	油漆、乙炔和塑料的溶剂
乙炔	乙炔，电石气	C_2H_2	易反应、无色气体，高爆炸性	用于焊接的可燃气体和塑料的原始材料
冷清洗剂	有机溶剂	C_nH_{2n+2}	无色液体，有时易燃	油脂和油的溶剂，用作清洗剂
食盐	氯化钠	$NaCl$	无色结晶盐，易溶水	调味品，冷却剂，用于制取氯
碳酸	二氧化碳	CO_2	水溶性不可燃气体，凝固温度 $-78℃$	熔化极活性气体保护焊接时的保护气体，干冰用作制冷剂
刚玉	氧化铝	Al_2O_3	极硬无色结晶体，熔点 2050℃	磨削和抛光磨料，氧化陶瓷材料
硫酸铜	硫酸铜	$CuSO_4$	蓝色水溶性结晶体，中等毒性	电镀液，防治病虫害，工件划线
氨水	氢氧化铵	NH_4OH	无色刺激性气体，弱碱性	清洗剂（去油脂），酸的中和剂
硝酸	硝酸	NHO_3	极强酸，可溶解金属（贵金属除外）	金属的蚀刻和酸洗，制造化学品
盐酸	氯化氢	HCl	无色刺激性强酸	金属的蚀刻和酸洗，制造化学品
硫酸	硫酸	H_2SO_4	无色无味油状液体，强酸	金属的酸洗，电镀液，蓄电池
苏打	碳酸钠	Na_2CO_3	无色结晶体，易溶水，碱性作用	去脂和清洗池液，软化水
酒精	乙醇，已变性	C_2H_5OH	无色易燃液体，沸点 78℃	溶剂，清洗剂，用于燃料添加剂
四氯化碳	四氯化碳	CCl_4	无色不可燃液体，有害健康	油脂、油和油漆的溶剂
水溶性清洁剂	各种表面活性剂	$--COO-$ $--OSO3-$ $--SO3$	各种不同的水溶性物质	溶剂，清洗剂；乳化剂和增稠剂

常见分子组

分子组		解释	举例	
名称	分子式		名称	分子式
碳化物	$\equiv C$	碳化物；部分碳化物极硬	碳化硅	SiC
碳酸盐	$= CO_3$	碳酸化合物；加热后分解为二氧化碳	碳酸钙	$CaCO_3$
氯化物	$-Cl$	盐酸的盐类；大部分易溶水	氯化钠	$NaCl$
氢氧化物	$-OH$	由金属氧化物和水产生的氢氧化物；反应为碱性	氢氧化钙	$Ca(OH)_2$
硝酸盐	$-NO_3$	硝酸的盐类；大部分易溶水	硝酸钾	KNO_3
氮化物	$\equiv N$	氮化合物；部分氮化物极硬	氮化硅	SiN
氧化物	$= O$	氧化合物；地球上最常见的化合物族	氧化铝	Al_2O_3
硫酸盐	$= SO_4$	硫酸的盐类；大部分易溶水	硫酸铜	$CuSO_4$
硫化物	$= S$	硫化合物；重要的矿石，易切削钢中的断屑器	硫化铁	FeS

pH- 值

水溶液类型	← 酸性增加							中性	碱性增加 →					
pH- 值	0	1	2	3	4	5	6	7	8	9	10	11	12	13	14
浓度 H+, 单位：mol/l	10^0	10^{-1}	10^{-2}	10^{-3}	10^{-4}	10^{-5}	10^{-6}	10^{-7}	10^{-8}	10^{-9}	10^{-10}	10^{-11}	10^{-12}	10^{-13}	10^{-14}

定义和分类　　　　　　　　　　　　　　　　　　　　参照 DIN EN 10020（2000–07）

| 钢 | 铁作为主要成分的合金，碳含量低于 2.0%。 |

| 组织结构 | 组织成分，例如铁素体、珠光体、碳化物，以及组织结构的形成，例如细晶、粗晶、排列等，决定着钢的特性，例如强度、韧性、可成形性、可切削加工性、可焊接性等。 |

影响因素如下：

钢的制造	其他加工

钢的制造

成分	纯度	脱氧
碳含量 合金元素	非金属物含量 磷和硫含量	非镇静、镇静或全镇静浇铸

其他加工

其他加工方法举例
- 成形：轧，冲压，拉伸，弯曲等
- 热处理：调质，表面淬火等
- 退火：正火，球化退火，粗晶粒退火等
- 接合：焊接，硬钎焊等
- 涂层：镀锌等

分类　　　　　　　　　分类 [1]

非合金钢	优质钢	高级钢
没有合金元素达到表 1 的极限值（见右表）	高级钢与优质钢的区别在于： · 更精细的制造 · 更高的纯度 · 更好的脱氧 · 更精确的成分 · 更好的可淬火性能	

合金钢
- 至少有一个合金元素达到表 1 的极限值（见右表）
- 钢的种类与不锈钢的定义不同

不锈钢 [2]
- 铬含量至少达到 10.5%
- 碳含量最高 1.2%

按其主要特性可分类如下：
- 耐腐蚀钢（参见 141，142 页）
- 热稳定钢
- 耐高温钢

表 1：非合金钢的极限值

元素	%	元素	%	元素	%
Al	0.30	Mn	1.65	Se	0.10
Bi	0.10	Mo	0.08	Si	0.60
Co	0.30	Nb	0.06	Ti	0.05
Cu	0.40	Ni	0.30	V	0.10
Cr	0.30	Pb	0.40	W	0.30

主要品质等级 [3]

优质非合金钢		优质合金钢	
钢组（摘录）	举例	钢组（摘录）	举例
非合金结构钢	S235JR	轨道钢	R900Mn
非合金调质钢	C45	电气用钢板和钢带	M390–50E
易切削钢	10S20	较高屈服强度的微合金钢	H400M
适宜焊接的非合金细晶结构钢	S275N	更高屈服强度的钢	HC260Y
压力容器用非合金钢	P235GH		

高级非合金钢		高级合金钢	
钢组（摘录）	举例	钢组（摘录）	举例
非合金调质钢	C45E	合金调质钢	42CrMo4
非合金渗碳钢	C15E	合金渗碳钢	16MnCr5
非合金工具钢	C45U	渗氮钢	34CrAlNi7
用于火焰淬火和感应淬火的非合金钢	C60E	合金工具钢	X40Cr14
		高速切削钢	HS6–5–2–5

[1] 主要品质等级中取消了"初级钢"。所有初级钢现均按优质钢制造。
[2] 不锈钢构成自己单独的钢组，不归属于优质钢和高级钢。不锈钢的概念适用于耐腐蚀钢、热稳定钢和耐高温钢。
[3] "采用火花定碳法实施材料检验" www.europa–lehrmittel.de/tm47。

钢制品的标准化

　　不同但同时有效的标准规定钢和钢制品的名称，例如板材、棒材和管材。必须组合使用这些标准才能获取一个完整的名称或相关的订货说明。

举例：

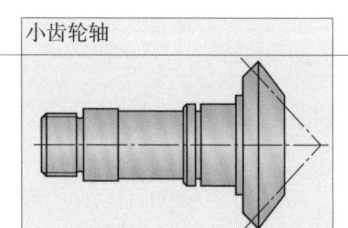

所需特性：
·产品表面耐磨
·内部高强度
·高疲劳强度

小齿轮轴

工件可能的加工方法：
·毛坯：长棒材
·切削加工和热处理

可能的材料组：
·渗碳钢，见 137 页
·渗氮钢，见 139 页
·火焰或感应淬火钢，见 139 页

可能的长棒材[1]：
·热轧圆钢[1]，见 151 页
·冷拔钢[1]，见 152 页

[1] 钢制品概念规定按 DIN EN 10079

摘选：渗碳钢，DIN EN 10084

范围	内容，举例
定义	渗碳钢
分类，名称	非合金、合金高级钢，例如 C15E，16MnCr5, 15NiCr13
订货说明	数量，产品形式，尺寸标准的标准号，尺寸，缩写名称，热处理状态和产品表面状态
制造	镇静浇铸，常规供货状态
化学成分	碳含量，合金元素，非金属杂质
热处理	温度，骤冷介质，淬火流程，淬火时间间隔
特性	可加工性，可剪切性
组织结构	晶粒粒度，杂质
钢种类	36 种不同的正火渗碳钢
供货状态	球化退火（+A）按淬火时间间隔处理（+TH）
表面结构	热成形（+HW）热成形和热喷丸（+BC）
可加工性	可切削加工性，可剪切性
检验	硬度证明

摘选：热轧圆钢，DIN EN 10060

- 名称
- 优先采用的直径 d
- 长度 L（长度类型，长度范围）
- 极限偏差尺寸
- 直线度，不圆度
- 特性参数的检测规则

钢命名系统，缩写名称，DIN EN 10027-1（见 127 页）

该标准确定（例如）：
- 单一性，书写方式，规定，分类和缩写名称的结构
- 主符号和附加符号

摘选：16MnCr5+A+BC

16MnCr5+A+BC	→化学成分的主符号
+A	→球化退火
+BC	→热成形和热喷丸

命名举例：

⟹ 圆钢 EN 10060 - 55 x 6000 F 钢 EN 10084 16MnCr5+A+BC

　　圆钢 d=55mm，L=6000mm，该长度是规定长度（F），截取自渗碳钢 16MnCr5+A+BC，球化退火（+A），热成形和热喷丸（+BC）。

提示： 符合标准化的名称均描述了产品的供货状态。

　　缩写名称或材料代码内可能的状态符号，部分源自钢命名系统,部分源自钢组标准，例如"普通结构钢"、"渗碳钢"、"调质钢"等。

材料代码   参照 DIN EN 10027-2（2015-07）

用缩写名称（参见 127 页）或材料代码识别和区分钢。

钢的名称（举例）：	缩写名称	材料代码 （带附加符号 +N）
	42CrMo4+N 或	1.7225+N

材料代码由一个六位数的数字组合构成（五个数字和一个句号）。它比缩写名称更适用于数据处理。

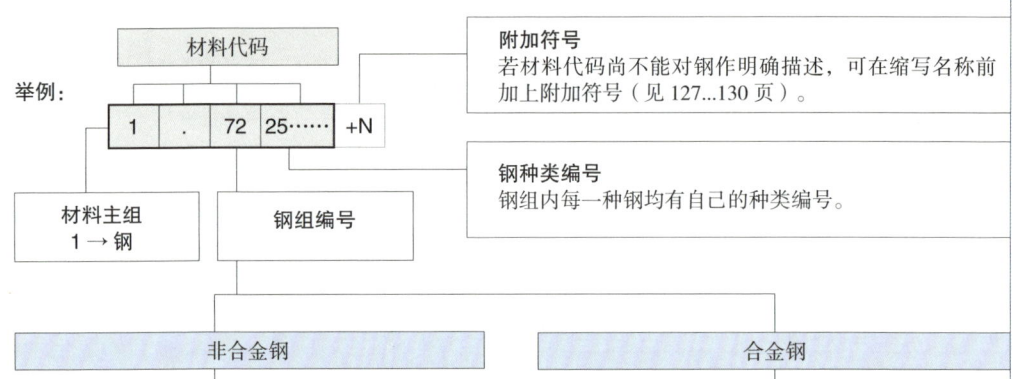

举例：

附加符号
若材料代码尚不能对钢作明确描述，可在缩写名称前加上附加符号（见 127...130 页）。

钢种类编号
钢组内每一种钢均有自己的种类编号。

材料主组
1 → 钢

钢组编号

非合金钢		合金钢	
钢组编号	钢组 [1]	钢组编号	钢组
优质钢		**优质钢**	
00.01.91	普通结构钢，$R_m < 500N/m^2$	08.98	特殊物理性能的钢
02.92	其他不指定用于热处理的结构钢，$R_m < 500N/m^2$	09.99	不同应用范围的钢
03.93	钢，$C < 0.12\%$ 或 $R_m < 400N/m^2$	**高级钢**	
		20...28	合金工具钢
04.94	钢，$0.12\% \leq C < 0.25\%$ 或 $400N/m^2 \leq R_m < 500N/m^2$	32	含钴高速切削钢
		33	无钴高速切削钢
05.95	钢，$0.25\% \leq C < 0.55\%$ 或 $500N/m^2 \leq R_m < 700N/m^2$	35	滚动轴承钢
		36,37	特殊磁性钢
06.96	钢，$C \geq 0.55\%$ 或 $R_m \geq 700N/m^2$	38,39	特殊物理性能的钢
07.97	更高磷和硫含量的钢	40...45	不锈钢
高级钢		46	镍合金钢，耐化学品，高温热稳定性
10	特殊物理性能的钢	47,48	热稳定钢
11	结构钢、机床钢和容器钢，$C < 0.5\%$	49	耐高温材料
12	机床钢，$C \geq 0.5\%$	50...84	不同合金组合的结构钢、机床钢和容器钢
13	具有特殊要求的结构钢、机床钢和容器钢	85	渗氮钢
15...18	非合金工具钢	87...89	适宜焊接的高强度钢

[1] C 是碳，R_m 是抗拉强度。抗拉强度数值 R_m 和碳含量 C 均是平均值。

命名系统   参照 DIN EN 10027-1（2017-01）

按用途命名

钢的缩写名称由主符号和附加符号组成。主符号按照钢的用途或化学成分构成。附加符号则取决于钢组或产品组。

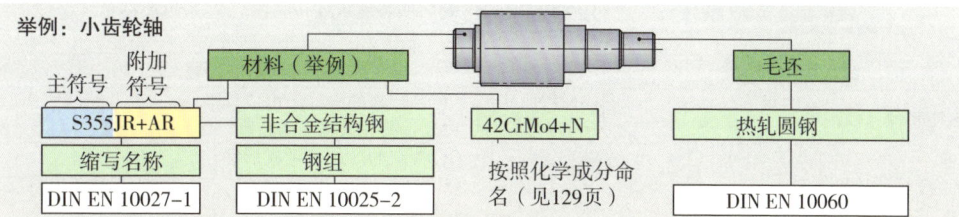

举例：小齿轮轴

主符号 附加符号	材料（举例）		毛坯
S355JR+AR	非合金结构钢	42CrMo4+N	热轧圆钢
缩写名称	钢组	按照化学成分命名（见129页）	
DIN EN 10027-1	DIN EN 10025-2		DIN EN 10060

按用途命名的名称主符号

用途	主符号[1]		用途	主符号[1]	
钢结构用钢	S	235[2]	切削钢	Y	1770[3]
机械制造用钢	E	360[2]	冷成形扁钢	D	X52[4]
压力容器用钢	P	265[2]	轨道钢	R	260[5]
管道用钢	L	360[2]	高强度扁钢	H	C420[6]
混凝土用钢	B	500[2]	电气薄钢板和钢带	M	400—50[7]
包装用薄钢板和钢带	T	S550[2]	**铸钢**的主符号前加字母 G		

[1] 主符号由标记字母与一个数字或一个其他字母与一个数字组成。
[2] 屈服强度 R_e 用于最小制品厚度。
[3] 最低抗拉强度 R_m 的标称数值。
[4] 轧制状态 C、D、X 标在两个符号后面。
[5] 按布氏硬度 HBW 的最低硬度。
[6] 轧制状态 C、D、X 和最低屈服强度 R_e 或轧制状态 CT、DT、XT 和最低抗拉强度 R_m。
[7] 用破折号分开最大允许交变磁化损失 W/kg × 100 和标称厚度 ×100。

钢结构用钢

名称：   S 235 JR + N

钢结构的标记字母	最小制品厚度的屈服强度 R_e	附加符号

制品组（摘选）	标准	附加符号
热轧非合金结构钢	DIN EN 10025-2	下列温度时的开口冲击韧性试验，单位：J JR 27 20° J2 27 −20° J0 27 0° K2 40 20° C 特殊的冷加工可成形性 +AR 供货状态，如轧制 +N 正火
正火/正火轧制、适宜焊接的细晶结构钢	DIN EN 10025-3	N 正火或正火轧制，−20℃时的开口冲击韧性试验数值 NL 如 N，但是 −50℃时的开口冲击韧性试验数值
热机轧制可焊接结构钢	DIN EN 10025-4	M 热机轧制，−20℃时的开口冲击韧性试验数值 ML 如 M，但是 −50℃时的开口冲击韧性试验数值
热轧结构钢，调质状态下更高的屈服强度	DIN EN 10025-6	Q 调质，−20℃时的开口冲击韧性试验数值 QL 调质，−40℃时的开口冲击韧性试验数值 QL1 调质，−60℃时的开口冲击韧性试验数值
冷拔钢制品用钢	DIN EN 10027-1, 2	JR、J2、C 与 DIN EN 10025-2（见上文）相同 +C 冷拉　+SH 轧制和去荒皮 +SL 磨削
由非合金结构钢和细晶结构钢热轧的空心型材	DIN EN 10210-1	JR、J0、J2 和 K2 与 DIN EN 10025-2 相同 N、NL 与 DIN EN 10025-3 相同 H 空心型材

➡ S235JR+N：钢结构用钢，R_e=235N/mm²，27J 指 −20℃时的开口冲击韧性试验数值，正火（+N）。

命名系统　　　　　　　　　　　　　　　参照 DIN EN 10027-1（2005-10）

机械制造用钢

名称举例：

$$E\ 355\ +AR$$

机械制造标记字母	最小制品厚度的屈服强度 R_e	附加符号

制品组（摘选）	标准	附加符号
热轧非合金结构钢	DIN EN 10025-2	GC　特殊的冷加工可成形性 +AR　供货状态，如轧制　　+N 正火
冷拔制品用钢	DIN EN 10277-1, 2	GC 特殊的冷加工可成形性 +C 冷拉　　　　　　　　　+SH 轧制和去荒皮 +SL 磨削
管材，无缝冷拉	DIN EN 10305-1	+A 退火　　　+C 光拉 / 硬　　+LC 光拉 / 软 +N 正火　　　+SR 光拉，去应力退火
非合金钢和合金钢制无缝钢管	DIN EN 10297-1	J2 −20℃时开口冲击韧性试验数值 27J K2 −20℃时开口冲击韧性试验数值 40J +AR 供货状态，如轧制　　+N 正火　　+QT 调质

⇒ E355+AR：机械制造用钢，R_e=355N/mm^2，供货状态，如轧制（+AR）。

用于冷加工成形的扁钢制品

名称举例：

$$D\ C\ 04\ -A-m$$

用于冷加工成形的 扁钢制品标记字母	轧制状态标记字母：X 未规定 轧制状态　C 冷轧　　D 热轧	钢种类标记数字 主要性能 见 147 页	附加符号（每个 制品组自己规定）

制品组（摘选）	标准	附加符号
用于冷加工成形并由软钢制成的冷轧扁钢	DIN EN 10130	**制品表面的类型和结构** A 允许存在不影响可成形性和表面涂覆层附着性能的缺陷 B 更好的一面必须无缺陷，使优质油漆或涂覆层外观不受影响 b 特别光亮　　g 光亮　　m 麻面　　r 粗糙
用于冷加工成形并由软钢连续热浸镀层精炼制成的钢带和钢板	DIN EN 10346	D 热浸镀层 **镀层**（标在镀层质量后面，单位：g/cm^2，例如 Z140） +AS 铝硅合金　　+AZ 铝锌合金　+Z 锌　+ZA 锌铝合金　+ZF 锌铁合金 **锌镀层结构（+Z）**：N 普通锌华　　M 小锌华 **表面类型**：A 普通表面　　B 改进的表面　　C 最佳表面

⇒ DC04-A-m：用于冷加工成形的扁钢（D），冷轧（C），钢种类 04（见 147 页），表面类型 A，表面结构为麻面（m）。

用于冷加工成形的高强度钢扁钢制品

名称举例：

$$H\ C\ 300\ B-A-g$$

用于冷加工成形的高强度钢扁钢制品标记字母	轧制状态标记字母：X 未规定 轧制状态　C 冷轧　　D 热轧	屈服强度 R_e=300N/mm^2 T500 最低抗拉强度 R_m=500N/mm^2	附加符号（每个 制品组自己规定）

制品组（摘选）	标准	附加符号
微合金钢冷轧钢带和钢板	DIN EN 10268	B 退火硬化钢　Y 最高强度 IF 钢　1 均质钢 LA 低合金钢 / 微合金钢 **制品表面的类型和结构** 轧制宽度 < 600mm 的参见 DIN EN 10139 轧制宽度 ≥ 600mm 的参见 DIN EN 10130

⇒ HC2601-A-g：高强度钢的冷轧扁钢（H），冷轧（C），最低屈服强度 R_e=260N/mm^2（260），均质钢（1），表面类型 A，光亮表面（g）。

命名系统 — 参照 DIN EN 10027-1（2017-01）

按照化学成分命名

按化学成分命名的主符号分为四个不同的名称组。附加符号则取决于钢组或制品组。

举例：小齿轮轴

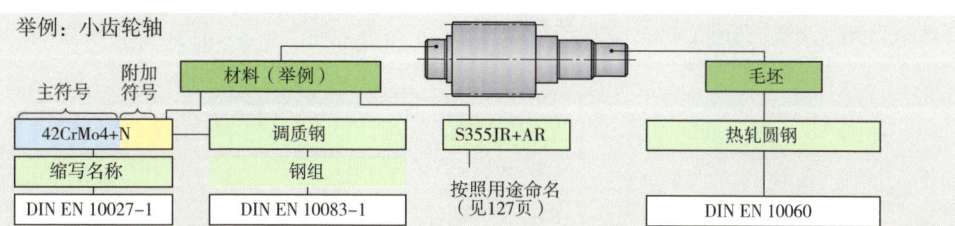

主符号	附加符号	材料（举例）		毛坯
42CrMo4+N		调质钢	S355JR+AR	热轧圆钢
缩写名称		钢组	按照用途命名（见127页）	
DIN EN 10027-1		DIN EN 10083-1		DIN EN 10060

主符号[1][2] 的名称组，名称举例和名称用途

非合金钢 锰含量 < 1% 易切削钢除外	合金钢，易切削钢 锰含量 > 1% 的非合金钢	合金钢 某个合金元素的平均含量 ≥ 5%	高速切削钢 HS 10–4–3–10
C15E	42CrMo4	X12CrNi18–8	高速切削钢标记字母
用途（举例）： 非合金渗碳钢 非合金调质钢 非合金工具钢	用途（举例）： 易切削钢 合金渗碳钢 合金调质钢 合金工具钢 弹簧钢	用途（举例）： **不锈钢** 耐腐蚀、耐热、耐高温钢 **工具钢** 冷加工钢 热加工钢	合金元素含量百分比数字，排序 W–Mo–V–Co 10 → 10% 钨（W） 4 → 4% 钼（Mo） 3 → 3% 钒（V） 10 → 10% 钴（Co）

[1] 铸钢的主符号前加字母 G；粉末冶金制造的钢主符号前加字母 PM。
[2] www.europa-lehrmittel.de/tm47 "采用火花定碳法实施材料检验"。

锰含量 < 1% 的非合金钢，易切削钢除外

名称举例：　　　　　　　　　　　　　　　C15 E+S+BC

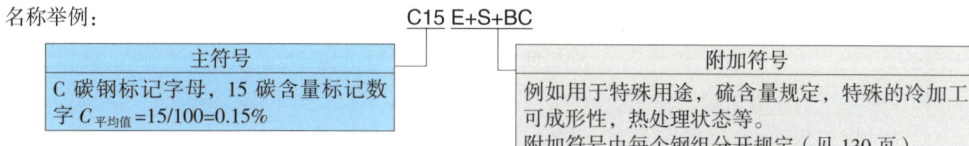

主符号	附加符号
C 碳钢标记字母，15 碳含量标记数字 $C_{平均值}$=15/100=0.15%	例如用于特殊用途，硫含量规定，特殊的冷加工可成形性，热处理状态等。 附加符号由每个钢组分开规定（见130页）。

⇒ C45E+S+BC：非合金调质钢，碳含量 0.45%，规定最大含硫量（E），处理成为可剪切加工（+S），喷丸处理（+BC）（调质钢附加符号见130页）。

合金钢，易切削钢，锰含量 > 1% 的非合金钢

名称举例：　　　　　　　　　　　　　18CrNiMo7–6 +TH+BC

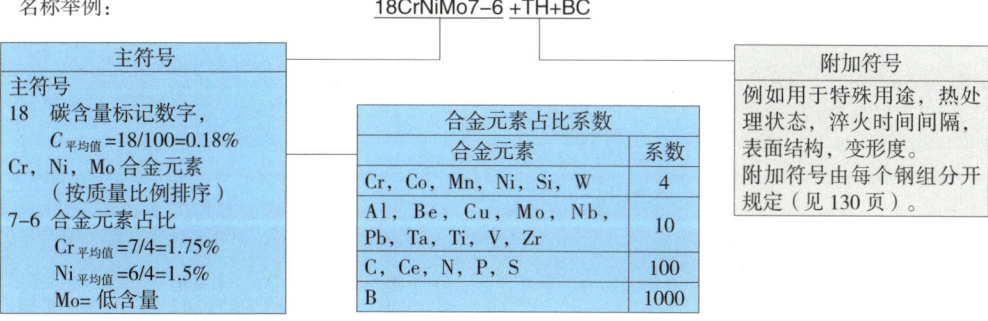

主符号
18 碳含量标记数字，$C_{平均值}$=18/100=0.18%
Cr, Ni, Mo 合金元素（按质量比例排序）
7–6 合金元素占比
$Cr_{平均值}$=7/4=1.75%
$Ni_{平均值}$=6/4=1.5%
Mo= 低含量

合金元素占比系数	
合金元素	系数
Cr, Co, Mn, Ni, Si, W	4
Al, Be, Cu, Mo, Nb, Pb, Ta, Ti, V, Zr	10
C, Ce, N, P, S	100
B	1000

附加符号
例如用于特殊用途，热处理状态，淬火时间间隔，表面结构，变形度。
附加符号由每个钢组分开规定（见130页）。

⇒ 17CrNiMo6–4+TH+BC：合金渗碳钢，碳含量 0.17%（17），铬含量 1.5%（6），镍含量 1.0%（4），低钼含量，按淬火时间间隔处理（+TH），喷丸处理（+BC）（渗碳钢附加符号见130页）。

命名系统		参照 DIN EN 10027-1（2017-01）
钢组 / 摘选	标准	附加符号
渗碳钢，热加工成形	DIN EN 10084	E　规定的最大硫含量 R　规定的硫合金范围 **热处理状态：** +U　未处理　　+A 球化退火　　+N 正火 +S　处理成可剪切 +TH　按淬火时间间隔处理（仅限渗碳钢） +PF　处理成铁素体 - 珠光体组织结构并按淬火时间间隔处理（仅限渗碳钢）
调质钢，热加工成形	DIN EN 10083-1 10083-2 10083-3	+QT　调质（仅限调质钢） +H　普通可淬硬性 +HH　更小的硬度公差上限范围 +H　更小的硬度公差下限范围 **表面结构：** +HW　（或无标记字母）热成形 +BC　热成形和喷丸　　+Pl　热成形和酸洗 +RM　热成形和预处理
易切削钢，热加工成形	DIN EN 10087	一般不规定加上附加符号（特殊情况下直接加淬火类型: +QT 调质）
渗氮钢，热轧	DIN EN 10085	**热处理状态：**+A 球化退火　　+QT 调质 **表面结构：**（无标记字母）如轧制或锻压 +Pl 补充酸洗　　+BC 补充喷丸
工具钢（高速切削钢除外）	DIN EN ISO 4957	U 用于刀具　　+A（或无标记字母）球化退火 +A+C 退火或冷拉　　+QT 调质　　+U 不作处理
易切削钢、渗碳钢和调质钢的冷拔制品	DIN EN 10277-1 10277-3, 4, 5	+C 冷拉　　+SH 轧制和去荒皮　　+SL 磨削 E,R,+A,+FP,+QT 见 DIN EN 10083（上文）
渗碳钢和调质钢的无缝钢管	DIN EN 10297-1	+A 球化退火　　+AR 如轧制　　+N 正火 +FP 处理成铁素体 - 珠光体组织结构，按淬火时间间隔处理 +QT 调质　　+TH 按淬火时间间隔处理

➡16MnCr5+A：合金渗碳钢，碳含量 0.16%（16），锰含量 1.25%（5），低铬含量，球化退火（+A）。

合金钢，至少一个合金元素含量超过 5%（无高速切削钢）

名称举例：　　　　　　　　　　　　X4CrNi18-12 +2D

主符号	附加符号
X　名称组标记字母 4　平均碳含量标记数字　$C_{平均值}$=4/100=0.04% Cr，Ni　主要合金元素（Cr > Ni） 18-12　合金元素占比，单位：%，铬 =18%，镍 =12%	关于热处理状态、轧制状态、结构类型、表面特性的说明。 附加符号由每个钢组和制品组分开规定。

钢组 / 制品组（摘选）	标准	附加符号（摘选）	
		热处理状态	表面结构类型 / 表面特性
耐腐蚀钢板和钢带，热轧	DIN EN 10088-2	+A 退火 +QT 调质 +QT 调质至 R_m=650N/mm^2 +AT 固溶退火 +P 时效硬化 +P300 时效硬化至 R_m=1300N/mm^2 +SR 去应力退火	+1　热轧制品 1U　不热处理，不去氧化皮 1C　热处理，不去氧化皮 1E　热处理，机械去氧化皮 1D　热处理，酸洗，光亮 1G　磨削
耐腐蚀钢板和钢带，冷轧	DIN EN 10088-2		+2　冷轧制品 2C,E,D,G 与热轧制品相同 2B　与 D 相同，但补充后续冷轧工序 2R　光亮退火 2Q　淬火和回火，无氧化 2H　冷作硬化（不同强度等级），光亮表面

➡X2CrNi18-9+AT+2D：合金钢，碳含量 0.02%（2），铬含量 18%，镍含量 9%，固溶退火（+AT），冷轧（+2），热处理，酸洗，光亮表面（D）。

钢制品概述

扁平和长条制品，管材，型材（摘选）　　　　　　　　　参照 DIN EN 10079（2007–06）

钢厂通过连铸、压铸、轧制或锻压等工序制成钢的半成品，并继续加工制成例如扁平制品、长条制品或型材。

扁平制品		
薄钢板	**热轧钢板**	**热轧钢带**　　（见 148 页）
	矩形或正方形钢板，钢板边缘处于： ·不平整和轻度凸起的轧制状态 ·光亮的裁切状态	卷成钢带卷的扁平制品。钢带边缘处于： ·不平整和轻度凸起的轧制状态 ·光亮的裁切状态
	钢板和钢带的特种轧制方法	
	正火轧制	热机轧制
	轧制时的变形程度和温度变化导致形成一种符合"正火"（+N）状态的组织结构。	轧制时的变形程度和温度变化导致得到所需的组织特性，例如更高的屈服强度，这是热处理无法达到的。
	冷轧钢板　（见 147、148 页）	**冷轧钢带**　（见 147、148 页）
钢带卷	矩形或正方形钢板，表面光亮且具不同表面结构，边缘未加工或裁切，材料冷作硬化。	卷成钢带卷的扁平制品，表面光亮，边缘轻度凸起或裁切，材料冷作硬化。
	包装钢板和包装钢带	
	极薄钢板	镀锡钢板
	通过一次或两次（两次减薄）冷轧制成的钢板和钢带。	用双面电镀镀锡的极薄钢板制成的钢板和钢带。

长条制品		
	热轧棒材　　（见 151 页）	**轧制线材**
	区别在于横截面形状的不同，例如圆棒材、扁棒材、方棒材。表面处于轧制状态或去氧化皮 / 酸洗。	热轧并卷成盘状的长条制品，厚度 $t \leqslant 5mm$，光亮表面，横截面与棒材相同。
	冷拔钢棒材，例如圆棒材、扁棒材、方棒材　　（见 152 页）	
	供货状态	
	冷拉	去荒皮（圆棒材）	磨削（圆棒材）
	高形状精度和尺寸精度，高表面材质，表层冷作硬化，必要时做表层脱碳处理。	切削加工的表面具有高形状精度和尺寸精度，高表面材质，无表面脱碳。	拉制或去荒皮的棒材应磨削或磨削加抛光，达到最佳表面和最高尺寸精度。

管材		
	无缝钢管　　（见 149 页）	**焊接钢管**
	用预留孔的环状管材热轧制造，然后继续进行冷轧或热轧或冷拉等工序。	用纵向或螺旋状焊缝焊接已成形的圆形扁平制品

型材		
	热轧型材　　（见 153...157 页）	**冷作型材**
	按其横截面形状命名，例如 L 形型材、U 形型材、I 形型材，表面处于轧制状态。	命名方法与热轧型材相同，表层冷作硬化，具有良好的尺寸稳定性，光亮表面。

钢制品概述

子组，供货状态	标准	主要性能	应用范围	产品形状 [1]			
				B	S	P	D
非合金结构钢，热轧				参见 135 页			
钢材和机械制造用钢	DIN EN 10025-2	·良好的可切削加工性 ·可焊接性，S185 除外 ·可冷热成形性	钢材和机械制造中的焊接结构，简单的机械零件	·	·	·	·
机械制造用钢		·可切削加工性 ·不可焊接 ·可冷热成形性	机械零件，无热处理，例如淬水、调质	·	·	·	—
适宜焊接的细晶结构钢				参见 136 页			
正火	DIN EN 10025-3	·可焊接性 ·可热成形性	机械制造和钢结构中具有高韧性，抗脆性断裂和抗老化的焊接结构	·	·	·	·
热机轧制	DIN EN 10025-4	·可焊接性 ·不可热成形		·	·	·	·
更高屈服强度的调质结构钢				参见 136 页			
合金钢	DIN EN 10025-6	·可焊接性 ·可热成形性	机械制造和钢结构中的最高强度焊接结构	·	—	—	—
渗碳钢				参见 137 页			
非合金钢	DIN EN 10084	·未淬火状态下良好的可切削加工性 ·可热成形性 ·表层渗碳后的表面可淬硬性	表面耐磨的小型零件	·	·	—	·
合金钢			表面耐磨的动态载荷零件	·	·	—	·
调质钢				参见 138 页			
非合金优质钢	DIN EN 10083-2	·球化退火状态下良好的可切削加工性 ·可热成形性 ·可调质性（非合金优质钢的调质结果不稳定）	更高强度的不调质零件	·	·	·	·
非合金高级钢			更高强度和良好韧性的零件	·	·	·	·
合金钢	DIN EN 10083-3		良好韧性的高载荷零件	·	·	·	·
火焰淬火和感应淬火用钢				参见 139 页			
非合金钢	DIN EN 10083-2,	·球化退火状态下良好的可切削加工性 ·可热成形性 ·可直接淬火；可在零件上分区单独淬火，例如齿面 ·零件渗氮前调质	零件内部低强度和部分区域淬火的零件	·	·	·	·
合金钢	DIN EN 10083-3		零件内部高强度并部分区域淬火的较大尺寸零件	·	·	·	·
渗氮钢				参见 139 页			
合金钢	DIN EN 10085	·球化退火状态下良好的可切削加工性 ·可渗氮淬火，淬硬层极薄 ·零件渗氮前调质	提高疲劳强度的零件、耐磨损零件、耐高温达500℃的零件	·	·	·	·
弹簧钢				参见 143 页			
非合金钢和合金钢	DIN EN 10270, DIN EN 10089	·可冷或热加工成形 ·高弹性变形特性 ·高疲劳强度	板簧、螺旋弹簧、碟簧、扭杆弹簧	—	—	—	·

[1] 制品形状：B 板材、带材。　　　　S 棒材，例如扁棒材、方棒材和圆棒材。
　　　　　　　D 线材。　　　　　　　　P 型材，例如 U 形型材、L 形型材、T 形型材。

钢制品概述

子组，供货状态	标准	主要性能	应用范围	产品形状[1]			
				B	S	P	D
易切削钢				参见 139 页			
未热处理的钢	DIN EN 10087	·最好的可切削加工性（短切屑） ·不可焊接 ·渗碳淬火或调质时允许必要时的不均匀反应	对强度要求较低的大批量车削件	—	·	—	·
易切削渗碳钢	DIN EN 10087		与非合金渗碳钢相同；更好的可切削加工性	—	·	P	·
易切削调质钢	DIN EN 10087		与非合金调质钢相同；更好的可切削加工性，低疲劳强度	—	·	—	·
工具钢				参见 140 页			
非合金冷加工钢	DIN EN ISO 4957	·球化退火状态下良好的可切削加工性 ·非切削冷加工和可热成形性 ·淬透深度最大达 10mm	加工温度最高 200℃的切削和非切削成形加工低载荷零件	·	·	·	·
合金冷加工钢	DIN EN ISO 4957	·球化退火状态下良好的可切削加工性 ·可热成形性 ·更大的淬透深度，更高的强度，耐磨性能强于非合金冷加工钢	加工温度最高 200℃的切削和非切削成形加工高载荷零件	·	·	·	·
热加工钢	DIN EN ISO 4957	·球化退火状态下良好的可切削加工性 ·可热成形性 ·整个横截面均具可淬性	加工温度超过 200℃的无切削成形加工刀具，	·	·	·	·
高速切削钢	DIN EN ISO 4957	·球化退火状态下良好的可切削加工性 ·可热成形性 ·整个横截面均具可淬性	切削刀具的刀刃材料，加工温度最高 600℃，高载荷成形刀具	·	·	·	·
耐腐蚀钢				参见 141，142 页			
铁素体钢	DIN EN 10088–2 DIN EN 10088–3	·可切削加工性 ·良好的冷成形性 ·可焊接 ·热处理没有提升强度	低载荷不锈钢零件；对氯气应力裂纹腐蚀具有高耐受性	·	·	·	·
奥氏体钢	DIN EN 10088–2 DIN EN 10088–3	·可切削加工性 ·极佳的冷成形性 ·可焊接 ·热处理没有提升强度	高耐腐性能的不锈钢零件，所有不锈钢品种中它的应用范围最广	·	·	·	·
马氏体钢	DIN EN 10088–2 DIN EN 10088–3	·可切削加工性 ·球化退火状态下的冷成形性 ·低碳含量时可焊接 ·可调质	可调质的更高载荷不锈钢零件	·	·	·	·

[1] 制品形状：B 板材，带材　　S 棒材，例如扁棒材、方棒材和圆棒材。
　　　　　　D 线材　　　　　　P 型材，例如 U 形型材、L 形型材、T 形型材。

结构钢

结构钢的选用可按下列示意图：

举例：非合金结构钢（见 135 页）		
最低要求，例如	合适的钢种类，质量等级	
·强度	S185	优质钢
·强度 ·韧性	E295，E335，E360	
·强度 ·韧性 ·可焊接性	S235JR，S235J0，S275JR，S275J0，S355JR，S355J0，	

其他钢组，例如
- 高强度钢的冷轧扁平制品
- 冷加工成形的扁平制品
- 包装钢板和钢带
- 电气用薄钢板
- 压力容器用钢

最低要求，例如	合适的钢组，例如	合适的钢种类，质量等级	
·高表层硬度 ·高内核硬度 ·高内核韧性	渗碳钢	C10E，C15E，C10R，C15R	高级钢
·良好韧性时的高强度	调质钢	C22E，C35E，C45E，C60E	
·最佳可切削加工性	易切削钢	10S20，15SPb20	优质钢

其他要求

合金钢

钢组，例如
- ·渗碳钢   ·调质钢   ·渗氮钢
- ·工具钢   ·耐腐蚀钢

合金元素的影响

受合金元素影响的性能	合金元素										
	Cr	Ni	Al	W	V	Co	Mo	Si	Mn	S	P
抗拉强度	●	●	—	●	●	●	●	●	●	—	●
屈服强度	●	●	—	●	●	●	●	●	●	—	●
开口冲击韧性	○	●	○	—	●	○	●	○	●	○	○
耐磨性能	●	○	—	●	●	—	●	—	○	—	—
可热成形性	○	●	—	—	●	—	●	●	●	—	—
可冷成形性	—	—	—	—	—	○	●	○	○	○	○
可切削加工性	○	○	—	●	●	—	○	○	—	●	●
热稳定性	●	—	—	●	●	●	●	●	—	—	—
耐腐蚀性	●	●	●	—	—	—	●	●	—	—	—
淬火温度	●	●	—	●	●	—	●	●	●	—	—
可淬硬性，可调质性	●	●	—	●	●	—	●	●	●	—	—
可渗氮性	●	—	●	●	●	—	●	○	●	—	—
可焊接性	○	○	●	—	●	—	○	○	○	○	○

●提高   ○降低   —没有可列举价值的影响

举例： 齿轮，硬表面，同时耐磨，内核部分高强度和高韧性
毛坯件在锻模内锻压
选用的钢组：渗碳钢→非合金钢，C ≤ 0.2%，例如 C15E
通过加入镍、钒、钼和锰改善其热成形性
可能选用的钢：16MnCr5, 20MnCr5, 16NiCr4（见 137 页）。

非合金结构钢

非合金结构钢，热轧 　　　　　　　　　　参照 DIN EN 10025-2（2005-04）

钢种类		DO[1]	开口冲击韧性		抗拉强度 R_m [2] N/mm²	制品厚度如下时的屈服强度 R_e（N/mm²）				断裂延伸率 A [3] %	性能，应用
缩写名称	材料代码		℃	KV J		≤ 16	>16 ≤ 40	>40 ≤ 63	>63 ≤ 80		
钢结构和机械制造用钢											
S185	1.0035	–	–	–	290…510	185	175	175	175	18	不可焊接，简单的钢结构
S235JR	1.0038	FN	20								简单机器零件，钢结构和机械制造中的焊接结构；杆、螺栓、静轴、动轴
S235J0	1.0114	FN	0	27	360…510	235	225	215	215	26	
S235J2	1.0117	FF	−20								
S275JR	1.0044	FN	20								
S275J0	1.0143	FN	0	27	410…560	275	265	255	245	23	
S275J2	1.0145	FF	−20								
S355JR	1.0045	FN	20								钢结构，吊车和桥梁中的高载荷焊接结构
S355J0	1.0553	FN	0	27	470…630	3554	345	335	325	22	
S355J2	1.0577	FF	−20								
S355K2	1.0596	FF	−20	40	470…630	355	345	335	325	22	
S450J0	1.0590	FF	0	27	550…720	450	430	410	390	17	
机械制造用钢											
E295	1.0050	FN	–	–	470…610	295	285	275	265	20	静轴，动轴，螺栓
E335	1.0060	FN	–	–	570…710	335	325	315	305	16	耐磨零件；棘轮，蜗杆，主轴
E360	1.0070	FN	–	–	670…830	360	355	345	335	11	

[1] DO 脱氧类型： – 与制造商约定； FN 镇静钢； FF 完全镇静钢。

[2] 该数值适用于制品厚度 3mm 至 100mm。

[3] 该数值适用于制品厚度 3mm 至 40mm 和长条试样 $L_0 = 5.66 \cdot \sqrt{S_0}$（见 201 页）。表内所列钢种是 DIN EN 10020（见 124 页）所述非合金优质钢。

工艺性能

可焊接性	热成形性
质量组 JR-J0-J2-K2 的钢可按所有焊接方法进行焊接。但钢强度和厚度的增加同时也加大了出现冷却裂纹的危险。 钢 S185，E295，E335 和 E360 不可焊接，因为其化学成分未做规定。	可热成形的钢。订货和供货正火（+N）或正火轧制（+N）状态的产品时，此类产品必须符合上表所列各项要求。热处理状态在订货时说明。 举例：S235J0+N 或 1.0114+N

冷成形性

适宜冷成形加工（卷边，轧制型材，冷拉）的钢种在缩写名称中含有附加符号 C 或 GC 并各有单独的材料代码。

适宜冷成形加工的钢种

缩写名称	材料代码	适用于[1]			缩写名称	材料代码	适用于[1]			缩写名称	材料代码	适用于[1]		
		A	W	K			A	W	K			A	W	K
S235JRC	1.0122				S275JRC	1.0128				S355JRC	1.0554			
S235J0C	1.0115	•	•	•	S275J0C	1.0140	•	•	•	S355J0C	1.0578	•	•	•
S235J2C	1.0119				S275J2C	1.0142				S355J2C	1.0594			
E295GC	1.0533	—	—	•	E335GC	1.0543	—	—	•	E360GC	1.0633	—	—	•

[1] 成形加工方法：A 卷边，折弯；W 轧制型材；K 冷拉； • 适宜　— 不适宜

适宜焊接的细晶结构钢，调质钢

适宜焊接的细晶结构钢，热轧（摘选）   参照 DIN EN 10025-3 和 DIN EN 10025-4（2005-04）

钢种类		L[1]	下列温度（℃）时开口冲击韧性 $KV^{2)}$（J）			抗拉强度 $R_m^{2)}$ N/mm²	工件厚度（mm）如下时屈服强度 R_e(N/mm²)			断裂延伸率 A %	性能，应用
缩写名称	材料代码		+20	0	−20		≤ 16	>16 ≤ 40	>40 ≤ 63		
非合金优质钢											
S275N	1.0490	N	55	47	40	370···510	275	265	255	24	高韧性，高抗脆性断裂和高耐疲劳强度；用于机械制造、吊车、桥梁工程和机动车制造的焊接结构
S275M	1.8818	M				370···530					
S355N	1.0545	N	55	47	40	470···630	355	345	335	22	
S355M	1.8823	M									
合金高级钢											
S420N	1.8902	N	55	47	40	520···680	420	400	390	19	
S420M	1.8825	M									
S460N	1.8901	N	55	47	40	550···720	460	440	430	17	
S460M	1.8827	M				540···720					

1）供货状态：N 正火 / 正火轧制　M 热机轧制。
2）该数值适用于锐角开口 – 长条试样。
　　钢的适用标准：DIN EN 10025-3 → S275N，S355N，S420N，S460N
　　　　　　　　　DIN EN 10025-4 → S275M，S355M，S420M，S460M

工艺性能

可焊接性	热成形性	冷成形性
这类钢适宜焊接。但钢强度和厚度的增加同时也加大了出现冷却裂纹的危险。	只有 S275N、S355N、S42N 和 S480N 这几种钢可热成形加工。	如果订货要求冷成形加工，则冷弯曲和冷卷边的适宜厚度最大为 12mm。

更高屈服强度的调质结构钢，热轧（摘选）   参照 DIN EN 10025-6（2009-08）

钢种类		下列温度（℃）时开口冲击韧性 KV[2]（J）			抗拉强度 $R_m^{2)}$ N/mm²	工件厚度（mm）如下时屈服强度 R_e(N/mm²)			断裂延伸率 A %	性能，应用
缩写名称	材料代码	0	−20	−40		>3 ≤ 50	>50 ≤ 100	>100 ≤ 150		
S460Q	1.8908	40	30	–	550···720	460	440	400	17	高韧性，高抗脆性断裂和高耐疲劳强度；用于机械制造、吊车、桥梁工程、机动车制造和输送设备的高载荷焊接结构
S460QL	1.8906	50	40	30						
S500Q	1.8924	40	30	–	550···720	500	480	440	17	
S500QL	1.8909	50	40	30						
S620Q	1.8914	40	30	–	700···890	620	580	560	15	
S620QL	1.8927	50	40	30						
S890Q	1.8940	40	30	–	940···1100	890	830		11	
S890QL	1.8983	50	40	30						
S960Q	1.8941	40	30	–	980···1150	960	–	–	10	
S960QL	1.8933	50	40	30						

[1] Q 调质；QL 调质，保证最低至 −40℃时的开口冲击韧性平均值

工艺性能

可焊接性	热成形性	冷成形性
这类钢不适宜无限制的焊接。钢强度和厚度的增加加大了出现冷却裂纹的危险。	不推荐使用热成形加工方法，因为经过后续热处理后，已无法达到所需强度数值。	如果订货要求冷成形加工，则冷弯曲和冷卷边的适宜厚度最大为 16mm。

渗碳钢

渗碳钢，热轧（摘选）									参照 DIN EN 10084（2008-06）
钢种类		供货状态[2]的硬度值 HB		渗碳淬火[3]后内核性能			淬火方法[4]		性能，应用
缩写名称[1]	材料代码	+A	+FP	抗拉强度 R_m[2] N/mm^2	屈服强度 R_e N/mm^2	断裂延伸率 A %	D	E	
非合金渗碳钢									
C10E C10R	1.1121 1.1207	131	90…125	490…640	295	16	●	●	中等载荷的小型零件，杆，轴颈，螺栓，辊，主轴，模压和冲压件
C15E C15R	1.1141 1.4440	143	103…140	590…780	355	14	●	●	
合金渗碳钢									
17Cr3 17CrS3	1.7016 1.7014	174	–	700…900	450	11	●	●	
16MnCr5 16MnCrS5 16MnCrB5	1.7131 1..7139 1.7160	207 207	140…187 140…187	780… 1080 ≥ 900	590	10	○	●	交变载荷零件，例如变速箱；齿轮，锥齿轮和盘形齿轮，驱动棘轮，轴，万向轴
16NiCr4 16NiCrS4	1.5714 1.5715	217	156…207	980…1270	≥ 735	10		●	
18CrMo4 18CrMoS4	1.7243 1.7244	207	140…187	930…1300	≥ 685	9	○	●	
20MoCr3 20MoCrS3	1.7320 1.7319	217	145…185	780…1080	590	10	●	–	
20MoCr4 20MoCrS4	1.7321 1.7323	207	140…187	780…1080	590	10	●	–	
17CrNi6-6 22CrMOS3-3	1.5918 1.7333	229 217	156…207 152…201	≥ 1100 ≥ 1000	– 	9 	– ○	● ●	高交变载荷零件，例如变速箱；齿轮，锥齿轮和盘形齿轮，驱动棘轮，轴，万向轴
15NiCr13 10NiCr5-4	1.5752 1.5805	229 192	166…207 137…187	920…1230 ≥ 900	785 –	10 –	– –	● ●	
20NiCrMo2-2 20NiCrMoS2-2	1.6523 1.6526	212	149…194	≥ 800	≥ 500	10	●	●	
17NiCrMo6-4 17NiCrMoS6-4 20NiCrMo6-4	1.6566 1.6569 1.6571	229	149…201 149…201 154…207	≥ 1000 ≥ 1000 ≥ 1100	– – –	– – –	– – 	● ● ●	
20MnCr5 20MnCrS5	1.7147 1.7149	217	152…201	980…1270	≥ 685	8	○	●	大尺寸零件；齿轮轴，齿轮，盘形齿轮
18NiCr5-4 14NiCrMo13-4 20NiCrMo13-4 18CrNiMo7-6	1.5810 1.6657 1.6660 1.6587	223 241 255 229	156…207 166…217 197…241 159…207	≥ 1100 1030… 10880 ≥ 1400 ≥ 1100	– – – –	– 10 – 8	– – – –	● ● ● ●	

[1] 添加硫的钢种类，例如 16MnCrS5，其可切削加工性更佳。

[2] 供货状态：+A 球化退火 +FP 处理成铁素体 – 珠光体组织结构和按淬火时间间隔处理

[3] 强度数值适用于标称直径 30mm 的试样。

[4] 淬火方法： D 直接淬火：工件直接从渗碳温度骤冷淬火。

E 简单淬火：渗碳后让工件在室温下冷却。淬火时重新加热。

● 适宜　○ 有限适宜　– 不适宜

渗碳钢的热处理参见 164 页。

调质钢

调质钢（摘选）				参照 DIN EN 10083-2（2006-10）和 DIN EN 10083-3（2007-01）						
钢种类 缩写名称 [1]	材料代码	H[1]	B[2]	轧制直径 d（mm）的强度数值						性能，应用
				抗拉强度 R_m,N/mm²		屈服强度 R_e,N/mm²		断裂延伸率 A,%		
				>16 ≤40	>40 ≤100	>16 ≤40	>40 ≤100	>16 ≤40	>40 ≤100	
非合金调质钢				参照 DIN EN 10083-2（2006-10）						
C22E	1.1151	156	+N	410	410	210	210	25	25	
			+QT	470…620	–	290	–	22	–	
C35	1.0501	183	+N	520	520	270	270	19	19	
C35E	1.1181		+QT	600…750	550…700	380	320	16	20	
C45	1.0503	207	+N	580	580	305	305	16	16	低载荷小直径调质零件；螺钉，螺栓，静轴，动轴，齿轮
C45E	1.1191		+QT	650…800	630…780	430	370	16	17	
C55	1.0535	229	+N	640	640	330	330	12	12	
C55E	1.1203		+QT	750…900	700…850	430	420	14	15	
C60	1.0601	241	+N	670	670	340	340	11	11	
C60E	1.1221		+QT	800…950	750…900	520	450	13	14	
28Mn6	1.1170	223	+N	600	600	310	310	18	18	
			+QT	700…850	650…800	490	440	15	16	
合金调质钢				参照 DIN EN 10083-3（2007-01）						
38Cr2	1.7003	207	+QT	700…850	600…750	450	350	15	17	
46Cr2	1.7006	223		800…950	650…800	550	400	14	15	
34Cr4	1.7033	223	+QT	800…950	700…850	590	460	14	15	中等载荷零件；传动轴，蜗杆，齿轮
37Cr4	1.7034	235		850…1000	750…900	630	510	13	14	
25CrMo4	1.7218	212	+QT	800…950	700…850	600	450	14	15	
25CrMoS4	1.7213									
41Cr4	1.7035	241	+QT	900…1100	800…950	660	560	12	14	
41CrS4	1.7039									
34CrMo4	1.7220	223	+QT	900…1100	800…950	650	550	12	14	高载荷和大直径调质零件；轴，齿轮，大型锻压件
34CrMoS4	1.7226									
42CrMo4	1.7225	241	+QT	1000…1200	900…1100	750	650	11	12	
42CrMoS4	1.7227									
50CrMo4	1.7228	248	+QT	1000…1200	900…1100	780 800	700	10	12	
51CrV4	1.8159									
30NiCrMo16	1.6747	270	+QT	1080…1230	1080…1230	880	880	10	10	
34CrNiMo18	1.6582	248		1100…1300	1000…1200	900	800		11	最大载荷和大直径零件
36NiCrMo16-6	1.6773	269	+QT	1250…1450	1100…1300	1050	900	9	10	
30CrNiMo8	1.6580	248								
20MnB5	1.5530	–	+QT	750…900		600	–	15	–	加入合金元素硼；热成形零件，提高了可淬硬性
30MnB5	1.5531			800…950		650	–	13	–	
27MnCrB5-2	1.7182	–	+QT	900…1150	800…1000	750	700	14	15	
39MnCrB6-2	1.7189			1050…1250	1000…1200	850	800	12	12	

[1] 供货状态"球化退火（+A）"下的布氏硬度 HBW。

[2] B 热处理状态：+N 正火；QT 调质。

适用于非合金调质钢的热处理状态是 +N 和 +QT，分别适用于优质钢和高级钢，例如适用于 C45 和 C45E。

[3] 非合金调质钢 C35、C45、C55 和 C60 是优质钢，C22E、C35E、C45E、C55E 和 C60E 是高级钢。调质钢热处理参见 165 页。

渗氮钢，火焰淬火和感应淬火钢，易切削钢

渗氮钢，热轧（摘选）　　　　　　　　　参照 DIN EN 10085（2001–07）

钢种类		球化退火硬度 HB	抗拉强度[1] R_m N/mm²	屈服强度[1] R_e N/mm²	断裂延伸率[1] A %	性能，应用
缩写名称	材料代码					
31CrMo12	1.8515	248	980···1180	785	11	耐磨零件厚度最大 250mm
31CrMoV9	1.8519	248	1000···1200	800	10	耐磨零件厚度最大 100mm
34CrAlMo5–10	1.8507	248	800···1000	600	14	耐磨零件厚度最大 80mm
41CrAlMo7–10	1.8509	248	900···1100	720	13	耐磨零件耐高温最高 500℃
34CrAlNi7–10	1.8550	248	850···1050	650	12	大型零件；活塞杆，主轴

[1] 强度数值：抗拉强度 R_m，屈服强度 R_e 和断裂延伸率 A 的数值均适用于调质状态且厚度为 40...100mm 的零件。
渗氮钢热处理参见 166 页。

火焰淬火和感应淬火钢，热轧（摘选）　　　　　参照 DIN EN 10083[1]

钢种类		球化退火硬度	B[2]	抗拉强度[2] R_m N/mm²	下列标称厚度（mm）时的屈服强度 R_e（N/mm²）			断裂延伸率[1] A %	性能，应用
缩写名称	材料代码				≤ 16	>16 ≤ 40	>40 ≤ 100		
C45E[1]	1.1191	207	+QT	650···800	490	430	370	16	耐磨零件的内核部分具有高强度和良好韧性；曲轴，传动轴，凸轮轴，蜗杆，齿轮
C60E[1]	1.1221	241		800···950	580	520	450	13	
37Cr4	1.7034	235	+QT	850···1000	750	430	510	13	
46Cr2	1.7006	223		800···950	650	550	400	14	
41Cr4	1.7035	241	+QT	900···1100	800	660	560	12	
42CrMo4	1.7225			1000···1200	900	750	650	11	

[1] 迄今为止的相关标准 DIN 17212 已撤销且无替代。但火焰淬火和感应淬火的钢需参见调质钢标准 DIN EN 10083–3（见 138 页）。DIN EN 10083–2 所述的非合金高级钢只在订货约定奥氏体粒度 ≤ 5 时才能保证其硬度。
[2] B 热处理状态：+QT 调质
火焰淬火和感应淬火钢的热处理参见 165 页。

易切削钢，热轧（摘选）　　　　　　　　　参照 DIN EN 10087（1999–01）

钢种类		B[2]	零件厚度 16...40mm 的				性能，应用
缩写名称[1]	材料代码		硬度	抗拉强度 R_m N/mm²	屈服强度 R_e N/mm²	断裂延伸率[1] A %	
11SMn30	1.0715	+U	112···169	380···570	–	–	·不适宜热处理的钢低载荷小零件；杆，轴颈
11SMnPb30	1.0718						
11SMn37	1.0736	+U	112···169	380···570	–	–	
11SMnPb37	1.0737						
10S20	1.0721	+U	107···156	360···530	–	–	·渗碳钢 耐磨小零件；轴，螺栓，销钉
10SPb20	1.0722						
15SMn13	1.0725	+U	128···178	430···600	–	–	
35S20	1.0726	+U	154···201	520···680	–	–	·调质 较大载荷的较大零件；主轴，动轴，齿轮
35SPb20	1.0756	+QT	–	600···750	380	16	
44SMn28	1.0762	+U	187···238	630···820	–	–	
44SMnPb28	1.0763	+QT	–	700···850	420	16	
46S20	1.0727	+U	175···225	590···760	–	–	
46SPb20	1.0757	+QT	–	650···800	430	13	

[1] 添加铅的钢种类，例如 11SMnPb30，可切削加工性更好。
[2] B 热处理状态：+U 不处理；+QT 调质。
所有易切削钢均为非合金优质钢。不保证其对渗碳淬火或调质的要求完全一致。
易切削钢热处理参见 166 页。

工具钢

工具钢，热轧（摘选）						参照 DIN EN ISO 4957（2001-02）替代 DIN 17350
钢种类 缩写名称	材料 代码	硬度 HB[1] 最大值	淬火温度 ℃	A[2]	回火温度 ℃	应用举例，性能
冷加工非合金钢						
C45U	1.1730	205	800…830	W	180…300	未淬火的安装件，用于工具，螺丝刀，凿子，刀
C70U	1.1520	180	790…820	W	180…300	定心销，小锻模，台钳钳口，切边冲头
C80U	1.1525	190	780…810	W	180…300	平模腔锻模，凿子，冷锻凹模，刀
C105U	1.1545	210	770…800	W	180…300	简单切削刀具，挤压凸模，划线针，冲子，麻花钻头
冷加工合金钢						
21MnCr5	1.2162	225	810…840	O	150…220	复杂的渗碳淬火塑料挤压模具；良好的可抛光性
60WCrV8	1.2550	215	880…920	O	150…300	钢板厚度 6...15mm 的裁切刀具，冷冲孔冲头，凿子，冲心錾
90MnCrV8	1.2842	225	780…810	O	150…250	冲裁凹模，凸模，塑料挤压模，铰刀，测量仪
102Cr6	1.2067	220	830…860	O	100…180	钻头，铣刀，铰刀，小型冲裁凹模，车床顶尖
X38CrMo16	1.2316	230	1000…1040	O	150…300	加工耐化学侵蚀热固性塑料零件的刀具
40CrMnNiMo8-6-4	1.2712	235	840…870	O	180…220	所有类型的塑料模具
45NiCrMo16	1.2767	285	840…870	O，L	160…250	弯板模具，冲压冲模，厚板材剪切刀具
X153CrMoV12	1.2379	255	1000…1030	O，L	180…250	易断裂切削刀具，铣刀，拉刀，剪刀
X210CrW12	1.2436	255	960…980	O，L	180…250	大功率切削刀具，拉刀，压模
热加工钢						
55NiCrMoV7	1.2714	248	840…870	O	400…500	塑料挤压模，小型和中型锻模，热剪切刀具
X37CrMoV5-1	1.2343	225	1010…1040	O，L	550…650	轻金属压铸模，挤压模具
32CrMoV12-28	1.2365	225	1020…1050	O，L	520…620	重金属压铸模，所有金属的挤压模具
X38CrMoV5-3	1.2367	225	1030…1070	O，L	570…670	高品质锻模，加工螺纹的高载荷刀具
高速切削钢						
HS6-5-2C[3]	1.3343	265	1190…1220	O，L	540…560	麻花钻头，铰刀，铣刀，丝攻，圆锯片
HS6-5-2-5	1.3243	265	1180…1220	O，L	550…570	高载荷麻花钻头，铣刀，高韧性拔荒刀具
HS10-4-3-10	1.3207	300	1200…1240	O，L	550…570	自动加工的车刀，高断屑性能
HS2-9-2	1.3348	265	1180…1210	O，L	540…580	铣刀，麻花钻头和丝攻，高切削硬度，耐高温，高韧性

[1] 供货状态：退火　　　[2] 骤冷介质：W 水，Ö 油，L 空气。

工具钢名称参见 129 页、130 页；工具钢热处理参见 164 页。

不锈钢

耐腐蚀钢（节选）									参照 DIN EN 10088-2 和 10088-3（2014-12）
钢种类 缩写名称	材料代码	L[1] B	L[1] S	A[2]	厚度 d mm	抗拉强度 R_m N/mm²	屈服强度 $R_{P0.2}$ N/mm²	断裂延伸率 A %	应用举例，性能
奥氏体钢（韧性极强，不能淬火和调质，不可磁化）									
X10CrNi18-8	1.4310	•		C	≤ 8	600…920	250	40	温度最高300℃的弹簧，机动车制造
			•	–	≤ 40	500…750	195	40	
X2CrNi18-9	1.4307	•		C	≤ 8	520…700	220	45	家用容器，化学工业和食品工业
		•		P	≤ 75	500…650	200		
			•	–	≤ 160	500…700	175	45	
X2CrNi19-11	1.4306	•		C	≤ 8	520…700	220	45	接触有机酸和果酸的装置和零件
		•		P	≤ 75	500…700	200		
			•	–	≤ 160	460…680	180	45	
X2CrNi18-10	1.4311	•		C	≤ 8	550…750	290	40	牛奶加工场和酿酒场的装置，压力容器
		•		P	≤ 75	540…750	270		
			•	–	≤ 160	550…760	270	40	
X5CrNi18-10	1.4301	•		C	≤ 8	540…750	230	45	良好的可抛光性；食品工业的深冲件
		•		P	≤ 75		210		
			•	–	≤ 160	500…700	190	45	
X8CrNiS18-9	1.4305	•		P	≤ 75	500…700	190	35	食品工业和牛奶加工企业的零件
			•	–	≤ 160	500…750	190	35	
X6CrNiTi18-10	1.4541	•		C	≤ 8	520…720	220	40	家用消耗品，照相工业零件
		•		P	≤ 75	500…700	200		
			•	–	≤ 160	500…700	190	40	
X4CrNi18-12	1.4303	•		C	≤ 8	500…650	220	45	化学工业；螺钉，螺帽
			•	–	≤ 160	500…700	190	45	
X5CrNiMo17-12-2	1.4401	•		C	≤ 8	530…680	240	40	油漆、油和纺织工业零件
		•		P	≤ 75	520…670	220	45	
			•	–	≤ 160	500…700	200	40	
X6CrNiMoTi17-12-2	1.4571	•		C	≤ 8	540…690	240	40	纺织、合成树脂和橡胶工业零件
		•		P	≤ 75	520…670	220		
			•	–	≤ 160	500…700	200	40	
X2CrNiMo18-14-3	1.4435	•		C	≤ 8	550…700	240	40	纸浆工业提高化学耐受性的零件
		•		P	≤ 75	520…670	220	45	
			•	–	≤ 160	500…700	200	40	
X2CrNiMo17-12-2	1.4404	•		C	≤ 8	530…680	240	40	提高化学耐受性；压力容器
		•		P	≤ 75	520…670	220	45	
			•	–	≤ 160	500…700	200	40	
X2CrNiMo17-13-5	1.4439	•		C	≤ 8	580…780	290	35	耐受氯气和更高温度；化学工业
		•		P	≤ 75		270	40	
			•	–	≤ 160	580…800	280	35	
X1NiCrMoCu25-20-5	1.4539	•		C	≤ 8	530…730	240	35	耐受磷酸、硫酸和盐酸；化学工业
		•		P	≤ 75	520…720	220		
			•	–	≤ 160	700…800	200	40	

[1] L 供货形式，所属标准：B 板材、带材 → DIN EN 10088-2；S 棒材、型材 → DIN EN 10088-3
[2] A 供货状态：C 冷轧带材；P 热轧板材。

不锈钢

耐腐蚀钢（续前表）　　　　　参照 DIN EN ISO 4957（2014–12）替代 DIN 17350

钢种类 缩写名称	材料代码	$L^{1)}$ B	$L^{1)}$ S	$A^{2)}$	厚度 d mm	抗拉强度 R_m N/mm²	屈服强度 $R_{P0.2}$ N/mm²	断裂延伸率 A %	应用举例，性能
铁素体钢（韧性极强，不能淬火和调质，可磁化）									
X2CrNi12	1.4003	· ·		C P	≤ 8 ≤ 25	450…650	280 250	20 18	机动车和集装箱制造，输送机械
			·	–	≤ 100	450…650	260	20	
X6Cr13	1.4000	· ·		C P	≤ 8 ≤ 25	400…600	240 220	19	耐受水和蒸汽；家用电器，金属构件
			·	–	≤ 25	400…630	230	20	
X6Cr17	1.4016	·		C P	≤ 8 ≤ 25	450…600	260 240	20	良好的冷成形性、可抛光性；餐具，防撞保险杠
			·	–	≤ 100	400…630	240	20	
X6CrTi12	1.4512	·		C	≤ 8	450…650	280	23	机动车废气净化器
X6CrMo17–1	1.4113	·		C	≤ 8	450…630	260	18	汽车工业；装饰板，轮毂盖
			·	–	≤ 100	440…660	280	18	
X3CrTi17	1.4510	·		C	≤ 8	450…600	260	20	食品领域焊接件
X2CrMoTi18–2	1.4521	· ·		C P	≤ 8 ≤ 12	420…640 420…620	300 280	20	螺钉，螺帽，加热元件

1) L 供货形式，所属标准：B 板材、带材 → DIN EN 10088-2；S 棒材、型材 → DIN EN 10088-3。
2) A 供货状态：C 冷轧带材；P 热轧板材。

马氏体钢（可淬火和调质，可磁化）

钢种类 缩写名称	材料代码	$L^{1)}$ B	$L^{1)}$ S	$A^{2)}$	厚度 d mm	$W^{3)}$	抗拉强度 R_m N/mm²	屈服强度 $R_{P0.2}$ N/mm²	断裂延伸率 A %	应用举例，性能
X12Cr13	1.4006	· ·		C P	≤ 8 ≤ 75	A QT650	≤ 600 650…850	– 450	20 12	耐受水和蒸汽；食品工业
			·	–	≤ 160	QT650	650…850	450	15	
X20Cr13	1.4021	· ·		C P	≤ 8 ≤ 75	A QT650	≤ 700 750…950	– 550	15 10	静轴，动轴，泵零件，船用螺钉
			·	–	≤ 160	QT800	800…950	600	12	
X30Cr13	1.4028	· ·		C P	≤ 8 ≤ 75	A QT800	≤ 740 800…1000	– 600	15 10	螺钉，螺帽，弹簧，活塞杆
			·	–	≤ 160	QT850	850…1000	650	10	
X46Cr13	1.4034	· ·		C	≤ 8 ≤ 160	A QT800	≤ 780 850…1000	245 650	12 10	可淬火；板材剪刀，机床刀具
X39CrMo17–1	1.4122	· ·		C	≤ 8 ≤ 60	A QT900	≤ 900 900…1100	280 800	12 11	动轴，主轴，工作温度最高 600℃ 的管道附件
X3CrNiMo13–4	1.4313	·		P	≤ 75	QT900	900…1100	800	11	高韧性；泵，透平机叶片，反应堆制造
			·	–	≤ 160	A QT900	≤ 1100 900…1100	320 800	– 12	

1) L 供货形式，所属标准：B 板材、带材 → DIN EN 10088-2；S 棒材、型材 → DIN EN 10088-3。
2) A 供货状态：C 冷轧带材；P 热轧板材。
3) W 热处理状态：A 退火；QT750 →调质至最低抗拉强度 R_m=750 N/mm²。

不锈钢，弹簧钢

耐腐蚀钢（续前表）　　　　　　　　　参照 DIN EN 10088-2 和 10088-3（2014-12）

钢种类 缩写名称	材料代码	L[1] B	s	A[2]	厚度 d mm	抗拉强度 R_m N/mm^2	屈服强度 $R_{P0.2}$ N/mm^2	断裂延伸率 A %	应用举例，性能
双相钢（奥氏体-铁素体，高强度，耐酸，可磁化）									
X2CrNiN23-4	1.4362	·		C	≤ 8	650···850	450	20	建筑和化学工业，钢筋，良好的可焊接性（"精益"-双相钢）
		·		P	≤ 75		400	25	
			·	–	≤ 160	600···830	400	25	
X2CrNiMoN 22-5-3	1.4462	·		C	≤ 8	700···950	500	20	造纸和纤维素工业，近海装置制造技术，无应力裂纹腐蚀（"标准"-双相钢）
		·		P	≤ 75		460	25	
			·	–	≤ 160	650···880	450	25	
X2CrNiMoN 25-6-3	1.4410	·		C	≤ 8	750···1000	550	20	化学工业、近海装置制造技术，耐点状腐蚀（"超级"-双相钢）
		·		P	≤ 75		530	20	
			·	–	≤ 160	730···930	530	25	
X2CrNiMoCu N24-4-3-2	1.4507	·		C	≤ 8	750···1000	550	20	石油工业、石油化学，耐裂纹腐蚀（"超超级"-双相钢）
		·		P	≤ 75		530	25	
			·	–	≤ 160	700···900	500	25	

[1] L 供货形式，所属标准：B 板材、带材 → DIN EN 10088-2；S 棒材，型材 → DIN EN 10088-3。
[2] A 供货状态：C 冷轧带材；P 热轧板材。

弹簧钢丝，铅淬火拉制　　　　　　　　　参照 DIN EN 10270-1（2012-01）

钢丝类型	\多column{8}{标称直径 d(mm) 的最低抗拉强度 R_m（N/mm^2）}								适用于下列载荷情况的压簧、拉簧和扭簧（钢丝类型 DH 也适用于异形弹簧）
	0.5	1.0	1.5	2.0	3.0	4.0	5.0	10.0	
SL	–	1720	1600	1520	1410	1320	1260	1060	低静态载荷
SM	2200	1980	1850	1760	1630	1530	1460	1240	中等静态或（罕见）动态载荷
SH	2480	2330	2090	1980	1840	1740	1660	1410	高静态或低动态载荷
DM	2200	1980	1850	1760	1630	1530	1460	1240	中等动态载荷
DH	2480	2330	2090	1980	1840	1740	1660	1410	高静态或中等动态载荷

钢丝直径 d（mm）（摘选）　　　　　供货形式：盘状钢丝，钢丝线圈或成捆棒材

所有类型	0.3-0.4-0.5-0.53-0.56-0.6-0.63-0.7-0.75-0.8-0.9-1.0-1.1-1.25-1.3-1.4...2.0-2.1-2.25-2.4-2.5-2.6-2.8-3.0-3.2...4.0-4.25-4.75-5.0-5.3-5.6-6.0-6.5...10.0

钢丝表面

缩写符号	钢丝表面	缩写符号	钢丝表面	缩写符号	钢丝表面
b	光亮	ph	磷化处理	Z	锌涂层
wh	白色，湿法光亮拉拔	cu	镀铜	ZA	锌/铝涂层

⇒　弹簧钢丝 EN 10270-1 DM 3.2 ph：钢丝类型 DM，d=3.2mm，磷化处理表面（ph）

弹簧钢，热轧，可调质（摘选）　　　参照 DIN EN 10089（2003-04），替代 DIN 17221

钢种类 缩写名称	材料代码	热轧硬度 HB	球化退火+A 硬度 HB	调质状态下（+QT）			性能，应用
				抗拉强度 R_m N/mm^2	屈服强度 $R_{P0.2}$ N/mm^2	断裂延伸率 A %	
38Si7	1.5023	240	217	1300···1600	1150	8	弹性螺丝防松装置
55Cr3	1.7176	>310	248	1400···1700	1250	3	较大的拉簧和压簧
61SiCr7	1.7108	310	248	1550···1850	1400	5.5	板簧、螺旋弹簧
51CrV4	1.8159	>310	248	1400···1700	1200	6	高载荷弹簧

钢丝直径 d(mm)（摘选）

5.0-5.5-6.0-6.5-10.5···19.0-19.5-20.0-21.0-22.0-23.0···27.0-28.0-29.0-30.0	供货形式：校直的棒材，盘状钢丝

⇒　圆棒材 EN 10089-20×8000-51CrV4+A：棒材直径 d=20mm，长度 l=8000mm，钢种类 51CrV4，供货状态：球化退火（+A）。

冷拔钢制品用钢

非合金钢，光亮（摘选）   参照 DIN EN 10277-2（2008-06）

钢种类		厚度范围	供货状态下的机械性能					性能应用
			轧制和去荒皮（+SH）		冷拉（+C）			
缩写名称	材料代码	mm	硬度 HB	抗拉强度 R_m N/mm²	屈服强度 $R_{P0.2}$ N/mm²	抗拉强度 R_m N/mm²	断裂延伸率 A %	
S235JRC	1.0122	>16 ≤ 40 >40 ≤ 63	102…140	360…510	260 235	390…730 380…670	10 11	普通用途的不可淬火优质钢，例如杆、螺栓、低载荷静轴
S355J2C	1.0579	>16 ≤ 40 >40 ≤ 63	146…187	470…630	350 335	530…850 500…770	8 9	
E295GC	1.0533	>16 ≤ 40 >40 ≤ 63	140…181	470…610	320 300	530…850 500…770	8 9	
E335GC	1.0543	>16 ≤ 40 >40 ≤ 63	169…211	570…710	390 340	640…30 620…870	7 8	
C15	1.0401	>16 ≤ 40 >40 ≤ 63	98…178	33…600	240 215	380…670 340…600	11 12	不宜热处理，例如淬火，规定的优质钢用于高载荷零件
C35	1.0501	>16 ≤ 40 >40 ≤ 63	154…207	520…00	320 300	580…880 520…800	9 9	
C45	1.0503	>16 ≤ 40 >40 ≤ 63	172…242	580…820	410 360	650…1000 580…850	8 8	
C60	1.0601	>16 ≤ 40 >40 ≤ 63	198…278	670…940	480 –	730…1100 –	6 –	

供货形式 表面 说明	圆棒材：轧制和去荒皮（+SH），冷拉（+C），磨削（+SL） 抛光（+PL），扁棒材和方棒材：轧制和冷拉（+C） 尺寸和极限偏差尺寸参见 152 页。

易切削钢，光亮（摘选）   参照 DIN EN 10277-3（2008-06）

钢种类		厚度范围	供货状态下的机械性能					性能应用
			轧制和去荒皮（+SH）		冷拉（+C）			
缩写名称	材料代码	mm	硬度 HB	抗拉强度 R_m N/mm²	屈服强度 $R_{P0.2}$ N/mm²	抗拉强度 R_m N/mm²	断裂延伸率 A %	
11SMn30 11SMnPb30	1.0715 1.0718	>16 ≤ 40 >40 ≤ 63	112…169	380…570 370…570	375 305	460…710 400…650	8 9	不宜热处理，例如淬火，指定钢种
11SMn37 11SMnPb37	1.0736 1.0737	>16 ≤ 40 >40 ≤ 63	112…169	380…570 370…570	375 305	460…710 400…650	8 9	
10S20 10SPb20	1.0721 1.0722	>16 ≤ 40 >40 ≤ 63	107…156	360…530	360 295	460…720 410…660	9 10	适宜渗碳淬火的钢
15SMn13	1.0725	>16 ≤ 40 >40 ≤ 63	128…178 128…172	430…600 430…580	390 350	470…770 460…680	8 9	
35S20 35SPb20	1.0726 1.0756	>16 ≤ 40 >40 ≤ 63	154…201 154…198	420…680 520…670	360 340	560…800 530…760	8 9	适宜调质的钢；供货状态：冷拉和调质（+C+QT）或调质和冷拉（+QT+C）
36SMn14 36SMnPb14	1.0764 1.0765	>16 ≤ 40 >40 ≤ 63	166…222 166…219	560…750 560…740	390 360	600…900 580…840	7 8	
44SMn28 44SMnPb28	1.0762 1.0763	>16 ≤ 40 >40 ≤ 63	187…242 184…235	630…820 620…790	460 430	660…900 650…870	6 7	
46S20 46SMnPb20	1.0727 1.0757	>16 ≤ 40 >40 ≤ 63	175…225 172…216	590…760 580…730	400 380	640…880 610…850	7 8	

供货形式 表面 说明	圆棒材：轧制和去荒皮（+SH），冷拉（+C），磨削（+SL） 抛光（+PL），扁棒材和方棒材：轧制和冷拉（+C） 尺寸和极限偏差尺寸参见 152 页，热处理参见 166 页。

冷拔钢制品用钢

| 调质钢，光亮（摘选） | | | | | | | | 参照 DIN EN 10277-5（2008-06） |

钢种类		厚度范围	供货状态下的机械性能					性能，应用
缩写名称	材料代码	mm	轧制和去荒皮（+SH）		冷拉（+C）			
			硬度 HB	抗拉强度 R_m N/mm²	屈服强度 $R_{P0.2}$ N/mm²	抗拉强度 R_m N/mm²	断裂延伸率 A %	
C35E	1.1181	>16 ≤ 40	154…207	520…700	455	650…850	10	非合金调质钢适宜用于低载荷零件
C35R	1.1180	>40 ≤ 63			400	570…770	11	
C45E	1.1191	>16 ≤ 40	172…242	580…820	525	750…950	9	
C45R	1.1201	>40 ≤ 63			455	650…850	10	
C60E	1.1221	>16 ≤ 40	198…278	670…940	580	830…1030	7	
C60R	1.1223	>40 ≤ 63			545	780…980	8	
34CrS4	1.7037	>16 ≤ 40	223	–	580	800…1000	9	合金调质钢适宜用于较高载荷的零件，添加合金元素硫可提高切削加工性
		>40 ≤ 63			510	700…900	10	
41CrS4	1.7039	>16 ≤ 40	241		670	900…1100	9	
		>40 ≤ 63			570	800…1000	10	
25CrMoS4	1.7213	>16 ≤ 40	212		600	800…1000	10	
		>40 ≤ 63			520	700…900	11	
42CrMoS4	1.7227	>16 ≤ 40	241		720	1000…1200	10	
		>40 ≤ 63			650	900…1100	10	
34CrNiMo6	1.6582	>16 ≤ 40	248		720	1000…1200	9	
		>40 ≤ 63			650	1000…1200	10	

供货形式 表面 说明	圆棒材：轧制和去荒皮（+SH），冷拉（+C），冷拉和调质（+C+QT） 扁棒材和方棒材：例如冷拉（+C），调质和冷拉（+QT+C） 尺寸和极限偏差尺寸参见 152 页，热处理参见 165 页。

| 渗碳钢，光亮（摘选） | | | | | | | | 参照 DIN EN 10277-4（2008-06） |

钢种类		厚度范围	供货状态下的机械性能					性能，应用
缩写名称	材料代码	mm	轧制和去荒皮（+SH）		冷拉（+C）			
			硬度 HB	抗拉强度 R_m N/mm²	屈服强度 $R_{P0.2}$ N/mm²	抗拉强度 R_m N/mm²	断裂延伸率 A %	
C10R	1.1207	>16 ≤ 40	92…163	310…550	250	400…700	12	非合金渗碳钢适宜用于中等小型载荷零件，例如螺栓、轴颈、辊
		>40 ≤ 63			200	350…640		
C15R	1.1140	>16 ≤ 40	98…178	330…600	280	430…730	9	
		>40 ≤ 63			240	380…670	12	
C16R	1.1208	>16 ≤ 40	105…184	350…620	300	450…750	11	
		>40 ≤ 63			260	360…620	12	

合金钢			供货状态下的硬度值 HB				
			+A+SH	+A+C	+FP,SH	+FP+C	
16MnCrS5	1.7139	>16 ≤ 40	207	245	140…187	140…240	合金渗碳钢通过添加合金元素硫（S）可提高切削加工性，适宜用于较高载荷零件
		>40 ≤ 63		240		140…235	
20MnCrS5	1.7149	>16 ≤ 40	217	255	152…201	152…250	
		>40 ≤ 63		250		152…245	
16NiCrS4	1.5715	>16 ≤ 40	217	255	156…207	156…245	
		>40 ≤ 63		255		156…240	
15NiCr13	1.5752	>16 ≤ 40	255	–	166…217	–	
		>40 ≤ 63					

供货形式，表面，说明	圆棒材：+A+SH 球化退火和去荒皮，+A+C 球化退火和冷拉， +FP+SH 处理成铁素体和珠光体组织并去荒皮， +FP+C 处理成铁素体和珠光体组织并冷拉。 扁棒材和方棒材：+A+C 球化退火和冷拉，+FP+C 处理成铁素体和珠光体组织并冷拉。 尺寸和极限偏差尺寸参见 152 页，热处理参见 164 页。

板材，带材，管材

分类

供货形式

名称	尺寸，备注
钢板	多为矩形板，规格： 小规格：$b \times l = 1000 \times 2000$ mm 中规格：$b \times l = 1250 \times 2500$ mm 大规格：$b \times l = 1500 \times 3000$ mm 板厚：$s = 0.14..250$mm
钢带卷	带厚：$s = 0.14.....$ 约 10mm 带宽 b 最大至 2000 mm 带卷直径最大至 2400 mm 带卷质量最大至 40 吨 ·用于自动加工设备涂层或裁切，例如后续加工工序

加工方法

加工方法	备注
热轧	板厚最大至约 250mm，轧制表面带鳞皮，氧化皮，起泡，裂纹，砂眼等缺陷，通过磨削和焊接可以修复
冷轧	板厚最大至约 10mm，供货时可提供不同的表面质量，例如优质油漆和表面处理，例如磷化处理。
冷轧和表面处理	·更高的耐腐蚀性，例如通过镀锌或有机涂层 ·用于装饰用途，例如通过塑料涂层或油漆 ·更好的可成形性，例如通过表面结构优化

板材类型 – 概述（摘选）

主要性能	名称，钢种类	标准	BI	Ba	厚度范围[1]
冷轧板材和带材					
·冷成形性（深拉） ·可焊接性 ·表面可油漆	软钢的扁钢制品	DIN EN 10130	·	·	0.35···3 mm
	软钢的冷轧钢带	DIN EN 10207	–	·	≤ 10 mm
	高屈服强度的扁钢制品	DIN EN 10268	·	·	≤ 3 mm
	用于烤瓷的扁钢制品	DIN EN 10209	·	·	≤ 3 mm
冷轧板材和带材加表面处理					
·更高的耐腐蚀性 ·必要时更好的可成形性	热浸涂层改进表面的板材和带材	DIN EN 10346	·	·	≤ 3 mm
	冷加工成形的电镀锌扁钢制品	DIN EN 10152	·	·	0.35···3 mm
	有机涂层扁钢制品	DIN EN 10169	·	·	≤ 3 mm
包装用冷轧板材和带材					
·耐腐蚀 ·冷成形性 ·可焊接性	制造镀锌铁皮的极薄钢板	DIN EN 10205	·	·	0.14···0.49 mm
	电镀锌或镀铬板材制造的包装用板材	DIN EN 10202	·	·	0.14···0.49 mm
热轧板材和带材					
性能与相应钢组（见132页和133页）的相同	非合金钢和合金钢板材和带材，例如源自结构钢 – DIN EN 10025-2，细晶结构钢 – DIN EN 10025-3，渗碳钢 – DIN EN 10084，调质钢 – DIN EN 10083，不锈钢 – DIN EN 10088	DIN EN 10051	·		板材厚度最大至 25 mm，带材厚度最大至 10 mm
·高屈服强度	调质状态下更高屈服强度的结构钢板材	DIN EN 10025-6	·	–	3···150 mm
·冷成形性	高屈服强度的结构钢板材	DIN EN 10149-1	·	·	板材厚度最大至 20 mm

[1] 供货形式：Bl 板材；Ba 带材。

用于冷成形的冷轧板材和带材

软钢冷轧板材和带材　　　　　　　　　　　　　　　参照 DIN EN 10130（2007–02）

钢种类 缩写名称	材料代码	表面类型	抗拉强度 R_m N/mm²	屈服强度 $R_{P0.2}$ N/mm²	断裂延伸率 A %	流变期限[1]	性能，应用
DC01	1.0330	A B	270…410	140 280	28	– 3 个月	可冷成形性，例如深拉，可焊接，表面可油漆；在机动车制造、普通机械制造和设备制造、建筑工业中的不可成形薄板零件
DC03	1.0347	A B	270…370	140 240	34	6 个月	
DC04	1.0338	A B	270…350	140 210	38	6 个月	
DC05	1.0312	A B	270…330	140 180	40	6 个月	
DC06	1.0873	A B	270…350	140 170	41	不限	

供货形式（标准值）	板厚：0.25–0.35–0.4 –0.5–0.6– 0.7–0.8–0.9–1.0–1.2–1.5–2.0–2.5–3.0mm 板材尺寸：1000mm×2000 mm，1250mm×2500 mm，1500mm ×3000 mm 钢卷宽度最大约 2000 mm
解释	后续加工无切削时，例如深拉，在指定期限内不会出现流变。该期限自约定供货日开始。

表面类型			表面结构		
名称	表面特性描述		名称	结构	Ra 平均值
A	例如微孔、浅沟纹等缺陷不允许损害可成形性和表面涂层的粘附性		b g	特光滑 光滑	$Ra \leq 0.4\,\mu m$ $Ra \leq 0.9\,\mu m$
B	板材的一面必须无缺陷，使该面的油漆外观不受影响。		m r	麻面 粗糙	$0.6\,\mu m<Ra \leq 1.9\,\mu m$ $Ra>1.6\,\mu m$

→ 板 EN 10130–DC06–B–g：材料 DC06 制成的板材，表面类型 B，光滑表面。

高屈服强度钢的冷轧板材和带材　　　　　　　　　参照 DIN EN 10268（2013–12）

钢种类 缩写名称	材料代码	抗拉强度 R_m N/mm²	屈服强度 $R_{P0.2}$ N/mm²	断裂延伸率 A %	钢组，性能，应用
HC180Y	1.0922	330…400	180…230	35	**最高 IF 钢（Y）** 高机械强度时极佳的冷成形性；复杂的深拉件
HC220Y	1.0925	340…420	220…270	33	
HC260Y	1.0928	380…440	260…320	31	
HC180B	1.0395	290…360	180…230	34	**退火硬化钢（B）** 良好的冷成形性，成形后加热提高屈服强度；汽车车身零件
HC220B	1.0396	320…400	220…270	32	
HC300B	1.0444	390…480	300…360	26	
HC220I	1.0346	300…380	220…270	34	**均质钢（I）** 拉延加工的最好特性；发动机罩和卡车车门
HC260I	1.0349	320…400	260…310	32	
HC300I	1.0447	340…440	300…350	30	
HC260LA	1.0480	350…430	260…330	26	**低合金/微合金钢（LA）** 有限冷成形性的同时提高了可焊接性，良好的抗冲击强度和疲劳强度；加强零件，例如车身内部
HC340LA	1.0548	410…510	340…420	21	
HC420LA	1.0556	470…600	420…520	17	
HC500LA	1.0573	550…710	500…620	12	

表面	轧制宽度 ≥ 600 mm：表面类型和结构参见 DIN EN 10130(见本表上部)。 LA 类钢只考虑表面类型 A。 轧制宽度 < 600 mm：表面类型和结构参见 DIN EN 10139。

→ 板 EN 10268–HC340LA–A–m：材料 HC340LA 制成的板材，表面类型 A，表面结构 麻面（m）。

板材和带材，冷轧和热轧

软钢热浸涂层改进表面的板材和带材用于冷加工成形　参照 DIN EN 10346（2015–10）

钢种类 缩写名称	材料代码	保证强度值[1]	抗拉强度 R_m N/mm²	屈服强度 $R_{P0.2}$ N/mm²	断裂延伸率 A %	流变的形成	冷加工成形品质等级
DX51D+Z DX51D+ZF	1.0917	1 个月	270···500	–	22	可能形成流变	机器折边质量
DX52D+Z DX52D+ZF	1.0918	1 个月	270···420	140···300	26		拉伸质量
DX53D+Z DX53D+ZF	1.0951	1 个月	270···380	140···260	30		深拉质量
DX54D+Z DX54D+ZF	1.0952	6 个月	260···350	140···220	36 34	6个月无流变[2]	特种深拉质量
DX56D+Z DX56D+ZF	1.0963	6 个月	260···350	140···180	38 37		特殊深拉质量

供货形式（标准值）	板厚：0.25–0.35–0.4–0.5–0.6–0.7–0.8–0.9–1.0–1.2–1.5–2.0–2.5–3.0mm 板材尺寸：1000mm × 2000 mm, 1250mm × 2500 mm, 1500mm × 3000 mm 钢卷宽度最大约 2000 mm
解释	1）抗拉强度 R_m，屈服强度 R_e 和断裂延伸率 A 的特性数值仅在指定期限之内得到保证。该期限自约定供货日开始。 2）表面品质 B 和 C 的板材冷加工成形在 6 个月内不会出现流变。该期限自约定供货日开始。

涂覆层成分和性能（摘选）

名称	成分，性能	名称	成分，性能
+Z	纯锌涂层，光亮花纹状表面，可防护大气腐蚀	+ZF	锌铁合金耐磨蚀涂层，统一的麻面灰表面，防腐蚀保护与 +Z 相同

表面质量和表面处理

名称	含义	表面处理
A	允许表面不均匀，如有沟纹、划痕、微孔、条状痕迹等	表面处理方法以缩写符号标记：C →化学钝化
B	与 A 相比，表面质量已有改善	O →涂油 P →磷化
C	最好表面质量，板材必须有一面可涂优质油漆	S →涂漆

→ 板 EN 10143–0.5 x 1200 x 2500– 钢 DIN EN 10346–DX53D+ZF100–B–O：板材极限偏差尺寸按 EN 10143，厚度 t=0.5mm，宽度 b=1200mm，长度 l=2500mm，材料 DX53D，锌铁合金涂层 100g/cm²（ZF100），改进的表面质量（B），板表面涂油（O）

热轧板材和带材　参照 DIN EN 10051（2011–02）

材料	钢组，名称	标准	页码	性能
	热轧板材和带材按 DIN EN 10051，采用不同材料组的钢，例如：			
	非合金结构钢	DIN EN 10025–2	135	各种钢的性能和应用参见第 135···138 页
	非合金和合金渗碳钢	DIN EN 10084	137	
	非合金和合金调质钢	DIN EN 10083–2···3	138	
	适宜焊接的细晶结构钢	DIN EN 10025–3···4	136	
	高屈服强度的调质结构钢	DIN EN 10137	136	

供货形式（标准值）	板厚：0.5–1.0–1.5–2.0–2.5–3.0–3.5–4.0–4.5–5.0–6.0–8.0–10.0–12.0–15.0–18.0–20.0–25.0mm。可供货的板材宽度 600···2200mm，或从宽带裁切单板，或纵向裁切宽带，制成板宽小于 600mm 的带材。

→ 板 EN 10051–2.0 × 1200 × 2500– 钢 EN 10083–1–34Cr4：板厚 2.0mm，板尺寸 1200 ×2500mm，合金调质钢 34Cr4。

机械制造用钢管，精密钢管

机械制造用无缝钢管（摘选）　　参照 DIN EN 10297-1（2003-06）

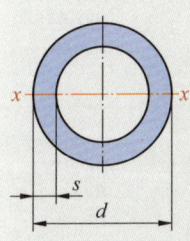

d 外径
s 壁厚
S 横截面积
m' 质量线密度
W_x 轴向抗扭截面模量
I_x 轴向平面惯性矩

$d \times s$	S cm²	m' kg/m	W_x cm³	I_x cm⁴	$d \times s$	S cm²	m' kg/m	W_x cm³	I_x cm⁴
26.9 × 2.3	1.78	1.40	1.01	1.36	54 × 5.0	1.70	6.04	8.64	23.34
26.9 × 2.6	1.98	1.55	1.10	1.47	54 × 8.0	11.56	9.07	11.67	31.50
26.9 × 3.1	2.38	1.87	1.27	1.70	54 × 10.0	13.82	10.85	13.03	35.18
35 × 2.6	2.65	2.08	2.00	3.50	60.3 × 8	13.14	10.31	15.25	45.99
35 × 4.0	3.90	3.06	2.72	4.76	60.3 × 10	15.80	12.40	17.23	51.95
35 × 6.3	5.68	4.46	3.50	6.13	60.3 × 12.5	18.77	14.73	19.00	57.28
40 × 4	4.52	3.55	3.71	7.42	70 × 8	15.58	12.23	21.75	76.12
40 × 5	5.50	4.32	4.30	8.59	70 × 12.5	22.58	17.73	27.92	97.73
40 × 8	8.04	6.31	5.47	10.94	70 × 16	27.14	21.30	30.75	107.6
44.5 × 4	5.009	4.00	4.74	1.54	82.5 × 8	18.72	14.70	31.85	131.4
44.5 × 5	6.20	4.87	5.53	12.29	82.5 × 12.5	27.49	21.58	42.12	173.7
44.5 × 8	9.17	7.20	7.20	16.01	82.5 × 20	39.27	30.83	51.24	211.4
51 × 5	7.23	5.68	7.58	19.34	88.9 × 10	24.79	19.46	44.09	196.0
51 × 8	10.81	8.49	10.13	25.84	88.9 × 16	36.64	28.76	57.40	255.2
51 × 10	12.88	10.11	11.25	28.68	88.9 × 20	43.29	33.98	62.66	278.6

材料，退火状态	钢组	钢种类，举例	退火状态 [1]
	机械制造结构钢，非合金，合金	E235，E275，E315 E355K2，E420J2	+A 或 +N +N
	调质钢，非合金，合金	C22E，C45E，C60E 41Cr4，42CrMO04	+N 或 +QT +QT
	渗碳钢，非合金，合金	C10E，C15E，16MnCr5	+A 或 +N

钢的性能和应用参见 132…133 页

精密钢管，无缝拉制（摘选）　　参照 DIN EN 10305-1（2016-08）

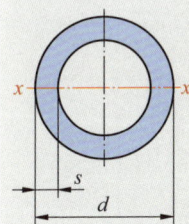

d 外径
s 壁厚
S 横截面积
m' 质量线密度
W_x 轴向抗扭截面模量
I_x 轴向平面惯性矩

$d \times s$	S cm²	m' kg/m	W_x cm³	I_x cm⁴	$d \times s$	S cm²	m' kg/m	W_x cm³	I_x cm⁴
10 × 1	0.28	0.22	0.06	0.03	35 × 3	3.02	25.37	2.23	3.89
10 × 1.5	0.40	0.31	0.07	0.04	35 × 5	4.71	3.70	3.11	5.45
10 × 2	0.50	0.39	0.09	0.05	35 × 8	5.53	4.34	2.53	3.79
12 × 1	0.35	0.27	0.09	0.05	40 × 4	4.52	3.55	3.71	7.42
12 × 1.5	0.49	0.38	0.12	0.07	40 × 5	5.50	4.32	4.30	8.59
12 × 2	0.63	0.49	0.14	0.08	40 × 8	8.04	6.31	5.47	10.94
15 × 2	0.82	0.64	0.24	0.18	50 × 5	7.07	5.55	7.25	18.11
15 × 2.5	0.98	0.77	0.27	0.20	50 × 8	10.56	8.29	9.65	24.12
15 × 3	1.13	0.89	0.29	0.22	50 × 10	12.57	9.87	10.68	26.70
20 × 2.5	1.37	1.08	0.54	0.54	60 × 5	8.64	6.78	10.98	32.94
20 × 4	2.01	1.58	0.68	0.68	60 × 8	13.07	10.26	15.07	45.22
20 × 5	2.36	1.85	0.74	0.74	60 × 10	15.71	12.33	17.02	51.06
25 × 2.5	1.77	1.39	0.91	1.13	70 × 5	10.21	8.01	15.50	54.24
25 × 5	3.14	2.46	1.34	1.67	70 × 10	18.85	14.80	24.91	87.18
25 × 6	3.58	2.81	1.42	1.78	70 × 12	21.87	17.17	27.39	95.88
30 × 3	2.54	1.99	1.56	2.35	80 × 8	18.10	18.10	29.68	118.7
30 × 5	3.93	3.08	2.13	3.19	80 × 10	21.99	21.99	34.36	137.4
30 × 6	4.52	3.55	2.31	3.46	80 × 16	32.17	32.17	43.75	175.0

材料	机械制造用结构钢：E215，E235，E255，E355，E410 调质钢：26Mn5，C35E，C45E，26Mo2，25CrMo4，42CrMo4 易切削钢：10S10，15S10，18S10，37S10
供货状态	+C 光亮拉拔，硬　　+LC 光亮拉拔，软　　+A 退火 +SR 光亮拉拔，去应力退火　　+N 正火
表面	光滑的外表面和内表面，表面粗糙度 Ra 极限数值： $Ra \leq 4\mu m$ 用于供货状态 +SR，+A，+N 的外表面。 $Ra \leq 4\mu m$ 用于供货状态 +LC，+C 的内表面和外表面。

热轧钢型材

横截面	名称，尺寸	标准，页码	横截面	名称，尺寸	标准，页码
	圆钢 $d = 8 \cdots 200$	DIN EN 10060 151 页		Z 型钢 $h = 30 \cdots 200$	DIN EN 1027
	方钢 $a = 8 \cdots 200$	DIN EN 10059 151 页		等边角钢 $a = 20 \cdots 250$	DIN EN 10056-1 155 页
	扁钢 $b \times s = 10 \times 5 \cdots 150 \cdots 6$	DIN EN 10058 151 页		不等边角钢 $a \times b =$ $30 \times 20 \cdots 200 \times 150$	DIN EN 10056-1 154 页
	方形管 $a = 40 \cdots 400$	DIN EN 10210-2 158 页		窄工字梁 I 系列 $h = 80 \cdots 600$	DIN EN 1025-1
	矩形管 $a \times b =$ $50 \times 25 \cdots 500 \times 300$	DIN EN 10210-2 158 页		中等宽度工字梁 IPE 系列 $h = 80 \cdots 600$	DIN EN 1025-5 156 页
	圆管 $D \times s =$ $21.3 \times 2.3 \cdots 1219 \times 25$	DIN EN 10210-1		宽工字梁 IPB 系列[1] $h = 100 \cdots 1000$	DIN EN 1025-2 157 页
	等腰 T 型钢 $b \times h = 30 \cdots 140$	DIN EN 10055 153 页		宽工字梁 轻型结构 IPBI 系列[1] $h = 100 \cdots 1000$	DIN EN 1025-3 156 页
	槽钢 $h = 30 \cdots 400$	DIN EN 1026-1 153 页		宽工字梁 加强型结构 IPBv 系列[1] $h = 100 \cdots 1000$	DIN EN 1025-4 157 页

[1] 按照欧洲标准 53-62：IPB=HE ... B, IPBI=HE ... A, IPBv=HE ... M。

热轧圆钢

热轧圆钢　　　　参照 DIN EN 10060（2004–02）

钢组（摘选）	标准	页码	表面
非合金结构钢	DIN EN 10025–2	135	表面允许出现通过磨削可以去除的例如鳞皮、氧化杂质、起泡、裂纹和砂眼等缺陷。
易切削钢	DIN EN 10087	139	
渗碳钢	DIN EN 10084	137	
调质钢	DIN EN 10083	138	
工具钢	DIN EN ISO 4957	140	
不锈钢	DIN EN 10088	141 142	

标称尺寸	标称直径 d(mm)								
	10	18	26	36	50	70	95	130	160
	12	19	27	38	52	73	100	135	165
	13	20	28	40	55	75	105	140	170
	14	22	30	42	60	80	110	145	175
	15	24	32	45	63	85	115	150	180
	16	25	35	48	65	90	120	155	200

长度 l
制造长度（M）：l=3000 至 13000mm
标称长度（F）：l=（3000 至 13000mm）± 100mm
精确长度（E）：l < 6000mm ± 25mm

→ **圆钢 EN10060 - 40 x 5000E– 钢 EN 10025–2 - S235JR**：热轧圆钢 d=40mm，精确长度 l=5000mm ± 25mm；非合金结构钢 S235JR

热轧扁钢　　　　参照 DIN EN 10058（2004–02）

钢组，表面	参见热轧圆钢（本表上部）
长度 l	制造长度（M）：l=3000 至 l=13000mm 标称长度（F）：l=（3000 至 13000mm）± 100mm 精确长度（E）：l < 6000mm ± 25mm

标称尺寸：宽度 b 和高度 h（mm）											
b	h	b	h	b	h	b	h	b	h	b	h
10	5	16	5⋯10	30	5⋯20	45	5⋯30	70	5⋯40	100	5⋯60
12	5.6	20	5⋯15	35	5⋯20	50	5⋯30	80	5⋯60	120	5⋯60
15	5⋯10	25	5⋯15	40	5⋯30	60	5⋯40	90	5⋯60	150	5⋯90

标称厚度 h：5、68、10、12、15、20、25、30、35、40、50、60、80 mm

→ **扁钢 EN10058 - 40 x 15 x 3000M– 钢 EN 10084 - 20MnCr5**：热轧扁钢 b=40mm，h=15mm，制造长度 l=3000mm，渗碳钢 20MnCr5

热轧方钢　　　　参照 DIN EN 10059（2004–02）

钢组，表面	参见热轧圆钢（本表上部）
长度 l	制造长度（M）：l=3000 至 l=13000mm 标称长度（F）：l=（3000 至 13000mm）± 100mm 精确长度（E）：l < 6000mm ± 25mm

标称尺寸	边长 a（mm）										
	8	13	16	22	26	32	45	60	75	100	130
	10	14	18	24	28	35	50	65	80	110	140
	12	15	20	25	30	40	55	70	90	120	150

→ **方钢 EN10059 - 60 x 5000F – 钢 EN 10087 - 35S20**：热轧方钢 a=60mm，标称长度 l=5000mm ± 100mm，材料：易切削钢 35S20。

光亮棒材

光亮钢棒材　　　　　　　　　　　　　　　　　参照 DIN EN 10278（1999–12）

钢组（摘选）	标准	页码	供货状态，表面
普通用途钢	DIN EN 10277–2	144	拉制（+C）：光滑无氧化皮的表面
易切削钢	DIN EN 10277–3	144	
渗碳钢	DIN EN 10277–4	145	去荒皮（+SH）：比（+C）更好的表面质量，几乎没有表层脱碳和轧制缺陷
调质钢	DIN EN 10277–5	145	磨削（+SL）：最好的表面质量，最佳的尺寸精度

直径 d 的极限偏差尺寸	拉制（+C） $h\,10$			去荒皮（+SH） $h\,10$			磨削（+SL） $h\,9$			
标称直径 d	2.5	6	9.5	16	23	30	42	60	90	150
	3	6.5	10	17	24	32	46	63	100	160
	3.5	7	11	18	25	34	48	65	110	180
	4	7.5	12	19	26	35	50	70	120	
	4.5	8	13	20	27	36	52	75	125	200
	5	8.5	14	21	28	38	55	80	130	
	5.5	9	15	22	29	40	58	85	140	

长度 l	制造长度：l=3000 至 l=9000mm 仓储长度：l=3000 或 l=6000mm
→	圆钢 EN10278–25 × 仓储 3000 – EN 10277–C45+SH：圆钢 d=25mm，按公差等级 $h\,10$ 加工，仓储长度 l=3000mm，材料：调质钢 C45，去荒皮（+SH）

光亮钢扁棒材　　　　　　　　　　　　　　　　参照 DIN EN 10278（1999–12）

钢组，供货状态	参见光亮钢圆棒材（本表上部） 拉制（+C），表面光滑无氧化皮	
极限偏差尺寸	宽度 b　$\leq 100\,mm \rightarrow h11$	$100\,mm < b \leq 150\,mm \rightarrow \pm0.5mm$
	高度 h　$\leq 80\,mm \rightarrow h11$	$80\,mm < h \leq 100\,mm \rightarrow h12$
长度 l	制造长度：l=3000 至 l=9000mm 仓储长度：l=3000 或 l=6000mm	

标称尺寸：宽度 b 和高度 h（mm）

b	h	b	h	b	h	b	h	b	h	b	h
5	2…3	12	2…10	18	2…12	28	2…20	45	2…32	70	4…40
6	2…4	14	2…10	20	2…16	32	2…25	50	2…32	80	5…25
8	2…6	16	2…12	22	2…12	36	2…20	56	3…32	90	5…25
10	2…8	18	2…12	25	2…20	40	2…32	63	3…40	100	5…25

标称厚度 h：2, 2.5, 3, 4, 5, 6, 8, 10, 12, 15, 16, 20, 25, 30, 32, 35, 40 mm

→	扁钢 EN10278–40 × 16 × 5000–EN 10277–4–C16R+C： 扁钢 b=40mm，h=16mm，宽度和高度按公差等级 $h11$ 加工，长度 l=5000mm，材料：渗碳钢 C16R，拉制（+C）

光亮钢方棒材　　　　　　　　　　　　　　　　参照 DIN EN 10278（1999–12）

钢组，供货状态	参见光亮钢圆棒材 光亮冷拔（+C），表面光滑无氧化皮							
极限偏差尺寸	$a \leq 80\,mm \rightarrow h11$；$a > 80\,mm \rightarrow h12$							
长度 l	参见光亮钢扁棒材（本表上部）							
边长 a(mm)	4	6	9	12	16	22	36	60	80
	4.5	7	10	13	18	25	40	63	100
	5	8	11	14	20	28	45	70	

→	方钢 EN10278–45 x 仓储 6000–EN 10277–3–35SPb20+C： 方钢 a=45mm，按公差等级 $h11$ 加工，仓储长度 l=6000mm，材料：易切削钢 35SPb20，拉制（+C）。

T 型钢，槽钢

等腰 T 型钢，热轧　　　　参照 DIN EN 10055（1995-12）

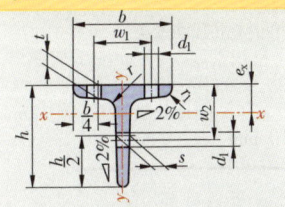

S　横截面积　　　　　　　　　W　轴向抗扭截面模量
I　截面极惯性矩二次矩　　　　m'　质量线密度
材料：非合金结构钢 DIN EN 10025，例如 S235JR
供货类型：按订货长度制造，普通极限偏差尺寸 ±100mm 或限制极限偏差尺寸至 ±50mm，±25mm，±10mm

$r = s$　　　　　　　$r_1 = \dfrac{s}{2}$

缩写符号 T	尺寸（mm）		S cm²	m' kg/m	x 轴线间距 e_x cm	弯曲轴线数据				划线尺寸按 DIN 997		
						x–x		y–y				
	$b = h$	$s = t$				I_x cm⁴	W_x cm³	I_y cm⁴	W_y cm³	w_1 mm	w_2 mm	d_1 mm
30	30	4	2.26	1.77	0.85	1.72	0.80	0.87	0.58	17	17	4.3
35	35	4.5	2.97	2.33	0.99	3.10	1.23	1.04	0.90	19	19	4.3
40	40	5	3.77	2.96	1.12	5.28	1.84	2.58	1.29	21	22	6.4
50	50	6	5.66	4.44	1.39	12.1	3.36	6.06	2.42	30	30	6.4
60	60	7	7.94	6.23	1.66	23.8	5.48	12.2	4.07	34	35	8.4
70	70	8	10.6	8.23	1.94	44.4	8.79	22.1	6.32	38	40	11
80	80	9	13.6	10.7	2.22	73.7	12.8	37.0	9.25	45	45	11
100	100	11	20.9	16.4	2.74	179	24.6	88.3	17.7	60	60	13
120	120	13	29.6	23.2	3.28	366	42.0	179	29.7	70	70	17
140	140	15	39.8	31.3	3.80	660	64.7	330	47.2	80	75	21

➡ T– 型材 EN 1055-T50-S235JR：T 型钢，h=50mm，材料是 S235JR

槽钢，热轧

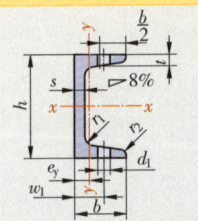

S　横截面积　　　　　　　　　W　轴向抗扭截面模量
I　截面极惯性矩二次矩　　　　m'　质量线密度
材料：非合金结构钢 DIN EN 10025，例如 S235JO
供货类型：制造长度 3m 至 15m；标称长度最大至 15m ± 50mm
　　　　　坡度在 $h \leqslant 300$mm 时：8%；$h > 300$mm 时：5%

$r_1 = t$　　　　　　　$r_2 \approx \dfrac{t}{2}$

缩写符号 U	尺寸（mm）				S cm²	m' kg/m	y 轴线间距 e_x cm	弯曲轴线数据				划线尺寸按 DIN 997	
								x–x		y–y			
	h	b	s	t				I_x cm⁴	W_x cm³	I_y cm⁴	W_y cm³	w_1 mm	d_1 mm
30×15	30	15	4	4.5	2.21	1.74	0.52	2.53	1.69	0.38	0.39	10	4.3
30	30	33	5	7	5.44	4.27	1.31	6.39	4.26	5.33	2.68	20	8.4
40×20	40	20	5	5.5	3.66	2.87	0.67	7.58	3.79	1.14	0.86	11	6.4
40	40	35	5	7	6.21	4.87	1.33	14.1	7.05	6.68	3.08	20	8.4
50×25	50	25	5	6	4.92	3.86	0.81	16.8	6.73	2.49	1.48	16	8.4
50	50	38	5	7	7.12	5.59	1.37	26.4	10.6	9.12	3.75	20	11
60	60	30	6	6	6.46	5.07	0.91	31.6	10.5	4.51	2.16	18	8.4
80	80	45	6	8	11.0	8.64	1.45	106	26.5	19.4	6.36	25	13
100	100	50	6	8.5	13.5	10.6	1.55	206	41.2	29.3	8.49	30	13
120	120	55	7	9	17.0	13.4	1.60	364	60.7	43.2	11.1	30	17
160	160	65	7.5	10.5	24.0	18.8	1.84	925	116	85.3	18.3	35	21
200	200	75	8.5	11.5	32.2	25.3	2.01	1910	191	148	27.0	40	23
260	260	90	10	14	48.3	37.9	2.36	4820	371	317	47.7	50	25
300	300	100	10	16	58.8	46.4	2.70	8030	535	495	67.8	55	28
350	350	100	14	16	77.3	60.6	2.40	12840	734	570	75.0	58	28
400	400	110	14	18	91.5	71.8	2.65	20350	1020	846	102	60	28

➡ U 型材 DIN 1026–U100–S235JO：槽钢，h=100mm，材料是 S235JO。

角钢

不等边角钢，热轧（摘选）   参照 DIN EN 10056−1（1998−10）

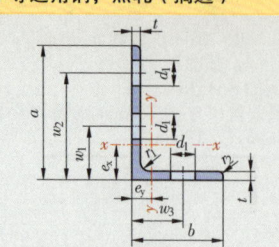

S 横截面积	W 轴向抗扭截面模量
I 截面极惯性矩二次矩	m' 质量线密度

材料： 非合金结构钢 DIN EN 10025−2，例如 S235JO

供货类型： 从 $30 \times 20 \times 3$ 至 $200 \times 150 \times 15$，制造长度 $\geq 6\text{m} < 12\text{m}$，标称长度 $\geq 6\text{m} < 12\text{m} \pm 100\text{mm}$

$$r_1 \approx t \qquad\qquad r_2 \approx \frac{t}{2}$$

缩写符号 L	尺寸（mm）			S cm²	m' kg/m	轴线间距		弯曲轴线数据				划线尺寸按 DIN 997			
								x−x		y−y					
	a	b	t	cm²	kg/m	e_x cm	e_y cm	I_x cm⁴	W_x cm³	I_y cm⁴	W_y cm³	w_1 mm	w_2 mm	w_3 mm	d_1 mm
30 × 20 × 3	30	20	3	1.43	1.12	0.99	0.50	1.25	0.62	0.44	0.29	17	–	12	8.4
30 × 20 × 4	30	20	4	1.86	1.46	1.03	0.54	1.59	0.81	0.55	0.38	17	–	12	8.4
40 × 20 × 4	40	20	4	2.26	1.77	1.47	0.48	3.59	1.42	0.60	0.39	22		12	11
40 × 25 × 4	40	25	4	2.46	1.93	1.36	0.62	3.89	1.47	1.16	0.69	22		15	11
45 × 30 × 4	45	30	4	2.87	2.25	1.48	0.74	5.78	1.91	2.05	0.91	25		17	13
50 × 30 × 5	50	30	5	3.78	2.96	1.73	0.74	9.36	2.86	2.51	1.11	30		17	13
60 × 30 × 5	60	30	5	4.28	3.36	2.17	0.68	15.6	4.07	2.63	1.14	35		17	17
60 × 40 × 5	60	40	5	4.79	3.76	1.96	0.97	17.2	4.25	6.11	2.02	35		22	17
60 × 40 × 6	60	40	6	5.68	4.46	2.00	1.01	20.1	5.03	7.12	2.38	35		22	17
65 × 50 × 5	65	50	5	5.54	4.35	1.99	1.25	23.2	5.14	11.9	3.19	35		30	21
70 × 50 × 6	70	50	6	6.89	5.41	2.23	1.25	33.4	7.01	14.2	3.78	40		30	21
75 × 50 × 6	75	50	6	7.19	5.65	2.44	1.21	40.5	8.01	14.4	3.81	40		30	21
75 × 50 × 8	75	50	8	9.41	7.39	2.52	1.29	52.0	10.4	18.4	4.95	40		30	23
80 × 40 × 6	80	40	6	6.89	5.41	2.85	0.88	44.9	8.73	7.89	2.44	45		22	23
80 × 40 × 8	80	40	8	9.01	7.07	2.94	0.96	57.6	11.4	9.61	3.16	45		22	23
80 × 60 × 7	80	60	7	9.38	7.36	2.51	1.52	59.0	10.7	28.4	6.34	45		35	23
100 × 50 × 6	100	50	6	8.71	6.84	3.51	1.05	89.9	13.8	15.4	3.9	55		30	25
100 × 50 × 8	100	50	8	11.4	8.97	3.60	1.13	116	18.2	19.7	5.08	55		30	25
100 × 65 × 7	100	65	7	11.2	8.77	3.23	1.51	113	16.6	37.6	7.53	55		35	25
100 × 65 × 8	100	65	8	12.7	9.94	3.27	1.55	127	18.9	42.2	8.54	55		35	25
100 × 65 × 10	100	65	10	15.6	12.3	3.36	1.63	154	13.2	51.0	10.5	55		35	25
100 × 75 × 8	100	75	8	13.5	10.5	3.10	1.87	133	19.3	64.1	11.4	55		40	25
100 × 75 × 10	100	75	10	16.6	13.0	3.19	1.95	162	23.8	77.6	14.0	55		40	25
100 × 75 × 12	100	75	12	19.7	15.4	3.27	2.03	189	28.0	90.2	16.5	55		40	25
120 × 80 × 8	120	80	8	15.5	12.2	3.83	1.87	226	27.6	80.8	13.2	50	80	45	25
120 × 80 × 10	120	80	10	19.1	15.0	3.92	1.95	276	34.1	98.1	16.2	50	80	45	25
120 × 80 × 12	120	80	12	22.7	17.8	4.00	2.03	323	40.4	114	19.1	50	80	45	25
125 × 75 × 8	125	75	8	15.5	12.2	4.14	1.68	247	29.6	67.6	11.6	50	–	40	25
125 × 75 × 10	125	75	10	19.1	15.0	4.23	1.76	302	36.5	82.1	14.3	50	–	40	25
125 × 75 × 12	125	75	12	22.7	17.8	4.31	1.84	354	43.2	95.5	16.9	50	–	40	25
135 × 65 × 8	135	65	8	15.5	12.2	4.78	1.34	291	33.4	45.2	8.75	50		35	25
135 × 65 × 10	135	65	10	19.1	15.0	4.88	1.42	356	41.3	54.7	10.8	50		35	25
150 × 75 × 9	150	75	9	19.6	15.4	5.26	1.57	455	46.7	77.9	13.1	60	105	40	28
150 × 75 × 10	150	75	10	21.7	17.0	5.30	1.61	501	51.6	85.6	14.5	60	105	40	28
150 × 75 × 12	150	75	12	25.7	20.2	5.40	1.69	588	61.3	99.6	17.1	60	105	40	28
150 × 75 × 15	150	75	15	31.7	24.8	5.52	1.81	713	75.2	119	21.0	60	105	40	28
150 × 90 × 12	150	90	12	27.5	21.6	5.08	2.12	627	63.3	171	24.8	60	105	50	28
150 × 90 × 15	150	90	15	33.9	26.6	5.21	2.23	761	77.7	205	30.4	60	105	50	28
150 × 100 × 10	150	100	10	24.2	19.0	4.81	2.34	553	54.2	199	25.9	60	105	55	28
150 × 100 × 12	150	100	12	28.7	22.5	4.89	2.42	651	64.4	233	30.7	60	105	55	28
200 × 100 × 10	200	100	10	29.2	23.0	6.93	2.01	1220	93.2	210	26.3	65	150	55	28
200 × 100 × 15	200	100	15	43.0	33.8	7.16	2.22	1758	137	299	38.5	65	150	55	28

➡ L EN 10056−1−65 x 50 x 5−S235JO：不等边角钢，a=65mm，b=50mm，t=5mm，材料：S235JO。

角钢

参照 DIN EN 10056-1（1998-10）

等边角钢，热轧（摘选）

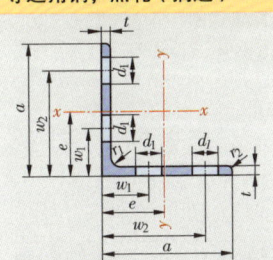

S 横截面积 $\quad\quad$ W 轴向抗扭截面模量
I 截面极惯性矩二次矩 $\quad$ m' 质量线密度
材料： 非合金结构钢 DIN EN 10025-2，例如 S235JO
供货类型： 从 $20 \times 20 \times 3$ 至 $200 \times 250 \times 35$，制造长度 $\geqslant 6m < 12m$，
标称长度 $\geqslant 6m < 12m \pm 100mm$

$r_1 \approx t$ $\quad\quad\quad\quad\quad\quad\quad\quad\quad\quad\quad\quad\quad$ $r_2 \approx \dfrac{t}{2}$

缩写符号 L	尺寸（mm） a	尺寸（mm） t	S cm²	m' kg/m	轴线间距 e cm	弯曲轴线数据 $x-x$ 和 $y-y$ $I_x=I_d$ cm⁴	$W_x=W_y$ cm³	划线尺寸按 DIN 997 w_1 mm	w_2 mm	d_1 mm
20 × 20 × 3	20	3	1.12	0.882	0.598	0.39	0.28	12	–	4.3
25 × 25 × 3	25	3	1.42	1.12	0.723	0.80	0.45	15	–	6.4
25 × 25 × 4	25	4	1.85	1.45	0.762	1.02	0.59	15	–	6.5
30 × 30 × 3	30	3	1.74	1.36	0.835	1.40	0.65	17	–	8.4
30 × 30 × 4	30	4	2.27	1.78	0.878	1.80	0.85	17	–	8.4
35 × 35 × 4	35	4	2.67	2.09	1.00	2.95	1.18	18	–	11
40 × 40 × 4	40	4	3.08	2.42	1.12	4.47	1.55	22	–	11
40 × 40 × 5	40	5	3.79	2.97	1.16	5.43	1.91	22	–	11
45 × 45 × 4.5	45	4.5	3.90	3.06	1.25	7.14	2.20	25	–	13
50 × 50 × 4	50	4	3.89	3.06	1.36	8.97	2.46	30	–	13
50 × 50 × 5	50	5	4.80	3.77	1.40	11.0	3.05	30	–	13
50 × 50 × 6	50	6	5.69	4.47	1.45	12.8	3.61	30	–	13
60 × 60 × 5	60	5	5.82	4.57	1.64	19.4	4.45	35	–	17
60 × 60 × 6	60	6	6.91	5.42	1.69	22.8	5.29	35	–	17
60 × 60 × 8	60	8	9.03	7.09	1.77	29.2	6.89	35	–	17
65 × 65 × 7	65	7	8.70	6.83	1.85	33.4	7.18	35	–	21
70 × 70 × 6	70	6	8.13	6.38	1.93	36.9	7.27	40	–	21
70 × 70 × 7	70	7	9.40	7.38	1.97	42.3	8.41	40	–	21
75 × 75 × 6	75	6	8.73	6.85	2.05	45.8	8.41	40	–	23
75 × 75 × 8	75	8	11.4	8.99	2.14	29.1	11.0	40	–	23
80 × 80 × 8	80	8	12.3	9.63	2.26	72.2	12.6	45	–	23
80 × 80 × 10	80	10	15.1	11.9	2.34	87.5	15.4	45	–	23
90 × 90 × 7	90	7	12.2	9.61	2.45	92.6	14.1	50	–	25
90 × 90 × 8	90	8	13.9	10.9	5.50	104	16.1	50	–	25
90 × 90 × 9	90	9	15.5	12.2	2.54	116	17.9	50	–	25
90 × 90 × 10	90	10	17.1	13.4	2.58	127	19.8	50	–	25
100 × 100 × 8	100	8	15.5	12.2	2.74	145	19.9	55	–	25
100 × 100 × 10	100	10	19.2	15.0	2.82	177	24.6	55	–	25
100 × 100 × 12	100	12	22.7	17.8	2.90	207	29.1	55	–	25
120 × 120 × 10	120	10	23.2	18.2	3.31	313	36.0	50	80	25
120 × 120 × 12	120	12	27.5	21.6	3.40	368	42.7	50	80	25
130 × 130 × 10	130	12	30.0	23.6	3.64	472	50.4	50	90	25
150 × 150 × 10	150	10	29.3	23.0	4.03	624	56.9	60	105	28
150 × 150 × 12	150	12	34.8	27.3	4.12	737	67.7	60	105	28
150 × 150 × 15	150	15	43.0	33.8	4.25	898	83.5	60	105	28
160 × 160 × 15	160	15	46.1	36.2	4.49	1100	95.6	60	115	28
180 × 180 × 18	180	18	61.9	48.6	5.10	1870	145	65	135	28
200 × 200 × 16	200	16	61.8	48.5	5.52	2340	162	65	150	28
200 × 200 × 20	200	20	76.3	59.9	5.68	2850	199	65	150	28
200 × 200 × 24	200	24	90.6	71.1	5.84	3330	235	70	150	28
250 × 250 × 28	250	28	133	104	7.24	7700	433	75	150	28

⟶ $\quad$ L EN 10056-1-70 × 70 × 7-S235JO：等边角钢，a=70mm，t=7mm，材料：S235JO。

中宽和宽工字梁

中等宽度工字梁，热轧（摘选）　　　　　　　　　　参照 DIN EN 1025-5（1994-03）

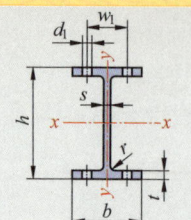

S　横截面积　　　　　　　W　轴向抗扭截面模量
I　截面极惯性矩二次矩　　m'　质量线密度
材料： 非合金结构钢 DIN EN 10025-2，例如 S235JR

供货类型：
普通长度：$h < 300mm$ 时，　8m 至 16m ± 50mm
　　　　　$h \geq 300mm$ 时，　8m 至 18m ± 50mm

缩写符号 IPE	尺寸（mm）					S cm²	m' kg/m	弯曲轴线数据				划线尺寸按 DIN 997	
								x-x		y-y			
	h	b	s	t	r			I_x cm⁴	W_x cm³	I_y cm⁴	W_y cm³	w_1 mm	d_1 mm
100	100	55	4.1	5.7	7	10.3	8.1	171	34.2	15.9	5.8	30	8.4
120	120	64	4.4	6.3	7	13.2	10.4	318	53.0	27.7	8.7	36	8.4
140	140	73	4.7	6.9	7	16.4	12.9	541	77.3	44.9	12.3	40	11
160	160	82	5.0	7.4	9	20.1	15.8	869	109	68.3	16.7	44	13
180	180	91	5.3	8.0	9	23.9	18.8	1320	146	101	22.2	50	13
200	200	100	5.6	8.5	12	28.5	22.4	1940	194	142	28.5	56	13
240	240	120	6.2	9.8	15	39.1	30.7	3890	324	284	47.3	68	17
270	270	135	6.6	10.2	15	45.9	36.1	5790	429	420	62.2	72	21
300	300	150	7.1	10.7	15	53.8	42.2	8360	557	604	80.6	80	23
360	360	170	8.0	12.7	18	72.7	57.1	16270	904	1040	123	90	25
400	400	180	8.6	13.5	21	84.5	66.3	23130	1160	1320	456	96	28
500	500	200	10.2	16.0	21	116	90.7	48200	1930	2140	214	110	28
600	600	220	12.0	19.0	24	156	122	92080	3070	3390	308	120	28

→　**I 型材 EN 1025 – S235JR – IPE：** 中等宽度工字梁，两侧面平行，h=300mm，材料：S235JR。

轻型结构宽工字梁（IPBl），热轧（摘选）　　　　参照 DIN 1025-3（1994-03）

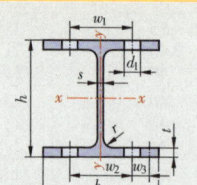

S　横截面积　　　　　　　W　轴向抗扭截面模量
I　截面极惯性矩二次矩　　m'　质量线密度
材料： 非合金结构钢 DIN EN 10025-2，例如 S235JR

供货类型： 普通长度：$h < 300mm$ 时，
　　　　　　　8m 至 16m ± 50mm

$$r_1 \approx 3 \cdot s$$

缩写符号 IPBl	尺寸（mm）				S cm²	m' kg/m	弯曲轴线数据				划线尺寸按 DIN 997（mm）			
							x-x		y-y					
	h	b	s	t			I_x cm⁴	W_x cm³	I_y cm⁴	W_y cm³	w_1 mm	w_2 mm	w_3 mm	d_1 mm
100	96	100	5	8	21.2	16.7	349	72.8	134	26.8	56	–	–	13
120	114	120	5	8	25.3	19.9	606	106	231	38.5	66	–	–	17
140	133	140	5.5	8.5	31.4	24.7	1030	155	389	55.6	76	–	–	21
160	152	160	6	9	38.8	30.4	1670	220	616	76.9	86	–	–	23
180	171	180	6	9.5	45.3	35.5	2510	294	925	103	100	–	–	25
200	190	200	6.5	10	53.8	42.3	3690	389	1340	134	110	–	–	25
240	230	240	7.5	12	76.8	60.3	7760	675	2770	231	–	94	35	25
280	270	280	8	13	97.3	76.4	13670	1010	4760	340	–	110	45	25
320	310	300	9	15.5	124.0	97.6	22930	1480	6990	466	–	120	45	28
400	390	300	11	19	159.0	125.0	45070	2310	8560	571	–	120	45	28
5000	490	300	12	23	198.0	155.0	86970	3550	10370	691	–	120	45	28
600	590	300	13	25	226.0	178.0	141200	4790	11270	751	–	120	45	28
800	790	300	15	28	286.0	224.0	303400	7680	12640	843	–	130	40	28

→　**I 型材 EN 1025-S235JR-IPEl 320：** 轻型结构宽工字梁，材料：S235JR，名称按照欧洲标准 EURONORM53-62：HE320A。

宽工字梁

宽工字梁（IPB），热轧（摘选）　　　　　　　参照 DIN 1025-2（1995-11）

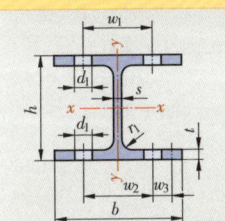

S　横截面积　　　　　　　　　　　W　轴向抗扭截面模量
I　截面极惯性矩二次矩　　　　　　m'　质量线密度
材料：非合金结构钢 DIN EN 10025-2，例如 S235JR
供货类型：
普通长度：$h < 300$mm 时，　8m 至 16m ± 50mm
　　　　　$h \geq 300$mm 时，　8m 至 18m ± 50mm

$r_1 \approx 2 \cdot s$

缩写符号 IPBv	尺寸（mm）				S cm²	m' kg/m	弯曲轴线数据				划线尺寸按 DIN 997			
							x–x		y–y					
	h	b	s	t			I_x cm⁴	W_x cm³	I_y cm⁴	W_y cm³	w_1 mm	w_2 mm	w_3 mm	d_1 mm
100	100	100	6	10	26.0	20.4	450	89.9	167	33.5	56	–	–	13
120	120	120	6.5	11	34.0	26.7	864	144	318	52.9	66	–	–	17
140	140	140	7	12	43.0	33.7	1510	216	550	78.5	76	–	–	21
160	160	160	8	13	54.3	42.6	2490	311	889	111	86	–	–	23
180	180	180	8.5	14	65.3	51.2	3830	426	1360	151	100	–	–	25
200	200	200	9	15	78.1	61.3	5700	570	2000	200	110	–	–	25
240	240	240	10	17	106	83.2	11260	938	3920	327	–	96	35	25
280	280	280	10.5	18	131	103	19270	1380	6590	471	–	110	45	25
320	320	300	11.5	20.5	161	127	30820	1930	9240	616	–	120	45	28
400	400	300	13.5	24	198	155	57680	2880	10820	721	–	120	45	28
500	500	300	14.5	28	239	187	107200	4290	12620	842	–	120	45	28
600	600	300	15.5	30	270	212	171000	5700	13530	902	–	120	45	28
800	800	300	17.5	33	334	262	359100	8980	14900	994	–	130	40	28

⇒ I 型材 EN 1025-S235JR-IPE 240：宽工字梁，两侧面平行，h=240mm，材料：S235JR，名称按照欧洲标准 EURONORM53-62：HE 240B。

加强结构宽工字梁（IPBv），热轧（摘选）　　　　参照 DIN 1025-4（1994-03）

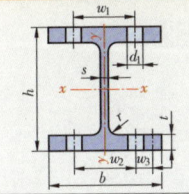

S　横截面积　　　　　　　　　　　W　轴向抗扭截面模量
I　截面极惯性矩二次矩　　　　　　m'　质量线密度
材料：非合金结构钢 DIN EN 10025-2，例如 S235JR
供货类型：普通长度：$h < 300$mm 时，　8m 至 16m ± 50mm
　　　　　　　　　　$h \geq 300$mm 时，　8m 至 18m ± 50mm

$r \approx s$

缩写符号 IPBv	尺寸（mm）				S cm²	m' kg/m	弯曲轴线数据				划线尺寸按 DIN 997（mm）			
							x–x		y–y					
	h	b	s	t			I_x cm⁴	W_x cm³	I_y cm⁴	W_y cm³	w_1 mm	w_2 mm	w_3 mm	d_1 mm
100	120	106	12	20	53.2	41.8	1140	190	399	75.3	60	–	–	13
120	140	126	12.5	21	66.4	52.1	2020	283	703	112	68	–	–	17
140	160	146	13	22	80.5	63.2	3290	411	1140	157	76	–	–	21
160	180	166	14	23	97.1	76.2	5100	568	1760	212	86	–	–	23
180	200	186	14.5	24	113	88.9	7480	748	2580	277	100	–	–	25
200	220	206	15	25	131	103	10640	967	3650	354	110	–	–	25
240	270	248	18	32	200	157	24290	1800	8150	657	–	100	35	25
280	310	288	18.5	33	240	189	39550	2550	13160	914	–	116	45	25
320	359	309	21	40	312	245	68130	3800	19710	1280	–	126	47	28
400	432	307	21	40	319	250	104100	4820	19340	1260	–	126	47	28
500	524	306	21	40	344	270	161900	6180	19150	1250	–	130	45	28
600	620	305	21	40	364	285	237400	7660	18280	1240	–	130	45	28
800	814	303	21	40	404	317	442600	10870	18630	1230	–	132	42	28

⇒ I 型材 EN 1025-S235JR-IPEv 400：加强结构宽工字梁，材料：S235JR，名称按照欧洲标准 EURONORM53-62：HE 400M。

空心型材

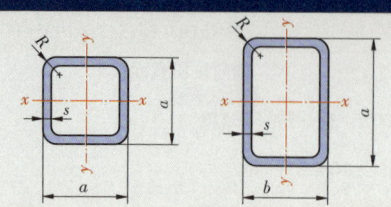

材料：非合金结构钢 DIN EN 10025
供货类型：DIN EN 10210-2
制造长度 4m 至 16m，
型材尺寸 $a \times a = 20 \times 20...400 \times 400$
DIN EN 10219-2
制造长度 4m 至 16m，
型材尺寸 $a \times a = 20 \times 20...400 \times 400$
DIN EN 10210 和 DIN EN 10219 除矩形和方形型材外
也包括圆形空心型材。

热加工矩形和方形空心型材　　　　参照 DIN EN 10210-2（2006-07）

标称尺寸 $a \times a$ $a \times b$ mm	壁厚 s mm^2	质量线密度 m' kg/m	横截面积 S mm^2	截面极惯性矩和抗扭截面模量 弯曲轴线数据				扭矩数据	
				x-x		y-y			
				I_x cm^4	W_x cm^3	I_y cm^4	W_y cm^3	I_P cm^4	W_B cm^3
40 × 40	2.6	3.00	3.82	8.8	4.4	8.8	4.4	14	6.41
	4.0	4.39	5.59	11.8	5.91	11.8	5.91	19.5	8.54
50 × 50	3.2	4.62	5.88	21.2	8.49	21.2	8.49	33.8	12.4
	4.0	5.64	7.19	25	9.99	25	9.99	40.4	14.5
60 × 60	2.6	4.63	5.9	32.2	10.7	32.2	10.7	50.2	15.7
	4.0	6.9	8.79	45.4	15.1	45.4	15.1	72.5	22.0
	5.0	8.42	10.7	53.3	17.8	53.3	17.8	86.4	25.7
50 × 30	2.6	3.00	3.82	12.2	4.87	5.38	3.58	12.1	5.9
	4.0	4.39	5.59	16.5	6.60	7.08	4.72	16.6	7.77
60 × 40	3.2	4.62	5.88	27.8	9.27	14.6	7.29	30.8	11.7
	4.0	5.64	7.19	32.8	10.9	17	8.52	36.7	13.7
80 × 40	4.0	6.8	8.79	68.2	17.1	22.2	11.1	55.2	18.9
	5.0	8.42	10.7	80.3	20.1	25.7	12.9	65.1	21.9
	6.3	10.3	13.1	93.3	23.3	29.2	14.6	75.6	24.8
100 × 50	4.0	8.78	11.2	140	27.9	46.2	18.5	113	31.4
	5.0	10.8	13.7	167	33.3	54.3	21.7	135	36.9

→ 空心型材 DIN EN 10210-60 × 60 × 5-S235JO：方形空心型材（方形管），a=60mm，s=5mm，材料S235JO。

冷加工焊接矩形和方形空心型材　　　　参照 DIN EN 10219-2（2006-07）

标称尺寸 $a \times a$ $a \times b$ mm	壁厚 s mm^2	质量线密度 m' kg/m	横截面积 S mm^2	截面极惯性矩和抗扭截面模量 弯曲轴线数据				扭矩数据	
				x-x		y-y			
				I_x cm^4	W_x cm^3	I_y cm^4	W_y cm^3	I_P cm^4	W_B cm^3
30 × 30	2.0	1.68	2.14	2.72	1.81	2.72	1.81	4.54	2.75
	2.5	2.03	2.59	3.16	2.10	3.16	2.10	5.40	3.20
	3.0	2.36	3.01	3.50	2.34	3.50	2.34	6.15	3.58
40 × 40	2.0	2.31	2.94	6.94	3.47	6.94	3.47	11.3	5.23
	2.5	2.82	3.59	8.22	4.11	8.22	4.11	13.6	6.21
	3.0	3.30	4.21	9.332	4.66	9.32	4.66	15.8	7.07
	4.0	4.20	5.35	11.1	5.54	11.1	5.54	19.4	8.48
80 × 80	3.0	7.07	9.01	87.7	22.0	87.8	22.0	140	33.0
	4.0	9.22	11.7	111	27.8	111	27.8	180	41.8
	5.0	11.3	14.4	131	32.9	131	32.9	218	49.7
42 × 20	3.0	1.68	2.14	4.05	2.02	1.34	1.34	3.45	2.36
	4.0	2.03	2.59	4.69	2.35	1.54	1.54	4.06	2.72
	5.0	2.36	3.01	5.21	2.60	1.68	1.68	4.57	3.00
60 × 40	2.0	4.25	5.41	25.4	8.46	13.4	6.72	29.3	11.2
	2.5	5.45	6.95	31.0	10.3	16.3	8.14	36.7	13.7
	3.0	6.56	8.36	35.3	11.8	18.4	9.21	42.2	15.6
80 × 40	3.0	5.19	6.61	52.3	13.1	17.6	8.78	43.9	15.3
	4.0	66.71	8.55	64.8	16.2	21.5	10.7	55.2	18.8
	5.0	8.13	10.4	75.1	18.8	24.6	12.3	65.0	21.7
100 × 40	3.0	6.13	7.81	92.3	18.5	21.7	10.8	59.0	19.4
	4.0	7.97	10.1	116	23.1	26.7	13.3	74.5	24.0
	5.0	9.70	12.4	136	27.1	30.8	15.4	87.7	27.9

→ 空心型材 DIN EN 10219 – 60 × 40 × 4–S235JO：矩形空心型材（矩形管），a=60mm，b=40mm，s=4mm 材料 S235JO。

质量线密度和质量面密度

质量线密度[1]（表值适用于密度$\varrho =7.85kg/dm^3$的钢材）

d 直径　　m' 质量线密度　　a 边长　　SW 扳手开口宽度

钢丝						圆钢					
d mm	m' kg/1000	d mm	m' kg/1000	d mm	m' kg/1000	d mm	m' kg/1000	d mm	m' kg/1000	d mm	m' kg/1000
0.10	0.062	0.55	1.87	1.1	7.46	3	0.055	18	2.00	60	22.2
0.16	0.158	0.60	2.22	1.2	8.88	4	0.099	20	2.47	70	30.2
0.20	0.247	0.65	2.60	1.3	10.4	5	0.154	25	3.85	80	39.5
0.25	0.385	0.70	3.02	1.4	12.1	6	0.222	30	5.55	100	61.7
0.30	0.555	0.75	3.47	1.5	13.9	8	0.395	35	7.55	120	88.8
0.35	0.755	0.80	3.95	1.6	15.8	10	0.617	40	9.86	140	121
0.40	0.986	0.85	4.45	1.7	17.8	12	0.888	45	12.5	150	139
0.45	1.25	0.90	4.99	1.8	20.0	15	1.39	50	15.4	160	158
0.50	1.54	1.0	6.17	2.0	24.7	16	1.58	55	18.7	200	247

方钢						六角钢					
a mm	m' kg/1000	a mm	m' kg/1000	a mm	m' kg/1000	SW mm	m' kg/1000	SW mm	m' kg/1000	SW mm	m' kg/1000
6	0.283	20	3.14	40	12.6	6	0.245	20	2.72	40	10.9
8	0.502	22	3.80	50	19.6	8	0.435	22	3.29	50	17.0
10	0.785	25	4.91	60	28.3	10	0.680	25	4.25	60	24.5
12	1.13	28	6.15	70	38.5	12	0.979	28	5.33	70	33.3
14	1.54	30	7.07	80	50.2	14	1.33	30	6.12	80	43.5
16	2.01	32	8.04	90	63.6	16	1.74	32	6.96	90	55.1
18	2.54	35	9.62	100	78.5	18	2.20	35	8.33	100	68.0

其他型材的质量线密度

型材		页码	型材		页码
T 型钢	EN 10055	153	空心型材	EN 10210–2	158
等边角钢	EN 10056–1	155	空心型材	EN 10219–2	158
不等边角钢	EN 10056–1	154	铝圆棒材	DIN 1798	178
槽钢	DIN 1026–1	153	铝方棒材	DIN 1796	178
工字梁 IPE	DIN 1025–5	156	铝矩形棒材	DIN 1769	179
工字梁 IPB	DIN 1025–2	157	铝圆管	DIN 1795	180
工字梁 IPBv	DIN 1025–4	157	铝 U 型材	DIN 9713	180

质量面密度[1]（表值适用于密度$\varrho =7.85kg/dm^3$的钢材）

s 板厚　　m'' 质量面密度

s mm	m'' kg/m²	s mm	m'' kg/m²	s mm	m'' kg/m²	s mm	m'' kg/m²	s mm	m'' kg/m²	s mm	m'' kg/m²
0.35	2.75	0.70	5.50	1.2	9.42	3.0	23.6	4.75	37.3	10.0	78.5
0.40	3.14	0.80	6.28	1.5	11.8	3.5	27.5	5.0	39.3	12.0	94.2
0.50	3.93	0.90	7.07	2.0	15.7	4.0	31.4	6.0	47.1	14.0	110
0.60	4.71	1.0	7.85	2.5	19.6	4.5	35.3	8.0	62.8	15.0	118

[1] 表值也可按其他材料密度与钢密度（$\varrho =7.85kg/dm^3$）的比例进行换算。
举例：板材 s=4.0mm，材料为 $AlMg_3Mn$（密度$\varrho =2.66kg/dm^3$）。查表得：钢的质量面密度 m'' =31.4 kg/dm³。
$AlMg3Mn$ 的 m'' =31.4 kg/dm³ · 2.66kg/dm³/7.85kg/dm³ = 10.64 kg/dm³。

冷却曲线，晶格，合金

冷却曲线，纯金属的晶化

举例：
铅的冷却曲线

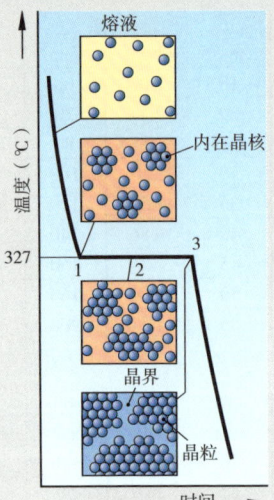

固态物体既有无晶形结构（无定形结构），又有结晶结构。与合金相反，纯金属有一个精确的熔点。纯金属在结晶形态下凝固。

- **点 1：晶体开始形成**

  达到凝固点时，多个金属原子相互碰撞并散发热能（结晶热），温度因此保持恒定不变（所谓的临界点），金属键合力发挥作用，→内在晶核产生，即较大质量和微小动能的键合。

- **点 2：结晶继续**

  剩余熔液的金属原子结晶并持续散发热能，由此产生由晶粒和剩余熔液组成的键合；糊状

- **点 3：完全凝固**

  金属熔液已经完全凝固。现在金属形成一个组织。

  · 晶粒：金属原子的键合。

  · 组织：所有晶粒、晶界和缺陷的总和。

  · 晶界：相邻晶粒在成长时相互碰撞，由此产生中间区域。由于外来原子、内在原子和非金属杂质的插入产生一个受到干扰的原子键。晶界处是金属最薄弱之处。

  · 冷却速度的加快提高了晶核的形成。并使组织的细晶粒、强度和韧性均得到提高，但可变形性降低。

熔液在冷却时金属原子排序形成一种金属各自典型的晶格（参照下图）。金属的特性（例如可变形性）受晶格结构的重要影响。

晶格（举例）	体心立方晶格（krz）	面心立方晶格 (kfz)	密排六方晶格 (hex)
原子结构			
举例	α 铁（铁素体），钒，钼，钨，铬	γ 铁（奥氏体），铝，铜，金，银，铂	镁，锌，钛
可变形性	好	很好	差

合金

凝固为混合晶体		凝固为晶体混合	
晶界	· **交换混合晶体**：原子半径和晶格类型相同，→固态下完全熔合 · **插入混合晶体**：合金金属的金属原子半径更小→有限熔合 · 举例：Fe–C，Ti–C	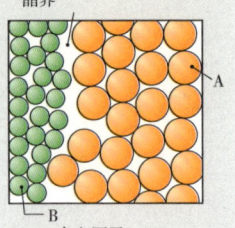晶界	· 合金金属在固态下不熔合 · 不同晶格的晶粒彼此分开 · **举例**：Cd–Bi；Pb–Sn；Pb–Sb
A，B合金原子		A，B合金原子	

合金状态曲线图

合金状态曲线图提供合金系统（混合晶体或晶体混合）及其物态（液态—**液相线**[1]和固态—**固相线**[2]）以及在不同温度下的组织等方面的信息。该曲线图由不同合金的冷却曲线构成。

混合晶体系统（举例：铜镍合金）

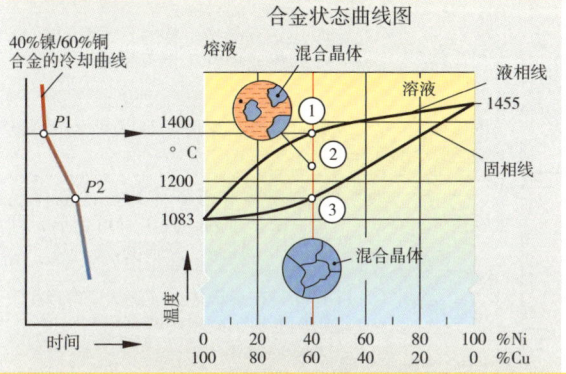

合金状态曲线图

举例中合金（40% 镍 Ni 和 60% 铜 Cu）的冷却和凝固

- **冷却曲线**在曲线转折点 P1 和 P2 之间的走向更为平坦。原因：晶体形成过程中产生的结晶热。
- **点 1：结晶开始**
  形成镍的内在晶核
- **点 2：晶体和熔液（糊状）**
  晶体和熔液的成分持续变化
- **点 3：混合晶体（固态）**
- **应用：**塑性合金
- **性能：**可切削加工性差，可铸性差，良好的非切削可成形性

晶体混合系统（举例：镉铋合金）

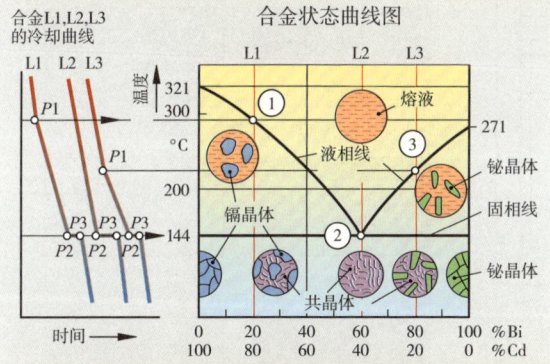

合金状态曲线图

- **冷却曲线：**
  P1 →液相点
  P2-P3 →固相点
  P2-P3 →共晶体[3]
- **结晶热**导致转折点和临界点
- **点 1：镉（L1）结晶开始**
  镉晶体 + 剩余熔液
- **点 2：共晶合金（L2）**
  镉和铋同时结晶，在临界点 P2-P3 处，合金 L2 具有最大熔化温度和极细的组织→高强度
- **点 3：铋（L3）结晶开始**
  铋晶体 + 剩余熔液
- **应用：**铸造材料和钎焊料
- **性能：**可塑性差，良好的可切削性和极佳的可铸性

铁－碳状态曲线图：混合晶体和晶体混合的组合系统

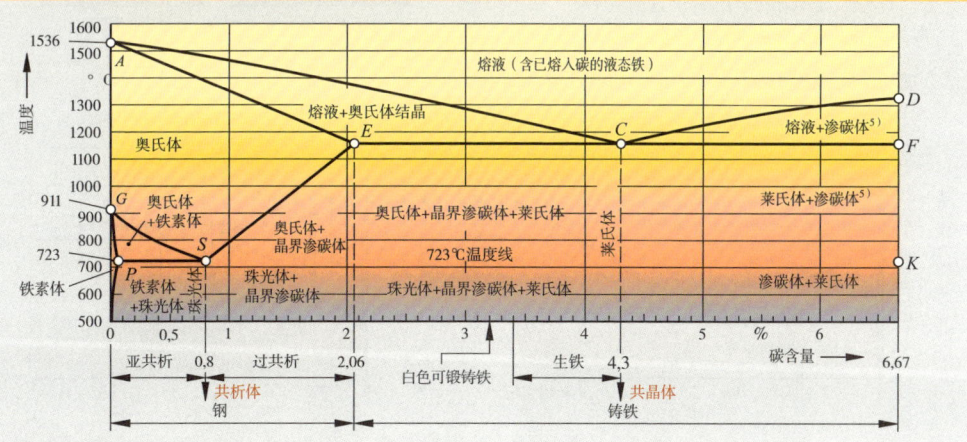

热处理的温度范围和组织结构

"钢拐点"（摘自铁–碳–状态曲线图）

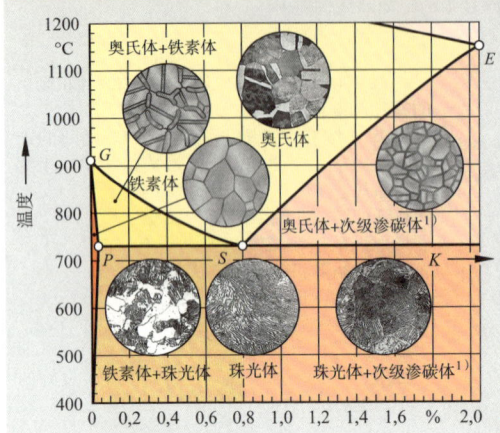

1) 又称晶界渗碳体

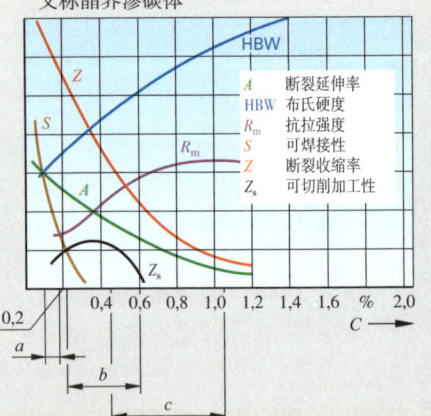

a = 渗碳钢，b = 调质钢，c = 工具钢
碳含量对非合金钢性能的影响

图例：
A　断裂延伸率
HBW　布氏硬度
R_m　抗拉强度
S　可焊接性
Z　断裂收缩率
Z_s　可切削加工性

钢组织结构的特性

铁素体（α铁）	体心立方晶格，良好的可成形性，质软，难以切削加工（润滑），可磁化
奥氏体（γ铁）	面心立方晶格，质软，有韧性，良好的热成形性（例如锻造），不可磁化
渗碳体，碳化铁，Fe_3C	脆，极硬，耐磨，难以变形，可磁化
铁素体	由铁素体和渗碳体构成的晶体混合，条状排列，几乎不可变形，可切削加工性性差，高强度
马氏体	骤冷时在奥氏体区（淬火）内产生；组织变形，高硬度和高耐磨强度

非合金钢组织照片

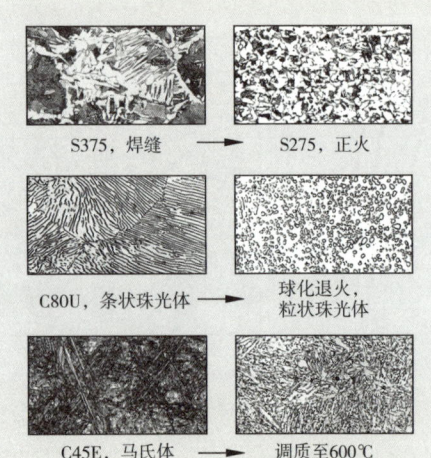

S375，焊缝 ⟶ S275，正火

C80U，条状珠光体 ⟶ 球化退火，粒状珠光体

C45E，马氏体 ⟶ 调质至600℃

热处理和淬火的温度范围[2][3]（准确的温度值参见 163 页）

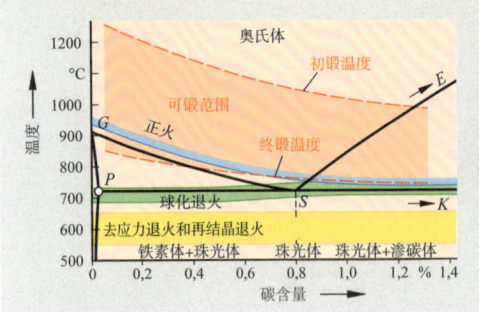

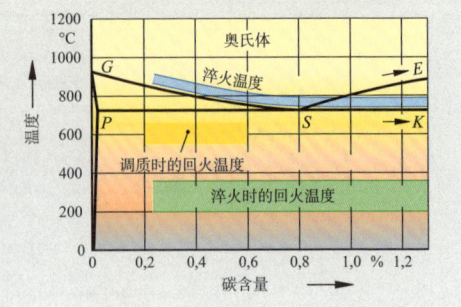

[2] 准确的温度数值参见 164—166 页。
[3] www.europa-lehrmittel.de/tm47 "钢的热处理"。

钢的热处理 – 概述[1]

图	简短描述	应用，说明
正火		
退火	· **加热**并保持退火温度→组织转变（奥氏体） · 将温度控制**冷却**至室温→正常细晶组织	正火处理轧制件、铸造件、焊接件和锻造件的粗晶组织
球化退火		
退火	· **加热**至退火温度，保持该温度或摆动退火→渗碳体的球状成形 · **冷却**至室温	改善冷加工可成形性，可切削加工性和可淬硬性； 可应用到所有的钢
去应力退火		
退火	· **加热**并保持退火温度（低于组织转变温度）→通过材料的塑性形变消除应力 · **冷却**至室温	降低焊接件、铸造件和锻造件的内在应力； 可应用到所有的钢
淬火		
	· **加热**并保持淬火温度→组织转变（奥氏体） · 在油、水、空气中**骤冷**→精细的脆硬组织（马氏体） · 在 100℃ 至 300℃ 下**回火**→从马氏体转变，更高韧性，常见硬度	耐磨零件，例如刀具、弹簧、导轨、挤压模具； 适宜热处理的钢，碳含量 C > 0.3%，例如 C70U,102Cr6,C45E,HS6-5-2C,X38CrMoV5-3
调质		
	· **加热**并保持淬火温度→组织转变（奥氏体） · 在油、水、空气中**骤冷**→精细的脆硬组织（马氏体），较大尺寸时形成细晶组织（贝氏体组织） · 在 400℃ 至 650℃ 下**回火**→马氏体消退，形成精细组织，高强度，同时韧性良好	大多用于高强度和良好韧性的动态载荷零件，例如动轴、齿轮、螺钉；调质钢参见 138 页，渗氮钢参见 139 页，火焰淬火和感应淬火钢参见 139 页，调质弹簧钢参见 143 页
渗碳淬火		
	· 在已加工工件的表层**渗碳** · **冷却**至室温→正常细晶组织（铁素体，珠光体，碳化物） · **淬火**（参见淬火流程） →表层淬火：加热至表层淬火温度 →内核淬火：加热至内核范围淬火温度	表面耐磨的零件，高疲劳强度和良好的零件内核强度，例如齿轮、动轴、螺栓； **表层淬火**：高耐磨性，更低的内核强度 **内核淬火**：高内核强度，淬硬表面；渗碳钢参见 137 页，易切削钢参见 139 页
渗氮		
退火	· 将已加工工件在散发氮气的环境中**退火**→形成硬的耐磨耐高温氮化物 · 在稳定的空气或氮气流中**冷却**	耐磨表面零件，高疲劳强度和良好的耐温性能，例如阀、活塞杆、主轴；渗氮钢参见 139 页

退火温度和回火温度，骤冷介质和可达到的硬度值：见 164 至 166 页。

工具钢，渗碳钢

非合金冷加工钢的热处理　　　　　　　　　　　参照 DIN EN ISO 4957（2001–02）

钢种类		热成形温度 ℃	球化淬火		淬火				表面硬度（HRC）≈			
缩写名称	材料代码		温度 ℃	最大硬度 HB	温度 ℃	冷却介质	淬硬深度[1] mm	淬透至 φ mm	淬火后	下列温度回火后		
										100℃	200℃	300℃
C45U	1.1730	1000…800	680…710	207	800…820	水	3.5	15	58	58	54	48
C70U	1.1520			183	790…810		3.0	10	64	63	60	53
C80U	1.1525	1050…800	680…710	192	780…800	水	3.0	10	64	64	60	54
C90U	1.1535	1050…800		207	770…790				64	64	61	54
C105U	1.1545	1050…800		212	770…790				65	64	62	56

[1] 用于 30mm 直径。
[2] 根据用途和所需使用硬度设定回火温度。钢的供货状态一般是球化退火。

冷加工合金钢，热加工钢和高速切削钢的热处理　　　参照 DIN EN ISO 4957（2001–02）

钢种类		热成形温度 ℃	球化淬火		淬火		表面硬度（HRC）≈					
缩写名称	材料代码		温度 ℃	最大硬度 HB	温度 ℃	冷却介质	淬火后	下列温度回火后				
								200℃	300℃	400℃	500℃	600℃
105V	1.2834	1050…850	710…750	212	780…800	水	68	64	56	48	40	36
X153CrMoV12	1.2379		800…850	255	1010…1030	空气	63	61	59	58	58	56
X210CrW12	1.2436	1050…850	800…840	255	960…980	油	64	62	60	58	56	52
90MnCrV8	1.2842		680…720	229	780…800		65	62	56	50	42	40
102Cr6	1.2067		710…750	223	830…850		65	60	57	50	43	40
60WCrV8	1.2550	1050…850	710…750	229	900…920	油	62	60	53	48	46	40
X37CrMoV5-1	1.2343	1100…900	750…800	229	1010…1030		53	51	52	53	54	52
HS6-5-2C	1.3343			269	1200…1220	油，热浴，空气	64	62	62	62	65	65
HS10-4-3-10	1.3207	1100…900	770…840	302	1220…1240		66	61	61	62	66	67
HS2-9-1-8	1.3247			277	1180…1200		66	62	62	61	68	69

[1] 奥氏体形成时长是淬火温度保持的时长，对于冷加工约为 25 分钟，高速切削钢约为 3 分钟。加热宜分阶段进行。
[2] 高速切削钢至少应在 540℃ 至 570℃ 下回火两次。该温度至少应保持 60 分钟。

渗碳钢的热处理　　　　　　　　　　　　　参照 DIN EN 10084（2008–06）

钢种类[1]		渗碳温度 ℃	淬火温度		回火 ℃	冷却介质	端部骤冷试验			
缩写名称	材料代码		内核淬火温度 ℃	表层温度 ℃			温度 ℃	淬火（HRC）间距		
							最大[2]	3 mm	5 mm	7 mm
C10E	1.1121		880…920			水	–	–	–	–	–
C15E	1.1141						–	–	–	–	–
17Cr3	1.7016						880	47	44	40	33
16MnCr5	1.7131		860…900				870	47	46	44	41
20MnCr5	1.7147	880…980		780…820	150…200		870	49	49	48	46
20MnCr4	1.7321						910	49	47	44	41
17CrNi6-6	1.5918		830…870			油	870	47	47	46	45
15NiCr13	1.5752		840…880				880	48	48	48	47
20NiCrMo2-2	1.6523		860…900				920	49	48	45	42
18CrNiMo7-6	1.6587		830…870				860	48	48	48	48

[1] 与此相同的数值适用于已调硫含量的钢，例如 C10R, 20MnCr5。
[2] 普通可淬硬性（+H）钢距端面的淬火间距为 1.5mm。

调质钢

非合金调质钢的热处理 参照 DIN EN 10083-2（2006-10）[1]

钢种类[2]		正火 ℃	端部骤冷试验				调质		
缩写名称	材料代码		℃	淬硬深度（mm）如下时的硬度（HRC）			淬火温度℃	骤冷介质	回火温度 ℃
				1	3	5			
C22E	1.1151	880…940	–	–	–	–	860…900	水	550…660
C35E[1]	1.1181	860…920	870	48…58	33…55	22…49	840…880	水或油	550…660
C40E	1.1186	850…910	870	51…60	35…59	25…53	830…870		
C45E[1]	1.1191	840…900	850	55…62	37…61	28…57	820…760		
C50E[1]	1.1206	830…890	850	56…63	44…61	31…58	810…850	油或水	550…660
C55E	1.1203	825…885	830	58…65	47…63	33…60	810…850		
C60E	1.1221	820…880	830	60…67	50…65	35…62	810…850		
28Mn6	1.1170		850	45…54	42…53	37…51	840…880	水或油	540…680

合金调质钢的热处理（摘选） 参照 DIN EN 10083-3（2007-01）[1]

钢种类[2]		正火 ℃	端部骤冷试验			调质		
缩写名称	材料代码		℃	淬硬深度（mm）[3] 如下时的硬度（HRC）[6]			淬火温度[4] ℃	骤冷介质	回火温度[5] ℃
				1.5	5	15			
38Cr2	1.7003	–	850	51…59	37…54	…35	830…870	油或水	540…680
46Cr2[1]	1.7006	54		54…63	40…59	22…39	820…860	油或水	
34Cr4	1.7033	–	850	49…57	45…56	27…44	830…870	水或油	540…680
37Cr4[1]	1.7034	51		51…59	48…58	31…48	825…865	油或水	
41Cr4[1]	1.7035	53		53…61	50…60	32…52	820…860	油或水	
25CrMo4	1.7218	–	850	44…52	40…51	27…41	840…900	水或油	540…680
34CrMo4	1.7220	–		49…57	48…57	34…52	830…890	油或水	
42CrMo4[1]	1.7225	53		53…61	52…61	37…58	820…880	油或水	
50CrMo4[1]	1.7228	58	850	58…65	57…64	48…62	820…870	油	540…680
51CrV4[1]	1.8159	–		57…65	56…64	48…62	820…870	油	
39NiCrMo3	1.6510	–		52…60	50…59	43…56	820…850	油或水	
34CrNiMo6	1.6582	–	850	50…58	50…58	48…57	830…860	油或水	540…660
30CrNiMo8	1.6580	–		48…56	48…56	46…55	830…860	油或水	540…660
36CrNiMo16	1.6773	–		50…57	48…56	47…55	865…885	空气或油	550…650
38MnB5	1.5532	–	850	52…60	50…59	31…47	840…680	水／油	400…600
33MnCrB5-2	1.7185	–	880	48…57	47…57	41…54	860…900	油	400…600

[1] DIN 17212 "火焰淬火和感应淬火钢"已撤销且无替代标准。火焰淬火和感应淬火钢现参阅调质钢一节，第 138 页及后面页。
[2] 相同数值适用于优质钢 C35 至 C60 和已调硫含量的钢，例如 C35R。
[3] 可淬硬性要求：+H：普通可淬硬性。
[4] 下面的温度范围适用于水中骤冷，上面的温度范围适用于油中骤冷。
[5] 回火时间至少 60 分钟。
[6] 火焰淬火或感应淬火后，钢的最低表面硬度。

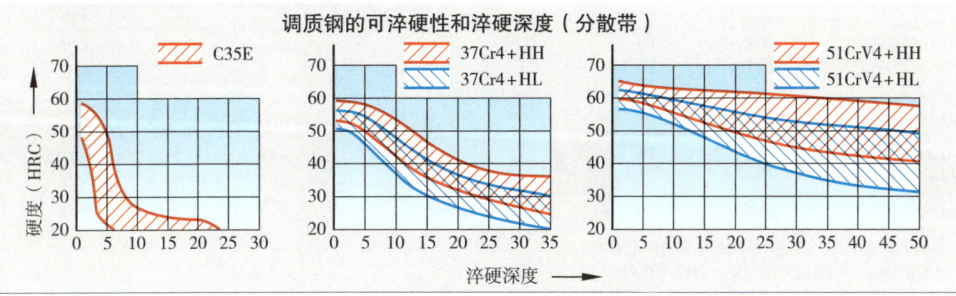

调质钢的可淬硬性和淬硬深度（分散带）

渗氮钢，易切削钢，铝合金

渗氮钢的热处理　　　　参照 DIN EN 10085（2001–07）

钢种类		渗氮前的热处理				渗氮处理[1]		
缩写名称	材料代码	球化退火温度℃	淬火		调质回火温度[3][4]℃	气体渗氮℃	碳氮共渗℃	硬度[5]HV1
			温度℃[2]	冷却介质				
24CrMo13–6	1.8516	650…700	870…970	油或水	580…700	500…600	570…650	–
31CrMo12	1.8515	650…700	870…930					800
32CrAlMo7–10	1.8505	650…750	870…930					–
31CrMoV9	1.8519	680…720	870…930					800
33CrMoV12–9	1.8522	680…720	870…970					–
34CrAlNi7–10	1.8550	650…700	870…930					950
41CrAlMo7–10	1.8509	650…750	870…930					950
40CrMoV13–9	1.8523	680…720	870…970					–
34CrAlMo5–10	1.8507	650…750	870…930					950

[1] 渗氮时长取决于所需的渗氮淬硬深度。　[2] 奥氏体形成时长至少半个小时。
[3] 回火温度应超过渗氮温度不少于 50℃。　[4] 回火时长至少 1 个小时。　[5] 渗氮表面的硬度。

易切削钢的热处理　　　　参照 DIN EN 10087（1999–01）

易切削渗碳钢

钢种类		渗碳温度℃	内核淬火温度℃	表层淬火温度℃	冷却介质[1]	回火温度[2]℃
缩写名称	材料代码					
10S20	1.0721	880…880	880…920	780…820	水，油，乳浊液	150…200
10SPb20	1.0722					
15SMn13	1.0725					

易切削调质钢

钢种类		淬火温度℃	冷却介质[1]	调质温度℃	调质[3]		
缩写名称	材料代码				R_e N/mm²	R_m N/mm²	A %
35S20	1.0726	860…890	水或油	540…680	430	630…780	15
35SPb20	1.0756						
36SMn14	1.0764	850…880			460	700…850	14
36SMnPb14	1.0765						
38SMn28	1.0760	850…880			460		15
38SMnPb28	1.0761						
44SMn28	1.0762	840…870	油或水		480		16
44SMnPb28	1.0763						
46S20	1.0757				490		12

[1] 冷却介质的选用取决于工件的形态。[2] 回火时长至少 1 个小时。[3] 该数值适用直径 $10 < d \leq 16$。

铝合金的硬化

合金 EN，AW		时效硬化类型[2]	固溶退火温度℃	人工时效		自然时效时间天数	时效硬化后	
缩写名称	材料代码			温度℃	保持时间 h		R_m N/mm²	A %
Al Cu4MgSi	2017	T4	500	100…300	8…24	5…8	390	12
Al Cu4SiMg	2014	T6				–	420	8
Al MgSi	6060	T4	525			5…8	130	15
Al MgSi1MgMn	6082	T6				–	280	6
Al Zn4.5Mg1	7020	T6	470			–	210	12
Al Zn5.5MgCu	7075	T6				–	545	8
Al Si7Mg[1]	42000[1]	T6	525			4	250	1

[1] 铝合金 EN AC–AlSi7Mg 或 EN AC 42000。
[2] T4 固溶退火和自然时效；T6 固溶退火和人工时效。

铸铁材料的命名系统

缩写名称和材料代码　　　　　　　　　　　　　　　　　　　　　参照 DIN EN 1560（2011–05）

铸铁材料的标注既可采用缩写名称，又可采用材料代码。

举例：

缩写名称	材料代码
EN–GJL–300	5.1302
片状石墨铸铁，抗拉强度 R_m=300N/mm^2	

材料缩写名称

材料缩写名称有六个书写位置，没有空格，用 EN（europäische Norm 欧洲标准的首字母）和 GJ（G– 铸造；I– 铁的英文（Iron）首字母）开头。

名称举例：

EN	–	GJ	L		–	350		片状石墨铸铁
EN	–	GJ	L			HB155		片状石墨铸铁
EN	–	GJ	S			350–22C		球状石墨铸铁
EN	–	GJ	M	B		450–6		可锻铸铁 – 黑色
EN	–	GJ	M	W		360–12		W	可锻铸铁 – 白色
EN	–	GJ	M			HV600（XCr14）		耐磨铸铁
EN	–	GJ	L	A		XniCuCr15–6–2		奥氏体铸铁

石墨结构（字母含义）	微观或宏观结构（字母含义）	机械性能或化学成分（数字 / 字母）	补充要求
L　片状石墨 S　球状石墨 M　石墨碳 V　蠕虫状石墨 N　无石墨 Y　特殊结构	A　奥氏体 R　奥铁体[1] F　铁素体 P　珠光体 M　马氏体 L　莱氏体 Q　骤冷 T　调质 B　未脱碳退火 W　脱碳退火	**机械性能** 350　最大抗拉强度 R_m，单位：N/mm^2 350–2　附加断裂延伸率 A，单位：% C　取自铸件样本 HB155　最大硬度 **化学成分** XniCuCr15–6–2（高合金） 其化学成分：15%Ni,6%Cu,2%Cr 该数据与 125 页钢的命名内容相符。	D　未处理的铸件毛坯 H　已热处理的铸件 W　适宜焊接 Z　补充要求

材料代码

材料代码有六个书写位置(5 个数字和一个点)，没有空格。它以 DIN EN 10027–2(见 126 页)所述系统为基础。

材料代码举例：

5.	1	3	04	该型铸铁的特征是片状石墨和硬度；EN–GJ–HB19
5.	3	1	08	球状石墨铸铁的特征：R_m 和 A；EN–GJS–450–18C
5.	4	2	00	白色可锻铸铁的特征：R_m 和 A；EN–GJMW–350–4

材料组	石墨结构	矩阵结构	材料标记数字
5. 铸铁	1 片状 2 蠕虫状 3 球状 4 石墨碳 （又称脱碳退火） 5 无石墨	1 铁素体 2 铁素体 / 珠光体 3 珠光体 4 奥铁体[1] 5 奥氏体 6 莱氏体	00–99 每一种铸铁均配属一个两位数的标记数字。该数字越大，表明其强度越高。

[1] 铁素体和奥氏体的混合组织结构。

铸铁分类

种类	标准	举例 / 材料代码	抗拉强度 R_m N/mm²	性能	应用举例
铸铁					
带片状石墨	DIN EN 1561	EN–GJL–150（GG–15）[1] 5.1200	100 至 450	极佳的可铸造性，良好的抗压强度、减震性能和自润滑性能以及防腐蚀性能	多种轮廓的复杂工件；具有极广泛的用途，机床基座、传动箱体
带球状石墨	DIN EN 1563	EN–GJS–400（GGG–40）[1] 5.3105	350 至 900	极佳的可铸造性，即便动态载荷下仍具高强度，表面可淬硬性好	耐磨工件；联轴器零件、管接头附件、发动机制造
带蠕虫状石墨	ISO 16112	ISO 16112/JV/300	300 至 500	极佳的可铸造性，不添加贵重合金元素仍具高强度	机动车零件、发动机制造、传动箱体
贝氏体铸铁	DIN EN 1564	EN–GJS–800–10 5.3400	800 至 1400	通过热处理并控制冷却速度可产生高强度和高韧性的贝氏体和奥氏体	高载荷结构件，例如轮毂、齿轮圈、ADI 铸件 [2]
耐磨铸件，白口铸铁	DIN EN 12513	EN–GJN–HB340 5.5600	>1000	通过马氏体和碳化物产生耐磨强度，也可加入 Cr 和 Ni	耐磨铸铁，例如修整轮、挖掘机挖斗、泵叶轮
可锻铸铁					
脱碳退火（白色）	DIN EN 1562	EN–GJMV–350–4（GTW–35）[1] 5.4200	270 至 570	通过退火在表层脱碳。高强度和高韧性，可塑性变形	铸造形状尺寸精确、薄壁、抗冲击载荷的零件；杆、刹车鼓
不脱碳退火（黑色）	DIN EN 1562	EN–GJMB–450–6（GTS–45）[1] 5.4205	300 至 800	通过退火在整个断面充满片状石墨。较大壁厚时高强度和高韧性	铸造形状尺寸精确、厚壁、抗冲击载荷的零件；杆、万向节叉
铸钢					
普通用途	DIN EN 10293 [3]	GE240 1.0446	380 至 600	普通用途的非合金和低合金铸钢	从 –10 ℃ 至 300 ℃ 的最低机械性能值
改善焊接性能	DIN EN 10293 [4]	G20Mn5 1.6220	430 至 650	低碳含量，加入锰和微量合金	焊接结构件，厚壁细晶结构钢
调质铸钢	DIN EN 10293 [5]	G30CrMoV6–4 1.7725	500 至 1250	高韧性的精细调质组织结构	链条、装甲
用于压力容器	DIN EN 10213	GP280GH 1.0625	420 至 960	低温和高温时仍具高强度和高韧性的种类	热和冷介质的压力容器，耐高温和低温韧性；不生锈
不生锈	DIN EN 10283	GX6CrNi26–7 1.4347	450 至 1100	耐受化学侵蚀和腐蚀	处于酸环境的泵叶轮，复式钢
耐高温	DIN EN 10295	GX25CrNiSi18–9 1.4825	400 至 550	耐受燃烧气体	透平机零件、炉箅

[1] 迄今为止的名称。 [2] ADI → 回火韧性铁的英语缩写。
[3] 替代 DIN 1681。 [4] 替代 DIN 17182。 [5] 替代 DIN 17205。

片状石墨铸铁，球状石墨铸铁

片状石墨铸铁

参照 DIN EN 1561（2012–01）

抗拉强度 R_m 作为标记特征				硬度 HB 作为标记特征			
种类		壁厚	抗拉强度 R_m	种类		壁厚	布氏硬度
缩写名称	材料代码	mm	N/mm^2	缩写名称	材料代码	mm	HB30
EN–GJL–100	5.1100	5…40	100	EN–GJL–HB155	5.1101	2.5…50	max. 155
EN–GJL–150	5.1200	2.5…200	110…150	EN–GJL–HB175	5.1201	2.5…100	115…175
EN–GJL–200	5.1300	2.5…200	160…200	EN–GJL–HB195	5.1304	5…100	125…195
EN–GJL–250	5.1301	5…200	200…250	EN–GJL–HB215	5.1305	5…100	145…215
EN–GJL–300	5.1302	10…200	240…300	EN–GJL–HB235	5.1306	10…100	160…235
EN–GJL–350	5.1303	10…200	280…350	EN–GJL–HB255	5.1307	20…100	180…255

→EN–GJL–100：片状石墨铸铁，最低抗拉强度 $R_m=100$ N/mm^2

→EN–GJL–HB215：片状石墨铸铁，最低布氏硬度 =215HB

性能
良好的可铸造性，可切削加工性，减振，耐腐蚀，高抗压强度（约三倍于抗拉强度），良好的滑动性能。

应用举例
机床架、轴承座、滑动轴承、耐压零件、透平机座。
硬度作为标记特征表明其可切削加工性。

球状石墨铸铁

参照 DIN EN 1563（2012–03）

铁素体至珠光体铸铁[3]

种类		抗拉强度 R_m N/mm^2	屈服强度 $R_{P0.2}$ N/mm^2	延伸率 A %	布氏硬度 HB	性能，应用举例
缩写名称	材料代码					
EN–GJS–350–22–LT[1]	5.3100	350	220	22	–	
EN–GJS–350–22–RT[1]	5.3101	350	220	22	–	
EN–GJS–350–22	5.3102	350	220	22	<160	良好的可加工性，低耐
EN–GJS–400–18–LT[1]	5.3103	400	240	18	–	磨强度；机壳
EN–GJS–400–18–RT[2]	5.3104	400	250	18	–	
EN–GJS–400–18	5.3105	400	250	18	130…175	
EN–GJS–400–15	5.3106	400	250	15		
EN–GJS–450–10	5.3107	450	310	10	160…210	良好的可加工性，中等
EN–GJS–500–7	5.3200	500	320	7	170…230	耐磨强度；管接头附件、
EN–GJS–600–3	5.3201	600	370	3	190…270	压力机机身
EN–GJS–700–2	5.3300	700	420	2	225…305	良好的表面硬度；齿轮、
EN–GJS–800–2	5.3301	800	480	2	245…335	转向件和离合器件、链
EN–GJS–900–2	5.3302	900	600	2	270…360	条

混合晶体强化铁素体铸铁[4]

种类		抗拉强度 R_m N/mm^2	屈服强度 $R_{P0.2}$ N/mm^2	延伸率 A %	布氏硬度 HB	性能，应用举例
缩写名称	材料代码					
EN–GJS–450–18	5.3108	450	350	18	170…200	良好的可加工性，更高延
EN–GJS–500–14	5.3109	500	400	14	185…215	伸率；风力发电机设备
EN–GJS–600–10	5.3110	600	470	10	200…230	

→EN–GJL–400–18：球状石墨铸铁，最低抗拉强度 $R_m=400$ N/mm^2，断裂延伸率 $A=18\%$

[1] LT 用于低温。
[2] RT 用于室温。
[3] 铁素体类具有最高开口冲击韧性数值。珠光体类适宜用于耐磨用途。说明中的标准壁厚应 < 30mm。
[4] 混合晶体强化铁素体类在抗拉强度相同时屈服强度和断裂延伸率更高。此外，硬度波动很小。表值适用于壁厚低于 30mm 的零件。

可锻铸铁，铸钢

铸钢[1]　　　　　　　　　　　　参照 DIN EN 1562（2012–05）

种类 缩写名称	材料代码	抗拉强度 R_m N/mm²	屈服强度 $R_{P0.2}$ N/mm²	断裂延伸率 A %	布氏硬度 HB	性能，应用举例
脱碳退火可锻铸铁（白色可锻铸铁）						
EN–GJMW–350–4	5.4200	350	–	4	230	此类材料均具有良好的可铸造性和可切削加工性。工件为薄壁，例如杆、链条节
EN–GJMW–400–5	5.5202	400	220	5	220	
EN–GJMW–450–7	5.4203	450	260	7	220	
EN–GJMW–550–4	5.4204	550	340	4	250	
EN–GJMW–360–12	5.4201	360	190	12	200	特别适宜用于焊接

→ EN–GJMW–350–4：脱碳退火可锻铸铁，R_m=350 N/mm²，A=4%

种类 缩写名称	材料代码	抗拉强度 R_m N/mm²	屈服强度 $R_{P0.2}$ N/mm²	断裂延伸率 A %	布氏硬度 HB	性能，应用举例
不脱碳退火可锻铸铁（白色可锻铸铁）						
EN–GJMB–300–6	5.4100	300	–	6	⋯150	此类材料均具有良好的可铸造性和可切削加工性。工件为厚壁。例如机壳、万向节叉
EN–GJMB–350–10	5.4101	350	200	10	⋯150	
EN–GJMB–450–6	5.4205	450	270	6	150⋯200	
EN–GJMB–500–5	5.4206	500	300	5	165⋯215	
EN–GJMB–550–4	5.4207	550	340	4	180⋯230	
EN–GJMB–600–3	5.4208	600	390	3	195⋯245	
EN–GJMB–650–2	5.4300	650	430	2	210⋯260	
EN–GJMB–700–2	5.4301	700	530	2	240⋯290	
EN–GJMB–800–1	5.4302	800	600	1	270⋯320	

→ EN–GJMB–350–10：不脱碳退火可锻铸铁，R_m=350 N/mm²，A=10%

[1] 迄今为止的名称参见 168 页。

普通用途铸钢（摘选）　　　　　　参照 DIN EN 10293（2015–04）

种类 缩写名称	材料代码	抗拉强度 R_m N/mm²	屈服强度 $R_{P0.2}$ N/mm²	断裂延伸率 A %	开口冲击韧性 K_V J	性能，应用举例
GE200[2]	1.0420	380⋯530	200	25	27	中等动态载荷零件；例如星形轮，杆
GE240[2]	1.0446	450⋯600	240	22	27	
GE300[2]	1.0558	600⋯750	300	15	27	
G17Mn5[3]	1.1131	450⋯600	240	24	70	改善了焊接性能；焊接结构件
G20Mn5[2]	1.6220	480⋯620	300	20	50	
GX4CrNiMo16–5–1[3]	1.4405	760⋯960	540	15	60	
G28Mn6[2]	1.1165	520⋯670	260	18	27	用于高动态载荷零件；轴
G10MnMoV6–3[3]	1.5410	600⋯750	500	18	60	
G34CrMo4[3]	1.7230	700⋯850	540	12	35	
G32NiCrMo8–5–4[3]	1.6570	850⋯1000	700	16	50	高动态载荷耐腐蚀零件
GX23CrMoV12–1[3]	1.4931	740⋯880	540	15	27	

[1] DIN 17182 "改善焊接性能和韧性的铸钢种类" 已撤销且无替代。　　[2] 正火。　[3] 调质。

压力容器用铸钢（摘选）　　　　　　参照 DIN EN 10213（2016–10）

种类 缩写名称	材料代码	抗拉强度 R_m N/mm²	屈服强度 $R_{P0.2}$ N/mm²	断裂延伸率 A %	开口冲击韧性 K_V J	性能，应用举例
GP240GH	1.0619	420⋯600	>240	22	27	用于高温和低温；蒸汽透平机，高温蒸汽管道附件，也耐腐蚀
G17CrMo5–5	1.7357	490⋯690	>315	20	27	
GX8CrNi12	1.4107	540⋯690	>355	18	45	
GX4CrNiMo16–5–1	1.4405	760⋯960	>540	15	60	

[1] 该值用于壁厚最大至 40mm。

铸模，铸模造型设备和泥芯盒　　　　　参照 DIN EN 12890（2000–06）

材料和材质等级

特征	材料		
	木材	塑料	金属
材料种类	胶合板、木屑板、层压板、硬木和软木	人工树脂或带填充材料的聚氨酯	铜合金、锡合金、锌合金、铝合金、铸铁或钢
用途	重复使用的单件和小批量产品，精度要求较低；大部分是手工造型	单件或批量产品，精度要求较高；手工或机器造型	中等批至大批量系列产品，精度要求高；机器造型
造型的最大件数	约 750	约 10 000	约 150 000
材质等级 [1]	H1 [2]，H2，H3	K1 [2]，K2	M1 [2]，M2
表面质量	砂纸 粒度 60...80	$R_a = 12.5\,\mu m$	$R_a = 3.2.....6.3\,\mu m$

[1] 制造和应用铸模，造型设备和泥芯盒及其使用性能、质量和使用寿命的分级系统：H 木材；K 塑料；M 金属。
[2] 最好品质。

铸模斜度

高度 H mm	铸模斜度 T（mm）					
	小起模面			高起模面		
	手工造型		机器造型	手工造型		机器造型
	黏土结合的型砂	化学结合的型砂		黏土结合的型砂	化学结合的型砂	
…30	1.0	1.0	1.0	1.5	1.0	1.0
>30…80	2.0	2.0	2.0	2.5	2.0	2.0
>80…180	3.0	2.5	2.5	3.0	3.0	3.0
>180…250	3.5	3.0	3.0	4.0	4.0	4.0
>250…1000	每 250mm + 1.0mm					
>1000…4000	每 1000mm + 2.0mm					

铸模的涂料和颜色标记

面或面部分	铸钢	球状石墨铸铁	片状石墨铸铁	可锻铸铁	重金属铸件	轻金属铸件
铸件非加工面的底漆	蓝色	紫色	红色	灰色	黄色	绿色
铸件的加工面	黄色条纹	黄色条纹	黄色条纹	黄色条纹	红色条纹	黄色条纹
分型面拆开部分及其固定	周边黑色					
型芯撑位置	红色	红色	蓝色	红色	蓝色	蓝色
型芯标记	黑色					
冒口	黄色条纹					

收缩尺寸，尺寸公差，造型和铸造方法

收缩尺寸
参照 DIN EN 12890（2000–06）

铸铁	收缩尺寸 %	其他铸造材料	收缩尺寸 %
带片状石墨	1.0	铸钢	2.0
带球状石墨，退火	0.5	高锰铸钢	2.3
带球状石墨，不退火	1.2	铝合金，镁合金，铜锌合金	1.2
奥氏体	2.5	铜锡锌合金，锌合金	1.3
可锻铸铁，脱碳退火	1.6	铜锡合金	1.5
可锻铸铁，不脱碳退火	0.5	铜	1.9

尺寸公差和加工余量，RMA
参照 DIN EN ISO 8062（2008–01）

图纸公差标注举例：

1. 未注公差

   ISO 8062–3–DCTG 12–RMA 6 (RMAG H)
   公差度 12，加工余量 6mm（H 级）。
2. 独立公差和加工余量直接标注在尺寸后面。

R	毛坯件 – 标称尺寸
F	加工后的最终尺寸
$DCTG$	铸件公差度
T	总铸造公差
RMA	加工余量

$$R = F + 2 \cdot RMA + T/2$$

铸造公差

标称尺寸 （mm）	铸造公差度 DCTG 的长度尺寸公差 T（mm）															
	1	2	3	4	5	6	7	8	9	10	11	12	13	14	15	16
…10	0.09	0.13	0.18	0.26	0.36	0.52	0.74	1.0	1.5	2.0	2.8	4.2	–	–	–	–
>10…16	0.10	0.14	0.20	0.28	0.38	0.54	0.78	1.1	1.6	2.2	3.0	4.4	–	–	–	–
>16…25	0.11	0.15	0.22	0.30	0.42	0.58	0.82	1.2	1.7	2.4	3.2	4.6	6	8	10	12
>25…40	0.12	0.17	0.24	0.32	0.46	0.64	0.9	1.3	1.8	2.6	3.6	5	7	9	11	14
>40…63	0.13	0.18	0.26	0.36	0.50	0.70	1.0	1.4	2.0	2.8	4.0	5.6	8	10	12	16
>63…100	0.14	0.20	0.28	0.40	0.56	0.78	1.1	1.6	2.2	3.2	4.4	6	9	11	14	18
>100…160	0.15	0.22	0.30	0.44	0.62	0.88	1.2	1.8	2.5	3.6	5	7	10	12	16	20
>160…250	–	0.24	0.34	0.50	0.70	1.0	1.4	2.0	2.8	4.0	5.6	8	11	14	18	22
>250…400	–	–	0.40	0.56	0.78	1.1	1.6	2.2	3.2	4.4	6.2	9	12	16	20	25
>400…630	–	–	–	0.64	0.90	1.2	1.8	2.6	3.6	5	7	10	14	18	22	28
>630…1000	–	–	–	–	1.0	1.4	2.0	2.8	4	6	8	11	16	20	25	32

造型和铸造方法

方法	应用	优缺点	铸造材料	相对尺寸精度 mm/mm	可达到的表面 粗糙度 R_a μm
手工造型	大型铸件，小批量	所有尺寸，贵，尺寸精度低	GJL,GJS,GS,GJM,铝合金和铜合金	0.00…0.10	40…320
机器造型	小至中大型零件，批量	表面尺寸精度和质量好	GJL,GJS,GS,GJM,铝合金	0.00…0.06	20…160
真空造型	中大型零件，批量	表面尺寸精度和质量好，投资高	GJL,GJS,GS,GJM,铝合金和铜合金	0.00…0.08	40…160
壳型法	小零件，大批量	尺寸精度好，造型成本高	GJL,GS,铝合金和铜合金	0.00…0.06	20…160
精密铸造	小零件，大批量	复杂零件，造型成本高	GS,铝合金	0.00…0.04	10…80
压铸	小至中大型零件，大批量	薄壁，高尺寸精度，细晶组织，投资高	热室压铸：锡，铅，锌，镁 冷室压铸：铜，铝	0.00…0.04	10…40

[1] 相对尺寸精度标注为最大偏差尺寸与标称尺寸之比。

铝，铝合金概述

合金组	材料代码	主要性能	主要应用范围	产品形式[1]		
				B	S	R
纯铝						见 175 页
铝（铝含量＞99.00%）	AW–1000 至 AW–1990（1000 系列）	・极佳的冷成形性 ・可焊接和可冷钎焊 ・难以切削加工 ・耐腐蚀 ・用于装饰目的，可阳极氧化	食品工业和化学工业的容器，管道和设备，电气导线，反射器，缘饰，机动车制造的标记符号	・	・	・
铝，铝–塑性合金，不可硬化（摘选）						见 175 页
AlMn	AW–3000 至 AW–3990（3000 系列）	・可冷加工成形 ・可焊接和钎焊 ・冷作硬化状态下良好的切削加工性 对比 1000 系列： ・更高的强度 ・更好的耐碱性能	屋顶盖板，建筑物外墙装饰和承重结构件，机动车制造业的冷却器和空调设备零件，包装工艺的饮料罐和易拉罐	・	・	・
AlMg	AW–5000 至 AW–5990（5000 系列）	・良好的冷加工成形性并具高冷作硬化性 ・有限可焊接性 ・冷作硬化状态下和较高合金含量时良好的切削加工性 ・全天候并耐海水侵蚀	商用车、油罐车和散装罐车制造用的轻型材料，金属铭牌，交通标志牌，卷帘式百叶窗和卷闸门，窗户，门，建筑业用金属构件，机床架，工装和造型用零件	・	・	・
AlMgMn		・良好的冷、热加工成形性 ・良好的可焊接性 ・良好的切削加工性 ・耐海水侵蚀		・	・	・
铝，铝塑性合金，可硬化（摘选）						见 176 页
AlMgSi	AW–6000 至 AW–6990（6000 系列）	・良好的冷、热加工成形性 ・耐腐蚀 ・良好的可焊接性 ・硬化状态下良好的切削加工性	建筑业中承重结构件，窗，门，机床工作台，液压件和气动件； 加铅、锡或铋元素： 极佳的可切削加工的易切削合金	・	・	・
AlCuMg	AW–2000 至 AW–2990（2000 系列）	・高硬度值 ・良好的耐温硬度 ・有限耐腐蚀性 ・有限可焊接性 ・硬化状态下良好的切削加工性	汽车和飞机制造用的轻型材料； 加铅、锡或铋元素： 极佳的可切削加工的易切削合金	・	・	・
AlZnMgCu	AW–7000 至 AW–7990（7000 系列）	・所有铝合金中强度最高 ・热硬化状态下耐腐蚀性最好 ・硬化状态下良好的切削加工性	飞机制造和机械制造用高硬轻型材料，用于塑料成形的工具和模具，螺钉、挤压件	・	・	・

[1] 产品形式：B 板材；S 棒材；R 管材。
[2] 易切削合金材料只以棒材和管材形式供货。

铝，铝塑性合金：缩写名称和材料代码

铝和铝塑性合金的缩写名称
参照 DIN EN 573-2（1994-12）

缩写名称适用于半成品，例如板材、棒材、管材、线材，也适用于锻压件。

名称举例：　　　　　　　　　　　EN AW – Al 99.98

　　　　　　　　　　　　　　　　EN AW – AlMg1SiCu – H111

EN　欧洲标准 AW　铝半成品	化学成分，纯度
	Al 99.98　→　纯铝，铝纯度达 99.98% AlMg1SiCu →　镁 1%，少量硅和铜

材料状态（摘选）
参照 DIN EN 515（1993-12）

状态	缩写符号	缩写符号的含义	材料状态的含义
制造状态	F	半成品制造时不规定机械性能极限值，例如抗拉强度、屈服强度、断裂延伸率等	无后续处理的半成品
球化退火	O O1 O2	可用热成形替代球化退火。 固溶退火，缓慢冷却至室温。 热机成形，最佳可成形性	冷加工成形后，可成形性的再次制造
冷作硬化	H12 至 H18	冷作硬化达到下述硬度等级： H12　　H14　　H16　　H18 1/4 硬　1/2 硬　3/4 硬　4/4 硬	保持规定的机械性能特性数值，例如抗拉强度、屈服强度
	H111 H112	退火加后续少量冷作硬化 少量冷作硬化	
热处理	T1 T2 T3	固溶退火，去应力和自然时效，不做后续校准 淬火同 T1，冷加工成形，自然时效 固溶退火，冷加工成形，自然时效	提高抗拉强度、屈服强度和硬度，降低冷加工可成形性
	T3510 T3511	固溶退火，去应力和自然时效 同 T3510，后续校准，保持极限偏差尺寸	
	T4 T4510	固溶退火，自然时效 固溶退火，去应力和自然时效，不做后续校准	
	T6 T6510	固溶退火，自然时效 固溶退火，去应力和人工时效，不做后续校准	
	T8 T9	固溶退火，冷加工成形，人工时效 固溶退火，人工时效，冷加工成形	

铝和铝塑性合金的材料代码
参照 DIN EN 573-1（2005-02）

缩写代码适用于半成品，例如板材、棒材、管材、线材、也适用于锻压件。

名称举例：　　　　　　　　　　　EN AW – 1050 A

　　　　　　　　　　　　　　　　EN AW – 5 1 54

国家的合金改型

原始合金由其他国家登记。国家改型与原始合金的成分略有不同。

EN 欧洲标准
AW 铝半成品

合金组			
数字	组	数字	组
1	纯铝	5	AlMg
2	AlCu	6	AlMgSi
3	AlMn	7	AlZn
4	AlSi	8	其他

合金偏差	
数字	合金
0	原始合金
1...9	与原始合金有偏差的合金

种类代码

合金组内，例如 AlCu、AlMgSi、AlMn 或 AlMg，为每一个种类配属一个自己的数字代码。

铝，铝–塑性合金

| 铝，铝–塑性合金，不可硬化（摘选） | | | | | | 参照 DIN EN 485-2（2016-10）DIN EN 754-2（2013-12），755-2（2016-10） | | | |

缩写名称（材料代码）[1]	供货形式[2] S	B	A[3]	材料状态[4]	厚度/直径 mm	抗拉强度 R_m N/mm²	屈服强度 $R_{P0.2}$ N/mm²	断裂延伸率 A %	应用，举例
Al99.5（1050A）	•	–	p z z	F，H112 O，H111 H14	≤ 80 ≤ 40	≥ 60 60···95 100···135	≥ 20 – ≥ 70	25 25 6	设备制造，压力容器，标牌，包装，缘饰
	–	•	w	O，H111	>0.5···1.5 >1.5···3.0 >3.0···6.0	65···95 65···95 65···95	≥ 20 ≥ 20 ≥ 20	22 26 29	
Al Mn1（3103）	•	–	p z z	F，H112 O，H111 H14	≤ 80 ≤ 40	≥ 95 95···130 130···165	≥ 35 ≥ 35 ≥ 110	25 25 6	设备制造，挤压件，汽车车身零件，热交换器
	–	•	w	O，H111	>0.5···1.5 >1.5···3.0 >3.0···6.0	90···130 90···130 90···130	≥ 35 ≥ 35 ≥ 35	19 21 24	
Al Mn1Cu（3003）	•	–	p z z	F，H112 O，H111 H14	≤ 80 ≤ 40	≥ 95 95···130 130···165	≥ 35 ≥ 35 ≥ 110	25 25 6	屋顶，外墙，金属加工业的承重结构
	–	•	w	O，H111	>0.5···1.5 >1.5···3.0 >3.0···6.0	95···135 95···135 95···135	≥ 35 ≥ 35 ≥ 35	17 20 23	
Al Mn1（B）（5005）	•	–	p z z	F，H112 O，H111 H14	≤ 100 ≤ 80 ≤ 40	≥ 100 100···145 ≥ 140	≥ 40 ≥ 40 ≥ 110	18 18 6	屋顶，外墙，窗，门，金属配件
	–	•	w	O，H111	>0.5···1.5 >1.5···3.0 >3.0···6.0	100···145 100···145 100···145	≥ 35 ≥ 35 ≥ 35	19 20 22	
Al Mg2Mn0.3（5251）	•	–	p z z	F，H112 O，H111 H14	≤ 80 ≤ 30	≥ 160 150···200 200···240	≥ 60 ≥ 60 ≥ 160	16 17 5	食品工业设备和装置
	–	•	w	O，H111	>0.5···1.5 >1.5···3.0 >3.0···6.0	160···200 160···200 160···200	≥ 60 ≥ 60 ≥ 60	14 16 18	
AlMg3（5754）	•	–	p z z	F，H112 O，H111 H14	≤ 150 ≤ 80 ≤ 25	≥ 180 180···250 240···290	≥ 80 ≥ 80 ≥ 180	14 16 4	设备制造，飞机制造，车身零件，造型
	–	•	w	O，H111	>0.5···1.5 >1.5···3.0 >3.0···6.0	190···240 190···240 190···240	≥ 80 ≥ 80 ≥ 80	14 16 18	
Al Mg5（5019）	•	–	p z z	F，H112 O，H111 H14	≤ 200 ≤ 80 ≤ 40	≥ 250 250···320 270···350	≥ 110 ≥ 110 ≥ 180	14 16 8	光学仪器，包装
Al Mg3Mn（5454）	–	•	w	O，H111	>0.5···1.5 >1.5···3.0 >3.0···6.0	215···275 215···275 215···275	≥ 85 ≥ 85 ≥ 85	13 15 17	容器制造，压力容器，管道，油罐车和槽车
		•	w	H12	>0.5···1.5 >1.5···3.0	250···305 250···305	≥ 190 ≥ 190	4 5	
Al Mg4.5Mn0.7（5083）	•	–	p z z	F，H111 O，H111 H12	≤ 200 ≤ 80 ≤ 30	≥ 270 270 ≥ 350 ≥ 280	≥ 110 ≥ 110 ≥ 200	12 16 6	铸模制造和工装制造，机床架

[1] 为简化起见，所有缩写名称和材料代码均不加"EN AW–"字头。
[2] 供货形式：S 圆棒材；B 板材，带材。
[3] A 供货状态：p 挤压；z 拉制；w 轧制。
[4] 材料状态：见前页。

铝 – 塑性合金，   参照 DIN EN 485-2（2016-10）

铝 – 塑性合金，可硬化（摘选）   DIN EN 754-2（2013-12），755-2（2016-10）

缩写名称（材料代码）[1]	供货形式[2] S	B	A[3]	材料状态[4]	厚度/直径 mm	抗拉强度 R_m N/mm^2	屈服强度 $R_{P0.2}$ N/mm^2	断裂延伸率 A %	应用，举例
Al Cu4PbMgMn（2007）	·	–	p	T4, T4510	≤ 80	≥ 370	≥ 250	8	易切削合金，高切削功率时仍具良好的可切削加工性，例如车削件、铣削件
			z	T3	≤ 30	≥ 370	≥ 240	7	
			z	T3	30···80	≥ 340	≥ 220	6	
Al Cu4PbMg（2030）	·	–	p	T4, T4510	≤ 80	≥ 370	≥ 250	8	
			z	T3	≤ 30	≥ 370	≥ 240	7	
			z	T3	30···80	≥ 340	≥ 220	6	
Al MgSiPb（6012）	·	–	p	T5, T6510	≤ 150	≥ 310	≥ 260	8	
			z	T3	≤ 80	≥ 200	≥ 100	10	
			z	T6	≤ 80	≥ 310	≥ 260	8	
Al Cu4SiMg（2014）	·	–	p	O, H111	≤ 200	≤ 250	≤ 135	12	液压件、气动件，汽车和飞机制造业，金属制造业的承重结构
			z	T3	≤ 80	≥ 380	≥ 290	8	
			z	T4	≤ 80	≥ 380	≥ 220	12	
	–	·	w	O	≥ 0.5···1.5	≤ 220	≤ 140	12	
					>1.5 ≥ 3.0	≤ 220	≤ 140	13	
					>3.0 ≥ 6.0	≤ 220	≤ 140	16	
Al Cu4Mg1（2024）	·	–	p	O, H111	≤ 200	≤ 250	≤ 150	12	汽车和飞机制造业零件，金属制造业的承重结构
			z	T3	10···80	≥ 425	≥ 290	9	
			z	T6	≤ 80	≥ 425	≥ 315	5	
	–	·	w	O	≥ 0.5···1.5	≤ 220	≤ 140	12	
					>1.5 ≥ 3.0	≤ 220	≤ 140	13	
					>3.0 ≥ 6.0	≤ 220	≤ 140	13	
Al MgSi（6060）	·	–	p	T4	≤ 150	≥ 120	≥ 60	16	窗，门，汽车车身零件，机床工作台，光学仪器
			z	T4	≤ 80	≥ 130	≥ 65	15	
			z	T6	≤ 80	≥ 215	≥ 160	12	
Al Si1MgMn（6082）	·	–	p	O, H111	≤ 200	≤ 160	≤ 110	14	金属配件，造型和工装制造零件，机床工作台，食品工业装置
			z	T4	≤ 80	≥ 205	≥ 110	14	
			z	T6	≤ 80	≥ 310	≥ 255	10	
	–	·	w	O	≥ 0.5···1.5	≤ 150	≤ 85	14	
					>1.5 ≥ 3.0	≤ 150	≤ 85	16	
					>3.0 ≥ 6.0	≤ 150	≤ 85	18	
Al Zn4.5Mg1（7020）	·	–	p	T6	≤ 50	≥ 350	≥ 290	10	汽车和飞机制造业零件，机床工作台，轨道交通零件
			z	T6	≤ 80	≥ 350	≥ 280	10	
			w	O	≥ 0.5···1.5	≤ 220	≤ 140	12	
					>1.5 ≥ 3.0	≤ 220	≤ 140	13	
					>3.0 ≥ 6.0	≤ 220	≤ 140	15	
Al Zn5Mg3Cu（7022）	·	–	p	T6, T6510	≤ 50	≥ 490	≥ 420	7	液压件、气动件，飞机制造业零件，螺钉
			z	T6	≤ 80	≥ 460	≥ 380	8	
	–	·	w	T6	≥ 3.0···12.5	≥ 450	≥ 370	8	
					>12.5 ≥ 25.0	≥ 450	≥ 370	8	
					>25.0 ≥ 50.0	≥ 450	≥ 370	7	
Al Zn5.5MgCu（7075）	·	–	p	O, H111	≤ 200	≤ 275	≤ 165	10	汽车和飞机制造业零件，造型和工装制造零件，螺钉
			z	T6	≤ 80	≥ 540	≥ 485	7	
			z	T73	≤ 80	≥ 455	≥ 385	10	
	–	·	w	O	≥ 0.4···0.8	≤ 275	≤ 145	10	
					>0.8 ≥ 1.5	≤ 275	≤ 145	10	
					>1.5 ≥ 3.0	≤ 275	≤ 145	10	

[1] 为简化起见，所有缩写名称和材料代码均不加"EN AW-"字头。
[2] 供货形式：S 圆棒材；B 板材，带材。
[3] A 供货状态：p 挤压；z 拉制；w 轧制。
[4] 材料状态：见 174 页。

铸铝合金

铝铸件名称　　　　　　　　　　参照 DIN EN 1780-1...3（2003-01），DIN EN 1706（2013-12）

铝铸件用缩写名称或材料代码标记命名。

名称举例：　　　　　　　　　缩写名称　　　　　　　　　　材料代码
　　　　　　　　　　　　　　EN AC–AlMg5 KF　　　　　EN AC–51 300 KF

| EN　欧洲标准
AW　铝半成品 | K → 铸造方法
F → 材料状态
（见本页下表） | K → 铸造方法
F → 材料状态
（见本页下表） |

化学成分		合金组				种类代码
举例	合金元素占比	数字	组	数字	组	合金组内为每一种种类配属一个自己的数字代码
AlMg5	5% Mg	21	AlCu	46	AlSi9Cu	
AlSi6Cu	6%Si，一定比例的铜	41	AlSiMgTi	47	AlSi（Cu）	
AlCu4MgTi	4%Cu，一定比例的镁和钛	42	AlSi7Mg	51	AlMg	
		44	AlSi	71	AlZnMg	

铸造方法		材料状态	
字母	铸造方法	字母	含义
S K D L	砂型铸造 硬模铸造 压铸 精密铸造	F O T1 T4 T5 T6	铸件状态，未做后续处理 球化退火 浇铸后有控制地冷却，自然时效 固溶退火和自然时效 浇铸后有控制地冷却，人工时效 固溶退火和人工时效

铸铝合金（摘选）　　　　　　　　　　　　　　　　参照 DIN EN 1706（2013-12）

缩写名称 （材料代码）[1]	V[2]	W[3]	硬度 HB	铸件的强度数值			性能[4]			
				抗拉强度 R_m N/mm²	屈服强度 $R_{P0.2}$ N/mm²	断裂延伸率 A %	G	D	Z	应用
AC–AlMg3 （AC–51100）	S	F	50	140	70	3	–	–	●	耐腐蚀，可抛光，用于装饰目的可阳极氧化；金属配件，家用电器，造船，化学工业
	K	F	50	150	70	5				
AC–AlMg5 （AC–51300）	S	F	55	160	90	3	–	–	●	
	K	F	60	180	100	4				
AC–AlMg5（Si） （AC–51400）	S	F	60	160	100	3	–	–	●	
	K	F	65	180	110	3				
AC–AlSi12（B） （AC–44100）	S	F	50	150	70	4	●	●	○	耐受气候影响，用于复杂的薄壁和厚壁零件；泵壳体和发动机壳体，液压缸体，飞机零件
	K	F	55	170	80	5				
	L	F	70	150	80	4				
AC–AlSi7Mg （AC–42000）	S	T6	75	220	180	1	○	●	○	
	K	T6	90	260	220	1				
	L	T6	75	240	190	1				
AC–AlSi12（Cu） （AC–47000）	S	F	50	150	80	1	●	●	–	
	K	F	55	170	90	2				
AC–AlCu4Ti （AC–21100）	S	T6	95	300	200	3	–	–	●	最大强度值，抗振耐温，简单铸件
	K	T6	95	330	220	7				

[1] 为简化起见，所有缩写名称和材料代码均不加"EN"字头。例如 AC-AlMg3 代替 EN AC-AlMg3 或 AC-51000 代替 EN AC-51000。

[2] V 浇铸方法（见本页上表）。　[3] W 材料状态（见本页上表）。

[4] G 可铸造性，D 气密性，Z 可切削加工性　●很好　○好　– 有限的好。

铝型材

铝型材 - 概述

图	制造方法，尺寸	标准	图	制造方法，尺寸	标准
圆棒材	挤压 d=3...100mm	DIN EN 755–3	圆管材	无缝冲压 d=20...250mm	DIN EN 755–7
	拉制 d=8...320mm	DIN EN 755–3		无缝拉制 d=3...270mm	DIN EN 755–7
方棒材	挤压 s=10...220mm	DIN EN 755–4	方管材	挤压 a=15...100mm	DIN EN 754–4
	拉制 s=3...100mm	DIN EN 755–4			
矩形棒材	挤压 b=10...600mm s=2...240mm	DIN EN 755–4	矩形管材	无缝冲压 a=15...250mm b=10...100mm	DIN EN 755–7
	拉制 b=5...200mm s=2...60mm	DIN EN 755–4		无缝拉制 a=15...250mm b=10...100mm	DIN EN 754–7
板材和带材	轧制 s=0.4...15mm	DIN EN 485	L 型材	锐角边棱或圆边棱 h=10...200mm	DIN EN 1771[1]
U 型材	锐角边棱或圆边棱 h=10...160mm	DIN EN 9713[1]	T 型材	锐角边棱或圆边棱 h=15...100mm	DIN EN 9714[1]

[1] 该标准已撤销且无替代。

圆棒材，方棒材，拉制   参照 DIN EN 754–3, 754–4（2008–06）, DIN 1798[1], DIN 1796[1]

S 横截面积
m' 质量线密度
W 轴向抗扭截面模量
I 轴向平面惯性矩

d, a mm	S cm^2		m' kg/m		$W_x = W_y$ cm^3		$I_x = I_y$ cm^4	
	○	■	○	■	○	■	○	■
10	0.79	1.00	0.21	0.27	0.10	0.17	0.05	0.08
12	1.13	1.44	0.31	0.39	0.17	0.29	0.10	0.17
16	2.01	2.56	0.54	0.69	0.40	0.68	0.32	0.55
20	3.14	4.00	0.85	1.08	0.79	1.33	0.79	1.33
25	4.91	6.25	1.33	1.69	1.53	2.60	1.77	3.26
30	7.07	9.00	1.91	2.43	2.65	4.50	3.98	6.75
35	9.62	12.25	2.60	3.31	4.21	7.15	7.37	12.51
40	12.57	16.00	3.40	4.32	6.28	1068	12.57	21.33
45	15.90	20.25	4.30	5.47	8.95	15.19	20.13	34.17
50	19.64	25.00	5.30	6.75	12.28	20.83	30.69	52.08
55	23.76	30.25	6.42	817	16.33	27.73	44.98	76.26
60	28.27	36.00	7.63	9.72	21.21	36.00	63.62	108.00

材料　– 铝塑性合金参见 175 和 176 页

[1] DIN 1796 和 DIN 1798 已由 DIN EN 754–3 和 DIN EN 754–4 替代。DIN EN 标准不含尺寸。但专业供货商继续按标准 DIN 1798 和 DIN 1796 提供圆棒材和方棒材。
○ 圆棒材　■ 方棒材

铝合金矩形棒材

矩形棒材，拉制（摘选）　　　　参照 DIN EN 754–5（2008–06），替代 DIN 1769[1]

S　横截面积
m'　质量线密度
e　边棱间距
W　轴向抗扭截面模量
I　轴向平面惯性矩

$b \times h$ mm	S cm²	m' kg/m	e_x cm	e_y cm	W_x cm³	I_x cm⁴	W_y cm³	I_y cm⁴
10×3	0.30	0.08	0.15	0.5	0.015	0.002	0.05	0.025
10×6	0.60	0.16	0.3	0.5	0.060	0.018	0.100	0.050
10×8	0.80	0.22	0.4	0.5	1.106	0.042	0.133	0.066
15×3	0.45	0.12	0.15	0.75	0.022	0.003	0.112	0.084
15×5	0.75	0.24	0.25	0.75	0.063	0.016	0.188	0.141
15×8	1.20	0.32	0.4	0.75	0.160	0.064	0.300	0.225
20×5	1.00	0.27	0.25	1.0	0.083	0.020	0.333	0.333
20×8	1.60	0.43	0.4	1.0	0.213	0.085	0.533	0.533
20×10	2.00	0.54	0.5	1.0	0.333	0.166	0.666	0.666
20×15	3.00	0.81	0.75	1.0	0.750	0.562	1.000	1.000
25×5	1.25	0.34	0.25	1.25	0.104	0.026	0.520	0.651
25×8	2.00	0.54	0.4	1.25	0.266	0.106	0.833	1.041
25×10	2.50	0.67	0.5	1.25	0.416	0.208	1.041	1.302
25×15	3.75	1.01	0.75	1.25	0.937	0.703	1.562	1.953
25×20	5.00	1.35	1.0	1.25	1.666	1.666	2.083	2.604
30×10	3.00	0.81	0.5	1.5	0.500	0.250	1.500	2.250
30×15	4.50	1.22	0.75	1.5	1.125	0.843	2.250	3.375
30×20	6.00	1.62	1.0	1.5	2.000	2.000	3.000	4.500
40×10	4.00	1.08	0.5	2.0	0.666	0.333	2.666	5.333
40×15	6.00	1.62	0.75	2.0	1.500	1.125	4.000	8.000
40×20	8.00	2.16	1.0	2.0	2.666	2.666	5.333	10.666
40×25	10.00	2.70	1.25	2.0	4.166	5.208	6.666	13.333
40×30	12.00	3.24	1.5	2.0	6.000	9.000	8.000	16.000
40×35	14.00	3.78	1.75	2.0	8.166	14.291	9.333	18.666
50×10	5.00	1.35	0.5	2.5	0.833	0.416	4.166	10.416
50×15	7.50	2.03	0.75	2.5	1.875	1.406	6.250	15.625
50×20	10.00	2.70	1.0	2.5	3.333	3.333	8.333	20.833
50×25	12.50	3.37	1.25	2.5	5.208	6.510	40.416	26.041
50×30	15.00	4.05	1.5	2.5	7.500	11.250	12.500	31.250
50×35	17.50	4.73	1.75	2.5	10.208	17.864	14.583	36.458
50×40	20.00	5.40	2.0	2.5	13.333	26.666	16.666	41.668
60×10	6.00	1.62	0.5	3.0	1.000	0.500	6.000	18.000
60×15	9.00	2.43	0.75	3.0	2.250	1.687	9.000	27.000
60×20	12.00	3.24	1.0	3.0	4.000	4.000	12.000	36.000
60×25	15.00	4.05	1.25	3.0	6.250	7.812	15.000	45.000
60×30	18.00	4.76	1.5	3.0	9.000	13.500	18.000	54.000
60×35	21.00	5.67	1.75	3.0	12.250	21.437	21.000	63.000
60×40	24.00	6.48	2.0	3.0	16.000	32.000	24.000	72.000
80×10	8.00	2.16	0.5	4.0	1.333	0.666	10.666	42.666
80×15	12.00	3.24	0.75	4.0	3.000	2.250	16.000	64.000
80×20	16.00	4.52	1.0	4.0	5.333	5.333	213.333	85.333
80×25	20.00	5.40	1.25	4.0	8.333	10.416	26.666	106.66
80×30	24.00	6.48	1.5	4.0	12.000	18.000	32.000	128.00
80×35	28.00	7.56	1.75	4.0	16.333	28.583	37.333	149.33
80×40	32.00	8.64	2.0	4.0	21.333	42.666	42.666	170.66
100×20	20.00	5.40	1.0	5.0	6.666	6.667	33.333	166.66
100×30	30.00	8.10	1.5	5.0	15.000	22.500	50.000	250.00
100×40	40.00	10.8	2.0	5.0	26.666	53.333	66.666	333.33

材料　铝塑性合金参见 175 和 176 页

边棱半径

h mm	r_{max} mm
≤ 10	0.6
>10…30	1.0
>30…60	2.0

[1] 标准 DIN EN 754–5 不含尺寸。但专业供货商继续按标准 DIN 1769 尺寸提供矩形棒材。

铝合金圆管材，U 型材

圆管材，无缝拉制（摘选） 参照 DIN EN 754-7（2016-10），替代 DIN 1795[1]

d	外径
s	壁厚
S	横截面积
m'	质量线密度
W	轴向抗扭截面模量
I	轴向平面惯性矩

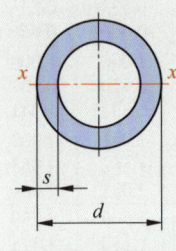

$d \times s$ mm	S cm²	m' kg/m	W_x cm³	I_x cm⁴	$d \cdot s$ mm	S cm²	m' kg/m	W_x cm³	I_x cm⁴
10 × 1	0.281	0.076	0.058	0.029	35 × 3	3.016	0.814	2.225	3.894
10 × 1.5	0.401	0.108	0.075	0.037	35 × 5	4.712	1.272	3.114	5.449
10 × 2	0.503	0.136	0.085	0.043	35 × 10	7.854	2.121	4.067	7.118
12 × 1	0.346	0.096	0.088	0.053	40 × 3	3.487	0.942	3.003	6.007
12 × 1.5	0.495	0.134	0.116	0.070	40 × 5	5.498	1.484	4.295	8.590
12 × 2	0.628	0.170	0.136	0.082	40 × 10	9.425	2.545	5.890	11.781
16 × 1	0.471	0.127	0.133	0.133	50 × 3	4.430	1.196	4.912	12.281
16 × 2	0.800	0.238	0.220	0.220	50 × 5	7.069	1.909	7.245	18.113
16 × 3	1.225	0.331	0.273	0.7273	50 × 10	12.566	3.393	10.681	26.704
20 × 1.5	0.872	0.235	0.375	0.375	55 × 3	4.901	1.323	6.044	16.201
20 × 3	1.602	0.433	0.597	0.597	55 × 5	7.854	2.110	9.014	24.789
20 × 5	2.356	0.636	0.736	0.736	55 × 10	14.137	3.817	13.655	37.552
25 × 2	1.445	0.390	0.770	0.963	60 × 5	8.639	2.333	10.979	32.938
25 × 3	2.073	0.560	1.022	1.278	60 × 10	15.708	4.241	17.017	51.051
25 × 5	3.142	0.848	1.335	1.669	60 × 16	22.117	4.890	20.200	60.600
30 × 2	1.759	0.475	1.155	1.733	70 × 5	10.210	2.757	15.498	54.242
30 × 4	3.267	0.882	1.884	2.826	70 × 10	18.850	5.089	24.908	87.179
30 × 6	4.524	1.220	2.307	3.461	70 × 16	27.143	7.331	30.750	107.62

材料	例如：不可硬化铝合金参见 175 页。 可硬化铝合金参见 176 页。

[1] 标准 DIN EN 754-7 不含尺寸。但专业供货商继续按标准 DIN 1795 尺寸提供圆管材。

U 型材，冲压（摘选） 参照 DIN 9713（1981-09）

b	宽度
h	高度
S	横截面积
m'	质量线密度
W	轴向抗扭截面模量
I	轴向平面惯性矩

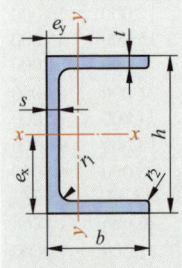

$d \times s$ mm	S cm²	m' kg/m	e_x cm	e_y cm	W_x cm³	I_x cm⁴	W_y cm³	I_y cm⁴
20 × 20 × 3 × 3	1.62	0.437	1.00	0.780	0.945	0.945	0.805	0.628
30 × 30 × 3 × 3	2.52	0.687	1.50	1.10	2.43	3.64	2.06	2.29
35 × 35 × 3 × 3	2.97	0.802	1.75	1.28	3.44	6.02	2.91	3.73
40 × 15 × 3 × 3	1.92	0.518	2.0	0.431	2.04	4.07	0.810	0.349
40 × 20 × 3 × 3	2.25	0.608	2.0	0.610	2.59	5.17	1.30	0.795
40 × 35 × 3 × 3	2.85	0.770	2.0	3.62	7.24	2.49	2.49	2.52
40 × 30 × 4 × 4	3.71	1.00	2.0	1.05	4.49	8.97	3.03	3.17
40 × 40 × 4 × 4	4.51	1.22	2.0	1.49	5.80	11.6	4.80	7.12
40 × 40 × 5 × 5	5.57	1.50	2.0	1.52	6.80	13.6	5.64	8.59
50 × 30 × 3 × 3	3.15	0.851	2.5	0.929	4.88	12.2	2.91	2.70
50 × 30 × 4 × 4	4.91	1.33	2.5	1.38	7.41	19.6	5.65	7.80
50 × 40 × 5 × 5	6.07	1.64	2.5	1.42	9.32	23.3	6.54	9.26
60 × 30 × 4 × 4	4.51	1.22	3.0	0.896	7.90	23.7	4.12	3.69
60 × 40 × 4 × 4	5.31	1.43	3.0	1.29	10.1	30.3	6.35	8.20
60 × 30 × 5 × 5	6.57	1.77	3.0	1.33	12.0	36.0	7.47	9.94
80 × 40 × 6 × 6	8.95	2.42	4.0	1.22	20.6	82.4	10.6	20.6
80 × 45 × 6 × 8	11.2	3.02	4.0	1.57	27.1	108	13.9	21.8
80 × 40 × 6 × 6	10.1	2.74	5.0	1.11	28.3	142	12.5	13.8
100 × 50 × 6 × 9	14.1	3.80	3.80	1.72	43.4	217	19.9	34.3
120 × 55 × 7 × 9	17.2	4.64	4.64	1.74	61.9	295	28.2	49.1
140 × 60 × 4 × 6	12.35	3.35	3.35	1.83	56.4	350	24.7	45.2

边棱半径 r_1 和 r_2

t mm	r_1 mm	r_2 mm
3 和 4	2.5	0.4
5 和 6	4	0.6
8 和 9	6	0.6

材料	AlMgSi0；AlMgSi1；AlZn4.5Mg1

[1] 标准 DIN 9713 已撤销。但专业供货商继续按该标准提供 U 型材。

镁合金，钛，钛合金

镁 – 塑性合金（摘选）　　　　参照 DIN 9715（1982–08）

缩写名称	材料代码	供货形式[1]			W[2]	棒材直径 mm	抗拉强度 R_m N/mm²	屈服强度 $R_{P0.2}$ N/mm²	断裂延伸率 A %	性能，应用
		S	R	G						
MgMn2	3.3520	·	·	·	F20	≤ 80	200	145	15	耐腐蚀，可焊接，可冷成形；护板，容器
MgAl3Zn	3.5312				F24	≤ 80	240	155	10	
MgAl6Zn	3.5612	·	·		F27	≤ 80	270	195	10	更高强度，有限可焊接；汽车制造、机械制造和飞机制造中的轻型结构材料
MgAl8Zn	3.5812	·	·		F29	≤ 80	290	205	10	
					F31	≤ 80	310	215	6	

[1] 供货形式：S 棒材，例如圆棒材；R 管材；G 模锻件。
[2] W 材料状态 F20 → $R_m = 10 · 20 = 200$ N/mm²。

铸镁合金（摘选）　　　　参照 DIN EN 1753（1997–08）

缩写名称[1]	材料代码[1]	V[2]	材料状态[3]	硬度 HB	抗拉强度 R_m N/mm²	屈服强度 $R_{P0.2}$ N/mm²	断裂延伸率 A %	性能，应用
MCMgAl8Zn1	MC21110	S	F	50···65	160	90	2	极佳的可铸造性，可承受动态载荷，可焊接，传动箱体和发动机壳体
		S	T6	50···65	240	90	8	
		K	F	50···65	160	90	2	
		K	T4	50···65	160	90	8	
		D	F	50···85	200···250	140···160	≤ 7	
MCMgAl9Zn1	MC21120	S	F	50···70	160	90	6	高强度，良好的滑动性能，可焊接；汽车制造和飞机制造，管道附件
		S	T6	60···90	240	150	2	
		K	F	55···70	160	110	2	
		K	T6	60···90	240	150	2	
		D	F	65···85	200···260	140···170	1···6	
MCMgAl6Zn	MC21230	D	F	55···70	190···250	120···150	4···14	疲劳强度，可承受动态载荷，耐温；传动箱体和发动机壳体
MCMgAl7Zn	MC21240	D	F	60···75	200···260	130···160	3···10	
MCMgAl4Si	MC21320	D	F	55···80	200···250	120···150	3···12	

[1] 为简化起见，所有缩写名称和材料代码均不加"EN"字头。例如 MCMgAlBZn1 代替 EN MCMgAlBZn1。
[2] 铸造方法：S 砂型铸造；K 硬模铸造；D 压铸。
[3] 材料状态参见铸铝合金名称一节（177 页）。

钛，钛合金（摘选）　　　　参照 DIN 17860（2010–01）

缩写名称	材料代码	供货形式[1]			板厚 s mm	硬度 HB	抗拉强度 R_m N/mm²	屈服强度 $R_{P0.2}$ N/mm²	断裂延伸率 A %	性能，应用
		B	S	R						
Ti1	3.7025	·	·	·	0.4···35	120	290···410	180	30	可焊接，可钎焊，可粘接，可切削加工，可冷、热成形，疲劳强度，耐腐蚀；机械制造、电气技术和精密加工，光学和制药技术，化学工业，食品工业以及飞机制造中的轻型结构件
Ti2	3.7035					150	390···540	250	22	
Ti3	7.7055					170	460···590	320	18	
Ti1Pd	3.7225				0.4···35	120	290···410	180	30	
Ti2Pd	3.7235					150	390···540	250	22	
TiAl6V6Sn2	3.7175				<6	320	≥ 1070	1000	10	
					6···50	320	≥ 1000	950	8	
TiAl6V4	3.7165				<6	310	≥ 920	870	8	
					6···100	310	900	830	8	
TiAl4Mo4Sn2	3.7185	·	·	·	6···65	350	≥ 1050	1050	9	

[1] 供货形式：B 板材和带材；S 棒材，例如圆棒材；R 管材。

重金属概述

重金属指密度 $\varrho > 5\mathrm{kg/dm}^3$ 的有色金属。但在专业文献中又称其与轻金属的界限是 $\varrho \geqslant 4.5\mathrm{kg/dm}^3$。

· 机器和设备制造中的结构材料：铜、锡、锌、镍、铅及其合金。

· 合金金属：铬、钒、钴（合金金属的作用参见 134 页）。

· 贵金属：金、银、铂。

纯金属：均质组织；低强度；其意义低于结构材料。此类材料的应用主要基于其典型的性能特征，例如良好的导电性。

重金属合金：相对于母体金属，合金金属改善合金性能，如更高的强度，更高的硬度，更好的可切削加工性和耐腐蚀性；结构材料用于各种不同领域。完成制造后将它们划分为**塑性合金和铸造合金**。

常见重金属和重金属合金概览

金属，合金组	主要性能	应用举例
铜（Cu）	高导电性和导热性，抑制细菌、病毒和霉菌，耐腐蚀，外观好，易重复利用	暖气设备和医疗器械制造业的管道，制冷和供暖盘管，电线，电子元器件，餐具，外墙护板
CuZn（黄铜）	耐磨，耐腐蚀，良好的热成形和冷成形性，良好的可切削加工性，可抛光，具有黄金光泽，中等强度	· 塑性合金：深拉件，螺钉，弹簧，管材，仪表零件 · 铸造合金：管道附件壳体，滑动轴承，精密机械零件
CuZnPb	极佳的可切削加工性，有限的冷成形性，极佳的热成形性	易切削车削件，精密机械零件，管接头附件，热冲压件
CuZn- 多种材料	良好的热成形性，高强度，耐磨，耐气候因素	管道附件壳体，滑动轴承，法兰，阀门零件，水箱
CuSn（青铜）	极耐腐蚀，良好的滑动性能和耐磨强度，冷成形加工可极大改变其强度	· 塑性合金：金属配件，螺钉，弹簧，金属软管 · 铸造合金：丝杠螺帽，蜗轮，整体滑动轴承
CuAl	高强度和韧性，极耐腐蚀，耐海水侵蚀，耐高温，高气蚀稳定性	· 塑性合金：高载荷压力螺帽，棘轮 · 铸造合金：化学工业管道附件，泵体，螺旋桨
CuNi(Zn)	极耐腐蚀，银器外观，良好的可切削加工性，可抛光，可冷成形	硬币，电阻，热交换器，泵，海水冷却系统的阀门，造船
锌（Zn）	耐受大气环境侵蚀	钢零件防腐保护
ZnTi	良好的冷成形性，可用软钎焊接合	屋顶盖板，雨槽，导水竖管
ZnAlCu	极佳的可铸造性	薄壁细支压铸件
锡（Sn）	良好的化学耐受性，无毒	钢板涂层
SnPb	稀液状	软钎焊
SnSb	良好的自润滑性能	小型精确尺寸压铸件，中等载荷滑动轴承
镍（Ni）	耐腐蚀，耐高温	钢零件防腐涂层
NiCu	极佳的耐腐蚀性和耐高温	仪器，汽车废气净化器，热交换器
NiCr	极佳的耐腐蚀性，极耐高温和抗氧化，可部分硬化	化学设备，暖气管道，发电厂锅炉构件，燃气轮机
铅（Pb）	防护 X 光射线和伽马射线，耐腐蚀，有毒	屏蔽装置，电缆包皮，化学仪器制造业管道
PbSn	稀液状，软，良好的自润滑性能	软钎焊，滑动层
PbSbSn	稀液状，耐腐蚀，良好的滑动性能和耐磨性能	滑动轴承，小型精确尺寸压铸件，如摆动杆，检测仪表零件，计数器

重金属名称

命名系统（摘选）

参照 DIN 1700（1954–07）[1]

举例：

$$NiCu30Fe \; F45$$
$$GD – Sn80Sb$$

制造，应用	
E	电气材料
G	砂型铸造
GC	连铸
GD	压铸
GK	硬模铸造
GZ	离心铸造
L	钎焊
S	焊接添加料（合金）

化学成分	
举例	含义
NiCu30Fe	镍－铜合金，30% 铜，相应比例铁
Sn80Sb	锡－锑合金，80% 锡，约 20% 锑

特殊性能	
F45	最低抗拉强度 $R_m=10 \cdot 45 \text{ N/mm}^2 = 450 \text{ N/mm}^2$
a	时效硬化
g	退火
h	硬
ka	自然时效硬化
ku	冷成形
ta	部分时效硬化
wa	人工时效硬化
wu	热成形
zh	拉制硬化

[1] 该标准已撤销。在个别标准中仍在使用材料缩写符号。

铜合金命名系统

参照 DIN EN 1982（2008–08）和 1173（2008–08）

举例：

CuZn31Si – R620
CuZn38Pb2
CuSn11Pb2 – C – GS

铸造方法			
GS	砂型铸造	GM	硬模铸造
GZ	离心铸造	GC	连铸
GP	压铸		

化学成分	
举例	含义
CuZn31Si	铜合金，31% 锌，相应比例硅
CuZn38Pb2	铜合金，38% 锌，2% 铅
CuSn11Pb2	铜合金，11% 锡，2% 铅

制品形式	
C	材料以铸件形式供货
B	材料以塑性合金（无标记字母）金属铸坯形式供货

材料状态（摘选）

举例	含义	举例	含义
A007	断裂延伸率 $A=7\%$	Y450	屈服强度 $R_p = 450 \text{ N/mm}^2$
D	拉制，未规定机械性能	M	制造状态，未规定机械性能
H160	维氏硬度 $HV_{min}=160$	R620	最低抗拉强度 $R_m = 620 \text{ N/mm}^2$

铜和铜合金材料代码

参照 DIN EN 1412（2017–01）

举例：

C W 024 A

C	铜材料
C	铸造材料
B	材料是铸坯形式
W	塑性材料

000 至 999 之间的数字，没有指定意义（数字编号）

材料组标记字母

材料组数字范围和标记字母

材料组	范围	标记字母	材料组	范围	标记字母
铜	000…009	A 或 B	铜镍合金	350…399	H
铜合金，合金元素占比 < 5%	100…199	C 或 D	铜锌合金　铜锡合金	400…499　450…499	J　K
铜合金，合金元素占比 ≥ 5%	200…299	E 或 F	铜锌双材料合金　铜锌铅合金	500…599　600…699	L 或 M　N 或 P
铜铝合金	300…349	G	铜锌多材料合金	700…799	R 或 S

锌合金铸件材料代码

参照 DIN EN 12844（1999–01）

举例：

Z P 0 4 1 0

Z	锌合金
P	铸件

铝含量
04=4% 铝

铜含量
1 = 1% 铜

下一个较高含量的合金元素
0 = 下一个较高含量的合金元素 < 1%

铜合金

铜塑性合金（摘选）

名称，缩写名称（材料代码[1]）	Z[2]	棒材 D[3] mm	硬度 HB	抗拉强度 R_m N/mm²	屈服强度 $R_{P\,0.2}$ N/mm²	断裂延伸率 A %	性能，应用举例
铜锌合金							参照 DIN EN 12163（2016-11）
CuZn30（CW505L）	R280	4…80	–	280	≤ 250	45	极佳的冷成形性、热成形性、可切削加工性，极佳的可钎焊性、可抛光性；深拉件，仪表零件，套筒
	R460	4…10[4]	–	460	310	9	
	H070	4…80	70…115	–	–	–	
	H135	4…10[4]	≥ 135	–	–	–	
CuZn37（CW508L）	R290	4…80	–	290	≤ 230	45	极佳的冷成形性、良好的热成形性、可切削加工性、极佳的可抛光性；深拉件，螺钉，弹簧，压辊
	R460	4…10[4]	–	460	330	8	
	H070	4…80	70…110	–	–	–	
	H140	4…10[4]	≥ 140	–	–	–	
CuZn40（CW509L）	R360	6…80[4]	70…100	360	≤ 300	20	极佳的热成形性、可切削加工性；铆钉，螺钉，金属配件
	R070	6…80[4]		–	–	–	
铜锌合金（多材料合金）							参照 DIN EN 12163（2016-11）, DIN EN 12164（2016-11）
CuZn21Si3P（CW724R）	R500	6…80	–	500	≤ 450	15	极佳的可切削加工性，无铅，高载荷性、极耐腐蚀；车削件，模锻件，饮用水设备制造
	R670	2…20	–	670	400	10	
	H130	6…80	130…180	–	–	–	
	H170	2…20	≥ 170	–	–	–	
CuZn31Si1（CW708R）	R460	5…40	–	460	240	22	良好的热成形性、冷成形性、可切削加工性、良好的滑动性能；滑动元件，轴承套，导轨
	R530	5…14	–	530	350	12	
	H120	5…40	120…160	–	–	–	
	H140	5…14	≥ 140	–	–	–	
CuZn40Mn1Pb1（CW720R）	R440	40…80[4]	–	440	≤ 180	20	良好的热成形性、可切削加工性、中等强度；易切削件，阀门，滚动轴承保持架
	R500	5…40	–	500	270	12	
	H100	40…80[4]	100…140	–	–	–	
	H130	5…40	≥ 130	–	–	–	
铜锌铅合金							参照 DIN EN 12164（2016-11）
CuZn36Pb3（CW603N）	R340	10…80	–	340	≤ 280	20	极佳的可切削加工性，有限的冷成形性；易切削车削件
	R480	2…14[4]	–	480	350	8	
CuZn38Pb2（CW608N）	R360	6…80[4]	–	360	≤ 300	20	极佳的可切削加工性，良好的冷、热成形性；易切削件
	R500	2…14[4]	–	500	350	8	
CuZn40Pb2（CW617N）	R360	6…80[4]	–	360	≤ 350	20	极佳的可切削加工性，良好的热成形性；印刷电路板，齿轮
	R500	2…14[4]	–	500	350	5	
铜锡合金							参照 DIN EN 12163（2016-11）, DIN EN 12164（2016-11）
CuSn5Pb1（CW458K）	R450	2…12[4]	–	450	350	10	高强度和高硬度；良好的冷成形性、耐腐蚀；电喷系统零件，螺钉，齿轮，主轴
	R720	2…4[4]	–	720	620	–	
	H115	2…12[4]	115…150	–	–	–	
	H180	2…4[4]	180…210	–	–	–	
CuSn6（CW452K）	R340	2…60	–	340	≤ 270	45	良好的强度、冷成形性，极耐腐蚀、可钎焊；弹簧，金属软管，波纹管，泵零件
	R420	2…40	–	420	220	30	
	H080	2…60	80…110	–	–	–	
	H120	2…40	120…155	–	–	–	
CuSn8P（CW459K）	R390	2…60	–	390	≤ 280	45	极耐腐蚀，极佳的滑动性能，高强度、耐磨、耐振动疲劳；高载荷滑动轴承
	R550	2…12	–	550	400	15	
	H085	2…60	85…125	–	–	–	
	H160	2…12	160…190	–	–	–	

[1] 材料代码按照 DIN EN 1412，参见 183 页。
[2] Z 材料状态按照 DIN EN 1173，参见 183 页。制造状态 M 是所有直径最大达 $D = 80$mm 的可供货合金产品。
[3] D 棒材是直径，方棒材、六角棒材和八角棒材是扳手开口宽度。
[4] D 只是直径；标准化直径范围与标准化扳手开口宽度之间有偏差。

铜塑性合金，铸铜合金和纯锌合金

名称，缩写名称（材料代码[1]）	Z[2]	棒材 D[3]	硬度 HB	抗拉强度 R_m N/mm²	屈服强度 $R_{p0.2}$ N/mm²	断裂延伸率 A %	性能，应用举例
铜铝合金							参照 DIN EN 12163（2016-11）
CuAl10Ni5Fe4（CW307G）	R680	10…120	–	680	320	10	耐腐蚀，耐磨，耐氧化，耐疲劳，耐温；废气净化器底座，液压控制件
	R740	10…80	–	740	400	8	
	H170	10…120	170…210	–	–	–	
	H200	10…80	≥ 200	–	–	–	
CuAl11Fe6Ni6（CW308G）	R740	10…120	–	740	420	5	耐腐蚀，耐磨，高强度，耐疲劳，耐温，良好的滑动性能；螺钉，蜗轮，滑块
	R830	10…80	–	830	550	–	
	H220	10…120	220…260	–	–	–	
	H240	10…80	≥ 240	–	–	–	
铜镍锌合金（多材料合金）							参照 DIN EN 12163（2016-11）
CuNi12Zn24（CW403J）	R380	2…50	–	380	≤ 290	38	极佳的热成形性、可切削加工性、良好的抛光性；深拉件，餐具，工艺美术品，接触弹簧
	R640	2…4	–	640	500	–	
	H085	2…50	85…125	–	–	–	
	H190	2…4	≥ 190	–	–	–	
CuNi18Zn20（CW409J）	R400	2…50	–	400	290	35	良好的冷成形性、可切削加工性、防启动打滑，良好的抛光性；接触弹簧，插接连接件，屏蔽板
	R660	2…4	–	660	550	–	
	H095	2…50	95…135	–	–	–	
	H200	2…4	≥ 200	–	–	–	

[1] 材料代码按照 DIN EN 1412，参见 183 页。
[2] Z 材料状态按照 DIN EN 1173，参见 183 页。制造状态 M 是所有直径最大达 $D = 80$mm 的可供货合金产品。
[3] D 棒材是直径，方棒材、六角棒材和八角棒材是扳手开口宽度。

铸铜合金   参照 DIN EN 1982（2008-08）

名称，缩写名称（材料代码[1]）	抗拉强度 R_m N/mm²	屈服强度 $R_{p0.2}$ N/mm²	断裂延伸率 A %	硬度 HBW	性能，应用
CuZn15As–C（CC760S）	160	70	20	45	极佳的软硬钎焊性能，耐受海水侵蚀；瓶子
CuZn33Pb2–C（CC750S）	180	70	12	45	良好的可切削加工性，耐受最高达 90℃的工业用水；管道附件
CuZn25Al5Mn4Fe–C（CC762S）	750	450	8	180	极高强度和硬度，良好的可切削加工性；滑动轴承
CuSn12–C（CC483K）	260	140	7	80	高耐磨强度；丝杠螺帽，蜗轮
CuSn11Pb2–C（CC482K）	240	130	5	80	耐磨，良好的自润滑性能；滑动轴承
CuSn5Zn5Pb5–C（CC491K）	200	90	13	60	耐受海水侵蚀，可软硬钎焊；管道附件，机壳
CuAl10Fe2–C（CC331G）	500	180	18	100	机械载荷零件；杆，机座，锥齿轮
CuAl10Fe5Ni5–C（CC333G）	600	250	13	140	要求强度和耐腐蚀的零件；泵

[1] 材料代码按照 DIN EN 1412，参见 183 页。其他用于滑动轴承的铸铜合金参见 264 页。强度数值适用于分开浇铸的砂型铸造样品棒材。

纯锌铸造合金   参照 DIN EN 12844（1999-01）

名称（材料代码）	抗拉强度	屈服强度	断裂延伸率	硬度	性能，应用
ZP3（ZP0400）	280	200	10	83	极佳的可铸造性，压铸件优先选用的合金
ZP5（ZP0410）	330	250	5	92	
ZP2（ZP0430）	335	270	5	102	良好的可铸造性；极佳的可切削加工性，用途广泛
ZP8（ZP0810）	370	22	8	100	
ZP12（ZP1110）	400	300	5	100	用于塑料的注塑模、吹塑模和拉伸模，薄板成形模具
ZP27（ZP2720）	425	300	2.5	120	

复合材料，陶瓷材料

复合材料

复合材料	母体材料[1]	纤维占比 %	密度 ϱ g/cm^3	抗弯强度 σ_b N/mm^2	断裂延伸率 ε_R %	弹性模量 E N/mm^2	工作温度 最高至 ℃	应用举例
GFK（玻璃纤维增强塑料）	EP	60	–	365	3.5	–	–	轴、连杆、曲轴、船体、转子芯片
	UP	35	1.5	130	3.5	10 800	50	容器、油罐、管道、发光穹顶、汽车车身零件
	PA 66	35	1.4	160[2]	5[3]	5 000	190	大面积刚性机座零件，强电插头
	PC	30	1.42	90[2]	3.5[3]	6 000	145	打印机、计算器、电视机等的壳体
	PPS	30	1.56	140	3.5	11 200	260	电气技术中的灯座和线圈
	PAI	30	1.56	205	7	11 700	280	轴承、阀座环、密封件、活塞环
	PEEK	30	1.44	155	2.2	10 300	315	航空航天工业的轻型结构件，金属替代品
CFK（碳纤维增强塑料）	PPS	30	1.45	190	2.5	17 150	260	与 GFK–PPS 相同
	PAI	30	1.42	205	6	11 700	180	与 GFK–PAI 相同
	PEEK	30	1.44	210	1.3	13 000	315	与 GFK–PEEK 相同

[1] EP 环氧树脂   UP 不饱和聚酯   PA66 聚酰胺 66，部分结晶   PC 聚碳酸酯   PPS 聚亚苯基硫化物
    PAI 聚酰胺亚胺   PEEK 聚醚醚酮。
[2] σ_γ 屈服点应力。   [3] ε_s 屈服点应力条件下的延伸率。

陶瓷材料

材料 名称	缩写名称	密度 ϱ g/cm^3	抗弯强度 σ_b N/mm^2	弹性模量 E N/mm^2	线膨胀系数 α 1/K	性能，应用举例
铝硅酸盐	C130	2.5	160	100 000	0.000 005	硬，耐磨，耐化学侵蚀和高温，高绝缘电阻；绝缘子、废气净化器、防火罩
铝氧化物	C799	3.7	300	300 000	0.000 007	硬，耐磨，耐化学侵蚀和高温；陶瓷切削刀具、拉丝模、生物制药
二氧化锆	ZrO$_2$	5.5	800	210 000	0.000 010	不易碎，高强度，耐化学侵蚀和高温，耐磨；拉深凹模、挤压模
碳化硅	SiC	3.1	600	440 000	0.000 005	硬，耐磨，耐受温度变化，高温条件下耐腐蚀；磨料、阀门、轴承、燃烧室
氮化硅	Si$_3$N$_4$	3.2	900	330 000	0.000 004	不易碎，耐受温度变化，高强度；陶瓷切削刀具，燃气轮机的涡轮叶片和转子叶片
氮化铝	AlN	3.0	200	330 000	0.000 005	高导热性，高电气绝缘性；半导体、机壳、散热器、绝缘件

烧结金属

烧结金属命名系统 参照 DIN 30910-1（1990-10）

举例： Sint－A 1 0 烧结表面光滑

烧结金属

用于区别其他未分类材料的第 2 个标记数字

材料等级标记字母		
标记字母	体积比 R_x %	应用领域
AF	<73	过滤器
A	76 ± 2.5	滑动轴承
B	80 ± 2.5	滑动轴承 具有滑动性能的成型件
C	85 ± 2.5	滑动轴承，成型件
D	90 ± 2.5	成型件
E	94 ± 1.5	成型件
F	>95.5	烧结锻压成型件

化学成分标记的一位数标记数字	
标记数字	化学成分 质量比例，单位：%
0	烧结铁，烧结钢，铜 < 1%，含或不含碳
1	烧结钢，铜 1% 至 5%，含或不含碳
2	烧结钢，铜 > 5%，含或不含碳
3	烧结钢，含或不含铜或碳，其他合金元素含量 < 6%，例如镍
4	烧结钢，含或不含铜或碳，其他合金元素含量 > 6%，例如镍，铬
5	烧结合金，铜 > 60%，例如烧结铜锡
6	烧结有色金属，标记数字 5 之外的有色金属
7	烧结轻金属，例如烧结铝
8 和 9	备用数字

处理状态	
材料的处理状态	材料表面的处理状态
·烧结　·蒸汽处理 ·精整　·烧结锻压 ·热处理　·均匀压制	·烧结表面光滑　·机械加工 ·精整表面光滑　·表面处理 ·烧结锻表面光滑

烧结金属（摘选） 参照 DIN 30910-2，-6（1990-10）， DIN 30910-3（2004-11），DIN 30910-4（2010-03）

缩写名称	硬度 HB_{min}	抗拉强度 R_m N/mm²	化学成分	性能，应用举例
Sint AF 40	–	80···200	烧结钢，Cr16...19%，Ni10...14%	燃气和液体过滤器的过滤件
Sint AF 50	–	40···160	烧结青铜，Sn9...11%，其余是 Cu	
Sint A 00	>25	>60	烧结铁，C < 0.3%，Cu < 1%	带有大孔隙空间的轴承材料，具有最佳自润滑性能；轴承套、轴承衬套
Sint A 20	>30	>80	烧结钢，C < 0.3%，Cu > 15...20%	
Sint A 50	>25	>70	烧结青铜，C < 0.2%，Sn9...1%，其余是 Cu	
Sint A 51	>20	>60	烧结青铜，C0.2...2%，Sn9...11%，其余是 Cu	
Sint B 00	>30	>80	烧结铁，C < 0.3%，Cu < 1%	具有最佳自润滑性能的滑动轴承；低载荷成型件
Sint B 10	>40	>150	烧结钢，C < 0.3%，Cu1...5%	
Sint B 50	>30	>90	烧结青铜，C < 0.2%，Sn9...11%，其余是 Cu	
Sint C 00	>40	>120	烧结铁，C < 0.3%，Cu < 1%	滑动轴承，中等载荷并具良好自润滑性能的成型件；卡车零件、杆、离合器零件
Sint C 10	>55	>200	烧结钢，C < 0.3%，Cu > 1...1.5%	
Sint C 40	>100	>300	烧结钢，Cr16...19%，Ni10...14%，Mo2%	
Sint C 50	>35	>140	烧结青铜，C < 0.2%，Sn9...11%，其余是 Cu	
Sint D 00	>50	>170	烧结铁，C < 0.3%，Cu < 1%	更高载荷成型件；耐磨泵零件、齿轮，有些是耐腐蚀的
Sint D 10	>60	>250	烧结钢，C < 0.3%，Cu > 1...5%	
Sint D 30	>80	>460	烧结钢，C < 0.3%，Cu > 1...5%，Ni1...5%	
Sint D 40	>130	>400	烧结钢，Cr16...19%，Ni10...14%，Mo2%	
Sint E 00	>60	>240	烧结铁，C < 0.3%，Cu < 1%	精密机械成型件，用于家用电器、电子工业
Sint E 10	>100	>340	烧结钢，C < 0.3%，Cu > 1...5%	
Sint E 73	>55	>200	烧结铝，Cu4...6%	
Sint E 00	>140	>600	烧结锻压钢，含碳和锰	密封环，降噪系统法兰
Sint E 31	>180	>770	烧结锻压钢，含碳、镍、锰和钼	

概述			
普通性能	优点： ·低密度 ·电绝缘 ·吸热和吸声 ·成形成本低 ·耐受气候变化和化学品		缺点： ·强度和耐热性低于金属 ·部分可燃 ·部分不耐受溶剂 ·只能有限地再次利用
分类	热塑性塑料	热固性塑料	弹性塑料
加工	热成形 可焊接 一般可粘接 可切削加工	不可成形 不可焊接 可粘接 可切削加工	不可成形 不可焊接 可粘接 低温下可切削加工
制造	注塑 注射吹塑 挤出	挤压 注模 注塑，浇铸	挤压 注塑 挤出
再循环	良好的再循环性	不可再循环 有时可用作填料	不可再循环

结构	温度变化特性

非晶态热塑性塑料

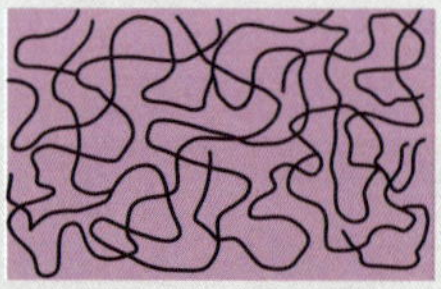

无交联巨分子

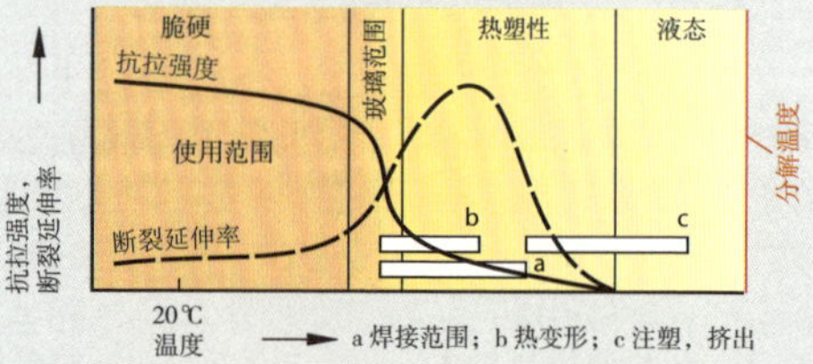

a 焊接范围；b 热变形；c 注塑，挤出

部分晶态热塑性塑料

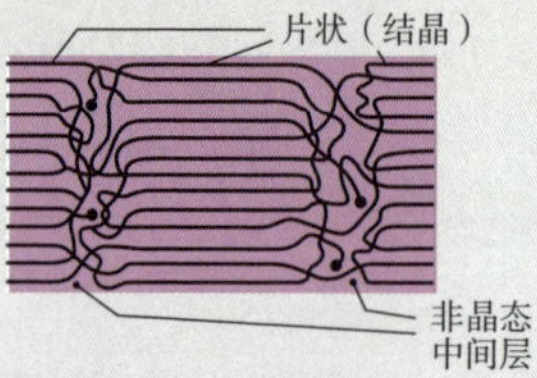

片状（结晶）

非晶态中间层

结晶范围具有更大的键合力

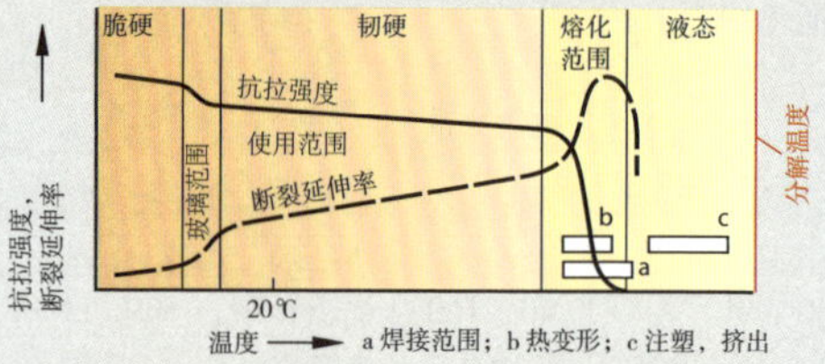

a 焊接范围；b 热变形；c 注塑，挤出

热固性塑料

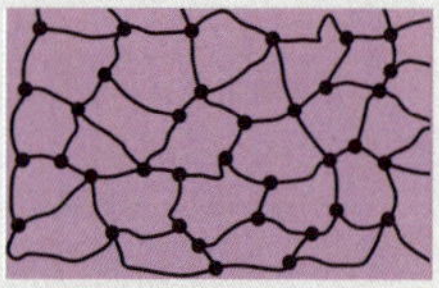

有许多交联点的巨分子）

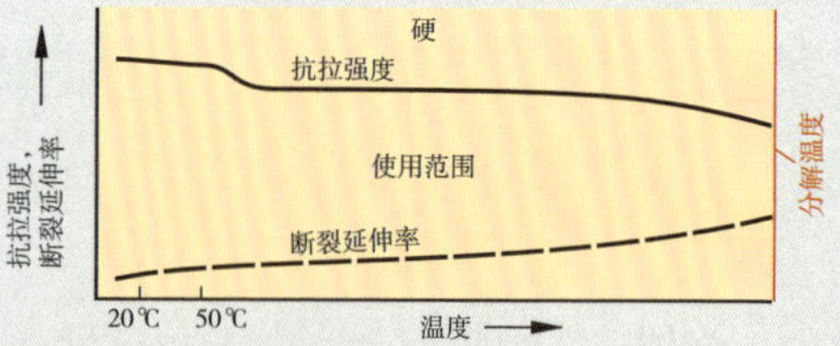

线形弹性塑料

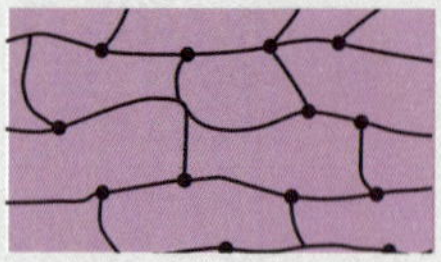

仅少量交联点的非有序巨分子

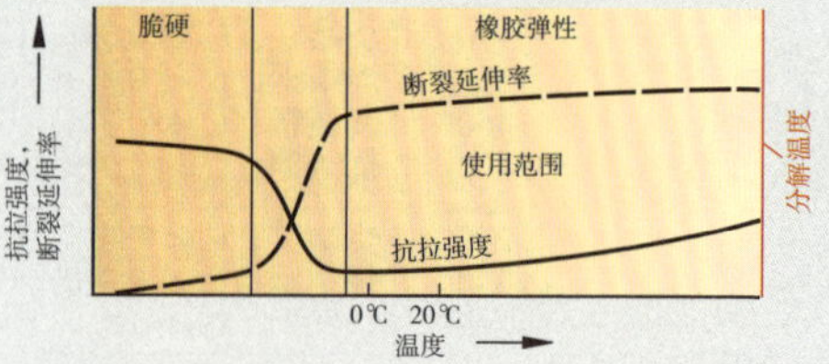

基本聚合物，填充材料和增强材料

基本聚合物缩写符号（摘选）　参照 DIN EN ISO 1043-1（2016-09）

缩写符号	含义	类型[1]	缩写符号	含义	类型[1]	缩写符号	含义	类型[1]
ABS	苯烯腈－丁二烯－苯乙烯	T	PAK	聚丙烯酸酯	T	PTFE	聚四氟乙烯	T
AMMA	苯烯腈－甲基丙烯盐酸	T	PAN	聚丙烯腈	T	PUR	聚亚安酯	D[2]
			PB	聚丁烯	T	PVAC	聚乙酸乙烯酯	T
			PBT	聚丁烯对苯二酸盐	T	PVB	聚乙烯醇缩丁醛	T
ASA	苯烯腈－苯乙烯－丙烯盐酸	T	PC	聚碳酸酯	T	PVC	聚氯乙烯	T
CA	纤维素醋酸盐	T	PE	聚乙烯	T	PVDC	聚偏二氯乙烯	T
CAB	纤维素醋酸盐丁酸盐	T	PEEK	聚醚醚酮	T	PVF	聚偏二氯乙烯	T
CF	甲酚甲醛	D	PET	聚对苯二甲酸乙二酯	T	PVFM	甲醛乙烯聚合物	T
CMC	羧甲基纤维素	AN	PF	苯酚甲醛	D	PVK	聚 N 乙烯基氰	T
CN	纤维素硝酸盐	AN	PI	聚酰亚胺	T	SAN	苯乙烯－苯烯腈	T
CP	纤维素丙酸盐	AN	PMMA	聚甲基丙烯酸甲酯	T	SB	苯乙烯－丁二烯	T
EC	乙基纤维素	AN	POM	聚甲醛	T	SI	硅树脂	D
EP	环氧化物	D				SMS	苯乙烯－甲基苯乙烯	T
EVAC	乙烯－醋酸乙烯	E	PP	聚丙烯	T	UF	尿素甲醛	D
MF	三聚氰胺甲醛	D	PPS	聚苯硫醚	T	UP	不饱和聚酯	D
PA	聚酰胺	T	PS	聚苯乙烯	T	VCE	乙烯基氯化物－乙烯	T

特殊性能的标记字母　参照 DIN EN ISO 1043-1（2016-09）

K[1]	含义	K[1]	含义	K[1]	含义	K[1]	含义
B	嵌段，溴化	F	弹性；液态	N	普通；酚醛清漆	T	温度
C	氯化；结晶	H	高	O	定向	U	超级；无增塑剂
D	密度	I	冲击韧性	P	含增塑剂	V	非常
E	发泡；环氧化	L	线性，低	R	提高；可溶；硬	W	重量
		M	中等，分子	S	饱和；磺化	X	交联；可交联

→　PVC–P：聚乙烯基氯化物，含增塑剂；PE-LLD：线性聚乙烯，低密度。

[1] 标记字母。

填充材料和增强材料的标记字母和缩写符号　参照 DIN EN ISO 1043-2（2012-03）

材料[1] 缩写符号

缩写符号	材料	缩写符号	材料	缩写符号	材料	缩写符号	材料
A	芳族聚酰胺	G	玻璃	N	有机天然材料	T	滑石
B	硼	K	碳酸钙	P	云母	W	木材
C	碳	L	纤维素	Q	硅酸盐	X	未指定
D	氢氧化铝	M	矿物	S	合成材料	Z	其他
E	黏土	ME	金属[2]				

形状和结构缩写符号

缩写符号	形状，结构	缩写符号	形状，结构	缩写符号	形状，结构	缩写符号	形状，结构
B	珍珠，球形，小球形	H	晶须	NF	纳米纤维	W	织物
C	碎片，细片	K	针织品	P	纸	X	未指定
D	粉末	L	层压	R	粗纱	Y	线
F	纤维	LF	长纤维	S	薄片	Z	其他
G	碾磨的材料	M	垫子，厚	T	卷起的线		
		N	无纺布（薄）	V	贴面板		

⇒　GF：玻璃纤维；CH：碳－晶须；MD：矿物粉末

[1] 可对材料补充标记，例如用其化学符号或一个取自相应国际标准的符号。

[2] 金属（ME）一栏必须用化学符号标出该金属的类型。

辨识，识别特征

识别塑料的方法

溶液密度	悬浮试验	溶液中塑料的可溶性	目视检验	试样外观是	加热特性
	悬浮塑料试样		透明的	浑浊的	
0.9 至 1.0	PB, PE, PIB, PP	热固性塑料和PTFE不可溶。其他热塑性塑料在指定溶液内可溶；例如PS 溶于苯或丙酮	CA, CAB, CP, EP, PC, PS, PMMA, PVC, SAN	ABS, ASA, PA, PE, POM, PP, PTFE	· 热塑性塑料加热后变软并熔化 · 热固性塑料和弹性塑料加热后直接分解
1.0 至 1.2	ABS, ASA, CAB, CP, PA, PC, PMMA, PS, SAN, SB				
1.2 至 1.5	CA, PBT, PET, POM, PSU, PUR		触觉		燃烧试验
1.5 至 1.8	有机填充的模压塑料		蜡状手感：PE, PTFE, POM, PP		· 火焰颜色 · 燃烧特性 · 烟灰形成 · 烟味
1.8 至 2.2	PTFE				

塑料的识别特征

缩写符号	密度 ϱ /cm³	燃烧特性	其他特征
ABS	≈ 1.05	黄色火焰，烟浓，煤气味	韧弹性，不溶于四氯化碳，敲击声钝
CA	1.31	黄色溅射火焰，有滴液，醋酸味和烧纸味	手感舒服，敲击声钝
CAB	1.19	黄色溅射火焰，有滴液，黄油腐臭味	敲击声钝
MF	1.50	不易燃，烧焦带白边，氨水味	不易碎，敲击发啪嗒声（对比 UF）
PA	≈ 1.10	黄边蓝火，有滴液，烧牛角味	韧弹性，不易碎，敲击声钝
PC	1.20	黄色火焰，离开火焰即熄灭，有烟，苯酚味	韧硬，不易碎，敲击发啪嗒声
PE	0.92	浅心蓝心，有滴液，石蜡味，几乎看不见烟（对比 PP）	石蜡状表面，可用指甲划痕，不易碎，制造温度 > 230℃
PF	1.40	不易燃，黄色火焰，烧焦，苯酚味和焦木味	不易碎，敲击发啪嗒声
PMMA	1.18	亮火焰，水果味，噼啪响，有滴液	不着色如玻璃般透亮，敲击声钝
POM	1.42	蓝色火焰，有滴液，福尔马林味	不易碎，敲击发啪嗒声
PP	0.91	亮火蓝心，有滴液，石蜡味，几乎看不见烟（对比 PE）	无法用指甲划痕，不易碎
PS	1.05	黄色火焰，烟浓，煤气甜味，有滴液	脆，金属薄板声，溶于四氯化碳
PTFE	2.20	不可燃，变赤红色时味道刺鼻	石蜡状表面
PUR	1.26	黄色火焰，浓烈刺激味	聚亚胺酯，橡胶弹性
	≈ 0.05		聚亚胺酯泡沫
PVC–U	1.38	不易燃，离开火焰即熄灭，盐酸味，烧焦	敲击发啪嗒声（U= 硬）
PVC–P	1.20···1.35	根据增塑剂的不同比 PVC–U 更易燃，盐酸味，烧焦	似橡胶柔软，无声音（P= 软）
SAN	1.08	黄色火焰，烟浓，煤气味，有滴液	韧弹性，不溶于四氯化碳
SB	1.05	黄色火焰，烟浓，煤气味和橡胶味，有滴液	没有 PS 脆，溶于四氯化碳
UF	1.50	不易燃，烧焦带白边，氨水味	不易碎，敲击发啪嗒声（对比 MF）
UP	2.00	亮火焰，烧焦，有烟，苯乙烯味，玻璃纤维滤渣	不易碎，敲击发啪嗒声

[1] 对比 189 页。

热固性塑料

缩写符号 化学名称	商品名（摘选）	外观，密度[2) g/cm^3	断裂应力[1) N/mm^2	冲击韧性 KJ/mm^2	工作温度[1) ℃
PF 酚醛树脂	Bakeilte,Kerit, Supraplast,Vyncolit, Ridurid	黄褐色 1.25	40…90	1.5…5.0	140…150
MF 三聚氰胺甲醛树脂	Bakelite,Resopal, Hornit	无色 1.45	30	6.5…7.0	100…130
UF 尿素甲醛树脂	Bakelite UF,Resamin, Urecoll	无色 1.5	35…55	4.5…7。5	80
UP 不饱和聚酯树脂	Palatal,Rutapal, Polylite,Bakelite, Ampal,Resipol	黄色，玻璃般透明 1.12…1.27	50…80	5.0…10.0	50
EP 环氧树脂	Epoxy,Rutapos, Araldit,Grilonit, Supraplast,BBakelite	黄色，浑浊 1.15…1.25	55…80	10.0…22.0	80…100

缩写符号 化学名称	机械性能	电气性能	与食品接触；吸水率[1)
PF 酚醛树脂	硬，脆，强度与填料有关	绝缘性能令人满意	不允许 50…300mg
MF 三聚氰胺甲醛树脂	硬，脆，开口敏感度低于 UF，不易划痕，高重复收缩性能	绝缘性能令人满意，抗漏电	不允许 300mg
UF 尿素甲醛树脂	硬，脆，开口敏感	绝缘性能令人满意	不允许 300mg
UP 不饱和聚酯树脂	脆至韧，高强度和高刚性，耐气候变化	良好的绝缘性能；漏电强度极佳	部分允许 30…200mg
EP 环氧树脂	脆至韧，高强度和高刚性，耐气候变化	绝缘性能极佳；抗漏电	基本不予考虑 10…30mg

缩写符号 化学名称	耐受下列物质	不耐受下列物质	制造[3) k	z	应用
PF 酚醛树脂	油、油脂、酒精、苯、汽油、水	强酸和强碱	++	+	机壳，轴承，手柄，泵，点火装置，齿轮；锅和平底锅把手
MF 三聚氰胺甲醛树脂	油、油脂、酒精、弱酸和弱碱	强酸和强碱	+	+	浅色电气产品：开关，插头，端子；餐具
UF 尿素甲醛树脂	溶剂、油、油脂	强酸和强碱，沸水	+	+	浅色螺纹管接头；卫生用品；电气安装材料
UP 不饱和聚酯树脂	汽油、紫外线、气候变化、矿物润滑油	矿物酸，丙酮，有机酸，强碱	+	++	仓筒，燃料油和饮料储罐，汽车车身，扰流器，运动小艇，继电器，网球拍
EP 环氧树脂	稀释酸和碱；酒精、汽油、油、油脂	强酸和强碱，丙酮	++	+	浇注树脂；量规，铸模；层压材料；汽车工业；模塑材料；加入金属嵌入件的精密零件

[1) 因增强纤维类型和制造方法的不同而不同（模压和注模）。

[2) 不增强。

[3) k 粘接，z 切削加工，+ 好，++ 很好。

热塑性塑料					
缩写符号，化学名称	商品名（摘选）	密度 g/cm³，组织	耐受下列物质	不耐受下列物质	工作温度 ℃
透明塑料[1]					
PC 聚碳酸酯	Makrolon,Lexan, Tecanat,Calibre	1.2···1.24 非晶态	汽油、油、油脂、水（<60℃）	碱、丙酮、苯、水（>60℃）	−100···+115
PET 聚对苯二甲酸乙二酯	Amnite,Rynite, Valox,Hostadur	1.33···1.38 部分结晶	油、油脂、推进剂	热水、丙酮、浓缩酸和碱	−20···+115
PMMA 聚甲基丙烯酸甲酯	Acrylite,Plexiglas, Plexidur,Perspex	1.19 非晶态	水溶性酸和碱、油脂、光	含苯汽油、酒精、硝基纤维漆、浓缩酸	−40···+80
PS 聚苯乙烯	Vestyron,Luran, Empera,Styon	1.05 非晶态	碱、酒精、水、抗老化	汽油、丙酮、对紫外线敏感	−20···+70
SAN 苯乙烯–苯烯腈	Luran,Lustran, Kibisan,Tyril	1.08 非晶态	汽油、油、弱酸和碱	丙酮，对紫外线敏感	+90
工业塑料[1]					
ABS 苯烯腈–丁二烯–苯乙烯	Lustran,Magnum, Terluran,Tarodur	1.02···1.07 非晶态	汽油、矿物油、油脂、水	浓缩矿物酸、苯	−30···+80
CA 纤维素醋酸盐	Tenite,Acetat, Vuscacelle, Cellolux,Dexel	1.26···1.29 非晶态	油脂、油、汽油、水、苯	强酸和强碱，酒精	0···+70
PA 6 聚酰胺6	Durethan B, Ultramid,Vydyne, Ertalon,Taromed	1.12···1.15 部分结晶	汽油、油脂、油、弱碱	强碱、苯酚、矿物酸	−40···+85
PA 66 聚酰胺66	Acromid,Durethan A,Acromit A, Ultramid A	1.12···1.14 部分结晶	汽油、油脂、油、弱碱	强碱、苯酚、矿物酸	−30···+95
PEHD 高密度聚乙烯	Hostalen,Lupolen, Cestolen	0.94···0.96 部分结晶	水、酒精、油、汽油	强氧化剂	−50···+80
POM 聚甲醛	Tenac,Delrin, Hostaform, Ultraform	1.41···1.43 结晶	汽油、矿物油、洗涤肥皂水、酒精	强酸、紫外线、水>65℃	−50···+110
PP 聚丙烯	Hostalen, Vestolen,Inspire	0.90···0.92 部分结晶	洗涤肥皂水、弱酸、酒精	汽油、苯	0···+110
PVC–P 软聚氯乙烯	Vestolit,Coroplast	1.20···1.35 非晶态	酒精、汽油、油	苯、有机溶剂	−20···+60
PVC–U 硬聚氯乙烯	Hostalit,Vestolit, Vinidur	1.37···1.44 非晶态	汽油、油、酸、碱、酒精	苯、硝酸	−5···+60
高效塑料[1]					
PEEK 聚醚醚酮	Hostalec,Ketron, Victrex	1.27 非晶态 1.32 部分结晶	大部分化学品	紫外线、浓缩硝酸	−80···+250
PI 聚酰亚胺	Kinel,Meldin, Vespel	1.43 非晶态	酒精、稀释酸、煤油	热水、气候影响，酸、碱	−250···+240
PPS 聚苯硫醚	Techtron,Ryton, Tedur	1.43 部分结晶	浓缩盐酸和硫酸	浓缩硝酸、紫外线	−50···+220
PSU 聚砜	Mindel,Tecason, Ultrason,Udel	1.24 非晶态	油脂、油、汽油、酒精、热水	苯、紫外线	−20···+150
PTFE 聚四氟乙烯	Teflon,Hostalon, Polyflon	2.14···2.20 部分结晶	几乎所有的侵蚀性物质、紫外线	碱金属	−200···+260

[1] 商业常用分类。

热塑性塑料

缩写符号	屈服应力 N/mm²	屈服点延伸率 %	制造[3]			普通性能	应用举例
			k	s	z		
透明塑料							
PC	65	80	+	+	++	硬，耐磨耗，冲击韧性，例如允许用于食品	透镜、眼镜玻璃、观察窗玻璃、餐具、机壳、保护眼镜、卡车车灯、光盘、头盔
PET	90	15	+	+	+	高硬度，高耐磨和高抗压强度	包装、凸轮盘、齿轮、滑动轴承、机壳、公共健康工程、磁带
PMMA	60…80	5.5	+	+	++	良好的光学性能，硬，脆，耐划痕	眼镜玻璃、刻度、后视灯、杯子、机壳、操作按钮
PS	50	3	++	+	++	硬，脆，开口敏感	灯、梳子、牙刷、线圈体、继电器、透明包装
SAN	60…70	2…3	++	+	+	刚性，冲击韧性，耐划痕，表面硬	透明机壳零件和包装材料、刻度盘、餐具、警告三角标记
工业塑料							
ABS	37	4	+	+	++	极佳开口冲击韧性（即便 −40℃），硬，耐划痕	音频和视频装置的机壳和操作零件、冷却器内板、扰流器、玩具
CA	37	–	+	+	+	强度好，韧性，冲击韧性，耐划痕	手柄、圆珠笔、梳子、玩具、开关按钮
PA 6	45	>200	+	+	++	强度好，耐磨蚀，极佳滑动性能	齿轮、滑动轴承、联轴器零件、凸轮盘、摩托车头盔
PA 66	55	>100	+	+	++	比 PA 6 更硬，可载荷，吸水率低	滚动轴承保持架、轴承套、螺钉、滤油器、抽吸管、摩托车头盔
PE HD	20…30	9	+	+	–	低于冰点仍保持不碎，不耐划痕，良好的电绝缘性能	手柄、密封件、燃料容器、滑动元件、水管
POM	65…70	35	–	++	++	极佳的强度和形状稳定性，韧性，耐磨蚀	薄壁精密零件、齿轮、滑动元件、泵零件、机壳
PP	30	8	–	+	+	与 PE HD 相同，但不耐冰点	风扇叶片、泵壳、扰流器、卡车挡泥板、变压器箱体、行李箱体、玩具
PVC–P（软）	17…29	240…350	+	+	–	软，柔性，耐磨蚀，低工作温度	软管、管道、密封件、电缆绝缘层、玩具、行李箱
PVC–U（硬）	50…60	10…50	++	++	+	高强度和高硬度，开口敏感	管道附件、管道、容器、油瓶和饮料瓶、屋顶雨槽、电缆槽
高效塑料							
PEEK	110	20…25	+	+	+	高抗拉强度和抗弯曲强度，冲击韧性，开口敏感	印刷电路板支撑材料、金属替代品、移植组织片、阀门
PI	74	8[2]	+	+	+	高硬度和高强度，韧性低，耐磨	齿轮、喷气式发动机结构件、活塞环、滑动轴承
PPS	78[1]	5[2]	+	+	++	高温下仍具高强度，低韧性	常加纤维增强、阀门、泵和化油器零件、燃料电池、传感器
PSU	80[1]	10[2]	+	+	+	高强度，良好的韧性和耐热性	机械、热工高载荷结构件、白天投影仪
PTFE	20…40[1]	250…400	–	–	+	高耐化学品，电绝缘性能好	免维护轴承、活塞环、密封件、绝缘体、阀门、泵

[1] 抗拉强度。[2] 断裂延伸率。[3] k 可粘接；s 可焊接，z 可切削加工；++ 极佳；+ 好；– 不或有限。

热塑性塑料半成品

圆棒材 参照 DIN EN 15860（2012–01）

材料	PMMA	PA 6	PP	PA66 GF 30
颜色	玻璃般透亮	自然色[1]，黑色	自然色，灰色	黑色
d（mm）	15···100	3···300	3···500	10···200
l（mm）	1000	1000；3000	2000	1000；3000
材料	PVC	PET	PC	PE–HD
颜色	黑色、白色、红色、灰色	浅灰、自然色、黑色	自然色	自然色、黑色
d（mm）	3···300	3···200	3···200	3···500
l（mm）	1000；2000；3000	1000；2000；3000	1000；3000	2000；1000

管材和空心棒材[2] 参照 DIN EN 15860（2012–01）

材料	PMMA	PA 6[2]	PA 66[2]	PVC
颜色	透明、白色	自然色、黑色	自然色	灰色
$D \times d$（mm）	5×3··· 400×390	20×10··· 280×200	20×10··· 350×310	6×4··· 200×196
l（mm）	2000	1000；2000；3000	1000；2000；3000	5000
材料	PC	PET[2]	POM[2]	POM GF 25[2]
颜色	无色	自然色	自然色、黑色	自然色、黑色
$D \times d$（mm）	10×1··· 250×5	20×12··· 200×150	50×30··· 200×150	50×30··· 200×150
l（mm）	2000	1000；2000；3000	1000；2000	1000；2000

扁棒材 参照 DIN EN 15860（2012–01）

材料	PA 6	PA 6 GF 30	PA 66 PE	PA 12
颜色	自然色、黑色	自然色、黑色	自然色	自然色、黑色
l（mm）	1000；2000；3000	1000；2000；3000	1000；2000；3000	1000；2000；3000
b（mm）	300；500	300；500	300；500	300；500
h（mm）	5···100	10···50	5···100	5···100
材料	PET	POM	POM GF 23	POM PTFE
颜色	自然色、黑色	自然色	自然色、黑色	自然色、黑色
l（mm）	1000；2000；3000	1000；2000；3000	1000；2000；3000	1000；2000；3000
b（mm）	300；500	300；500	300；500	300；500
h（mm）	5···100	5···100	10···50	10···50

板材，薄板 参照 DIN EN 15860（2012–01）

材料	PMMA	PA 6	PET	POM
颜色	透明	自然色、黑色	自然色、黑色	自然色、黑色
l（mm）	2000；3050	1000；2000；3000	1000；2000；3000	1000；2000；3000
b（mm）	1220；2030	620；1000	620；1000	620；1000
h（mm）	0.5···100	3···100	3···100	0.5···100

各种 PVC 型材

型材	U 型材	T 型材	角型材	四方型材
颜色	灰色	灰色	灰色	灰色
l（mm）	3000	3000	3000	3000
b（mm）	13···90	30···50	15···90	20···120
h（mm）	15···20	30···50	15···90	20···120
s（mm）	1.5···2.5	4.5	2···7	1.5···2.5

➡ **扁 棒 材** DIN EN 15860–PC–20×500×3000– 自然：材料 PC（聚碳酸酯），h=20mm，b=500mm，l=3000mm，自然色。

[1] 自然色的意思是，没有为了改变颜色而给造型材料添加某种材料。

[2] 空心棒材的壁厚一般大于管材壁厚。

弹性塑料，泡沫材料

弹性塑料（橡胶）

缩写符号[1]	名称	密度 g/cm³	抗拉强度[2] N/mm²	断裂延伸率 %	工作温度 ℃	性能，应用举例
BR	丁二烯橡胶	0.94	2（18）	450	−60···+90	高耐磨蚀性能；轮胎、皮带、三角皮带
CO	氯甲基氧丙环橡胶	1.27···1.36	5（15）	250	−30···+120 −10···+120	减振、耐油和汽油；密封件、耐高温减振元件
CR	氯丁橡胶	1.25	11（25）	400	−30···+110	耐油耐酸，不易燃；密封件、软管、三角皮带
CSM	氯硫化聚乙烯橡胶	1.25	18（20）	300	−30···+120	抗老化，耐气候变化，耐油；绝缘材料、成型件、薄膜
EPDM	乙烯丙烯橡胶	0.86	4（25）	500	−50···+120	良好的电绝缘性能，不耐油和汽油；密封件、型材、防撞保险杠、冷却水软管
FKM	氟橡胶	1.85	2（15）	450	−10···+190	耐磨蚀，最佳耐热性能；航空航天和卡车工业；径向轴密封环、O形环
IIR	丁基橡胶	0.93	5（21）	600	−30···+120	耐气候耐臭氧；电缆绝缘材料、汽车软管
IR	异乙烯橡胶	0.93	1（24）	500	−60···+60	微耐油，高强度；小汽车轮胎、弹簧元件
NBR	丙烯腈－丁二烯橡胶	1.00	6（25）	450	−20···+110	耐磨蚀，耐油和汽油，导电体；O形环、液压软管、径向轴密封环、轴向轴密封件
NR	天然橡胶 异乙烯橡胶	0.93	22（27）	600	−60···+70	微耐油，高强度；小汽车轮胎、弹簧元件
PUR	聚氨酯合成橡胶	1.25	20（30）	450	−30···+100	弹性，耐磨；同步齿形带、密封件、离合器
SIR	苯乙烯－异乙烯橡胶	1.25	1（8）	250	−80···+180	良好的电绝缘体，不吸水；O形环、火花塞帽、气缸盖和接缝密封件
SBR	苯乙烯－丁二烯橡胶	0.94	5（25）	500	−30···+80	微耐油和汽油；小汽车轮胎、软管、电缆包皮

[1] 参照 DIN EN ISO 1629（1992–03）。 [2] 括号内数值＝加添加材料和填充材料的增强型弹性塑料。

泡沫材料 参照 DIN 7726（已撤销）

泡沫材料由开放的、闭合的或开放与闭合混合的泡沫组成。其表观密度低于普通结构物质的表观密度。可将其划分为硬、半硬、软、弹性、软弹性和整体泡沫材料。

刚性，硬度	泡沫材料的原始材料基	泡沫结构	密度 kg/m³	工作稳定范围 ℃[1]	导热性 W（k·m）	7天吸水率体积 %
硬	聚苯乙烯	主要是闭合型泡沫	15···30	75（100）	0.035	2···3
	聚氯乙烯		50···130	60（80）	0.038	<1
	聚醚砜		45···55	180（210）	0.05	15
	聚氨酯		20···100	80（150）	0.021	1···4
	酚醛树脂	开放型泡沫	40···100	130（250）	0.025	7···10
	尿素树脂		5···15	90（100）	0.03	20
半硬至软弹性	聚乙烯	主要是闭合型泡沫	25···40	至 100	0.036	1···2
	聚氯乙烯		50···70	−60···+50	0.036	1···4
	三聚氰胺树脂		10.5···11.5	至 150	0.033	约 1
	聚氨酯聚酯类	开放型泡沫	20···45	−40···+100	0.045	—
	聚氨酯聚酯类					

[1] 长时间工作温度，括号内数值是短时间工作温度。

塑料加工

注塑和挤出加工的热塑性塑料

缩写符号	塑料	注塑温度（℃）		注塑压力 bar	挤出工作温度 ℃	收缩 %
		注塑材料	模具			
ABS	苯烯腈 – 丁二烯 – 苯乙烯	200…240	40…85	800…1800	180…230	0.4…0.8
ASA	苯烯腈 – 苯乙烯	200…280	40…80	650…1550	230	0.4…0.7
CA	纤维素醋酸盐	180…230	40…70	800…1200	155…225	0.4…0.7
CP	丙酸纤维素	180…230	40…70	800…1200	155…225	0.4…0.7
PA 6	聚酰胺 6	230…280	80…120	700…1200	230…290	1…2
PBT	聚丁烯对苯二甲酸酯	230…270	30…140	1000…1700	250	1…2
PC	聚碳酸酯	280…320	85…120	≥ 800	230…260	0.7…0.8
PE	聚乙烯	160…300	20…80	400…800	190…250	1.5V3.5
PEI	聚醚酰亚胺	340…425	65…175	800…2000	[2]	0.5…0.7
PEEK	聚醚醚酮	350…380	150…180	600…180	350…390	1
PET	聚对苯二甲酸乙二酯	260…290	30…140	100…1700	约 250	1…2
PMP	聚甲基戊烯	270…300	20…80	700…1200	[2]	1.1…1.5
PMMA	聚甲基丙烯酸甲酯	200…250	50…70	400…1200	180…230	0.3…0.8
POM	聚甲醛	80…220	50…120	800…1700	180…220	1…5
PP	聚丙烯	270…300	20…100	≤ 1200	235…270	1…2.5
PPA	聚邻苯二酰胺	320…345	120…150	500…800	–	≤ 0.8
PPE	聚苯醚	280…340	70…90	1000…1400	220…280	0.5…0.7
PPS	聚苯硫醚	3000…360	≥ 130	750…1500	–	0.15…0.3
PS	聚苯乙烯	180…250	30…60	600…180	180…220	0.4…0.7
PS–1	冲击改良的聚苯乙烯模压物料	180…250	10…70	600…1500	180…220	0.4…0.7
PSU	聚砜	310…390	95…115	≤ 1500	约 320	0.7…0.8
PVC–U	硬聚氯乙烯	170…210	30…60	1000…1800	170…190	0.5
PVC–P	软聚氯乙烯	170…200	20…60	≥ 300	150…200	1…2.5
SAN	苯乙烯 – 苯烯腈共聚物	210…260	40…80	650…1550	180…230	0.4…0.8
SB	苯乙烯 – 丁二烯	180…250	10…70	600…1500	180…220	0.4…0.7

注塑加工的热固性塑料

缩写符号	塑料	注塑温度（℃）		注塑压力 （bar）	每毫米壁厚的硬化时间 s	收缩[1] %
		注塑材料	模具			
EP	环氧树脂	70…80	170…200	≤ 1200	10…25	0.5…0.8
MF[3]	三聚氰胺甲醛树脂	95…110	160…180	1500…2500	10…30	0.7…1.3
PF[4]	酚醛树脂	90…110	170…190	800…2500	10…20	0.5…1.5
UF[4]	尿素甲醛树脂	95…110	150…160	1500…2500	10…30	0.7…1.3
UP	不饱和聚酯树脂	110	160…190	300…2000	10…30	0.1…1.3

[1] 加工收缩，横向和纵向收缩可能不同。

[2] 可以挤出。   [3] 使用有机填充材料。   [4] 使用无机填充材料。

备注：标准"塑料成型件公差" DIN 16901 已撤销。其后续标准"塑料成型件 – 公差和验收条件" DIN 16742 的内容范围极广并将纳入金属加工图表手册。

共混聚合物，增强纤维，层压材料

共混聚合物

共混聚合物（简称共聚物）是不同热塑性塑料的混合物。这类聚合混合物特殊的性能源自其原始材料性能多种组合的可能性。

缩写符号	名称	成分比例	特殊性能	应用举例
S/B	苯乙烯/丁二烯	90% 聚苯乙烯 10% 丁二烯橡胶	脆硬，低温下无冲击韧性	堆垛箱、风扇机壳、收音机壳
ABS	丙烯腈-丁二烯-苯乙烯	90% 苯乙烯-丙烯腈 10% 丁腈橡胶	脆硬，低温下仍具冲击韧性	电话机、仪表盘、轮毂盖
PPE+PS	聚苯醚+聚苯乙烯	多种成分配比；需要时可加30%玻璃纤维增强	高硬度，最低温至 –40℃ 仍具高冲击韧性，物理学上不可思议	冷却器护栏、计算机零件、医疗器械、太阳能集热器、缘饰
PC+ABS	聚碳酸酯+丙烯腈-丁二烯-苯乙烯	多种成分配比	高强度、高硬度和高韧性，高温形状稳定性，冲击韧性，防撞强度	仪表盘、挡泥板、办公装置机壳、卡车灯座
PC+PET	聚碳酸酯+聚对苯二甲酸乙二酯	多种成分配比	极佳的冲击韧性和防撞强度	摩托车头盔、卡车零件

增强纤维

名称	密度 kg/dm^3	抗拉强度 N/mm^2	断裂延伸率 %	特殊性能	应用举例
玻璃纤维 GF	2.52	3400	4.5	各向同性[1]，强度好，高耐温强度，便宜	汽车车身零件、飞机制造业、帆船
尼龙纤维 AF[3]	1.45	3400…3800	2.0…4.0	最轻增强纤维，韧性，断裂韧性，各向异性大[1]，雷达可穿透	高载荷轻型结构件、防撞头盔、防弹背心
碳纤维 CF	1.6…2.0	1750…5000[2]	0.35…2.1[2]	各向异性大[1]，高强度，质轻，耐腐蚀，良好的导电体	赛车运动的汽车零件、帆船比赛用帆、航空航天业

主要采用热固性塑料（例如尿素甲醛树脂和环氧树脂）以及高工作温度的热塑性塑料（例如PSU,PPS,PEEK,P）作为嵌入材料（所谓的矩阵）。
[1] 各向同性=所有方向的材料数值均相同；各向异性=纤维方向上的材料性能不同于与纤维垂直的材料性能。
[2] 主要取决于制造过程中形成的纤维缺陷点。
[3] 商品名"Kelvar"。

层压材料[1] 参照 DIN EN 60893（2013–03）

树脂类		增强材料类	
树脂类型	名称	缩写名称	名称
EP	环氧树脂	CC	羊毛织物
MF	三聚氰胺（甲醛）树脂	CP	纤维素纸
PF	酚醛（甲醛）树脂	CR	组合式增强材料
UP	不饱和聚酯树脂	GC	玻璃织物
SI	硅树脂	GM	玻璃垫
PI	聚酰亚胺树脂	WV	木贴面板
标称厚度 t（mm）	0.4；0.5；0.6；0.8；1.0；1.2；1.5；2；2.5；3；4；5；6；8；10；12；14；16；20；25；30；35；40；45；50；60；70；80；90；100		
→	板材 IEC 60893-3-4-PF CP 201，10×500×1000：按 IEC 标准[2] 60893-3-4 制成的酚醛（甲醛）树脂/纤维素纸板（PF CP 201），t=10mm，b=500mm，l=1000mm		

[1] 电子技术中的应用，例如作为绝缘体，在机械制造业中用作轴承套、滚子、齿轮。
[2] IEC=International Electronical Comission 国际电子委员会（国际标准）。

塑料检验

确定塑料抗拉性能　　　　　　　　　　　　参照 DIN EN ISO 527-1（2012-06）

典型的应力延伸特性曲线

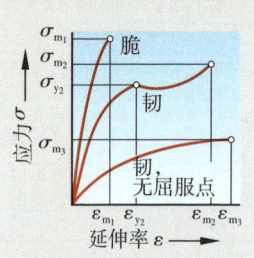

试样

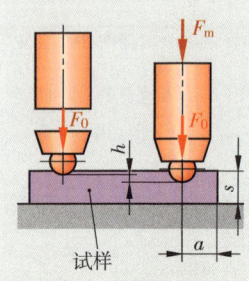

F_m 最大力	L_o 检测长度	**抗拉强度**
F_γ 应力屈服点的力	S_o 初始横截面	
ΔL_{Fm} 最大力时的长度变化	σ_m 抗拉强度	$$\sigma_m = \frac{F_m}{S_0}$$
$\Delta L_{F\gamma}$ 应力屈服点力时的长度变化	σ_γ 屈服点应力	**屈服点应力**
	ε_m 最大延伸率	
	ε_γ 屈服点延伸率	$$\sigma_y = \frac{F_y}{S_0}$$

试样

对于每一种性能，例如抗拉强度，均必须准备至少 5 件试样进行检验。

实际采用：
- 热塑性塑料的注塑物料和挤出物料
- 热塑性塑料板和薄膜
- 热固性塑料的模塑物料
- 热塑性塑料板
- 纤维增强型复合材料，热塑性和热固性塑料

最大延伸率

$$\varepsilon_m = \frac{\Delta L_{Fm}}{L_0} \cdot 100\%$$

屈服点延伸率

$$\varepsilon_y = \frac{\Delta L_{Fy}}{L_0} \cdot 100\%$$

检验速度			试样制作标准						
检验速度（mm/min）			公差	模塑材料按照 DIN EN ISO 527-2				薄膜按照 DIN EN ISO 527-3	
				Typ	1A	1B	5A	5B	2	4	5

检验速度（mm/min）			公差	Typ	1A	1B	5A	5B	2	4	5
				L_0 mm	75 ± 0.5	50 ± 0.5	20 ± 0.5	10 ± 0.2	50 ± 0.5	50 ± 0.5	25 ± 0.25
1	2	5	10	± 20%	h mm	4 ± 0.2	4 ± 0.2	≥ 2	≥ 1	≤ 1	≤ 1	≤ 1
20	50	100	200	± 0%	b mm	10 ± 0.2	10 ± 0.2	4 ± 0.1	2 ± 0.1	10···25	25.4 ± 0.1	6 ± 0.4

⇒ 拉伸试验 ISO 527-2/1A/50：拉伸试验按照 ISO 527-2；试样类型 1A；检验速度 50 mm/min

塑料硬度检验　　　　　　　　　　　　参照 DIN EN ISO 2039-1（2003-06）

圆球压入检验

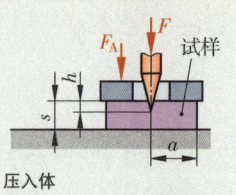

试样

F_0 预加载荷	h 压入深度	s 试样厚度
F_m 检验力	a 边缘间距	H 布氏硬度

试样

边缘间距 $a \geq 10$ mm，试样最小厚度 $s \geq 4$ mm

检验力	压入深度 h（mm）时的布氏硬度 H（N/mm²）									
F_m（N）	0.16	0.18	0.20	0.22	0.24	0.26	0.28	0.30	0.32	0.34
49	22	19	16	15	13	12	11	10	9	9
132	59	51	44	39	35	32	30	27	25	24
358	160	137	120	106	96	87	80	74	68	64
961	430	370	320	290	260	234	214	198	184	171

⇒ 布氏硬度 ISO 2039-1 H 132：$F_m = 132$N 时 $H = 31$ N/mm²

塑料的肖氏硬度检验　　　　　　　　　　　参照 DIN EN ISO 868（2003-10）

F_A 压入力（N）	h 压入深度	s 试样厚度
F 检验力	a 边缘间距	

试样

边缘间距 $a \geq 9$ mm，试样最小厚度 $s \geq 4$ mm

压入体

用于肖氏硬度A
用于肖氏硬度D
35° φ0.79
30° SR0.1

肖氏硬度 A 和 D 检验方法的检验条件			
检验方法	F_{max}（N）	F_A（N）	应用
A	7.30	10	用于肖氏硬度 $D < 20$ 时
D	40.05	50	用于肖氏硬度 $A > 90$ 时

⇒ 85 Shore A：硬度值 85；肖氏硬度 A 检验方法。

概览

图形	检验方法	应用，说明

拉伸试验　　　　　　　　　　　　　　　　　　　　　　　　　　　　201 页

R ↑　*e* → 曲线图	将标准化拉伸试样拉至断裂为止。检测拉力和试样拉长长度的变化并绘入曲线图。换算后即得出应力延伸率曲线图。	求取材料数值，例如： · 计算静态载荷时的强度 · 判断材料的变形性能 · 求取切削加工数据

硬度检验，布氏硬度 HB　　　　　　　　　　　　　　　　　　　　203 页

F　*D*　*d*	· 向检验球施加标准规定的检验力 *F* 检验力取决于球直径 *D* 和材料组载荷度参见 203 页 · 检测压痕直径 *d* · 从检测力和压痕面积求取硬度	硬度检验，例如针对钢、铸铁、有色金属等。受检对象： · 未淬火 · 试样表面是金属光亮检测面

硬度检验，洛氏硬度　　　　　　　　　　　　　　　　　　　　　　204 页

F　*h*	· 向检验体（金刚石锥体，硬质合金球体）施加预检验力→检测基础 · 用检验附加力冲击 → 试样保持变形 · 去掉检验附加力 · 检验仪直接显示硬度值。压入深度 *h* 是求取硬度值的基础。	按不同方法检验硬度，例如针对钢和有色金属： · 软的或已淬火状态 · 小厚度 检验方法 HRA、HRC：用于已淬火和高强度金属 检验方法 HRB、HRF：用于软钢、有色金属

硬度检验，维氏硬度　　　　　　　　　　　　　　　　　　　　　　204 页

F	· 向金刚石棱锥体施加变化的力 →检验力以例如试样厚度和组织晶粒度为准 · 检测压痕对角线 · 从检验力和压痕面积求取硬度值	不同的检验方法： · 软材料和已淬火材料 · 薄层 · 金属中的单个组织成分

采用压痕检验（马氏硬度）的硬度检验　　　　　　　　　　　　　205 页

F	· 向金刚石棱锥体施加变化的力 → 检验力以例如试样厚度和组织晶粒度为准 · 持续记录随压入深度变化而变化的（检验）力 · 在施加载荷的过程中求取马氏硬度	适用于所有材料的检验方法，例如： · 软材料和已淬火材料， · 薄层，硬质合金涂层和油漆层 · 单个组织成分 · 陶瓷 · 硬材料 · 橡胶 · 塑料

采用球体压入试验的硬度检验　　　　　　　　　　　　　　　　　198 页

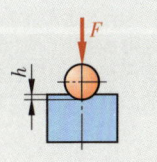	· 向检验球施加预加载荷 → 检测基础 · 用指定检测力冲击 　 检验力必须产生 0.15mm...0.35mm 的压入深度 · 施加载荷 30 秒后检测压入深度 · 求取球体压入硬度（布氏硬度）	这是检验塑料和硬橡胶的检验方法。布氏硬度为研究、研发和质量控制提供对比数值。

材料检验方法概览

图形	检验方法	应用，说明
肖氏硬度检验		198 页
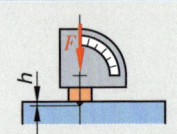	·用检测力 F 将检测仪（硬度检测仪）压入试样。 ·由弹簧施压的压入体压入试样 ·压入作用时间 15 秒 ·检测仪上直接显示肖氏硬度	检查塑料（弹性塑料）。 肖氏硬度几乎无法显示与其他材料性能的关系
剪切试验		（DIN 50141 已撤销，无替代）
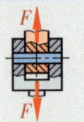	·在标准工装中对圆柱形试样施加剪切载荷，直至断裂为止 ·从最低剪切力和试样横截面求取断裂强度	求取抗剪切强度 τ_{aB}，例如： ·计算有剪切载荷零件的强度，例如销钉， ·变形加工中求取切削力。
开口冲击弯曲试验		202 页
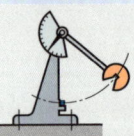	·用摆动冲击锤冲击开口试样，直至弯曲和分离 ·开口冲击功＝让试样变形并分离的功	·检测金属材料抗冲击弯曲载荷的性能 ·控制热处理结果，例如调质 ·检测钢的温度特性
埃里克森杯突试验		
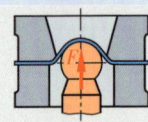	·用检验球挤压四边夹紧的板，直至其变形断裂为止 ·至断裂开始时的变形深度便是深拉性能的标志	·检测板材或带材的深拉性能 ·判断板材表面在冷成形加工时的变化
振动疲劳试验		202 页
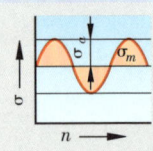	·向表面抛光的圆柱形试样施加交变应力，应力平均值 σ_m 恒定不变，应力振幅 σ_A 可变，直至其断裂。试验系列的图形描述产生韦勒疲劳曲线	求取动态载荷状态下的材料数值，例如： ·耐久性，（完全交变应力）疲劳强度和疲劳强度 ·持久强度
超声波检验		
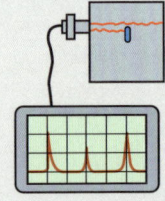	·超声波检测头发射超声波穿过受检工件。超声波对工件前壁、后壁和缺陷点反射一定量的回声。 ·检测仪屏幕显示回声 ·检测频率确定可识别的缺陷规模。但它受试样组织粒度的限制	无损伤检测零件，例如检测裂纹、缩孔、气泡、杂质、粘接缺陷、组织差异等 ·识别缺陷形状，缺陷的位置和大小 ·测量壁厚和层厚
金相学		
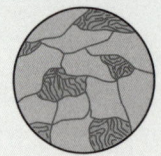	通过腐蚀金相试样（磨光）可在金属显微镜下显示并识别金属组织。 试样制作： 取样 → 避免组织改变 嵌入 → 磨光锐边 磨削 → 去除变形层 抛光 → 表面质量高 腐蚀 → 显示金属组织	·控制金属组织的形成 ·监视热处理，变形过程和接合过程 ·求取金属组织的晶粒分布和粒度大小 ·探伤

拉力试验，拉力试样

参照 DIN EN ISO 6892-1（2009-12），替代 DIN EN 10002-1

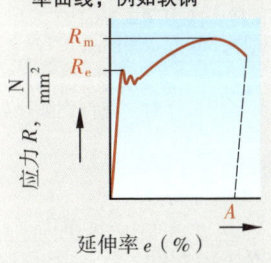

带明显屈服点的应力延伸率曲线，例如软钢

应力 R，$\frac{N}{mm^2}$

延伸率 e（%）

F	拉力	Su	断裂后最小试样横截面
F_m	最大力	$e^{1)}$	延伸率
F_e	屈服点的力	A	断裂延伸率
$F_{p0.2}$	延伸极限点的力	Z	断裂收缩率
Lo	初始检测长度	$R^{2)}$	拉应力
Lu	断裂后检测长度	R_m	抗拉强度
do	试样初始直径	$R_{p0.2}$	延伸极限
So	试样初始横截面		
Vs	屈服强度比例		

拉力试样

一般采用初始长度 $L_o = 5 \cdot d_o$ 的圆比例棒。在下列情况时允许不加工圆棒：

· 保持相同横截面时，例如由板材、型材、钢丝制成的圆棒；

· 浇铸的试样，例如铸铁。

断裂延伸率 A

检验时，收缩的拉力试样其断裂延伸率数值 A 受到初始检测长度 L_o 的影响。

初始检测长度 L_o 越小 → 断裂延伸率 A 越大

屈服强度比例：$V_s = R_e$（$R_{p0.2}$）/ R_m

钢的热处理状态显示出如下信息：

正火 $V_s \approx 0.5 \cdots 0.7$

调质 $V_s \approx 0.7 \cdots 0.95$

[1] 迄今为止的公式符号是 ε。

[2] 迄今为止的公式符号是 σ_z。

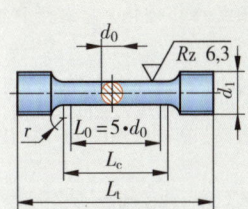

无明显屈服点的应力延伸率曲线，例如调质钢

应力 R，$\frac{N}{mm^2}$

延伸率 e（%）

拉应力

$$R = \frac{F}{S_0}$$

抗拉强度

$$R_m = \frac{F_m}{S_0}$$

屈服强度

$$R_e = \frac{F_e}{S_0}$$

延伸极限

$$R_{p0.2} = \frac{F_{p0.2}}{S_0}$$

延伸率

$$e = \frac{L - L_0}{L_0} \cdot 100\%$$

断裂延伸率

$$A = \frac{L_u - L_0}{L_0} \cdot 100\%$$

断裂收缩率

$$Z = \frac{S_0 - S_u}{S_0} \cdot 100\%$$

参照 DIN 50125（2016-12）

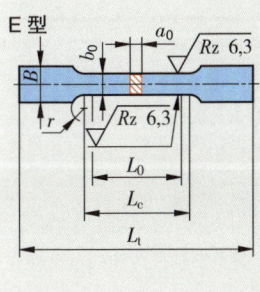

B 型

E 型

圆形拉力试样，A 型和 B 型								
d_0	4	5	6	8	10	12	14	形状，应用
$L_0^{1)}$	20	25	30	40	50	60	70	A 型：加工后的试样用于在夹紧楔处夹紧
$L_c^{1)}$	24	30	36	48	60	72	84	
$r^{1)}$	3	4	5	6	8	9	11	
A 型 $d_1^{1)}$	5	6	8	10	12	15	17	B 型：加工后带螺纹头的试样用于更准确测量延长部分
$L_t^{1)}$	60	74	92	115	138	162	186	
B 型 $d_1^{1)}$	M6	M8	M10	M12	M16	M18	M20	
$L_t^{1)}$	41	51	60	77	97	116	134	

拉力试样，其他形状							
a_0	3	4	5	6	7	8	10	形状，应用
E 型 b_0	8	10	10	20	22	25	25	扁平试样用于在夹紧楔处夹紧
L_0	30	35	40	60	70	80	90	由带材、板材、扁棒材和型材制成的拉力试样
L_c	38	45	51	77	89	102	114	
$r^{1)}$	12	12	12	15	20	20	20	
$L_t^{1)}$	104	120	126	197	222	246	258	

C 型	加工后的圆试样有端部轴肩
F 型	圆试样未加工的部分
解释	[1] 最小尺寸
→	拉力试样 DIN 50125-A10×50：A 型，$d_o = 10$ mm，$L_o = 50$ mm

开口冲击韧性弯曲试验，循环弯曲试验

夏比（Charpy）开口冲击韧性弯曲试验　　　　参照 DIN EN ISO 148–1（2011–01），替代 DIN EN 10045

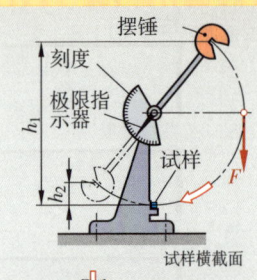

摆锤
刻度
极限指示器
试样
h_1
h_2
h_3
F

试样横截面

l
h_k
h
b

开口形状
U　V
r
α

开口冲击韧性弯曲试验时，用摆锤冲击开口的试样，直至试样分离并测量所使用的冲击能。

KU_2 所使用的冲击能，单位：J，U 形开口试样，锤头 $R = 2mm$
KV_8 所使用的冲击能，单位：J，V 形开口试样，锤头 $R = 8mm$

试样
试样外端面的表面粗糙度必须达到 $R_a < 5\,\mu m$。制作试样时，应将例如热处理或冷加工成形造成的变化控制在最小程度。

开口冲击试样 – 普通形状						
开口形状	试样尺寸和偏差尺寸，单位：mm 或 °					
	l	h	b	h_k	r	α 单位：°
U 形开口	55 ± 0.11	10 ± 0.11	10 ± 0.11	5 ± 0.09	1 ± 0.07	–
V 形开口	55 ± 0.6	10 ± 0.075	10 ± 0.11	8 ± 0.075	0.25 ± 0.025	45 ± 2

名称举例：
$KU_8 = 174J$：　U 形开口试样，锤头 $R=8mm$，所用冲击能 174J，摆锤冲击最大可达 300J。
$KV_2\ 150 = 71J$：　V 形开口试样，锤头 $R=2mm$，所用冲击能 71J，摆锤冲击最大可达 150J。

循环弯曲试验（弯曲 – 疲劳强度）　　　　参照 DIN 50113（1982–03）

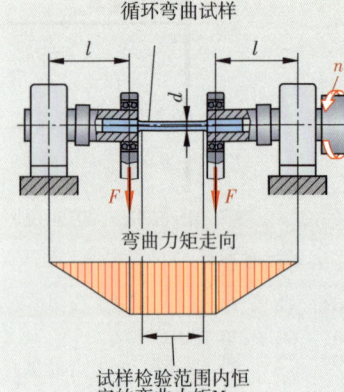

循环弯曲试样
l　l　n
d
F　F
弯曲力矩走向

试样检验范围内恒定的弯曲力矩M

n	转速（1/min）
N	载荷交变次数
d	试样直径（mm）
l	轴承间距（mm）
F	弯曲力（N）
M	弯曲力矩（N·mm）
W	抗扭截面模量（mm³）
σ_a	应力振幅（N/mm²）
σ_D	疲劳强度（N/mm²）
σ_{bW}	弯曲交变疲劳强度（$\sigma_{bW} = \sigma_D$）

抗扭截面模量

$$W = \frac{\pi \cdot d^3}{32}$$

弯曲力

$$F = \frac{\sigma_a \cdot W}{l}$$

试样
圆柱形试样表面磨光或抛光（避免冷作硬化）。试样直径 $d \leq 16mm$。

试验
向以 $n = 3000/min...12000/min$ 旋转的试样施加弯曲力 F，并用预选应力振幅 σ_a 对试样施加交变弯曲载荷。在持久强度范围内，钢试样经过 $N < 7 \cdot 10^6$ 次交变载荷断裂。在疲劳强度 σ_D 范围内的载荷没能导致试样断裂。

试验结果
疲劳强度 σ_D = 弯曲交变疲劳强度 σ_{bW}，持久强度 σ_N。

举例：

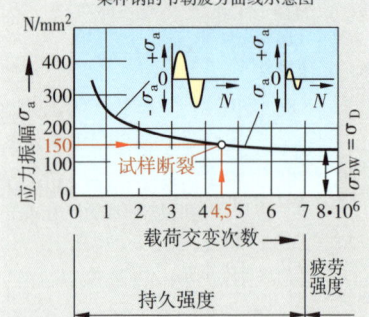

某种钢的韦勒疲劳曲线示意图

N/mm²
$+\sigma_a$　$+\sigma_a$
$-\sigma_a$　N　$-\sigma_a$　N
应力振幅 σ_a
400
300
200
150 — 试样断裂
100
0
$\sigma_{bW} = \sigma_D$
0 1 2 3 4 4,5 5 6 7 8·10⁶
载荷交变次数
持久强度　　疲劳强度

试样直径 $d = 10mm$，轴承间距 $l = 100mm$，
预选应力振幅 $\sigma_a = 150\ N/mm^2$
求：抗扭截面模量 W，待设定的弯曲力 F
解：

$$W = \frac{\pi \cdot d^3}{32} = \frac{\pi \cdot (10\ mm)^3}{32} = 98.17\ mm^3$$

$$F = \frac{\sigma_a \cdot W}{l} = \frac{150\ N/mm^2 \cdot 98.17\ mm^3}{100\ mm} = 147.3\ N$$

试样在 $N=4.5 \cdot 10^6$ 次交变载荷后断裂（参见韦勒疲劳曲线示意图）。

布氏硬度检验

布氏硬度检验
参照 DIN EN ISO 6506–1（2006–03）

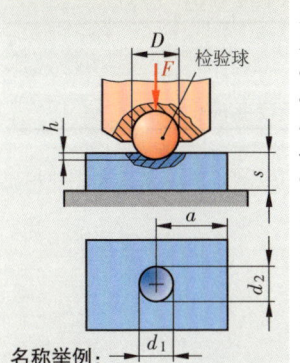

F	检验力（N）
D	检验球直径（mm）
d	压痕直径（mm）
d_1, d_2	单个压痕直径检测值（mm）
h	压痕深度（mm）
s	试样最小厚度（mm）
a	边缘间距（mm）

压痕直径

$$d = \frac{d_1 + d_2}{2}$$

检验条件：
压痕直径 $0.24 \cdot D \leq d \leq 0.6 \cdot D$
试样最小厚度 $s \geq 8 \cdot h$
边缘间距 $a \geq 2.5 \cdot d$
试样表面：金属光亮

布氏硬度

$$HBW = \frac{2.204 \cdot F}{\pi \cdot D \cdot (D - \sqrt{D^2 - d^2})}$$

名称举例：
180 HBW 2.5 / 62.5
600 HBW 1 / 30 / 25

硬度数值	检验体	检验球直径	检验力 F	检验时长
布氏硬度 180 布氏硬度 600	W 硬质合金检验球	1.5　mm 1　mm	$62.5 \cdot 9.80665\ N = 612.9\ N$ $30 \cdot 9.80665\ N = 294.2\ N$	未标出说明： 10 至 15 s（秒钟） 标出说明：25 s

检验范围，载荷度，检验球直径和检验力

材料	检验范围		载荷度 $0.102 \cdot F/D^2$	检验球直径 $D^{1)}$（mm）如下时的检验力 F（N）			
	布氏硬度 HBW			1	2.5	5	10
钢，镍合金和钛合金	–		30	294.2	1839	7355	29420
铸铁	<140		10	98.07	612.9	7452	9807
	≥ 140		30	294.02	1839	7355	29420
铜和铜合金	<35		5	49.03	306.5	1226	4903
	35···200		10	98.07	612.9	2452	9807
	>200		30	294.2	1839	7355	29420
轻金属和轻金属合金	<35		2.5	24.52	153.2	612.9	2452
	35···80		5	49.03	306.5	1226	4903
			10	98.07	612.9	2452	9807
			15	–	–	–	14710
	>80		10	98.07	612.9	2452	9807
			1	9.807	61.29	245.2	980.7
铅，锡	–			9.807	61.29	245.2	980.7

[1] 细晶材料薄试样或表层硬度检验时采用小检验球直径。对铸铁作硬度检验时，检验球直径必须 $D \geq 2.5$mm。如果以相同载荷度进行检验，硬度值只能对比。

试样最小厚度 s

检验球直径 D（mm）	痕直径 $d^{1)}$（mm）的试样最小厚度 s（mm）															
	0.25	0.35	0.8	0.6	0.8	1.0	1.2	1.3	1.5	2.0	2.4	3.0	3.5	4.0	4.5	5.0	5.6	6.0
1	0.13	0.25	0.54	0.8												
2.5				0.29	0.53	0.83	1.23	1.46	2.0							
5					0.58	0.69	0.92	1.67	2.45	4.0						
10							1.17	1.84	2.53	3.34	4.28	5.36	6.59	8.0		

举例：$D=2.5$mm，$d=1.2$mm →试样最小厚度 $s=1.23$mm

[1] 未列出厚度数据的表区表明其在检验范围 $0.24 \cdot D \leq d \leq 0.6 \cdot D$ 之外。

洛氏硬度检验，维氏硬度检验

洛氏硬度检验

参照 DIN EN ISO 6508-1（2016-12）

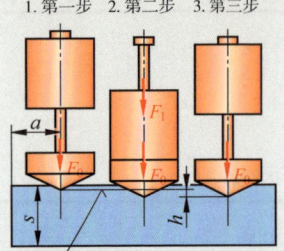

硬度检验
1. 第一步 2. 第二步 3. 第三步

测量基准面

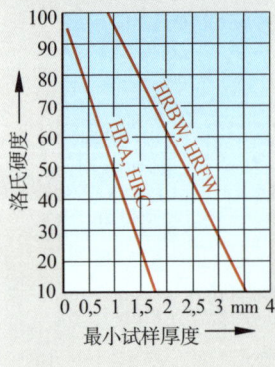

最小试样厚度 →
洛氏硬度 ↑

F_0 预加检验力（N）
F_1 检验力（N）
h 保持的压痕深度（mm）
s 试样厚度
a 边缘间距

检验条件
试样表面磨光至表面粗糙度
R_a=0.8...1.6μm。试样的加工制作
不允许导致其组织发生变化。
边缘间距 $a \geqslant 1$ mm

名称举例：

65 HRC
70 HRBW

硬度值	检验方法	
65	HRC 洛氏硬度 – C,	HRBW 洛氏硬度 – B,
70	采用金刚石检验锥体检验	采用硬质合金检验球检验

洛氏硬度 HRA，HRC

$$HRA, HRC = 100 - \frac{h}{0.002 \text{ mm}}$$

洛氏硬度 HRB，HRF

$$\frac{HRBW}{HRRW} = 130 - \frac{h}{0.002 \text{ mm}}$$

检验方法，应用（摘选）

方法	压入体	F_0 N	F_1 N	检验范围 从···至···	应用
HRA	金刚石锥体，	98	490.3	20···95HRA	淬火钢，
HRC	锥角 120°	98	1373	20···70HRC	高强度金属
HRB	硬质合金检验球（W）	98	882.6	10···100HRBW	软钢，
HRF	φ 1.5785mm	98	490.3	60···100HRFW	有色金属

维氏硬度检验

参照 DIN EN ISO 6507-1（2006-03）

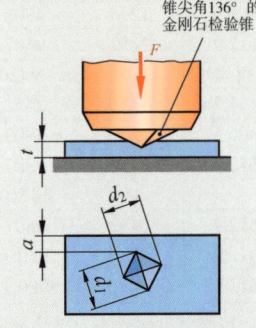

锥尖角136° 的
金刚石检验锥

F 检验力（N）
d 压痕对角线（mm）
s 试样厚度
a 边缘间距

检验条件
试样表面磨光至表面粗糙度
R_a=0.4···0.8μm。试样的加工制作不
允许导致其组织发生变化。
边缘间距 $a \geqslant 2.5 \cdot d$

名称举例：

540 HV 1 / 20
650 HV 5

金刚石压痕

$$d = \frac{d_1 + d_2}{2}$$

维氏硬度

$$HV = 0.1891 \cdot \frac{F}{d^2}$$

硬度值	检验力 F	检验时长
维氏硬度 540	1 · 9,80665 N = 9.807 N	标出说明：20s
维氏硬度 650	5 · 9,80665 N = 49.03 N	未标出说明：10 至 25s

硬度HV ↑
最小试样厚度（mm）→

维氏硬度检验的检验条件和检验力

检验条件	HV100	HV50	HV30	HV20	HV10	HV5
检验力（N）	980.7	490.3	294.2	196.1	98.07	49.03
检验条件	HV3	HV2	HV1	HV0.5	HV0.3	HV0.2
检验力（N）	29.42	19.61	9.807	4.903	2.942	1.961

马氏硬度，硬度值的换算

马氏硬度压入检验　　　　　　　　　　　　　　参照 DIN EN ISO 14577（2015–11）

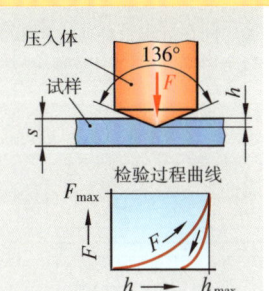

压入体
136°
试样
s
h

F 检验力（N）
d 压痕深度（mm）
s 试样厚度（mm）

马氏硬度

$$HM = \frac{F}{26.43 \cdot h^2}$$

检验过程曲线
F_{max}
F
F
$h \rightarrow h_{max}$

试样表面			
材料	下列检验力 F 时的最小表面粗糙度 R_a（μm）		
	0.1N	2N	100N
铝	0.13	0.55	4.00
钢	0.08	0.30	2.20
硬质合金	0.03	0.10	0.80

名称举例：　HM 0.5 / 20 / 20 = 5700 N/mm^2

检验方法	检验力 F	检验时长	检验力施加时长	马氏硬度值
马氏硬度	0.5N	20s	20s 之内	5700 N/mm^2

检验范围	检验条件	应用
宏观范围	$2\,N \leq F \leq 30\,kN$	通用硬度检验，例如用于所有金属、塑料、硬质合金、陶瓷材料；
微观范围	$F < 2\,N \leq$ 或 $h > 0.2\,μm$	微观和纳米范围：薄层检测，组织成分
纳米范围	$h \leq 0.2\,μm$	

硬度值和抗拉强度的换算表（摘选）　　　　　　参照 DIN EN ISO 18265（2014–02）

抗拉强度[1] 换算成硬度[1] 或硬度[1] 换算成抗拉强度[1]

R_m	HV	HB	HR	R_m	HV	HB	R_m	HV	HB	HR	R_m	HV	HB	HR
非合金钢和低合金钢；供货状态下的渗碳钢，调质钢或工具钢														
255	80	76.0	–	705	220	209	1420	440	418	44.5	–	700	–	60.1
285	90	85.5	–	740	230	219	1485	460	437	46.1	–	720	–	61.0
305	95	90.2	–	770	240	228	20.3	1555	480	456	47.7	–	740	–	61.8
320	100	95.0	–	800	250	238	22.2	1630	500	475	49.1	–	760	–	62.5
350	110	105	–	835	260	247	24.0	1700	520	494	50.5	–	780	–	63.3
385	120	114	–	865	270	257	25.6	1775	540	513	51.7	–	800	–	64.0
415	130	124	–	900	280	266	27.1	1845	560	532	53.0	–	820	–	64.7
450	140	133	–	930	290	276	28.5	1920	580	551	54.1	–	840	–	65.3
480	150	143	–	965	300	285	29.8	1995	600	570	55.2	–	860	–	65.9
510	160	152	–	1030	320	304	32.2	2070	620	589	56.3	–	880	–	66.4
545	170	162	–	1095	340	323	34.4	2145	640	606	57.3	–	900	–	67.0
575	180	171	–	1155	360	342	36.6	2180	650	618	57.8	–	920	–	67.5
610	190	181	–	1220	380	361	38.8	–	660	–	58.3	–	940	–	68.0
640	200	190	–	1290	400	380	40.8	–	670	–	58.8	–	–	–	–
675	210	199	–	1350	420	399	42.7	–	680	–	59.2	–	–	–	–
调质状态下的调质钢														
651	210	205	–	940	300	296	30.5	1220	390	385	40.6	–	490	482	48.6
683	220	215	–	972	310	306	31.8	1250	400	395	41.5	–	510	501	49.9
716	230	225	–	1003	320	316	33.1	1281	410	405	42.4	–	530	520	51.2
748	240	235	21.2	1035	330	326	34.3	1311	420	414	43.2	–	550	539	52.4
781	250	245	22.9	1070	340	336	35.4	1341	430	424	44.1	–	570	558	53.5
813	260	255	24.6	1097	350	345	36.5	1371	440	434	44.9	–	590	577	54.6
845	270	266	26.2	1128	360	355	37.6	1401	450	444	45.7	–	610	596	55.6
877	280	276	27.7	1159	370	365	38.6	1430	460	453	46.4	–	630	614	56.6
509	290	286	29.1	1189	380	375	39.6	1460	470	463	47.2	–	650	632	57.5

[1] R_m 抗拉强度，单位：N/mm^2，HV 维氏硬度 HV10，HB 布氏硬度 HBW，HR 洛氏硬度 HRC

腐蚀

金属的电化学电压等级

电化学腐蚀过程与电镀过程相同。其中都是贱金属受到破坏。两种不同金属之间在导电液体（电解液）作用下产生电压，该电压可从标准电极电位的电化学电压等级上查取。电极材料与由氢环绕的铂电极之间的电压称为标准电极电位。

通过钝化（形成保护层）改变了元素之间的电压。

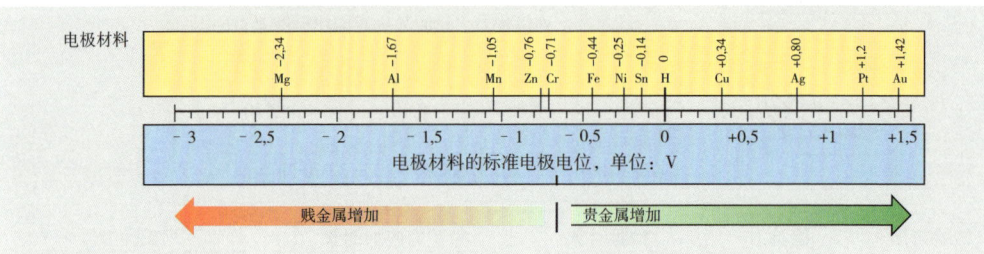

举例： 标准电极电位 Cu=+0.34V 和 Al=−1.67V 之间产生一个电压：U=+0.34V − (−1.67V) = 2.01V

金属材料的腐蚀特性

材料	腐蚀特性	材料在下列环境中的耐腐蚀性				
		干燥室内空气	户外空气	工业空气	海洋空气	海水
非合金和合金钢	仅在干燥的室内耐腐蚀	●	◑	◑	○	○
不锈钢	耐腐蚀，但侵蚀性化学品除外	●	●	◑	◐	◐
铝和铝合金	耐腐蚀，但含铜的铝合金除外	●	●	◑	◐	●⋯◑
铜和铜合金	耐腐蚀，主要是含镍的铜合金	●	●	◑	◐	●⋯◑

●耐腐蚀   ◐有限耐腐蚀   ◑不耐腐蚀   ○不可用

防腐保护

金属表面涂层前的准备工作

工作步骤	目的	方法
机械清洗并产生一个良好的附着基础	去除轧制氧化皮、铁锈和污物	打磨，刷，用水和石英砂混合射束喷射
化学清洗并产生有利的表面特性	去除轧制氧化皮、铁锈和油脂残留物打毛或磨光表面	用酸或碱清洗；用溶剂去油脂；化学或电化学抛光

防腐措施

措施	举例
选择合适的材料	不锈钢用于造纸业制备工序零件
适合防腐保护的设计	接触点采用相同材料，零件之间加隔离层，避免间隙
保护层： ·防护油或防护油脂 ·化学表面处理 ·防护漆	导轨面和测量用具上涂油 磷化处理，发黑处理 涂漆，必要时先做磷化处理
金属涂层	火焰镀锌 电镀金属镀层，例如镀铬
阴极防腐保护	用牺牲阳极去连接待保护零件，例如船用螺钉。
铝材料的阳极氧化	在零件表面，例如轮圈，产生一层防腐蚀的固定氧化层。

5 机床元素

圆柱形内螺纹

螺纹种类，概述					参照 DIN EN 202（1999–11）

右旋螺纹，单线

紧固螺纹

螺纹名称	螺纹断面形状	标记字母	标准，举例	标称尺寸 d，螺距 P	性能，应用
米制 ISO 螺纹	(60°)	M	DIN 14–1 M 08	$d = 0.3$ 至 0.9 mm	标称直径 > 1mm；用于钟表，精密机械
			DIN 13–1 M 30	$d = 1\cdots68$ mm $P=0.25\cdots6$ mm	机械制造业的标准螺纹，公差等级分为：精细，中等，粗；用于紧固螺钉和螺帽
米制 ISO 细牙螺纹			DIN 13–2 至 DIN 13–10 M 24 × 1.5	$d = 1\cdots1000$ mm $P=0.25\cdots8$ mm	螺距和螺纹深度比标准螺纹小，自锁，夹紧力大；用于较大尺寸的薄壁零件，调节螺栓
米制锥形外螺纹	(60° 1:16)		DIN 158–1 M 30 × 2 keg	$d = 5\cdots60$ mm $P=0.8\cdots2$ mm	内螺纹是圆柱形；用于锁紧螺钉和润滑油嘴
圆柱形管螺纹，用于不在螺纹内密封的连接	(55°)	G	ISO 228–1 G 1 1/2 A	$d = 1/16\cdots6$ inch $P=0.907\cdots2.309$ mm	用于外螺纹；管道、管道连接，管道附件，公差 A 和 B
			ISO 228–1 G 1 1/2		用于内螺纹；管道、管道连接，管道附件
圆柱形管螺纹，用于在螺纹内密封的连接		Rp	ISO 2999–1 Rp 1/2	$d = 1/16\cdots6$ inch	用于内螺纹；螺纹管和接头附件
			ISO 3858 Rp 1/2	$d = 1/8\cdots11/2$ inch	用于内螺纹；螺纹管接头
锥形管螺纹，用于在螺纹内密封的连接	(55° 1:16)	R	ISO 2999–1 R 1/2	$d = 1/16\cdots6$ inch	用于外螺纹；螺纹管和接头附件
			ISO 3858 R 1/2	$d = 1/8\cdots11/2$ inch	用于外螺纹；螺纹管接头
自攻螺钉螺纹	(60°)	ST	ISO 1478 ST3.5	$d = 1.5\cdots9.5$ mm	在待连接板内，自攻螺钉在底孔内切出螺纹，例如汽车车身零件

传动螺纹

米制 ISO 梯形螺纹	(30°)	Tr	DIN 103 TR 40 × 7	$d = 8\cdots300$ mm $P=1.5\cdots44$ mm	用于车床丝杠、台钳丝杠
米制锯齿螺纹	(33°)	S	DIN 513 至 DIN 513– S 48 × 8	$d = 10\cdots640$ mm $P=2\cdots44$ mm	更高的承载能力；用于单边载荷，挤压机主轴、车床弹簧卡头
米制圆螺纹	(30°)	Rd	DIN 405–1 至 DIN 405–2 Rd 40 × 1/6	$d = 8\cdots200$ mm $P=1/10\cdots1/4$ inch	开口效应低，大间隙；用于非精细传动（例如铁路机车离合器轴）

左旋螺纹，多线米制螺纹　　　　　　　　　　　　　　　参照 DIN ISO 965–1（1999–11）

螺纹类型	解释	名称（举例）
左旋螺纹[1]	在螺纹直径后标注缩写符号 LH（＝左手）	M30LH Tr40 × 7LH
多线螺纹[2]	螺纹直径后标注螺距 P_h 和节距 P（以及左旋螺纹时的 LH）	M16 × Ph3P1.5；（两线螺纹）M14 × Ph6P2LH；（三线螺纹）

[1] 工件上若有左旋和右旋螺纹，应在右旋螺纹名称后标注缩写符号 RH（＝右手）并在左旋螺纹时标注缩写符号 LH（＝左手）（见 80 页）。

[2] 多线螺纹时，线数 ＝ 螺距 P_h：节距 P。

外国标准的螺纹（摘选）[1]

螺纹名称	螺纹断面形状	缩写符号	螺纹名称		国家[2]
			举例	含义	
粗牙标准螺纹（英语：Unified National Coarse Thread）		UNC	1/4 –20 UNC–2A	ISO–UNC–螺纹，1/4英寸标称直径，20螺纹线/每英寸，配合等级2A	阿根廷、英国、澳大利亚、印度、日本、挪威、巴基斯坦、瑞典等
细牙标准螺纹（英语：Unified National Fine Thread）		UNF	1/4 –28 UNF–3A	ISO–UNF–螺纹，1/4英寸标称直径，28螺纹线/每英寸，配合等级3A	阿根廷、英国、澳大利亚、印度、日本、挪威、巴基斯坦、瑞典等
超细牙标准螺纹（英语：Unified National Extreafine Thread）		UNEF	1/4 –32 UNEF–3A	ISO–UNEF–螺纹，1/4英寸标称直径，32螺纹线/每英寸，配合等级3A	英国、澳大利亚、印度、挪威、巴基斯坦、瑞典等
标准 – 特种螺纹，直径/螺距特殊组合（英语：Unified National Special Thread）		UNS	1/4 –27 UNS	UNS–螺纹，1/4英寸标称直径，27螺纹线/每英寸	英国、澳大利亚、新西兰、美国
机械连接的圆柱形管螺纹（英语：National Standard Straight Pipe for Mechanical joints）		UPSM	1/2 –14 UPSM	NPSM–螺纹，1/2英寸标称直径，14螺纹线/每英寸	美国
美国标准管螺纹，锥形（英语：American National Standard Taper–Pipe Thread），不密封		NPT	3/8 –18 NPT	NPT–螺纹，3/8英寸标称直径，18螺纹线/每英寸	巴西、法国、美国等
美国锥形细牙管螺纹（英语：American National Taper Pipe Thread Fine）		NPTF	1/2 –14 NPTF 干燥密封	NPTF–螺纹，1/2英寸标称直径，14螺纹线/每英寸（干燥密封）	巴西、美国
美国梯形螺纹 $h = 0.5 \cdot P$（英语：American trapezoidal threads）		Acme	1 3/4 –4 Acme–2G	Acme–螺纹，1 1/3英寸标称直径，4螺纹线/每英寸，配合等级2G	美国、英国、新西兰、澳大利亚
美国短牙梯形螺纹 $h = 0.3 \cdot P$（英语：American truncated trapezoidal threads）		Stub–Acme	1/2 –20 Stub–Acme	Stub–Acme–螺纹，1/2英寸标称直径，20螺纹线/每英寸	美国

[1] 参照 Kaufmann,Manfred 所著《各国标准螺纹指南》，DIN，Beuth 出版社（2000–09）。
[2] 三字母编码用于国别，参照 DIN EN ISO 3166–1（2014–10）。

米制螺纹和细牙螺纹

普通用途米制 ISO 螺纹，标准螺纹断面形状　　　　　　　参照 DIN 13-19（1999-11）

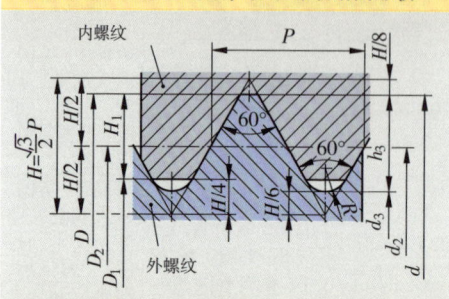

螺纹标称直径	$d = D$
螺距	P
外螺纹高度	$h_3 = 0.6134 \cdot P$
内螺纹高度	$H_1 = 0.5413 \cdot P$
倒圆	$R = 0.1443 \cdot P$
节圆直径	$d_2 = D_2 = d - 0.6495 \cdot P$
外螺纹根直径	$d_3 = d - 1.2269 \cdot P$
内螺纹根直径	$D_1 = d - 1.0825 \cdot P$
底孔钻头直径	$= d - P$
螺纹啮合角	$60°$
应力横截面	$S = \dfrac{\pi}{4} \cdot \dfrac{(d_2 + d_3)^2}{2}$

标准螺纹系列 1[1] 的标称尺寸（尺寸单位：mm）　　　　　　参照 DIN 13-1（1999-11）

螺纹名称 $d = D$	螺距 P	节圆直径 $d_2 = D_2$	根圆直径 外螺纹 d_3	根圆直径 内螺纹 D_1	螺纹高度 外螺纹 h_3	螺纹高度 内螺纹 H_1	倒圆 R	应力横截面 s mm²	螺纹底孔钻头直径[2]	六角扳手开口宽度[3]
M 1	0.25	0.84	0.69	0.73	0.15	0.14	0.04	0.40	0.75	–
M 1.2	0.25	1.04	0.89	0.93	0.15	0.14	0.04	0.73	0.95	–
M 1.6	0.35	1.38	1.17	1.22	0.22	0.19	0.05	1.22	1.25	3.2
M 2	0.4	1.74	1.51	1.57	0.25	0.22	0.06	2.07	1.6	4
M 2.5	0.45	2.21	1.95	2.01	0.28	0.24	0.07	3.39	2.05	5
M 3	0.5	2.68	2.39	2.46	0.31	0.27	0.07	5.03	2.5	5.5
M 3.5[4]	0.6	3.11	2.76	2.85	0.37	0.33	0.09	6.77	2.9	–
M 4	0.7	3.55	3.14	3.24	0.43	0.38	0.10	8.78	3.3	7
M 5	0.8	4.48	4.02	4.13	0.49	0.43	0.12	14.2	4.2	8
M 6	1	5.35	4.77	4.92	0.61	0.54	0.14	20.1	5.0	10
M 7[4]	1	6.35	5.77	5.92	0.61	0.54	0.14	28.84	6.0	11
M 8	1.25	7.19	6.47	6.65	0.77	0.68	0.18	36.6	6.8	13
M 10	1.5	9.03	8.16	8.38	0.92	0.81	0.22	58.0	8.5	16
M 12	1.75	10.86	9.85	10.11	1.07	0.95	0.25	84.3	10.2	18
M 14[4]	2	12.70	11.55	11.84	1.23	1.08	0.29	115.47	12	21
M 16	2	14.70	13.55	13.84	1.23	1.08	0.29	157	14	24
M 20	2.5	18.38	16.93	17.29	1.53	1.35	0.36	245	17.5	30
M 24	3	22.05	20.32	20.75	1.84	1.62	0.43	353	21	36
M 30	3.5	27.73	25.71	26.21	2.15	1.89	0.51	561	26.5	46
M 36	4	33.40	31.09	31.67	2.45	2.17	0.58	817	32	55
M 42	4.5	39.09	36.48	37.13	2.76	2.44	0.65	1121	37.5	65

细牙螺纹标称尺寸（尺寸单位：mm）　　　　　对比 DIN 13-2...DIN 13-10（1999-11）

螺纹名称 $d \times P$	节圆直径 $d_2 = D_2$	根圆直径 外螺纹 d_3	根圆直径 内螺纹 D_1	螺纹名称 $d = P$	节圆直径 $d_2 = D_2$	根圆直径 外螺纹 d_3	根圆直径 内螺纹 D_1	螺纹名称 $d \times P$	节圆直径 $d_2 = D_2$	根圆直径 外螺纹 d_3	根圆直径 内螺纹 D_1
M2 × 0.25	1.84	1.69	1.73	M 10 × 0.25	9.84	9.69	9.73	M 24 × 2	22.70	21.55	21.84
M3 × 0.25	2.84	2.69	2.73	M 10 × 0.5	9.68	9.39	9.46	M 30 × 1.5	29.03	28.16	28.38
M4 × 0.2	3.87	3.73	3.78	M 10 × 1	9.35	8.77	8.92	M 30 × 2	28.7	27.55	27.84
M4 × 0.35	3.77	3.57	3.62	M 12 × 0.35	11.77	11.57	11.62	M 36 × 1.5	35.03	34.16	34.38
M5 × 0.25	4.84	4.68	4.73	M 12 × 0.5	11.68	11.39	11.46	M 36 × 2	34.70	33.55	33.84
M5 × 0.5	4.68	4.39	4.46	M 12 × 1	11.35	10.77	10.92	M 42 × 1.5	41.03	40.16	40.38
M6 × 0.25	5.84	5.69	5.73	M 16 × 0.5	15.68	15.39	15.46	M 42 × 2	40.70	39.55	39.84
M6 × 0.5	5.68	5.39	5.46	M 16 × 1	15.35	14.77	14.92	M 48 × 1.5	47.03	46.16	46.38
M6 × 0.75	5.51	5.08	5.19	M 16 × 2	15.03	14.16	14.38	M 48 × 2	46.70	45.55	45.84
M8 × 0.25	7.84	7.69	7.73	M 20 × 1	19.35	18.77	18.92	M 56 × 1.5	55.03	54.16	54.38
M8 × 0.5	7.68	7.39	7.46	M 20 × 1.5	19.03	18.16	18.38	M 56 × 2	54.70	53.55	53.84
M8 × 1	7.35	6.77	6.92	M 24 × 1.5	23.03	22.16	22.38	M 64 × 2	62.70	61.55	61.84

[1] 系列 2 和系列 3 也包含中间尺寸（例如 M9、M11、M27）。

[2] 参照 DIN 336（2003-07）。

[3] 参照 DIN ISO 272（1979-10）。　[4] 尽可能避免系列 2 的螺纹直径。

锥形外螺纹，梯形螺纹

米制锥形外螺纹与配对的圆柱形内螺纹[1]　　　　　参照 DIN 158-1（1997-06）

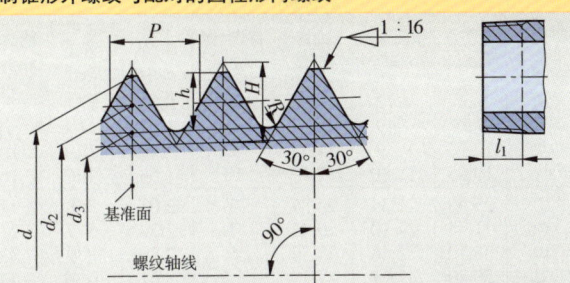

锥形外螺纹的螺纹尺寸

外径	d
螺距	P
高度	$H = 0.866 \cdot P$
螺纹高度	$h = 0.613 \cdot P$
节圆直径	$d_2 = d - 0.650 \cdot P$
根圆直径	$d_3 = d - 1.23 \cdot P$
半径	$R = 0.144 \cdot P$

螺纹名称 $d \times P$	螺纹长度 l_1	螺纹高度 h	节圆直径 d_2	螺纹名称 $d = P$	螺纹长度 l_1	螺纹高度 h	节圆直径 d_2
M 5 × 0.8 小桶	5	0.52	4.48	M 24 × 0.8 小桶	8.5	0.98	23.03
M 6 × 1 小桶			5.35	M 30 × 1 小桶			29.03
M 8 × 1 小桶	5.5	0.66	7.35	M 36 × 1 小桶	10.5	1.01	35.03
M 10 × 1 小桶			9.35	M 42 × 1 小桶			41.03
M 12 × 1 小桶			11.35	M 48 × 1 小桶			47.03
M 16 × 1.5 小桶	8.5	0.98	15.03	M 56 × 1.5 小桶	13	1.34	54.70
M 20 × 1.5 小桶			19.03	M 60 × 1.5 小桶			58.70

[1] 用于自密封连接（例如闭锁螺钉，润滑油嘴）。标称尺寸较大时，推荐采用对螺纹有效的密封方法。

米制 ISO 梯形螺纹　　　　　参照 DIN 103-1（1977-04）

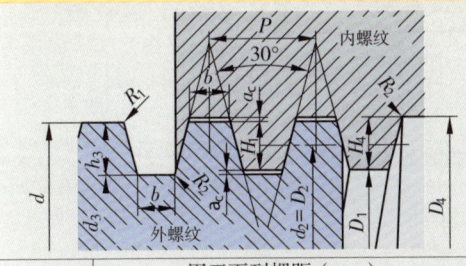

标称直径	d
单线螺纹的螺距和多线螺纹的节距	P
多线螺纹的螺距	P_h
螺纹线数	$n = P_h : P$
外螺纹根圆直径	$d_3 = d - (P + 2 \cdot a_c)$
内螺纹外圆直径	$D_4 = d + 2 \cdot a_c$
内螺纹根圆直径	$D_1 = d - P$
节圆直径	$d_2 = D_2 = d - 0.5 \cdot P$
螺纹高度	$h_3 = H_4 = 0.5 \cdot P + a_c$
螺纹面重合度	$H_1 = 0.5 \cdot P$
齿顶间隙	a_c
半径	R_1 和 R_2
宽度	$b = 0.366 \cdot P - 0.54 \cdot a_c$
螺纹啮合角	$30°$

尺寸	用于下列螺距（mm）			
	1.5	2⋯5	6⋯12	14⋯44
a_c	0.15	0.25	0.5	1
R_1	0.075	0.125	0.25	0.5
R_2	0.15	0.25	0.5	1

细牙螺纹标称尺寸（尺寸单位：mm）　　　　　对比 DIN 13-2...DIN 13-10（1999-11）

螺纹名称 $d \times P$	螺纹尺寸（mm）						螺纹名称 $d \times P$	螺纹尺寸（mm）					
	节圆直径 $d_2 = D_2$	根圆直径		外螺纹 d_4	螺纹高度 $h_3 = h_4$	宽度 b		节圆直径 $d_2 = D_2$	根圆直径		外螺纹 d_4	螺纹高度 $h_3 = h_4$	宽度 b
		外螺纹 d_3	内螺纹 D_1						外螺纹 d_3	内螺纹 D_1			
Tr 10 × 2	9	7.5	8	10.5	1.25	0.60	Tr 40 × 7	36.5	32	33	41	4	2.29
Tr 12 × 3	10.5	8.5	9	12.5	1.75	0.96	Tr 44 × 7	40.5	36	37	45	4	2.29
Tr 16 × 4	14	11.5	12	16.5	2.25	1.33	Tr 48 × 8	44	39	40	49	4.5	2.66
Tr 20 × 4	18	15.5	16	20.5	2.25	1.33	Tr 52 × 8	48	43	44	53	4.5	2.66
Tr 24 × 5	21.5	18.5	19	24.5	2.75	1.70	Tr 60 × 9	55.5	50	51	61	5	3.02
Tr 28 × 5	25.5	22.5	23	28.5	2.75	1.70	Tr 70 × 10	65	59	60	71	5.5	3.39
Tr 32 × 6	29	25	26	33	3.5	1.93	Tr 80 × 10	75	69	70	81	5.5	3.39
Tr 36 × 6	33	29	30	37	3.5	1.93	Tr 100 × 12	94	87	88	101	6.5	4.12

惠氏螺纹，管螺纹，滚珠丝杠传动

惠氏螺纹 （非标）

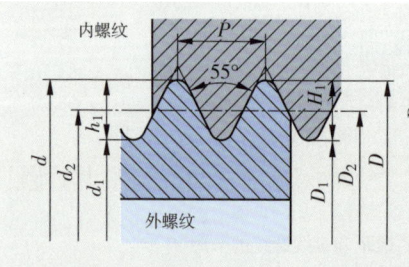

螺纹名称 d	外圆直径 $d=\phi$	根圆直径 $d_1=D_1$	节圆直径 $d_2=D_2$	每英寸螺纹线数	螺纹高度 $h_1=H_1$	螺纹根径截面 mm^2	螺纹衣孔钻头直径
1/4"	6.35	4.72	5.54	20	0.81	17.5	5.1
3/8"	9.53	7.49	8.51	16	1.02	44.1	7.9
1/2"	12.70	9.99	11.35	12	1.36	78.4	10.5
3/4"	19.05	15.80	17.42	10	1.53	196	16.3
1"	25.40	21.34	23.37	8	2.03	358	22.0
11/4"	31.75	27.10	29.43	7	2.32	577	28.0
11/2"	38.10	32.68	35.39	6	2.71	839	33.5
2	50.80	43.57	47.19	4.5	3.61	1491	44.5

管螺纹　参照 DIN ISO 228-1（2003-05），DIN EN 10226-1（2004-10）

管螺纹 DIN ISO 228-1
用于不在螺纹上密封的连接；
内外螺纹均为圆柱形

管螺纹 DIN EN 10226-1
用于螺纹内密封；
内螺纹圆柱形，外螺纹锥形

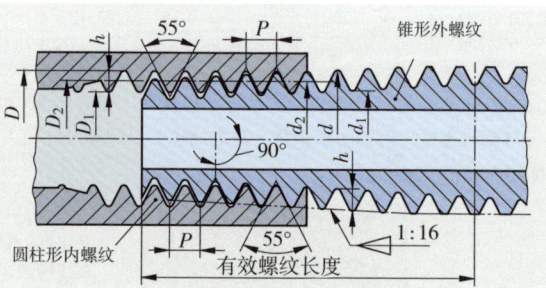

参照美国锥形标准管螺纹 NPT，见 209 页。

螺纹名称			外圆直径 $d=D$	节圆直径 $d_2=D_2$	根圆直径 $d_1=D_1$	螺距 P	25.4mm 上的节距数 Z	螺纹齿形截面高度 $h=h_1=H_1$	外螺纹有效长度 ≥
DIN ISO 228-1 外螺纹和内螺纹	DIN EN 10226-1 外螺纹	内螺纹							
G1/8	R1/8	Rp1/8	9.728	9.147	8.566	0.907	28	0.581	6.5
G1/4	R1/4	Rp1/4	13.157	12.301	11.445	1.337	19	0.856	9.7
G3/8	R3/8	Rp3/8	16.662	15.806	14.950	1.337	19	0.856	10.1
G1/2	R1/2	Rp1/2	20.955	19.793	18.631	1.814	14	1.162	13.2
G3/4	R3/4	Rp3/4	26.442	25.279	24.117	1.814	14	1.162	14.5
G1	R1	Rp1	33.249	31.770	30.291	2.309	11	1.479	16.8

滚珠丝杠传动　参照 DIN ISO 3408-1（2011-04），DIN 69051-2（1989-05）

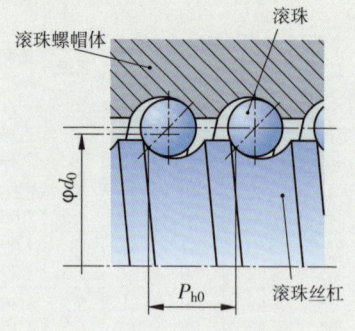

定位型滚珠丝杠传动
P 型：
预张紧，无间隙，用于精密定位传输型滚珠丝杠传动
T 型：
非预张紧，有间隙，较大公差
→滚珠丝杠传动
ISO 3408 32x5x800 P 3 R 4：
$d_0=32mm$，$P_{h0}=5mm$，螺纹长度 $l_1=800mm$，定位型滚珠丝杠传动，公差等级 3，螺纹螺距右旋，有效螺纹长度 =4

标称螺距 p_{h0}	标称直径 d_0
2.5	6…16
5	10…63
10	12…125
20	20…200
40	20…200

标准化标称直径：
6；8；10；12；16；20；25；32；40；50；63；80；100；125；160；200 mm

螺纹公差

米制 ISO 螺纹公差等级 参照 DIN ISO 965-1（1999-11）

公差应保证内外螺纹的功能和可交换性。它取决于本标准规定的直径公差以及螺距和螺纹啮合角的精度。

公差等级（精细，中等和粗）还取决于螺纹的**表面状态**。厚电镀保护层要求比光亮或磷化处理表面（例如公差等级 5H）更大间隙（例如公差等级 6G）。

螺纹公差	内螺纹	外螺纹
适用于	节圆直径和根圆直径	节圆直径和外圆直径
标记为	大写字母	小写字母
公差等级（举例）	5H	6g
公差度（公差大小）	5	6
公差范围（零线位置）	H	g

名称举例	解释
M12 × 1–5g 6g	细牙外螺纹，标称直径 12mm；螺距 1mm；5g →节圆直径的公差等级；6g →外圆直径的公差等级
M12–6g	标准外螺纹，标称直径 12mm；6g →节圆直径和外圆直径的公差等级
M24–6G/6e	标准螺纹的螺纹配合，标称直径 24mm；6G →根圆直径的公差等级；6g →外圆直径的公差等级
M16	无公差说明的螺纹，其适用公差等级是中等 6H/6g

在 DIN ISO 965-1 中标出公差等级"中等"（普通用途）和"普通"螺纹的拧入长度的公差等级是公差等级 6H/6g，参照本页下表。

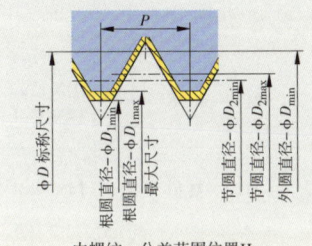
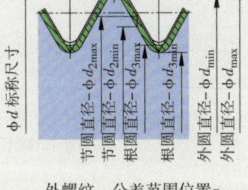

内螺纹，公差范围位置H   外螺纹，公差范围位置g

内螺纹和外螺纹的极限尺寸（摘选） 参照 DIN ISO 965-2（1999-11）

螺纹	外圆直径 D	内螺纹公差等级 6H				外螺纹公差等级 6g					
		节圆直径 D_2		根圆直径 D_1		外圆直径 d		节圆直径 d_2		根圆直径[1] D_3	
	min.	min.	max.	min.	max.	max.	min.	max.	min.	max.	min.
M3	3.0	2.675	2.775	2.459	2.599	2.980	2.874	2.655	2.580	2.367	2.273
M4	4.0	3.545	3.663	3.242	3.422	3.978	3.838	3.523	3.433	3.119	3.002
M5	5.0	4.480	4.605	4.134	4.334	4.976	4.826	4.456	4.361	3.995	3.869
M6	6.0	5.350	5.500	4.917	5.135	5.974	5.794	5.324	5.212	4.747	4.596
M8	8.0	7.188	7.348	6.647	6.912	7.972	7.760	7.160	7.042	6.438	6.272
M8 × 1	8.0	7.350	7.500	6.917	7.153	9.974	7.794	7.324	7.212	6.747	6.596
M10	10.0	9.026	9.206	8.376	8.676	9.968	9.732	8.994	8.862	8.128	7.938
M10 × 1	10.0	9.350	9.500	8.917	9.153	9.974	9.794	9.324	9.212	8.747	8.596
M12	12.0	10.863	11.063	10.106	10.441	11.966	11.701	10.829	10.679	9.819	9.602
M10 × 1.5	12.0	11.026	11.216	10.376	10.676	11.968	11.732	10.994	10.854	10.128	9.930
M16	16.0	14.701	14.913	13.385	14.210	15.962	15.682	14.663	14.503	13.508	13.271
M16 × 1.5	16.0	15.026	15.216	14.376	14.676	15.968	15.732	14.994	14.854	14.128	13.930
M20	20.0	18.376	18.600	17.294	17.744	19.958	19.623	18.334	18.164	16.891	16.625
M20 × 1.5	20.0	19.026	19.216	18.376	18.676	19.968	19.732	18.994	18.854	18.128	17.930
M24	24.0	22.051	22.316	20.752	21.252	23.952	23.577	22.003	21.803	20.271	19.655
M24 × 2	24.0	22.701	22.925	21.835	22.210	23.962	23.682	22.663	22.493	21.608	21.261
M30	30.0	27.727	28.007	26.211	26.771	29.947	29.522	27.674	27.462	25.653	25.306
M30 × 2	30.0	28.701	28.925	27.835	28.210	29.962	29.682	28.663	28.493	27.508	27.261
M36	36.0	33.402	33.702	31.670	32.270	35.940	35.465	33.342	33.118	31.033	30.655
M36 × 3	36.0	34.051	34.316	32.752	33.252	35.952	35.577	34.003	33.803	32.271	31.955

[1] 参照 DIN 13-20（2000-08）和 DIN 13-21（2005-08）。

螺钉概述

图	结构	标准范围 从…至	标准	应用，性能
六角螺钉				**217 页至 219 页**
	带杆和标准螺纹	M1.6…M64	DIN EN ISO 4014	机械制造、装置制造和汽车制造业使用最多的螺钉；
	标准螺纹至头部	M1.6…M64	DIN EN ISO 4017	**螺纹至头部：** 更高的疲劳强度
	带杆和细牙螺纹	M8 × 1…M64 × 4	DIN EN ISO 8765	**对比标准螺纹：** 更小的螺纹高度和螺距，更高的可载荷性，更大的最小拧入深度 l_e
	细牙螺纹至头部	M8 × 1…M64 × 4	DIN EN ISO 8676	
	带细杆	M3…M20	DIN EN ISO 24015	膨胀螺钉；用于动态载荷，装配符合规范时不需要锁紧螺帽
	密配螺钉	M8…M48	DIN 609	结构件定位，防止移动，加强杆传递横向力
用于金属结构的六角螺钉				**219 页**
	扳手开口度大	M12…M36	DIN EN 14399–4	高强度预张紧连接（HV），加 DIN EN 14399–4（见 236 页）规定的螺帽
	带大扳手开口度的密配螺钉	M12…M30	14399–8	防滑连接（GVP），剪切内侧 / 孔内侧连接（SLP）
圆柱螺钉				**220，221 页**
	内六角标准螺纹	M1.6…M36	DIN EN ISO 4762	机械制造、装置制造和汽车制造；占用空间小，头部可沉头
	内六角浅头部	M6…M16	DIN 7984	**浅头部：** 更小的安装高度，更小的可载荷性
	内六角标准螺纹和细牙螺纹	M1.6…M16	DIN 34821	**内多角：** 转动力矩传递良好，占用装配空间小
	开槽，标准螺纹	M1.6…M10	DIN EN ISO 1207	**开槽螺钉：** 小螺钉，可载荷性低
沉头螺钉				**221，222 页**
	开槽	M1.6…M10	DIN EN ISO 2009	机械制造、装置制造和汽车制造业中应用广泛
	内六角	M3…M20	DIN EN ISO 10642	**内六角螺钉：** 更高的可载荷性
	半沉头，开槽	M1.6…M10	DIN EN ISO 2010	**十字槽螺钉：** 与一字槽螺钉相比，拧紧和松开更可靠
	半沉头，十字槽	M1.6…M10	DIN EN ISO 7047	
带自攻螺纹的自攻螺钉				**222，223 页**
	半圆头沉头螺钉	ST2.2…ST9.5	DIN EN ISO 7049	车身和钣金结构。待连接的板上打出底孔。螺纹在拧入螺钉时成形。只在薄板时需加锁紧螺帽。
	沉头螺钉	ST2.2…ST9.5	DIN EN ISO 7050	
	半沉头螺钉	ST2.2…ST9.5	DIN EN ISO 7051	

螺钉名称

图	结构	标准范围 从…至	标准	应用，性能
自钻孔自攻丝螺钉				
	扁平头，十字槽	ST2.2···ST6.3	DIN EN ISO 15481	车身和钣金结构；自钻孔自攻丝螺钉在拧入时钻出底孔并攻出螺纹。
	半沉头，十字槽	ST2.2···ST6.3	DIN EN ISO 15483	
双头螺钉				224 页
	$l_e \approx 2 \cdot d$ $l_e \approx 1.25 \cdot d$ $l_e \approx 1 \cdot d$	M4···M24 M4···M48 M3···M48	DIN 835 DIN 939 DIN 938	用于铝合金 用于铸铁 用于钢
螺销				225 页
	长圆柱端和开槽 长圆柱端和内六角	M1.6···M12	DIN EN 27435	承受压力载荷的螺钉用于结构件的定位，例如杆、轴承套、轮毂； 螺销不适宜用于扭矩功率传递，例如连接轴与轮毂。
		M1.6···M24	DIN EN ISO 4028	
	锥端和开槽 锥端和内六角	M1.6···M12	DIN EN ISO 27434	
		M1.6···M24	DIN EN ISO 4027	
	截锥端和开槽 截锥端和内六角	M1.6···M12	DIN EN ISO 4766	
		M1.6···M24	DIN EN ISO 4026	
螺塞				224 页
	带凸缘和内六角或外六角	M10 × 1··· M52 × 1.5	DIN 908 DIN 910	传动箱结构；传动箱润滑油灌注、溢流和排空用的螺塞；要求在底座上切削加工油封法兰，使用 DIN 7603 所述密封环
内螺纹滚压螺钉				223 页
	不同的头部形状，例如六角头、圆柱头	M2···M10	EIN 7500-1	用于低载荷可不切削成形加工的材料，例如 S235、DC01···DC04，有色金属；使用时可不用锁紧螺帽
带环螺钉				224 页
	标准螺纹	M8···M100 × 6	DIN 580	机器或装置上的运输吊环；载荷性能取决于负重拉力角度，要求在法兰承重面进行切削加工

螺钉名称

参照 DIN 962（2013-04）

举例	六角螺钉	ISO 4017 – M12 × 80 – A2-70
	螺塞	DIN 910 – M24 × 1.5 – St
	圆柱螺钉	ISO 4762 – M10 × 55 – 8.8

名称	参照标准，例如 ISO、DIN、EN；标准页编号[1]	标称数据，例如 M → 米制螺纹 12 → 标称直径 d 80 → 杆部长度	强度等级，例如 8.8，10.9，A2-70，A4-70。材料，例如 St 指钢，CuZn 指铜锌合金

[1] 按 DIN EN 标准化的螺钉名称中包含带有 ISO 标准编号（=DIN EN 编号 –20000）的缩写符号 ISO（见 217 页）或带有 EN 编号的缩写符号 EN（见 219 页）。

强度等级，产品等级，通孔，最小拧入深度

螺钉强度等级　　　　　参照 DIN EN ISO 898-1（2013-05），DIN EN ISO 3506-1（2010-04）

举例：　　　　　非合金钢和合金钢
DIN EN ISO 898-1

$$9\,.\,8$$

抗拉强度 R_m	屈服强度 R_e
$R_m = 9 \cdot 100 \text{ N/mm}^2$ $= 900 \text{ N/mm}^2$	$R_e = 9 \cdot 8 \cdot 10 \text{ N/mm}^2$ $= 720 \ 10 \text{ N/mm}^2$

不锈钢
DIN EN ISO 3506-1

$$A2 - 70$$

抗拉强度 R_m
$R_m = 70 \cdot 10 \text{ N/mm}^2$ $= 700 \text{ N/mm}^2$

钢种类	说明
A → 奥氏体钢 A2 → 耐锈蚀螺钉 A4 → 耐锈蚀和耐酸螺钉	请注意相应的备注页。

强度等级和材料数值

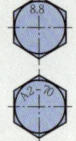

材料数值	下列材料的螺钉强度等级								
	非合金钢和合金钢						不锈钢[1]		
	5.8	6.8	8.8	9.8	10.9	12.9	A2-50	A4-50	A2-70
抗拉强度 R_m（N/mm²）	500	600	800	900	1000	1200	500	500	700
屈服强度 R_e（N/mm²）	400	480	640	720	900	1080	210	210	450
断裂延伸率 A（%）	–	–	12	10	9	8	20	20	13

[1] 材料数值适用于螺纹 ≤ M20。

螺钉和螺帽的产品等级　　　　　参照 DIN EN ISO 4759-1（2001-04）

产品等级	公差	解释，应用
A	精细	公差等级 A、B、C 中规定了 ISO 螺纹的螺钉和螺帽尺寸公差，形位公差
B	中等	
C	大型	

螺钉通孔　　　　　参照 DIN EN 20273（1992-02）

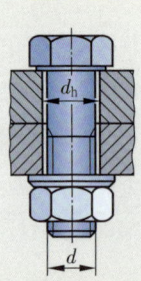

螺纹 d	通孔 d_h[1] 系列			螺纹 d	通孔 d_h[1] 系列			螺纹 d	通孔 d_h[1] 系列		
	精细	中等	粗糙		精细	中等	粗糙		精细	中等	粗糙
M1	1.1	1.2	1.3	M5	5.3	5.5	5.8	M24	25	26	28
M1.2	1.3	1.4	1.5	M6	6.4	6.6	7	M30	31	33	35
M1.6	1.7	1.8	2	M8	8.4	9	10	M36	37	39	42
M2	2.2	2.4	2.6	M10	10.5	11	12	M42	43	45	48
M2.5	2.7	2.9	3.1	M12	13	13.5	14.5	M48	50	52	56
M3	3.2	3.4	3.6	M16	17	17.5	18.5	M56	58	62	66
M4	4.3	4.5	4.8	M20	21	22	24	M64	66	70	74

[1] d_h 的公差等级；系列：精细：H12，系列：中等：H13，系列：粗糙：H14。

螺纹底孔内最小拧入深度

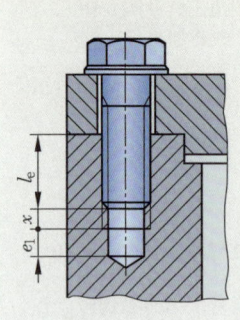

应用范围		最小拧入深度 l_e[1] 适用的标准螺纹和强度等级			
		3.6，4.6	4.8…6.8	8.8	10.9
结构钢	$R_m < 400 \text{ N/mm}^2$	$0.8 \cdot d$	$1.2 \cdot d$	–	–
	$R_m = 400 \cdots 600 \text{ N/mm}^2$	$0.8 \cdot d$	$1.2 \cdot d$	$1.2 \cdot d$	–
	$R_m > 600 \cdots 800 \text{ N/mm}^2$	$0.8 \cdot d$	$1.2 \cdot d$	$1.2 \cdot d$	$1.2 \cdot d$
	$R_m > 8 \text{ N/mm}^2$	$0.8 \cdot d$	$1.0 \cdot d$	$1.0 \cdot d$	$1.0 \cdot d$
铸铁材料		$1.3 \cdot d$	$1.5 \cdot d$	$1.5 \cdot d$	–
铜合金		$1.3 \cdot d$	$1.3 \cdot d$	–	–
铸铝合金		$1.6 \cdot d$	$2.2 \cdot d$	–	–
铝合金，硬化		$0.8 \cdot d$	$1.2 \cdot d$	$1.6 \cdot d$	–
铝合金，非硬化		$1.2 \cdot d$	$1.6 \cdot d$	–	–
塑料		$2.5 \cdot d$	–	–	–

$x \approx 3 \cdot P$（螺距）
e_1 见 DIN 76，第 90 页

[1] 细牙螺纹的拧入深度 $l_e = 1.25 \cdot$ 标准螺纹拧入深度。

六角螺钉

带杆标准螺纹六角螺钉   参照 DIN EN ISO 4014（2011–06）

适用标准 DIN EN ISO	替代标准 DIN EN	DIN	螺纹 d	M1.6	M2	M2.5	M3	M4	M5	6M	M8	M10
4014	24014	931	SW	3.2	4	5	5.5	7	8	10	13	16
			k	1.1	1.4	1.7	2	2.8	3.5	4	5.3	6.4
			d_w	2.3	3.1	4.1	4.6	5.9	6.9	8.9	11.6	14.6
			e	3.4	4.3	5.5	6	7.7	8.8	11.1	14.4	17.8
			b	9	10	11	12	14	16	18	22	26
			l 从… 至…	12 16	16 20	16 25	20 30	25 40	25 50	30 60	40 80	45 100

螺纹 d	强度等级 5.6、8.8、9.8、10.9、A2–70、A4–70								

螺纹 d	M12	M16	M20	M24	M30	M36	M42	M48	M56
SW	18	24	30	36	46	55	65	75	85
k	7.5	10	12.5	15	18.7	22.5	26	30	35
d_w	16.6	22	27.7	33.3	42.8	51.1	60	69.5	78.7
e	20	26.2	33	39.6	50.9	60.8	71.3	82.6	93.6
$b^{1)}$	300	38	46	54	66	–	–	–	–
$b^{2)}$	–	44	52	60	72	84	96	108	–
$b^{3)}$	–	–	–	73	85	97	109	121	137
l 从… 至…	50 120	65 160	80 200	90 240	110 300	140 360	160 440	180 480	220 500

$^{1)}$ 适用于 $l<125$ mm。
$^{2)}$ 适用于 $l=125\cdots200$mm。
$^{3)}$ 适用于 $l>200$ mm。

产品等级（216 页）

螺纹 d	l（mm）	等级
≤ M12	全部	A
≤ 16…≤ 24	$l \leq 150$	A
	$l \geq 160$	B
≥ M30	全部	B

强度等级	5.6、8.8、9.8、10.9		根据约定
	A2–70、A4–70	A2–50、A4–50	
标称长度	12、16、20、25、30、35…60、65、70、80、90…140、150、160、180、200…460、480、500 mm		
⇒	六角螺钉 ISO 4014–M10 × 60–8.8： d = M 10，l = 60 mm，强度等级 8.8。		

标准螺纹直至头部的六角螺钉   参照 DIN EN ISO 4017（2015–05）

适用标准 DIN EN ISO	替代标准 DIN EN	DIN	螺纹 d	M1.6	M2	M2.5	M3	M4	M5	6M	M8	M10
4017	24017	933	SW	3.2	4	5	5.5	7	8	10	13	16
			k	1.1	1.4	1.7	2	2.8	3.5	4	5.3	6.4
			d_w	2.3	3.1	4.1	4.6	5.9	6.9	8.9	11.6	14.6
			e	3.4	4.3	5.5	6	7.7	8.8	11.1	14.4	17.8
			l 从… 至…	2 16	4 20	5 25	6 30	8 40	10 50	12 60	16 80	20 100

强度等级 5.6、8.8、9.8、10.9、A2–70、A4–70

螺纹 d	M12	M16	M20	M24	M30	M36	M42	M48	M56
SW	18	24	30	36	46	55	65	75	85
k	7.5	10	12.5	15	18.7	22.5	26	30	35
d_w	16.6	22	27.7	33.3	42.8	51.1	60	69.5	78.7
e	20	26.2	33	39.6	50.9	60.8	71.3	82.6	93.6
l 从… 至…	25 120	30 150	40 150	50 150	60 200	70 200	80 200	100 200	110 200

$^{1)}$ 适用于 $l<125$ mm。
$^{2)}$ 适用于 $l=125\cdots200$mm。
$^{3)}$ 适用于 $l>200$ mm。

产品等级（216 页）

螺纹 d	l（mm）	等级
≤ M12	全部	A
≤ 16…≤ 24	$l \leq 150$	A
	$l \geq 160$	B
≥ M30	全部	B

强度等级	5.6、8.8、9.8、10.9		根据约定
	A2–70、A4–70	A2–50、A4–50	
标称长度	2、3、4、5、6、8、10、12、16、20、25、30、35…60、65、70、80、90…140、150、160、180、200 mm		
⇒	六角螺钉 ISO 4017–M8 × 40–A4–50： d = M8，l = 40 mm，强度等级 A4–50		

六角螺钉

带杆细牙螺纹六角螺钉　　　　　　参照 DIN EN ISO 8765（2011-06）

螺纹 d	M8 ×1	M10 ×1	M12 ×1.5	M16 ×1.5	M20 ×1.5	M24 ×2	M30 ×2	M36 ×3	M42 ×3	M48 ×3	M56 ×4
SW	13	16	18	24	30	36	46	55	65	75	86
k	5.3	6.4	7.5	10	12.5	15	18.7	22.5	26	30	35
d_w	11.6	14.6	16.6	22.5	28.2	33.6	42.8	51.1	60	69.5	78.7
e	14.4	17.8	20	26.8	33.5	39.6	50.9	60.8	71.3	82.6	93.6
$b^{1)}$	22	26	30	38	46	54	66	–	–	–	–
$b^{2)}$	–	–	–	44	52	60	72	84	96	108	–
$b^{3)}$	–	–	–	–	–	73	85	97	109	121	137
l 从	40	45	50	65	80	100	120	140	160	200	220
l 至	80	100	120	160	200	240	300	360	440	480	500

适用标准 DIN EN ISO 8765　**替代标准 DIN EN** 28762　**DIN** 960

标称长度：40, 45, 50, 55, 60, 65, 70, 80, 90…140, 150, 160, 180, 200, 220…460, 480, 500 mm

产品等级（216 页）

螺纹 d	l（mm）	等级
≤ M12×1.5	全部	A
M16×1.5…M24×2	≤ 150	A
M16×1.5…M24×2	> 150	B
≥ M30×2	全部	B

强度等级：d ≤ M24×2: 5.6, 8.8, 10.9, A2-70, A4-70; d=M30×2…M36×3.5: 5.6, 8.8, 10.9, A2-50, A4-50 | d ≥ M42×3; 根据约定

解释：1) 适用于 l<125 mm。 2) 适用于 l<125…200 mm。 3) 适用于 l>200 mm。

→ 六角螺钉 ISO 8765-M20×1.5×120-5.6：d = M20×1.5, l = 120 mm, 强度等级 5.6。

细牙螺纹直至头部的六角螺钉　　　　参照 DIN EN ISO 8676（2011-07）

螺纹 d	M8 ×1	M10 ×1	M12 ×1.5	M16 ×1.5	M20 ×1.5	M24 ×2	M30 ×2	M36 ×3	M42 ×3	M48 ×3	M56 ×4
SW	13	16	18	24	30	36	46	55	65	75	86
k	5.3	6.4	7.5	10	12.5	15	18.7	22.5	26	30	35
d_w	11.6	14.6	16.6	22.5	28.2	33.6	42.8	51.1	60	69.5	78.7
e	14.4	17.8	20	26.8	33.5	39.6	50.9	60.8	71.3	82.6	93.6
l 从	16	20	25	35	40	40	40	40	90	100	120
l 至	80	100	120	160	200	200	200	200	420	480	500

适用标准 DIN EN ISO 8676　**替代标准 DIN EN** 28676　**DIN** 961

标称长度：16, 20, 25, 30, 35…60, 65, 70, 80, 90…140, 150, 160, 180, 200, 220…460, 480, 500 mm

强度等级：d ≤ M24×2: 5.6, 8.8, 10.9, A2-70, A4-70; d=M30×2…M36×3.5: 5.6, 8.8, 10.9, A2-50, A4-50 | d ≥ M42×3; 根据约定

产品等级按照 DIN EN ISO 8765

→ 六角螺钉 ISO 8676-M8×1×55-8.8：d = M8×1, l = 55 mm, 强度等级 8.8。

细杆六角螺钉　　　　　　参照 DIN EN ISO 24015（1991-12）

螺纹 d	M3	M4	M5	M6	M8	M10	M12	M16	M20
SW	5.5	7	8	10	13	16	18	24	30
k	2	2.8	3.5	4	5.3	6.4	7.5	10	12.5
d_w	4.4	5.7	6.7	8.7	11.4	14.4	16.4	22	27.7
d_s	2.6	3.5	4.4	5.3	7.1	8.9	10.7	14.5	18.2
e	6	7.5	8.7	10.9	14.2	17.6	19.9	26.2	33
$b^{1)}$	12	14	16	18	22	26	30	38	46
$b^{2)}$	–	–	–	–	–	–	–	44	52
l 从	20	20	25	25	30	40	45	55	65
l 至	30	40	50	60	80	100	120	150	150

标称长度：20, 25, 30…65, 70, 75, 80, 90, 100…130, 140, 150 mm

强度等级：5.8, 6.8, 8.8, A2-70

解释：1) 适用于 l ≤ 120 mm。 2) 适用于 l>125 mm。

产品等级（216 页）

螺纹 d	l（mm）	等级
≤ M20	全部	B

→ 六角螺钉 ISO 4015-M8×45-8.8：d = M8, l = 45 mm, 强度等级 8.8。

六角螺钉

带螺纹轴颈的六角密配螺钉　　　　　　　　　　　　　参照 DIN 6099（1995-02）

螺纹 d		M8 M8 ×1	M10 M10 ×1	M12 M12 ×1.5	M16 M16 ×1.5	M20 M20 ×1.5	M24 M24 ×2	M30 M30 ×2	M36 M36 ×3	M42 M42 ×3	M48 M48 ×3
SW		13	16	18	24	30	36	46	55	65	75
k		5.3	6.4	7.5	10	12.5	15	19	22	26	30
d_w k6		9	11	13	17	21	25	32	38	44	50
e		14.4	17.8	19.9	26.2	33	39.6	50.9	60.8	71.3	82.6
$b^{1)}$		14.5	17.5	20.5	25	28.5	–	–	–	–	–
$b^{2)}$		16.5	19.5	22.5	27	305	36.5	43	49	56	63
$b^{3)}$		–	–	–	32	35.5	41.5	48	54	61	68
l	从	25	30	32	38	45	55	65	70	80	90
	至	80	100	120	150	150	150	200	200	200	200
标称长度		25、28、30、32、35、38、40、42、45、48、50、55、60⋯150、160⋯200 mm									

产品等级（216 页）	强度等级	8.8		根据约定
		A2-70	2-50	

螺纹 d	l（mm）	等级	解释	$^{1)}$ 适用于 $l \leqslant 50$ mm。$^{2)}$ 适用于 $l<50⋯150$ mm。$^{3)}$ 适用于 $l>150$ mm。
≤ 10	全部	A	➡	密配螺钉 ISO 609-M16 × 1.5 × 125-A2-70：
≥ 12	全部	B		d = M16 × 1.5，l = 125 mm，强度等级 A2-70。

大扳手开口度的六角螺钉
用于高强度预张紧连接（HV）　　　　　　　　　参照 DIN EN 14399-4（2015-04）
　　　　　　　　　　　　　　　　　　　　　　　　　　　　替代 DIN 6914

螺纹 d		M12	M16	M20	M22	M24	M27	M30	M36
SW		22	27	32	36	41	46	50	60
k		8	10	13	14	15	17	19	23
d_w		20.1	24.9	29.5	33.3	38	42.8	46.6	55.9
e		23.9	29.6	35	39.6	45.2	50.9	55.4	66.4
b_{min}		23	28	33	34	39	41	44	52
l	从	35	40	45	50	60	70	75	85
	至	95	130	155	165	195	200	200	200
标称长度		35、40、45、50、55、60、65、70⋯175、180、185、190、195、200 mm							
强度等级，表面		10.9							
		普通→表面有薄油膜，火焰镀锌→缩写符号：Zn							

产品等级（216 页）	➡	六角螺钉 EN 14399-4-M12 × 65-10.9-HV-tZn： d = M12，l = 65 mm，强度等级 10.9，高强度连接，表面处理是火焰镀锌

大扳手开口度的六角密配螺钉
用于高强度预张紧连接（HV）　　　　　　　　　参照 DIN EN 14399-8（2008-03）
　　　　　　　　　　　　　　　　　　　　　　　　　　　　替代 DIN 7999

螺纹 d		M12	M16	M20	M22	M24	M27	M30	M36
SW		22	27	32	36	41	46	50	60
k		8	10	13	14	15	17	19	23
d_w		20	25	29.5	33.3	38	42.8	46.6	56
d_s b11		13	17	21	23	25	28	31	37
e		23.9	29.6	35	39.6	45.2	50.9	55.4	66.4
b		23	28	33	34	39	41	44	52
l	从	50	65	75	80	90	95	105	125
	至	95	125	155	165	185	200	200	200
强度等级		10.9							

产品等级（见 216 页）	➡	六角密配螺钉 EN 14399-8-M24 × 120-10.9-HVP： d = M24、l = 120 mm，强度等级 10.9，高强度连接用密配螺钉。

内六角圆柱螺钉

内六角标准螺纹圆柱螺钉　　　　　　　　参照 DIN EN ISO 4762（2004-06）

适用标准 DIN EN ISO	替代标准 DIN
8765	912

螺纹 d	M1.6	M2	M2.5	M3	M4	M5	M6	M8	M10
SW	1.5	1.5	2	2.5	3	4	5	6	8
k	1.6	2	2.5	3	4	5	6	8	10
d_k	3	3.8	4.5	5.5	7	8.5	10	13	16
b	–	16	17	18	20	22	24	28	32
适用于 l	–	20	25	≥ 25	≥ 30	≥ 30	≥ 35	≥ 40	≥ 45
l_1	1.1	1.2	1.4	1.5	2.1	2.4	3	3.8	4.5
适用于 l	≤ 16	≤ 16	≤ 20	≤ 20	≤ 25	≤ 25	≤ 30	≤ 35	≤ 40
l 从	2.5	3	4	5	6	8	10	12	16
l 至	16	20	25	30	40	50	60	80	100

强度等级	根据约定	8.8, 10.9, 12.9
	不锈钢 A2-70, A4-70	

螺纹 d	M12	M16	M20	M24	M30	M36	M42	M48	M56
SW	10	14	17	19	22	27	32	36	41
k	12	16	20	24	30	36	42	48	56
d_k	18	24	30	36	45	54	63	72	84
b	36	44	52	60	72	84	96	108	124
适用于 l	≥ 55	≥ 65	≥ 80	≥ 90	≥ 110	≥ 120	≥ 140	≥ 160	≥ 180
l_1	5.3	6	7.5	9	10.5	12	13.5	15	16.5
适用于 l	≤ 50	≤ 60	≤ 70	≤ 80	≤ 100	≤ 110	≤ 130	≤ 150	≤ 160
l 从	20	25	30	40	45	55	60	70	80
l 至	120	160	200	200	200	200	300	300	300

强度等级	8.8, 10.9, 12.9	根据约定
	A2-70, A4-70　　　　　　A2-50, A4-50	

产品等级（216页）	标称长度	2.5, 3, 4, 5, 6, 8, 10, 12, 16, 20, 25, 30…65, 70, 80…150, 160, 180, 200, 220, 240, 260, 280, 300 mm

螺纹 d	等级	→
M1.6…M56	A	**圆柱螺钉 ISO 4762-M10×55-10.9：** d= M10, l = 55 mm, 强度等级 10.9。

内六角圆柱螺钉，浅头　　　　　　　　　参照 DIN 7984（2009-06）
内六角圆柱螺钉，浅头和扳手导孔　　　　参照 DIN 6912（2009-06）

螺纹 d	M3	M4	M5	M6	M8	M10	M12	M16	M20	M24
SW	2	2.5	3	4	5	7	8	12	14	17
k	2	2.8	3.5	4	5	6	7	9	11	13
d_k	5.5	7	8.5	10	13	16	18	24	30	36
b	12	14	16	18	22	26	30	38	46	54
适用于 l	≥ 20	≥ 25	≥ 30	≥ 30	≥ 35	≥ 40	≥ 50	≥ 60	≥ 70	≥ 90
l_1	1.5	2.1	2.4	3	3.8	4.5	5.3	6	7.5	9
适用于 l	≤ 16	≤ 20	≤ 25	≤ 25	≤ 30	≤ 35	≤ 45	≤ 50	≤ 60	≤ 80
l 从	5	6	8	10	12	16	20	30	30	40
l 至	20	25	30	40	80	100	80	80	100	100
$b^{1)}$	–	14	16	18	22	26	30	38	46	54
$b^{2)}$	–	–	–	–	–	–	–	44	52	60
l 从	–	10	10	10	12	16	20	30	60	
l 至	–	50	60	70	80	90	100	140	180	200

强度等级	08.8 →其可载荷性低于强度等级 8.8 约25% A2 →其可载荷性低于强度等级 A2-70 约25%)

标称长度	5, 6, 8, 10, 12, 16, 20, 25, 30, 35, 40, 45, 50, 60, 70, 80, 90, 100, 120, 140, 160, 180, 200 mm

产品等级（216页）	解释	1) 从 b 至 l ≤ 125 mm。　2) 从 b 至 125< l ≤ 200 mm。

螺纹 d	等级	→
M3…M24	A	**圆柱螺钉 DIN 7984-M12×50-08.8：** d = M12, l = 50 mm, 强度等级 08.8（08 →可载荷性更低）。

圆柱螺钉，沉头螺钉

内多角圆柱螺钉　　　　　　　　　　　　　　　　　　　参照 DIN 34821（2005–11）

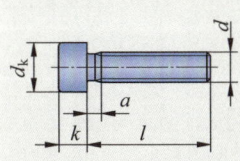

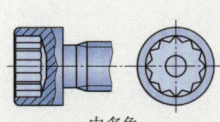

内多角

产品等级 A（见 216 页）

螺纹 d	M6 –	M8 –	M10 –	M12 M12 × 1.5	M14 M14 × 1.5	M16 M16 × 1.5
NG–IVZ[1]	N8	N10	N12	N14	N16	N18
k d_k	6 10	8 13	10 16	12 18	14 21	16 24
a_{max} 适用于 l	2.0 ≤ 16	2.5 ≤ 20	3.0 ≤ 25	3.5 ≤ 25	4.0 ≤ 30	4.0 ≤ 30
a_{max} 适用于 l	3.0 >16	3.8 >20	4.5 >25	5.3 >25	6.0 >30	6.0 >30
l 从…至	12 70	16 80	20 90	20 90	20 100	20 100
强度等级	8.8，10.9，A2–70					
标称长度 l	12，16，20，25，30，35，40，45，50，55，60，65，70，80，90，100					
解释	[1] NG–IVZ 内多角标称尺寸（工具的标称尺寸）。					
⇒	圆柱螺钉 DIN 34821–M10 × 35–8.8： d = M 10，l = 35 mm，强度等级 8.8。					

开槽圆柱螺钉　　　　　　　　　　　　　　　　　　参照 DIN EN ISO 1207（2011–10）

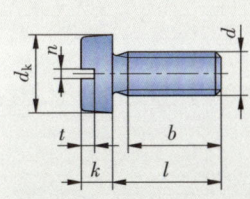

产品等级 A（见 216 页）

螺纹 d	M1.6	M2	M2.5	M3	M4	M5	M6	M8	M10
d_k k	3 1.1	3.8 1.4	4.5 1.8	5.5 2	7 2.6	8.5 3.3	10 3.9	13 5	16 6
n t	0.4 0.5	0.5 0.6	0.6 0.7	0.8 0.9	1.2 1.1	1.2 1.3	1.6 1.6	2 2	2.5 2.4
l 从…至	2 16	3 20	3 25	4 30	5 40	6 50	8 60	10 80	12 80
b	适用于 l < 45 mm → 适用于 l ≥ 45 mm → b=38 mm								
标称长度 l	2，3，4，5，6，8，10，12，16，20，25…45，50，60，70，80 mm								
强度等级	4.8，5.8，A2–50，A2–70								
⇒	圆柱螺钉 ISO 1207–M6 x 25–5.8： d = M 6，l = 25 mm，强度等级 5.8。								

内六角沉头螺钉　　　　　　　　　参照 DIN EN ISO 10642（2013–04），替代 DIN 7991

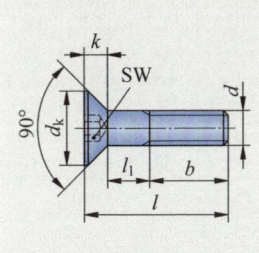

产品等级 A（见 216 页）

螺纹 d	M3	M4	M5	M6	M8	M10	M12	M16	M20
SW d_k k	2 5.5 1.9	2.5 7.5 2.5	3 9.4 3.1	4 11.3 3.7	5 15.2 5	6 19.2 6.2	8 23.1 7.4	10 29 8.8	12 36 10.2
b 适用于 l	18 ≥ 30	20 ≥ 30	22 ≥ 35	24 ≥ 40	28 ≥ 50	32 ≥ 55	36 ≥ 65	44 ≥ 80	52 100
l_1 适用于 l	1.5 ≤ 25	2.1 ≤ 25	2.4 ≤ 30	3 ≤ 35	3.8 ≤ 45	4.5 ≤ 50	5.3 ≤ 60	6 ≤ 70	7.5 ≤ 90
l 从…至	8 30	8 40	8 50	8 60	10 80	12 100	20 100	30 100	35 100
强度等级	8.8，10.9，12.9								
标称长度 l	8，10，12，16，20，25，30，35，40，45，50，55，60，65，70，80，90，100 mm								
⇒	沉头螺钉 ISO 10642–M5 × 30–8.8： d = M5，l = 30 mm，强度等级 8.8。								

沉头螺钉，半沉头螺钉，自攻螺钉

开槽沉头螺钉
开槽半沉头螺钉

参照 DIN EN ISO 2009（2011–12）
参照 DIN EN ISO 2010（2011–12）

DIN EN ISO 2009

DIN EN ISO 2010

产品等级 A（见 216 页）

d		M1.6	M2	M2.5	M3	M4	M5	M6	M8	M10
d_k		3.0	3.8	4.7	5.5	8.4	9.3	11.3	15.8	18.3
k		1.0	1.2	1.5	1.7	2.7	2.7	3.3	4.7	5.0
n		0.4	0.5	0.6	0.8	1.2	1.2	1.6	2.0	2.5
t		0.5	0.6	0.8	0.9	1.3	1.4	1.6	2.3	2.6
f		0.4	0.5	0.6	0.7	1.0	1.2	1.4	2.0	2.3
t_1		0.8	1.0	1.2	1.5	1.9	2.4	2.8	3.7	4.4
l	从…至	2.5	3	4	5	6	8	8	10	12
		16	20	25	30	40	50	60	80	80
b		适用于 $l < 45$ mm →螺纹接近于螺钉头部								
		适用于 $l \geqslant 45$ mm → $b = 38$ mm								
强度等级		4.8，5.8，A2–50，A2–70								
标称长度 l		2.5，3，4，6，8，10，12，16，20，25，30，35，40，45，50，60，70，80 mm								
⇒		沉头螺钉 ISO 2009–M5 × 30–5.8：d = M 5，l = 30 mm，强度等级 5.8。								

十字槽沉头螺钉
十字槽半沉头螺钉

参照 DIN EN ISO 7046-1（2011–12）
参照 DIN EN ISO 7047（2011–12）

DIN EN ISO 7046-1

DIN EN ISO 7047

产品等级 A（见 216 页）

d		M1.6	M2	M2.5	M3	M4	M5	M6	M8	M10
d_k		3.0	3.8	4.7	5.5	8.4	9.3	11.3	15.8	18.3
k		1.0	1.2	1.5	1.7	2.7	2.7	3.3	4.7	5.0
f		0.4	0.5	1.6	0.7	1.0	1.2	1.4	2.0	2.3
K[1]		0	0	1	1	2	2	3	4	4
l	从…至	3	3	3	4	5	8	8	10	12
		16	20	25	30	40	50	60	60	60
b		适用于 $l < 40$ mm →螺纹至头部								
		适用于 $l \geqslant 45$ mm → $b = 38$ mm								
强度等级		4.8，A2–50，A2–70								
标称长度 l		3，4，5，6，8，10，12，16，20，25，30，35，40，45，50，60 mm								
解释		[1] K 十字槽尺寸，形状 H 和 Z（参见 223 页）。								
⇒		半沉头螺钉 ISO 7047–M6 × 40–A2–50–Z：d = M 6，l = 40 mm，强度等级 A2–50（不锈钢），十字槽形状 Z。								

十字槽沉头自攻螺钉
十字槽半沉头自攻螺钉

参照 DIN EN ISO 7050（2011–11）
参照 DIN EN ISO 7051（2011–11）

DIN EN ISO 7050 F形

DIN EN ISO 7051 C形

产品等级 A（见 216 页）

d		ST2.2	ST2.9	ST3.5	ST4.2	ST4.8	ST5.5	ST6.3	ST8	ST9.5
d_k		3.8	5.5	7.3	8.4	9.3	10.3	11.3	15.8	18.3
k		1.1	1.7	2.4	2.6	2.8	3.0	3.2	4.7	5.3
f		0.5	0.7	0.8	1.0	1.2	1.3	1.4	2.0	2.3
K[1]		0	1	2	2	2	3	3	4	4
l	从…至	4.5	6.5	9.5	9.5	9.5	13	13	16	16
		16	19	25	32	32	38	38	50	50
标称长度		4.5–6，5–9，5–13–16–19–22–25–32–38–45–50 mm								
强度等级		St 钢，A2–20H，A4–20H，A5–20H								
形状		C 形带锥端，F 形带长圆柱端，R 形带整圆锥端								
解释		[1] K 十字槽尺寸，形状 H 和 Z（参见 223 页）								
⇒		自攻螺钉 ISO 7051–ST4.2 × 22–A4–20H–R–H：ISO 7051 半沉头自攻螺钉，d = ST4.2，l = 22 mm，强度等级 A4–20H（不锈钢），R 形，带整圆锥端，十字槽形状 H。								

自攻螺钉，内螺纹滚压螺钉

十字槽半沉头自攻螺钉 　　　　参照 DIN EN ISO 7049（2011–11）

d	ST2.2	ST2.9	ST3.5	ST4.2	ST4.8	ST5.5	ST6.3	ST8	ST9.5
d_k	4.0	5.6	7.0	8.0	9.5	11	12	16	20
k	1.6	2.4	2.6	3.1	3.7	4.0	4.6	6.0	7.5
$K^{1)}$	0	1	2	2	2	3	3	4	4
l 从⋯至	4.5 16	6.5 19	9.5 25	9.5 32	9.5 38	13 38	13 38	16 50	16 50
标称长度	4.5-6.5、−9.5-13-16-19-22-25-32-38-45-50 mm								
强度等级	St 钢，A2–20H，A4–20H，A5–20H								
形状	C 形带锥端，F 形带长圆柱端，R 形带整圆锥端								
解释	1）K 十字槽尺寸，形状 H 和 Z								

→ 自攻螺钉 ISO 7049–ST4.8 × 25–St–F–Z：
半沉头自攻螺钉，d = ST4.8，l = 25 mm，强度等级 St 钢，F 形，
带长圆柱端，十字槽形状 Z。

产品等级 A（见 216 页）

自攻螺钉底孔直径（摘选） 　　　　参照 DIN 7975（2016–04）

薄板厚度（mm）	用于自攻螺钉螺纹的底孔直径 $d^{1)}$ (mm) 和板材抗拉强度 R_m 250 和 400 N/mm²													
	ST2.9		ST3.5		ST3.9		ST4.2		ST4.8		ST5.5		ST6.3	
	250	400	250	400	250	400	250	400	250	400	250	400	250	400
1.1	2.2	2.2	–	–	–	–	–	–	–	–	–	–	–	–
1.3	2.2	2.2	2.6	2.7	2.9	3.0	–	–	–	–	–	–	–	–
1.5	2.2	2.3	2.7	2.8	3.0	3.1	3.2	3.2	–	–	–	–	–	–
1.6	2.2	2.4	2.7	2.9	3.0	3.1	3.2	3.3	3.6	3.8	–	–	–	–
1.8	2.2	2.4	2.7	2.9	3.0	3.2	3.3	3.4	3.6	3.9	4.2	4.5	4.9	5.3
2.0	2.3	2.5	2.8	2.9	3.1	3.3	3.4	3.5	3.8	4.0	4.3	4.6	5.1	5.4
2.2	2.4	2.5	2.8	3.0	3.2	3.3	3.4	3.5	3.9	4.0	4.4	4.7	5.2	5.5
2.5	–	–	2.9	3.0	3.3	3.4	3.5	3.6	4.0	4.1	4.6	4.8	5.4	5.6
2.8	–	–	3.0	3.1	3.3	3.4	3.5	3.6	4.0	4.2	4.7	4.8	5.5	5.6
3.0	–	–	–	–	3.3	3.4	3.5	3.6	4.1	4.2	4.7	4.8	5.5	5.7
3.5	–	–	–	–	–	–	3.6	3.7	4.2	4.4	4.8	4.9	5.6	5.7
4.0	–	–	–	–	–	–	–	–	4.2	4.3	4.9	4.9	5.7	5.8
4.5	–	–	–	–	–	–	–	–	–	–	4.9	5.0	5.7	5.8
5.0	–	–	–	–	–	–	–	–	–	–	4.9	5.0	5.7	5.8

1) 直径适用于非合金钢、铝合金和铜合金薄板上已钻底孔

内螺纹滚压螺钉（摘选） 　　　　参照 DIN 7500–1（2009–06）

DE形：六角头

EE形：内六角圆柱头

形状	d	M2	M2.5	M3	M4	M5	M6	M8	M10
DE	SW	4	5	5.5	7	8	10	13	16
	k	1.4	1.7	2	2.8	3.5	4	5.3	6.4
	d_k	3.1	4.1	4.6	5.9	6.9	8.9	11.6	14.6
	e	4.3	5.5	6	7.7	8.8	11.1	14.4	17.8
	l 从⋯至	4 20	5 25	6 30	8 40	10 50	12 60	16 80	20 100
EE	SW	1.5	2	2.5	3	4	5	6	8
	k	2	2.5	3	4	5	6	8	10
	d_k	3.8	4.5	5.5	7	8.5	10	13	16
	l 从⋯至	3 20	4 25	5 30	6 40	8 50	10 60	12 80	16 100
材料		冷挤压钢，渗碳淬火							
标称长度		3、4、5、6、8、10、12、16、20、25、30⋯50、55、60、70、80 mm							
形状		CE 形：十字槽扁螺钉　NE 形：十字槽半沉头螺钉　OE 形：内六角圆柱螺钉							

→ 螺钉 DIN 7500–DE–M8 × 25：
DE 六角头，d = M8，l = 25 mm（材料：冷挤压钢，渗碳淬火）

产品等级 A（见 216 页）

双头螺钉，带环螺钉，螺塞

双头螺钉

参照 DIN 835（2010-07），DIN 938（2012-12），939（1995-12）

螺纹 d		M3	M4	M5	M6	M8 M8 ×1	M10 M10 ×1.25	M12 M12 ×1.25	M16 M16 ×1.5	M20 M20 ×1.5	M24 M24 ×2
b 适用于	l<125	12	14	16	18	22	26	30	38	46	54
	l>125	18	20	22	24	28	32	36	44	52	60
e	DIN 835	–	8	10	12	16	20	24	32	40	48
	DIN 938	3	4	5	6	8	10	12	16	20	24
	DIN 939	–	5	6.5	7.5	10	12	15	20	25	30
l 从…至		20	20	25	25	30	35	40	50	60	70
		30	40	50	60	80	100	120	100	200	200

产品等级 A（页）
应用

DIN	用于拧入下列材料	强度等级	5.6，8.8，10.9
836	铝合金	标称长度 l	20，25，30，35，40…70，75，80，90，100…180，190，200 mm
938	钢	➡	双头螺钉 DIN 939–M10×65–8.8：
939	铸铁		d = M10，l = 65 mm，强度等级 8.8。

带环螺钉

参照 DIN 580（2010-09）

螺纹 d	M8	M10	M12	M16	M20	M24	M30	M36	M42	M48	M56
h	18	22.5	26	30.5	35	45	55	65	75	85	95
d_1	36	45	54	63	72	90	108	126	144	166	184
d_2	20	25	30	35	40	50	60	70	80	90	100
d_3	20	25	30	35	40	50	65	75	85	100	110
l	13	17	20.5	24	27	30	36	45	54	63	68 78
材料	渗碳钢 C15E，A2，A3，A4，A5										
各载荷方向的承载量（t）											
垂直低于 45°	0.14	0.23	0.34	0.70	1.20	1.80	3.20	4.60	6.30	8.60	11.5
	0.10	0.17	0.24	0.50	0.86	1.29	2.30	3.30	4.50	6.10	8.20

载荷方向
垂直（单根吊索）
低于45°（双根吊索）

➡ 带环螺钉 DIN 580–M20–C15E：d = M20，材料：C15E。

带凸缘和外六角螺塞

参照 DIN 910（2012-04）

螺纹 d	M10 ×1	M12 ×1.5	M16 ×1.5	M20 ×1.5	M24 ×1.5	M30 ×1.5	M36 ×1.5	M42 ×1.5	M48 ×1.5	M52 ×1.5
d_1	14	17	21	25	29	36	42	49	55	60
l	17	21	21	26	27	30	32	33	33	33
i	8	12	12	14	14	16	16	16	16	16
c	3	3	3	4	4	4	5	5	5	5
SW	10	13	16	18	21	24	27	30	30	30
e	10.9	14.2	17.6	19.9	22.8	26.2	29.6	33	33	33
材料	St 钢，A1 至 A5，Al1 至 Al6，Cu1 至 Cu7									

➡ 螺塞 DIN 910–M24×1.5–St：d = M24×1.5，材料：钢。

带凸缘和内六角螺塞

参照 DIN 908（2012-04）

螺纹 d	M10 ×1	M12 ×1.5	M16 ×1.5	M20 ×1.5	M24 ×1.5	M30 ×1.5	M36 ×1.5	M42 ×1.5	M48 ×1.5	M52 ×1.5
d_1	14	17	21	25	29	36	42	49	55	60
l	11	15	115	18	18	20	21	21	21	21
c	3	3	3	4	4	4	5	5	5	5
SW	5	6	8	10	12	17	19	22	24	24
t	5	7	7.5	7.5	7.5	9	10.5	10.5	10.5	10.5
e	5.7	6.9	9.2	11.4	13.7	19.4	21.7	25.2	27.4	27.4
材料	St 钢，A1 至 A5，Al1 至 Al6，Cu1 至 Cu7									

➡ 螺塞 DIN 908–M20×1.5–Cu1：d = M20×1.5，材料：铜合金。

螺销

开槽螺销　参照 DIN EN 27434,27435（全是 1992–10），DIN EN ISO 4766（2011–11）

	螺纹 d	M1.2	M1.6	M2	M2.5	M3	M4	M5	M6	M8	M10	M12
锥端 — DIN EN 27434	d_1	0.1	0.2	0.2	0.3	0.3	0.4	0.5	1.5	2	2.5	3
	n	0.2	0.3	0.3	0.4	0.4	0.6	0.8	1	1.2	1.6	2
	t	0.5	0.7	0.8	1	1.1	1.4	1.6	2	2.5	3	3.6
	l	2	2	3	3	4	6	8	8	10	12	16
	从…至	6	8	10	12	16	20	25	30	40	50	60
长圆柱端 — DIN EN 27435	d_1	–	0.8	1	1.5	2	2.5	3.5	4	5.5	7	8.5
	z	–	1.1	1.3	1.5	1.8	2.3	2.8	3.3	4.3	5.3	6.3
	n	–	0.3	0.3	0.4	0.4	0.6	0.8	1	1.2	1.6	2
	t	–	0.7	0.8	1	1.1	1.4	1.6	2	2.5	3	3.6
	l	–	2.5	3	4	5	6	8	8	10	12	16
	从…至	–	8	10	12	16	20	25	30	40	50	60
截锥端 — DIN EN ISO 4766	d_1	0.6	0.8	1	1.5	2	2.5	3.5	4	5.5	7	8.5
	n	0.2	0.3	0.3	0.4	0.4	0.6	0.8	1	1.2	1.6	2
	t	0.5	0.7	0.8	1	1.1	1.4	1.6	2	2.5	3	3.6
	l	2	2	2	2.5	3	4	5	6	8	10	12
	从…至	6	8	10	12	16	20	25	30	40	50	60

产品等级（见216页）	强度等级	14H，22H，A1–50（A1–12H DIN EN ISO 4766）
适用标准 / 替代标准	标称长度 l	2，2.5，3，4，5，6，8，10，12，16，20，25，30…50，55，60 mm

适用标准	替代标准	
DIN EN 27434	DIN 553	螺销 ISO 7434–M6×25–14H:
DIN EN 27435	DIN 417	→ d = M6，l = 25mm，强度等级 14H。
DIN EN ISO 4766	DIN 551	

内六角双头螺钉　参照 DIN EN ISO 4026,4027,4028（2004–05）

	螺纹 d	M2	M2.5	M3	M4	M5	M6	M8	M10	M12	M16	M20
锥端 — DIN EN ISO 4027	d_1	0.5	0.7	0.8	1	1.3	1.5	2	2.5	3	4	5
	SW	0.9	1.3	1.5	2	2.5	3	4	5	6	8	10
	e	1	1.5	1.7	2.3	2.9	3.4	4.6	5.7	6.9	9.1	11.4
	t	0.8	1.2	1.2	1.5	2	2	3	4	4.8	6.4	8
	l	2	2.5	3	4	5	6	8	10	12	16	20
	从…至	10	12	16	20	25	30	40	50	60	60	60
长圆柱端 — DIN EN ISO 4028	d_1	1	1.5	2	2.5	3.5	4	5.5	7	8.5	12	15
	z	1.3	1.5	1.8	2.3	2.3	3.3	4.3	5.3	6.3	8.4	10.4
	SW	0.9	1.3	1.5	2	2.5	3	4	5	6	8	10
	e	1	1.5	1.7	2.3	2.9	3.4	4.6	5.7	6.9	9.1	11.4
	t	0.8	1.2	1.2	1.5	2	2	3	4	4.8	6.4	8
	l	2.5	3	4	5	6	8	8	10	12	16	20
	从…至	10	12	16	20	25	30	40	50	60	60	60
截锥端 — DIN EN ISO 4026	d_1	1	1.5	2	2.5	3.5	4	5.5	7	8.5	12	15
	SW	0.9	1.3	1.5	2	2.5	3	4	5	6	8	10
	e	1	1.5	1.7	2.3	2.9	3.4	4.6	5.7	6.9	9.20	11.4
	t	0.8	1.2	1.2	1.5	2	2	3	4	4.8	6.4	8
	l	2	2.5	3	4	5	6	8	10	12	16	20
	从…至	10	12	16	20	25	30	40	50	60	60	60

产品等级（见216页）	强度等级	45H，A1–12H，A2–21H，A3–21H，A4–21H，A5–21H
适用标准 / 替代标准	标称长度 l	2，2.5，3，4，5，6，8，10，12，16，20，25，30…55，60 mm

适用标准	替代标准	
DIN EN ISO 4026	DIN 913	螺销 ISO 4026–M6×25–A5–45H:
DIN EN ISO 4027	DIN 914	→ d = M6，l = 25mm，A5 不锈钢，强度等级 45H。
DIN EN ISO 4028	DIN 915	

螺钉的简化计算

　　大部分螺钉（简单连接）装配时并不检查其拧紧力矩。只要注意若干经验数值即可保证连接达到所需质量。装配时不做拧紧力矩检查的螺钉连接不需求算预拧紧力 F_v，预应力 σ_v 和压强 p_v。但手动拧紧时仍需预应力 σ_v 的经验值（参照表格）。

　　这里推荐，直径较小时使用强度等级 8.8 的螺钉（参照举例）。建议最小屈服强度应达到安全系数的 1.5 倍。仅通过轴向运行力 F_B 即可进行简单的螺钉计算。安全系数高时（例如 v=2.5）则需考虑螺钉总力的粗略计算。

轴向运行力

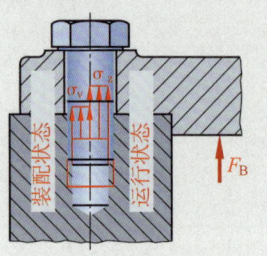

装配状态 运行状态

F_B 运行力（N）
F_v 预拧紧力（N）
R_e 屈服强（N/mm^2）
σ_v 预应力（N/mm^2）
σ_z 拉应力（N/mm^2）
σ_{zul} 许用应力（N/mm^2）
S 应力断面（mm^2）
d 螺纹，例如 M10
F_R 摩擦力（N）
F_{verf} 所需预拧紧力（N）
μ 摩擦系数
ϕ 防打滑安全系数
v 安全系数
M_K 接合力矩

垂直于轴向的运行力

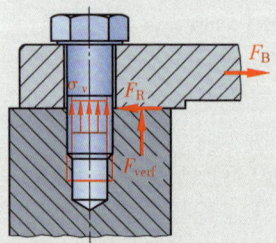

举例：圆盘联轴器

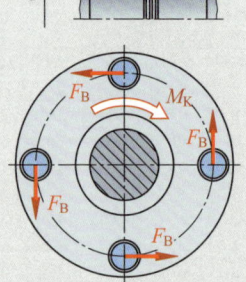

预拧紧力 F_v 和预应力 σ_v 的经验值		
螺纹 d	预拧紧力 F_v N	预应力 σ_v N/mm^2
M4	3000	350
M6	7000	
M8	10 000	280
M10	16 000	
M12	23 000	
M16	28 000	180
M20	44 000	

轴向运行力举例：
每个螺钉的运行力 F_B=1875N，v=2.5，
六角螺钉 ISO 4014 – 8.8；求螺纹直径 = ?
R_e=640 N/mm^2 适用于 8.8

$$\sigma_{zul} = \frac{R_e}{v} = \frac{640 \text{ N/mm}^2}{2.5} = 256 \frac{\text{N}}{\text{mm}^2}$$

$$S = \frac{F_B}{\sigma_{zul}} = \frac{1875 \text{ N}}{256 \text{ N/mm}^2} = 7.32 \text{ mm}^2$$

选用 M4（参照 210 页）
其 σ_v=350 N/mm^2（参照上表）
$R_{e\ erf} \geq 1.5\,\sigma_v = 1.5 \cdot 350$ N/mm^2
$\qquad = 525$N/mm$^2 < R_e$
$R_e = 640 \dfrac{\text{N}}{\text{mm}^2} > R_{eerf}$

垂直于轴向的运行力举例（圆盘联轴器）：
圆盘联轴器材料 S235JR，
使用四个圆柱螺钉 ISO 4762 – 8.8，
M_K=256N·m，μ =0.2，ϕ =2；
F = ?

$$F_B = \frac{M_K}{n \cdot \dfrac{d}{2}} = \frac{256 \text{ N} \cdot \text{m}}{4 \cdot \dfrac{0.08\text{m}}{2}} = 1600 \text{ N}$$

$$F_{verf} = \frac{\phi \cdot F_B}{\mu} = \frac{2 \cdot 1600 \text{ N}}{0.2} = 16\ 000 \text{ N}$$

选用 M10（参照上表）

最小屈服强度

$$R_{e\ erf} \geq 1.5 \cdot \sigma_v$$

应力断面

$$S = \frac{F_B}{\sigma_{zul}}$$

许用应力

$$\sigma_{zul} = \frac{R_e}{v}$$

所需预拧紧力

$$F_{verf} = \frac{\phi \cdot F_B}{\mu}$$

高载荷螺钉连接的装配

大部分高载荷螺钉连接在装配时需控制拧紧力矩，例如使用扭力扳手或电动扳手。

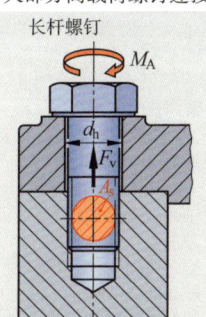 长杆螺钉

M_A 拧紧力矩	F_V 预拧紧力
d_h 通孔	μ 摩擦系数
A_s 应力断面	A_T 中间断面

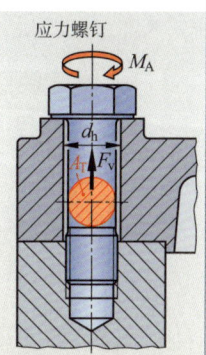 应力螺钉

下列表值适用于：
· 六角螺钉，例如 DIN EN ISO 4014,
  DIN EN ISO 4017，DIN EN ISO 8765,
  DIN EN ISO 8876，DIN EN 24015（见 217，218 页）。
· 圆柱螺钉，例如 DIN EN ISO 4726（见 219 页）。
· 通孔 d_h "中等" DIN EN 20273（见 216 页）。
· 摩擦系数 μ 标准值：
μ =0.08 →磷化处理的螺钉，MOS_2- 锻压。
μ =0.12 →磷化处理的螺钉，略涂薄油。
μ =0.16 →磷化处理的螺钉，用粘接剂防松。

最大预拧紧力和拧紧力矩 [1]   参照 VDI 2230（2015−11）

螺纹	强度等级	A_s (mm²)	长杆螺钉 预拧紧力 F_V (kN)			长杆螺钉 拧紧力矩 M_A (N·m)			A_T (mm²)	应力螺钉 预拧紧力 F_V (kN)			应力螺钉 拧紧力矩 M_A (N·m)		
			0.08	0.12	0.16	0.08	0.12	0.16		0.08	0.12	0.16	0.08	0.12	0.16
M8	8.8	36.6	19.5	18.6	17.6	18.5	24.6	29.8	26.6	13.8	13	12.1	13.1	17.1	20.5
	10.9		28.7	27.3	25.8	27.2	36.1	43.8		20.3	19.1	17.8	19.2	25.2	30.1
	12.9		33.6	32	30.2	31.8	42.2	51.2		23.8	22.3	20.8	22.5	29.5	35.3
M8 × 1	8.8	39.2	21.2	20.2	19.2	19.3	26.1	32	29.2	15.5	14.6	13.6	14.1	18.8	22.8
	10.9		31.1	29.7	28.1	28.4	38.3	47		22.7	21.4	20	20.7	27.7	33.5
	12.9		36.4	34.7	32.9	33.2	44.9	55		26.6	25.1	23.4	24.3	32.4	39.2
M10	8.8	58.0	31	29.6	27.9	36	48	59	42.4	22.1	20.8	19.4	26	34	41
	10.9		45.6	43.4	41	53	71	87		32.5	30.5	28.4	38	50	60
	12.9		53.3	50.8	48	62	83	101		38	35.7	33.3	45	59	70
M10 × 1.25	8.8	61.2	33.1	31.6	29.9	38	51	62	45.6	24.2	22.8	21.3	28	37	44
	10.9		48.6	46.4	44	55	75	92		35.5	33.5	31.3	40	54	65
	12.9		56.8	54.3	51.4	65	87	107		41.5	39.2	36.6	47	63	76
M12	8.8	84.3	45.2	43	40.7	63	84	102	61.8	32.3	30.4	28.3	45	59	71
	10.9		66.3	63.2	59.8	92	123	149		47.5	44.6	41.6	66	87	104
	12.9		77.6	74	70	108	144	175		55.6	52.2	48.7	77	101	122
M12 × 1.5	8.8	88.1	47.6	45.5	43.1	64	87	107	65.7	34.8	32.8	30.7	47	63	76
	10.9		70	66.8	63.3	95	128	157		51.1	48.2	45.1	69	92	111
	12.9		81.9	78.2	74.1	111	150	183		59.8	56.4	52.8	81	108	130
M16	8.8	157	84.7	80.9	76.6	153	206	252	117	61.8	58.3	54.6	111	148	179
	10.8		124.4	118.8	112.6	224	302	370		90.8	85.7	80.1	164	218	264
	12.9		145.5	139	131.7	262	354	433		106.3	100.3	93.8	191	255	308
M16 × 1.5	8.8	167	91.4	87.6	83.2	159	218	269	128	68.6	655.1	61.1	119	162	198
	10.8		134.2	128.7	122.3	233	320	396		100.8	95.6	89.8	175	238	290
	12.9		157	150.6	143.1	273	374	463		118	111.8	105	205	278	340
M20	8.8	245	136	130	123	308	415	509	182	100	94	88	225	300	362
	10.8		194	186	176	438	592	725		142	134	125	320	427	516
	12.9		227	217	206	513	692	848		166	157	147	375	499	604
M20 × 1.5	8.8	272	154	148	141	327	454	565	210	117	112	105	249	342	422
	10.8		219	211	200	466	646	804		167	159	150	355	488	601
	12.9		157.1	246	234	545	756	941		196	186	175	416	571	703
M24	8.8	353	196	188	178	529	714	875	263	143	135	127	387	515	623
	10.8		280	267	253	754	1017	1246		204	196	180	551	734	887
	12.9		327	313	296	882	1190	1458		239	226	211	644	859	1038
M24 × 2	8.8	384	217	209	198	557	769	955	295	165	156	147	422	576	708
	10.8		310	297	282	793	1095	1360		235	223	209	601	821	1008
	12.9		362	348	331	928	1282	1591		274	561	245	703	961	1179

[1] 用拧紧力矩 M_A 装配时，螺钉材料的屈服强度 $R_{p0.2}$ 消耗至约90%。查表值不能替代螺钉连接的计算，例如 VDI2230。

螺钉防松措施

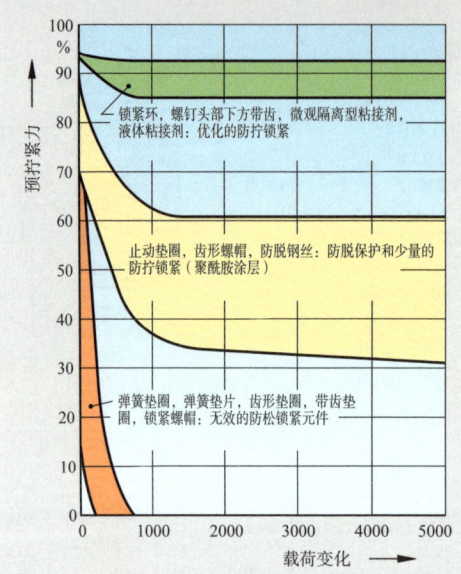

一般而言，安装空间充足和装配条件良好的螺钉连接没有加装螺钉防松装置的必要。锁紧力已能防止螺钉连接零件移动或螺钉螺帽的松动。尽管如此，实际上仍有下述原因可导致锁紧力丧失：

· 螺钉连接松动。压强大可导致螺钉连接松动，导致塑性变形（所谓的装配原因）并降低螺钉连接的预拧紧力。

帮助措施：接合缝尽可能小，表面粗糙度低，使用最大强度螺钉（大预拧紧力）。

· 防松锁紧螺钉连接：对于垂直于螺钉轴线的动态载荷螺钉连接可实施完全自动的防松锁紧。

通过防松元件实施防松保护。根据实际应用效果，这里分为三组：

无效的防松元件（例如弹簧垫圈和齿形垫圈）；

防脱锁紧，允许部分松动，但阻止螺钉连接相互脱离；

防松锁紧（例如粘接剂或棘齿螺钉）。这里，预拧紧力仍近似保留。螺帽和螺钉无法脱离（最好的防松锁紧可能性）。

不同防松锁紧元件的振动检测 DIN 65151

向 ISO 4014-M10 螺钉施加横向载荷过程中检测螺钉连接的防松锁紧性能。

螺钉防松措施概述

连接	防松锁紧元件	标准	类型，特性
中等夹紧连接，弹性的	弹簧垫圈 弹簧垫片 齿形垫圈 带齿垫圈	已撤销 已撤销 已撤销 已撤销	无效 无效 无效 无效
形状接合型	止动垫圈 开口的锁紧螺帽 防脱钢丝	已撤销 DIN 935-1（2000-10）	防脱锁紧 防脱锁紧 防脱锁紧
摩擦力接合型（夹紧）	锁紧螺帽	–	无效，可能防松锁紧
	螺钉和螺帽涂覆夹紧型聚酰胺涂层	DIN 267-28（2009-09） ISO 2320（2009-03）	防脱锁紧和少量的防松锁紧
夹紧的（形状接合型和摩擦力接合型）	头部下方带齿的螺钉	–	防松锁紧，不适用于淬火结构件
	锁紧环 锁紧垫圈 自锁垫圈对	–	防松锁紧，不适用于淬火结构件 防松锁紧
材料接合型	螺纹上涂微观隔离型粘接剂	DIN 267-27（2009-09）	防松锁紧，密封连接；温度范围 -50℃至 150℃
	液体粘接剂	–	防松锁紧

螺钉板拧类型

图形 名称	标称尺寸 工具规格 / 螺纹 d		性能， 应用举例
六角	SW5/M2.5 SW5.5/M3 SW7/M4	SW16/M10 SW18/M12 SW24/M16	高效传递转矩，不要求轴向力，工具与螺钉和螺帽相互一致
	SW8/M5 SW10/M6 SW13/M8	SW30/M20 SW36/M24 SW46/M30	通用机械制造、小汽车制造和机动车制造
内六角	SW2/M2.5 SW2.5/M3 SW3/M4	SW8/M10 SW10/M12 SW14/M16	可传递转矩略小于六角螺钉，用于安装空间极窄的位置
	SW4/M5 SW5/M6 SW6/M8	SW17/M20 SW19/M24 SW22/M30	通用机械制造，带杆内六角螺钉只能用专用工具松开，因此特别适用于防范盗窃和破坏
内六角，浅头和扳手导孔	SW3/M4 SW4/M5 SW5/M6	SW10/M12 SW12/M14 SW14/M16	与内六角相同，但可传递转矩更小，用于薄壁结构件
	SW6/M8 SW8/M10	SW17/M20 SW19/M24	通用机械制造
一字槽	S0.5/M2 S0.6/M2.5	S1.2/M5 S1.6/M6	定心板拧性差，传递转矩小，受力面压强大
	S0.8/M3 S1.2/M4	S2/M8 S2.5/M10	电气机械制造
十字槽 H型 Z型	PH0/M2 PH1/M2.5…3 PH2/M3.5…5	PZ0/M2 PZ1/M2.5…3 PZ2/M3.5…5	与一字槽螺钉相比，更高的转矩和更好的工具定心性能，压强更小
	PH3/M5.5…8 PH5/M8…10	PZ3/M5.5…8 PZ4/M8…10	电气机械制造、设备制造
外六角梅花螺钉	E5/M4 E6/M5 E8/M6	E14/M12 E18/M14 E20/M16	优点是力的传递，轻松定位，板拧工具良好的契合性能
	E10/M8 E12/M10	E24/M18 E32/M20	机械制造，小汽车制造和机动车制造
内六角梅花螺钉	T6/M2 T8/M2.5 T10/M3	T30/M6 T40/M8 T45/M8	良好的转矩传递，对工具空间要求小；带杆螺钉只能用专用工具松开，因此特别适用于防范盗窃和破坏
	T15/M3.5 T20/M4 T25/M5	T50/M10 T55/M12 T60/M16	通用机械制造、设备制造、电气机械制造
内多角梅花螺钉	N4/M4 N5/M5 N6/M6	N12/M10…12 N14/M12…14 N16/M14…16	带有 12 个小齿的防松型螺钉头，大面积施加力时有利于力的分布，传递中等转矩，
	N8/M6…8 N10/M8…10	N18/M16	小汽车制造和机动车制造

沉头螺钉的沉孔

头部形状按 ISO 7721 沉头螺钉的沉孔　　　　　　　参照 DIN EN ISO 15065（2005-05）

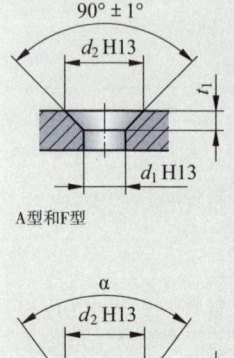

90° ± 1°

d_2

t

d_1 H13

标称尺寸	1.6	2	2.5	3	3.5	4
米制螺钉	M1.8	M2	M2.5	M3	M3.5	M4
自攻螺钉	–	ST2.2	–	ST2.9	ST3.5	ST4.2
d_1 H13[1]	1.8	2.4	2.9	3.4	3.9	4.5
d_2 min	3.6	4.4	5.5	6.3	8.2	9.4
d_3 max	3.7	4.5	5.6	6.5	8.4	9.6
$t_1 \approx$	1.0	1.1	1.4	1.6	2.3	2.6
标称尺寸	5	5.5		8	10	–
米制螺钉	M5	–	M6	M8	M10	–
自攻螺钉	ST4.8	ST5.5	ST6.3	ST8	ST9.5	–
d_1 H13[1]	5.5	6	6.6	9	11	–
d_2 min	10.4	11.5	12.6	17.3	20	–
d_3 max	10.7	11.8	12.9	17.6	20.3	–
$t_1 \approx$	2.6	2.9	3.1	4.3	4.7	–

⟶ 沉孔 ISO 15065-8：标称尺寸 8（米制螺纹 M8 或自攻螺钉螺纹 ST8）。

应用于：	一字槽沉头螺钉	DIN EN ISO 2009
	十字槽沉头螺钉	DIN EN ISO 7046-1
	一字槽半沉头螺钉	DIN EN ISO 2010
	十字槽半沉头螺钉	DIN EN ISO 7047
	一字槽沉头自攻螺钉	DIN ISO 1482
	十字槽沉头自攻螺钉	DIN ISO 7050
	一字槽半沉头自攻螺钉	DIN ISO 1483
	十字槽半沉头自攻螺钉	DIN ISO 7051
	十字槽沉头钻孔螺钉	DIN 15482
	十字槽半沉头钻孔螺钉	DIN 15483

图纸表达法见 84 页

沉头螺钉的沉孔　　　　　　　　　　　　　　　　　参照 DIN 74（2003-04）

90° ± 1°

d_2 H13

t_1

d_1 H13

A型和F型

α

d_2 H13

t_1

d_1 H13

E型

图纸表达法见 84 页；B、C 和 D 型没有再标准化

螺纹直径 ϕ		1.6	2	2.5	3	4	4.5	5	6	7	8
A 型	d_1 H13[1]	1.8	2.4	2.9	3.4	4.5	5	5.5	6.6	7.6	9
	d_2 H13	3.7	4.6	5.7	6.5	8.6	9.5	10.4	12.4	14.4	16.4
	$t_1 \approx$	0.9	1.1	1.4	1.6	2.1	2.3	2.5	2.9	3.3	3.7

⟶ 沉孔 DIN 74-A4：A 型，螺纹直径 4 mm。

A 型应用于：	沉头木螺钉	DIN 97 和 DIN 7997
	半沉头木螺钉	DIN 98 和 DIN 7995

螺纹直径 ϕ		10	12	16	20	22	24
E 型	d_1 H13[1]	10.5	13	17	21	23	25
	d_2 H13	19	24	31	34	37	40
	$t_1 \approx$	5.5	7	9	11.5	12	13
	α	75° ± 1°			60° ± 1°		

⟶ 沉孔 DIN 74-E12：E 型，螺纹直径 12 mm。

E 型应用于：	钢结构沉头螺钉	DIN 7969

螺纹直径 ϕ		3	4	5	6	8	10	12	14	16	20
F 型	d_1 H13[1]	3.4	4.5	5.5	6.6	9	11	13.5	15.5	17.5	22
	d_2 H13	6.9	9.2	11.5	13.7	18.3	22.7	27.2	31.2	34.0	40.7
	$t_1 \approx$	1.8	2.3	3.0	3.6	4.6	5.9	6.9	7.8	8.2	9.4

⟶ 沉孔 DIN 74-F12：F 型，螺纹直径 12 mm。

F 型应用于：	内六角沉头螺钉	DIN EN ISO 10642（替代 DIN 7991）

[1] 中等通孔按照 DIN EN 20273，见 216 页。

圆柱螺钉和六角螺钉的沉孔

圆柱头螺钉的沉孔　　　　　　　　　　　　　　　　　　参照 DIN 974-1（2008-02）

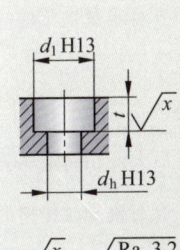

$$\sqrt{x} = \sqrt{\text{Ra } 3{,}2}$$

图纸表达法见 84 页

d		3	4	5	6	8	10	12	16	20	24	27	30	36
	d_1 H13[1]	3.4	4.5	5.5	6.6	9	11	13.5	17.5	22	26	30	33	39
d_1 H13	系列 1	6.5	8	10	11	15	18	20	26	33	40	46	50	58
	系列 2	7	9	11	13	18	24	–	–	–	–	–	–	–
	系列 3	6.5	8	10	11	15	18	20	26	33	40	46	50	58
	系列 4	7	9	11	13	16	20	24	30	36	43	46	54	63
	系列 5	9	10	13	15	18	24	26	33	40	48	54	61	69
	系列 6	8	10	13	15	20	24	33	43	48	58	63	73	–
t[2]	ISO 1207	2.4	3.0	3.7	4.3	5.6	6.6	–	–	–	–	–	–	–
	ISO 4762	3.4	4.4	5.4	6.4	8.6	10.6	12.6	16.6	20.6	24.8	–	31.0	37.0
	ISO 7984	2.4	3.2	3.9	4.4	5.6	6.6	7.6	9.6	11.6	13.8	–	–	–

➡ DIN 974 没有规定沉孔的缩写名称。

系列	圆柱头螺钉，无垫圈	
1	螺钉 ISO 1207，ISO 4762，DIN 6912，DIN 7984，DIN34821，ISO4579，ISO4580	
2	螺钉 ISO 1580，DIN EN ISO 7045，DINENISO 14583	
	圆柱头螺钉和下列垫圈：	
3	螺钉 ISO 1207，ISO 4762，DIN 7984 带弹簧垫圈 DIN 79803	
4	垫圈 DIN EN ISO 7092 弹簧垫片 DIN 137 A 型[3] 弹簧垫圈 DIN 128+DIN 69053）	齿形垫圈 DIN 6797[3] 带齿垫圈 DIN 6798[3] 带齿垫圈 DIN 6907[3]
5	垫圈 DIN EN ISO 7089+7090 垫圈 DIN 6902 A 型[3]	弹簧垫片 DIN 137 B 型[3] 弹簧垫片 DIN 6904[3]
6	夹紧垫圈 DIN 6796，DIN 6908	

[1] 通孔按照 DIN EN 20273，中等系列，见 216 页。
[2] 用于无垫圈螺钉。　　[3] 标准已撤销

六角螺钉和六角螺帽的沉孔　　　　　　　　　　　　　　参照 DIN 974-2（1991-05）

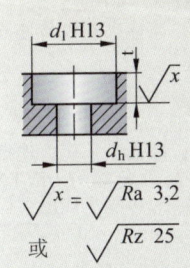

$$\sqrt{x} = \sqrt{\text{Ra } 3{,}2}$$
或
$$\sqrt{} = \sqrt{\text{Rz } 25}$$

图纸表达法见 84 页

d		4	5	6	8	10	12	14	16	20	24	27	30	33	36	42
	s	7	8	10	13	16	18	21	24	30	36	41	46	50	55	65
	d_h H13	4.5	5.5	6.6	9	11	13.5	15.5	17.5	22	26	30	33	36	39	45
d_1 H13	系列 1	13	15	18	24	28	33	36	40	46	58	61	73	76	82	98
	系列 2	15	18	20	26	33	36	43	46	54	73	76	82	89	93	107
	系列 3	10	11	13	18	22	26	30	33	40	48	54	61	69	73	82
t[1]	六角螺钉	3.2	3.9	4.4	5.7	6.8	8.2	–	10.6	13.1	15.8	–	19.7	23.5	–	–

➡ DIN 974 没有规定沉孔的缩写名称。

系列 1：用于套筒扳手 DIN 659，DIN 896，DIN 3112 或套筒扳手套件 DIN 3124。
系列 2：用于梅花扳手 DIN 838，DIN 897 或套筒扳手套件 DIN 3129。
系列 3：用于安装空间狭小时扩孔（不适用夹紧垫圈）。
[1] 用于六角螺钉 ISO 4014，ISO 4017，ISO 8765，ISO 8676，无垫圈。

接头处对齐的沉孔深度计算　　　　　　　　　　　　　　（用于 DIN 974-1 和 DIN 974-2）

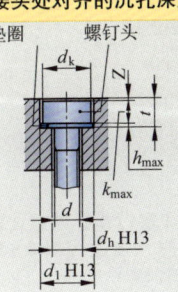

求余量 Z

螺纹标称直径 φ d	大于1至1.4	大于1.4至6	大于6至20	大于20至27	大于27至100
余量 Z	0.2	0.4	0.6	0.8	1.0

t　沉孔深度
k_{max}　最大螺钉头部高度
h_{max}　最大垫圈高度
Z　余量相当于螺纹标称直径（参照表值）

沉孔深度[1]

$$t = k_{max} + h_{max} + Z$$

[1] 如果不能采用数值 k_{max} 和 h_{max}，可采用 k 和 h 的近似值。

螺帽概述

图形	结构	标准范围 从……至	标准	应用，性能

六角螺帽，1 型 — 234、235 页

	标准螺纹	M1.6…M64	DIN EN ISO 4032	使用最多的螺帽，用于最大至相同强度等级的螺钉；细牙螺纹：比标准螺纹传递的力矩更大
	细牙螺纹	M8 × 1…M64 × 4	DIN EN ISO 8673	

六角螺帽，2 型 — 235 页

	标准螺纹	M5…M36	DIN EN ISO 4033	螺帽高度 m 比 1 型螺帽高约 10%，用于最大至相同强度等级的螺钉；细牙螺纹：比标准螺纹传递的力矩更大
	细牙螺纹	M8 × 1…M36 × 3	DIN EN ISO 8674	

浅六角螺帽 — 235、236 页

	标准螺纹	M1.6…M64	DIN EN ISO 4035	用于低安装高度和小载荷；细牙螺纹：比标准螺纹传递的力矩更大
	细牙螺纹	M8 × 1…M64 × 4	DIN EN ISO 8675	

带锁紧的六角螺帽 — 236 页

	标准螺纹	M3…M36	DIN EN ISO 7040	采用非金属材料的全载荷自锁螺帽，工作温度最高达 120℃；细牙螺纹：比标准螺纹传递的力矩更大
	细牙螺纹	M8 × 1…M36 × 3	DIN EN ISO 10512	
	标准螺纹	M5…M36	DIN EN ISO 7719	全金属全载荷自锁螺帽；细牙螺纹：比标准螺纹传递的力矩更大
	细牙螺纹	M8 × 1…M36 × 3	DIN EN ISO 10513	

其他形状的六角螺帽 — 236、238 页

	大扳手开口度，标准螺纹	M12…M36	DIN EN 14399-4	金属制造；高强度预应力连接（HV），与六角螺钉 DIN EN 14999-4（见 219 页）连用
	带法兰，标准螺纹	M5…M20	DIN EN 1661	用于例如大通孔或降低压强
	焊接螺帽 标准螺纹	M3…M16 M8 × 1…M16 × 1.5	DIN 929	用于薄板结构；一般用凸焊将螺帽与薄板连接

冠状螺帽，开口销 — 238 页

	厚型，标准螺纹或细牙螺纹	M4…M100 M8 × 1…M100 × 4	DIN 935	用于例如轴向固定轴承、轮毂，防松螺钉连接（机动车方向盘范围）
	浅型，标准螺纹或细牙螺纹	M6…M48 M8 × 1…M48 × 3	DIN 979	用开口销和螺钉横孔防松，螺钉全载荷时，强度等级 8.8 以上的开口销被剪断
	开口销	0.6 × 12…20 × 280	DIN EN ISO 1234	

螺帽 – 螺帽概述和螺帽名称

图形	结构	标准范围 从…至	标准	应用，性能
闷盖螺帽				237 页
	厚型，标准螺纹或细牙螺纹	M4…M36 M8 × 1…M24 × 2	DIN 1587	装饰性密封且向外的螺钉连接，保护螺纹防止受损
	浅型，标准螺纹或细牙螺纹	M4…M48 M8 × 1…M48 × 3	DIN 917	
带环螺帽，带环螺钉				237 页
	带环螺帽、标准螺纹或细牙螺纹	M8…M100 × 6 M20 × 2… M100 × 4	DIN 582	机器或设备运输用吊环；承重能力取决于吊索角度，要求法兰的承重面切削加工
开槽螺帽，止动垫圈				237 页
	细牙螺纹开槽螺帽	M10 × 1… M200 × 1.5	DIN 70852	用于轴向固定，例如轮毂，安装空间低且小载荷时，采用止动垫圈保护
	止动垫圈	10…200	DIN 70952	
	细牙螺纹开槽螺帽	M10 × 0.75… M115 × 2 （KM0…KM23）	DIN 981	用于轴承的轴向固定并可调节轴承间隙，例如圆锥滚柱轴承，采用止动垫圈保护
	止动垫圈	10…115 （MB0…MB23）	DIN 5406	
滚花螺帽				238 页
	厚型，标准螺纹	M1…M10	DIN 466	用于频繁打开的螺钉连接，例如工装结构、电控柜等
	浅型，标准螺纹	M1…M10	DIN 467	
六角夹紧螺帽				
	标准螺纹	M6…M30	DIN 1479	用于连接和调节，例如螺杆和连杆，用左旋螺纹和右旋螺纹；用对应螺帽防松动

螺帽的名称　　　　　　　　　　　　　　　　　　　参照 DIN 962（2013-04）

举例：

六角螺帽　ISO 4032– M12　　– 8
冠状螺帽　DIN 929 – M8 × 1 –St
六角螺帽　EN 1661 – M12　　– 10

名称	参照标准，例如 ISO，DIN，EN； 标准页编号[1]	标称数据，例如 M → 米制螺纹 8 → 标称直径 d 1 → 细牙螺纹的螺纹螺距 P	强度等级，例如，05，8，10 材料，例如：St 钢 　　　　　　GT 可锻铸铁

[1] 按 ISO 或 DIN EN ISO 标准化的螺帽在其名称中加缩写符号 ISO。
按 DIN 标准化的螺帽在其名称中加缩写符号 DIN。
按 DIN EN 标准化的螺帽在其名称中加缩写符号 EN。

强度等级，标准螺纹六角螺帽

螺帽的强度等级

参照 DIN EN ISO 898-2（2012-08），
DIN EN ISO 3506-2（2010-04）

举例：

非合金钢和合金钢
DIN EN ISO 898-2

螺帽高度 $m \geq 0.8 \cdot d$: 8
螺帽高度 $m < 0.8 \cdot d$: 04

不锈钢
DIN EN ISO 3506-2

螺帽高度 $m \geq 0.8 \cdot d$: A2-70
螺帽高度 $m < 0.8 \cdot d$: A4-035

标记数字：
8　强度等级
04　浅螺帽，检测应力 = $4 \cdot 100$ N/mm²

钢种类：
A → 奥氏体钢
A2 → 耐锈蚀螺帽
A4 → 耐锈耐酸螺帽

标记数字：
70　检测应力 = $70 \cdot 10$ N/mm²
035　浅螺帽，检测应力 = $35 \cdot 10$ N/mm²

螺钉和螺帽的许用组合

参照 DIN EN ISO 898-2（2012-08）

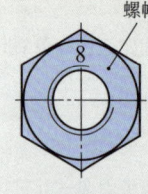

螺帽的强度等级	非合金钢和合金钢							不锈钢			
	4.8	5.8	6.8	8.8	9.8	10.9	12.9	A2-50	A2-70	A4-50	A4-70
5											
6											
8											
9											
10											
12											
A2-50											
A2-70											
A4-50											
A4-70											

螺钉螺帽许用组合的强度等级

04，05，A2-025，A4-025
浅螺帽强度等级。这类螺帽用于小载荷。相同材料组的螺钉和螺帽可以相互组合使用，例如不锈钢。

标准螺纹六角螺帽，1型[1]

参照 DIN EN ISO 4032（2013-04）

适用标准	替代标准		螺纹 d	M1.6	M2	M2.5	M3	M4	M5	M6	M8	M10
DIN EN ISO	DIN EN	DIN	SW	3.2	4	5	5.5	7	8	10	13	16
4032	24032	934	d_w	2.4	3.1	4.1	4.6	5.9	6.9	8.9	11.6	14.6
			e	3.4	4.3	5.5	6	7.7	8.8	11.1	14.4	17.8
			m	1.3	1.6	2	2.4	3.2	4.7	5.2	6.8	8.4
			强度等级	根据约定					6，8，10			
				A2-70，A4-70								

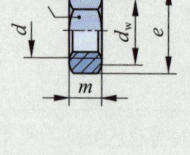

螺纹 d	M12	M16	M20	M24	M30	M36	M42	M48	M56
SW	18	24	30	36	46	55	65	75	85
d_w	16.6	22.5	27.7	33.3	42.8	51.1	60	69.5	78.7
e	20	26.8	33	39.6	50.9	60.8	71.3	82.6	93.6
m	10.8	14.8	18	21.5	25.6	31	34	38	45

强度等级	6，8，10				根据约定			
	A2-70，A4-70		A2-50，A4-50		—			

产品等级（见216页）		螺纹 d	等级	解释	[1] 1型：螺帽高度 $m \geq 0.8 \cdot d$。
		M1.6…M16	A		
		M20…M64	B	→	六角螺帽 ISO 4032-M10-10: d = M 10，强度等级 10。

六角螺帽

标准螺纹六角螺帽，2 型[1]

参照 DIN EN ISO 4033（2013-08）

螺纹 d	M5	M6	M8	M10	M12	M16	M20	M24	M30	M36
SW	8	10	13	16	18	24	30	36	46	55
d_w	8.9	8.9	11.6	14.8	14.6	22.5	27.7	33.2	42.7	51.1
e	8.8	11.1	14.4	17.8	20	26.8	33	39.6	50.9	60.8
m	5.1	5.7	7.5	9.3	12	16.4	20.3	23.9	28.6	34.7

强度等级: 8，9，10，12

产品等级（见 216 页）

螺纹 d	等级
M1.6…M16	A
M20…M64	B

解释: [1]2 型六角螺帽比 1 型六角螺帽高约 10%。

➡ 六角螺帽 ISO 4033-M24-9：
d = M 24，强度等级 9

细牙螺纹六角螺帽，1 型和 2 型[1]

参照 DIN EN ISO 8673 和 8674（2013-04）

适用标准 DIN EN ISO	替代标准 DIN EN	替代标准 DIN
8673	28673	934
8674	28674	971

螺纹 d	M8 ×1	M10 ×1	M12 ×1.5	M16 ×1.5	M20 ×1.5	M24 ×2	M30 ×2	M36 ×3	M42 ×3	M48 ×3	M56 ×4
SW	13	16	18	24	30	36	46	55	65	75	85
d_w	11.6	14.6	16.6	22.5	27.7	33.3	42.8	51.1	60	69.5	78.6
e	14.4	17.8	20	26.8	33	39.6	50.9	60.8	71.3	82.6	93.6
m_1[1]	6.8	8.4	10.8	14.8	18	21.5	25.6	31	34	38	45
m_2[1]	7.5	9.3	12	16.4	20.3	23.9	28.6	34.7	–	–	–

强度等级	1 型	6，8，10（用于 d<M16×1.5）		A2-50, A4-50	根据约定
		A2-70，A4-70			
	2 型	8，12	10		–

产品等级（见 216 页）

螺纹 d	等级
M8×1…M16×1.5	A
M20×1.5…M64×3	B

解释: [1]1 型六角螺帽：DIN EN ISO 8673，螺帽高度 $m_1 \geqslant 0.8 \cdot d$。
2 型六角螺帽：DIN EN ISO 8674，螺帽高度 m_2 比 1 型螺帽高约 10%。

➡ 六角螺帽 ISO 8673-M8×1-6：
d = M 8×1，强度等级 6

标准螺纹浅螺帽[1]

参照 DIN EN ISO 4035（2013-12）

适用标准 DIN EN ISO	替代标准 DIN EN
4035	24035

螺纹 d	M1.6	M2	M2.5	M3	M4	M5	M6	M8	M10
SW	3.2	4	5	5.5	7	8	10	13	16
d_w	2.4	3.1	4.1	4.6	5.9	6.9	8.9	11.6	14.6
e	3.4	4.3	5.5	6	7.7	8.8	11.1	14.4	17.8
m	1	1.2	1.6	1.8	2.2	2.7	3.2	4	5

强度等级	根据约定	04，05
	A2-035，A4-035	

螺纹 d	M12	M16	M20	M24	M30	M36	M42	M48	M56
SW	18	24	30	36	46	55	65	75	85
d_w	16.6	22.5	27.7	33.2	42.8	51.1	60	69.5	78.7
e	20	26.8	33	39.6	50.9	60.8	71.3	82.6	93.6
m	6	8	10	12	15	18	21	24	28

强度等级	04，05	根据约定
	A2-035，A4-035	A2-025，A4-025	

产品等级（见 216 页）

螺纹 d	等级
M1.6…M16	A
M20…M36	B

解释: [1]浅六角螺帽（$m < 0.8 \cdot d$）可载荷性小于 1 型六角螺帽。

➡ 六角螺帽 ISO 4035-M16-A2-035：
d = M 16，强度等级 A2-035

六角螺帽

细牙螺纹浅螺帽[1]　　参照 DIN EN ISO 8675（2013-04）

适用标准 DIN EN ISO	替代标准 DIN EN	螺纹 d	M8×1	M10×1	M12×1.5	M16×1.5	M20×1.5	M24×2	M30×2	M36×3	M42×3	M48×4	M56×4
8675	28675	SW	13	16	18	24	30	36	46	55	65	75	85
		d_w	11.6	14.6	16.6	22.5	27.7	33.3	42.8	51.1	60	69.5	76.7
		e	14.4	17.8	20	26.8	33	39.6	50.9	60.8	71.3	82.6	93.6
		m	4	5	6	8	10	12	15	18	21	24	28

强度等级：04, 05（根据约定）
A2-035, A4-035　　[2]　　–

产品等级（见 216 页）

螺纹 d	等级
M8×1···M16×1.5	A
M20×1.5···M64×3	B

解释：
[1] 浅六角螺帽（$m < 0.8 \cdot d$）可载荷性小于 1 型六角螺帽（见 235 页）。
[2] 不锈钢强度等级：A2-035, A4-025。

⇒ 六角螺帽 ISO 8675-M20×1.5-A2-035：
d = M 20 × 1.5，强度等级 A2-035

带锁紧的六角螺帽，1 型[1]　　参照 DIN EN ISO 7040（2013-04）和 10512（2013-05）

适用标准 DIN EN ISO	替代标准 DIN EN	DIN	螺纹 d	M4 —	M5 —	M6 —	M8 / M8×1	M10 / M10×1	M12 / M12×1.5	M16 / M16×1.5	M20 / M20×1.5	M24 / M24×2	M30 / M30×2	M36 / M36×3
7040	27040	982	SW	7	8	10	13	16	18	24	30	36	46	55
10512			d_w	5.9	6.9	8.9	11.6	14.6	16.6	22.5	27.7	33.3	42.8	51.1
			e	7.7	8.8	11.1	14.4	17.8	20	26.8	33	39.6	50.9	60.8
			h	6	6.8	8	9.5	11.9	14.9	19.1	22.8	27.1	32.6	38.9
			m	2.9	4.4	4.9	6.4	8	10.4	14.1	16.9	20.2	24.3	29.4

强度等级：DIN EN ISO 7040 和 $d >$ M5 时：5, 8, 10；
DIN EN ISO 10512 时：6, 8, 10

解释：
[1] 1 型六角螺帽（螺帽高度 $m \geq 0.8 \cdot d$）
DIN EN ISO 7040：标准螺纹六角螺帽。
DIN EN ISO 10512：细牙螺纹六角螺帽。

产品等级参见 DIN EN ISO 4032

⇒ 六角螺帽 ISO 7040 - M16 - 10：d = M 16，强度等级 10

大开口宽度六角螺帽[1]　　参照 DIN EN 14399-4（2015-04）

螺纹 d	M12	M16	M20	M22	M24	M27	M30	M36
SW	22	27	32	36	41	46	50	60
d_w	20.1	24.9	29.5	33.3	38	42.8	46.6	55.9
e	23.9	29.6	35	39.6	45.2	50.9	55.4	66.4
m	10	13	16	18	20	22	24	29

强度等级：10
表面（普通→薄涂油，火焰镀锌→缩写符号：tZn）

解释：
[1] 用于金属结构的高强度预应力连接（HV）。采用六角螺帽 DIN EN 14399-4（见 219 页）。

⇒ 六角螺帽 EN 14399-4-M16-10-HV：
d = M 16，强度等级 10，高强度预应力

产品等级 B

带法兰六角螺帽　　参照 DIN EN 1661（1998-02）

螺纹 d	M5	M6	M8	M10	M12	M16	M20
SW	8	10	13	16	18	24	30
d_w	9.8	12.2	15.8	19.6	23.8	31.9	39.9
d_c	11.8	14.2	17.9	21.8	26	34.5	42.8
e	8.8	11.1	14.4	17.8	20	26.8	33
m	5	6	8	10	12	16	20

强度等级：8, 10, A2-70

产品等级参见 DIN EN ISO 4032

⇒ 六角螺帽 EN 1661-M16-8-HV：d = M 16，强度等级 8。

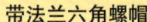
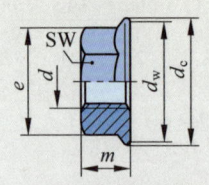

六角闷盖螺帽，开槽螺帽，带环螺帽

六角闷盖螺帽，厚型
参照 DIN 1587（2014–07）

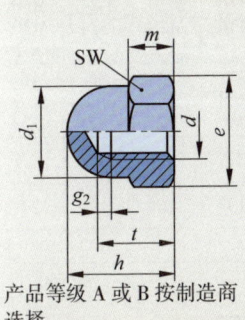

螺纹 d	M4 —	M5 —	M6 —	M8 M8 ×1	M10 M10 ×1	M12 M12 ×1.5	M16 M16 ×1.5	M20 M20 ×2	M24 M24 ×2
SW	7	8	10	13	16	18	24	30	36
d_1	6.5	7.5	9.5	12.5	15	17	23	28	34
m	3.2	4	5	6.5	8	10	13	16	19
e	7.7	8.8	11.1	14.4	17.8	20	26.8	33.5	40
h	8	10	12	15	18	22	28	34	42
t	5.3	7.2	7.8	10.7	13.3	16.3	20.6	25.6	30.5
g_2	$g \approx 2 \cdot P$（P 螺纹螺距）				螺纹退刀槽 DIN 76–D				
强度等级	6，A1–50								
⇒	闷盖螺帽 EIN 1587–M20–6：$d = $ M 20，强度等级 6								

产品等级 A 或 B 按制造商选择

开槽螺帽
参照 DIN 70852（1989–06）

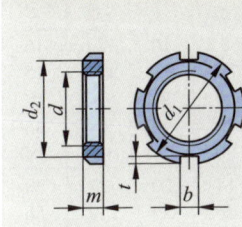

螺纹 d	M12 ×1.5	M16 ×1.5	M20 ×1.5	M24 ×1.5	M30 ×1.5	M35 ×1.5	M40 ×1.5	M48 ×1.5	M55 ×1.5	M60 ×1.5	M65 ×1.5
d_1	22	28	32	38	44	50	56	65	75	80	85
d_2	18	23	27	32	38	43	49	57	67	71	76
m	6	6	6	7	7	8	8	8	8	9	9
b	4.5	5.5	5.5	6.5	6.5	7	7	8	8	11	11
t	1.8	2.3	2.3	2.8	2.8	3.3	3.3	3.8	3.8	4.3	4.3
材料	St（钢）										
⇒	开槽螺帽 EIN 70852–M16×1.5–St： $d = $ M16×1.5，材料：钢。										

止动垫圈
参照 DIN 70952（1976–05）

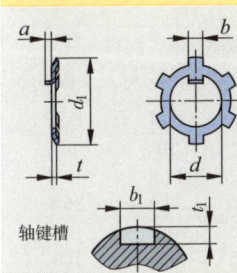

螺纹 d	12	16	20	24	30	35	40	48	55	60	65
d_1	24	29	35	40	48	53	59	67	79	83	88
t	0.75	1	1	1	1.2	1.2	1.2	1.2	1.2	1.5	1.5
a	3	3	4	4	5	5	5	5	6	6	6
b	4	5	5	6	7	7	8	8	10	10	10
$b_1 C11$	4	5	5	6	7	7	8	8	10	10	10
t_1	1.2	1.2	1.2	1.2	1.5	1.5	1.5	1.5	1.5	2	2
材料	St（钢板）										
⇒	止动垫圈 EIN 70952–16–St：$d = 16$，材料：钢。										

轴键槽

带环螺帽
参照 DIN 582（2010–09）

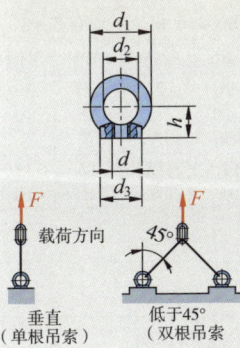

螺纹 d	M8	M10	M12	M16	M20	M24	M30	M36	M42	M48	M56
h	18	22.5	26	30.5	35	45	55	65	75	85	95
d_1	36	45	54	63	72	90	108	126	144	166	184
d_2	20	25	30	35	40	50	60	70	80	90	100
d_3	20	25	30	35	40	50	65	75	85	100	110
载荷方向的承载量[1]（t）											
低于	0.14	0.23	0.34	0.70	1.20	1.80	3.20	4.60	6.30	8.60	11.5
45°	0.10	0.17	0.24	0.50	0.86	1.29	2.30	3.30	4.50	6.10	8.20
材料	渗碳钢 C15，A2，A3，A4，A5										
解释	[1] 数值中已含安全系数 $v=6$；它涉及断裂力。										
⇒	带环螺帽 DIN 582–M36–C15E：$d = $ M36，材料：C15E。										

载荷方向

垂直
（单根吊索）

低于45°
（双根吊索）

冠状螺帽，开口销，焊接螺帽，滚花螺帽

冠状螺帽，厚型

参照 DIN 935-1（2013-08）

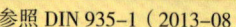

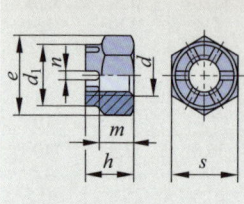

螺纹 d	M4 —	M5	M6 —	M8 / M8 / ×1	M10 / M10 / ×1	M12 / M12 / ×1.5	M16 / M16 / ×1.5	M20 / M20 / ×2	M24 / M24 / ×2	M30 / M30 / ×2
s	7	8	10	13	16	18	24	30	36	46
e	7.7	8.8	11.1	14.4	17.8	20	26.8	33	39.6	50.9
h	5	6	7.5	9.5	12	15	19	22	27	33
d_1	无圆柱形凸缘					15.6	21.5	27.7	33.2	42.7
n	1.2	1.4	2	2.5	2.8	3.5	4.5	4.5	535	7
m	3.2	4	5	6.5		10	13	16	19	24

产品等级（见216页）	强度等级	6，8，10		
螺纹 d	等级		A2–70	A2–50
M1.6…M16	A			
M20…M100	B			

→ 冠状螺帽 DIN 935-M20-8：d = M 20，强度等级 8。

开口销

参照 DIN EN ISO 1234（2013-12）

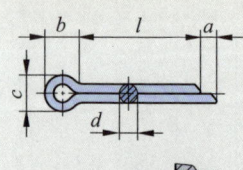

$d^{1)}$	1	1.2	1.6	2	2.5	3.2	4	5	6.3	8
b	3	3	3.2	4	5	6.4	8	10	12.6	16
c	1.6	2	2.8	3.6	4.6	5.8	7.4	9.2	11.8	15
a	1.6	2.5	2.5	2.5	2.5	3.2	4	4	4	4
l 从	6	8	8	10	12	14	18	22	28	36
l 至	20	25	32	40	50	63	80	100	125	160
$d_1^{2)}$ 大于	3.5	4.5	5.5	7	9	11	14	20	27	39
	4.5	5.5	7	9	11	14	20	27	39	56

标称长度 l	6，8，10，12，14，16，18，20，22，25，28，32，36，40，45，50，56，63，71，80，90，100，112，125，140，160 mm
解释	1) d 标称长度 = 开口销孔直径。 2) d_1 配用的螺钉直径。

→ 开口销 ISO 1234-2.5×32-St：d = M 2.5，l=32mm，材料：钢

六角焊接螺帽

参照 DIN 929（2000-01）

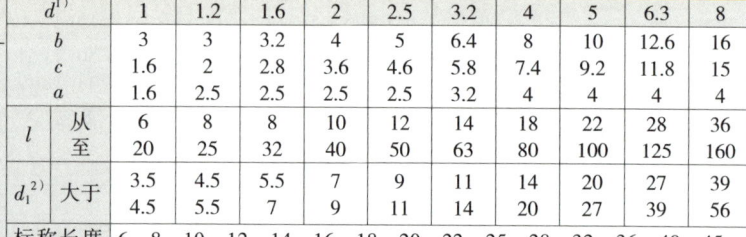

螺纹 d	M3	M4	M5	M6	M8	M10	M12	M16
s	7.5	9	10	11	14	17	19	24
d_1	4.5	6	7	8	10.5	12.5	14.8	18.8
e	8.2	9.8	11	12	15.4	18.7	20.9	26.5
m	3	3.5	4	5	6.5	8	10	13
h	0.3	0.3	0.3	0.4	0.4	0.5	0.6	0.8

形状	St– 最大碳含量 0.25% 的钢。

产品等级 A

→ 焊接螺帽 DIN 929-M16-St：d = M16，材料：钢

滚花螺帽

参照 DIN 466 和 467（2006-08）

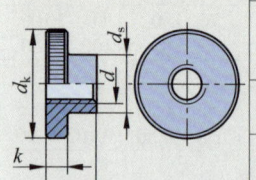

螺纹 d	M1.2	M1.6	M2	M2.5	M3	M4	M5	M6	M8	M10
d_k	6	7.5	9	11	12	16	20	24	30	36
d_e	3	3.8	4.5	5	6	8	10	12	16	20
k	1.5	2	2	2.5	2.5	3.5	4	5	6	8
$h^{1)}$	4	5	5.3	6.5	7.5	9.5	11.5	15	18	23
$h^{2)}$	2	2.5	2.5	3	3	4	5	6	8	10

强度等级	St（钢），A1–50
解释	1) 螺帽高度采用 DIN 466 厚型。 2) 螺帽高度采用 DIN 467 浅型。

→ 滚花螺帽 DIN 467-M6-A1-50：d = M6，强度等级 A1-50。

概述，平垫圈

名称举例：　　　　　　　　**垫圈** ISO 7090 – 8 – 300 HV – A2[1]

| 名称 | 标准 | 标称尺寸
（螺纹标称直径） | 硬度等级 | 材料 |

[1] 不锈钢，钢组 A2

概览

图形	结构， 标准范围 从 ... 至 ...	W[1]	标准	图形	结构， 标准范围 从 ... 至 ...	W[1]	标准
	带倒角平垫圈 产品等级 A[2] M5...M64 参见下表	钢， 不锈钢	DIN EN ISO 7090		带倒角平垫圈， 用于 HV 螺钉 M12...M36 参见 241 页	钢	DIN EN 14399–6
	无系列平垫圈 产品等级 A[2] M1.6...M36 参见 240 页	钢， 不锈钢	DIN EN ISO 7092		四方垫圈，用于 U 型和 I 型支撑梁 M8...M27 参见 241 页	钢	DIN 434 DIN 435
	普通系列平垫圈 产品等级 C[2] M1.6...M64 参见 240 页	钢	DIN EN ISO 7091		螺栓垫圈 产品等级 A[2] $d = 3...100mm$ 参见 241 页	钢	DIN EN 28738
	用于钢结构的垫圈， 产品等级 A[2]，C[2] M10...M30 参见 240 页	钢	DIN EN ISO 7989–1		螺钉连接的夹紧垫 圈 $d = 2...30mm$ 参见 241 页	弹簧 钢	DIN 6796

[1] 材料采用相应硬度等级的钢（例如 200HV；300HV）；若采用其他材料，请按协议约定。
[2] 产品等级在公差和加工方法内划分。

带倒角平垫圈，普通系列　　　　　　　　　　　　　参照 DIN EN ISO 7090（2000–11）

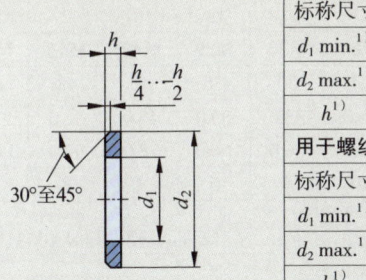

用于螺纹	M5	M6	M8	M10	M12	M16	M20
标称尺寸	5	6	8	10	12	16	20
d_1 min.[1]	5.3	6.4	8.4	10.5	13.0	17.0	21.0
d_2 max.[1]	10.0	12.0	16.0	20.0	24.0	30.0	37.0
h[1]	1	1.6	1.6	2	2.5	3	3
用于螺纹	M24	M30	M36	M42	M48	M56	M64
标称尺寸	24	30	36	42	48	56	64
d_1 min.[1]	25.0	31.0	37.0	45.0	52.0	62.0	70.0
d_2 max.[1]	44.0	56.0	66.0	78.0	92.0	105.0	115.0
h[1]	4	4	5	8	8	10	10

材料	钢		不锈钢
种类	–	–	A2, A4, F1, C1, C4（ISO 3506）[3]
硬度等级	200 HV	300 HV （调质）	200 HV

硬度等级 200HV 适用于：
· 强度等级 ≤ 8.8 或 ≤ 8（螺帽）
的六角螺钉和螺帽
· 不锈钢螺钉和螺帽
硬度等级 300HV 适用于：
· 强度等级 ≤ 10.9 或 ≤ 10（螺帽）
的六角螺钉和螺帽

→ 　垫圈 ISO 7090–20–200HV：
称尺寸（＝螺纹标称直径）＝20mm，硬度等级 200HV，材料：钢

[1] 各按其标称尺寸。
[2] 按协议约定的有色金属和其他材料。
[3] 参照 216 页。

平垫圈，用于钢结构的垫圈

平垫圈，小型系列

参照 DIN EN ISO 7092（2000-11）

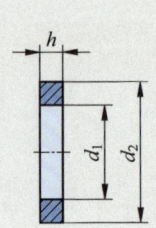

用于螺纹	M1.6	M2	M2.5	M3	M4	M5	M6	M8
标称尺寸	1.6	2	2.5	3	4	5	6	8
d_1 min.[1]	1.7	2.2	2.7	3.2	4.3	5.3	6.4	8.4
d_2 max.[1]	3.5	4.5	5	6	8	9	11	15
h_{max}	0.35	0.35	0.55	0.55	0.55	1.1	1.8	1.8

用于螺纹	M10	M12	M14[2]	M16	M20	M24	M30	M36
标称尺寸	10	12	14	16	20	24	30	36
d_1 min.[1]	10.5	13.0	15.0	17.0	21.0	25.0	31.0	37.0
d_2 max.[1]	18.0	20.0	24.0	28.0	34.0	39.0	50.0	60.0
h_{max}	1.8	2.2	2.7	2.7	3.3	4.3	4.3	5.6

材料[3]	钢		不锈钢		
种类	–	–	A2，A4，F1，C1，C4（ISO 3506）[4]		
硬度等级	200 HV	300 HV（调质）	200 HV		

硬度等级 200HV 适用于：
· 强度等级 ≤ 8.8 或不锈钢的圆柱螺钉
· 强度等级 ≤ 8.8 或不锈钢的内六角圆柱螺钉
硬度等级 300HV 适用于：
· 强度等级 ≤ 10.9 的内六角圆柱螺钉

→ 垫圈 ISO 7092-8-200HV-A2：
标称尺寸（= 螺纹标称直径）= 8mm，小型系列，硬度等级 200HV。
材料：A2 不锈钢。

[1] 各按其标称尺寸。
[2] 尽量避免该尺寸。
[3] 按协议约定的有色金属和其他材料。
[4] 参照 216 页。

平垫圈，普通系列

参照 DIN EN ISO 7091（2000-11）

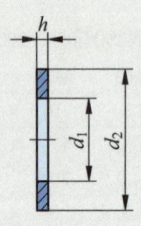

用于螺纹	M2	M3	M4	M5	M6	M8	M10	M12
标称尺寸	2	3	4	5	6	8	10	12
d_1 min.[1]	2.4	3.4	4.5	5.5	6.6	9.0	11.0	13.5
d_2 max.[1]	5.0	7.0	9.0	10.0	12.0	16.0	20.0	24.0
h[1]	0.3	0.5	0.8	1.0	1.6	1.6	2	2.5

用于螺纹	M16	M20	M24	M30	M36	M42	M48	M64
标称尺寸	16	20	24	30	36	42	48	64
d_1 min.[1]	17.5	22.0	26.0	33.0	39.0	45.0	52.0	70.0
d_2 max.[1]	30.0	37.0	44.0	56.0	66.0	78.0	92.0	115.0
h[1]	3	3	4	4	5	8	8	10

硬度等级 100HV 适用于：
· 六角螺钉，产品等级 C，强度等级 ≤ 6.8
· 六角螺帽，产品等级 C，强度等级 ≤ 6

→ 垫圈 ISO 7091-12-100HV：
标称尺寸（= 螺纹标称直径），d= 12 mm，硬度等级 100 HV。

[1] 各按其标称尺寸。

用于钢结构的垫圈

参照 DIN 7989-1 和 DIN 7989-2（2001-04）

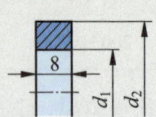

用于螺纹	M10	M12	M16	M20	M24	M27	M30
d_1 min.[1]	11.0	13.5	17.5	22.0	26.0	30.0	33.0
d_2 max.[1]	20.0	24.0	30.0	37.0	44.0	50.0	56.0

→ 垫圈 DIN 7989-16-C-100HV：
螺纹标称直径 d= 16mm，产品等级 C，硬度等级 100HV

结构：产品等级 C（冲压结构）厚度 h=（8 ± 1.2）mm
产品等级 C（车削结构）厚度 h=（8 ± 1）mm

用于 DIN 7968，DIN 7969，DIN 7990 所述螺钉连接 ISO 4032 和 ISO 4034 所述螺帽

[1] 标称尺寸。

其他垫圈

用于 HV[1] 螺钉连接带倒角的平垫圈

参照 DIN EN 14399-6（2015-04）

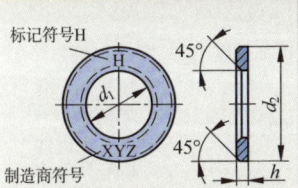

标记符号H
制造商符号

用于螺纹	M12	M16	M20	M22	M24	M27	M30	M36
d_1 min.	13	17	21	23	25	28	31	37
d_2 max.	24	30	37	39	44	50	56	66
h	3	4	4	4	4	5	5	6

⟹ 垫圈 EN 14399-6-20：
标称尺寸 d = 20mm（标称尺寸相当于螺纹直径）[1]最大夹紧强度。

材料：钢，调质至 300HV 至 370HV。

四方和楔形垫圈，用于 U 型和 I 型支撑梁

参照 DIN 434（2000-04），DIN 435（2000-01）

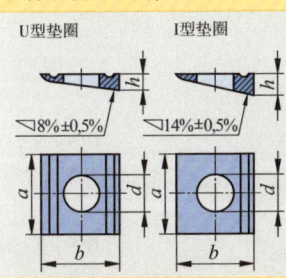

U型垫圈 I型垫圈
≤8%±0.5% ≤14%±0.5%

用于螺纹	M8	M10	M12	M16	M20	M22	M24
d_1 min.[1]	9	11	13.5	17.5	22	24	26
a	22	22	26	32	40	44	56
b	22	22	30	36	44	50	56
h DIN 434	3.8	3.8	4.9	5.8	7	8	8.5
h DIN 435	4.6	4.6	6.2	7.5	9.2	10	10.8

⟹ I 型垫圈 DIN 435-13.5：标称尺寸 d_1=13.5mm

材料：钢，硬度 100HV 至 250HV 10。
[1]标称尺寸。

螺栓垫圈，产品等级 A

参照 DIN EN 28738（1992-10）

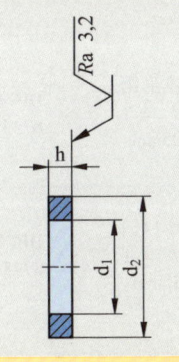

√Ra 3,2

d_1 min.[2]	3	4	5	6	8	10	12
d_2 max.	6	8	10	12	15	18	20
h	0.8		1	1.6	2	2.5	3
d_1 min.[1]	14	16	18	20	22	24	27
d_2 max.	22	24	28	30	34	37	39
h	3			4			5
d_1 min.[2]	30	36	40	50	60	80	100
d_2 max.	44	50	56	66	78	98	120
h	5		6		8	10	12

⟹ 垫圈 ISO 8738-14-160HV：d_1 最小 = 14mm，硬度等级 10HV

材料：钢，硬度 160HV。
应用：用于 ISO 2340 和 ISO 2341 所述螺栓（见 244 页），仅装在开口销一侧。
[1]产品等级在公差和加工方法内划分。   [2] 各按其标称尺寸。

用于螺钉连接的夹紧垫圈

参照 DIN 6796（2009-08）

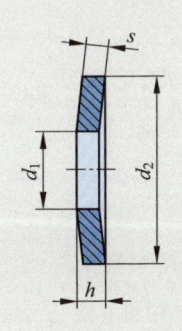

用于螺纹	M2	M3	M4	M5	M6	M8	M10
d_1 H14	2.2	3.2	4.3	5.3	6.4	8.4	10.5
d_2 H14	5	7	9	11	14	18	23
h max.	0.6	0.85	1.3	1.55	2	2.6	3.2
s	0.4	0.6	1	1.2	1.5	2	2.5
用于螺纹	M12	M16	M20	M22	M24	M27	M30
d_1 H14	13	17	21	23	25	28	31
d_2 H14	29	39	45	49	56	60	70
h max.	3.95	5.25	6.4	7.05	7.75	8.35	9.2
s	3	4	5	5.5	6	6.5	7

⟹ 夹紧垫圈 DIN 6796-10-FSt：用于螺纹 M10，弹簧钢制成。

材料：弹簧钢（FSt）按照 DIN 267-26 或不锈钢。
应用：夹紧垫圈应锁紧螺钉连接防止松动。因此它不适用于交变横向载荷。
其应用主要限制在轴向载荷，强度等级 8.8 至 10.9 的短螺钉。

概述，销钉和螺栓

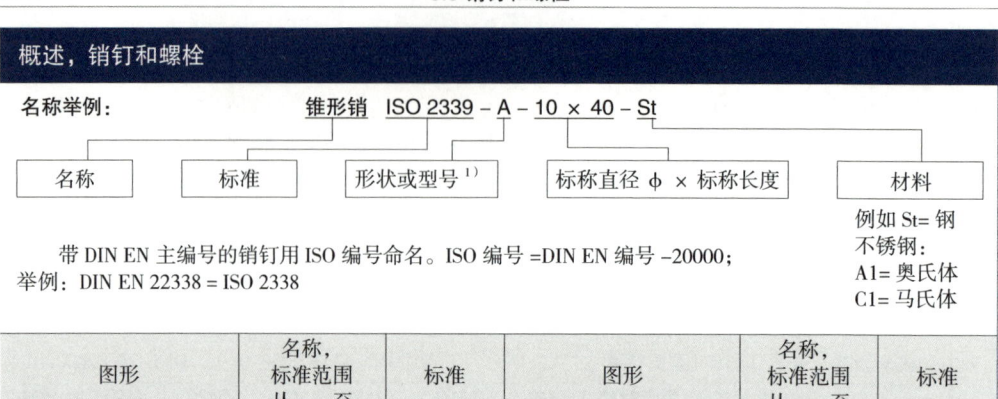

名称举例：锥形销　ISO 2339 – A – 10 × 40 – St

| 名称 | 标准 | 形状或型号 [1] | 标称直径 ϕ × 标称长度 | 材料 |

例如 St= 钢
不锈钢：
A1= 奥氏体
C1= 马氏体

　带 DIN EN 主编号的销钉用 ISO 编号命名。ISO 编号 =DIN EN 编号 –20000；举例：DIN EN 22338 = ISO 2338

图形	名称，标准范围 从 …… 至	标准	图形	名称，标准范围 从 …… 至	标准
销钉					243 页
[1] 公差等级 m6 或 h8	圆柱销，未淬火 d=1…50mm	DIN EN ISO 2338		锥形销 d_1 = 0 . 6 … 50mm	DIN EN ISO 22339
	圆柱销，淬火 d=0.8…20mm	DIN EN ISO 8734		夹紧销（紧固套） d_1=1…50mm	DIN EN ISO 8752 / DIN EN ISO 13337
刻槽销，开口钉					244 页
	圆柱刻槽销，带倒角 d_1=1.5…25mm	DIN EN ISO 8740		锥形销 d_1 = 1 . 5 … 25mm	DIN EN ISO 8744
	插式刻槽销 d_1=1.5…25mm	DIN EN ISO 8741		切口销 d_1 = 1 . 2 … 25mm	DIN EN ISO 8745
	贯头刻槽销，1/3 长度刻槽 d_1=1.5…25mm	DIN EN ISO 8742		半圆头开口钉 d_1 = 1 . 4 … 20mm	DIN EN ISO 8746
	长槽贯头刻槽销 d_1=1.5…25mm	DIN EN ISO 8743		沉头开口钉 d_1 = 1 . 4 … 20mm	DIN EN ISO 8747
螺栓					244 页
A型	无头螺栓，A 型或带开口销孔的 B 型 d=3…100mm	DIN EN ISO 22340	A型	有头螺栓，A 型或带开口销孔的 B 型 d=3…100mm	DIN EN ISO 22341

圆柱销，锥形销，夹紧销

非淬火钢和奥氏体不锈钢的圆柱销　　参照 DIN EN ISO 2338（1998-02）

d m6/h8 [2]		0.6	0.8	1	1.2	1.5	2	2.5	3	4	5
l	从	2	2	4	4	4	6	6	8	8	10
	至	6	8	10	12	16	20	24	30	40	50
d m6/h8 [2]		6	8	10	12	16	20	25	30	40	50
l	从	12	14	18	22	26	35	50	60	80	95
	至	60	80	95	140	180	200	200	200	200	200
标称长度		2, 3, 4, 5, 6, 8, 10, 12, 14, 16, 18, 20, 22, 24, 26, 28, 30, 32, 35, 40…95, 100, 120, 140, 160, 180, 200 mm										
→		圆柱销 ISO 2338 – 6 m6 × 30 – St：d = 6mm, 公差等级 m6, l =30mm, 钢制										

[1] 允许在销钉端部锪孔和倒圆。　　[2] 可供货公差等级 m6 和 h8。

圆柱销，淬火　　参照 DIN EN ISO 8734（1998-03）

d m6		1	1.5	2	2.5	3	4	5	6	8	10	12	16	20
l	从	3	4	5	6	8	10	12	14	18	22	26	40	50
	至	10	16	20	24	30	40	50	60	80	200			
标称长度		3, 4, 5, 6, 8, 10, 12, 14, 16, 18, 20, 22, 24V26, 28, 30, 32, 35, 40, 45, 50, 55, 60, 65, 70, 75, 80, 85, 90, 95, 100 mm												
材料		·钢：A 型销淬透，B 型销渗碳淬火 ·不锈钢种类 C1)												
→		圆柱销 ISO 8734–6 × 30–C1：d=6mm, l=30mm, C1 类不锈钢												

[1] 允许在销钉端部锪孔和倒圆。

锥形销，未淬火　　参照 DIN EN 22339（1992-10）

d h10		1	2	3	4	5	6	8	10	12	16	20	25	30
l	从	6	10	12	14	18	22	22	26	32	40	45	50	55
	至	10	35	45	55	60	90	120	160	180	200			
标称长度		2, 3, 4, 5, 6, 8, 10, 12, 14, 16, 18, 20, 22, 24, 26, 28, 30, 32, 35, 40, 45…95, 100, 120, 180, 200 mm												
→		锥形销 ISO 2339–A–10×40–St：A 型, d=10mm, l=40mm, 钢制												

A 型磨削，R_a=0.8μm
B 型车削，R_a=3.2μm

夹紧销（紧固套），开槽，重型结构　　参照 DIN EN ISO 8752（2009-10）
夹紧销（紧固套），开槽，轻型结构　　参照 DIN EN ISO 13337（2009-10）

标称直径 φd_1	2	2.5	3	4	5	6	8	10	12
d_1 min.[1]	2.4	2.9	3.5	4.6	5.6	6.7	8.8	10.8	12.8
s ISO 8752	0.4	0.5	0.6	0.8	1	1.2	1.5	2	2.5
s ISO 13337	0.2	0.25	0.3	0.5	0.5	0.75	0.72	1	1
l 从	4	4	4	4	5	10	10	10	10
至	20	30	40	50	80	100	120	160	180
标称直径 φd_1	14	16	20	25	30	35	40	45	50
d_1 min.[1]	14.8	16.8	20.9	25.9	30.9	35.9	40.9	45.9	50.9
s ISO 8752	3	3	4	5	5	7	7.5	8.5	9.5
s ISO 13337	1.5	1.5	2	2	2.5	3.5	4	4	5
l 从	10			14			20		
至	200			200			200		
标称长度	4, 5, 6, 8, 10, 12, 14, 16, 18, 20, 22, 24, 26, 28, 30, 32, 35, 40, 45…95, 100, 120, 180, 200 mm								
材料	·钢：淬火和回火至 420HV....520HV ·不锈钢种类：A 类或 C 类								
应用	装配孔直径（公差等级 H12）必须与配装的销钉直径 d_1 相等。销钉装入最小的装配孔允许开槽不完全闭合。								
→	夹紧销 ISO 8752-6×30-St：d=6mm, l=30mm, 钢制								

[1] 标称直径 $d_1 \geqslant$ 10mm 的夹紧销只允许一端倒角。

刻槽销，开口钉，螺栓

刻槽销，开口钉 　　　　　　　　参照 DIN EN ISO 8740...8747（1998-03）

		1.5	2	2.5	3	4	5	6	8	10	12	16	20	25
圆柱刻槽销，倒角 ISO 8740	d_1													
	l 从	8	8	10	10	10	14	14	14	14	18	22	26	26
	至	20	30	30	40	60	60	80	100	100	100	100	100	100
插式刻槽销 ISO 8741	l 从	8	8	8	8	10	12	14	18	26	26	26	26	
	至	20	30	30	40	60	60	80	100	160	200	200	200	
贯头刻槽销 ISO 8742+8743	l 从	8	12	12	12	18	18	22	26	32	40	45	45	45
	至	20	30	30	40	60	60	80	100	160	200	200	200	200
锥形刻槽销 ISO 8744	l 从	8	8	8	8	8	10	10	14	14	14	24	26	26
	至	20	30	30	40	60	60	80	100	120	120	120	120	120
切口销 ISO 8745	l 从	8	8	8	8	10	14	14	14	14	18	26	26	26
	至	20	30	30	40	60	60	80	100	200	200	200	200	200

		1.4	1.6	2	2.5	3	4	5	6	8	10	12	16	20
半圆头开口钉 ISO 8746	l 从／至	1.4	1.6	2	2.5	3	4	5	6	8	10	12	16	20
	l 从	3	3	3	3	4	5	6	8	10	12	16	20	25
	至	6	6	8	10	12	16	20	25	30	40	40	40	40
沉头开口钉 ISO 8747	l 从	3	3	4	4	5	6	8	10	12	16	20	25	
	至	6	8	10	12	16	20	25	30	40	40	40	40	

标称长度
销: 8, 10…30, 32, 35, 40…100, 120, 140…180, 200 mm
钉: 3, 4, 5, 6, 10, 12, 16, 20, 25, 30, 35, 40 mm

→ 刻槽销 ISO 8740- 6×50-St: d=6mm, l=50mm, 钢制。

无头和有头螺栓 　　　　　　　　参照 DIN EN 22340,22341（1992-10）

无头螺栓 ISO 2340
有头螺栓 ISO 2341
A 型，无开口销孔，
B 型，有开口销孔。

	3	4	5	6	8	10	12	14	16	18	20	22	24
d_1 h11	3	4	5	6	8	10	12	14	16	18	20	22	24
d_1 H13	0.8	1	1.2	1.6	2	3.2	3.2	4	4	5	5	5	6.3
d_k h14	5	6	8	10	14	18	20	22	25	28	30	33	36
k js14	1	1	1.6	2	3	4	4	4.5	5	5	5.5	5	
le	1.6	2.2	2.9	3.2	3.5	4.5	5.5	6	6	7	8	8	9
l 从	6	8	10	12	16	20	24	28	30	35	40	45	50
至	30	40	50	60	80	100	120	140	160	180	200	200	200

标称长度: 6, 8, 10…30, 32, 35, 40…95, 100, 120, 140…180, 200 mm

→ 螺栓 ISO 2340-B-20×100-St:
A 型，B 型，d=20mm，l=100mm，易切削钢（St）。

有头和螺纹轴颈的螺栓 　　　　　　参照 DIN 1445（2011-02）

	8	10	12	14	16	18	20	24	30	40	50
d_1 h11	8	10	12	14	16	18	20	24	30	40	50
b min	11	14	17	20	20	20	25	29	36	42	49
d_2	M6	M8	M10	M12	M12	M12	M16	M20	M24	M30	M36
d_3 h14	14	18	20	22	25	28	30	36	44	55	66
k js14	3	4	4	4	4.5	5	5	6	8	8	9
s	11	13	17	19	22	24	27	32	36	50	60
标称长度	16, 20, 25, 30, 35…125, 130, 140, 150…190, 200 mm									

→ 螺栓 DIN 1445-12h11×30×50-St:
A 型，B 型，d_1=12mm，公差等级 h11，l_1=30mm，l_2=50mm。
材料：9SMnPb28（St）。

1) 紧固长度）

连接概述

形状接合型连接

平键 DIN 6885−1　　　　247 页

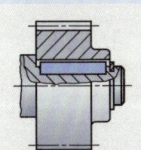

– 轮毂可轴向移动
– 自定中心
– 主要用于单侧转矩传递
– 切口应力集中效应高
· 齿轮、皮带传动

半圆键 DIN 6888　　　　247 页

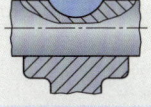

– 加工和装配简单
– 对轴和轮毂有切口应力集中效应
– 深槽大幅度弱化轴的强度。
· 皮带驱动、锥形连接、喷油泵

楔键连接 DIN 6886，DIN 6887　　　　246 页

– 传递中等单侧和交变转矩
– 装配简单
– 位置可靠和稳定
– 不平衡度高
– 切口应力集中效应高
· 大型机器的重型盘、齿轮和联轴器

花键轴 DIN ISO 14　　　　246 页

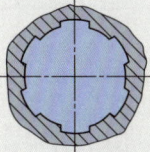

– 传递大转矩
– 轮毂可轴向移动
– 自定中心
– 切口应力集中效应高
· 驱动轴、滑动齿轮传动箱

外花键 DIN 5481（锯齿齿廓）

– 传递大交变转矩
– 自定中心
– 渐开线齿廓时切口应力集中效应更低
– 用于固定连接
· 卡车领域的转向节和扭杆弹簧

多边形轴连接 DIN 32711，DIN 32712

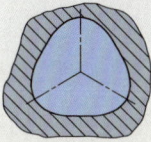

– 传递单侧和交变转矩
– 自定中心
– 不平衡度低
– 无切口应力集中效应
· 驱动轴

摩擦力接合型连接

横向压合键 DIN 7157　　　　113 页

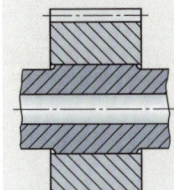

– 传递单侧和交变大转矩
– 吸收高轴向力
– 自定中心
– 不平衡度低
– 加工简单
– 用于不可拆卸型连接
· 飞轮、皮带轮、齿轮、滚动轴承

锥形压合键 DIN 2080（陡锥）　　　　248 页

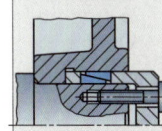

– 传递单侧和交变大转矩
– 吸收高轴向力
– 自定中心
– 不平衡度低
– 可重复调节的连接
– 可调旋转方向的轮毂
– 装配简单
· 轴端轮毂，工作主轴上的刀具

锥形夹圈（环形弹簧）

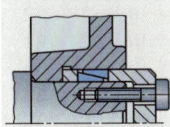

– 可重复调节的连接
– 可调旋转方向的轮毂
– 装配简单
· 链轮，皮带轮

星形盘连接

– 可重复调节的连接
– 可调旋转方向的轮毂
– 装配简单
– 轴向结构短
· 机床进给驱动机构可松开和拧紧的刻度盘、皮带轮

压力套筒

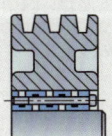

– 可调旋转方向的轮毂
– 加工简单
– 装配简单
– 自定中心
· 齿轮、皮带轮、联轴器

液压紧固套

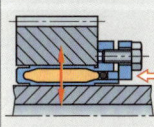

– 可调旋转方向的轮毂
– 加工简单
– 装配简单
– 自定中心
· 齿轮、皮带轮、联轴器

楔，钩头键，花键轴连接

楔，钩头键　　参照 DIN 6886（1967–12）或 DIN 6887（1968–04）

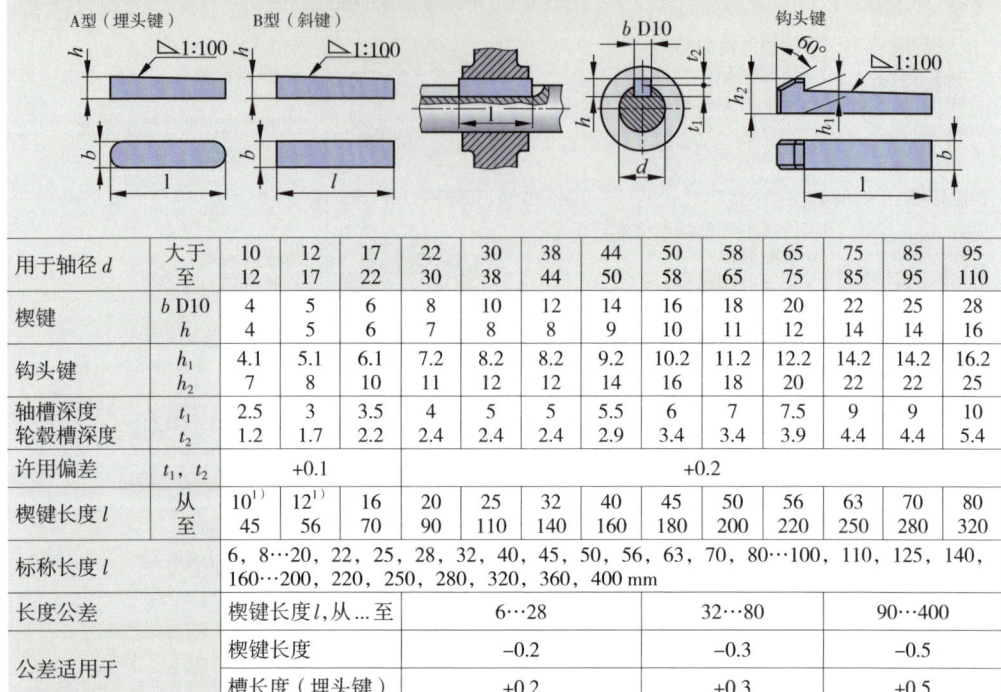

A型（埋头键）　　B型（斜键）　　b D10　　钩头键　　60°

用于轴径 d	大于	10	12	17	22	30	38	44	50	58	65	75	85	95
	至	12	17	22	30	38	44	50	58	65	75	85	95	110
楔键	b D10	4	5	6	8	10	12	14	16	18	20	22	25	28
	h	4	5	6	7	8	8	9	10	11	12	14	14	16
钩头键	h_1	4.1	5.1	6.1	7.2	8.2	8.2	9.2	10.2	11.2	12.2	14.2	14.2	16.2
	h_2	7	8	10	11	12	12	14	16	18	20	22	22	25
轴槽深度	t_1	2.5	3	3.5	4	5	5	5.5	6	7	7.5	9	9	10
轮毂槽深度	t_2	1.2	1.7	2.2	2.4	2.4	2.4	2.9	3.4	3.4	3.9	4.4	4.4	5.4
许用偏差	t_1, t_2	+0.1						+0.2						
楔键长度 l	从	10[1]	12[1]	16	20	25	32	40	45	50	56	63	70	80
	至	45	56	70	90	110	140	160	180	200	220	250	280	320

标称长度 l	6，8…20，22，25，28，32，40，45，50，56，63，70，80…100，110，125，140，160…200，220，250，280，320，360，400 mm

长度公差	楔键长度 l，从…至	6…28	32…80	90…400
公差适用于	楔键长度	–0.2	–0.3	–0.5
	槽长度（埋头键）	+0.2	+0.3	+0.5

→ **楔键 A20 × 12 × 125 DIN 6886**：A 型，b=20mm，h=12mm，l=125mm

[1] 钩头键长度从 14mm 开始

直齿面和按内径定中心的花键轴连接　　参照 DIN ISO 14（1986–12）

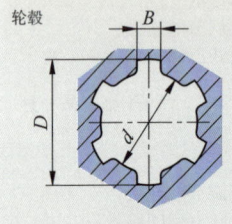

轮毂

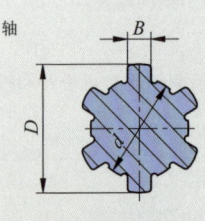

轴

按内径定中心

d	轻型系列			中型系列			d	轻型系列			中型系列		
	N[1]	D	B	N[1]	D	B		N[1]	D	B	N[1]	D	B
11	–	–	–	6	14	3	42	8	46	8	8	48	8
13	–	–	–	6	16	3.5	46	8	50	9	8	54	9
16	–	–	–	6	20	4	52	8	58	10	8	60	10
18	–	–	–	6	22	5	56	8	62	10	8	65	10
21	–	–	–	6	25	5	62	8	68	12	8	72	12
23	6	26	6	6	28	6	72	10	78	12	10	82	12
26	6	30	6	6	32	6	82	10	88	12	10	92	12
28	6	32	7	6	34	7	92	10	98	14	10	102	14
32	6	36	6	6	38	6	102	10	108	16	10	112	16
36	6	40	7	6	42	7	112	10	120	18	10	125	18

轮毂公差等级							轴公差等级			
热处理前尺寸			热处理后尺寸			尺寸	安装类型			
							间隙配合	过渡配合	过盈配合	
B	D	d	B	D	d	B	d10	f9	h10	
H9	H10	H7	H11	H10	H7	D	a11	a11	a11	
						d	f7	g7	h7	

→ **轴（或轮毂）ISO 14–6 × 23 × 26**：N=6，d=23mm，D=26mm

[1] N 楔键数量

平键，半圆键

平键（厚型）　　　　　　　　　　　参照 DIN 6885-1（1968-08）

A型　B型　C型　D型　E型　F型

键槽公差			
轴槽宽度 b	过盈配合	P9	
	标准配合	N9	
轮毂槽宽度 b	过盈配合	P9	
	标准配合	JS9	
d_1 的许用偏差	≤ 22	≤ 130	>130
轴槽深度 t_1	+0.1	+0.2	+0.3
轮毂槽深度 t_2	+0.1	+0.2	+0.3
长度 l 的许用偏差	6···28	32···80	90···400
长度公差　平键	−0.2	−0.3	+0.3
键槽	−0.2	−0.3	+0.3

d_1 大于	6	8	10	12	17	22	30	38	44	50	58	65	75	85	95	110
至	8	10	12	17	22	30	38	44	50	58	65	75	85	95	110	130
b	2	3	4	5	6	8	10	12	14	16	18	20	22	25	28	32
h	2	3	4	5	6	7	8	8	9	10	11	12	14	14	16	18
t_1	1.2	1.8	2.5	3	3.5	4	5	5	5.5	6	7	7.5	9	9	10	11
t_2	1	1.4	1.8	2.3	2.8	3.3	3.3	3.3	3.8	4.3	4.4	4.9	5.4	5.4	6.4	7.4
从	6	6	8	10	14	18	20	28	36	45	50	56	63	70	80	90
至	20	36	45	56	70	90	110	140	160	180	200	220	250	280	320	360

标称长度 l：6, 8, 10, 12, 14, 16, 18, 20, 22, 25, 28, 32, 36, 40, 45, 50, 56, 63, 70, 80, 90, 100, 110, 125, 140, 160, 180, 200, 220, 250, 280, 320 mm

→ 平键 DIN 6885-A-12×8×56：A 型，b=12mm，h=8mm，l=56mm

半圆键　　　　　　　　　　　　　　参照 DIN 6888（1956-08）

半圆键键槽公差						
轴槽宽度 b	过盈配合	P9				
	标准配合	N9				
轮毂槽宽度 b	过盈配合	P9				
	标准配合	JS9				
许用偏差 b 和 h	≤5 ≤75	≤5 >7.5	6 ≤9	6 >9	8 –	10 –
轴槽深度 t_1	+0.1	+0.2	+0.1	+0.2	+0.2	+0.2
轮毂槽深度 t_2	+0.1	+0.1	+0.1	+0.1	+0.1	+0.2

d_1 大于	8				10			12			17			22			30		
至	10				12			17			22			30			38		
b h9	2.5	3			4			5			6			8			10		
h h12	3.7	3.7	5	6.5	5	6.5	7.5	6.5	7.5	9	7.5	9	11	9	11	13	11	13	16
d_2	10	10	13	16	13	16	19	16	19	22	19	22	28	22	28	32	28	32	45
t_1	2.9	2.5	3.8	5.3	3.5	5	6	4.5	5.5	7	5.1	6.6	8.6	6.2	8.2	10.2	7.8	9.8	12.8
t_2	1	1.4			1.7			2.2			2.6			3			3.4		
l ≈	9.7	9.7	12.7	15.7	12.7	15.7	18.6	15.7	18.6	21.6	18.6	21.6	27.4	21.6	27.4	31.4	27.4	31.4	43.1

→ 半圆键 DIN 6888-6×9：b=6mm, h=9mm

[1] 拉削加工的键槽公差。

米制锥柄，莫氏锥柄，陡锥

莫氏锥柄和米制锥柄   参照 DIN 228-1（1987-05）；DIN 228-2（1987-03）

A 型：带紧固螺纹的锥柄   B 型：扁尾锥柄

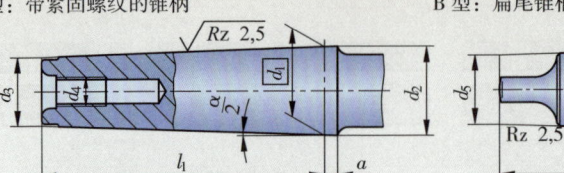
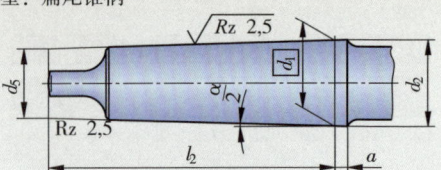

C 型：用于带紧固螺纹锥柄的锥套   D 型：用于扁尾锥柄的锥套

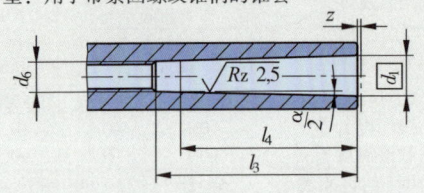
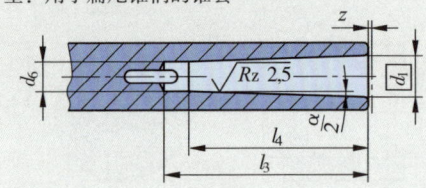

AK、BK、CK 和 DK 型各有一个冷却润滑液导孔。

锥柄类型	规格	锥柄								锥柄				锥度	
		d_1	d_2	d_3	d_4	d_5	l_1	a	l_2	d_6 H11	l_3	l_4	$Z^{[1]}$	锥度比	$\frac{\alpha}{2}$
米制锥柄（ME）	4	4	4.1	2.9	–	–	23	2	–	3	25	20	0.5	1：20	1.432°
	6	6	6.2	4.4	–	–	32	3	–	4.6	34	28	0.5	1：19.212	1.491°
莫氏锥柄（MK）	0	9.045	9.2	6.4	–	6.1	50	3	56.5	6.7	52	45	1	1：20.047	1.429°
	1	12.065	12.2	9.4	M6	9	53.5	3.5	62	9.7	56	47	1	1：20.020	1.431°
	2	17.780	18.0	14.6	M10	14	64	5	75	14.9	67	58	1	1：19.922	1.438°
	3	23.825	24.1	19.8	M12	19.1	81	5	94	20.2	84	72	1	1：19.254	1.488°
	4	31.267	31.6	25.9	M16	25.2	102.5	6.5	117.5	26.5	107	92	1	1：19.002	1.507°
	5	44.399	44.7	37.6	M20	36.5	129.5	6.5	149.5	38.2	135	118	1	1：19.180	1.493°
	6	63.348	63.8	53.9	M24	52.4	182	8	210	54.8	188	164	1		
米制锥柄（ME）	80	80	80.4	70.2	M30	69	196	8	220	71.5	202	170	1.5	1：20	1.432°
	100	100	100.5	88.4	M36	87	232	10	260	90	240	200	1.5		
	120	120	120.6	106.6	M36	105	268	12	300	108.5	276	230	1.5		
	160	160	160.8	143	M48	141	340	16	380	145.5	350	290	2		
	200	200	201.0	179.4	M48	177	412	20	460	18/2.5	424	350	2		

⇒ 锥柄 DIN 228 – ME – B 80 AT6：米制锥柄，B 型，规格 80，锥角公差 AT6

[1] 检测尺寸 d_1 最大可达锥套前间距 z。

用于刀具和 A 型夹具的陡锥柄   参照 DIN 2080-1（2011-11）

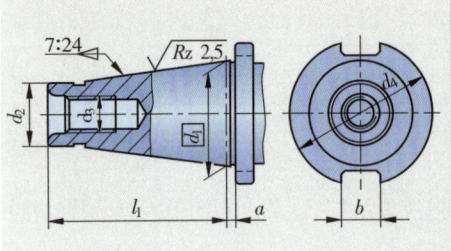

Nr.	d_1	d_2 a10	d_3	d_4 –0.1	l_1	$a \pm 0.2$	b H12
30	31.75	17.4	M12	50	68.4	1.6	16.1
40	44.45	25.3	M16	63	93.4	1.6	16.1
50	69.85	39.6	M24	97.5	126.8	3.2	25.7
60	107.95	60.2	M30	156	206.8	3.2	25.7
70	165.1	92	M36	230	296	4	32.4
80	254	140	M48	350	469	6	40.5

⇒ 陡锥柄 DIN 2080-A 40 AT4：
A 型，第 40 号，锥角公差 AT4。

圆柱形螺旋拉簧

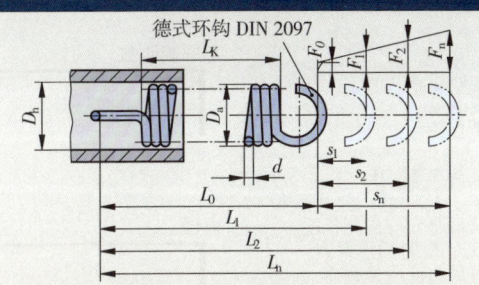

d	钢丝直径（mm）
D_a	螺旋外径（mm）
D_h	套筒最小直径（mm）
L_o	弹簧未载荷长度（mm）
L_K	弹簧体未载荷长度（mm）
L_n	弹簧最大长度（mm）
F_o	内部预应力（N）
F_n	最大许用弹簧力（N）
R	弹簧刚度（N/mm²）
s_n	F_n 时弹簧最大允许位移（mm）

d	D_a	D_h	L_o	L_K	F_0	F_n	R	s_0
铅淬火拉制非合金弹簧钢丝拉簧						参照 DIN EN 10270-1（2012-01）[1]		
0.20	3.00	3.50	8.6	4.35	0.06	1.26	0.036	33.37
0.25	5.00	5.70	10.0	2.63	0.03	1.46	0.039	36.51
0.32	5.50	6.30	10.0	2.08	0.08	2.71	0.140	18.85
0.36	6.00	6.90	11.0	2.34	0.16	3.50	0.173	19.23
0.40	7.00	8.00	12.7	2.60	0.16	4.06	0.165	23.67
0.45	7.50	8.60	13.7	3.04	0.25	5.31	0.207	24.41
0.50	10.00	11.10	20.0	5.25	0.02	5.40	0.078	68.79
0.55	6.00	7.10	13.9	5.78	0.88	11.66	0.606	17.78
0.63	8.60	9.90	19.9	7.88	0.79	12.13	0.276	41.15
0.70	10.00	11.40	23.6	9.63	0.83	14.13	0.239	55.78
0.80	10.80	12.30	25.1	10.20	1.22	19.10	0.355	50.36
0.90	10.00	11.70	23.0	9.45	1.99	28.59	0.934	28.49
1.00	13.50	15.40	31.4	12.50	1.77	28.63	0.454	29.22
1.10	12.00	14.00	27.8	11.83	2.99	41.95	1.181	32.98
1.25	17.20	19.50	39.8	15.63	2.77	42.35	0.533	74.25
1.30	11.30	13.50	134.0	118.95	5.771	70.59	0.322	201.60
1.40	15.00	17.50	34.9	15.05	5.44	66.08	1.596	38.00
1.50	20.00	22.70	48.9	21.75	3.99	60.54	0.603	93.72
1.60	21.60	24.50	50.2	20.00	3.99	67.40	0.726	87.38
1.80	20.00	23.20	16.0	19.35	6.88	100.90	1.819	51.70
2.00	27.00	30.50	62.8	25.00	6.88	101.20	0.907	104.00
2.20	24.00	27.80	55.6	23.10	9.81	148.00	2.425	57.02
2.50	34.50	38.90	79.7	31.25	9.88	148.50	1.056	131.33
2.80	30.00	34.70	69.8	29.40	17.77	233.40	3.257	65.85
3.00	40.00	45.10	140.0	83.25	11.50	214.20	0.587	345.31
3.20	43.20	46.60	100.0	40.00	11.88	238.40	1.451	156.13
3.60	40.00	46.00	92.1	37.80	19.60	357.10	3.735	90.38
4.00	44.00	50.60	117.0	58.00	24.50	436.30	30.19	136.43
4.50	50.00	57.60	194.0	128.25	28.00	532.30	1.613	312.74
5.00	50.00	58.30	207.0	142.50	47.00	707.90	2.541	260.12
5.50	60.00	69.30	236.0	156.75	38.00	774.50	2.094	351.72
6.30	70.00	80.00	272.0	179.55	45.00	968.50	2.258	429.00
7.00	80.00	92.00	306.0	199.50	70.00	1132.00	2.286	464.83
8.00	90.00	94.00	330.0	228.50	120.00	1627.00	4.065	370.91
不锈弹簧钢丝拉簧						参照 DIN EN 10270-3（2012-01）[1]		
0.20	3.00	3.50	8.60	4.35	0.05	0.99	0.031	30.54
0.40	7.00	8.00	12.70	2.60	0.121	3.251	0.142	22.11
0.63	8.60	9.90	19.90	7.88	0.631	9.861	0.237	38.97
0.80	10.80	12.30	25.1	10.20	0.971	15.67	0.305	48.19
1.00	13.50	15.40	31.4	12.50	1.411	23.77	0.390	57.40
1.25	17.20	19.50	39.8	15.63	2.211	35.50	0.458	72.73
1.40	15.00	17.50	34.9	15.05	4.351	55.72	1.371	37.48
1.60	21.60	24.50	50.2	20.00	3.211	56.93	0.623	86.19
2.00	27.00	30.50	62.8	25.00	5.501	84.86	0.779	101.86
4.00	44.00	50.60	117.0	58.00	19.600	366.50	2.593	133.83

[1] 除已列出的弹簧选项外，商业上为每一种钢丝直径均标出不同的外径和长度。

圆柱形螺旋压簧

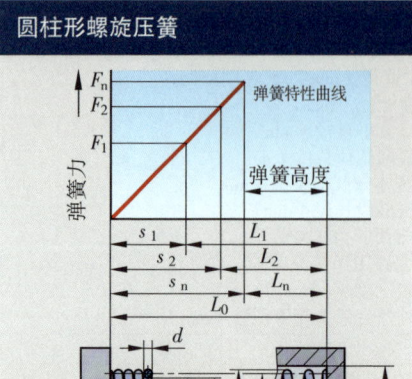

d	钢丝直径
D_m	螺旋中径
D_e	螺旋外径
D_d	螺旋内径
D_h	套筒直径
D_i	内径
L_o	未载荷弹簧长度
L_1, L_2 F_1, F_2	时载荷弹簧长度
L_n	弹簧最小允许检测长度
F_1, F_2 L_1, L_2	时的弹簧力
F_n	s_n 时最大许可弹簧力
s_1, s_2 F_1, F_2	时的弹簧位移
s_n	F_n 时弹簧最大允许位移
i_f	弹簧螺旋匝数
i_g	总匝数（端部磨削）
R	弹簧刚度（N/mm²）

总螺旋匝数

$$i_g = i_r + 2$$

内径

$$D_i = D_e - 2d$$

圆柱形螺旋压簧 — 由非合金弹簧钢丝制成，参照 DIN EN 10270-1（2012-01）

d	D_e	$i_f=3.5$				$i_f=5.5$				$i_f=8.5$			
		L_0	s_n[1]	R	F_n[1]	L_0	s_n[1]	R	F_n[1]	L_0	s_n[1]	R	F_n[1]
0.2	2.7	5.4	3.8	0.3	1.1	8.2	6.0	0.2	1.1	12.7	9.7	0.1	1.2
	2.0	2.8	1.2	0.8	1.0	4.4	2.4	0.5	1.2	6.8	4.0	0.3	1.3
	1.4	2.3	0.8	2.7	2.1	3.2	1.2	1.7	2.1	4.6	1.9	1.1	2.2
0.5	6.5	9.8	6.5	0.8	5.5	15.4	10.8	0.5	5.8	23.8	17.2	0.4	6.0
	5.0	8.0	4.9	2.0	9.7	12.0	7.6	1.3	9.7	17.0	10.8	0.8	8.9
	3.0	4.4	1.4	11.4	16.4	6.1	2.0	7.4	14.6	8.7	2.9	4.8	13.7
1.0	13.5	24.0	17.3	1.5	25.8	36.5	27.2	1.0	25.8	55.5	42.2	0.6	25.9
	8.0	10.8	4.7	8.5	39.8	16.5	8.1	5.4	43.4	26.3	14.3	3.5	50.1
	6.0	8.5	2.5	23.3	58.7	12.0	3.7	14.8	55.5	17.0	5.3	9.6	51.1
1.6	21.6	48.0	34.9	2.4	83.2	73.5	54.9	1.5	83.3	110.0	84.9	1.0	83.4
	14.1	17.0	7.1	9.8	69.6	26.0	12.3	6.2	76.5	38.0	18.6	4.0	74.8
	9.6	12.0	2.4	37.3	90.5	18.0	4.8	23.7	113.6	27.0	8.3	15.3	127.8
2.0	25.0	40.5	27.4	3.8	105.9	62.5	44.2	2.4	107.7	95.5	69.4	1.6	109.4
	20.5	27.0	14.4	7.4	106.9	41.0	23.5	4.7	109.9	62.0	37.1	3.0	112.4
	12.0	18.0	6.0	46.6	281.2	26.5	10.0	29.6	296.0	38.5	15.2	19.2	290.8
2.5	31.0	45.0	28.7	4.9	140.8	69.0	46.2	3.1	144.4	103.0	70.5	2.0	142.5
	18.5	27.5	12.3	27.8	342.5	41.0	20.0	17.7	353.8	61.0	31.3	11.4	358.0
	15.0	19.0	4.1	58.2	235.6	27.0	6.4	37.1	235.6	40.0	10.8	24.0	259.6
3.2	43.2	82.0	60.7	4.8	289.3	125.0	95.1	3.0	288.7	190.0	147.3	2.0	289.3
	28.2	42.5	22.8	19.5	444.5	63.5	33.4	12.4	291.2	94.5	55.7	8.0	447.9
	19.2	27.5	8.4	74.5	622.9	40.0	13.6	47.4	643.9	59.0	21.7	30.7	664.6
4.0	36.0	41.0	16.3	22.7	369.7	61.0	26.7	14.5	386.2	92.0	43.3	9.4	405.8
	29.0	41.0	16.8	47.7	800.2	60.5	27.0	30.4	819.7	89.5	42.1	19.6	826.9
	24.0	33.5	9.6	93.1	891.8	49.0	16.0	59.3	946.9	65.0	18.3	38.4	702.8

圆柱形螺旋压簧 — 由不锈钢弹簧钢丝制成，材料 ×10CrNi18-8

d	D_e	L_0	s_n[1]	R	F_n[1]	L_0	s_n[1]	R	F_n[1]	L_0	s_n[1]	R	F_n[1]
0.5	6.5	9.8	6.5	0.7	4.7	15.4	10.8	0.5	5.0	23.8	17.2	0.3	5.1
	5.0	8.0	4.9	1.7	8.3	12.0	7.6	1.1	8.3	17.0	10.8	0.7	7.6
	3.0	4.4	1.4	10.0	14.1	6.1	2.0	6.4	12.5	8.7	2.9	4.1	11.8
1.0	18.5	42.0	34.5	0.5	16.1	65.0	54.4	0.3	16.2	100.0	84.8	0.2	16.3
	9.0	13.0	6.8	4.9	33.3	19.0	10.4	3.1	32.4	28.5	16.3	2.0	32.8
	6.3	8.5	2.5	16.8	42.0	12.0	3.7	10.7	39.7	18.0	6.3	6.9	43.5
2.0	25.0	40.5	27.4	3.3	90.1	62.5	44.2	2.1	92.5	95.5	69.4	1.4	94.0
	14.5	22.5	10.4	20.5	212.8	33.0	16.3	13.0	211.9	49.5	25.6	8.4	21.5
	12.0	18.0	6.0	40.0	241.5	26.5	10.0	25.5	254.2	38.5	15.2	16.4	249.7

[1] 静态载荷。

碟簧 参照 DIN 2093(2013-12)

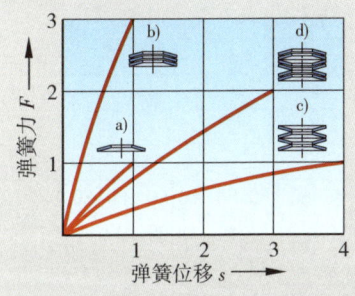

单片碟簧

无支承面：组 1+2

弹簧力 F / 弹簧位移 s

不同碟簧组合产生不同的弹簧力变化：a) 单片碟簧；b)3 个单片碟簧构成碟簧组：3 倍力；c)4 个单片碟簧构成碟簧柱：4 倍位移；d) 每组 2 个单片碟簧共 3 个碟簧组构成碟簧柱：3 倍位移，2 倍弹簧力

D_e	外径
D_i	内径
t	单片碟簧厚度
h_o	弹簧高度（理论上弹簧位移至端部位置的长度）
l_0	无载荷时单片碟簧设计高度
s	单片弹簧的位移
s_S	叠层后碟簧的位移
F	单片碟簧的弹簧力
F_s	叠层后碟簧的弹簧力
L_0	无载荷时叠层碟簧的长度
n	一个碟簧组中碟簧的数量
i	碟簧柱中碟簧的数量

碟簧柱

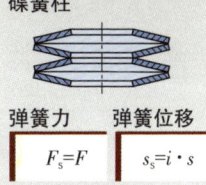

弹簧力	弹簧位移
$F_s=F$	$s_s=i \cdot s$

弹簧长度

$$L_0=i \cdot l_0$$

碟簧组

弹簧力	弹簧位移
$F_s=n \cdot F$	$s_s=s$

弹簧长度

$$L_0=l_0+(n-1) \cdot t$$

组 pe[3]	D_e h12	D_i H12	A 系列：硬弹簧 $D_e/t \approx 18; h_o/t \approx 0.4$				B 系列：中等硬度弹簧 $D_e/t \approx 28; h_o/t \approx 0.75$				C 系列：软弹簧 $D_e/t \approx 40; h_o/t \approx 1.3$			
			t	l_0	F kN[1]	s [2]	t	l_0	F kN[1]	s [2]	t	l_0	F kN[1]	s [2]
第1组: t < 1.25mm 无支承面	8	4.2	0.4	0.6	0.21	0.15	0.3	0.55	0.12	0.19	0.2	0.45	0.04	0.19
	10	5.2	0.5	0.75	0.33	0.19	0.4	0.7	0.21	0.23	0.25	0.55	0.06	0.23
	14	7.2	0.8	1.1	0.81	0.23	0.5	0.9	0.28	0.30	0.35	0.8	0.12	0.34
	16	8.2	0.9	1.25	1.00	0.26	0.6	1.05	0.41	0.34	0.4	0.9	0.15	0.38
	20	10.2	1.1	1.55	1.53	0.34	0.8	1.35	0.75	0.41	0.5	1.15	0.25	0.49
	25	12.2	–	–	–	–	0.9	1.6	0.87	0.53	0.7	1.6	0.60	0.68
	28	14.2	–	–	–	–	1.0	1.8	1.11	0.60	0.8	1.8	0.80	0.75
	40	20.4	–	–	–	–	–	–	–	–	1	2.3	1.02	0.98
第2组: t=1.25...6mm 无支承面	25	12.2	1.5	2.05	2.93	0.41	–	–	–	–	–	–	–	–
	28	14.2	1.5	2.15	2.84	0.49	–	–	–	–	–	–	–	–
	40	20.4	2.2	3.15	6.50	0.68	1.5	2.6	2.62	0.86	–	–	–	–
	45	22.4	2.5	3.5	7.72	0.75	1.7	3.0	3.66	0.98	1.25	2.85	1.89	1.20
	50	25.4	3	4.1	12.0	0.83	2	3.4	4.76	1.05	1.25	2.85	1.55	1.20
	56	28.5	3	4.3	11.4	0.98	2	3.6	4.44	1.20	1.5	3.45	2.62	1.46
	63	31	3.5	4.9	15.0	1.05	2.5	4.2	7.19	1.31	1.8	4.15	4.24	1.76
	71	36	4	5.6	20.5	1.20	2.5	4.5	6.73	1.50	2	4.6	5.14	1.95
	80	41	5	6.7	33.6	1.28	3	5.3	10.5	1.73	2.25	5.2	6.61	2.21
	90	46	5	7.0	31.4	1.50	3.5	6	14.2	1.88	2.5	5.7	7.68	2.40
	100	51	6	8.2	48.0	1.65	3.5	6.3	13.1	2.10	2.7	6.2	8.61	2.63
	125	64	–	–	–	–	5	8.5	29.9	2.63	3.5	8	15.4	3.38
	140	72	–	–	–	–	5	9	27.9	3.00	3.8	8.7	17.2	3.68
	160	82	–	–	–	–	6	10.5	41.0	3.38	4.3	9.9	21.8	4.20
	180	92	–	–	–	–	6	11.1	37.5	3.83	4.8	11	26.4	4.65

⇒ **碟簧 DIN 2093 A 16**：A 系列，外径 D_e=16mm

[1] 弹簧位移 $s \approx 0.75 \cdot h_o$ 时单片碟簧的弹簧力。

[2] $s \approx 0.75 \cdot h_o$。

[3] 第3组：t > 6....14mm，有支承面，D_e=125,140,160,180,200,225,250mm。

螺销，弹簧销，球形钮

带止推轴颈的螺销
参照 DIN 6332(2003-04)

S 型（M6 至 M20）

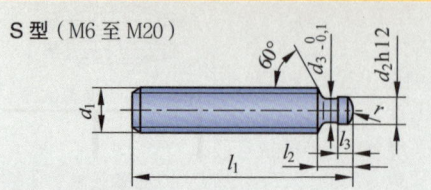

d_1	M6		M8		M10		M12		M16		
d_2	4.8		6		8		8		12		
d_3	4		5.4		7.2		7.2		11		
r	3		5		6		6		9		
l_2	6		7.5		9		10		12		
l_3	2.5		3		4.5		4.5		5		
d_4	32		40		50		63		80		
d_5	24		30		36		—		—		
e	33		39		51		65		73		
l_1	30	50	40	60	60	80	60	80	100	80	100	125
l_4	20	40	27	47	44	64	40	60	80			
l_5	22	42	30	50	48	68	—			—		

用作夹紧螺钉的应用举例：

带十字把手
DIN 6335
M6 至 M20

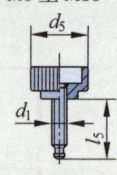

带滚花螺帽
DIN 6303
M6 至 M10

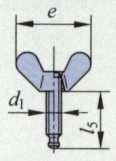

带翼型螺帽
DIN 315
M6 至 M10

➡ 螺销 DIN 6332 S M 12 x 60：S 型，
螺纹 d_1=M 12，l_1=60 mm

[1] 或星形把手 DIN 6336，M6 至 M16。

弹簧销
参照 DIN 6311（2002-06）

S 型，带止推环

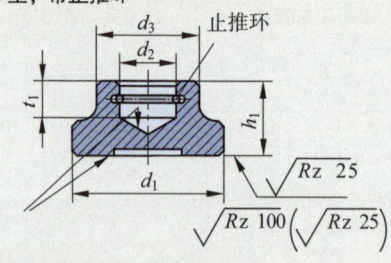

EHT(450HV1)0.3+0.2mm
表面质量 550+100HV 10

d_1	d_2 H12	d_3	h_1	t_1	止推环 DIN 7993	螺销 DIN 6332
12	4.6	10	7	4		m6
16	6.1	12	9	5		m8
20	8.1	15	11	6	8	m10
25	8.1	18	13	7	8	m12
32	12.1	22	15	7.5	12	m16
40	15.6	28	16	8	16	m20

➡ 弹簧销 DIN 6311 S40：S 型，d_1=40mm，
带止推环。

球形钮
参照 DIN 319（2013-10）

C 型
带螺纹

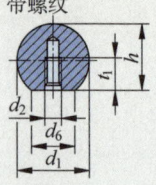

E 型
带螺纹套

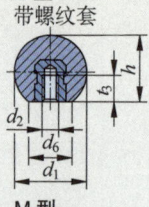

L 型
带夹紧套筒

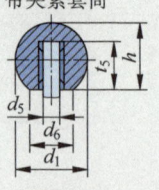

M 型
带锥孔

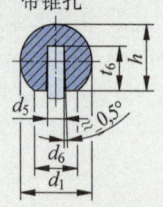

其他类型未标准化

d_1	16	20	25			32			40			50		
d_2	M4	M5	M6			M8			M10			M12		
$t_1=t_3$	6	7.5	9			12			15			18		
d_5	4	5	6	8	10[1]	8	10	12[1]	10	12	16[1]	12	16	20[1]
t_5	11	13	16	15	15	15	20	20	20	23	23	20	23	28
d_6	8	12	15			18			22			28		
t_6	9	12	15	15	–	15	15		20	20	–	22	22	–
h	15	18	22.5			29			37			46		

➡ 球形钮 DIN 319 E 25 PF：E 型，d_1=25mm，由苯
酚模塑材料 PF（热固性塑料）制成

[1] 不用于 M 型。
材料：由苯酚模塑材料 PF（热固性塑料）制成的球形钮；
螺纹套的材料是钢（St），由制造商自选；其余材
料则按双方约定。
颜色：黑色。

手柄，紧固螺栓和支承螺栓

十字手柄　　　　　参照 DIN 6335（2008-05）

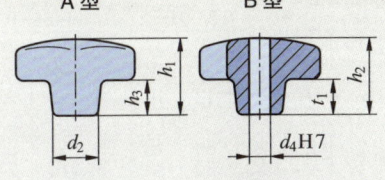

d_1	d_2	d_3	d_4	d_5	h_1	h_2	h_3	t_1
32	12	18	6	M6	21	20	10	12
40	14	21	8	M8	26	25	14	15
50	18	25	10	M10	34	32	20	18
63	20	32	12	M12	42	40	25	22
80	25	40	16	M16	52	50	30	28
100[1)	32	48	20	M20	65	60	38	36

形状	描述
A 至 E 型	金属手柄
A	金属毛坯件
B	有通孔 d_4
C	不带通孔 d_4
D	有贯通的螺孔 d_5
E	有未贯通的螺孔 d_5
K[2)	模塑材料（塑料）加纹套 d_5（金属）制成
L[2)	模塑材料（塑料）加螺栓 d_5（金属）制成
→	十字手柄 DIN 6335　A 50 AL：A 型，d_1=50mm，铝制。

[1) 本尺寸没有采用模塑材料。
[2) 部分略有不同的其他偏差：如星形手柄 DIN 6336 的材料。

星形手柄　　　　　参照 DIN 6336（2008-06）

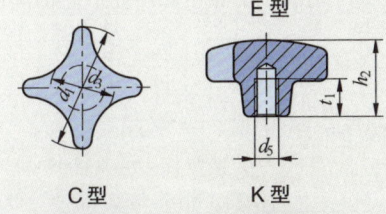

d_1	d_2	d_4	h_1	h_2	h_3	t_1		l
32	12	M6	21	20	10	12	20	30
40	14	M8	26	25	13	15	20	30
50	18	M10	34	32	17	18	25	30
63	20	M12	42	40	21	22	30	40
80	25	M16	52	50	25	28	30	40

→	星形手柄 DIN 6336　L40×30：L 型（模塑材料），d_1=40mm，l=30mm

A 型至 E 型（金属手柄）以及 K 型和 L 型（模塑材料手柄）与十字手柄 DIN 6335 相同。
材料：铸铁、铝、苯酚模塑材料（PF）或聚酰胺（PA）

紧固螺栓和支承螺栓　　　　　参照 DIN 6321（2002-10）

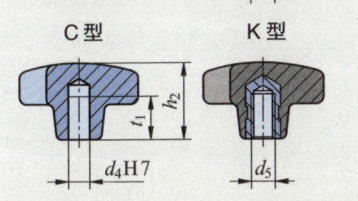

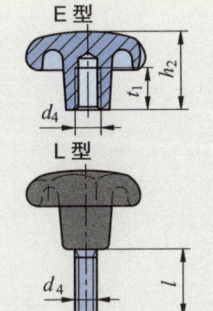

d_1 g6	l_1 A型 h9	l_1 B型和C型 短	l_1 B型和C型 长	b	d_2[1) n6	l_2	l_3	l_4	t
6	5	7	12	1	4	6	1.2	4	0.02
8	—	10	16	1.6	6	9	1.6	6	0.02
10	6	10	18	2.5	6	9	1.6	6	0.02
12	6	10	18	2.5	6	9	1.6	6	0.02
16	8	13	22	3.5	8	12	2	8	0.04
20	—	15	25	5	12	18	2.5	9	0.04
25	10	15	25	5	12	18	2.5	9	0.04

→	螺栓 DIN 6321 C20 x 25：C 型，d_1=20mm，l_1=25mm

[1) 所属的孔公差等级：H7。

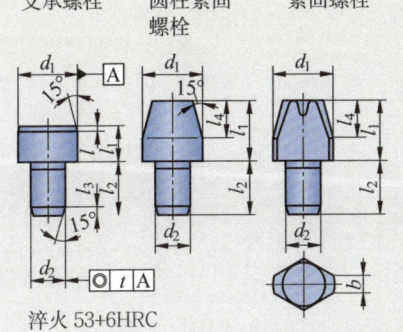

淬火 53+6HRC

T 形槽及其附件，球面垫圈，锥面垫板

T 形槽和 T 形槽螺帽　参照 DIN 650（1989-10）和 508（2002-06）

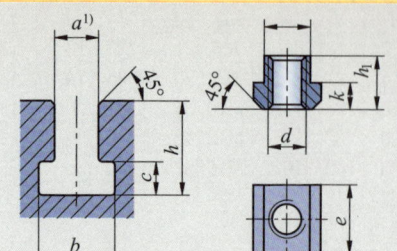

1) 定向和紧固槽的公差等级 H8；
H12 用于紧固槽

宽度 a	8	10	12	14	18	22	28	36	42
a 的偏差尺寸	−0.3/−0.5			−0.3/−0.6				−0.4/−0.7	
b	14.5	16	19	23	30	37	46	56	68
b 的偏差尺寸	1.5/0		+2/0			+3/0		+4/0	
c	7	7	8	9	12	16	20	25	32
c 的偏差尺寸	+1/0				+2/0			+3/0	
h	18	21	25	28	36	45	56	71	85
	15	17	20	23	30	38	48	61	74
螺纹 d	M6	M8	M10	M12	M16	M20	M24	M30	M36
e	13	15	18	22	28	35	44	54	65
h_1	10	12	14	16	20	28	36	44	52
k	6	6	7	8	10	14	18	22	26
k 的偏差尺寸	0/−0.5					0/−1			
⇒	螺帽 DIN 508 M10×12：d=M10, a=12mm								

T 形槽螺钉　参照 DIN 787（2005-02）

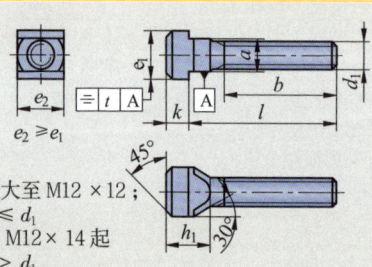

最大至 M12×12；
$a \leq d_1$
自 M12×14 起
$a > d_1$

d_1	M8	M10	M12		M16	M20	M24	M30
a	8	10	12	14	18	22	28	36
b 从	22	30	35		45	55	70	80
b 最大	50	60	120		150	190	240	300
e_1	13	15	18	22	28	35	44	54
h_1	10	14	16		20	24	32	41	50
k	6	6	7		8	10	14	18	22
标称长度	25、32、40、50、63、80、100、125、160、200、250、315、400、500mm							
⇒	螺钉 DIN 787　M10×10×100　8.8：d_1=M10, a=10mm, l=100mm, 强度等级 8.8。							

移动滑块　参照 DIN 6323（2003-08）

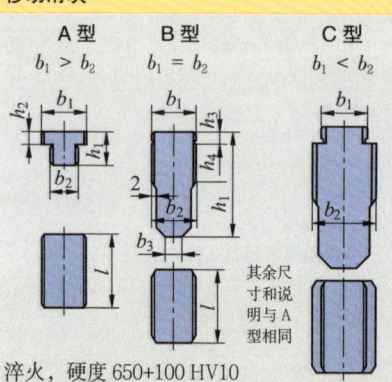

淬火，硬度 650+100 HV10

b_1h6	b_2h6	从	b_3	h_1	h_2	h_3	h_4	l
12	6							
	8	A	−	12	3.6	−	−	20
	10							
	12	B	5	28.6	−	5.5	9	20
20	12							
	14	A	−	14	5.5	−	−	32
	18							
	22		9	50.5			18	40
	28	C	12	61.5	−	7	24	
	36		16	76.5			30	50
	42		19	90.5			36	
⇒	滑块 DIN 6323−C20 x 28：C 型，b_1=20mm, b_2=28mm							

其余尺寸和说明与 A 型相同

球面垫圈和锥面垫板　参照 DIN 6319（2001-10）

球形垫圈　锥形垫板

C 型　　D 型　G 型
$d_4 = d_3$　$d_4 > d_3$

d_1	d_2	d_3	d_4 型		d_5	h_2	h_3 型		R
H13	H13		D	G			D	G	
6.4	7.1	12	12	17	11	2.3	2.8	4	9
8.4	9.6	17	17	24	14.5	3.2	3.5	5	12
10.5	12	21	21	30	18.5	4	4.2	5	15
13	14.2	24	24	36	20	4.6	5	6	17
17	19	30	30	44	26	5.3	6.2	7	22
21	23.2	36	36	50	31	6.3	7.5	8	27
⇒	球形垫圈 DIN 6319　C17：C 型，d_1=17mm								

快装钻孔工装	参照 DIN 6348（已撤销）

快装钻孔工装

使用这种已有9个规格标准化的工装可快速准确地装夹小批量钻孔加工的工件。孔板（5）和支撑板（4）必须与工件匹配。孔板由两个导柱（7）固定并装夹钻套（6）。工件的准确位置一般由紧固螺栓（3）固定。孔板和支撑板均可快速更换，从而使该工装再次用于另一个工件。下压可调拉紧杆夹紧，上抬拉紧杆即松开。斜齿齿形的小齿轮轴（10）两端配有相反的锥面。（交错轴）斜齿轮传动箱的轴向力在夹紧时将小齿轮轴的锥面拉向传动箱的内锥。由此即便出现振动也会产生稳固的夹紧效果。松开时，相反的锥面将孔板固定在指定位置。夹紧运动也可以采用液压或气动方式进行。

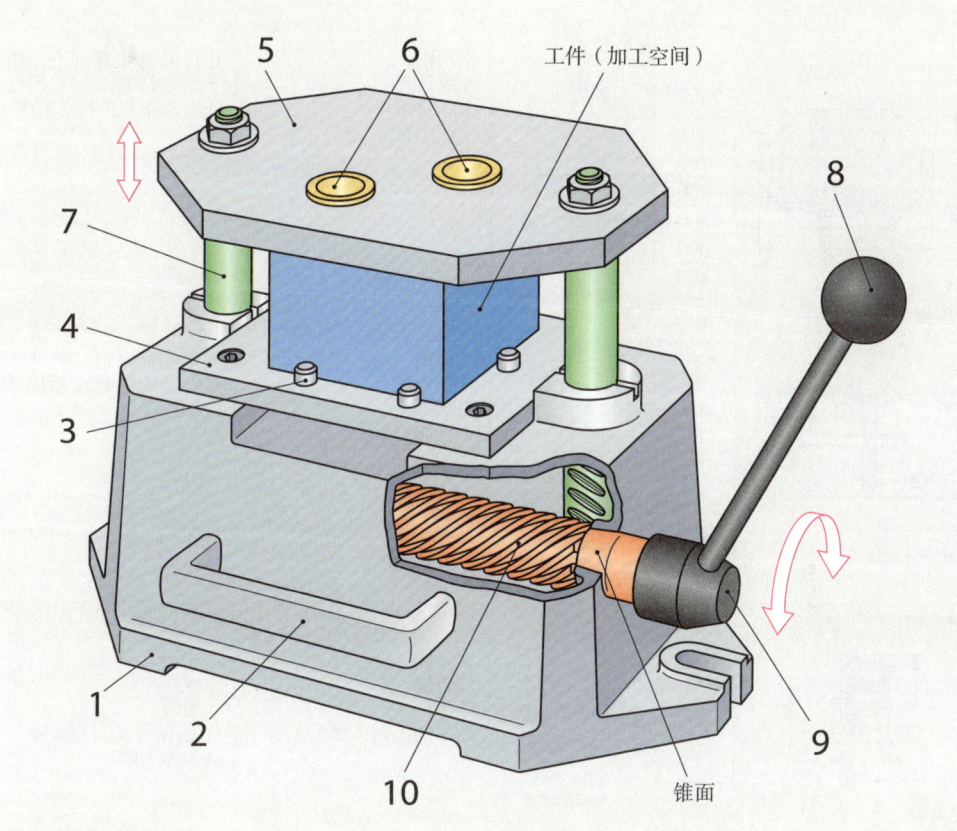

零部件明细表（摘选）

位置号	名称	标准/材料	位置号	名称	标准/材料
1	基座	EN-GJL 250	6	带凸台钻套	DIN 172-A
2	把手	AlMg3	7	导柱，带齿	16MnCr5
3	紧固螺栓	DIN 6321-A	8	塑料球形钮	DIN 319-C
4	支撑板	DIN 6348-A	9	拉紧杆	E295
5	孔板	DIN 6348-B	10	小齿轮轴，制齿	C45

工装的标准件

图形	尺寸 从…至 mm	材料，标准	功能，性能

钻套

| | d_1=0.4…48.0mm 分级 0.1mm d_1 > 15mm, 分级 也是 0.5mm 有 l_1, 与 d_1 一致，也分三 个长度：短，中，长 | 工具钢, 硬度: 740+80 HV 10 DIN179（已撤销） | • **钻套** 导引麻花钻头、沉孔钻头、阶梯钻头 • **带凸台钻套** 也用作刀具止挡作用 • **插入式钻套** 用于钻孔后仍需扩钻或沉孔的工件 |

A 型

孔板

	制造尺寸			结构钢, 发黑处理 DIN 6348 （已撤销）	孔板固定在导柱上，用于固定钻套。它利用杠杆原理降下并夹紧工件
	a	b	s		
	60	32	8		
	80	50	11		
	100	60	14		
	100	125	16		
	200	160	16		
	300	190	20		
	400	215	27		

支撑板

	制造尺寸			结构钢, 发黑处理 DIN 6348 （已撤销）	支撑和固定已达到止挡器，紧固螺栓或紧固销的工件。
	a	b	s		
	60	32	6		
	80	50	10		
	100	60	10		
	100	125	10		
	200	160	15		
	300	190	15		
	400	215	18		

带外螺纹的平衡支架

	螺纹: M8…M20 d_1=13…50 mm l_1=13…35 mm l_2=8…20 mm	支架体: 调质钢 球体: 滚珠轴承钢（淬火）	• 止挡 • 支撑 • 紧固 优点在于工件的斜面或未加工面

弹簧销

	螺纹: M3…M24 l=9…48 mm d=1,5…15 mm	销套: 钢强度等级 5.8 球体: 弹簧钢, 淬火 弹簧: 弹簧钢	• 指引 • 限动 • 定位 • 压紧和松开销子

支脚

	螺纹: M6…M12 l_1=10…50 mm l_2=11…20 mm SW=10…19 mm d=8…15 mm	调质钢 DIN 6320（2002–10）	支脚主要用于工装或装夹在加工机床的工件以及托板和工件或刀具装夹工装

15°

三角皮带，同步齿形带

制造形状

名称	尺寸范围		速度范围	功率范围	性能，应用举例
	$h^{1)}$,mm	$L^{2)}$,mm			
皮带标准	皮带轮标准		v_{max},m/s	$P^`_{max}$,kW$^{3)}$	
普通三角皮带 DIN 2215,ISO 4184	4...25	185...19000	30	65	用于较高断裂负荷，稳定的输送能力；建筑机械、矿山机械的可调传动，农业机械，输送技术，普通机械制造
	DIN 2217,ISO 4183				
窄三角皮带 DIN 7753,ISO 4184	8...18	630...12 500	40	70	良好的功率传递能力，同样宽度的传递能力大于普通三角皮带两倍；传动机构，木工加工机械，加工机床，气象技术
	DIN 2211,ISO 4183				
侧面敞开的三角皮带 DIN 2215,ISO 7753	4...25	800...3150	50	70	低延伸率，较小的皮带轮直径，更大的工作温度范围：从 −30℃ 至 +80℃；小汽车发电机传动，传动机构，泵，气象技术
	DIN 2211,DIN 2217				
复合三角皮带 （动力皮带） 	10...26	1250...15 000	30	65	对振动和冲击不敏感，单根皮带在皮带轮上不会扭转，绝对均匀的力分布，高断裂负荷，大轴距；造纸机械
	DIN 2211,DIN 2217				
三角筋条皮带（筋条带） DIN 7867	3...17	600...15 000	60	20	大传动比，运行振动低；小汽车发电机传动，气象技术中压缩机传动，小型机床
	DIN 7867				
宽三角皮带 DIN 7719	6...18	468...2500	30	85	极佳的横向强度，优化的轮廓匹配，极高的断裂负荷，柔性；转速可调的传动机构，纺织机械、印刷机械、农业机械
	DIN 7719				
双三角皮带（六角皮带） DIN 7722,ISO 5289	10...25	2000...6900	30	20	良好的功率传递能力，用于多皮带轮和转动方向交变的传动，其效率低于普通三角皮带10%；农业机械、纺织机械、普通机械制造
	DIN 2217				
同步齿形带 DIN 7721-1	0,7...5,0	100...3620	40...80	0,5...900	效率 $\eta_{max} \geqslant 0.98$，同步运行，低预张紧力，因此低轴承载荷；精密机械传动，办公室装置传动，卡车技术范围，计算机数控（CNC）主轴传动机构
	DIN 7721-2				

$^{1)}$ 皮带高度（见 258,259 页）。$^{2)}$ 皮带长度。$^{3)}$ 每根皮带可传递的功率。

窄三角皮带

窄三角皮带 DIN 7753-1（1988-01）	窄三角皮带轮 DIN 2211-1（1984-03）	名称		窄三角皮带 窄三角皮带轮			
		皮带外形（ISO 缩写符号）		SPZ	SPA	SPB	SPC
		b_o	皮带上部宽度	9.7	12.7	16.3	22
		b_w	有效宽度	8.5	11	14	19
		h	皮带高度	8	10	13	18
		h_w	间距	2	2.8	3.5	4.8
		d_w	最小许用有效直径	63	90	140	224
		b_1	皮带槽上部宽度	9.7	12.7	16.3	22
		c	有效直径至外径的间距	2	2.8	3.5	4.8
		t	最小许用皮带深度	11	13.8	17.5	23.8
		e	多槽皮带轮的槽距	12	15	19	25.5
		f	槽至边缘的间距	8	10	12.5	17
有效直径：$$d_w = d_a - 2 \cdot c$$		α	34°，用于直至 … 的有效直径	80	118	190	315
			38°，用于大于 … 的有效直径	80	118	190	315

→ 窄三角皮带 DIN7753　XPZ 710：窄三角皮带，侧面敞开的齿形轮廓，标准长度710mm

包角系数 C_1	180°	170°	160°	150°	140°	130°	120°	110°	100°	90°
包角 β	1	1.02	1.05	1.08	1.12	1.16	1.22	1.28	1.37	1.47

运行系数 C_2

每日运行时间，单位：小时			驱动的工作机床（举例）
超过 10	超过 10 至 16	超过 16	
1.0	1.1	1.2	离心泵、振动器、轻型物品的皮带传输机构
1.1	1.2	1.3	加工机床、压力机、板材剪切机、印刷机
1.2	1.3	1.4	碾磨机、活塞泵、矿山巷道输送带、纺织机械和造纸机械、碎石机、
1.3	1.4	1.5	搅拌机、卷扬机、吊车、挖掘机

窄三角皮带功率值　　　　　　　　　　　　　　　参照 DIN 7753-2（1976-04）

皮带外形	SPZ			SPA			SPB			SPC		
较小皮带轮的 d_{wk}	63	100	180	90	160	250	140	250	400	224	400	630
较小皮带轮的 n_k	每根皮带的标称功率 P_N，单位：kW											
400	0.35	0.79	1.71	0.75	2.04	3.62	1.92	4.86	8.64	5.19	12.56	21.42
700	0.54	1.28	2.81	1.17	3.30	5.88	3.02	7.84	13.82	8.13	19.79	32.37
950	0.68	1.66	3.65	1.48	4.27	7.60	3.83	10.04	17.39	10.19	24.52	37.37
1450	0.93	2.36	5.19	2.02	6.01	10.53	5.19	13.66	22.02	13.22	29.46	31.74
2000	1.17	3.05	6.63	2.49	7.60	12.85	6.31	16.19	22.07	14.58	25.81	—
2800	1.45	3.90	8.20	3.00	9.24	14.13	7.15	16.44	9.37	11.89	—	—

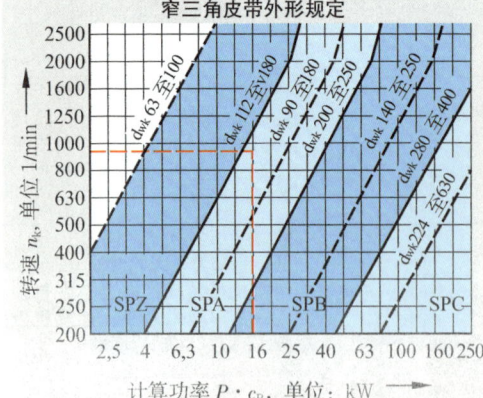

窄三角皮带外形规定

P　待传递功率
P_N　每根皮带的标称功率
z　皮带数量
c_w　包角系数
c_B　运行系数

皮带数量
$$\frac{P \cdot c_B \cdot c_w}{P_N}$$

需传递功率 P=12kW，现在 c_w=1.12；c_B=1.14；
d_{wk}=160mm，n_k=950 1/min；β_k=?，z=?
1. $P \cdot c_B$=12kW $\cdot$ 1.4=16.8kW
2. 查左表得知 n_k=950 1/min 和 $P \cdot c_B$=16.8kW →
　皮带外形 SPA
3. 查表得知 P_N=4.27kW
4. $z = \dfrac{P \cdot c_B \cdot c_w}{P_N} = \dfrac{12\text{kW} \cdot 1.12 \cdot 1.4}{4.27\text{kW}}$=4.4
5. 选定 z=5 根皮带

同步齿形带

同步齿形带（齿形带）　　　　　　　　　　　　　　参照 DIN 7721-1（1989-06）

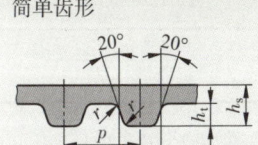

简单齿形

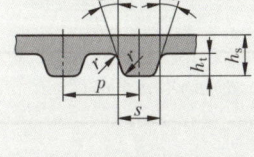

双面齿形

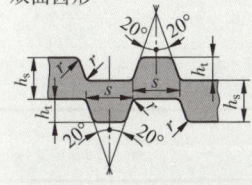

未标准化的齿形

HT 型　　　　LAHN 型

齿分度		齿尺寸			标称厚度	同步齿形带宽		
缩写符号	P	s	h_t	r	h_s	b		
T2.5	2.5	1.5	0.7	0.2	1.3	–	4	6	10
T5	5	2.7	1.2	0.4	2.2	6	10	16	25
T10	10	5.3	2.5	0.6	4.5	16	25	32	50

有效长度[1]	用于下述齿数		有效长度[1]	用于下述齿数		有效长度[1]	用于下述齿数
	T2.5	T5		T5	T10		T10
120	48	–	530	–	53	1010	101
150	–	30	560	112	56	1080	108
160	64	–	610	122	61	1150	115
200	80	40	630	126	63	1210	121
245	98	49	660	–	66	1250	125
270	–	54	700	–	70	1320	132
285	114	–	720	144	72	1390	139
305	–	61	780	156	78	1460	146
330	132	66	840	168	84	1560	156
390	–	78	880	–	88	1610	161
420	168	84	900	180	–	1780	178
455	–	91	920	184	92	1880	188
480	192	96	960	–	96	1960	196
500	200	100	990	198	–	2250	225

→ 皮带 DIN 7721　6 T2.5 ×480：b=6mm，分度p=2.5mm，有效长度=480mm，简单齿形

双面齿形同步齿形带应加上标记字母 D。
[1] 有效长度 100…3620mm，可特殊加工至 25 000mm。

同步齿形带轮　　　　　　　　　　　　　　　　　参照 DIN 7721-1（1989-06）

齿槽尺寸

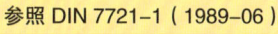

有效直径

$$d = d_0 + 2 \cdot a$$

[1] SE 型用于 ≤ 20 齿槽。
[2] N 型用于 > 20 齿槽。

带轮宽度

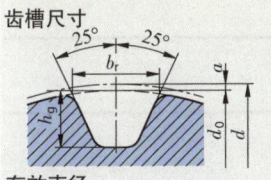

有凸缘

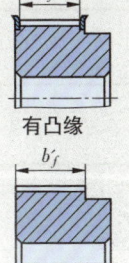

无凸缘

齿槽	齿槽外径 d_0 用于			齿槽	齿槽外径 d_0 用于			齿槽	齿槽外径 d_0 用于		
	T2.5	T5	T10		T2.5	T5	T10		T2.5	T5	T10
10	7.4	15.0	–	17	13.0	26.2	52.2	32	24.9	50.1	100.0
11	8.2	16.6	–	18	13.8	27.8	55.4	36	28.1	56.4	112.7
12	9.0	18.2	36.3	19	14.6	29.4	58.6	40	31.3	61.8	125.4
13	9.8	19.8	39.5	20	15.4	31.0	61.8	48	37.7	75.5	150.9
14	10.6	21.4	42.7	22	17.0	34.1	68.2	60	47.2	94.6	189.1
15	11.4	23.0	45.9	25	19.3	38.9	77.7	72	56.8	113.7	227.3
16	12.2	24.6	49.1	28	21.7	43.7	87.2	84	66.3	132.9	265.5

缩写符号	齿槽尺寸				
	槽宽 b_r		槽高 h_g		$2a$
	SE 型[1]	N 型[2]	SE 型[1]	N 型[2]	
T2.5	1.75	1.83	0.75	1	0.6
T5	2.96	3.32	1.25	1.95	1
T10	6.02	6.57	2.6	3.4	2

缩写符号	带宽 b	带轮宽	
		有凸缘	无凸缘
T2.5	4	5.5	8
	6	7.5	10
	10	11.5	14
T5	6	7.5	10
	10	11.5	14
	16	17.5	20
	25	26.5	29
T10	16	18	21
	25	27	30
	32	34	37
	50	52	55

直齿圆柱齿轮

未变位的直齿圆柱齿轮

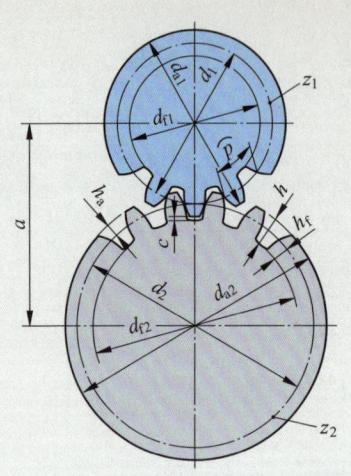

m	模数
p	齿距
c	齿顶间隙
h	齿高
h_a	齿顶高
h_f	齿根高
a	轴距

z, z_1, z_2	齿数
d, d_1, d_2	节圆直径
d_a, d_{a1}, d_{a2}	齿顶圆直径
d_f, d_{f1}, d_{f2}	齿根圆直径

举例

外啮合直齿圆柱齿轮，
$m=2$ mm；$z=32$；$c=0.167 \cdot m$；$d=?$；$d_a=?$；$h=?$
$d=m \cdot z = 2$ mm $\cdot 32 = $ **64 mm**
$d_a = d + 2 \cdot m = 64$ mm $+ 2 \cdot 2$ mm = **68 mm**
$h = 2 \cdot m + c = 2 \cdot 2$ mm $+ 0.167 \times 2$ mm = **4.33 mm**

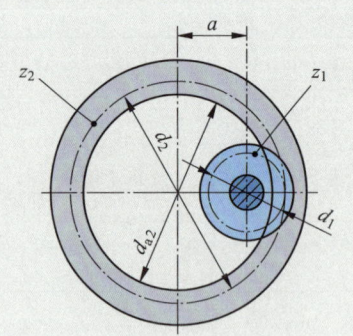

外啮合

齿数	$z = \dfrac{d}{m} = \dfrac{d_a - 2 \cdot m}{m}$
齿顶圆直径	$d_a = d + 2 \cdot m = m \cdot (z + 2)$
齿根圆直径	$d_f = d - 2 \cdot (m + c)$
轴距	$a = \dfrac{d_1 + d_2}{2} = \dfrac{m \cdot (z_1 + z_2)}{2}$

外啮合和内啮合

模数	$m = \dfrac{p}{\pi} = \dfrac{d}{z}$
齿距	$p = \pi \cdot m$
节圆直径	$d = m \cdot z$
齿顶间隙	$c = 0.1 \cdot m$ 至 $0.3 \cdot m$ 常用 $c = 0.167 \cdot m$
齿顶高	$h_a = m$
齿根高	$h_f = m + c$
齿高	$h = 2 \cdot m + c$

内啮合

齿顶间隙	$z = \dfrac{d}{m} = \dfrac{d_a + 2 \cdot m}{m}$
齿顶高	$d_a = d - 2 \cdot m = m \cdot (z - 2)$
齿根高	$d_f = d + 2 \cdot (m + c)$
齿高	$a = \dfrac{d_2 - d_1}{2} = \dfrac{m \cdot (z_2 + z_1)}{2}$

举例

内啮合圆柱齿轮，$m=1.5$ mm；$z=80$；
$c=0.167 \cdot m$；$d=?$；$d_a=?$；$h=?$
$d = m \cdot z = 1.5$ mm $\cdot 80 = $ **120 mm**
$d_a = d - 2 \cdot m = 120$ mm $- 2 \cdot 1.5$ mm = **117 mm**
$h = 2 \cdot m + c = 2 \cdot 1.5$ mm $+ 0.167 \cdot 1.5$ mm = **3.25 mm**

斜齿圆柱齿轮，圆柱齿轮的模数系列

未变位的斜齿圆柱齿轮

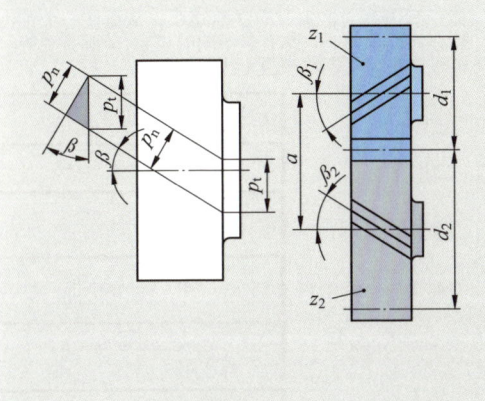

m_t	端面模数
m_n	法向模数
p_t	端面齿距
p_n	法向齿距
β	螺旋角（一般 $\beta=8°$ 至 $25°$ ）
z,z_1,z_2	齿数
d,d_1,d_2	节圆直径
d_a	齿顶圆直径
a	轴距

端面模数
$$m_t = \frac{m_n}{\cos\beta} = \frac{p_t}{\pi}$$

端面齿距
$$p_t = \frac{p_n}{\cos\beta} = \frac{\pi \cdot m_n}{\cos\beta}$$

节圆直径
$$d = m_t \cdot z = \frac{z \cdot m_n}{\cos\beta}$$

齿数
$$z = \frac{d}{m_t} = \frac{\pi \cdot d}{p_t}$$

法向模数
$$m_n = \frac{p_n}{\pi} = m_t \cdot \cos\beta$$

法向齿距
$$p_n = \pi \cdot m_n = p_t \cdot \cos\beta$$

齿顶圆直径
$$d_a = d + 2 \cdot m_n$$

轴距
$$a = \frac{d_1 + d_2}{2}$$

斜齿圆柱齿轮的齿在圆柱轮体上的运行轨迹呈螺旋形。加工圆柱齿轮和螺旋齿轮的刀具均以法向模数为准。

齿轮轴平行时，两齿轮螺旋角相同，但螺旋方向相反，即一个齿轮向右旋，另一个则向左旋（$\beta_1=-\beta_2$）

齿高、齿顶高、齿根高、齿顶间隙和根圆直径的计算均与直齿圆柱齿轮的计算相同（见260页）。公式中用法向模数 m_n 代替了模数 m。

举例

斜齿，$z=32;m_n=1.5mm;$
$\beta=19.5°$; $c=0.167 \cdot m;m_t=?$; $d_a=?$; $h=?$
$m_t = \dfrac{m_n}{\cos\beta} = \dfrac{1.5\,mm}{\cos 19.5°} = $ **1.591 mm**
$d_a = d + 2 \cdot m_n = 50.9\,mm + 2 \times 1.5\,mm = $ **53.9 mm**
$d = m_t \cdot z = 1.591\,mm \cdot 32 = $ **50.9 mm**
$h = 2 \cdot m_n + c = 2 \times 1.5\,mm + 0.167 \times 1.5\,mm$
  $= $ **3.25 mm**

圆柱齿轮的模数系列（系列1）

参照 DIN 780-1（1977-05）

模数	0.2	0.25	0.3	0.4	0.5	0.6	0.7	0.8	0.9	1.0	1.25
齿距	0.628	0.785	0.943	1.257	1.571	1.885	2.199	2.513	2.827	3.142	3.927
模数	1.5	2.0	2.5	3.0	4.0	5.0	6.0	8.0	10.0	12.0	16.0
齿距	4.712	6.283	7.854	9.425	12.566	15.708	18.850	25.132	31.416	37.699	50.265

8 模数圆盘铣刀（最大至 m=9mm）[1] 分度原则

铣刀编号	1	2	3	4	5	6	7	8
齿数	12…13	14…16	17…20	21…25	26…34	35…54	55…134	135…齿条

[1] 采用圆盘铣刀加工齿轮相当于没有滚铣过程。齿面只产生近似渐开线形状。因此，这种加工方法仅适用于次级齿轮。齿轮模数 $m > 9mm$ 的齿轮加工应使用15模数圆盘铣刀。

锥齿轮，蜗轮蜗杆传动

未变位的直齿锥齿轮

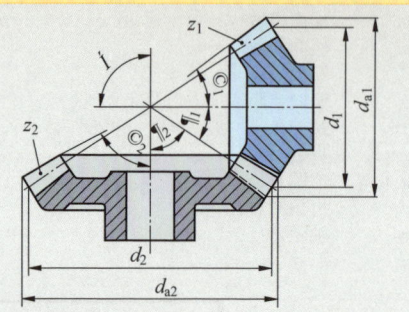

m	模数	z,z_1,z_2	齿数
d,d_1,d_2	节圆直径	δ,δ_1,δ_2	节锥角
d_a,d_{a1},d_{a2}	齿顶圆直径		
γ_1,γ_2	顶锥角		
Σ	轴角		

齿距和齿高向锥尖方向逐渐缩小，从而使一个锥齿轮在齿宽任何一点都有着不同的模数，节圆直径等。外端的锥齿轮模数相当于法向模数。

节圆直径	$d=m\cdot z$
齿顶圆直径	$d_a=d+2\cdot m\cdot\cos\delta$
顶锥角，齿轮 1	$\tan\gamma_1=\dfrac{z_1+2\cdot\cos\delta_1}{z_2-2\cdot\sin\delta_1}$
顶锥角，齿轮 2	$\tan\gamma_2=\dfrac{z_2+2\cdot\cos\delta_2}{z_1-2\cdot\sin\delta_2}$
节锥角，齿轮 1	$\tan\delta_1=\dfrac{d_1}{d_2}=\dfrac{z_1}{z_2}=\dfrac{1}{i}$
节锥角，齿轮 2	$\tan\delta_2=\dfrac{d_2}{d_1}=\dfrac{z_2}{z_1}=i$
轴角	$\Sigma=\delta_1+\delta_2$

齿高、齿顶高、齿顶间隙等的计算与直齿圆柱齿轮(见 260 页)的计算相同。

除在外边缘处标注的尺寸外，在齿轮中间和内边缘标注的尺寸对加工同样重要。

举例：

锥齿轮传动，$m=2mm;z_1=30mm;z_2=120;\Sigma=90°$。现需计算驱动锥齿轮的车削加工尺寸。

$\tan\delta_1=\dfrac{z_1}{z_2}=\dfrac{30}{120}=\mathbf{0.2500};\delta_1=\mathbf{14.04°}$

$d_1=m\cdot z_1=2\ mm\cdot 30=\mathbf{60\ mm}$

$d_{a1}=d_1\cdot 2m\cdot\cos\delta_1$
$=60\ mm+2\cdot 2mm\cdot\cos 14.04°=\mathbf{63.88\ mm}$

$\tan\gamma_1=\dfrac{z_1+2\cdot\cos\delta_1}{z_2-2\cdot\sin\delta_1}=\dfrac{30+2\cdot\cos 14.04°}{120-2\cdot\sin 14.04°}=\mathbf{0.267}$

$\gamma_1=\mathbf{14.95°}$

蜗轮蜗杆传动

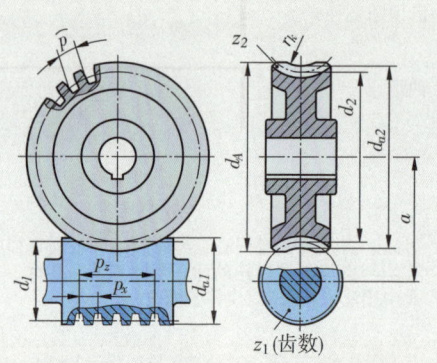

z_1(齿数)

m	模数	z,z_1,z_2	齿数
d,d_1,d_2	节圆直径	p_z	升程
d_a,d_{a1},d_{a2}	齿顶圆直径	p_x,p	（轴向）齿距
r_k	齿顶圆弧半径	d_A	外圆直径

蜗杆

节圆直径	$d_1=$ 标称尺寸
蜗杆轴向齿距	$p_x=\pi\cdot m$
齿顶圆直径	$d_{a1}=d_1+2\cdot m$
升程	$p_z=p_x\cdot z_1=\pi\cdot m\cdot z_1$

蜗轮

节圆直径	$d_2=m\cdot z_2$
齿距	$p=\pi\cdot m$
齿顶圆直径	$d_{a2}=d_2+2\cdot m$
外圆直径	$d_A\approx d_{a2}+m$
齿顶圆弧半径	$r_k=\dfrac{d_1}{2}-m$

举例：

蜗轮蜗杆传动，$m=2.5mm;\ z_1=2;d_1=40mm;z_2=40;\ d_{a1}=?,$
$d_2=?,d_A=?,r_K=?,a=?$
$d_{a1}=d_1+2\cdot m=40\ mm+2\times 2.5\ mm=\mathbf{45\ mm}$
$d_2=m\cdot z_2=2.5\ mm\cdot 40=\mathbf{100\ mm}$
$d_{a2}=d_2+2\cdot m=100\ mm+2\times 2.5\ mm=\mathbf{105\ mm}$
$d_A=d_{a2}+m=105\ mm+2.5\ mm=\mathbf{107.5\ mm}$
$a=\dfrac{d_1+d_2}{2}=\dfrac{40\ mm+100\ mm}{2}=\mathbf{70\ mm}$

齿顶间隙、齿高、齿顶高、齿根高和轴间距等的计算与直齿圆柱齿轮（见 260 页）的计算相同。

传动比

齿轮传动

单级传动比

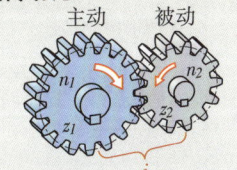

主动　被动

多级传动比

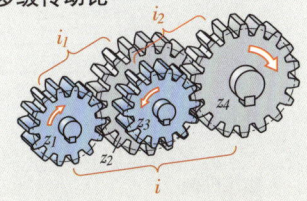

$n_1 = n_a$　　$n_2 = n_3$　　$n_4 = n_e$

$z_1, z_3, z_5 \cdots$ 齿数 $\Big\}$ 主动轮
$n_1, n_3, n_5 \cdots$ 转速

$z_2, z_4, z_6 \cdots$ 齿数 $\Big\}$ 被动轮
$n_2, n_4, n_6 \cdots$ 转速

n_a　　初始转速
n_e　　最终转速
i　　总传动比
$i_1, i_2, i_3 \cdots$ 单级传动比

举例：

> $i = 0.4; n_1 = 180/\text{min}; z_2 = 24; n_2 = ?; z_1 = ?$
>
> $n_2 = \dfrac{n_1}{i} = \dfrac{180/\text{min}}{0.4} = \textbf{450/min}$
>
> $z_1 = \dfrac{n_2 \cdot z_2}{n_1} = \dfrac{450/\text{min} \cdot 24}{180/\text{min}} = \textbf{60}$

齿轮转矩参见 35 页。

传动公式

$$n_1 \cdot z_1 = n_2 \cdot z_2$$

传动比

$$i = \frac{z_2}{z_1} = \frac{n_1}{n_2} = \frac{n_a}{n_e}$$

总传动比

$$i = \frac{z_2 \cdot z_4 \cdot z_6 \cdots}{z_1 \cdot z_3 \cdot z_5 \cdots}$$

$$i = i_1 \cdot i_2 \cdot i_3 \cdots$$

皮带传动

单级传动比

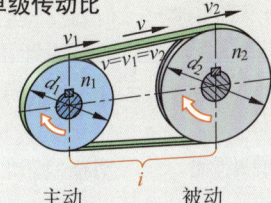

主动　　　　被动

多级传动比

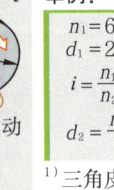

被动

主动

$d_1, d_3, d_5 \cdots$ 直径[1]
$n_1, n_3, n_5 \cdots$ 转速

$d_2, d_4, d_6 \cdots$ 直径[1]
$n_2, n_4, n_6 \cdots$ 转速

n_a　　初始转速
n_e　　最终转速
i　　总传动比
$i_1, i_2, i_3 \cdots$ 单极传动比
v, v_1, v_2　圆周速度

举例：

> $n_1 = 600/\text{mm}; n_2 = 400/\text{mm};$
> $d_1 = 240 \text{ mm}; i = ?; d_2 = ?$
>
> $i = \dfrac{n_1}{n_2} = \dfrac{600/\text{min}}{400/\text{min}} = \dfrac{1.5}{1} = \textbf{1.5}$
>
> $d_2 = \dfrac{n_1 \cdot d_1}{n_2} = \dfrac{600/\text{min} \cdot 240 \text{ min}}{400/\text{min}} = \textbf{360 mm}$

[1] 三角皮带（见 258 页）采用有效直径 d_w 计算，同步齿形带（见 259 页）则采用齿形带轮齿数计算。

速度

$$v = v_1 = v_2$$

传动公式

$$n_1 \cdot d_1 = n_2 \cdot d_2$$

传动比

$$i = \frac{d_2}{d_1} = \frac{n_1}{n_2} = \frac{n_a}{n_e}$$

总传动比

$$i = \frac{d_2 \cdot d_4 \cdot d_6 \cdots}{d_1 \cdot d_3 \cdot d_5 \cdots}$$

$$i = i_1 \cdot i_2 \cdot i_3 \cdots$$

蜗杆传动

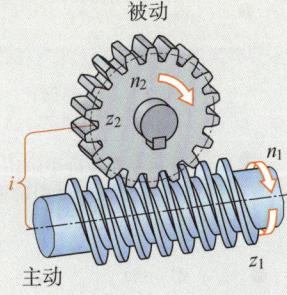

被动

主动

z_1　蜗杆齿数（齿数）
n_1　蜗杆转速
z_2　蜗轮齿数
n_2　蜗轮转速
i　传动比

举例：

> $i = 25; n_1 = 1500/\text{min}; z_1 = 3; n_z = ?$
>
> $n_2 = \dfrac{n_1}{i} = \dfrac{1500/\text{min}}{25} = \textbf{60/min}$

传动公式

$$n_1 \cdot z_1 = n_2 \cdot z_2$$

传动比

$$i = \frac{n_1}{n_2} = \frac{z_2}{z_1}$$

滑动轴承

滑动轴承[1]（按润滑方式摘选）

动压液体滑动轴承	静压液体滑动轴承	无润滑滑动轴承
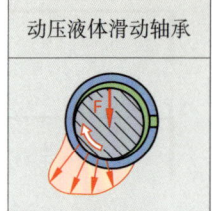	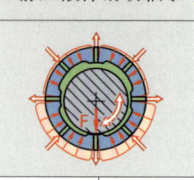	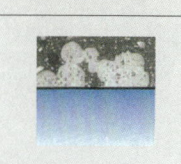
适用于 · 低磨损持续运行 · 高转速 · 高冲击性载荷	**适用于** · 无磨损持续运行 · 低摩擦损耗 · 可能是低转速	**适用于** · 免维护或少维护运行 · 有或无润滑剂
应用范围 · 主轴承和连杆轴承 · 传动箱 · 电动机 · 透平机、压缩机 · 起重设备、农业机械	**应用范围** · 精密轴承机构 · 天空望远镜和天线 · 加工机床 · 大作用力时推力轴承	**应用范围** · 建筑机械 · 管道附件和装置 · 包装机械 · 喷气发动机 · 家用电器

[1] 其他滑动轴承：空气润滑、气体润滑和水润滑滑动轴承，磁性滑动轴承。

滑动轴承材料的性能

缩写符号，材料代码	屈服强度 $R_{p0.2}$ N/mm²	轴承许用单位载荷 R_L[1] N/mm²	轴最低硬度	滑动性能	滑动速度	自润滑性能	性能，应用
铅锌铸造合金						参照 DIN ISO 4381（2015-05）	
SnSbCu4 2.3793	46	8	106 HB	●	●	◖	良好的冲击载荷；透平机，压缩机，电动机械
铜铸造合金和铜塑性合金						参照 DIN ISO 4382-1 和 -2（1992-11）	
CuSn8Pb2-C 2.1810	130	21	280 HB				低载荷至普通载荷，足量润滑
CuZn31Si1 2.1831	250	58	55 HRC	◖	●	◗	高载荷，高冲击载荷
CuPb10Sn10-C2) 2.1816	80	18	250 HB				高压强；机动车轴承、热轧机轴承
CuPb20Sn5-C 2.1818	60	11	150 HB	●	●	●	适用于水润滑，耐硫酸
热塑性塑料						参照 DIN ISO 6691（2001-05）	
PA6 （聚酰胺）	–	12	50 HRC				耐冲击，耐磨损；农业机械用轴承
POM （聚甲醛）	–	18	50 HRC	●	○	●	比聚酰胺更硬更耐压力载荷；精密仪器用轴承，适宜无润滑运行

[1] 轴承力与轴承投影面相关。
[2] DIN ISO 4383 所述复合材料用于薄壁滑动轴承。

● 很好　　◖ 好　　◐ 一般
◗ 有限　　○ 差

滑动轴承衬套

铜合金轴承衬套   参照 DIN ISO 4379（1995-10）

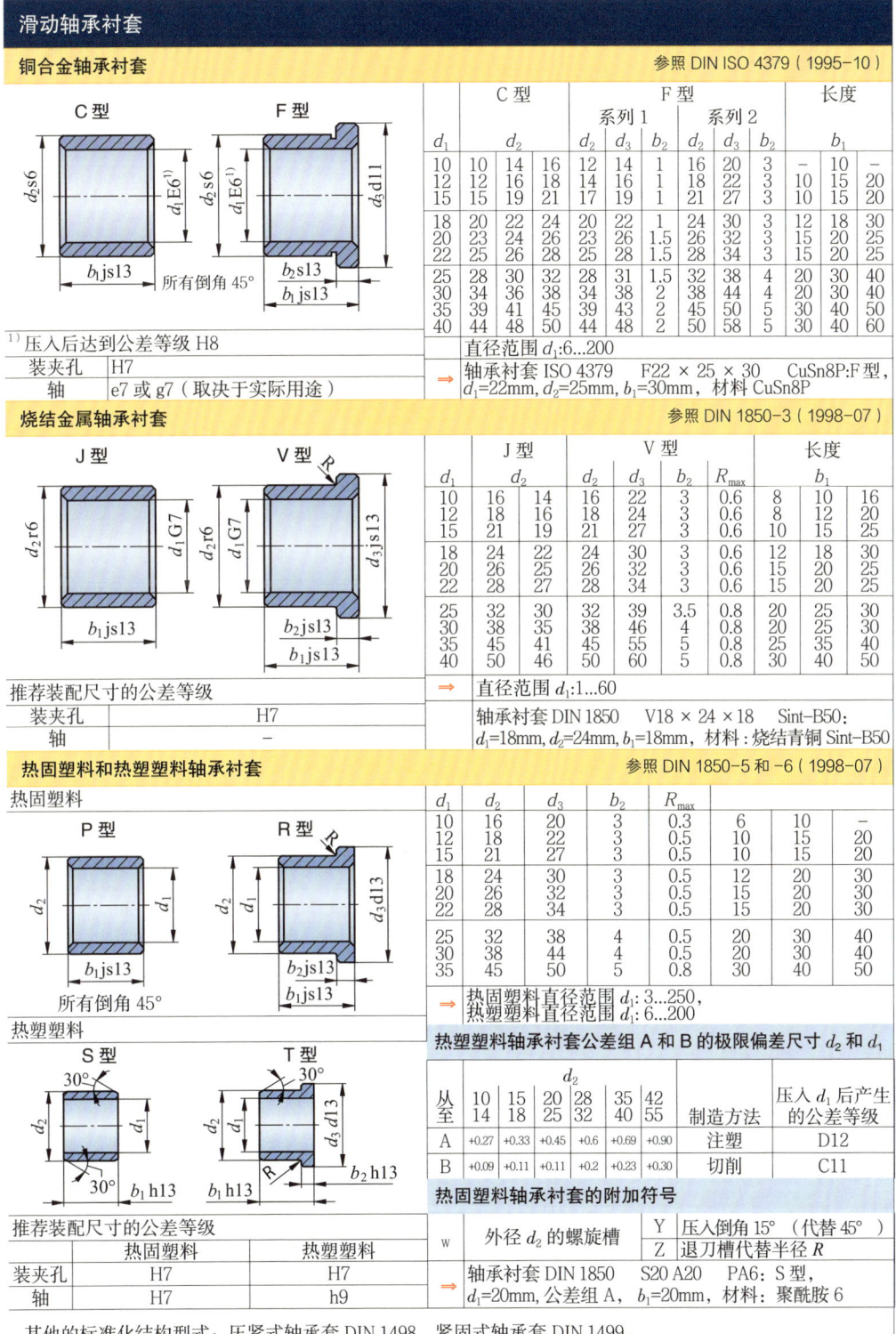

C 型：d_2s6，d_1E6[1]，$b_1$js13

F 型：d_2s6，d_1E6[1]，d_3d11，b_2s13，$b_1$js13，所有倒角 45°

[1] 压入后达到公差等级 H8

装夹孔	H7	
轴	e7 或 g7（取决于实际用途）	

d_1	C型 d_2	F型系列1 d_2	F型系列1 d_3	F型系列1 b_2	F型系列2 d_2	F型系列2 d_3	F型系列2 b_2	长度 b_1
10	14	14	16	1	16	20	3	10 / —
12	16	16	18	1	18	22	3	10 / 15 / 20
15	19	19	21	1	21	27	3	10 / 15 / 20
18	22	22	24	1	24	30	3	12 / 18 / 30
20	24	24	26	1.5	26	32	3	15 / 20 / 25
22	26	26	28	1.5	28	34	3	15 / 20 / 25
25	28	28	31	1.5	32	38	4	20 / 30 / 40
30	34	34	38	2	38	44	4	30 / 40 / 40
35	39	39	42	2	45	50	5	30 / 40 / 50
40	44	44	48	2	50	58	5	30 / 40 / 60

直径范围 d_1:6...200

➡ 轴承衬套 ISO 4379   F22 × 25 × 30   CuSn8P：F 型，d_1=22mm，d_2=25mm，b_1=30mm，材料 CuSn8P

烧结金属轴承衬套   参照 DIN 1850-3（1998-07）

J 型：d_2r6，d_1G7，$b_1$js13

V 型：d_2r6，d_1G7，$d_3$js13，$b_2$js13，$b_1$js13，R

d_1	J型 d_2	V型 d_2	V型 d_3	V型 b_2	V型 R_{max}	长度 b_1
10	16	16	22	3	0.6	8 / 10 / 16
12	18	18	24	3	0.6	8 / 10 / 20
15	21	21	27	3	0.6	10 / 15 / 25
18	24	24	30	3	0.6	12 / 18 / 30
20	26	26	32	3	0.6	15 / 20 / 25
22	28	28	34	3	0.6	15 / 20 / 25
25	32	32	39	3.5	0.8	20 / 25 / 30
30	38	38	46	4	0.8	20 / 25 / 30
35	45	45	56	5	0.8	25 / 35 / 40
40	50	50	62	5	0.8	30 / 40 / 50

推荐装配尺寸的公差等级

装夹孔	H7
轴	—

直径范围 d_1:1...60

➡ 轴承衬套 DIN 1850   V18 × 24 × 18   Sint-B50：d_1=18mm，d_2=24mm，b_1=18mm，材料：烧结青铜 Sint-B50

热固塑料和热塑塑料轴承衬套   参照 DIN 1850-5 和 -6（1998-07）

热固塑料

P 型：d_2，d_1，$b_1$js13，所有倒角 45°

R 型：d_2，d_1，d_3d13，$b_2$js13，$b_1$js13，R

d_1	d_2	d_3	b_2	R_{max}	长度 b_1
10	16	20	3	0.3	6 / 10 / —
12	18	22	3	0.5	10 / 15 / 20
15	21	27	3	0.5	10 / 15 / 20
18	24	30	3	0.5	12 / 20 / 30
20	26	32	3	0.5	15 / 20 / 30
22	28	34	3	0.5	15 / 20 / 30
25	32	38	4	0.5	20 / 30 / 40
30	38	44	4	0.5	20 / 30 / 40
35	45	50	5	0.8	30 / 40 / 50

➡ 热固塑料直径范围 d_1: 3...250，
热塑塑料直径范围 d_1: 6...200

热塑塑料

S 型：d_2，d_1，b_1h13，30°

T 型：d_2，d_1，d_3d13，b_2h13，b_1h13，R，30°

热塑塑料轴承衬套公差组 A 和 B 的极限偏差尺寸 d_2 和 d_1

从 / 至	d_2 10...14	d_2 15...18	d_2 20...25	d_2 28...32	d_2 35...40	d_2 42...55	制造方法	压入 d_1 后产生的公差等级
A	+0.27	+0.33	+0.45	+0.6	+0.69	+0.90	注塑	D12
B	+0.09	+0.11	+0.11	+0.2	+0.23	+0.30	切削	C11

热塑塑料轴承衬套的附加符号

符号	含义	符号	含义
W	外径 d_2 的螺旋槽	Y	压入倒角 15°（代替 45°）
		Z	退刀槽代替半径 R

➡ 轴承衬套 DIN 1850   S20 A20   PA6：S 型，d_1=20mm，公差组 A，b_1=20mm，材料：聚酰胺 6

推荐装配尺寸的公差等级

	热固塑料	热塑塑料
装夹孔	H7	H7
轴	H7	h9

其他的标准化结构型式：压紧式轴承套 DIN 1498，紧固式轴承套 DIN 1499。

滚动轴承

滚动轴承（摘选）

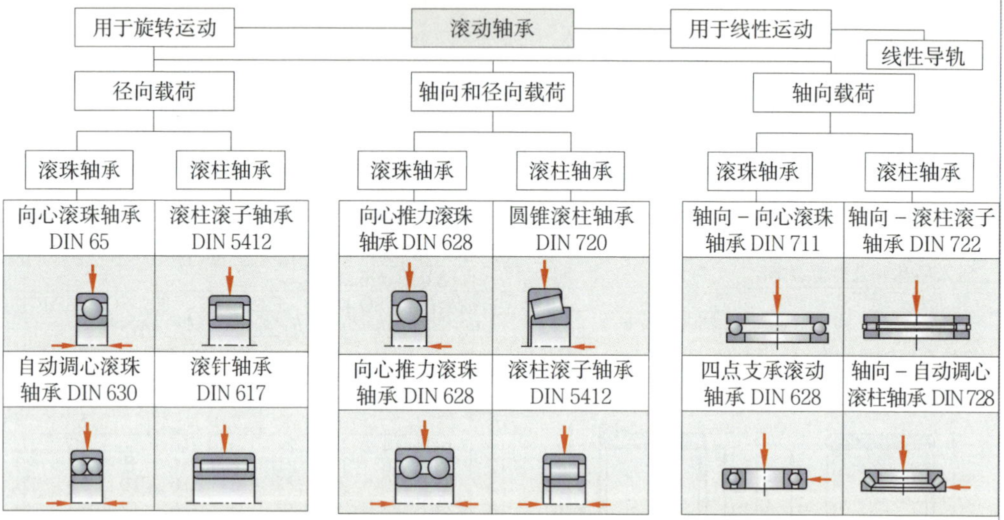

```
                        ┌──────────┐
      用于旋转运动 ──────┤ 滚动轴承 ├────── 用于线性运动
                        └──────────┘              │
                                              线性导轨
```

径向载荷		轴向和径向载荷		轴向载荷	
滚珠轴承	滚柱轴承	滚珠轴承	滚柱轴承	滚珠轴承	滚柱轴承
向心滚珠轴承 DIN 65	滚柱滚子轴承 DIN 5412	向心推力滚珠轴承 DIN 628	圆锥滚柱轴承 DIN 720	轴向-向心滚珠轴承 DIN 711	轴向-滚柱滚子轴承 DIN 722
自动调心滚珠轴承 DIN 630	滚针轴承 DIN 617	向心推力滚珠轴承 DIN 628	滚柱滚子轴承 DIN 5412	四点支承滚动轴承 DIN 628	轴向-自动调心滚柱轴承 DIN 728

滚动轴承的性能

轴承结构类型[1]	内径 d	径向载荷	轴向载荷	高转速	高可载荷性	低噪运行	应用
向心滚珠轴承	1.5...600	◔	◐	●	◐	●	机械制造和汽车制造的通用轴承
自动调心滚珠轴承	5...120	◔	◕	●	◕	◔	平衡不同心误差
向心推力滚珠轴承 单列	10...170	◔	●	●	◐	●	仅成对使用，大轴承力，汽车制造
向心推力滚珠轴承 双列	10...110	◔	●	●	◐	◔	大轴承力，汽车制造，用于安装空间狭小
轴向-向心滚珠轴承	8...360	○	●	◐	◐	◔	吸纳极高的轴向力，钻床主轴，后顶针座
四点支承滚珠轴承	20...240	◔	●	◐	◐	◔	最狭小安装空间，主轴轴承机构，车轮和辊轴承机构
滚柱轴承							
滚柱滚子轴承（N型）	17...240	●	○	●	●	◐	吸纳极大的径向力，轧辊轴承机构，传动箱
滚柱滚子轴承（NUP型）	15...240	●	◐	●	●	◔	同N型，增加平挡圈用以吸纳轴向力
滚针轴承	90...360	●	○	◔	●	◐	狭小安装空间内仍有高承载能力
圆锥滚柱轴承	15...360	●	●	◐	◔	◐	一般成对安装，卡车的车轮轴承，主轴轴承
轴向-滚柱滚子轴承	15...600	○	●	◔	◐	○	狭小轴向安装空间的硬支承轴承机构，高摩擦
轴向-自动调心滚柱轴承	60...1060	◔	●	◔	◐	○	角度可变的推力轴承，吊车的推力轴承

[1] 所有的向心轴承均取消前级"向心"。
[2] 成对安装时性能降低。
[3] 成对安装。

性能分级：
● 极好　　◕ 好　　◐ 普通
◔ 有限　　○ 不适宜

滚动轴承，计算

滚动轴承的计算   参照 DIN 623-1（1993-05）

举例：

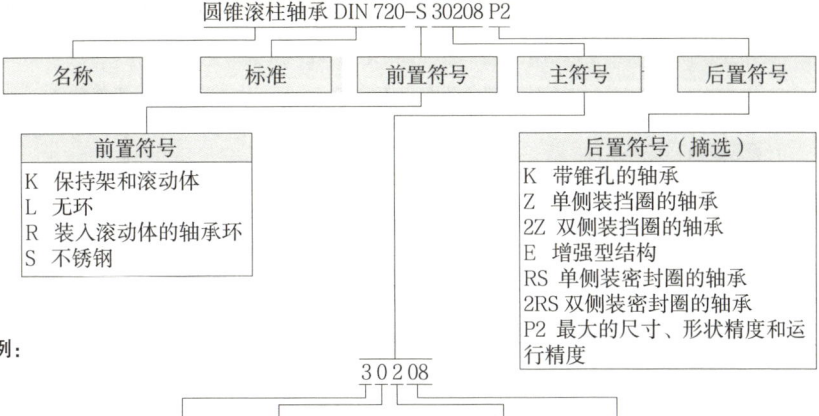

主符号举例：

轴承类型	结构
0	向心推力滚珠轴承，双列
1	自动调心滚珠轴承
2	鼓形滚柱和自动调心滚柱轴承
3	圆锥滚柱轴承
4	向心滚珠轴承，双列
5	轴向 – 向心滚珠轴承
6	向心滚珠轴承，单列
7	向心推力滚珠轴承，单列
8	轴向 – 滚柱滚子轴承
NA	滚针轴承
QJ	四点支承滚珠轴承
N,NJ,NJP,NIN, NNU,NU,NUP	滚柱 – 滚子轴承

孔标记数字	孔径 d	孔标记数字	孔径 d
00	10	12	60
01	12	13	65
02	15	14	70
03	17	15	75
04	20	16	80
05	25	17	85
06	30	18	90
07	35	19	95
08	40	20	100
09	45	21	105
10	50	22	110
11	55	23	115

尺寸系列（摘选）   参照 DIN 616（2000-06）

解释	尺寸系列的结构	举例：圆锥滚柱轴承[1]

DIN 616 尺寸计划中包含直径系列，这里对每一个轴承孔 d 的标称直径（＝轴径）均配属若干

· 外径和
· 宽度系列（向心轴承）以及
· 高度系列（推力轴承）

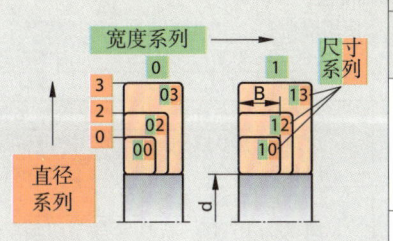

尺寸系列 02

孔标记数字	孔径 d	D	S
07	35	72	17
08	40	80	18
09	45	85	19
10	50	90	20

[1] 其他尺寸见 271 页。

向心滚珠轴承，计算

动态承载能力和使用寿命

根据不同的功能，滚动轴承传递径向力 F_r，轴向力 F_a，或同时传递两个方向的力。通过计算要求相同材料载荷能力的等值（相等）载荷 P，用以替代与实际情况相同的这种复合载荷。

10^6 圈运转的使用寿命相当于以恒定转速 33.3 1/min 运行 500 小时。

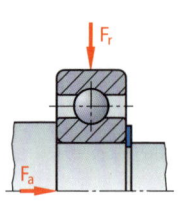

C,C_0	动态和静态承载量
P	等值载荷
X	径向载荷系数
Y	轴向载荷系数
F_r	径向作用力
F_a	轴向作用力
L_{10}	名义使用寿命，单位：10^6 圈[1]
L_{100}	名义使用寿命，单位：运行时数
n	转速，单位：1/min

等值载荷

$$p = X \cdot F_r + Y \cdot F_a$$

名义使用寿命（圈数）

$$L_{10} = \left(\frac{C}{P}\right)^3 \cdot 10^6$$

名义使用寿命（运行时数）

$$L_{10h} = \frac{L_{10}}{60 \cdot n}$$

举例

向心滚珠轴承 6214，用于钻床主轴；n=1200 1/min；F_r=1.5kN；F_a=3.4kN；d=70mm（见 F 表）；L_{10}=？，L_{100}=？

$\dfrac{F_a}{C_0} = \dfrac{3.4\,\text{kN}}{44\,\text{kN}} = 0.077\text{kN} \rightarrow e \approx 0.28$（见下表）$\dfrac{F_a}{F_r} = \dfrac{3.4\,\text{kN}}{1.5\,\text{kN}} \approx 2.27 > e = 0.28$

Y=1.55；X=0.56；P=0.56·1.5kN+155·3.4kN=6.14kN

$L_{10} = \left(\dfrac{C}{P}\right)^3 \cdot 10^6 = \left(\dfrac{62\text{kN}}{6.14\text{kN}}\right)^3 = 1030 \cdot 10^6$；$L_{10h} = \dfrac{L_{10}}{60 \cdot n} = \dfrac{\left(\dfrac{62\text{kN}}{6.14\text{kN}}\right)^3}{60 \cdot 1200^1/\text{min}} = 14306$ h

[1] L_{10}，L_{100} 达到计算使用寿命之前，达到已列质量标准或轴承剩余寿命的 10% 时即可报废。幸存概率达 90%。

向心滚珠轴承承载量标准值（摘选）

d	向心滚珠轴承轴承系列 60			向心滚珠轴承轴承系列 62			向心滚珠轴承轴承系列 63		
	承载量（kN）		主符号	承载量（kN）		主符号	承载量（kN）		主符号
	动态 c	静态 c_0		动态 c	静态 c_0		动态 c	静态 c_0	
20	9.3	5	6004	12.7	6.55	6204	17.3	8.5	6304
30	12.7	8	6006	19.3	11.2	6206	29	16.3	6306
40	17	11.8	6008	29	18	6208	42.5	25	6308
50	20.8	15.6	6010	36.5	24	6210	62	38	6310
60	29	23.2	6012	52	36	6212	81.5	52	6312
70	39	31.5	6014	62	44	6214	104	68	6314
80	47.5	40	6016	72	53	6216	122	86.5	6316
100	60	54	6020	122	93	6220	163	134	6320

轴向载荷系数 X，径向载荷系数 Y

用于 F_a/C_0	0.014	0.028	0.056	0.084	0.11	0.17	0.28	0.42	0.56
是 e	0.19	0.22	0.26	0.28	0.30	0.34	0.38	0.41	0.44
当 $F_a/F_r > e$ 时 Y=	2.3	1.99	1.71	1.55	1.45	1.31	1.15	1.04	1.00
当 $F_a/F_r > e$ 时 X=	0.56								
当 $F_a/F_r \leqslant e$ 时	X=1，Y=0								

向心滚珠轴承所需名义使用寿命标准值

运行状况（机器）	使用寿命 L_{100}，小时[2]	运行状况（汽车）	使用寿命 L_{100}，小时[2]
家用电器	1500...3000	内燃发动机	900...4000
通用变速箱（中型）	4000...14 000	摩托车	400...2000
电动机，中型（5...100kW）	21 000...30 000	小汽车车轮轴承	1400...5300
车床铣床主轴	14 000...46 000	中型载重卡车	2900...5300
钻床主轴	14 000...32 000	重型载重卡车	4000...8800
电动工具和压缩空气工具	4000...14 000	公交车	2900...11 000
起重机械，输送机械	10 000...15 000	轨道机动车变速箱	14 000...46 000

[2] 较小数值适用于较大转速，较大数值适用于较小转速。

滚珠轴承

向心滚珠轴承（摘选）　　参照 DIN 625-1（2011-04）

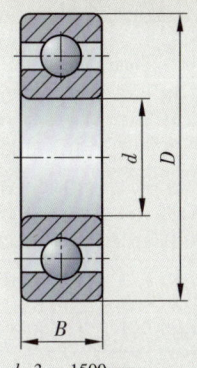

d =3 ··· 1500 mm

装配尺寸按 DIN 5418

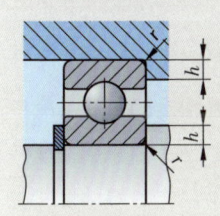

d	轴承系列 60					轴承系列 62					轴承系列 63				
	D	B	r max	h min	主符号	D	B	r max	h min	主符号	D	B	r max	h min	主符号
10	26	8	0.3	1	6000	30	9	0.6	2.1	6200	35	11	0.6	2.1	6300
12	28	8	0.3	1	6001	32	10	0.6	2.1	6201	37	12	1	2.8	6301
15	32	9	0.3	1	6002	35	11	0.6	2.1	6202	42	13	1	2.8	6302
17	35	10	0.3	1	6003	40	12	0.6	2.1	6203	47	14	1	2.8	6303
20	42	12	0.6	1.6	6004	47	14	1	2.8	6204	52	15	1	3.5	6304
25	47	12	0.6	1.6	6005	52	15	1	2.8	6205	62	17	1	3.5	6305
30	55	13	1	2.3	6006	62	16	1	2.8	6206	72	19	1	3.5	6306
35	62	14	1	2.3	6007	72	17	1	2.8	6207	80	21	1.5	4.5	6307
40	68	15	1	2.3	6008	80	18	1	3.5	6208	90	23	1.5	4.5	6308
45	75	16	1	2.3	6009	85	19	1	3.5	6209	100	25	1.5	4.5	6309
50	80	16	1	2.3	6010	90	20	1	3.5	6210	110	27	2	5.5	6310
55	90	18	1	3	6011	100	21	1.5	4.5	6211	120	29	2	5.5	6311
60	95	18	1	3	6012	110	22	1.5	4.5	6212	130	31	2.1	6	6312
65	100	18	1	3	6013	120	23	1.5	4.5	6213	140	33	2.1	6	6313
70	110	20	1	3	6014	125	24	1.5	4.5	6214	150	35	2.1	6	6314
75	115	20	1	3	6015	130	25	2	5.5	6215	160	37	2.1	6	6315
80	125	22	1	3	6016	140	26	2	5.5	6216	170	39	2.5	7	6316
85	130	22	1.5	3.5	6017	150	28	2.1	6	6217	180	41	2.5	7	6317
90	140	24	1.5	3.5	6018	160	30	2.1	6	6218	190	43	2.5	7	6318
95	145	24	1.5	3.5	6019	170	32	2.1	6	6219	200	45	2.5	7	6319
100	150	24	1.5	3.5	6020	180	34	2.1	6	6220	215	47	2.5	7	6320

➡ 向心滚珠轴承 DIN 625—6208— 2Z—P2：向心滚珠轴承（轴承类型6），宽度系列0[1]，直径系列2，孔标记数字08（d=8·5mm=40mm），两侧挡圈结构，轴承拥有最高尺寸、形状和运行精度（ISO公差等级2）。

向心推力滚珠轴承（摘选）　　参照 DIN628-1（2008-01）

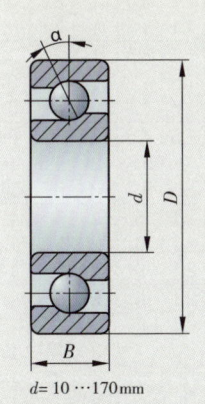

d= 10 ···170mm

装配尺寸按 DIN 5418

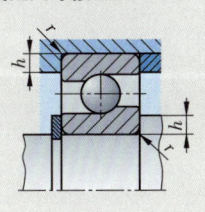

d	轴承系列 72					轴承系列 73					轴承系列 33（双列）				
	D	B	r max	h min	主符号	D	B	r max	h min	主符号	D	B	r max	h min	主符号
15	35	11	0.6	2.1	7202B	42	13	1	2.8	7302B	42	19	1	2.8	3302
17	40	12	0.6	2.1	7203B	47	14	1	2.8	7303B	47	22.2	1	2.8	3303
20	47	14	1	2.8	7204B	52	15	1	3.5	7304B	52	22.2	1	3.5	3304
25	52	15	1	2.8	7205B	62	17	1	3.5	7305B	62	25.4	1	3.5	3305
30	62	16	1	2.8	7206B	72	19	1	3.5	7306B	72	30.2	1	3.5	3306
35	72	17	1	3.5	7207B	80	21	1.5	4.5	7307B	80	34.9	1,5	4.5	3307
40	80	18	1	3.5	7208B	90	23	1.5	4.5	7308B	90	36.5	1,5	4.5	3308
45	85	19	1	3.5	7209B	100	25	1.5	4.5	7309B	100	39.7	1,5	4.5	3309
50	90	20	1	3.5	7210B	110	27	2	5.5	7310B	110	44.4	2	5.5	3310
55	100	21	1.5	4.5	7211B	120	29	2	5.5	7311B	120	49.2	2	5.5	3311
60	110	22	1.5	4.5	7212B	130	31	2.1	6	7312B	130	54	2,1	6	3312
65	120	23	1.5	4.5	7213B	140	33	2.1	6	7313B	140	58.7	2,1	6	3313
70	125	24	1.5	4.5	7214B	150	35	2.1	6	7314B	150	63.5	2,1	6	3314
75	130	25	1.5	4.5	7215B	160	37	2.1	6	7315B	160	68.3	2,1	6	3315
80	140	26	2	5.5	7216B	170	39	2.1	6	7316B	170	68.3	2,1	6	3316
85	150	28	2	5.5	7217B	180	41	2.5	7	7317B	180	73	2,5	7	3317
90	160	30	2	5.5	7218B	190	43	2.5	7	7318B	190	73	2,5	7	3318
95	170	32	2.1	6	7219B	200	45	2.5	7	7319B	200	77.8	2,5	7	3319
100	180	34	2.1	6	7220B	215	47	2.5	7	7320B	215	82.6	2,5	7	3320

➡ 向心推力滚珠轴承 DIN 628—7309B：向心推力滚珠轴承（轴承类型7），宽度系列01），直径系列3，孔标记数字09（d=9·5mm=45mm），接触角（B）。

1) 向心滚珠轴承和向心推力滚珠轴承的名称按 DIN 623-1 部分撤销宽度系列0。
2) 接触角 α=40°。　　 3) 接触角未标准化。

滚珠轴承，滚柱轴承

轴向–向心滚珠轴承（摘选）　　　　参照 DIN 711（2010–05）

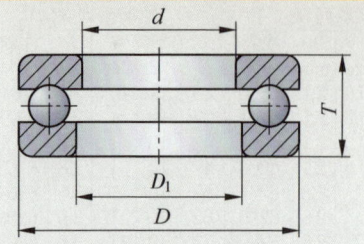

d=8...360mm
装配尺寸按 DIN 5418

d	D₁	轴承系列 512					轴承系列 513				
		D	T	r max	h min	主符号	D	T	r max	h min	主符号
25	27	47	15	0.6	6	51205	52	18	1	7	51305
30	32	52	16	0.6	6	51206	60	21	1	8	51306
35	37	62	18	1	7	51207	68	24	1	9	51307
40	42	68	19	1	7	51208	78	26	1	10	51307
45	47	73	20	1	7	51209	85	28	1	10	51309
50	52	78	22	1	7	51210	95	31	1	12	51310
55	57	90	25	1	9	51211	105	35	1	13	51311
60	62	95	26	1	9	51212	110	35	1	13	51312
65	67	100	27	1	9	51213	115	36	1	13	51313
70	72	105	27	1	9	51214	125	40	1	14	51314
75	77	110	27	1	9	51215	135	44	1.5	15	51315
80	82	115	28	1	9	51216	140	44	1.5	15	51316

→ 轴向–向心滚珠轴承 DIN 711 – 51210：轴向–向心滚珠轴承，轴承系列 512，轴承类型 5，宽度系列 1，直径系列 2，孔标记数字 10。

滚柱滚子轴承（摘选）　　　　参照 DIN 5412（2005–08）

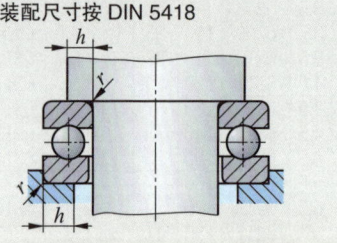

N 型　　NU 型　　NJ 型　　NUP 型

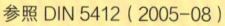

d=15...500

装配尺寸按 DIN 5418

d	N 型；NU 型；NJ 型						N 型；NU 型；NJ 型						孔标记数字
	D	B	r₁ max	h₁ min	r₂ max	h₂ min	D	B	r₁ max	h₁ min	r₂ max	h₂ min	
17	40	12	0,6	2.1	0.3	1.2	47	14	1	2.8	1	2.8	03
20	47	14	1	2.8	0.6	2.1	52	15	1.1	3.5	1	2.8	04
25	52	15	1	2.8	0.6	2.1	62	17	1.1	3.5	1	2.8	05
30	62	16	1	2.8	0.6	2.1	72	19	1.1	3.5	1	2.8	06
35	72	17	1	3.5	0.6	2.1	80	21	1.5	4.5	1	2.8	07
40	80	18	1	3.5	1	3.5	90	23	1.5	4.5	2	5.5	08
45	85	19	1	3.5	1	3.5	100	25	1.5	4.5	2	5.5	09
50	90	20	1	3.5	1	3.5	110	27	2	5.5	2	5.5	10
55	100	21	1,5	4.5	1	4.5	120	29	2	5.5	2	5.5	11
60	110	22	1,5	4.5	1.5	4.5	130	31	2.1	6	2	5.5	12
65	120	23	1,5	4.5	1.5	4.5	140	33	2.1	6	2	5.5	13
70	125	24	1,5	4.5	1.5	4.5	150	35	2.1	6	2	5.5	14
75	130	25	1.5	4.5	1.5	4.5	160	37	2.1	6	2	5.5	15
80	140	26	2	5.5	2	5.5	170	39	2.1	6	2	5.5	16
85	150	28	2	5.5	2	5.5	180	41	3	7	3	7	17
90	160	30	2	5.5	2	5.5	190	43	3	7	3	7	18
95	170	32	2.1	6	2.1	6	200	45	3	7	3	7	19
100	180	34	2.1	6	2.1	6	215	47	3	7	3	7	20
105	–	–	–	–	–	–	225	49	3	7	3	7	21
110	200	38	2.1	6	2.1	6	240	50	3	7	3	7	22
120	215	40	2.1	6	2.1	6	260	55	3	7	3	7	24

→ 滚柱滚子轴承 DIN 5412 – NUP 312 E：滚柱滚子轴承，轴承系列 NUP3，轴承类型 NUP，宽度系列 0，直径系列 3，孔标记数字 12，增强型结构。

尺寸系列 02,22,03 和 23 的普通结构已在标准中撤销，且无替代，现由增强型结构替代。

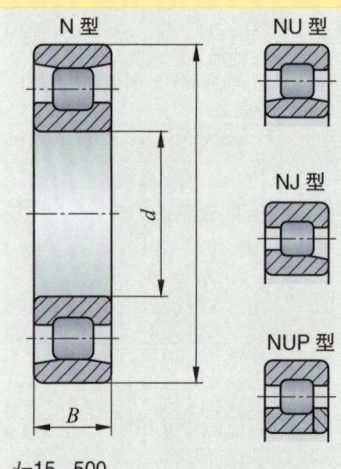

N 型　无凸缘　　NU 型　有固定凸缘

滚柱轴承

圆锥滚柱轴承（摘选）　　　　　参照 DIN 720（2008-08）和 DIN 5418（1993-02）

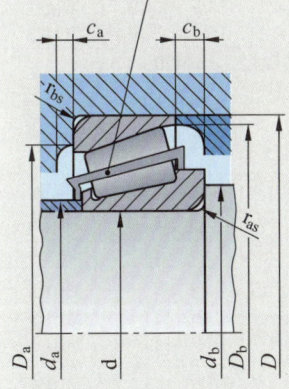

装配尺寸按 DIN 5418
保持架

圆锥滚柱轴承的保持架位于外环侧面上方。
为使保持架不与其他部分碰触，必须严格遵照 DIN 5418 所述装配尺寸。

轴承系列 302

尺寸						装配尺寸									主符号
d	D	B	C	T	d_1	d_a max	d_b min	D_n min	D_n max	D_b min	c_a min	c_b min	r_{as} max	r_{bs} max	
20	47	14	12	15.25	33.2	27	26	40	41	43	2	3	1	1	30204
25	52	15	13	16.25	37.4	31	31	44	46	48	2	2	1	1	30205
30	62	16	14	17.25	44.6	37	36	53	56	57	2	3	1	1	30206
35	72	17	15	18.25	51.8	44	42	62	65	67	3	3	1.5	1.5	30207
40	80	18	16	19.75	57.5	49	47	69	73	74	3	3.5	1.5	1.5	30208
45	85	19	16	20.75	63	54	52	74	78	80	3	4.5	1.5	1.5	30209
50	90	20	17	21.75	67.9	58	57	79	83	85	3	4.5	1.5	1.5	30210
55	100	21	18	22.75	74.6	64	64	88	91	94	4	4.5	2	1.5	30211
60	110	22	19	23.75	81.5	70	69	96	101	103	4	4.5	2	1.5	30212
65	120	23	20	24.75	89	77	74	106	111	113	4	4.5	2	1.5	30213
70	125	24	21	26.25	93.9	81	79	110	116	118	4	5	2	1.5	30214
75	130	25	22	27.25	99.2	86	84	115	121	124	4	5	2	1.5	30215
80	140	26	22	28.25	105	91	90	124	130	132	4	6	2.5	2	30216
85	150	28	24	30.5	112	97	95	132	140	141	5	6.5	2.5	2	30217
90	160	30	26	32.5	118	103	100	140	150	150	5	6.5	2.5	2	30218
95	170	32	27	34.5	126	110	107	149	158	159	5	7.5	3	2.5	30219
100	180	34	29	37	133	116	112	157	168	168	5	8	3	2.5	30220
105	190	36	30	39	141	122	117	165	178	177	6	9	3	2.5	30221
110	200	38	32	41	148	129	122	174	188	187	6	9	3	2.5	30222
120	215	40	34	43.5	161	140	132	187	203	201	6	9.5	3	2.5	30224

轴承系列 303

尺寸						装配尺寸									主符号
d	D	B	C	T	d_1	d_a max	d_b min	D_n min	D_n max	D_b min	c_a min	c_b min	r_{as} max	r_{bs} max	
20	52	15	13	16.25	34.3	28	27	44	45	47	2	3	1.5	1.5	30304
25	62	17	15	18.25	41.5	34	32	54	55	57	2	3	1.5	1.5	30305
30	72	19	16	20.75	44.8	40	37	62	65	66	3	4.5	1.5	1.5	30306
35	80	21	18	22.75	54.5	45	44	70	71	74	3	4.5	2	1.5	30307
40	90	23	20	25.25	62.5	52	49	77	81	82	3	5	2	1.5	30308
45	100	25	22	27.25	70.1	59	54	86	91	92	3	5	2	1.5	30309
50	110	27	23	29.25	77.2	65	60	95	100	102	4	6	2.5	2	30310
55	120	29	25	31.5	84	71	65	104	110	111	4	6.5	2.5	2	30311
60	130	31	26	33.5	91.9	77	72	112	118	120	5	7.5	3	2.5	30312
65	140	33	28	36	98.6	83	77	122	128	130	5	8	3	2.5	30313
70	150	35	30	38	105	89	82	130	138	140	5	8	3	2.5	30314
75	160	37	31	40	112	95	87	139	148	149	5	9	3	2.5	30315
80	170	39	33	42.5	120	102	92	148	158	159	5	9.5	3	2.5	30316
85	180	41	34	44.5	126	107	99	156	166	167	6	10.5	4	3	30317
90	190	43	36	46.5	132	113	104	165	176	176	6	10.5	4	3	30318
95	200	45	38	49.5	139	118	109	172	186	184	6	11.5	4	3	30319
100	215	47	39	51.5	148	127	114	184	201	197	6	12.5	4	3	30320
105	225	49	41	53.5	155	132	119	193	211	206	7	12.5	4	3	30321
110	240	50	42	54.5	165	141	124	206	226	220	8	12.5	4	3	30322
120	260	55	46	59.5	178	152	134	221	246	237	8	12.5	4	3	30324

➡ 圆锥滚柱轴承 DIN 720 — 30212：圆锥滚柱轴承，轴承系列 302，轴承类型 3，宽度系列 0，直径系列 2，孔标记数字 12。

滚针轴承，开槽螺帽，止动垫圈

滚针轴承（摘选）

参照 DIN 617（2008-10）

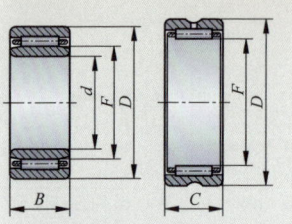

装配尺寸按 DIN 5418

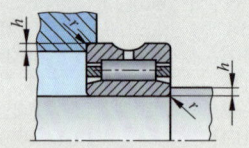

d	D	F	r max	h min	轴承系列 NA49		轴承系列 NA69	
					B	主符号	B	主符号
20	37	25	0.3	1	17	NA4904	30	NA4904
25	42	28	0.3	1	17	NA4905	30	NA4905
30	47	30	0.3	1	17	NA4906	30	NA4906
35	55	42	0.6	1.6	20	NA4907	36	NA4907
40	62	48	0.6	1.6	22	NA4908	40	NA4908
45	68	52	0.6	1.6	22	NA4909	40	NA4909
50	72	58	0.6	1.6	22	NA4910	40	NA4 910
55	80	63	1	2.3	25	NA4911	45	NA4911
60	85	68	1	2.3	25	NA4912	45	NA4912
65	90	72	1	2.3	25	NA4913	45	NA4913
70	100	80	1	2.3	30	NA4914	54	NA4914
75	105	85	1	2.3	30	NA4915	54	NA4915

→ 滚针轴承 DIN 617 — NA4909：滚针轴承，轴承系列 NA49，轴承类型 NA，宽度系列 4，直径系列 9，孔标记数字 09。 从 NA6907 开始是双列。

滚动轴承的开槽螺帽（摘

参照 DIN 981（2009-06）

装配举例

d_1=M10...M200

d_1	d_2	h	缩写符号	d_1	d_2	h	缩写符号
M10 × 0.75	18	4	KM0	M60 × 2	80	11	KM12
M12 × 1	22	4	KM1	M65 × 2	85	12	KM13
M15 × 1	25	5	KM2	M70 × 2	92	12	KM14
M17 × 1	28	5	KM3	M75 × 2	98	13	KM15
M20 × 1	32	5	KM4	M80 × 2	105	15	KM16
M25 × 1.5	38	7	KM5	M85 × 2	110	16	KM17
M30 × 1.5	45	7	KM6	M90 × 2	120	16	KM18
M35 × 1.5	52	8	KM7	M95 × 2	125	17	KM19
M40 × 1.5	58	9	KM8	M100 × 2	130	18	KM20
M45 × 1.5	65	10	KM9	M105 × 2	140	18	KM21
M50 × 1.5	70	11	KM10	M110 × 2	145	19	KM22
M55 × 2	75	11	KM11	M115 × 2	150	19	KM23

→ 开槽螺帽 DIN 981 – KM6：开槽螺帽，d_1=M30 x 1.5。

止动垫圈（摘选）

参照 DIN 5406（2011-04）

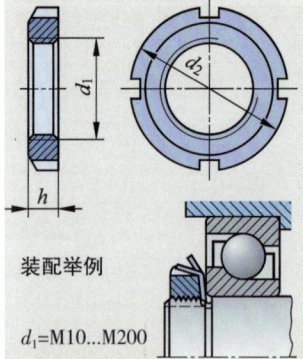

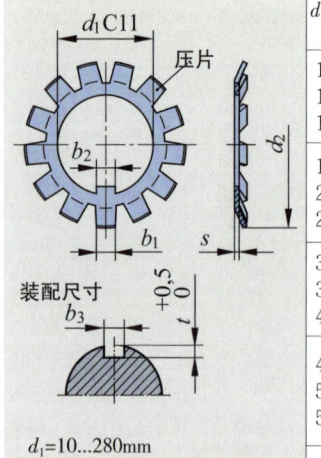

装配尺寸

d_1=10...280mm

d_1	d_2	s	b_1	b_2	b_3	t	缩写符号	d_1	d_2	s	b_1	b_2	b_3	t	缩写符号
10	21	1	3	3	4	2	MB0	60	86	1.5	7	8	9	4	MB12
12	25	1	3	3	4	2	MB1	65	92	1.5	7	8	9	4	MB13
15	28	1	4	4	5	2	MB2	70	98	1.5	8	8	9	5	MB14
17	32	1	4	4	5	2	MB3	75	104	1.5	8	9	11	5	MB15
20	36	1	4	4	5	2	MB4	80	112	1.7	8	10	11	5	MB16
25	42	1.2	5	4	5	3	MB5	85	119	1.7	8	10	11	5	MB17
30	49	1.2	5	5	6	4	MB6	90	126	1.7	10	10	11	5	MB18
35	57	1.2	5	5	7	4	MB7	95	133	1.7	10	10	11	5	MB19
40	62	1.2	5	5	7	4	MB8	100	142	1.7	10	12	14	5	MB20
45	39	1.2	6	6	7	4	MB9	110	154	1.7	12	12	14	6	MB22
50	74	1.2	6	6	7	4	MB10	120	164	2	12	14	16	7	MB24
55	81	1.2	6	7	8	4	MB11	130	175	2	12	14	16	7	MB26

→ 止动垫圈 DIN 5406 – MB6：止动垫圈，d_1=30mm。

护环，止动垫圈

标准结构的护环（摘选）

轴护环[1]　　　　参照 DIN 471（2011-04）　　　**孔护环[2]**　　　　参照 DIN 472（2011-10）

轴护环

标称尺寸	环				槽		
	s	d_3	d_4	$b \approx$	d_2	m H13	n min
10	1	9.3	17	1.8	9.6	1.1	0.6
12	1	11	19	1.8	11.5	1.1	0.8
15	1	13.8	22.6	2.2	14.3	1.1	1.1
17	1.0	15.7	25	2.3	16.2	1.1	1.2
20	1.2	18.5	28.4	2.6	19	1.3	1.5
22	1.2	20.5	30.8	2.8	21	1.3	1.5
25	1.2	23.2	34.2	3	23.9	1.3	1.7
28	1.5	25.9	37.9	3.2	26.6	1.6	2.1
30	1.5	27.9	40.5	3.5	28.6	1.6	2.1
32	1.5	29.6	43	3.6	30.3	1.6	2.6
35	1.5	32.2	46.8	3.9	33	1.6	3
38	1.75	35.2	50.2	4.2	36	1.85	3
40	1.75	36.5	52.6	4.4	37.5	1.85	3.8
42	1.75	38.5	55.7	4.5	39.5	1.85	3.8
45	1.75	41.5	59.1	4.7	42.5	1.85	3.8
48	1.75	44.5	62.5	5	45.5	1.85	3.8
50	2.0	45.8	64.5	5.1	47.0	2.15	4.5
60	2.0	55.8	75.6	5.8	57.0	2.15	4.5
65	2.5	60.8	81.4	6.3	62.0	2.65	4.5
70	2.5	65.5	87	6.6	67.0	2.65	4.5
75	2.5	70.5	92.7	7.0	72.0	2.65	4.5
80	2.5	74.5	98.1	7.4	76.5	2.65	5.3
90	3.0	84.5	108.5	8.2	86.5	3.15	5.3
100	3.0	94.5	120.2	9	96.5	3.15	5.3

孔护环

标称尺寸	环				槽		
	s	d_3	d_4	$b \approx$	d_2	m H13	n min
10	1	10.8	3.3	1.4	10.4	1.1	0.6
12	1	13	4.9	1.7	12.5	1.1	0.8
15	1	16.2	7.2	2	15.7	1.1	1.1
17	1.0	18.3	8.8	2.1	17.8	1.1	1.2
20	1	21.5	11.2	2.3	21	1.1	1.5
22	1	23.5	13.2	2.5	23	1.1	1.5
25	1.2	26.9	15.5	2.7	26.2	1.3	1.8
28	1.2	30.1	17.9	2.9	29.4	1.3	2.1
30	1.2	32.1	19.9	3	31.4	1.3	2.1
32	1.2	34.4	20.6	3.2	33.7	1.3	2.6
35	1.5	37.8	23.6	3.4	37	1.6	3
38	1.5	40.8	26.4	3.7	40	1.6	3
40	1.75	43.5	27.8	3.9	42.5	1.85	3.8
42	1.75	45.5	29.6	4.1	44.5	1.85	3.8
45	1.75	48.5	32	4.3	47.5	1.85	3.8
48	1.75	51.5	34.5	4.5	50.5	18.5	3.8
50	2.0	54.2	36.3	4.6	53.0	2.15	4.5
60	2.0	64.2	44.7	5.4	63.0	2.15	4.5
65	2.5	69.2	49.0	5.8	68.0	2.65	4.5
70	2.5	76.5	55.6	6.4	75.0	2.65	4.5
75	2.5	79.5	58.6	6.6	78.0	2.65	4.5
80	2.5	85.5	62.1	7.0	83.5	2.65	5.3
90	3.0	95.5	71.9	7.6	93.5	3.15	5.3
100	3.0	105.5	80.6	8.4	103.5	3.15	5.3

→ 护环 DIN 471 — 40 x 1.75：　　　　　→ 护环 DIN 472 — 80 x 2.5：
d_1=40mm，s=1.75mm　　　　　　　d_1=80mm，s=2.5mm

d_2 的公差等级

d_1, mm	3...10	12...22	24...100
d_2	h10	h11	h12

d_2 的公差等级

d_1, mm	8...22	24...100	100...300
d_2	H11	H12	H13

[1] 轴护环：标准结构 d_1=3...300mm，重型结构 d_1=15...100mm
[2] 孔护环：标准结构 d_1=8...300mm，重型结构 d_1=20...100mm

标准结构的护环[1]（摘选）　　　　参照 DIN 6799（2011-04）

d_1=0.8...30mm

止动垫圈				轴		
d_2 h11	d_3 已夹紧	a	s	d_1 从...至	m	n min
6	12.3	5.26	0.7	7...9	0.74 +0.05 / 0	1.2
7	14.3	5.84	0.9	8...11	0.94	1.5
8	16.3	6.52	1	9...12	1.05	1.8
9	18.8	7.63	1.1	10..14	1.15 +0.08 / 0	2
10	20.4	8.32	1.2	11...15	1.25	2
11	23.4	10.45	1.3	13...18	1.35	2.5
15	29.4	12.61	1.5	16...24	1.55	3
19	37.6	15.92	1.75	20...31	1.80	3.5
24	44.6	21.88	2	25...38	2.05	4

→ 止动垫圈 DIN 6799 —15：止动垫圈，d_2=15mm。

密封件

径向轴密封环（摘选）　参照 DIN 3760（1996-09）

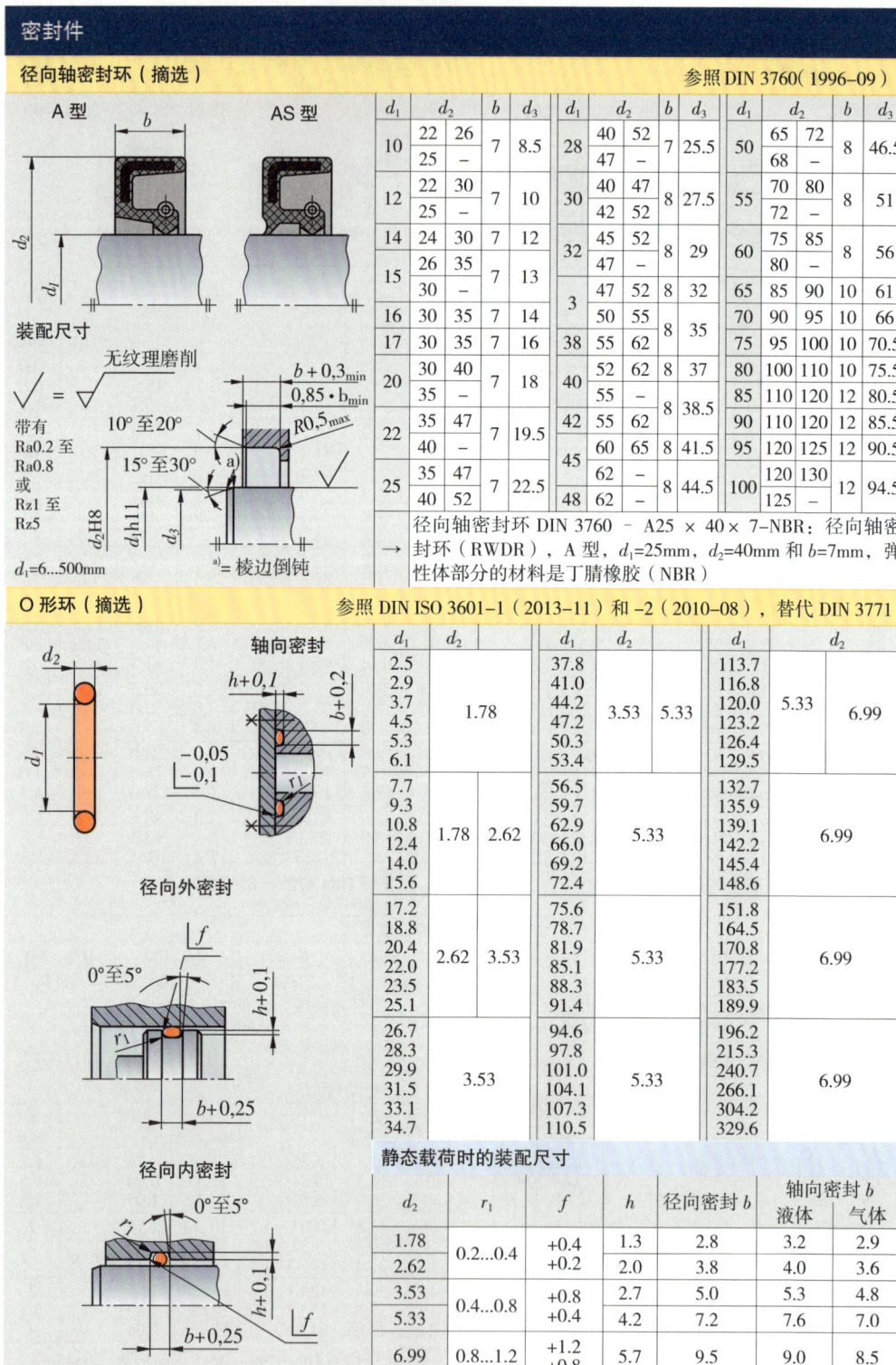

A 型　　　AS 型

装配尺寸

无纹理磨削

√ = ▽

带有 Ra0.2 至 Ra0.8 或 Rz1 至 Rz5

d_1=6…500mm

10° 至 20°　15° 至 30°　$b+0.3_{min}$　$0.85 \cdot b_{min}$　$R0.5_{max}$

d_2H8　d_1h11　d_3

a) 棱边倒钝

d_1	d_2		b	d_3	d_1	d_2		b	d_3	d_1	d_2		b	d_3
10	22	26	7	8.5	28	40	52	7	25.5	50	65	72	8	46.5
	25	–				47	–				68	–		
12	22	30	7	10	30	40	47	8	27.5	55	70	80	8	51
	25	–				42	52				72	–		
14	24	30	7	12	32	45	52	8	29	60	75	85	8	56
15	26	35	7	13		47	–				80	–		
	30	–			35	47	52	8	32	65	85	90	10	61
16	30	35	7	14		50	55			70	90	95	10	66
17	30	35	7	16	38	55	62	8	35	75	95	100	10	70.5
20	30	40	7	18	40	52	62	8	37	80	100	110	10	75.5
	35	–				55	–			85	110	120	12	80.5
22	35	47	7	19.5	42	55	62	8	38.5	90	110	120	12	85.5
	40	–				55	–			95	120	125	12	90.5
25	35	47	7	22.5	45	60	65	8	41.5	100	120	130	12	94.5
	40	52			48	62	–	8	44.5		125	–		

→ 径向轴密封环 DIN 3760 – A25 × 40× 7–NBR：径向轴密封环（RWDR），A 型，d_1=25mm，d_2=40mm 和 b=7mm，弹性体部分的材料是丁腈橡胶（NBR）

O 形环（摘选）　参照 DIN ISO 3601–1（2013–11）和 –2（2010–08），替代 DIN 3771

d_2　$h+0.1$　$b+0.2$　$-0.05 / -0.1$　r_1

轴向密封

径向外密封　0° 至 5°　f　$h+0.1$　r_1　$b+0.25$

径向内密封　0° 至 5°　r_1　$h+0.1$　$b+0.25$　f

d_1	d_2	d_1	d_2	d_1	d_2
2.5	1.78	37.8	3.53 / 5.33	113.7	5.33 / 6.99
2.9		41.0		116.8	
3.7		44.2		120.0	
4.5		47.2		123.2	
5.3		50.3		126.4	
6.1		53.4		129.5	
7.7	1.78 / 2.62	56.5	5.33	132.7	6.99
9.3		59.7		135.9	
10.8		62.9		139.1	
12.4		66.0		142.2	
14.0		69.2		145.4	
15.6		72.4		148.6	
17.2	2.62 / 3.53	75.6	5.33	151.8	6.99
18.8		78.7		164.5	
20.4		81.9		170.8	
22.0		85.1		177.2	
23.5		88.3		183.5	
25.1		91.4		189.9	
26.7	3.53	94.6	5.33	196.2	6.99
28.3		97.8		215.3	
29.9		101.0		240.7	
31.5		104.1		266.1	
33.1		107.3		304.2	
34.7		110.5		329.6	

静态载荷时的装配尺寸

d_2	r_1	f	h	径向密封 b	轴向密封 b 液体	轴向密封 b 气体
1.78	0.2…0.4	+0.4 / +0.2	1.3	2.8	3.2	2.9
2.62			2.0	3.8	4.0	3.6
3.53	0.4…0.8	+0.8 / +0.4	2.7	5.0	5.3	4.8
5.33			4.2	7.2	7.6	7.0
6.99	0.8…1.2	+1.2 / +0.8	5.7	9.5	9.0	8.5

润滑材料   参照 DIN 51502（1990–08）

润滑油名称

| 用标记字母命名 | 用图形符号命名 |

PG LP 220

润滑油标记字母   附加标记字母   ISO 黏度等级

| CL 100 | PGLP 220 |
| 矿物油基润滑油 | 人工合成油基润滑油 |

⇒ 润滑油 DIN 51517 — CL 100：矿物油基（C）循环润滑油，已提高耐腐蚀和抗老化性能（L），ISO 黏度等级 VG 100（100）。

⇒ 润滑油 DIN 51517 — PGLP 220：聚乙基油（PG），已提高耐腐蚀和抗老化性能（L），已提高耐磨损保护（P），ISO 粘度等级 VG 220（220）。

润滑油种类   参照 DIN 51502（1990–08）

标记字母	润滑物质种类和性能	标准	应用
矿物油			
AN	无添加剂的普通润滑液	DIN 51501	流动和循环润滑，工作油温最高至 50℃
B	含沥青润滑油，具有高附着性能	DIN 51513	手动润滑，连续流动润滑和浸入润滑，主要用于开放式润滑点
C	无添加剂的循环润滑油	DIN 51517	滑动轴承、滚动轴承、传动齿轮箱
CG	滑轨润滑油，其所含有效物质可降低磨损	DIN 8659 T2	混合型摩擦运行模式，如滑轨和导轨以及蜗轮蜗杆传动箱
人工合成润滑液			
E	黏度变化极低的酯油	–	温度变化巨大的轴承点
PG	聚乙基油，高抗老化性能	–	混合型摩擦工况的轴承点
SI	硅油，高抗老化性能	–	温度极高和极低的轴承点，极疏水

附加标记字母   参照 DIN 51502（1990–08）

附加标记字母	应用和解释
E	用于与水混合的润滑剂，例如冷却润滑剂 SE
F	用于加入固体润滑添加剂的润滑剂，例如石墨、硫化钼
L	用于含提高耐腐保护和 / 或抗老化性能等有效物质的润滑剂
P	用于含降低摩擦和混合摩擦领域的磨损和 / 或提高载荷性能等有效物质的润滑剂。

液体工业润滑剂 – ISO 黏度等级   参照 DIN ISO 3448（2010–02）

DIN ISO 3448 对润滑剂分级是按 40℃ 时的动态黏度进行分级的。

ISO 黏度等级	动态黏度 40℃时 mm²/s	ISO 黏度等级	动态黏度 40℃时 mm²/s	ISO 黏度等级	动态黏度 40℃时 mm²/s
ISO VG 2	1.95 至 2.42	ISO VG 22	19.8 至 24.2	ISO VG 220	198 至 242
ISO VG 3	2.88 至 3.52	ISO VG 32	28.8 至 35.2	ISO VG 320	288 至 352
ISO VG 5	4.14 至 5.06	ISO VG 46	41.4 至 50.6	ISO VG 460	414 至 506
ISO VG 7	6.12 至 7.48	ISO VG 68	61.2 至 74.8	ISO VG 680	612 至 748
ISO VG 10	9.00 至 11.0	ISO VG 100	90.0 至 110	ISO VG 1000	900 至 1100
ISO VG 15	13.5 至 16.5	ISO VG 150	135 至 165	ISO VG 1500	1350 至 1650

润滑材料　　参照 DIN 51502（1990–08）

润滑脂和固体润滑材料的名称

用标记字母命名	用图形符号命名

K SI 3 R － 10

- 润滑脂标记字母
- 附加标记字母
- 黏度或密度标记字母
- 附加字母
- 附加标记数字

△ K　3N　–20　矿物油基润滑脂

◇ K　SI　3R　–10　人工合成油基润滑油

→ 润滑脂 DIN 51825 — K3N — 20：用于滚动轴承和滑动轴承（K）的矿物油基（NLGI– 等级 3）（3）润滑脂，工作温度上限 +140℃（N），工作温度下限 –20℃（–20）。

→ 润滑脂 DIN 51825 — KSI3R — 10：用于滚动轴承和滑动轴承（K）的硅油基（SI）润滑脂，NLGI– 等级 3（3），工作温度上限 +180℃（R），工作温度下限 –10℃（–10）。

润滑脂

标记字母	应用 / 添加剂	标记字母	应用
K	通用：滚动轴承、滑动轴承、滑动面	G	密闭的传动箱
KP	与 K 相同，但加入了降低摩擦的添加剂	OG	敞开式传动箱（不含沥青的黏附润滑脂）
KF	与 K 相同，但加入了固体润滑材料添加剂	M	用于滑动轴承机构和密封件（要求低）

润滑脂密度[1] 分类

等级	渗透性[2]	等级	渗透性[2]	等级	渗透性[2]
000	445...475（极软）	1	310...340	4	175...205
00	400...430	2	265...295	5	130...160
0	355...385	3	220...250	6	85...115（极软）

[1] 流动性能标记符号。
[2] 标准化检验锥体压入已揉透（渗透）润滑脂内的压入深度。
[3] 美国国家润滑脂研究院的英语缩写（National Lubrication Grease Institue=NLGI）。

润滑脂附加字母

附加字母[1]	工作温度上限 ℃	评估等级	附加字母[1]	工作温度上限 ℃	评估等级	附加字母[1]	工作温度上限 ℃	评估等级
C D	℃ +60 +60	0 或 1 2 或 3	G H	℃ +100 +100	0 或 1 2 或 3	N P R S T U	+140 +160 +180 +200 +220 +220	根据协议约定
E F	+80 +80	0 或 1 2 或 3	K M	+120 +120	0 或 1 2 或 3			

[1] 附加标记字母后可挂上工作温度下限的数字值；例如 –20 指 –20℃。
[2] 评估等级指润滑脂的抗水淋性能，参照 DIN 51807–1；0：无变化；1：略有变化；2：中等变化；3：强烈变化。

固体润滑材料

润滑材料	缩写符号	工作温度	应用
石墨	C	–18...+450°	用作润滑粉或润滑膏以及润滑油和润滑脂添加物，不能接触氧气、氮气和真空
硫化钼	MoS2	–180...+400°	用作无矿物油的润滑膏、润滑漆膜以及润滑油和润滑脂添加物，适用于极高压强
聚四氟乙烯	PTFE	–250...+260°	用作加入润滑漆膜和人工合成润滑脂的润滑粉，以及轴承材料，极低的滑动摩擦系数，μ=0.04 至 0.09

6 加工技术

检测装置

检测装置

概念	解释
刻度的分度值 Skw	两个检测值之间的差，相当于两个相邻刻度线。由刻度上标明的单位表示分度值 Skw，例如千分卡尺的 Skw=0.01mm。
数字的步进值 Zw	一个数字的步进值相当于一个划线刻度的分度值，它显示出一个数值值的变化，其单位是刻度标明的测值单位。
检测范围 Meb	一个检测仪器显示的检测范围是不超过预设或已约定误差极限的检测值范围。
误差极限 G	误差极限是一台检测仪器检测误差的最大上限和下限数值。实际检测中，误差极限一般是对称的。这时只需给出数值而不必标明前置符号。误差极限相当于检测技术特征 MPE（英语：Maximum permissible errors）的检测误差极限值。例如数显游标卡尺的分度值 Skw=0.01mm，G=20μm=0.02mm。 如果实际检测量是 10mm，允许游标卡尺显示为 10.02mm。在后续检测中，相同的检测量却不允许显示为 9.99mm。因为这已超出 G=0.02mm 的误差极限。

检测装置（摘选）

检测装置标准	显示类型	Skw 或 Zw mm	误差极限 G mm	检测范围 Meb mm	应用和特殊结构
游标卡尺 DIN 862	模拟	0.1 0.05 0.02	50 20 20	0...2000	绝对检测 例如外部、内部、阶梯和深度检测 特殊结构： 深度和内部 – 槽深游标卡尺
	数字	0.01	20	0...1000	
千分卡尺 DIN 863	模拟	0.01 0.002 0.001	4 2 2	0...1000	绝对检测 例如轴径，工件外部尺寸，借助一对检测线端进行螺纹检测 特殊结构： 深度、内部、螺纹和装配检测螺杆
	数字	0.001	4	0...300	
千分表 DIN 878	模拟	0.1 0.01	55 17	0...10 0...10	差异检测 例如对比检测，平面度或径向跳动检测
	数字	0.01 0.001	20 4	0...12.5 0...5	
精密指针检测表 DIN 879	模拟	0.001	0.8	0...0.1	差异检测 例如批量生产零件的对比检测
触杆式检测表 DIN 2270	模拟	0.02 0.01 0.002	31 13 3.5	0...2 0...0.8 0...0.2	差异检测 例如形状、定位和位置偏差，径跳和端跳以及机床校准
	数字	0.01 0.001	13 13	0...0.8 0...0.8	

对检测结果的影响

检测结果的精确度受偶然和系统等多种因素影响。

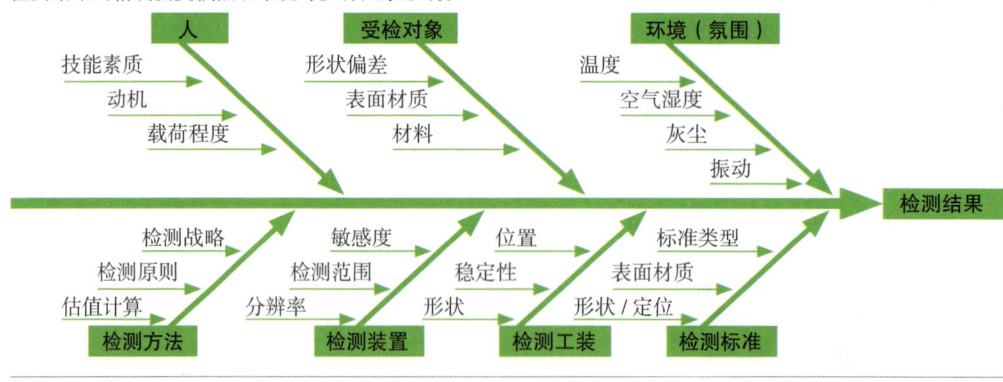

检测结果

完整的检测结果

参照 DIN 1319-1（1995-01）

一个检测结果 y 的实际数值位于一个上限数值与一个下限数值之间，各极限数值均由检测的不精确性 U 决定。完整的检测结果 Y 确定一个检测结果所有可能的数值。

Y 完整的检测结果
y 检测结果
U 检测的不精确性

完整的检测结果

$$Y = y \pm U$$

举例：

检测结果 y=0.95mm，U=0.02mm；求：完整的检测结果 Y=？
Y = 0.95 mm ± 0.02 mm

产品几何规格

参照 DIN EN ISO 14253-1（2013-12）

产品几何规格规定原则，即在考虑检测不精确性前提下，通过一个工件与规定公差的一致性或不一致性做出判断。如果检测结果 y 例如处于一致性范围之内，制造商可以确定，该产品没有超出公差 T。

UGW 下限极限值 T_{ab} 验收检验公差（制造商）
OGW 上限极限值 T_{an} 接收检验公差（接收方）
U 检测不精确性 T 公差

一致性证明

$$UGW+U < y < OGW-U$$

验收检验公差

$$T_{ab}=T-2 \cdot U$$

不一致性证明

$$y < UGW-U \text{ oder}$$
$$OGW+U < y$$

接收检验公差

$$T_{an}=T+2 \cdot U$$

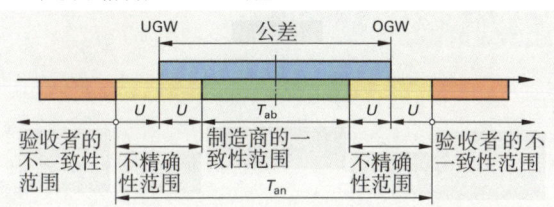

举例：

加工尺寸：10 ± 0.2；U=0.02mm；制造商验收检验公差范围 T_{ab}= ？
$T_{ab}=T-2 \cdot U$=0.4mm-2 · 0.02mm=0.36mm 或 ± 0.18mm
公差范围（制造商）：10mm ± 0.18mm 或 9.82mm 至 10.18mm

不精确性范围

$$UGW-U < y < UGW+U$$
$$\text{oder}$$
$$OGW-U < y < OGW+U$$

检测装置的能力：C_g/G_{gk} 检测法

通过能力特性数值（能力指数）判断一台检测装置的质量能力时需首先确定采用哪种检测标准，该检测装置是否适用于规定的工作条件。为此，需要在短时间周期内按相同的重复条件并用相同的检测标准由同一个检验员进行至少 20 次重复检测。

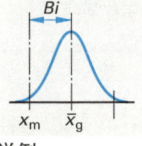

Bi 系统性检测误差
x_g 算术平均值，按检测标准采样
x_m 参考值，检测装置的实际尺寸
C_g, C_{gk} 检测装置能力指数
s_g 标准偏差，按检测标准采样

系统性检测误差

$$Bi=x_g-x_m$$

检测装置能力指数

$$C_g=\frac{0.2 \cdot T}{6 \cdot s_g}$$

$$C_{gk}=\frac{0.1 \cdot T-Bi^{1)}}{3 \cdot s_g}$$

要求[2]
例如 $C_g \geq$ 1.33 或
$\quad\quad C_{gk} \geq$ 1.33

举例：

针对检测尺寸 20 ± 0.01 分析检测装置能力；
Bi=0.0001mm；s_g=0.0004mm

$$C_g=\frac{0.2 \cdot T}{6 \cdot s_g}=\frac{0.2 \cdot 0.02mm}{6 \cdot 0.004mm}=1.67 \geq 1.33$$

$$C_{gk}=\frac{0.1 \cdot T-Bi}{3 \cdot s_g}=\frac{0.1 \cdot 0.02mm-0.0001mm}{3 \cdot 0.0004mm}=1.58 \geq 1.33$$

由此可证明该检测装置的能力。

[1] 作为正值。
[2] 与客户和定单相关的要求。

质量管理系统

质量管理基本原则 参照 DIN EN ISO 9000（2015-11）

- 以客户为定向
- 业务领导（导向）
- 人际关系（内部 / 外部）
- 以过程为定向的评估
- 持续改善
- 以专业为基础的决策过程
- 关系管理

质量管理系统的影响 / 作用 参照 DIN EN ISO 9001（2015-11）

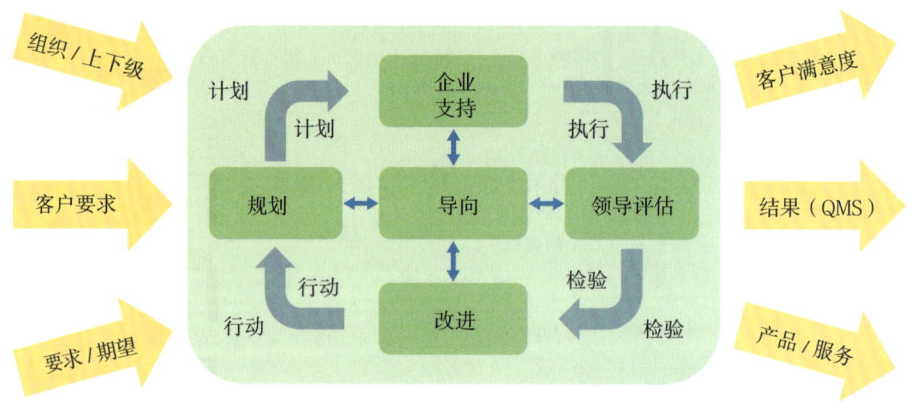

对质量管理系统的要求 参照 DIN EN ISO 9001（2015-11）

范围	企业采取的措施
导向	建立、宣布并使用企业的组织结构图；确立、介绍并应用质量管理政策以及质量管理目标；保持客户满意度。
规划	发展规避产品缺陷的战略（FMEA）→ "产品设计阶段即已实施产品缺陷可能性及影响的分析"的德语首字母缩写）；制定处理危险状况的措施，例如计算机系统中断运行。
支持	按指定时间间隔校准和核验检测装置并标记其实时状态。确定企业内部沟通的内容：何人，何时，如何，与何人，为何事沟通。确立文件资料的分布、存取、查寻、使用、存储和保护等制度，例如保密协定。
企业	以客户反馈意见为基础，确定、审核和修改产品要求。安装、建档并监视各受控过程并检查例如供货日期的可靠性、投诉率或客户满意度。
评估	选择稽核员；计划，实施企业内部稽核；转化改正措施。
改进	改进质量管理系统（QMS）的性能，适应性和有效性。

质量管理系统改进指南 参照 DIN EN ISO 9004（2009-12）

- 观察质量管理系统的有效性和效率。
- 指导向企业内部建立全面质量管理的方向看齐。
- 本标准不是质量管理 认证或合同签约的基础，它仅表述一种管理哲学（理念）。
- 本标准旨在使质量管理更为有效和更高效率。

质量管理系统稽核指南 参照 DIN EN ISO 19011（2011-12）

- 稽核管理系统，例如质量管理或环境管理系统。
- 企业外部或内部稽核组织的有效性。
- 实质性内容是以持续改进过程（KVP）为目标的稽核的计划、实施和重复。

环境管理

环境管理系统

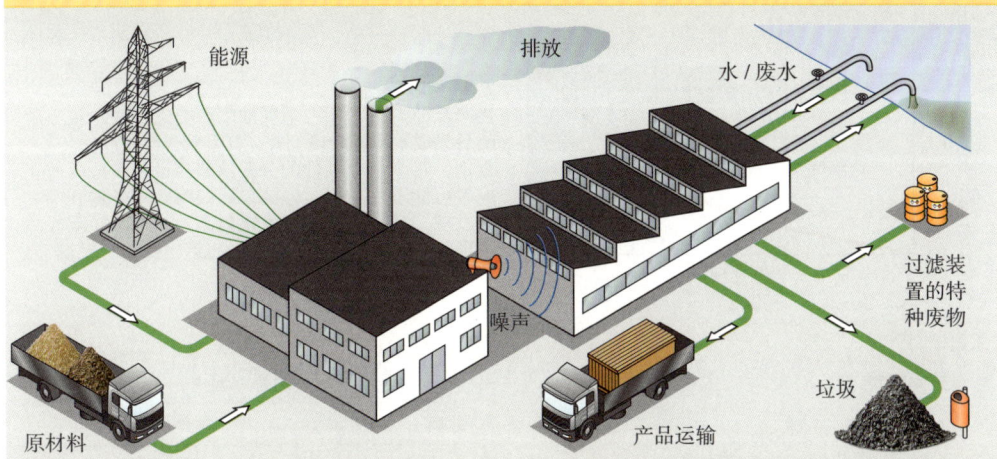

对环境管理系统的要求
参照 DIN EN ISO 14001（2015-11）

范围	企业采取的措施
导向	设定环境政策/目标；准备环保所需资源（员工，工作时间）；保护环境，降低环境负担的义务；分派责任
规划	确定环保意识，使其具有或能够具有重要作用；确定达成环保目标的措施，例如排放（二氧化碳的排放量）或资源优化（原材料使用量）。
支持	明确环境政策的意识，重要的环保意识和不实施环保措施的后果；特性数值的文件资料，如二氧化碳排放量、能源消耗量、废物产出量或原材料消耗量；引入促进各部门竞赛的措施，如培训或指导（推广经验）。
企业	与外部供货商和合同伙伴沟通环保要求；执行和监视供货商与环保要求相关的评估鉴定；对紧急状况作出准备，例如废水污染或有毒物质泄漏；实施紧急状况处理演练；进行关于紧急状况预防和危险状况保护的培训。
评估	根据适宜的特性数值监视、检测、分析和评估环保工作；保证经校准、检验以及保养的监视和检验装置投入使用；依据重要的环保观点、风险和机会实施连续的管理评估。
改进	监视和纠正未实施环保措施时的措施，例如材料分类。

能源管理作为环境管理的一个部分
参照 DIN EN ISO 50001（2012-11）

能源管理

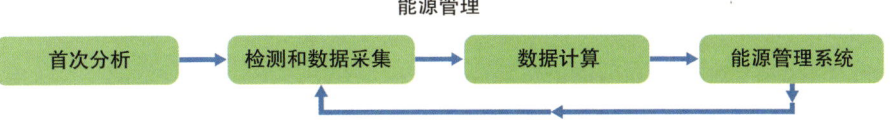

过程步骤	企业采取的措施
首次分析	能源评估 – 确定企业内部与能源相关工作的状态。
数据采集	能源指导 – 对能源大型用户的耗能检测，例如淬火设备。
数据计算	能源控制 – 观察能源大型用户，例如压缩机。
管理系统	能源管理 – 国际标准，标准，要求，技术。

质量规划，质量控制，质量检验

质量规划

十倍规律

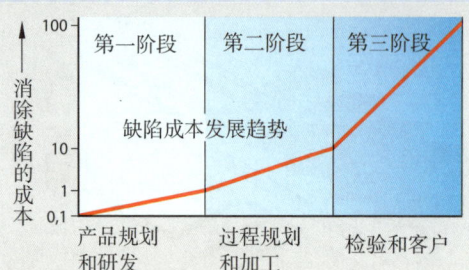

在产品使用过程中，消除缺陷所要求的成本或缺陷的后果成本将逐阶段上升，其系数为约 10 倍。
举例：某个单个零件的公差缺陷在设计阶段的改正成本可能不值一提。但如果该缺陷在生产过程中才被发现，其缺陷成本将大幅提高。如果该缺陷导致出现装配问题甚至召回行动，将产生巨大的成本。

质量控制

质量控制回路

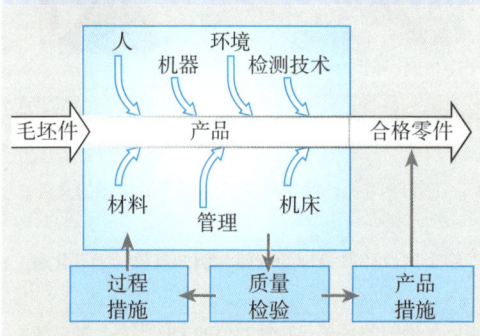

质量问题扩散的影响因素

影响	举例
人员	技能素质，动机，可负荷度
机器	机床刚性，定位精度，磨损状态
材料	偏差尺寸，材料性能，材料差异
方法	工作顺序，加工方法，检验条件
环境	温度，振动，光，噪声，灰尘
管理	错误的质量目标或政策
可检测性	检测的不精确性

质量检验   参照 DIN 55350–17（1988–08），DIN 55350–14 和 –31（1985–12）

概念	解释
质量检验	确定一个单元已在多大程度上满足了所提出的质量要求
检验计划，检验说明	规定和描述检验的种类和范围，例如检验装置、检验频度、检验人员、检验地点
完整的检验	一个单元的检验，包含所有已确定的质量特征，例如一个单件工件所要求的完整检验
100% 检验	一个检验批次中所有单元的检验，例如所有供货零件的目视检验
统计性检验（抽检）	借助统计学方法的质量检验，例如通过评估计算抽检样品来判断大批量工件的质量
检验批次（抽检）	观察相关单元的总体性，例如 5000 件相同工件的生产
抽检	从基本总体性或部分总体性中提取的一个或多个单元，例如从日生产 400 件零件中抽检其中 50 件。

概率（缺陷概率）

在工件指定总数范围内单个缺陷工件的概率。
P 概率，单位：% m 工件总数
g 缺陷工件数量

举例：

一个箱子内装有 m=400 件工件，这里，提示出现尺寸缺陷的 g=10 个工件。找出一个缺陷工件的概率 P 是多大？

概率 $P = \dfrac{g}{m} \cdot 100\% = \dfrac{10}{400} \cdot 100\% = 2.5\%$

概率

$$P = \dfrac{g}{m} \cdot 100\%$$

统计分析

连续性特征的统计分析   参照 DIN 53804-1（ 2002-04 ）

检验数据表达法	举例

原始数据表

原始数据表是一个检验批次或一个抽检样品按顺序所做的全部观察数值的文件

抽检范围：40 个零件
检验特征：零件直径 $d=8 \pm 0.05$mm
已检测的零件直径 d，单位：mm

零件 1...10	7.98	7.96	7.99	8.01	8.02	7.96	8.03	7.99	7.99	8.01
零件 11...20	7.96	7.99	8.00	8.02	8.02	7.99	8.02	8.00	8.01	8.01
零件 21...30	7.99	8.05	8.03	8.00	8.03	7.99	7.98	7.99	8.01	8.02
零件 31...40	8.02	8.01	8.05	7.94	7.98	8.00	8.01	8.01	8.02	8.00

（计数线）统计表

统计表是观察数值的一种概览性表达法，它可按指定等级幅度进行分级（范围）。

n 单值的数量
k 等级的数量
w 等级幅度
R 检测误差（见 284 页）
n_j 绝对频度
h_j 相对频度，单位：%
F_j 相对频度的总数，单位：%

等级编号	检测数值 ≥	<	统计表	n_j	h_j in%	F_j in%
1	7.94	7.96	|	1	2.5	2.5
2	7.96	7.98	|||	3	7.5	10
3	7.98	8.00	|||| ||||	11	27.5	37.5
4	8.00	8.02	|||| |||| |||	13	32.5	70
5	8.02	8.04	|||| ||||	10	25	95
6	8.04	8.06	||	2	5	100

$k= \sqrt{n}= \sqrt{40}=6.3 \approx 6$ $\Sigma = 40$ 100

$w= \dfrac{R}{k} \dfrac{0.11\text{mm}}{6} 0.018\text{mm} \approx 0.02\text{mm}$

等级数量
$$K \approx \sqrt{n}$$

等级幅度
$$W \approx \frac{R}{k}$$

相对频度
$$h_j= \frac{n_j}{n} \cdot 100\%$$

直方图

直方图是一种矩形条状图，用于识别和表达单个数值的分布状况

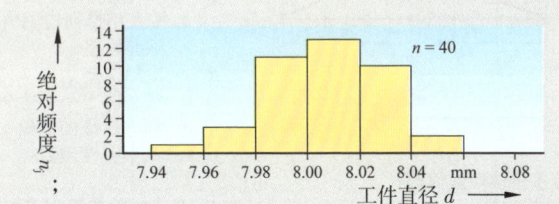

概率网的总数线

概率网内的总数线是一种简单和直观的图形表达法，用于检验现在呈现的正态分布（见 284 页）。

如果概率网内相对频度 F_j 的总数接近于一条直线，单个数值的正态分布可能闭合，就是说，允许按 DIN 53804-1（见 284 页）进行其他的分析。

此外，这种情况下可以提取抽检的特性数值。

识读举例：

算术平均值 $\bar{x}$（ F_j=50% 时）：
$\bar{x} \approx 8.003$mm；

标准偏差 s（作为 1. 正态分布量的差值 u）：
$s \approx 0.022$mm

例中的概率网显示，总检验批次中，可以预期约 0.6% 的工件过薄，3% 的工件过厚。

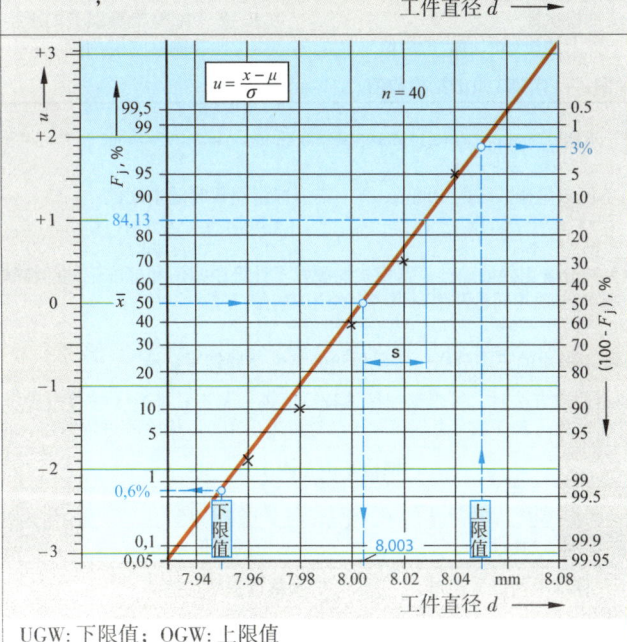

UGW: 下限值；OGW: 上限值

正态分布

高斯正态分布

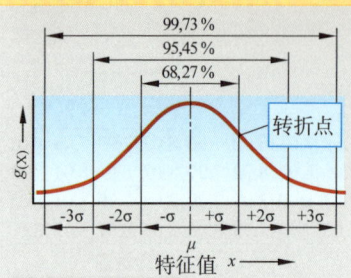

连续性特征值在其分布上经常显示出一个特点，该特点可用高斯[1]正态分布模式进行近似数学描述。对于众多无休止的单个数值而言，正态分布的概率密度函数 $g(x)$ 产生一个典型的钟形曲线。通过下列参数可清晰描述这种对称且持续的分布曲线：
中间值 μ 位于曲线最大值处，标记出曲线分布的位置。
标准偏差 σ 标记出曲线的扩散趋势，即中间值偏差特性。

[1] 卡尔·费里德里希·高斯（1777—1855），德国数学家。

正态分布范围内特征值的占比								
范围	$\pm 0.5\,\sigma$	$\pm 1\,\sigma$	$\pm 1.5\,\sigma$	$\pm 2\,\sigma$	$\pm 2.5\,\sigma$	$\pm 3\,\sigma$	$\pm 3.5\,\sigma$	$\pm 4\,\sigma$	$\pm 5\,\sigma$
占比，单位：%	38.29	68.27	86.64	95.45	98.76	99.73	99.95	99.9937	99.999943

抽检的正态分布
参照 DIN 53804-1（2002-04）和 DGQ16-31（1990）

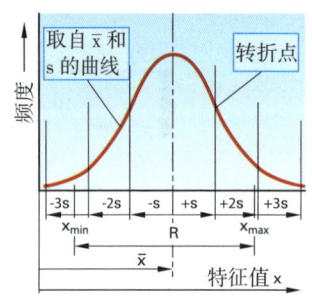

n 单值的数量（抽检范围）
x_i 可检测的特征值，例如单值
x_{max} 最大检测值
x_{min} 最小检测值
$\bar{x}$ 算术平均值
$\tilde{x}$ 中间值（中位数值）[1]，
     按大小排列检测值的中间数值
s 标准偏差
R 检测误差
D 状态值（一个检测系列中出现频率最高的数值）
$g(x)$ 概率密度函数

算术平均值[2]
$$\bar{x}=\frac{x_1+x_2+...+x_n}{n}$$

标准偏差[2]
$$P=\sqrt{\frac{\sum\limits_{i=1}^{n}(x_i-\bar{x})^2}{n-1}}$$

检测误差
$$R=x_{max}-x_{min}$$

计算多个抽检数值时：
m 抽检次数 $\bar{R}$ 多个抽检检测误差的平均值
$\bar{\bar{x}}$ 多个抽检平均值的平均值 $\bar{s}$ 标准偏差的平均值

多个抽检检测误差的平均值
$$\bar{R}=\frac{R_1+R_2+...+R_m}{m}$$

举例：计算 283 页的抽检数值

> $\bar{x}=8.00225mm$ $R=0.11mm$ $\tilde{x}=8.005mm$ $s=0.02348mm$ $D=7.99mm$

多个抽检平均值的平均值
$$\bar{\bar{x}}=\frac{\bar{x}_1+\bar{x}_2+...+\bar{x}_m}{m}$$

[1] 单值数量奇数时的中间值：   单值数量偶数时的中间值：
z.B.x_1；x_2；x_3；x_4；x_5 z.B.x_1；x_2；x_3；x_4；x_5；x_6
$\tilde{x}=x_3$ $\tilde{x}=(x_3+x_4)/2$

[2] 大部分常用的袖珍计算器模式均配置了计算中间值和标准偏差的特殊功能。
多次出现相同检测值时可考虑使用相应的系数。

标准偏差的平均值
$$\bar{S}=\frac{s_1+s_2+...+s_m}{m}$$

检测批次的正态分布；质量检验的特性值和缩写名称

采用抽检方法时，可根据抽检的特性值预估基本总体性（检验批次）的参数。为区分抽检的特性值，预估的过程参数（∧"数字上加盖"）与计算求出100%检验的过程数值，也可采用其他的缩写符号。

抽检基本总体性		100% 检验
抽检	基本总体性	（描述性统计）
检测值的数量 n	检测值的数量 $m \cdot n$	检测值的数量 N
算术平均值 $\bar{x}$	预估过程平均值 $\hat{\mu}$	过程平均值 μ
标准偏差 s	预估的过程标准偏差 $\hat{\sigma}$（袖珍计算器 σ_{n-1}）	过程标准偏差 σ（袖珍计算器 σ_n）

质量能力

能力试验阶段

新机床和设备在购置和试运行之前，或批量生产启动之前和之后，均需通过能力特性值（能力指数）对其质量能力进行评估。

批量生产启动之前的判断	批量生产启动之后的判断

时间 →

机床 生产手段 加工设备	过程	
	7M（人员，机器，... 见 282 页）	持续改善 →

短时能力试验： 抽检频度 $m = 1$ 抽检的最小范围 $n = 50$ 个零件	暂时过程能力试验： 抽检频度至少应 $m = 20$ 个单件样品 抽检范围 $n = 3,4,5，...$ 个零件； 最小范围 100 个零件或过程合理的范围	长时过程能力试验： 在正常批量生产条件下长时间测试所有影响因素。 标准值：20 个生产日持续监视质量控制卡
短时能力 = 机器能力 （指数：C_m；C_{mk}）	暂时过程能力 = 过程效率 （指数：P_p；P_{pk}）	长时过程能力 = 过程能力 （指数：C_p；C_{pk}）

机器能力，过程能力

参照 DIN ISO 21747（2015-06）

机器能力是对机器的评估，即该机器能否在正常波动概率框架内其加工质量处于规定极限值之内。

如果 $C_m \geq 1.67$ 和 $C_{mk} \geq 1.67$，这表明，特征值的 99.99994%（范围 ±5s）处于极限值范围之内，其平均值 $\bar{x}$ 距离公差极限值的量至少达到 5s。

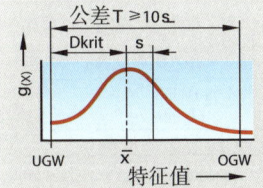

C_m, C_{mk} 机器能力指数
T 公差
UGW   下限值
OGW   上限值
Δkrit   中间值与公差极限之间的最小间距
$\bar{x}$ 算术平均值
s 标准偏差

过程能力和过程效率是对加工过程的评估，即该机器能否在正常波动概率框架内满足规定要求。

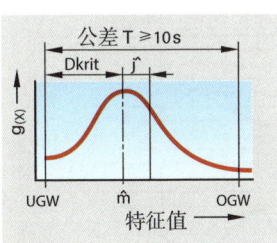

P_p, P_{pk} 过程效率指数
C_p, C_{pk} 过程能力指数
$\hat{\sigma}$ 预估过程标准偏差
$\hat{\mu}$ 预估过程平均值
$\bar{x}$ 抽检平均值的平均值
$\bar{R}$ 抽检检测误差的平均值
$\bar{s}$ 标准偏差的平均值
a_n, d_n 标准偏差预估因子（参见 287 页表）
m 抽检次数

机器能力指数

$$C_m = \frac{T}{6 \cdot s}$$

$$C_{mk} = \frac{\Delta krit}{3 \cdot s}$$

要求[1] 例如：$C_m \geq 1.67$ 和 $C_{mk} \geq 1.67$

过程效率指数，过程能力指数

$$P_p = C_p = \frac{T}{6 \cdot \hat{\sigma}}$$

$$P_{pk} = C_{pk} = \frac{\Delta krit}{3 \cdot \hat{\sigma}}$$

要求[1] 例如：$P_p, C_p \geq 1.33$ 和 $P_{pk}, C_{pk} \geq 1.33$

参数：预估过程平均值

$$\hat{\mu} = \bar{\bar{x}}$$

预估过程标准偏差

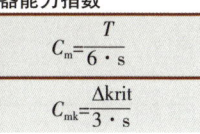

$$\hat{\sigma} = \sqrt{\frac{s_1^2 + s_2^2 + ... + s_m^2}{m}}$$

$$\hat{\sigma} = \frac{\bar{s}}{a_n} = \frac{\bar{R}}{d_n}$$

举例：

加工尺寸 80 ± 0.05 的机床能力试验；规定数值：$s = 0.009$mm；$\bar{x} = 79.997$；
要求：$C_m \geq 1.67$；$C_{mk} \geq 1.67$

$$C_m = \frac{T}{6 \cdot s} = \frac{0.1mm}{6 \cdot 0.009mm} = 1.852; \quad C_{mk} = \frac{\Delta krit}{3 \cdot s} = \frac{79.997mm - 79.950mm}{3 \cdot 0.009mm} = 1.74$$

已证明对这种加工的机床能力。

[1] 与客户或订单相关的要求；大批量加工生产时，例如汽车制造业，存在着提高要求的趋势，例如 $C_m \geq 2.0$

统计过程控制

质量控制卡（QRK）

过程控制卡	接收质量控制卡
过程控制卡用于监视一个过程相对于设定值的变化或监视一个迄今为止的过程数值。通过基于基本总体性或准备阶段的过程预估值确定介入极限和警报极限。	接收质量控制卡用于在规定极限值（极限尺寸）框架内监视一个过程。根据公差范围，针对过程中间值超过公差极限的位置和过程扩散程度计算介入极限。

数量特征的质量控制卡（休哈特控制卡）[1]

原始数据卡	控制极限	举例：每次抽检 5 个单值
原始数据卡是所有检测数值的文件，是通过输入数据但不做进一步计算建立的。它以近似于正态分布的过程为前提，建立在众多相对不具纵观性的数据的基础上。	M 中间尺寸（特征的中间值，Q 水平） OWG 警告上限值 UWG 警告下限值 OEG 介入上限值 UEG 介入下限值 OGW 上限值 UGW 下限值 控制极限参照 DGQ，见 283 页	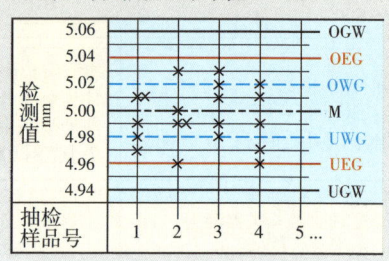

中间值 – 检测误差卡（$\tilde{x}$–R– 卡）	平均值 – 标准偏差卡（$\bar{x}$–s– 卡）
采用这种卡可在低计算成本条件下清晰看出加工过程的扩散。它适用于手工建卡。	这种卡清晰表明平均值的发展趋势并显示出比 $\tilde{x}$–R– 卡更高的敏感性。其建卡要求有计算机支持。

举例

检验特征： 直径			检查尺寸： 5±0.05	
抽检范围： $n=5$			检查周期： 60 min	
检测值 mm	x_1	4.98	4.96	5.03	4.97
	x_2	4.97	4.99	5.01	4.96
	x_3	4.99	5.03	5.02	5.01
	x_4	5.01	4.99	4.99	4.99
	x_5	5.01	5.00	4.98	5.02
	$\sum x$	24.96	24.97	25.03	24.95
	$\tilde{x}$	4.99	4.99	5.01	4.99
	R	0.04	0.07	0.05	0.06

中间值 $\tilde{x}$, mm

			OEG 5.04
			OWG 5.02
			M 5.00
			UWG 4.98
			UEG 4.96

检测误差 R, mm

			OEG 0.08
			OWG 0.06
			M
			UWG 0.04
			UEG 0.02
			0

样品号	1	2	3	4
钟点时间	6:00	7:00	8:00	9:00

举例

检验特征： 直径			检查尺寸： 5±0.05	
抽检范围： $n=5$			检查周期： 60 min	
mm	x_1	4.98	4.96	5.03	4.97
	x_2	4.97	4.99	5.01	4.96
	x_3	4.99	5.03	5.02	5.01
	x_4	5.01	4.99	4.99	4.99
	x_5	5.01	5.00	4.98	5.02
	$\bar{x}$	4.992	4.994	5.006	4.990
	s	0.018	0.025	0.021	0.025

中间值 $\bar{x}$, mm

			OEG 5.02
			OWG 5.01
			M 5.00
			UWG 4.99
			UEG 4.98

检测误差 s

			OEG 0.026
			OWG 0.024
			M 0.022
			0.020
			UWG 0.018
			UEG 0.016

样品号	1	2	3	4
钟点时间	6:00	7:00	8:00	9:00

[1] Walter Andrew Shewhart，瓦尔特·安德鲁·休哈特（1891–1967），美国科学家

统计过程控制，过程流程

按 DGQ 的数量特征过程控制卡的控制极限

控制卡，控制轨迹	介入极限值（99%）		警告极限值（95%）		中间尺寸，中间线 M=	系数 $C_E, C_W, A_E,$
	OEG=	UEG=	OWG=	UWG=		$E_W, D_{OEG}, D_{UEG},$
$\tilde{X}$	$\hat{\mu}+C_E \cdot \hat{\sigma}$	$\hat{\mu}-C_E \cdot \hat{\sigma}$	$\hat{\mu}+C_W \cdot \hat{\sigma}$	$\hat{\mu}-C_W \cdot \hat{\sigma}$	$\hat{\mu}$	$D_{OWG}, D_{UWG}, B_{OEG},$
$\bar{X}$	$\hat{\mu}+A_E \cdot \hat{\sigma}$	$\hat{\mu}-A_E \cdot \hat{\sigma}$	$\hat{\mu}+A_W \cdot \hat{\sigma}$	$\hat{\mu}-A_W \cdot \hat{\sigma}$	$\hat{\mu}$	$B_{UEG}, B_{OWG}, B_{UWG},$
R	$D_{OEG} \cdot \hat{\sigma}$	$D_{UEG} \cdot \hat{\sigma}$	$D_{OWG} \cdot \hat{\sigma}$	$D_{UWG} \cdot \hat{\sigma}$	$d_n \hat{\sigma}$	a_n 其单位【1】，参见下表
s	$B_{OEG} \cdot \hat{\sigma}$	$B_{UEG} \cdot \hat{\sigma}$	$B_{OWG} \cdot \hat{\sigma}$	$B_{UWG} \cdot \hat{\sigma}$	$a_n \hat{\sigma}$	

计算控制极限和预估与抽检范围 n 相关的过程标准偏差系数（摘选）

n	C_E	C_W	A_E	A_W	D_{OEG}	D_{UEG}	D_{OWG}	D_{UWG}	d_n	B_{OEG}	B_{UEG}	B_{OWG}	B_{UWG}	a_n
2	1.821	1.386	1.821	1.386	3.970	0.009	3.170	0.044	1.128	2.807	0.006	2.241	0.031	0.798
3	1.725	1.313	1.487	1.132	4.424	0.135	3.682	0.303	1.693	2.302	0.071	1.921	0.159	0.886
4	1.406	1.070	1.288	0.980	4.694	0.343	3.984	0.595	2.059	2.069	0.155	1.765	0.268	0.921
5	1.379	1.049	1.152	0.877	4.886	0.555	4.197	0.850	2.326	1.927	0.227	1.669	0.348	0.940
6	1.194	0.908	1.052	0.800	5.033	0.749	4.361	1.066	2.534	1.830	0.287	1.602	0.408	0.952
7	1.182	0.899	0.974	0.741	5.154	0.922	4.494	1.251	2.704	1.758	0.336	1.552	0.454	0.959
8	1.056	0.804	0.911	0.693	5.255	1.075	4.605	1.410	2.847	1.702	0.376	1.512	0.491	0.965
9	1.050	0.799	0.859	0.653	5.341	1.212	4.700	1.550	2.970	1.657	0.410	1.480	0.522	0.969
10	0.958	0.729	0.815	0.620	5.418	1.335	4.784	1.674	3.078	1.619	0.439	1.454	0.548	0.973

$\tilde{x}, \bar{x}, R, s, \hat{\mu}, \hat{\sigma}$：解释、概念和计算均参见 284 页至 285 页。
举例：s 卡，$\hat{\sigma}$=0.0016mm，源自 20 个抽检样品和 n=5 个检测值；M=？；OEG=？；UEG=？
M=$a_n \cdot \hat{\sigma}$=0.940 · 0.0016mm=0.0015mm；OEG=$B_{OEG} \cdot \hat{\sigma}$=1.927 · 0.0016mm=0.003mm
UEG=$B_{UEG} \cdot \hat{\sigma}$=0.227 · 0.0016mm=0.00036mm

过程流程

过程流程（例如摘自 x 轨迹）	名称 / 观察	可能的原因，待采取的措施
	自然流程 所有数值的 2/3 位于 ± 标准偏差 s 的范围之内，所有数值位于介入极限值范围之内。	过程处于控制之下且无需介入可继续运行。
	超过介入极限值 数值超过或低于介入极限值。	过度校准的机床，不同的材料费用，受损的机床； → 对过程实施介入并 100% 检验上次抽检之后的产品
	RUN（连续） 7 个或更多先后连续的数值位于中间线的一侧。	刀具磨损，其他的材料费用，新刀具，新人员； → 对过程实施中断，研究过程平均值推移的原因并调整过程。
	趋势 7 个或更多先后连续的数值表明一个上升或下降趋势。	刀具、工装或检测装置的磨损，人员疲惫； → 对过程实施中断，研究其原因。
	中间三分之一 至少 15 个数值先后连续位于 ± 标准偏差 s 的范围之内。	改进加工，更好的监视，改善的检验结果； → 确定使过程得到改善的原因并复核检验结果。
	周期 数值围绕中间线呈周期性变化。	不同的检测装置，系统的数据分配； → 按照影响因素检查加工过程。

质量控制卡，接收抽检检验和计划

质量特征的质量控制卡   参照 DGQ 16-33（1990）；DGQ 11-19（1994）

缺陷汇集卡

缺陷汇集卡采集有缺陷的单元、缺陷类型和在抽检中出现的频度。
n 抽检范围
m 抽检样品数量
F3 的识读举例：
$m \cdot n = 9 \cdot 50 = 450$

缺陷（%）$= \dfrac{\Sigma}{n \cdot m} \cdot 100\%$

$= \dfrac{3}{450} \cdot 100\% = 0.66\%$

举例：

零件：盖	抽检范围 n=50									检测周期：60 分钟		
缺陷类型		缺陷频度 i								Σi_i	%	缺陷占比
油漆受损	F1	1			1					2	0.44	
受压点	F2	1	2		2	1	2	2	2	14	3.11	
腐蚀	F3	1				2				3	0.66	
毛刺	F4	1								1	0.22	
裂纹形成	F5							1		1	0.22	
角度错误	F6	2		3	1		3	1	2	12	2.66	
扭曲	F7				1					1	0.22	
螺纹缺失	F8	1								1	0.22	
缺陷零件		4	6	3	3	3	5	4	3	4	35	7.78
抽检样品号		1	2	3	4	5	6	7	8	9		

帕累托[1] 曲线图表

帕累托曲线图表按照类型和频度为规则分级，因此是一个重要的辅助工具，其目的是分析规则并求出优先级。
F2 举例：
总缺陷占比
$= \dfrac{14}{35} \cdot 100\% = 40\%$
[1] Vilfredo Pareto，菲尔弗雷多·帕累托（1848—1932），意大利社会学家。

举例：

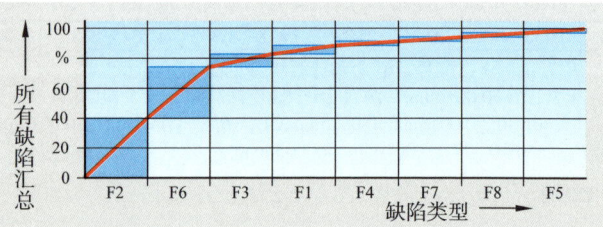

识读举例：受压点（F2）和角度缺陷（F6）共占总缺陷约 74%。

接收抽检检验（属性检验）   参照 DIN ISO 2859-1（2014-08）

属性检验涉及接收抽检检验，检验时，根据缺陷单元或单次抽检中的缺陷确定一个检验批次的可接收性。
缺陷单元的占比或一个检验批次内每百个受检单元的缺陷数量表明产品的质量状况。可接收的质量极限状况是在预设连续检验批次中已确定的质量状况，大部分情况下，这样的质量状况可由客户接受。相应的抽检证明汇入控制表。

接收抽检检验计划，简单抽检检验作为普通检验（摘选自控制卡）

检验批次规模	可接收的质量极限状况（优先数值）									
	0.04	0.065	0.10	0.15	0.25	0.40	0.65	1.0	1.5	2.5
2...8	↓	↓	↓	↓	↓	↓	↓	↓	↓	↓
9...15	↓	↓	↓	↓	↓	↓	↓	↓	8 0	5 0
16...25	↓	↓	↓	↓	↓	↓	13 0	8 0	5 0
26...50	↓	↓	↓	↓	↓	20 0	13 0	8 0	5 0
51...90	↓	↓	↓	50 0	32 0	20 0	13 0	8 0	20 1
91...150	↓	↓	↓	80 0	50 0	32 0	20 0	13 0	32 1	20 1
151...280	↓	↓	125 0	80 0	50 0	32 0	20 0	50 1	32 1	32 2
281...500	↓	200 0	125 0	80 0	50 0	32 0	80 1	50 1	50 2	50 3
501...1200	315 0	200 0	125 0	80 0	125 1	80 1	80 2	80 3	80 5

解释：
↓ —本列首次抽检证明的应用。只要抽检范围大于或等于批次范围：执行 100% 检验。
50 2
—第二个数字：接收数量 = 供货中可接收缺陷单元的数量。
—第一个数字：抽检范围 = 待检单元的数量。

机床准则（MRL）

结构和内容   MRL 2006/422/EG（2009–12）

机床准则的目标是降低机床事故数量。通过遵守机床设计和制造时的安全规范以及合理的安装和维护，这个目标可以达到。

只有满足机床准则所提出的要求，才能允许机床在欧洲经济领域内进行买卖贸易。

概述

条款	内容	附录	内容
第 1,2 和 3 款 应用范围 确定概念	解释和定义适用或不适用于本准则的产品	附录 1 安全和健康保护要求	针对控制系统，保护措施和保护设施，风险和其他危险，维护保养，信息，警告说明和操作说明书等项安全的基本原则
第 4 至第 11 款 市场监督发布和试行	描述在自由商品交易中购置和试运行前的措施	附录 2 至 4 欧盟一致性解释，CE 标记	关于一致性解释的基本说明，CE 标记的表达法，特别危险的机器
第 12 至第 15 款 一致性评估方法	对评估方法的类型、范围和执行的说明	附录 5 和 6 机器和安全部件清单	机器完整和不完整技术资料的内容和范围
第 16 和 17 款 CE 标记	CE 标记的定义		
第 18 至第 29 款 保守秘密 惩罚 转换	关于转换、惩罚和准则生效的一般性说明	附录 7 至 0 欧盟制造样品检验包含的质量保证	描述制造样品检验，质量保证系统的评估原则

适用或不适用于机床准则的产品

据第 1 款（1）和第 2 款，机床准则适用的产品如下：

a) 机床
b) 安全部件
c) 吊装设备
d) 链条、绳索和皮带
e) 可拆卸的万向轴
f) 不完整的机器，它将装入机床准则意义上规定的机器内

机床准则不适用的产品如下（摘选）：

a) 作为备件的安全部件
b) 每年年度集会市场和娱乐公园的设施
c) 核能用途的机器
d) 武器
e) 输送装置和海船
f) 用于研究目的的机器
g) 电气和电子产品，例如家用电器、IT 仪器、办公设备、低压控制装置、电动机

满足机床准则的方式

1. 对有效标准和准则的检查，在特殊情况下检查附录列出的安全和健康要求（参照 290 页）。
2. 评估机床是否满足机床准则 ———致性评估
   · 企业内的"首次聚会"；
   · 或通过客户的"第二次聚会"；,
   · 或通过认证机构的"第三次聚会"。
3. 编制一致性解释。
4. 装上 CE 标记。
5. 编制操作说明书。
6. 编制其他技术资料，例如"不完整机器"的装配说明和安装说明。

CE 标记

一致性解释

制造商必须证明他已遵守所涉欧盟标准包含的规定（一致性解释）。

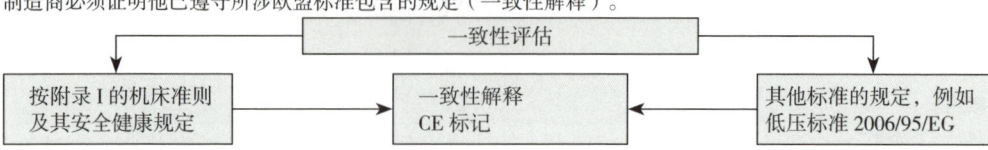

CE 标记

| CE 标记 | 型号铭牌 | "CE" = Communauté Europeenne（法语：欧盟）[1] |

CE 标记　　　　型号铭牌

C E

Hersteller:
Max Muster Maschinen GmbH
XXXXX Musterstadt

Typ:	W100
Seriennummer:	3814
Baujahr:	2016
Made in Germany	

"CE" = Communauté Europeenne（法语：欧盟）[1]
制造商用 CE 标记向客户证明其产品与欧盟标准及标准内所含要求的一致性。
在机器型号铭牌上必须列出如下各项：
· 制造商名称和通讯地址；
· CE 标记；
· 机器型号，必要时还有机器系列号；

· 制造年份

安全与健康规定

本规定涉及的内容是，可造成伤害和健康损害的潜在危险源、噪声与振动造成的损害，以及人类工程学（符合人体身体结构）的基本原则。

防范危险的措施	安全标准（摘选自附录 I）
找出并评估危险 ▽ **消除或降低危险** ▽ **采取保护措施** ▽ **向用户讲授关于危险的知识**	· 运行、安装和维护等工作必须在不危害人员安全的条件下进行 · 投入使用的材料不允许导致出现危险 · 各零部件必须有充分的稳定性，其相互之间的连接必须能够承受运行中出现的载荷 · 考虑人类工程学原则 · 机器的启动必须经由清晰可见的操作 · 机器必须安装急停装置 · 运动零件抵达所造成的每一种危险均必须通过保护措施予以消除 · 噪声造成的危险必须降至可操作的最低水平 · 必须避免因燃气和灰尘造成的危险 · 机器的运输必须安全可靠，对此必须配备吊具或吊装设施 · 照明不允许产生干扰性阴影区域和眩目 · 能源供给的变化（如停电）不允许导致出现危险状况

机器技术资料（摘选自附录 3）

· 一般性说明 · 总图、电路图 · 详图和计算 · 危险判断	· 已采用标准的清单 · 机器操作说明书 · 必要时，装配说明和安装说明 · 欧盟一致性解释

概述

生产流程（供应链管理）

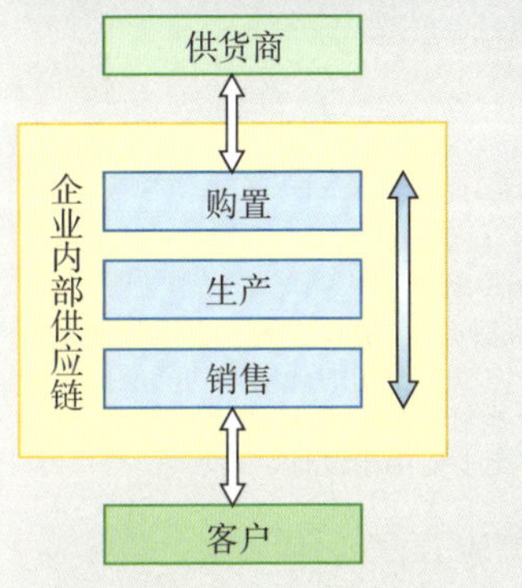

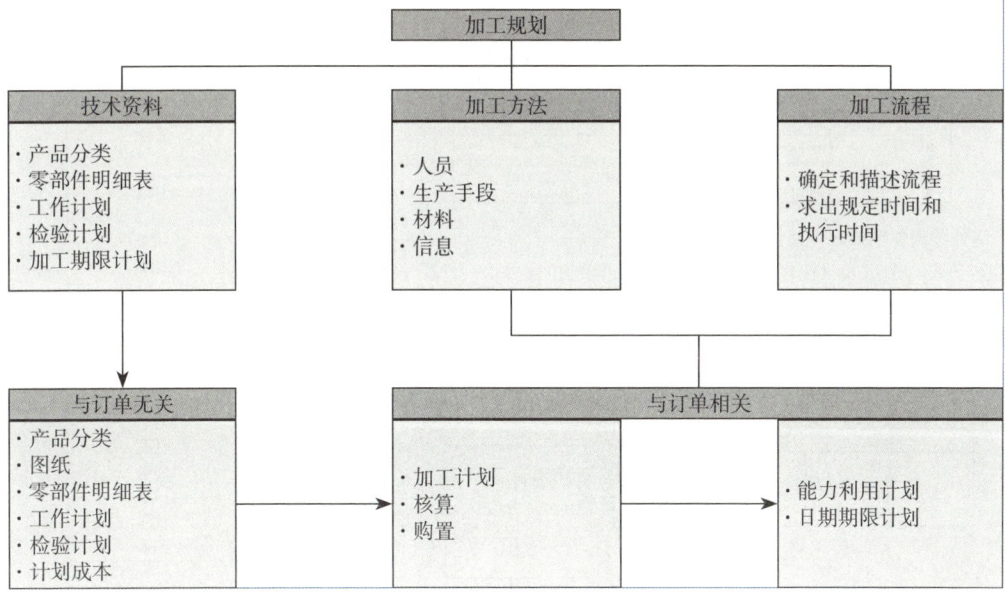

供货商

企业内部供应链
- 购置
- 生产
- 销售

客户

产品寿命周期（寿命周期管理）

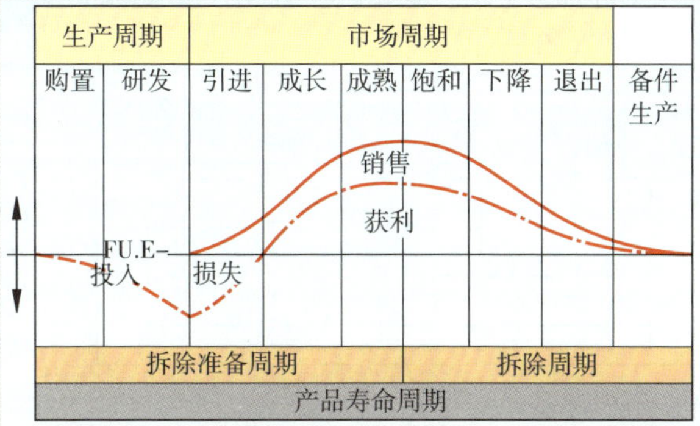

生产周期		市场周期							
购置	研发	引进	成长	成熟	饱和	下降	退出	备件生产

销售
获利
FU.E.-投入
损失

拆除准备周期   拆除周期

产品寿命周期

产品管理系统

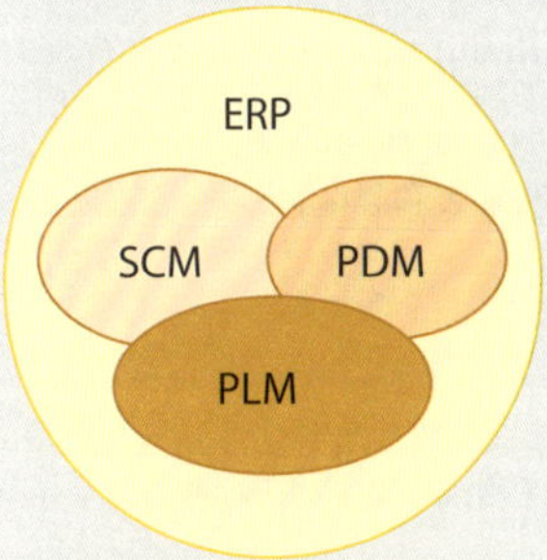

ERP
SCM PDM
PLM

ERP	企业资源规划 规划和组织人员能力和加工能力以及供货能力的信息系统
PLM	产品寿命周期管理 对产品整个寿命周期管理的战略性方案，即从产品的生成直至进入再循环
PDM	产品数据管理 有关一个产品研发、生产、仓储和销售等环节全部数据的统一存储和管理系统
SCM	供应链管理 涉及购置、生产以及物流全流程的所有任务的规划和组织。

加工规划的划分

产品数据包含所有与订单无关的加工数据。根据不同的订单，在这些数据上又加入与订单相关的数据。

加工规划

技术资料
- 产品分类
- 零部件明细表
- 工作计划
- 检验计划
- 加工期限计划

加工方法
- 人员
- 生产手段
- 材料
- 信息

加工流程
- 确定和描述流程
- 求出规定时间和执行时间

与订单无关
- 产品分类
- 图纸
- 零部件明细表
- 工作计划
- 检验计划
- 计划成本

与订单相关
- 加工计划
- 核算
- 购置

- 能力利用计划
- 日期期限计划

产品分类，零部件明细表

产品一般由多个零件组成，这些零件可以分组重新汇总。为改善纵观性，可制定按照零件功能、加工、装配或购置等项要求的分类计划。产品分类也是零部件明细表编制的基础。

按功能层面的产品分类

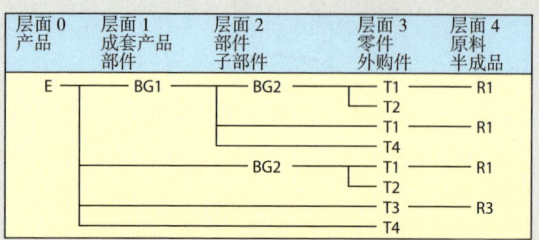

E= 产品；TE= 成套产品；
BG= 部件 / 子部件；
T= 零件 / 外购件；
R= 原料 / 半成品
每一个部件、子部件，每一个零件或每一种原料均位于相同的观察或功能层面。这里清晰地显示出产品是如何总装完成的。这种分类主要用于设计。

按加工阶段的产品分类

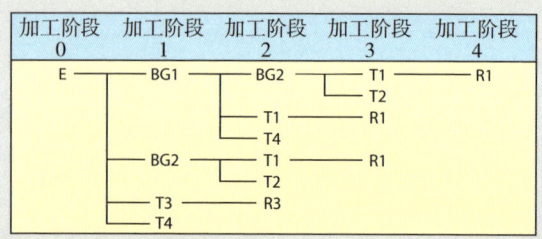

分类时采用加工流程排序。其所涉及的要素均位于制造或装配必需的层面之内。这种分类是加工计划的基础，由此可产生结构件明细表和装配计划。

零部件明细表（与订单无关）

零部件明细表是计算零件和原材料需求量的基础，用于编制工作计划。零部件明细表的结构因用途而各有不同，没有标准化。
类型：设计、加工、组件、结构和装配零部件明细表。

设计和加工零部件明细表

加工零部件明细表包含设计零部件明细表的内容，并增加加工所需说明。它常常替代工作计划。

零部件明细表				1 页之 1 页	
类型号	名称			日期	
12.000		电气产品		2014,02,26	
位置号	数量	名称	材料	半成品 / 标准	
10	3	Einzelteil–T1	S235JR	Rd 30x18	
20	2	Kaufteil–T2		DIN EN	
30	1	Einzelteil–T3	S235JR	Rd 125x65	
40	2	Kaufteil–T4		DIN EN	

组件零部件明细表（简化）

组件零部件明细表只包含与加工结构层面相同的位置号。一件产品常需要多个零部件明细表

组件零部件明细表	3 页之 1 页
电气产品	
名称	数量
BG1	1
BG2	1
T3	1
T4	1

组件零部件明细表	3 页之 2 页
BG1– 部件 1	
名称	数量
BG2	1
T1	1
T4	1

组件零部件明细表	3 页之 3 页
BG2– 部件 2	
名称	数量
T1	1
T2	1

结构零部件明细表（简化）

每一个部件均可细分至最低零件阶段（由 ... 组成）

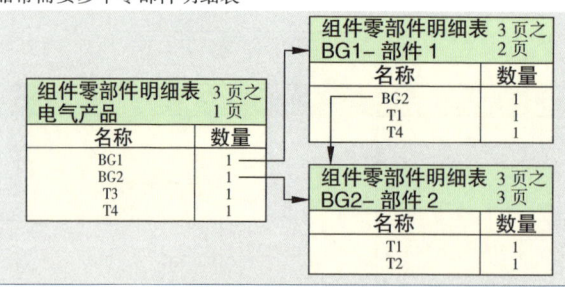

工作计划

工作计划和装配计划（与订单无关）

工作计划用于提供加工过程中的信息和提示说明。它描述一个零件、一个部件或一个制品的加工过程顺序。这里至少需列出所使用的材料，每一个加工过程的工位，加工方法和加工准备时间。工作计划的结构没有标准化。

与订单相关的工作计划需添加订单号、批次规模和期限等信息。

<table>
<tr><td colspan="4">工作计划</td><td colspan="2">编制人　Go</td></tr>
<tr><td colspan="4"></td><td colspan="2">日期　2016.12.09</td></tr>
<tr><td rowspan="2">1</td><td colspan="3">产品号　产品</td><td colspan="2">图纸号</td></tr>
<tr><td colspan="3">12.001　　T1－单个零件</td><td colspan="2">12.001－1</td></tr>
<tr><td rowspan="2">2</td><td colspan="5">加工号　原始零件</td></tr>
<tr><td colspan="5">　　　　Rd EN 10060－30×18－S235JR</td></tr>
<tr><td rowspan="3">3</td><td>序号</td><td>成本核算单位</td><td>加工过程描述 /附加说明</td><td>辅助装量 /数控程序</td><td>准备时间</td><td>每单位好用时间</td></tr>
<tr><td>10</td><td>车削</td><td>完成车削加工</td><td>NC_12_001</td><td>15</td><td>5,25</td></tr>
<tr><td>20</td><td>钻孔</td><td>完成横向孔加工</td><td>Prisma</td><td>3</td><td>4</td></tr>
<tr><td></td><td>4</td><td>5</td><td>6</td><td colspan="2">7</td></tr>
</table>

1. 采集初始数据
2. 确定带尺寸的毛坯件；给出装配零件的零部件明细表。
3. 确定工作步骤顺序或装配顺序。
4. 确定加工系统或装配系统。
5. 编写工作过程描述或装配说明。
6. 确定加工或装配辅助方法。
7. 计算工作准备时间。

订单期限计划

根据加工和装配阶段的产品结构可绘制出一个水平时间轴，从起始阶段直至交货时间点。这种订单网用于订单期限计划和简化订单循序进展，并可计算出订单执行时间。

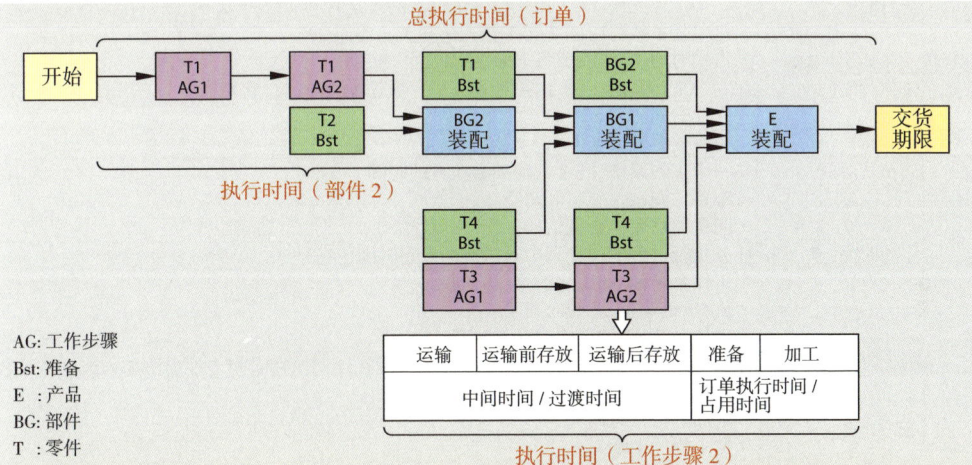

AG: 工作步骤
Bst: 准备
E : 产品
BG: 部件
T : 零件

运输	运输前存放	运输后存放	准备	加工
中间时间 / 过渡时间			订单执行时间 /占用时间	

执行时间（工作步骤 2）

加工控制，中央集控

推送原则（push）：订单由加工控制机构触发并推送。

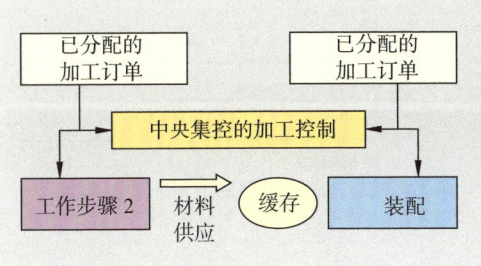

加工控制，分散控制

接收或帮助原则（pull）：看板概念是，首先根据后续阶段的要求（看板卡）进行加工。（Kanban－看板，日语＝卡，凭证）

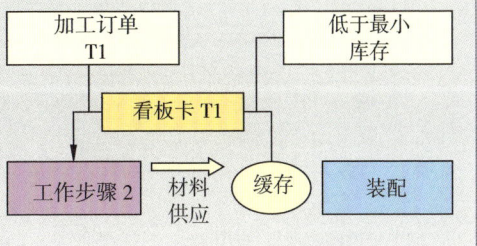

流程时间[1]

工作系统（S）内时间类型的分类

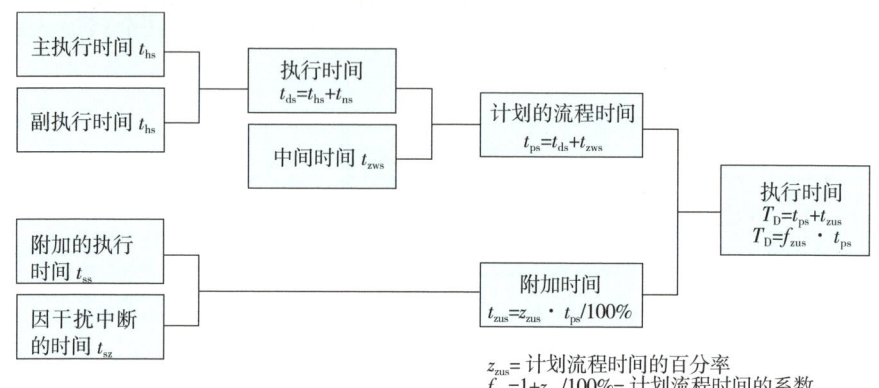

$z_{zus}=$ 计划流程时间的百分率
$f_{zus}=1+z_{zus}/100\%=$ 计划流程时间的系数

符号	名称	举例解释
T_D	流程时间	在一个或多个工作系统内完成一项任务的设定时间（规定时间）
t_{pS}	计划的流程时间	在一个工作系统（S）内一个批次的计划流程时间的设定时间总和
t_{dS}	执行时间	在一个工作系统（S）内执行一个批次的规定时间 ·订单任务执行时间 T 与工作人员相关（参照 295 页） ·占用时间 T_{bB} 与生产手段相关（参照 296 页）
t_{hS}	主执行时间	在一个工作系统（S）内按计划完成一项任务的时间；它相当于 ·作业时间 $t_t=t_{tu}+t_{tb}$（参照 295 页） ·主有效时间 $t_h=L\cdot i/n\cdot f$（参照 296 页）
t_{nS}	副执行时间	在一个工作系统（S）内辅助主执行的时间 ·准备，调试，装料和清空 ·同事休息或检查他们的工作
t_{zwS}	中间时间	任务执行过程中按计划中断执行的设定时间，它是 ·工作系统 S1 加工后的存放时间（t_{lie}） ·从 S1 运输至 S2 的时间（t_{tr}） ·工作系统 S2 加工前的存放时间（t_{lie}）
t_{zuS}	附加时间	计划外的时间，根据经验值按一定冗余度在计划执行时间之外加法加入或作为系数乘法加入的时间。附加时间产生于 ·附加的执行时间 t_{SS} ·受干扰的中断 t_{SZ}

流程时间的计算类型

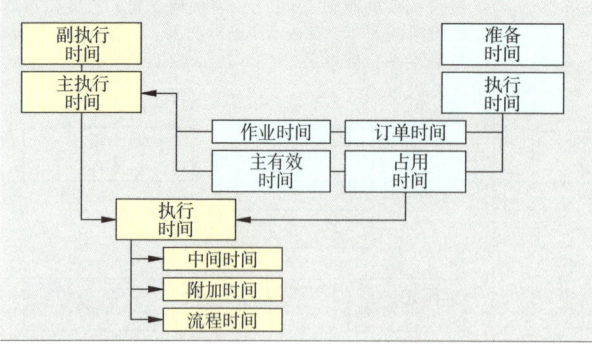

举例：
一台计算机数控（CNC）机床的占用时间是 6.5 小时，存放和运输各用 3 小时。请加 20% 冗余度来计算流程时间。

执行时间：$t_d=t_{bB}$ =6.5h
中间时间：$t_{zw}=2\cdot t_{He}+t_{tr}$ =9.0h

计划的执行时间：$t_p=t_d+t_{zw}$ =15.5h
附加时间：$t_{zu}=Z_{zu}\cdot t_p/100\%$ =3.1h

流程时间：$T_D=t_p\cdot t_{zu}$ =18.6h
以天为单位计算的流程时间为：
18.6 小时 / 每天 6 小时 = 3.1 天

[1] 据 REFA：德国企业管理协会。

订单执行时间[1]

人员的时间类型分类

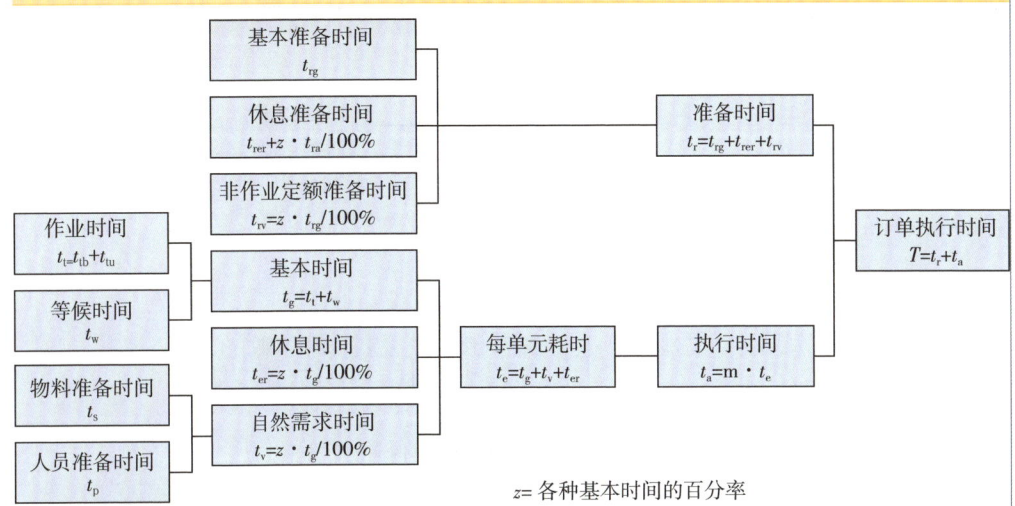

$z=$ 各种基本时间的百分率

符号	名称	举例解释
T	订单执行时间	规定加工制造一个批次所需时间
t_t	准备时间	完成一项总订单的准备时间 · 基本准备时间 t_{rg} → 机器调试设定 · 休息准备时间 t_{rer} → 更换装备后的休息时间 · 非作业定额准备时间 t_{rv} → 消除短暂机器故障
t_a	执行时间	执行一个批次（没有准备时间）规定的时间
t_e	休息时间	为解除工作疲劳的人员休息调整
t_v	自然需求时间	· 物料准备时间 t_s → 预料之外的刀具磨损 · 人员准备时间 t_p → 检查工作时间，完成各种人员需求
t_t	作业时间	处理订单所需时间 · 可以影响的时间 t_{tb} → 装配或打毛刺时间 · 不能影响的时间 t_{tu} → CNC 程序运行时间
t_n	等候时间	流水加工中等候下一个工件的时间
m	订单任务量	一个订单（批次）中待加工单元的数量

举例：一台车床车削三根轴

准备时间		分钟	执行时间		分钟
订单准备		=4.5	作业时间	t_t	=14.70
机床准备		=10.00			
刀具准备		=12.50	等候时间	t_w	=3.75
			基本时间	$t_g=t_t+t_w$	=18.45
基本准备时间	t_{rg}	=27.00	休息时间	t_{er} 除以 t_w	–
休息准备时间	$t_{rer}=t_{rg}$ 的 4%	=1.08	自然需要时间	$t_v=t_g$ 的 8%	=1.48
非作业定额准备时间	$t_{rv}=t_{rg}$ 的 14%	=3.78			
			每单元耗时	$t_e=t_g+t_{er}+t_v$	=19.93
准备时间	$t_r=t_{rg}+t_{rer}+t_{rv}$	=31.86	执行时间	$t_a=m \cdot t_e$	=59.79

订单执行时间 $T=t_r+t_a \approx 32$ 分钟 +60 分钟 =92 分钟（=1.53 小时）

[1] 据 REFA：德国企业管理协会。

占用时间 [1]

生产手段（BM）时间类型的分类

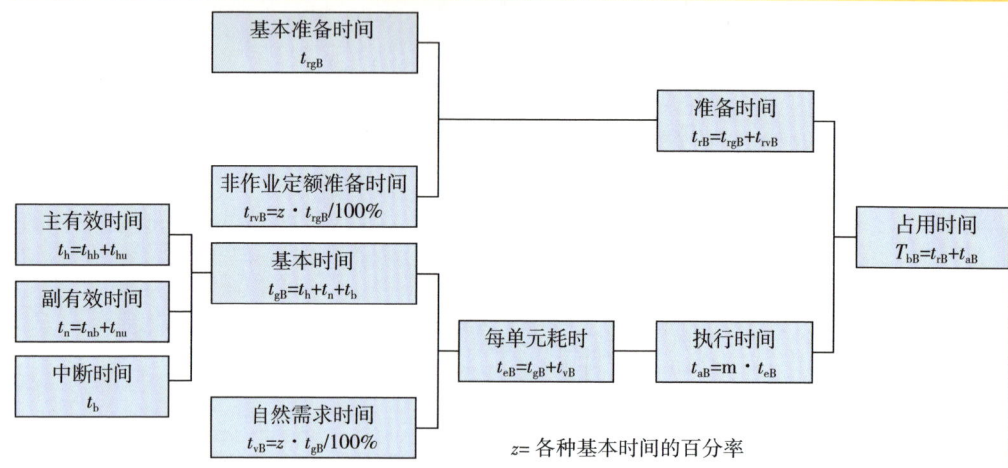

基本准备时间 t_{rgB}

非作业定额准备时间 $t_{rvB}=z \cdot t_{rgB}/100\%$

准备时间 $t_{rB}=t_{rgB}+t_{rvB}$

主有效时间 $t_h=t_{hb}+t_{hu}$

副有效时间 $t_n=t_{nb}+t_{nu}$

中断时间 t_b

基本时间 $t_{gB}=t_h+t_n+t_b$

每单元耗时 $t_{eB}=t_{gB}+t_{vB}$

执行时间 $t_{aB}=m \cdot t_{eB}$

占用时间 $T_{bB}=t_{rB}+t_{aB}$

自然需求时间 $t_{vB}=z \cdot t_{gB}/100\%$

$z=$ 各种基本时间的百分率

符号	名称	举例解释
T_{bB}	占用时间	使用一种生产手段加工制造一个批次的规定时间
t_{tB}	生产手段准备时间	完成一项总订单的生产手段准备时间 · BM 基本准备时间 t_{rgB} → 上紧机器工装 · 非作业定额准备时间 t_{rvB} → 优化 CNC 程序
t_{aB}	生产手段执行时间	执行一个批次（没有准备时间）规定的工作时间
t_{vB}	生产手段自然需求时间	未使用生产手段的时间或附加使用的时间； 停电，计划外的维修等等
t_h	主有效时间	工作对象按计划被加工的时间 · 可以影响的时间 t_{hb} → 手工钻孔 · 不能影响的时间 t_{hu} → CNC 程序运行时间
t_n	副有效时间	为主有效时间做准备、装料和清空的时间 · 可以影响的时间 t_{hb} → 手工夹紧 · 不能影响的时间 t_{hu} → 自动更换工件
t_b	中断时间	因运行或休息而中断的时间；装填刀库
m	订单任务量	一个订单（批次）中待加工单元的数量

举例：一台立铣床铣削 20 块底板的支承面

准备时间	分钟	执行时间	分钟
阅读订单和图纸	=4.54	铣刀 = 主有效时间 t_h	=3.52
准备并取出端面铣刀	=3.55	夹紧工件 = 副有效时间 t_n	=4.00
夹紧和松开铣刀	=3.10	工件运输 = 中断时间 t_b	=1.20
机床设定	=2.84		
		生产手段基本时间 $t_{gB}=t_h+t_n+t_b$	=8.72
生产手段基本准备时间 t_{rgB}	=14.13	生产手段自然需要时间 $t_{vB}=t_{gB}$ 的 10%	=0.87
生产手段非作业定额准备时间 $t_{rvB}=t_{rgB}$ 的 10%	=1.41		
		每单元耗时 $t_{eB}=t_{gB}+t_{vB}$	=9.59
生产手段准备时间 $t_{rB}=t_{rg}+t_{rgB}+t_{rvB}$	=15.54	**生产手段执行时间** $t_{aB}=m \cdot t_{eB}$	=191.80

占用时间 $T_{bB}=t_{rB}+t_{aB} \approx 16$ 分钟 +192 分钟 =208 分钟（=3.47 小时）

[1] 据 REFA：德国企业管理协会。

核算

简单核算（数字举例）

成本类型[1]	每件产品可直接算入的单件成本（EK）[1]	总成本（GK）[1]	
		不能直接算入的	薪金成本附加费率的百分比
成本类型[1]	材料成本　80.000.00€ 工薪成本　120.000.00€	折旧　　　　　　　　　　50000.00€ 工薪（包括员工工资）　80000.00€ 利息　　　　　　　　　　40000.00€ 其他成本　　　　　　　　50000.00€ Σ 总成本　　　　　　　 220000.00€	$\dfrac{220000.00€ \cdot 100\%}{120000.00€} = 183.33\%$ 为满足总成本，每小时工资需收185%（取整）的附加费。

成本计算	每小时工资 = 10 000 小时　　工资成本 / 小时 = 12.00€/h 工时结算费率 =12.00€/h +185%（GK）=34.20€/h （应用在手工业者计算；员工工资 = 盈利）	一个订单的材料成本　　124.75 欧元 工作时间 5h × 34.20 欧元 /h　　　171.00 欧元 无增值税的价格　　　　295.75 欧元

[1] 每个企业都必须按周期计算成本。

扩展核算（示意图）

1) 如果不计算机器小时费率，则该项包含在加工总成本内并提高附加费率。总成本附加费率源自企业结算表（BAB）。

举例：

材料成本	
材料直接成本	1225.00€
材料总成本 5%	61.25€
加工工资 10h × 15, €/h	150.00€
机器成本 8h × 30, €/h	240.00€
剩余间接费用为加工工资的200%	300.00€
特种刀具	125.00€
制造成本	**2101.25€**
管理和销售总成本 占制造成本的12%	252.15€
个人成本	**2353.40€**
盈利附加费，个人成本的12%	235.34€
净销售价格	**2588.74€**
手续费，净销售价格的5%	136.25€
毛销售价格	**2724.99€**
付现折扣占目标销售价格 2%(2724.99 € 198%) · 2%	55.61€
目标销售价格	**2780.60€**
折扣占标价的 5%(2780.60 € /95%) · 5%	146.35€
无增值税的标价	**2926.25€**

[2] 净销售价格（含手续费）、目标销售价格（含付现折扣）或标价（含折扣）。

机器小时费率计算

例如加工机床运行一个小时，则机器小时费率是运行所产生的成本。它包含可归属至该机床的所有加工成本。如果将操作人员的人工成本计入机器小时费率，即产生工位成本。

名称

T_L	机器运行时间 / 周期 (正常运行时间)	单位：小时 / 年
T_G	总理论运行时间 / 周期	单位：小时 / 年
T_{ST}	停机时间，例如休息日	单位：小时 / 年
T_{IH}	维护保养时间	单位：小时 / 年
K_M	每个使用周期的机器成本总数	单位：小时 / 年
K_{Mh}	机器小时费率	单位：€/ 小时
K_f	一台机器每年的固定成本	单位：€/ 年
K_v	一台机器的可变成本	单位：€/ 小时
WBW	再次购置价值	单位：€
RW	剩余价值	单位：€
BW	购置价值（包含安装，无剩余价值)	单位：€
IR	通胀率（十进制形式）	单位：-
N	机器使用寿命	单位：年
K_{AIA}	核算折旧（线性价值损失)	单位：€/ 年
Z	核算利息率	单位：%
K_Z	核算利息成本	单位：€/ 年
K_I	维护成本	单位：€/ 年
K_E	能源成本	单位：€/ 小时
K_R	空间成本	单位：€/ 年

机器运行时间
$$T_L = T_G - T_{ST} - T_{IH}$$

机器小时费率
$$K_{MH} = \frac{K_f}{T_L} + K_v$$

成本核算
$$K_{AFA} = \frac{WBW - RW}{N}$$

利息核算
$$K_Z = \frac{BW + RW}{2 \cdot 100\%} \cdot Z$$

再次购置价格
$$WBW = BW(1 + IR)^N$$

举例：机器小时费率的计算

加工机床：

购置价格 16 万€	使用寿命 10 年	核算利息 8%
功耗 8kW	每 kWh 成本 0.15	基本费率 20€/ 月
空间费用 10 €/m² · 月	占用空间 15 m² €	维护 8000 €/ 年
附加维护 5 €/ 小时	标准利用率	实际利用率 80%

T_L=1200 小时 / 年（100%）

成本类型	计算	固定成本€ / 年	可变成本€ / 小时
核算折旧 K_{AIA}	$\dfrac{\text{购置价值}}{\text{使用寿命（年）}} = \dfrac{160000 €}{10 \text{ 年}}$	16000.00 €	
核算利息 K_Z	$\dfrac{1/2 \text{ 购置价值（€} \times \text{利息）}}{100\%} = \dfrac{8000 € \times 8\%}{100\%}$	6400.00 €	
维护保养成本 K_I	维护保养系数 × 折旧 – 例如 0.5 × 16000 € 维护保养与利用率相关	8000.00 €	5.00 €
能源成本 K_E	电力准备的基本费用 =20 €/ 月 × 12 个月 功耗 x 能源成本 = 8kW × 0.15 €/kWh	240.00 €	1.20 €
占比的空间成本 K_R	空间成本费率 × 空间需求 =10 €/m² · 月 × 15m² × 12 月	1800.00 €	
	机器总成本（K_M）	32440.00 €	6.20 €

100% 利用率时的机器小时费率（K_{Mh}）$= \dfrac{K_f}{T_L} + k_v = \dfrac{32440.00 €}{1200h} + 6.20 € /h = 33.23 € /h$

80% 利用率时的机器小时费率（K_{Mh}）$= \dfrac{K_f}{0.8 \cdot T_L} + k_v = \dfrac{32440.00 €}{0.8 \cdot 1200h} + 6.20 € /h = 40.00 € /h$

机器小时费率不包含操作人员的成本。

部分成本计算[1]

利润率计算（带数字举例）

利润率计算时计入一个产品的市场价格。市场价格必须至少满足可变成本（价格下限）。剩余的则是利润率。
所有产品的利润率承载着企业运行状态的成本。

利润率

$$db = P - K_v$$
$$DB = db \cdot 数量$$

p	市场价格：单件收益	K_f	固定成本
E	一件产品的收益（销售额）	K_v	单件可变成本
DB	一件产品的利润率	G	盈利或效益
db	单件利润率	G_S	损益平衡点

盈利

$$G = DB - K_f$$

	可变成本（K_v）[2] 取决于生产数量		固定成本（K_f） 与生产数量无关		利润率（DB） $db = P - K_v$
成本类型	材料成本 工资成本 能源成本	30.00€/件 20.00€/件 10.00€/件	折旧 薪金 利息 其他固定成本	50 000.00€ 80 000.00€ 40 000.00€ 30 000.00€	110€/件的收益必须首先满足所有的可变成本。其余部分则满足全部固定成本并带来盈利。
	Σ 可变成本	60.00€/件	Σ 固定成本	200 000.00€	

成本计算

已生产件数   5000 件
利润率 110.00€/件 – 60.00€   =50.00€/件
总利润率 5000 件 · 50.00€/件   =250 000.00€
                  Σ 固定成本   200 000.00€

                     盈利   50 000.00€

损益平衡点 $G_S = \dfrac{K_f}{db} = \dfrac{20000.00€}{50.00€/件} = 4000$ 件

损益平衡点

$$G_S = \frac{K_f}{db}$$

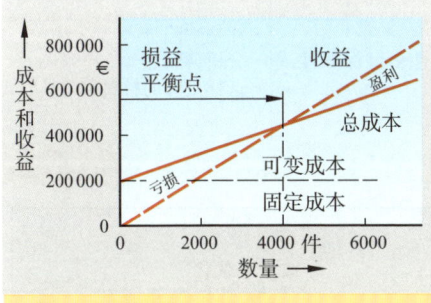

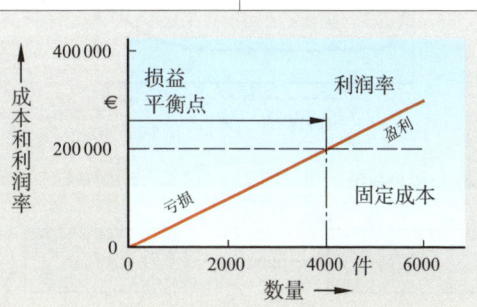

成本对比计算

成本对比计算时宜选择指定生产量并产生最低成本的机器或设备。

举例：5000 件产品
机器 1：K_{f1}=100 000€/年；K_{v1}=75€/件；
100 000.00€/年 + 75€/件 · 5000 件 = 475 000€
机器 2：K_f:2=200 000€/年；K_{v2}=50€/件；
200 000€/年 + 50€/件 · 5000 件 = 450 000€
机器 1 成本 ＞ 机器 2 成本

边际成本件数 $M_{Gr} = \dfrac{K_{f2} - K_{f1}}{K_{v1} - K_{v2}}$

$M_{Gr} = \dfrac{200000.00€ - 100000.00€}{75.00€/件 - 50.00€/件} = 4000$ 件

超过 4000 件，机器 2 更盈利。

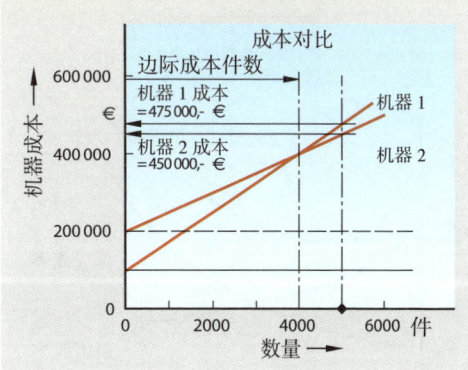

[1] 部分成本计算把成本分为固定成本（企业运行状态成本）和可变成本（直接成本）。
[2] 每一份订单均应计算出可变成本并与收益对比。

保养，维护

维护与磨耗
参照 DIN 31051（2012–09）

维护保养包括 DIN 31051 所述："一个单元在使用寿命期内用于获得或修复其功能状态的所有措施，从而使得该单元能够满足所需功能。"

维护措施是：保养— 检查 — 维修—改进

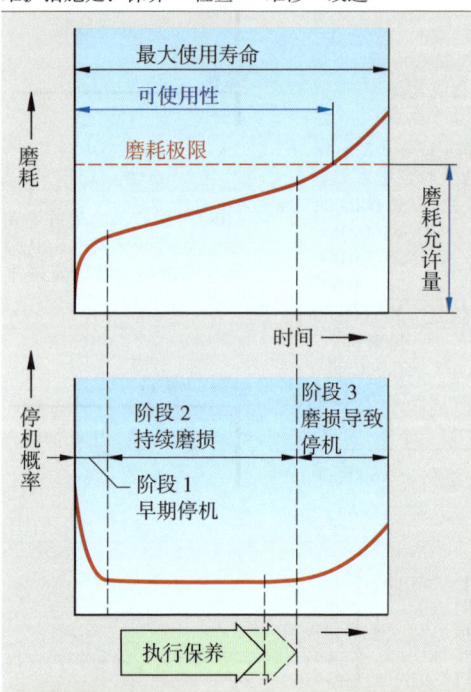

磨耗极限的确定原则是，尚未实质性影响到工作结果且能满足质量标准。

通过磨耗极限来确定磨耗允许量。由此可得出一台机器的可使用性或一件刀具的使用期限。

维护保养措施

类型	措施
保养 延缓磨耗允许量的减少	·清洗 ·润滑和涂油 ·灌满 ·调整
检查 确定并判断实际状态。查寻磨耗原因	·检查和测量 ·诊断和判断 ·计划保养措施
维修 修复至设定状态	·通过修复和修正进行维修 ·更换备件或新刀具
改进 提高可靠性、可保养性或安全性	·评估缺陷 ·分析薄弱点 ·选择更好的材料和刀具

优化维护保养

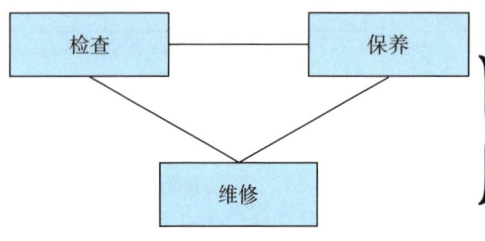

改进 = 优化
设备的可使用性
功能能力
质量
成本

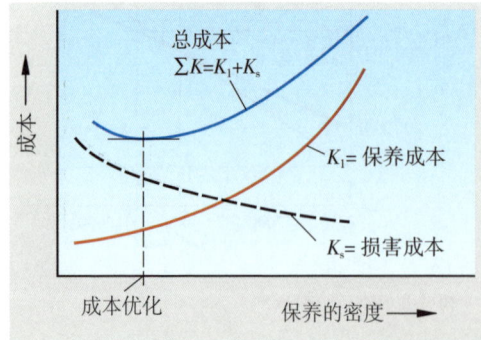

通过经常性保养、检查、维修和改进，虽提高保养成本，与之相比，却降低了损害成本（因停机等产生的成本）。因此达到了将保养成本和损害成本最小化的成本优化目的。

优化保养必须追求的目标是：
·经济性（经济）
·环保性（生态）
·有助于人员（人）

维护保养方案

周期保养

预防性保养工作按 8、40、160 和 2000 运行工时的保养和检查周期进行。即定期在每个班次或每个工作日结束时由机器操作人员实施保养和检查措施。

维护保养周期

周期	保养工作，举例	周期	保养工作，举例
每日 6—8 个 运行工时	·清洗工作空间，即清除切屑和冷却润滑剂残渣 ·检查油位 ·检查机器的运行噪声	**每月** 140 — 160 个运行工时	·每日和每周的保养措施 ·导轨润滑 ·更新冷却润滑剂 ·检查软管接头
每周 35—40 个 运行工时	·每日保养措施 ·彻底清洗机器 ·检查，必要时清洗冷却润滑剂设备 ·更换过滤器，例如风扇	每年 1400— 2000 个运行工时	·每日、每周和每月的保养措施 ·检查磨损，重调导轨 ·换油（中央润滑系统，液压油）

状态保养

过程曲线趋势	运动的机械零件，如滑动轴承和滚动轴承以及导轨，如果它们的磨耗允许量用完，机床的加工质量就会下降。观察加工过程时必须注意各种提示。	
	机床：·运行声音的变化，出现振颤声或啸声等噪声 　　　　·过程曲线显示出上升或下降趋势 刀具：·磨痕明显增大 　　　　·工件表面质量变差	

| 刀具使用期限 | 刀具使用期限的标准是磨痕宽度（V_B），月牙洼磨痕宽度（K_B）和月牙洼磨痕深度（K_T）。如果达到规定的极限值，表明该刀具已经耗尽其磨耗允许量。
V_B 磨痕宽度（mm）　　　T 刀具使用期限（分钟）
K_B 月牙洼宽度　　　　　v_c 切削速度（m/min）
K_T 月牙洼深度
举例：
$T_{v200VB0.2}$=15min
切削速度 v_c =200 m/min 和磨痕宽度 V_B=0.2mm 时 | **刀具使用期限**
$$T_{v200VB0.2}=15\ min$$ |

| 可加工工件数量 | 在规定的刀具使用期限内可加工的工件数量。
N 刀具使用期限内可加工工件数量（件）
t_h 有效作用时间（分钟）
举例：
有效作用时间 t_h=1.3 分钟，刀具使用期限 T=15 分钟
$N= T/t_h = 15min/1.3min = 11.5$；N=11 件 | **可加工工件数量**
$$N=T/t_h$$ |

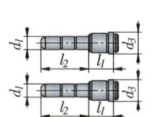

| 进刀距离 | 刀具在使用期限内可能的进刀距离。
L_f 刀具进刀距离（m）　　　f_z 每齿进给量
v_f 进刀速度（mm/min）　　　z 齿数
　　　　　　　　　　　　　　n 转速（1/min） | **进刀距离**
$$L_f=T \cdot v_f$$
$$L_f=T \cdot n \cdot f_z \cdot z$$ |

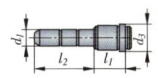

时间概念

概念	解释	应用
使用寿命	一台设备、一台机床、一把刀具的连续使用时间	机器或设备的运行工时数据
MTTF Main Time To Failure 主要故障时间	直至停机的平均运行寿命，用作统计平均值	按 EN ISO 13849–1 进行一致性试验时，计算机器安全性或结构件安全性（滚动轴承）的特性值

劳动安全和健康保护，文献资料

因故障导致的维护

停机后的维修	尽管已做检查和保养，但仍出现停机，例如因下列各种原因： · 操作错误 · 过载 · 未识别出的磨耗 未做检查和保养，被迫接受的停机，然后排除停机 · 非关键零件，例如照明故障 · 为避免因维修导致的停机时间 · 如果无法进行检查和保养或它们不划算

基于风险的维护

RBM Risc Based Mainenance 基于风险的维修	基于风险的维护试图在遵守规定安全标准的前提下降低维修费用，从而避免设备停机。 · 评估停机风险 · 计算停机频度 · 规定完全有效的保养措施 · 规定停机风险及其保养的优先级

以可靠性为主的维护

RCM Reliability Centered Maintenance 以可靠性为主的维护	以可靠性为主的维护用于优化根据不同状况和设备类型而采取的保养策略，从而避免功能故障。 · 描述机器或设备及其通过连接零件的相互作用 · 分析每台机器的薄弱点 · 确定保养策略

劳动安全和健康保护

UVV 事故预防条例	提示 初到工位的人所面临的事故风险更高。本条例也适用于机器或设备的保养和维修状态。员工必须了解工位和工作流程，其行为需符合安全规定并保护自身的健康。本提示必须以书面形式予以证明和建档。 尤需注意的是： · 始终佩戴人员防护装备，例如安全鞋、防护手套或噪声防护 · 遵守工位秩序 · 符合安全规定的行为，例如不进入正在运转的机器内，不关闭机器保护装置 · 按操作说明专业化接触危险物质 · 正确搬运重物，必要时使用人工叉车或起重设备

技术资料   技术资料系统 DIN 6789（2013-10）

机器，产品和生产的技术资料

机器或设备	产品和生产
· 机器的一般性描述 · 图纸 · 装配计划 · 安装说明 · 操作说明书 · 欧盟一致性解释	· 图纸和产品生产 · 零部件明细表 · 工作计划 · 期限计划

维护保养技术资料

所有的故障、保养工作、检查和维修均必须保证做到证据保全，质量管理亦必须建档。维护保养技术资料所含内容：

普通内容	实际状态	保养工作	试运行	证明
机器数据 保养人员	目视检验 噪声	清洗 更换零件 …	功能检验 验收纪要	日期 签字

技术资料系统

EDV（电子数据处理）支持的技术资料系统（简化版）

技术资料由 EDV 支持。在数据库内存储着所有机器的保养规定和各自的执行情况。这些数据可用于质量证明或其他评估计算的用途。

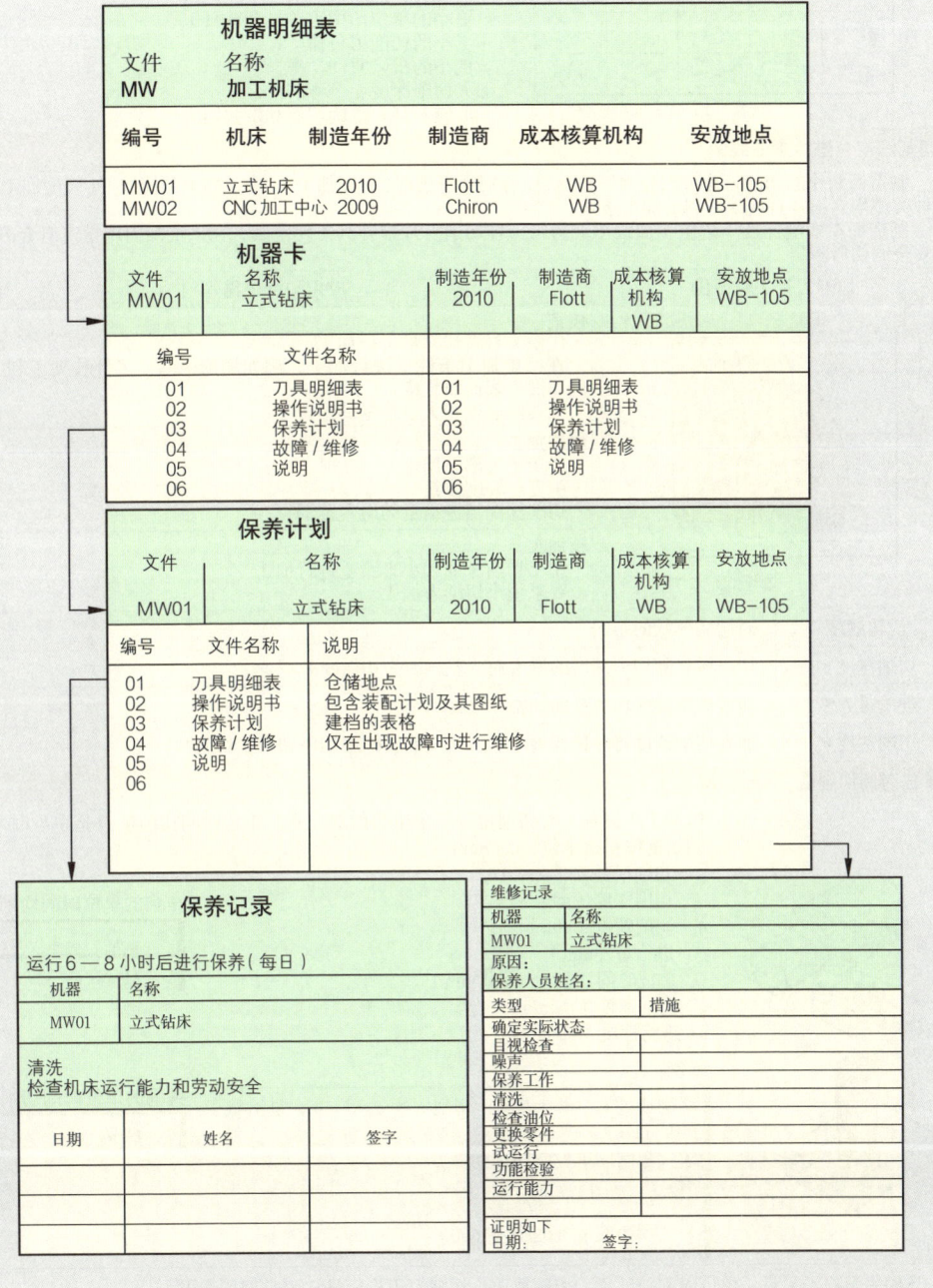

优化切削加工过程，单位时间切削量

切屑断裂曲线图

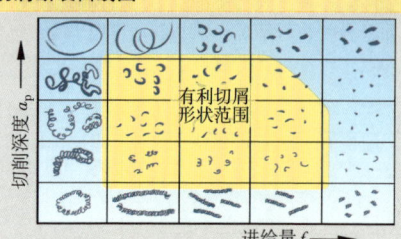

有利切屑
形状范围

所有切削加工中，受控的切屑运行均具有重要意义。切屑断裂曲线图显示，切屑形状受进给量 f 和切削深度 a_p 的影响。通过切削试验可获得一个有利切屑形状的范围。

加大进给量 f 影响如下：

· 形成有利的断裂切屑
· 更小的单位切削力（见 305 页）
· 更小的切削刃负荷
· 更小的机床驱动功率

加大切削深度 a_p 影响如下：

· 形成不利的螺旋切屑和带状切屑

切削深度－进给量曲线图

制造商制作的切削刀片可划分为三种类型，分别用于拔荒（重度加工）、中度加工和精加工（轻度加工）。每种类型均有正常有利或不利的加工条件。

制造商在切削深度－进给量曲线图上为每一种切削刀片推荐其工作范围，在该范围内用指定组合可形成安全的切屑断裂。

切削刀片工作范围	应用和标记符号
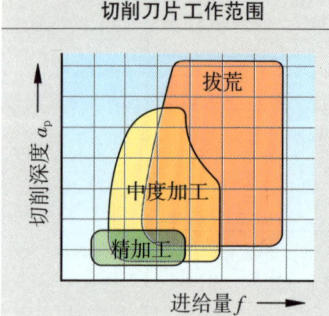	**拔荒** · 用最大材料切除量进行加工 · 在困难加工条件下进行加工，例如切削中断，工件装夹不利，铸件和锻件表面氧化皮 · 大切削深度和大进给量的组合
	中度加工 · 适用于大部分用途 · 中度至轻度拔荒 · 切削深度与进给量的组合范围宽
	精加工 · 用小切削深度和小进给量进行加工 · 要求用小切削力加工

优化顺序	对切屑形状的影响
1. 切削深度 a_p	切屑形状随切削深度的增大而变差，因为切屑断裂减少。
2. 进给量 f	加大进给量使切屑弯曲加剧并更易断裂
3. 切削速度 v	加大切削速度将恶化切屑形状，使其形成螺旋切屑和带状切屑

单位时间切削量

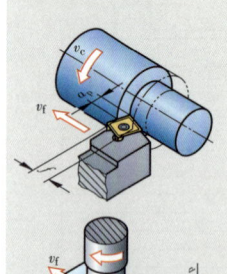

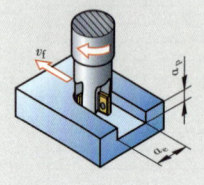

粗加工（拔荒）时切削量是一个重要的对比量。单位时间切削量 Q 指单位时间内的切削体积，单位：cm^3/min。

A　切削横截面（mm^2）
a_p　切削深度（mm）
a_e　切削宽度（mm）
f　进给量（mm）
Q　单位时间切削量（cm^3/min）
v_c　切削速度（m/min）
v_f　进给速度（m/min）

车削的单位时间切削量

$$Q = A \cdot v_c$$

$$Q = a_p \cdot f \cdot v_c$$

举例：

切削速度 v_c=125 m/min，切削深度 a_p=5 mm，进给量 f=0.8 mm

求：车削的单位时间切削量 Q

解：$Q = A \cdot v_c = a_p \cdot f \cdot v_c$

$$= 0.5cm \cdot 0.08cm \cdot 12500 = \frac{cm}{min} = 500 \frac{cm^3}{min}$$

铣削的单位时间切削量

$$Q = a_p \cdot a_e \cdot v_f$$

[1] 其他的影响因素是：单位时间切削量，表面材质，切削刀刃稳定性，刀具使用期限等。

单位切削力

要求单位切削力 k_c 的目的是切削时形成有利切屑：切屑厚度 h 和切屑横截面 $A=1mm^2$。用基本值 $k_{c1.1}$ 和 m_c 可计算出有利切屑，或从下表查取。有利切屑构成所有切削加工方法中切削力和切削功率的计算基础（参见 323、335、341 页）。

k_c 单位切削力（N/mm²） $k_{c1.1}$ 单位切削力基本值（N/mm²）

h 切屑厚度（与加工方法相关， m_c 材料常数（见下表）
     计算请参阅 323、335、341 页） $k_{c1.1}$ 单位切削力基本值（N/mm²）

举例：

材料 16MnCr5，切屑厚度 $h=0.44mm$；$k_c=$?

计算 k_c：

$$k_c = \frac{k_{c1.1}}{h^{m_c}};$$

$k_{c1.1} = 2100 \text{ N/mm}^2, m_c = 0.26$

$$k_c = \frac{2100 \text{ N/mm}^2}{0.44^{0.26}} = 2600 \text{ N/mm}^2$$

查表查 k_c：

切屑厚度 h 没有对应表值→
采用取整原则：$h=0.44mm$，
取整后是 $h=0.4mm$
表值 $k_c=2665$ N/mm²

单位切削力

$$k_c = \frac{k_{c1.1}}{h^{m_c}}$$

单位切削力[1] 标准值

材料组	材料	基本值		切屑厚度 h（mm）时单位切削力 k_c（N/mm²）									
		$k_{c.11}$	m_c	0.05	0.08	0.10	0.20	0.30	0.40	0.50	1.00	1.50	2.00
结构钢	S235JR	1780	0.17	2962	2735	2633	2340	2184	2080	2003	1780	1661	1582
	E295	1990	0.26	4336	3838	3621	3024	2721	2525	2383	1990	1791	1662
	E335	2110	0.17	3511	3242	3121	2774	2589	2466	2374	2110	1969	1875
	E360	2260	0.3	5552	4821	4509	3663	3243	2975	2782	2260	2001	1836
易切削钢	11SMnPb30	1200	0.18	2058	1891	1816	1603	1490	1415	1359	1200	1116	1059
渗碳钢	C15	1820	0.22	3518	3172	3020	2593	2372	2226	2120	1820	1665	1563
	16MnCr5	2100	0.26	4576	4050	3821	3191	2872	2665	2515	2100	1890	1754
	20MnCr5	2100	0.25	4441	3949	3734	3140	2838	2641	2497	2100	1898	1766
	18CrMo4	2290	0.17	3811	3518	3387	3011	2810	2676	2576	2290	2137	2035
调质钢，非合金	C35	1516	0.27	3404	2998	2823	2341	2098	1942	1828	1516	1359	1257
	C45	1680	0.26	3661	3240	3057	2553	2298	2132	2012	1680	1512	1403
	C60	2130	0.18	3652	3356	3224	2846	2645	2512	2413	2130	1980	1880
调质钢，合金	42CrMo4	2500	0.26	5448	4821	4549	3799	3419	3173	2994	2500	2250	2088
	50CrV4	2220	0.26	4837	4281	4040	3374	3036	2817	2658	2220	1998	1854
渗氮钢	34CrAlMo5-10	1740	0.26	3792	3355	3166	2644	2380	2208	2084	1740	1566	1453
工具钢	102Cr6	1410	0.39	4535	3776	3461	2641	2255	2016	1848	1410	1204	1076
	90MnCrV8	2300	0.21	4315	3909	3730	3225	2962	2788	2660	2300	2112	1988
	X210CrW12	1820	0.26	3966	3510	3312	2766	2489	2310	2179	1820	1638	1520
不锈钢	X5CrNi18-10	2350	0.21	4408	3994	3811	3295	3026	2849	2718	2350	2158	2032
	X30Cr13	1820	0.26	3966	3510	3312	2766	2489	2310	2179	1820	1638	1520
	X46Cr13	1820	0.26	3966	3510	3312	2766	2489	2310	2179	1820	1638	1520
片状石墨铸铁	GJL-150	950	0.21	1782	1615	1541	1332	1223	1152	1099	950	872	821
	GJL-200	1020	0.25	2157	1918	1814	1525	1378	1283	1213	1020	922	858
	GJL-400	1470	0.25	3203	2835	2675	2234	2010	1865	1760	1470	1323	1228
球状石墨铸铁	GJS-400	1005	0.25	2125	1890	1787	1503	1358	1264	1195	1005	908	845
	GJS-600	1480	0.17	2463	2274	2189	1946	1816	1729	1665	1480	1381	1315
	GJS-800	1132	0.44	4230	3439	3118	2298	1923	1694	1536	1132	947	834
铝塑性合金	AlCuMg1	830	0.23	1653	1484	1410	1202	1095	1025	973	830	756	708
	AlMg3	780	0.23	1554	1394	1325	1129	1029	963	915	780	711	665
铝铸造合金	AC-AlSi12	830	0.23	1653	1484	1410	1202	1095	1025	973	830	756	708
	AC-AlMg5	544	0.24	1116	997	945	800	726	678	642	544	494	461
镁塑性合金	MgAl8Zn	390	0.19	689	630	604	530	490	464	445	390	361	342
铜合金	CuZn40Pb2	780	0.18	1337	1229	1181	1042	969	920	884	780	725	689
	CuSn7ZnPb	640	0.25	1353	1203	1138	957	865	805	761	640	578	538
钛合金	TiAl6V4	1370	0.21	2570	2328	2222	1921	1764	1661	1585	1370	1258	1184

[1] 标准值适用于硬质合金刀片。标准中相应的参数如抗拉强度、纯净度和供货状态（例如热轧、冷轧、调质等）同样影响单位切削力的标准值。刀具磨耗可使单位切削力提高约 30%。

转速曲线图

通过工件直径和刀具直径 d 以及选定的切削速度 v_c 等可用公式计算或在转速曲线图查取加工机床的转速 n。

转速曲线图包含机床可调的载荷转速和下例中列出的推导系列 R 20/3（DIN 804）。这里可使用基本系列 R20 中三分之一的数值。

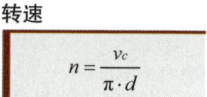

转速

$$n = \frac{v_c}{\pi \cdot d}$$

对数划分坐标轴的转速曲线图（线性比例图）

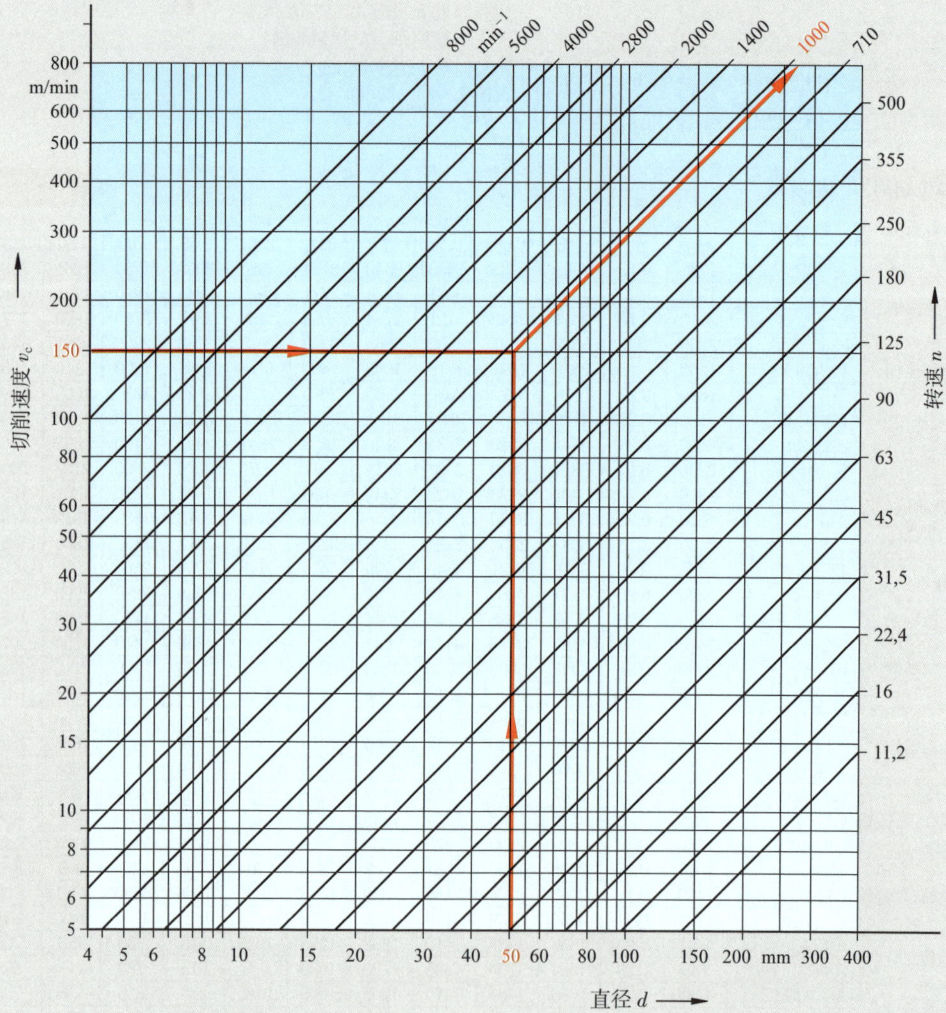

举例：d=50mm；v_c=150 m/min；系列 R 20/3 的塔轮传动箱的待调转速 n= ？

从转速曲线图中读取：横坐标 d=50mm 与纵坐标 v_c=150 m/min 的交点；下一个或较近的转速值；现选：n=1000 min^{-1}

硬切削和无润滑切削，高速铣，MMKS

硬车，采用立方氮化硼（CBN）

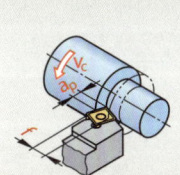

车削方法	材料 淬火钢 HRC	切削速度 v_c m/min	进给量 f mm/ 每圈	切削深度 a_p mm
车外圆	45...58	60...220	0.05...0.3	0.05...0.5
车内圆		60...180	0.05...0.2	0.05...0.2
车外圆	>58...65	50...190	0.05...0.25	0.05...0.4
车内圆		50...150	0.05...0.2	0.05...0.2

硬铣，采用涂层的整体硬质合金（VHM）刀具

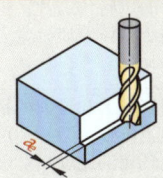

材料 淬火钢 HRC	切削速度 v_c m/min	刀具切入量 a_{emax} mm	铣刀直径 d（mm）时的 每齿进给量 f_z，mm		
			2...8	>8...12	>12...20
至 35	80...90	0.05 · d	0.04	0.05	0.06
36...45	60...70	0.05 · d			
46...54	50...60	0.05 · d	0.03	0.04	0.05

高速切削（HSC=High Speed Cutting），采用整体硬质合金刀具（VHM）

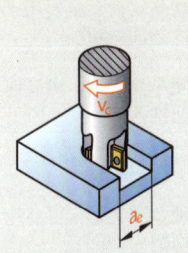

材料组	切削速度 v_c m/min	铣刀直径 d（mm）			
		10		20	
		a_e mm	f_z mm	a_e mm	f_z mm
钢 R_m 850...1100 >1100...1400	280...360 210...270	0.25	0.09...0.13	0.40	0.13...0.18
淬火钢 48...55 HRC >55...67 HRC	90...240 75...120	0.25 0.20	0.09...0.13	0.40 0.35	0.13...0.18
EN- GJS>180HB	300...360	0.25	0.09...0.13	0.40	0.13...0.18
钛合金	90...270	0.20...0.25	0.09...0.13	0.35...0.40	0.13...0.18
铜合金	90...140	0.20	0.09...0, 13	0.35	0.13...0.18

无润滑切削

切削方法	切削材料和冷却润滑				
	铁材料			铝材料	
	调质钢	高合金钢	铸铁	铸铝合金	铝塑性合金
钻	TiN，无润滑	TiAlN[1]，MMKS	TiN，无润滑	TiAlN，MMKS	TiAlN，MMKS
铰	PKD，MMKS	—[2]	PKD，MMKS	TiAlN，PKD，MMKS	TiAlN，MMKS
铣	TiN，无润滑	TiAlN，MMKS	TiN，无润滑	TiN，无润滑	TiAlN，MMKS
锯	MMKS	MMKS	—[2]	TiAlN，MMKS	TiAlN，MMKS

微量冷却润滑（MMKS 或 MMS）[3]

MMKS用量与切削加工方法的关系	适用微量润滑的待切削材料
铣 钻 磨 研磨 车 铰 珩磨 → 润滑材料用量增加	铜合金 铸铝合金 铁素体钢 镁合金 铝塑性合金 珠光体钢 铸铁材料 不锈钢 ← 材料适用性增加

[1] 钛、铝、氮化物（超硬涂层材料）。　　[2] 不常用。　　[3] 一般是 20...50 ml/h。

切削材料

举例：

标记字母（见下表） ── HC-K 20 ── 应用组

切削主组

P（蓝色） M（黄色） K（红色） N（绿色） S（棕色） H（灰色）

切削材料组	K[1]	组成成分	性能	应用领域
硬质合金		未涂层硬质合金，主要成分是碳化钨（WC）	最高达 1000℃的高热硬度，高耐磨强度，高抗压强度，减缓振动	用于钻头、车刀和铣刀的可转位刀片，也用于整体硬质合金刀具
	HW	粒度 > 1μm		
	HF	粒度 < 1μm		
	HT	未涂层硬质合金，材料是碳化钛（TiC）、氮化钛（TiN）或两者兼有，又称金属陶瓷	与 HW 相同，但具切削刃高稳定性，耐化学物品	用于车刀和铣刀的精加工可转位刀片，可达高切削速度
	HC	HW 和 HT，但增加了碳氮化钛（TiCN）涂层	增强了耐磨强度，但未降低韧性	增强对未涂层硬质合金的排挤
切削陶瓷	CA	切削陶瓷，主要成分氧化铝（Al_2O_3）	最高达 1200℃的高硬度和高热硬度，对温度剧烈变化敏感	切削铸铁，主要用于冷却润滑切削
	CM	在氧化铝（Al_2O_3）和其他氧化物基础上的混合陶瓷	比纯陶瓷韧性好，耐温度变化性更好	硬车淬火钢，可高速切削
	CN	氮化硅陶瓷，主要成分是氮化硅（Si_3N_4）	高韧性，切削刃高稳定性	高速切削铸铁
	CR	增强型切削陶瓷，主要成分是氧化铝（Al_2O_3）	通过增强使韧性好于纯陶瓷，耐温度变化性更好	硬车淬火钢，可高速切削
	CC	如 CA、CM 和 CN 一样的切削陶瓷，但增加了碳氮化钛（TiCN）涂层	增强了耐磨强度，但未降低韧性	增强对未涂层硬质合金的排挤
氮化硼		立方-晶体氮化硼，又称 CBN，PKB 或"高硬切削材料"	最高达 1200℃的极高硬度和高热硬度，高耐磨强度，耐化学物品	精加工工具有高级表面材质的硬质材料（HRC > 48）
	BL	氮化硼低含量		
	BH	氮化硼高含量		
	BC	高和低含量，但有涂层		
金刚石		由碳（C）组成的切削材料	高耐磨强度，极脆，耐温至 600℃，与合金元素起反应	切削有色金属和高硅含量的铝合金
	DD			
	DP	聚晶金刚石（PKD）		
	DM	单晶金刚石		
工具钢	HS	加入合金元素钨（W）、钼（Mo）、钒（V）和钴（Co）的高速切削钢（HSS），一般涂层氮化钛（TiN）	高韧性，高抗弯强度，低硬度，耐温至 600℃	用于切削力剧烈变化的切削加工，塑料加工，也用于加工铝合金和铜合金

[1] 标记字母按照 DIN ISO 513。

[2] 工具钢未列入 DIN ISO 513，而是列入 ISO 4957。

切削材料

硬质切削材料的分级和应用						参照 DIN ISO 513（2014-05）
标记字母 标记颜色	应用组		工件材料	切削材料性能[1]		可能的切削数值[1]	
				耐磨强度	韧性	切削速度	进给量

钢

P 蓝色	P01 P05 P10 P15 P20 P25 P30 P35 P40 P45 P50	所有种类的钢和铸钢，奥氏体组织的不锈钢除外	↑	↓	↑	↓

不锈钢

M 黄色	M01 M05 M10 M15 M20 M25 M30 M35 M40	奥氏体和奥氏体–铁素体不锈钢和不锈铸钢	↑	↓	↑	↓

铸铁

K 红色	K01 K05 K10 K15 K20 K25 K30 K35 K40	片状石墨和球状石墨铸铁、可锻铸铁	↑	↓	↑	↓

有色金属和非金属材料

N 绿色	N01 N05 N10 N15 N20 N25 N30	铝和其他有色金属（例如铜、镁） 非金属材料（例如 GFK、CFK）	↑	↓	↑	↓

特种合金和钛

S 棕色	S01 S05 S10 S15 S20 S25 S30	以铁、镍和钴为基础的耐高温特种合金，钛和钛合金	↑	↓	↑	↓

硬质材料

H 灰色	H01 H05 H10 H15 H20 H25 H30	淬火钢、淬火铸铁、硬模铸造铸铁	↑	↓	↑	↓

[1] 按箭头方向增加。

可转位刀片

可转位刀片的名称（摘选）	参照 DIN ISO 1832（2014–10）

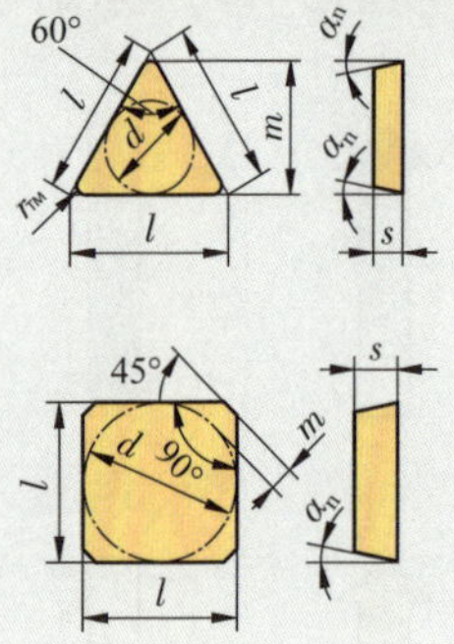

名称举例：

刀尖倒圆硬质合金可转位刀片（DIN 4968）

刀片   DIN 4968 – T N G N 16 03 08 T – P20

硬质合金带端面切削刃的可转位刀片（DIN 6590）

刀片   DIN 6590 – S P E N 15 04 ED R – P10

标准号 ① ② ③ ④ ⑤ ⑥ ⑦ ⑧ ⑨ ⑩

①	刀片几何形状	⑥	刀片厚度 s（mm）
②	法向后角	⑦	刀尖结构
③	公差等级	⑧	切削刃
④	切削前面和固定特征	⑨	刀刃方向
⑤	刀片规格 l（mm）	⑩	刀刃材料

①刀片几何形状
等边、等角，
以及圆形

等边和不等角

不等边和
L 等角
A，B，K 不等角

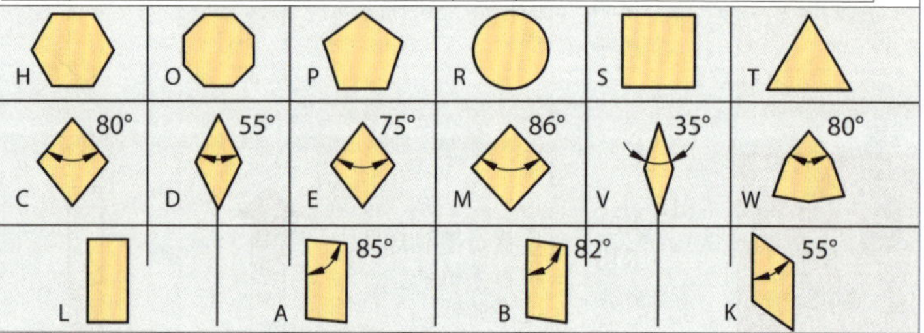

②刀片的法向后角 α_n 基本形状	正基本形状							负基本形状
	A	B	C	D	E	F	G	P	N
	3°	5°	7°	15°	20°	25°	30°	11°	0°

③公差等级	允许偏差	A	F	C	H	E	G
	检测尺寸 d	± 0.025	± 0.013	± 0.025	± 0.013	± 0.025	
	检测尺寸 m	± 0.005		± 0.013		± 0.025	± 0.13
	刀片厚度 s	± 0.025		± 0.025			
	允许偏差	J	K	L	M	N	U
	检测尺寸 d	± 0.05... ± 0.15			± 0.05... ± 0.15		± 0.16
	检测尺寸 m	± 0.005	± 0.013	± 0.025	± 0.08... ± 0.20		± 0.25
	刀片厚度 s	± 0.025			± 0.13	± 0.025	± 0.13

④切削前面和固定特征

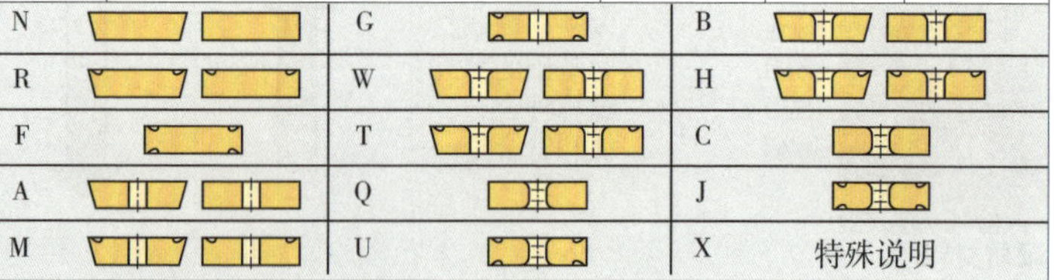

⑦刀尖结构

特性值乘以系数 0.1= 刀尖圆弧半径 r_s

1. 主切削刃主偏角 x 标记字母		A	D	E	F	P
		45°	60°	75°	85°	90°

2. 端面切削刃（倒角刀尖）处的后角 α_n 的标记字母	A	B	C	D	E	F	G	N	P
	3°	5°	7°	15°	20°	25°	30°	0°	11°

⑧切削刃	F 锐角	E 倒圆	T 倒角	S 倒角和倒圆	K 双倒角	P 双倒角和倒圆

⑨刀刃方向	R 右切削刀刃	L 左切削刀刃	N 右和左切削刀刃

刀具装夹

刀具夹具连接刀具与加工机床的主轴。它传递转矩并负责精确的径向跳动。

构造型式	功能，优点（+）和缺点（−）	应用，规格
米制锥柄（ME）和莫氏锥柄（NK）		参照 DIN 228-1（1987-05）和 -2（1987-03）
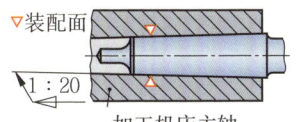 米制锥柄 1:20 莫氏锥柄 1:19.002 至 1:20.047	传递转矩： ・通过锥面的摩擦力接合型 +减径套筒可适配各种不同锥径 −不适宜用于自动换刀	连续钻和铣的刀具夹具 锥杆编号： ・ME 4；6 ・MK 0；1；2；3；4；5；6 ・ME 80；100；120；（140）；160；（180）；200
陡锥刀杆（SK）		参照 DIN 2080-1（2011-11）和 -2（2011-11）和 DIN 7388-1（2014-07）
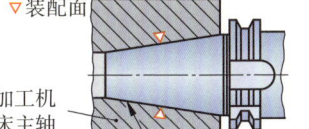 固定在机床主轴上。 A 型：带拉杆 B 型：从前面固定 锥度 7:24（1:3.429）按照 DIN 254	传动转矩： ・通过锥杆槽的形状接合型。陡锥不规定用于力的传递，它仅用于为刀具定心。通过螺纹或卡环槽进行轴向固定。 +DIN 69871-1 适宜用于自动换刀 −重量大，因此很少适用于轴向重复装夹精度和高转速的快速换刀	用于 CNC 加工机床，尤其是加工中心；较少用于高速切削（HSC） 陡锥编号： ・DIN 2080-1（A 型）；30；40；45；50；55；60；65；70；75；80 ・DIN ISO 7388-1:30；40；45；50；60
空心锥杆（名称 HSK）		参照 DIN 69893-1（2011-04）
锥度 1:9.98	传动转矩： ・通过锥面和装配面的摩擦力接合型 ・通过杆端夹持器槽的形状接合型 +重量轻，因此 +具有静态和动态的高刚性 +高重复装夹精度（$3\mu m$） +高转速 −与陡锥相比价格更高	高速切削时更安全的用法 标称尺寸：d_1=25；32；40；63；80；100；125；160 mm A 型：带凸缘和卡槽，用于自动和手动换刀 C 型：仅用于手动换刀
热收缩卡盘		
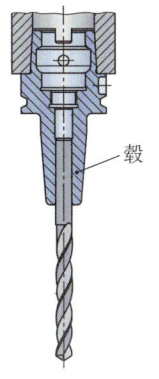	与空心锥杆的转矩传递相同。通过快速感应加热（约340℃）收缩卡盘内的毂来夹紧刀具。接合并冷却收缩连接后，刀具过盈（…$7\mu m$）。 +传递大转矩 +高径向刚性 +可达更高的切削值 +更短的加工时间 +良好的径跳 +运行更安静 +更好的工件表面质量 +更稳固的刀具更换 −相对较贵 −要求补装感应和冷却装置	通用于陡锥装夹或空心锥杆夹夹的加工机床；适用于带圆柱刀杆的硬质合金和高速切削刀具。 刀杆直径：6；8；10；12；14；16；18；20；25mm

冷却润滑材料

冷却润滑剂[1]的概念和应用范围（摘选）				参照 DIN 51385（2013–12）
冷却润滑剂类型	作用方式	解释		
		组	成分	应用
SCESW 冷却润滑溶剂	（绿色）冷却效果增加 （黄色）润滑效果增加	溶剂 / 分散	加水的无机材料	磨削
			加水的有机材料或人工合成材料	高速切削
SCEMW 冷却润滑乳浊液（油溶水）		乳浊液	加水的 2%…20% 可乳化（可混合）的冷却润滑剂	良好的冷却效果，但润滑作用不大，例如对易加工材料高速拔荒（车、铣、钻），用于高工作温度；易受细菌或霉菌侵袭
SCN 不能与水混合的冷却润滑剂		切削油	添加反向添加剂（固体材料或人工合成酯类）的矿物油，或添加用于提高润滑性能的 EP 添加剂	低切削速度，高表面质量，用于难以切削加工的材料，极佳的润滑和防腐保护效果

[1] 冷却润滑剂可能危害健康（参见 405 页），因此用量很小。
[2] EP：extreme pressure= 高压；用于提高吸纳切屑与刀具之间高压强的添加剂。

冷却润滑剂选用标准

加工方法		钢	铸铁 可锻铸铁	铜 铜合金	铝 铝合金	镁合金
车削	拔荒	乳浊液，溶剂	无润滑	无润滑	乳浊液，切削油	无润滑，切削油
	精车	乳浊液，切削油	乳浊液，切削油	无润滑，乳浊液	无润滑，切削油	无润滑，切削油
铣削		乳浊液，溶剂，切削油	无润滑，乳浊液	无润滑，乳浊液，切削油	切削油	无润滑，切削油
钻孔		乳浊液，切削油	无润滑，乳浊液	无润滑，切削油，乳浊液	切削油，乳浊液	无润滑，切削油
铰孔		切削油，乳浊液	无润滑，切削油	无润滑，切削油	切削油	切削油
锯		乳浊液	无润滑，乳浊液	无润滑，切削油	切削油，乳浊液	无润滑，切削油
拉削		切削油，乳浊液	乳浊液	切削油	切削油	切削油
滚铣 滚切法插齿		切削油	切削油，乳浊液	–	–	–
螺纹切削		切削油	切削油，乳浊液	切削油	切削油	切削油，无润滑
磨削		乳浊液，溶剂，切削油	溶剂，乳浊液	乳浊液，溶剂	乳浊液	–
珩磨、研磨		切削油	切削油			

冷却润滑剂的废料类型及其清除

用过的、加水和不能加水的冷却润滑剂(KSS)在非专业清除时可能危害地下水和企业的废水设施,因此,必须在清除前进行分类处理。清除方面的法律基础是水资源管理法（WHG）和废水处理法（AbwV）。如果正确调配冷却润滑剂的用量: 20···50 ml/h,微量冷却润滑显示出其可溶解性。如此微小的润滑剂用量下,机床、工件和切屑仍是干的,不必清洗。此外,待调配的冷却润滑剂用量也非常微小。

根据欧洲废物索引（AVV）的废物类型和废物索引号

名称[1]	举例	按 DIN 51385 的标记字母	按 AVV 的废物索引号
冷却润滑剂			
钻孔油、切削油和磨削油	未用过和用过的不加水冷却润滑剂,未用过的可加水冷却润滑剂,无油水混合液	SCN SCEM	120106（含卤素） 120107（不含卤素）
人工合成机加工油	人工合成为基础的未用过和用过的冷却润滑剂,无油水混合液	SCES	120110
精密加工油	未用过和用过的珩磨油、研磨油和精整油	SCN	120106（含卤素） 120107（不含卤素）
生物油	未用过的植物油	SCN	130207
钻孔和磨削乳浊液[2],乳浊液混合液或其他油—水混合液	未用过和用过的不加水冷却润滑乳浊液,未用过和用过的不加水冷却润滑溶剂。来自膜片类设备的渗余物[3],来自气化设备的气化残留物	SCEMW SCESW	120108（含卤素） 120109（不含卤素）
其他废物			
油分离物,油分离设备的沉积物	油或水分离后的沉积物		130502
油或水分离后的油	油或水分离后的油		130506
珩磨、研磨和含油磨削油沉积物	来自冷却润滑剂维护设备（如过滤器、离心机或磁性分离器）的珩磨、研磨和磨削油沉积物,		120111 120202

[1] 既符合废油处理法规又在实际应用中常用的概念。
[2] 乳浊液：最精细的通常不能混合的双液体混合液,例如油与水。
[3] 渗余物：由膜片分离后残留下来的液体。

冷却润滑剂（KSS）的处理

加水的冷却润滑剂	不可加水的冷却润滑剂
1.用无机分化剂处理（分离乳浊液）并将冷却润滑剂分离成油相和水相。 分离过程耗时：约1天。 2.按留存能力上升的顺序用膜片过滤处理（横向流体过滤）： ·微过滤 ·超声过滤 过滤过程耗时：约1周。 3.在温度约35℃的真空气化室气化处理。 气化过程耗时：数小时。 4.不能气化的残留物的后续处理：热分解（燃烧）和采用纳米过滤和反向过滤的过滤法。	1.固体物含量过高时,首先使用合适的清洗方法分离金属固体物。 2.与水混合时需检查,冷却润滑剂是否可以不加前期处理即可清除,或是否必须首先分离成油相和水相,如加水冷却润滑剂。
	其他（含油）残余物
	1.通过离心机和压力机去油和去水后降低废物量（含油切屑、磨削沉积物）。 2.再次利用分离后的冷却润滑剂。 3.收集不能重复利用的含油废物并按照循环经济法和废物处理法(KrW-AbfG)的规定进行清除(参见412页)。

车削

车削方法概述（摘选）

横向端面车削

刀具	端面车刀或拔荒车刀	
	可转位刀片（硬质合金）	$\varepsilon=80°$、$90°$ $x=45°...97°$ $r_e=0.8...1.2mm$
切削量	切削速度	$v_c=$ 初始值视工件材料而定（参见 320，322 页）
	进给量	$f=0.1...0.2mm$
	切削深度	$a_p=1...2mm$

纵向外圆车削 – 准备（中度加工，拔荒）

刀具	拔荒车刀	
	可转位刀片（硬质合金）	$\varepsilon=80°$、$55°$ $x=93°-95°$ $r_e=0.8...1.2mm$
切削量	切削速度	$v_c=$ 初始值视工件材料而定（参见 320，322 页）
	进给量	$f=0.25...0.6mm$（参见 304 页）
	切削深度	$a_p=2...6mm$（参见 304 页）

纵向外圆车削，最终轮廓 – 精加工（精车）

刀具	精车车刀	
	可转位刀片（硬质合金）	$\varepsilon=55°$、$35°$ $x=93°...107.5°$ $r_e=0.2...0.8mm$
切削量	切削速度	$v_c=$ 初始值视工件材料而定（参见 320，322 页）
	进给量	$f=0.1...0.25mm$（参见 304 页）
	切削深度	$a_p=0.2...2mm$（参见 304 页）

螺纹车削

刀具	螺纹车刀	
	可转位刀片的刀尖角（硬质合金）	米制螺纹：$\varepsilon=60°$ 惠氏螺纹：$\varepsilon=55°$ 梯形螺纹：$\varepsilon=30°$
切削量	切削速度	$v_c=$ 初始值视工件材料而定（参见 321 页）
	进给量	$f=P$（螺纹螺距，参见 210 页）
	切削数量	$i=$ 切深进给量 + 空切（参见 321 页）

切断车削，切槽车削

刀具	切断车刀，切槽车刀	
	可转位刀片的切断尺寸（硬质合金）	切槽宽度：$s=1..6mm$ 最大切槽深度： $t_{max}=5\cdots50mm$
切削量	切削速度	$v_c=$ 初始值视工件材料而定（参见 322 页）
	进给量	$f=0.05...0.15mm$

内圆车削 – 精加工（精车）

刀具	内圆车刀	
	可转位刀片（硬质合金）	$\varepsilon=35°$、$55°$ $x=93°-107.5°$ $r_e=0.2...0.8mm$
切削量	切削速度	$v_c=$ 初始值视工件材料而定（参见 320，322 页）
	进给量	$f=0.05...0.2mm$
	切削数量	$a_p=0.5...1mm$

$\varepsilon=$ 刀尖角（参见 310、319 页），$r_e=$ 刀尖圆弧半径（参见 310、317、319 页）。
$x=$ 主偏角（参见 318、319 页）。

车削加工计划

加工任务：车削一个螺纹短轴

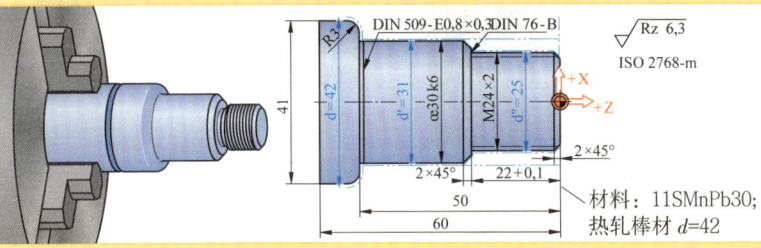

材料：11SMnPb30；
热轧棒材 d=42

螺纹短轴[1] CNC（计算机数控）车削加工计划

序号	加工过程	刀具[2]，检测装置	切削量	备注
10	检查半成品，装夹	游标卡尺，钢直尺	–	·用三爪卡盘夹紧棒材
20	设置工件零点	–	–	·工件零点位置请参见加工图纸
30	端面车削工件（d=42mm）	端面车刀 T1	v_c=250 m/min f=0.2 mm （n=1894 ^{1}/min） a_p=1 mm i=1	·11SMnPb30：易切削钢，$R_m \leq 570$ N/mm^2
40	纵向车外圆方法拔荒车削工件突出部（d=42mm, d'=31mm, d''=25mm）	拔荒车刀 T2	v_c=200 m/min （n=1515 ^{1}/min） f=0.45 mm i_1=2 a_p=3 mm i_2=1	·v_c：初始值参见"普通"加工条件（参见 316、320 页） ·CNC 机床进行车削加工需对 v_c、f 和 a_p 编程，转速则自动计算（参见 359 页）。
50	精车工件最终轮廓（d''=24mm）	精车车刀 T3	v_c=300 m/min f=0.1 mm （n=3978 ^{1}/min） a_p=0.5 mm i=1	
60	车螺纹 M24x2（d''=24mm）	螺纹车刀 T4	v_c=150 m/min （n=1989 ^{1}/min） f=2 mm i=12	·车螺纹时始终需规定 n
70	工件切断（d=42mm）	切断车刀 T5	v_c=155 m/min （n=1174 ^{1}/min） f=0.05 mm i=1	·切断时需规定 v_c 和 f
80	分离工件，检验	游标卡尺，深度游标卡尺，外径规，千分卡尺，螺纹量规		·车削完成后打磨留下的轴颈

v_c 切削速度 d 外径 a_p 切削深度 i 切削次数
n 转速 d_a 初始直径 i_z 切深进给次数 i_L 无切深进给的走空刀
f 进给量 d_e 最终直径

螺纹车削的转速计算   60 号：
$$n = \frac{v_c}{\pi \cdot d} = \frac{150\,000 \text{ mm/min}}{\pi \cdot 24 \text{mm}} = 1989 \frac{1}{\text{min}}$$

转速
$$n = \frac{v_c}{\pi \cdot d}$$
计算后的转速需取整

检查初始转速 –

30 号：
$$n = \frac{v_c}{\pi \cdot d} = \frac{250\,000 \text{ mm/min}}{\pi \cdot 42 \text{mm}} = 1894 \frac{1}{\text{min}}$$

50 号：
$$n = \frac{v_c}{\pi \cdot d''} = \frac{300\,000 \text{ mm/min}}{\pi \cdot 24 \text{mm}} = 3978 \frac{1}{\text{min}}$$

40 号：
$$n = \frac{v_c}{\pi \cdot d} = \frac{200\,000 \text{ mm/min}}{\pi \cdot 42 \text{mm}} = 1515 \frac{1}{\text{min}}$$

70 号：
$$n = \frac{v_c}{\pi \cdot d} = \frac{155\,000 \text{ mm/min}}{\pi \cdot 42 \text{mm}} = 1174 \frac{1}{\text{min}}$$

拔荒切削次数
$$i \geq \frac{d_a - d_e}{2 \cdot a_p}$$

拔荒切削次数
$$i \geq \frac{d_a - d_e}{2 \cdot a_p} \Rightarrow i_1 \geq \frac{42 \text{ mm} - 31 \text{ mm}}{2 \cdot 3 \text{ mm}} \Rightarrow 2$$
$$i_2 \geq \frac{31 \text{ mm} - 25 \text{ mm}}{2 \cdot 3 \text{ mm}} \Rightarrow 1$$

车削螺纹的切削次数
$$i = i_{zL} + i_L$$
i=10 次切深进给 +2 次空刀
=12 次切削

车削螺纹的切削次数
$$i = i_z + i_L$$
计算后的切削次数始终需取整

[1] 加工计划所涉 CNC 车床未配备对向顶轴和冷却润滑装置。
[2] 刀具的其他数据列在第 359 页的刀具表内。

车削加工计划

步骤 1：根据工件材料确定硬质合金切削材料组（参见 309 页）

P P10···30	钢 （参见 320、321 页）	所有钢和铸钢种类，不锈钢除外	N N10···20	有色金属和塑料 （参见 320、321 页）	铝合金 铜合金 塑料
M M10···30	不锈钢 （参见 320、321 页）	不锈钢：奥氏体、铁素体和马氏体	S S01···20	特种耐高温合金和钛	以铁、镍、钴为基础的特种合金、钛合金
K K01···30	铸铁 （参见 320、321 页）	片状和球状石墨铸铁，可锻铸铁	H H01···15	硬质材料 （参见 322 页）	淬火钢和淬火铸铁

步骤 2：确定加工条件和计算切削速度的方法

切削刃的作用类型	机床稳定性，使用冷却润滑剂，工件的几何形状和装夹		
	++	+	−
光滑均匀地切入，表面已预处理	有利的 加工条件	普通 的加工条件	普通至不利的 加工条件
切削深度交替变化，铸造或锻造氧化皮	有利至普通的 加工条件	普通 的加工条件	不利的 加工条件
有中断的不均匀切削	普通 的加工条件	不利的 加工条件	非常不利的 加工条件

举例：螺纹短轴（见 315 页）

1. 匹配材料组（见 139 页）与切削材料组（见 309 页）⇒ 11SMnPb30：易切削钢，$R_m \leq 570\text{N/mm}^2$，切削材料组 P
2. 选择车削方法（见 314 页）⇒ 车削方法：纵向车外圆（拔荒）
3. 查 320 页表选取切削速度 ⇒ "纵向车外圆（拔荒）"表
普通加工条件的 v_c 初始值   普通加工条件（装有冷却润滑剂
不利加工条件时更小的 v_c 的 CNC 车床，光滑切削）
有利加工条件时更大的 v_c ⇒ 初始值 v_c=200 m/min

步骤 3：选择基本形状和切削刃

基本形状	切削刃举例（与制造商相关）		应用举例
	中度和重度加工的拔荒车削		
	0°		铸铁材料的纵向和端面车削
0°	6° ⟋ 7°		钢的纵向和端面车削，用于低公差的锻件和预处理工件
负基本形状的可转位刀片（后角 α_n=0°）	24°		钢的纵向和端面车削，切削刃高稳定性
负基本形状双边	**精车**		
负基本形状单边	20°		钢和铸铁的纵向和端面精车
	10°		钢和铸铁的纵向和端面精车，用于低切削力的易切削几何形状
	0°		中度加工的精车 铸铁的纵向和端面车削
α_n	6°		钢的精车，用于低切削力的易切削几何形状
正基本形状可转位刀片（后角 α_n=3°···30°）	20°		铝和其他有色金属的精车 纵向和端面高速车削
 正基本形状	18°		钢的精车 有切削中断的纵向和端面车削

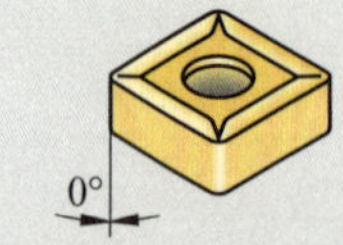

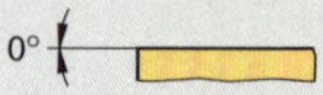

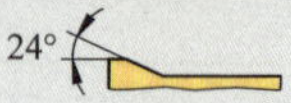

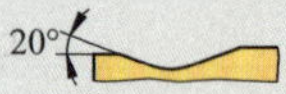

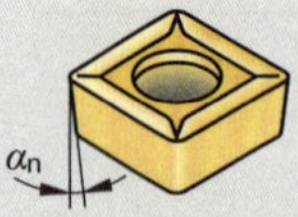

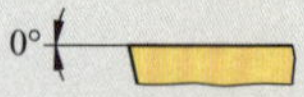

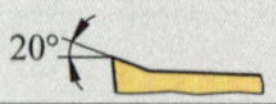

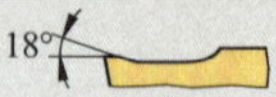

取决于基本形状的切削数据

正基本形状 | 负基本形状，双边 | 负基本形状，单边

切削力增加，切削深度和进给量增加 ⟶

车削加工计划

步骤 4：选择切削刀片几何形状

可转位刀片形状名称（参见310页）ε - ε 刀尖角	拔荒 f=0.25...0.6 mm	精车 f=0.2...0.3mm	轻度拔荒/预	精车 f=0.1...0.25mm	纵向车削	仿形车削	端面车削	多方面应用能性	床功率有限的现有机	倾向工件现有振动	硬质材料	切削中断	需要大主偏角 k	需要小主偏角 k
C ε=80° 切削刃长度 l（mm）（310页）6...15	●	●	○		●	◑	●	●	○	○	○	◑	●	●
W ε=80° 切削刃长度 l（mm）（310页）6...8	●	●	○		◑	◑	●	◑	●	○	●	◑	●	●
D ε=55° 切削刃长度 l（mm）（310页）6...15	○	●	●		●	●	●	●	●	◑	●	●	●	●
V ε=35° 切削刃长度 l（mm）（310页）11...22	○	○	●		●	●	◑	●	●	◑	●	●	●	○
T ε=60° 切削刃长度 l（mm）（310页）11...16	●	◑	◑		●	◑	●	●	◑	●	●	●	●	●
R d 切削刃长度 l（mm）（310页）10...32	●	○	○		○	◑	◑	◑	○	●	●	●	–	–

●非常适用　◑适用　○不适用

与刀尖圆弧半径和进给量相关的可达到的表面粗糙度

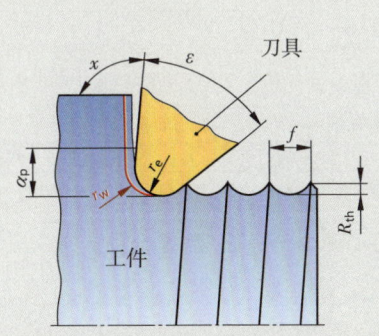

R_{th} 表面粗糙度理论值　　f 进给量
r_ε 刀尖圆弧半径　　a_p 切削深度
r_w 工件半径
ε 刀尖角　　x 主偏角

表面粗糙度理论值

$$R_{th} = \frac{f^2}{8 \cdot r_\varepsilon}$$

举例：

$R_{th} = 6.3\,\mu m ; r_\varepsilon = 0.4mm; f = ?$

$f \approx \sqrt{8 \cdot r_\varepsilon \cdot R_{th}}$

$= \sqrt{8 \cdot 0.4mm \cdot 0.0063} \approx 0.14mm$

$R_{th} \approx R_Z$

表面粗糙度 R_{th} μm	刀尖圆弧半径 r_ε，mm			
	0.2	0.4	0.8	1.2
	进给量 f，mm			
1.6	0.05	0.07	0.10	0.12
4	0.08	0.11	0.16	0.20
6.3	0.10	0.14	0.20	0.25
10	0.13	0.18	0.25	0.31
16	0.16	0.23	0.32	0.39

· CNC 机床车削的适用公式：$r_\varepsilon \leq (r_w - 0.1mm)$
· 精车时可考虑表面粗糙度 R_z 和刀尖圆弧半径 r_ε 用于计算进给量。

车削加工计划

步骤 5：确定刀夹　　　　　　　　　　参照 DIN 4984（2004-07）和 ISO 26623（2008）

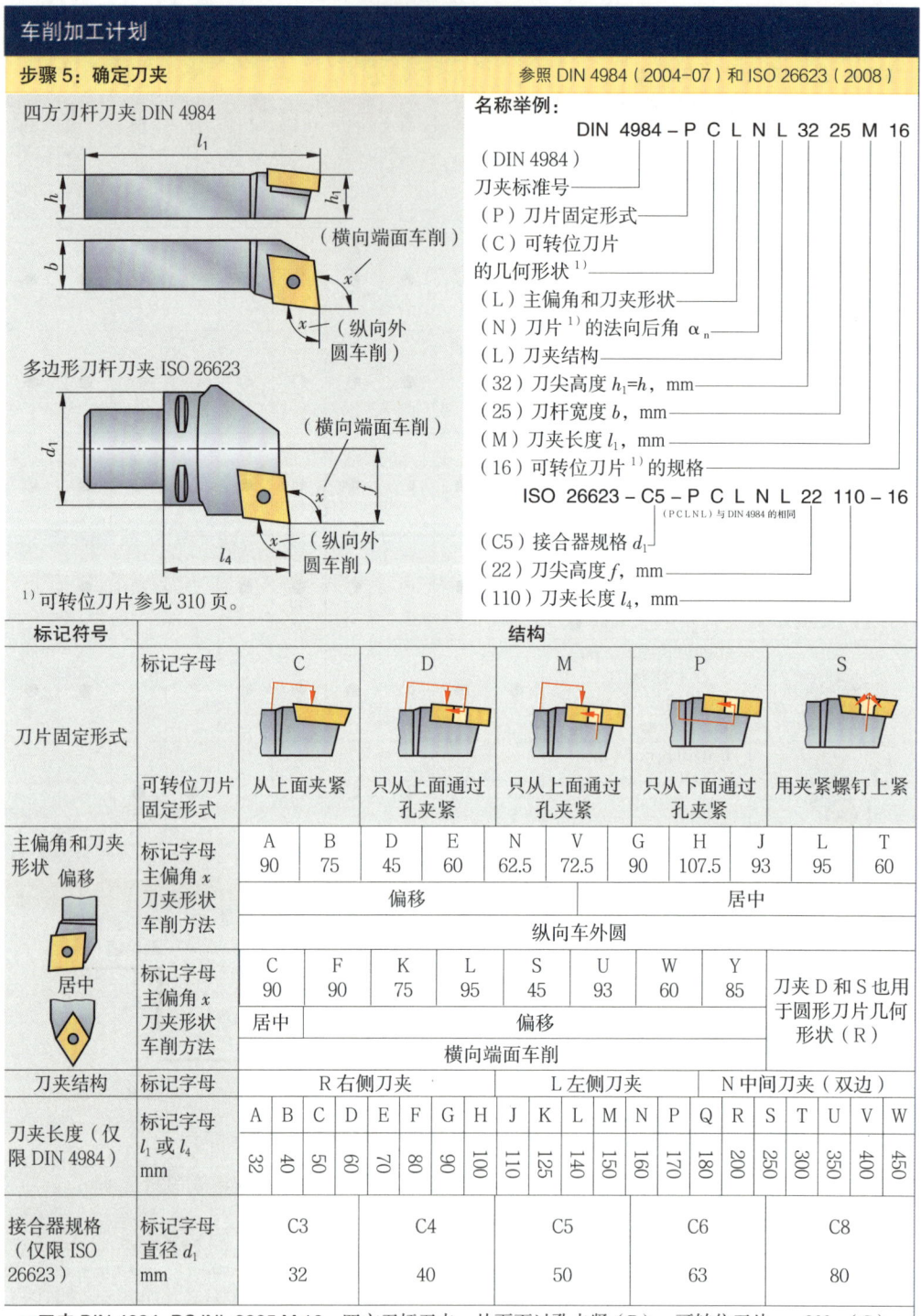

四方刀杆刀夹 DIN 4984

（横向端面车削）

（纵向外圆车削）

多边形刀杆刀夹 ISO 26623

（横向端面车削）

（纵向外圆车削）

1) 可转位刀片参见 310 页。

名称举例：

DIN 4984 – P C L N L 32 25 M 16

- （DIN 4984）刀夹标准号
- （P）刀片固定形式
- （C）可转位刀片的几何形状[1]
- （L）主偏角和刀夹形状
- （N）刀片[1]的法向后角 α_n
- （L）刀夹结构
- （32）刀尖高度 $h_1=h$，mm
- （25）刀杆宽度 b，mm
- （M）刀夹长度 l_1，mm
- （16）可转位刀片[1]的规格

ISO 26623 – C5 – P C L N L 22 110 – 16
（PCLNL）与 DIN 4984 的相同

- （C5）接合器规格 d_1
- （22）刀尖高度 f，mm
- （110）刀夹长度 l_4，mm

标记符号		结构				
刀片固定形式	标记字母	C	D	M	P	S
	可转位刀片固定形式	从上面夹紧	只从上面通过孔夹紧	只从上面通过孔夹紧	只从下面通过孔夹紧	用夹紧螺钉上紧

主偏角和刀夹形状 偏移	标记字母 主偏角 x	A 90	B 75	D 45	E 60	N 62.5	V 72.5	G 90	H 107.5	J 93	L 95	T 60
居中	刀夹形状 车削方法	偏移				居中						
		纵向车外圆										
	标记字母 主偏角 x	C 90	F 90	K 75	L 95	S 45	U 93	W 60	Y 85	刀夹 D 和 S 也用于圆形刀片几何形状（R）		
	刀夹形状 车削方法	居中		偏移								
		横向端面车削										

刀夹结构	标记字母	R 右侧刀夹		L 左侧刀夹		N 中间刀夹（双边）	

刀夹长度（仅限 DIN 4984）	标记字母 l_1 或 l_4 mm	A 32	B 40	C 50	D 60	E 70	F 80	G 90	H 100	J 110	K 125	L 140	M 150	N 160	P 170	Q 180	R 200	S 250	T 300	U 350	V 400	W 450

接合器规格（仅限 ISO 26623）	标记字母 直径 d_1 mm	C3 32	C4 40	C5 50	C6 63	C8 80

⇒**刀夹 DIN 4984–PCJNL 3225 M 16：**四方刀杆刀夹，从下面过孔夹紧（P），可转位刀片 $\varepsilon=80°$（C），主偏角 $x=95°$（L），刀片呈负基本形状，$\alpha_n=0°$（N），左侧刀夹（L），$h_1=h=32mm$（32），$b=25mm$（25），$l_1=150mm$（M），切削刃长度 $l=16mm$（16）。

车削加工计划

纵向车外圆的车刀各角和各面

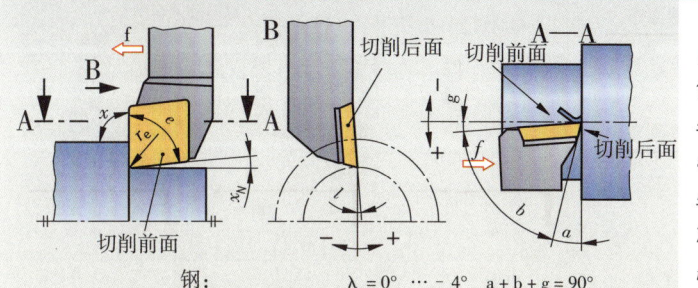

钢： $\lambda = 0° \cdots -4°$ $a + b + g = 90°$
铝合金，铜合金： $\lambda = 0° \cdots +4°$ $a \geqslant 5°$

- α 后角
- β 楔角
- γ （切削）前角
- x 主切削刃主偏角
- ε 主和副切削刃的刀尖角
- x_N 副切削刃主偏角
- λ 刃倾角
- r_ε 刀尖圆弧半径

步骤6：横向端面车削和纵向外圆车削的优化措施

问题								可能的帮助措施
高磨损（切削后面）和切削前面	切削刃变形	形成刀瘤	纹垂直于切削刃的裂	切削刃崩刃	可转位刀片断裂	长螺旋状切屑	振颤	
↓	↓	↑		↑			↓	改变切削速度 v_c
↓					↓	↑	↑	改变进给量 f
			●				●	减少切削深度
v●								选用更耐磨的硬质合金种类
			●	●	●			选用韧性更好的硬质合金种类
●		●		●				选用正切削刃几何形状

●待解决的问题   ↑提高切削数值   ↓降低切削数值

步骤7：连续车削锥度[1]时上刀架的调整

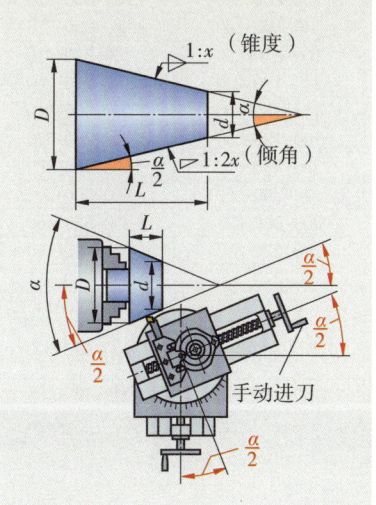

- D 大锥径
- d 小锥径
- L 锥长
- α 锥角
- C 锥度
- $\dfrac{\alpha}{2}$ 斜角

斜角

$$\tan\frac{\alpha}{2} = \frac{C}{2}$$

$$\tan\frac{\alpha}{2} = \frac{D-d}{2 \cdot L}$$

锥角

$$\alpha = 2 \cdot \frac{\alpha}{2}$$

锥度

$$C = \frac{D-d}{L}$$

锥度比

$$C = 1 : x$$

举例：

$D = 225\ mm, d = 150\ mm, L = 100\ mm;$

$\dfrac{\alpha}{2} = ?; C = ?$

$$\tan\frac{\alpha}{2} = \frac{D-d}{2 \cdot L}$$
$$= \frac{(225-150)mm}{2 \cdot 100\ mm} = 0.375$$

$$\frac{\alpha}{2} = 20.556° = 20°33'22''$$

$$C = \frac{D-d}{L} = \frac{(225-150)mm}{100\ mm} = 0.75 = 1 : 1.33$$

[1] CNC 机床精车最终轮廓和车锥度参见 351、355 页。

车削的切削数据

硬质合金（HM）刀具车削的标准值

v_c 切削速度
n 转速
f 进给量
a_p 切削深度
d 外径
d_m 中径（见 324、325 页）

横向端面车
$$n = \frac{v_c}{\pi \cdot d_m}$$

纵向外圆车
$$n = \frac{v_c}{\pi \cdot d}$$

横向端面车削　$\alpha_p=1...2mm$　　纵向外圆车削：拔荒 $\alpha_p=2...6mm$　精车 $\alpha_p=0.5...2mm$

切削刃材料组	工件材料 材料组	抗拉强度 R_m N/mm² 或硬度 HB	进给量 f, mm 0.2...0.1 横向端面车削 切削速度 v_c[1] m/min	0.6...0.25 纵向外圆车削 拔荒	0.25...0.1 纵向外圆车削 精车
P	结构钢	$R_m \le 500$	210–**280**–350	150–**220**–300	280–**340**–400
		$R_m > 500$	160–**230**–300	100–**170**–240	220–**290**–350
	易切削钢	$R_m \le 570$	180–**250**–320	130–**200**–270	240–**300**–360
		$R_m > 570$	130–**200**–270	100–**160**–220	200–**250**–360
	渗碳钢	$R_m \le 570$	200–**270**–320	150–**210**–260	250–**320**–300
		$R_m > 570$	160–**220**–270	110–**160**–210	200–**270**–340
	调质钢，非合金	$R_m \le 650$	180–**250**–320	120–**190**–240	220–**300**–380
		$R_m > 650$	110–**200**–280	110–**150**–200	190–**250**–310
	调质钢，合金	$R_m \le 750$	100–**160**–220	90–**130**–180	125–**185**–245
		$R_m > 750$	80–**130**–180	70–**110**–160	100–**150**–200
	工具钢	$R_m \le 750$	95–**145**–195	85–**125**–170	115–**165**–215
		$R_m > 750$	60–**110**–160	40–**80**–120	100–**140**–180
	铸钢	$R_m \le 700$	140–**180**–220	105–**155**–180	160–**200**–240
		$R_m > 700$	100–**135**–170	80–**110**–140	130–**160**–190
M	不锈钢 奥氏体	$R_m \le 680$	140–**170**–200	90–**110**–130	200–**230**–260
		$R_m > 680$	100–**120**–140	70–**90**–110	130–**150**–170
	铁素体	$R_m \le 700$	180–**215**–240	160–**180**–200	230–**250**–270
	马氏体	$R_m > 500$	130–**160**–190	110–**130**–150	150–**190**–230
K	片状石墨铸铁	≤ 200 HB	300–**370**–440	230–**280**–330	380–**450**–520
		> 200 HB	195–**250**–305	140–**190**–240	230–**300**–370
	球状石墨铸铁	≤ 250 HB	210–**270**–330	160–**210**–260	250–**320**–410
		> 250 HB	160–**200**–250	140–**170**–210	180–**230**–300
	可锻铸铁	≤ 230 HB	190–**235**–280	140–**170**–200	240–**300**–370
		> 230 HB	150–**190**–230	100–**130**–160	200–**260**–330
N	铝–塑性合金	$R_m \le 300$	350–**450**–560	380–**450**–520	600–**700**–800
	铝合金，硬化	$R_m > 300$	200–**320**–440	240–**300**–360	400–**500**–600
	铸铝合金	≤ 75 HB	310–**400**–490	300–**360**–420	450–**550**–650
		> 75 HB	290–**330**–420	200–**270**–340	300–**400**–500
	铜锌合金（黄铜）	$R_m \le 600$	320–**355**–390	250–**270**–300	400–**440**–480
	铜锡合金（青铜）	$R_m \le 700$	200–**230**–260	130–**150**–170	280–**310**–340
	热塑性塑料，热固性塑料	–	340–**430**–520	270–**360**–450	400–**500**–600
	纤维增强塑料	–	230–**320**–410	190–**220**–310	340–**420**–500

端面车，拔荒车和精车切削速度选取标准

[1] v_c 的粗体字数值用作初始值（"普通"加工条件）
・"不利"加工条件时 v_c 值宜选更小直至低限值。
・"有利"加工条件时 v_c 值宜选更大直至高限值。
（加工条件的解释参见 316 页）

车削的切削数据

硬质合金（HM）刀具车削的标准值

v_c 切削速度
n 转速
f 进给量
a_p 切削深度
d 外径（螺纹标称直径）
P 螺纹螺距（见 210 页）

转速

$$n = \frac{v_c}{\pi \cdot d}$$

切断车削 切槽车削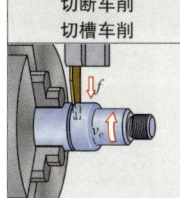

螺纹车削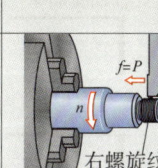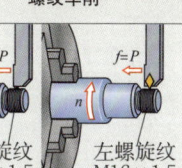
右螺旋纹 M16×1.5　左螺旋纹 M16×1.5-LH

切削刃材料组	工件材料 材料组 / 材料	抗拉强度 R_m N/mm² 或硬度 HB	进给量 f, mm 0.05...0.15 切削速度 v_c[1] m/min	$f=P$	螺距 P mm 从 至	切削次数（不走空刀）[2]
P	结构钢	$R_m \leq 500$	140–160–180	140–155–170		
		$R_m > 500$	130–150–170	130–145–160		
	易切削钢	$R_m \leq 570$	135–155–175	135–150–165	0.25 ≤ 0.50	5
		$R_m > 570$	125–145–165	125–140–155		
	渗碳钢	$R_m \leq 570$	140–150–160	135–145–155	> 0.50 ≤ 0.75	5
		$R_m > 570$	130–140–150	125–135–145		
	调质钢，非合金	$R_m \leq 650$	115–135–155	120–130–140	> 0.75 ≤ 1.00	6
		$R_m > 650$	110–120–130	105–115–125		
	调质钢，合金	$R_m \leq 750$	105–115–125	100–110–120	> 1.05 ≤ 1.25	7
		$R_m > 750$	95–105–115	90–100–110		
	工具钢	$R_m \leq 750$	85–95–105	85–95–105	> 1.25 ≤ 1.50	7
		$R_m > 750$	55–75–95	50–60–70		
	铸钢	$R_m \leq 700$	60–80–100	60–80–100	> 1.50 ≤ 1.75	9
		$R_m > 700$	50–70–90	50–70–90		
M	不锈钢 奥氏体	$R_m \leq 680$	110–130–150	110–120–130	> 1.75 ≤ 2.00	10
		$R_m > 680$	60–80–100	60–70–80		
	铁素体 马氏体	$R_m \leq 700$	120–140–160	125–135–145	> 2.00 ≤ 2.50	11
		$R_m > 500$	60–80–100	50–70–90		
K	片状石墨铸铁	≤ 200 HB	215–230–245	155–170–185	> 2.50 ≤ 3.00	13
		> 200 HB	180–195–210	110–130–150		
	球状石墨铸铁	≤ 250 HB	200–220–240	100–110–120	> 3.00 ≤ 3.50	13
		> 250 HB	170–180–190	70–80–90		
	可锻铸铁	≤ 230 HB	120–150–180	90–100–110	> 3.50 ≤ 4.00	15
		> 230 HB	100–130–160	80–90–100		
N	铝–塑性合金	$R_m \leq 300$	500–600–700	300–350–400	> 4.00 ≤ 4.50	15
	铝合金，硬化	$R_m > 300$	400–500–600	200–250–300		
	铸铝合金	≤ 75 HB	250–250–450	300–350–400	> 4.50 ≤ 5.00	15
		> 75 HB	150–250–350	200–250–300		
	铜锌合金（黄铜）	$R_m \leq 600$	200–300–400	200–225–250	> 5.00 ≤ 5.50	16
	铜锡合金（青铜）	$R_m \leq 700$	250–200–300	160–180–200		
	热塑性塑料，热固性塑料	–	250–350–450	200–225–250	> 5.50 ≤ 6.00	16
	纤维增强塑料	–	300–400–500	180–210–240		

端面车，拔荒车和精车切削速度选取标准

[1] v_c 的粗体字数值用作初始值（"普通"加工条件）。
- "不利"加工条件时 v_c 值宜选更小直至低限值。
- "有利"加工条件时 v_c 值宜选更大直至高限值。
（加工条件的解释参见 316 页）
[2] 最后一次切削后对螺纹走空刀 2 至 4 次（没有横向进给）。

车削的切削数据

立方氮化硼和氧化陶瓷切削材料硬车的标准值

v_c　切削速度	横向端面车 $$n = \frac{v_c}{\pi \cdot d_m}$$
n　转速	
f　进给量	纵向外圆车 $$n = \frac{v_c}{\pi \cdot d}$$
α_p　切削深度	
d　外径	
d_m　中径	

（见 324、325 页）

横向端面车削　α_p=0.1...0.4mm

纵向外圆车削
拔荒　α_p=0.3...0.7mm
精车　α_p=0.1...0.3mm

切削刃材料组

工件材料		进给量 f, mm		
材料组	硬度 HB	0.1...0.15	0.15...0.2	0.05...0.1
		切削速度 $v_c^{[1]}$, m/min		
H　淬火钢，淬火和回火	≤ 50 HRC	135–**175**–215	110–**145**–185	165–**205**–220
	≤ 55 HRC	115–**140**–190	95–**110**–155	140–**175**–210
	≤ 60 HRC	100–**120**–165	80–**95**–135	120–**145**–180
	≤ 65 HRC	85–**100**–140	70–**80**–120	105–**120**–160
淬火铸铁	≤ 55 HRC	135–**150**–170	100–**110**–120	170–**190**–220

高速切削刀具（HSS）的车削标准值

工件材料		横向端面车削	纵向外圆车削		切断车削 切槽车削	螺纹车削
			拔荒	精车		
材料组	抗拉强度 R_m N/mm² 或硬度 HB	切削深度 α_p, mm				
		0.5...2	2...4	0.5...1	0.6...6	0.05...0.1
		进给量 f, mm				
		0.2...0.1	0.6...0.3	0.25...0.1	0.02...0.1	$f=P$
		切削速度 $v_c^{[1]}$ m/min				
结构钢	R_m ≤ 500	50–**60**–70	40–**50**–60	60–**70**–80	30–**35**–40	
	R_m > 500	40–**45**–50	30–**40**–50	50–**55**–60	20–**25**–30	
易切削钢	R_m ≤ 570	30–**35**–40	30–**35**–40	40–**45**–50	20–**25**–30	
	R_m > 570	23–**30**–37	20–**23**–26	25–**30**–35	16–**18**–20	
渗碳钢	R_m ≤ 570	30–**35**–40	25–**30**–35	35–**40**–45	20–**25**–30	
	R_m > 570	25–**30**–35	20–**23**–25	25–**30**–35	16–**18**–20	
调质钢，非合金	R_m ≤ 650	30–**35**–40	25–**30**–35	35–**40**–45	20–**25**–30	
	R_m > 650	20–**25**–30	18–**20**–22	22–**28**–34	12–**16**–20	
工具钢	R_m ≤ 750	20–**25**–30	18–**20**–22	22–**28**–34	12–**16**–20	
铸钢	R_m > 700	18–**21**–24	14–**17**–20	20–**25**–30	10–**13**–16	
不锈钢 – 奥氏体、铁素体	R_m ≤ 680	19–**22**–25	18–**20**–22	22–**26**–30	11–**13**–15	
	R_m > 680	12–**16**–20	10–**13**–16	15–**20**–25	8–**10**–12	
片状石墨铸铁	≤ 200 HB	35–**40**–45	30–**35**–40	40–**45**–50	25–**30**–35	
	> 200 HB	18–**20**–22	14–**17**–20	20–**27**–34	12–**16**–18	
铝 – 塑性合金	R_m ≤ 300	140–**160**–180	120–**140**–160	160–**180**–200	150–**175**–200	
铝合金，硬化	R_m > 300	90–**100**–110	80–**90**–100	100–**110**–120	90–**100**–110	
铜锌合金（黄铜）	≤ 75 HB	70–**80**–90	50–**65**–80	80–**90**–100	50–**70**–90	
铜锡合金（青铜）	R_m ≤ 600	90–**100**–110	80–**90**–100	100–**110**–120	80–**90**–100	
热塑性塑料	R_m ≤ 700	70–**80**–90	60–**70**–80	80–**90**–100	60–**70**–80	
热固性塑料	–	225–**250**–275	200–**225**–250	250–**275**–300	150–**175**–200	
纤维增强塑料	–	70–**80**–90	60–**70**–80	80–**90**–100	50–**90**–70	

[1] v_c 的粗体字数值用作初始值（"普通"加工条件）。

车削的力和功率

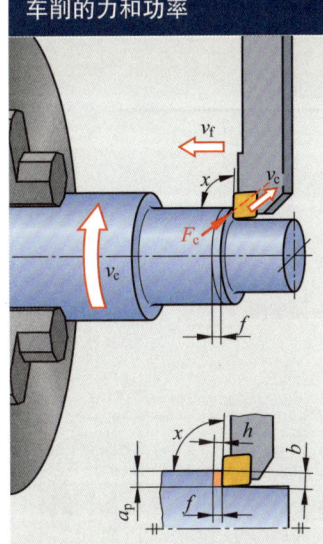

F_c 切削力（N）
A 切削横截面积（mm^2）
α_p 切削深度（mm）
f 每圈进给量（mm）
h 切削厚度（mm）
b 切削宽度（mm）
x 主偏角（°）
C_1 切削刃材料修正系数
C_2 切削刃磨损修正系数
v_c 切削速度（m/min）
k_c 单位切削力（N/mm^2），（参见 305 页）
$k_{c1.1}$ h=1mm 和 b=1mm 时 的 单位切削力（N/mm^2），（参见 305 页）
m_c 材料常数（参见 305 页）
P_c 切削功率（kW）
P_1 机床驱动功率（kW）
η 车床效率

切削横截面积

$$A = \alpha_p \cdot f$$

$$A = b \cdot h$$

切削厚度

$$h = f \cdot \sin x$$

单位切削力

$$k_c = \frac{k_{c1.1}}{h^{m_c}}$$

切削力 [1]

$$F_c = A \cdot k_c \cdot C_1 \cdot C_2$$

切削功率

$$P_c = F_c \cdot v_c$$

驱动功率

$$P_1 = \frac{P_c}{\eta}$$

举例：

粗车螺纹短轴（参见 315 页），材料 11SMnPb30，使用硬质合金可转位刀片；有刀具切削刃磨钝；

α_p=3mm，f=0.45mm，v_c=200 m/min，x=95°， η=0.8

求：A；h；$k_{c1.1}$，m_c；k_c；C_1；C_2；F_c；P_c；P_1

解题1：

根据基本值计算单位切削力 k_c

$A = \alpha_p \cdot f$=3 mm · 0.4 mm=1.2 mm^2

$h = f \cdot \sin x$=0.45 mm · sin95° ≈ 0.45 mm

$k_{c1.1}$=1200 N/mm^2（查自 305 页表基本值）

m_c=0.18（查自 305 页表基本值）

$$k_c = \frac{k_{c1.1}}{h^{m_c}} = \frac{1200 \frac{N}{mm^2}}{0.45^{0.18}} = 1385 \frac{N}{mm^2}$$

$$F_c = A \cdot k_c \cdot C_1 \cdot C_2 = 1.2\,mm^2 \cdot 1385 \frac{N}{mm^2} \cdot 1.0 \cdot 1.3 = 2161\,N$$

$$P_c = F_c \cdot v_c = 2161\,N \cdot 200 \frac{m}{60\,s} = 7203\,W = 7.2\,kW$$

$$P_1 = \frac{P_c}{\eta} = \frac{7202\,W}{0.8} = 9004\,W = 9\,kW$$

解题2：

由 305 页表查单位切削力 k_c

A = 1.2 mm^2；h=0.45mm（参见解题 1）

k_c=1415 N/mm^2（k_c 查自 305 页表 h=0.4mm 处）

$$F_c = A \cdot k_c \cdot C_1 \cdot C_2 = 1.2\,mm^2 \cdot 1415 \frac{N}{mm^2} \cdot 1.0 \cdot 1.3 = 2207\,N$$

$$P_c = F_c \cdot v_c = 2207\,N \cdot 200 \frac{m}{60\,s} = 7357\,W = 7.36\,kW$$

$$P_1 = \frac{P_c}{\eta} = \frac{7357\,W}{0.8} = 9196\,W = 9.2\,kW$$

切削材料修正系数 C_1	
切削材料	C_1
高速切削钢	1.2
硬质合金	1.0
切削陶瓷	0.9

切削刃磨损的修正系数 C_2	
切削刃	C_2
有磨钝	1.3
无磨钝	1.0

车床效率 η	
车床效率	η
传统车床	0.7—0.8
CNC 车床	0.8—0.85

[1] 简化：切削速度 v_c 和切削材料对切削力的影响可考虑采用总修正系数 C_1。可忽略不计切削前角和倾角。

恒定转速车削时的主有效时间

纵向外圆车削和横向端面车削时的主有效时间

t_h	主有效时间
d, d_a	外径，初始直径
$d1$	台阶直径，内径
d_m	中径[1]
d_e	最终直径
l	工件长度
l_a	（吃刀前）接近行程

l_u	（驶离工件）空转行程
L	进给行程
f	每圈进给量
n	转速
i	切削次数[2]
v_c	切削速度
a_p	切削深度

主有效时间

$$t_h = \frac{L \cdot i}{n \cdot f}$$

$l_a = l_u = 1 \ldots 2 \text{ mm}$

计算中径 d_m，进给行程 L 和转速 n

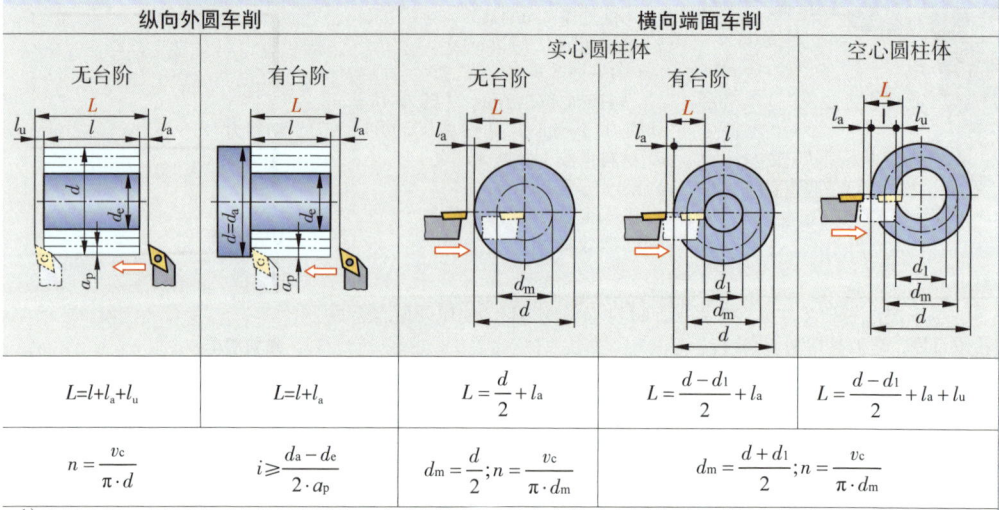

纵向外圆车削		横向端面车削		
		实心圆柱体		空心圆柱体
无台阶	有台阶	无台阶	有台阶	
$L = l + l_a + l_u$	$L = l + l_a$	$L = \dfrac{d}{2} + l_a$	$L = \dfrac{d - d1}{2} + l_a$	$L = \dfrac{d - d1}{2} + l_a + l_u$
$n = \dfrac{v_c}{\pi \cdot d}$	$i \geqq \dfrac{d_a - d_e}{2 \cdot a_p}$	$d_m = \dfrac{d}{2}; n = \dfrac{v_c}{\pi \cdot d_m}$		$d_m = \dfrac{d + d1}{2}; n = \dfrac{v_c}{\pi \cdot d_m}$

[1] 采用中径 d_m 可导致更高的切削速度。由此可保证工件小直径（内圆范围）时仍能得到可接受的加工条件。
[2] 精车时仅切削一次（$i=1$）。横向端面车削时，i = 加工尺寸 / 切削深度 a_p。切削次数 i 计算完成后必须取整。

举例： 用传统车床纵向车直径 30 的螺纹短轴外圆（拔荒）（参见 315 页）

纵向车直径 30 的螺纹短轴外圆（拔荒）（参见 315 页）
纵向车外圆，有台阶，材料：11MnPb30（参见 139 页）
$v_c = 130 \text{ m/min}$（参见 320 页）；
$l_a = 2 \text{ mm}; f = 0.3\text{mm}; a_p = 3 \text{ mm}$
$d = 42 \text{ mm}; l = 50 \text{ mm}; i = 2$
求：$L; n; t_h$

解题： $L = l + l_a = 50 \text{ mm} + 2 \text{ mm} = \mathbf{52 \text{ mm}}$

$$n = \frac{v_c}{\pi \cdot d} = \frac{130 \text{ m/min}}{\pi \cdot 0.042 \text{ m}} = \mathbf{985 \text{ min}^{-1}}$$

$$t_h = \frac{L \cdot i}{n \cdot f} = \frac{52 \text{ mm} \cdot 2}{985 \text{ min}^{-1} \cdot 0.3 \text{ mm}} = \mathbf{0.35 \text{ min}}$$

切断和切槽车削时的主有效时间

计算进给行程 L 和转速 n

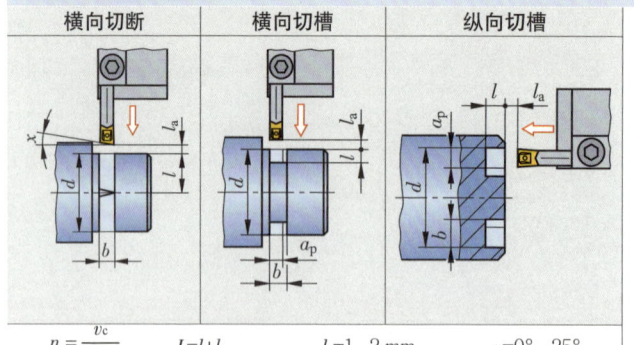

横向切断	横向切槽	纵向切槽

主有效时间

$$t_h = \frac{L \cdot i}{n \cdot f}$$

t_h	主有效时间
d	外径
l	工件长度
l_a	（吃刀前）接近行程
L	进给行程
f	每圈进给量
n	转速
i	切削次数
v_c	切削速度
α_p	切削宽度
b	槽宽度
x	主偏角

$n = \dfrac{v_c}{\pi \cdot d}$　　　　$L = l + l_a$　　　　$l_a = 1 \ldots 2 \text{ mm}$　　　　$x = 0° \ldots 25°$

恒定切削速度车削时的主有效时间

CNC 纵向外圆车削、CNC 横向端面车削和 CNC 精车时的主有效时间

t_h	主有效时间	l	工件长度
d	外径	l_a	（吃刀前）接近行程
d_a	初始直径	l_u	（驶离工件）空转行程
d_1, d_2	台阶直径，内径	L	进给行程[4]
d'_1, d'_2	台阶直径，内径的精车加工尺寸	f	每圈进给量
d_m	中径	i	切削次数[3]
d_e	最终直径	v_c	切削速度
		a_p	切削深度

主有效时间

$$t_h = \frac{\pi \cdot d_m}{v_c \cdot f} \cdot (L \cdot i)$$

$l_a = l_u = 1...2\ mm$

计算中径 d_m 和进给行程 L

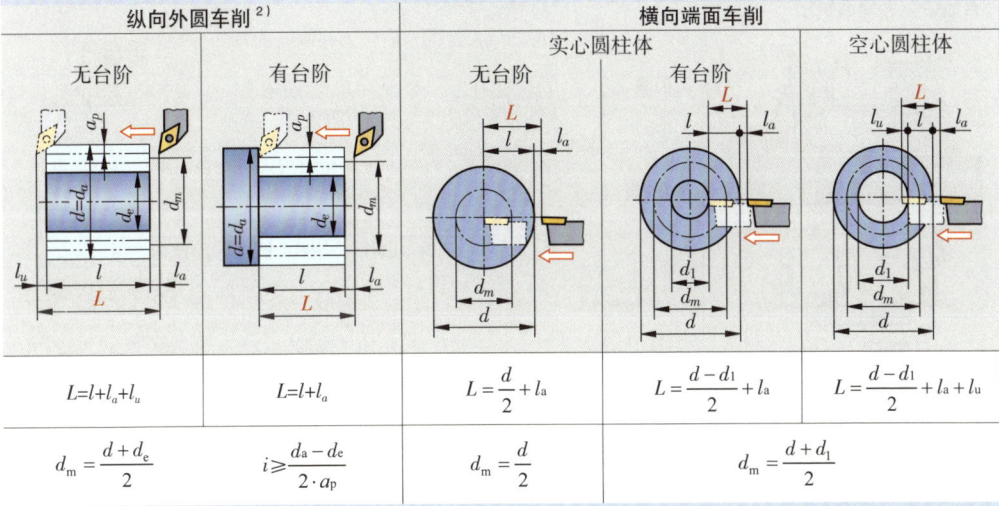

纵向外圆车削[2]		横向端面车削		
无台阶	有台阶	实心圆柱体 无台阶	实心圆柱体 有台阶	空心圆柱体
$L = l + l_a + l_u$	$L = l + l_a$	$L = \dfrac{d}{2} + l_a$	$L = \dfrac{d - d_1}{2} + l_a$	$L = \dfrac{d - d_1}{2} + l_a + l_u$
$d_m = \dfrac{d + d_e}{2}$	$i \geqslant \dfrac{d_a - d_e}{2 \cdot a_p}$	$d_m = \dfrac{d}{2}$		$d_m = \dfrac{d + d_1}{2}$

计算多台阶车削时的进给行程 L 和中径 dm[1]

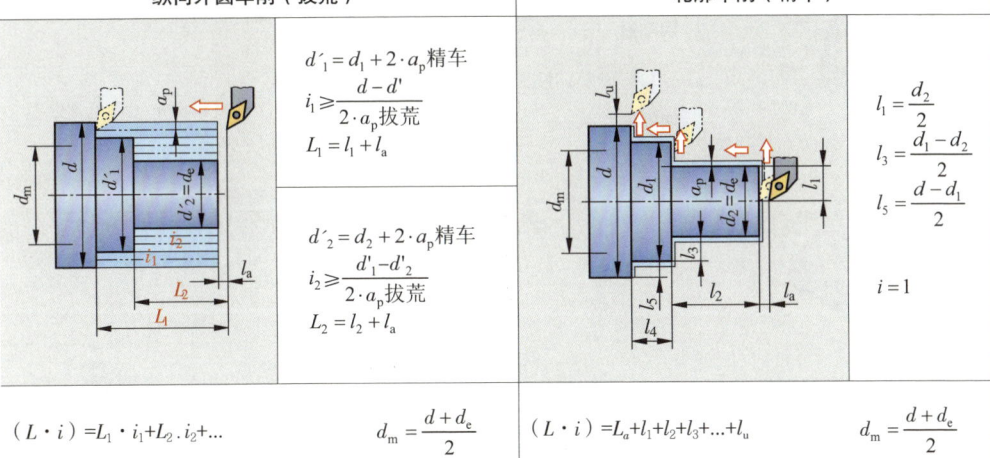

纵向外圆车削（拔荒）[2]		轮廓车削（精车）	
	$d'_1 = d_1 + 2 \cdot a_p$ 精车 $i_1 \geqslant \dfrac{d - d'}{2 \cdot a_p}$ 拔荒 $L_1 = l_1 + l_a$		$l_1 = \dfrac{d_2}{2}$ $l_3 = \dfrac{d_1 - d_2}{2}$ $l_5 = \dfrac{d - d_1}{2}$
	$d'_2 = d_2 + 2 \cdot a_p$ 精车 $i_2 \geqslant \dfrac{d'_1 - d'_2}{2 \cdot a_p}$ 拔荒 $L_2 = l_2 + l_a$		$i = 1$
$(L \cdot i) = L_1 \cdot i_1 + L_2 \cdot i_2 + ...$	$d_m = \dfrac{d + d_e}{2}$	$(L \cdot i) = L_a + l_1 + l_2 + l_3 + ... + l_u$	$d_m = \dfrac{d + d_e}{2}$

[1] 为简化主有效时间的计算，纵向外圆车削和轮廓车削时，用所有待车削的台阶来确定中径。

[2] 求取纵向拔荒车削进给行程时可忽略端面的精车加工尺寸。

[3] 精车时仅切削一次（$i=1$）。横向端面车削时，$i =$ 加工尺寸 / 切削深度 a_p。切削次数 i 计算完成后必须取整。

[4] 计算进给行程时可忽略不计倒角，退刀槽和圆角。

铣削

铣削方法概述（摘选）[1]

端面铣削

		加可转位刀片的端面铣刀		
刀具	可转位刀片 （硬质合金）	$x=10°$ ...75° $r_e=0.8...2.5$ mm $l_a=14$ mm $b_s=1.5...2.5$ mm		
切削量	切削速度	$v_c=$ 初始值视工件材料而定（参见 329 页）		
	进给量	$f_z=0.19...0.34$ mm[2]		
	切削深度	$a_{pmax}=10$ mm		

台阶铣削和端面铣削

		加可转位刀片的台阶铣刀和端面铣刀		
刀具	可转位刀片 （硬质合金）	$x=90°$ $r_e=0.8...2.0$ mm $l_a=10$ mm $b_s=1.5$ mm		
切削量	切削速度	$v_c=$ 初始值视工件材料而定（参见 330 页）		
	进给量	$f_z=0.11...0.14$ mm[2]		
	切削深度	$a_{pmax}=15$ mm		

		高速切削钢（HSS）圆柱端面铣刀	
刀具	制齿	拔荒 – 滚花齿形 拔荒 – 精加工齿形	
切削量	切削速度	$v_c=$ 初始值视工件材料而定（参见 331 页）	
	进给量	$f_z=0.055...0.100$ mm[2]	
刀具	加可转位刀片的圆柱端面铣刀		
切削量	切削速度	$v_c=60...180$ m/min	
	进给量	$f_z=0.08...0.20$ mm[2]	

轮廓和台阶铣削

		高速切削钢（HSS）立铣刀
刀具		高速切削钢（HSS）立铣刀
切削量	切削速度	$v_c=$ 初始值视工件材料而定（参见 332 页）
	进给量	$f_z=0.004...0.060$ mm[2]
刀具		整体硬质合金（VHM）立铣刀
切削量	切削速度	$v_c=$ 初始值视工件材料而定（参见 333 页）
	进给量	$f_z=0.020\cdots0.120$ mm[2]

槽铣削

		中心切削的长孔铣刀，槽铣刀和立铣刀			
刀具		中心切削的长孔铣刀，槽铣刀和立铣刀			
切削量	切削速度	$v_c=$ 初始值视工件材料而定（参见 332 页）			
	进给量	$f_z=$ 初始值视工件材料而定（参见 332 页） 1. 钻孔：$f_z \cdot 0.5$（修正系数） 2. 铣削：$f_z \cdot 0.6\cdots0.7$（修正系数）			
刀具		加可转位刀片（硬质合金）的圆盘铣刀			

		切削速度		$v_c=100...300$ m/min[2]			
切削量	切削宽度			$a_p=2.5...26$ mm[2]			
	与铣刀直径 d 相关的切削深度 a_e, $h_m=0.2$ mm $a_e/d=$						
		0.25	0.20	0.15	0.10	0.05	
	每齿进给量 f_z	0.23 mm	0.25 mm	0.28 mm	0.33 mm	0.46 mm	

[1] 请注意遵守制造商的规定。

[2] 用于钢材料（结构钢、易切削钢、渗碳钢、调质钢、工具钢和铸钢）。

铣削加工计划

步骤 1：根据工件材料确定切削材料组（参见 309 页）

P P10···40	钢	所有钢和铸钢种类，不锈钢除外	N N15···20	有色金属和塑料	铝合金 铜合金 塑料
M M15···30	不锈钢	不锈钢: 奥氏体，铁素体和马氏体	S S15···30	特种耐高温合金和钛	以铁、镍、钴为基础的特种合金，钛合金
K K10···30	铸铁	片状和球状石墨铸铁，可锻铸铁	H H10···25	硬质材料	淬火钢和淬火铸铁

步骤 2：确定铣削方法和铣刀（参见 326 和 328 页）

端面铣刀 	台阶铣刀 	圆柱端面铣刀 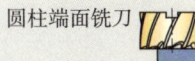	立铣刀 	圆盘铣刀

步骤 3：确定分度和齿数

宽分度　　　　窄分度

宽分度：
· 用于大型刀具（刀具大跨度或悬臂）
· 用于加工条件不稳定；小切削力
· 用于易产生长切屑的工件材料（ISO N）；大容屑空间

窄分度：
· 加工条件稳定时的拔荒→良好的生产率
· 用于 ISO P、M 和 S 类材料的拔荒加工，有利的容屑空间

特窄分度：
· 用于窄切削宽度 a_e→高生产率
· 用于 ISO K 类材料的拔荒和精加工

步骤 4：选择刀片几何形状（参见 310 页）

轻度加工（精加工）	中度加工	重度加工（拔荒）
 前角 $\gamma=12°···30°$ 小楔角 β 尖锐，正切削刃	前角 $\gamma=10°···18°$ 用于混合性生产的正几何形状	前角 $\gamma=0°···12°$ 大楔角 β 增强切削刃

→ 切削力，切削深度增加和进给量增加 →

步骤 5：确定加工条件和计算铣削速度的方法（参见 329 页）

刀具悬臂	机床稳定性，装夹和工件几何形状		
	++	+	−
短悬臂 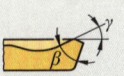	有利的加工条件	普通的加工条件	不利的加工条件
长悬臂 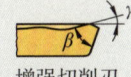	普通的加工条件	不利的加工条件	非常不利的加工条件

举例（见 335 页）：
1. 从标准值表上匹配**材料组**（见 137 页）与切削材料组（见 309 页）　　⇒　16MnCr5+A: 渗碳钢，硬度 =207HB $R_m \approx 670$ N/mm^2（205 页），切削材料组 P

2. 选择**铣削方法和刀具**（见 326 页）　⇒　铣削方法：铣台阶 铣刀：90° 端面铣刀加可转位刀片

3. 查 **329** 页表选取切削速度 普通加工条件的 v_c **初始值** 不利加工条件时更小的 v_c 有利加工条件时更大的 v_c　⇒　**"90° 端面铣刀（铣台阶）"**表（325 页）普通加工条件（CNC 铣床，装夹良好，短悬臂）

　　　　⇒　初始值 v_c=165 m/min

加可转位刀片的铣刀

加可转位刀片的不同铣刀的应用举例

铣刀类型 直径 mm	切削深度 a_p mm	铣槽/切断	双面铣加工	铣台阶	端面铣	成型铣	螺旋铣入
端面铣刀 32…50	6…10	○	○	○	●	○	◐
窄分度端面铣刀（精铣铣刀）80…500	1…8	○	○	○	●	○	◐
宽分度端面铣刀（拔荒铣刀）100…400	12	○	○	○	●	○	◐
球形立铣刀（仿形铣刀）5…32	2…5	◐	○	○	○	●	●
台阶铣刀 40…250	15	◐	○	●	●	○	◐
圆盘铣刀 40…315	6…30	●	●	●	◐	○	○
分离铣刀 80…315	2…6	●	○	○	○	○	○
立铣刀 12…100	10…18	◐	●	●	◐	◐	●
圆柱端面铣刀 20…100	5…100[1]	○	○	●	◐	○	◐
加圆形可转位刀片的铣刀 10…160	1…10	◐	○	◐	●	●	◐

[1] 上述数值适用于有色金属台阶铣刀和精加工铣台阶。

● 非常适用　◐ 适用　○ 不适用

铣削切削数据

加硬质合金（HM）可转位刀片 45° 端面铣刀标准值

- v_c　切削速度
- n　转速
- f_z　进给量
- a_p　切削深度
- a_{pmax}　最大切削深度
- a_e　切削宽度（铣刀宽度）
- d　铣刀直径
- k　主偏角（$k=45°$）

转速
$$n = \frac{v_c}{\pi \cdot d}$$

进给速度
$$v_f = n \cdot f_z \cdot z$$

$a_e=0.5 \cdot d$　　$a_e=1.0 \cdot d$　　$a_e=0.1 \cdot d$
$a_{pmax}=10\ mm$　　$a_{pmax}=10\ mm$

切削刃材料组	材料组	工件材料 抗拉强度 R_m N/mm^2 或硬度 HB	切削速度 v_c[1] m/min	切削宽度 a_e $a_e=(0.5...1.0)\cdot d$	$a_e=0.1 \cdot d$
				每齿进给量 f_z[1] mm	
P	结构钢	$R_m \leq 500$	250-**275**-300	0.18-**0.21**-0.24	0.32-**0.34**-0.36
		$R_m > 500$	220-**235**-250	0.18-**0.21**-0.24	0.32-**0.34**-0.36
	易切削钢	$R_m \leq 570$	230-**250**-270	0.18-**0.21**-0.24	0.32-**0.34**-0.36
		$R_m > 570$	220-**240**-270	0.16-**0.19**-0.22	0.27-**0.30**-0.33
	渗碳钢	$R_m \leq 570$	200-**230**-260	0.17-**0.20**-0.23	0.32-**0.34**-0.36
		$R_m > 570$	150-**175**-200	0.16-**0.19**-0.22	0.32-**0.34**-0.36
	调质钢，非合金	$R_m \leq 650$	200-**230**-260	0.17-**0.20**-0.23	0.32-**0.34**-0.36
		$R_m > 650$	150-**175**-200	0.17-**0.20**-0.23	0.32-**0.34**-0.36
	调质钢，合金	$R_m \leq 750$	190-**220**-250	0.17-**0.20**-0.23	0.32-**0.34**-0.36
		$R_m > 750$	150-**175**-200	0.17-**0.20**-0.23	0.32-**0.34**-0.36
	工具钢	$R_m \leq 750$	120-**135**-150	0.17-**0.20**-0.23	0.32-**0.34**-0.36
		$R_m > 750$	95-**105**-115	0.17-**0.20**-0.23	0.32-**0.34**-0.36
	铸钢	$R_m \leq 700$	190-**210**-230	0.17-**0.20**-0.23	0.32-**0.34**-0.36
		$R_m > 700$	140-**160**-180	0.16-**0.19**-0.22	0.32-**0.34**-0.36
M	不锈钢　奥氏体	$R_m \leq 680$	190-**210**-230	0.16-**0.19**-0.22	0.32-**0.34**-0.36
		$R_m > 680$	150-**170**-190	0.16-**0.19**-0.22	0.32-**0.34**-0.36
	铁素体	$R_m \leq 700$	200-**220**-240	0.16-**0.19**-0.22	0.32-**0.34**-0.36
	马氏体	$R_m > 500$	130-**145**-160	0.16-**0.19**-0.22	0.32-**0.34**-0.36
K	片状石墨铸铁	≤ 200 HB	220-**235**-250	0.25-**0.29**-0.33	0.25-**0.29**-0.33
		> 200 HB	115-**130**-145	0.18-**0.21**-0.24	0.18-**0.23**-0.28
	球状石墨铸铁	≤ 250 HB	200-**215**-230	0.25-**0.29**-0.33	0.25-**0.29**-0.33
		> 250 HB	190-**210**-230	0.18-**0.21**-0.24	0.18-**0.23**-0.28
	可锻铸铁	≤ 230 HB	190-**205**-220	0.18-**0.21**-0.24	0.25-**0.29**-0.33
		> 230 HB	170-**190**-210	0.18-**0.21**-0.24	0.18-**0.23**-0.28
N	铝-塑性合金	$R_m \leq 300$	600-**725**-850	0.20-**0.23**-0.26	0.38-**0.42**-0.46
	铝合金，硬化	$R_m > 300$	400-**500**-600	0.20-**0.23**-0.26	0.38-**0.42**-0.46
	铸铝合金	≤ 75 HB	250-**350**-500	0.20-**0.23**-0.26	0.38-**0.42**-0.46
		> 75 HB	230-**300**-370	0.20-**0.23**-0.26	0.38-**0.42**-0.46
	铜锌合金（黄铜）	$R_m \leq 600$	500-**550**-600	0.20-**0.23**-0.26	0.38-**0.42**-0.46
	铜锡合金（青铜）	$R_m \leq 700$	300-**350**-400	0.20-**0.23**-0.26	0.38-**0.42**-0.46
	热塑性塑料，热固性塑料	—	400-**500**-600	0.20-**0.23**-0.26	0.38-**0.42**-0.46
	纤维增强塑料	—	250-**350**-500	0.20-**0.23**-0.26	0.38-**0.42**-0.46

[1] v_c 和 f_z 的**粗体字数值**用作**初始值**（"普通"加工条件）。

- "**不利**"加工条件时 v_c 和 f_z 值宜选更小直至**低限值**。
- "**有利**"加工条件时 v_c 和 f_z 值宜选更大直至**高限值**。

（加工条件的解释参见 327 页）

铣削切削数据

加硬质合金（HM）可转位刀片 90° 端面铣刀（台阶铣刀）标准值

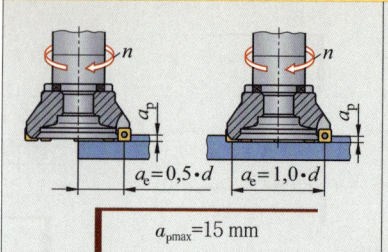
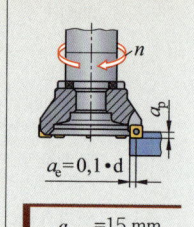

v_c	切削速度
n	转速
f_z	进给量
a_p	切削深度
a_{pmax}	最大切削深度
a_e	切削宽度（铣刀宽度）
d	铣刀直径
k	主偏角（ k=90° ）

转速
$$n = \frac{v_c}{\pi \cdot d}$$

进给速度
$$v_f = n \cdot f_z \cdot z$$

切削刃材料组	工件材料		切削速度 $v_c^{1)}$ m/min	切削宽度 a_e	
	材料组	抗拉强度 R_m N/mm² 或硬度 HB		$a_e = (0.5...1.0) \cdot d$	$a_e = 0.1 \cdot d$
				每齿进给量 $f_z^{1)}$ mm	
P	结构钢	$R_m \leq 500$	200–**230**–260	0.10–**0.14**–0.18	0.17–**0.24**–0.31
		$R_m > 500$	160–**200**–240	0.10–**0.14**–0.18	0.17–**0.24**–0.31
	易切削钢	$R_m \leq 570$	160–**200**–240	0.10–**0.14**–0.18	0.17–**0.24**–0.31
		$R_m > 570$	160–**200**–240	0.10–**0.14**–0.18	0.17–**0.24**–0.31
	渗碳钢	$R_m \leq 570$	200–**235**–270	0.10–**0.14**–0.18	0.17–**0.24**–0.31
		$R_m > 570$	140–**165**–190	0.10–**0.14**–0.18	0.17–**0.24**–0.31
	调质钢，非合金	$R_m \leq 650$	150–**175**–200	0.10–**0.14**–0.18	0.17–**0.24**–0.31
		$R_m > 650$	140–**165**–190	0.10–**0.14**–0.18	0.17–**0.24**–0.31
	调质钢，合金	$R_m \leq 750$	140–**165**–190	0.10–**0.14**–0.18	0.17–**0.24**–0.31
		$R_m > 750$	140–**165**–190	0.08–**0.12**–0.16	0.14–**0.21**–0.28
	工具钢	$R_m \leq 750$	140–**165**–190	0.10–**0.14**–0.18	0.17–**0.24**–0.31
		$R_m > 750$	75–**100**–125	0.08–**0.11**–0.14	0.14–**0.19**–0.24
	铸钢	$R_m \leq 700$	190–**210**–230	0.08–**0.10**–0.12	0.11–**0.15**–0.19
		$R_m > 700$	130–**150**–170	0.08–**0.10**–0.12	0.11–**0.15**–0.19
M	不锈钢 奥氏体	$R_m \leq 680$	180–**200**–220	0.10–**0.13**–0.16	0.17–**0.22**–0.28
		$R_m > 680$	160–**180**–200	0.09–**0.12**–0.14	0.17–**0.21**–0.25
	铁素体	$R_m \leq 700$	190–**210**–230	0.10–**0.13**–0.16	0.17–**0.22**–0.28
	马氏体	$R_m > 500$	150–**170**–190	0.09–**0.11**–0.12	0.17–**0.19**–0.21
K	片状石墨铸铁	≤ 200 HB	220–**240**–260	0.08–**0.13**–0.18	0.14–**0.23**–0.32
		> 200 HB	120–**140**–160	0.08–**0.13**–0.18	0.14–**0.23**–0.32
	球状石墨铸铁	≤ 250 HB	200–**220**–240	0.08–**0.13**–0.18	0.14–**0.23**–0.32
		> 250 HB	110–**130**–150	0.08–**0.13**–0.18	0.14–**0.23**–0.32
	可锻铸铁	≤ 230 HB	120–**140**–160	0.08–**0.13**–0.18	0.14–**0.23**–0.32
		> 230 HB	100–**120**–140	0.08–**0.13**–0.18	0.14–**0.23**–0.32
N	铝-塑性合金	$R_m \leq 300$	600–**700**–800	0.10–**0.14**–0.18	0.17–**0.24**–0.31
	铝合金，硬化	$R_m > 300$	400–**500**–600	0.10–**0.14**–0.18	0.17–**0.24**–0.31
	铸铝合金	≤ 75 HB	200–**350**–500	0.10–**0.14**–0.18	0.17–**0.24**–0.31
		> 75 HB	180–**300**–420	0.10–**0.14**–0.18	0.17–**0.24**–0.31
	铜锌合金（黄铜）	$R_m \leq 600$	500–**600**–700	0.10–**0.14**–0.18	0.17–**0.24**–0.31
	铜锡合金（青铜）	$R_m \leq 700$	300–**400**–500	0.10–**0.14**–0.18	0.17–**0.24**–0.31
	热塑性塑料，热固性塑料	–	400–**500**–600	0.10–**0.14**–0.18	0.17–**0.24**–0.31
	纤维增强塑料	–	200–**350**–500	0.10–**0.14**–0.18	0.17–**0.24**–0.31

[1] v_c 和 f_z 的粗体字数值用作初始值（ "普通" 加工条件 ）。
- "**不利**" 加工条件时 v_c 和 f_z 值宜选更小直至低限值。
- "**有利**" 加工条件时 v_c 和 f_z 值宜选更大直至高限值。
（加工条件的解释参见 327 页 ）

圆柱形端面铣削的切削数据

高速切削钢（HSS）圆柱端面铣刀（涂层／未涂层）标准值

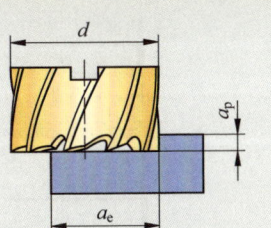

v_c　切削速度
d　铣刀直径
n　转速
v_f　进给速度
f_z　每齿进给量
z　切削刃数量
a_p　切削深度
a_e　切削宽度
　　（铣刀宽度）

转速

$$n = \frac{v_c}{\pi \cdot d}$$

进给速度

$$v_f = n \cdot f_z \cdot z$$

材料组	工件材料 抗拉强度 R_m N/mm² 或硬度 HB		HSS 未涂层	HSS 涂层
			进给量 $f_z^{1)}$ mm	
			0.055–0.085	0.065–0.100
			切削速度 $v_c^{2)}$ m/min	
结构钢		$R_m \leq 500$	25–**30**–35	60–**65**–70
		$R_m > 500$	25–**30**–35	60–**65**–70
易切削钢		$R_m \leq 570$	25–**30**–35	60–**65**–70
		$R_m > 570$	25–**30**–35	60–**65**–70
渗碳钢		$R_m \leq 570$	25–**30**–35	60–**65**–70
		$R_m > 570$	25–**30**–35	60–**65**–70
调质钢，非合金		$R_m \leq 650$	25–**30**–35	60–**65**–70
		$R_m > 650$	15–**20**–25	50–**55**–60
调质钢，合金		$R_m \leq 750$	20–**25**–30	50–**55**–60
		$R_m > 750$	10–**15**–20	35–**40**–45
工具钢		$R_m \leq 750$	25–**30**–35	60–**65**–70
		$R_m > 750$	10–**15**–20	50–**55**–60
铸钢		$R_m \leq 700$	20–**25**–30	60–**65**–70
		$R_m > 700$	15–**20**–25	55–**60**–65
不锈钢	奥氏体	$R_m \leq 680$	7–**9**–11	24–**27**–30
		$R_m > 680$	7–**9**–11	24–**27**–30
	铁素体	$R_m \leq 700$	13–**15**–18	40–**45**–50
	马氏体	$R_m > 500$	12–**14**–16	35–**40**–45
片状石墨铸铁		≤ 200 HB	15–**20**–25	50–**55**–60
		> 200 HB	12–**14**–16	35–**40**–45
球状石墨铸铁		≤ 250 HB	20–**25**–30	50–**55**–60
		> 250 HB	12–**14**–16	35–**40**–45
可锻铸铁		≤ 230 HB	20–**25**–30	50–**55**–60
		> 230 HB	12–**14**–16	35–**40**–45
铝 – 塑性合金		$R_m \leq 300$	180–**190**–200	340–**350**–360
铝合金，硬化		$R_m > 300$	180–**190**–200	340–**350**–360
铸铝合金		–	180–**190**–200	340–**350**–360
铜锌合金（黄铜）		$R_m \leq 600$	50–**55**–60	80–**85**–90
铜锡合金（青铜）		$R_m \leq 700$	–	–
热塑性塑料，热固性塑料		–	160–**180**–200	300–**325**–350

[1] 拔荒：f_z 用于 a_e=0.75d 和 a_p=0.2d；精铣：f_z · 0.9（修正系数）。
[2] v_c 和 f_z 的**粗体字数值**用作初始值（"普通"加工条件）。
・"**不利**"加工条件时 v_c 和 f_z 值宜选更小直至**低限值**。
・"**有利**"加工条件时 v_c 和 f_z 值宜选更大直至**高限值**。
（加工条件的解释参见 327 页）

精铣切削数据

HSS 立铣刀（涂层）精铣标准值

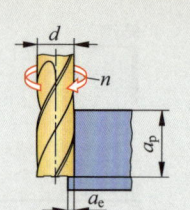

v_c 切削速度
d 铣刀直径
n 转速
v_f 进给速度
f_z 每齿进给量
z 切削刃数量
a_p 切削深度
a_e 切削宽度 （铣刀宽度）

转速

$$n = \frac{v_c}{\pi \cdot d}$$

进给速度

$$v_f = n \cdot f_z \cdot z$$

工件材料		拔荒				精铣			
材料组	抗拉强度 R_m N/mm² 或硬度 HB	切削速度 v_c[1) m/min	铣刀直径 d mm			切削速度 v_c[1) m/min	铣刀直径 d mm		
			4.0	12.0	20.0		4.0	12.0	20.0
			进给量[2) mm				进给量[2) mm		
结构钢	$R_m \leq 500$	70–75–80	0.009	0.037	0.060	80–85–90	0.005	0.022	0.044
	$R_m > 500$	60–65–70	0.007	0.032	0.053	65–70–75	0.004	0.019	0.039
易切削钢	$R_m \leq 570$	65–70–75	0.007	0.032	0.053	70–75–80	0.004	0.019	0.031
	$R_m > 570$	60–65–70	0.007	0.032	0.053	65–70–75	0.004	0.019	0.031
渗碳钢	$R_m \leq 570$	50–55–60	0.007	0.032	0.053	60–65–70	0.004	0.019	0.031
	$R_m > 570$	40–45–50	0.009	0.037	0.060	45–50–55	0.005	0.022	0.035
调质钢，非合金	$R_m \leq 650$	60–65–70	0.007	0.032	0.053	65–70–75	0.004	0.019	0.031
	$R_m > 650$	40–45–50	0.007	0.032	0.053	45–50–55	0.004	0.019	0.031
调质钢，合金	$R_m \leq 750$	40–45–50	0.007	0.032	0.053	45–50–55	0.004	0.019	0.031
	$R_m > 750$	35–40–45	0.009	0.037	0.060	40–45–50	0.005	0.022	0.035
工具钢	$R_m \leq 750$	30–35–40	0.007	0.024	0.053	35–40–45	0.004	0.019	0.031
	$R_m > 750$	25–30–35	0.009	0.037	0.060	25–30–45	0.005	0.022	0.035
铸钢	$R_m \leq 700$	40–45–50	0.007	0.024	0.053	45–50–55	0.004	0.019	0.031
	$R_m > 700$	35–40–45	0.007	0.024	0.053	40–45–50	0.004	0.019	0.031
不锈钢 奥氏体	$R_m \leq 680$	20–25–30	0.007	0.032	0.053	25–30–35	0.004	0.019	0.031
	$R_m > 680$	15–20–25	0.007	0.032	0.053	15–20–25	0.004	0.019	0.031
铁素体	$R_m \leq 700$	25–30–35	0.007	0.032	0.053	25–30–35	0.004	0.019	0.031
马氏体	$R_m > 500$	10–15–20	0.009	0.037	0.060	10–15–20	0.005	0.022	0.035
片状石墨铸铁	≤ 200 HB	30–55–60	0.007	0.032	0.053	55–60–65	0.004	0.019	0.031
	> 200 HB	25–45–55	0.007	0.032	0.053	50–55–60	0.004	0.019	0.031
球状石墨铸铁	≤ 250 HB	35–40–45	0.007	0.032	0.053	40–45–50	0.004	0.019	0.031
	> 250 HB	25–30–35	0.007	0.032	0.053	30–35–35	0.004	0.019	0.031
可锻铸铁	≤ 230 HB	35–40–45	0.007	0.032	0.053	40–45–50	0.004	0.019	0.031
	> 230 HB	25–30–35	0.007	0.032	0.053	30–35–35	0.004	0.019	0.031
铝–塑性合金	$R_m \leq 300$	180–200–220	0.010	0.049	0.085	220–230–240	0.006	0.036	0.050
铝合金，硬化	$R_m > 300$	100–120–140	0.014	0.062	0.094	130–140–150	0.008	0.041	0.055
铸铝合金	≤ 75 HB	90–100–110	0.018	0.069	0.102	100–110–120	0.011	0.028	0.060
	> 75 HB	80–90–100	0.018	0.069	0.102	90–100–120	0.011	0.028	0.060
铜锌合金（黄铜）	$R_m \leq 600$	80–85–90	0.014	0.062	0.094	90–95–100	0.008	0.036	0.055
铜锡合金（青铜）	$R_m \leq 700$	40–50–60	0.014	0.062	0.094	50–60–70	0.008	0.036	0.055
热塑性塑料，热固性塑料	–	50–55–60	0.014	0.062	0.094	55–60–65	0.008	0.036	0.055

[1) v_c 和 f_z 的**粗体字数值**用作**初始值**（"普通"加工条件）。
· "**不利**"加工条件时 v_c 和 f_z 值宜选更小直至**低限值**。
· "**有利**"加工条件时 v_c 和 f_z 值宜选更大直至**高限值**。
（加工条件的解释参见 327 页）
[2) 拔荒：f_z 用于 $a_e = 0.5 \cdot d$ 和 $a_p = 1.0 \cdot d$；精铣：$a_e = 0.1 \cdot d$ 和 $a_p = 1.0 \cdot d$。

精铣切削数据

整体硬质合金立铣刀（涂层）精铣标准值

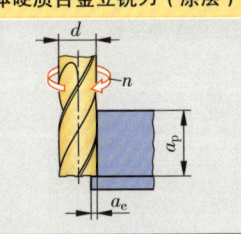

		符号	含义
		v_c	切削速度
		d	铣刀直径
		n	转速
		v_f	进给速度
		f_z	每齿进给量
		z	切削刃数量
		a_p	切削深度
		a_e	切削宽度（铣刀宽度）

转速
$$n = \frac{v_c}{\pi \cdot d}$$

进给速度
$$v_f = n \cdot f_z \cdot z$$

切削刃材料组	工件材料 材料组	抗拉强度 R_m N/mm² 或硬度 HB	拔荒 切削速度 v_c[1) m/min	铣刀直径 d mm 4.0 进给量[2) mm	12.0	20.0	精铣 切削速度 v_c[1) m/min	铣刀直径 d mm 4.0 进给量[2) mm	12.0	20.0
P	结构钢	$R_m \leq 500$	130-**140**-150	0.023	0.080	0.120	170-**190**-210	0.032	0.080	0.107
P	结构钢	$R_m > 500$	110-**120**-130	0.023	0.080	0.120	150-**170**-190	0.032	0.080	0.107
P	易切削钢	$R_m \leq 570$	110-**120**-130	0.023	0.080	0.120	150-**170**-190	0.032	0.080	0.107
P	易切削钢	$R_m > 570$	90-**100**-110	0.023	0.080	0.120	125-**140**-155	0.023	0.063	0.100
P	渗碳钢	$R_m \leq 570$	110-**120**-130	0.014	0.045	0.080	150-**170**-190	0.032	0.080	0.107
P	渗碳钢	$R_m > 570$	70-**80**-90	0.013	0.040	0.065	90-**100**-110	0.020	0.060	0.080
P	调质钢，非合金	$R_m \leq 650$	110-**120**-130	0.023	0.080	0.120	150-**170**-190	0.032	0.080	0.107
P	调质钢，非合金	$R_m > 650$	90-**100**-110	0.014	0.045	0.080	145-**160**-175	0.032	0.080	0.107
P	调质钢，合金	$R_m \leq 750$	75-**85**-95	0.014	0.045	0.080	110-**120**-130	0.023	0.063	0.100
P	调质钢，合金	$R_m > 750$	60-**70**-80	0.013	0.040	0.065	85-**95**-105	0.020	0.060	0.080
P	工具钢	$R_m \leq 750$	75-**85**-95	0.014	0.045	0.080	110-**120**-130	0.023	0.063	0.100
P	工具钢	$R_m > 750$	55-**65**-75	0.013	0.040	0.065	80-**90**-100	0.020	0.060	0.080
P	铸钢	$R_m \leq 700$	75-**90**-105	0.014	0.045	0.080	110-**125**-140	0.023	0.063	0.080
P	铸钢	$R_m > 700$	60-**75**-90	0.013	0.040	0.065	85-**100**-115	0.020	0.060	0.080
M	不锈钢 奥氏体	$R_m \leq 680$	75-**85**-95	0.015	0.050	0.090	100-**110**-120	0.023	0.063	0.115
M	不锈钢 奥氏体	$R_m > 680$	75-**85**-95	0.012	0.045	0.075	80-**80**-100	0.020	0.060	0.100
M	不锈钢 铁素体	$R_m \leq 700$	80-**90**-100	0.015	0.050	0.090	100-**110**-120	0.023	0.063	0.115
M	不锈钢 马氏体	$R_m > 500$	55-**65**-75	0.012	0.045	0.075	65-**75**-85	0.020	0.060	0.100
K	片状石墨铸铁	≤ 200 HB	115-**130**-145	0.020	0.060	0.100	135-**150**-165	0.020	0.089	0.125
K	片状石墨铸铁	> 200 HB	90-**100**-110	0.020	0.060	0.100	110-**120**-130	0.020	0.089	0.125
K	球状石墨铸铁	≤ 250 HB	95-**105**-115	0.020	0.060	0.100	110-**120**-130	0.020	0.089	0.125
K	球状石墨铸铁	> 250 HB	80-**90**-100	0.020	0.060	0.100	105-**115**-130	0.020	0.089	0.125
K	可锻铸铁	≤ 230 HB	75-**85**-95	0.020	0.060	0.100	90-**100**-110	0.020	0.089	0.125
K	可锻铸铁	> 230 HB	70-**80**-90	0.020	0.060	0.100	80-**90**-100	0.020	0.089	0.125
N	铝－塑性合金	$R_m \leq 350$	320-**350**-380	0.020	0.070	0.120	750-**800**-850	0.024	0.079	0.126
N	铝合金，硬化	–	270-**300**-330	0.020	0.070	0.120	550-**600**-650	0.024	0.079	0.126
N	铸铝合金		200-**220**-240	0.020	0.070	0.120	360-**400**-440	0.024	0.079	0.126
N	铜锌合金（黄铜）	$R_m \leq 600$	250-**280**-310	0.020	0.070	0.120	290-**320**-350	0.024	0.079	0.126
N	铜锡合金（青铜）	$R_m \leq 700$	250-**280**-310	0.020	0.070	0.120	290-**320**-350	0.024	0.079	0.126
N	热塑性塑料，热固性塑料	–	225-**240**-265	0.015	0.070	0.120	260-**280**-300	0.024	0.079	0.126
N	纤维增强塑料	–	70-**80**-90	0.015	0.070	0.120	135-**150**-165	0.024	0.079	0.126

[1) v_c 和 f_z 的粗体字数值用作**初始值**（"普通"加工条件）。
- **"不利"**加工条件时 v_c 和 f_z 值宜选更小直至**低限值**。
- **"有利"**加工条件时 v_c 和 f_z 值宜选更大直至**高限值**。
（加工条件的解释参见 327 页）
[2) 拔荒：f_z 用于 $a_e=0.5 \cdot d$ 和 $a_p=1.0 \cdot d$；精铣：f_z 用于 $a_e=0.1 \cdot d$ 和 $a_p=1.0 \cdot t$。

铣削问题，用分度头分度

铣削问题

高磨损（切削后面和切削前面）	切削刃变形	形成刀瘤	纹垂直于切削刃的裂	切削刃崩刃	可转位刀片断裂	长螺旋状切屑	振颤	可能的帮助措施
↓	↓	↑	↓	↑				改变切削速度 v_c
↑	↑	↑			↓	↓	↑	改变进给量 f_z
	●							选用更耐磨的硬质合金种类
			●	●	●			选用韧性更好的硬质合金种类
							●	采用宽分度铣刀
						●	●	改变铣刀位置
	●	●	●					无润滑铣削

●待解决的问题   ↑提高切削数值   ↓降低切削数值

采用分度头分度

直接分度

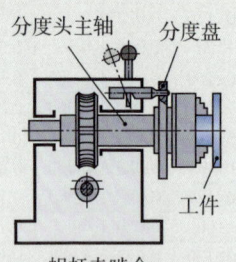

分度头主轴   分度盘   工件   蜗杆未啮合

直接分度时，分度头主轴与分度盘和工件按所需分度距旋转。这时的涡轮与蜗杆没有啮合。
T 分度数
a 角分度
n_L 分度盘孔数
n_1 分度距；待分度的孔间距数量

分度距

$$n_1 = \frac{n_L}{T}$$

$$n_1 = \frac{\alpha \cdot n_L}{360°}$$

举例：

$$n_L = 24 ; T = 8 ; n_1 = ? \qquad n_1 = \frac{n_L}{T} = \frac{24}{8} = 3$$

间接分度

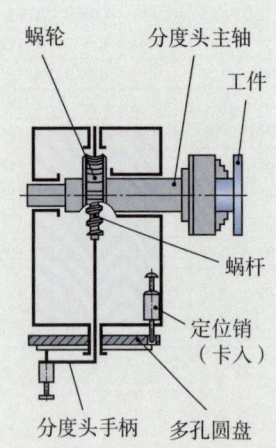

蜗轮   分度头主轴   工件   蜗杆   定位销（卡入） 分度头手柄   多孔圆盘

间接分度时，蜗轮驱动蜗杆带动分度头主轴运转。
T 分度数
α 角分度
i 分度头传动比
n_k 分度距；分度头手柄为一个分度所旋转的圈数。

分度距

$$n_k = \frac{i}{T}$$

$$n_k = \frac{i \cdot \alpha}{360°}$$

举例1：

$$T = 68 ; i = 40 ; n_k = ? \qquad n_k = \frac{i}{T} = \frac{40}{68} = \frac{10}{17}$$

举例2：

$$a = 37.2°; i = 40; n_k = ?$$

$$n_k = \frac{i \cdot \alpha}{360°} = \frac{40 \cdot 37.2°}{360°} = \frac{37.2}{9} = \frac{186}{9 \cdot 5} = 4\frac{2}{15}$$

多孔圆盘的孔数					
15	16	17	18	19	20
21	23	27	29	31	33
37	39	41	43	47	49
或					
17	19	23	24	26	27
28	29	30	31	33	37
39	41	42	43	47	49
51	53	57	59	61	63

铣削的力和功率

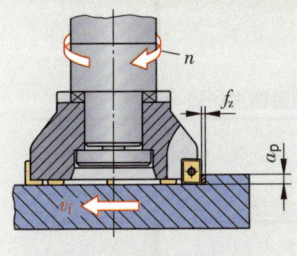

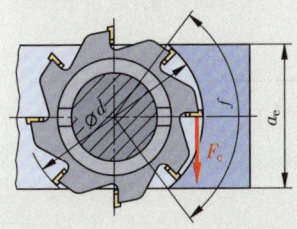

F_c 每刃切削力（N）
A 每刃切削横截面积（mm^2）
a_p 切削深度（mm）
a_e 切削宽度（铣刀宽度）
f_z 每齿进给量（mm）
h 平均切削厚度（mm）
d 铣刀直径（mm）
v_c 切削速度（m/min）
v_f 进给速度（m/min）
z 铣刀切削刃数量
z_e 切入工件的切削刃数量
φ 切入角（°）
k_c 单位切削力（N/mm^2），（参见 305 页）
$k_{c1.1}$ $h=1mm$ 和 $b=1mm$ 时的单位切削力基本值（N/mm^2），（参见 305 页）
m_c 材料常数（参见 305 页）
C_1 切削刃材料修正系数
C_2 切削刃磨损修正系数
P_c 切削功率（kW）
P_1 机床驱动功率（kW）
η 铣床效率

进给速度

$$v_f = z \cdot f_z \cdot n$$

平均切削厚度

用于 $d/a_e = (1.2..1.6)$ [1]

$$h \approx f_z$$

单位切削力

$$k_c = \frac{k_{c1.1}}{h^{m_c}}$$

每刃切削横截面

$$A = a_p \cdot f_z$$

每刃切削力 [2]

$$F_c = k_c \cdot A \cdot C_1 \cdot C_2$$

切入的切削刃数量

$$z_e = z \cdot \frac{\varphi}{360°}$$

切削功率

$$P_c = z_e \cdot F_c \cdot v_c$$

驱动功率

$$P_1 = \frac{P_c}{\eta}$$

举例：

材料 16MnCr5；加硬质合金可转位刀片的 90° 端面铣刀；有刀具切削刃磨钝；$D=0.12$ mm；$z=8$；$a_e=120$ mm，$a_p=6$ mm；$f_z=0.12$ mm；$v_c=165$ m/min，$\eta=0.8$

求：h；$k_{c1.1}$，m_c；k_c；A；C_1；C_2；F_c；φ；z_e；P_c；P_1

解题 1：

$$\frac{d}{a_e} = \frac{180\,mm}{120\,mm} = 1.5; h \approx f_z; h \approx 0.12\,mm$$

$$k_{c1.1} = 2100\,\frac{N}{mm^2}; m_c = 0.26$$

$$k_c = \frac{k_{c1.1}}{h^{m_c}} = \frac{2100\,\frac{N}{mm^2}}{0.12^{0.26}} = 3644.4\,\frac{N}{mm^2}$$

（k_c 查 305 页表：$h_m=0.12$mm，取整 $=0.10$mm 表值：$k_c=3821$ N/mm^2）

$A = a_p \cdot f_z = 6$ mm · 0.12 mm $=0.72$ mm^2 $C_1=1.0$；$C_2=1.3$

$$F_c = k_c \cdot A \cdot C_1 \cdot C_2 = 3644.4\,\frac{N}{mm^2} \cdot 0.72\,mm^2 \cdot 1.0 \cdot 1.3 = 3411.2\,N$$

$$\frac{d}{a_e} = \frac{180\,mm}{120\,mm} = 1.5; \varphi = 83° (见下表)$$

$$z_e = z \cdot \frac{\varphi}{360°} = 8 \cdot \frac{83°}{360°} = 1.84$$

$$P_c = z_e \cdot F_c \cdot v_c = 1.84 \cdot 3411.2\,N \cdot \frac{165\,m}{60\,s} = 17260.7\,\frac{N \cdot m}{s} = 17.3\,kW$$

$$P_1 = \frac{P_c}{\eta} = \frac{17.3\,kW}{0.8} = 21.6\,kW$$

切削材料修正系数 C_1	
切削材料	C_1
高速切削钢	1.2
硬质合金	1.0
切削陶瓷	0.9

切削刃磨损的修正系数 C_2	
切削刃	C_2
有磨钝	1.3
无磨钝	1.0

切入角 φ									
d/a_e	1.20	1.25	1.30	1.35	1.40	1.45	1.50	1.55	1.60
φ in°	113	106	100	96	91	87	83	80	77

[1] 为获取有利的切削条件，应选用铣刀直径 $d/a_e = (1.2..1.6)$ 范围内的铣刀。
[2] 简化：切削速度 v_c 和切削材料对切削力的影响可考虑采用总修正系数 C_1。可忽略不计切削前角和其他影响因素（例如排屑槽，涂层等）。

铣削的主有效时间

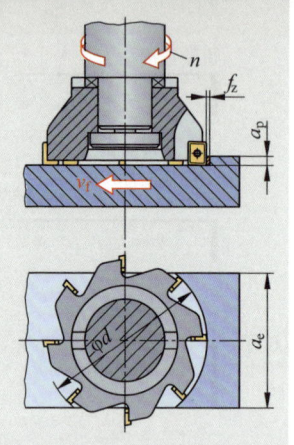

t_h	有效时间
l	工件长度
a_p	切削深度
a_e	切削宽度（铣刀宽度）
l_a	（吃刀前）接近行程
l_u	（驶离工件）空转行程
l_s	切削部分
L	进给行程
d	铣刀直径
n	转速
f	每圈进给量
f_z	每齿进给量
z	铣刀切削刃数量
v_c	切削速度
v_f	进给速度
i	切削次数

主有效时间

$$t_h = \frac{L \cdot i}{n \cdot f} \qquad t_h = \frac{L \cdot i}{v_f}$$

铣刀每圈进给量

$$f = f_z \cdot z$$

进给速度

$$v_f = n \cdot f \qquad v_f = n \cdot f_z \cdot z$$

转速

$$n = \frac{v_c}{\pi \cdot d}$$

与切削方法相关的进给行程 L 和切削部分 l_s

平铣			端面平铣
位于中心	偏离中心		
	$a_e > 0.5 \cdot d$	$a_e < 0.5 \cdot d$	

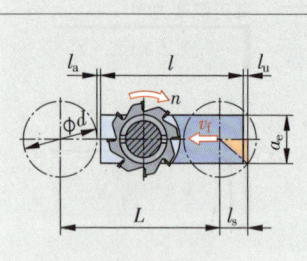
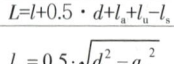
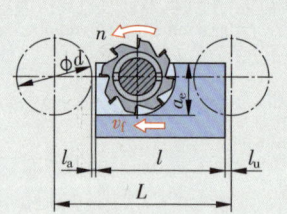
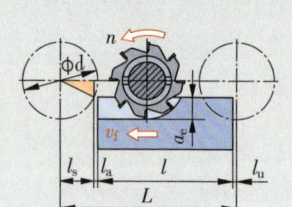

位于中心	偏离中心 $a_e>0.5\cdot d$	偏离中心 $a_e<0.5\cdot d$
$L = l + 0.5 \cdot d + l_a + l_u - l_s$	$L = l + 0.5 \cdot d + l_a + l_u$	$L = l + l_a + l_u + l_s$
$l_s = 0.5 \cdot \sqrt{d^2 - a_e^2}$		$l_s = \sqrt{a_e \cdot d - a_e^2}$

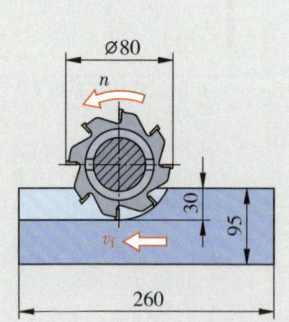

举例：

平铣（见左边图），$z=10$，$f_z=0.08$mm，
$v_c=30$ m/min，$l_a = l_u = 1.5$mm，$i=1$ 次切削
求：n；v_f；L；t_h
解：

$$n = \frac{v_c}{\pi \cdot d} = \frac{30 \frac{m}{min}}{\pi \cdot 0.08\,m} = 119 \frac{1}{min}$$

$$v_f = n \cdot f_z \cdot z = 119 \frac{1}{min} \cdot 0.08\,mm \cdot 10 = 95.2 \frac{mm}{min}$$

$$\frac{a_e}{d} = \frac{30\,mm}{80\,mm} = 0.375m, 由此导出 a_e < 0.5 \cdot d$$

$$L = l + l_a + l_u + l_s;$$

$$l_s = \sqrt{a_e \cdot d - a_e^2} = \sqrt{30\,mm \cdot 80\,mm - (30\,mm)^2} = 38.7\,mm$$

$$L = 260\,mm + 1.5\,mm + 1.5\,mm + 38.7\,mm = 301.7\,mm$$

$$t_h = \frac{L \cdot i}{v_f} = \frac{301.7\,mm \cdot 1}{95.2 \frac{mm}{min}} = 3.2\,min$$

钻孔，沉孔，铰孔

钻孔（摘选）

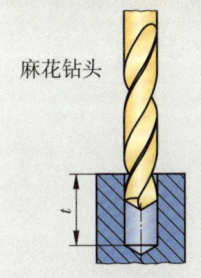

麻花钻头

选择标准	麻花钻头		硬质合金可转位刀片钻头
钻头材料	高速切削钢 HSS	整体硬质合金 VHM	
钻头直径	约 2...20mm	约 4...20mm	12...60mm
钻孔深度 t	$(2...10) \cdot d$	$(2...12) \cdot d$	$(2...4) \cdot d$
钻孔公差	IT10	IT8	± 0.1 mm
性能	标准钻头，低切削值，切削刃需冷却，低耐磨强度，成本低廉	高刚性，定中心性能好，比 HSS 的切削值高，切屑导出良好，刀具耐用度更高，也可用于淬火钢	刀具几何形状和刀具长度恒定不变，有利于选择切削材料，不用重磨

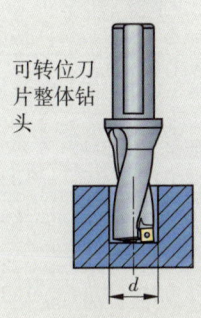

可转位刀片整体钻头

涂层	涂层类型	应用		
	TiN	高合金钢、易切削钢、调质钢、结构钢、不锈钢、铸铁、铸铝合金		
	AlN	高合金钢、不锈钢		
	无涂层	铝塑性合金、铜锌合金		

冷却润滑	**外部导入冷却润滑剂** 用于切屑形成良好，孔不深时 **内部导入冷却润滑剂** 推荐用于避免切屑堵塞，用于孔深 $t > 3 \cdot d$ 和 / 或压力 $p > 10$ bar 时

丝攻（摘选）

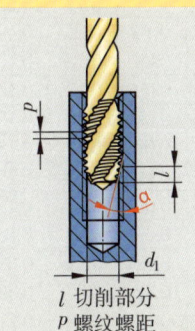

加工步骤	·打底孔（参见 210 页） ·用 90° 锪孔钻头扩孔 ·用手动攻丝套件（多件套）或用机用丝攻攻丝

丝攻，使用范围（摘选）

切削部分 l	槽形	G[1]	说明，材料
约 $4.5 \cdot P$	线性	A	拔荒，中长至长切屑材料
约 $2.5 \cdot P$	线性	B	也用于 A 型，短切屑材料
约 $4.5 \cdot P$	线性	B	长螺纹收尾
	螺旋槽形	A	用于切屑向下导出良好的左螺旋
		B	用于切屑向上导出良好的右螺旋

l 切削部分
P 螺纹螺距

[1] 螺纹形状：A 通孔螺纹，B 盲孔螺纹。

铰孔（摘选）

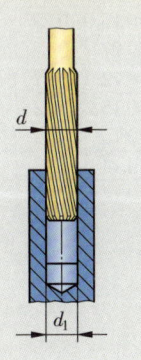

加工步骤	·打底孔（参见 339 页铰孔余量） ·用手工铰刀，机用铰刀，可调式铰刀或圆锥铰刀等铰孔

槽形	槽形	应用
	线性	无中断的孔，一直铰至底部的盲孔，脆硬材料，例如 $R_m > 700$ N/mm² 的钢、铸铁、铜锌合金
	左螺旋 < 15°	更好的表面质量，有切削中断的孔，例如槽和横孔，用于通孔
	左螺旋 ≈ 45°	拔荒铰孔，与左螺旋作用相似，用于软材料的大进给量
	公差等级	铰孔的公差等级最高可达 IT6，例如 H6。

钻孔切削数据

麻花钻头，钻头类型，角度

螺旋角 / 刀尖角

类型[1]	应用	螺旋角 γ[2]	刀尖角 α[3]
N	通用型，用于 $R_m \approx 1000\ N/mm^2$ 的材料，例如结构钢、渗碳钢和调质钢	19°...40°	118°
H	用于脆和短切屑有色金属材料和塑料的钻孔，例如铜锌合金和PMMA（有机玻璃）	10°...19°	118°
W	用于软和长切屑有色金属材料和塑料的钻孔，例如铝合金、镁合金、PA（聚酰胺）和PVC（聚氯乙烯）	27°...47°	130°

[1] 高速切削钢（HSS）刀具用途组按 DIN 1836。
[2] 与直径和螺距相关。
[3] 标准结构。

高速切削钢（HSS）和硬质合金麻花钻头（均已涂层）的钻孔标准值

材料组[1]	工件材料	抗拉强度 R_m N/mm² 或硬度 HB[3]	切削速度 v_c[2)4)] m/min 麻花钻头 HSS 涂层	麻花钻头 硬质合金 涂层	2	5	8	12	16
					HSS 和硬质合金钻头的进给量 f, mm/圈				
P	结构钢	$R_m \le 500$	38-**50**-63	70-**85**-100	0.05	0.13	0.22	0.27	0.32
		$R_m > 500$	31-**37**-44	70-**85**-100	0.05	0.13	0.22	0.27	0.32
	易切削钢	$R_m \le 550$	31-**37**-44	70-**85**-100	0.05	0.13	0.22	0.27	0.32
		$R_m > 550$	25-**31**-38	60-**75**-85	0.03	0.08	0.11	0.17	0.22
	渗碳钢，非合金	$R_m \le 550$	31-**37**-44	70-**85**-100	0.03	0.08	0.11	0.17	0.22
	渗碳钢，合金	$R_m \le 750$	19-**22**-25	60-**75**-85	0.02	0.05	0.09	0.13	0.15
		$R_m > 750$	10-**12**-15	50-**65**-80	0.02	0.05	0.09	0.13	0.15
	调质钢，非合金	$R_m \le 650$	31-**37**-44	70-**85**-100	0.03	0.08	0.11	0.17	0.22
		$R_m > 650$	25-**27**-31	60-**75**-85	0.02	0.06	0.10	0.15	0.19
	调质钢，合金	$R_m \le 750$	19-**21**-25	60-**75**-85	0.02	0.05	0.09	0.13	0.15
		$R_m > 750$	10-**12**-15	50-**65**-80	0.02	0.05	0.09	0.13	0.15
	工具钢	$R_m \le 750$	13-**16**-19	60-**75**-85	0.02	0.05	0.09	0.13	0.15
		$R_m > 750$	10-**12**-15	40-**55**-70	0.02	0.05	0.09	0.13	0.15
M	不锈钢 奥氏体	$R_m \le 680$	13-**19**-25	30-**40**-50	0.02	0.05	0.09	0.13	0.15
	不锈钢 奥氏体	$R_m > 680$	10-**15**-19	25-**35**-45	0.02	0.05	0.09	0.13	0.15
	不锈钢 马氏体	$R_m > 500$	8-**10**-13	25-**30**-35	0.02	0.05	0.09	0.13	0.15
K	片状石墨铸铁	≤ 200 HB	25-**31**-38	80-**105**-130	0.05	0.13	0.22	0.27	0.32
	球状石墨铸铁	≤ 250 HB	31-**37**-44	70-**85**-100	0.05	0.13	0.22	0.27	0.32
		> 250 HB	23-**25**-28	70-**85**-100	0.04	0.11	0.17	0.22	0.27
N	铝–塑性合金	$R_m \le 350$	50-**87**-125	180-**240**-300	0.05	0.15	0.19	0.24	0.32
	铝合金，短切屑	$R_m \le 700$	38-**56**-75	120-**170**-230	0.05	0.15	0.19	0.24	0.32
	铸铝合金	–	38-**50**-63	120-**170**-230	0.03	0.09	0.15	0.22	0.27
	铜锌合金 短切屑	$R_m \le 600$	75-**100**-125	120-**170**-230	0.09	0.19	0.27	0.32	0.28
	铜锌合金 长切屑	$R_m \le 600$	44-**56**-75	120-**170**-230	0.05	0.16	0.22	0.27	0.28
	铜锡合金 短切屑	$R_m \le 600$	31-**50**-63	120-**170**-230	0.05	0.09	0.15	0.22	0.27
	铜锡合金 长切屑	$R_m \le 850$	19-**29**-44	90-**135**-180	0.05	0.09	0.15	0.22	0.27
	热塑性塑料	–	20-**30**-40	–	0.05	0.08	0.14	0.20	0.25
	热固性塑料	–	10-**15**-20	–	0.05	0.08	0.14	0.20	0.25

[1] 切削材料组按 DIN 513，309 页；适用于硬质切削材料，如硬质合金。
[2] **切削速度选择标准**：（加工条件的解释参见 316 页）。
· v_c 的**粗体字**数值用作**初始值**（"普通"加工条件）
· "**不利**"加工条件时 v_c 值宜选更小直至低限值。
· "**有利**"加工条件时 v_c 值宜选更大直至高限值。
[3] 硬度数值和抗拉强度数值的换算表参见 205 页，供货状态硬度值始自 137 页。
[4] 未涂层刀具为 70%。

扩孔，沉孔，铰孔的切削数据

采用高速切削钢（HSS）和硬质合金钻头数控定心钻的定心孔 / 沉孔标准值

	材料组	抗拉强度 R_m N/mm² 或硬度 HB[4]	切削速度 v_c[2] m/min 定心钻头 HSS 涂层	定心钻头 硬质合金 涂层	数控钻头直径 d mm 4	6	10	16	20
					HSS 和硬质合金[5] 定心钻头的进给量 f, mm/圈				
P	结构钢	$R_m \leq 500$	38-50-63	80-90-100	0.08	0.11	0.14	0.14	0.14
	结构钢	$R_m > 500$	31-37-44	60-80-90	0.08	0.11	0.14	0.14	0.14
	渗碳钢 非合金	$R_m \leq 750$	25-30-35	60-80-90	0.07	0.10	0.12	0.12	0.12
	渗碳钢 合金	$R_m > 950$	19-22-25	50-65-70	0.07	0.10	0.12	0.12	0.12
	调质钢 非合金	$R_m \leq 670$	31-37-44	60-80-90	0.08	0.11	0.14	0.14	0.14
	调质钢 合金	$R_m \leq 950$	19-21-25	45-55-65	0.06	0.09	0.12	0.12	0.12
	工具钢	$R_m \leq 800$	13-16-19	50-60-65	0.06	0.10	0.12	0.12	0.12
M	不锈钢 奥氏体	$R_m \leq 700$	13-19-25	20-25-30	0.05	0.06	0.06	0.06	0.06
		$R_m = 700...850$	10-15-19	20-25-30	0.05	0.06	0.06	0.06	0.06
	马氏体	$R_m \leq 1100$	7-10-13	25-35-45	0.05	0.06	0.06	0.06	0.06
K	片状石墨铸铁	≤ 250 HB	25-31-38	80-90-100	0.08	0.11	0.12	0.12	0.12
		> 250 HB	25-31-38	80-90-100	0.07	0.10	0.11	0.11	0.11
N	铝 - 塑性合金	$R_m \leq 350$	50-87-125	220-260-300	0.03	0.04	0.07	0.07	0.07
	铜锌合金 短切屑	$R_m \leq 600$	75-100-125	180-200-240	0.02	0.03	0.06	0.06	0.06
	铜锌合金 长切屑	$R_m \leq 600$	44-56-75	150-180-200	0.02	0.03	0.06	0.06	0.06
	铜锡合金 短切屑	$R_m \leq 600$	31-50-63	130-140-160	0.02	0.03	0.06	0.06	0.06
	铜锡合金 长切屑	$R_m \leq 850$	19-29-44	110-130-150	0.02	0.03	0.06	0.06	0.06

高速切削钢（HSS）铰刀和硬质合金切削刃铰刀铰孔标准值

	材料组	抗拉强度 R_m N/mm² 或硬度 HB[4]	切削速度 v_c[2] m/min HSS 铰刀 涂层	硬质合金铰刀 涂层	铰刀直径 d mm 5	8	10	15	20
					硬质合金铰刀[5] 的进给量 f, mm/圈				
P	结构钢	$R_m \leq 500$	10-11-12	30-35-38	0.15	0.18	0.20	0.25	0.30
	结构钢	$R_m > 500$	6-7-8	25-30-35	0.15	0.18	0.20	0.25	0.30
	渗碳钢 非合金	$R_m \leq 750$	6-7-8	20-25-30	0.15	0.18	0.20	0.25	0.30
	渗碳钢 合金	$R_m > 950$	4-5-6	12-15-18	0.15	0.18	0.20	0.25	0.30
	调质钢 非合金	$R_m \leq 670$	8-9-10	25-30-35	0.15	0.18	0.20	0.25	0.30
	调质钢 合金	$R_m \leq 950$	3-4-5	12-15-18	0.15	0.18	0.20	0.25	0.30
	工具钢	$R_m \leq 800$	6-7-8	15-20-25	0.15	0.18	0.20	0.25	0.30
M	不锈钢 奥氏体	$R_m \leq 700$	6-7-8	12-15-18	0.15	0.18	0.20	0.25	0.30
		$R_m = 700...850$	4-5-6	12-15-18	0.15	0.18	0.20	0.25	0.30
	马氏体	$R_m \leq 1100$	4-5-6	10-12-15	0.12	0.15	0.15	0.18	0.20
K	片状石墨铸铁	≤ 250 HB	8-9-10	10-12-15	0.15	0.18	0.20	0.25	0.30
		> 250 HB	4-5-6	8-10-12	0.12	0.15	0.20	0.30	0.30
N	铝 - 塑性合金	$R_m \leq 350$	15-18-20	20-25-30	0.20	0.26	0.30	0.35	0.40
	铝合金，短切屑	$R_m \leq 700$	10-11-12	15-20-30	0.20	0.26	0.30	0.35	0.40
	铜锌合金 短切屑	$R_m \leq 600$	12-13-14	20-25-30	0.20	0.26	0.30	0.35	0.40
	铜锌合金 长切屑	$R_m \leq 600$	10-11-12	20-25-30	0.20	0.26	0.30	0.35	0.40
	铜锡合金 短切屑	$R_m \leq 600$	12-13-14	20-25-30	0.20	0.26	0.30	0.35	0.40
	铜锡合金 长切屑	$R_m \leq 850$	10-11-12	15-20-25	0.20	0.26	0.30	0.35	0.40

[1] 钢材料的铰孔余量：$d < 20$ mm:0.2 mm，$d > 20$ mm:0.3 mm。
有色金属合金材料的铰孔余量：$d < 20$ mm:0.3 mm，$d > 20$ mm:0.4 mm。
[2] 切削速度选择标准参见 338 页。
[3] 切削材料组按 DIN 513，参见 309 页；仅适用于硬质切削材料，如硬质合金。
[4] 硬度数值和抗拉强度数值的换算表参见 205 页，供货状态硬度值始自 137 页。
[5] 切削钢材料时，HSS 铰刀和 HSS 定心钻头的进给数值约减 1/3。

钻孔（举例），沉孔切削数据

钻孔应用举例

n 转速（1/min） f 进给量（mm）
v_c 切削速度（m/min） v_f 进给速度（mm/min）

举例：

硬质合金钻头，涂层，钻头直径 d=12 mm
材料：42CrMo4+A（球化退火）
求：切削数据 n, f, v_f, v_c
解：42CrMo4+A→调质钢，合金，供货状态硬度 HBW=241（参见 138 页）
    → R_m=770 N/mm^2（参见 205 页）
    切削数据（参见 236 页）：v_c=65 m/min（初始值），f=0.13 mm

$$n = \frac{v_c}{\pi \cdot d} = \frac{65\,\frac{m}{min} \cdot \frac{1000\,mm}{m}}{\pi \cdot 12\,mm} = 1724\,\frac{1}{min}$$

$$v_f = f \cdot n = 0.13\,mm \cdot 1724\,\frac{1}{min} = 224.1\,\frac{mm}{min}$$

转速

$$n = \frac{v_c}{\pi \cdot d}$$

进给速度

$$v_f = f \cdot n$$

锥形锪钻标准值（摘选）

材料组		抗拉强度[1] R_m N/mm^2 或硬度 HB	高速切削钢（HSS）锪钻的切削速度[2] v_c, m/min		下列锪钻直径 d（mm）的进给量 f（mm）				
			未涂层	涂层	6	10	16	20	25
结构钢		$R_m < 500$	26–**28**–30	31–**34**–36	0.09	0.12	0.14	0.16	0.20
		$R_m > 500$	25–**27**–28	30–**32**–36	0.08	0.10	0.12	0.14	0.18
易切削钢		$R_m \leq 800$	25–**27**–28	30–**32**–36	0.08	0.10	0.12	0.14	0.18
		$R_m > 800$	18–**22**–25	22–**26**–30	0.06	0.08	0.10	0.12	0.14
渗碳钢	非合金	$R_m \leq 750$	25–**27**–28	30–**32**–34	0.08	0.10	0.12	0.14	0.18
	合金	$R_m \leq 980$	18–**22**–25	21–**26**–30	0.06	0.08	0.10	0.12	0.14
		$R_m > 980$	6–**8**–10	7–**10**–12	0.04	0.05	0.07	0.08	0.10
调质钢	非合金	$R_m \leq 1030$	25–**27**–28	30–**32**–34	0.08	0.10	0.12	0.14	0.18
		$R_m = 1030...1150$	18–**22**–25	22–**26**–30	0.08	0.10	0.12	0.14	0.18
	合金	$R_m = 850...980$	18–**22**–25	22–**26**–30	0.06	0.08	0.10	0.12	0.14
		$R_m = 1030...1200$	6–**8**–10	7–**10**–12	0.06	0.08	0.10	0.12	0.14
工具钢		$R_m \leq 850$	18–**22**–25	22–**26**–30	0.06	0.08	0.10	0.12	0.14
		$R_m > 850...1100$	6–**8**–10	7–**10**–12	0.04	0.05	0.07	0.08	0.10
不锈钢	奥氏体	$R_m < 850$	4–**7**–10	5–**9**–12	0.05	0.06	0.07	0.08	0.09
	马氏体	$R_m < 1100$	4–**7**–10	5–**9**–12	0.05	0.06	0.07	0.08	0.09
片状石墨铸铁		< 190 HB	11–**16**–20	15–**20**–24	0.10	0.12	0.16	0.20	0.25
球状石墨铸铁		≤ 260 HB	9–**12**–15	11–**14**–18	0.07	0.08	0.12	0.16	0.20
		> 260 HB	9–**12**–15	11–**14**–18	0.07	0.08	0.12	0.16	0.20
铝塑性合金		$R_m < 350$	50–**70**–90	60–**65**–110	0.12	0.14	0.18	0.22	0.26
铸铝合金		–	10–**20**–30	15–**30**–35	0.10	0.12	0.14	0.18	0.22
铜锌合金	短切屑	$R_m < 600$	50–**65**–80	60–**70**–90	0.12	0.14	0.14	0.20	0.24
	长切屑	$R_m < 600$	30–**40**–50	35–**50**–60	0.12	0.14	0.18	0.20	0.24
铜锡合金	短切屑	$R_m < 600$	50–**65**–80	60–**70**–90	0.12	0.14	0.14	0.20	0.24
	长切屑	$R_m < 850$	30–**40**–50	35–**50**–60	0.12	0.14	0.18	0.20	0.24
热塑性塑料		–	10–**30**–50	10–**30**–50	0.12	0.14	0.18	0.20	0.24
热固性塑料		–	10–**35**–60	10–**35**–60	0.12	0.14	0.18	0.20	0.24

[1] 硬度数值和抗拉强度数值的换算表参见 205 页，供货状态硬度值始自 137 页。
[2] **粗体字数值**用作切削速度**初始值**（"普通"加工条件）。

攻丝的切削数据，力和功率

高速切削钢和硬质合金[1] 丝攻的攻丝标准值

[3]			抗拉强度 R_m N/mm² 或硬度 HB[4]	切削速度[2] v_c m/min		润滑剂
	材料组			高速切削钢 未涂层	硬质合金 未涂层	
P	结构钢		$R_m \leq 500$	14–15–16	30–40–50	乳化剂
			$R_m > 500$	10–11–12	28–35–42	乳化剂
	渗碳钢 调质钢	非合金	$R_m \leq 750$	8–12–15	28–35–42	乳化剂
		合金	$R_m > 950$	6–9–12	25–30–35	乳化剂
K	铸铁	片状石墨	≤ 180 HB	12–14–16	20–25–30	油
		> 180 HB	6–8–10	20–25–30	油
		球状石墨	≤ 250 HB	10–12–14	10–15–20	油
N	铝塑性合金		$R_m \leq 300$	12–16–20	40–50–60	乳化剂
	铜合金，短切屑		$R_m \leq 600$	14–16–18	25–30–35	乳化剂
	铜锌合金，长切屑		$R_m \leq 600$	10–12–14	25–30–35	乳化剂
	铜锡合金，长切屑		$R_m \leq 850$	8–10–12	25–30–35	乳化剂

[1] 螺纹底孔钻头直径参见 210 页。[2] 切削速度选择标准参见 241 页。
[3] 切削材料组按 DIN 513，参见 309 页；仅适用于硬质切削材料，如硬质合金。
[4] 硬度数值和抗拉强度数值的换算表参见 205 页，供货状态硬度值始自 137 页。

钻孔的力和功率

麻花钻头钻孔

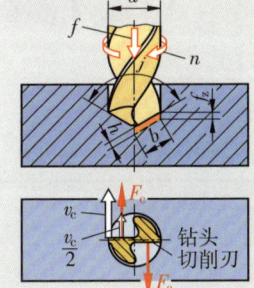

F_c	每刃切削力（N）
z	切削刃数量（麻花钻头 z=2）
A	每刃切削横截面（mm²）
d	钻头直径（mm）
f	每圈进给量（mm）
f_z	每刃进给量（mm）
σ	刀尖角（°）
h	切削厚度（mm）
C_1, C_2	修正系数（参见右下表）
v_c	切削速度（m/min）
k_c	单位切削力（N/mm²）
$k_{c1.1}$	单位切削力基本值（N/mm²）
P_c	切削功率（kW）
P_1	机床驱动功率（kW）
η	机床效率
m_c	材料常数（参见 305 页）

每刃切削横截面
$$A = \frac{d \cdot f}{4}$$

单位切削力
$$k_c = \frac{k_{c1.1}}{h^{m_c}}$$

每刃单位切削力
$$F_c = k_c \cdot A \cdot C_1 \cdot C_2$$

切削厚度
$$h = \frac{f}{2} \cdot \sin \frac{\sigma}{2}$$

切削功率
$$P_c = \frac{z \cdot F_c \cdot v_c}{2}$$

驱动功率
$$P_1 = \frac{P_c}{\eta}$$

举例：

材料 42CrMo4，高速切削钢麻花钻头 $\sigma = 118°$，刀具切削刃有磨钝，钻头直径 $d=16$ mm，$v_c=17$ m/min，$f=0.14$mm
求： h；$k_{c1.1}$；m_c；k_c；A；C_1；C_2；F_c；P_c
解：

$h = \dfrac{f}{2} \cdot \sin \dfrac{\sigma}{2} = \dfrac{0.14 \text{ mm}}{2} \cdot \sin 59° = 0.06$ mm（参见 305 页表）；

$k_{c1.1} = 2500$ N/mm²；$m_c = 0.26$

$k_c = \dfrac{k_{c1.1}}{h^{m_c}} = \dfrac{2500 \text{ N/mm}^2}{0.06^{0.26}} = 5195$ N/mm²

$A = \dfrac{d \cdot f}{4} = \dfrac{16 \text{ mm} \cdot 0.14 \text{ mm}}{4} = 0.56$ mm²

$C_1 = 1.2$；$C_2 = 1.3$（见 C_1 和 C_2 修正系数表）

$F_c = k_c \cdot A \cdot C_1 \cdot C_2 = 5195$ N/mm² $\cdot 0.56$ mm² $\cdot 1.2 \cdot 1.3 = 4538$ N

$P_c = \dfrac{z \cdot F_c \cdot v_c}{2} = \dfrac{2 \cdot 4538 \text{ N} \cdot 17 \text{ m}}{60 \text{ s} \cdot 2} = 1286 = \dfrac{\text{N} \cdot \text{m}}{\text{s}} = 1286$ W $= 1.3$ kW

切削材料修正系数 C_1

切削材料	C_1
高速切削钢	1.2
硬质合金	1.0

切削刃磨损的修正系数 C_2

切削刃	C_2
有磨钝	1.3
无磨钝	1.0

[1] 简化：切削速度 v_c 和切削材料对切削力的影响可考虑采用总修正系数 C_1。切削刃状态可考虑用修正系数 C_2。其他影响因素不予考虑。

钻孔，主有效时间，问题

钻孔，沉孔和铰孔的主有效时间

t_h 主有效时间　　　　　L 进给行程
d 刀具长度　　　　　　f 每圈进给量
l 孔深　　　　　　　　n 转速
l_a（吃刀前）接近行程　v_c 切削速度
l_u（驶离工件）空转行程　i 切削次数
l_s 切削部分　　　　　　$σ$ 刀尖角

切削部分 l_s	
$σ$	l_s
80°	$0.6 \cdot d$
118°	$0.3 \cdot d$
130°	$0.23 \cdot d$
140°	$0.18 \cdot d$

主有效时间

$$t_h = \frac{L \cdot i}{n \cdot f}$$

转速

$$n = \frac{v_c}{\pi \cdot d}$$

计算进给行程 L

钻孔和铰孔的进给行程

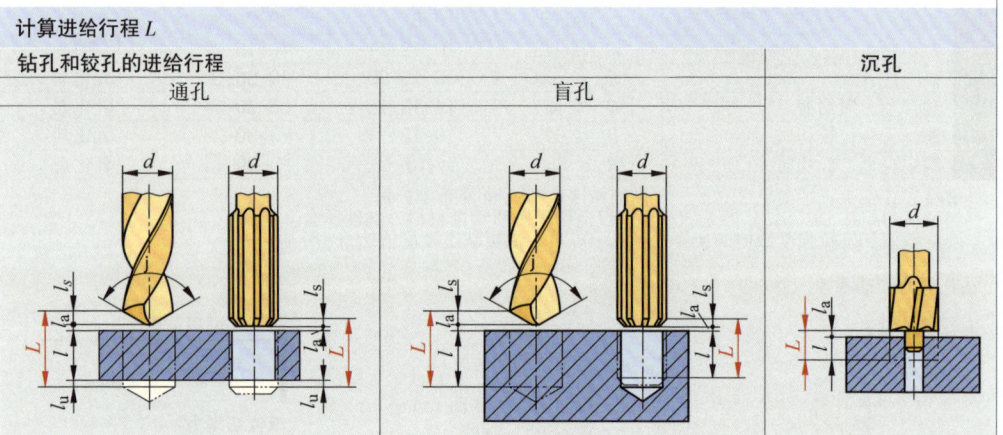

通孔	盲孔	沉孔
$L=l+l_s+l_a+l_u$	$L=l+l_s+l_a$	$L=l+l_a$

举例：

盲孔直径 d=30 mm；
l=90 mm；f=0.15 mm；
n=450/min；i=15（15 Bohrungen）；l_a=1 mm；
$σ$=130°；L = ？；t_h = ？

$L = l + l_s + l_a = 90\,mm + 0.23 \cdot 30\,mm + 1\,mm = 98\,mm$

$t_h = \dfrac{L \cdot i}{n \cdot f} = \dfrac{98\,mm \cdot 15}{450\,\frac{1}{min} \cdot 0.15\,mm} = 21.78\,min$

钻孔问题及其帮助

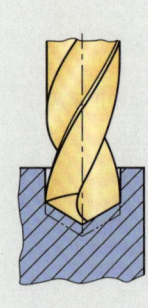

问题	消除问题可能采取的措施
主切削刃磨损	加大后角；降低进给量 f 和切削速度 v_c；增加钻头重磨次数
横刃磨损	加大钻头中心区后角；降低进给量 f 和钻头伸出长度
导向刃带磨损	降低钻头伸出长度；增加钻头对称重磨次数；使用锥度更大的钻头
主切削刃断裂	降低后角、钻头伸出长度和进给量 f，使用导向刃带更小的钻头
钻头尖断裂	降低进给量 f 和切削速度 v_c 和导向刃带宽度；增加钻头重磨次数
钻孔尺寸过大	降低钻头伸出长度；对称重磨钻头
导屑槽切屑堵塞	加大进给量 f 和冷却润滑剂输入量，降低切削速度 v_c
孔出口处形成毛刺	降低进给量 f
钻头耐用度过低	提高冷却润滑剂输入量，降低钻头伸出长度，检查切削数值和硬质合金种类
振动，振颤	加大进给量 f 和钻头伸出长度，检查切削数值

磨削

平面磨

v_c	切削速度
d_s	砂轮直径
n_s	砂轮转速
v_w	工件速度
v_f	进给速度
L	进给行程
n_H	行程次数
d_1	工件直径
n	工件转速
q	速度比

切削速度

$$v_c = \pi \cdot d_s \cdot n_s$$

工件速度

平面磨　　$v_w = L \cdot n_H$

纵向外圆磨　　$v_w = \pi \cdot d_1 \cdot n$

速度比

$$q = \frac{v_c}{v_w}$$

纵向外圆磨

举例：

$v_c = 30\ \text{m/s}; v_w = 20\ \text{m/min}; q = ?$

$$q = \frac{v_c}{v_w} = \frac{30\ \text{m/s} \cdot 60\ \text{s/min}}{20\ \text{m/min}} = \frac{1800\ \text{m/min}}{20\ \text{m/min}} = 90$$

切削速度 v_c，工件速度 v_w 和速度比 q 的标准值

材料	平面磨削						纵向外圆磨削					
	圆周磨削			端面磨削			外圆磨削			内圆磨削		
	v_c m/s	v_w m/min	q	v_c m/s	v_w m/min	q	v_c m/s	v_w m/min	q	v_c m/s	v_w m/min	q
钢	30	10...35	80	25	20...25	66	35	12...20	130	25	16...22	80
铸铁	25	10...35	70	25	20...30	60	25	10...18	110	25	20...25	65
硬质合金	10	4...6	120	8	4...6	95	8	4...6	95	8	6...10	60
铝合金	20	15...40	45	20	25...45	35	20	20...35	45	18	30...40	30
铜合金	25	15...40	55	20	20...40	40	30	15...25	90	25	25...35	50

天然刚玉或碳化硅砂轮磨削钢或铸铁的磨削数据

磨削方法	砂轮粒度	加工尺寸，mm	横向进给，mm	R_z ,mm
粗磨	0.5...0.2	14...36	0.1...0.02	25...6.3
精磨	0.2...0.02	46...60	0.02...0.005	6.3...2.5
细磨	0.02...0.01	80...220	0.005...0.003	2.5...1
	0.01...0.005	800...1200	0.003...0.001	1...0.4

磨具最高工作速度

参照 DIN EN 12413（2011−05）

砂轮形状（摘选）	磨床类型	控制方式[1]	下列结合剂[2]时的最高速度 v_c m/s							
			B	BF	E	MG	R	RF	PL	V
平形砂轮	固定安装	zg 或 hg	50	63	40	25	50		50	40
	手持砂轮机	全手动	50	80	–	–	50	80	50	–
分离平形砂轮	固定安装	zg 或 hg	80	100	63	–	63	80	–	–
	手持砂轮机	全手动	–	80	–	–	–	–	–	–

[1] zg 指强制控制：机械辅助装置控制进给量；hg 指人工控制：操作人员控制进给量；全手动指砂轮机完全由手动控制运行。
[2] 结合剂类型参见 344 页。

磨具[3] 应用限制（VE）

参照 BGV D12[4]（2001−10）

VE	含义	VE	含义
VE1	不允许用于全手动和人工控制磨削	VE6	不允许用于端面磨削
		VE7	不允许用于全手动磨削
VE2	不允许用于全手动分离磨削	VE8	不允许在无支撑盘时使用
VE3	不允许用于湿磨削	VE10	不允许用于干磨削
VE4	仅允许用于闭合工作范围	VE11	不允许用于全手动和人工控制的分离磨削
VE5	无抽吸时不允许使用		

[3] 如无限制，则该磨削刀具可用于所有应用形式。

允许最大圆周速度 ≥ 50m/s 的颜色条

参照 BGV D12[4]（2001−10）

颜色条	蓝色	黄色	红色	绿色	蓝＋黄色	蓝＋红色	蓝＋绿色
$v_{c\,max}$ m/s	50	63	80	100	125	140	160
颜色条	黄＋红色	黄＋绿色	红＋绿色	蓝＋蓝色	黄＋黄色	红＋红色	绿＋绿色
$v_{c\,max}$ m/s	180	200	225	250	280	320	360

[4] 职业协会规范。

磨料，结合剂

磨料
参照 DIN ISO 525 (2015–02)

符号	磨料	化学成分	努氏硬度	应用领域
A	棕刚玉	Al_2O_3+ 杂质	18 000	非合金未淬火钢、铸钢、可锻铸铁
A	白刚玉	结晶状 Al_2O_3	21 000	高和低合金钢、淬火钢、渗碳钢、工具钢、钛
Z	锆刚玉	Al_2O_3+ZrO_2	–	不锈钢
C	碳化硅	SiC+ 杂质	24 800	硬质材料：硬质合金、铸铁、高速切削钢、陶瓷、玻璃；软质材料：铜、铝、塑料
BK	碳化硼	结晶状 B_4C	47 000	研磨，硬质金属和淬火钢的抛光
CBN	氮化硼	结晶状 BN	60 000	高速切削钢、冷作和热作钢
D	金刚石	结晶状 C	70 000	硬质合金、铸铁、玻璃、陶瓷、石头、有色金属、不用于钢；砂轮修整

硬度
参照 DIN ISO 525 (2015–02)

名称	硬度	应用	名称	硬度	应用
特别软 很软	A B C D E F G	深磨和端面磨 硬质材料	硬 很硬 特别硬	P Q R S T U Y W X Y Z	外圆磨 软材料
软 中等	H I J K L M N O	传统金属磨削			

粒度
参照 DIN ISO 525 (2015–02)

已结合磨料的粒度名称

粒度范围	粗	中等	细	很细
粒度名称	F4, F5, F6, ..., F24	F30, F36, F40, ..., F60	F70, F80, F90, ..., F220	F230, ..., F2000
可达 R_s(μm)	≈ 10...5	≈ 5...2.5	≈ 2.5...10	≈ 1.0...0.4

组织
参照 DIN ISO 525 (2015–02)

标记数字　　0 1 2 3 4 5 6 7 8 9 10 11 12 13 14 等等，直至30

组织　　　闭合的（致密）　　　　　开放的（疏松）

结合剂
参照 DIN ISO 525 (2015–02) 和 VDI 3411 (2000–08)

符号	结合剂类型	性能	应用领域
B BF	人工树脂结合剂，纤维增强	致密和疏松，弹性，耐油，冷磨削	粗磨和分离磨，用金刚石和氮化硼做成型磨，高压磨
E	虫胶结合剂	对温度敏感，韧弹性，对冲击不敏感	锯和仿形磨，无心磨的标准砂轮
G	电离结合剂	通过突出的颗粒形成高切削能力	硬质合金内圆磨，手工磨
M	金属结合剂	致密和疏松，韧性，对压力和温度不敏感	用金刚石和氮化硼做成型磨和刀具磨锐，湿磨
MG	镁结合剂	软，弹性，对水敏感	干磨，刀具磨锐
PL	塑料结合剂	软，根据塑料种类的硬化程度呈现不同弹性	用塑料磨具做滑动打磨，精密磨削和抛光
R RF	橡胶结合剂，纤维增加	弹性，冷磨削，对油和温度敏感	分离磨削
V	陶瓷结合剂	疏松，脆，对水、油温度不敏感	用刚玉和碳化硅对钢作粗磨和精磨
→	砂轮 ISO 603– 1 1 N–300 x 50 x 76.2–A /F 36 L 5 V–50：1 型（平形砂轮 ），边缘形状 N，外径 300mm，宽度 50mm，孔径 76.2mm，磨料 A（棕刚玉或白刚玉 ），粒度 F36（中等 ），硬度 L（中等 ），组织 5，陶瓷结合剂（V ），最大圆周速度 50 m/s。		

砂轮的选择

砂轮（无金刚石和氮化硼）选用标准值

纵向外圆磨削

材料	磨料	拔荒		精磨，砂轮直径 最大至500mm		超过500mm		精磨	
		粒度	硬度	粒度	硬度	粒度	硬度	粒度	硬度
钢，未淬火	A	54	M...N	80	M...N	60	L...M	180	L...M
淬火钢，非合金和合金	A	46	L...M	80	K...L	60	J...K	240...500	H...N
钢，淬火，高合金	A, C	80	M...N	80	N...O	60	M...N	240...500	H...N
硬质合金，陶瓷	C	60	K	80	K	60	K	240...500	H...N
铸铁	A, C	60	L	80	L	60	L	100	M
有色金属，例如铝、铜、铜锌合金	C	46	K	60	K	60	K	–	–

内圆磨削

材料	磨料	最大至20		超过20至40		超过40至80		超过80	
		粒度	硬度	粒度	硬度	粒度	硬度	粒度	硬度
钢，未淬火	A	80	M	60	L...M	54	L...M	46	K
淬火钢，非合金和合金	A	80	K...L	120	M...N	80	M...N	80	L
钢，淬火，高合金	A, C	80	J...K	100	K	80	K	60	J
硬质合金，陶瓷	C	80	G	120	H	120	H	80	G
铸铁	A, C	80	L...M	80	K...L	60	M	46	M
有色金属，例如铝、铜、铜锌合金	C	80	I...J	120	K	60	J...K	54	J

圆周端面磨削

材料	磨料	碗形砂轮 $D < 300$ mm		平形砂轮 $D ≤ 300$ mm		$D > 300$ mm		砂瓦	
		粒度	硬度	粒度	硬度	粒度	硬度	粒度	硬度
钢，未淬火	A	46	J	46	J	36	J	24	J
淬火钢，非合金和合金	A	46	J	60	J	46	J	36	J
钢，淬火，高合金	A	46	H...J	60	I...J	46	I...J	36	I...J
硬质合金，陶瓷	C	46	J	60	J	60	J	46	J
铸铁	A, C	46	J	46	J	46	J	24	J
有色金属，例如铝、铜、铜锌合金	C	46	J	60	J	60	J	36	J

刀具磨锐

材料	磨料	平形砂轮 $D ≤ 225$ mm 粒度	$D > 225$ mm 粒度	硬度	碟形砂轮 $D ≤ 100$ mm 粒度	$D > 100$ mm 粒度	硬度	碗形砂轮 粒度	硬度
工具钢	A	80	60	M	80	60	M	46	K
高速切削钢	A	60	46	K	60	46	K	46	H
硬质合金	C	80	54	K	80	54	K	46	K

固定磨床分离磨削

材料	磨料	平形分离砂轮 v_c 最高至 80 m/s $D ≤ 200$ mm 粒度	硬度	$D > 200$ mm 粒度	硬度	平形分离砂轮 v_c 最高至100m/s $D ≤ 500$ mm 粒度	硬度	$D > 500$ mm 粒度	硬度
钢，未淬火	A	80	Q...R	46	Q...R	24	U	20	Q...R
铸铁	A	60	Q...R	46	Q...R	24	U...V	20	U...V
有色金属，例如铝、铜、铜锌合金	A	60	Q...R	46	Q...R	30	S	24	S

手持砂轮机磨削和分离

材料	磨料	分离砂轮 v_c 最高至80m/s		拔荒砂轮 v_c 最高至45m/s		v_c 最高至80m/s		磨头	
		粒度	硬度	粒度	硬度	粒度	硬度	粒度	硬度
钢，未淬火	A	30	T	24	M	24	R	36	Q...R
钢，耐腐蚀	A	30	R	16	M	24	R	36	S
铸铁	A, C	30	T	20	R	24	R	30	T
有色金属，例如铝、铜、铜锌合金	A, C	30	R	20	R	–	–	–	–

用金刚石和氮化硼磨削

颗粒名称

参照 DIN ISO 6106（2015-11）

应用范围		粗磨	精磨	细磨	研磨
颗粒名称[1]	金刚石	D251...D151	D126...D76	D64, D54, D46	D20, D15, D7
	氮化硼	B251...B151	B126...B76	B64, B54, B46	B30, B6
可达到：R_z（μm）		≈ 0.55...0.50	≈ 0.45...0.33	≈ 0.18...0.15	≈ 0.05...0.025

[1] 检验筛的网眼净宽，单位：μm。微粒粒度 < D46，D46 未被 ISO 6106 标准化。

切削速度标准值

切削方法	磨料	下列结合剂类型[1]时的切削速度 v_c, m/s							
		B		M		G		V	
		干磨	湿磨	干磨	湿磨	干磨	湿磨	干磨	湿磨
平面磨	CBN	–	30...50	–	30...60	–	30...60	–	30...60
	D	–	22...50	–	22...27	20...30	22...50	–	25...50
外圆磨[2]	CBN	–	30...50	–	30...60	–	30...60	–	30...60
	D	–	22...40	–	20...30	20...30	22...40	–	25...50
内圆磨	CBN	27...35	30...60	–	30...60	24...40	30...50	–	30...50
	D	12...18	15...30	8...15	18...27	12...20	18...50	–	25...50
刀具磨锐	CBN	27...35	30...50	22...30	30...40	27...35	30...50	–	30...50
	D	15...22	22...50	15...22	15...27	15...30	22...35	–	–
分离磨	CBN	27...35	30...50	–	30...60	27...40	30...60	–	–
	D	12...18	22...35	–	22...27	18...30	22...40	–	–

[1] 结合剂类型参见 344 页。　　[2] 高速磨削（HSG）时约为该数值的 4 倍。

金刚石砂轮横向进给和进给的标准值

切削方法	下列粒度时，每次行程的横向进给量 mm			进给速度 m/min	与砂轮宽度 b 相关的横向进给
	D181	D125	D64		
平面磨[1]	0.02...0.04	0.01...0.02	0.005...0.01	10...15[2]	1/4...1/2 · b
外圆磨[1]	0.01...0.03	0.0...0.02	0.005...0.01	0.3...2.0	
内圆磨	0.002...0.007	0.002...0.005	0.001...0.003	0.5...2.0	
刀具磨锐	0.01...0.03	0.005...0.015	0.002...0.005	0.3...4.0	
槽磨削		1.0...5.0	0.5...3.0	0.01...2.0	

氮化硼（CBN）砂轮横向进给和进给的标准值

切削方法	下列粒度时，每次行程的横向进给量 mm			进给速度 m/min	与砂轮宽度 b 相关的横向进给
	B252/B181	B151/B126	B91/B76		
平面磨	0.03...0.05	0.02...0.04	0.01...0.015	20...30[2]	1/4...1/3 · b
外圆磨	0.02...0.04	0.02...0.03	0.015...0.02	0.5...2.0	
内圆磨	0.005...0.015	0.005...0.01	0.002...0.005	0.5...2.0	
刀具磨锐	0.002...0.1	0.01...0.005	0.005...0.015	0.5...4.0	
槽磨削	1.0...10	1.0...5.0	0.5...3.0	0.01...2.0	

[1] 高速磨削（HSG）时约为该数值的 3 倍。
[2] 进给速度大于工件速度。

氮化硼（CBN）砂轮高效磨削

参照 VDI 3411（2000-08）

通过采用大幅度提高切削速度（> 80 m/s）并配装合适冷却润滑的特殊机床和刀具达成大幅度提高单位时间切削量的磨削过程。这主要用于金属材料的平面磨削和外圆磨削。

砂轮工作前的准备（调整）

工作步骤	修整		清洗
	轮廓修整	磨锐	
过程	除去颗粒和结合剂	减少结合剂	不改变磨料层
工作目的	修正径跳和砂轮轮廓	生成砂轮表面结构	从容屑空间内清除切屑

高效磨削允许的最大圆周速度

结合剂类型[1]	B	V	M	G
允许最大圆周速度 m/s	140	200	180	280

[1] 结合剂类型参见 344 页。

磨削，主有效时间

纵向外圆磨削

- t_h　主有效时间
- L　进给行程
- i　磨削次数
- n　工件转速
- f　工件每圈进给量
- v_w　工件速度
- d_1　工件初始直径
- d　工件最终直径
- a_p　切削深度
- l　工件长度
- b_s　砂轮宽度
- l_u　（离开工件）空转行程
- t　磨削余量

主有效时间

$$t_h = \frac{L \cdot i}{n \cdot f}$$

工件转速

$$i = \frac{d - d_1}{2 \cdot a_p} + 2^{1)}$$

外圆磨磨削次数

$$i = \frac{d_1 - d}{2 \cdot a_p} + 2^{1)}$$

内圆磨磨削次数

$$i = \frac{d - d_1}{2 \cdot a_p} + 2^{1)}$$

[1] 两次磨削用于磨光，低公差度时需补充磨削次数。

计算进给行程 L

无台阶工件 **有台阶工件**

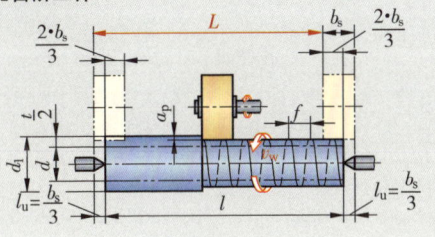

$$L = l - \frac{1}{3} \cdot b_s$$

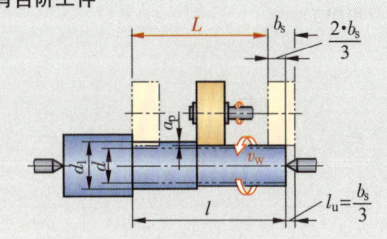

$$L = l - \frac{2}{3} \cdot b_s$$

拔荒进给量 $f = 2/3 \cdot b_s$ 至 $3/4 \cdot b_s$；精磨进给量 $f = 1/4 \cdot b_s$ 至 $1/2 \cdot b_s$。

圆周平面磨削（平面磨）

- t_h　主有效时间
- l　工件长度
- l_a　接近行程，空转行程
- L　进给行程
- b　工件宽度
- b_u　空转行程宽度
- B　磨削宽度
- f　每个行程横向进给量
- n_H　每分钟行程次数
- v_w　工件速度
- i　磨削次数
- t　磨削余量
- b_s　砂轮宽度
- a_p　切削深度

磨削次数

$$i = \frac{t}{a_p} + 2^{1)}$$

行程次数

$$n_H = \frac{v_w}{L}$$

主有效时间

$$t_h = \frac{i}{n_H} \cdot \left(\frac{B}{f} + 1 \right)$$

[1] 两次磨削用于磨光。

计算进给行程 L 和磨削宽度 B

无台阶工件 **有台阶工件**

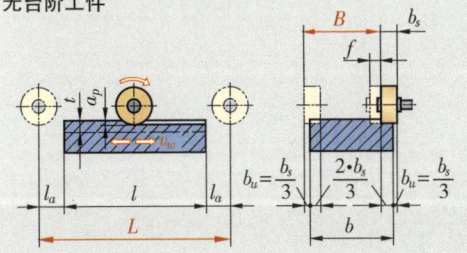

$$L = l + 2 \cdot l_a \qquad l_a \approx 0.04 \cdot l \qquad B \approx b - \frac{1}{3} \cdot b_s$$

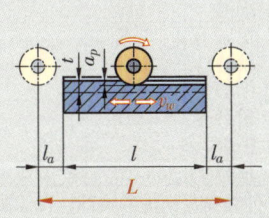

$$L = l + 2 \cdot l_a \qquad l_a \approx 0.04 \cdot l \qquad B \approx b - \frac{2}{3} \cdot b_s$$

拔荒时横向进给量 $f = {}^2/_3 \cdot b_s$ 至 ${}^4/_5 \cdot b_s$；精磨进给量 $f = {}^1/_2 \cdot b_s$ 至 ${}^2/_3 \cdot b_s$。

珩磨

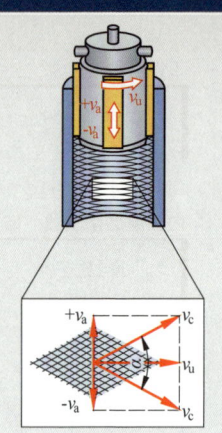

v_c 切削速度 $\quad$ A 珩磨条接触面积
v_a 轴向速度 $\quad$ F_r 径向进给力
v_u 圆周速度 $\quad$ n 珩磨条数量
α 珩磨痕迹交叉角 $\quad$ b 珩磨条宽度
p 压紧压力 $\quad$ l 珩磨条长度

磨削速度

$$v_c = \sqrt{v_a^2 + v_u^2}$$

磨痕交叉角

$$\tan = \frac{\alpha}{2} = \frac{v_a}{v_u}$$

压紧压力

$$P = \frac{F_t}{A}$$

$$P = \frac{F_r}{n \cdot b \cdot l}$$

举例：

淬火钢，最终精磨，$v_u = ?$；$v_a = ?$；$\alpha = ?$
查表得知：$v_u = 25\,\text{m/min}$；$v_a = 12\,\text{m/min}$

$$V_c = \sqrt{v_a^2 + v_u^2} = \sqrt{\left(12\,\frac{\text{m}}{\text{min}}\right)^2 + \left(25\,\frac{\text{m}}{\text{min}}\right)^2} \approx 28\,\frac{\text{m}}{\text{min}}$$

$$\tan\frac{\alpha}{2} = \frac{v_a}{v_u} = \frac{12\,\text{m/min}}{25\,\text{m/min}} = 0.48$$

$$\alpha = \arctan 0.48 = 51.28°$$
$$= 51.3°$$

切削速度和加工余量

材料	圆周速度 v_u, m/min		轴向速度 v_a m/min		孔径如下时的加工余量 mm		
	粗磨	精磨	粗磨	精磨	2...15	15...100	100..500
钢，未淬火	18...40	20...40	9...20	10...20	0.02...0.05	0.03...0.15	0.06...0.3
钢，淬火	14...40	15...40	5...20	6...20	0.01...0.03	0.02...0.05	0.03...0.1
合金钢	23...40	25...40	10...20	11...20	0.02...0.05	0.03...0.15	0.06...0.3
铸铁	23...40	25...40	10...20	11...20			
铝合金	22...40	24...40	9...20	10...20			

金刚石砂粒珩磨 v_u 最大至 40 m/min，v_a 至 60 m/min；$\alpha = 60°$ ...90°

珩磨条压紧压力

珩磨方法	压紧压力 p，N/cm²			
	陶瓷珩磨条	塑料结合剂珩磨条	金刚石珩磨条	氮化硼珩磨条
粗磨	50...250	200...400	300...700	200...400
精磨	20...100	40...250	100...300	100...200

刚玉、碳化硅、氮化硼（CBN）和金刚石珩磨条的选择

材料	抗拉强度 N/mm²	珩磨方法	表面粗糙度 R_z	刚玉和碳化硅[2] 珩磨条					CBN 或金刚石 粒度
				磨料	粒度	硬度	结合剂	组织	
钢	< 500 （未淬火）	粗磨	8...12	A	700	R		1	D126
		精磨	2...5		400	R	B	5	D54
		细磨	0.5...1.5		1200	M		2	D15
	500...700 （已淬火）	粗磨	5...10	A	80	R		3	B76
		精磨	2...3		400	O	B	5	B54
		细磨	0.5...2		700	N		3	B30
铸铁	–	粗磨	5...8	C	80	M		3	D91
		精磨	2...3		120	K	V	7	D46
		细磨	3...6		900	H		8	D25
有色 金属	–	粗磨	6...10	A	80	O		3	D64
		精磨	2...3	A	400	O	V	1	D35
		细磨	0.5...1	C	1000	N		5	D15

[1] 平面珩磨时将磨去工件表面最突出的尖部。 [2] 参照 344 页

金刚石和立方氮化硼（CBN）珩磨条的选择

磨削材料	天然金刚石	人工合成金刚石	立方氮化硼 CBN
工件材料	钢、硬质合金	铸铁、渗氮钢、有色金属、玻璃、陶瓷	淬火钢

CNC 技术

坐标系和坐标轴 参照 DIN 66217（1975–12）

CNC（计算机数控）车床坐标轴

车刀位于车削中线前	车刀位于车削中线后
	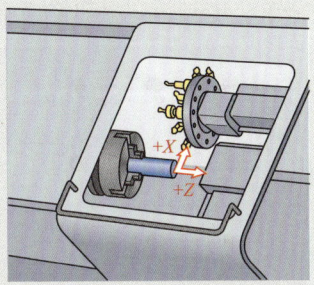

- 坐标系以夹紧工件的工件零点为基准。
- CNC 机床的坐标轴按主导轨校准。
- Z 轴走向指向主轴。
- 编程时始终设定，工件静止不动，只有刀具在运动。
- 坐标轴 X，Y 和 Z 在笛卡尔坐标系中相互垂直。

CNC（计算机数控）铣床坐标轴 | **笛卡尔坐标系[1]**

立式铣床	卧式铣床	
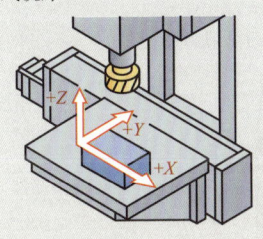	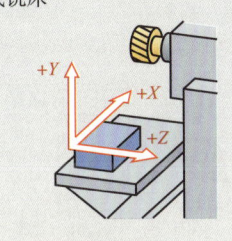	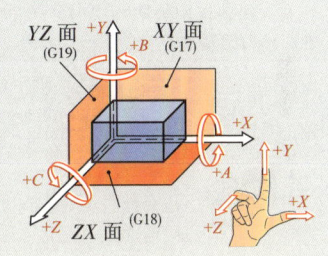

零点和基准点 参照 DIN ISO 2806（1996–04）

	M	**机床零点 M** 机床零点是机床坐标系的源头，由机床制造商规定。
	W	**工件零点 W** 工件零点是工件坐标系的源头，由程序员按照加工技术的视角予以确定。
	T	**刀架基准点 T** 刀架基准点位于刀具夹具支承面中央。车床的该点在转塔刀柄的支承面，铣床上则是刀具主轴的端面
	R	**参照点 R** 参照点用于启动增量位移检测系统的零点设置。间距编码的参照点使刀具短时启动成为可能。
	P0	**程序零点 P0[2]** 该点指出程序启动前刀具所处点的坐标。
	WWP	**刀具更换点 WWP[2]** 在刀具更换之前以及工件换装和松开装夹之前驶向该点

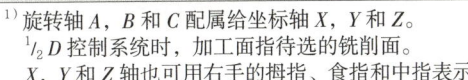

[1] 旋转轴 A，B 和 C 配属给坐标轴 X，Y 和 Z。

$^{1/2}$ D 控制系统时，加工面指待选的铣削面。

X，Y 和 Z 轴也可用右手的拇指、食指和中指表示。

[2] 未标准化。

刀具补偿，刀具轨迹补偿

刀具补偿

| CNC 车削 | CNC 铣削 |

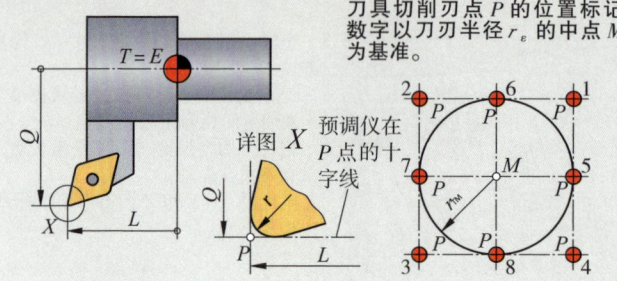

刀具切削刃点 P 的位置标记数字以刀刃半径 r_ε 的中点 M 为基准。

预调仪在 P 点的十字线

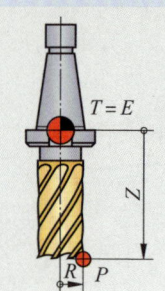

Q X	轴横向余量	E	刀具基准点
L Z	轴纵向补偿	M	刀刃半径
r_ε	刀刃半径	r_ε 的中点	
1...8	位置标记数字	P	刀具刀刃点
T	刀架基准点		

Z	刀具长度
R	刀具半径
T	刀架基准点
E	刀具基准点
P	刀具刀刃点

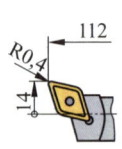

补偿存储器	
Q	72
L	53
r_e	0.8
位置标记数字	3

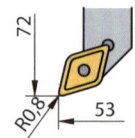

补偿存储器	
Q	14
L	112
r_e	0.4
位置标记数字	2

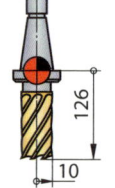

补偿存储器	
Z	126
R	10

刀具轨迹补偿[1]

参照 DIN 66025（1988-09）和 PAL

| 车刀位于轮廓左侧[2] | 车刀位于轮廓右侧[2] | 铣刀位于轮廓左侧[2] |

车刀位于车削中线后面

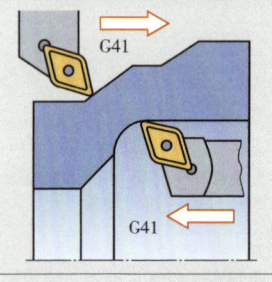

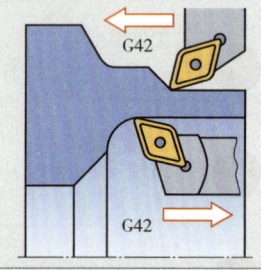

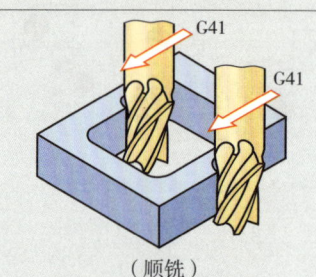

（顺铣）

车刀位于车削中线前面

铣刀位于轮廓右侧[2]

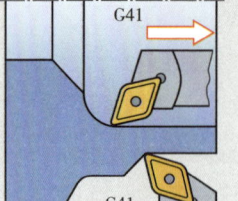

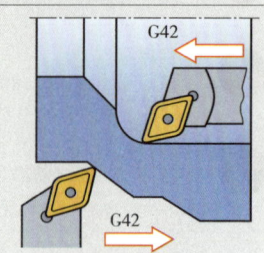

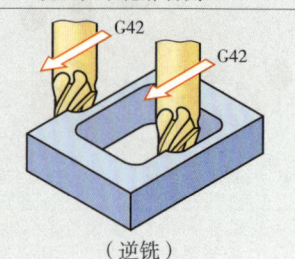

（逆铣）

[1] 刀具轨迹补偿 G41 和 G42 再次与路径条件 G40 一起取消。
[2] 俯看时刀具在进给方向上位于工件轮廓的左侧或右侧。

按 DIN 标准 CNC 加工

按 DIN 标准的 CNC 程序结构 参照 DIN 66025-2（1988-09）

语句结构

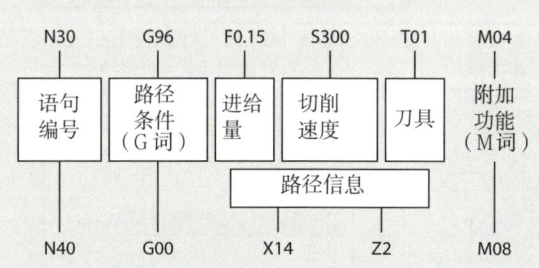

词解释：
N30： 语句编号 30
G96： 恒定切削速度
G00： 快速行程定位
X14： X 方向坐标目标点
Z2： Z 方向坐标目标点
F0.15：进给量 0.15mm
S300：切削速度 300m/min
T01： 刀具编号 01
M04： 逆时针方向主轴
M08： 冷却润滑剂开

语句结构

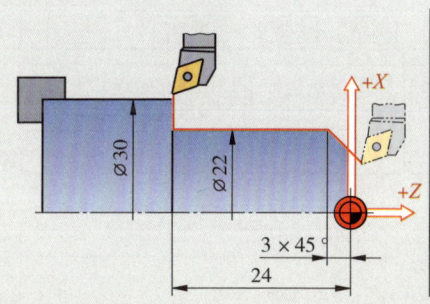

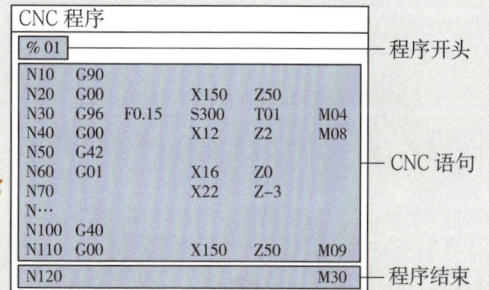

路径条件（G 词，摘选） 参照 DIN 66025-2（1988-09）

路径条件	有效性	含义	路径条件	有效性	含义
G00	●	快速行程定位	G53	●	取消位移
G01	●	直线插补	G54...	●	位移 1...
G02	●	圆弧插补，右旋	...G59	●	... 位移 6
G03	●	圆弧插补，左旋	G74	●	驶向参照点
G04	●	停留时间，时间预设	G80	●	取消工作循环
G09	●	精确停机	G81...	●	工作循环 1...
G17	●	选择 XY 面	...G89	●	... 工作循环 9
G18	●	选择 ZX 面	G90	●	绝对尺寸数据
G19	●	选择 YZ 面	G91	●	增量尺寸数据
G33	●	螺纹切削，螺距常数	G94	●	进给速度，mm/min
G40	●	取消刀具补偿	G95	●	进给量，mm
G41	●	刀具轨迹补偿，左	G96	●	恒定切削速度
G42	●	刀具轨迹补偿，右	G97	●	主轴转速，1/min

● 已存储：保持长期有效的路径条件，直至被同类条件覆盖。
● 句子：仅在已编程的这个语句中有效的路径条件。

附加功能（M 词，摘选） 参照 DIN 66025-2（1988-09）

M00	编程的停机	M04	逆时针方向主轴	M08	冷却润滑剂 开
M02	程序结束	M05	主轴停机	M09	冷却润滑剂 关
M03	顺时针方向主轴	M06	刀具更换	M30	程序结束并复位

按 DIN 标准的加工运动（车削）

按 DIN 标准 CNC 车床加工运动 参照 DIN 66025-2(1988-09)

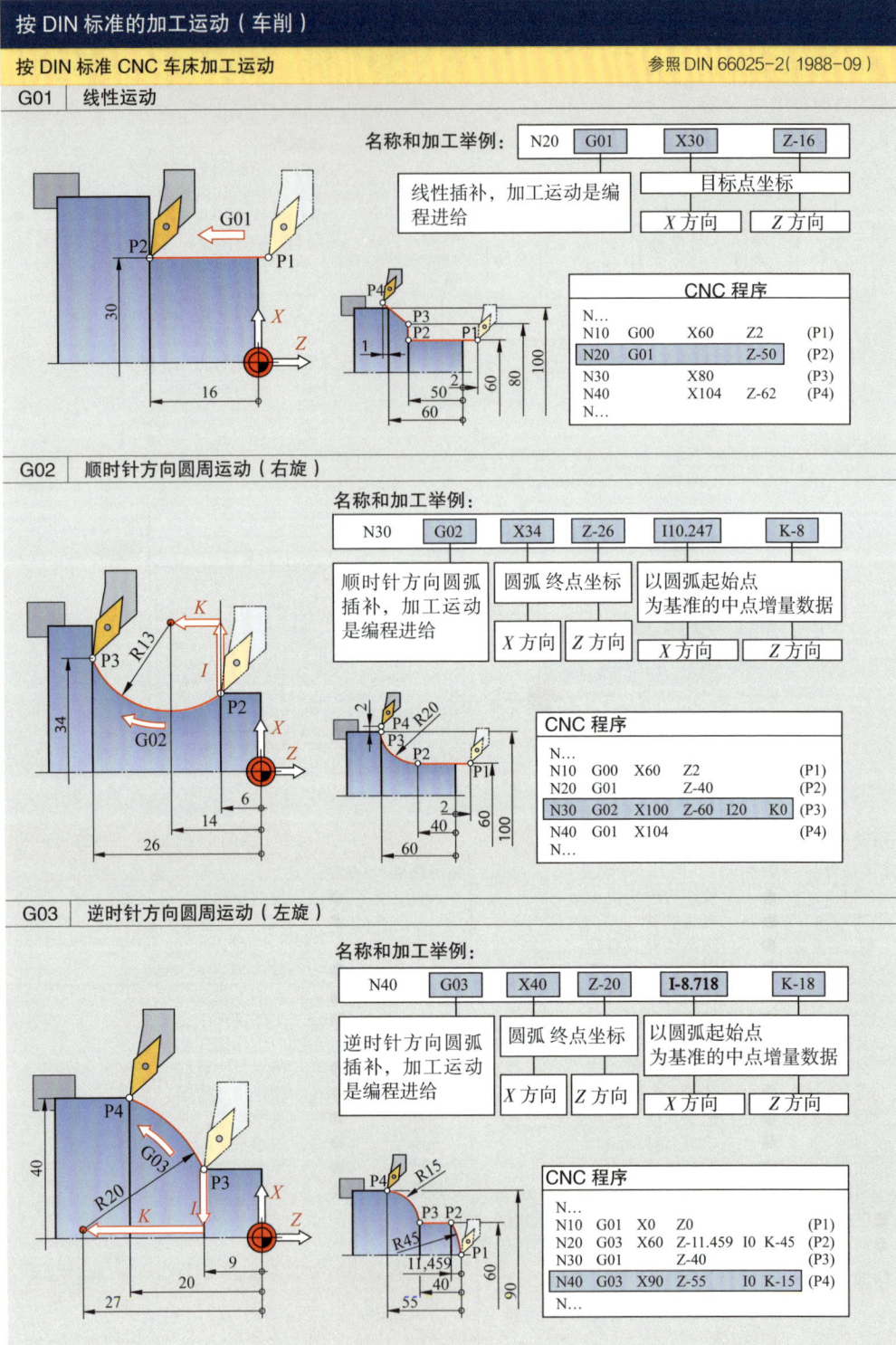

G01 | 线性运动

名称和加工举例：| N20 | G01 | X30 | Z-16 |

线性插补，加工运动是编程进给

目标点坐标
X 方向　　Z 方向

CNC 程序

N...			
N10	G00	X60	Z2	(P1)
N20	G01		Z-50	(P2)
N30		X80		(P3)
N40		X104	Z-62	(P4)
N...			

G02 | 顺时针方向圆周运动（右旋）

名称和加工举例：| N30 | G02 | X34 | Z-26 | I10.247 | K-8 |

顺时针方向圆弧插补，加工运动是编程进给

圆弧 终点坐标
X 方向　　Z 方向

以圆弧起始点为基准的中点增量数据
X 方向　　Z 方向

CNC 程序

N...				
N10	G00	X60	Z2		(P1)
N20	G01		Z-40		(P2)
N30	G02	X100	Z-60	I20 K0	(P3)
N40	G01	X104			(P4)
N...				

G03 | 逆时针方向圆周运动（左旋）

名称和加工举例：| N40 | G03 | X40 | Z-20 | I-8.718 | K-18 |

逆时针方向圆弧插补，加工运动是编程进给

圆弧 终点坐标
X 方向　　Z 方向

以圆弧起始点为基准的中点增量数据
X 方向　　Z 方向

CNC 程序

N...				
N10	G01	X0	Z0		(P1)
N20	G03	X60	Z-11.459	I0 K-45	(P2)
N30	G01		Z-40		(P3)
N40	G03	X90	Z-55	I0 K-15	(P4)
N...				

按 DIN 标准的加工运动（铣削）

按 DIN 标准 CNC 铣床加工运动　参照 DIN 66025-2（1988-09）

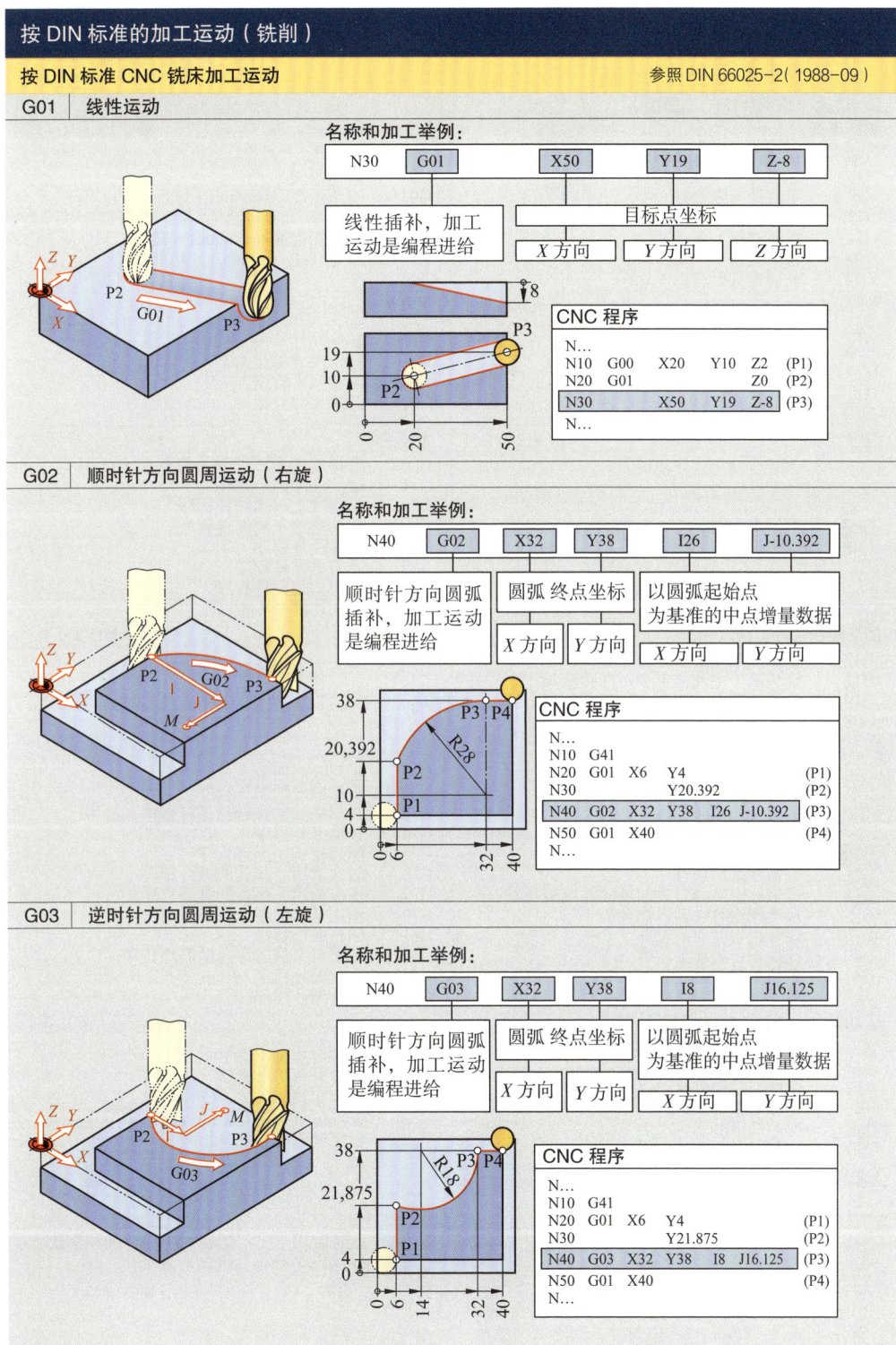

G01　线性运动

名称和加工举例：

| N30 | G01 | X50 | Y19 | Z-8 |

线性插补，加工运动是编程进给

目标点坐标

| X 方向 | Y 方向 | Z 方向 |

CNC 程序

```
N...
N10  G00  X20   Y10  Z2   (P1)
N20  G01            Z0   (P2)
N30       X50   Y19  Z-8  (P3)
N...
```

G02　顺时针方向圆周运动（右旋）

名称和加工举例：

| N40 | G02 | X32 | Y38 | I26 | J-10.392 |

顺时针方向圆弧插补，加工运动是编程进给

圆弧 终点坐标

| X 方向 | Y 方向 |

以圆弧起始点为基准的中点增量数据

| X 方向 | Y 方向 |

CNC 程序

```
N...
N10  G41
N20  G01  X6   Y4              (P1)
N30           Y20.392          (P2)
N40  G02  X32  Y38  I26 J-10.392  (P3)
N50  G01  X40                  (P4)
N...
```

G03　逆时针方向圆周运动（左旋）

名称和加工举例：

| N40 | G03 | X32 | Y38 | I8 | J16.125 |

顺时针方向圆弧插补，加工运动是编程进给

圆弧 终点坐标

| X 方向 | Y 方向 |

以圆弧起始点为基准的中点增量数据

| X 方向 | Y 方向 |

CNC 程序

```
N...
N10  G41
N20  G01  X6   Y4              (P1)
N30           Y21.875          (P2)
N40  G03  X32  Y38  I8  J16.125   (P3)
N50  G01  X40                  (P4)
N...
```

按 PAL 制 CNC 车削

CNC 车床 PAL 制指令编码（带刀具驱动）

G– 功能 – 路径条件[1]（摘选）

插补类型		（参见 355、356 页）	切削数据		（参见 320—322 页）
G0	快速行程的行驶路径				
G1	加工过程[1]线性插补		G92	转速限制	
G2	顺时针圆弧插补		G94	进给速度，mm/min（地址：F）	
G3	逆时针圆弧插补		G95	进给量，mm（地址：F，优选 E[4]）	
G4	停留时长		G96	恒定切削速度，m/min（地址：S）	
G9	精确停机		G97	恒定转速[1]，1/min（地址：S）	
G14	驶向刀具更换点（WWP）				

零点		（参见 364 页）	尺寸数据		
G50	取消增量零点位移和旋转				
G53	取消所有零点位移和旋转[1]		G70	转换尺寸单位为英寸（Inch）	
G54..	可设置的绝对零点		G71	转换尺寸单位为毫米（mm）	
..G57	增量零点位移		G90	绝对尺寸数据[1]	
G59	笛卡尔坐标和旋转		G91	链接尺寸数据	

编程技术		（参见 356 页）	循环程序		（参见 357—359 页）
			G80	选择加工循环程序 – 轮廓描述	
			G31	螺纹加工循环程序	
G22	调用子程序		G81	纵向拔荒车削循环程序	
G23	程序重复		G82	端面拔荒车削循环程序	
			G84	钻孔循环程序	
			G85	退刀槽循环程序	
			G86	径向切槽循环程序	
			G88	轴向切槽循环程序	

加工面和工件更换装夹		（参见 357 页）	刀具补偿		（参见 350 页）
G17	正面加工面（XY 面）				
G18	旋转面（主轴加工和对向顶轴加工）		G40	选择刀刃半径补偿[1]（SRK）	
G19	外形轮廓面和弦面 – 加工面		G41	编程轮廓左侧刀刃半径补偿	
G30	更换装夹 / 对向顶轴接管		G42	编程轮廓右侧刀刃半径补偿	

X–Y 面或 Z–X 面[2] 上驱动刀具的 G 功能　　　　　　（参见 361—367 页）

G1	加工过程线性插补		G48	正切驶离四分之一圆	
G2	顺时针圆弧插补		G72	矩形槽铣削循环程序	
G3	逆时针圆弧插补		G73	圆形槽和轴颈铣削循环程序	
G10	极坐标中快速行程的行驶		G74	铣槽循环程序	
G11	极坐标线性插补		G75	圆弧槽铣削循环程序	
G12	极坐标中驱动刀具的顺时针圆弧插补		G76	多次调用一排孔的循环程序	
G13	极坐标逆时针圆弧插补		G77	多次调用一圈孔的循环程序	
G45	线性正切驶向某轮廓		G79	调用循环程序至某点	
G46	线性正切驶离某轮廓		G81	钻孔循环程序	
G47	正切驶向四分之一圆		G82	带切屑断裂的深孔钻循环程序	
			G84	攻丝循环程序	
			G85	铰孔循环程序	

M 功能[1] – 附加功能（摘选）　　　　　　　　　　　　　（参见 351 页）

M0	编程停机		M10	松开后顶尖座套筒	
M3	主轴顺时针旋转（CW[3]）		M11	安置后顶尖座套筒	
M4	主轴逆时针旋转（CCW[3]）		M17	子程序结束	
M5	主轴关断[1]		M30	带复位至程序开始的程序结束	
M8	冷却润滑剂 开		M60	恒定进给量[1]	
M9	冷却润滑剂 关[1]				

T 地址　　刀库的刀具编号（摘选）　　　　　　　　　　（参见 350、359 页）

T	刀具转塔内刀具存储位置		TX	已选定补偿数值存储器内 X 补偿数值的增量变化
TC	补偿存储编号			
TR	刀具半径数值的增量变化		TZ	已选定用于平行轮廓加工尺寸的补偿数值存储器内 Z 补偿数值的增量变化
TL	刀具长度的增量变化			

[1] 启动 CNC 程序时的开机状态：G18、G90、G53、G71、G95、G97、G1、G40、M5、M9、M60。
[2] 带驱动刀具的 CNC 车床的指令与 CNC 铣床的相互一致。
[3] CW（英语：clock wise- 顺时针）；CCW（英语：counter clock wise- 逆时针）。
[4] E：降低进给量用于过渡元素。

PAL 制加工运动（车削）

CNC 车床的加工运动

G1 加工过程线性插补

加工举例（从 P1 至 P2 的线性插补）

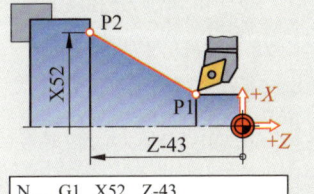

N... G1 X52 Z-43

N... G1 XI17 ZI-30

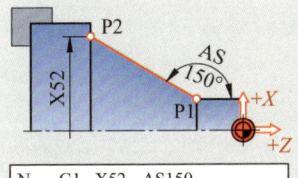

N... G1 X52 AS150

N... G1 D34 AS150

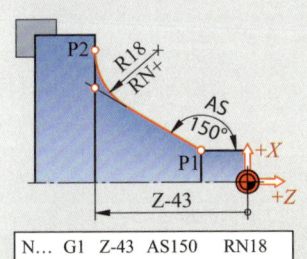

N... G1 Z-43 AS150 RN18

N... G1 Z-43 AS150 RN-9

G1 可选地址

X/Z	输入坐标（由 G90/G91 控制）
XA/ZA	绝对尺寸[1]
XI/ZI	增量尺寸[2]
RN+	至下一个轮廓元素的倒圆半径
RN−	至下一个轮廓元素的倒角宽度
D	行驶距离的长度
AS	行驶段的上升角度
E	精车轮廓进给至过渡元素

[1] 已接通链接尺寸数据（G91）时，只在用绝对尺寸 XA/ZA 编程单个语句时，才在路径条件 G1/G2/G3 时采用坐标 XA/ZA。
[2] 路径条件 G1/G2/G3 时用增量尺寸 XI/ZI 编程就不必接通链接尺寸数据 G91。

G2 顺时针圆弧插补

加工举例（从 P1 至 P2 的圆弧插补）

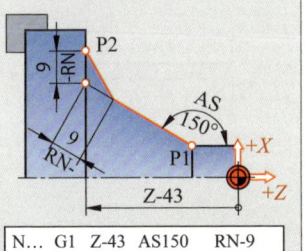

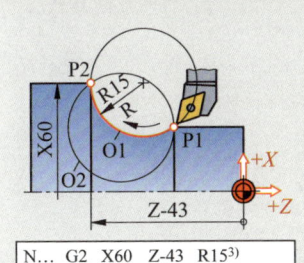

N... G2 X60 Z-43 R15[3]

N... G2 X60 Z-43 I12 K-9

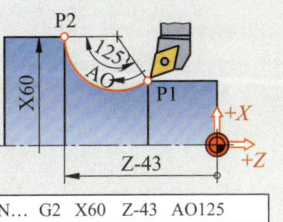

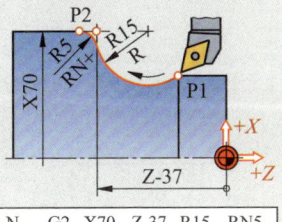

N... G2 X60 Z-43 AO125

N... G2 X70 Z-37 R15 RN5

G2 必选地址

X/Z	输入坐标（由 G90/G91 控制）
XA/ZA	绝对尺寸
XI/ZI	增量尺寸

可选地址

I/IA X	中点坐标（增量 / 绝对）
K/KA Z	中点坐标（增量 / 绝对）
R	半径
AO	张开角
RN+	至下一个轮廓元素的倒圆半径
RN−	至下一个轮廓元素的倒角宽度（参照 G1）
E	精车轮廓进给至过渡元素
O1/O2	短 / 长圆弧[3]

[3] 无数据适用于预调 O1（短圆弧）。

PAL 制加工运动（车削）

CNC 车床的加工运动

G3	逆时针圆弧插补

加工举例（从 P1 至 P2 的圆弧插补）

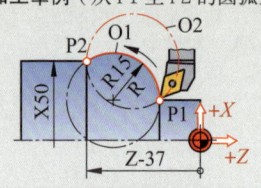

N... G3 X50 Z-37 R15[1]

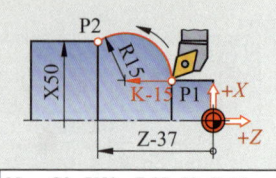

N... G3 X50 Z-37 I0 K-15

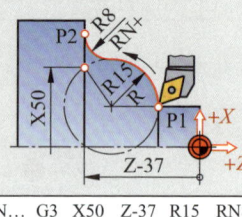

N... G3 X50 Z-37 AO125

N... G3 X50 Z-37 R15 RN8

G3 必选地址

X/Z   输入坐标
         （由 G90/G91 控制）
XA/ZA   绝对尺寸
XI/ZI   增量尺寸

可选地址

I/IA X   中点坐标（增量 / 绝对）
K/KA Z   中点坐标（增量 / 绝对）
R   半径
AO   张开角
RN+   至下一个轮廓元素的倒圆
         半径
RN−   至下一个轮廓元素的倒角
         宽度（参照 G1）
E   精车轮廓进给至过渡元素
O1/O2   短 / 长圆弧

[1] 无数据适用于预调 O1（短圆弧）

G14	驶向刀具更换点（WWP）

加工举例

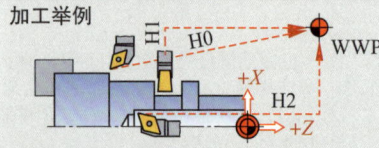

N... G14 H0

N... G14 H1

N... G14 H2

G14 可选地址

H0   斜驶至 WWP
H1   首先驶离 X 轴，然后 Z 轴
H2   首先驶离 Z 轴，然后 X 轴

G22	调用子程序

加工举例

主程序 %900
```
N10 G90
N15 F... S... M4
N20 G0 X42 Z6 ;P1
N25 G22 L911 H2
N30..
N35..
N150 M30
```

子程序 L911
```
N10 G91
N15 G0 Z-16
N20 G1 X-6
N25 G1 X6
N30 G0 Z-6
N35 G1 X-6
N40 G1 X6
N45 M17
```

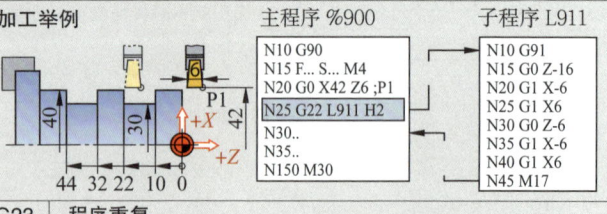

G22 必选地址

L   子程序编号

可选地址

H   重复次数
l   遮挡面
         （M17 子程序结束）

G23	程序重复

加工举例

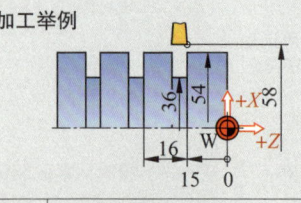

```
N10..
N15 G0 X58 Z-15 M4
N20 G91
N25 G1 X-11
N30 G1 X11
N35 G0 Z-16
N40 G23 N20 N35 H2
N45 G90
N50...
```

G23 必选地址

N   语句启动编号，从此开始
         重复
N   语句结束编号，从此开始
         重复

可选地址

H   重复次数

G30	工件换装夹

加工举例

第一次夹紧   DE 第二次夹紧

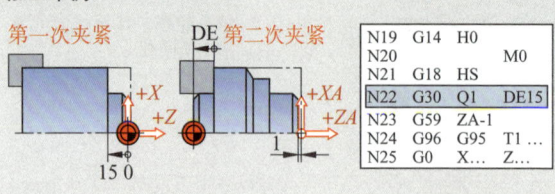

```
N19  G14  H0
N20          M0
N21  G18  HS
N22  G30  Q1   DE15
N23  G59  ZA-1
N24  G96  G95  T1...
N25  G0   X...
```

G30 必选地址

Q1   工件换装夹至主轴
DE   夹具前边棱至实际掉转的
         主轴工件坐标系的装夹位置

PAL 制循环程序（车削）

CNC 车床循环程序

G17　正面加工面（驱动刀具加工面）

加工举例

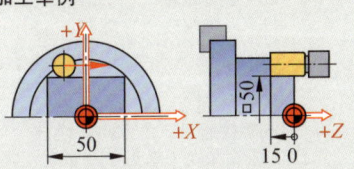

N19	G14	H0			
N20	G17				
N21	G97	G94	T5	…	
N22	G0	X55	Y0	Z2	
N23	G1			Z-15	
N24	G41	G47	X25	Y0	R5
N25	G1			Y-25	
N27		X-25			
N28				Y25	

G17[1] 可选地址

HS　主轴加工 [1]

GSU　对向顶轴加工，将 X—Y—Z
　　　坐标系统 Y 轴旋转 180°

（G47：正切驶入，参见 363 页）

G18　旋转面（换装夹工件旋转面）

加工举例

第一次夹紧　　*DE*　第二次夹紧

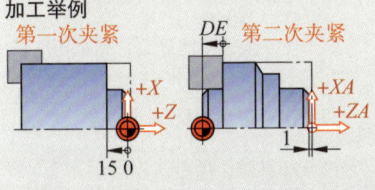

N19	G14	H0	
N20			M0
N21	G18	HS	
N22	G30	Q1	DE15
N23	G59	ZA-1	
N24	G96	G95	T1 …
N25	G0	X…	Z…

G18[1] 可选地址

HS　主轴加工 [1]

GS　对向顶轴加工

GSU　对向顶轴加工，将 X—Y—Z
　　　坐标系统 X 轴旋转 180°

（G30：换装夹，参见 356 页）

G19　外形轮廓面和弦面的加工面（驱动刀具的加工面）

加工举例

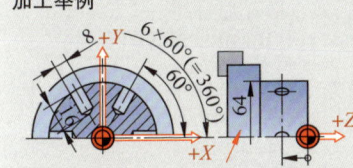

外形轮廓面周径 ø64
$U = d \cdot \pi = 64 \, mm \cdot \pi = 201.062 \, mm$

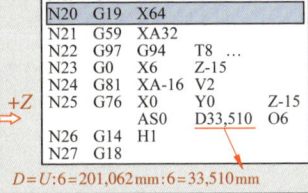

N19	G14	H0			
N20	G19	X64			
N21	G59	XA32			
N22	G97	G94	T8	…	
N23	G0	X6	Z-15		
N24	G81	XA-16	V2		
N25	G76	X6			Z-15
		AS0	D33.510	O2	
N26	G14	H1			
N27	G18				

$D = U : 6 = 201.062 \, mm : 6 = 33.510 \, mm$

G19 可选地址

B　以 +Z 为基准的弦面倾角

C　无地址数值，直接编程 C 轴

X　外形轮廓面展开产生的直径

（G81：钻孔循环程序，参见 367 页，
　G76：多次调用循环程序，参见
　365 页）

G81　纵向拔荒循环程序

加工举例

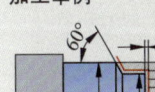

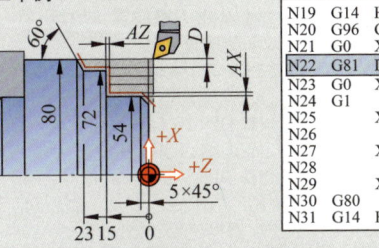

N19	G14	H0		
N20	G96	G95	T1 …	
N21	G0	X80	Z2	
N22	G81	D4	AX0.5	AZ0.1
N23	G0	X42		
N24	G1		Z0	
N25		X54		RN-5
N26			Z-15	
N27		X72		
N28			Z-23	
N29		X82		AS120
N30	G80			
N31	G14	H0		

（用 G80 选择加工循环程序 – 轮廓描述）

G81 必选地址

D　横向进给

可选地址 [1]

AX　X 方向的加工尺寸

AZ　Z 方向的加工尺寸

H1　仅拔荒，取消 1 × 45°

H2　沿轮廓分阶段车出角度

H3　同 H1，结束时附加轮廓切削

H24　用 H2 拔荒车削，接着精车

G82　端面拔荒循环程序

加工举例

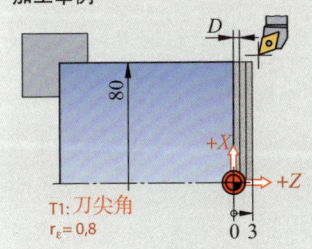

T1：刀尖角
$r_\varepsilon = 0.8$

N19	G14	H0	
N20	G96	G95	T1 …
N21	G0	X82	Z4
N22	G82	D1	H1
N23	G0	X80	Z0.1
N24	G1	X-1.6	
N25			Z3.5
N26	G80		
N27	G14	H0	

（用 G80 选择加工循环程序 – 轮廓描述）

G82 必选地址

D　横向进给

可选地址 [1]

AX　X 方向的加工尺寸

AZ　Z 方向的加工尺寸

H1　仅拔荒，取消 1 × 45°

H2　沿轮廓分阶段车出角度

H3　同 H1，结束时附加轮廓切削

H24　用 H2 拔荒车削，接着精车

---

[1] 预调地址：HS，AX0，AZ0，H2。

PAL 制循环程序（车削）

CNC 车床循环程序

G31　螺纹切削循环程序

加工举例

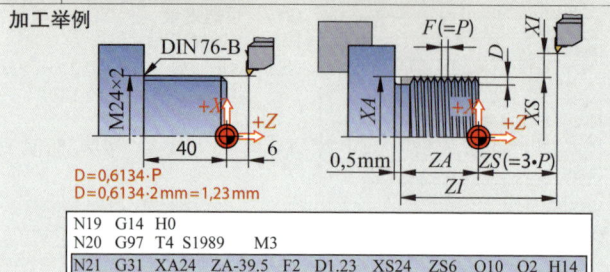

```
N19  G14  H0
N20  G97  T4  S1989  M3
N21  G31  XA24  ZA-39.5  F2  D1.23  XS24  ZS6  Q10  O2  H14
N22  G14  H0
```

G31 必选地址
XA/ZA 螺纹终点，绝对
XI/ZI 螺纹终点，增量
可选地址
XS 螺纹起点，X 方向，绝对
ZS 螺纹起点，Z 方向，绝对
D 螺纹深度（参见 210 页）
F Z 轴方向螺纹螺距
Q 切削次数（横向进给）
O 空刀次数
H14 换边横向进给，剩余切削量

G84　钻孔循环程序（用于无驱动刀具的旋转中线）

加工举例

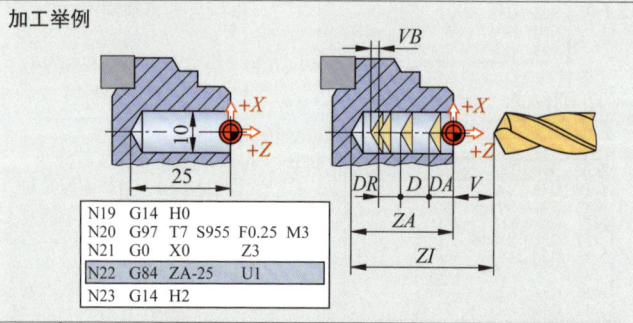

```
N19  G14  H0
N20  G97  T7  S955  F0.25  M3
N21  G0   X0   Z3
N22  G84  ZA-25  U1
N23  G14  H2
```

G84 必选地址
ZA 孔深，绝对
ZI 孔深，增量
可选地址
DA 定心钻深度
D 横向进给深度
DR 横向深度缩减数值
DM 最小横向深度（无 −）
U 在孔底的停留时间（单位：秒，预设 U0）
V 安全间距
VB 至孔底前的安全间距

G85　退刀槽循环程序

加工举例

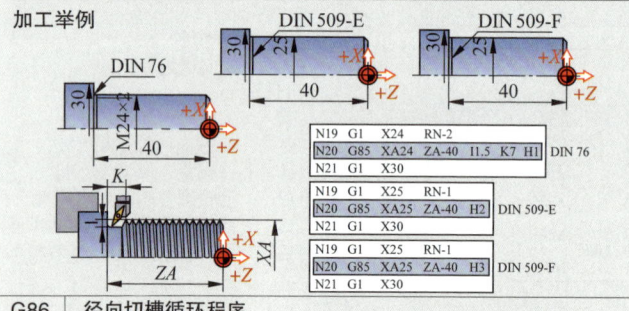

```
N19  G1   X24  RN-2
N20  G85  XA24  ZA-40  I1.5  K7  H1      DIN 76
N21  G1   X30
```

```
N19  G1   X25  RN-1
N20  G85  XA25  ZA-40  H2               DIN 509-E
N21  G1   X30
```

```
N19  G1   X25  RN-1
N20  G85  XA25  ZA-40  H3               DIN 509-F
N21  G1   X30
```

G85 必选地址
XA/ZA 退刀槽位置，绝对
XI/ZI 退刀槽位置，增量
可选地址
I 退刀槽深度，DIN 76（90 页）
K 退刀槽宽度，DIN 76（90 页）
H1 DIN 76（90 页）
H2 DIN 509E（93 页，系列 1）
H3 DIN 509F（93 页，系列 1）
SX 磨削加工尺寸（参见 343 页）
E 切槽进给

G86　径向切槽循环程序

加工举例

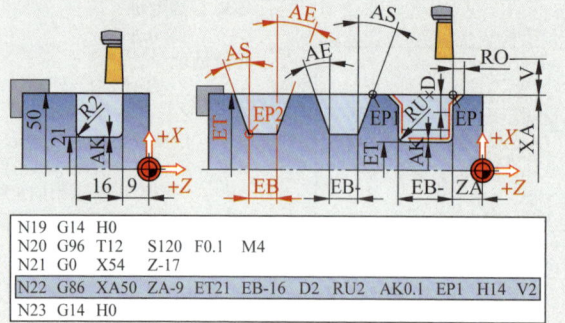

```
N19  G14  H0
N20  G96  T12  S120  F0.1  M4
N21  G0   X54  Z-17
N22  G86  XA50  ZA-9  ET21  EB-16  D2  RU2  AK0.1  EP1  H14  V2
N23  G14  H0
```

G86 必选地址
XA/ZA 切槽位置，绝对
XI/ZI 切槽位置，增量
ET 切槽底 / 开口直径
可选地址
EB 切槽宽度
D 横向进给深度
RO/RU 倒圆（＋）或倒角（−）
AK 轮廓平行加工尺寸
V 安全间距
H14 拔荒和精车
EP1 开口处设置点
EP2 切槽底设置点
AE/AS 切槽断面角

PAL 制循环程序（车削）

CNC 车床循环程序

G88 轴向切槽循环程序

加工举例

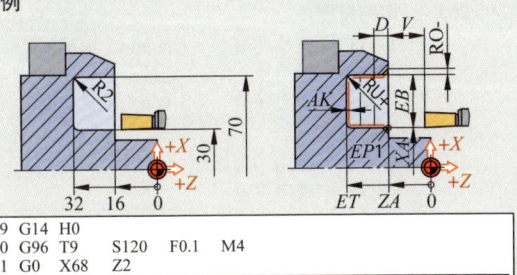

```
N19  G14  H0
N20  G96  T9   S120  F0.1  M4
N21  G0   X68  Z2
N22  G88  XA30  ZA-16  ET-32  EB20  D2  RU2  AK0.1  EP1  H14  V2
```

G88 必选地址

XA/ZA	切槽位置，绝对
XI/ZI	切槽位置，增量
ET	Z 轴上的切槽底

可选地址

EB	切槽宽度
D	横向进给深度
RO/RU	倒圆（＋）或倒角（－）
AK	轮廓平行加工尺寸
V	安全间距
H14	拔荒和精车
EP1	开口处设置点
EP2	切槽底设置点

螺纹轴车削加工的 CNC 程序（PAL 制）

（参见315页）

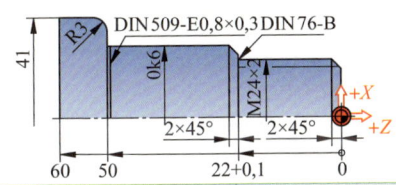

刀具名称	端面车刀	拔荒车刀	精车车刀	螺纹车刀	切槽车刀
刀具编号	T1	T2	T3	T4	T5
切削半径（mm）	0.8	0.8	0.4	–	0.2
切削速度（m/min）	250	200	300	150	155
最大切削深度（mm）	1	3	0.5	–	–
进给量（mm）	0.2	0.45	0.1	2	0.05

编号	路径条件	坐标 X/XA/XI	坐标 Z/ZA/ZI	带地址的附加指令						开关功能	解释
N1	G54										零点位移
N2	G92		S4000								转速限制
N3	G14		H0								快速行程至 WWP
N4	G96		T1	S250	F0.2					M4	调用刀具 T1
N5	G0	X46	Z0.1							M8	快速行程至工件
N6	G1	X-1.6									计划一次切削（r_e=0.8）
N7			Z2								
N8	G14		H0							M9	快速行程至 WWP
N9	G96		T2	S200	F0.45					M4	调用刀具 T2
N10	G0	X46	Z2							M8	快速行程至工件
N11	G81			D3	AX0.5	AZ0.1					
N12	G0	X18	Z2								
N13	G1		Z0								
N14		X24		RN-2							纵向拔荒循环程序
N15	G85	XA24	ZA-22.05	11.5	K5	H1					驶向工件第一点
N16	G1	X30.009		RN-2							轮廓描述，用于粗车（拔荒）
N17	G85	XA30.009	ZA-50	H2							
N18	G1	X41		RN3							
N19			Z-62								
N20		X46									
N21	G80										循环程序结束
N22	G14		H0							M9	快速行程至 WWP
N23	G96		T3	S300	F0.1					M4	调用刀具 T3
N24	G0	X0	Z2							M8	快速行程至工件
N25	G42 G1		Z0								
N26	G23			N14	N20						重复轮廓描述，用于精车
N27	G40										
N28	G14		H0							M9	快速行程至 WWP
N29	G97		T4	S1989						M3	调用刀具 T4
N30	G31	XA24	ZA-21.55	F2	D1.23	XS24	ZS6	Q10	O2	H14 M8	螺纹循环程序
N31	G14		H0							M9	快速行程至 WWP
N32	G96		T5	S155	F0.05					M4	调用刀具 T5
N33	G0	X46	Z-46							M8	快速行程至工件
N34	G86	XA42	ZA-60	ET2	EB-3	EP1	V2				径向切槽循环程序
N35	G14		H1							M9	快速行程至 WWP
N36										M30	程序结束

按 PAL 制 CNC 铣削

CNC 铣床 PAL 制指令编码（多面加工）

G– 功能 – 路径条件[1]（摘选）

插补类型		（参见 361、363 页）
G0	快速行程的行驶路径[2]	
G1	加工过程[1][2]的线性插补	
G2	顺时针圆弧插补	
G3	逆时针圆弧插补[2]	
G4	停留时长	
G9	精确停机	
G10	按极坐标[2]快速行程	
G11	按极坐标[2]线性插补	
G12	按极坐标为驱动刀具[2]顺时针圆弧插补	
G13	按极坐标逆时针圆弧插补[2]	
G45	线性正切驶入某轮廓[2]	
G46	线性正切驶离某轮廓[2]	
G47	正切驶入四分之一圆[2]	
G48	正切驶离四分之一圆[2]	

零点		（参见 364 页）
G50	取消增量零点位移和旋转	
G53	取消所有零点位移和旋转[1]	
G54..	可设置的绝对零点	
..G57	增量零点位移	
G59	笛卡尔坐标和旋转	

刀具补偿		（参见 360 页）
G40	选择切削刀刃半径补偿（SRK）[1][2]	
G41	编程轮廓左侧刀刃半径补偿[2]	
G42	编程轮廓右侧刀刃半径补偿[2]	

尺寸数据		
G70	转换尺寸单位为英寸（Inch）	
G71	转换尺寸单位为毫米（mm）	
G90	绝对尺寸数据[1]	
G91	链接尺寸数据	

切削数据		（参见 329–333 页）
G94	进给速度[1]，mm/min（地址：F）	
G95	进给量，mm（地址：F）	
G97	恒定转速[1]，1/min（地址：S）	

编程技术		（参见 356 页）
G22	调用子程序[3]	
G23	程序重复[3]	

循环程序		（参见 364–367 页）
G34	打开孔内轮廓循环程序	
G35	孔内轮廓循环程序的拔荒铣削工艺	
G38	孔内轮廓循环程序的轮廓描述	
G80	结束 G38 孔内轮廓描述	
G39	调用孔内轮廓循环程序	
G72	矩形槽铣削循环程序[2]	
G73	圆形槽和轴颈铣削循环程序[2]	
G74	铣槽循环程序[2]	
G75	圆弧槽铣削循环程序	
G76	多次调用一排孔的循环程序	
G77	多次调用一圈孔的循环程序	
G78	调用循环程序至某点（极坐标系）	
G79	调用循环程序至某点（笛卡尔坐标系）[2]	
G81	钻孔循环程序[2]	
G82	带切屑断裂的深孔钻循环程序[2]	
G84	攻丝循环程序[2]	
G85	铰孔循环程序[2]	
G88	内螺纹铣削循环程序	

加工面		（参见 364 页）
G16	实际加工面增量旋转	
G17	采用机床固定的空间角度选择面	

M 功能[1]– 附加功能（摘选）   （参见 351 页）

M0	编程停机	M13	同 M3 和冷却润滑剂 开
M3	主轴顺时针旋转（CW[3]）	M14	同 M4 和冷却润滑剂 关
M4	主轴逆时针旋转（CCW[3]）	M15	主轴关，冷却剂 关
M5	主轴关断[1]	M17	子程序结束
M6	刀具更换	M30	带复位至程序开始的程序结束
M8	冷却润滑剂 开	M60	恒定进给量[1]
M9	冷却润滑剂 关[1]		

T 地址[4]– 刀库的刀具编号（摘选）   （参见 350, 368 页）

TR	刀具半径数值的增量变化	T	刀库内刀具编号
TL	刀具长度的增量变化	TC	补偿存储编号

[1] 启动 CNC 程序时的开机状态：G17, G90, G53, G40, G94, G97, G1, M5, M9, M60。
[2] 该指令可在带驱动刀具的 CNC 车床加工 G17- 和 G19 面使用（参见 357 页）。G19 面时，*XY* 轴应与 *ZX* 面匹配。
[3] 程序重复（G22）的地址和子程序调用（G23）的地址均在 CNC 车床列出（参见 356 页）。
[4] 用刀具调用时，同时启动快速行程至刀具更换点（WWP）。
[5] CW：（英语：clock wise- 顺时针）；CCW（英语：counter clock wise- 逆时针）。

PAL 制加工运动（铣削）

CNC 铣床的加工运动

G1　加工过程线性插补[1]

加工举例（从 P1 至 P2 的线性插补）

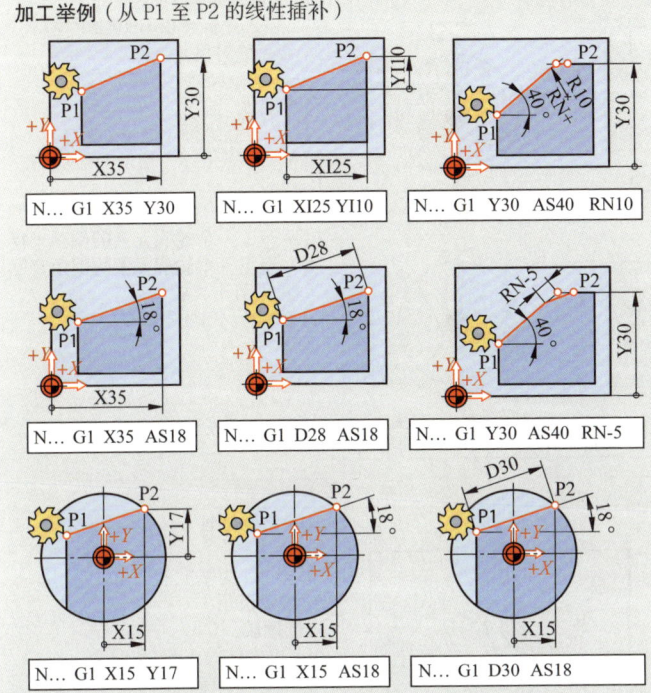

N... G1 X35 Y30

N... G1 XI25 YI10

N... G1 Y30 AS40 RN10

N... G1 X35 AS18

N... G1 D28 AS18

N... G1 Y30 AS40 RN-5

N... G1 X15 Y17

N... G1 X15 AS18

N... G1 D30 AS18

G1 可选地址

X/Y　输入坐标（由 G90/G91 控制）
XA/YA　绝对尺寸[3]
XI/YI　增量尺寸[4]
RN+　至下一个轮廓元素的倒圆半径
RN−　至下一个轮廓元素的倒角宽度
D　行驶距离的长度
AS　行驶段的上升角度
E　精车轮廓进给至过渡元素

[1] 已接通链接尺寸数据（G91）时，只在用绝对尺寸 XA/ZA 编程单个语句时，才在路径条件 G1/G2/G3 时采用坐标 XA/ZA。
[2] 路径条件 G1/G2/G3 时用增量尺寸 XI/ZI 编程就不必接通链接尺寸数据 G91。

G2　顺时针圆弧插补[1]

加工举例（从 P1 至 P2 的圆弧插补）

N... G2 X32 Y27 R12[2]

N... G2 X32 Y27 I12 J0

N... G2 X14 Y6 I16 J-6

N... G2 X35 Y33 AO115

N... G2 X35 Y30 R13 RN7

N... G2 X14 Y6 AO95

G2 必选地址

X/Y　　输入坐标（由 G90/G91 控制）
XA/YA　绝对尺寸
XI/YI　增量尺寸

可选地址

I/IA X　中点坐标（增量 / 绝对）
J/JA Y　中点坐标（增量 / 绝对）
R　　　半径
AO　　张开角
RN+　　至下一个轮廓元素的倒圆半径
RN−　　至下一个轮廓元素的倒角宽度
　　　　（参照 G1）
E　　　精车轮廓进给至过渡元素
O1/O2　短 / 长圆弧[3]

---

[1] 该指令也可在带驱动刀具的 CNC 车床加工 G17 和 G19 面时使用（参见 357 页）。G19 面时，*XY* 轴应与 *ZX* 面匹配。
[2] 无数据适用于预调 O1（短圆弧）。

PAL 制加工运动（铣削）

CNC 铣床的加工运动

G3　逆时针圆弧插补 [1]

加工举例（从 P1 至 P2 的圆弧插补）

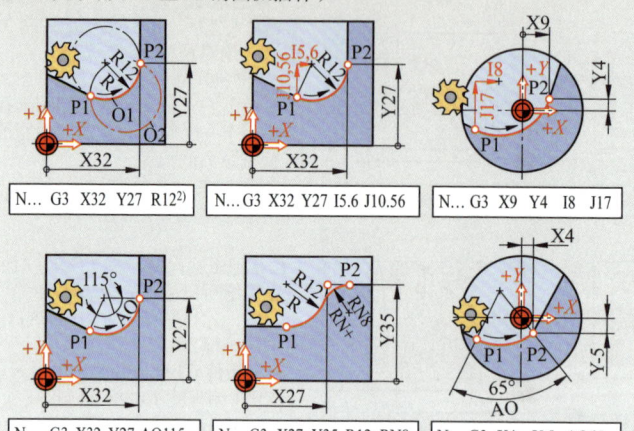

N... G3 X32 Y27 R12 [2]

N...G3 X32 Y27 I5.6 J10.56

N... G3 X9 Y4 I8 J17

N... G3 X32 Y27 AO115

N... G3 X27 Y35 R12 RN8

N... G3 X4 Y-5 AO65

G3 必选地址
X/Y 输入坐标（由 G90/G91 控制）
XA/YA 绝对尺寸
XI/YI 增量尺寸
可选地址
I/IA X 中点坐标（增量 / 绝对）
J/JA Y 中点坐标（增量 / 绝对）
R 半径
AO 张开角
RN+ 至下一个轮廓元素的倒圆半径
RN− 至下一个轮廓元素的倒角宽度
（参照 G1）
O1/O2 短 / 长圆弧

G11　按极坐标 [2] 线性插补

加工举例（从 P1 至 P2 的线性插补）

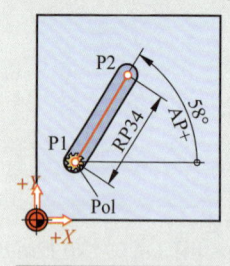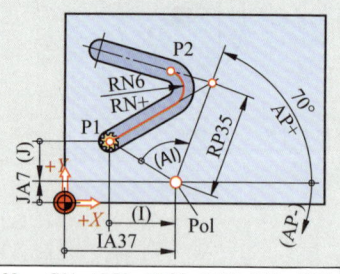

N... G11 AP58 RP34

N... G11 AP70 RP35 IA37 JA7 RN6

G11 必选地址
RP 极半径
AP 以 +X 为基准的极角
AI 增量极角 [3]
可选地址
I/IA 极坐标的 X 坐标
J/JA 极坐标的 Y 坐标
RN+ 至下一个轮廓元素的倒圆半径
RN− 至下一个轮廓元素的倒角宽度
（参照 G1）

G12　按极坐标 [1] 为驱动刀具顺时针圆弧插补

加工举例（从 P1 至 P2 的圆弧插补）

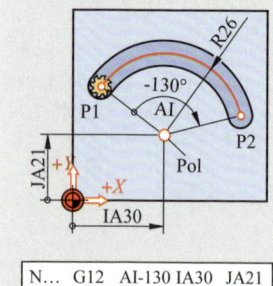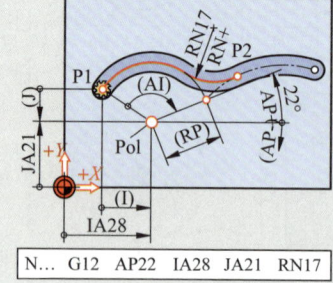

N... G12 AI-130 IA30 JA21

N... G12 AP22 IA28 JA21 RN17

G12 必选地址
AP 以 +X 为基准的极角
AI 增量极角 [3]
可选地址
I/IA 极坐标的 X 坐标
J/JA 极坐标的 Y 坐标
RN+ 至下一个轮廓元素的倒圆半径
RN− 至下一个轮廓元素的倒角宽度

---

[1] 该指令也可在带驱动刀具的 CNC 车床加工 G17 和 G19 面时使用（参见 357 页）。G19 面时，*XY* 轴应与 *ZX* 面匹配。
[2] 无数据适用于预调 O1（短圆弧）。
[3] 增量极角以刀具实际位置为基准。该地址只允许在刀具实际位置的极坐标出现位移时使用。

PAL 制加工运动（铣削）

CNC 铣床的加工运动

G13	逆时针圆弧插补[1]

加工举例（从 P1 至 P2 的圆弧插补）

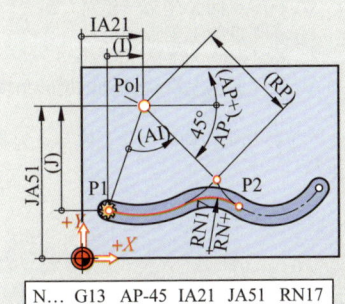
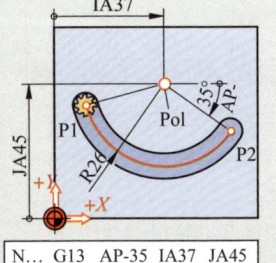

N... G13 AP-45 IA21 JA51 RN17　　　N... G13 AP-35 IA37 JA45

G13 必选地址
AP 以 +X 为基准的极角
AI 增量极角
可选地址
RP 极半径
I/IA X 中点坐标（增量 / 绝对）
J/JA Y 中点坐标（增量 / 绝对）
RN+ 至下一个轮廓元素的倒圆半径
RN− 至下一个轮廓元素的倒角宽度

G10	按极坐标[1]快速行程

加工举例（驶向 P1 和驶离 P2）

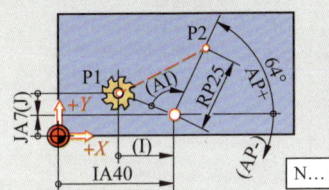
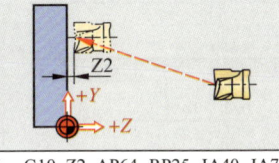

N... G10 Z2 AP64 RP25 IA40 JA7

G10 必选地址
RP 极半径
AP 以 +X 为基准的极角
AI 增量极角[3]
可选地址
I/IA 极坐标的 X 坐标
J/JA 极坐标的 Y 坐标
Z/ZA 驶入的 Z 坐标

G45/G 46	线性正切驶入某轮廓（G45）和线性正切驶离某轮廓（G46）

加工举例（驶向 P1 和驶离 P2）

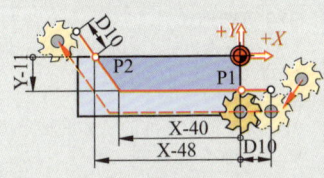

```
N...  G0       X20    Y-8   Z2
N...                        Z-7
N...  G41 G45  X0     Y-11  D10
N...  G1       X-40
N...           X-48   Y0
N...  G40 G46             D10
N...  G0       X-70   Y10  Z2
```

G45 必选地址
D 至第一个轮廓（无前置符号）的
间距
X/Y 输入坐标（由 G90/G91 控制）
XA/YA 绝对尺寸
XI/YI 增量尺寸
G46 必选地址
D 驶离运动的长度（无前置符号）

G47/G 48	正切驶入四分之一圆的某轮廓（G47）和正切驶离该轮廓（G48）

加工举例（驶向 P1 和驶离 P2）

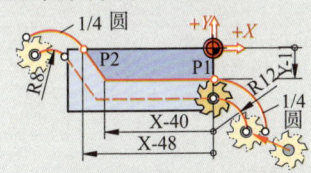

```
N...  G0       X24    Y-35  Z2
N...                        Z-5
N...  G41 G47  X0     Y-11  R12
N...  G1       X-40
N...           X-48   Y0
N...  G40 G48             R8
N...  G0       X-70   Y-15  Z2
```

G47 必选地址
R 驶入行程半径以铣刀中心点轨迹
为基准
X/Y 输入坐标（由 G90/G91 控制）
XA/YA 绝对尺寸
XI/YI 增量尺寸
G48 必选地址
R 驶入行程半径以铣刀中心点轨迹
为基准

· G47 必须调用铣刀半径补偿 G41/G42。
· G48 必须调用取消铣刀半径补偿 G40。

G54–G57	可设置的绝对零点

用指令 G54、G56、G57 或 G58 分别可确定开始加工的工件零点，该点与机床零点的间距已做定义。机床操作人员在启动程序之前已将位移数值输入 CNC 控制系统的零点记录。

[1] 该指令也可在带驱动刀具的 CNC 车床加工 G17 和 G19 面时使用（参见 357 页）。G19 面时，XY 轴应与 ZX 面匹配。

PAL 制循环程序（铣削）

CNC 铣床循环程序

G59	笛卡尔坐标增量零点位移和旋转

加工举例（从 W1 至 W2 的零点位移）

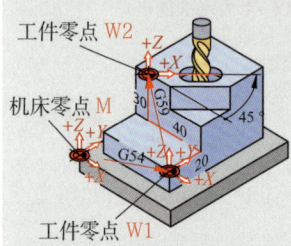

```
N...        G54
N...    T3   S2380   F470   M13
N...    G0  X...          Z...
N...
N...    T4   S4470   F570   M13
N... G59 XA-40 YA20 ZA30 AR45
N... G0  X...          Z...
```

用 G59 移位的工件零点仍可用指令 G50 放回原位，G50 由 G54 调用。

G59[1] 可选地址
XA 新零点的 X 坐标，绝对
YA 新零点的 Y 坐标，绝对
ZA 新零点的 Z 坐标，绝对
AR 以 X 轴为基准绕 Z 轴的旋转角度

[1] 位移和旋转均以实际工件零点为基准。

G17/G16	采用机床固定的空间角度选择面 / 面的增量旋转

加工举例（用指令 G17 旋转加工面）

在 W1 的 XY 面内编程

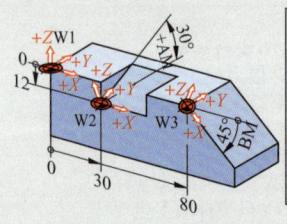

```
N...        G54              ;W1
N...
N... G59 XA30 ZA-12          ;W2
N... G17           AM30
N... 在 W2 的 XY 面内编程
N... G22 L100
N... G59 XA80                ;W3
N... G17           BM45
N... 在 W3 的 XY 面内编程
WN...   G22   L100
```

L100（面和零点位移的复位子程序）

正旋转方式

```
N1   G0   Z50
N2   G17
N3   G50
N4         M17
```

（用主程序指令 G22 调用子程序）

G17[1] 可选地址
AM 绕 X 轴的绝对旋转角度
BM 绕 Y 轴的绝对旋转角度
CM 绕 Z 轴的绝对旋转角度
G16[1] 可选地址
AR 绕 X 轴的增量旋转角度
BR 绕 Y 轴的增量旋转角度
CR 绕 Z 轴的增量旋转角度

G79	调用循环程序至某点（笛卡尔坐标系）[4]

加工举例（调用铣槽循环程序 G74）

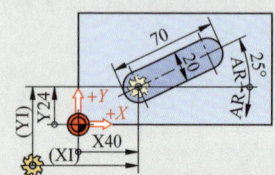

```
N... G74 ZA-8 LP70 BP20 D4  V2
N... G79 X40 Y24 Z0  AR25
N...
```

· 调用实时有效铣削循环程序
· 用安全间距 V 以快速行程驶入

G79 可选地址
X/Y/Z 输入坐标（由 G90/G91 控制）
XA/YA/ZA 绝对尺寸
XI/YI/ZI 增量尺寸
AR 以 X 轴为基准的物体旋转角度
W 工件坐标回程面，绝对

G78	调用循环程序至某点（极坐标系）[4]

加工举例（调用深孔循环程序 G82）

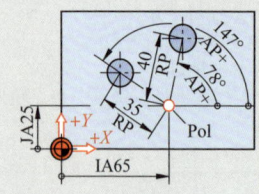

```
N... G82 ZA-15 D3  V2
N... G78 Z0   IA65 JA25 RP40 AP78
N... G78 Z0   IA65 JA25 RP35 AP147
N...
```

· 调用实时有效铣削循环程序
· 用安全间距 V 以快速行程驶入

G78 必选地址
I/IA 极坐标系的 X 坐标
J/JA 极坐标系的 Y 坐标
RP 极半径
AP 以 +X 为基准的极角
可选地址
Z/ZI/ZA Z 坐标的上边缘
AR 旋转角度
W 回程面，绝对

[1] 绕机床坐标系的各轴旋转。用 G17 指令可调用绕位移轴的多次旋转（例如 N...G17 AM30 CM-45）。
[2] 绕实时工件坐标系的各轴旋转。用 G16 可多次增量旋转一个加工。更新的 G16 指令可设置实时加工面。
[3] 该指令也可在带驱动刀具的 CNC 车床加工 G17 和 G19 面时使用（参见 357 页）。G19 面时，XY 轴应与 ZX 面匹配。

PAL 制循环程序（铣削）

CNC 铣床循环程序

G76	直线上的多次循环程序（一排孔）[1]

加工举例（调用直线上的铣槽循环程序）

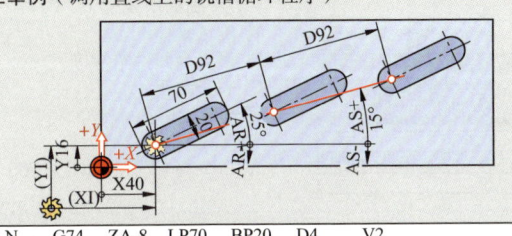

```
N... G74 ZA-8 LP70 BP20 D4 V2
N... G76 X40 Y16 Z0 AS15 D92 O3 AR25
```

G76 必选地址
AS 以 X 为基准的直线的角度
D 调用点之间的间距
O 调用点的数量
可选地址
AR 物体的旋转角度
X/Y/Z 输入坐标（由 G90/G91 控制）
XA/YA/ZA 绝对尺寸
XI/YI/ZI 至实际工件位置的增量尺寸

G77	在一圈孔上多次调用循环程序[1]

加工举例（调用一圈孔的钻孔循环程序）

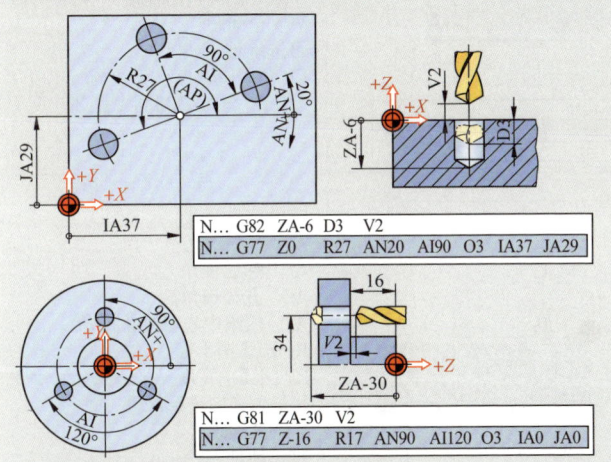

```
N... G82 ZA-6 D3 V2
N... G77 Z0 R27 AN20 AI90 O3 IA37 JA29
```

```
N... G81 ZA-30 V2
N... G77 Z-16 R17 AN90 AI120 O3 IA0 JA0
```

G77 必选地址
R 孔圆圈半径
AN 以 X 轴为基准第一孔的起始角度
AP 以 X 轴为基准最后孔的终止角度
AI 恒定的弓形角
O 调用点的数量
I/IA X 中点坐标
J/JA Y 中点坐标
Z, ZA, ZI Z 中点坐标
可选地址
W 回程面（无数据时 W=V）
H1 加工后以 V 安全间距行驶至最后
　　一个对象 W（预设）
H2 加工后始终驶向 W
AR 物体旋转角度（无数据时：AR0）

G72	矩形槽铣削循环程序[1]

加工举例

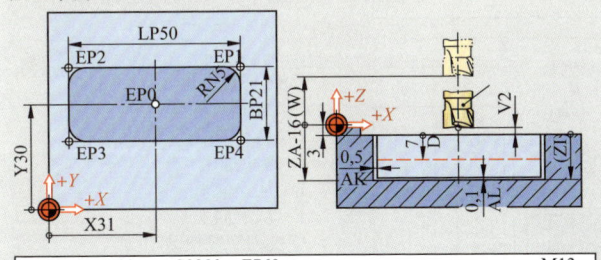

```
N...     T6    S2380 F760                M13
N... G72 ZA-16 LP50  BP21 D7 V2 RN5 AK0.5 AL0.1 E100
N... G79 X31   Y30   Z-3
N...     T...
```

无数据时，H 适用于 H1：拔荒铣槽。

G72 必选地址
ZI/ZA 矩形槽深
LP X 方向的槽长度（第 1 轴）
BP Y 方向的槽宽度（第 2 轴）
D 最大横向进给深度
V 安全间距
可选地址
RN 圆角半径
EP 调用设置点 – 无数据时：EP0
AK 整圆加工尺寸
AL 槽底加工尺寸
H2 端面拔荒
H4 精铣（边棱和槽底）
H14 拔荒和精铣
E 进槽时的进给速度
W 回程面，绝对

[1] 该指令也可在带驱动刀具的 CNC 车床加工 G17 和 G19 面时使用（参见 357 页）。G19 面时，XY 轴应与 ZX 面匹配。

PAL 制循环程序（铣削）

CNC 铣床循环程序

G73　圆槽和轴颈铣削循环程序[1]

加工举例

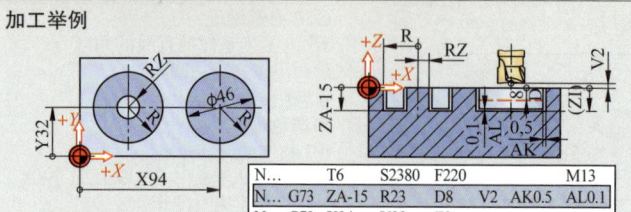

G73 必选地址
ZI/ZA 圆形槽深
R 圆槽半径
D 最大横向进给深度
V 安全间距
可选地址
RZ 轴颈半径
AK...W 与 G72 相同（见 365 页）

```
N...      T6   S2380 F220              M13
N... G73 ZA-15 R23    D8   V2 AK0.5 AL0.1
N... G79 X94  Y32  Z0
```

G74　铣槽循环程序[1]

加工举例

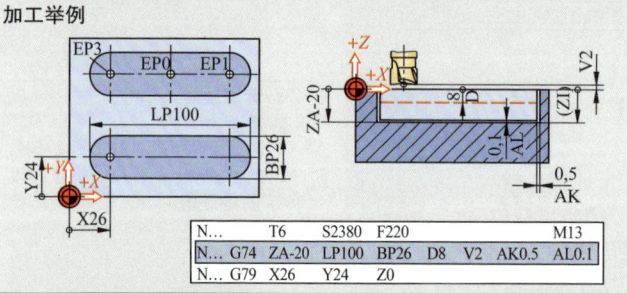

G74 必选地址
ZI/ZA 槽深
LP X 方向的槽长度（第 1 轴）
BP Y 方向的槽宽度（第 2 轴）
D 最大横向进给深度
V 安全间距
可选地址
EP 调用设置点 – 无数据时：EP0
AK...W 与 G72 相同（见 365 页）

```
N...      T6   S2380 F220              M13
N... G74 ZA-20 LP100 BP26 D8 V2 AK0.5 AL0.1
N... G79 X26  Y24  Z0
```

G75　圆弧槽铣削循环程序[1]

加工举例

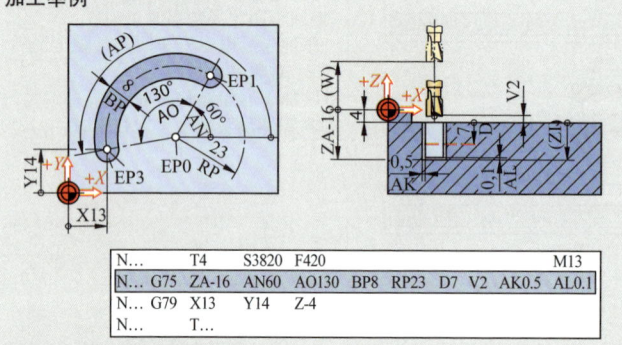

G75 必选地址
ZI/ZA 圆弧槽深
AN[2] 起始极角
AO[2] 孔径极角
AP[2] 槽圆中心点终止极角
RP 圆弧槽半径
BP 圆弧槽宽度
D 最大横向进给深度
V 安全间距
可选地址
EP 调用设置点 – 无数据时：EP3
AK...W 与 G72 相同（见 365 页）
[2] 两个极角数据都必须给出。

```
N...      T4   S3820 F420              M13
N... G75 ZA-16 AN60 AO130 BP8 RP23 D7 V2 AK0.5 AL0.1
N... G79 X13  Y14  Z-4
N...
```

G88　内螺纹铣削循环程序

加工举例

螺旋线性运动
（螺旋运动）

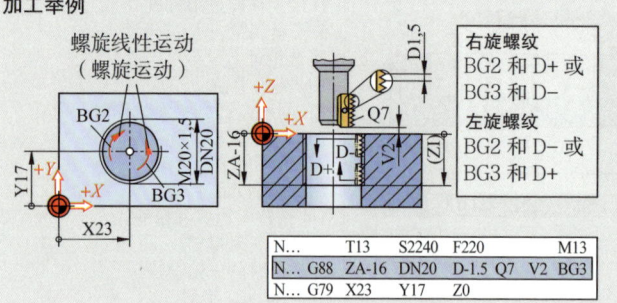

右旋螺纹
BG2 和 D+ 或
BG3 和 D–
左旋螺纹
BG2 和 D– 或
BG3 和 D+

G88 必选地址
ZI/ZA 螺纹深度
DN 标称直径
D 螺距加工：
D+ 从上向下
D– 从下向上
Q 铣刀螺纹槽数
V 安全间距
可选地址
BG 铣刀运动方向
BG2 顺时针方向
BG3 逆时针方向

```
N...      T13  S2240 F220              M13
N... G88 ZA-16 DN20 D-1.5 Q7 V2 BG3
N... G79 X23  Y17  Z0
```

[1] 该指令也可在带驱动刀具的 CNC 车床加工 G17 和 G19 面时使用（参见 357 页）。G19 面时，XY 轴应与 ZX 面匹配。

PAL 制循环程序（钻孔，攻丝，铰孔）

CNC 铣床循环程序

G81　钻孔循环程序[1]

加工举例（定中心和钻孔直径 10）

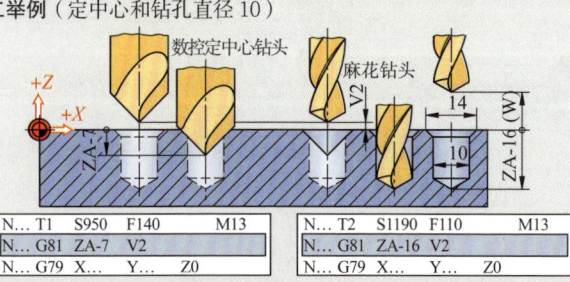

N...	T1	S950	F140		M13
N...	G81	ZA-7	V2		
N...	G79	X...			Z0

N...	T2	S1190	F110		M13
N...	G81	ZA-16	V2		
N...	G79	X...			Z0

G81 必选地址

ZA 孔深，绝对

ZI 孔深，增量，从外形轮廓面开始（负）

V 安全间距

可选地址

W 回程面高度，绝对

钻孔循环程序 G81 用于钻中心孔，定中心或钻小孔（无切屑断裂）

G82　有切屑断裂的深孔钻循环程序[1]

加工举例（定中心和深孔直径 5）

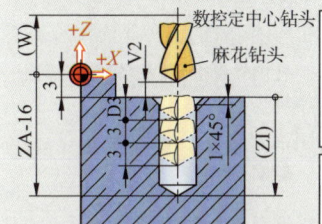

N...	T1	S950	F140		M13
N...	G81	ZA-6.5	V2		
N...	G79	X...	Y...		Z-3
N...	T2	S1350	F95		M13
N...	G82	ZA-16	D3	V2	
N...	G79	X...	Y...		Z-3
N...					

每次横向进给后，停留一圈后回程 1mm（预设）。

G82 必选地址

ZA 孔深，绝对

ZI 孔深，增量，从外形轮廓面开始（负）

V 安全间距

可选地址

E 定中心钻孔进给量

W 回程面高度，绝对

G84　攻丝循环程序[1]

加工举例（定中心，深孔钻和丝攻 M8）

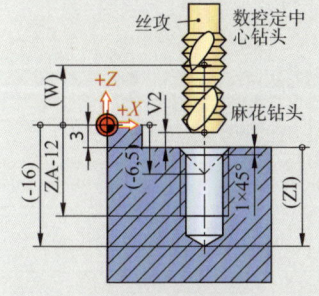

N...	T1	S950	F140		M13
N...	G81	ZA-6.5	V2		
N...	G79	X...	Y...		Z-3
N...	T2	S1350	F95		M13
N...	G82	ZA-16	D3	V2	
N...	G79	X...	Y...		Z-3
N...	T3	S390			M8
N...	G84	ZA-12	F1	V2	M3
N...	G79	X...	Y...		Z-3
N...					

达到螺纹深度后，主轴变换转动方向。

G84 必选地址

ZA 孔深，绝对

ZI 孔深，增量，从外形轮廓面开始（负）

F 螺距，单位：mm/ 圈

M 进深时丝攻旋转方向

M3：右旋螺纹

M4：左旋螺纹

V 安全间距

可选地址

W 回程面高度，绝对

G85　铰孔循环程序[1]

加工举例（定中心，深孔钻和铰孔 ø5H7）

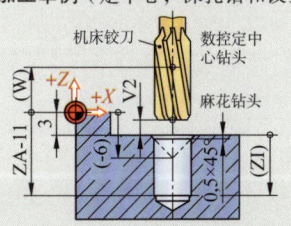

N...	T1	S950	F140		M13
N...	G81	ZA-6	V2		
N...	G79	X...	Y...		Z-3
N...	T4	S1350	F95		M13
N...	G82	ZA-10	D3	V2	
N...	G79	X...	Y...		Z-3
N...	T5	S410	F180		M13
N...	G85	ZA-11	V2		
N...	G79	X...	Y...		Z-3
N...					

G85 必选地址

ZA 铰孔深度，绝对

ZI 铰孔深度，增量，从外形轮廓面开始（负）

V 安全间距

可选地址

E 回程进给速度，单位：mm/min

W 回程面高度，绝对

---

[1] 该指令也可在带驱动刀具的 CNC 车床加工 G17 和 G19 面时使用（参见 357 页）。G19 面时，*XY* 轴应与 *ZX* 面匹配。钻孔和铰孔循环程序的调用点（设置点）是孔中心点。指令 G76、G77、G78 或 G79 中的任何一个均可进行调用（参见 364、365 页）。

循环程序，PAL 制 CNC 程序（铣削）

CNC 铣床循环程序

G34/G35/G37/G38/G80/G39	孔内轮廓循环程序（KTZ）

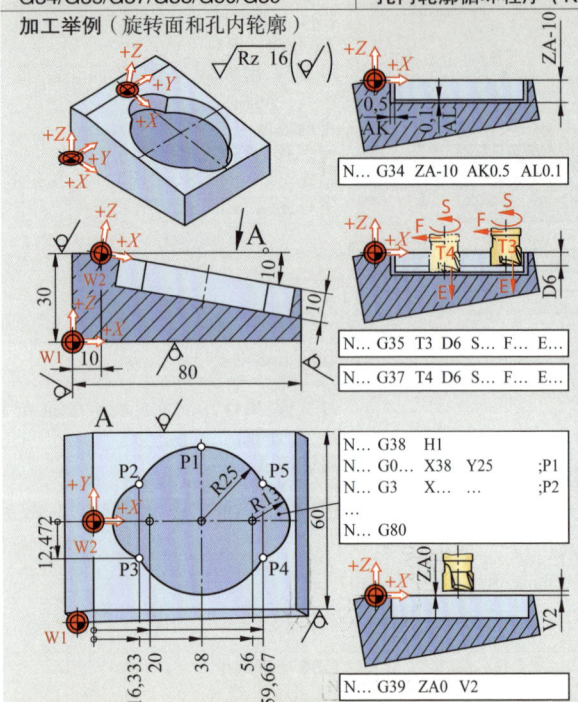

加工举例（旋转面和孔内轮廓）

N... G34 ZA-10 AK0.5 AL0.1

N... G35 T3 D6 S... F... E...

N... G37 T4 D6 S... F... E...

N... G38 H1
N... G0... X38 Y25 　;P1
N... G3 X... ... 　;P2
...
N... G80

N... G39 ZA0 V2

G34	打开 KTZ

G34 地址
ZA 孔深，绝对
ZI 孔深，增量，从表面开始
AK 圆角加工尺寸
AL 孔底加工尺寸

G35	孔内轮廓循环程序的拔荒工艺

G35 地址
T 刀具编号
D 从表面开始的最大横向进给深度
S 转速 / 切削速度
F 铣削进给速度
E 切槽进给速度

G37	孔内轮廓循环程序的精铣工艺

G37 地址
T 刀具编号
H4 精铣（首先边棱，然后孔底）
D...E 与 G35 相同

G38	孔内轮廓循环程序的轮廓描述

G38 地址
H1 孔
H3 有中间物的孔

G80	轮廓描述结束

G39	调用孔内轮廓循环程序

G39 地址
ZA 孔深，绝对
ZI 孔深，增量，从表面开始
V 安全间距

带旋转面 G17 和孔内轮廓的 CNC 铣削加工程序（PAL 制）

编号	路径条件	坐标 X/XA/XI	Y/YA/YI	Z/ZA/ZI	带地址的附加指令						开关功能	解释
N1	G54											零点位移 W1
N2					T1	TL0.1	S150	F130			M13	调用刀具 T1–Φ80
N3	G59	XA10	YA30	ZA30								零点位移 W2
N4	G17				BM10							面的旋转
N5	G0	A35.5	Y–72	Z14								快速行程至工件
N6	G1			Z0								斜面拔荒铣削
N7			Y–72									
N8					T2		S150	F80			M13	调用刀具 T2–Φ80
N9	G0	X35.5	Y–72	Z2								快速行程至工件
N10	G1			Z0								斜面精铣
N11			Y–72									
N12					T3							调用刀具 T3–Φ16
N13	G34			ZA–10	AK0.5	AL0.1						打开孔内轮廓循环程序
N14	G35				T3		S2380	F760	D6	E100	M13	孔内轮廓循环程序的拔荒工艺
N15	G37				T4		S2380	F470	D6	E100	H4 M13	孔内轮廓循环程序的精铣工艺
N16	G38				H1							孔内轮廓循环程序：孔
N17	G0	X38	Y25									P1 孔内轮廓起始点
N18	G3	X16.333	Y12.472	R25								P2
N19	G3	X16.333	Y–12.472	I3.667	J–12.472							P3 轮廓描述
N20	G3	X59.667	Y–12.472	R25								P4
N21	G3	X59.667	Y12.472	I–3.667	J12.472							P5
N22	G3	X38	Y25	R25								P1
N23	G80											结束轮廓描述
N24	G39			ZA0	V2							调用孔内轮廓循环程序
N25	G0			Z50								快速行程至 WWP
N26	G17											取消旋转面
N27	G50											取消 G59
N28					T0						M30	程序结束

线切割，电火花蚀除

电火花蚀刻切割法（线切割）

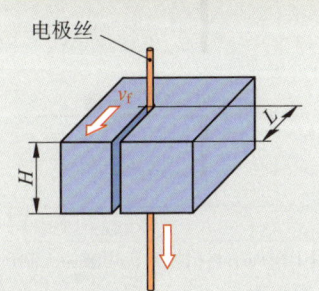

电极丝

v_f

H

t_h 主有效时间（min）
v_f 进给速度（mm/min）
L 进给距离，切削长度（mm）
H 切削高度（mm）
T 形状公差（μm）

举例：

材料：钢，H=30mm；L=320mm；
T=30μm；v_f=？，t_h=？

V_f = **1.8mm/min**

$t_h = \dfrac{L}{v_f} = \dfrac{320\,mm}{1.8\,mm/min} =$ **178min**

主有效时间

$$t_h = \frac{L}{v_f}$$

进给速度 v_f（标准值）[1]

切削高度 H mm	进给速度 v_f, mm/min										
	钢材料加工					铜材料加工			硬质合金加工		
	力争达到形状公差 T，μm										
	60	40	30	20	10	40	20	10	80	20	10
10	9.0	8.5	4.0	3.9	2.1	7.5	3.5	2.0	4.5	0.7	0.6
20	5.1	5.5	2.5	2.5	1.5	4.7	2.4	1.5	3.1	0.3	0.3
30	3.7	4.0	1.8	1.8	1.1	4.0	1.9	1.1	2.3	0.2	0.2
50	2.5	2.5	1.2	1.2	0.8	2.6	1.4	0.7	1.4	0.2	0.2

[1] 表内列举的数值是主切削和所有为达到轮廓公差所要求的副切削的平均值。冲洗条件不佳时可达到的切削速度将明显下降。

常规电极丝的性能和应用

电极丝材料	电导率 m/($\Omega \cdot mm^2$)	抗拉强度 N/mm^2	电极丝常用直径 mm	应用
铜锌合金	13.5	400...900	0.2...0.33	通用
钼	18.5	1900	0.025...0.125	形状公差极小的切削
钨	18.2	2500	0.025...0.125	薄切削间隙，小角半径

电火花蚀除（电火花蚀刻）

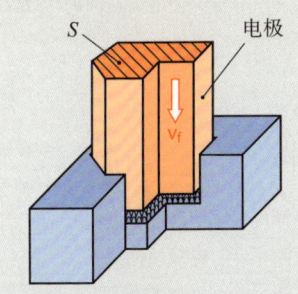

S

电极

v_f

t_h 主有效时间（min）
S 电极蚀刻横截面（mm^2）
V 蚀刻体积（mm^3）
V_w 蚀刻率（mm^3/min）

举例：

钢材料拔荒；石墨电极，S=150 mm^2；V=3060 mm^3；
V_w=？；t_h=？

V_w = **31mm³/min**

$t_h = \dfrac{V}{V_w} = \dfrac{3060\,mm^3}{31\,mm^3/min} =$ **99min**

主有效时间

$$t_h = \frac{V}{V_w}$$

蚀刻率 V_w（标准值）[1]

加工材料	电极材料	蚀刻率 V_w, mm³/min										
		拔荒						精加工				
		蚀刻横截面 S, mm²						力求表面粗糙度 R_z, μm				
		10至50	50至100	100至200	200至300	300至400	400至600	2至3	3至4	4至6	6至8	8至10
钢	石墨	7.0	18	31	62	81	105	–	–	–	2	5
	铜	13.3	22	28	51	85	105	0.1	0.5	1.9	3.8	5
硬质合金	铜	6.0	15	18	28	30	33	–	0.1	0.5	2.2	5.2

[1] 由于加工技术因素影响很大，造成数值出现波动，为此参见 370 页。

电火花蚀除时加工技术的影响

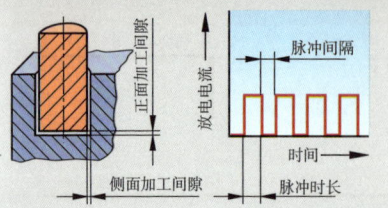

V_W 蚀刻率（mm³/min）
V 蚀刻体积（mm³）
t 蚀刻时间（min）
V_E 绝对刀具磨损（mm³）
V_{rel} 相对刀具磨损（%）

蚀刻率

$$V_W = \frac{V}{t}$$

相对刀具磨损

$$V_{rel} = \frac{V_E}{V} \cdot 100\%$$

影响		解释，性能和应用
电极材料	电解铜	通用用途：低磨损特性；高蚀刻率；用于精加工和粗加工；切削加工制造电极有难度；热膨胀率高，无边棱断裂；易扭曲
	石墨 不同粒度	通用用途：极低的磨损特性；较大的电流密度，大于铜；电极重量轻；容易采用切削加工方法制造电极；无扭曲；低热膨胀率；电极越细，为其选定的石墨粒度越小；不适用于硬质合金加工
	钨－铜	细小电极；极低的磨损特性；相对较小放电电流时，电流密度大，但蚀刻率极高；只能制造有限的尺寸，电极很重
	铜－石墨	特殊用途，用于小电极尺寸，同时具有极高的电极强度；在特殊用途中，电极磨损和蚀刻率均处于次要地位
电介质	人工油： 过滤并冷却；由机床制造商规定	对电介质的要求： ·为产生稳定的电火花，其电导率必须低和恒定 ·低黏度利于可滤性和进入狭小缝隙的渗透性 ·低蒸发性，因会出现有毒蒸汽 ·高燃点，有火灾危险 ·高导热率，便于冷却 ·对操作人员的健康危害极低
冲洗	更新电介质 工作现场 分解残留 从缝隙中冲走	根据要求和可能性的不同采用多种不同的冲洗方法，使电火花蚀刻功效保持稳定： ·浸泡（最常用方法，同时可导热） ·贯通冲洗，穿过空心电极或从电极旁过 ·抽吸冲洗，穿过空心电极或从电极旁过 ·因抽回电极产生的周期性冲洗 ·工件与电极之间的相对运动产生的运动冲洗，不中断蚀刻过程
极性	正极	将电极设为正极；用于拔荒时脉冲时长且频率低时电极熔损低
	负极	将电极设为负极；用于脉冲持续时间短且频率高的蚀刻加工
加工间隙	正面	与进给量（一般通过放电电压调节）保持一致。 设定的调节敏感性过高：电极持续在开与关之间波动，无法调节放电。 设定的调节敏感性过低：频繁出现不正常放电或形成过大间隙
	侧面	实际上通过放电脉冲的时长和高度，通过材料对和空转电压予以确定
放电电流	小	铜电极的蚀刻效率低，刀具磨损小，石墨电极磨损大
	大	铜电极蚀刻效率高，刀具磨损大，石墨电极磨损小
脉冲时长	短	正极时电极磨损大，蚀刻率低
	长	负极时电极磨损小，蚀刻率高

冲剪力，冲压使用条件

冲剪力，冲剪功

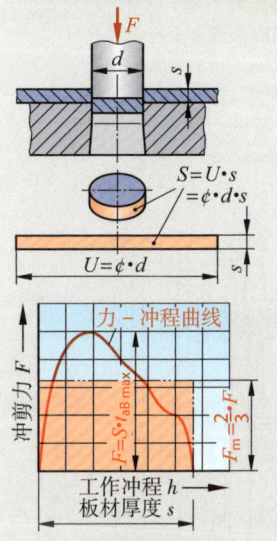

F	冲剪力
F_m	平均冲剪力
S	冲剪面积
$R_{m\,max}$	最大抗拉强度
τ_{aBmax}	最大抗剪强度
W	冲剪功
s	板材厚度

冲剪力

$$F = S \cdot \tau_{aBmax}$$

最大抗拉强度

$$\tau_{aBmax} \approx 0.8 \cdot R_{m\,max}$$

冲剪功

$$W = \frac{2}{3} \cdot F \cdot S$$

举例：

$S = 236\ \text{mm}^2$；$s = 2.5\ \text{mm}$；$R_{m\,max} = 510\ \text{N/mm}^2$

求：τ_{aBmax}；F；W

解：$\tau_{aBmax} = 0.8 \cdot R_{m\,max}$
$\qquad = 0.8 \cdot 510\,\text{N/mm}^2 = \mathbf{408\,N/mm^2}$

$\quad F = S \cdot \tau_{aBmax} = 236\,\text{mm}^2 \cdot 408\,\text{N/mm}^2$
$\qquad = 96\,288\ \text{N} = \mathbf{96\,288\ kN}$

$\quad W = \frac{2}{3} \cdot F \cdot S = \frac{2}{3} \cdot 96\,288\ \text{kN} \cdot 2.5\,\text{mm}$
$\qquad \approx 160\ \text{kN·mm} = \mathbf{160\ N·m}$

偏心压力机和曲柄压力机的使用条件

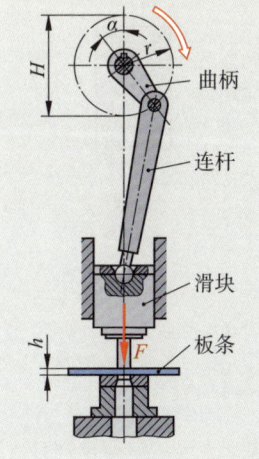

一般将压力机驱动系统设置为曲柄角度 $\alpha = 30°$ 时可达到标称冲压力。

持续冲程模式时，机床的工作不中断。单个冲程时，每次冲程后都会停止一次冲压。可调冲程的冲压模式时，冲压力允许小于标称冲压力。

F	冲剪力，成形力
F_n	标称冲压力
F_{zul}	可调冲程时许用冲压力
H	冲程，可调冲程时的最大冲程
H_e	可调冲程
h	工作行程（＝板厚 s）
W	冲剪功，成形功
W_D	持续冲程时的做功能力
W_E	单个冲程时的做功能力

持续冲程时的做功能力

$$W_D = \frac{F_N \cdot H}{15}$$

单个冲程时的做功能力

$$W_E = 2 \cdot W_D$$

使用条件
固定冲程
$F \le F_n$ $W \le W_D$ 或 $W \le W_E$
可调冲程
$F \le F_{zul}$ $F_{zul} = \dfrac{F_n \cdot H}{4 \cdot \sqrt{H_e - h - h^2}}$ $W \le W_D$ 或 $W \le W_E$

举例：

固定冲程偏心压力机，$F_n = 250\ \text{kN}$；$H = 30\ \text{mm}$；$F = 207\ \text{kN}$；$s = 4\ \text{mm}$

求：W；W_D. 持续冲程的冲压可调吗？

解：

$W = \frac{2}{3} \cdot F \cdot S = \frac{2}{3} \cdot 207\ \text{kN} \cdot 4\,\text{mm} = 552\ \text{kN·mm} = \mathbf{552\ N·m}$

$W_D = \frac{F_n \cdot H}{15} = \frac{250\,\text{kN} \cdot 30\,\text{mm}}{15} = 500\ \text{kN·mm} = \mathbf{500\ N·m}$

如果 $F < F_n$，但 $W > W_D$，则用持续冲程加工该工具时冲压不可调。

冲剪模具

冲剪过程： 采用立柱导引连续冲剪模具可用钢板加工出盖板。原料板条从机床左边引入模具。加工阶段 A，冲剪凸模（15，16）冲出四个孔并在平面上同时冲孔。与此同时，边缘切刀（20）修出进给尺寸。加工阶段 B，冲剪凸模（14）冲剪出盖板的外形。每个冲程后，原料板条都向前推进一个进给尺寸 V。

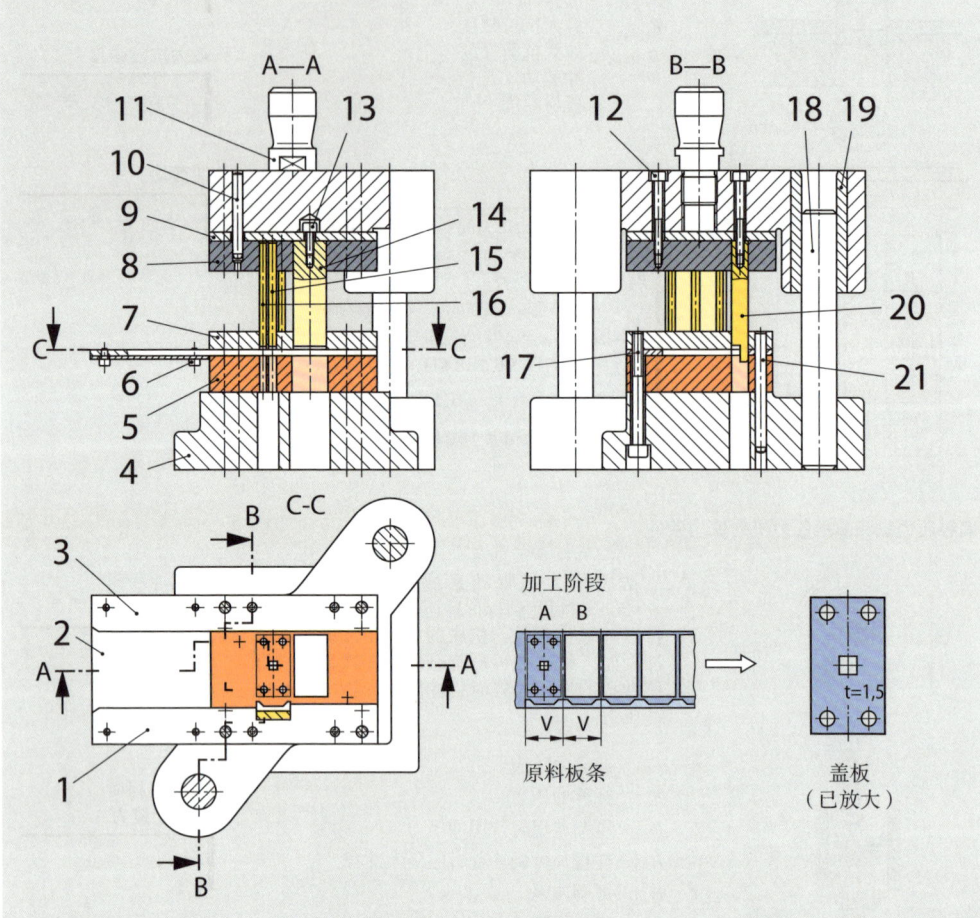

零部件明细表

位置号	名称	标准／材料	位置号	名称	标准／材料
1	导板，前	S235JR	12	圆柱螺钉	ISO 4762
2	垫板	DC01	13	圆柱螺钉	ISO 4762
3	导板，后	S235JR	14	冲剪凸模，淬火	X210CrW12
4	柱架	DIN 9819	15	冲剪凸模，淬火	S6-5-2
5	冲剪凹模，淬火	X210CrW12	16	冲剪凸模，淬火	DIN 9861
6	圆柱螺钉	ISO 4762	17	圆柱螺钉	ISO 4762
7	导出板	S235JR	18	导柱，淬火	DIN 9825-2
8	凸模板	S235JR	19	导套	DIN 9831-1
9	压板，淬火	90MnCrV8	20	边缘切刀，淬火	X210CrW12
10	圆柱销，淬火	ISO 8734	21	圆柱销，淬火	ISO 8734
11	固定榫	DIN ISO 10242			

冲剪模具的标准件

图形	尺寸，从 ... 至，mm	标准，材料	性能，功能
柱架			参照 DIN 9819（1981-12）
	DIN 9819：C 型 工作面积： $a \times b =$ $60 \times 63...315 \times 125$	DIN 9819： 导柱靠角站立 DIN 9812： 导柱位于中间 **材料：** 钢、铸铁、铝	矩形或圆形工作面上有两根或四根导柱，对此可选择滑动导轨或滚珠导轨。
柱架导柱			参照 DIN 9825-2（2013-01）
	$d_1 \times l=$ $11 \times 80...80 \times 560$	DIN 9825-2 **材料：** 例如 C60E 硬度 780+40 HV10 CHD ≥ 0.8mm	导柱直径公差区 h3，精磨。其中一个导柱的直径应尽可能小于其他导柱的直径，目的是使凸模上部分和下部分只在正确位置上才能接合。
柱架导套			参照 DIN 9831-1（2013-01）
	$d_1 \times d_2 \times l_1=$ $11 \times 22 \times 23...$ $80 \times 105 \times 135$	DIN 9831-1： 带滑动导轨 DIN 9831-2： 带滚动导轨 **材料：** 例如钢、青铜、模铸树脂、烧结材料	导套用于按 DIN 9825-2 的导柱。 **优点：** ・导向精确 ・运行寿命长
带贯通杆的圆形冲剪凸模			参照 DIN 9861-1（1992-07）
	$d_1=0.5...20$ $l_1=71，80，100$	DIN 9861-1 ISO 6752 **材料：** 工具钢、高速切削钢，希望有 TiN（氮化钛）涂层	大部分用作冲孔凸模。**杆硬度** 工具钢：HRC 62±2 高速切削钢：HRC 64±2 **头部硬度** 工具钢：HRC 50±5 高速切削钢：HRC 50±5 头部和杆均磨削。
快装式冲剪凸模			参照 DIN ISO 10071-1（2010-11）
	A 型： $d \times l=$ $6 \times 63...32 \times 100$ **BS 型：** $a=1.6...22.5$ **BR 型：** $a=1.6...1.2$ $b=5.9...31.9$	DIN ISO 10071-1 **光杆：** A 型：圆柱形 **锥形杆：** B 型：圆柱形 BS 型：正方形 BR 型：矩形 BO 型：椭圆形	换装时间短。 可加工的板厚最大可达 3mm。 普通专业贸易中有适配冲剪凸模的冲剪套筒。
A 型固定榫			参照 DIN ISO 10242-1（2012-06）
	$d_1 \times d_2 \times l_1=$ $20 \times M16 \times 1.5 \times 58...$ $50 \times M30 \times 2 \times 108$	A 型： DIN ISO 10242-1 C 型： DIN ISO 10242-2 **材料：** 例如 E295，C45 中等硬度 140HB	用固定榫将中型和小型凸模的上部分与冲剪滑块连接起来。 柱架常常也通过联轴器轴颈和卡盘与冲剪滑块连接。

模具和工件尺寸

冲剪凸模和冲剪凹模尺寸

参照 VDI 3368（1982-05），已撤销

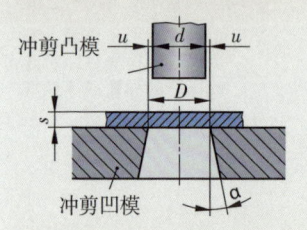

冲剪凸模

冲剪凹模

d 冲剪凸模尺寸
D 冲剪凹模尺寸
u 冲剪间隙
s 板厚
α 间隙角

方法	冲孔	落料
工件形状	d	D
对于设定尺寸 重要的是：	冲剪凸模尺寸 d	冲剪凹模尺寸 D
凹模尺寸	冲剪凹模 $D = d + 2 \cdot u$	冲剪凸模 $d = D - 2 \cdot u$

与材料和板厚相关的冲剪间隙 u

板厚 s mm	冲剪凹模贯穿，有间隙角 α 抗剪强度 τ_{aB}, N/mm^2				冲剪凹模贯穿，无间隙角 α 抗剪强度 τ_{aB}, N/mm^2			
	至 250	251...400	401...600	超过 600	至 250	251...400	401...600	超过 600
	冲剪间隙 u, mm				冲剪间隙 u, mm			
0.4...0.6	0.01	0.015	0.02	0.025	0.015	0.02	0.025	0.03
0.7...0.8	0.015	0.02	0.03	0.04	0.025	0.03	0.04	0.05
0.9...1	0.02	0.03	0.04	0.05	0.03	0.04	0.05	0.05
1.5...2	0.03	0.05	0.06	0.08	0.05	0.07	0.09	0.11
2.5...3	0.04	0.07	0.10	0.12	0.08	0.11	0.14	0.17
3.5...4	0.06	0.09	0.12	0.16	0.11	0.15	0.19	0.23

金属材料的隔边宽度，边缘宽度，边缘切刀余料

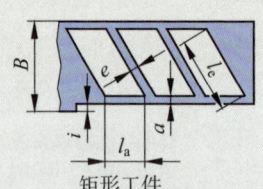

矩形工件

a 边缘宽度
e 隔边宽度
l_a 边缘长度
l_e 隔边长度
B 原料板宽度
i 边缘切刀余料

矩形工件：
计算隔边宽度和边缘宽度时可使用其各自较大的尺寸。

圆形工件：
这里对于隔边宽度和边缘宽度而言，对 $l_e = l_a = 10$mm 矩形工件列出的数值适用于所有的直径。

原料板宽度 B mm	隔边长度 l_e 和 边缘长度 l_a	隔边宽度 e 和边缘宽度 a	板厚 s										
			0.1	0.3	0.5	0.75	1.0	1.25	1.5	1.75	2.0	2.5	3.0
至 100 mm	至 10	e	0.8	0.8	0.8	0.9	1.0	1.2	1.3	1.5	1.6	1.9	2.1
		a	1.0	0.9	0.9								
	11...50	e	1.6	1.2	0.9	1.0	1.1	1.4	1.4	1.6	1.7	2.0	2.3
		a	1.9	1.5	1.2								
	51...100	e	1.8	1.4	1.0	1.2	1.3	1.6	1.6	1.8	1.9	2.2	2.5
		a	2.2	1.7	1.2								
	超过 100	e	2.0	1.6	1.2	1.4	1.5	1.8	1.8	2.0	2.1	2.4	2.7
		a	2.4	1.9	1.5								
	边缘切刀余料 i				1.5		1.8	2.2	2.5	3.0	3.5	4.5	
超过 100 mm 至 200 mm	至 10	e	0.9	1.0	1.0	1.0	1.1	1.3	1.4	1.6	1.7	2.0	2.3
		a	1.2	1.1	1.1								
	11...50	e	1.8	1.4	1.0	1.2	1.3	1.6	1.6	1.8	1.9	2.2	2.5
		a	2.2	1.7	1.2								
	51...100	e	2.0	1.6	1.2	1.4	1.5	1.8	1.8	2.0	2.1	2.4	2.7
		a	2.4	1.9	1.5								
	101...200	e	2.2	1.8	1.4	1.6	1.7	2.0	2.0	2.2	2.3	2.6	2.9
		a	2.7	2.2	1.7								
	边缘切刀余料 i				1.5		1.8	2.0	2.5	3.0	3.5	4.0	5.0

固定榫的位置，原料板材的充分利用

已知重心的凸模的固定榫位置

冲剪布局   **工件**

预冲孔   落料

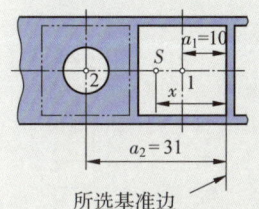 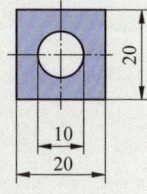

所选基准边

$U_1, U_2, U_3\ldots$ 单次冲剪的周长
$a_1, a_2, a_3\ldots$ 凸模重心与所选基准边的间距
x 冲剪力中心点 S 与所选基准边的间距

冲剪力中心点间距

$$x = \frac{U_1 \cdot a_1 + U_2 \cdot a_2 + U_3 \cdot a_3 + \cdots}{U_1 + U_2 + U_3}$$

举例

求左图中冲剪力中心点 S 的间距 x。

解：
将冲剪凸模的外面选作基准边。
落料凸模：$U_1 = 4 \cdot 20\,\text{mm} = 80\,\text{mm}$；$a_1 = 10\,\text{mm}$
冲孔凸模：$U_2 = \pi \cdot 10\,\text{mm} = 3.14\,\text{mm}$；$a_2 = 31\,\text{mm}$

$$x = \frac{U_1 \cdot a_1 + U_2 \cdot a_2}{U_1 + U_2}$$

$$\boldsymbol{x} \approx \frac{80\,\text{mm} \cdot 10\,\text{mm} + 31.4\,\text{mm} \cdot 31\,\text{mm}}{80\,\text{mm} + 31.4\,\text{mm}} \approx \boldsymbol{16\text{mm}}$$

未知重心的凸模的固定榫位置

冲剪力中心点相当于所有冲剪边的线形心[1]。

冲剪布局   **工件**

预冲孔   落料

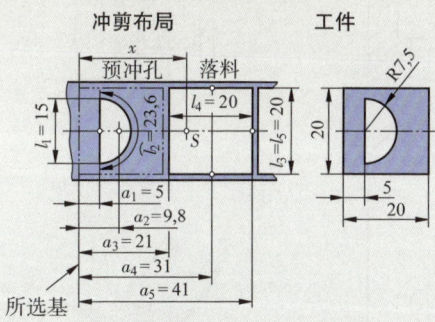

所选基准边

$l_1, l_2, l_3\ldots ln$ 冲剪边长
$a_1, a_2, a_3\ldots an$ 所选基准边的线形心间距
x 冲剪力中心点 S 与所选基准边的间距
n 冲剪边编号

[1] 线性重心参见 28 页。

冲剪力中心点间距

$$x = \frac{l_1 \cdot a_1 + l_2 \cdot a_2 + l_3 \cdot a_3 + \cdots}{l_1 + l_2 + l_3}$$

$$x = \frac{\sum l_n \cdot a_n}{\sum l_n}$$

举例

对于（左图）工件而言，必须计算冲剪凸模上固定榫的位置。

解：

n	l_n, mm	a_n, mm	$l_n \cdot a_n$, mm²
1	15	5	75
2	23,6	9,8	231,28
3	20	21	420
4	2·20	31	1240
5	20	41	820
Σ	118,6	–	2786,28

$$x = \frac{\sum l_n \cdot a_n}{\sum l_n} = \frac{2786.28\,\text{mm}^2}{118.6\,\text{mm}} = \boldsymbol{23.5\text{mm}}$$

原料板材的充分利用

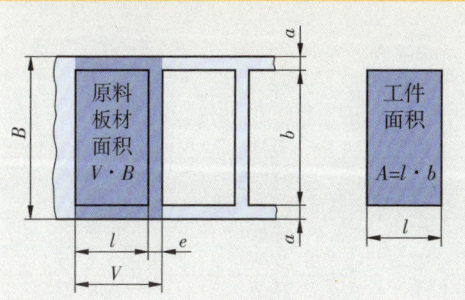

工件面积

$A = l \cdot b$

l 工件长度
b 工件宽度
B 原料板材宽度
a 边缘宽度
e 隔边宽度
V 原料板材进给量
A 一个工件的面积（包括孔）
R 落料排数
η 有效利用率

原料板材宽度

$$B = b + 2 \cdot a$$

原料板材进给量

$$V = l + e$$

有效利用率

$$\eta = \frac{R \cdot A}{V \cdot B}$$

弯曲模具

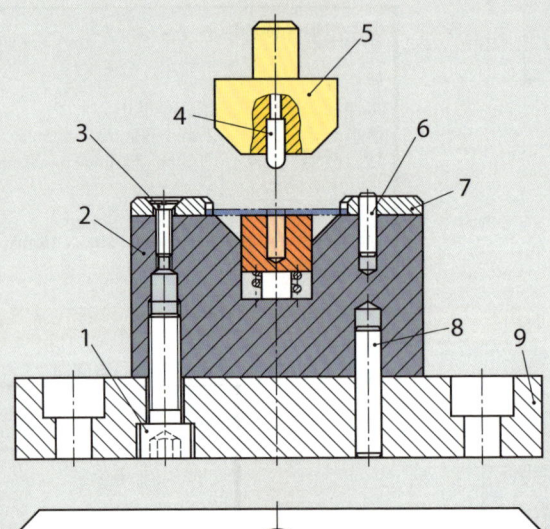

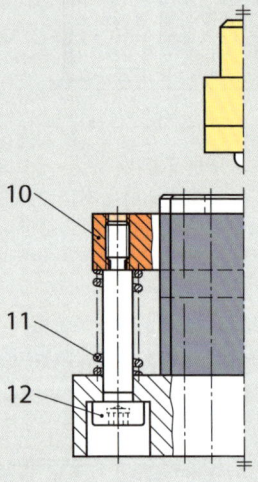

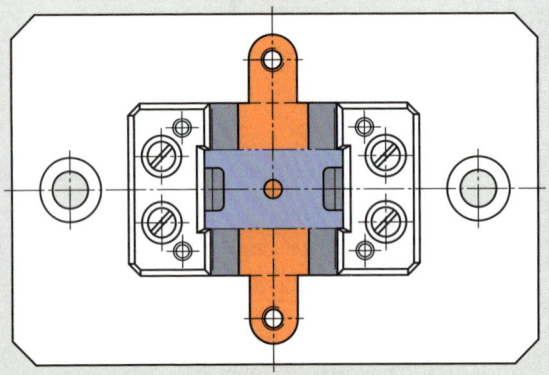

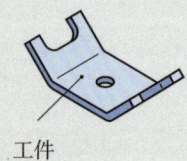

工件

零部件明细表

位置号	名称	标准 / 材料	位置号	名称	标准 / 材料
1	圆柱螺钉	ISO 4762	7	紧固板	C60
2	凹模	90MnCrV8	8	圆柱销（6×18）	ISO 2338
3	沉头螺钉	ISO 10642	9	底板	S235JR
4	固定销	C45	10	支架	C45
5	弯板凸模	C45	11	压簧	DIN2098
6	圆柱销（4×8）	ISO 2338	12	密配螺栓	C60

弯曲方法

图形	功能	应用
自由弯曲		
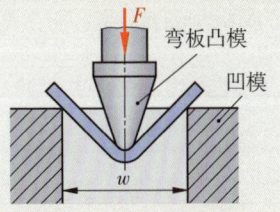	板材置于凹模的两点上。凸模向下挤压。这个过程产生一个取决于凹模开口宽度（尺寸 W）的圆弧。	可不用更换弯板模具即可弯出各种不同角度。这种弯板方法也用于工件校直。
模具弯曲		
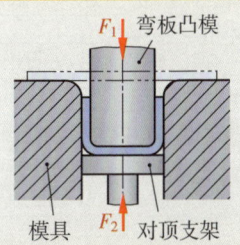	凸模向下压板材，直至压入模具固定为止。这时产生一个冲压。根据模具形状可将此类弯曲划分为： ·V 形模具弯曲和 ·U 形模具弯曲 采用 U 型模具时使用对顶支架。在整个弯曲过程中力 F_2 阻止板材底部变成拱形。	该方法比自由弯曲更为精确。 通过动态颚板将楔键向内顶出，从而使工件内部尺寸更精确。 楔键相应地从外部顶向弯曲部分，使外部尺寸也提高了精确度。
折弯		
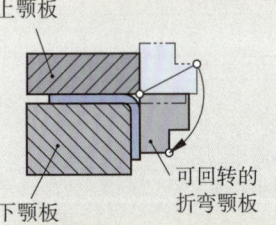	待折弯板材固定夹在上下颚板之间。回转折弯颚板夹住板材转动，直至所需角度为止。折弯颚板可由手动或由电机驱动。使用 CNC 控制系统可制造出复杂的折弯件。	·可弯曲短边工件 ·折弯表面敏感工件（例如铜合金和铝合金以及不锈钢薄板，涂层表面等）时不会造成划痕。
卷圆		
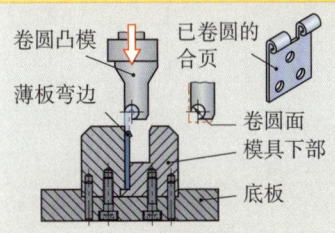	向下运行的卷圆凸模将薄板留出圆柱形空白后卷成圆筒。先将板材弯边，更易于使工件卷圆。复合模具中，第 1 阶段将工件弯边，第 2 阶段卷圆。	制造下列零件的简易方法： ·耳子 ·合页 ·铰链
辊弯		
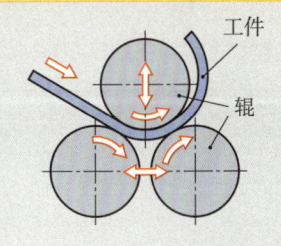	薄板在三个辊之间运行。通过辊的调节产生不同的弯曲半径。	为锅炉和压力容器弯制薄板。 可与之相比的另一种加工方法是多辊校直。即通过多辊机组将板材、棒材或线材以及管材校直。

弯曲半径，下料计算

有色金属弯曲件最小许用弯曲半径　　　　　参照 DIN 5520（2002-07）

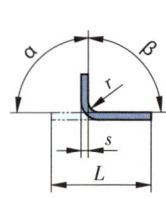

材料	材料状态	厚度 s, mm							
		0.8	1	1.5	2	3	4	5	6
		最小弯曲半径 $r^{1)}$,mm							
AlMg3-01	球化退火	0.6	1	2	3	4	6	8	10
AlMg3-H14	冷作硬化	1.6	2.5	4	6	10	14	18	–
AlMg3-H111	冷作硬化和退火	1	1.5	3	4.5	6	8	10	–
AlMg3-4.5Mn-H112	球化退火校直	1	1.5	2.5	4	6	8	10	14
AlMgSi1-T6	固溶退火和人工时效处理	4	5	8	12	16	23	28	36
CuZn37-R600	硬	2.5	4	5	8	10	12	18	24

[1] 弯曲角度 α =90° 时与板材轧制方向已无关系。

钢材冷弯曲时最小许用弯曲半径　　　　　参照 DIN 6935（2011-10）

钢种类	按轧制方向弯曲	板厚 s 时的最小许用弯曲半径$^{1)}$ r								
S235JR		1	1.6	2.5	3	5	6	8	10	12	16
S235J0 S235J2		1	1.6	2.5	3	6	8	10	12	16	20
S275JR		1.2	2	3	4	5	8	10	12	16	20
S275J0 S275J2		1.2	2	3	4	6	10	12	16	20	25
S355JR		1.6	2.5	4	5	6	8	10	12	16	20
S355J0 S355J2		1.6	2.5	4	5	8	10	12	16	20	25

[1] 这些数值适用于弯曲角度 $\alpha \leqslant 120°$ 。 $\alpha > 120°$ 时宜采用相邻最近的表值。

管材弯曲半径　　　　　参照 DIN 25570（2004-02）

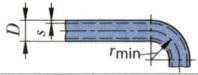

D　管外径（mm）
s　壁厚（mm）
r_{min}　最小弯曲半径（mm）

钢管		钢管		铝管		铜管	
$D \times s$	r_{min}	$D \times s$	r_{min}	$D \times s$	r_{min}	$D \times s$	
6×1		22×1.5	50	16×1.5	80	6×1	25
8×1	20	25×1.5	55	20×1.5	100	8×1	35
10×1		30×1.5	80	25×1.5	110	10×1.5	40
12×1.5	25	40×2.5	100	30×1.5	125	12×1.5	
16×2	35	45×2.5	125	40×3	180	16×1.5	60

[1] 用于气动和液压管。　　　[2] 主要用于公共卫生领域。

90°弯曲件的下料计算　　　　　参照 DIN 6935（2011-10）

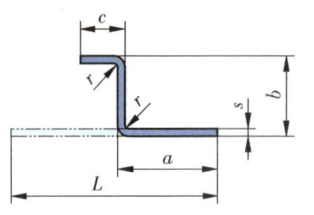

L　展开长度
a,b,c　各边长度
s　厚度
r　弯曲半径
n　弯曲点数量
v　平衡值（参见 379 页）

展开长度 $^{2)}$

$$L=a+b+c...-n \cdot v$$

举例：

a=25 mm;b=20mm;c=15mm;n=2;s=2mm;
r=4 mm;材料 S235JR;v=?;L=?
v=4.5mm
$L=a+b+c-n \cdot v$=(25+20+15-2 · 4.5)mm=**51 mm**

[1] 比例 $r/s > 5$ 时，也可用（第 21 页的）展开长度公式进行计算。
[2] 计算得出的展开长度数值应取整为 mm。

平衡值，下料计算，回弹

弯曲角度 $\alpha = 90°$ 时的平衡值 v

参照 DIN 6935 附页 2（2011–10），已撤销

弯曲半径 r, mm	板厚 s 时各弯曲点的平衡值 v, mm														
	0.4	0.6	0.8	1	1.5	2	2.5	3	3.5	4	4.5	5	6	8	10
1	1.0	1.3	1.6	1.9	–	–	–	–	–	–	–	–	–	–	–
1.6	1.2	1.5	1.8	2.1	2.9	–	–	–	–	–	–	–	–	–	–
2.5	1.5	1.8	2.1	2.4	3.2	4.0	4.8	–	–	–	–	–	–	–	–
4	–	2.4	2.7	3.0	3.7	4.5	5.2	6.0	6.9	–	–	–	–	–	–
6	–	–	3.5	3.8	4.5	5.2	5.9	6.7	7.5	8.3	9.1	9.9	–	–	–
10	–	–	–	5.5	6.1	6.7	7.4	8.1	8.9	9.6	10.4	11.2	12.7	–	–
16	–	–	–	8.1	8.7	9.3	9.9	10.5	11.2	11.9	12.6	13.3	14.8	17.8	21.0
20	–	–	–	9.8	10.4	11.0	11.6	12.2	12.87	13.4	14.1	14.9	16.3	19.3	22.3
25	–	–	–	11.9	12.6	13.2	13.8	14.4	15.0	15.6	16.2	16.8	18.2	21.1	24.1

任意弯曲角度工件的下料计算

参照 DIN 6935（2011–10）

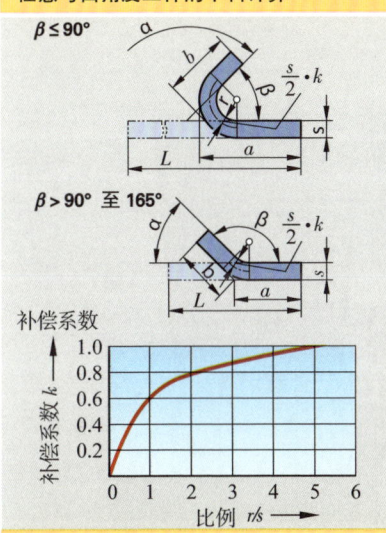

L　展开长度　　s　厚度
a, b　各边长度　　r　弯曲半径
v　平衡值　　β　张开角
k　补偿系数

展开长度 [1]

$$L = a + b - v$$

$\beta = 0°$ 至 $90°$ 时的平衡值

$$v = 2 \cdot (r+s) - \pi \cdot \left(\frac{180° - \beta}{180°}\right) \cdot \left(r + \frac{s}{2} \cdot k\right)$$

β 大于 $90°$ 至 $150°$ 时的平衡值

$$v = 2 \cdot (r+s) \cdot \tan\frac{180° - \beta}{2} - \pi \cdot \left(\frac{180° - \beta}{180°}\right) \cdot \left(r + \frac{s}{2} \cdot k\right)$$

β 大于 $165°$ 至 $180°$ 的平衡值
$v \approx 0$（很小，可以忽略不计）

补偿系数 [2]

$$k = 0.65 + 0.5 \cdot \lg\frac{r}{s}$$

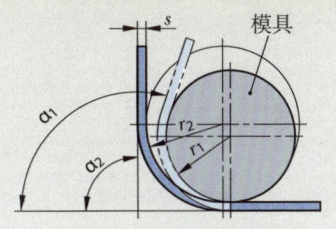

补偿系数

[1] $r/s > 5$ 时可采用弧长（参见 20 页）进行近似精确的计算。

弯曲时的回弹

α_1　回弹前的弯曲角度（在模具上）
α_2　回弹后的弯曲角度（在工件上）
r_1　模具上的半径
r_2　工件上的半径
k_R　回弹系数
s　板厚

模具半径

$$r_1 = k_R \cdot (r_2 + 0.5 \cdot s) - 0.5 \cdot s$$

工件半径

$$\alpha_1 = \frac{\alpha_2}{k_R}$$

弯曲工件材料	比例 r_2/s 时的回弹系数 k_R										
	1	1.6	2.5	4	6.3	10	16	25	40	63	100
DC04	0.99	0.99	0.99	0.98	0.97	0.97	0.96	0.94	0.91	0.87	0.83
DC01	0.99	0.99	0.99	0.97	0.96	0.96	0.93	0.90	0.85	0.77	0.66
X12Crni18-8	0.99	0.98	0.97	0.95	0.93	0.89	0.84	0.76	0.63	–	–
E-Cu-R200	0.98	0.97	0.97	0.96	0.95	0.93	0.90	0.85	0.79	0.72	0.6
CuZn33-R290	0.97	0.97	0.96	0.95	0.94	0.93	0.89	0.86	0.83	0.77	0.73
CuNi18Zn20-R400	–	–	–	0.97	0.96	0.95	0.92	0.87	0.82	0.72	–
A199.0	0.99	0.99	0.99	0.99	0.98	0.98	0.97	0.97	0.96	0.95	0.93
ALCuMg1	0.92	0.90	0.87	0.84	0.77	0.67	0.54	–	–	–	–
ALSiMgMn	0.98	0.98	0.97	0.96	0.95	0.93	0.90	0.86	0.82	0.76	0.72

深拉模具

深拉过程

已下料的平面板材（下料件，圆片坯料）放入夹具（14）。深拉凹模（13）将下料件压向压边圈（6）并在外边缘保持固定。然后，深拉凹模顶着弹簧力继续向下运动，拉材料越过深拉凸模整圆的圆角。一个空心深拉件产生了。凸模与凹模之间的深拉间隙必须大于板厚。深拉间隙过窄将导致出现材料裂纹，但深拉间隙过大则导致深拉件出现皱褶。

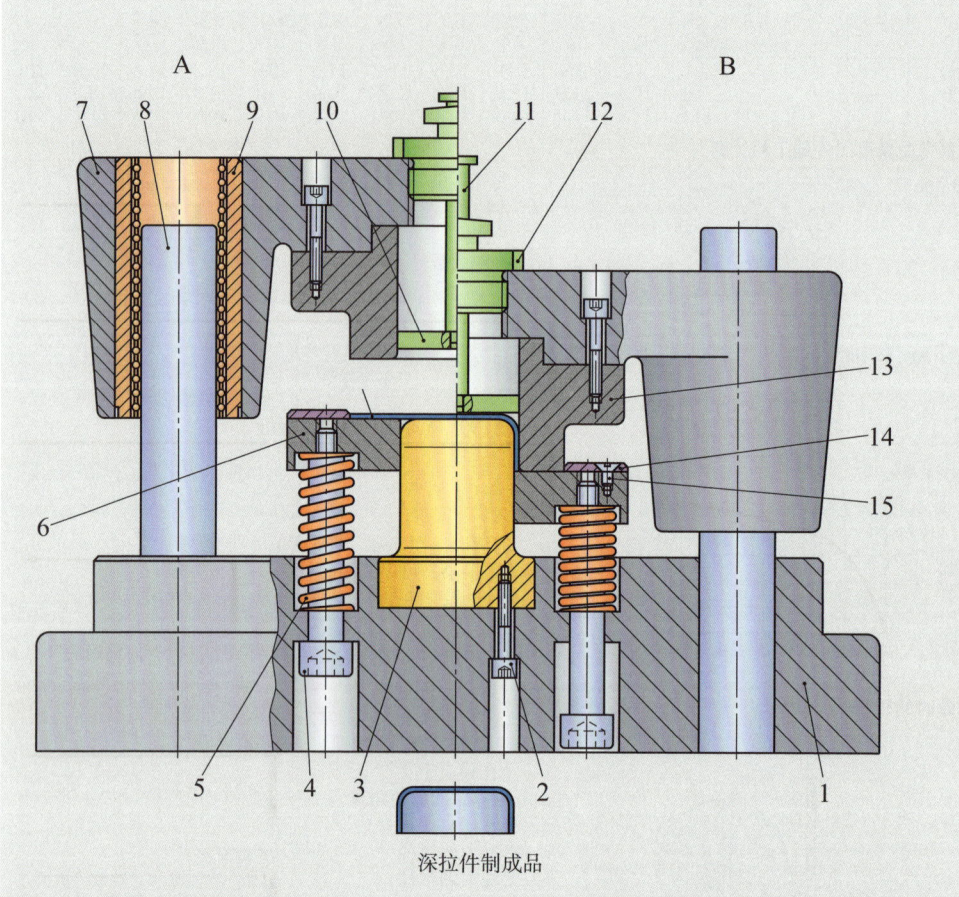

A- 初始位置（深拉过程之前的位置）   B- 终止位置（深拉过程之后的位置））

零部件明细表

位置号	名称	标准 / 材料	位置号	名称	标准 / 材料
1	底板	GJL–250	9	滚动导轨套筒	CuSn8
2	圆柱螺钉	ISO 4762	10	推料器	S235JR
3	深拉凸模	90Cr3	11	推料器销	C60
4	定位螺钉	ISO 4762	12	联轴器轴颈	E335
5	压簧	Federstahl	13	深拉凹模	90Cr3
6	压边圈	90Cr3	14	夹具	S235JR
7	顶板	GJL–250	15	沉头螺钉	ISO 2009
8	导柱	16MnCr5			

深拉方法

图形	功能	性能，应用

机械深拉（初次深拉和继续深拉）

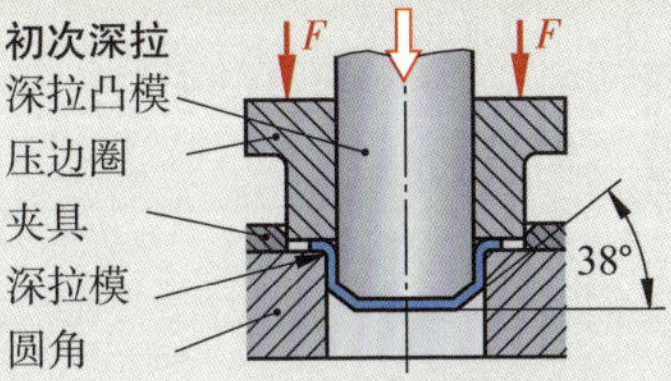

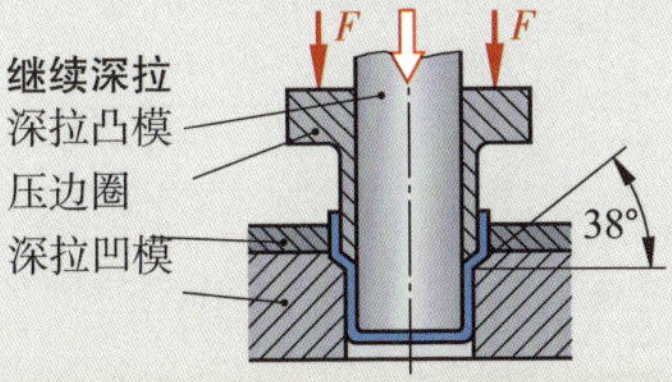

初次深拉
深拉凸模
压边圈
夹具
深拉模
圆角
38°

继续深拉
深拉凸模
压边圈
深拉凹模
38°

深拉过程：
· 圆片坯料放入夹具
· 压边圈将坯料压紧在深拉凹模表面并固定
· 深拉凸模将位于压边圈下方的圆片坯料拉入深拉间隙并在那里形成盆状
· 达到最大拉深比例 $D/d1$ 后，要求后续深拉阶段（参见 383 页初次深拉和继续深拉）
· 将已成形的盆状物放入继续深拉模具
· 由此产生的盆状物便拉出更小的直径和更大的深度

可供深拉的材料必须具有大变形能力，且不出现裂纹。
例如：
· DC01，DC03
· X15CrNiSi25–20
· CuZn37
· Cu95.5
· Al99.8
· AlMg1
深拉用于制造浴盆、锅、罐、汽车零件
深拉后材料壁厚没有变化

弹性拉深垫深拉

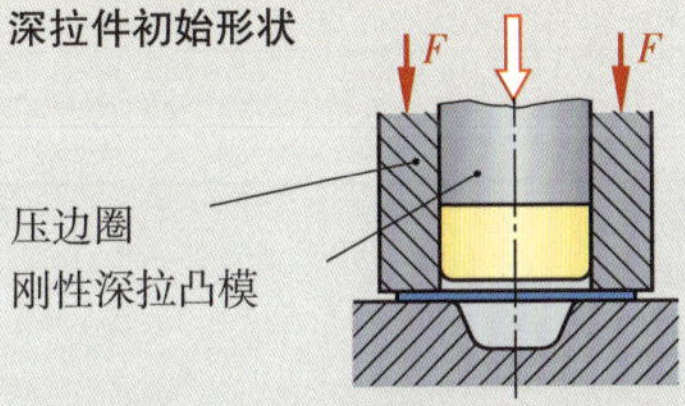

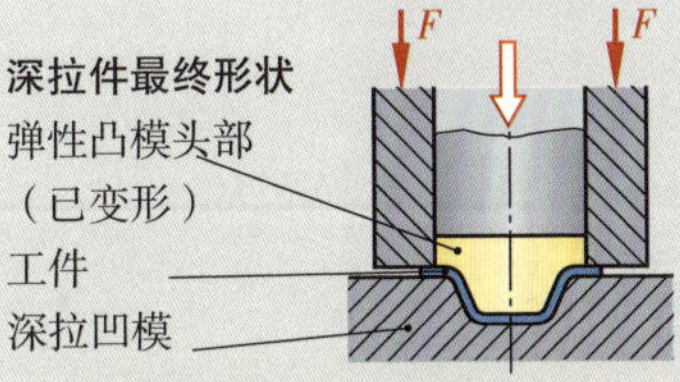

深拉件初始形状
压边圈
刚性深拉凸模

深拉件最终形状
弹性凸模头部（已变形）
工件
深拉凹模

· 刚性深拉凹模等于所要求的工件形状
· 深拉凸模头部由一个弹性橡胶或弹性拉深垫构成
· 深拉凸模向下运动时，弹性拉深垫变形并将板材压向深拉凹模的底部

· 模具简单廉价
· 凸模磨损低
· 工件表面无划痕
· 有利的深拉比例
· 用于小批量生产
· 用于装饰件

液压机械式深拉（液压机械方法）

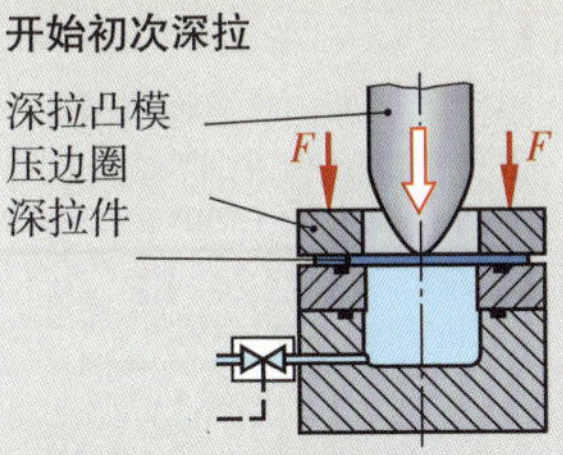

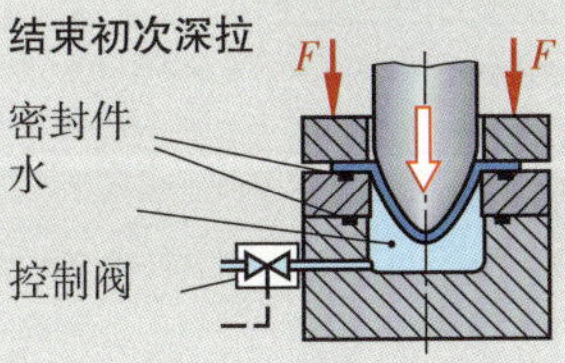

开始初次深拉
深拉凸模
压边圈
深拉件

结束初次深拉
密封件
水
控制阀

· 薄板坯由压边圈固定
· 浸入水池的深拉凸模产生向所有方向的压力（200…700bar），该压力由阀门控制
· 薄板坯被水压顶向深拉凸模
· 薄板坯形成与深拉凸模精确相同的形状

· 非常有利的深拉比例
· 凸模磨损低
· 模具成本低
· 必要的深拉阶段少
· 用于复杂形状（例如球形或抛物线形深拉件）

深拉方法

计算下料直径

深拉件	下料直径 D	深拉件	下料直径 D
	无边 d_2 $D=\sqrt{d_1^2+4\cdot d_1\cdot h}$ 有边 d_2 $D=\sqrt{d_2^2+4\cdot d_1\cdot h}$		无边 d_2 $D=\sqrt{2\cdot d_1^2+4\cdot d_1\cdot h}$ 有边 d_2 $D=\sqrt{2\cdot d_1^2+4\cdot d_1\cdot h+(d_2^2-d_1^2)}$
	无边 d_3 $D=\sqrt{d_2^2+4\cdot(d_1\cdot h_1+d_2\cdot h_2)}$ 有边 d_3 $D=\sqrt{d_3^2+4\cdot(d_1\cdot h_1+d_2\cdot h_2)}$		无边 d_3 $D=\sqrt{d_1^2+4\cdot h_1^2+4\cdot d_1\cdot h_2}$ 有边 d_3 $D=\sqrt{d_1^2+4\cdot h_1^2+4\cdot d_1\cdot h_2+(d_2^2-d_1^2)}$
	无边 d_4 $D=\sqrt{d_1^2+4\cdot d_2\cdot l}$ 有边 d_4 $D=\sqrt{d_1^2+4\cdot d_2\cdot l+(d_4^2-d_3^2)}$		无边 d_4 $D=\sqrt{2\cdot d_1^2}=1.414\cdot d$ 有边 d_4 $D=\sqrt{d_1^2+d_2^2}$

直径 $d_1 \cdots d_4$ 均以制成的深拉件为准。

举例：

> 无边 d_2 圆柱形深拉件（见左图），$d_1=50mm, h=30mm; D=?$
>
> $D=\sqrt{d_1^2+4\cdot d_1\cdot h}=\sqrt{50^2mm^2+4\cdot 50\,mm\cdot 30\,mm}$ = **92.2 mm**

拉模环和深拉凸模的深拉间隙与半径

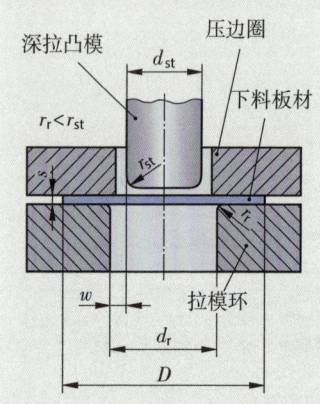

w	深拉间隙
s	板厚
k	材料系数
r_r	拉模环半径
r_{st}	深拉凸模半径
D	下料直径
d_{st}	凸模直径
d_r	拉模环直径

拉模环直径

$$d_r=2\cdot w+d_{st}$$

深拉间隙（mm）

$$W=s+k\cdot\sqrt{10\cdot s}$$

拉模环半径（mm）

$$r_r=0.035\cdot[50+(D+d_{st})]\cdot\sqrt{s}$$

每次继续深拉时需将拉模环半径减少 20% 至 40%。

深拉凸模半径（mm）

$$r_{st}=(4\ldots 5)\cdot s$$

举例：

> 钢板；$D=51\,mm; d_{st}=25\,mm; s=2\,mm; w=?; r_r=?; r_{st}=?;$
>
> k = 0.07(表值)
>
> w = $s+k\cdot\sqrt{10\cdot s}=2+0.07\cdot\sqrt{10\cdot 2}$ = **2.3 mm**
>
> r_r = $0.035\cdot[50+(D+d_{st})]\cdot\sqrt{s}=0.035\cdot[50+(51-25)]\cdot\sqrt{2}$ = **3.8 mm**
>
> $r_{st}=4.5\cdot s=4.5\cdot 2\,mm$ = **9 mm**

材料系数	
钢	0.07
铝	0.02
其他有色金属	0.04

深拉方法

深拉阶段和深拉比例

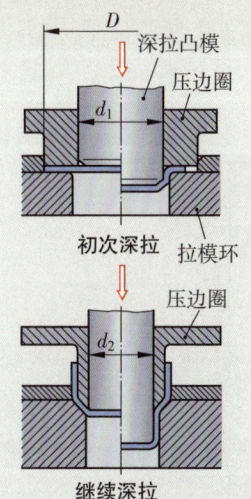

初次深拉

继续深拉

D	下料直径
d	制成的深拉件内径
d_1	第 1 次深拉时凸模直径
d_2	第 2 次深拉时凸模直径
d_n	第 n 次深拉时凸模直径
β_1	第 1 次深拉的深拉比例
β_2	第 2 次深拉的深拉比例
β_{ges}	总深拉比例
s	板厚

举例

无边盆，材料：DC04（St14），d=50mm；
h=60mm；D=?；β_1=? d_1=?；d_2=?

$$D=\sqrt{d^2+4\cdot d\cdot h}$$
$$=\sqrt{(50\,mm)^2+4\cdot 50\,mm\cdot 60\,mm}\approx \textbf{120 mm}$$

$\beta_1=\textbf{2.0}$; $\beta_2=\textbf{1.3}$

$d_1=\dfrac{D}{\beta_1}=\dfrac{120\,mm}{2.0}=\textbf{60 mm}$

$d_2=\dfrac{d_1}{\beta_2}=\dfrac{60\,mm}{1.3}=\textbf{46 mm}$

两次深拉已足够，因为 $d_2 < d$

深拉比例

第 1 次深拉

$$\beta_1=\frac{D}{d_1}$$

第 2 次深拉

$$\beta_2=\frac{d_1}{d_2}$$

总深拉比例

$$\beta_{ges}=\beta_1\cdot\beta_2\cdot\ldots$$

$$\beta_{ges}=\frac{D}{d_n}$$

材料	最大深拉比例[1]		R_m[2]	材料	最大深拉比例[1]		R_m[2]	材料	最大深拉比例[1]		R_m[2]
			N/mm^2				N/mm^2				N/mm^2
	β_1	β_2			β_1	β_2			β_1	β_2	
DCO1(St12)	1.8	1.2	410	CuZn30–R280	2.1	1.3	270	A199.5 H111	2.1	1.6	95
DCO3(St13)	1.9	1.3	370	CuZn37–R290	2.1	1.4	300	AlMg1 H111	1.9	1.3	145
DCO4(St14)	2.0	1.3	350	CuZn37–R460	1.9	1.2	410	AlCu4Mg1 T4	2.0	1.5	425
X10CrNi18–8	1.8	1.2	750	CuSn6–R340	1.5	1.2	350	AlSiMgMn T6	2.1	1.4	310

[1] 这类数值适用至 d_1:s=300；它是为 d_1=100mm 和 s=1mm 计算的。对于其他的板厚和深拉凸模直径则数值的变动微不足道。

深拉力和压边圈压紧力

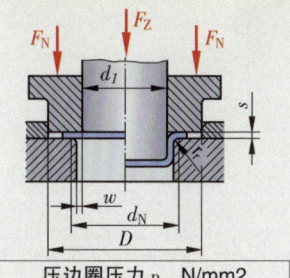

压边圈压力 p，N/mm2	
钢	2.5
铜合金	2.0…2.4
铝合金	1.2…1.5

F_Z	深拉力
d_1	凸模直径
s	板厚
R_m	抗拉强度
β	深拉比例
β_{max}	最大可能的深拉比例
F_N	压边圈压紧力
D	下料直径
d_N	压边圈支承直径
p	压边圈压力
r_r	拉模环半径
w	深拉间隙

深拉力

$$F_z=\pi\cdot(d_1+s)\cdot s\cdot R_m\cdot 1.2\cdot\frac{\beta-1}{\beta_{max}-1}$$

压边圈压紧力

$$F_N=\frac{\pi}{4}\cdot(D^2-d_n^2)\cdot p$$

压边圈支承直径

$$d_N=d_1+2\cdot(r_r+w)$$

举例：

D=210 mm; d_1=140 mm; s=1 mm; R_m=380N/mm^2; β=1.5; β_{max}=1.9; F_N=?

$$F_z=\pi\cdot(d_1+s)\cdot s\cdot R_m\cdot 1.2\cdot\frac{\beta-1}{\beta_{max}-1}=\pi\cdot(140\,mm+1\,mm)\cdot 1\,mm\cdot 380\,\frac{N}{mm^2}\cdot 1.2\cdot\frac{1.5-1}{1.9-1}=\textbf{112 218 mm}$$

注塑模

隧道式浇口双板多型腔模具

注塑过程

已熔塑料模塑材料在高压下通过浇口注入模具并注满型腔。模塑材料在温控模具内受压冷却。当模塑件达到必需的形状稳定性后，开模，通过脱模顶杆将其推出模具。

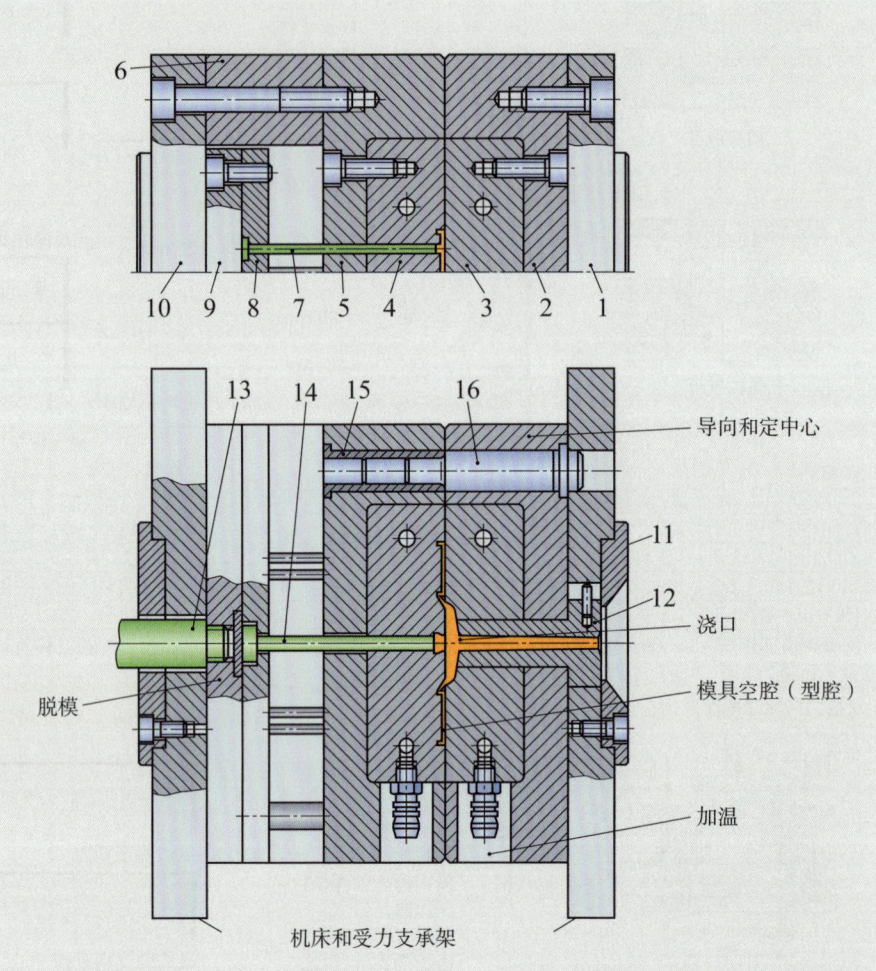

导向和定中心
浇口
模具空腔（型腔）
脱模
加温
机床和受力支承架

零部件明细表

位置号	名称	标准 / 材料	位置号	名称	标准 / 材料
1	底板（固定）	DIN 16760	9	脱模器底板	DIN 16760
2	模板（固定）	DIN 16760	10	底板（活动）	DIN 16760
3	模箱	X19NiCrMo4	11	定心法兰	DIN ISO10907
4	模箱	X19NiCrMo4	12	注塑套筒	DIN ISO10072
5	模板（活动）	DIN 16760	13	脱模器轴	S235JR
6	板条	DIN 16760	14	浇口脱模顶杆	DIN 1530
7	脱模顶杆	DIN 1530	15	导柱套筒	DIN 16716
8	脱模器支板	DIN 16760	16	导柱	DIN 16761

注塑模具标准件

注塑模具标准件（摘选）

图形	尺寸，mm	标准，材料	性能，功能
未钻孔和已钻孔板的加工			
	$b_1 \times l_1 \times t_1$ b_1=96...896 l_1=96...1116 t_1=12.5...200	DIN 16760 C45U 40CrMnMoS8-6	机床支板和受力支板 ·底板 ·模板 ·压板
板条			
	$b_1 \times l_1 \times t_1$ l_1=96...1116 b_1=26...74 t_1=25...160	DIN 16760 C45U	用于吸纳力和间隔作用的板条 ·不同模具的板条
导柱			
	$d_1 \times l_1 \times l_2$ d_1=10...40 l_1=12.5...200 l_2=25...250	DIN 16761 渗碳钢 (780+40)HV 10	导向和定中心 带台阶杆的导柱 ·A 型，带定中心附件 ·B 型，无定中心附件
导柱套筒			
	$d_1 \times l_1$ d_1=10...40 l_1=12.5...200	DIN 16716 渗碳钢 (780+40)HV 10	导向和定中心 带台阶杆的导柱 ·C 型，带定中心附件 ·E 型，无定中心附件
脱模顶杆			
	$D_1 \times L$ d_1=10...40 l_1=12.5...200	DIN 1530 热作模具钢 950 HV 0.3	脱模系统 脱模顶杆 ·带圆柱形头部
脱模器套筒			
	$D_1 \times L$ D_1=2...12 L=75...300	DIN ISO8405 热作模具钢 950 HV 0.3	脱模系统 脱模器套筒 ·带圆柱形头部
注塑套筒			
	$d_1 \times l$ d_1=12...25 l=20...100	DIN ISO10072 工具钢 (505)HRC	浇口系统 注塑套筒 ·A 型，圆弧机器喷嘴 ·B 型，线性机器喷嘴
浇口支套			
	$D_1 \times l_1$ D_1=12...25 l_1=20...100	DIN ISO16915 工具钢 50 HRC	浇口系统 浇口支套

模具结构

液压卧式注塑机

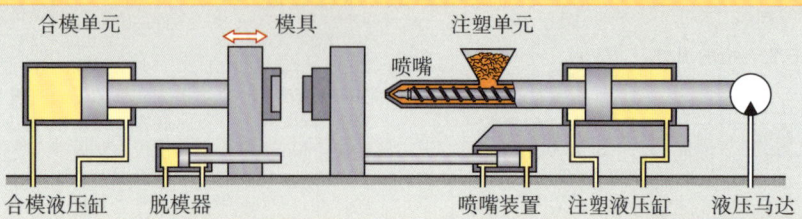

模具类型

根据模具空腔（型腔）数量的不同可将模具划分为单型腔模具和多型腔模具，后者的型腔大部分采用对称分布型腔。多型腔模具可将熔料同时均匀地注满所有型腔。熔料流动距离相同。

双板模具	功能和应用
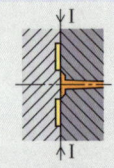	·最简单制造形式的普通模具，带两个半边模具 ·一个分模面（Ⅰ） ·应用：所有类型的简单模塑件 ·特种模具：带脱模冲头的模具，对开模和用于侧凹的滑块模具
三板模具	功能和应用
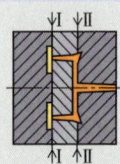	·结构同普通模具，带有两个中间板，可进行浇口分开脱模，一般是点浇口。分离模 ·两个分模面（Ⅰ，Ⅱ） ·应用：所有类型的模塑件；同一个分离系统内具有多型腔，废料多
叠模	功能和应用
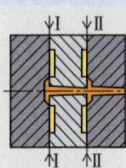	·成型件逐层排列，因此可直接叠加。由于模塑件的投影面积相同，只需一个分模面的合模力。 ·两个或更多个分模面（Ⅰ，Ⅱ，…） ·应用：所有类型的平面模塑件，大批量，常采用热浇道结构
隔热浇道模具	功能和应用
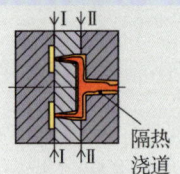	·其结构相当于三板模具。采用中间板加隔热浇道结构，隔热浇道可使熔料在整个注塑过程中保持流动。 ·两个分模面（Ⅰ，Ⅱ） ·应用：大温度范围和快速循环的模塑材料
热浇道模具	功能和应用
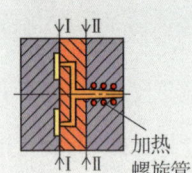	·带加热喷嘴和 / 或分流浇道 ·一个或两个分模面（Ⅰ，Ⅱ） ·应用：高技术模塑件，也用于高难度模塑材料

收缩，冷却

收缩

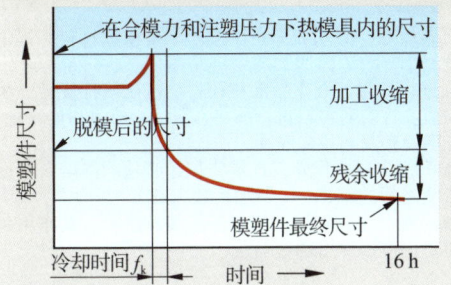

塑料通过冷却过程和结晶过程产生体积变化，称之为收缩。收缩分为加工收缩和残余收缩。

收缩会在模具空腔与模塑制成件之间产生尺寸差。因此，模塑件制成品的尺寸测量时间应是：热塑性塑料模塑件在 16 小时后，热固性塑料模塑件在 24 至 168 小时后。

结晶质塑料通过人工时效产生组织变化，这同样会导致出现残余收缩。

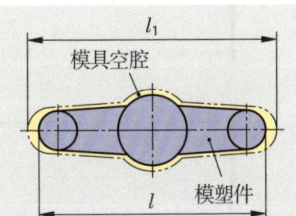

VS	加工收缩（%）
NS	残余收缩（%）
S	总收缩（%）
l	模塑件尺寸（mm）
l_1	模具尺寸（mm）
l_{VS}	加工收缩后模塑件尺寸
l_x	x 小时后模塑件尺寸

加工收缩

$$VS = \frac{l_1 - l_{vs}}{l_1} \cdot 100\%$$

模具内尺寸

$$l_1 = \frac{l \cdot 100\%}{100\% - S}$$

人工时效后残余收缩

$$NS = \frac{l_{vs} - l_x}{l_1} \cdot 100\%$$

冷却后收缩举例（参见 172 页）

塑料	收缩，%	塑料	收缩，%
聚酰胺	1.3	聚丙烯	1.5
聚苯乙烯	0.45	聚氯乙烯	0.6
聚乙烯	1.7	聚碳酸酯	0.8

冷却

注塑循环

模具合模	注塑	冷却			开模	脱模器向前/向后
		保压	计量	保持		
1 s	2 s	7 s	2 s	12 s	0.8 s	1.4 s
		循环时间 =26.2s				

注塑后，根据塑料种类的不同降低注塑压力至 30% — 70% 并保持一段时间，直至内模口完全凝固为止。这段时间约为冷却时间的 1/3。剩余的冷却时间是必要的，目的是使模塑件形成足够的形状稳定性。这段时间里已准备下一个注塑循环的计量体积。

用曲线图表或概算方法计算冷却时间已经足够准确。

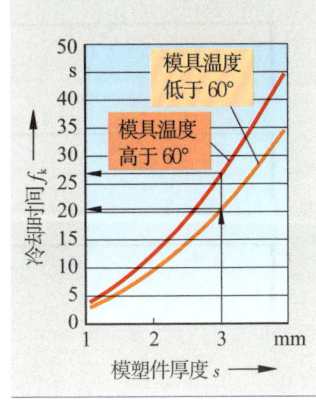

s	模塑件厚度（mm）
t_K	冷却时间（s）
t_p	保压时间（s）
t_{RK}	剩余冷却时间（s）
t_e	注塑时间（s）

举例：

热塑性塑料件，厚度 3mm，模具温度 50°，现在求冷却时间。

$$t_k = s \cdot (1 + 2 \cdot s)$$
$$t_k = 3 \cdot (1 + 2 \cdot 3) = \mathbf{21\ s}$$

总冷却时间

$$t_k = t_p + t_{RK}$$

冷却时间概算：
· 模具温度 ≤ 60°

$$t_k = s \cdot (1 + 2 \cdot s)$$

· 模具温度 > 60°

$$t_k = 1.3 \cdot s \cdot (1 + 2 \cdot s)$$

计量，力

计量

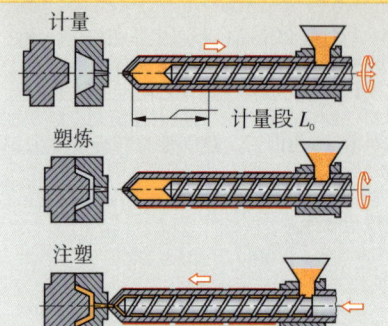

计量

计量段 L_D

塑炼

注塑

注塑和保压施压后，必须为下一次循环准备模塑材料并提供正确的用量。

挤出机回位进行计量，并重新灌注粒料。挤压蜗杆旋转产生一个计量物流。这时对粒料进行加热、压缩、剪短和均质化，并将已塑炼的模塑材料推向喷嘴。

除模塑件体积和浇口体积外，计量体积还必须均衡熔料密度与模塑件密度之间的差异。（例如系数 1.25）

保压阶段中需要一个物料缓冲层（保压缓冲层），其作用是补偿收缩并阻止模塑件出现塌陷点。

V_S 注塑体积（cm^3）
V_{FT} 模塑件体积（cm^3）
V_A 浇口体积（cm^3）
V_D 计量体积（cm^3）
V_P 物料缓冲层（cm^3）
L_D 计量段（mm）
n 型腔数量

m_S 注塑物料（g）
m_D 计量物料（g）
ϱ 密度（g/cm^3）
Q_e 注塑流（cm^3/mm）
Q_D 计量流（cm^3/mm）
t_e 注塑时间（s）

注塑体积

$$V_S = n \cdot V_{FT} + V_A$$

计量体积

$$V_D = 1.25 \cdot V_S + V_P$$

计量段

$$L_D = V_D / Q_D$$

注塑时间

$$t_e = V_S / Q_e$$

注塑物料

$$m_S = \varrho \cdot V_S$$

设定值和最大流道长度举例

缩写符号	温度，℃		注塑压力 bar	流道长度 [1] mm
	物料	模具		
PE	160...300	20...70	5000	200...600
PP	170...300	20...100	1200	250...700
PVC	170...210	20...60	$300^{2)}, 1500^{3)}$	$250^{3)}...500^{2)}$
PS	180...250	30...60	1000	400...500
PA	210...290	80...120	700...1200	200...500
ABS	200...240	45...85	800...1800	300

[1] 壁厚 2mm 的最大流道长度。   [2] 软 PVC。   [3] 硬 PVC。

力

注塑压力将模塑物料压入模具。这个压力作用至型腔，在浇口处垂直于其投影面（分模面）并产生浮力 F_A。为使模塑物料不会溢出，必须采用液压、机械或电气机械方式施加一个更大的锁模压力 F_Z。

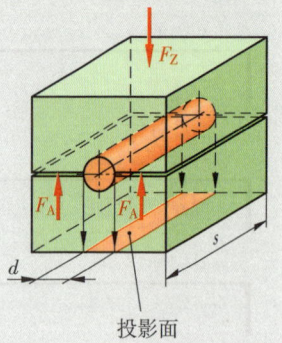

F_Z

F_A F_A

d

s

投影面

n 型腔数量
A_P 投影面积（cm^2）
A_{pn} 一个型腔的投影面积（cm^2）
A_{pa} 一个浇口的投影面积（cm^2）
P_w 模具内压（bar）
F_A 浮力（kN）
F_Z 锁模压力（kN）
φ 安全系数

举例：

聚丙烯（PP），注塑压力
$p_w = 1200$bar, 1bar $= 10 N/cm^2$
投影面积 $A_P = 12.3\ cm^2$, $\varphi = 1.3$
$F_A = p_w A_P = 1200 \cdot 10 N/cm^2 \cdot 12.3\ cm^2$
$F_A = 147600\ N = $ **147.6 kN**
$F_z \geqslant F_A \varphi = 147.6\ kN \cdot 1.3 \geqslant$ **191.9 kN**

注塑物料

$$A_P = n \cdot A_{pn} + A_{pa}$$

浮力

$$F_A = p_w \cdot A_P$$

锁模压力

$$F_z \geqslant F_A \cdot \varphi$$

熔焊方法概述

熔焊是加热材料局部使之产生熔液流并形成不可拆卸式连接方式，熔焊使用
· 焊接添加料，例如电极、填充焊缝的焊条
· 辅助材料，例如用于改善焊接条件和焊缝性能的保护气体。

焊接方法（摘选）

图形	描述	方法，应用
气体熔焊		（参见 393 页）
焊条 气焊嘴 气体火焰	**热源** 氧气和乙炔气产生火焰。常用的火焰调节：氧气和乙炔气以相同比例混合产生的中性火焰 **焊接添加材料** 裸焊条（参见 393 页）	手工焊方法；非合金和低合金钢管的连接焊接，铸铁件的维修焊接
手工电弧焊		（参见 394 页）
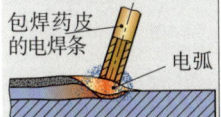包焊药皮的电焊条 电弧	**热源** 可熔电焊条与工件材料之间的交流或直流电弧。熔化温度范围最大至 4000℃ **焊接添加材料** 药皮的电焊条（参见 394 页）	手工焊接方法；非合金和合金钢的连接方法，在不利位置的焊接
气体保护焊		
	金属保护气体焊（金属熔化极惰性气体保护焊，金属熔化极活性气体保护焊）（参见 392 页）	
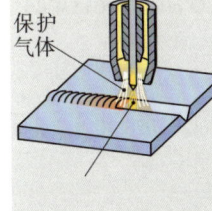焊丝电极 保护气体	**热源** 可熔电焊条与工件材料之间的交流或直流电弧。 **焊接添加材料** 焊丝电极，填料电极 **辅助材料** 根据待保护的工件材料选择保护气体并确定焊接方法： 使用惰性气体，例如氩气和氦气→**金属惰性气体保护焊（MIG）**，保护气体不与工件材料发生反应 使用活性气体，例如 CO_2 或 O_2 混合气体→**金属活性气体保护焊（MAG）**，气体对工件材料有氧化作用	手工或自动焊接方法，例如使用焊接机器人，高焊接质量，高熔化功率。 **MIG 焊接：** 铝和铝合金，铜和铜合金，镍和镍合金 **MAG 焊接：** 非合金和合金钢，也用于不锈铬镍钢
	钨极惰性气体保护焊（WIG）	
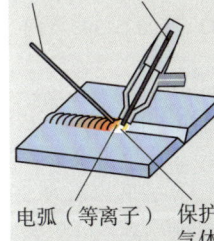电焊条　钨电极 电弧（等离子）保护气体	**热源** 不可熔钨电极与工件材料之间的交流或直流电弧。 **焊接添加材料** 电焊条，一般手工输送 **辅助材料** 惰性保护气体，例如氩气或氦气→与工件材料不发生气体反应	高级连接的焊接方法，主要用于薄板范围；可用于几乎所有材料，如非合金和合金钢，也用于不锈的铬镍钢、有色金属、钛、钽、锆
	钨－等离子焊（WP）	
	热源→参见 WIG 焊接方法，极高功率密度的成束电弧（等离子） **焊接添加材料**→参见 WIG 焊接方法 **辅助材料** 等离子焊接需要两种气体类型： · 等离子气体：主要是氩气 · 保护气体：氩气内加入与材料相关的各种组分，如氢气、氮气等	高级连接的焊接方法，其厚度可达 0.01mm...10mm，堆焊，例如阀门座； 材料与 WIG 焊接相同

焊接方法，焊接位置，未注公差

电焊，切割，钎焊（摘选）　　　　参照 DIN EN ISO 4063（2011-03）

N[1]	方法，过程	N[1]	方法，过程	N[1]	方法，过程
1	电弧焊	2	电阻焊	7	其他电焊方法
111	手工电弧焊	21	电阻点焊	73	气电立焊
114	重力电弧焊	22	滚焊	74	感应焊
11	无保护气体的金属熔化极电弧焊	225	薄膜对接焊缝焊接	742	感应滚焊
		23	对焊	78	螺柱焊
12	埋弧焊	3	气体熔焊	8	切割
13	金属熔化极保护气体焊				
131	用实心电焊条的金属熔化极惰性气体保护焊（MIG）	311	氧气-乙炔气火焰气焊	81	乙炔气割
				82	电弧切割
132	用焊粉填埋电焊条的金属熔化极惰性气体保护焊	312	氧气-丙烷气火焰气焊	83	等离子焊
		4	压焊	84	激光射束焊
135	用实心电焊条的金属熔化极活性气体保护焊（MAG）	41	超声波焊接	9	硬钎焊，软钎焊 / 火焰硬钎焊 / 感应硬钎焊
		42	摩擦焊		
136	用焊粉填埋电焊条的金属熔化极活性气体保护焊	46	扩散焊	912	火炉硬钎焊
		47	气体压焊	916	浸浴硬钎焊
14	钨-保护气体焊	5	射束焊接	942	火焰软钎焊
141	用实心电焊条的钨极惰性气体保护焊	51	电子射束焊	943	柱塞软钎焊
		52	激光射束焊	946	感应软钎焊
15	等离子焊接	512	大气环境下的电子射束焊	947	超声波软钎焊
151	等离子-惰性气体保护焊			953	火炉软钎焊

→ ISO 4063-111：规定焊接过程 → 手工电弧焊

[1] N 图纸上焊接方法标记符号的过程编号，加工说明 ...

焊接位置（摘选）　　　　参照 DIN EN ISO 6947（2011-08）

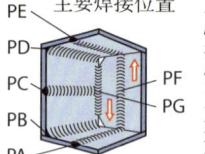

主要焊接位置

允许因焊缝的倾斜和/或旋转而出现主焊接位置偏差。

倾斜角 S →焊缝槽与主焊接位置之间的夹角。

旋转角 R →焊缝表面与主焊接位置之间的夹角。

举例：主要焊接位置 PA

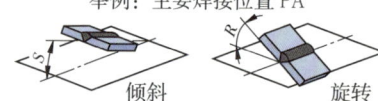

倾斜　　　　旋转

缩写符号	主焊接位置名称	最大偏差			
		角焊缝		对接焊缝	
		S	R	S	R
PA	槽位置	±15°	±30°	±15°	±30°
PB	水平位置	±15°	+15°／-10°	—	—
PC	横向位置	±15°	+35°／-10°	±15°	+60°／-10°
PD	水平-顶焊位置	±80°	+35°／-10°	—	—
PE	顶焊位置	±80°	±35°	±80°	±80°
PF / PG	上升位置 / 下降位置	$s=+70°$ 时 $R=±100°$; $s=-10°$ 时 $R=±180°$			

焊接结构的未注公差　　　　参照 DIN EN ISO 13920（1996-11）

精确度	允许偏差								
	长度尺寸允差 Δl(mm) 标称尺寸范围 $l^{[1]}$						角度尺寸允差 $\Delta \alpha$ (°和′) 标称尺寸范围 $l^{[1]}$		
	至 30	过30至120	过120至400	过400至1000	过1000至2000	过2000至4000	至 400	过400至1000	过 1000
A	±1	±1	±1	±2	±3	±4	±20′	±15′	±10′
B	±1	±2	±2	±3	±4	±6	±45′	±30′	±20′
C	±1	±3	±4	±6	±8	±11	±1°	±45′	±30′
D	±1	±4	±7	±9	±12	±16	±1°30′	±1°15′	±1°

[1] l 指短边。

焊缝准备

保护气体焊、气焊和电弧焊的焊缝准备　　　参照 DIN EN ISO 9692-1(2013-12)

焊缝形状	焊缝准备类型	$S^{1)}$	厚度 t	间隙 b mm	间隔 c mm	角度 α °	推荐的焊接方法	备注
	I 形焊缝	⊥⊥	≤ 4	≈ t	–	–	3, 111, 141	无焊缝准备，单面焊接
			3...8	6...8 ≈ t	–	–	13 141	
			< 15	≤ 1	–	–	52	
	V 形焊缝	V	3...10	≤ 4	≤ 2	40°...60°	3, 111	必要时采取焊池保护，单面焊接
			3...10	≤ 4	≤ 2	40°...60°	13, 141	
			8...12	–	≤ 2	6°...8°	52	
	Y 形焊缝	Y	5...40	1...4	2...4	≈ 60°	111, 13, 141	单面焊接
	钝边 V 形焊缝	⋃	> 16	5...15	–	5°...20°	111, 13	焊池保护，单面焊接
	HV 形焊缝	レ	3...10	2...4	1...2	35°...60°	111, 13, 141	单面焊接
	端面直角焊缝	◺	> 2	≤ 2	–	70°...100°	3, 111, 13, 141	角焊缝，单面焊接

$^{1)}$ S 是按 ISO 2553 的符号。　　$^{2)}$ 焊接方法参见 390 页。

压力气瓶　　　　　　　　　　　　　　　　参照 DIN EN 1089-3 (2011-10)

气体种类	气瓶颜色标记$^{1)}$ 按 DIN EN 1089-3			接口螺纹	体积	灌装压力	灌装量
	瓶体	瓶肩	至今				
氧气	蓝色	白色	蓝色	R3/4	40 50	150 200	6m³ 10m³
乙炔气	栗棕色	栗棕色	黄色	箍圈	40 50	19 19	8kg 10kg
氢气	红色	深绿色	红色	w21.80×1/14	10 50	200 200	2m³ 10m³
氩气	灰色	深灰色	灰色	w21.80×1/14	10 50	200 200	2m³ 10m³
氮气	灰色	棕色	灰色	w21.80×1/14	10 50	200 200	4m³ 10m³
氩气－二氧化碳混合气	灰色	亮绿色	灰色	w21.80×1/14	20 50	200 200	7.5kg 20kg
二氧化碳	灰色	灰色	灰色	w21.80×1/14	10 50	58 58	6m³ 10m³
氦气	灰色	黑色	深绿色	w24.32×1/14	40 50	150 200	6m³ 10m³

$^{1)}$ 气瓶内容物强制性标记是危险品粘贴标签（参见 398 页）。瓶肩颜色标记用于在紧急状态下快速识别瓶装内容物，例如火灾时。

保护气体焊

电焊条、保护气体和电弧调节等的选择将影响保护气体焊接的质量和焊接条件。

用可熔电焊条的保护气体焊接

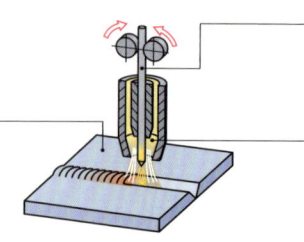

工件材料

确定焊接方法
钢　→ 金属熔化极活性气体保护焊（MAG）
铝　→ 金属熔化极惰性气体保护焊（MIG）

电焊条

确定电焊条性能，例如
· 强度　　　· 韧性
· 焊接位置　· 保护气体种类
· 电流类型

保护气体

保护气体的影响，例如
· 焊缝性能　· 焊透性能
· 线能量　　· 孔隙形成
· 电弧调节

电弧类型，电弧调节[1]

电弧类型	应用，例如	电弧类型	应用，例如
短电弧（KLB）	不利位置和根部焊接，低焊接功率，薄板焊接，MIG 和 MAG 焊接法	喷射电弧（SLB）	高熔化功率，较厚的板厚，更高的焊接速度，MIG 和 MAG 焊接法
过渡电弧（üLB）	中等焊接功率，中等板厚，MAG 焊接法	脉冲电弧（ILB）	适用于 MIG 和 MAG 焊接法的所有功率范围

[1] 电弧调节按如下标准：　· 板厚　　　　· 焊接位置
　　　　　　　　　　　　· 保护气体类型　· 焊接功率

非合金和低合金钢的 MAG 焊接法

用于 MAG 焊接法的电焊条和焊接金属　　　　　　　**参照 DIN EN ISO 14341（2011-04）**
非合金钢和细晶结构钢

电焊条材料和保护气体直接影响焊接金属的强度和韧性。因此，焊接金属的名称包含下列数据，如强度、韧性、保护气体和电焊条材料。具体划分为两个组：
· 保证屈服强度 R_e 和开口冲击韧性 47J 的焊接金属 → 标记字母 A。
· 保证抗拉强度 R_m 和开口冲击韧性 27J 的焊接金属 → 标记字母 B。

名称举例（保证屈服强度 R_e 和开口冲击韧性 47J 的焊接金属）：

标准编号	ISO 14341	A	G	46	5	M21	G3S1	· 焊接金属或 · 电焊条的标记字母

保证屈服强度 R_e 和开口冲击韧性 47J 的焊接金属的标记字母

最小屈服强度 R_e 的标记数字
$46 → R_e = 10 \cdot 46 = 460 \ N/mm^2$
$42 → R_e = 10 \cdot 42 = 420 \ N/mm^2$

开口冲击韧性的温度极限值标记数字

保护气体的标记字母 M21 → 保护气体 M21[1]（参见 393 页）

电焊条材料 G3Si1 Si → 含硅

[1] 如果按 DIN EN ISO 14175 划分保护气体 M21 并且其中不含氢气的话，则必须使用标记字母 M21。

用于非合金钢和细晶结构钢的电焊条（摘选）　　　　**参照 DIN EN ISO 14341（2011-04）**

焊接金属 / 电焊条	最小屈服强度 R_e N/mm2	t[1] ℃	保护气体[2]	电弧	适用的钢种	性能，应用
G42 3 C G3Si1	420	−30	C1	KLB	S235...S355	短电弧和喷射电弧中的低溅射材料，可多方面应用，如制造和维修
G42 4 M G3Si1		−40	M21	KLB,SLB		
G46 3 C G4Si1	460	−30	C1	KLB	S235...S460	
G46 4 M G4Si1		−40	M21	KLB,SLB		

[1] 开口冲击韧性 47 J 的温度极限值。
[2] 保证达到焊接金属机械性能的保护气体。其种类参见 393 页。

MIG 焊接法，MAG 焊接法和气焊的保护气体

非合金钢 MAG 焊接法的保护气体　　　　参照 DIN EN ISO 14175（2008–06）

种类[1]，缩写名称	各组分占比，%			性能，应用
	可氧化的（活性）		惰性	
	CO_2	O_2	Ar	
M12 M13 M14	>0.5...5 – >0.5...5	– >0.5...3 >0.5...3	零数 零数 零数	少量活性气体（CO_2 和 O_2）比例，微量焊渣和喷溅物，用于所有电弧类型，对锈蚀、氧化皮和污染的薄板敏感，优先用于薄裸板
M21 M22	>15...25 –	– >3...10	零数 零数	提高了活性气体（CO_2 和 O_2）比例，更多焊渣和喷溅物，对锈蚀、氧化皮和污染的薄板表面不敏感，用于所有电弧类型，用于更大的板厚 M22：低喷溅，脉冲电弧时 CO_2 比例 < 20%
M23 M24	>0.5...5 >5...15	>3...10 >0.5...3	零数 零数	
	100 零数	– >0.5...30	– –	高活性气体（CO_2 和 O_2）比例，多焊渣和喷溅物，对锈蚀、氧化皮和污染不敏感，不适用于脉冲电弧，适用于更厚的且带有锈蚀和氧化皮的板材

[1] 保护气体供货商在某种保护气体种类范围内通常提供若干混合气体，并赋予企业内部专用名称，这些名称与各焊接过程完全一致。

铝和铝合金 MIG 焊接法

用于 MIG 焊接法的电焊条 铝和铝合金　　　　参照 DIN EN ISO 18273（2016–05）

名称举例：

```
                              ISO 18273    S   Al4047 (AlSi12)
    ┌──────────────┐                                      ┌────────────────────┐
    │   标准编号    │                                      │  电焊条化学成分：     │
    └──────────────┘                                      │  Al = 主要合金元素    │
    ┌──────────────┐                                      │  Si12 = 硅占比约 12%  │
    │ 电焊条标记字母 │                                      └────────────────────┘
    └──────────────┘                      ┌────────────────────┐
                                          │   编码的缩写符号     │
                                          └────────────────────┘
```

铝和铝合金 MIG 焊接法的电焊条（摘选）

缩写名称	最小屈服强度 R_e, N/mm^2	保护气体	电弧（参见 392 页）	适用的工件材料，例如
S Al 1450(Al 99,5Ti)	20	I1		Al 99，Al99.5，Al99.8，Al Mg0.5
S Al 4043(Al Si5)	40	I1	KLB, SLB, ILB	Al MgSi0.5，Al MgSi0.7,Al MgSi1
S Al 4047(Al Si12)	60	I1		G-Al Si11,GAl Si10Mg(Cu),G-Al Si12(Cu)
S Al 5754(Al Mg3)	80	I1		G-Al Mg3.5 Si,Al Mg2.5,Al Mg3,Al Mg2Mn0.3
S Al 5356(Al Mg5Cr(A))	110	I1		Al Mg3，Al Mg5,Al Zn4.5Mg1,Al Mg1SiCu

用保护气体 I1（70% 氩气 +30% 氦气）可达到的强度数值。焊条和焊丝也可用保护气体 I3（惰性气体）进行焊接。

连接钢的焊接气焊条　　　　参照 DIN EN 12536（2000–08）

缩写名称	最小屈服强度 R_e N/mm^2	KA[1] Kv, J	适用钢种	应用范围 焊接性能
O I	260	30	S235,S275	薄板，管材；熔池呈稀薄液态，多喷溅，有孔隙形成倾向
O II	300	47	S235,S275 P235GH,P265GH	容器，管道；熔池液态黏度大于 OI 熔池，喷溅少，有孔隙形成倾向
O III	310	47	S235,S275 P235GH,P275GH	容器，管道；熔池呈黏稠液态，无喷溅，无孔隙形成
O IV	260	47	S235,S275,S355,P235, P235GH,P265GH,P295GH, 16Mo3	耐热温度达 450℃的锅炉和管道；熔池呈黏稠液态，无喷溅，无孔隙形成

[1] KA 指开口冲击韧性 K，试验温度 20℃，数值取自 ISO–V 试样。

电弧焊

用于非合金钢和细晶钢的药皮电焊条　　　　　　　参照 DIN EN ISO 2560（2010-03）

电焊条对于焊接连接的机械性能和焊接性能具有决定性影响。

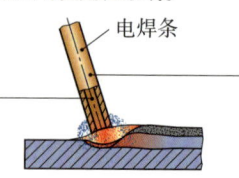

电焊条的焊条芯影响
・焊接金属的化学成分
・强度和韧性

电焊条

电焊条药皮影响的举例
・强度和韧性
・点火和焊接性能
・焊缝外观和焊透深度
・热裂纹和冷裂纹的形成

焊接金属的强度和韧性是焊接连接质量的重要特性参数。根据这些标准将电焊条名称划分为两个组：
・用于保证屈服强度和开口冲击韧性 47J（ISO 2560A）焊接金属的电焊条。
・用于保证抗拉强度和开口冲击韧性 27J（ISO 2560B）焊接金属的电焊条。

名称举例：用于保证屈服强度和开口冲击韧性 47J 的电焊条（强制性数据参见 ISO 2560）：

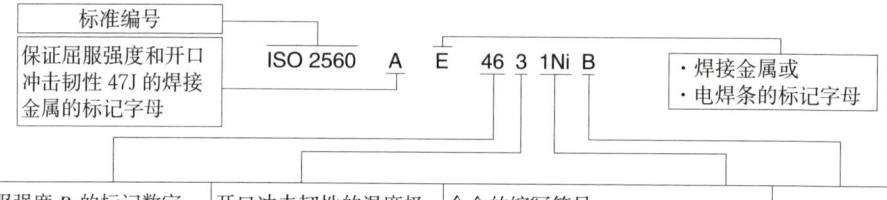

标准编号

保证屈服强度和开口
冲击韧性 47J 的焊接
金属的标记字母

ISO 2560　A　E　46　3　1Ni　B

・焊接金属或
・电焊条的标记字母

最小屈服强度 R_e 的标记数字
$46 \rightarrow R_e = 10 \cdot 46 = 460\ N/mm^2$
$42 \rightarrow R_e = 10 \cdot 42 = 420\ N/mm^2$
$38 \rightarrow R_e = 10 \cdot 38 = 380\ N/mm^2$

开口冲击韧性的温度极
限值标记数字
3 → 开口冲击韧性 47J
可保证至 -30℃

合金的缩写符号：
1Ni → 含镍约 0.9%
・缺失合金缩写符号时，例如 E 38
0 RC，其中的锰含量始终达到 2%

药皮类型的
缩写字母

电焊条药皮类型，性能和应用（摘选）

药皮类型，名称	性能，应用	电焊位置（参见390页）
RA 金红石 – 酸性药皮	大部分是厚药皮电焊条，扁平光滑焊缝，对凝固裂纹敏感	PA,PB,PC,PD,PE,PF
RB 金红石 – 碱性药皮	大部分是厚药皮电焊条，良好的机械性能，良好的焊接性能	
RC 金红石 – 纤维素药皮	大滴液，适用于薄板焊接，也适用于下降位置	PA,PB,PC,PD,PE,PF,PG
RR 金红石厚药皮	细鳞状均匀焊缝，电弧良好的再点火性能，高熔解功率	PA,PB,PC,PD,PE,PF
B 碱性药皮	低温下高韧性（开口打击韧性），良好的抗裂纹性能	PA,PB,PC,PD,PE,PF,PG

非合金和低合金钢电弧焊药皮电焊条（摘选）

缩写名称	最小屈服强度 R_e， N/mm²	t [1] ℃	适用的钢种	性能，应用
E 38 0 RC	380	0	S235...S355	用于装配和车间加工焊接
E 42 0 RR	420	0	S235...S355	极佳的焊接性能，良好的焊缝
E 38 2 RB	380	-20	S235...S355	用于根部，填充和盖板位置的焊接
E 38 2 RA	380	-20	S235...S355	高熔解功率
E 46 61Ni	460	-60	S235...S460	具有高冷韧性的无裂纹连接

[1] 开口冲击韧性 47J 的温度极限值。
保护气体供货商在标准名称范围内提供多种电焊条，其与特殊要求完全一致。

焊接的焊缝计划，设定值和功率值

焊缝形状	焊缝计划			设定值				功率数值	
	焊缝厚度 a mm	焊条直径 mm	层数	电压 V	电流 A	电焊条进给速度[1] m/min	保护气体 l/min	焊接添加材料 g/m	主有效时间 min/m

金属熔化极保护气体焊接法（MAG）焊接非合金钢（标准值）

焊接位置 PB　　　　电焊条 ISO 14341–A–G 46 4 M G3Si1　　　　保护气体：M21

焊缝形状	焊缝厚度 a	焊条直径	层数	电压	电流	进给速度	保护气体	焊接添加材料	主有效时间
	2	0.8		20	105	7		45	1.5
	3	1.0	1	22	215	11	10	90	1.4
	4	1.0		23	220	11		140	2.1
	5	1.0	1					215	2.6
	6	1.0	1	30	300	10	15	300	3.5
	7	1.2	3					390	4.6
	8	1.2	3	30	300	10	15	545	6.4
	10		4					805	9.5

金属熔化极保护气体焊接法（MIG）焊接铝合金（标准值）

焊接位置 PA　　　　电焊条 ISO 18273–A–S Al5754（AlMg3）　　　　保护气体：I1

焊缝形状	焊缝厚度 a	焊条直径	层数	电压	电流	进给速度	保护气体	焊接添加材料	主有效时间
	4	1.2		23	180	3	12	30	2.9
	5	1.6	1	25	200	4	18	77	3.3
	6	1.6		26	230	7	18	147	3.9
	5		1	22	160	6		126	4.2
	6	1.6	2	22	170	6	18	147	4.6
	8		2	26	220	7		183	5.0

[1]MIG 焊接时：焊接速度。

电弧焊，V 形焊缝的焊缝计划

焊缝形状	焊缝厚度 a mm	间隙 s mm	层的数量和类型[1]	电焊条尺寸 $d \times l$ mm	电焊条净耗量 Z_s 件 /m	焊缝质量	
						每层类型 m_s g/m	总质量 m g/m
	4	1	1W / 1D	3.2 × 450 / 4 × 450	3 / 2	75 / 80	155
	5	1.5	1W / 1D	3.2 × 450 / 4 × 450	4 / 2.9	100 / 110	210
	6	2	1W / 2D	3.2 × 450 / 4 × 450	4 / 4.7	100 / 185	285
	8	2	1W / 1F / 1D	3.2 × 450 / 4 × 450 / 5 × 450	4 / 3.7 / 3.5	100 / 145 / 215	460
	10	2	1W / 1F / 1D	3.2 × 450 / 4 × 450 / 5 × 450	4 / 4 / 6.2	100 / 195 / 380	675

电弧焊，角焊缝的焊缝计划

焊缝形状	焊缝厚度 a	间隙	层的数量和类型	电焊条尺寸	电焊条净耗量	每层类型	总质量
	3	–	1	3.2 × 450	3.2	80	80
	4	–	1	4 × 450	3.6	140	140
	5	–	3	3.2 × 450	8.6	215	215
	6	–	3	4 × 450	8	310	310
	8	–	1W / 2D	4 × 450 / 5 × 450	3 / 7	120 / 430	550
	10	–	1W / 4D	4 × 450 / 5 × 450	3 / 12.3	120 / 745	865
	12	–	1W / 4D	4 × 450 / 5 × 450	3 / 18.5	120 / 1125	1245

[1]W 指根部层；F 指填充层；D 指顶层。

射束切割

乙炔气割标准值

材料：非合金结构钢；燃气：乙炔气

板厚 s mm	切割喷嘴 mm	切割缝宽度 mm	氧气压力 切割 bar	氧气压力 加热 bar	乙炔气压力 bar	总氧气消耗量 m^3/h	乙炔气消耗量 m^3/h	切割速度 高质量切割 m/min	切割速度 分离切割 m/min
5			2.0			1.67	0.27	0.69	0.84
8	3...10	1.5	2.5	2.0	0.2	1.92	0.32	0.64	0.78
10			3.0			2.14	0.34	0.60	0.74
10			2.5			2.46	0.36	0.62	0.75
15	10...25	1.8	3.0	2.5	0.2	2.67	0.37	0.52	0.69
20			3.5			2.98	0.38	0.45	0.64
25			4.0			3.20	0.40	0.41	0.60
30	25...40	2.0	4.3	2.5	0.2	3.42	0.42	0.38	0.57
35			4.5			3.54	0.44	0.36	0.55

等离子切割[1] 标准值

	材料：高级结构钢 切割方法：氩气 – 氢气							材料：铝 切割方法：氩气 – 氢气					
板厚 s mm	电流强度 高质量切割 A	电流强度 分离切割 A	切割速度 高质量切割 m/min	切割速度 分离切割 m/min	消耗量数值 氩气 m^3/h	消耗量数值 氢气 m^3/h	消耗量数值 氮气 m^3/h	电流强度 高质量切割 A	电流强度 分离切割 A	切割速度 高质量切割 m/min	切割速度 分离切割 m/min	消耗量数值 氩气 m^3/h	消耗量数值 氢气 m^3/h
4			1.4	2.4	0.6	–	1.2			3.6	6.0		
5	70	120	1.1	2.0	0.6	–	1.2	70	120	1.9	5.0	1.2	0.5
10			0.65	0.95	1.2	0.24	–			1.1	1.6		
15			0.35	0.6	1.2	0.24	–			0.6	1.3		
20	70	120	0.25	0.45	1.2	0.24	–	70	120	0.35	0.75	1.2	0.5
25			0.35	0.35	1.5	0.48	–			0.2	0.5		

[1] 这些数值适用于电弧功率约 12kW 和切割喷嘴直径 1.2mm。

激光射束切割[1] 标准值

$W^{2)}$	板厚 s mm	切割速度 v m/min	切割气体 p bar	切割气体压力 v bar	切割速度 v m/min	切割气体	切割气体压力 p bar	切割速度 v m/min	切割气体	切割气体压力 p bar
		激光功率 1kW			激光功率 1.5kW			激光功率 2kW		
非合金钢	1	5.0...8.0			7.0...10			7.0...10		
	1.5	4.0...7.0			5.5...7.5			5.6...7.4		
	2	4.0...6.0			4.8...6.2			4.8...6.1		
	2.5	3.5...5.0			4.2...5.0			4.2...5.0		
	3	3.5...4.0	O_2	1.5...3.5	3.5...4.2	O_2	1.5...3.5	2.8...3.6	O_2	1.5...3.5
	4	2.5...3.0			2.8...3.3			2.8...3.4		
	5	1.8...2.3			2.3...2.7			2.5...3.0		
	6	1.3...1.6			1.9...2.2			2.1...2.5		
不锈钢	1	4.0...5.5		8	5.0...7.0		6	4.5...9.0		12
	1.5	2.8...3.6		10	3.5...5.2		10	3.8...6.6		13
	2	2.2...2.8	N_2	14	2.0...4.0	N_2	10	3.4...5.3	N_2	14
	2.5	1.6...2.0			1.9...3.2		14	2.7...3.8		
	3	1.3...1.4		15	1.8...2.4		14	2.2...2.7		14
	4	–		–	1.0...1.1		15	1.4...1.8		16

[1] 本表值适用于透镜燃烧宽度 f=127mm（5°）和切割间隙宽度 b=0.15mm。

[2] W 指材料组。

射束切割的应用范围和切割质量

切割方法的应用范围

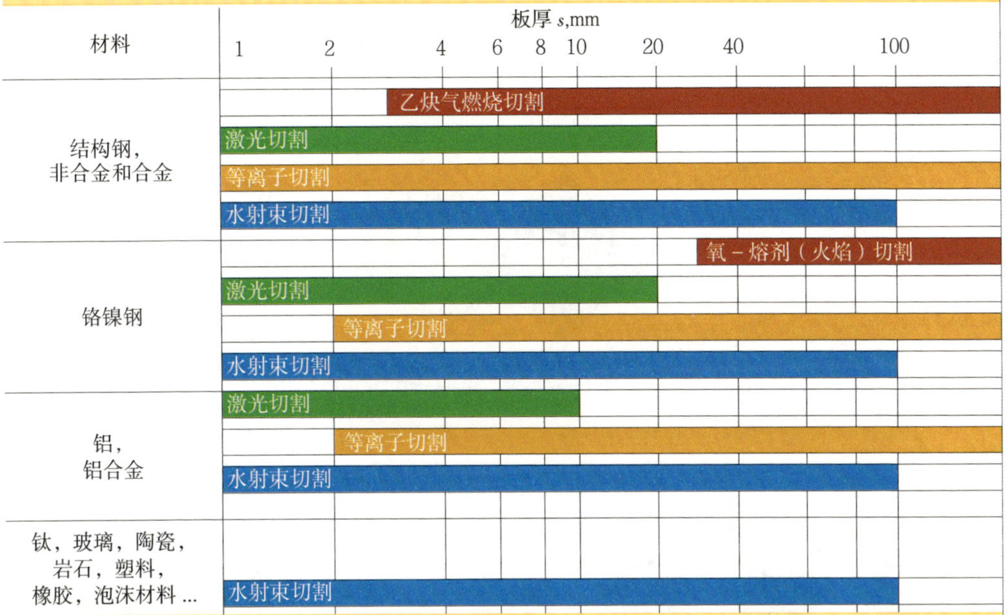

材料	板厚 s, mm

材料	1	2	4	6	8	10	20	40	100
结构钢，非合金和合金		乙炔气燃烧切割							
	激光切割								
	等离子切割								
	水射束切割								
铬镍钢							氧－熔剂（火焰）切割		
	激光切割								
	等离子切割								
	水射束切割								
铝，铝合金	激光切割								
	等离子切割								
	水射束切割								
钛，玻璃，陶瓷，岩石，塑料，橡胶，泡沫材料 ...	水射束切割								

热切割的切割质量和尺寸公差

参照 DIN EN ISO 9013（2003–07）

这些数据的适用范围：
- 乙炔气割，
- 等离子切割，
- 激光射束切割。

切割面质量的认定标准是：
- 垂直度公差 u，
- 平均表面粗糙度 R_{z5}。

l 标称长度
s 工件厚度
u 垂直度公差
R_{z5} 平均表面粗糙度
Δl 标称长度的极限偏差尺寸

切割面质量

范围	垂直度公差 u mm	平均表面粗糙度 R_{z5} μm	备注
1	$u<0.05+0.003 \cdot s$	$R_{z5}<10+0.6 \cdot s$	
2	$u<0.15+0.007 \cdot s$	$R_{z5}<40+0.8 \cdot s$	代入工件厚度 s，单位：mm
3	$u<0.4+0.01 \cdot s$	$R_{z5}<70+1.2 \cdot s$	
4	$u<1.2+0.035 \cdot s$	$R_{z5}<110+1.8 \cdot s$	

标称长度的极限偏差尺寸

工件厚度 s mm	标称长度 l 的极限偏差尺寸 Δl mm					
	公差等级 1			公差等级 2		
	>35 ≤ 125	>125 ≤ 315	>315 ≤ 1000	>35 ≤ 125	>125 ≤ 315	>315 ≤ 1000
>1 ≤ 3.15	± 0.3	± 0.3	± 0.4	± 0.7	± 0.8	± 0.9
>3.15 ≤ 6.3	± 0.4	± 0.5	± 0.5	± 0.9	± 1.1	± 1.2
>6.3 ≤ 10	± 0.6	± 0.7	± 0.7	± 1.3	± 1.4	± 1.5
>10 ≤ 50	± 0.7	± 0.8	± 1	± 1.8	± 1.9	± 2.3
>50 ≤ 100	± 1.3	± 1.4	± 1.7	± 2.5	± 2.6	± 3
>100 ≤ 150	± 2	± 2.1	± 2.3	± 3.3	± 3.4	± 3.7

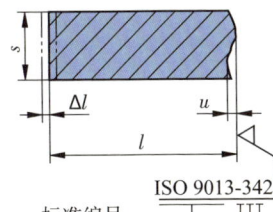

ISO 9013-342

标准编号
切割质量
按表第 3 行的垂直度公差 u
按表第 4 行的平均表面粗糙度 R_{z5}
公差等级 2

举例： 乙炔气割，按公差等级 2，l=450mm，s=12mm，切割面质量按范围 4。
求： Δl，u；R_{z5}
解： Δl= ± **2.3 mm**

u=1.2+0.035 $\cdot s$ =1.2mm+0.035 $\cdot$ 1.2mm =**1.62 mm**
R_{z5}=110+1.8 $\cdot s$ =110μm+1.8 $\cdot$ 1.2μm =**131.6 μm**

气瓶标记

危险品标签   参照 DIN EN ISO 7225（2013-01）

每一种气瓶的瓶肩处均必须粘贴标记瓶内物品及其危险程度的危险品标签。最多达三种危险标签提示瓶内物品的主要危险。

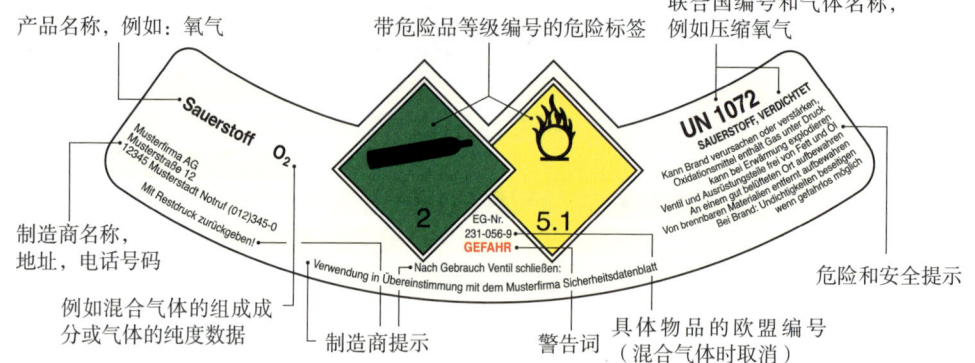

产品名称，例如：氧气

带危险品等级编号的危险标签

联合国编号和气体名称，例如压缩氧气

制造商名称，地址，电话号码

例如混合气体的组成成分或气体的纯度数据

制造商提示

警告词

具体物品的欧盟编号（混合气体时取消）

危险和安全提示

危险标签

或   不可燃
无毒

或   可燃

有毒   易燃   有腐蚀性

颜色标记   参照 DIN EN 1089-3（2011-10）

危险品标签是气体内容物的强制性标记。瓶肩处的颜色标记用于在紧急状态时，例如火灾时，可从较远距离迅速识别瓶内物品的辅助手段。此类颜色标记不适用于液态气体、用作制冷剂的气体和成捆气瓶。

危险品性能的一般标记规律

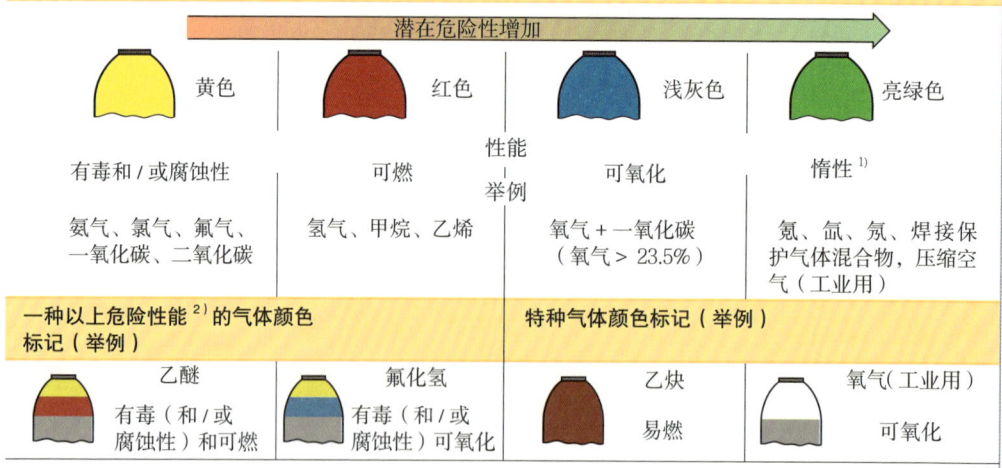

潜在危险性增加

黄色   红色   浅灰色   亮绿色

有毒和/或腐蚀性   可燃   性能举例   可氧化   惰性[1]

氨气、氯气、氟气、一氧化碳、二氧化碳   氢气、甲烷、乙烯   氧气+一氧化碳（氧气>23.5%）   氮、氩、氖、焊接保护气体混合物，压缩空气（工业用）

一种以上危险性能[2]的气体颜色标记（举例）

乙醚   有毒（和/或腐蚀性）和可燃

氟化氢   有毒（和/或腐蚀性）可氧化

特种气体颜色标记（举例）

乙炔   易燃

氧气（工业用）   可氧化

[1] 无毒，无腐蚀性，不易燃，不可氧化。
[2] 一种以上危险性能的气体或混合气体必须在瓶肩处标出提示其主要危险的颜色标记。较低危险性的颜色同样也必须在瓶肩处标出。

气瓶标记

常见气体瓶肩的特殊标记			参照 DIN EN 1089-3（2011-10）和工业气体协会规范		
氧气	乙炔气	氩气	氮气 	二氧化碳	氦气
白色	栗棕色	深绿色	黑色	灰色	棕色

工业用途的纯气和混合气；瓶肩和瓶体[1]的颜色标记（举例）　　　　参照工业气体协会规范

 氧气（工业用） 白色 / 灰色

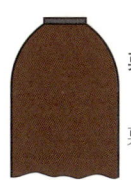 乙炔气 栗棕色 / 栗棕色

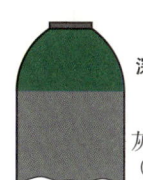 氩气 深绿色 / 灰色（深绿色）

 氮气 黑色 / 灰色（黑色）

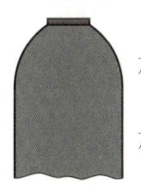 二氧化碳 灰色 / 灰色

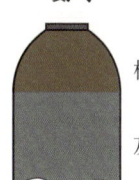 氦气 棕色 / 灰色

 氙/氪/氖气 亮绿色 / 灰色（亮绿色）

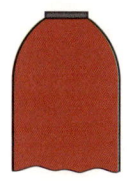 氢气 红色 / 红色

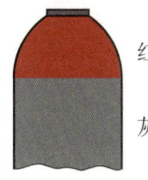 氮氢混合气（氮与氢气的混合气） 红色 / 灰色

 混合气（氩气与二氧化碳） 亮绿色 / 灰色

 压缩空气 亮绿色 / 灰色

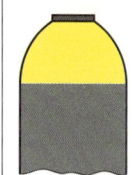 氨气、氯气…（有毒气体） 黄色 / 灰色

保护气体混合物的特种标记（举例）　　　　参照工业气体协会规范

 二氧化碳/氮气 灰色 / 黑色 / 灰色

 一氧化碳/氧气 灰色 / 白色 / 灰色

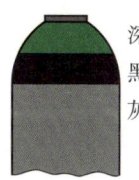 氩气/氮气 深绿色 / 黑色 / 灰色

 氩气/氧气 深绿色 / 白色 / 灰色

[1] 圆柱形瓶体颜色对于工业用气没有标准化。工业气体协会对于颜色标记建议如下：瓶体灰色或与瓶肩同色，但不能是白色。

焊料和焊药

用于重金属的硬焊料　　　　参照 DIN EN ISO 17672（2017–01），替代 DIN EN 1044（1999–07）

组	缩写符号[1]	合金缩写符号，参照 ISO 3677	工作温度 ℃	焊接接口	焊料输送[2]	材料
AgCuZnCd	Ag 345	B–Ag45CdznCU–605/620	620	S	a,e	贵金属，钢，铜合金
	Ag 350	B–Ag50CdznCU–620/640	640	S	a,e	
	Ag 345	B–Cu30ZnAgCd–605/720	750	S,F	a,e	钢，可锻铸铁，铜，铜合金，镍，镍合金
	Ag 350	B–Ag40ZnCdCu–595/630	610	S	a,e	
AgCuZn(Sn)	Ag 345	B–Cu36AgZnSn–630/730	710	S	a,e	钢，可锻铸铁，铜，铜合金，镍，镍合金
	Ag 350	B–Ag45CuZnSn–640/680	670	S	a,e	
	Ag 345	B–Cu40ZnAg–700/790	780	S	a,e	
	Ag 350	B–Ag44CuZn–675/735	730	S	a,e	
含银 < 20%	Ag 350	B–Cu55ZnAg(Si)–820/870	860	S,F	a,e	钢，可锻铸铁，铜，铜合金，镍，镍合金
	Ag 350	B–Cu48ZnAg(Si)–800/830	830	S	a,e	
	Ag 350	B–Cu92PAg–645/825	710	S,F	a,e	铜和无镍铜合金 不适用于含铁或含镍的基本材料
	Ag 350	B–Cu89AgP–645/815	710	S,F	a,e	
	Ag 350	B–Cu80PAg–645/800	710	S	a,e	
其他硬焊料	Ag 350	B–Ag50CdZnCuNi–635/655	660	S	a,e	铜合金
	Ag 350	B–Ag49ZnMnNi–680/705	690	S	a,e	钢基，钨基和钼基硬质合金
	Ag 350	B–Ag63CuSnNi–690/800	790	S	a,e	铬，铬镍钢

铜基焊料

Cu 141	B–Cu100(P)–1083	1100	S	e	钢
Cu 922	B–Cu94Sn(P)–910/1040	1040	S	e	铁和镍材料
Cu 925	B–Cu88Sn(P)–825/990	990	S	e	
Cu 470a	B–Cu60Zn(Si)–875/895	900	S,F	a,e	钢，可锻铸铁，铜，铜合金，镍，镍合金
Cu 773	B–Cu48ZnNi(Si)–890–920	910	S,F	a,e	钢，可锻铸铁，镍，镍合金
			F	a	铸铁
CuP 180	B–Cu93P–710/820	720	S	a,e	铜，无铁和无镍铜合金

高温钎焊的镍基焊料

Ni 620	B–Ni82CrSiBFe–970/1000	990	S	a,e	镍，钴， 镍合金和钴合金， 非合金和合金钢
Ni 630	B–Ni92SiB–980/1040	1030			
Ni 650	B–Ni71CrSi–1080/1135	1130			
Ni 710	B–Ni76CrP–890	890			

铝基焊料

Al 107	B–Ai92Si–575/615	610	S	a,e	AlMn,AlMgMn,G–AlSi 类型的铝合金和铝；有限用于 AlMg、AlMgSi 直至 2% 镁含量等类型的铝合金
Al 110	B–Ai90Si–575/590	600	S	a,e	
Al 112	B–Ai88Si–575/585	595	S	a,e	

[1] 两个字母均表示合金组，而三位数的数字则是连续形式的纯数字编号。
[2] a 指放上焊料，e 插入焊料。
[3] 请注意遵守制造商的说明。

焊接接口

间隙焊接：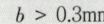
$b < 0.25mm$
接合焊接：
$b > 0.3mm$

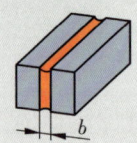

软焊料和焊药

软焊料　　　　　　　　　　　　　　　　　　参照 DIN EN ISO 9453（2014-12）

合金组[1]	合金编号[2]	合金缩写符号，参照 ISO 3677[3]	沿用至今的缩写符号 DIN 1707	工作温度 ℃	应用举例
锡－铅	101	Sn63Pb37	L-Sn63Pb	183	精密加工技术
	102	Sn63Pb37E	L-Sn63Pb	183	电气技术，印刷电路
	103	Sn60Pb40	L-Sn60Pb	183···190	印刷电路，高级钢
铅－锡	111	Sn50Sn50	L-Sn50Pb	183···215	电子工业，镀锡
	114	Sn60Sn40	L-PbSn40	183···238	薄钢板包装，金属制品
	116	Sn70Sn30		183···255	铅工业，锌，锌合金
	124	Pb98Sn2	L-PbSn2		冷却器制造
锡－铅－锑	131	Sn63Pb37Sb	–	183	精密加工技术
	132	Sn60Pb40Sb	L-Sn60Pb（Sb）	183···190	精密加工技术，电子工业
	134	Pb58Sn40Sb2	L-PbSn40Sb	185···231	冷却器制造，润滑焊料
	136	Pb74Sn25Sb1	L-PbSn25Sb	185···263	润滑焊料，铅焊
锡－铅－铋	141	Sn60Pb38Bi2	–	180···185	精密钎焊
	142	Sn49Pb48Bi3	–	178···205	低温钎焊，熔断保险丝
锡－铅－镉	151	Sn50Pb32Cd18	L-SnPbCd18	145	热熔断路器，电缆钎焊
锡－铅－铜	161	Sn60Pb39Cu1	L-SnPbCu3	183···190	电子仪器制造，精密加工技术
	162	Sn50Pb49Cu1	L-Sn50PbCu	183···215	
锡－铅－银	171	Sn+62Pb36Ag2	L-Sn60PbAg	179	电子仪器，印刷电路
铅－锡－银	182	Pb95Ag5	L-PbAg5	304···370	用于高温电动机，电子技术
	191	Pb93Sn5Ag2		296···301	

[1] 用于铝的软焊料已不再列入 EN ISO 9453。
[2] 此处合金编号取代 DIN 1707 的材料代码。
[3] 微量（<5%）元素有铅，铋，镉，银，铟，铝，铁，镍，锡；参见 120 和 121 页。

软钎焊的焊药　　　参照 DIN EN ISO9454-1（2016-07）（DIN EN 29454-1 已取消）

按主要成分的标记符号				按其作用的划分	
焊药类型	焊药基础	焊药催化剂	卤素含量，%	缩写符号 DIN EN DIN 8511	残留物的作用
1. 树脂	1. 松香 2. 无松香	1. 无催化剂 2. 用卤素催化 3. 无卤素催化	1.<0.01 2.<0.15 3.0.15···2.0 4.>2.0	111··· 123···	无腐蚀性
2. 有机物	1. 水溶性 2. 不溶水			122··· 212···	
3. 无机物	1. 盐	1. 有氯化铵 2. 无氯化铵		213··· 311···	有限腐蚀性
	2. 酸	1. 磷酸 2. 其他酸		321···	
	3. 碱	1 胺和/或氨		311··· 322···	强腐蚀性

→ 焊药 ISO 9454-1223：树脂（1）类焊药，无松香药基（2），用卤素催化（2），卤素含量0.15%至2.0%（3）

硬钎焊的焊药　　　　　　　　　　　　　　　参照 DIN EN 1045（1997-08）

焊药	作用温度	应用说明
FH10	550···800℃	多用途焊药；残留物可清洗或酸洗。
FH11	550···800℃	铜铝合金；残留物可清洗或酸洗。
FH12	550···850℃	不锈钢和高合金钢，硬质合金；残留物可酸洗。
FH20	700···1000℃	多用途焊药；残留物可清洗或酸洗。
FH21	750···1100℃	多用途焊药；残留物可机械清除或酸洗。
FH30	uber 1000℃	用于铜和镍焊料；残留物可机械清除。
FH40	650···1000℃	无硼焊药；残留物可清洗或酸洗。
FL10	400···700℃	轻金属；残留物可清洗或酸洗。
FL20	400···700℃	轻金属；残留物无腐蚀性，但需注意防潮。

钎焊

钎焊方法的划分

不同的特征	钎焊方法		
	软钎焊	硬钎焊	高温钎焊
工作温度	< 450℃	> 450℃	> 900℃
能量源	烙铁，浸焊勺，电阻	火焰，火炉	火焰，激光射束，电气感应
工件材料	铜，银，铝合金，不锈钢，钢，铜合金，镍合金	钢，硬质合金刀片	钢，硬质合金
焊料材料	锡合金，铅合金	铜合金，银合金	镍铬合金，银金钯合金
辅助方式	焊药	焊药，真空	真空，保护气体

钎焊间隙宽度标准值

工件材料	钎焊间隙宽度，mm			
	用于软钎焊	铜基	用于黄铜基硬钎焊	银基
钢，非合金	0.05…0.2	0.05…0.15	0.1…0.3	0.05…0.2
钢，合金	0.1…0.25	0.1…0.2	0.1…0.35	0.1…0.25
铜，铜合金	0.05…0.2	–	–	0.05…0.25
硬质合金	–	0.3…0.5	–	0.3…0.5

钎焊焊接的形状规则

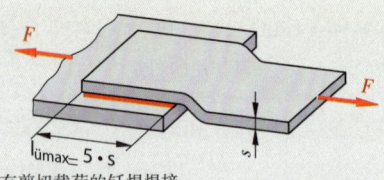

有剪切载荷的钎焊焊接

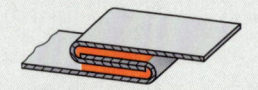

通过折叠释放焊缝载荷

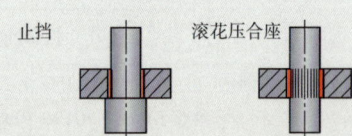

止挡　　　滚花压合座

加工简化措施

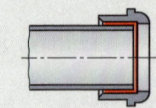

在管上焊接铜套

前提条件

· 钎焊间隙宽度的设定标准是，必须使焊药和焊料通过毛细作用将钎焊间隙填满（参见上表）。

· 两个焊接面的平行度。

· 加工现有表面，使其表面粗糙度达到铜焊料 $Rz=10…16\mu m$，银焊料 $Rz=25\mu m$。

力的传递

· 焊缝的排列布局应使它们尽可能承受剪切（剪力）载荷。尤其是软钎焊焊缝不允许承受拉力或剥离力载荷。

· 钎焊间隙深度 $l_0 > 5 \cdot s$ 时，用焊料填充间隙已不稳妥。因此，更大的间隙深度并不能提高其可载荷性。

· 例如通过折叠可加大力的传递。

加工简化措施

· 钎焊时，待焊接的工件位置必须通过例如相应的造型、工装或滚花压合座等措施予以保证。

应用举例

· 管道和管附件

· 薄板零件

· 焊接硬质合金刀片的刀具

粘接

粘接剂[1]的性能和使用条件

粘接剂	商品名	硬化条件		最高工作温度℃	抗拉强度 τ_B N/mm^2	弹性	应用，特殊性能
		温度℃	时间				
丙烯酸树脂	Agomet, Stabilit–Express	0…30	1 h	80 150	6…30	低	金属，热固性塑料，陶瓷，玻璃
环氧树脂（EP）	Araldite, Metallon, Uhu–Plus	20…150	1h…12h	50…150	10…35	低	金属，热固性塑料，陶瓷，玻璃，混凝土，木头；硬化时间长
酚醛树脂（PF）	Bakelite, Pertinax,	120…200	60 s	140	20	低	金属，热固性塑料，玻璃，弹性体，木头，陶瓷
聚氯乙烯（PVC）	Bostik, Tangit	20	>24 h	60	60	低	金属，热固性塑料，玻璃，弹性体，木头，陶瓷
聚氨酯（PUR）	Delopur, Fastbond, Macroplast	50	>24 h	40	10…50	有	金属，弹性体，玻璃，木头，若干热塑性塑料
聚酯树脂（UP）	Leguval, Verstopal	25	1h	170	60	低	金属，热固性塑料，陶瓷，玻璃
聚氯丁烯（CR）	Baypren, ContiSecur	50	1h	110	5	有	金属和塑料的对接粘接剂
丙烯酸酯	Perma–bond 737, Sicomet 77	20	40 s	120	20…35	低	金属，塑料和弹性体的快速粘接剂
热胶	Jet–Melt, Ecomelt, Technomelt, Vestra–Melt	20	>30 s	50	2…5	有	所有类型的材料；通过冷却产生粘接作用

[1] 由于粘接剂不同的化学成分，表内所列数值仅是粗略标准值。准确的数据请详询制造商。

接合零件粘接连接前的准备处理

参照 VDI 2229（1979–06）

材料	各负荷类型[2]的处理顺序[1]			材料	各负荷类型[2]的处理顺序[1]		
	低负荷	中负荷	高负荷		低负荷	中负荷	高负荷
铝合金 镁合金 钛合金	1-2-3-4	1-6-5-3-4 1-6-2-3-4 1-6-2-3-4	1-2-7-8-3-4 1-7-2-9-3-4 1-2-10-3-4	钢，光亮 钢，镀锌 钢，磷化处理	1-2-3-4	1-6-2-3-4 1-2-3-4 1-2-3-4	1-7-2-3-4 1-2-3-4 1-6-2-3-4
铜合金	1-2-3-4	1-6-2-3-4	1-7-2-3-4	其他金属	1-2-3-4	1-6-2-3-4	1-7-2-3-4

[1] 处理类型的标记数字：
1. 清洗污物，氧化皮，锈蚀
2. 脱脂，用有机溶剂或水溶性清洗剂
3. 冲洗，用清水
4. 干燥，用最高 65℃ 热风
5. 脱脂，同时酸洗
6. 机械打毛，磨削或刷
7. 机械打毛，喷丸或喷砂
8. 酸洗 30 分钟，60℃，27.5% 硫酸
9. 酸洗 1 分钟，20℃，20% 硝酸
10. 酸洗 3 分钟，20℃，15% 氢氟酸

[2] 粘接连接的负荷类型：
低负荷：抗拉强度至 5 N/mm^2；干燥环境；用于精密加工技术、电子技术。
中负荷：抗拉强度至 10 N/mm^2；潮湿空气；接触油；用于机械制造和汽车制造。
高负荷：抗拉强度至 10 N/mm^2；直接接触液体；用于汽车制造、船舶制造和容器制造。

粘接结构，检验方法

粘接结构举例

粘接结构应尽可能承受压力和剪切载荷，但应避免拉力、剥离或弯曲载荷。

重叠接头	T 形接头	管道连接
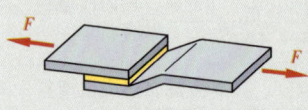	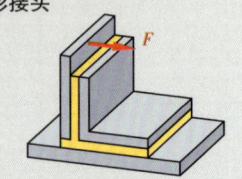	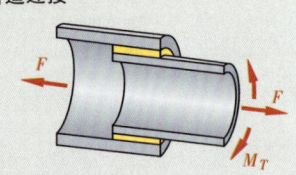
好，因为粘接面只承受剪切载荷	**好**，因为粘接面只承受剪切和压力载荷	**好**，因为足够大的粘接面可承受剪切载荷
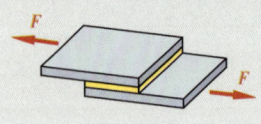	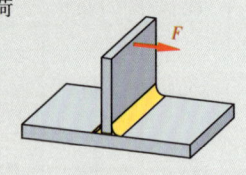	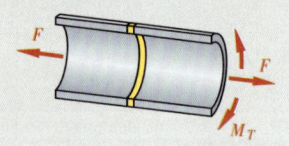
不好，因为中心之外力的作用产生剥离力	**不好**，因为弯曲载荷的作用产生剥离力	**不好**，因为小粘接面需承受拉力和剪切载荷

检验方法

检验方法 标准	内容
弯曲剥离试验 DIN 54461	确定粘接连接抵抗剥离力的阻力
拉伸剪切试验 DIN EN 1465	确定强度最大的叠加粘接连接的抗拉抗剪强度
疲劳试验 DIN EN ISO 9664	确定拉伸剪切载荷状态下粘接结构的疲劳性能
拉伸试验 DIN EN 15870	确定对接粘接垂直于粘接面的抗拉强度
浮辊剥离试验 DIN EN 1464	确定抵抗剥离力的阻力
抗压剪切试验 DIN EN 15337	确定主要是厌氧[1]粘接剂的抗剪强度

[1] 气密状态下硬化。

与温度和粘接面大小相关的粘接剂特性

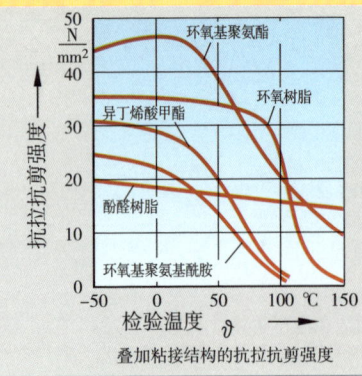

叠加粘接结构的抗拉抗剪强度

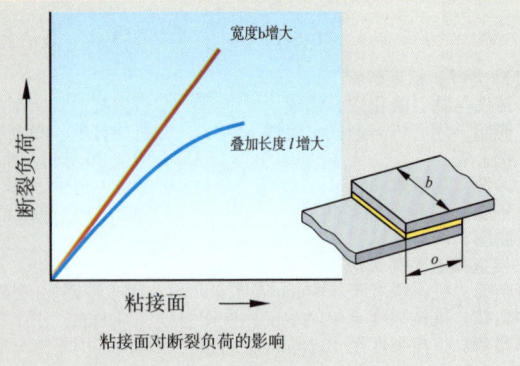

粘接面对断裂负荷的影响

工作场地的危险

工作场地的危险和负重（摘选）   参照 BGI/GUV–I 8700

危险	举例	危险	举例	危险	举例
机械能，动力能	破碎点，剪切点，牵引点；锐利边棱，刀刃；翻倒和坠落的零件；回转的切屑；坠落	振动，射线	噪声（参见 418 页），超声波，振动，激光射线，紫外线，红外线，X 光射线，伽马射线	心理压力	工作压力，时间压力，精神压力，对工作组织的不满意，缺乏职业技能，大材小用

危险	举例	危险	举例	危险	举例
电流	电压，电流强度，电弧，电场，静电	气候	空气温度，空气湿度，空气速度（穿堂风）	火灾和爆炸	有爆炸危险的环境，爆炸物质，可燃物质

危险	举例	危险	举例	危险	举例
危险品	液体，气体，蒸汽，雾[1]，粉尘[1]，烟尘[1]，固体	物理负重	繁重的动态工作，单调的动态工作，静态工作	其他	高压，低压，热介质，热表面，生态危险，灯光

工作场地上的危险物质（摘选）

行为	危险物质	危险	保护措施
切削	冷却润滑剂以及内含的添加剂	吸入雾化的气溶胶 接触皮肤可导致过敏反应	使用 TRGS611[2] 规定的冷却润滑剂或改装使用微量润滑 使用皮肤防护剂
保养 / 维修	清洗剂，测试汽油	轻度易燃 刺激皮肤 蒸汽导致人员恍惚	禁止吸烟，远离火源 佩戴防护手套 工作场地良好通风
保养 / 维修	丙酮	轻度易燃 刺激眼睛 接触皮肤使皮肤变脆 蒸汽导致人员恍惚	禁止吸烟，远离火源 良好通风，抽吸有害气体 佩戴防护手套 地板也应通风
钎焊	焊药含有例如氟化合物	氟化物剧毒，甚至低浓度仍具腐蚀性，对眼睛和黏膜极具危险	佩戴防护手套 佩戴防护眼镜 抽吸工作点有害气体
电焊	电焊条含有多种金属氧化物 蒸汽和烟雾内含一氧化碳，二氧化碳，臭氧等	吸入有中毒危险 刺激呼吸道 致癌 有罹患所谓尘肺或肺水肿的危险	抽吸并排除附近范围的电焊烟雾和蒸汽 室内良好通风 事先去除工件的表面涂层
粘接	工业粘接剂，螺钉防护胶	刺激眼睛和呼吸道 吸入有损健康	避免接触皮肤和眼睛，佩戴防护手套和眼镜 只在通风良好的区域内工作
打磨	金属粉尘，氟和苯酚	致癌 对胎儿有害 过敏反应	湿磨和干磨时，抽吸打磨工作地点的有害物质

[1] 统称为气溶胶。　　[2] TRGS "危险物质技术规范" 的德语缩写。

危险品条例

| 危险品条例 | 参照 GefStofV: 2010–01 |

对工作场地危险和负重的保护

　　自 1993 年起，通过的危险品条例规定了保护员工免受工作场地危险的危害。**雇主**有责任负责强制遵守危险品条例的各项规定。

　　员工必须知道，他将会遭受哪些危险以及如何进行保护。

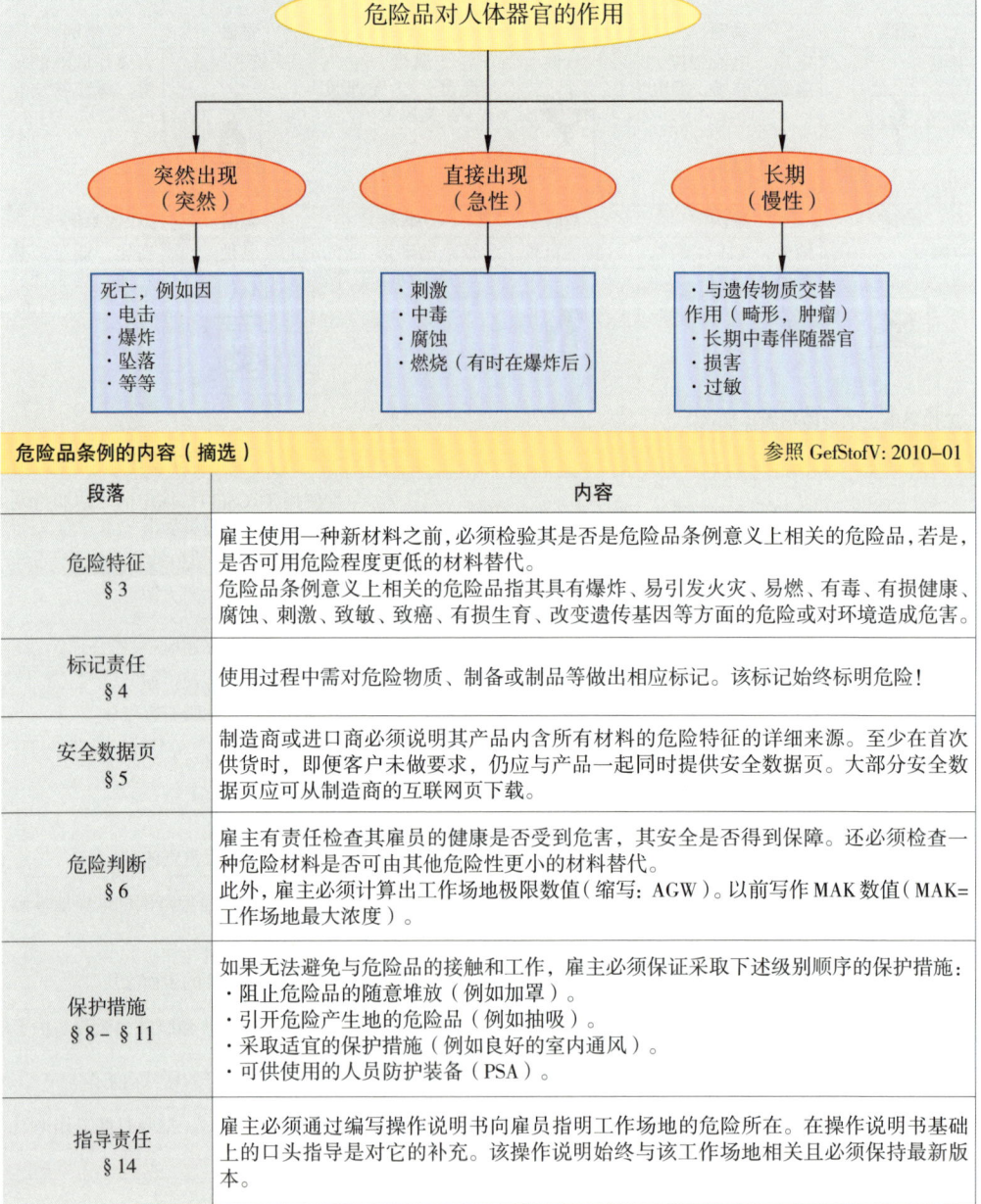

| 危险品条例的内容（摘选） | 参照 GefStofV: 2010–01 |

段落	内容
危险特征 § 3	雇主使用一种新材料之前，必须检验其是否是危险品条例意义上相关的危险品，若是，是否可用危险程度更低的材料替代。 危险品条例意义上相关的危险品指其具有爆炸、易引发火灾、易燃、有毒、有损健康、腐蚀、刺激、致敏、致癌、有损生育、改变遗传基因等方面的危险或对环境造成危害。
标记责任 § 4	使用过程中需对危险物质、制备或制品等做出相应标记。该标记始终标明危险！
安全数据页 § 5	制造商或进口商必须说明其产品内含所有材料的危险特征的详细来源。至少在首次供货时，即便客户未做要求，仍应与产品一起同时提供安全数据页。大部分安全数据页应可从制造商的互联网页下载。
危险判断 § 6	雇主有责任检查其雇员的健康是否受到危害，其安全是否得到保障。还必须检查一种危险材料是否可由其他危险性更小的材料替代。 此外，雇主必须计算出工作场地极限数值（缩写: AGW）。以前写作 MAK 数值（MAK=工作场地最大浓度）。
保护措施 § 8 – § 11	如果无法避免与危险品的接触和工作，雇主必须保证采取下述级别顺序的保护措施： ·阻止危险品的随意堆放（例如加罩）。 ·引开危险产生地的危险品（例如抽吸）。 ·采取适宜的保护措施（例如良好的室内通风）。 ·可供使用的人员防护装备（PSA）。
指导责任 § 14	雇主必须通过编写操作说明书向雇员指明工作场地的危险所在。在操作说明书基础上的口头指导是对它的补充。该操作说明始终与该工作场地相关且必须保持最新版本。

总体和谐系统（GHS）　　　　　参照 CLP[1] 条例（EG）编号 1272/2008

条例和目标设置	系统的标记符号
2009 年，一部危险品国际统一标记系统在德国生效。洗涤剂、护理剂、杀虫剂和化学品等对人体健康有害的物品在国际上必须标有警告符号（红圈加黑色符号）。 欧盟条例，编号 172/2008，规定自 2010 年 12 月 1 日起对危险品，自 2015 年 6 月 1 日起对化学混合物开始引进实施上述标记系统。对以前的旧危险品名称仍有两年有效过渡条例。	·新危险－图示均有编码（例如 GHS01，见下表） ·符号是危险的图形表达和描述 ·警示词危险则警告重大的危险 ·警示词注意提示较小的危险 ·危险提示（参见 408 页），所谓的 H 语句[2]，发出对危险的更准确的提示，例如 "将严重刺激眼睛" ·安全提示（参见 409、410 页），所谓的 P 语句[3]，发出存在着何种危险和例如中毒时应如何反应等信息

附带编码、符号、警示词和解释的危险图示

<table>
<tr>
<td align="center">GHS01
爆炸的炸弹

危险
有爆炸危险</td>
<td align="center">GHS02
火焰

危险
轻度 / 高度可燃</td>
<td align="center">GHS03
圆圈上的火焰

危险
易引起火灾</td>
</tr>
<tr>
<td align="center">GHS04
气瓶

注意
压缩气体</td>
<td align="center">GHS05
腐蚀作用

危险
腐蚀（毁坏皮肤）</td>
<td align="center">GHS06
骷颅头加交叉骨头

危险
毒 / 剧毒（可能致死）</td>
</tr>
<tr>
<td align="center">GHS07
惊叹号

注意
危害健康
（刺激，过敏）</td>
<td align="center">GHS08
健康危险

危险
损害健康
（可能致癌）</td>
<td align="center">GHS09
环境

注意
危害环境</td>
</tr>
</table>

[1] CLP=Classification,LabellingandPackagingofChemicalProducts 的英语缩写，意为化学产品的分类、标记和包装。CLP 是 GHS 的欧洲名称。

[2] Hazard statement—危险提示。

[3] Precautionary Statement—预防提示。

危险提示 – H 语句			参照 CLP 条例（EG）编号 1272/2008

H– 语句	含义	H– 语句	含义
对物理性危险的危险提示		H311	皮肤接触有毒
H200	不稳定的，易爆炸的	H312	皮肤接触有害健康
H202	易爆炸的，爆炸碎片、爆炸物和抛掷物具有很大危险	H314	导致皮肤重损和眼睛重伤
H203	易爆炸的，爆炸火焰、空气压力或爆炸碎片、爆炸物和抛掷物具有危险	H315	导致皮肤刺激
H204	爆炸火焰或爆炸碎片、爆炸物和抛掷物具有危险	H317	可能导致皮肤过敏反应
H205	着火产生大规模爆炸的危险	H318	导致眼睛重伤
H220	特别易燃气体	H319	导致眼睛严重刺激
H221	易燃气体	H330	吸入有生命危险
H222	特别易燃的气溶胶[1]	H331	吸入有毒
H223	易燃的气溶胶	H332	吸入有害健康
H224	极易燃的液体和蒸汽	H334	吸入可能导致过敏、哮喘类综合征或呼吸困难
H225	轻度易燃的液体和蒸汽	H335	可能刺激呼吸道
H226	易燃的液体和蒸汽	H336	可能导致昏睡和恍惚
H228	易燃固体	H340	可能导致基因缺陷[2]
H240	加热可能导致爆炸	H341	据猜测，可能导致基因缺陷[2]
H241	加热可能导致火灾或爆炸	H350	可能致癌[2]
H242	加热可能导致火灾	H351	据猜测，可能致癌[2]
H250	与空气接触会自燃	H360	可能损害生殖能力或胎儿在母体内受损[2]
H251	能自燃；可能导致火灾	H361	据猜测，可能损害生殖能力或胎儿在母体内受损[2]
H252	量大可自燃；可能导致火灾	H362	可能通过母乳伤害婴儿
H260	与水接触产生可燃气体，可能导致自燃	H370	损害器官[2][3]
H261	与水接触产生可燃气体	H371	可能损害器官[2][3]
H270	可能导致火灾或加强火势；氧化剂	H372	长期或反复暴露于此损害器官[2][3]
H271	可能导致火灾或爆炸；强氧化剂	H373	长期或反复暴露于此可能损害器官[2][3]
H272	可能加强火势；氧化剂	**对环境危险的危险提示**	
H280	压力下含气体；加热可能爆炸	H400	对水生物剧毒
H281	含深冷气体；可能导致冷燃或冻伤	H410	对水生物剧毒，伴长期作用
H290	可能腐蚀金属		
对健康危险的危险提示		H411	对水生物有毒，伴长期作用
H300	吸入有生命危险		
H301	吸入有毒	H412	对水生物有害，伴长期作用
H302	吸入有害健康		
H304	吸入和进入呼吸道可能致死	H413	可能损害水生物，伴长期作用
H310	皮肤接触有生命危险		

[1] 固体或液体悬浮微粒与某种气体的混合物。
[2] 有证据表明这种危险不存在于其他暴露途径。暴露 = 人体器官面对极端的、大部分是有害的影响因素（例如细菌）。
[3] 或列举所有已知的涉事器官。

安全提示 –P 语句		参照 CLP 条例（EG）编号 1272/2008	

P– 语句	含义	P– 语句	含义
概述		P282	佩戴防护手套 / 防护服 / 防寒防护眼镜
P101	要求医生建议，准备包装或标记标签	P283	穿戴重阻燃 / 阻燃服装
P102	不允许放入儿童手中	P284	穿戴呼吸保护装备
P103	使用前阅读标记标签	P285	通风不良时穿戴呼吸保护装备
预防保护		P231+ P232	在惰性气体中使用；防潮保护
P201	使用前征求特殊说明	P235+ P410	冷藏保存；防太阳辐射保护
P202	使用前阅读并理解所有安全提示	**反应**	
P210	远离炽热 / 火花 / 开放的火焰 / 灼热表面，禁烟	P301	吞咽时
P211	不要向开放的火焰或其他点火源喷射	P302	皮肤接触时
P220	服装 /…远离 / 离开易燃物质存放	P303	皮肤接触时（或头发接触时）
P221	避免与易燃材料 /... 混合	P304	呼吸时
P222	不允许与空气接触	P305	眼睛接触时
P223	与水接触将发生剧烈反应，务必避免明火	P306	沾污衣物时
P230	与…保湿	P307	暴露于外时
P231	在惰性气体中使用	P308	暴露或接触时
P232	防潮保护	P309	暴露或不适时
P233	容器密封保存	P 310	立即致电毒物信息中心或医生
P234	只能保存在原始容器	P311	致电毒物信息中心或医生
P235	冷藏保存	P312	不适时致电毒物信息中心或医生
P240	容器和待灌装设备放在地面	P313	征求医生建议 / 送医救助
P241	使用电气设备 / 通风设备 / 照明设备等的防爆保护	P314	不适时征求医生建议 / 送医救助
P242	只能使用无火花工具	P315	立即征求医生建议 / 送医救助
P243	采取防静电放电措施	P320	要求紧急特别处理（参见…在标记标签上）
P244	减压表放油和油脂保存	P321	特别处理（参见…在标记标签上）
P250	不能磨 / 撞 /…. 摩擦	P322	有目的的措施（参见…在标记标签上）
P251	容器保持压力；不能打孔或燃烧，即便用完后也不行	P330	冲洗口腔
P260	不能吸入灰尘 / 烟 / 气体 / 雾 / 蒸汽 / 气溶胶	P331	不要引发呕吐
P261	避免吸入灰尘 / 烟 / 气体 / 雾 / 蒸汽 / 气溶胶	P332	皮肤刺激时
P262	不能进入眼睛、接触皮肤或粘上衣物	P333	皮肤刺激或皮疹时
P263	怀孕 / 和哺乳期避免接触	P334	泡入冷水 / 敷上湿绷带
P264	使用后彻底清洗	P335	刷去皮肤上的松散杂物
P270	使用过程中不允许饮食、饮水或抽烟	P336	结冰部分泡入微温水中；不要摩擦相关部分
P271	只在空旷场地或通风良好的室内使用	P337	眼睛持续刺激时
P272	不允许在工作场地之外穿着沾污工作服	P338	根据可能性，必要时摘下接触镜。继续冲洗
P273	避免暴露在环境中	P340	将相关人员送入新鲜空气环境中并以某种体位安静放置，减轻呼吸困难
P280	佩戴防护手套 / 防护服 / 防护眼镜 / 防护面具	P341	呼吸困难时，将相关人员送入新鲜空气环境中并以某种体位安静放置，减轻呼吸困难
P281	使用规定的人员防护装备	P342	呼吸道综合征时
		P350	小心地用大量清水和肥皂清洗

安全提示 – P 语句   参照 CLP 条例（EG）编号 1272/2008

P– 语句	含义	P– 语句	含义
P351	用清水小心清洗若干分钟	P305+ P351+ P338	眼睛接触时：用清水小心清洗若干分钟。根据可能性，必要时摘下接触镜。继续冲洗
P352	用大量清水和肥皂水清洗	P306+ P360	沾污衣物时：立即用大量清水清洗沾污衣物和皮肤，并脱去衣物
P353	用清水清洗／冲洗	P307+ P311	暴露于外时：致电毒物信息中心或医生
P360	立即用大量清水清洗沾污衣物和皮肤，并脱去衣物	P308+ P313	暴露或接触时：征求医生建议／送医救助
P361	立即脱去所有沾污衣物	P309+ P311	暴露或不适时：致电毒物信息中心或医生
P362	脱去沾污衣物并在重穿之前清洗	P332+ P313	皮肤刺激时：征求医生建议／送医救助
P363	沾污衣物重穿之前清洗	P333+ P313	皮肤刺激或皮疹时：征求医生建议／送医救助
P370	火灾时	P335+ P334	刷去皮肤上的松散杂物。泡入冷水／敷上湿绷带
P371	大型火灾和大量时	P337+ P313	眼睛持续刺激时：征求医生建议／送医救助
P372	火灾中有暴露危险时	P342+ P311	呼吸道综合征时：致电毒物信息中心或医生
P373	如果火焰中有爆炸性材料／混合物／制品等时，不要灭火	P370+ P376	火灾时：如有可能，拆除泄漏
P374	在适当距离外用常规安全措施灭火	P370+ P378	火灾时：…用于灭火
P375	由于有爆炸危险，在安全距离外灭火	P370+ P380	火灾时：清理环境
P376	如有可能，拆除泄漏	P370+ P380+ P375	火灾时：清理环境。由于有爆炸危险，灭火时在安全距离外
P377	泄漏气体燃烧：不去熄灭，直至无危险后再去拆除泄漏	P371+ P380+ P375	大型火灾和大量时：清理环境。由于有爆炸危险，灭火时在安全距离外
P378	…用于灭火	**保存**	
P380	清理环境	P401	……保存
P381	如无危险，清除所有点火源	P402	保存在干燥地方
P390	为避免材料损失，收起溢出的材料	P403	保存在通风良好的地方
P391	收起溢出的材料	P404	保存在密闭容器内
组合		P405	密封保存
P301+ P310	吞咽时：立即致电毒物信息中心或医生	P406	保存在耐腐蚀／…且耐腐蚀外包装的容器内
P301+ P312	吞咽时：不适时致电毒物信息中心或医生	P407	允许堆垛／垫板之间有间隙
P301+ P330+ P331	吞咽时：冲洗口腔。不要引发呕吐	P410	防太阳辐射保护
P302+ P334	皮肤接触时：泡入冷水／敷上湿绷带	P411	保存在温度不大于…℃的地方
P302+ P350	皮肤接触时：小心地用大量清水和肥皂水清洗	P412	所受温度不能大于 50℃
P302+ P352	皮肤接触时：用大量清水和肥皂水清洗	P413	散装货物包装量小于…千克且保存在温度不大于…℃的地方
P303+ P361+ P253	皮肤接触时（或头发接触时）：立即脱去所有沾污衣物。用清水清洗／冲洗	P420	远离其他材料单独保存
P304+ P340	呼吸时：送入新鲜空气环境中并以某种体位安静放置，减轻呼吸困难	P422	放入…／在…条件下保存
P304+ P341	呼吸时：呼吸困难时送入新鲜空气环境中并以某种体位安静放置，减轻呼吸困难		

危险品

危险品的标记和处理　　　　参照 CLP 条例（EG）编号 1272/2008

名称 警示词	图示编码 （见 407 页）	危险提示 H 语句 （见 408 页）	安全提示 P 语句 （见 409，410 页）	备注
乙炔 危险	GHS02　GHS04	H220；H280	P210；P377；P403	无色，无味，反应愉快的可燃气体，有无空气均可爆炸
汽油 危险	GHS02 GHS07 GHS08 GHS09	H225；H304；H336；H411	P201；P210；P260；P262；P281；P301+P310；P303+P361+P353；P405；P501	接触皮肤后用清水和肥皂清洗，脱去衣物
一氧化碳 危险	GHS02 GHS04 GHS06 GHS08	H331；H220；H360；H372；H280	P260；P210；P202；P304+P340+P315；P308+P313；P377；P381；P403；P405	无色，高毒性，可燃，无味，气体，强血液毒性
盐酸 25%，31%，36% 危险	GHS05　GHS07	H314；H355；H290	P102；P280；P301+P330+P331；P305+P351+P338；P406	皮肤接触或吞入后严重腐蚀
氧气 压缩 危险	GHS03　GHS04	H270；H280	P244；P220；P370；376 P403	无色无味气体；室温下和油脂可点燃
硫酸 96% 危险	GHS05	H290；H314	P102；P280 P305+P351+P338；P406；P501	皮肤接触后用大量清水和肥皂清洗；脱去衣物
三氯乙烯 （Tri） 危险 注意	GHS07　GHS08	危险：H341，H350 注意：H315；H319；H336；H412	P281；P273；P302+P352 P305P351+P338；P308+P313；P405	皮肤接触后用大量清水和肥皂清洗；出现痛苦呼叫医生
氢气 压缩 危险	GHS02　GHS04	H220；H280	P210；P377P；P381P P403	无色无味可燃气体；遇空气或氧气爆炸（爆炸瓦斯）
氩气 注意	GHS04	H280	P403	高浓度可窒息
丁烷 危险	GHS02　GHS04	H220；H280	P201；P210；P281；P308；P313；P403+P410	其蒸汽重于空气并排挤空气。由于缺氧可致人丧失意识和死亡
丙烷 危险	GHS02　GHS04	H220；H280	P201；P210；P260；P308；P313；P377；P381；P403+P410	
氮气 注意	GHS04	H280	P403	略轻于空气；高浓度可窒息

危险品的清理

废物法   参照循环经济法 KrWG（2012–04）

本法的目的：
- 爱惜自然资源（原料源）
- 保护人类和环境

避免废物和废物经济的措施排列顺序如下：
1. 避免废物，例如使用废物量少的产品包装。
2. 准备再次利用（例如预处理）。
3. 循环利用（物质的再次利用）优先于能量的再利用（例如燃烧）。
4. 其他的再次利用，尤其是能量的再次利用，用作绝缘材料和填充材料（例如采石场和采沙场的填埋）。
5. 清除（例如堆放在垃圾填埋场）。

金属加工企业[1]中特别监视的稀有废物（特种废物）的选择

废物索引	废物种类名称	出现，描述，产生	特别提示，措施
150199D1	含有害污染物的包装材料	圆桶、方桶、垃圾桶和罐，剩余颜料、油漆、溶剂、冷清洗剂、防锈剂、除锈和脱硅剂、填料等	空且干燥的纯装刷子和抹刀的容器不是特别监视的稀有废物。它们相当于售货包装。通过二元系统或废钢铁收购商的金属容器进行清除残留油漆已干的容器是类似于家庭垃圾的作坊垃圾 最易丢弃的是喷头，应作为特种废物进行清除
160602	镍镉电池	蓄电池，例如手持电钻和电动螺丝刀	所有含有害物质的蓄电池都已标记。应由经销商免费回收。消费者有交回给经销商或公共收集点的义务
160603	汞干电池	纽扣电池、含汞单节电池	
160604	碱电池	不可充电电池	
060404	含汞废物	荧光灯（所谓的"日光灯管"）	可以再利用。完整交回给经销商或清除人员。不要送入玻璃循环利用系统
120106	用过的加工油，含卤素，无乳化剂	无水钻孔、车削、磨削和切割用油，所谓的冷却润滑剂（KSS）	尽可能避免使用冷却润滑剂，例如通过 · 无润滑加工 · 微量冷却润滑 分开收集不同的冷却润滑油、乳化液和溶液。回收加工或燃烧的可能性（能量再利用）请征询供货商
120107	用过的加工油，无卤素，无乳化剂	过期的无水珩磨油	
120110	人工合成加工油	人工合成油制成的冷却润滑剂，例如酯基油	
130202	未氯化的机床油，变速箱油和润滑油	旧油、变速箱油、液压油、柱塞式空气压缩机油	供货商有回收义务。旧油制造可通过再次精炼或能量再利用实施循环利用 不能与其他废物混合
150299D1	抽吸和过滤材料，粘有有害废物的干揩布和保护服	例如旧泵、抹布；油污或粘石蜡的刷子、绑扎带、油罐和油脂罐	租用抹布的可能性
130505	其他乳化液	压缩机产生的冷凝水	利用压缩机油的反乳化性能；了解无油压缩机的可能性
140102	其他卤化溶剂和溶剂混合物	Per（四氯乙烯）、Tri（三氯乙烯）、混合溶剂	供货商回收并检验水性清洗剂的替代性

[1] 特别监视稀有废物清除和再次利用的规定条例 - Bestbü AbfV（1999–01），附录 1：欧洲废物目录所列废物（EAK– 废物）被视为特别危险。附录 2：特别监视的稀有 EAK– 废物以及未列入 EAK 名录中的废物种类（废物索引中用字母"D"标记）。

安全色，禁止标志

安全色，概述　　参照 DIN EN ISO 7010（2014–05）和 ASR[1] A1.3（2013–02）

类别	E	F	M	P	W
颜色	绿色	红色	蓝色	红色	黄色
安全表述	救生标志	火灾防护标志	指示标志	禁止标志	警告标志
图形和注册编号	E001	F001	M001	P001	W001
含义	左边紧急出口	灭火器	普通指示标志	普通禁止标志	普通警告标志

禁止标志　　参照 DIN EN ISO 7010（2012–10）和 ASR[1] A1.3（2013–02）

P001	P002	P003	P004	P005	P006
普通禁止标志，仅与附加标志共同使用	禁止吸烟	禁止明火；禁止火，开放式火源和吸烟	禁止行人	非饮用水	禁止陆地运输车
D–P006	P007	P010	P011	P012	P013
未经许可禁止入内	带心脏起搏器或植入式除纤颤器[2] 人员禁止入内	禁止触摸	只能用水灭火	禁止重物	禁止开机的移动电话
P015	P017	P018	P019	P020	P022
禁止伸入	禁止移动	禁止坐下	禁止爬升	火灾时禁用电梯	禁止饮食和饮水
P023	P024	P027	P031	P033	P034
禁止靠放或放置	禁止进入的区域	禁止载人	禁止接通	不允许湿磨	不允许不戴手套和手持打磨

[1] 工作场所技术规则（ASR）。
[2] 去除心脏跳动节奏障碍的装置。

警告标志

警告标志				参照 DIN EN ISO 7010（2014−05）和 ASR[1] A1.3（2013−02）	
W001 普通警告标志， 仅与附加标志 共同使用	W002 警告爆炸 危险物品	W003 警告放射性物质 或致电离辐射	W004 警告激光射束	W005 警告非电离 辐射	W006 警告电磁场
W007 警告地板障碍物	W008 警告坠落危险	W009 警告生物危险	W010 警告低温 （冰冻）	W011 警告滑倒危险	W012 警告电压
W013 警告看门狗	W014 警告陆地运输车	W015 警告悬浮重物	W016 警告有毒物质	W017 警告热表面	W018 警告自动启动
W019 警告挤伤危险	W020 警告头部范围有 障碍物	W021 警告火灾危险物品	W022 警告尖锐物品	W023 警告腐蚀性物品	W024 警告手部受伤危险
W025 警告相对运转的 辊轮	W026 警告电池充电 导致的危险	W027 警告光学射线	W028 警告易引发 火灾物品	W029 警告气瓶	D−W021 警告爆炸危险的 大气环境[2]

[1] 工作场所技术规则（ASR）。
[2] 摘自 DIN 4844−2（2012−12）。

安全标志

指示标志　　　　　　　参照 DIN EN ISO 7010（2014–05）和 ASR[1] A1.3（2013–02）

M001	M002	M003	M004	M005	M006
普通指示标志	注意说明	使用噪音防护	使用眼睛防护	使用接地	拔下电源插头

M007	M008	M009	M010	M011	M012
使用不透光眼睛保护	使用足部保护	使用手部保护	穿戴防护服	洗手	使用扶手

M013	M014	M016	M017	M018	M019
使用面板保护	使用头部保护	使用面具	使用呼吸保护	使用悬吊保护带	使用电焊面罩

M020	M021	M022	M023	M024	M026
使用安全带拉回系统	保持警告或维修	使用手部保护剂	使用过渡段	使用人行通道	使用防护围裙

救生标志　　　　　　　参照 DIN EN ISO 7010（2014–05）和 ASR[1] A1.3（2013–02）

E001	E002	E003	E004	E007	E008
紧急通道（左边）	紧急通道（右边）	急救	急救电话	汇合点	紧急通道设施（击碎一块玻璃）

E009	E010	E011	E012	E013	E018
医生	自动化外部除纤颤器[2]（AED）	眼睛冲洗装置	紧急冲洗	担架	左旋打开

[1] 工作场所技术规则（ASR）。
[2] 去除心脏跳动节奏障碍的装置。

安全标志	
防火符号	参照 DIN EN ISO 7010（2014–05）和 ASR[1] A1.3（2013–02）

F001	F002	F003	F004	F005	F006

灭火器	消防水管	消防梯	灭火装备和装置	火灾报警	火灾报警电话

组合标志

正在工作!
地点:　　　　　日期:
只有下述人员
有权移除该标志:

禁止合闸

高压

致命危险

警告高压

组合标志用于逃生通道或紧急通道，并用箭头指示逃生方向

卫生室	禁止进入屋顶下	灭火罩	关闭电动机，有中毒危险
卫生室内急救	禁入! 不允许进入该屋内	灭火罩用于灭火	警告有毒气体

[1] 工作场所技术规则（ASR）。

管道标志　　　　　　　　　　　　　　　　参照 DIN 2403（2014-06）

应用范围和要求

　　出于有效灭火和合理维修等安全方面的原因，根据流量物质对管道施加清晰标志是绝对必要的。为避免事故和对健康的损害，该标志应提示危险。

对标志的要求

- 标志必须清晰可辨且能长久保持。
- 标志的结构允许是粉刷的油漆和字体，粘接带（例如不干胶薄膜带）或标牌等。
- 尤其在工序重要和危险地点（例如开始和结束，分支，墙内通道，管道附件等）应有标志。
- 管道长度超过 10m 后必须重复原有标志。
- 分组颜色和附加颜色（参见下表）的说明。
- 借助箭头标明径流方向。
- 通过补充文字说明（例如水）或化学公式（例如 H_2O）说明管内物质。
- 对于危险品还应添加危险标志（参见 407 页），在普通危险时添加警告标志（参见 414 页）。

管内物质的颜色标记排序

管内物质	分组	组色	RAL	附加颜色	RAL	文字颜色	RAL
水	1	绿色	6032	—	—	白色	9003
水蒸气	2	红色	3001	—	—	白色	9003
空气	3	灰色	7004	—	—	黑色	9004
可燃气体	4	黄色	1003	红色	3001	黑色	9004
非可燃气体	5	黄色	1003	黑色	9004	黑色	9004
酸	6	橘黄色	2010	—	—	黑色	9003
碱	7	紫色	4008	—	—	白色	9003
可燃液体和固体	8	棕色	8002	红色	3001	白色	9003
非可燃液体和固体	9	棕色	8002	黑色	9004	白色	9003
氧气	0	蓝色	5005	—	—	白色	9003

特种管道标志

消防管道是用红 - 白 - 红标记色标记的管道。在白色区域内用灭火剂的颜色绘制着安全标志图形符号"防火符号"（参见 416 页）。
饮用水管道是用绿 - 白 - 绿标记色标记的管道。非饮用水管道则是绿 - 蓝 - 绿标记色标记的管道。各缩写符号及其颜色请参见下表。

名称	缩写符号	颜色	名称	缩写符号	颜色
饮用水管道 饮用水管道，冷	PW PWC	绿色	饮用水管道，热，循环水	PWH-C	紫色
饮用水管道，热	PWH	红色	非饮用水管道	NPW	白色

标志举例

燃油

灭火设施（水）

饮用水

压缩空气

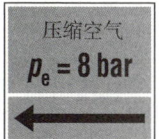

氧气（易引发火灾）

乙炔（高度易燃）

声音和噪声

声音的技术概念

概念	解释	概念	解释
声音	声音因机械振动而产生并在气体、液体和固体物体内传播	噪声	不受欢迎的、令人厌烦的或令人痛苦的声波。其损害程度与强度和持续作用时间相关
声压级	声压级是声音响度和强度的计量单位	频率	每秒振动的次数。单位：1 Hertz = 1 Hz = 1/s。音高随频率增加而增大。人耳频率范围是 16 Hz 至 20 000Hz
分贝	分贝（dB）标出的是对数比较参数。将测得的声压级与人耳能够听到的最小声压对比。0 dB 相当于听力阈值。每提升 3 dB 相当于声功率增加一倍（能量参数）	dB(A)	人耳对相同声压级但不同音高可感受出其不同的声强。为使听觉印象能够相互比较，设置一个过滤器，例如 A → dB(A)，消掉强低音，增强弱高音。增加 10 dB(A) 便能使人耳感受到响度增加一倍（心理感受参数）

dB（A）– 数值

声音类型	dB(A)	声音类型	dB(A)	声音类型	dB(A)
听觉灵敏度的开始	4	1 米距离的正常说话	70	重型冲剪	95...100
30 厘米距离听到的呼吸声	10	加工机床	75...90	圆角打磨机	95...115
耳语	30	气焊嘴，车床	85	迪斯科音乐	110...115
轻声交谈	50...60	冲击钻，摩托车	90	喷气式发动机	120...130

噪声和振动 – 劳动保护条例   参照 LarmVibrationsArbSchV[1]（2007–03；修改于 2010–07）

噪声检测量：
· 白日噪声水平：平均噪声发展水平，8 小时班次的平均量。
· 声压级峰值：声压级最大值，例如因爆炸或爆裂而产生。

达到或超过触发值[2] 应采取的措施

触发值低限（u.A.）： 白日噪声水平 = 80 dB(A) 或声压级峰值 = 135 dB(C)		触发值高限（o.A.）： 白日噪声水平 = 85 dB(A) 或声压级峰值 = 137 dB(C)	
达到或超过触发值低限	·有义务向员工通报有关健康损害方面的信息以及相关指导	达到或超过触发值上限	·标记出噪声范围 ·有义务定期进行预防措施试验 ·有义务提供听力保护装备
超过触发值低限	·必须配备可供使用的听力保护装置 ·必须提供预防措施试验（报告）	超过触发值上限	·必须编制降噪程序并予以实施。目的：降低声压级 5 dB(A)

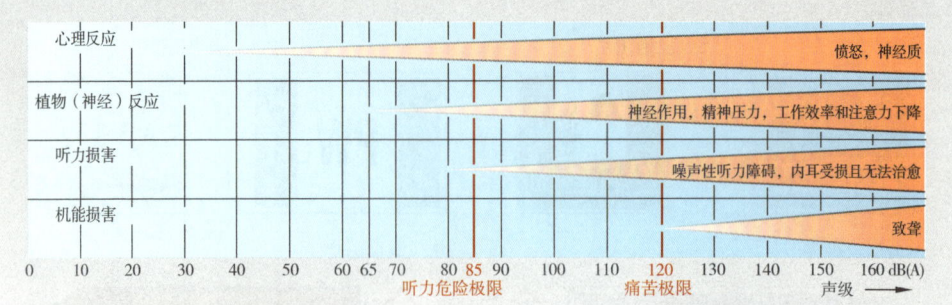

[1] 《噪声振动劳动保护条例》的德语缩写。
[2] 极限值，超过该值时，雇主必须采取一定的降噪措施。

7 自动化技术

线路符号　　　　　　　　　　　　　　　　　　　参照 DIN ISO 1219-1（2012-09）

功能元素

▶	液压流	↑↑↑	液流方向	（弧）	旋转方向	〰	弹簧
▷	压缩空气流			（斜箭头）	可调节性	≈	节流

能量传递

▶	压力源 液压		管路连接		消声器	◇	过滤器或过滤网
▷	压力源 气动		管路交叉		容器		水份分离器
	工作管路		快速耦合		压力容器		空气干燥器
	控制管路 泄漏管路		排气，无接头		带气囊的液压、气体压力存储器		
	部件框线		排气，有接头		保养单元		油雾化器

泵，压缩机，电动机

	恒压液压泵，单旋转方向		恒压液压马达，单旋转方向		可调式液压马达，双旋转方向		旋转/回转驱动，双体积流量方向
	可调式液压泵，双旋转方向		恒压气动马达，单旋转方向		可调式气动马达，双旋转方向		旋转/回转驱动，单向作用
	压缩机，单旋转方向					Ⓜ	电动机

单向作用缸　　　　　　　　　　　　　　双向作用缸

单向作用缸，内装回程弹簧	膜片式单向作用缸，单侧终端位置缓冲器，可无接头排气	双向作用缸，单侧活塞杆	双向作用缸，单侧活塞杆双侧可调式终端位置缓冲器

关断阀　　　　　　　　　压力阀　　　　　　　流量阀

	单向止回阀，不受力		可关断止回阀		限压阀		可调式节流阀
	单向止回阀，弹簧受力				顺序阀		双通路流量调节阀，与流体的黏度和压力差无关
	换向阀（"或"门功能）		节流止回阀		双通路减压阀		
	快速排气阀		双压阀（"与"门功能）		三通路减压阀，均衡输出端的压力峰值		三通路流量调节阀，将输入流量划分为恒定流量和剩余流量

换向阀

参照 DIN EN 81346（2010–05），ISO 1219（2012–09），
DIN ISO 5599 (2015–12),DIN ISO 11727 (2003–10),ISO 9461 (1992–12)

换向阀的接头名称和缩写名称

举例：五位两通（5/2）换向阀加接头名称
缩写符号

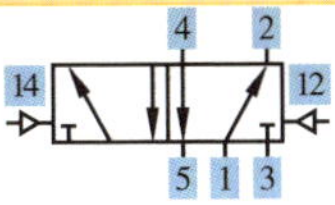

5 / 2 - 换向阀 QM1 或 1.3

接头 数量	开关位 置数量	按 DIN EN 81346 的标记	按 ISO 1219-2 的标记

气动和液压装置的接头名称

接头	气动[1]	液压[2][3]
流入，压力 接头	1	P
工作接头	2,4,6	A,B,C
排气，流出	3,5,7	R,S,T
漏油接头		L
控制接头[3]	12,14	X,Y,Z

[1] 参照 DIN 11727，DIN 5599。
[2] 参见 ISO 9461。
[3] 字母顺序不等于数字顺序。
[4] 一种脉冲，例如控制接头 12，作用于接头 1 和 2 的连接。

开关位置[1]

a b   带有 2 个 开关位置的换 向阀

a 0 b 带有 3 个 开关位置的换 向阀

[1] 正方框的数量 = 开关位置数量

所有工业设备均可使用 DIN EN 标准（参见 423 页的描述）

举例：
气动：参见 425 页
电子气动：参见 439 页
液压：参见 440 页
GRAFCET：参见 432 及其后数页

用于液压设备 （其描述参见 426 页）

举例：参见 426 页 后文中将优先采用 DIN EN 81346 所 述对所有工业设备 均有效的标记

换向阀制造结构

2 位换向阀

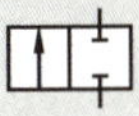

带关断静止位 置的两位两通 （2/2）换向阀

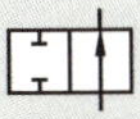

带径流静止位 置的两位两通 （2/2）换向阀

3 位换向阀

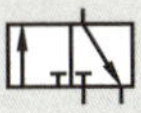

带关断静止位 置的三位三通 （3/3）换向阀

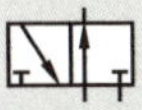

带径流静止位 置的三位三通 （3/3）换向阀

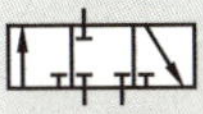

带关断中间位 置的三位三通 （3/3）换向阀

4 位换向阀

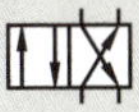

四位两通（4/2） 换向阀

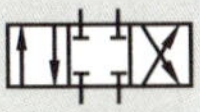

带关断中间位 置的四位三通 （4/3）换向阀

带浮动中间位 置的四位三通 （4/3）换向阀

5 位换向阀

五位三通（5/2） 换向阀

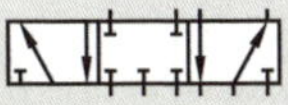

带关断中间位置的五位三通 （5/3）换向阀

流程通路

一个通路

两个已关断的 接头

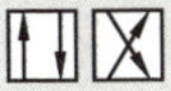

两个通路和一个 已关断的接头

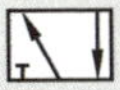

相互连接的两 个通路

相互连接的两 个通路

在旁路管路上 的一个通路和 两个已关断的 接头

换向阀的操作

开关状态

a b   a 滚轮操作   b 操作

人力操作

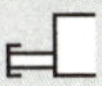

普通的，未加说 明的操作方式

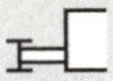

按钮

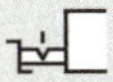

操作杆

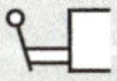

拉手

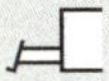

按钮和拉手

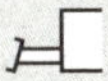

通过踏板

机械操作

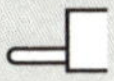

推杆

可调行程限位 的推杆

弹簧

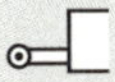

滚轮推杆

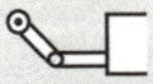

一个操作方向 的滚轮推杆

机械部件

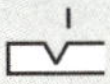

卡口

压力操作

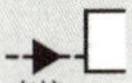

直接   液压

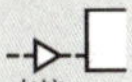

直接   气动

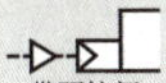

直接   气动

带预控阀

电气操作

通过电磁铁

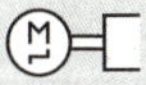

通过电动机

组合式操作

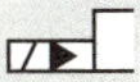

通过电磁铁 和预控阀

比例阀

基本概念

举例：

电气操作，带弹簧定中心的预控四位三通（4/3）换向阀

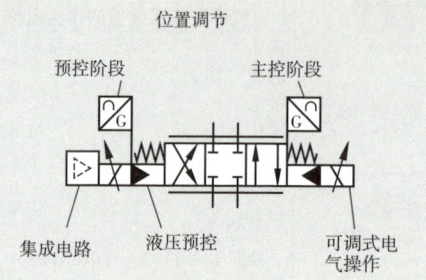

位置调节

预控阶段　　　　　　　　主控阶段

集成电路　　　液压预控　　　可调式电气操作

比例阀由一个可无级调节的电磁操作装置控制。主要用在液压系统。出口端信号，例如压力、流量或径流方向，是一个与入口端信号（液流）成比例的量。通过压力可快速且准确调节例如液压缸的活塞力，同理，通过流量可调节例如液压缸活塞速度或液压马达的转速，通过径流方向可调节例如活塞的伸出和收回以及液压马达的旋转方向。这些量均可在设备运行过程中通过可编程序控制器（PLC）自动调节，并与自动流程匹配。比例阀也可替代若干阀门，例如换向阀和流量阀。

线路符号（摘选）

参照 DIN ISO 1219-1（2007-12，已撤销）

持续 – 换向阀

符号	说明	符号	说明
	电气液压预控比例换向阀，带有预控阶段和主控阶段的位置调节，集成电路		电气液压预控调节阀，带有预控阶段和主控阶段的位置调节，集成电路
	电气液压预控换向阀，预控阶段向两个方向持续作用，集成电路		电气液压调节换向阀，带有断电预设位置和电气回程装置，集成电路
	比例换向阀，持续操作		电气液压线性驱动，有液压缸和带步进电机的伺服阀，液压缸机械回程装置

持续 – 压力阀

符号	说明	符号	说明
	比例限压阀，直接操作，电磁通过弹簧作用于阀锥		比例限压阀，直接操作，电磁作用于阀锥，集成电路
	比例限压阀，直接操作，电磁位置调节，集成电路		比例限压阀，预控，电磁位置采集和外部控制油流程

持续 – 流量阀

符号	说明	符号	说明
	比例流量阀，直接操作		比例流量阀，直接操作，电磁位置调节，集成电路
	比例流量阀，预控，带有预控阶段和主控阶段的位置调节，集成电路		流量阀，由比例电磁铁调节挡板用以均衡黏度变化

工业系统和产品的标记   参照 DIN EN 81346-1（2010-06）

参考标记的目的和结构

标记的目的：
- 统一性（适用于所有的工业设备，例如液压、气动、电子、机械等）。
- 包括系统的全部运作循环（从草案到运行，直至废物清除）。
- 模块化过程结构的可能性（同时可嵌入现有的设备部分）。

参考标记：
- 总系统中某个组件单一明确的名称。
- 至少通过前置符号提示一个对应的方向。
- 相比 ISO 1219 的优点：可辨识组件的类型，此外在参考标记语句中还能列出组件的安装
位置及其功能（例如"分类中心"，见下文）。

线路图的一个命名举例：   –SJ2

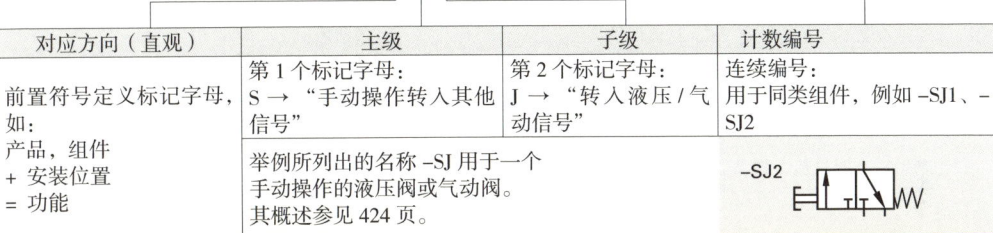

对应方向（直观）	主级	子级	计数编号
前置符号定义标记字母， 如： 产品，组件 + 安装位置 = 功能	第 1 个标记字母： S → "手动操作转入其他 信号" 举例所列出的名称 –SJ 用于一个 手动操作的液压阀或气动阀。 其概述参见 424 页。	第 2 个标记字母： J → "转入液压 / 气 动信号"	连续编号： 用于同类组件，例如 –SJ1、– SJ2

系统，结构，组件和对应方向

系统： 用输入量和输入量连接的各组件的总图（例如"分类中心"）。
结构： 系统划分为各分系统的分支结构（例如"提升单元"）及其相互关系。
组件： 一个已命名的分系统，例如"提升单元"。组件。

	对应方向：组件的识别方式，通过前置符号予以识别		
	产品方向	**位置方向**	**功能方向**
前置符号	–	+	=
识别方式	命名的哪个组件？	该命名的组件位于何处？	该命名组件应完成哪些任务？
举例（"分类中心"）	液压缸	货物入口，任务分配	提升货物包
命名举例	–MM1	+Z1X1	=GM1

其他对应方向的定义由设备的全部参与者共同协商而定。此类附加的对应方向采用 # 作前置符号。举例：成本
方向、物流方向（设备制造时）。

举例："分类中心"   基础设施要素参照 DIN EN 81346-2（2010-05）

参照标记语句举例：–MM1 +Z1X1 =GM1
解释： 组件液压缸（–MM1）位于分配任务的货物入口处（+Z1X1），其功能是提升货物包（=GM1，标准定义：
"产生一个固体物质的非连续性物流"）。

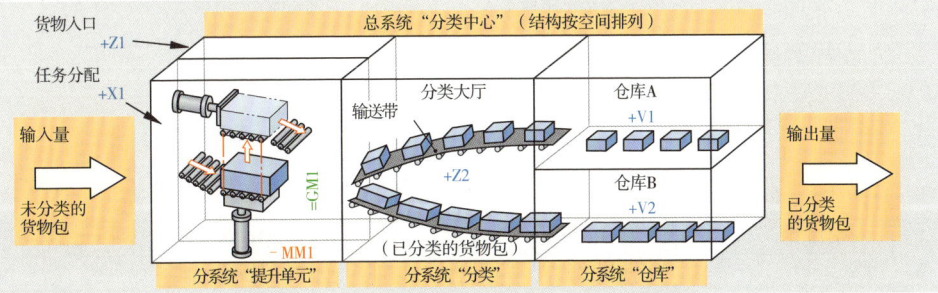

总系统"分类中心"：提升单元将货物包向上提升并穿过分类系统。输出量根据分入仓库 A 和仓库 B 的已
分类货物包的数量而定。

工业系统的标记：标记字母		参照 DIN EN 81346-2（2010-05）
主级（短定义）	子级（摘选，短定义）	组件（举例）
A　从分级 B 至 X 的多种用途。（主用途无法确定，其标记由用户自由选择）	AA–AE：电气能源范围 AF–AK：信息处理范围 AL–AY：机械制造范围 Z：组合任务	电力供给 PC 系统 搅拌机 维护保养单元
B　输入量转换为某个继续处理的信号	G：输入：间距，位置，存放位置 P：输入：压力，真空 S：输入：速度 T：输入：温度	传感器、滚轮操作的阀 压力传感器 测速仪、转速仪 温度传感器
C　能量存储	A：电容形式存储电能 W：物品存储	电容器 压力蓄能器、液压罐
E　产生射线，制热和制冷	A：灯（信号灯：主级 P） Q：通过热交换制冷	日光灯管、LED 灯 制冷干燥器、热交换器
F　保护不受不利条件影响	B：故障电流保护 C：过流保护 L：危险压力保护	故障电流保护开关 熔断器 安全阀、溢压阀
G　产生一个能量流、物品流或信号流	A：通过机械能产生电流 B：通过化学转换产生电流 L：固态材料的持续物流 M：固态材料的非持续物流 P：液态材料开始流动 Q：气态材料开始流动 S：驱动介质产生物流 T：重力产生物流 Z：组合任务	发电机 电池作为电源 输送带 提升单元 泵、涡轮泵 压缩机、风扇 压缩空气加油器、喷射器 润滑装置（加油器） 液压装置
H　产生材料或产品的一种新形态	L：通过组装 Q：通过过滤器 W：通过混合	装配机器人 过滤器、筛子 搅拌机
K　处理信号和信息	F：电气信号的信号逻辑电路 H：液压信号的信号逻辑回路 K：不同信号的信号逻辑回路	继电器、定时继电器、可编程序控制器（PLC） 与门、或门回路、定时器、液压预控阀 电子预控阀
M　使用于驱动目的的机械能就绪	A：通过电磁作用 B：通过磁场作用 M：通过液压力或气压力 S：通过化学转换力	电动机 阀的磁铁、阀的线圈 液压缸 / 气动缸、液压 / 气动马达 内燃机
P　信息表达法	F：单个状态的可视显示 G：单个变量的可视显示 H：图像或文本形式的可视显示	信号灯、带灯按钮 显示装置、压力表 显示屏、显示器、打印机
Q　能量流、信号流或物流的可控开关或改变	A：电气回路的开关 / 改变 B：电气回路的分离 M：循环物流的开关 N：循环物流的改变	接触器 主开关 换向阀、快速排放阀 限压阀、调压阀
R　限制或稳定	M：阻止回流 N：限制径流 P：声音的屏蔽或衰减 Z：组合任务	止回阀 节流阀 消声器 节流 – 止回阀
S　手动操作转换为其他信号	F：转换为电气信号 J：转换为液压 / 气压信号	按键，开关 阀门按钮
T　能量、信号或材料形式的转换	A：能量形式的保存 B：能量形式的改变 M：通过切削去除	变压器 整流器、稳压电源 加工机床
U　物品存放在指定位置	B：电线的保存和敷设 Q：加工 / 装配的保持和引导	电缆槽 机械手、真空吸爪
V　产品的加工	L：材料的填充	送料装置
W　引导	N：物流的引导	压缩空气软管
X　物品的连接	M：柔性连接	软管接头

举例：RM：通过阻止回流（M）限制或稳定（R）：止回阀。

线路图

举例：按 DIN EN 81346（提升装置）的标记

提升单元（气缸位置图）

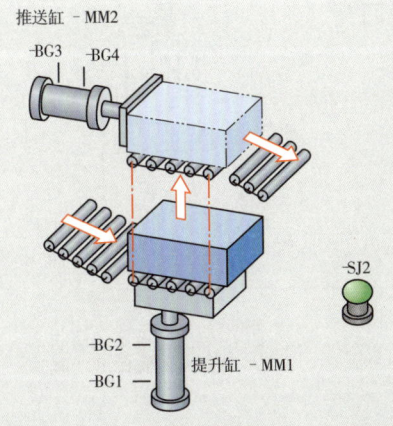

推送缸 -MM2
-BG3 -BG4
-SJ2
-BG2
-BG1 提升缸 -MM1

流程图

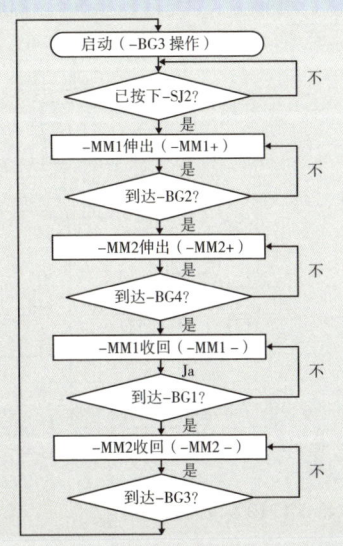

启动（-BG3 操作）
已按下-SJ2?   不
-MM1伸出（-MM1+）   是   不
到达-BG2?   是
-MM2伸出（-MM2+）   是   不
到达-BG4?   是
-MM1收回（-MM1 -）   是   不
到达-BG1?   Ja
-MM2收回（-MM2 -）   是   不
到达-BG3?   是

按照 DIN EN 81346 一个纯气动装置的结构和标记

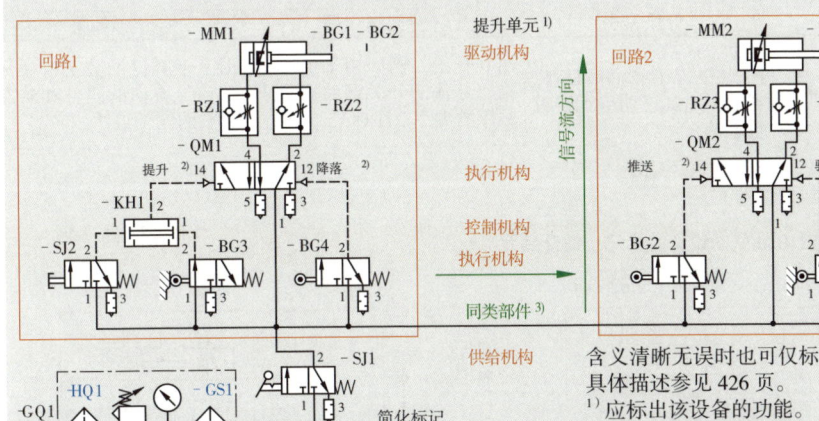

提升单元[1]
驱动机构

信号流方向

执行机构
控制机构
执行机构
同类部件[3]

供给机构

简化标记

含义清晰无误时也可仅标记第 1 个字母，具体描述参见 426 页。
[1] 应标出该设备的功能。
[2] 可标出各阀位的功能。
[3] 同类的供给机构、信号机构、执行机构和驱动机构。

标记字母和组件

标记字母	组件	标记字母	组件
AZ	维护保养单元	MM	气动缸，液压缸
BG	接近开关，限位开关	PG	显示装置，例如压力表
BP	按钮开关	QM	换向阀，快速排气阀
EQ	压缩空气源，压缩机	QN	限压阀
GS	压缩空气加油器（喷射器原理）	RP	消声器
HQ	过滤器（此处带有手动排放）	RZ	节流 – 止回阀
KH	信号逻辑回路，"与"门，"或"门，定时器	SJ	手动阀（气动信号）

线路图

举例：按照 DIN EN 81346 的简化标记（提升装置）

如果第 1 个标记字母已足以表达清晰且无混淆之虞，可省略第 2 个标记字母。

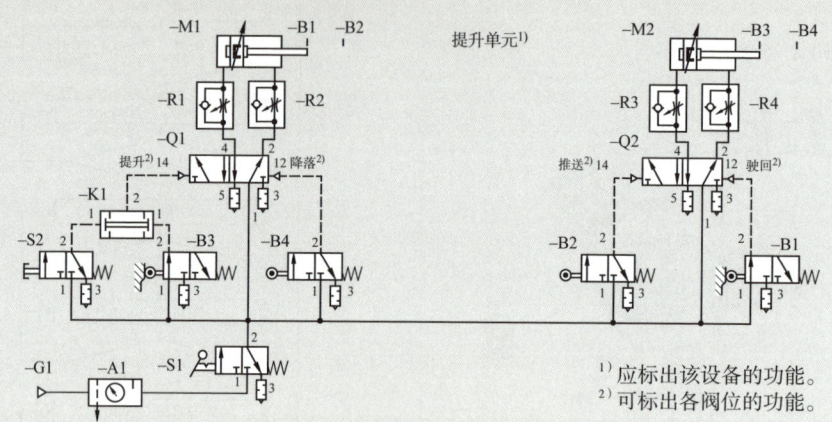

1) 应标出该设备的功能。
2) 可标出各阀位的功能。

按照 ISO 1219 标记液压设备

参照 ISO 1219-2（2012-02）

举例：详细标记

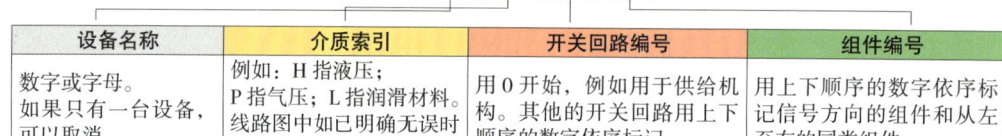

3 - P 2 · 4 ←必须加框

设备名称	介质索引	开关回路编号	组件编号
数字或字母。如果只有一台设备，可以取消	例如：H 指液压；P 指气压；L 指润滑材料。线路图中已明确无误时可取消。	用 0 开始，例如用于供给机构。其他的开关回路用上下顺序的数字依序标记。	用上下顺序的数字依序标记信号方向的组件和从左至右的同类组件。

举例：简化标记
（只有开关回路和组件编号）

2 · 4

举例：按照 ISO 1219 纯气动设备的标记（提升装置）

流程：1.8 伸出；2.6 伸出；1.8 收回；2.6 收回

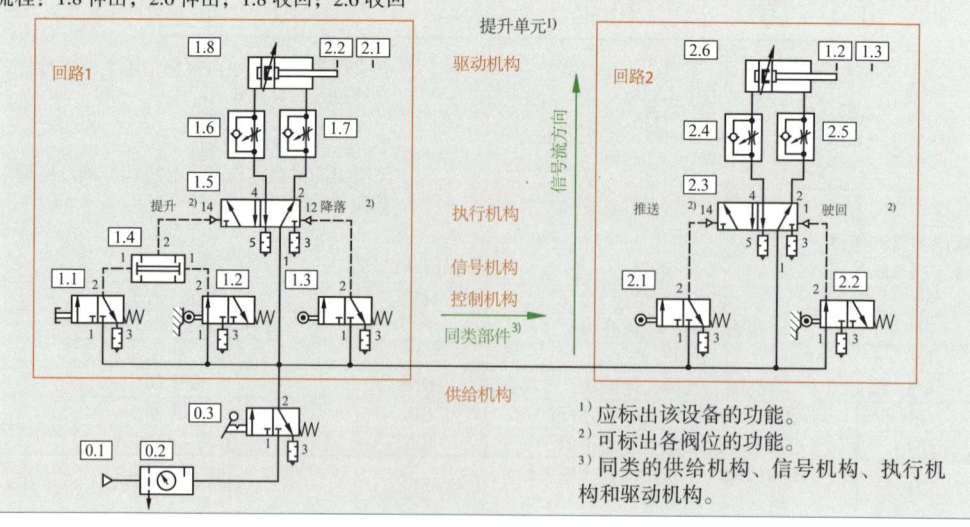

1) 应标出该设备的功能。
2) 可标出各阀位的功能。
3) 同类的供给机构、信号机构、执行机构和驱动机构。

气动控制（弯曲模具）

手工将薄板放入弯曲模具并由机器弯曲 90°。夹紧气缸 –MM1 将薄板保持在加工位置，弯曲气缸 –MM2 带着弯曲模具伸出，然后将薄板弯曲。之后，首先弯曲气缸 –MM2 收回，接着夹紧气缸 –MM1 收回。

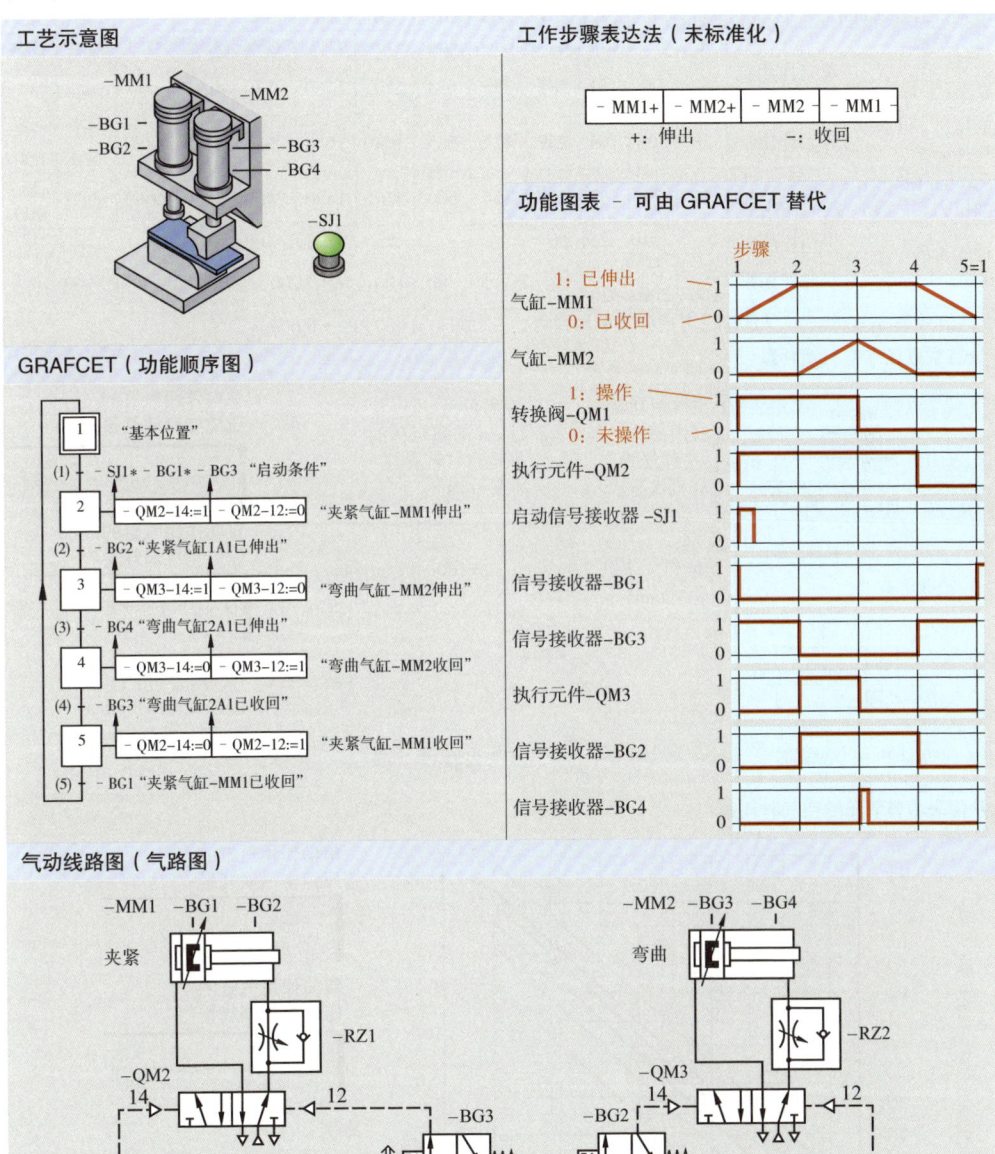

工艺示意图

工作步骤表达法（未标准化）

– MM1+	– MM2+	– MM2–	– MM1–
+：伸出		–：收回	

功能图表 – 可由 GRAFCET 替代

步骤

气缸-MM1 1：已伸出 0：已收回

气缸-MM2

转换阀-QM1 1：操作 0：未操作

执行元件-QM2

启动信号接收器-SJ1

信号接收器-BG1

信号接收器-BG3

执行元件-QM3

信号接收器-BG2

信号接收器-BG4

GRAFCET（功能顺序图）

1 "基本位置"

(1) – SJ1 * – BG1 * – BG3 "启动条件"

2 – QM2-14:=1 – QM2-12:=0 "夹紧气缸-MM1伸出"

(2) – BG2 "夹紧气缸1A1已伸出"

3 – QM3-14:=1 – QM3-12:=0 "弯曲气缸-MM2伸出"

(3) – BG4 "弯曲气缸2A1已伸出"

4 – QM3-14:=0 – QM3-12:=1 "弯曲气缸-MM2收回"

(4) – BG3 "弯曲气缸2A1已收回"

5 – QM2-14:=0 – QM2-12:=1 "夹紧气缸-MM1收回"

(5) – BG1 "夹紧气缸-MM1已收回"

气动线路图（气路图）

–MM1 –BG1 –BG2   –MM2 –BG3 –BG4

夹紧   弯曲

–RZ1   –RZ2

–QM2   –QM3

–SJ1 –BG1   –QM1   –BG4

气动缸（摘选）

参照 DIN ISO 15552（2005−12）
DIN ISO 21287（2005−12），DIN ISO 6432（1987−10）

尺寸和活塞力

活塞直径		12	16	20	25	32	40	50	63	80	100	125	160	200
活塞杆直径（mm）		6	8	8	10	12	16	20	20	25	25	32	40	40
接头螺纹		M5	M5	G1/8	G1/8	G1/8	G1/8	G1/4	G3/8	G3/8	G1/2	G1/2	G3/4	G3/4
P_e=6bar 时的压力[1]（N）	单向作用缸[2]	50	96	151	241	375	644	968	1560	2530	4010	–	–	–
	双向作用缸	58	106	164	259	422	665	1040	1650	2660	4150	6480	10 600	16 600
P_e=6bar 时的拉力[3]（N）	双向作用缸	54	79	137	216	364	560	870	1480	2400	3890	6060	9960	15 900
行程长度 mm	单向作用缸		10, 25, 50				25, 50, 80, 100					–		
	双向作用缸	至 160	至 200	至 320	10, 25, 50, 80, 100, 160, 200, 250, 320, 400, 500									

[1] 气缸效率 η=0.88　　[2] 这里已考虑弹簧的回弹力　　[3] 6 bar = 600 kPa = 0.6 Mpa

计算求取压缩空气消耗量

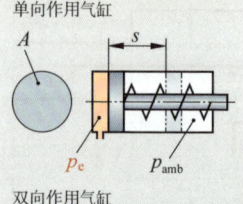

Q 空气消耗量　　A 活塞面积
p_e 缸内高压　　q 每 cm 活塞行程的
p_{amb} 空气压力　　　　单位空气消耗量
n 行程次数　　s 活塞行程

举例：
单向作用气缸，d=50mm；s=100mm；p_e=6bar；
n=120/min；p_{amb}=1bar；空气消耗量 Q（l/min）

解： $= A \cdot s \cdot n \cdot \dfrac{p_e + p_{amb}}{p_{amb}}$

$$= \frac{\pi \cdot (5\,cm)^2}{4} \cdot 10\,cm \cdot 120\,\frac{1}{min} \cdot \frac{(6+1)\,bar}{1bar}$$

$$= 164967\,\frac{cm^3}{min} \approx 165\,\frac{l}{min}$$

单向作用气缸的压缩空气消耗量[1]

$$Q = A \cdot s \cdot n \cdot \frac{P_e + P_{amb}}{P_{amb}}$$

双向作用气缸的压缩空气消耗量[1]

$$Q \approx 2 \cdot A \cdot s \cdot n \cdot \frac{P_e + P_{amb}}{P_{amb}}$$

压力单位：
$1Pa = 1N/m^2 = 10^{-5}bar$
$1bar = 100kPa = 0.1MPa$
p_{amb} 的正常压力：
$p_{amb}=1013bar=1013hPa$
$p_{amb}=1bar=100kPa=0.1Mpa$

从图表中查取压缩空气消耗量

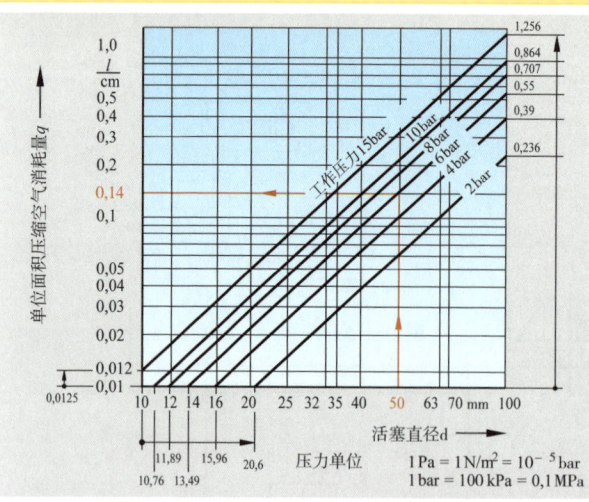

单向作用气缸的压缩空气消耗量[1]

$$Q = q \cdot s \cdot n$$

双向作用气缸的压缩空气消耗量[1]

$$Q \approx 2 \cdot q \cdot s \cdot n$$

举例：
一个 d = 50mm，s =100mm 和 n=120/min
的单向作用气缸的压缩空气消耗量
应从图表 p_e=6bar 处查出。根据左边
图表，q=0.14 l/cm 活塞行程。
$Q = q \cdot s \cdot n$
=0.14l/cm · 10 cm · 120/min
=**168l/min**

[1] 通过填充无效空间可将有效压缩空气消耗量最多提高达 25%。无效空间是例如换向阀与气缸之间的压缩空气管道或活塞终端位置未被利用的空间。活塞杆横截面不予考虑。

液压缸，气动缸，液压泵

活塞力

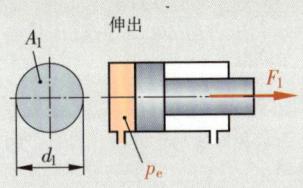

p_e	正压	d_1	活塞直径
A_1, A_2	活塞面积	d_2	活塞杆直径
F_1, F_2	有效活塞力	η	效率

有效活塞力[1]

$$F = p_e \cdot A \cdot \eta$$

举例：

液压缸 d_1=100mm；d_2=70mm；

η =0.85 和 p_e=60bar.

有效活塞是多大？

活塞伸出：

$$F_1 = p_e \cdot A_1 \cdot \eta = 600\frac{N}{cm^2} \cdot \frac{\pi\,(10\ cm)^2}{4} \cdot 0.85$$

$$= 40\,055\ N$$

活塞收回：

$$F_2 = p_e \cdot A_2 \cdot \eta$$

$$= 600\frac{N}{cm^2} \cdot \frac{\pi[\,(10\ cm)^2 - (7\ cm)^2\,]}{4} \cdot 0.85$$

$$= 20\,428\ N$$

压力单位：

1Pa=1N/m²=10^{-5}bar

1bar=100kPa=0.1MPa

1bar=10 N/cm²

100kPa=10 N/cm²

0.1MPa=10 N/cm²

[1] 气动压力 < 6bar,
亦请参见 428 页。

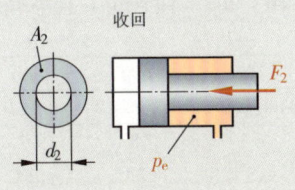

活塞速度

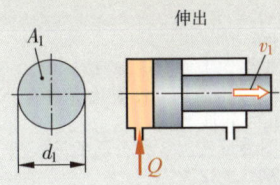

Q	体积流量
A_1, A_2	有效活塞面积活塞速度
v_1, v_2	活塞速度

活塞速度：

$$v = \frac{Q}{A}$$

举例：

液压缸 d_1=50mm；d_2=32mm 和 Q =12 l/min

v_1= ？，v_2= ？

活塞伸出：

$$v_1 = \frac{Q}{A_1} = \frac{12\,000 cm^3/min}{\dfrac{\pi \cdot (5\ cm)^2}{4}} = 611\frac{cm}{min} = 611\frac{cm}{min}$$

活塞收回：

$$v_2 = \frac{Q}{A_2} = \frac{12\,000\ cm^3/min}{\dfrac{\pi \cdot (5\ cm)^2}{4} - \dfrac{\pi \cdot (3.2\ cm)^2}{4}}$$

$$= 1035\frac{cm}{min} = 1035\frac{cm}{min}$$

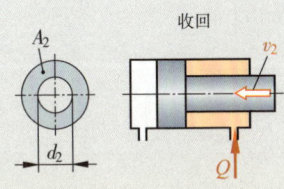

泵功率

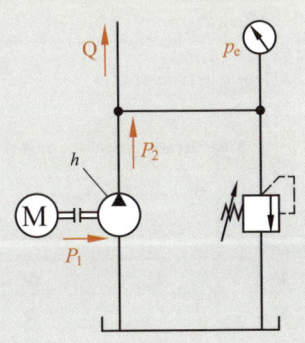

P_1	泵驱动轴输入功率
P_2	泵输出端输出功率
Q	体积流量
p_e	高压
η	效率
M	转矩
n	转速效率

输入功率[1]

$$P_1 = \frac{M \cdot n}{9550}$$

输出功率

$$P_2 = \frac{Q \cdot p_e}{600}$$

效率

$$\eta = \frac{P_2}{P_1}$$

举例：

泵，Q=40 l/min；p_e=125bar；η =0.84；

P_1 = ？，P_2 = ？

$$P_2 = \frac{Q \cdot p_e}{600} = \frac{40 \cdot 125}{600}\ kW = 8.333\ kW$$

$$P_1 = \frac{P_2}{\eta} = \frac{8.333}{0.84}\ kW = 9.920\ kW$$

输入和输出功率公式中的单位如下：

P–kW，$M - N \cdot m$,

n–1/min，Q–l/min

p_e–bar

[1] 带换算系数的数值公式。

液压液

矿物油基液压油

参照 DIN 51524–1 至 –3（2006–04）

型号	标准	内含物质的作用		应用
HL	DIN 51524–1	提高防腐蚀 +提高抗老化能力	–	最大压力至 200bar 的液压设备，耐高温
HLP	DIN 51524–2		+ 避免混合摩擦范围内的咬合磨损	最大工作压力至 200bar 并装有液压泵和液压马达的液压设备，耐高温
HVLP	DIN 51524–3		+ 降低混合摩擦范围内的咬合磨损 + 改善黏度－温度特性	

性能		HL 10 HLP 10	HL 22 HLP 22	HL 32 HLP 32	HL 46 HLP 46	HL 68 HLP 68	HL 100 HLP 100
动态黏度 mm²/s	–20℃时	600	–	–	–	–	–
	0℃时	90	300	420	780	1400	2560
	40℃时	9…11	19.8…24.2	28.8…35.2	41.4…50.6	61.2…74.8	90…110
	100℃时	2.4	4.1	5.0	6.1	7.8	9.9
等于或低于右边温度时的倾点[1]		–30℃	–21℃	–18℃	–15℃	–12℃	–12℃
高于右边温度时的闪点		125℃	165℃	175℃	185℃	195℃	205℃

[1] 倾点是一种温度值，液压油在该温度时在重力作用下仍能流动。

→液压油 DIN 51524–HLP 46：HLP 型号的液压油，40℃时的动态黏度 =46 mm²/s

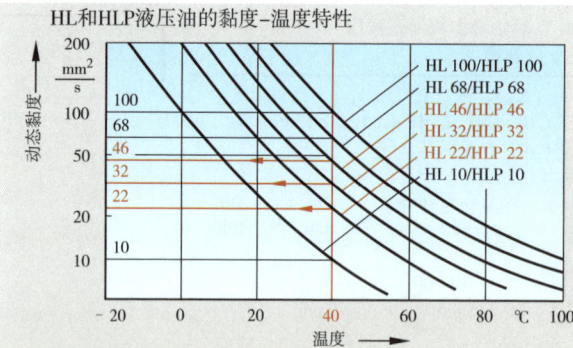

HL和HLP液压油的黏度–温度特性

解读举例：
某齿轮泵平均工作温度 40℃。
运行期间液压油的动态黏度允许在 20 至 50 mm²/s 之间波动。
据左侧图表可选出 3 种合适的液压油：
· HL 22/HLP 22
· HL 32/HLP 32
· HL 46/HLP 46

非易燃液压液

型号	ISO 黏度等级	温度特性 ℃	性能	应用
HFC	VG15，VG22，VG32，VG46 VG68 VG100	–20…+60	水性单体溶剂和 / 或聚合溶剂，良好的耐磨保护	矿山机械，压力机，自动焊机，锻压机
HFD		–20…+150	无水人工合成液体，良好的抗老化性，润滑性和大温度范围	高温液压设备

可生物降解的液压油

参照 VDMA 24569（1994–03）

液压液	特性和性能						
	低温流动性	高温抗氧化稳定性	防锈保护	与零件内涂层的兼容性	与密封件的兼容性	经济性	耐用度
不饱和酯类	◑	●	●	◔	●	◕	●
饱和酯类	●	●	●	●	●	◕	●
聚乙基油	●	●	◔	◔	◕	●	◕

特性：● 很好　◕ 好　◑ 平均　◔ 有限 / 差

管道（摘选） 　参照 DIN 2445-1 至 -2（2000-09）

用于液压和气动的无缝精密钢管

材料	E235 和 E355 按照 DIN EN 10025-2		
机械性能	材料	抗拉强度	屈服强度	断裂延伸率
	E235	340…480	235	25
	E355	490…630	355	22
	良好的冷作加工性能，表面磷化处理或镀锌和镀铬		
应用	用于标称压力最大 500bar 的液压和气动设备管道		

供货种类：成品固定长度：6m，正火退火。管道表面质量为 $R_a \le 4\mu m$

→ 管 HPL-E235-NBK-20×2：用于液压和气动的无缝精密钢管，材料 E235，正火退火，光亮拉拔，外径 20mm，壁厚 2mm

外径 D mm	壁厚 s mm	径流横截面积 A cm²	外径 D mm	壁厚 s mm	径流横截面积 A cm²	80 外径 D mm	壁厚 s mm	径流横截面积 A cm²
4	0.8	0.05	20	2.0	2.01	38	2.5	8.55
4	1.0	0.01	20	2.5	1.77	38	4.0	7.07
5	0.8	0.10	20	3.0	1.54	38	5.0	6.16
5	1.0	0.07	20	4.0	1.13	38	7.0	4.52
6	1.0	0.13	22	1.0	3.14	38	10.0	2.55
6	1.5	0.07	22	2.0	2.54	42	2.0	11.34
8	1.0	0.28	22	3.0	2.01	42	5.0	8.04
8	1.5	0.20	22	3.5	1.77	42	8.0	5.31
10	2.0	0.13	25	1.5	3.80	50	4.0	13.85
10	1.0	0.50	25	2.5	3.14	50	5.0	12.57
10	14.5	0.39	25	3.0	2.84	50	8.0	9.08
10	2.0	0.28	25	3.5	2.55	50	10.0	7.07
12	1.0	0.79	25	4.5	2.01	50	13.0	4.52
12	1.5	0.64	25	6.0	1.33	55	4.0	17.35
12	2.0	0.50	28	1.5	4.91	55	6.0	14.52
14	1.0	1.13	28	2.0	4.52	55	8.0	11.95
14	1.5	0.95	28	3.0	3.80	55	10.0	9.62
14	2.0	0.79	28	3.5	3.46	60	5.0	19.64
15	1.0	1.33	28	4.0	3.14	60	8.0	15.21
15	1.5	1.13	30	2.0	5.31	60	10.0	12.57
15	2.5	0.79	30	2.5	4.91	60	12.5	9.62
16	1.0	1.54	30	3.0	4.52	70	5.0	28.27
16	2.0	1.13	30	5.0	3.14	70	8.0	22.90
16	3.0	1.79	30	6.0	2.55	70	10.0	19.64
16	3.5	0.64	35	2.5	7.07	70	12.5	15.90
18	1.0	2.01	35	3.5	6.16	80	6.0	36.32
18	1.5	1.77	35	4.0	5.73	80	8.0	32.17
18	2.0	1.54	35	5.0	4.91	80	10.0	28.27
18	3.0	1.13	35	6.0	4.16	80	12.5	23.76

标称压力（与壁厚相关）

外径 D, mm	标称压力 p, bar				
	100	160	250	320	400
	壁厚 s, mm				
6	1.0	1.0	1.0	1.0	1.5
8	1.0	1.0	1.5	1.5	2.0
10	1.0	1.0	1.5	1.5	2.0
12	1.0	1.5	2.0	2.0	2.5
16	1.5	1.5	2.0	2.5	3.0
20	1.5	2.0	2.5	3.0	4.0
25	2.0	2.5	3.0	4.0	5.0
30	2.5	3.0	4.0	5.0	6.0
38	3.0	4.0	5.0	6.0	8.0
50	4.0	5.0	6.0	8.0	10.0

　　GRAFCET 功能图是一种过程控制的图形设计语言。但它并不陈述所使用装置的类型，管路的控制和控制装置的安装。只有符号的普通表达是有联系的；尺寸和其他单元仍留给用户自行处理。

重要的基本概念

GRAFCET	法语：GRAphe Fonctionel de Commande Etage Transition（读作：grafset），德　语：Grafische Funktionsdarstellung mit Schritten und Übergangsbedingungen（中文：带有步骤和过渡条件的图形功能表达法，可简称为：顺序功能图）	George Boole 布尔变量	英国数学家（乔治·布尔）英语：TRUE= 真实的；FALSE= 错误的 TRUE= 逻辑数值 1 FALSE= 逻辑数值 0
Transition	从一个步骤到下一个步骤的（过渡）过渡条件	初始化步骤 宏步骤	初始步骤 一个步骤链的压缩表达法
Variable	变量		

GRAFCET 的基本结构

GRAFCET 的基本结构如下：

步骤，例如　　　2　　　　作用连接，例如

行动，例如　　−MM1　　　过渡，例如　　　　— · BG2

流程结构

步骤和过渡（过渡条件）持续交替。线性流程时只激活步骤，该步骤可触发任意多个行动。在可选分支或平行分支时，可同时激活多个步骤。

GRAFCET 举例（流程链）

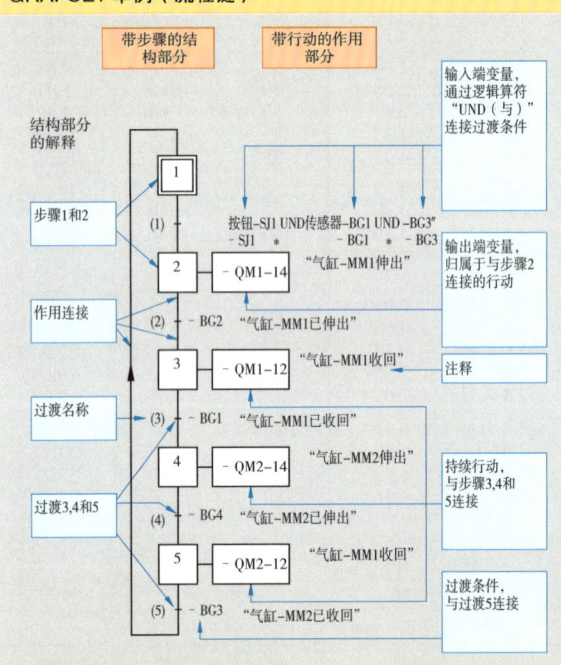

带步骤的结构部分　　带行动的作用部分

结构部分的解释

步骤1和2

作用连接

过渡名称

过渡3,4和5

输入端变量，通过逻辑算符"UND（与）"连接过渡条件

按钮−SJ1 UND传感器−BG1 UND −BG3"
− SJ1　∗　− BG1　∗ − BG3

输出端变量，归属于与步骤2连接的行动

"气缸−MM1伸出"
"气缸−MM1已伸出"
"气缸−MM1收回"
"气缸−MM1已收回"
"气缸−MM2伸出"
"气缸−MM2已伸出"
"气缸−MM1收回"
"气缸−MM2已收回"

注释

持续行动，与步骤3,4和5连接

过渡条件，与过渡5连接

工艺示意图和线路图并不是 GRAFCET 的组成部分。但它们用于增加任务的透明度。

举例：输送带

按下按钮 −SJ1 之后，气缸 −MM1 将工件推向一个托板并收回。气缸 −MM2 将该工具推向输送带，然后收回。

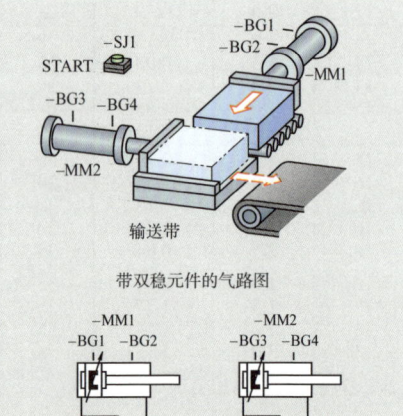

带双稳元件的气路图

作用部分步骤的不同表达形式

详细的和简化的步骤	同一个步骤内的 2 个动作

举例：

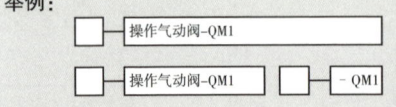

操作气动阀−QM1

操作气动阀−QM1　　　　— QM1

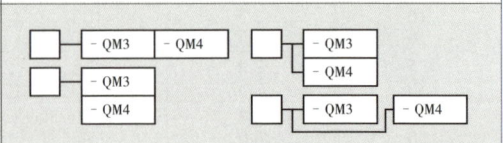

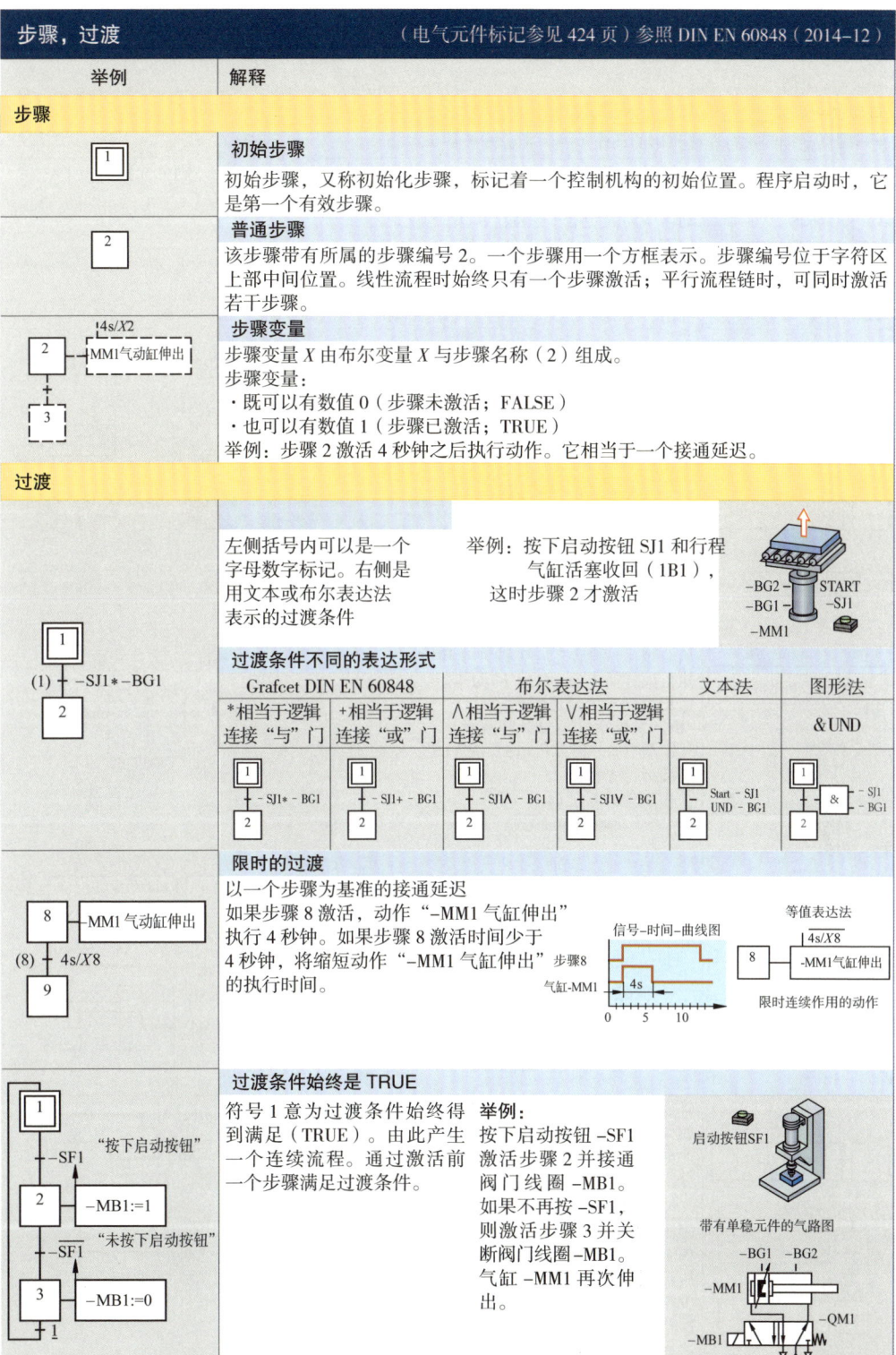

举例	解释

步骤

初始步骤

初始步骤，又称初始化步骤，标记着一个控制机构的初始位置。程序启动时，它是第一个有效步骤。

普通步骤

该步骤带有所属的步骤编号 2。一个步骤用一个方框表示。步骤编号位于字符区上部中间位置。线性流程时始终只有一个步骤激活；平行流程链时，可同时激活若干步骤。

步骤变量

步骤变量 X 由布尔变量 X 与步骤名称（2）组成。

步骤变量：
- 既可以有数值 0（步骤未激活；FALSE）
- 也可以有数值 1（步骤已激活；TRUE）

举例：步骤 2 激活 4 秒钟之后执行动作。它相当于一个接通延迟。

过渡

左侧括号内可以是一个字母数字标记。右侧是用文本或布尔表达法表示的过渡条件

举例：按下启动按钮 SJ1 和行程气缸活塞收回（1B1），这时步骤 2 才激活

过渡条件不同的表达形式

Grafcet DIN EN 60848	布尔表达法		文本法	图形法
*相当于逻辑连接"与"门	∧相当于逻辑连接"与"门	∨相当于逻辑连接"或"门		＆ UND
+相当于逻辑连接"或"门				

限时的过渡

以一个步骤为基准的接通延迟

如果步骤 8 激活，动作"–MM1 气缸伸出"执行 4 秒钟。如果步骤 8 激活时间少于 4 秒钟，将缩短动作"–MM1 气缸伸出"步骤 8 的执行时间。

信号–时间–曲线图　　气缸–MM1　　4s　　0　5　10

等值表达法　　$4s/X8$　　8　–MM1 气缸伸出　　限时连续作用的动作

过渡条件始终是 TRUE

符号 1 意为过渡条件始终得到满足（TRUE）。由此产生一个连续流程。通过激活前一个步骤满足过渡条件。

举例：
按下启动按钮 –SF1 激活步骤 2 并接通阀门线圈 –MB1。如果不再按 –SF1，则激活步骤 3 并关断阀门线圈 –MB1。气缸 –MM1 再次伸出。

启动按钮SF1

带有单稳元件的气路图

动作	（电气元件标记参见 424 页）参照 DIN EN 60848（2014-12）
举例	**解释**

连续作用的动作

在步骤激活期间执行连续作用的动作（有时带分配条件）

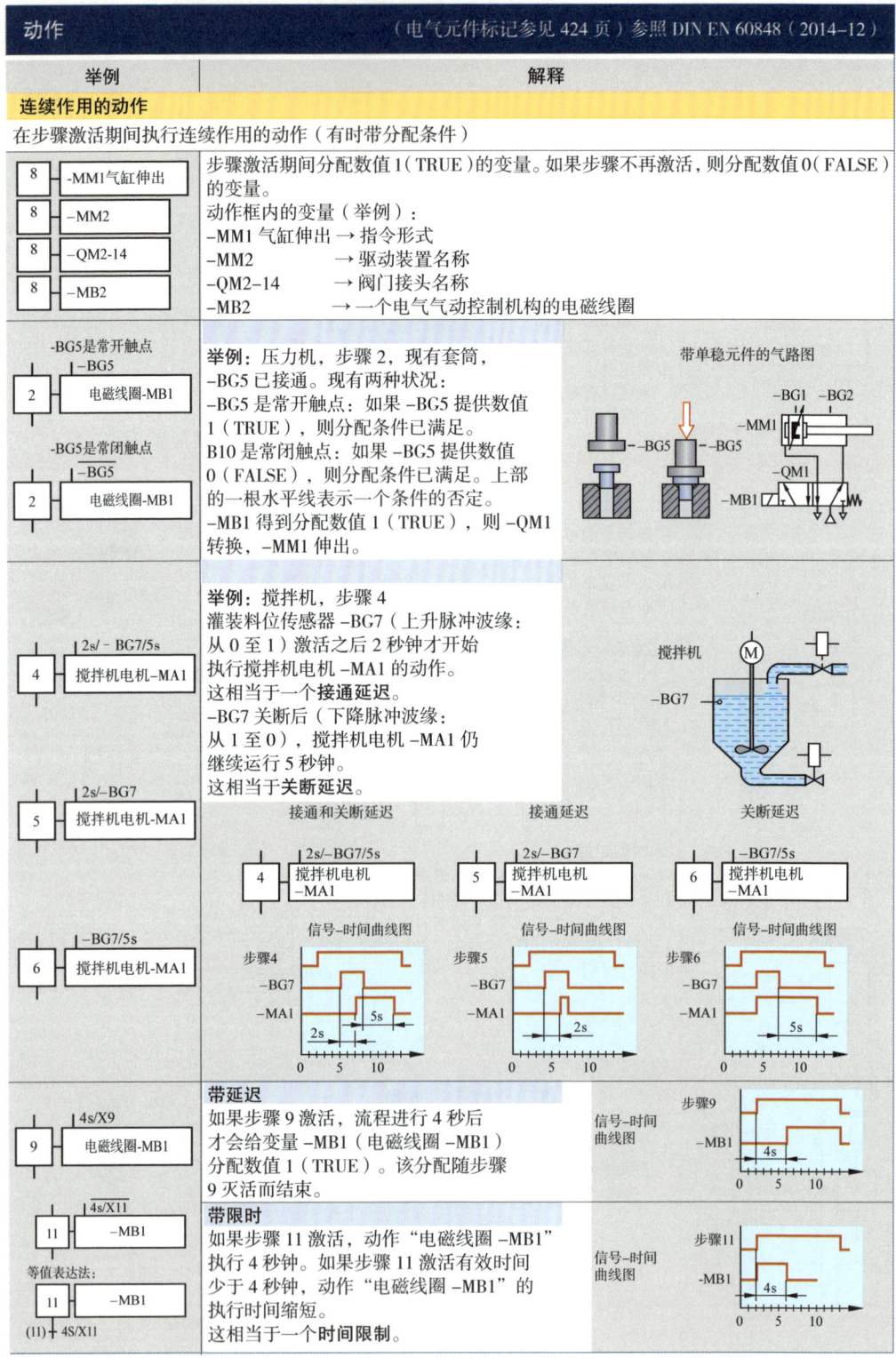

| 8 | -MM1气缸伸出 |

| 8 | –MM2 |

| 8 | –QM2-14 |

| 8 | –MB2 |

步骤激活期间分配数值1（TRUE）的变量。如果步骤不再激活，则分配数值0（FALSE）的变量。

动作框内的变量（举例）：
–MM1 气缸伸出 → 指令形式
–MM2　　　　　→ 驱动装置名称
–QM2-14　　　 → 阀门接头名称
–MB2　　　　　→ 一个电气气动控制机构的电磁线圈

举例：压力机，步骤 2，现有套筒，
–BG5 已接通。现有两种状况：
–BG5 是常开触点：如果 –BG5 提供数值
1（TRUE），则分配条件已满足。
B10 是常闭触点：如果 –BG5 提供数值
0（FALSE），则分配条件已满足。上部
的一根水平线表示一个条件的否定。
–MB1 得到分配数值 1（TRUE），则 –QM1
转换，–MM1 伸出。

带单稳元件的气路图

举例：搅拌机，步骤 4
灌装料位传感器 –BG7（上升脉冲波缘：
从 0 至 1）激活之后 2 秒钟才开始
执行搅拌机电机 –MA1 的动作。
这相当于一个**接通延迟**。
–BG7 关断后（下降脉冲波缘：
从 1 至 0），搅拌机电机 –MA1 仍
继续运行 5 秒钟。
这相当于**关断延迟**。

搅拌机

接通和关断延迟　　　接通延迟　　　　关断延迟

信号–时间曲线图　　信号–时间曲线图　　信号–时间曲线图

带延迟
如果步骤9激活，流程进行4秒后
才会给变量 –MB1（电磁线圈 –MB1）
分配数值1（TRUE）。该分配随步骤
9 灭活而结束。

带限时
如果步骤11激活，动作"电磁线圈 –MB1"
执行4秒钟。如果步骤11激活有效时间
少于4秒钟，动作"电磁线圈 –MB1"的
执行时间缩短。
这相当于一个**时间限制**。

动作	（电气元件标记参见 424 页）参照 DIN EN 60848（2014-12）
举例	解释（电气元件标记参见 430 页）

已存储的作用动作

如果一个步骤激活，动作过程中将持续为变量分配一个数值。该变量的数值通过目前激活的功能步骤保持存储，直至该数值被下一个动作覆盖改写。

存储作用动作可设置为逻辑"1"（TRUE）并在后面的某个时间点在另一个步骤中复位至逻辑"0"（FALSE）。

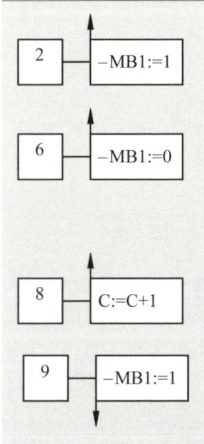

步骤激活时

如果步骤 2 激活，给阀门线圈 -MB1 分配数值 1。

如果步骤 6 激活，给阀门线圈 -MB1 分配数值 0。

该数值通过激活的步骤保持存储，直至被下一个动作覆盖或删除。

如果步骤 8 激活，每次循环流程时都会将分配给变量的实时数值提高 1。

步骤灭活时

如果步骤 9 激活，不存储任何东西。

只有当步骤 9 灭活，才将数值 1 分配给变量 -MB1。

变量 -MB1 获得该数值，直至它被另一个动作覆盖。

备注：只有与个人电脑（PC）或可编程序控制器（PLC）相连才能实现通过灭活存储的动作。

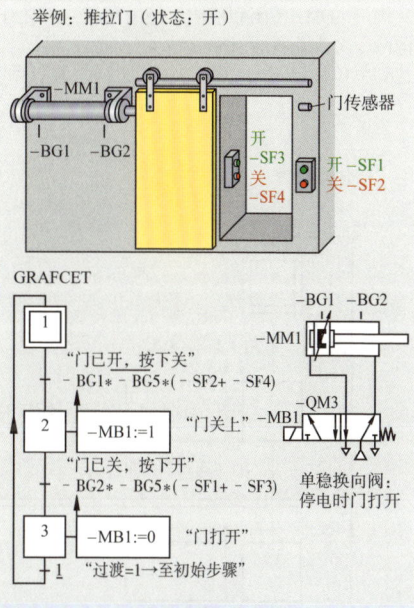

举例：推拉门（状态：开）

GRAFCET

事件

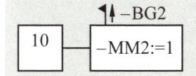

指向一边的箭头显示，一个动作直至出现一个事件后才**开始存储执行**。

如果步骤 10 激活，传感器 -BG2 从"0"变为"1"（上升脉冲波缘↑），气缸"-MM2"得到数值"1"。变量 -MM2 的数值通过功能步骤 10 保持存储，直至被覆盖。

带时间延迟

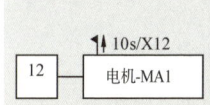

如果步骤 12 激活，流程进行 10 秒钟之后数值"1"分配给电机变量。变量数值 M1 通过功能步骤 12 保持存储，直至被覆盖。

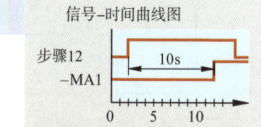

信号-时间曲线图

步骤12
-MA1

带五位两通（5/2）换向阀的气缸控制（举例）

单稳（弹簧复位）五位两通（5/2）气动换向阀	双稳五位两通（5/2）换向脉冲阀 连续作用动作时	双稳五位两通（5/2）换向脉冲阀 存储作用动作时
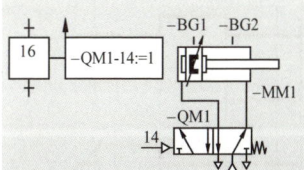	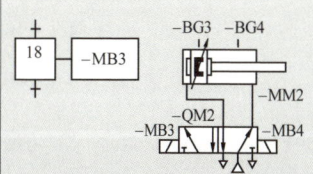	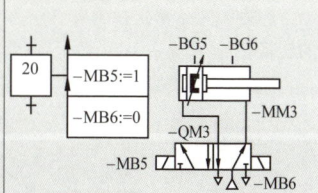
如果步骤 16 激活，接头 14 获得压缩空气并分配数值 1。该数值通过激活的步骤保持存储，直至它被下一个动作覆盖或删除。	如果阀门线圈 -MB3 获得数值 1，它将转换。甚至当数值 0 时，阀门仍保持在该开关位置。这也可称为**"机械式信号存储"**	为避免信号相交，每次都用相同的电磁阀执行两个相反动作。

分支

平行分支（流程分开）

平行分支可同时激活若干分流程。如果第一个功能步骤在平行分支之内激活，各分流程将相互独立地运行。

举例：一个搅拌机内混合两种液体。

    在搅拌机容器内混合两种不同的液体。由于黏度不同，液体 1 经由阀门 1 进入容器。达到料位标记 –BG2 后：

1. 搅拌机电机 –MA1 接通，与此同时

2. 阀门 –QM1 关闭和液体 2 经由阀门 –QM2 进入容器。

但两个分支流程相互独立地运行。

达到料位标记 –BG2 后，搅拌机电机 –MA1 和阀门 –QM2 再次关断

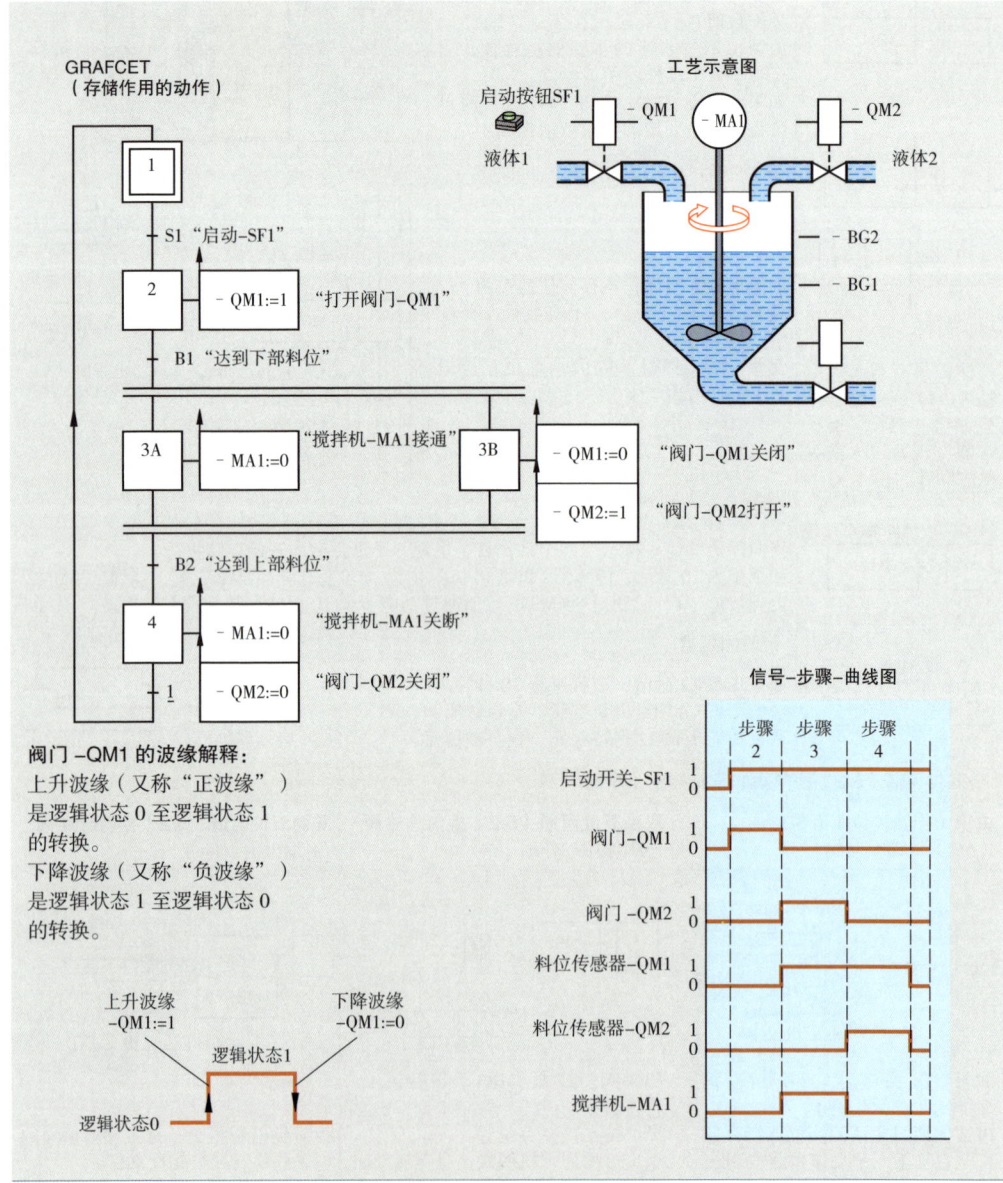

分支

（电气元件标记参见 424 页）参照 DIN EN 60848（2014–12）

交替分支（流程分支）

一个流程可以分支为若干交替流程。交替流程之后，在每个步骤之前和之后必须是一个过渡，且该过渡不允许与另一个过渡同时得到条件满足。最后一个有效过渡之后，所有分流程汇合成为一个总流程。

举例： 起重设备，选择厚工件和薄工件的动作。

如果下滚道已有一个工件（–BG7）并以按下启动按钮 –SF1，长程气缸 –MM1 伸出至 –BG2 并将工件送至一个光电开关前。现在有两种方案：

方案 1： 厚工件已在。一个信号经光电开关 –BG9 过来。回转气缸 –MM2 伸出。

方案 2： 薄工件已在。一个信号经光电开关 –BG8 过来。回转气缸 –MM2 收回或保持伸出。

接着，推送气缸 –MM3 送出工件，并在动作结束的同时与长程气缸 –MM1 一起收回至各自的初始位置。

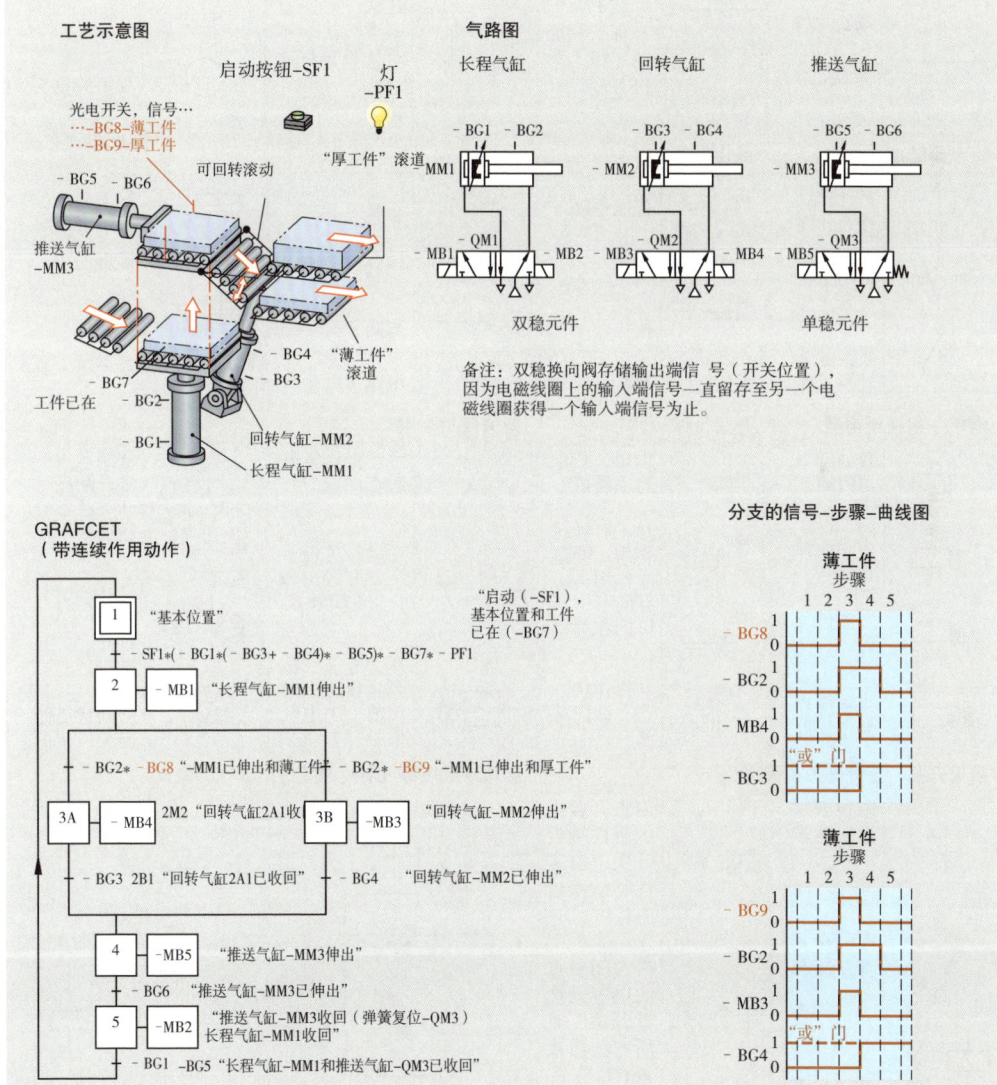

线路符号						参照 DIN EN 60617-1 至 -11（1997-08）

普通线路符号

	普通电阻		感应线圈		普通灯，可选择不同表达法	原电池
	保险丝		非标准化表达法		蜂鸣器	变换器，变流器
	电容器		永久磁铁		喇叭	

导线，连接器和接头

	普通导线		保护接线 PE 零线 PN 有保护功能的零线 PEN		支线，可选择不同表达法 双支线，可选择不同表达法	接机壳，可选择不同表达法 接地 保护线接头
	动态导线					
	屏蔽导线					

继电器触点　　操作类型

	常开触点，接通元件		普通手动		翻转	压力能量
	常闭触点，关断元件		按压		钥匙	接近
	转换触点，转换元件		拉拔		脚踏	接触
			旋转		滚轮	双金属（热）

电气 – 机械继电器　　开关特性　　开关应用举例

	普通继电器线圈		卡口，阻止自动复位	手动操作常开触点	a) b)	常闭触点 常开触点 开关状态表达法
	带相应延长	a)	运动时延迟作用（降落伞作用）a) 向右 b) 向左	手动开关带 1 个常开触点和 1 个常闭触点		
	带复位延迟	b)			a) b)	常开触点 闭合 打开 操作延迟
	带相应和复位延迟		"操作状态"标记符号	压力开关，达到预设压力时释放一个电气信号		蘑菇状急停开关

限位开关，接近开关，阀门　　电路中的电路元件（摘选）

	限位开关，常闭触点	带常开触点的磁性接近开关，对磁性物质接近有反应	磁性传感器（2极）+24V 传感器 "舌簧触点" 继电器 0V	磁性传感器（3极）+24V 传感器 信号输出 电源 继电器 0V
	限位开关，常开触点	带常闭触点的电容式接近开关，对所有物质接近有反应		
	电磁操作阀			

电路图
参照 DIN EN 61082（2015–10）

继电器接头名称

举例：
两个常开触点和两个常闭
触点的继电器

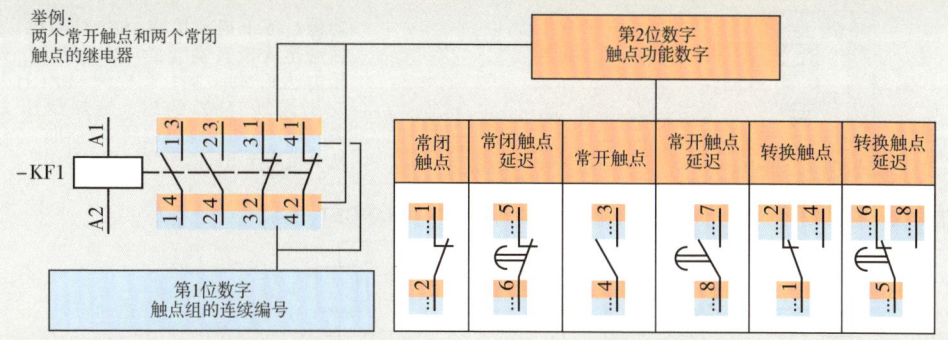

第2位数字
触点功能数字

常闭触点	常闭触点延迟	常开触点	常开触点延迟	转换触点	转换触点延迟

第1位数字
触点组的连续编号

（电气元件标记参见 424 页）

电路图形态
（电气元件标记参见 430 页）

电流路径和电流回路的划分

· 每个电气元件都有一个垂直电路，这里不考虑元件的空间排列位置。
· 电路编号从左至右依序编制。
· 控制电路回路包含操作机构所必需的执行机构。
· 在图中不表达空间相关关系，例如继电器线圈和继电器触点。

控制电路回路　　　　主电路回路

电气元件的标记符号

· 触点及其所属的继电器线圈用相同的数字进行标记。
举例：电流路径 1、2 和 3
· 属于继电器线圈 –KF1 的 2 个常开触点均用 –KF1 来标记。电路 2 中的常开触点 –KF1 用于自闭（电路）。
· 一个继电器的所有触点均以完整的触点句形式或表格形式标注在继电器电路下方。两种表达法均给出明确信息：在哪个电路中可找到一个触点。

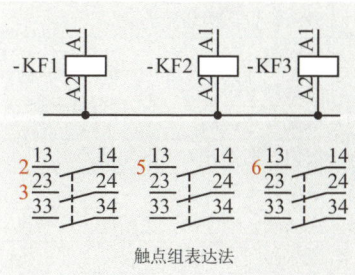

触点组表达法

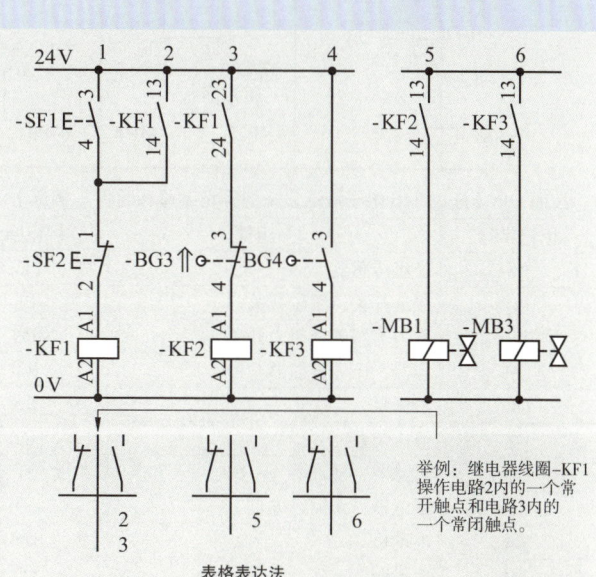

举例：继电器线圈–KF1
操作电路2内的一个常
开触点和电路3内的
一个常闭触点。

表格表达法

电子液压控制系统（顺序控制冲压工装）

位置图和功能

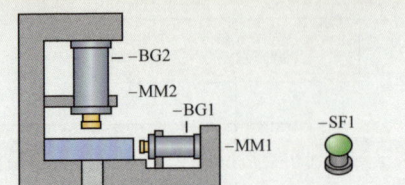

功能： 按下启动按钮 –SF1 将 –QM1 从 P 接通至 A 使夹紧气缸 –MM1 伸出。夹紧压力达到 50bar 后，顺序阀 –BP1 打开，冲压气缸 –MM2 伸出。施加给压力开关 –BP1 的冲压压力达到 49bar 时，–QM1 从 P 接通至 B，两个气缸同时动作。

液压图

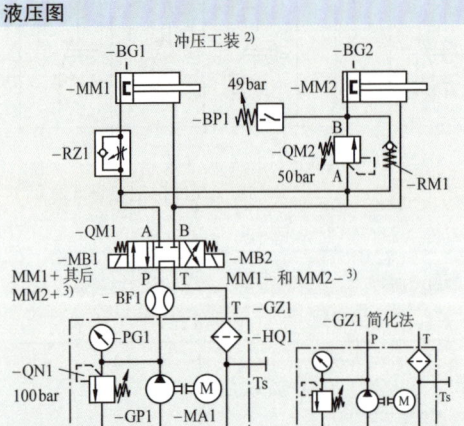

GRAFCET

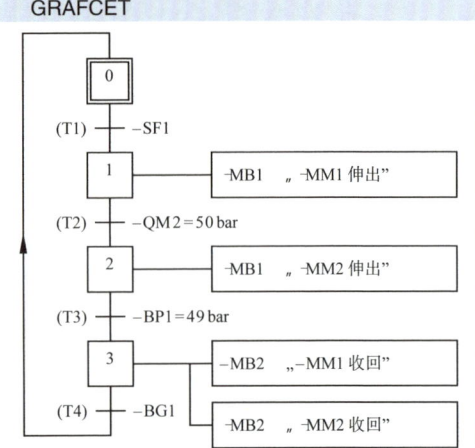

电路图[1]

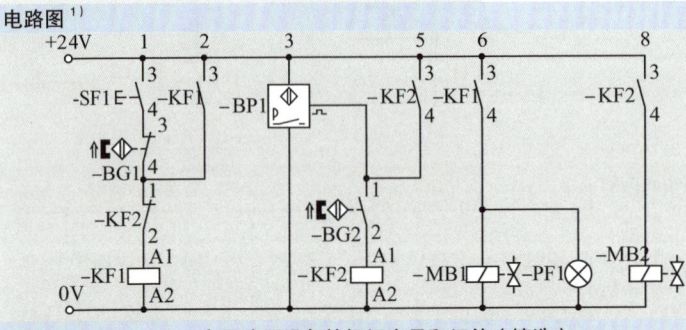

[1] 其命名参见 439 页。
[2] 此处应标出设备功能。
[3] 此处应标出阀位置的功能：
　+ 指伸出
　− 指收回

按照 DIN EN 81346 电子液压设备的标记字母和组件（摘选）

标记字母	组件	标记字母	组件
BF	径流传感器	MM	液压缸，液压马达
BG	接近开关，限位开关	PF	信号灯
BP	压力传感器，压力开关	PG	显示装置，例如压力表
CM	容器，压力蓄能器	RM	止回阀
GP	液压泵	RN	流量调节阀
GZ	液压装置	RZ	节流 – 止回阀
HQ	过滤器，滤油器	SF	按钮，选择开关（电气信号）
KF	继电器，定时继电器	SJ	手动阀（液压信号）
MA	电动机	QM	换向阀，顺序阀，关断阀
MB	电磁阀	QN	限压阀

传感器

传感器（类型）

```
接近距离敏感的          传感器          触摸敏感的
   传感器                                 传感器
```

电感传感器　电容传感器　光电传感器　超声波传感器　电磁传感器　限位开关

传感器特征（摘选）

传感器类型	符号	原理	优点	缺点	对象物距离
电感式		对象物影响到传感器交变磁场的扩散范围时传感器接通	高保护度（IP67），极高的开关点精度，对污损不敏感	只对高导电物体敏感，不适宜用在金属切屑较多的场所	1mm ... 150mm
电容式		对象物影响到传感器交变电场的扩散范围时传感器接通	高保护度（IP67），适用于所有材料，对污损不敏感	至对象物距离小，与可比的电感式传感器相比，体型更大	20mm ... 40mm
光电式		对象物将传感器红外线反射回去时传感器接通	适用于所有材料，作用距离大	对污损、烟尘和外来光线敏感，需要辅助能源	约 2m
超声波式		计算超声波脉冲反射时的运行时间并据此计算出与对象物的距离	对灰尘、污损和光线不敏感，可大间距检测小物体	速度慢，只在常压下使用，不能在爆炸危险的空间和高频噪声环境下使用	60mm ... 6m
磁式		永久磁铁通过两个触点弹簧操作一个接近限位开关（舌簧触点）	适用于粗放环境，使用寿命长，适用于接入高频电路	弹簧触点有自焊接危险，舌簧触点抑制电流峰值	—
机械式		手动或拉杆系统操作接通或关断	廉价，结实，小型，不受外部电、磁场影响，不需要辅助能源	触点有噪声，不允许用于食品和化学工业	—

接近开关传感器的名称

参照 DIN EN 60947–5–2（2014–01）

举例：　U 1 A30 A F 2 N

作用类型	机械安装条件	制造形状和规格	开关元件功能	输出类型	接头类型	NAMUR功能

作用类型	机械安装条件	制造形状和规格	开关元件功能	输出类型	接头类型	NAMUR功能
I 电感式 C 电容式 U 超声波式 D 光电扩散反射的光束 M 磁式 R 光电反射的光束 T 光电直射的光束	1. 可对齐装入 2. 可不对齐装入 3. 不规定	形状 A 圆柱形螺纹套筒 B 光滑圆柱套筒 C 矩形加正方形横截面 D 矩形加矩形横截面	A 常开触点 B 常闭触点 D 转换触点（常开触点/常闭触点） P 可由用户编程控制的 S 其他	P PNP 输出端，3或4，接头 DC[1] N NPN 输出端，3或4，接头 DC[1] D 2 个接头 DC[1] F 2 个接头 AC[2] U 2 个接头，AC 或 DC S 其他	1. 集中接头导线 2. 插接式接头 3. 螺丝接头 4. 空白 ... 8. 9. 其他接头类型	N NAMUR功能[3] 备注： NAMUR 传感器是双线传感器，用于连接外部电路放大器。

[1] DC=Direct Current（直流电）。

[2] AC=Alternating Current（交流电）。

[3] NAMUR=Normal arbeitsgemeinschaft für Mess– und Regelungstechnik 的德语缩写，意为检测与控制技术工作联合会。

电子液压控制机构（起重装置）

位置图

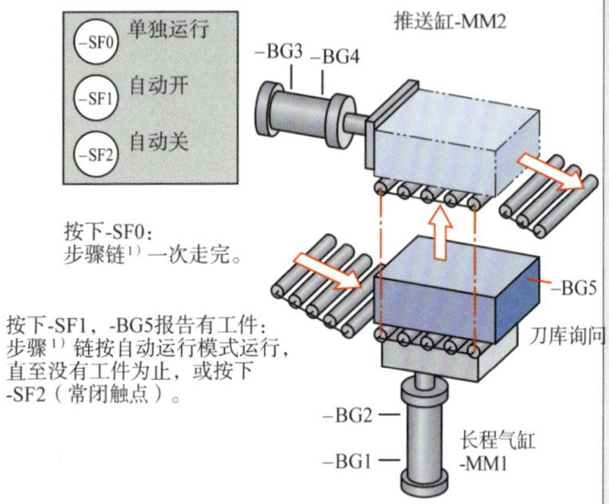

单独运行 -SF0
自动开 -SF1
自动关 -SF2

推送缸-MM2
-BG3 -BG4

按下-SF0：
步骤链[1]一次走完。

按下-SF1，-BG5报告有工件：
步骤[1]链按自动运行模式运行，
直至没有工件为止，或按下
-SF2（常闭触点）。

-BG5
刀库询问

-BG2
-BG1

长程气缸
-MM1

气路图

提升
-BG1 -BG2

推送
-BG3 -BG4

-MM1   -MM2

-RZ1   -RZ2   -RZ3   -RZ4

-QM1   -QM2

-MB1   -MB2   -MB3

-GQ1

Grafcet（也属于 448 页的可编程序控制器 PLC）

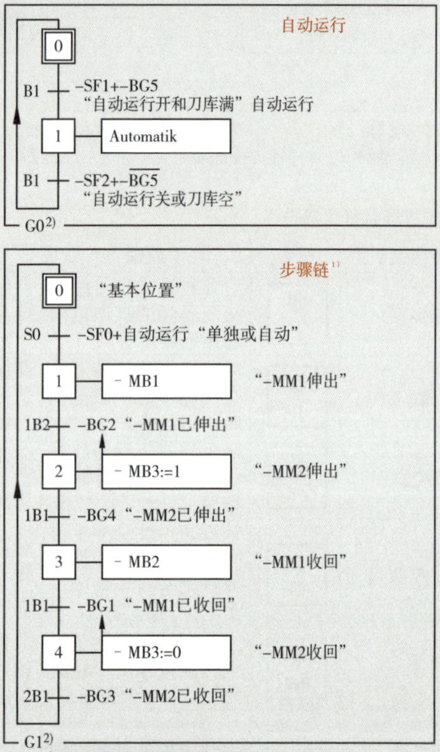

自动运行

0

B1 -SF1+-BG5 "自动运行开和刀库满" 自动运行

1   Automatik

B1 -SF2+-BG5 "自动运行关或刀库空"

G0[2]

步骤链[1]

0   "基本位置"

S0 -SF0+自动运行 "单独或自动"

1   - MB1   "-MM1伸出"

1B2 -BG2 "-MM1已伸出"

2   - MB3:=1   "-MM2伸出"

1B1 -BG4 "-MM2已伸出"

3   - MB2   "-MM1收回"

1B1 -BG1 "-MM1已收回"

4   - MB3:=0   "-MM2收回"

2B1 -BG3 "-MM2已收回"

G1[2]

[2] G0部分向 G1部分输出变量 Automatik

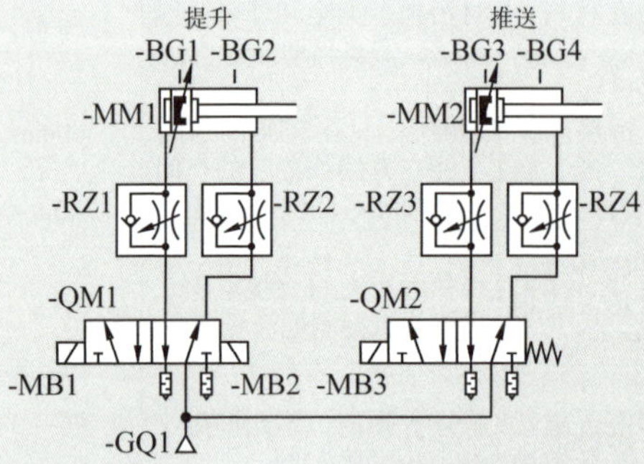

电路图（电气元件标记参见 424 页）

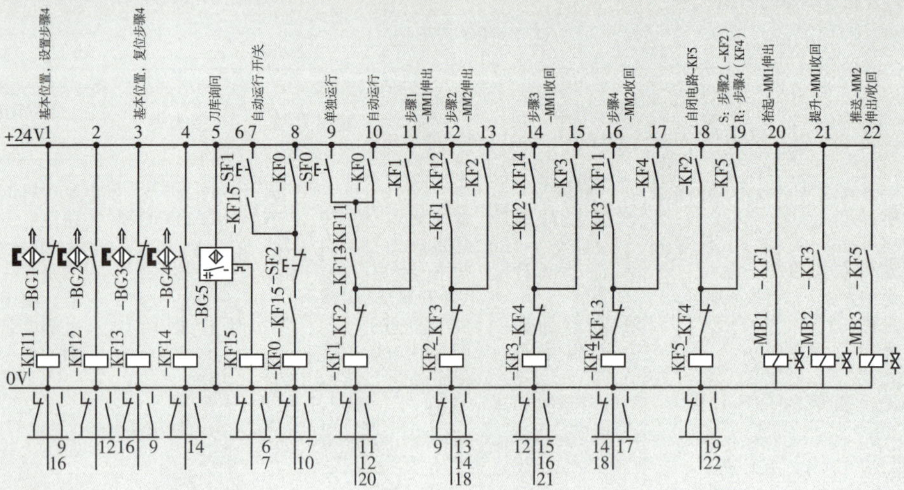

基本位置，设置步骤4		基本位置，复位步骤4		刀库询问	自动运行开关		单独运行		自动运行	步骤1，-MM1伸出		步骤2，-MM2伸出		步骤3，-MM1收回		步骤4，-MM2收回		自闭电路-KF5 S:步骤2(-KF2) R:步骤4(-KF4)		抬起-MM1伸出	抬起-MM1收回	推送-MM2伸出-收回
+24V1	2	3	4	5	6 7	8	9	10	11	12	13	14	15	16	17	18	19	20	21	22

-KF15-SF1
-SF0   -KF0
-KF13-KF11
-KF1 -KF12
-KF2
-KF3 -KF11
-KF4
-KF2
-KF5

-BG1 -BG2 -BG3 -BG4 -BG5

-KF15-SF2

-KF1

-KF3

-KF5

0V -KF11 -KF12 -KF13 -KF14 -KF15 -KF0 -KF1 -KF2 -KF3 -KF4 -KF5 -MB1 -MB2 -MB3

-KF0-KF1KF1
-KF1-KF2
-KF2-KF3
-KF3-KF4
-KF4KF13
-KF5-KF4

9 12 16 14 6 11 9 12 15 14 17 19
16   7 9 13 16   16 21 22
10 20   10 18 21

[1] **步骤链:** 长程缸 -MM1 伸出。然后推送缸 -MM2 伸出并保持伸出（设置自闭电路 -KF5）。现在，长程缸 -MM1 收回。最后，推送缸 -MM2 收回（复位自闭电路 -KF5）。448 页的举例所含步骤链与本例相同。

可编程序控制器编程语言

```
                    文本语言                              图形语言
        ┌─────────────┴─────────────┐          ┌─────────────┴─────────────┐
   语句表 AWL              结构化文本 ST        触点图 KOP          功能块语言 FBS/FUP
```

所有可编程序控制器编程语言的共用元素（摘选）

限制符号（摘选） 参照 DIN EN 61131（2014–06）

符号	用途	符号	用途
(**)	注释的开头，注释的结束	:	步骤名称和变量 / 类型 – 分离符 语句标记 – 分离符（ST） 网络标记 – 分离符（KOP 和 FBS）
+	十进制数字加法运算符（ST）的引导前置符号	( )	语句表 – 修改 / 运算符（ST） 功能自变量（ST） FBS 输入端表（ST）限制符号
–	十进制数字年 – 月 – 日分离符的引导前置符号 减法，负运算符（ST） 水平线（KOP 和 FBS）	;	类型解释分离符 语句分离符（ST）
:=	初始化运算符 赋值运算符（ST）	"	范围分离符 CASE 范围分离符
#	基数与时间字母分离符	,	计数表、初始值和区域索引分离符，运算数表、功能解释表和 CASE 数值表分离符
,	字符串的开始和结束	%	直接表达的前缀 [1]
$	系列特殊符号的开始	| 或!	垂直线（KOP）
.	整数 / 分数分离符 等级地址与结构化元素的分离符		
e 或 E	实际 – 指数 – 限制符号		

存储器地点的单个元素变量

变量	含义	变量	含义	举例（AWL）
I	存储器地点输入端	B	字节的规格（8bit）	ST%QB5 [1]
Q	存储器地点输出端	W	字的规格（16bit）	在输出端 – 存储器地点 5
M	存储器地点标记	D	双字的规格（32 bit）	存储实时事件（单位：字
X	（单个）Bit 的规格	L	长字的规格（64bit）	节规格）

运算符 / 基本数据类型

名称	符号	含义	密码	数据类型	Bits
ADD	+	加法	BOOL	布尔的	1
SUB	–	减法	SINT	短整数	8
MUL	*	乘法	INT	整数	16
DIV	/	除法	DINT	双整数	32
AND	&	布尔"与"门	LINT	长整数	64
OR	>= [2]	布尔"或"门	REAL	实数	32
XOR	---- [3]	布尔"异 – 或"门	LREAL	长实数	64
NOT	---- [3]	否	STRING	可变的长字符串	– [4]
S	---- [3]	布尔运算符设置为"1"	TIME	时长	– [4]
R	---- [3]	布尔运算符设置为"0"	DATE	日期	– [4]
GT	>	对比：大于			
GE	>=	对比：大于等于	BYTE	长度 8 的比特顺序	8
EQ	=	对比：等于	WORD	长度 16 的比特顺序	16
NE	<>	对比：不等于	DWORD	长度 32 的比特顺序	32
LE	<=	对比：小于等于	LWORD	长度 64 的比特顺序	64
LT	<	对比：小于			

[1] 直接表达的单个元素变量应加上前置符号 %。　　[2] 该符号作为运算符是不允许出现在文本语言的。
[3] 无符号。　　[4] 制造商专用。

可编程序控制器（PLC）编程语言（KOP，FBS/FUP，ST）

触点图（KOP） 参照 DIN EN 61131（2014−06）

触点图表示电子机械式继电器系统内的电流。

符号	描述	符号	描述	符号	描述
线条和框		触点		线圈	
―┤‥	水平线	―┤ ├― ***1)	常开触点 询问逻辑"1"	―( )― ***1)	线圈，赋值，输出
	垂直线			―(/)― ***1)	负线圈，负赋值，输出
―┼―	线条连接	―┤/├― ***1)	常闭触点 询问逻辑"0"	―(S)― ***1)	设置线圈，存储一个逻辑连接
―┼┼―	无连接的交叉			―(R)― ***1)	线圈复位
***1) 带连接线的框		―┤P├― ***1)	识别正波缘的触点，信号从"0"转换为"1"	―(P)― ***1)	识别正波缘的线圈，信号从"0"转换为"1"
	左边汇流排				
	右边汇流排	―┤N├― ***1)	识别负波缘的触点，信号从"1"转换为"0"	―(N)― ***1)	识别负波缘的线圈，信号从"1"转换为"0"

1) 元素名称

功能块语言（FBS/FUP） 参照 DIN EN 61131（2014−06）

功能块语言由带静态数据的单个功能块组成。适用于频繁重复的功能。该表达法又称功能图（FUP）。

符号	描述	符号	描述
FB 1.2 ADD	该元素为矩形或正方形。 左边：输入参数 右边：输出参数标 符号上边：功能块名称 符号内部：功能块 用水平或垂直信号流线连接各个元素。在左边举例中，左上方是"与"门连接。右上方和左下方是"或"门连接。 自闭电路，双稳态触发器：S：设置；R：复位；Q：输出端。SR：R 是优先应用，例如步骤标记。 RS：S 是优先应用，例如急停。	A― =B―	将布尔数值 B 分配给布尔数值 A。在 ST 中：A:=B;
& ≥1			输入端或输出端的一个圆圈显示布尔输入或输出信号的否定。
≥1		A―TON―B T1	TON：启动延迟。只有当信号 A 延迟例如 t 秒钟后，信号 B 才由 0 转换为 1。
SR RS S Q S Q R R		A―TOF―B T2	TOF：关断延迟。只有当信号 A 延迟例如 t 秒钟后，信号 B 才由 1 转换为 0。

结构化文本（ST） 参照 DIN EN 61131（2014−06）

结构化文本是一种高级语言，它以 ISO−PASCAL 句法为蓝本。

$$A := A + B \cdot (B - C)$$

变量   赋值运算符   运算数

语句	类型
: =	赋值
IF···THEN	有限赋值
CASE	选择赋值
FOR	重复赋值
WHILE	重复赋值
REPEAT	重复赋值
EXIT	离开一个重复赋值

功能块语言（FBS）的对比 – 结构化文本（ST）

功能块（举例）	结构化文本（举例）

F G H ―AND― E 或 F G H ―&― E	E：=AND（F，G，H）； 或 E：F & G & H；

可编程序控制器（PLC）编程语言（AWL，FBS/FUP 和 GRAFCET）

按 DIN 和 VDI[1] 标准的语句表（AWL）　　参照 DIN EN 61131（2014–06） VDI 2880（已撤销）

语句结构

启动：　AND N %MX51（ * 已关断 * ）

标记	运算符	运算数	注释

| 标准运算符 | 修改因子 | 例如：I,E：输入端；Q,A：输出端；M：标记；T：时间；C,Z：计数器 | |

运算符的修改因子	
N	运算数的布尔否定
C	只有已计算的事件是一个布尔逻辑 1 时才执行的语句
,	逗号分开若干运算数
(	复位对运算符的计算，直至出现"）"。

标准运算符

DIN 运算符	DIN 修改因子	VDI 运算符	含义	DIN 运算符	DIN 修改因子	VDI 运算符	含义
LD	N	L,U,O	装入一个运算符	ADD SUB MUL DIV	((((	ADD SUB MUL DIV	加法 减法 乘法 除法
ST	N	T	存储至运算数地址	JMP CAL RET	C,N C,N C,N	SP BA BE,PE	跳跃至标记 调用功能块 回跳；功能块/程序结束
S R	– –	S R	设置布尔运算符为 1 设置布尔运算符为 0				
AND & OR XOR	N,(N,(N,(N,(	U U O XO	布尔："与"门 布尔："与"门 布尔："或"门 布尔："异－或"门	)	–	)	处理已复位的运算
=	–	=	分配（布尔）			NOP	零运算
(**)	–	// //	注释的开始和结束	CAL CTU, CTD		ZV, ZR	向前计数，向后计数

[1] 实际应用中还有许多出于兼容原因按 VDI 编程的 PLC。

功能块和 GRAFCET　　参照 DIN EN 61131-3（2014–06），DIN EN 60848（2014–12）

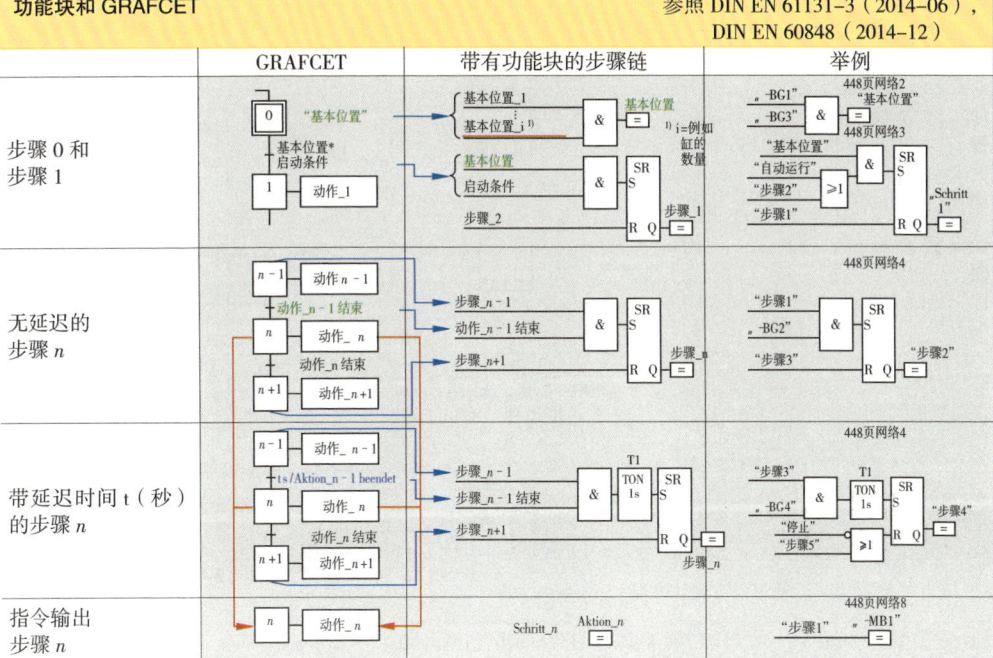

	GRAFCET	带有功能块的步骤链	举例
步骤 0 和 步骤 1			
无延迟的 步骤 n			
带延迟时间 t（秒）的步骤 n			
指令输出 步骤 n			

可编程序控制器（PLC）编程语言

最常用可编程序控制器（PLC）编程语言的对比

功能作为程序的组成部分	按 VDI 标准的语句表（AWL）	功能块语言（FBS/FUP）	触点图（KOP）
"与"门（AND）带三个输入端	U E11 U E12 UN E13 = A10	E11 / E12 / E13 → & → A10 =	E11 E12 E13 — A10 ( )
"或"门（OR）带三个输入端	U E11 O E12 O E13 = A10	E11 / E12 / E13 → ≥1 → A10 =	E11 / E12 / E13 — A10 ( )
"或"门前的"与"门	U E11 U E12 O U E13 U E14 = A10	E11 E12 → & ; E13 E14 → & ; → ≥1 → A10 =	E11 E12 ; E13 E14 — A10 ( )
"与"门前的"或"门 带中间标记	U E11 O E12 = M1 U E13 U E14 O U M1 = A10	E11 E12 → ≥1 → M1 ; E13 E14 → ≥1 ; → & → A10 =	E11 E12 — M1 ( ) ; E13 E14 ; M1 — A10 ( )
"异–或"门（XOR）	U E11 UN E12 O （UN E11 U E12） = A10	E11 / E12 → =1 → A10 =	E11 E12 ; E11 E12 — A10 ( )
RS–双稳触发器 优先设置（输入端）	U E12[1] R A11 U E11 S A11	E11 E12 → S1 R Q → A11 = （S标记为"1"作优先输入端）或 E11 E12 → R S Q → A11 = （下方的S为优先输入端）	E11 E12 — S1 Q / R — A11 ( )
RS–双稳触发器 优先复位（输入端）	U E11[1] S A11 U E12 R A11	E11 E12 → S R1 Q → A11 = （R标记为"1"作优先输入端）或 E11 E12 → S R Q → A11 = （下方的R为优先输入端）	E11 E12 — S Q / R1 — A11 ( )
接通延迟	U E11 = T1 U T1 = A10	E11 → T1 TON2s → A10 =	E11 — T1 ( ) ; T1 — A10 ( )
自闭电路 开（E 12）主要的	U E12 O A10 UN E11 = A10	E11 / E12 → & ; → ≥1 → A10 =	E11 A10 — A10 ( ) ; E12

[1] 双稳适用于：如果 S=1 和 R=1，则 AWL 中最后编程的功能占优。

二进制逻辑电路（PLC，气动技术，电子气动技术）

参照 DIN EN 60617–12（1999–04）

功能	PLC（FBS/FUP）逻辑公式	真值表	已实现的技术 气动	已实现的技术 电气
"与"门（AND）	$A = E1 * E2$	E1 E2 A 0 0 0 0 1 0 1 0 0 1 1 1		
"或"门（OR）	$A = E1 + E2$	E1 E2 A 0 0 0 0 1 1 1 0 1 1 1 1		
"非"门（NOT）	$A = \overline{E}$	E1 A 0 1 1 0		
"与–非"门（NAND）	$A = \overline{E1 * E2}$	E1 E2 A 0 0 1 0 1 1 1 0 1 1 1 0		
"或–非"门（NOR）	$A = \overline{E1 + E2}$	E1 E2 A 0 0 1 0 1 0 1 0 0 1 1 0		
"异–或"门（XOR）	$A = (E1 * \overline{E2}) + (\overline{E1} * E2)$	E1 E2 A 0 0 0 0 1 1 1 0 1 1 1 0		
存储器（SR– 双稳触发器）	S 设置 R 复位（优先）	E1 E2 A 0 0 ● 0 1 0 1 0 1 1 1 0 ● 状态未变		

E= 输入端   A= 输出端，例如灯   K= 继电器，触点

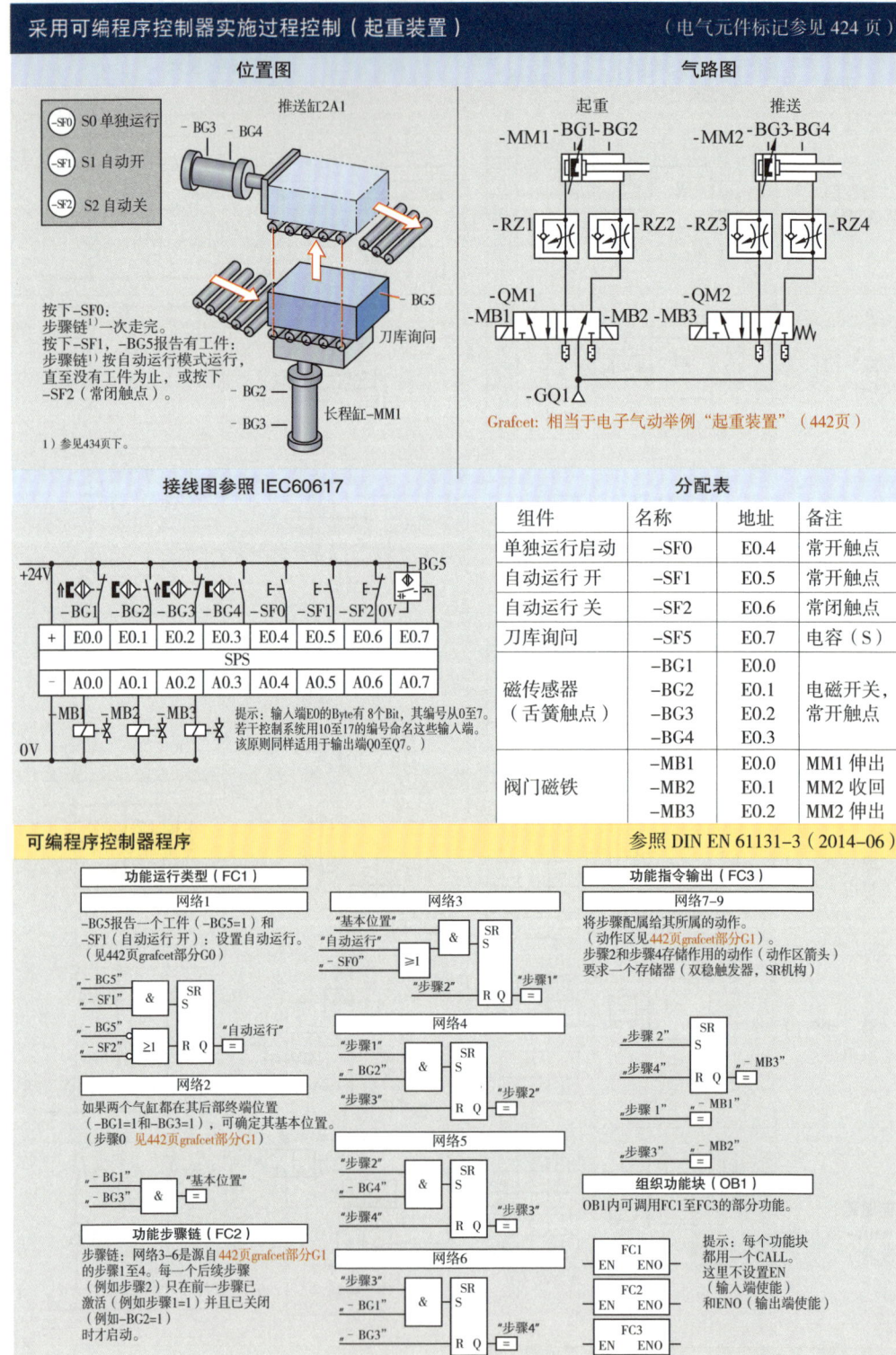

采用可编程序控制器实施过程控制（起重装置）　　　（电气元件标记参见 424 页）

位置图

-SF0 S0 单独运行
-SF1 S1 自动开
-SF2 S2 自动关

推送缸2A1
-BG3 -BG4

BG5
刀库询问

长程缸-MM1
-BG2
-BG3

按下-SF0：
步骤链[1]一次走完。
按下-SF1，-BG5报告有工件：
步骤链[1]按自动运行模式运行，
直至没有工件为止，或按下
-SF2（常闭触点）。

1）参见434页下。

气路图

起重
-MM1 -BG1 -BG2

推送
-MM2 -BG3 -BG4

-RZ1　　-RZ2　　-RZ3　　-RZ4

-QM1　　　　　-QM2
-MB1　　-MB2 -MB3

-GQ1

Grafcet：相当于电子气动举例"起重装置"（442页）

接线图参照 IEC60617

+24V
-BG1 -BG2 -BG3 -BG4 -SF0 -SF1 -SF2 0V　-BG5

+	E0.0	E0.1	E0.2	E0.3	E0.4	E0.5	E0.6	E0.7
				SPS				
-	A0.0	A0.1	A0.2	A0.3	A0.4	A0.5	A0.6	A0.7

-MB1　-MB2　-MB3
0V

提示：输入端E0的Byte有 8个Bit，其编号从0至7。
若干控制系统采用10至17的编号命名这些输入端。
该原则同样适用于输出端Q0至Q7。）

分配表

组件	名称	地址	备注
单独运行启动	–SF0	E0.4	常开触点
自动运行 开	–SF1	E0.5	常开触点
自动运行 关	–SF2	E0.6	常闭触点
刀库询问	–SF5	E0.7	电容（S）
磁传感器 （舌簧触点）	–BG1	E0.0	电磁开关， 常开触点
	–BG2	E0.1	
	–BG3	E0.2	
	–BG4	E0.3	
阀门磁铁	–MB1	E0.0	MM1 伸出
	–MB2	E0.1	MM2 收回
	–MB3	E0.2	MM2 伸出

可编程序控制器程序　　　　　　　　　　参照 DIN EN 61131-3（2014-06）

功能运行类型（FC1）

网络1

-BG5报告一个工件（-BG5=1）和
-SF1（自动运行开）：设置自动运行。
（见442页grafcet部分G0）

"-BG5"
"-SF1" & SR S
"-BG5"
"-SF2" ≥1 R Q = "自动运行"

网络2

如果两个气缸都在其后部终端位置
（-BG1=1和-BG3=1），可确定其基本位置。
（步骤0 见442页grafcet部分G1）

"-BG1"
"-BG3" & = "基本位置"

功能步骤链（FC2）

步骤链：网络3-6是源自442页grafcet部分G1
的步骤1至4。每一个后续步骤
（例如步骤2）只在前一步骤已
激活（例如步骤1=1）并且已关闭
（例如-BG2=1）
时才启动。

网络3

"基本位置"
"自动运行" ≥1 & SR S
"-SF0"
"步骤2" R Q = "步骤1"

网络4

"步骤1"
"-BG2" & SR S
"步骤3" R Q = "步骤2"

网络5

"步骤2"
"-BG4" & SR S
"步骤4" R Q = "步骤3"

网络6

"步骤3"
"-BG1" & SR S
"-BG3" R Q = "步骤4"

功能指令输出（FC3）

网络7-9

将步骤配给其所属的动作。
（动作区见442页grafcet部分G1）
步骤2和步骤4存储作用的动作（动作区箭头）
要求一个存储器（双稳触发器，SR机构）。

"步骤2" SR S
"步骤4" R Q = "-MB3"
"步骤1" = "-MB1"
"步骤3" = "-MB2"

组织功能块（OB1）

OB1内可调用FC1至FC3的部分功能。

FC1 EN ENO
FC2 EN ENO
FC3 EN ENO

提示：每个功能块
都用一个CALL。
这里不设置EN
（输入端使能）
和ENO（输出端使能）

采用可编程序控制器实施过程控制（冲压冲模）（电气元件标记参见 424 页）

工艺示意图

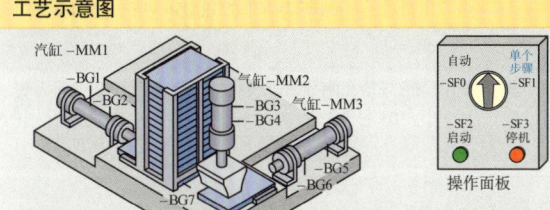

汽缸 –MM1
BG1
BG2
气缸 –MM2
BG3 气缸 –MM3
BG4
BG5
BG6
BG7
BG8

提示：
手动操作进入基本位置

操作面板
自动 –SF0
单个步骤 –SF1
–SF2 启动
–SF3 停机

五位两通（5/2）
换向阀控制气缸，
连续作用动作时两侧均为双稳电磁铁操作

描述

冲压冲模内已装入带工件编号的工件。传感 –BG7 检查材料是否已在堆垛料库内到位。现在，气动缸 –MM1 将工件从料库推出并送入工作位置。接着，冲压气缸 –MM2 伸出并冲压工件。1 秒钟时间延迟之后，冲压气缸 –MM2 首先收回，然后推送气缸 –MM1 收回。气缸 –MM3 用作顶料器，顶加工完毕的工件。传感器 –BG8 确定工件是否已被顶出。

按 GRAFCET 的功能图

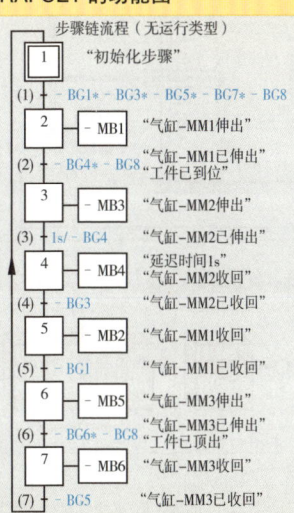

步骤链流程（无运行类型）

1 "初始化步骤"
(1) – BG1* – BG3* – BG5* – BG7* – BG8
2 – MB1 "气缸 –MM1 伸出"
(2) – BG4* – BG8 "气缸 –MM1 已伸出" "工件已到位"
3 – MB3 "气缸 –MM2 伸出"
(3) 1s/ – BG4 "气缸 –MM2 已伸出" "延迟时间 1s" "气缸 –MM2 收回"
4 – MB4
(4) – BG3 "气缸 –MM2 已收回"
5 – MB2 "气缸 –MM1 收回"
(5) – BG1 "气缸 –MM1 已收回"
6 – MB5 "气缸 –MM3 伸出"
(6) – BG6* – BG8 "气缸 –MM3 已伸出" "工件已顶出"
7 – MB6 "气缸 –MM3 收回"
(7) – BG5 "气缸 –MM3 已收回"

分配表

组件和动作	组件名称	地址	备注
手动选择开关 自动 / 单独	–SF0/.SF1	E0.0/E0.1	常开触点
启动按钮	–SF2	E0.2	常开触点
停机按钮	–SF3	E0.3	常闭触点
接近开关	–BG1––BG4 –BG5––BG8	E0.4–E0.7 E1.0–E1.3	常开触点
电磁阀（对气缸 –MM1）	–MB1 和 –MB2	A0.0/A0.1	——
电磁阀（对气缸 –MM2）	–MB3 和 –MB4	A0.2/A0.3	——
电磁阀（对气缸 –MM3）	–MB5 和 –MB6	A0.4/A0.5	——

可编程控制器程序（无带有 CALL FC1–FC3 的 OB1）

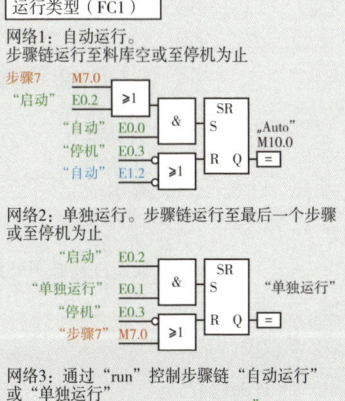

运行类型（FC1）

网络1：自动运行。步骤链运行至料库空或至停机为止
步骤7 M7.0
"启动" E0.2 ≥1
"自动" E0.0 &
"停机" E0.3
"自动" E1.2 ≥1
SR S R Q = "Auto" M10.0

网络2：单独运行。步骤链运行至最后一个步骤或至停机为止
"启动" E0.2 &
"单独运行" E0.1
"停机" E0.3
"步骤7" M7.0 ≥1
SR S R Q = "单独运行"

网络3：通过 "run" 控制步骤链 "自动运行" 或 "单独运行"
"自动" M10.0
"单独" M10.1 ≥1
= "run" M0.1

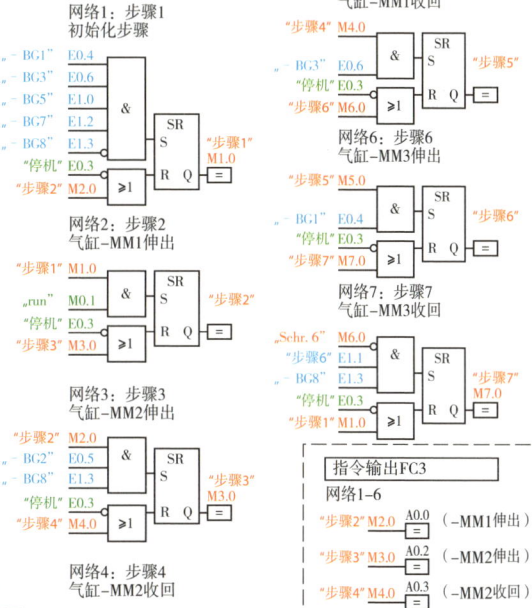

步骤链FC2

网络1：步骤1 初始化步骤
" –BG1" E0.4
" –BG3" E0.6
" –BG5" E1.0
" –BG7" E1.2
" –BG8" E1.3
"停机" E0.3
& S
"步骤2" M2.0 ≥1 R Q =
SR "步骤1" M1.0

网络2：步骤2 气缸 –MM1 伸出
"步骤1" M1.0 S
"run" M0.1 &
"停机" E0.3
"步骤3" M3.0 ≥1 R Q =
SR "步骤2"

网络3：步骤3 气缸 –MM2 伸出
"步骤2" M2.0 &
" –BG2" E0.5
" –BG8" E1.3
"停机" E0.3
"步骤4" M4.0 ≥1 R Q =
SR S "步骤3" M3.0

网络4：步骤4 气缸 –MM2 收回
"步骤3" M3.0
" –BG4" E0.7 &
T1 TON 1s
"STOPP" E0.3
"Schr. 5" M5.0 ≥1
SR S R Q = "步骤4" M4.0

网络5：步骤5 气缸 –MM1 收回
"步骤4" M4.0
" –BG3" E0.6 &
"停机" E0.3
"步骤6" M6.0 ≥1
SR S R Q = "步骤5"

网络6：步骤6 气缸 –MM3 伸出
"步骤5" M5.0
" –BG1" E0.4 &
"停机" E0.3
"步骤7" M7.0 ≥1
SR S R Q = "步骤6"

网络7：步骤7 气缸 –MM3 收回
"Schr. 6" M6.0
"步骤6" E1.1 &
" –BG5" E1.3
"停机" E0.3
"步骤1" M1.0 ≥1
SR S R Q = "步骤7" M7.0

指令输出FC3
网络1–6
"步骤2" M2.0 = A0.0 (–MM1伸出)
"步骤3" M3.0 = A0.2 (–MM2伸出)
"步骤4" M4.0 = A0.3 (–MM2收回)
"步骤5" M5.0 = A0.1 (–MM1收回)
"步骤6" M6.0 = A0.4 (–MM3伸出)
"步骤7" M7.0 = A0.5 (–MM3收回)

标记：步骤标志词用红色，继续运行条件用蓝色，通过操作面板直接 / 间接操作的用绿色。

基本概念，标记字母

| 基本概念 | 参照 DIN IEC 60050-351（2014-09） |

控制	调节
控制指输出量受输入量的影响，例如淬火炉炉温受到例如加热绕组电流的影响。但输出量不会反过来影响输入量。控制系统是开放的作用路径。	调节指调节量，例如淬火炉实际温度，受到持续采集，并与作为给定参数的设定量进行对比，出现偏差后向给定参数方向调整。调节系统是闭合的作用回路。

举例：淬火炉

示意图表达法

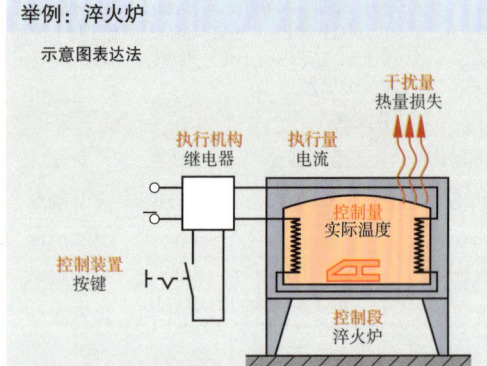

示意图表达法

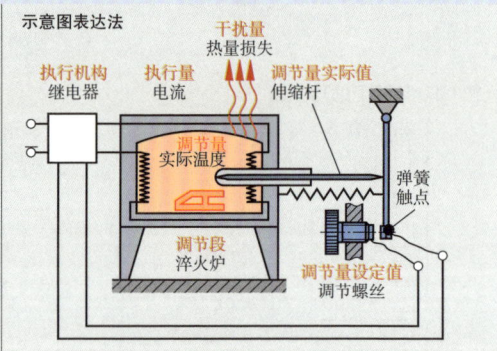

控制链作用图

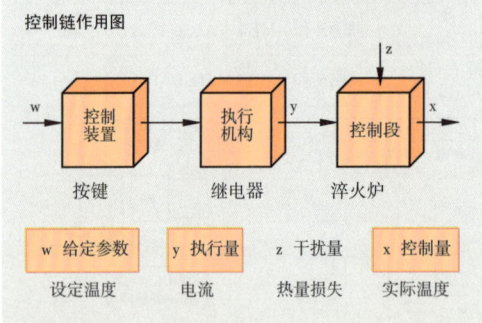

简化的调节回路作用图

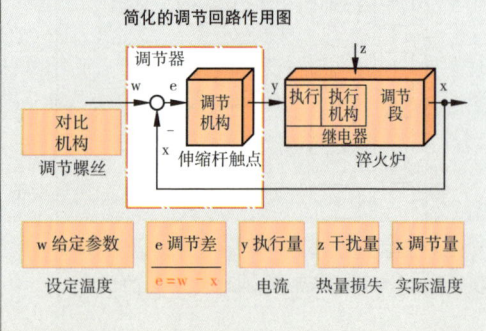

| 第一个字母：类别 | 后续字母 | （IC）附加信息[1] |

与任务相关的标记字母　　　　　　　　　参照 DIN EN 62424（2010-01）

名称举例：　　　　　　P D　　　　I C

第一个字母：类别

D 密度（Density）
E 电压
F 径流（Flow）
G 间距，长度，位置
H 手动输入 — 手动介入
K 计时功能
L 填充料位（Level）
M 湿度（Moisture）
P 压力（Pressure）
Q 数量/次数（Quantity）
R 射线（Radiation）
S 速度、转速（Speed）
T 温度
W 重量、质量（Weight）

后续字母

D 差
F 比例
Q 总量，总的

举例：压差调节

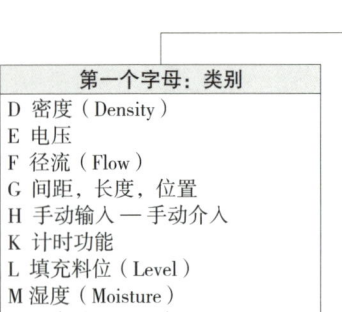

（IC）附加信息[1]

A 故障报告
C 自动调节
H 上限值
I 显示
L 下限值
R 记录
[1] 只允许在椭圆外使用！

解释：P 压力
　　　D 压差
　　　I 显示
　　　C 自动调节
口语读法：压差的调节和压差的显示。

图形符号

参照 DIN EN 62424（2010–01）

输出和操作地点	作用段		检测地点，执行地点	
现场，普通	○	伺服驱动，普通	——	基准线
			○——	检测地点，探头
过程操作台		伺服驱动；辅助能源中断时设定最小连续物料流或能量流位置	▽	执行机构，执行地点
现场控制台		伺服驱动；辅助能源中断时设定最大连续物料流或能量流位置		
用过程控制系统在现场实现				
用过程计算器在现场实现		伺服驱动；辅助能源中断时执行装置仍停留在上次停机的位置		

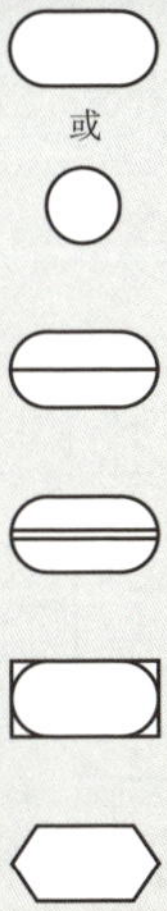

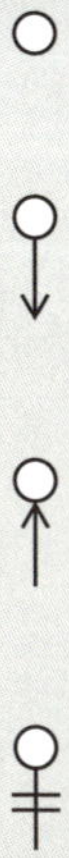

举例：

温度　　　　T
记录　　　　R
自动调节　　C

现场控制台实施温度调节和记录
检测单位：310

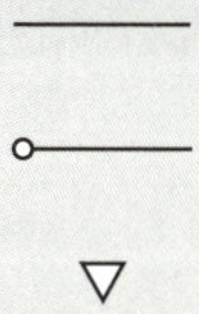

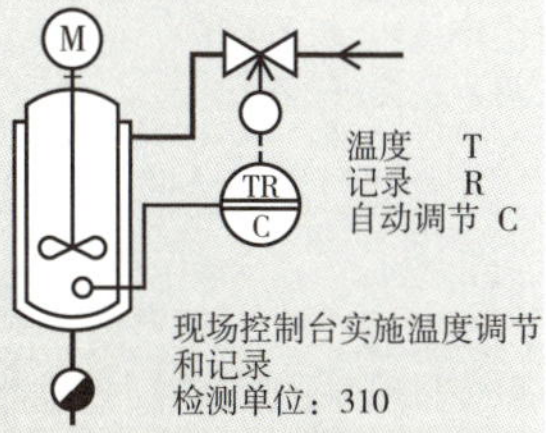

与解决方案相关的装置的图形符号

参照 DIN EN 62424（2010–01）

图形符号	解释	图形符号	解释	图形符号	解释
记录器		**调节器**		**执行和操作装置**	
	温度记录器，普通		调节器，普通		电机驱动的阀执行机构
		PID	接通输出端并具有 PID 特性的两点调节器		电磁驱动的阀执行机构
	压力记录器		接通输出端的三点调节器		电气信号的信号调节器
	浮标料位记录器	**适配器**		**信号标记符号**	
	重力，天平记录器，可显示的	P / A	气动信号输出端压力测值转换器		电气信号 气动信号 模拟信号 数字信号
发送器		**举例：温度调节器**			
	基本信号，普通显示器				
	模拟记录器，通道数量是数字				
	显示屏				

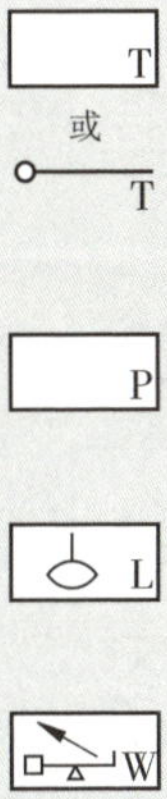

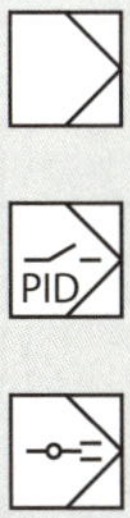

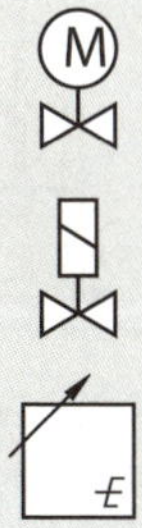

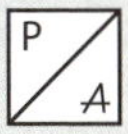

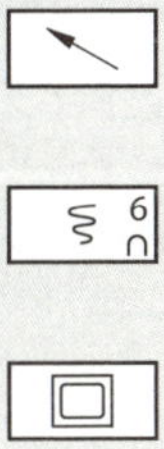

举例：温度调节器

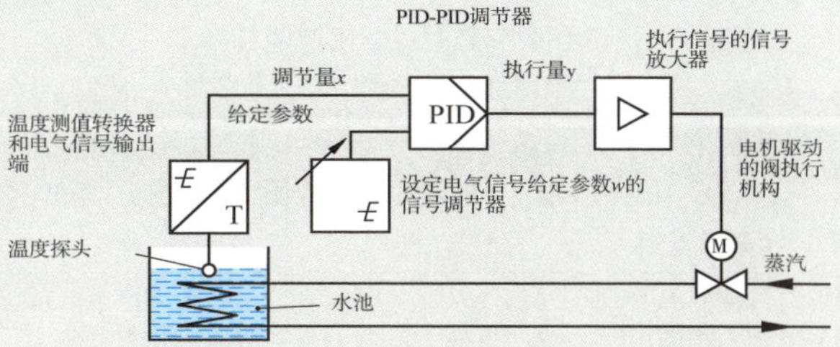

PID-PID调节器
执行信号的信号放大器
调节量x
给定参数
执行量y
温度测值转换器和电气信号输出端
设定电气信号给定参数w的信号调节器
电机驱动的阀执行机构
温度探头
蒸汽
水池

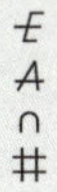

调节器

| 模拟（连续）调节器 | 参照 DIN EN 62424（2010-01）和 DIN EN 60050-351（2014-09） |

模拟调节器可在执行范围内设定执行量 γ 的任意数值。

调节器类型	料位调节举例，描述	过渡函数	图形符号[1] 图框表达法[2]
		x 调节量　　阶跃函数[3] $γ$ 执行量　　阶跃函数响应[4] e 调节差	
P- 调节器 比例作用调节器 输出量与输入量成比例。P- 调节器的调节差保持不变。	进料阀　P-调节器 浮标 排泄阀		P
I- 调节器 积分作用调节器 积分作用调节器的速度慢于比例调节器，但可以完全消除调节差。	调节器		I
PI- 调节器 比例积分作用调节器 在这种调节器内将比例调节器和积分调节器并联接通。	P-调节器 I-调节器		PI
D- 调节器 差动调节器	D- 调节装置只与比例调节器或比例积分调节器共同使用，因为在调节差恒定不变时，纯差动特性使之不发出调节量，因此没有调节动作		D
PD- 调节器 比例差动作用调节器	PD- 调节器由一个比例调节器与一个差动调节器并联接通组成。 差动部分根据输入量的变化速度按比例改变输出量。比例调节部分根据输入量按比例改变输出量。		PD
PID- 调节器 比例积分差动作用调节器	PID 调节器由一个比例调节器，一个积分调节器与一个差动调节器并联接通组成。随着控制信号的变化增大，差动调节器开始反应，之后，该变化约降至比例调节器部分，目的是通过积分调节器的作用使变化量呈线性增长。		PID

[1] 图形符号按照 DIN EN 62424。　　　[2] 图框表达法按照 DIN IEC 60050-351。
[3] 调节段输入端的信号走向。　　　[4] 调节段输出端的信号走向。

非连续数字调节器

可变（非连续）调节器

可变调节器通过多段开关非连续性改变执行量 γ。

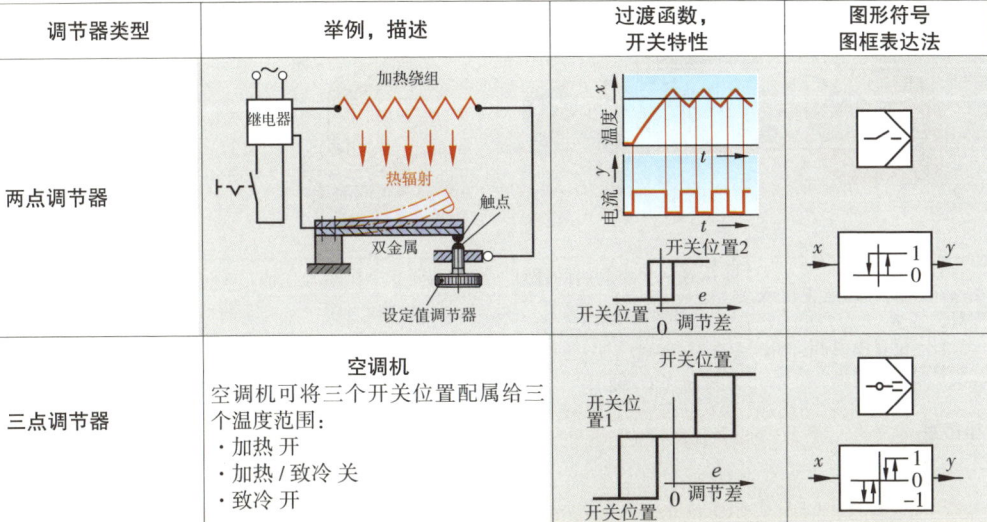

调节器类型	举例，描述	过渡函数，开关特性	图形符号 图框表达法
两点调节器	继电器　加热绕组　热辐射　触点　双金属　设定值调节器	温度 x　电流 y　t / 开关位置2　开关位置　0 调节差 e	$x \to \boxed{\begin{array}{cc}1\\0\end{array}} \to y$
三点调节器	空调机　空调机可将三个开关位置配属给三个温度范围： ・加热 开 ・加热/致冷 关 ・致冷 开	开关位置　开关位置1　0 调节差 e　开关位置	$x \to \boxed{\begin{array}{cc}1\\0\\-1\end{array}} \to y$

数字调节器（软件控制调节器）

数字调节器的作用方式是通过计算机软件实现的。

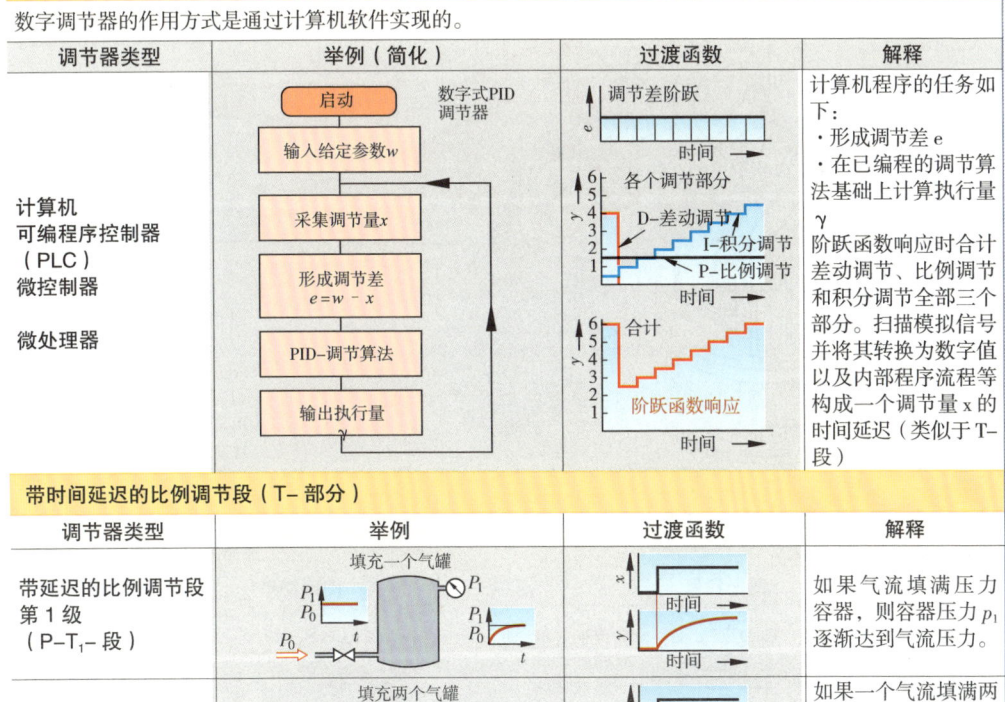

调节器类型	举例（简化）	过渡函数	解释
计算机 可编程序控制器（PLC） 微控制器 微处理器	启动　数字式PID调节器　输入给定参数 w　采集调节量 x　形成调节差 $e=w-x$　PID-调节算法　输出执行量	调节差阶跃　时间　各个调节部分　D-差动调节　I-积分调节　P-比例调节　时间　合计　阶跃函数响应　时间	计算机程序的任务如下： ・形成调节差 e ・在已编程的调节算法基础上计算执行量 γ 阶跃函数响应时合计差动调节、比例调节和积分调节全部三个部分。扫描模拟信号并将其转换为数字值以及内部程序流程等构成一个调节量 x 的时间延迟（类似于T-段）

带时间延迟的比例调节段（T- 部分）

调节器类型	举例	过渡函数	解释
带延迟的比例调节段 第 1 级 （P-T_1- 段）	填充一个气罐　P_1 P_0　P_0	x　时间　y　时间	如果气流填满压力容器，则容器压力 p_1 逐渐达到气流压力。
带延迟的比例调节段 第 1 级 （P-T_2- 段）	填充两个气罐　P_1 P_0　P_0　P_1 P_0	x　时间　y　时间	如果一个气流填满两个压力容器，则第 2 个容器压力 p_2 的上升慢于第 1 个容器的压力 p_1。

坐标系，轴和符号 参照 DIN EN ISO 9787（已撤销）

机器人轴

坐标系	用于定位的机器人主轴		用于定向的机器人副轴
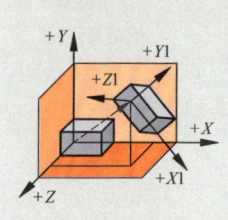	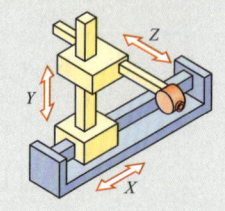	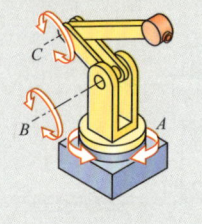	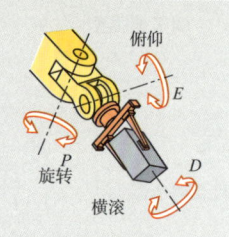
在一个空间内输送工件或工具，需要 ·3 个定位自由度和 ·3 个定向自由度	要达到一个空间内的任意一点，需要 3 个机器人主轴		空间定向的 3 根机器人副轴 · D（横滚） · E（俯仰） · P（旋转）
	笛卡尔坐标机器人	活节机器人	
	3 根名称为 X、Y 和 Z 的平移轴（T–轴）	3 根名称为 A、B 和 C 的旋转轴（R–轴）	

坐标系 参照 DIN EN ISO 9787（已撤销）

基准坐标系

基准坐标系
· 在 X–Y 面上以安装面为基准
· 在 Z 轴上以机器人中心为基准

法兰坐标系

法兰坐标系以最后一个机器人主轴的结束面为基准

刀具坐标系

原始刀具坐标系位于刀具中心点 TCP（Tool Center Point）.
刀具中心点的速度计算为机器人速度，其路径走向计算为机器人运动轨迹。

机器人表达符号（摘选） 参照 VDI 2861（1988–05）

名称	图形符号	名称	图形符号	RRR 机器人举例
平移轴（T–轴）[1] 成列平移（伸缩） 不成列平移		旋转轴（R–轴）[2] 成列旋转 不成列旋转		
机械手		副轴（例如用于横滚、俯仰和旋转）		

[1] 平移 = 直线运动。   [2] 旋转 = 旋转运动。

机器人结构　　　　　　　　　　　　　　　参照 DIN EN ISO 9787（已撤销）

机械结构[1]	运动[2]和工作空间	结构举例	特点，应用领域
笛卡尔坐标机器人	TTT– 运动	门式机器人	主轴： · 3 根平移轴 应用领域： · 大型工作空间，所以经常采用门式结构 · 加工单元的刀具和工件输送 · 激光和水射束切割的板材加工 · 工件托板
柱面坐标机器人	RTT– 运动	立柱式机器人	主轴： · 1 根旋转轴 · 2 根平移轴 应用领域： · 适用于大批量 · 搬运重型锻件和铸件 · 运输工件托板和刀盒 · 装货和卸货
极坐标机器人 1	RRT– 运动	垂直回转臂机器人	主轴： · 2 根旋转轴 · 1 根平移轴 应用领域： · 伸缩轴 3 有深度工作空间 · 点焊和简单轮廓焊，例如焊接汽车车身 · 压铸机的装卸工作
极坐标机器人 2 类型：SCARA-[3]机器人	RRT– 运动	水平回转臂机器人	主轴： · 2 根旋转轴作用水平旋转活节臂 · 1 根平移轴 应用领域： · 主要用于垂直装配领域 · 点焊和简单轮廓焊 · 装卸工作
活节机器人	RRR– 运动	垂直运动臂机器人	主轴： · 3 根旋转轴 应用领域： · 搬运和装配领域 · 复杂的轮廓焊接 · 油漆工作 · 粘接 · 大工作空间内占地少

[1] 用数字命名轴，如轴 1 是第一根运动轴。

[2] R= 旋转轴；T= 平移轴（此处的名称 "R" 和 "T" 均未标准化）。

[3] SCARA 是英语：Selective Compliance Assembly Rotot Arm = 选择顺应性装配机械手臂，又称平面关节型机器人。

机械手，劳动安全

机械手　　　　　　　　　　　　参照 DIN EN ISO 14539（已撤销）和 VDI 2740（1995–04）

机械手
- 机械式
- 气动式
  - ·吸盘
- 磁式
  - ·电磁铁
  - ·活动爪机械手
- 黏附式
  - ·尼龙搭扣机械手
  - ·永磁铁

爪式机械手		钳式机械手		夹爪式机械手		针形机械手
直线式机械手	特征	剪刀式机械手	特征	弹簧式	特征	
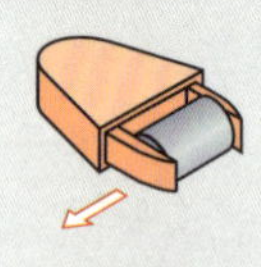	1 个自由度运动		两个夹爪绕一根基座固定的轴旋转。常用机械手。		弹簧产生夹持力。通过压力打开机械手。	
平面式机械手	3 个自由度运动			重力式		用于纺织业。一个夹持锥将四个针板向外顶出并夹住物体。
空间式机械手	6 个自由度运动	平行式机械手	两个夹爪相互平行且对于机械手机壳移动。		夹持物体自身重量产生夹持力。通过压力打开机械手。	

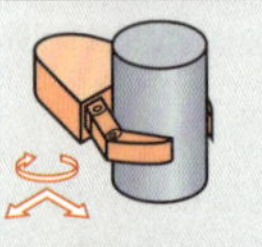

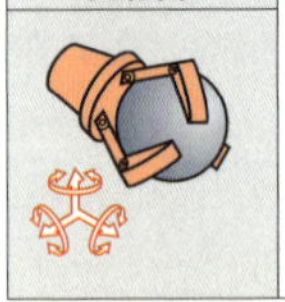

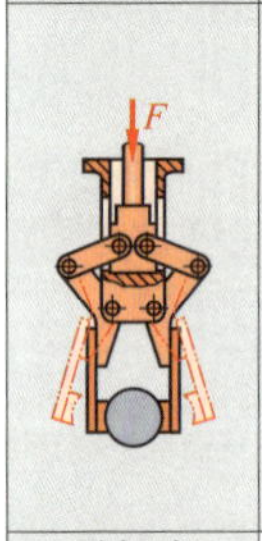

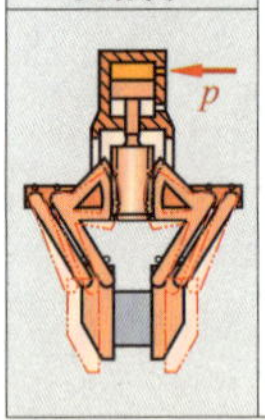

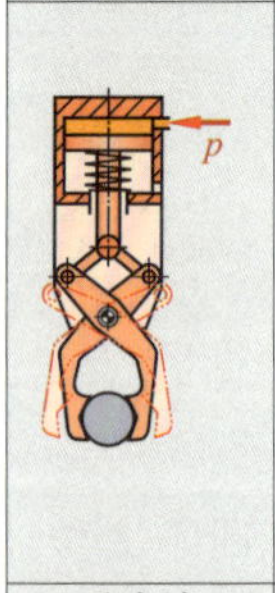

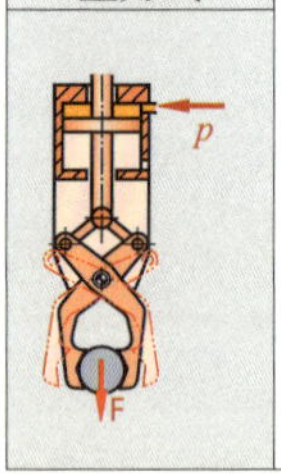

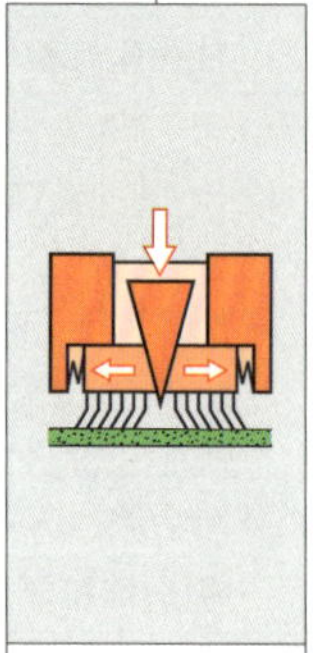

搬运系统和机器人系统旁的劳动安全

参照 DIN EN 61496–1（2014–05）
DIN EN ISO 14120（2016–05）
DIN EN ISO 10218（2012–01）

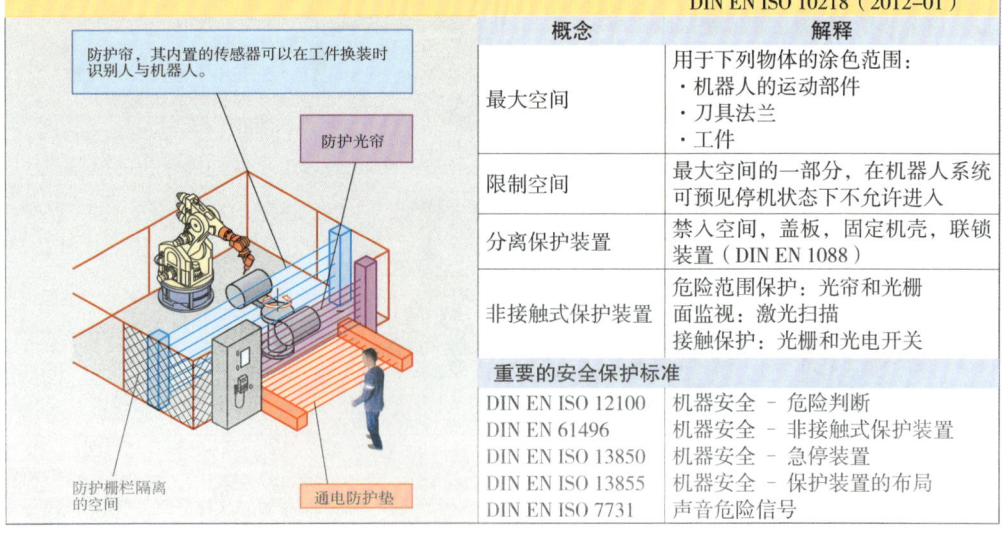

防护帘，其内置的传感器可以在工件换装时识别人与机器人。

防护光帘

防护栅栏隔离的空间

通电防护垫

概念	解释
最大空间	用于下列物体的涂色范围： ·机器人的运动部件 ·刀具法兰 ·工件
限制空间	最大空间的一部分，在机器人系统可预见停机状态下不允许进入
分离保护装置	禁入空间，盖板，固定机壳，联锁装置（DIN EN 1088）
非接触式保护装置	危险范围保护：光帘和光栅 面监视：激光扫描 接触保护：光栅和光电开关

重要的安全保护标准	
DIN EN ISO 12100	机器安全 – 危险判断
DIN EN 61496	机器安全 – 非接触式保护装置
DIN EN ISO 13850	机器安全 – 急停装置
DIN EN ISO 13855	机器安全 – 保护装置的布局
DIN EN ISO 7731	声音危险信号

保护措施

电击防护措施　　　　　　　　　　　　　　　　　　　参照 DIN VDE 0 100–410（2007–06）

直接接触和间接接触保护	正常条件下的电击防护措施：防止直接接触	故障条件下的电击防护措施：防止直接接触
保护措施如下： ·低压保护 SELV（英语：Savety Extra Low Voltage） ·有安全隔离功能的低压 PELV（英语：Protective Extra Low Voltage） ·无安全隔离功能的低压 FELV（英语：Functional Extra Low Voltage）	保护措施如下： ·有效部件的防护绝缘，例如电缆 ·绝缘外壳，例如电气装置的机壳 ·间距，例如保护罩、机器栅栏底座 ·障碍，例如保护栅栏、隔离栏	保护措施如下： ·自动关断或报警，例如故障电流保护装置 ·电位均衡 ·非导电空间，例如用绝缘涂层 ·保护性绝缘，例如绝缘材料罩住的机壳

采用故障电流安全开关 RCD 的附加保护：
（英语：Residual Current Device = 漏电流电路）

交流电的作用　　　　　　　　　　　　　　　　　　　　参照 IEC 60479–1（2007–05）

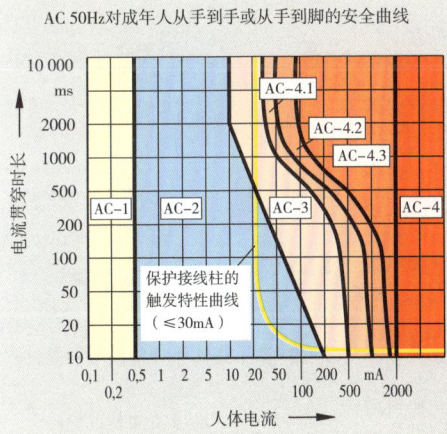

AC 50Hz 对成年人从手到手或从手到脚的安全曲线

保护接线柱的触发特性曲线（≤30mA）

区域	对人体的影响
AC–1	正常，无影响
AC–2	正常，对人体无伤害性影响
AC–3	大部分无器官伤害，但呼吸困难（＞2s），肌肉痉挛
AC–4.1	心室颤动概率5%
AC–4.2	心室颤动概率升至50%
AC–4.3	心室颤动概率超过50%
AC–4	心脏停跳，呼吸停止和严重灼伤（随作用时长和电流强度增加而增大）

线路熔断器和导线横截面　　　　参照 DIN VDE 0635（1984–02），DIN VDE 0298–4（2013–06）

熔断器标称电流 I_n A	熔断器识别颜色	下列敷设方式时铜导线的最小横截面积 mm²				熔断器标称电流 I_n A	熔断器识别颜色	下列敷设方式时铜导线的最小横截面积 mm²			
		A1	B1	B2	C			A1	B1	B2	C
		载荷芯线数量						载荷芯线数量			
10（13）	红色	1.5　1.5	1.5　1.5	1.5　1.5	1.5	25	黄色	6　4	2.5　4	4　4	2.5　4
16	灰色	2.5　2.5	1.5　2.5	1.5　1.5	1.5	35	黑色	10　10	6　6	6　10	4　6
20	蓝色	4　4	2.5　2.5	2.5　2.5	2.5	50	白色	16　16	10　10	16　16	10　10

电缆和绝缘导线的敷设方式　　　　　　　　　　　　　　参照 DIN VDE 0 298–4（2013–06）

单芯导线 A1	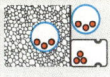	隔热墙体和电气安装管内敷设	多芯导线 B2		在墙体上或墙体内的电气安装管内或安装槽内或插线板后敷设
单芯导线 B1		在墙体上或墙体内的电气安装管内或安装槽内敷设	多芯导线 C		直接敷设在墙体上或墙体内

保护类型和爆炸防护

电气元件的保护类型　　　　　　　　　参照 DIN EN 60529（2014-09），DIN EN 60598-1（2015-10）

举例：　　　　　　　　　　　　　　　　　　IP　3　4　C　M

保护类型识别符号 IP（英语：International Protection=国际保护类型）	保护电气元件[1]防止固体异物侵入的第 1 个标记数字	保护电气元件[1]防止具有伤害作用的水侵入的第 2 个标记数字	附加的标记字母[2]	补充字母

标记数字	第 1 个标记数字		标记数字	第 2 个标记数字		附加的标记字母	
	接触保护	异物保护		防水保护	符号		
0	无保护	无保护	0	无保护	无	A	防止手背接触保护
1	防止手背接触保护	防止 $d \geq 50mm$ 异物进入保护	1	防止垂直滴落水保护	💧	B	防止 $d=12mm$，长 80mm 的手指接触保护
2	防止手指接触保护	防止 $d \geq 12.5mm$ 异物进入保护	2	装置倾斜 15° 时防止水滴落入	💧	C	防止 $d=2.5mm$，长 100mm 的工具接触保护
3	防止 $d=2.5mm$ 工具接触保护	防止 $d \geq 2.5mm$ 异物进入保护	3	防止与装置呈 60° 的喷溅水进入保护	💧	D	防止 $d=1mm$，长 100mm 的铁丝接触保护
4	防止 $d=1mm$ 铁丝接触保护	防止 $d \geq 1mm$ 异物进入保护	4	防止所有方向的喷射水进入保护	⚠		补充字母
5	防止 $d=1mm$ 铁丝接触保护	防尘	5	防止所有方向的水射束进入保护	⚠⚠	H	高压电气元件
6	防止 $d=1mm$ 铁丝接触保护	防尘密封	6	防止所有方向的强烈水射束进入保护	💧💧	M	运行中的机器进水检测
			7	防止短时浸泡水中的保护	💧💧	S	停机的机器进水检测
			8	防止长时浸泡水中的保护	💧💧 …kPa	W	适用于规定的气候条件
			9	防止高压水和高温射束水保护	无		"高压清洁装置检验"

[1] 如果没有给出 1 个标记数字，应在该位置标上字母 X，例如 IP X6 或 IP 3X
[2] 仅在保护大于第 1 个标记数字时给出。
[3] 符号的使用属自愿行为。

爆炸危险范围内运行的电气元件　　参照 DIN EN 60079-0（2014-06），ATEX 2014/34/EU（2014-02）

ATEX[1] 标准　　　　　　　　　　Ex　　II　　2G
DIN EN 60079

　　　　　　　　　　　　Ex de II/B T2 Gb

爆炸保护符号	点火保护类型	电气元件组	温度等级	保护程度

缩写符号	点火保护类型	II组[2]			缩写符号	表面温度	缩写符号 DIN[3]	缩写符号 ATEX[3]	装置受保护程度（EPL）
		A	B	C					
o	防油罩	出现下列气体导致爆炸危险[2]			T1	450℃			
px	高压罩	甲烷、丙烷、丁烷、丙烯、苯乙烯、苯、甲苯、萘、松节油、煤油、汽油、燃料油、柴油、一氧化碳、甲醇、低聚乙醚、丙酮、酸、氯化物	乙烯、丙烯腈、氧化氢、二甲醚、氧化丙烯、焦炉煤气、氟化乙烯	氢气、乙炔、硫化碳、硝酸酯	T2	300℃	Ga	1G	极高
q	砂子密封				T3	200℃			
d	耐压罩				T4	135℃	Gb	2G	高
e	提高安全性				T5	100℃			
i	自身安全				T6	85℃	Gc	3G	待加强

[1] ATEX=ATmosph é re EXplosive。 [2] I 组：矿山；II 组：气体；III 组：粉尘 / 流体。 [3] I 组：B；II 组：G；III 组：D。

电动机	参照 IEC 60034（2009–11），DIN EN 60617（1997–08）

电动机 / 性能（摘选）	符号	应用举例
直流电机 –（他励励磁） 转速保持与载荷接近的常数，高功率时大转速范围		电梯，输送设备，卡车的车窗玻璃起落电机和雨刷电机
交流单相串励电动机（通用电机） 用直流或交流驱动。转矩随转速下降而上升，即电动机"拉住了"。其易损件是碳刷和集电器。		手钻，吸尘器，搅拌机
三相异步电动机（鼠笼转子 / 短接式转子） 结构简单，耐用结实，少维护，载荷时转速下降少。采用电子调节机构可调转速。		主轴驱动装置，泵驱动装置，压缩机和输送设备
三相异步电动机（滑环转子） 高启动力矩。易损件是碳刷和集电器。电子调节机构可调转速。		起重装置，大型水厂泵
三相同步电动机（恒磁励磁） 效率极高，紧凑型结构却有高功率。转速与载荷无关，因此适宜用作伺服电机。采用电子调节机构可调转速。		进给驱动（伺服电机），主轴驱动装置，机器人
步进电机 极精确的定位性，力和速度小于伺服电机。		印刷机，绘图仪，线性驱动

异步电动机型号铭牌

参照机器标准2006/42/EG和IEC60034

1	异步电动机	ASM 100L-2	9
2	ETM电机厂 工业大街12号 D–45678 某市	CE	10
3	0123456	5,41 A	11
4	U 400 V	cos f 0,87	12
5	3 kW	50 Hz	13
6	2890 1/min	IP 54	14
7	Isol. Kl. F	2016	15
8	IE2	Made in Germany	

转矩特性曲线 – 异步电动机

M_K – 最大转矩
M_A – 启动力矩
M_S – 鞍点力矩
M_N – 标称力矩
标称转速 n_n

型号铭牌所列各项的含义

序号	符号	名称	备注
1		机器类型	电动机类型，例如异步电动机
2		制造商	企业名称和制造商地址全称
3		产品系列号	该编号由制造商提供
4	U	标称电压	实际接线法的电压（例如三角接法）
5	P_N	标称功率	允许持续机械输出功率
6	n	标称转速	标称功率载荷下的转速
7		绝缘等级	电机绕组[1]的耐温性　参照 DIN EN 61558，DIN EN 60085（2008–08）
8		效率等级	IE2（高效）：新电机的最低标准　参照 IEC 60034-30
9		电机型号	制造系列或型号名称。常列出制造规格和极偶
10		CE 标记符号	表示已满足机器标准和与产品相关的欧盟标准
11	I	标称电流	标称电压和标称载荷时的电流消耗
12	cos ϕ	功率因数	标称电压和标称载荷时的相位角
13	f	标称频率	电动机连接的电网频率
14		保护类型	防止异物，接触和进水等保护 参照 DIN 60529（2014–09）
15		制造年份	制造过程结束所在年份

[1] 绕组最大允许温度是 …… 环境温度最大 40℃时：Y 90℃，A 105℃，E 120℃，B 130℃，F 155℃。
…… 环境温度最大 60℃时：H 180℃，C > 180℃。
超过最大环境温度将缩短电动机使用寿命。
[2] IP 标记数字由两位数字组成，参见 458 页。

电动机

名称举例:

1 个极偶的异步电动机,其铭牌
参见 459 页。求:转差率 s,效率 η,
标称运行状态下的转矩 M_t

$$n_s = \frac{50\,\frac{1}{s} \cdot 60\,\frac{s}{min}}{1} = 3000\,\frac{1}{min}$$

$$s = \frac{3000\,\frac{1}{min} - 2890\,\frac{1}{min}}{3000\,\frac{1}{min}} \cdot 100\% = 3.7\%$$

$$P_1 = \sqrt{3} \cdot 400V \cdot 5.41A \cdot 0.87 = 3260.9W$$

$$\text{mit } P_2 = 3000W \text{ folgt: } \eta = \frac{3000W}{3260.9W} \cdot 100\% = 92\%$$

$$M_t = 9550 \cdot \frac{3\,kW}{2890\,\frac{1}{min}} = 9.91 Nm$$

旋转磁场和转差率

n_0　转速(旋转磁场),1/min
f　频率,1/s
p　极偶数量
s　转差率
n　转速(电机),1/min

电动机功率
(有效功率)

P　有效功率,W
U　电压,V
I　电流强度,A

效率和转矩

P_2　电机功率,W
P_1　有效功率,W
数值公式
M_t　转矩,Nm
P　电机功率,kW
n　转速,1/min

旋转磁场转速

$$n_s = \frac{f \cdot 60\,\frac{s}{min}}{p}$$

转差率(异步电机)

$$s = \frac{n_s - n}{n_s} \cdot 100\%$$

直流电动机

$$P = U \cdot I$$

交流电动机

$$P = U \cdot I \cdot \cos\phi$$

三相电动机

$$P = \sqrt{3} \cdot U \cdot I \cdot \cos\phi$$

电机效率

$$\eta = \frac{P_2}{P_1} \cdot 100\%$$

电机转矩

$$M_t = 9550 \cdot \frac{P}{n}$$

保护等级　　　参照 DIN EN 61140(2007−03)

防止危险电压(见 457 页)保护,措施:

接地导线	绝缘保护	低压保护	
⏚	机壳接地	▢ 加强导电元件的绝缘	非危险电压(电池,安全变压器)

导线和接头的标记符号　　　　　　　　参照 DIN EN 60445(2011−10)

导线类型		缩写符号	导线颜色	图形符号	举例 整流器电路
交流电网	相线 1	L1	黑色[1]		
	相线 2	L2	黑色[1]		
	相线 3	L3	黑色[1]		
	零线	N	浅蓝色		
接地导线		PE	绿黄色		
PEN 导线(具有保护功能的零线,PE + N)		PEN	绿黄色		
地线		E	黑色[1]		

整流器电路: L1 黑色, L2 棕色, L3 黑色, N 浅蓝色, PE 绿黄色, L− 黑色, L+ 黑色（交流电网 / 直流电网）

电气元件接线

接线	标记符号	举例
相线 1	U	鼠笼转子电动机的星形接法
相线 2	V	
相线 3	W	

M3~ 接线端子板

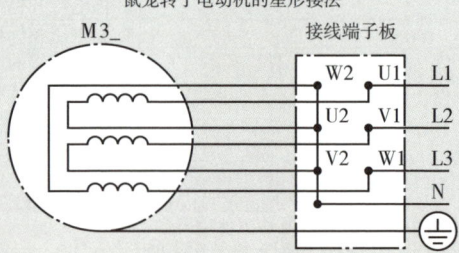

W2 U1 L1
U2 V1 L2
V2 W1 L3
N

[1] 颜色没有规定。推荐使用黑色,用于区别棕色。不允许使用绿黄色。

[2] PEN 导线普遍有一根绿黄色芯线。为避免与接地导线 PE 混淆,PEN 导线在线端补加浅蓝色标记,例如用电线夹或粘贴胶带。

本手册摘录引用标准及其他规则的索引

本手册摘录引用标准及其他规则的索引

单词索引

M